Fritz Stüssi

Grundlagen des Stahlbaues

Zweite neubearbeitete Auflage

Fritz Stüssi   Pierre Dubas

Mit 543 Abbildungen

Springer-Verlag Berlin · Heidelberg · New York 1971

FRITZ STÜSSI
Dr. sc. techn., LL. D. h. c., Dr.-Ing. h. c., Dr.-Ing. E. h.
a. Professor an der Eidg. Technischen Hochschule Zürich

PIERRE DUBAS
Dr. sc. techn.
o. Professor an der Eidg. Technischen Hochschule Zürich

Titel der ersten Auflage (1958):
Entwurf und Berechnung von Stahlbauten
Erster Band: Grundlagen des Stahlbaues

ISBN-13: 978-3-642-95195-4   e-ISBN-13: 978-3-642-95194-7
DOI: 10.1007/978-3-642-95194-7

Das Werk ist urheberrechtlich geschützt. Die dadurch begründeten Rechte, insbesondere die der Übersetzung, des Nachdruckes, der Entnahme von Abbildungen, der Funksendung, der Wiedergabe auf photomechanischem oder ähnlichem Wege und der Speicherung in Datenverarbeitungsanlagen bleiben, auch bei nur auszugsweiser Verwertung, vorbehalten. Bei Vervielfältigungen für gewerbliche Zwecke ist gemäß § 54 UrhG eine Vergütung an den Verlag zu zahlen, deren Höhe mit dem Verlag zu vereinbaren ist.

© by Springer Verlag, Berlin/Heidelberg 1971.
Softcover reprint of the hardcover 2nd edition 1971
Library of Congress Catalog Card Number: 70-151322

Die Wiedergabe von Gebrauchsnamen, Handelsnamen, Warenbezeichnungen usw. in diesem Buche berechtigt auch ohne besondere Kennzeichnung nicht zu der Annahme, daß solche Namen im Sinne der Warenzeichen- und Markenschutz-Gesetzgebung als frei zu betrachten wären und daher von jedermann benutzt werden dürften.

Vorwort

Für die Gesamtentwicklung des Stahlbaues ist charakteristisch, daß seine Geburtsstunde zeitlich zusammenfällt mit derjenigen der baustatischen Theorie. Unsere heutigen Erkenntnisse sind das Ergebnis der Lebensarbeit einer stolzen Reihe von Theoretikern und Praktikern, die, um nur einige wenige zu nennen, von THOMAS TELFORD und LOUIS NAVIER über ROBERT STEPHENSON, KARL CULMANN, HEINRICH GERBER, OTTO MOHR, FRIEDRICH ENGESSER, WILHELM RITTER, JOSEF MELAN bis zu unseren Zeitgenossen STEPHEN TIMOSHENKO und OTHMAR H. AMMANN führt. Vieles von diesen Leistungen ist heute Gemeingut der alltäglichen Konstruktionspraxis geworden und gehört damit zu den Grundlagen, auf denen die Weiterentwicklung des Stahlbaues aufzubauen ist.

Der Begriff „Grundlagen des Stahlbaues" ist wohl nicht eindeutig zu umreißen. So gehören selbstverständlicherweise Baustatik und Festigkeitslehre, damit aber auch Mechanik und Mathematik zu diesen Grundlagen in weiterem Sinne. Die Kenntnis dieser Grundwissenschaften, in dem Umfange wie sie normalerweise an technischen Hochschulen gelehrt werden, wird hier vorausgesetzt. Es konnte sich ferner nicht darum handeln, das große Gebiet der Metallkunde, die ebenfalls zu den Grundlagen des Stahlbaues gehört, umfassend darzustellen, doch schien es notwendig, wenigstens diejenigen Erkenntnisse und Tatsachen festzuhalten, die für die Beurteilung des Baustoffes Stahl und seiner Anwendung in Tragwerken unmittelbar notwendig sind. Bei der Darstellung der Verbindungsmittel und Bauelemente wurde versucht, die Grundsätze der baulichen Ausbildung nicht nur von der Forderung der genügenden Sicherheit, sondern auch einer wirtschaftlichen Ausführung aus zu entwickeln.

Bei der Bemessung von Stahlbauten besitzen die Festigkeitsprobleme des aus dünnen Wänden zusammengesetzten Bauelementes sowie die Stabilitäts- und Schwingungsprobleme zunehmende Bedeutung. Die Lösung solcher Probleme ist auf zwei Wegen möglich, nämlich durch die mathematische Analysis oder durch besondere numerische Methoden. Den Vorzug verdient der Weg, der am einfachsten zum Ziel führt. Während in der technischen Literatur die mathematischen Methoden noch einen breiten Raum einnehmen, spielen die numerischen Methoden mit der Entwicklung der Computertechnik eine immer wichtigere Rolle. Es gehört aber mit zur notwendigen Einheit von Theorie und Praxis im Stahlbau, daß der konstruierende Ingenieur über Berechnungsmethoden verfügt, die er selber beherrscht und die ihm im gegebenen Einzelfall die Lösung zu finden erlauben, ohne daß er auf die Verwendung abgeschriebener Formeln oder auf Rechenprogramme unbekannter Ableitung angewiesen ist. Dies ist der Grund für eine ziemlich eingehende Darstellung numerischer *baustatischer* Methoden in diesem Buche.

Auf Fragen der Herstellung in Werkstatt und Montage wird soweit eingegangen, als sie den Entwurf und seine Darstellung beeinflussen.

Die im Jahre 1958 erschienene erste Auflage des vorliegenden Buches war noch als erster Teil eines Gesamtwerkes über Entwurf und Berechnung von Stahlbauten gedacht, das neben den Grundlagen auch deren konstruktive Anwendung im Hochbau und Brückenbau enthalten sollte. Um eine größere Gestaltungsfreiheit zu erreichen, wurde für die nach kurzer Zeit notwendige Neuauflage auf diese Koppelung verzichtet.

Bei der Bearbeitung, welche die in der Zwischenzeit erfolgte Einführung neuer Profilreihen sowie geänderter Vorschriften zu berücksichtigen hatte, war man bestrebt, wesentliche Fortschritte in den theoretischen Grundlagen sowie allgemeine Entwicklungstendenzen in der konstruktiven Gestaltung herauszuheben; einzelne Abschnitte waren daher ganz und andere teilweise umzuschreiben. Der grundsätzliche Aufbau des Buches und die Gliederung des Inhaltes sind dagegen beibehalten worden. Da diese Gliederung aus dem eingehenden Inhaltsverzeichnis klar hervorgeht, konnte wie in der ersten Auflage auf ein besonderes Sachverzeichnis verzichtet werden. Im Namenverzeichnis sind diejenigen Autoren zusammengestellt, deren Arbeiten bei der Ausarbeitung dieses Buches bewußt verwendet wurden.

Auf die Einführung von kp anstelle von kg bzw. Mp anstelle von t wurde absichtlich verzichtet, weil die neuen Bezeichnungen vom physikalischen Standpunkt aus genau so anfechtbar sind wie die alten und sich zudem auf dem Gebiete der Bautechnik in Deutschland nur teilweise, in der Schweiz praktisch nicht eingeführt haben.

Prof. Dr. E. Brandenberger hatte für die erste Auflage in freundschaftlicher Weise die Abschnitte über Zusammensetzung, Aufbau und Herstellung von Stahl eingehend geprüft und eine Reihe wertvoller Ergänzungen vorgeschlagen sowie Vorlagen zu Abbildungen (II,2, II,4, II,5, II,8, II,10 und II,26) zur Verfügung gestellt; im Hinblick auf eine spätere Neuauflage hatte er die gleichen Abschnitte kurz vor seinem allzu frühen Tod nochmals kritisch überprüft.

Den Assistenten und der Sekretärin des Lehrstuhles für Baustatik und Stahlbau an der Eidg. Techn. Hochschule sei für ihre Mitwirkung bei der Vorbereitung dieser Neuauflage bestens gedankt.

Zürich, im April 1971

                                               F. Stüssi   P. Dubas

Inhaltsverzeichnis

I. Allgemeines über Stahlbauten

1. Anwendungsgebiete des Stahlbaues

Jeder der im Bauwesen verwendeten Baustoffe, Holz, Stein, Beton, Stahlbeton, Stahl oder Leichtmetall, besitzt seine Hauptanwendungsgebiete, die durch wirtschaftliche Vorteile, durch technische Zweckmäßigkeit und Ausführbarkeit, durch die Forderung nach kurzer Bauzeit, durch Anforderungen an die ästhetische Wirkung und gelegentlich auch durch örtliche Traditionen bestimmt sind. Die Grenzen dieser Anwendungsgebiete liegen nicht fest, sondern sie können sich je nach den örtlichen Verhältnissen und mit Änderungen der Marktlage verschieben. Der Entscheid darüber, welcher Baustoff bei einer bestimmten Bauaufgabe zu verwenden sei, soll grundsätzlich in jedem Einzelfall durch möglichst sachliche Vergleichsuntersuchungen gesucht werden.

Die *Hauptvorzüge der Stahlbauweise* sind einerseits durch die Eigenschaften des Baustoffes und andererseits durch eine zweckmäßige Aufteilung der Herstellung in Werkstätte- und Montagearbeiten begründet. Stahl, wie wir heute jedes ohne Nachbehandlung schmiedbare Eisen bezeichnen, besitzt hohe und gleichmäßige *Festigkeit, Elastizität* und *Zähigkeit.*

Die *hohe Festigkeit* erlaubt die Ausführung von Tragwerken mit geringem Eigengewicht. Je größer die Spannweite eines Tragwerkes ist, um so größer wird der Anteil des Eigengewichtes an der Gesamtbelastung. Für jede Tragwerksform existiert bei gegebener Baustoffart eine bestimmte Grenze der Spannweite, bei der das Tragwerk unter Einhaltung der zulässigen Beanspruchungen gerade noch sein eigenes Gewicht zu tragen vermag; die Aufnahme einer Nutzlast, für die das Tragwerk ja gebaut werden soll, ist bei dieser Grenzspannweite ohne Überschreitung der zulässigen Beanspruchungen nicht mehr möglich. Die Grenzspannweite l_{Gr} ist proportional zum Verhältnis der zulässigen Beanspruchung σ (d.h. der Festigkeit) zum Raumgewicht γ des Baustoffes; sie hängt ferner ab von der Form und der baulichen Durchbildung des Tragsystems. Fassen wir diese letzteren beiden Einflüsse in einem Systembeiwert α zusammen, so kann die Größe der Grenzspannweite in der Form

$$l_{Gr} = \frac{\sigma}{\alpha\,\gamma}$$

angeschrieben werden. Der Baustoff Stahl besitzt von allen Baustoffen, mit Ausnahme der Leichtmetalle, das günstigste Verhältnis σ/γ; Leichtmetalle werden aber erst dann beim Bau großer Tragwerke den Stahl ernsthaft konkurrenzieren können, wenn ihre Gestehungskosten kleiner sind als heute und wenn entsprechende Verbindungsmittel zur Übertragung großer Kräfte entwickelt sein werden. Die

hohe Festigkeit des Stahles erlaubt, auch bei beengten Raumverhältnissen eine
befriedigende Lösung der Bauaufgabe mit geringen Querschnitten der Bauteile
zu finden.

Der *hohe Elastizitätsmodul*, $E = 2100$ t/cm^2, erlaubt Bauteile, bei denen die
Steifigkeit maßgebend ist (Durchbiegungen, Stabilitätsprobleme, Schwingungen),
mit geringem Materialaufwand auszuführen.

Die *Zähigkeit* des Stahles bedeutet eine Sicherung gegen örtliche Überbeanspruchungen. Diese Zähigkeit stellt eine in der Regel rechnerisch nicht ausgenützte
Sicherheitsreserve von statisch unbestimmten Stahltragwerken unter ruhender
Belastung dar. Die „Schlauheit des Materials“, wie die Möglichkeit der Selbsthilfe
oder des Spannungsausgleichs häufig auch bezeichnet wird, wirkt sich besonders
auch bei Einzelheiten und Verbindungen günstig aus.

Stahl ist praktisch ein *homogener und isotroper Baustoff* von *gleichmäßiger Güte*.
Dies erlaubt, das innere Kräftespiel in Bauteilen zutreffend zu erfassen, weil die
Voraussetzungen der Berechnung weitgehend erfüllt sind. Da die Streuungen der
Gütewerte klein sind, darf sich die Baupraxis im Stahlbau mit einem kleineren
Sicherheitsgrad begnügen als bei anderen Baustoffen. Die gleichmäßige Güte des
Stahles ist eine Folge der Herstellung des Baustoffes unter stets gleichbleibenden
Bedingungen in den Stahlwerken. Im Gegensatz dazu wird beispielsweise *Beton*
meistens unter wechselnden Witterungseinflüssen auf der Baustelle hergestellt;
Herstellungsfehler lassen sich hier viel weniger zuverlässig vermeiden. Beim Bau-
stoff *Holz* lassen sich die Wachstumsbedingungen überhaupt nicht beeinflussen;
die Qualitätsanforderungen müssen hier durch Auslese erfüllt werden.

Neben seinen entscheidend wichtigen Vorzügen besitzt der Baustoff Stahl auch
gewisse Nachteile, deren Bedeutung jedoch häufig überschätzt wird. Bei *hohen
Temperaturen* verliert der Stahl seine Festigkeit. Tragkonstruktionen, die bei
Bränden einer Temperatur von über 500 °C ausgesetzt sein können, sind deshalb
zu schützen, beispielsweise durch eine gegen Wärme isolierende Ummantelung,
deren Stärke der Menge des vorhandenen brennbaren Materials anzupassen ist.
Gegen *Korrosionseinflüsse* kann Stahl durch geeigneten Anstrich oder durch kor-
rosionsbeständige Überzüge und durch zweckmäßigen Unterhalt ausreichend geschützt werden. Die älteste eiserne Brücke, die gußeiserne Bogenbrücke über den
Severn bei Coalbrookdale (England), 1777 bis 1779 von ABRAHAM DARBY erbaut,
versieht heute noch ihren Dienst (Abb. I,1). Neuzeitliche Stahltragwerke verlangen
einen wesentlich einfacheren Unterhalt, als die im letzten Jahrhundert erstellten
Stahlbauten.

Ein wesentlicher Vorzug der Stahlbauweise liegt ferner in der zweckmäßigen
Arbeitsteilung in Werkstätte- und Montagearbeiten begründet. Die Einzelteile der
Stahltragwerke werden in gut eingerichteten *Werkstätten* bearbeitet mit Bearbeitungsverfahren und maschinellen Einrichtungen, deren Leistungsfähigkeit und
Zweckmäßigkeit durch lange praktische Bewährung nachgewiesen und erprobt
sind. Die Baustellenarbeiten, die *Montage*, beschränken sich damit auf den Zusammenbau fertig bearbeiteter Einzelteile; sie können deshalb in verhältnismäßig
kurzer Bauzeit ausgeführt werden, wobei sich auch ungünstige Jahreszeit und
schlechte Witterung auf die Güte des Bauwerkes nicht schädlich auswirken.
Kleinere Objekte werden oft in der Werkstätte fertiggestellt und in kürzester Zeit
an Ort und Stelle eingebaut; so lassen sich beispielsweise beim Ersatz kleinerer

Brücken durch Neubauten Betriebsunterbrüche auf ein zeitliches Minimum reduzieren. Es ist ein charakteristisches Merkmal des heutigen Stahlbaues, daß man sucht möglichst große Bauteile in der Werkstätte herzustellen, wobei die vorhandenen Transport- und Montageeinrichtungen eine sich ständig nach oben verschiebende Grenze bestimmen, um so die Baustellenarbeiten mehr und mehr zu verringern. In der großen Anpassungsfähigkeit der Aufstellungsverfahren an die örtlichen Verhältnisse und Bedürfnisse liegt ein weiterer charakteristischer Vorzug der Stahlbauweise.

Die *Wiederverwendung* von Stahltragwerken an anderen Stellen, bei geänderten Verhältnissen, ist ohne Materialverlust möglich. Bei Vergrößerung der Betriebslasten können *Verstärkungen* und *Umbauten* innerhalb gewisser Grenzen

Abb. I,1. Brücke über den Severn bei Coalbrookdale.

leicht durchgeführt werden. Endlich besitzen Stahlbauten, die nicht mehr gebraucht werden, einen die Abbruchkosten meist wesentlich übersteigenden *Materialwert*.

Die skizzierten Vorzüge der Stahlbauweise haben ihr denn auch zu *Anwendungsgebieten* verholfen, wie sie in der gleichen umfassenden Mannigfaltigkeit bis jetzt von keiner andern Bauweise erreicht worden sind. Nachstehend soll versucht werden, mit einigen wenigen Beispielen die Umrisse dieser Anwendungsgebiete anzudeuten.

Im Gebiet des *Stahlbrückenbaues* finden sich alle jene Formen verwirklicht, die die Baustatik als normale Tragsysteme kennt. Bei Einzelöffnungen kleiner und mittlerer Spannweite werden *einfache Balken* als Fachwerkträger, als Vollwandträger oder auch als Rahmenträger ausgeführt. Abb. I,2 zeigt als Beispiel eines Fachwerkbalkens die Eisenbahnbrücke über die Emme bei Burgdorf (Schweiz) mit einer Spannweite von 57 m, erstellt 1925. Die Straßenbrücke über die Reuß bei Mellingen (Schweiz) von 45 m Spannweite (Abb. I,3), die in den Jahren 1926 bis 1927 entworfen und 1929 als Ersatz für eine frühere Holzbrücke ausgeführt wurde, stellt ein frühes Beispiel für die Erweiterung des Anwendungsbereiches vollwandiger Balken in Spannweitenbereiche dar, die vorher fast ausschließlich

dem Fachwerkträger reserviert waren. Abb. I,4 zeigt eine als „Vierendeelträger"
oder Rahmenträger ausgebildete Balkenbrücke, wie sie bis heute fast ausschließlich nur in Belgien, der Heimat von Prof. VIERENDEEL (1852 bis 1940), nach dem
diese Trägerart benannt ist, ausgeführt wird.

Abb. I,2. Eisenbahnbrücke über die Emme bei Burgdorf.

Durchlaufende Balkenbrücken werden sowohl vollwandig wie fachwerkförmig
ausgebildet. Im Gebiete der mittleren Spannweiten dominiert heute der gelenk-
lose durchlaufende Balken vollwandiger Ausbildung, dessen Entwicklung durch
die Ausführung der Reichsautobahnen in Deutschland wesentlich gefördert wurde.

Abb. I,3. Straßenbrücke über die Reuß bei Mellingen.

Allerdings wurden erst in jüngster Zeit mit den Rheinbrücken Köln-Deutz (1948,
$l_{max} = 184$ m) und Düsseldorf-Neuß (1951, $l_{max} = 206$ m, Abb. I,5) sowie mit
der Save-Brücke Belgrad (1956, $l_{max} = 261$ m) und der Zoobrücke Köln (1966,
$l_{max} = 259$ m) wieder Spannweiten erreicht und überschritten, wie sie mit

$l_{max} = 142$ m schon die erste große vollwandige Balkenbrücke, die Britanniabrücke in England, besitzt, mit der ROBERT STEPHENSON gegen 1850 das Schweiß-

Abb. I,4. Vierendeelträgerbrücke in Belgien.

Abb. I,5. Rheinbrücke Düsseldorf-Neuß.

eisen in den Brückenbau eingeführt hatte (Abb. I,6). Bemerkenswert ist ferner,
daß die neuen weitgespannten vollwandigen Balkenbrücken mit dem Kastenquerschnitt und der Stahlfahrbahn grundsätzlich gleiche Konstruktionsmerkmale
des Brückenquerschnittes zeigen, wie die Britanniabrücke (Abb. I,7).

Abb. I,6. Britanniabrücke von ROBERT STEPHENSON.

Abb. I,7.
Querschnitt der
Britanniabrücke

Für die Überbrückung größerer Spannweiten bis rd. 500 m eignet sich das System des seilverspannten Balkens, das durch die Vielfalt der möglichen Anordnungen der Schrägseile und der Pylonen sehr anpassungsfähig ist und trotz seiner geringen Bauhöhe eine große Steifigkeit besitzt (Abb. I,8).

Abb. I,8. Severinsbrücke Köln.

Das Gebiet der Balkenbrücken mit großer Spannweite wird durch den fachwerkförmigen Gerberträger, wie der durchlaufende Balken mit Zwischengelenken nach dem hervorragenden deutschen Brückenbauer HEINRICH GERBER (1832 bis 1912) gewöhnlich genannt wird, aus Gründen, die hier nicht zu erörtern sind, nach wie vor beherrscht. Abb. I,9 zeigt eine Übersicht über die zwei größten bisher ausgeführten Brücken dieser Bauart.

Auch bei den *Bogenbrücken* ist im Gebiet der mittleren Spannweiten die vollwandige Ausführungsform vorherrschend (Abb. I,10, Mälarseebrücke in Stockholm), während bei den eigentlichen Großspannweiten der fachwerkförmige Bogen dem vollwandigen wirtschaftlich überlegen ist. Abb. I,11 zeigt eine Zusammenstellung der für die Entwicklung kennzeichnenden Bogenbrücken, von denen die von O. H. AMMANN erbaute Kill-van-Kullbrücke 1931 (Abb. I,12) zwischen New York und Staten Island (USA) die bis heute erreichte Anwendungsgrenze mit einer Spannweite von rd. 504 m charakterisiert.

Die *Hängebrücken* erreichten schon frühzeitig große Spannweiten. Aus der Frühzeit des Hängebrückenbaues sind besonders hervorragende Beispiele die Kettenhängebrücke über die Menaistraße (England), erstellt 1818 bis 1823 von THOMAS TELFORD mit einer Spannweite von etwa 170 m (Abb. I,32), und die Drahtkabelhängebrücke über die Saane bei Freiburg (Schweiz), die der französische Ingenieur CHALEY 1832 erstellt hatte und die mit ihren 273 m Spannweite

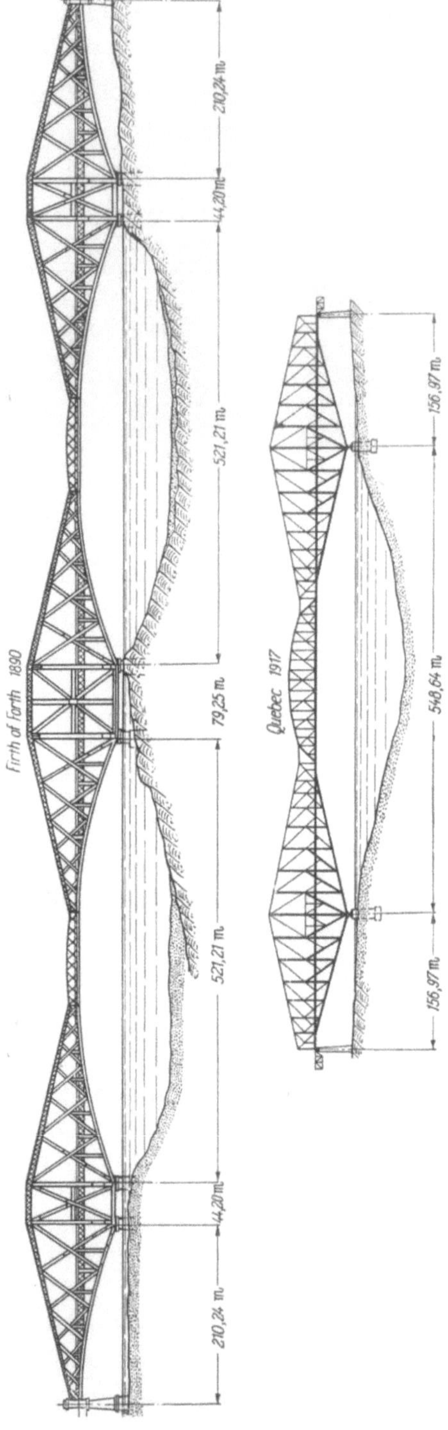

Abb. I.9. Weitestgespannte Balkenbrücken (Gerberträger).

während fast eines Jahrhunderts die weitestgespannte Drahtkabelbrücke Europas bleiben sollte (Abb. I,13). Gegen Ende des 19. Jahrhunderts erreichte der Hänge-brückenbau mit der Brooklyn Bridge 1883 über den East River in New York

Abb. I,10. Mälarseebrücke in Stockholm.

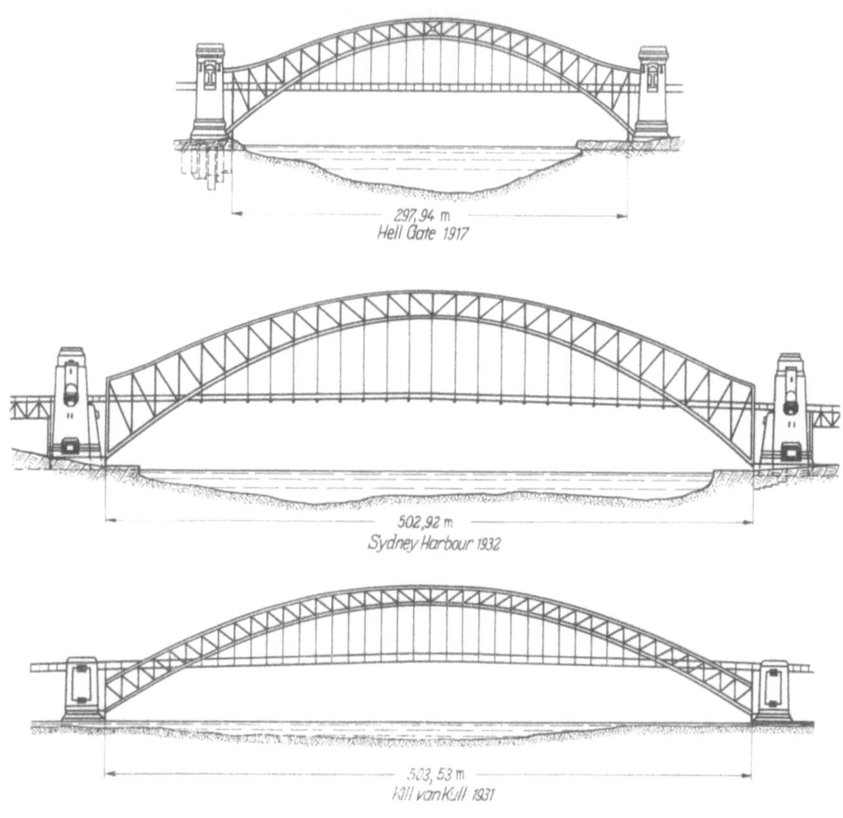

Abb. I,11.

(Abb. I,14) des Deutschamerikaners ROEBLING erstmals annähernd die Spann-weite von 500 m, die sich dann 1931 mit der von O. H. AMMANN erstellten George Washington Bridge über den Hudson River in New York auf einen Schlag ver-doppeln sollte (Abb. I,15). Die in Abb. I,16 wiedergegebene Zusammenstellung der zur Zeit ihrer Ausführung weitestgespannten Hängebrücken zeigt, daß die Spannweite von 3500′ = 1067 m der George Washington Bridge heute schon durch die Golden Gate Bridge in San Francisco (USA) und durch die Verrazano-Narrows-Brücke in New York (USA) (Abb. I,17) mit einer Spannweite von 4260' = 1298 m übertroffen worden ist; eine weitere Steigerung der Spannweite ist mit wirtschaftlich vertretbarem Aufwand durchaus möglich.

Abb. I,12. Kill-van-Kullbrücke.

Abb. I,18 zeigt die Ausführung eines verstärkten Balkens in Form des ,,versteiften Stabbogens" oder des Langerschen Balkens mit der Tessinbrücke bei Giubiasco-Sementina (Schweiz) von 70,7 m Spannweite; dieses Tragsystem, das

Abb. I,13. Grand Pont in Freiburg (Schweiz).

eine Art Umkehrung der versteiften Hängebrücke darstellt, eignet sich auch zur *Verstärkung* von Balkenbrücken mit geringen Eingriffen in das bestehende Tragwerk (Abb. I,19).

Im Gebiete des *Stahlhochbaues* ist die Mannigfaltigkeit der Bauformen wohl noch stärker ausgeprägt als im Brückenbau. Zur möglichst stützenfreien Überdeckung breiter Grundrißflächen im *Hallenbau* kommen Balken-, Bogen- und Rahmenträger in fachwerkförmiger oder vollwandiger Ausführung zur Anwendung. Die Tragkonstruktion des Palais des Expositions in Genf (Schweiz), erstellt

1926, zeigt eine weitgehend aufgelöste Konstruktion (Abb. I,20), bei der nicht nur die Binder (Spannweite 47,5 m mit beidseitigen Kragarmen), sondern auch die

Abb. I,14. Brooklyn Bridge in New York.

Pfetten fachwerkförmig ausgeführt sind, während bei der 1933 bis 1934 erstellten Halle der Schweizer Mustermesse in Basel (Abb. I,21) mit 52,4 m Binderspannweite eine vollwandige Konstruktion gewählt wurde. Die Gegenüberstellung der

Abb. I,15. George Washington Bridge von O. H. AMMANN.

beiden Lösungen (Abb. I,20 und I,21) zeigt deutlich die breite Variationsmöglichkeit des Stahlbaues bei an sich ähnlichen Aufgaben; die Fachwerklösung mit einem Gewicht der Stahlkonstruktion von 45 kg/m² erfordert einen wesentlich

Brooklyn 1883
284,44 m
486,31 m
284,44 m
Philadelphia – Camden 1926
218,44 m
533,42 m
218,44 m
George Washington 1931
198,12 m
1066,80 m
198,12 m
Golden Gate 1937
343,02 m
1280,16 m
343,02 m
Verrazano – Narrows 1964
370,33
1298,45 m
370,33

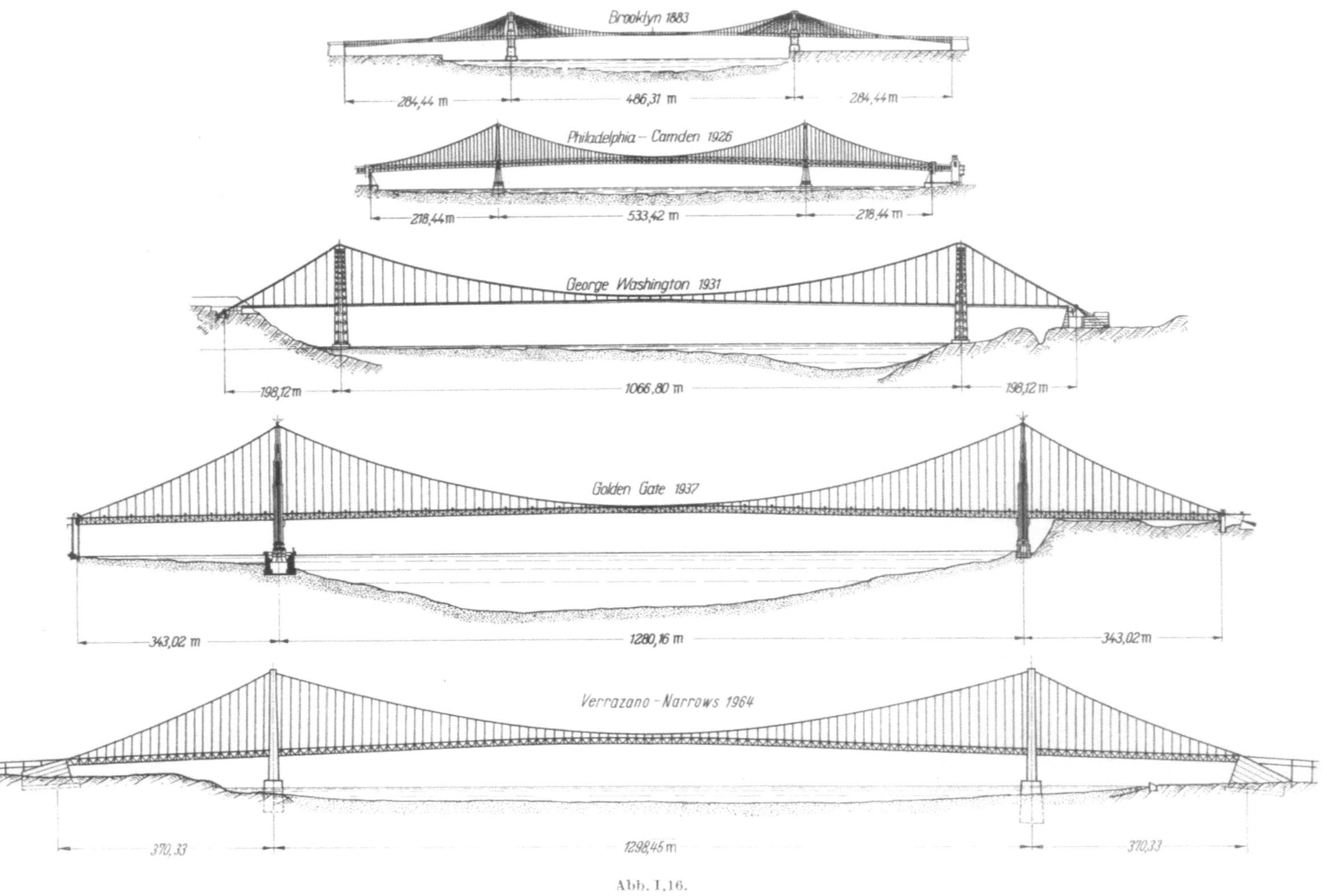

Abb. I,16.

größeren Bearbeitungsaufwand als die vollwandige Lösung, bei der dafür das Konstruktionsgewicht auf 76 kg/m² angestiegen ist. So können Fragen der Markt-

Abb. I,17. Verrazano-Narrows Bridge in New York.

lage, der Tragfähigkeit des Baugrundes, der zur Verfügung stehenden Bauzeit die Wahl der Lösung im Einzelfall entscheidend beeinflussen. Bei besonderen Grund-

Abb. I,18. Tessinbrücke Giubiasco-Sementina.

rißformen ergeben besondere Formen der Tragkonstruktion zweckmäßige Lösungen; die Westfalenhalle in Dortmund (Abb. I,22), erstellt 1952, ist dafür mit ihrem elliptischen Grundriß von 117,5 m Länge und 95,5 m Breite ein besonders bemerkenswertes Beispiel.

Im *Stahlskelettbau* erlaubt die Stahlbauweise eine Ausführung der Stahlkonstruktion mit minimalen Querschnittsabmessungen; die Funktionstrennung in

Abb. I,19. Verstärkte Eisenbahnbrücke.

tragende Bauteile hoher Festigkeit und in raumabschließende Bauelemente guter Isolierfähigkeit führt zu Lösungen mit optimaler Ausnützung des umbauten

Abb. I,20. Palais des Expositions in Genf.

Raumes. Abb. I,23 zeigt mit dem Hochhaus Bel-Air-Métropole in Lausanne (Schweiz) von 67 m größter Höhe bei 20 Stockwerken ein europäisches Beispiel, das sich allerdings gegenüber den amerikanischen Wolkenkratzern noch sehr

Abb. I,21. Mustermessehalle in Basel.

Abb. I,22. Westfalenhalle in Dortmund.

bescheiden ausnimmt. Das höchste Stahlskelettgebäude ist immer noch das Empire State Building in New York (Abb. I,24) mit 102 Stockwerken und 381 m

Abb. I,23. Hochhaus Bel-Air-Métropole in Lausanne.

Abb. I,24. Empire State Building in New York.

Gebäudehöhe (ohne aufgesetzten Antennenturm). Die zur Zeit im Bau befindlichen Zwillingstürme des „World Trade Center" in New York werden es allerdings um rd. 30 m überragen.

Die große Anpassungsfähigkeit des Stahlbaues an die Besonderheiten des Einzelfalles hat auch zu einer großen Zahl von *besonderen Anwendungsgebieten* und *besonderen Bauformen* geführt; die folgenden Abbildungen sollen als Beispiele einige orientierende Hinweise vermitteln. Die Befehlsstellwerkbrücke im Bahnhof Zürich (Abb. I,25) zeigt mit der veränderlichen Höhe und Breite eine den besonderen Verhältnissen angepaßte besondere Tragkonstruktion. Abb. I,26 stellt mit dem Antennenturm Beromünster (Schweiz) von 215 m Höhe ein Beispiel für die große Gruppe von stählernen Türmen und Masten dar, wie sie in großem Umfang auch als Tragwerke für elektrische Freileitungen verwendet werden. Krane und Transportanlagen (Abb. I,27) führen wieder zu besonderen und für die Anpassungsfähigkeit des Stahlbaues charakteristischen Bauformen. Abb. I,28 zeigt mit einem Förderturm (Deutschland), daß auch reine Nutzkonstruktionen des Industriebaues in Stahl formschön gestaltet werden können und Abb. I,29 soll veranschaulichen, welch mannigfaltige Ansprüche

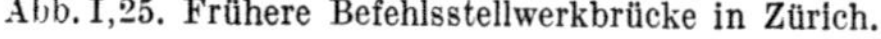

Abb. I,25. Frühere Befehlsstellwerkbrücke in Zürich.

Abb. I,26. Antennenturm Beromünster.

beispielsweise ein Hochofenwerk an den Stahlbau stellen kann. Endlich sei noch mit der Abbildung eines Wehrverschlusses, den Sektorhakenschützen des Kraftwerkes Rupperswil-Auenstein (Schweiz, Abb. I,30) und mit Abb. I,31, die das

Abb. I,27. Verladekran.

Abb. I,28.
Förderturm.

Schiffshebewerk Niederfinow zeigt, auf die vielen Möglichkeiten des Stahlwasser-
baues hingewiesen.

Der Reichtum der Bauformen, die dem Stahlbau zur Verfügung stehen,
erlaubt in jedem Einzelfall eine zweckmäßige und wirtschaftliche Lösung zu

Abb. I,29. Hochofenwerk.

finden. Dabei ist auch, innerhalb gewisser Grenzen, eine Anpassung an die jewei-
lige Marktlage möglich; ein Träger gegebener Spannweite und Belastung beispielsweise kann vollwandig oder fachwerkförmig ausgebildet werden, wobei einer
Verkleinerung des Konstruktionsgewichtes eine Vergrößerung der Bearbeitungskosten entsprechen wird. Bei hohen Löhnen, Mangel an Arbeitskräften oder
niedrigen Materialpreisen wird man den schweren Vollwandträger, in Zeiten der
Stahlknappheit dagegen eher den arbeitsintensiven aber leichteren Fachwerkträger vorziehen. Die Abstimmung der verschiedenen Anteile der Gestehungskosten zum Entwurf des wirtschaftlichsten Tragwerkes erfordert vom Stahlbauer

nicht nur eine eingehende Kenntnis der Eigenschaften seines Baustoffes, der Konstruktionsregeln und statischen Berechnungsmethoden, sondern auch eine

Abb. I,30. Stauwehr Rupperswil-Auenstein.

Abb. I,31. Schiffshebewerk Niederfinow.

gründliche Vertrautheit mit den Bearbeitungsverfahren in der Werkstätte und auf der Baustelle. Beachten wir noch, daß die Güte eines Stahltragwerkes weitgehend von der sorgfältigen baulichen Durchbildung der Einzelheiten und Verbindungen abhängt, so erkennen wir, daß beim Stahlbau ganz besonders Entwurf und Ausführung eine Einheit bilden müssen. Der Stahlbauer muß alle Zweige seiner Bauweise beherrschen, um vollwertige Bauwerke zu schaffen.

2. Merkmale und Tendenzen der Entwicklung

Die Entwicklung des Stahlbaues ist weitgehend bestimmt durch die Fortschritte, die die immer größer werdenden Bauaufgaben des Brückenbaues gefordert haben; der Stahlbrückenbau ist der eigentliche Träger der Entwicklung der gesamten Stahlbauweise. Beim nachfolgenden Versuch, die charakteristischen Merkmale und Tendenzen des Stahlbaues aufzuzeigen, dürfte deshalb eine Beschränkung auf den Stahlbrückenbau gerechtfertigt sein.

Jede Entwicklung besitzt ihre äußeren und äußerlich erkennbaren Merkmale, denen jedoch innere oder geistige Entwicklungsmerkmale gegenüberstehen. Im Gebiete des Stahlbaues läßt sich besonders anschaulich feststellen, daß wesentliche Stufen der äußeren Entwicklung gar nicht möglich gewesen wären ohne eine entsprechende geistige Entwicklung.

Die *äußere Entwicklung* des Stahlbaues kann nach verschiedenen Gesichtspunkten beurteilt werden, wie beispielsweise nach der Entwicklung des Baustoffes, nach der Entwicklung der Bauformen oder auch nach der Größe der verwirklichten größten Spannweiten.

Von der *Baustoffseite* aus gesehen sind etwa die folgenden wichtigsten Etappen zu nennen.

1777 bis 1779 erbaute Abraham Darby die *gußeiserne Bogenbrücke* bei Coalbrookdale (Abb. I,1) mit einer Spannweite von rd. 30 m. Es ist offensichtlich, daß diese erste eiserne Brücke in ihrer Formgebung als Bogenbrücke durch die Vorbilder des Steinbrückenbaues beeinflußt war, aber sie zeigt doch auch durch die aufgelöste gegliederte Ausbildung ein eigenes neues Merkmal, dasjenige des Leichtbaues; die Leichtbauweise ist dem Stahlbau angeboren. Der Baustoff Gußeisen hat nur bis etwa zur Mitte des 19. Jahrhunderts im Brückenbau eine nennenswerte Rolle gespielt und ist dann durch die neueren Baustoffarten vollständig verdrängt worden.

1796 wurde in Amerika von James Finley die erste Hängebrücke von 21,3 m Öffnungsweite mit *geschmiedeten Ketten* erbaut; dieses bescheidene Bauwerk wurde zum Vorbild der 1818 bis 1823 von Thomas Telford erbauten Kettenhängebrücke über die Menaistraße mit einer Spannweite von rd. 170 m (Abb. I,32). Es ist dieses Meisterwerk Telfords, das den großen französischen Ingenieur Louis Navier (1785 bis 1836) zu seinem „Rapport et mémoire sur les ponts suspendus", Paris 1823, angeregt hat; dieses Werk stellt den ersten großen Markstein in der Geschichte einer eigentlichen Baustatik im heutigen Sinne dar.

1816 verwendete Richard Lees in England zum erstenmal *Drahtkabel* für den Bau von Hängebrücken. 1823 bis 1824 führte Guillaume Henri Dufour in Genf systematische Versuche über dieses neue Brückenbaumaterial durch, die für die Ausführung des Grand Pont in Freiburg 1832 (Abb. I,13) wegleitend werden sollten. Die Frage, ob Ketten oder Drahtkabel bei Hängebrücken eine wirtschaftlichere Lösung erlauben, ist heute für das Gebiet der großen Spannweiten eindeutig zugunsten des Drahtkabels beantwortet.

1844 bis 1850 führte Robert Stephenson mit der Britanniabrücke (Abb. I,6) die erste größere Balkenbrücke aus *Schweißeisen* aus. Die Britanniabrücke, bei der sich erstmals an einem großen Brückenbauwerk der befruchtende Einfluß des jungen Eisenbahnbaues auswirkt, gehört aber auch deshalb zu den bedeutendsten Bauwerken des Stahlbaues, weil hier eine systematische Versuchsforschung, die sich vor allem auf Fragen an auf Druck, Biegung und Schub beanspruchten plattenförmigen Bauelementen, also auf das Stabilitätsproblem des Ausbeulens dünner Bleche bezog, Schritt für Schritt zur ausgeführten Form eines kastenförmigen Querschnittes (Abb. I,7) bei einer größten Spannweite von über 140 m führte. Man muß sich fragen, weshalb die charakteristischen Merkmale der

Abb. I,32. Brücke über die Menaistraße von T. Telford.

Britanniabrücke praktisch ein Jahrhundert lang beim Bau von vollwandigen Balkenbrücken mittlerer Spannweite nicht mehr angewendet wurden; der Grund dafür dürfte, mindestens teilweise, darin liegen, daß die theoretischen Grundlagen für eine wirtschaftliche und gleichzeitig sichere Bemessung großer Blechwände fehlten.

Seit etwa 1865 vollzog sich mit der Einführung des *Flußstahles* der letzte große Schritt in der baustofftechnischen Entwicklung des Stahlbaues, so z. B. im deutschen Brückenbau mit der Weichselbrücke bei Fordon von Georg Christoph Mehrtens (Abb. I,33). Diese Entwicklungsstufe ist heute noch nicht abgeschlossen, sondern sie wird durch Verbesserung der Herstellungsverfahren und der Zusammensetzung der Baustähle über den heutigen Stand hinaus weitergeführt werden.

Ein zweites äußeres Entwicklungsmerkmal zeigt sich beim Vergleich der *Bauformen* verschiedener Zeiten. Das Gitterfachwerk mit vielfachem Strebenzug, wie es etwa um die Mitte des letzten Jahrhunderts vielfach gebräuchlich war und für das der Viaduc de Grandfey bei Freiburg (Schweiz) in Abb. I,34 ein charakteristisches Beispiel zeigt, geht eindeutig auf Vorbilder des Holzbaues (Townsche Lattenbrücke) zurück. Die Weiterentwicklung zum weitmaschigen Dreiecksfachwerk unserer Zeit, für die die Elbebrücke bei Hohenwarthe in Abb. I,35 oder

Abb. I,33. Weichselbrücke bei Fordon von G. C. MEHRTENS (1890).

Abb. I,34. Viaduc de Grandfey bei Freiburg (Schweiz).

auch die Rheinbrücke bei Neuwied in Abb. I,36 repräsentative Beispiele darstellen, ist die Folge einer geistigen Leistung: Die von KARL CULMANN[1] (1821 bis 1881) und gleichzeitig und unabhängig auch von FRIEDRICH WILHELM SCHWEDLER[2] (1823 bis 1894) aufgestellte Theorie des Dreiecksfachwerkes mit gelenkig

---

[1] CULMANN, K.: Der Bau von hölzernen und eisernen Brücken in England und Nordamerika. Förstersche Bauzeitung 1851, 1852.

[2] SCHWEDLER, F. W.: Theorie der Brückenbalkensysteme. Berliner Zeitschrift für Bauwesen, 1851.

vorausgesetzten Knotenpunkten erlaubt eine einfache Berechnung solcher Fachwerke mit einer auch heute noch normalerweise als genügend angesehenen
Übereinstimmung mit der Wirklichkeit[1].

Abb. I,35. Elbebrücke bei Hohenwarthe.

Abb. I,36. Rheinbrücke bei Neuwied.

---

[1] Es ist immerhin hier festzuhalten, daß schon vor CULMANN und SCHWEDLER S. WHIPPLE
(An Essay on Bridge Building, 1847) in Amerika und D. J. JOURAWSKI in Rußland ähnliche
Berechnungen aufstellten (vgl. S. TIMOSHENKO: D. J. JOURAWSKI and his Contribution to
the Theory of Structures; Federhofer-Girkmann-Festschrift, Wien 1950); doch darf der
Einfluß dieser Arbeiten auf die praktische Entwicklung als gering eingeschätzt werden.

Der Übergang vom Gitterträger zum Dreiecksfachwerk bedeutet eine wesentliche *Vereinfachung der Bauformen* und damit selber ein weiteres charakteristisches Entwicklungsmerkmal des Stahlbaues überhaupt. Einige einfache Gegenüberstellungen erlauben die Feststellung, daß die Vereinfachung der Bauformen vom Gitterträger zum Dreiecksnetz nicht eine vereinzelte Erscheinung, sondern nur ein Beispiel einer allgemeinen und in letzter Zeit mehr und mehr bewußt geförderten Entwicklungstendenz ist. Der Blick in die berühmte Quebecbrücke (Abb. I,37 und I,9), die mit einer Spannweite der Mittelöffnung von 1800' $\cong$ 550 m

Abb. I,37. Quebecbrücke.

zu den bedeutendsten Werken des Stahlbrückenbaues gehört und die erst 1917 fertiggestellt wurde, zeigt uns ein Bild, das wir wegen der zu weit gehenden Auflösung und Vergitterung der Bauteile heute wohl eindeutig ablehnen. Es ist diese vergitterte Bauart, die dem Stahlbau früher den wohl nicht ganz unverdienten Vorwurf der Häßlichkeit und des kostspieligen Unterhaltes eingetragen hat. Unseren heutigen Vorstellungen über gut gestaltete Stahltragwerke entspricht wohl etwa das Beispiel der Bronx-Whitestonebrücke von O. H. AMMANN in New York (Abb. I,38) mit ihren klaren und einfachen Bauformen und ihrer eleganten Linienführung, die allerdings bis an die Grenze der noch zulässigen Schlankheit geht, weit besser. Vergleichen wir ferner etwa die Kornhausbrücke in Bern (Schweiz) (Abb. I,39), die mit ihren rd. 113 m Spannweite zur Zeit

Abb. I,38. Bronx-Whitestonebrücke in New York.

Abb. I,39. Kornhausbrücke in Bern.

ihrer Erstellung (1898) eine ausgezeichnete Ingenieurleistung bedeutete, beispielsweise mit der in Abb. I,40 gezeigten geschweißten Bogenbrücke über die Autobahn bei Dessau, so erkennen wir die gleiche Entwicklung, die sich ungefähr im Verlaufe eines Menschenalters abgespielt hat, mit aller Deutlichkeit.

Abb. I,40. Bogenbrücke über eine Autobahn bei Dessau.

Diese charakteristische Tendenz zur Vereinfachung der Bauformen beschränkt sich nicht nur auf die Gesamtanordnung eines Bauwerkes, sondern umfaßt auch die Einzelheiten und Verbindungen. Die Vermutung ist naheliegend, daß die Einführung der Schweißtechnik in den Stahlbau, die ja teilweise etwas überstürzt vor sich ging, die jedoch gegenüber der klassischen Nietung häufig eine wesentliche Vereinfachung der Verbindungen erlaubt, gerade dieser Entwicklungstendenz mit zu verdanken ist.

Ein drittes äußeres Entwicklungsmerkmal des Stahlbaues zeigt sich, wenn wir die *größten Spannweiten* der bisher ausgeführten Bauwerke miteinander vergleichen. Für das Beispiel der Hängebrücke sind die charakteristischen Pionierleistungen etwa die folgenden:

1832: Grand Pont in Freiburg, $l = 273$ m,
1883: Brooklyn Bridge in New York, $l = 487$ m,
1931: George Washington Bridge in New York, $l = 1067$ m.

Wir stellen annähernd eine Vervierfachung der Spannweite im Laufe eines Jahrhunderts oder auch zweimal eine Verdoppelung im Laufe je eines halben

Jahrhunderts fest. Bemerkenswert ist ferner, daß die Entwicklung nicht stetig, sondern sprunghaft vor sich geht; es braucht jedesmal den schöpferischen Mut eines großen Ingenieurs, um einen wesentlichen Fortschritt zu verwirklichen. Es dürfte sich lohnen, in diesem Zusammenhang das Beispiel der George Washington Bridge noch etwas näher zu betrachten. Das Bedürfnis nach einer Brücke über den Hudson River ist durchaus nicht neu, sondern es sind schon im letzten Viertel des 19. Jahrhunderts ernsthafte Bemühungen prominenter Ingenieure um die Verwirklichung eines solchen Bauwerkes festzustellen; in Abb. I,41 sind die wichtigsten dieser Entwürfe zusammengestellt[1]. Es läßt sich an Hand dieser Zusammenstellung unschwer erkennen, weshalb keiner der früheren Entwürfe bis zum Entwurf O. H. Ammanns verwirklicht werden konnte: offensichtlich deshalb, weil sie die gestellte Aufgabe weder technisch überzeugend noch mit wirtschaftlich vertretbarem Aufwand lösen konnten. Der Entwurf Ammanns, dem dies gelang, unterscheidet sich von allen früheren Entwürfen durch die Einfachheit und Klarheit seiner Bauformen. Diese Einfachheit und Klarheit ist jedoch keine Selbstverständlichkeit; sie ist das Ergebnis einer entscheidenden geistigen Leistung. Die Ammannsche Lösung beruht auf der vielleicht zunächst intuitiv erfaßten und mit an unversteiften Hängebrücken während fast eines Jahrhunderts gemachten Erfahrungen im Widerspruch stehenden Idee, daß ein schweres Seil an sich, ohne weitere versteifende Elemente, genügend steif sei, um auch noch bewegliche Nutzlasten mit genügender Verkehrssicherheit aufnehmen zu können. Zwischen dieser Idee aber und der gesicherten und rechnerisch bewiesenen Erkenntnis, zwischen der ersten skizzenhaften Vorstellung und den baureifen Plänen und der Ausführung liegen Jahre härtester Arbeit, Jahre auch der Sorgen und Zweifel. Die George Washington Bridge ist, wie alle Meisterleistungen im Gebiete des Bauwesens, das Ergebnis einer Synthese von Erfahrung, Wissen und Können sowie Intuition.

Der hochwertige Baustoff Stahl verlangt eine zutreffende und scharfe Erfassung des Kräftespiels in allen Bauteilen, wie sie nur mit wissenschaftlich begründeten Berechnungsmethoden zuverlässig möglich ist. Jedesmal, wenn der Stahlbau den gesicherten Boden der wissenschaftlichen Erkenntnis verlassen hat, sind Rückschläge eingetreten, die aber ihrerseits wieder zu Ausgangspunkten von verbesserten Erkenntnissen und damit von neuen Fortschritten geworden sind. Es dürfte hier genügen, auf die folgenden drei Beispiele hinzuweisen:

Der Einsturz der Birsbrücke bei Münchenstein (Schweiz) im Jahre 1892 wurde zum Ausgangspunkt zu einer verbesserten Erfassung des plastischen Knickbereiches, die zur empirischen Lösung von Ludwig von Tetmajer und zur theoretischen Lösung von Friedrich Engesser geführt hat;

der Einsturz der Brücke von Hasselt in Belgien im Jahre 1938 sowie einige Schadenfälle an deutschen Reichsautobahnbrücken zeigten eine etwas zu stürmisch verlaufene Entwicklung bei der Einführung der Schweißtechnik auf und wurden so Anlaß zu einer vertieften Untersuchung der beim Schweißen auftretenden besonderen metallurgischen und konstruktiven Probleme, wobei jedoch auch heute eine abschließende Lösung noch nicht erreicht ist;

---

[1] Aus The George Washington Bridge across the Hudson River at New York; The Port of New York Authority, New York 1933.

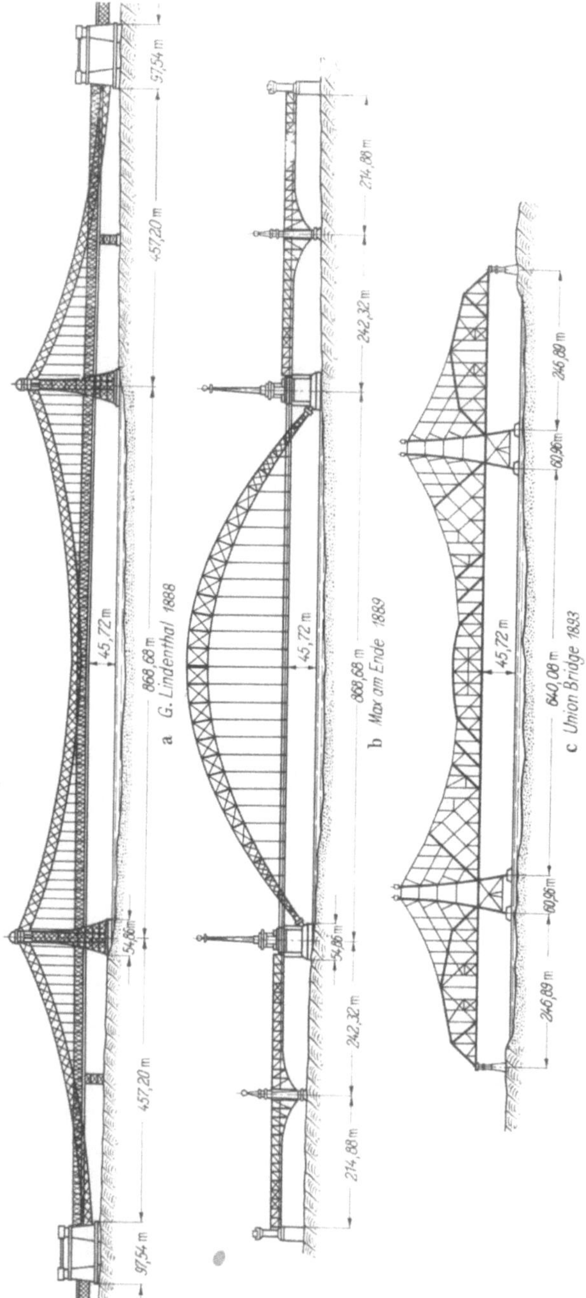

Abb. I,41a—c. Entwürfe für eine Brücke über den Hudson River in New York. (*Fortsetzung auf Seite 30*)

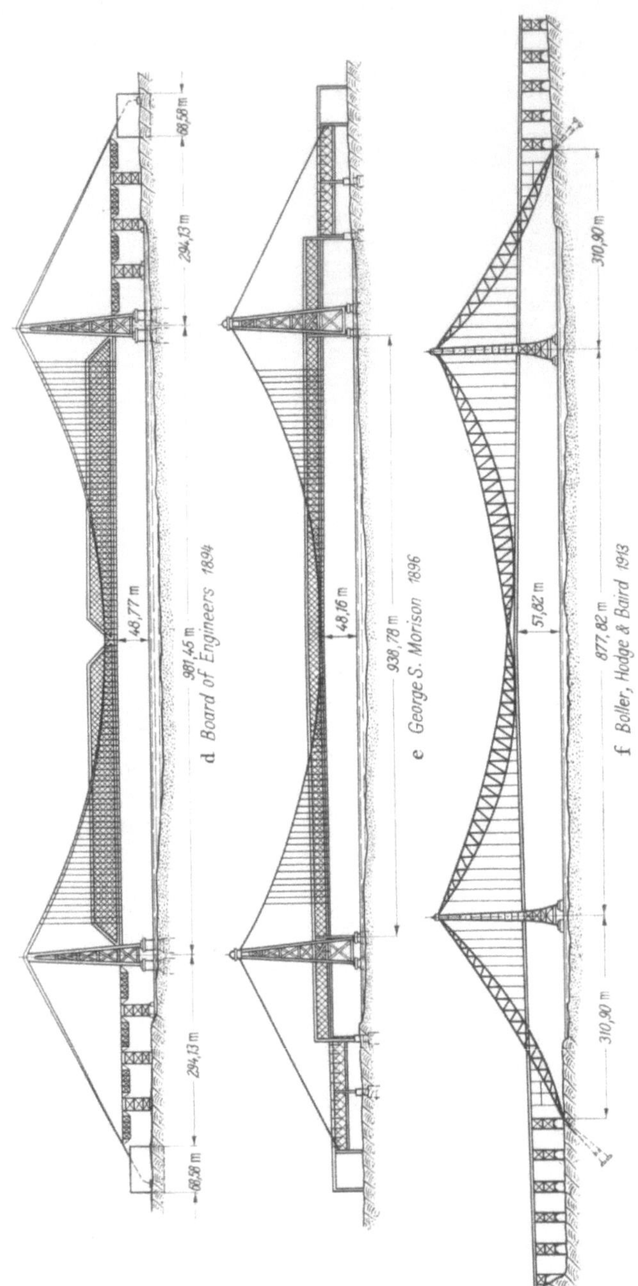

Abb. I, 41 d—f. Entwürfe für eine Brücke über den Hudson River in New York. *(Fortsetzung auf Seite 31)*

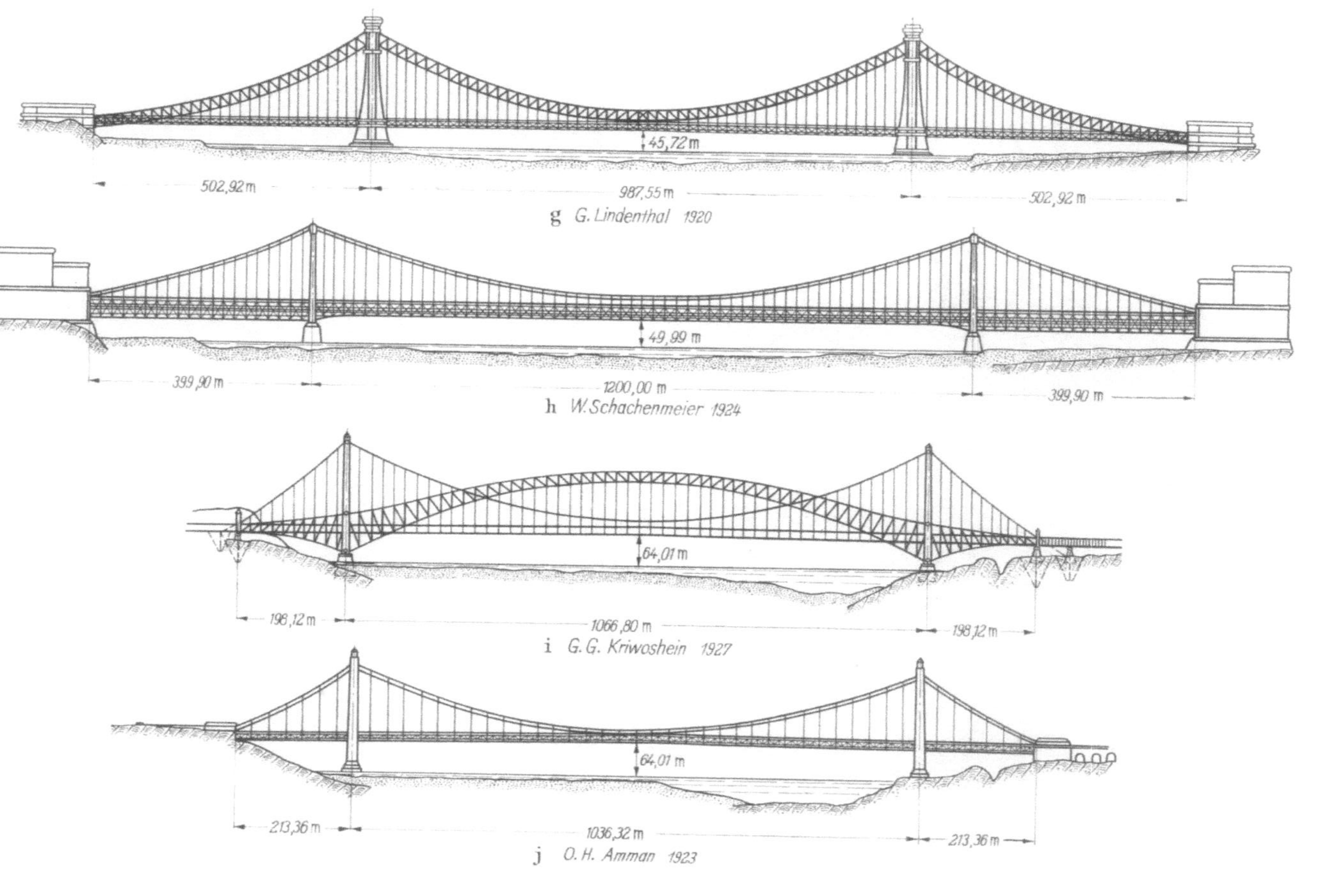

Abb. I,41g—j. Entwürfe für eine Brücke über den Hudson River in New York.

der Einsturz der Tacomabrücke (USA) im Jahre 1940 endlich wies auf die Notwendigkeit hin, bei weitgespannten schlanken Hängebrücken die dynamischen und aerodynamischen Verhältnisse schärfer als bisher zu erfassen[1].

Die verhältnismäßig junge Stahlbauweise steht mit ihrer Entwicklung in einem gewissen Gegensatz zu den älteren Bauweisen des Holzbaues und des Steinbaues, die sich auf Grund einer handwerklich-empirischen Tradition entwickeln konnten. Der Stahlbau hat eine solche Tradition, abgesehen von einzelnen Anregungen, die er den älteren Bauweisen verdankte (Steinbau-Bogenträger, Holzbau-Fachwerkträger) nie besessen, sondern er hat sich seine eigentlichen Grundlagen auf Grund von Materialprüfung, Statik, Dynamik und Festigkeitslehre erst schaffen müssen. Diese Grundlagen sind heute bei weitem noch nicht abgeschlossen oder vollständig, sondern ihr Ausbau wird auch das ernsthafte Bemühen kommender Generationen von Forschern und Ingenieuren in Anspruch nehmen.

---

[1] Für Einzelheiten s. z. B. STAMM, C.: Brückeneinstürze und ihre Lehren. Mitteilungen aus dem Institut für Baustatik an der ETH Zürich, H. 24 (1950).

II. Der Baustoff Stahl

1. Zusammensetzung und Aufbau

Es kann sich hier selbstverständlich nicht darum handeln, das weitschichtige Gebiet der Eisenkunde mehr oder weniger umfassend darzustellen; dafür muß auf die einschlägige Fachliteratur verwiesen werden[1]. Dagegen scheint es notwendig, diejenigen Grundtatsachen der Technologie des Eisens und der Stähle in einer kurzen Übersicht festzuhalten, die im Zusammenhang mit der jüngsten Entwicklung des Stahlbaues, besonders seit der Einführung der Schweißtechnik, für den Stahlbauer von besonderer Wichtigkeit sind.

a) Reines Eisen

Eisen wird in reiner Form (Fe) in der Bautechnik nicht verwendet, sondern nur in Form von Legierungen, die bessere Festigkeitseigenschaften besitzen und dazu meist auch wesentlich billiger herzustellen sind als reines Eisen. Dagegen bildet das Verhalten des reinen Eisens auch die Grundlage für die Beurteilung von Eisenlegierungen.

Makroskopisch erscheint Eisen, wie alle Metalle, als undurchsichtiger, dichter Körper, dessen Oberfläche den typischen Metallglanz aufweist. Es besitzt ein sehr gutes Wärmeleitvermögen und gute elektrische Leitfähigkeit sowie die Befähigung zu einer weitgehenden plastischen Verformbarkeit unter gleichzeitiger Verfestigung. *Mikroskopisch* untersucht erweist sich Eisen als ein zusammenhängendes Haufwerk mikroskopisch kleiner Körner, welche einzelne *Eisenkristalle* darstellen. In jedem Eisenkristall sind die Eisenatome nach Art eines kubischen Raumgitters, also in ausgezeichneter Regelmäßigkeit und relativ dichter Packung angeordnet.

---

[1] Zur allgemeinen Metallkunde:

Brandenberger, E.: Allgemeine Metallkunde, Basel 1952.

Masing, G.: Grundlagen der Metallkunde in anschaulicher Darstellung, 4. Aufl., Berlin/Göttingen/Heidelberg: Springer 1955.

Masing, G.: Lehrbuch der allgemeinen Metallkunde, Berlin/Göttingen/Heidelberg: Springer 1950.

Metals Handbock, The American Society for Metals, Cleveland/Ohio 1948.

Zur Stahlkunde im besonderen:

Colpaert, H.: Metalografia macrográfica e micrográfica dos produtos siderúrgicos comuns, São Paulo 1951.

Scheer, L.: Was ist Stahl? 13. Aufl., Berlin/Göttingen/Heidelberg: Springer 1968.

Kimtscher, W., Kilger, H., Biegler, H.: Technische Baustähle, Halle/Saale 1952.

Houdremont, E.: Handbuch der Sonderstahlkunde, 3. Aufl., Berlin/Göttingen/Heidelberg: Springer 1956.

The Making, Shaping and Treating of Steel, United States Steel, Pittsburgh Pa., 8. Aufl. 1964.

Bei niedriger Temperatur kristallisiert Eisen in einem *raumzentrierten* kubischen Gitter (Abb. II,1); Eisen, dem dieses Kristallgitter zugrunde liegt, wird als *α-Eisen* bezeichnet. Bei Erwärmen auf eine Temperatur von 910 °C klappt das Gitter des *α-Eisens* in ein *kubisch-flächenzentriertes* Raumgitter um; dieses Umklappen geht

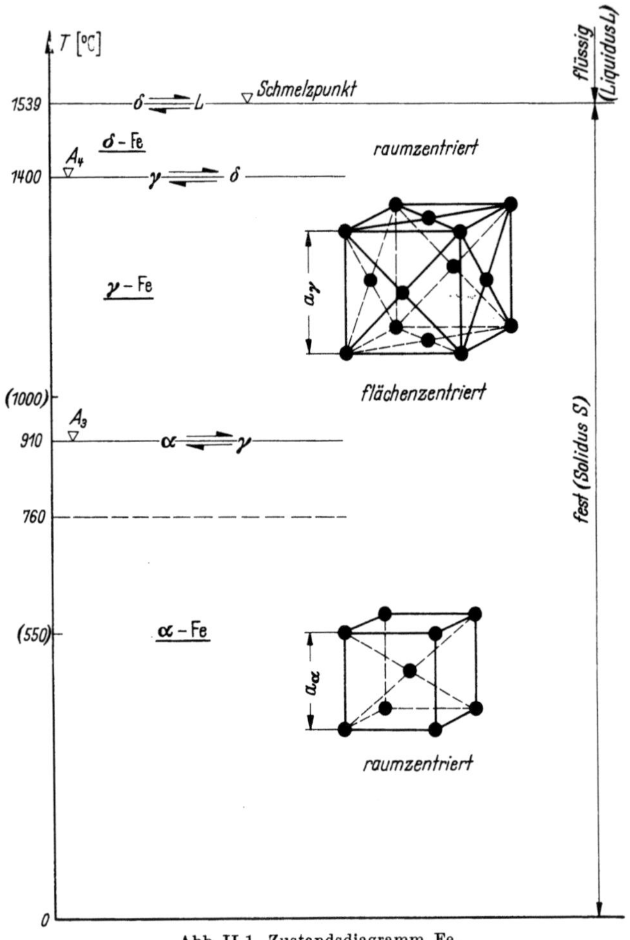

Abb. II,1. Zustandsdiagramm Fe.

unter Abgleiten ganzer Netzebenen derart vor sich, daß die Atome bei der Gitterumwandlung möglichst kleine Wege zurücklegen. Eisen mit dieser Atomanordnung wird γ-Eisen genannt. Während die Kantenlänge a_α des Elementarwürfels von α-Fe bei 20 °C 2,863 Ångström-Einheiten[1], bei 900 °C 2,903 Å beträgt, mißt die entsprechende Länge a_γ am Gitter des γ-Eisens bei 910 °C 3,643 Å. Der kürzeste Abstand zwischen den Eisenatomen ist bei beiden Gittern recht ähnlich; so beträgt er bei Raumtemperatur im α-Eisen 2,47 Å und im γ-Eisen (extrapoliert) 2,52 Å. Die Vergrößerung der Kantenlänge von a_α auf a_γ ist die Folge davon, daß sich die Raumbeanspruchung des Eisenatoms bei der Umklappung in die dichter gepackte Form des flächenzentrierten Raumgitters praktisch nicht ändert.

Bei einer Temperatur von 1400 °C wandelt sich das Gitter des γ-Eisens wieder in ein raumzentriertes kubisches Gitter, dasjenige des sog. *δ-Eisens*, um. Der

---

[1] $1 \text{ Å} = 10^{-8}$ cm.

Schmelzpunkt des reinen Eisens endlich liegt bei 1539 °C. Die angegebenen Umwandlungstemperaturen

$$910 \text{ °C} \quad \text{für} \quad \alpha \rightleftharpoons \gamma,$$

$$1400 \text{ °C} \quad \text{für} \quad \gamma \rightleftharpoons \delta$$

sind Gleichgewichtswerte, welche nur unter ganz bestimmten Bedingungen genau eingehalten werden. Sehr oft ergibt sich bei der Erwärmung eine gewisse Überhitzung und bei der Abkühlung eine geringe Unterkühlung, bevor die Umwandlung vollständig abgelaufen ist. Während sich beim Schmelzpunkt und den beiden Umwandlungstemperaturen $\alpha \rightleftharpoons \gamma$ (A_3-Punkt) und $\gamma \rightleftharpoons \delta$ (A_4-Punkt) zwei Phasen miteinander im Gleichgewicht befinden (beispielsweise schmelzflüssiges Eisen und δ-Kristalle), besteht das Eisen bei jeder anderen Temperatur nur aus einer einzigen stabilen Phase, wie etwa bei 550 °C nur aus α-Kristallen, bei 1000 °C nur aus γ-Kristallen usw. Beim Haltepunkt A_3 wird gelegentlich noch unterschieden zwischen dem A_{c3}-Punkt, der für Erwärmung gilt, und dem A_{r3}-Punkt, der sich beim Abkühlen ergibt.

Es mag auffallen, daß bei der Bezeichnung der festen Phasen des Eisens nur von α-, γ- und δ-Eisen gesprochen wird, daß dagegen die Bezeichnung „β-Eisen" fehlt. Als β-Eisen wurde früher das unmagnetische α-Eisen bezeichnet, wie es im Temperaturbereich von 760 bis 910 °C besteht. Da dieses β-Eisen jedoch die gleiche Kristallstruktur besitzt, wie das α-Eisen, die Temperatur von 760 °C somit keinen eigentlichen Umwandlungspunkt darstellt, wird heute der ganze Temperaturbereich unterhalb von 910 °C als das Stabilitätsgebiet des α-Eisens betrachtet.

b) Das System Eisen—Eisenkarbid

Kohlenstoff (C) ist der wichtigste Legierungsbestandteil der Eisenlegierungen, da eine Zugabe von Kohlenstoff zum Eisen dessen Eigenschaften besonders nachhaltig beeinflußt. Dabei ändert sich der Aufbau der Eisen-Kohlenstoff-Legierungen mit wachsendem Kohlenstoffgehalt. Das α-Eisen vermag nämlich nur wenige Kohlenstoffatome in Lücken seines Raumgitters aufzunehmen; so ist bei der optimalen Temperatur von 723 °C (vgl. Abb. II,7) die Bildung solcher *Einlagerungsmischkristalle* (feste Lösungen) von Eisen mit Kohlenstoff nur bis zu einem Gehalt von etwa 0,02 % C möglich. Der Aufbau eines solchen α(Fe, C)-Mischkristalles, des sog. *Ferrites*, ist in Abb. II,2 schematisch (in Projektion auf eine Gitterebene) dargestellt. Bei höheren Kohlenstoffgehalten bilden sich, neben dem Ferrit, neuartige Kristalle aus Eisen- und

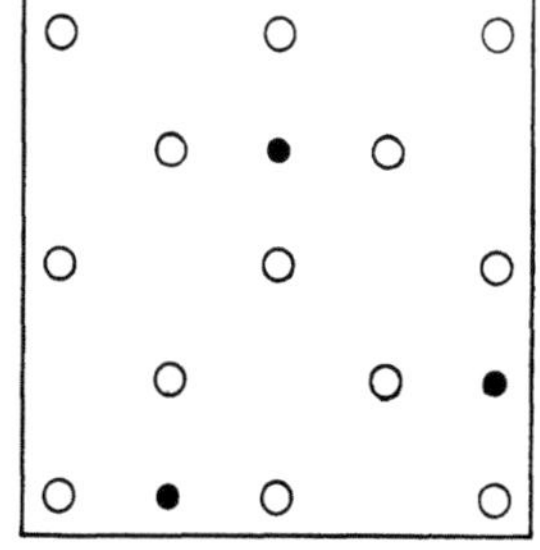

Fe-C -*Mischkristall (Ferrit)*
O Fe-*Atom* ● C-*Atom*

Abb. II,2.

Kohlenstoffatomen, der sog. *Zementit* mit der Formel Fe_3C, in welchen bei einem Atomgewicht von 55,85 für Fe und 12,01 für C somit der Kohlenstoff einen Anteil von

$$\frac{12{,}01}{3 \cdot 55{,}85 + 12{,}01} \cdot 100 = 6{,}69 \text{ Gewichtsprozent}$$

einnimmt.

Mit dem Auftreten dieser neuen Kristallart geht die homogene Legierung, die als einzigen Gefügebestandteil den Mischkristall Ferrit aufweist, in eine heterogene (zweiphasige) Legierung mit zwei verschiedenen Gefügebestandteilen über; neben den Ferritkristallen treten nun Perlitinseln auf, die im Ferrit eingelagert sind. Als *Perlit* wird eine gesetzmäßige Verwachsung von Ferrit- und Zementitlamellen mit dem festen Kohlenstoffgehalt von 0,8%[1] bezeichnet. Perlit ist somit ein Gemenge aus Ferrit und Zementit mit einem stets gleichbleibenden Gewichtsverhältnis Ferrit zu Zementit von rd. 88 : 12. Mit zunehmendem Kohlenstoffgehalt tritt der Ferrit mehr und mehr zugunsten des Perlits zurück, um bei einem Kohlenstoffgehalt von 0,8% überhaupt zu verschwinden; in diesem „eutektoiden" Zustand ist nur noch reines Perlitgefüge vorhanden. Steigt der Kohlenstoffgehalt über 0,8% hinaus weiter an, so erscheint neben Perlit als neuer Gefügebestandteil *freier Zementit*, der sich schalenförmig um die Perlitgebiete lagert; bei einem Kohlenstoffgehalt von 6,69% ist der Perlit verschwunden, und das Gefüge besteht nur noch aus Zementit (Eisenkarbid Fe_3C).

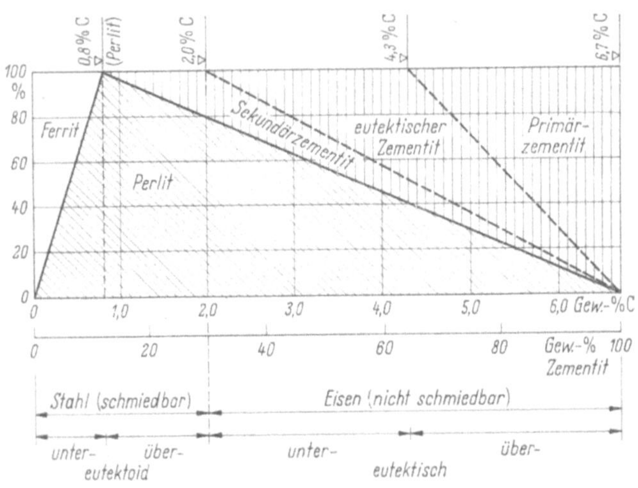

Abb. II,3. Eisen-Kohlenstoff-Legierung.

In Abb. II,3 ist die Zusammensetzung der Eisen-Kohlenstoff-Legierung schematisch dargestellt. In Abb. II,4 sind charakteristische Gefügebilder von reinem Eisen (bzw. Ferrit) bis zu reinem Perlit zusammengestellt; der helle Ferrit tritt mehr und mehr zurück. Abb. II,5 zeigt das Gefüge eines übereutektoiden Kohlenstoffstahles mit rd. 1,3% C, sowie die Gefügebilder von Martensit, Ledeburit (vgl. S. 37) und einem weichgeglühten Stahl mit kugeligem Zementit bei rd. 0,5% C.

Bis zu einem Kohlenstoffgehalt von rd. 2,0 Gewichtsprozent sind die Eisen-Kohlenstoff-Legierungen *schmiedbar*; die Konzentrationsgrenze von 2,0% bildet somit die Grenze zwischen *Stahl* und Gußeisen. Allerdings liegt der Kohlenstoffgehalt der technisch verwendeten Stähle und insbesondere der Baustähle beträchtlich unter dieser Grenze. Durch zunehmenden Kohlenstoffgehalt des Stahles wer-

---

[1] Sogenannte eutektoide Konzentration

den Festigkeit und Härte gesteigert, wobei jedoch gleichzeitig Dehnung und Zähigkeit oder, allgemeiner ausgedrückt, das Verformungsvermögen stark abnehmen. Abb. II,6 zeigt schematisch den Zusammenhang zwischen Kohlenstoffgehalt und Zugfestigkeit σ_z sowie Bruchdehnung (am langen Probestab $l = 10$ d gemessen). Mit wachsendem Kohlenstoffgehalt und damit zunehmender Versprödung des Materials vermindert sich zugleich seine Schweißbarkeit.

Jedem Wert des Kohlenstoffgehaltes, d. h. jedem Abszissenpunkt des Diagrammes nach Abb. II,3 kann nun eine Zustandsgerade, wie sie Abb. II,1 für reines Eisen zeigt, zugeordnet werden; daraus ergibt sich das in Abb. II,7 dargestellte *Zustandsdiagramm Eisen—Eisenkarbid*, das gewöhnlich abgekürzt als *Eisen-Kohlenstoff-Diagramm* bezeichnet wird. In diesem Diagramm ist der Kohlenstoffgehalt als Abszisse und die Temperatur als Ordinate aufgetragen. Nach diesem Diagramm können die verschiedenen Zustände der Eisen-Kohlenstoff-Legierungen bei *langsamer* Erwärmung bzw. langsamer Abkühlung beurteilt werden. Zur Verdeutlichung ist die „Eisenseite" des Diagramms bis zum Kohlenstoffgehalt von 0,1% mit vergrößerten C-Abszissen noch gesondert dargestellt.

Ohne auf die vielen Aussagen, die dem Eisen-Kohlenstoff-Diagramm entnommen werden können, einzugehen, sollen die folgenden Feststellungen hervorgehoben werden:

Zunächst zeigt das Diagramm, daß neben Ferrit und Zementit lediglich noch *Austenit* als stabile Kristallart (Phase) auftreten kann; Austenit ergibt sich aus dem γ-Eisen durch Einbau einzelner Kohlenstoffatome in Lücken des flächenzentrierten Würfelgitters der Eisenatome und ist deshalb, gleich wie der Ferrit, ein *Einlagerungsmischkristall*. Dabei kann jedoch das γ-Eisen in einem weit größeren Umfang solche Mischkristalle γ(Fe, C) bilden, als das α-Eisen, da die maximale Löslichkeit von Kohlenstoff in γ-Eisen mit 2,0% hundertmal größer ist als diejenige in α-Eisen.

Abb. II,7 läßt ferner erkennen, daß es bestimmte Bereiche von Temperatur und Kohlenstoffgehalt gibt, in denen nur *eine einzige* der drei Kristallarten Ferrit, Austenit oder Zementit stabil ist, während in anderen Bereichen *zwei* dieser Kristallarten nebeneinander auftreten, wie beispielsweise Ferrit + Austenit usw. Endlich bestehen drei ausgezeichnete Temperaturen T_E, T_e und T_f, bei denen sogar *drei* verschiedene Phasen miteinander im Gleichgewicht sind; so können bei der Temperatur $T_E = 723\ °C$, die als sog. *Perlitpunkt* auch als A_1-Punkt bezeichnet wird, sowohl α(Fe, C) mit 0,02% C, γ(Fe, C) mit rd. 0,8% und endlich Zementit Fe_3C mit 6,69% auftreten, während bei der Temperatur $T_e = 1145\ °C$ sowohl eine Schmelze mit 4,3% sowie γ(Fe, C) mit 2% bzw. Zementit, und bei der Temperatur $T_f = 1499\ °C$ endlich sowohl γ(Fe, C) wie auch δ(Fe, C) sowie Schmelze vorhanden sein können. Die Temperatur T_e heißt eutektische, T_f peritektische, T_E dagegen eutektoide.

Eutektikum, was etwa mit „wohlgefügter Zustand" übersetzt werden kann, nennt man das Gemisch, das beim tiefsten Schmelzpunkt T_e bei 4,3% C durch Abkühlen aus der Schmelze entsteht; das entsprechende Gefüge heißt *Ledeburit* (s. Abb. II,5c) und besteht aus Zementit mit darin verteilten Austenit- bzw. Perlitkörnern.

Austenit bzw. Stähle, welche gerade 0,8% C enthalten, heißen *eutektoid*; wird ein Austenit mit 0,8% C langsam abgekühlt, so geht er bei $T_E = 723\ °C$ voll-

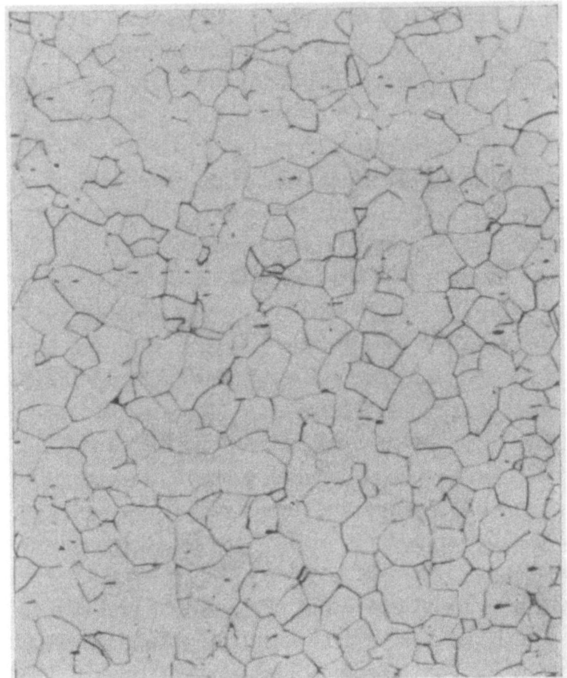

Vergr. 200 mal

a) Reines Eisen (Ferrit).

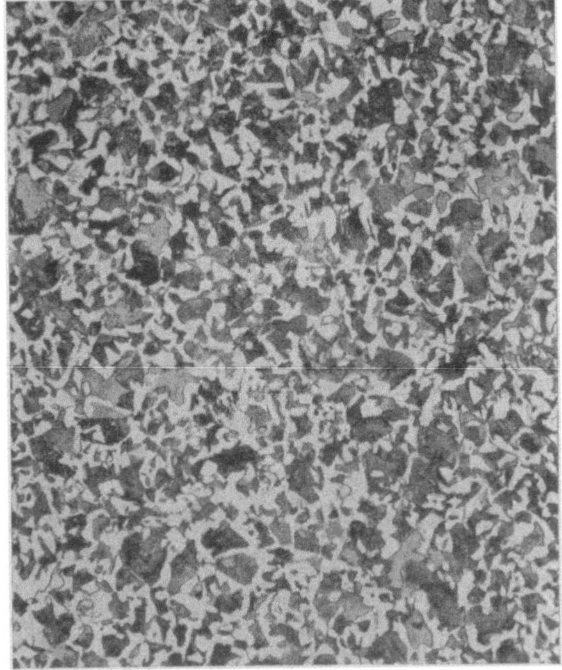

Vergr. 200 mal

c) Untereutektoider unlegierter Kohlenstoffstahl mit etwa 0,4% C, etwa gleich viel Ferrit wie Perlit.
Abb. II,4a und c.

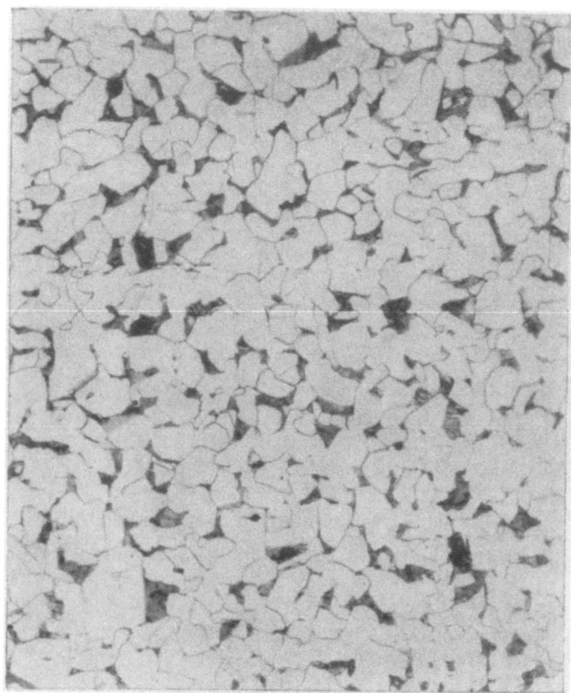

Vergr. 200 mal

b) Untereutektoider unlegierter Kohlenstoffstahl mit etwa 0,1% C, wenig Perlit, überwiegend Ferrit.

Vergr. 200 mal

d) Eutektoider Kohlenstoffstahl, nur aus Perlit bestehend.
Abb. II,4 b und d.

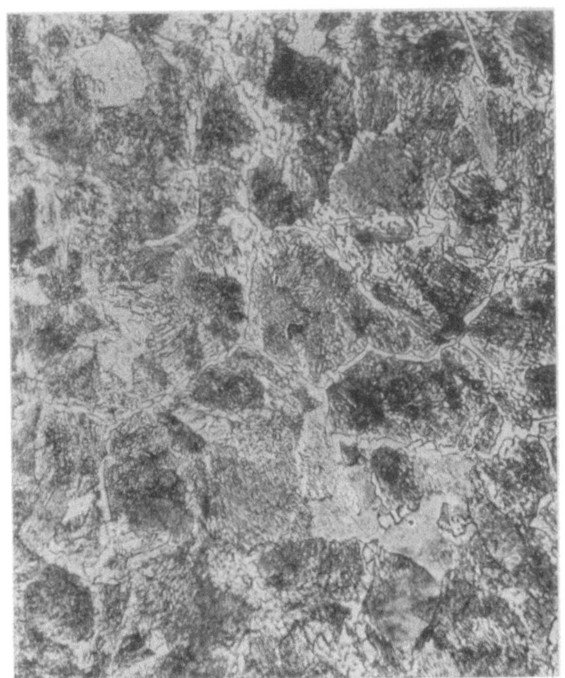

Vergr. 500 mal

a) Übereutektoider Kohlenstoffstahl mit etwa 1,3% C, dunkle Perlitinseln mit hellen Säumen aus Zementit.

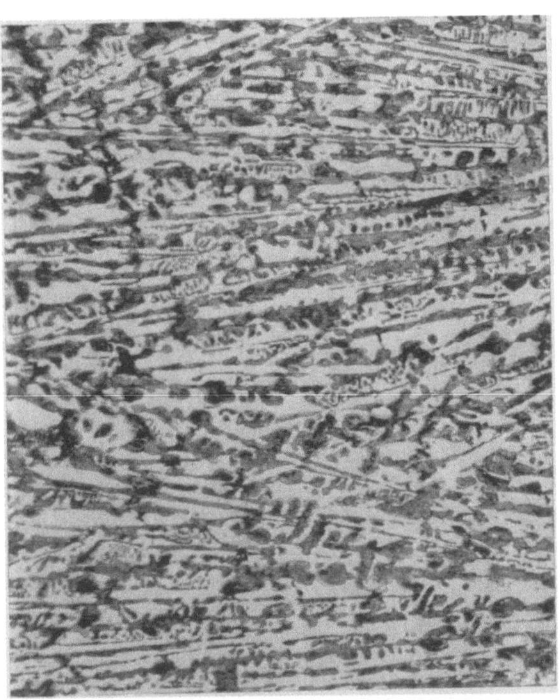

Vergr. 100 mal

c) Ledeburit (helle Flächen Zementit, dunkle Perlit).
Abb. II,5a und c.

Vergr. 200 mal

b) Martensit.

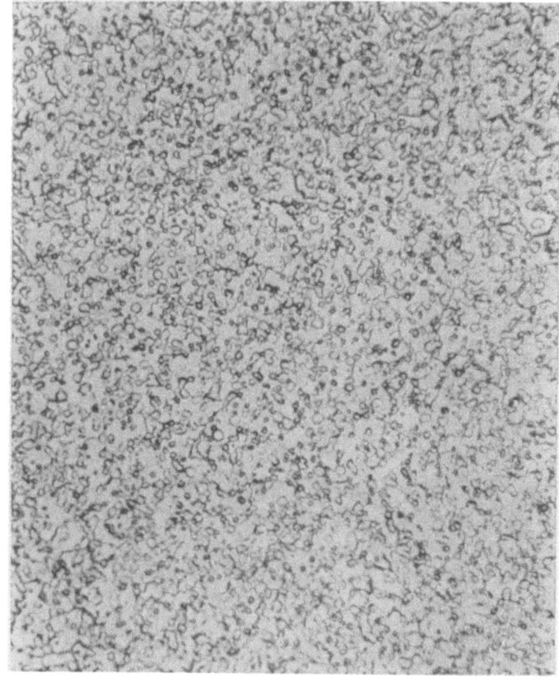

Vergr. 500 mal

d) Weichgeglühter Stahl mit kugeligem Zementit, C-Gehalt etwa 0,5 %.
Abb. II,5 b und d.

ständig in Perlit über. Stähle mit weniger als 0,8% C heißen *untereutektoid*, solche mit mehr als 0,8% C *übereutektoid*.

Wird ein untereutektoider Austenit abgekühlt, so bildet sich zunächst Ferrit, wobei mit weiter sinkender Temperatur sowohl Austenit wie Ferrit kohlenstoff-

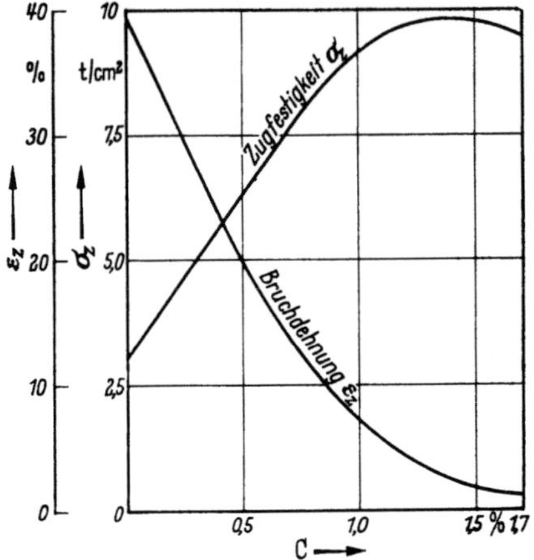

Abb. II,6. Einfluß des C-Gehaltes auf σ_z und ε_z.

reicher werden, bis sich bei 723 °C der noch vorhandene Austenit in Perlit um- wandelt. Bei mehr als 0,8% C bildet sich bei der Abkühlung des Austenites

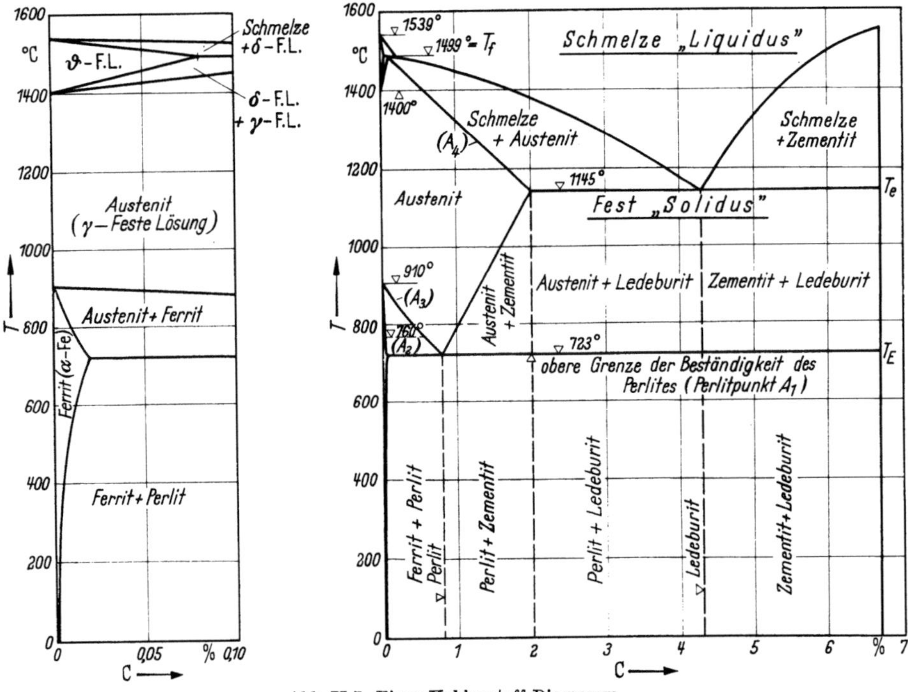

Abb. II,7. Eisen-Kohlenstoff-Diagramm.

zunächst Sekundärzementit (vgl. Abb. II,3); mit sinkender Temperatur ver- mindert sich der C-Gehalt des verbleibenden Austenites, der sich auch hier bei 723 °C in Perlit umwandelt.

Das Eutektoid unterscheidet sich vom Eutektikum dadurch, daß hier eine Umwandlung (Austenit—Perlit) im festen Zustand vor sich geht, während das Eutektikum eine Umwandlung vom flüssigen in den festen Zustand darstellt. Das Eutektoid kann als ein sich in festem Zustand bildendes Eutektikum im Sinne eines „wohlgefügten Zustandes" charakterisiert werden. Es ist endlich noch darauf hinzuweisen, daß nur beim Eutektikum mit 4,3% C ein fester Schmelzpunkt vorhanden ist; bei allen anderen Mischungsverhältnissen (abgesehen von reinem Eisen und reinem Zementit) besteht ein mehr oder weniger ausgedehntes Schmelzintervall für den Übergang vom festen in den flüssigen Zustand.

Bei den Strukturumwandlungen zeigt der Temperaturverlauf auch bei gleichmäßiger Wärmezufuhr eine gewisse Unstetigkeit; von dieser Erscheinung rührt die Bezeichnung *Haltepunkt* der Umwandlungstemperaturen A („arrêt") her.

Bei den Umwandlungsvorgängen von Austenit durch *Abkühlung* ist von Bedeutung, daß der Prozeß aus zwei Teilvorgängen besteht, nämlich

a) der Umwandlung des flächenzentrierten in das raumzentrierte Eisengitter und

b) dem Austritt der C-Atome aus dem Eisengitter, indem $\gamma(\mathrm{Fe, C})$ $x\%$ C enthalten kann, $\alpha(\mathrm{Fe, C})$ dagegen nur $y \ll x\%$ C. So bestehen beispielsweise beim Perlitpunkt nebeneinander Austenit mit $x = 0{,}8\%$ C und Ferrit mit $y = 0{,}02\%$ C. Es müssen hier somit $x - y = 0{,}78\%$ C aus dem Fe-Gitter ausgebaut werden, also 97,5% der C-Atome bei der Umsetzung

$$\gamma(\mathrm{Fe, C}) \rightarrow \alpha(\mathrm{Fe, C}) + \mathrm{Fe_3 C}$$
$$x\% \ \mathrm{C} \qquad y\% \ \mathrm{C}$$

das Eisengitter verlassen.

Diese beiden Teilprozesse spielen sich nun mit stark verschiedenen Geschwindigkeiten ab; während die Änderung der Gitterstruktur sehr rasch vor sich geht, verläuft die Ausscheidung der C-Atome als diffusionsartiger Vorgang nur sehr langsam und träge.

Es ist daher möglich, durch rasches Abkühlen Zustände zu erhalten, bei denen die Gitterumwandlung annähernd abgeschlossen ist, bevor die Ausscheidung der C-Atome aus dem Eisengitter wirksam begonnen hat. Ein solcher Zwangszustand ist mit einer starker Aufhärtung verbunden; das für diesen Zustand typische nadelige Gefüge (Abb. II,5b) wird als *Martensit* bezeichnet. Martensit ist wieder eine homogene Eisen-Kohlenstoff-Legierung (eine einzige Phase), die jedoch, im Gegensatz zu den übrigen nur bedingt haltbar (eingefroren), bei der Raumtemperatur allerdings beliebig lange Zeit haltbar ist.

Die Umwandlungstemperaturen, die das Eisen-Kohlenstoff-Diagramm angibt, sind auch maßgebend für die verschiedenen Möglichkeiten einer *Wärmebehandlung* der Stähle, von denen hier wenigstens die wichtigsten kurz erwähnt seien:

Als *Weichglühen* wird die Erwärmung bis nahe an den Perlitpunkt A_1 bezeichnet; dabei formt sich der lamellare Perlit zu körnigem um. Dieses neue, *Sphäroidit* genannte Gefüge (Abb. II,5d) hat allgemein eine wesentliche Verbesserung der Bearbeitbarkeit der Stähle zur Folge.

Beim *Normalglühen* (Normalisieren, Abb. II,8a) wird der Stahl während einer gewissen Zeit knapp über den Umwandlungspunkt A_3, der ja nach Abb. II,7 vom

Kohlenstoffgehalt abhängig ist, erwärmt und anschließend in ruhiger Luft abgekühlt. Das Normalisieren beseitigt schädliche Folgen einer Überhitzung sowie von Kalt- und Warmverformung und verursacht meistens eine willkommene Kornverfeinerung.

Beim *Spannungsfreiglühen* wird der Stahl lediglich auf etwa 600 bis 650 °C erwärmt und anschließend langsam abgekühlt (Abb. II,8b). Bei dieser Temperatur ist der Stahl weich und von nur geringer Festigkeit, so daß innere Spannungen, die sich beispielsweise durch ungleichmäßige Abkühlung oder durch starke Verformung ergeben können, weitgehend abgebaut werden, wobei jedoch das Mikrogefüge als solches erhalten bleibt (abgesehen von allfälligem Martensit, der ein Anlassen zu Trostit und Sorbit erfährt).

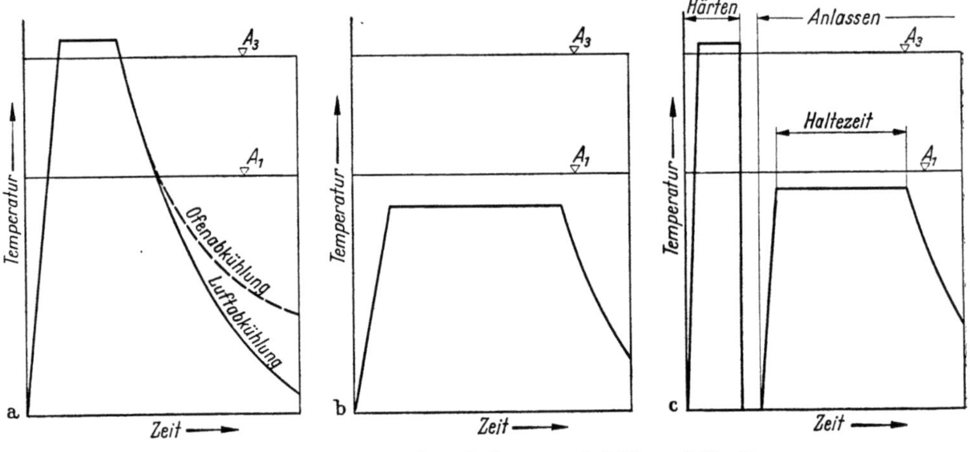

Abb. II,8a—c. a) Normalglühen; b) Spannungsfreiglühen; c) Vergüten.

Das *Vergüten* ist im Falle der Stähle in der Regel eine zusammengesetzte Wärmebehandlung, bei welcher der Stahl zunächst durch rasche Abkühlung gehärtet wird, worauf durch „Anlassen" auf Temperaturen von etwa 400 bis 650 °C die Zähigkeit auf Kosten von Festigkeit und Härte verbessert wird (Abb. II,8c). Dabei lassen sich alle Zwischenstufen zwischen dem voll gehärteten und dem weich geglühten Zustand erreichen. Eine Warmverarbeitung vergüteter Stähle, wie beispielsweise Schmieden, hebt die Wirkung einer Vergütung wieder auf.

Ebenso wie durch eine Wärmebehandlung werden die Eigenschaften eines Stahles durch eine *bleibende Verformung* verändert. So verursacht eine *Kaltverformung* durch Kaltwalzen, Ziehen usw. eine Erhöhung von Festigkeit und Härte unter gleichzeitiger Verminderung von Zähigkeit und Bruchdehnung. Solche durch Kaltverformung verursachte Zustände sind jedoch, ähnlich wie die durch rasche Abkühlung erhaltenen, nicht stabil, aber doch bei der Raumtemperatur hinreichend haltbar. Sie können daher durch Spannungsfreiglühen wieder rückgängig gemacht werden. Dabei besteht jedoch auch die Möglichkeit, daß kaltverformte Stähle allein schon im Laufe der Zeit gewissen Veränderungen unterliegen.

Alle derartigen Änderungen an Stahl, die sich im Laufe der Zeit ohne äußere Einwirkungen einstellen, werden als *Alterungsvorgänge* bezeichnet. Ein solches

Altern kann sich vor allem nach einer Kaltverformung einstellen, aber auch nach dem Abschrecken, und es äußert sich meistens in einer erheblichen Versprödung. Durch Beigabe gewisser Legierungselemente wie auch durch Wahl besonderer Herstellungsverfahren kann die unerwünschte Alterungsempfindlichkeit der Stähle weitgehend vermieden werden.

c) Weitere Legierungselemente

Durch Zugabe von weiteren Legierungselementen sollen bestimmte Eigenschaften von Stählen verbessert werden, ohne in anderer Beziehung unerwünschte Verschlechterungen in Kauf nehmen zu müssen. Durch Vergrößerung des Kohlenstoffgehaltes kann eine Verbesserung der Festigkeit nur auf Kosten von Zähigkeit und Bruchdehnung erreicht werden (Abb. II,6). Mit der Zugabe gewisser weiterer Legierungselemente gelingt es dagegen, Stähle hoher Festigkeit mit gleichzeitig guter Zähigkeit zu erhalten.

Die wichtigsten Legierungselemente, wie sie bei der Herstellung von Baustählen verwendet werden, sind folgende:

Chrom: verbessert Festigkeit, Korrosionswiderstand, Verschleißwiderstand;

Kupfer: verbessert Korrosionswiderstand, Festigkeit;

Mangan: (ist in allen Baustählen vorhanden) verbessert Festigkeit, Zähigkeit (diese besonders bei tieferen Temperaturen), beeinflußt Wärmebehandlung günstig;

Molybdän: verbessert Festigkeit (besonders bei hohen Temperaturen), verbessert Korrosionswiderstand;

Nickel: verhindert Sprödigkeit bei tiefen Temperaturen, verbessert Korrosionswiderstand;

Silizium: verbessert Festigkeit, Korrosionswiderstand.

Bei Stahlbauteilen ist wegen der großen Abmessungen eine Wärmebehandlung nach der Herstellung normalerweise nicht möglich. Für das Material genieteter Konstruktionen läßt sich die gewünschte hohe Festigkeit durch Zugabe der billigsten Legierungselemente wie Kohlenstoff, Mangan und auch Silizium erreichen. Da aber solche Stähle bei rascher Abkühlung einer merklichen Aufhärtung unterliegen, sind sie nur noch bedingt schweißbar, und es war deshalb notwendig, für geschweißte Konstruktionen Baustähle zu entwickeln, die beim Schweißen möglichst wenig aufhärten; dies gelingt durch Beigabe anderer Legierungselemente bei gleichzeitiger Verminderung des Kohlenstoffgehaltes. Die Gefüge solcher Legierungen können wieder homogen oder heterogen beschaffen sein; sie enthalten stets als wesentliche Bestandteile *doppelte Mischkristalle*, bei denen die Atome der Legierungselemente Eisenatome ersetzen (Substitution).

Neben günstig wirkenden Legierungselementen kommen im Stahl auch ungünstig wirkende vor; bei diesen handelt es sich normalerweise um unerwünschte Nebenbestandteile, die bei den normalen Herstellungsverfahren aus Gründen der Wirtschaftlichkeit nicht vollständig entfernt werden. So spielen Schwefel und Phosphor, unter Umständen auch Stickstoff, eine besondere Rolle; der höchstzulässige Gehalt an solchen Nebenbestandteilen wird denn auch in den Gütevorschriften begrenzt. Bei den heute verwendeten Baustählen St 37 und St 52 sollen Schwefel- und Phosphorgehalt zusammen nicht mehr als 0,1 % betragen, während der Gehalt an Kohlenstoff etwa zwischen 0,1 bis 0,2 % liegt. Der Stickstoffgehalt ist auf rd. 0,01% begrenzt. Für die anderen Elemente (Mn, Si usw.) sind die Gehalte meistens nicht vorgeschrieben.

Stähle, welche mehr als 1,5% Silizium und Mangan zusammen oder mehr als 0,3% Aluminium, Chrom oder Nickel enthalten, werden im Gegensatz zu den einfachen oder unlegierten Stählen als *legierte Stähle* bezeichnet, und zwar als *niedriglegierte* bei einem Gesamtgehalt an Legierungselementen bis zu rd. 5%, als *hochlegierte* dagegen, wenn dieser Gehalt 5% überschreitet. Um die bei legierten Stählen möglichen Zustände beurteilen zu können, werden an Stelle der zweidimensionalen Zustandsdiagramme nach Abb. II,7 dreidimensionale Diagramme verwendet, da ja diese Legierungen nun Dreistoffsystemen, wie beispielsweise dem System Eisen — Kohlenstoff — Mangan, angehören. Die Erforschung dieser Zustandsdiagramme sowie der an diesen Mehrstoffsystemen sich abspielenden Zustandsänderungen und der sich daraus ergebenden Zwischenzustände ist eine besondere Aufgabe der Metallkunde mit dem heute allerdings noch längst nicht erreichten Ziel, die Eigenschaften der Stähle mit ihrer besonderen Zusammensetzung und den Herstellungsbedingungen in bestimmte Beziehungen zu setzen. Beim heutigen Stand der Dinge stehen dafür in der Regel erst empirisch gefundene Zusammenhänge zur Verfügung; so wird gelegentlich die Wirkung einer Gruppe von Legierungselementen auf bestimmte Eigenschaften mit jenem „äquivalenten" Kohlenstoffgehalt verglichen, der die gleichen Eigenschaftsänderungen zur Folge hat.

2. Die Herstellung von Stahl

a) Vorkommen von Eisen und Stahl

Eisen war den meisten Kulturvölkern schon in vorgeschichtlicher Zeit bekannt; die ältesten Eisenfunde stammen aus Ägypten und Mesopotamien. In Mitteleuropa dauerte die nach diesem Werkstoff bezeichnete Kulturperiode, die *Eisenzeit*, von rd. 800 v. Chr. bis etwa zum Beginn unserer Zeitrechnung; sie wird gewöhnlich in die ältere Eisenzeit (Hallstattzeit) und die jüngere Eisenzeit (La-Tène-Zeit) unterteilt. Fast jedes Land besitzt seine besondere eisenzeitliche Kultur mit dem gemeinsamen Merkmal der Eisenverwendung zur Herstellung von Waffen und Geräten. Die früheren Verfahren der Eisengewinnung im Altertum und im Mittelalter waren jedoch wenig leistungsfähig, so daß der Werkstoff Eisen für eine Verwendung im Großen zu selten und zu teuer war. Die heutige industrielle Entwicklung wurde weitgehend erst ermöglicht durch die Entwicklung von Verfahren, welche die wirtschaftliche Herstellung von Eisen und Stahl in großen Mengen erlauben.

Eisen gehört mit einem Anteil von etwa 4,5% zu den verbreitetsten Elementen der Erdrinde; es kommt jedoch, abgesehen von der mengenmäßig unbedeutenden Ausnahme des Meteoreisens, in der Natur als Element nicht vor, sondern in *Eisenerzen* gebunden, überwiegend in Form von Oxyden oder von Karbonaten[1], aus denen es durch Erschmelzen (Verhütten) gewonnen werden muß. Unter den heute abbauwürdigen Eisenerzen werden folgende unterschieden:

Spateisenstein, vorwiegend $FeCO_3$, mit einem Eisengehalt von etwa 25 bis 45%;

---

[1] Die Eisen-Sauerstoffverbindungen sind meistens noch mit mineralischen Bestandteilen (Gangart, z. B. SiO_2, $CaCO_3$, Al_2O_3 usw.) durchsetzt.

Brauneisenstein, vorherrschend Eisenhydroxyde mit einem Eisengehalt von etwa 20 bis 60%;

Roteisenstein, vorherrschend Fe_2O_3 mit einem Eisengehalt von etwa 30 bis 65%;

Magneteisenstein, vorwiegend Fe_3O_4 mit einem Eisengehalt von etwa 45 bis 70%;

Der Werdegang des Stahles vollzieht sich vom Erz über das Roheisen in zwei Stufen; er kann etwa wie folgt schematisch dargestellt werden:

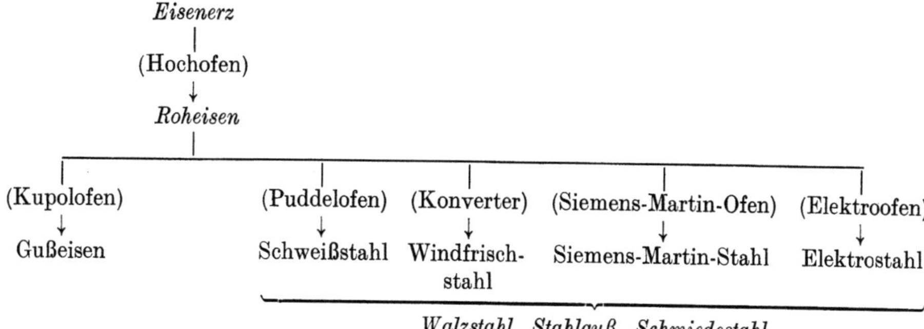

b) Die Herstellung von Roheisen

Die Eisenerze, aus denen das Roheisen durch Verhütten im Hochofen gewonnen wird, enthalten, wie schon gesagt, Eisen in Form von Eisenverbindungen wie Eisenoxyden oder Eisenkarbonaten. Der Hochofenprozeß beruht darauf, daß unter hoher Temperatur diese Verbindung des Eisens Fe mit dem Sauerstoff O unter Ausnützung von dessen größerer Affinität zum Kohlenstoff C gesprengt wird. Der Brennstoff, der vorwiegend in Form von Koks, früher auch in Form von Holzkohle eingebracht wird, hat somit eine doppelte Funktion: er liefert einerseits die notwendige Wärmemenge und andererseits dient er als Mittel, um die Verbindung des Eisens mit dem Sauerstoff zu lösen, d. h. die Eisenoxyde zu Eisen zu *reduzieren*. Als Nebenprodukte ergeben sich beim Hochofenprozeß Kohlenmonoxyd CO und Kohlendioxyd CO_2, welche zusammen mit Stickstoff N_2 die sog. *Hochofengase* bilden, welche im Wärmehaushalt der Hüttenwerke eine bedeutende Rolle spielen. Die Produktion an Eisen, die bei den größten Hochöfen rd. 10000 t/Tag beträgt, wird weitgehend bestimmt durch die Verbrennungsgeschwindigkeit des Brennstoffes und diese ihrerseits durch die Intensität der Luftzufuhr. Die zur Verbrennung notwendige Luft wird als sog. *Wind* im unteren Teil des Hochofens eingeblasen.

Abb. II,9 zeigt einen schematischen Schnitt durch einen Hochofen: Das Erz wird in geeigneter Mischung von verschiedenen Erzsorten mit Zuschlägen, wie Kalkstein, Dolomit, Sand, Flußspat usw., als sog. *Möller* zusammen mit dem Koks von oben her durch die *Gicht* eingebracht. In der obersten Zone des Ofens mit Temperaturen von 200 bis 400 °C werden Möller und Koks getrocknet und vorgewärmt. Die Reduktion des Erzes spielt sich in zwei Zonen stufenweise ab, nämlich in der Reduktionszone mit Temperaturen bis gegen 800 °C und Kohlenmonoxyd als Reduktionsmittel und in der Schmelzzone bei Weißglut unter Reduktion durch Kohlenstoff. Die erste sog. *indirekte* Reduktion durch das aufsteigende CO-Gas, mit den Einzelreaktionen

$$3\,Fe_2O_3 + CO \rightarrow 2\,Fe_3O_4 + CO_2 \quad (>400\,°C)$$

$$Fe_3O_4 + CO \rightarrow 3\,FeO + CO_2 \quad \text{(Mitte Reduktionszone)}$$

$$FeO + CO \rightarrow Fe + CO_2, \quad \text{(gegen 800 °C)}$$

umfaßt etwa 80 bis 85% des ganzen Verhüttungsprozesses, während die abschließende *direkte* Reduktion folgender Gleichung entspricht:

$$FeO + C \rightarrow Fe + CO.$$

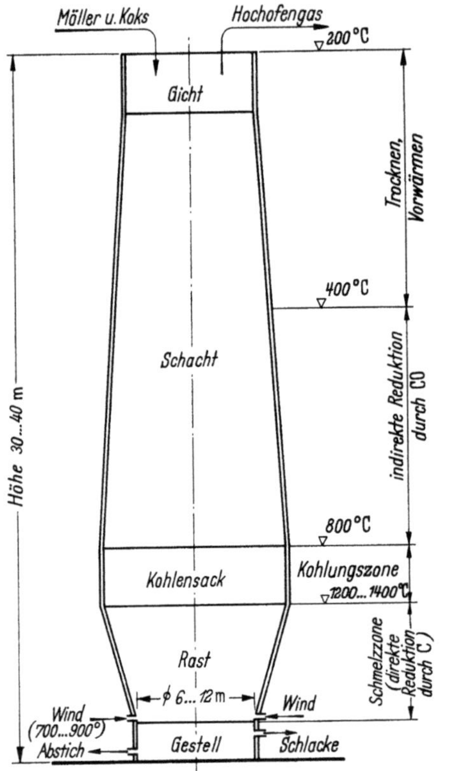

Abb. II,9.
Hochofen, schematischer Schnitt.

Zudem bildet der Luftsauerstoff mit dem Koks Kohlendioxyd

$$C + O_2 \rightarrow CO_2,$$

dann dieses beim Aufsteigen mit dem Kokskohlenstoff das für die indirekte Reduktion benötigte Kohlenmonoxyd

$$C + CO_2 \rightarrow 2\,CO.$$

Durch die Berührung der Eisenschmelze mit dem Kohlenstoff findet in der sog. Kohlungszone ein Aufkohlen des Eisens statt, so daß das geschmolzene Roheisen, das in Intervallen von 3 bis 4 Stunden durch das Abstichloch abgelassen wird, einen Kohlenstoffgehalt von 3 bis 4% aufweist. An weiteren Bestandteilen enthält das Roheisen als aus dem Erz stammende Nebenbestandteile Silizium, Mangan und Phosphor sowie aus dem Koks stammenden Schwefel. Die nicht verhüttbaren Bestandteile des Erzes und des Brennstoffes ergeben die *Hochofen-schlacke*, die durch das Schlackenloch abfließt. Das *Gichtgas* oder Hochofengas, das oben aus dem Hochofen ausströmt, dient teilweise zur Erwärmung des Windes in besonderen Winderhitzern, teilweise wird es anderweitig als Energielieferant im Werk selber oder bei weiteren Verbrauchern verwendet.

Der Stoffhaushalt bei der Herstellung einer Tonne Roheisen liegt heute im folgenden Rahmen:

Einbringen			*Ausbringen*	
Möller } einschließlich {	1600—2000 kg	Roheisen	1000 kg
Koks } Feuchtigkeit {	500— 650 kg	Schlacke	400— 500 kg
Wind	2000—3000 kg	Staub	50— 100 kg
		Hochofengas	2600—4000 kg
Zusammen	4100—5600 kg	Zusammen	4100—5600 kg

Auffallend ist die große Menge des notwendigen Hochofenwindes, der gewichtsmäßig sogar den Möller (Erz + Zuschläge) übertrifft. Der Hochofenprozeß ist charakterisiert durch ein komplexes Ineinandergreifen und Überlagern der verschiedensten vorbereitenden Operationen und der daran anschließenden thermisch-physikalischen und chemischen Vorgänge.

Das durch die Verhüttung gewonnene *Roheisen* ist wegen seines Kohlenstoffgehaltes von 3 bis 4% *weder schmiedbar noch schweißbar*. Sein Raumgewicht beträgt im Mittel rd. $\gamma = 7{,}2\ \text{t/m}^3$, und sein Schmelzpunkt liegt um 1200 °C. Es bildet das Ausgangsmaterial für die Herstellung von Gußeisen einerseits und von Stahl anderseits.

Gewöhnliches *Gußeisen* wird im Kupolofen erschmolzen. Wegen seiner geringen Zugfestigkeit von $\sigma_z = 1{,}0$ bis $3{,}0\ \text{t/cm}^2$ und wegen seiner Sprödigkeit wird es heute im Brückenbau überhaupt nicht mehr und im Hochbau nur noch ausnahmsweise für untergeordnete Lagerteile verwendet. Daran ändert auch der Umstand nichts, daß bei besonderen Gußeisenqualitäten, wie Temperguß und duktilem Gußeisen, bessere Festigkeits- und Verformungseigenschaften erreicht werden als bei gewöhnlichem Grauguß.

c) Die Herstellung von Stahl

Stahl wird durch das *Frischen* von Roheisen, d. h. durch Verbrennung des überschüssigen Kohlenstoffes und durch möglichst weitgehende Beseitigung der unerwünschten Nebenbestandteile, wie besonders Schwefel, Phosphor und auch Silizium, gewonnen. Während die Verhüttung eine komplexe Folge von Reduktionsprozessen darstellt, liegen dem Frischen umgekehrt ebenso mannigfaltige *Oxydationsvorgänge* zugrunde. Als Frischmittel (Sauerstofflieferanten), welche die unerwünschten Eisenbegleiter in Oxyde überführen sollen und dabei als sog. Abbrand auch stets wieder etwas Eisen oxydieren, dienen vor allem Luft oder reiner Sauerstoff, dann aber auch Erze, Walzzunder u. dgl. Die entstehenden Oxyde werden, abgesehen von dem als Gas entweichenden Kohlenmonoxyd CO, in der Schlacke gebunden. Da Stahl mit einem Sauerstoffgehalt (anwesend in der Form von FeO) von mehr als 0,03% versprödet und bei mehr als 0,06% O rotbrüchig wird, muß er nach dem Frischen noch einmal in gegenteiligem Sinne behandelt, d. h. erneut *desoxydiert*, werden. Dieser Vorgang ist in Abb. II,10 schematisch skizziert. Je nach dem gewählten Frischverfahren wird heute in zunehmendem Maße auch Schrott zu Stahl verarbeitet.

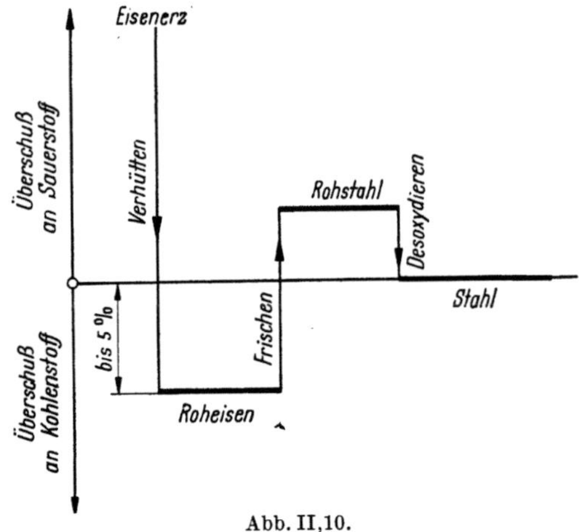

Abb. II,10.

Schweißstahl

Schweißstahl entsteht, wenn die Umwandlungstemperatur den Schmelzpunkt des gereinigten Eisens nicht übersteigt; während des Frischens im Puddelofen befindet sich das Material somit in teigigem Zustand, aus dem in Form kleiner Kristalle, die zu Klumpen zusammenschweißen, der Stahl gewonnen wird. Das gewalzte Material zeigt eine längsorientierte sehnige Gefügeausbildung und besitzt in der Längsrichtung gute Festigkeits- und Elastizitätseigenschaften:

Statische Zugfestigkeit	$\sigma_z =$	$3,3—4,0$ t/cm²
Bruchdehnung	$\varepsilon_z =$	$12—25\%$
Elastizitätsmodul	$E \cong$	2000 t/cm²
Raumgewicht	$\gamma \cong$	$7,7$ t/m³
Schmelzpunkt		~ 1800 °C

Schweißstahl war während fast einem halben Jahrhundert, vom Bau der Britanniabrücke bis kurz nach 1890, der dominierende Baustoff des Stahlbrückenbaues. Heute wird er im Stahlbau nicht mehr verwendet, doch kommt der Stahlbauer gelegentlich noch bei Brückenverstärkungen mit Schweißstahl und seinen besonderen Eigenschaften in Berührung.

Flußstahl

Flußstahl entsteht aus Roheisen, wenn in schmelzflüssigem Zustand gefrischt wird. Dabei werden nach den besonderen Arbeitsbedingungen unterschieden

das Wind- bzw. Sauerstofffrischen nach dem Konverterverfahren,
das Herdfrischen beim Siemens-Martin-Verfahren und
die Herstellung von Elektrostählen im Elektroofen.

Das von HENRY BESSEMER 1855 erfundene *Windfrischverfahren* erfordert nach dem Erschmelzen des Metallbades keinen weiteren Brennstoff, weil die Oxydation der Nebenbestandteile, besonders des Siliziums, die für den Frischvorgang notwendige Wärme liefert. Dabei wird so verfahren, daß durch das geschmolzene

Roheisen, das sich in einem drehbaren, birnenförmigen Gefäß, dem auch Besse-
merbirne genannten Konverter (Abb. II,11), befindet, ein Luftstrom (*Wind*)
durchgeblasen und dadurch die Entkohlung und gleichzeitig die Oxydation der
Begleitelemente erreicht wird. BESSEMER kleidete den von ihm gebrauchten Konverter mit einem *sauren* Futter aus und konnte damit phosphorarmes, jedoch
2 bis 3 Gewichtsprozent Silizium enthaltendes Roheisen frischen.

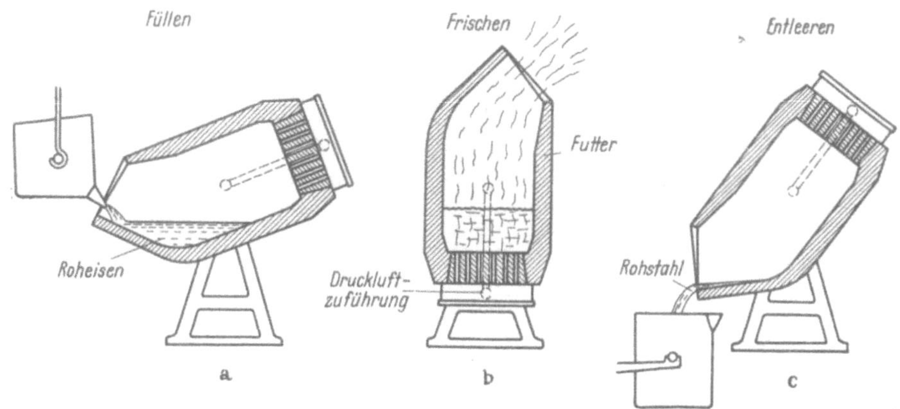

Abb. II,11a–c. Konverter. a) Füllen; b) Frischen; c) Entleeren.

S. G. THOMAS erweiterte 1878 dieses erste Frischverfahren durch Einführung
eines basischen Kalkfutters, wodurch, im Gegensatz zum Bessemerprozeß, bei
welchem der Phosphorgehalt des Roheisens sich praktisch nicht ändert, auch
phosphorhaltiges Roheisen gefrischt werden konnte. Dabei wird der Phosphor in
der Schlacke als Phosphat gebunden; die anfallende phosphorreiche *Thomas-
schlacke* wird in der Landwirtschaft als Dünger verwendet.

Entsprechend der Zusammensetzung des Roheisens bzw. der ihm zugrunde
liegenden Erze wird in Nordamerika vor allem das Bessemerverfahren, in Mitteleuropa dagegen das Thomasverfahren verwendet.

Das Frischen einer *Charge* von 25 bis 55 t Roheisen in einer Thomasbirne
dauert im Mittel wenig mehr als eine Viertelstunde; es handelt sich somit um
einen relativ rasch ablaufenden Vorgang. Stähle, welche nach dem Thomasverfahren hergestellt werden, heißen *Thomasstähle* oder auch Stähle in Thomas-
qualität, nach dem Bessemerverfahren hergestellte entsprechend *Bessemerstähle*.

Beim Herdfrischen nach dem *Siemens-Martin-Verfahren* in dem 1864 erstmals
von E. und P. MARTIN dafür verwendeten Siemensregenerationsofen (Abb. II,12)
wirken oxydierende Heizgase, dazu Erz und auch der allfällig zugesetzte Schrott
als Desoxydations- oder Frischmittel. Bei diesem Verfahren wird das Roheisen,
das hier häufig mit Schrott versetzt ist, auf einen Herd gebracht und mit Heiz-
flammen auf Temperaturen von 1550 bis 1750 °C erhitzt; auf das entstehende
Metallbad wird gleichzeitig eine Schlacke geeigneter Zusammensetzung aufgetragen. Damit ergeben sich zahlreiche chemische Reaktionen zwischen Atmosphäre,
Schlacke, Ofenfutter und Roheisenbad, wobei das Frischen einer Charge von 50
bis 500 t Roheisen 6 bis 10 Stunden beansprucht. Das Siemens-Martin-Verfahren
arbeitet somit wesentlich langsamer als das Windfrischverfahren und erlaubt des-

halb, die Zusammensetzung des anfallenden Stahles besser zu kontrollieren und in geeigneter Weise zu beeinflussen. Die so erzeugten Stähle werden als *Siemens-Martin-Stähle* (SM-Stähle) bezeichnet.

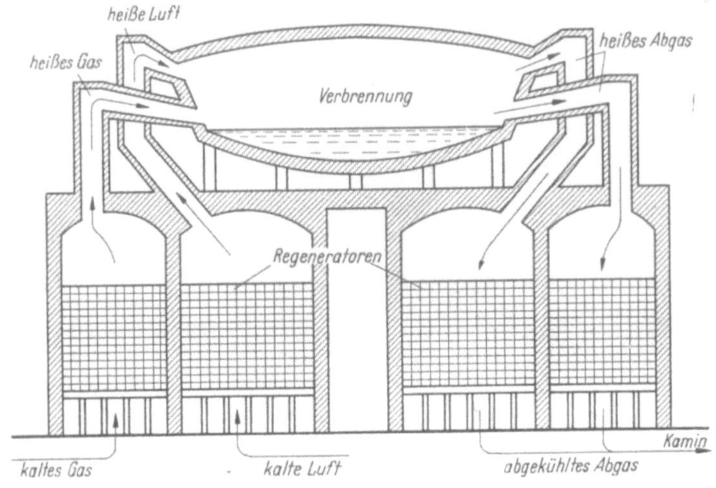

Abb. II,12. Siemens-Martin-Ofen.

Das die sog. *Elektrostähle* liefernde Elektroverfahren ist in dem Sinne eine Weiterentwicklung des Herdfrischens, als bei grundsätzlich ähnlicher Form des muldenförmigen Ofens die erforderliche Wärme nicht durch Verbrennen von Heizgasen, sondern elektrothermisch mit Hilfe von großen Kohlenelektroden erzeugt wird (Abb. II,13). Das Elektroverfahren eignet sich auch besonders zur Herstellung

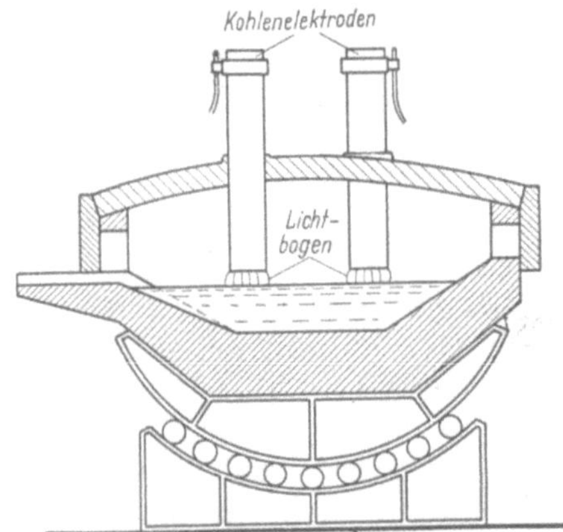

Abb. II,13. Elektrolichtbogenofen.

hochwertiger Stahlsorten mit genau definierter Zusammensetzung; häufig wird dabei das zu verarbeitende Material im Konverterverfahren vorgefrischt, so daß es im Elektroofen nur nachgefrischt werden muß.

    Infolge des Durchblasens von Luft beim Frischen im Konverter weisen gewöhnliche Thomasstähle einen Stickstoffgehalt zwischen 0,01 und 0,03 Gewichtsprozent auf, im Gegensatz zu Siemens-Martin-Stählen, bei denen der Stickstoffgehalt weniger als 0,01 Gewichtsprozent beträgt. Zusammen mit dem Gehalt an Phosphor und oxydischen Verunreinigungen ergibt sich daraus bei gewöhnlichen Thomasstählen eine größere Anfälligkeit zu Versprödung in der Kälte und zu Alterung sowie zu Rißbildung beim Schweißen, somit allgemein eine *erhöhte Sprödbruchempfindlichkeit.*

Um auch bei den windgefrischten Stählen eine Trennbruchsicherheit ähnlich derjenigen von SM-Stählen zu erhalten, wie sie vor allem bei geschweißten Konstruktionen mit größeren Profilstärken erforderlich ist, werden heute Konverterstähle immer mehr mit reinem Sauerstoff statt mit Luft gefrischt, um dadurch

Abb. II,14. Schematische Darstellung
eines LD-Konverters.

den N_2-Gehalt möglichst niedrig zu halten. Insbesondere das zuerst von R. DURRER in Gerlafingen (Schweiz) entwickelte *Sauerstoffaufblasverfahren* (sog. LD-Stähle = Linz-Donawitz) hat eine sehr rasche Ausbreitung erfahren, beherrscht es doch heute einen Anteil von nahezu 50% der Weltstahlerzeugung (Abb. II,14).

Weitere Verbesserungen werden erreicht, falls das Vergießen der Stahlschmelze *beruhigt* erfolgt, indem durch eine *erneute* Zugabe von Desoxydationsmitteln, wie besonders Aluminium oder Silizium, die Entwicklung von Gasen (in der Hauptsache CO) und damit das bei der normalen, unberuhigten Abkühlung der Schmelze einsetzende „Kochen" unterbunden werden. Dementsprechend spricht man von *unberuhigten* und *beruhigten Stählen*, sowie von besonders beruhigten Stählen oder *Feinkornstählen*, wenn der Aluminiumzusatz erhöht wird und der Stahl somit feinkörnig erstarrt.

Für den Stahlverbraucher ist wesentlich, daß beruhigter Stahl ein homogenes Blockgefüge aufweist (Abb. II,15a), wobei das Kopfstück mit dem trichterförmigen Hohlraum (Lunker) vor der Verarbeitung abgetrennt wird. Beim unberuhigten Stahl dagegen führt die Erstarrung unter Gasentwicklung zur Entmischung der Schmelze, d. h. zur Bildung einer reinen Randzone („Speckschicht"; Abb. II,15b) und zu einer ungleichmäßigen Zusammensetzung des mit Blasen durchsetzten Kernes, wobei die als *Seigerungen* bezeichneten örtlichen Anreicherungen an Begleitelementen (besonders P, S, C und O) die Schweißeigenschaften beeinträchtigen. Allgemein sind unberuhigt vergossene Stähle ungünstiger in bezug auf Sprödbruchanfälligkeit und Alterungsempfindlichkeit.

Für die Güteeinteilung der im Stahlbau verwendeten Stähle spielen diese Eigenschaften eine größere Rolle als die Erschmelzungsart, so daß diese heute in der Stahlbezeichnung normalerweise nicht mehr vorkommt.

Die Stahlschmelze wird meistens in Kokillen zu Gußblöcken vergossen (vgl. Abb. II,15). Neuerdings kommt auch vermehrt das *Stranggießverfahren* zur Anwendung, bei dem der flüssige Stahl in einer wassergekühlten Durchlaufkokille

Abb. II,15a und b. Querschnitt durch beruhigt (a) und unberuhigt (b) vergossene Blöcke.

kontinuierlich zu Halbzeug vergossen wird. Die Form des Strangquerschnittes kann derjenigen des zu walzenden Profils angepaßt werden, so daß keine Blockwalzwerke mehr erforderlich sind. Zudem ist das Ausbringen größer (Wegfall des Verlustes der Blockenden), und der Erstarrungsprozeß läßt sich besser kontrollieren (feinkörniges Gefüge).

Vom Stahlwerk gelangt der Stahl entweder ins Walzwerk, wo die Walzprofile, das wichtigste Ausgangsprodukt des Stahlbaues, hergestellt werden, oder er wird weiter zu Stahlguß, zu Schmiedestücken oder zu weiteren Sonderformen, wie beispielsweise Drähte und Drahtseile, verarbeitet.

3. Die Walzprofile

a) Der Walzvorgang

Die Stahlblöcke werden aus dem Stahlwerk ins *Walzwerk* geliefert und dort zu Walzprofilen verarbeitet, nachdem sie in Tieföfen auf die günstigste Walzanfangstemperatur von 1200 bis 1300 °C gebracht sind. Durch das Walzen werden die Blöcke *gestreckt* und entsprechend dem gewünschten Profil *geformt*. Da beim Walzen der Stahl bei einer oberhalb des A_3-Punktes des Eisen-Kohlenstoff-Diagramms liegenden Temperatur verformt wird, können sich die durch den Walzdruck verformten Austenitkörner sofort wieder in der Form kleinerer unverformter Körner rekristallisieren. Ist der Walzvorgang bei einer nur wenig über dem A_3-Punkt liegenden Temperatur beendigt, so besitzt der Walzstahl ein feinkörniges Gefüge, wie es erwünscht ist. Durch die Verfeinerung des Gefüges werden Festigkeit und Zähigkeit des Stahles erheblich verbessert; das Durchkneten des Materials, ähnlich wie beim Schmieden, hat auch zur Folge, daß die durch Luft- oder Gasblasen sowie die durch das Schrumpfen (Lunker) gebildeten

Hohlräume geschlossen und verschweißt werden[1]. Anderseits entstehen bei ungleichmäßigem Abkühlen (große Profile mit stark verschiedenen Steg- und Flanschstärken) innere Spannungen, die ausnahmsweise zu Rissen führen können; dem Abkühlvorgang nach dem Warmwalzen ist deshalb sorgfältige Beachtung zu schenken.

Der *Walzvorgang* besteht darin, daß die warmen Blöcke durch den Zwischenraum zwischen zwei sich drehenden Walzen hindurchgezogen werden, wobei der lichte Walzenabstand etwas kleiner ist als die Blockstärke (Abb. II,16). Zur Herstellung eines Walzprofils ist eine große Zahl von Walzgängen notwendig.

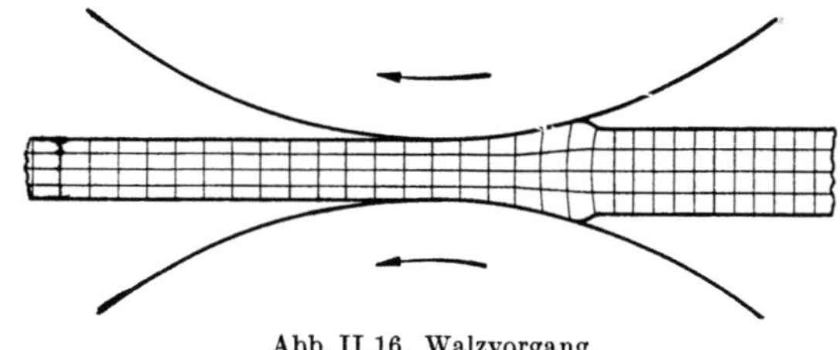

Abb. II,16. Walzvorgang.

Dafür bestehen zwei grundsätzlich verschiedene Möglichkeiten: entweder passiert der Block eine ganze Reihe von hintereinanderliegenden verschiedenen Walzen mit sich sukzessive verkleinerndem Walzenzwischenraum (kontinuierliche Walzenstraße) oder der Block wird mehrmals durch die mit veränderlichem Abstand

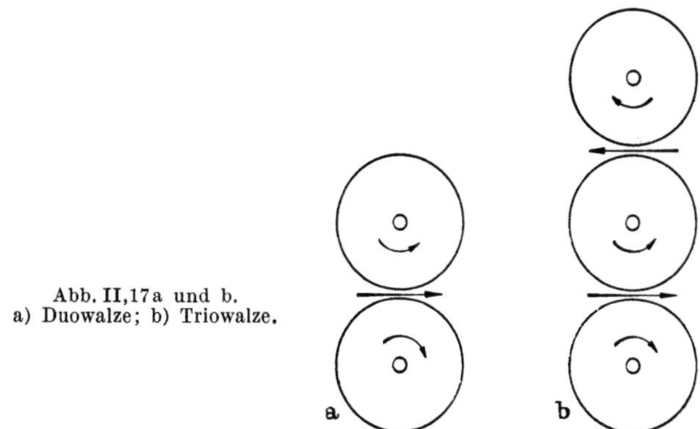

Abb. II,17a und b.
a) Duowalze; b) Triowalze.

einstellbaren Walzen des gleichen Walzengerüstes hindurchgeschickt. In diesem Fall können statt zwei Walzen (Duowalze) auch drei übereinanderliegende Walzen (Triowalze) angeordnet werden, so daß bei gleichbleibendem Walzendrehsinn Hin- und Rückgang des Blockes zum Walzen ausgenützt werden können (Abb. II,17).

---

[1] Lunker, nichtmetallische Einschlüsse und Seigerungen können unter Umständen Ausgangspunkte von Blech*doppelungen* sein, d. h. von Bereichen, in denen die Walzgutschichten nicht miteinander verschweißt sind. Bei Beanspruchungen senkrecht zur Blechebene sind solche Trennschichten gefährlich; sie sind allerdings leicht mit Ultraschall lokalisierbar.

Zur Formgebung der Walzprofile sind in die Walzen die entsprechenden Formen (Kaliber) eingeschnitten, die sich von Stich zu Stich stetig verändern. Abb. II,18 zeigt diese Formen für den Endzustand eines I-Normalprofiles.

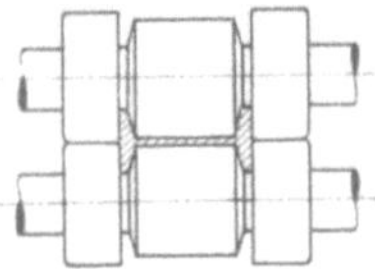

Abb. II,18.
Kaliber für I-Normalprofil, Endzustand.

Das Walzen bedeutet nicht nur eine Formgebung, sondern auch eine Durchknetung und Verdichtung des Materials unter dem Walzdruck. Gleichmäßige Querschnittseigenschaften sind deshalb auch nur bei gleichmäßigem Durchwalzen aller Querschnittsteile zu erwarten. Beim Walzvorgang nach Abb. II,18 wird der Steg des I-Profiles direkt gewalzt, während die Flanschen nur einem indirekten, von der Flanschneigung abhängigen Walzdruck ausgesetzt sind. Mit dieser Herstellungsart können somit nur Profile beschränkter Größe und beschränkter Flanschbreite hergestellt werden. Zudem ist die Walzgeschwindigkeit begrenzt, so daß nur relativ dicke Trägerquerschnitte erstellt werden können, weil bei einer größeren Anzahl Stiche die Walztemperatur am Schluß zu tief wäre.

Eine Verbesserung für das Walzen großer I-Profile mit breiten und relativ dünnen Flanschen bedeutet somit das GREY-Walzverfahren, durch das I-Profile

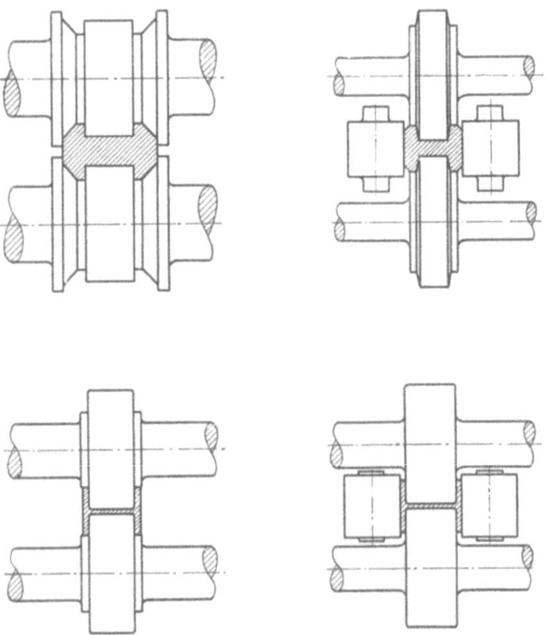

Abb. II,19. GREY-Walzverfahren.

mit direktem Walzdruck auf Flanschen und Steg, ausgeübt durch je zwei Walzen mit lotrechter und waagrechter Drehachse, hergestellt werden (Abb. II,19). Dabei können wegen des direkten Walzdruckes die Flanschen parallel, d. h. ohne innere Flanschneigung hergestellt werden. Mit diesem Verfahren, das zuerst in

Differdingen (Luxemburg) verwendet wurde, werden die heute größten Walzträger mit einem Laufmetergewicht von mehr als 400 kg/m hergestellt. Ein solches *Universalwalzwerk* mit zwei liegenden und zwei stehenden Walzen wird auch für die Herstellung von Breitflachstählen (mit genau einzuhaltender Breite) verwendet.

Die Profile werden nach dem Walzen gerichtet. Auch nach diesem Vorgang ist die Stabachse nicht absolut gerade; zudem stimmen Form und Abmessungen des Querschnittes mit den Sollwerten nicht genau überein (Walzenabnützung, Schrumpfverformungen usw.). Diese *Walztoleranzen*, deren obere Grenzwerte normiert sind, sind bei der konstruktiven Gestaltung zu berücksichtigen.

Für Qualitätserzeugnisse aus beruhigtem Stahl, z. B. für die im Kesselbau oder im Brückenbau verwendeten Bleche und Breitflachstähle, wird nach dem Walzen ein *Normalglühen* durchgeführt (vgl. Abb. II,8a), wodurch ein homogenes Feinkorngefüge erzielt wird und die vorhin erwähnten Walzeigenspannungen beseitigt werden.

Beim *Kaltwalzen*, das einen größeren Kraftbedarf erfordert als das Warmwalzen, besteht selbstverständlich die Möglichkeit der automatischen Rekristallisation des durch das Walzen verformten Gefüges nicht; kaltgewalzter Stahl[1] besitzt somit ein dauernd verformtes Gefüge und auch höhere Festigkeit bei verminderter Zähigkeit als warmgewalzter Stahl, sofern er nicht normalgeglüht wird. Durch Kaltwalzen werden vor allem kleine Profile hergestellt, bei denen die Querschnittsabmessungen mit möglichst großer Genauigkeit eingehalten werden sollen.

b) Die Walzprofilformen

Es gehört mit zur wirtschaftlichen Bemessung eines Stahltragwerkes, daß das Material in allen Einzelteilen möglichst gut ausgenützt, d.h. unter den möglichen ungünstigsten Belastungen bis zur zulässigen Grenze beansprucht ist. Die vollständige Verwirklichung dieser Forderung würde nun aber die Bereitstellung einer theoretisch unendlich großen Mannigfaltigkeit von Profilformen und Profilgrößen verlangen, wie sie praktisch auch nicht annähernd erreicht werden kann. Da die Herstellung jedes einzelnen Profils besondere Einrichtungen (Kaliber) und Manipulationen (Walzeneinstellungen) erfordert, die die Herstellungskosten belasten, ist es einleuchtend, daß ein wirtschaftlich tragbares Walzprogramm sich auf eine mehr oder weniger beschränkte Auswahl von Profilen beschränken muß. Diese Auswahl der verfügbaren Walzprofile stellt somit immer einen Kompromiß zwischen der vom Konstrukteur gewünschten großen Mannigfaltigkeit und den von den Walzwerken anzustrebenden Vereinfachungen der Walzprogramme dar. Die wirtschaftliche Herstellung eines bestimmten Walzprofils bedingt einen gesicherten Verbrauch in genügenden Mengen; die Aufstellung von Walzprofilreihen ist somit grundsätzlich auf eine durch die Erfahrung gegebene Verbrauchsstatistik aufzubauen.

Aus diesen Überlegungen ergibt sich die Notwendigkeit einer gewissen *Normung* der am häufigsten gebrauchten Walzprofile. Die Formen dieser *Normal-*

---

[1] Die für die Herstellung von kaltgeformten Stahlleichtprofilen verwendeten Verfahren, insbesondere das Profilziehen und in kleinerem Maße das Rollformen und das Abkanten, führen ebenfalls zu einer Kaltverfestigung des Stahles.

profile sind einerseits durch die Anforderungen des Konstrukteurs, anderseits aber auch durch die Besonderheiten und Möglichkeiten des Walzvorganges gegeben. Es sind laufend Bestrebungen festzustellen, möglichst wirtschaftliche Profilreihen für bestimmte Verwendungszwecke zu entwickeln[1]; diese Bestrebungen dürften jedoch nur dann zu einem Erfolg führen, wenn ein genügender Verbrauch der neuen Profile gewährleistet ist und wenn dafür das Walzprogramm an anderer Stelle vereinfacht werden kann. Jede Vereinfachung des Walzprogramms bedeutet eine Verminderung der Kosten von Herstellung und Lagerhaltung der Walzprofile, die allerdings durch eine verminderte Anpassungsfähigkeit der Tragwerksquerschnitte an die auftretenden Kräfte erkauft werden muß.

Es wäre wünschenswert, wenn eine bestimmte Normalisierung der Walzprofile mit Gültigkeit über möglichst große Gebiete erreicht werden könnte. Dies wird jedoch aus verschiedenen Gründen auf längere Zeit hinaus nicht möglich sein; einerseits ist man an die vorhandenen Einrichtungen der Walzwerke gebunden und andererseits stehen einer Vereinheitlichung auch die Schwierigkeiten entgegen, die sich aus dem Nebeneinanderbestehen von metrischem und englischem Maßsystem ergeben.

Es kann sich hier nicht darum handeln, alle verfügbaren Profile zu beschreiben; dafür sei auf die vorhandenen Profiltabellen verwiesen[2]. Dagegen seien nachstehend zunächst eine summarische Übersicht und anschließend eine kurze Charakteristik der wichtigsten Profilformen versucht.

Formstahl (Abb. II,20.)

Profilform	Zeichen	Kleinstes Profil		Größtes Profil		Regellänge	Norm
I-Stahl (Normalprofil)	I	I 80	$F = 7{,}57$ cm²	I 600	$F = 254$ cm²	bis 14 m	DIN 1025
I PE-Stahl	I PE	I PE 80	7,64	I PE 600	156	bis 14	EURONORM 19-57
Breitflanschstahl							
leichte Ausführung	HE A	HE A 100	21,2	HE A 1000	347	bis 15	EURONORM 53-62
normale Ausführung	HE B	HE B 100	26,0	HE B 1000	400	bis 15	EURONORM 53-62
verstärkte Ausführung	HE M	HE M 100	53,2	HE M 1000	444	bis 15	EURONORM 53-62
[-Stahl	[	[80	11,0	[400	91,5	bis 14	DIN 1026
[AP-Stahl	[AP	[AP 80	10,7	[AP 300	58,6	bis 12	

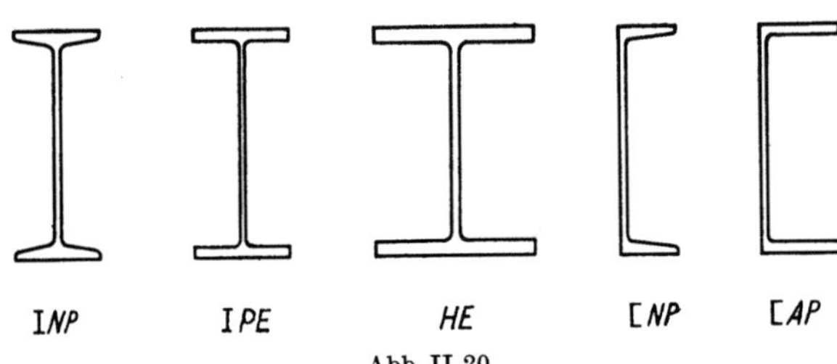

Abb. II,20.

Der I-*Stahl* (I-Normalprofil) ist ein wichtiges Grundprofil, weil seine Form ein günstiges Verhältnis von Widerstandsmoment W_x zu Querschnittsfläche F

---

[1] Siehe z. B. FOULON, E.: Etude des allégements réalisables dans les sections des barres laminées. Bulletin CERES, Université de Liège, Tome III, 1948.

[2] Im deutschen Sprachgebiet sind das Taschenbuch „Stahl im Hochbau", Düsseldorf, Verlag Stahleisen GmbH, oder die von der Schweizerischen Zentralstelle für Stahlbau herausgegebenen „Stahlbau-Tabellen" mit ihren Profiltafeln unentbehrliche Hilfsmittel des Stahlbauers.

ergibt. Er eignet sich deshalb besonders als Biegungsträger für kleinere Belastungen und Spannweiten, wie Dachpfetten und Deckenträger im Hochbau oder Fahrbahnlängsträger im Brückenbau, bei denen die Belastung ganz oder wenigstens überwiegend in der Stegebene wirkt. Treten dagegen auch nennenswerte seitliche Belastungen, normal zur Stegebene, auf, so werden wegen der kleinen Flanschbreite b und der dadurch bestimmten kleinen seitlichen Trägheits- und Widerstandsmomente J_y und W_y die entsprechenden Beanspruchungen unwirtschaftlich groß; die schmalen I-Normalprofile sind für größere seitliche Belastungen nicht zweckmäßig. Als Druckstab ist der einzelne I-Stab wegen der kleinen seitlichen Biegungssteifigkeit meist ebenfalls wenig wirtschaftlich. Konstruktiv ist die kleine Flanschbreite b in Verbindung mit der inneren Flanschneigung von 14% wegen der Erschwerung von Niet- und Schraubenverbindungen in den Flanschen ebenfalls nachteilig. Der Nachteil der geringen seitlichen Biegungssteifigkeit kann durch Anordnung von aus zwei oder mehr I-Stäben zusammengesetzten Bauteilen (auf Kosten eines vergrößerten Bearbeitungsaufwandes) behoben werden.

Nachdem das Werk Hagendingen (Lothringen) seit 1953 den I AP-Stahl (ailes parallèles) hergestellt hatte, wurde 1958 eine neue Reihe von leichten I-Profilen mit parallelen Flanschen, die Europäische Parallelflanschträgerreihe I PE auf dem Markt eingeführt; sie soll mit der Zeit die I-Reihe ersetzen. Bei gleicher Höhe haben die I PE-Profile ungefähr dasselbe Widerstandsmoment W_x, ein größeres Moment W_y (dünnere, aber breitere Flanschen) und ein kleineres Laufmetergewicht (dünnere Stege) als die I-Normalprofile; sie besitzen deshalb ein günstigeres Verhältnis von Trägheits- und Widerstandsmomenten zur Querschnittsfläche. Durch die teurere Herstellung im Universalwalzwerk bedingt, liegt der Profilüberpreis höher, so daß die Ersparnisse in den Materialkosten bescheiden sind. Konstruktiv sind die parallelen Flanschen sehr vorteilhaft (z. B. Wegfall der Keilscheiben bei Schraubenanschlüssen). Für besondere Zwecke stehen auch die nicht normierten Reihen I PER (renforcé) und I PEO (optimal) zur Verfügung, die bei gleicher Höhe dickere Flanschen und Stege besitzen.

Der *Breitflanschträger* HE mit parallelen Flanschen vermeidet den Nachteil der geringen Profilbreite des normalen I-Stahles und des I PE-Stahles, allerdings auf Kosten eines etwas ungünstigeren Verhältnisses von $W_x : F$. In Abb. II,21 ist der Vergleich der Verhältnisse $J_y : J_x$ für die Profilreihen I, I PE und HE B[1] veranschaulicht; hier macht sich deutlich bemerkbar, daß beim HE-Träger für $h \leq 300$ mm die Flanschbreite b gleich der Trägerhöhe h ist, während bei den größeren Profilen durchwegs $b = 300$ mm beträgt. Abb. II,22 zeigt die Werte $W_x : F$ für die gleichen Profilreihen. Es ist hier immerhin darauf hinzuweisen, daß einem etwas größeren Konstruktionsgewicht des HE-Trägers gegenüber dem I-Träger bei gleicher Tragfähigkeit eine verminderte Bauhöhe gegenübersteht, was häufig willkommen und bei vielstöckigen Hochbauten (Stahlskelettbauten) auch wirtschaftlich günstig sein kann. Für solche *Biegeträger* werden vorzugsweise HE A-Profile verwendet, die relativ günstige Verhältnisse W_x/F besitzen. Wegen ihrer guten seitlichen Biegesteifigkeit eignen sich die

---

[1] Die Werte J_y/J_x der HE A- und HE M-Reihen stimmen mit denjenigen der dargestellten HE B-Profile praktisch überein.

kleineren Breitflanschprofile auch zur Verwendung als *Stützen* oder *Fachwerk-stäbe*, wobei je nach Beanspruchung alle Reihen in Betracht kommen. Bei genügend großen Bestellmengen können auch Zwischenprofile zwischen den normierten Reihen gewalzt werden. In jüngster Zeit werden auch nicht normierte

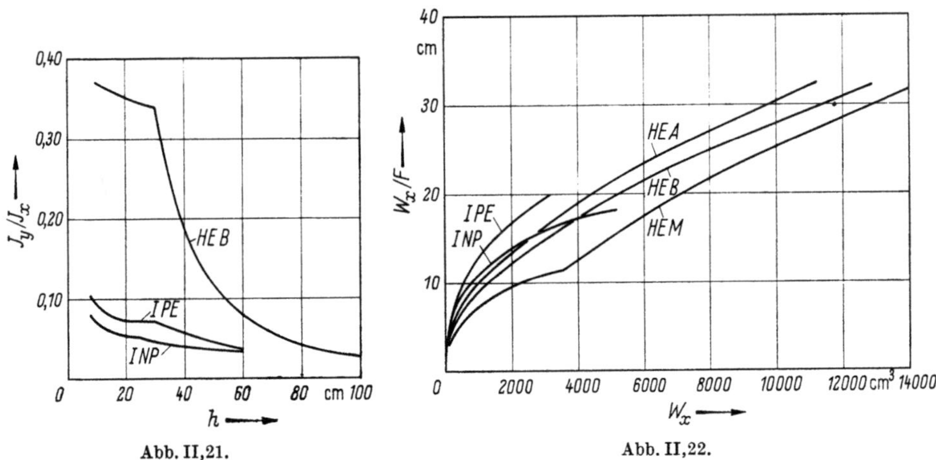

Abb. II,21.   Abb. II,22.

Sonderprofile mit noch breiteren Flanschen hergestellt, z. B. das stärkste in Europa gewalzte Profil: Höhe 1008 mm, Flanschbreite 402 mm, Flanschstärke 40 mm, Querschnitt $F = 524$ cm², $W_x = 18050$ cm³.

Der ⌈-*Stahl* besitzt gegenüber dem ⊥-Stahl den Vorteil größerer Flanschbreite, dagegen als unsymmetrisches Profil, bei dem der Schubmittelpunkt nicht mit dem Schwerpunkt zusammenfällt, den Nachteil, daß jede nicht im Schubmittelpunkt angreifende Belastung neben der Biegung auch Verdrehung verursacht, wodurch die Materialausnützung verschlechtert wird. Dieser Nachteil verschwindet, wenn zwei ⌈-Profile in symmetrischer Querschnittsanordnung (zusammengesetzter Stab) verwendet werden.

In Frankreich wird eine Reihe mit parallelen Flanschen ⌈ AP hergestellt.

Zu den Formstählen werden auch der *Belagstahl* sowie ⊥- und ⌈-förmige *Sonderprofile* für den Fachwerk- und Wohnungsbau, den Grubenausbau, den Wagen- und Stellwerkbau und den Schiffbau sowie ⌈-*Leichtträger* nach Abb. II,23 gerechnet, die durch kalte Formgebung aus warmgewalztem Bandstahl hergestellt und für Leichtträgerdecken im Hochbau verwendet werden.

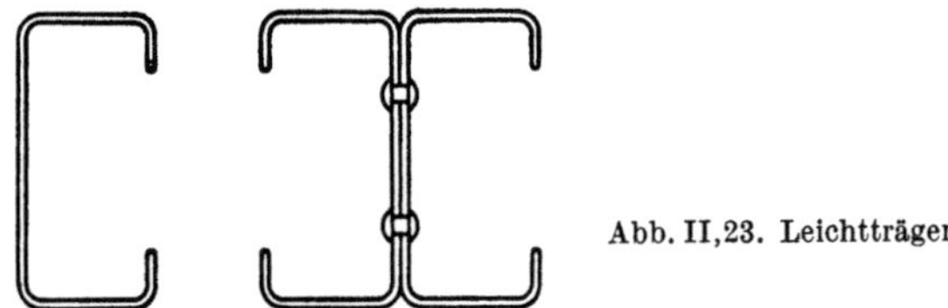

Abb. II,23. Leichtträger.

Stabstahl (Abb. II,24.)

Zum Stabstahl gehören, außer ⊥- und ⌈-Profilen von weniger als 80 mm Höhe, die in Abb. II,24 skizzierten Profilformen. Die folgende Tabelle enthält davon die für den Stahlbau wichtigsten Formen.

Profilform	Zei-chen	Kleinstes Profil		Größtes Profil		Regel-länge	Norm
			cm²		cm²	m	
T-Stahl, hochstegig	T	T 20	$F = 1{,}12$	T 140	$F = 39{,}9$	bis 10	EURONORM 55-63
T-Stahl, breitfüßig	T B	T B 30	4,64	T B 60	17,0	bis 10	EURONORM 55-63
L-Stahl, gleichschenklig	L	L $\overline{20}$-3	1,12	L $\overline{200}$-28	105	bis 12	EURONORM 56-65
L-Stahl, ungleichschenklig	L	L 30-20-3	1,42	L 200-100-16	45,7	bis 12	EURONORM 57-65
⌐-Stahl	⌐	⌐ 30	4,32	⌐ 200	38,7	bis 10	DIN 1027
Rechteckstahl:			mm		mm		
Bandstahl	▬	$b_{min} = 10$,	$t_{min} = 0{,}8$	$b_{max} = 500$,	$t_{max} = 8$		DIN 1016
Flachstahl	▭	10	5	150	60	bis 12	DIN 1017
Breitflachstahl	▭	151	5	1250	60	bis 12	DIN 59200

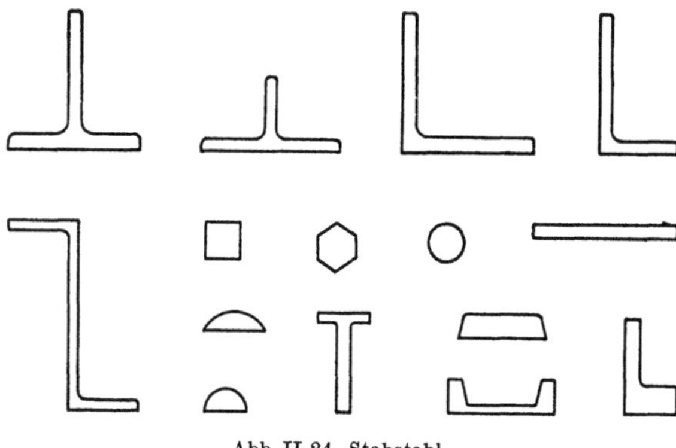

Abb. II,24. Stabstahl.

Der T-*Stahl* wird in zwei Formen, hochstegig mit $b : h = 1 : 1$ und breitfüßig mit $b : h = 2 : 1$, hergestellt. Als Biegungsträger kommt er wegen seiner dafür unwirtschaftlichen Querschnittsform nur für kleine Belastungen und Spannweiten, wie etwa für Oberlichtsprossen im Hochbau, in Frage; er wird dagegen gelegentlich für Streben von Windverbänden und in neuerer Zeit auch für Stäbe leichter geschweißter Fachwerke verwendet. Größere T-Querschnitte werden durch Auftrennen von I- und HE-Profilen gewonnen.

Der *Winkelstahl* gehört dank seiner vielseitigen Verwendung zu den wichtigsten Profilformen der früher üblichen *genieteten* Stahlbauweise. Er wird, einzeln oder paarweise, als Zug- oder Druckstab und, in Verbindung mit Breitflachstählen und Blechen, zur Bildung von zusammengesetzten Stäben und Trägern mit großen Querschnittsflächen verwendet. Als Anschlußwinkel dient er zur Verbindung von senkrecht aufeinanderstehenden Bauteilen. Bei einer bestimmten Schenkelbreite b werden die Winkelprofile mit zwei oder mehr verschiedenen Schenkelstärken d hergestellt. Normalerweise ist es sowohl bei Zug- wie bei Druckbeanspruchung am wirtschaftlichsten, die Winkel mit kleinster Schenkelstärke zu verwenden, weil sich dabei die kleinste Lochschwächung (Zug) bzw. der günstigste Schlankheitsgrad (Druck) ergibt. Die Winkel mit größerer Schenkelstärke werden vorzugsweise für die Stoßdeckung unterbrochener Winkel verwendet. Bei der Verwendung als Einzelprofil ist die Unsymmetrie des Querschnittes (Schubmittelpunkt) und die exzentrische Krafteinleitung bei Anschlüssen nachteilig.

Der ⌐-*Stahl* wird als selbständiges Bauelement nur für untergeordnete Bauteile verwendet, wie etwa für Abschlußträger von Brückenfahrbahnen. Der Nachteil der schiefen Biegung verschwindet, wenn das ⌐-Profil „geführt" ist, wie in der Verwendung als Längsaussteifung von Blechträgern.

Flach- und Breitflachstähle werden nur als Bestandteile zusammengesetzter Stäbe und Träger, jedoch nie als selbständige Bauelemente verwendet. Die Flachstähle werden mit Kaliberwalzen gewalzt und sind deshalb nur in abgestuften Breiten erhältlich. Die im Universalwalzwerk hergestellten Breitflachstähle besitzen leicht abgerundete Kanten, die, wenn genaues Maß notwendig ist, abgehobelt werden müssen (Bestellbreite größer als Verwendungsbreite). Durch den Walzvorgang werden Breitflachstähle hauptsächlich längsgestreckt und besitzen deshalb in Längsrichtung höhere Festigkeit als in Querrichtung.

Bleche

Von den *glatten Blechen* kommen für die Ausbildung von Tragkonstruktionsteilen nur die *Grobbleche* mit einer Stärke von 4,76 mm (3/16″) und darüber in Betracht. Sie werden heute bis zu Stückgewichten von gegen 30 Tonnen gewalzt, doch sind für Stücke von über 3000 kg Überpreise zu bezahlen. Die Kanten werden nicht gewalzt und sind daher unscharf.

Die *Riffel-, Warzen-, Raupen- und Waffelbleche* werden für begehbare Abdeckungen verwendet und besitzen auf ihrer Oberfläche warmeingewalzte Erhöhungen, die die Gleitgefahr beheben sollen. Bei Verwendung im Freien sind diejenigen Muster zu wählen, bei denen zwischen den Erhöhungen kein Wasser liegen bleiben kann.

Gewölbte Bleche wurden früher in Form von *Buckel- oder Tonnenblechen* für die Ausbildung von Brückenfahrbahnen verwendet.

Bei den *Wellblechen* unterscheidet man das flache Wellblech mit einer Wellenbreite b von mehr als der doppelten Wellenhöhe h und das Trägerwellblech mit $b \leq 2h$.

Sonderwalzprofile

Von den zahlreichen Sonderprofilen sind für den allgemeinen Stahlbau besonders die folgenden von Bedeutung:

Von den verschiedenen Schienenprofilen werden im Stahlhochbau die *Kranschiene* und die *Flachstahlschiene* verwendet.

Zunehmende Bedeutung haben die *Stahlrohre* erlangt, deren Querschnitt auch bei kleiner Querschnittsfläche einen verhältnismäßig großen Trägheitsradius $i = \sqrt{J : F}$ aufweist. Rohre eignen sich deshalb für die Verwendung als lange Druckstäbe mit kleinen Stabkräften. Ihre Anwendung ist möglich geworden durch die Einführung der Schweißtechnik, die eine verhältnismäßig einfache Ausbildung der Anschlüsse erlaubt. Bei der Beurteilung der Wirtschaftlichkeit von Rohrstäben ist zu beachten, daß der Lieferpreis für Rohre höher liegt als für gewöhnliche Walzprofile.

Zusätzlich zu den kreisförmigen Rohren (nahtlose Rohre, geschweißte Rohre, Spiralnahtrohre) stehen seit einiger Zeit auch *quadratische* oder *rechteckige Hohlprofile* zur Verfügung.

Bei der Auswahl der für eine bestimmte Bauaufgabe zu verwendenden Walzprofile ist stets darauf zu achten, daß die aus Material und Bearbeitung resultierenden *Gesamtkosten* ein Minimum werden. Der Stahlbau besitzt hier eine recht große Anpassungsfähigkeit an Änderungen der Marktlage.

Die in den Profiltabellen angegebenen Querschnittsabmessungen sind theoretische Sollwerte; die Walzwerke behalten sich geringfügige Abweichungen nach oben und nach unten, die sog. *Walztoleranzen,* vor. Abweichungen nach unten sind in der Festigkeitsberechnung durch Einführung eines angemessenen Sicherheitsgrades stillschweigend mitberücksichtigt.

Außer dem Grundpreis und den Frachtkosten verrechnen die Walzwerke Profil- und Güte*aufpreise* sowie Preiszuschläge für besondere Aufwendungen, wie doppeltes Richten, auf genaue Länge schneiden oder für die Einhaltung besonderer Gütevorschriften. Aufpreise werden auch verrechnet für über die *Regellängen* hinausgehende *Mehrlängen.* Der Konstrukteur hat in solchen Fällen zu untersuchen und zu entscheiden, ob der Aufpreis in Kauf genommen werden soll oder ob sich der Material- und Bearbeitungsaufwand für eine Stoßdeckung lohnt. Bei der Festlegung der Stücklängen der einzelnen Bauelemente spielen selbstverständlich auch die Transportverhältnisse bis zur Baustelle und die Leistungsfähigkeit der zur Verfügung stehenden Montageeinrichtungen eine maßgebende Rolle.

4. Festigkeit, Verformung und Sicherheit

a) Ruhende Beanspruchung

Das Spannungs-Dehnungs-Diagramm

Wenn wir einen Zugstab aus Stahl durch eine langsam wachsende Belastung P beanspruchen, so ist der Zusammenhang zwischen der „spezifischen" auf die (ursprüngliche) Querschnittsfläche bezogenen Spannung σ,

$$\sigma = \frac{P}{F},$$

und der spezifischen Dehnung ε, d. h. dem Verhältnis der Stabverlängerung Δl zur Stablänge l,

$$\varepsilon = \frac{\Delta l}{l},$$

durch das *Spannungs-Dehnungs-Diagramm* (Abb. II,25) dargestellt. Die Ordinaten σ werden dabei gewöhnlich in t/cm² (im Maschinenbau meist in kg/mm²)

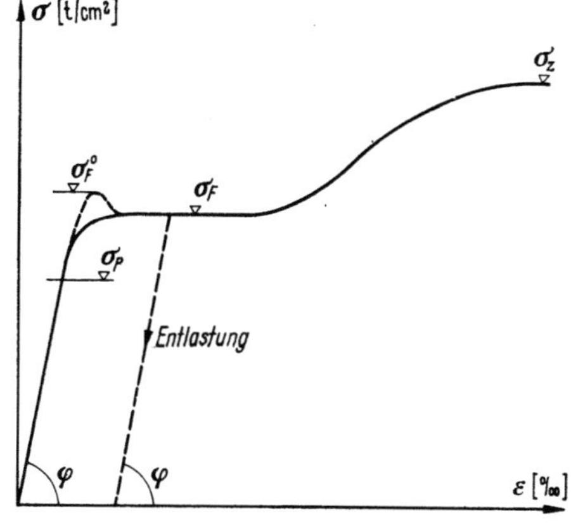

Abb. II,25.

und die Abszissen ε in $^0/_{00}$ aufgetragen. Die vorausgesetzte, langsam wachsende Beanspruchung nennen wir abgekürzt *statische* oder auch ruhende Beanspruchung.

Das Verhalten von Baustahl unter statischer Beanspruchung ist durch drei ausgezeichnete Spannungswerte charakterisiert:

Für Beanspruchungen bis zur *Proportionalitätsgrenze* σ_p besteht ein linearer Zusammenhang zwischen σ und ε,

$$\sigma = \operatorname{tg}\varphi\,\varepsilon = E\,\varepsilon,$$

$$\boxed{\varepsilon = \frac{\sigma}{E}} \qquad\qquad (II,1)$$

Gl. (II,1) stellt das *Hookesche Gesetz* (ROBERT HOOKE, 1635 bis 1703) in seiner einfachsten Form dar. Der Elastizitätsmodul E ist für alle heute verwendeten Baustähle mit $E \cong 2100\ \text{t/cm}^2$ praktisch gleich groß; für Schweißstahl ist $E \cong 2000\ \text{t/cm}^2$.

Bei Beanspruchungen oberhalb der Proportionalitätsgrenze beginnen die Dehnungen ε stärker zu wachsen als die Spannungen σ, um bei der *Fließgrenze* σ_F bei konstant gehaltener Spannung zuzunehmen; das Material „fließt". Dieses Fließen kommt bei einer oberen Fließdehnung ε_F^0 zum Stillstand; die Dehnung nimmt erst bei weiterer Steigerung der Spannung σ wieder zu (Verfestigungsbereich). Erreicht die Spannung σ den Wert der *Zugfestigkeit* σ_Z, so reißt der Stab. Der Bruch ist von einer starken örtlichen Einschnürung begleitet und zeigt die charakteristische Form eines *Gleitungsbruches* (Abb. II,26a); zum Vergleich ist auch der durch oft wiederholte Beanspruchung des gleichen Materials erzeugte Trennbruch („Dauerbruch") gezeigt (Abb. II,26b).

Wenn die Belastung nicht sehr langsam gesteigert wird, kann die Spannung σ vorübergehend auf einen oberhalb der Fließgrenze σ_F liegenden Spannungswert, die *obere Fließgrenze* σ_F^0 ansteigen, bevor ein Fließen eintritt, um nachher wieder auf σ_F abzufallen (in Abb. II,25 gestrichelt eingetragen). Diese obere Fließgrenze, deren Ausbildung vom zeitlichen Verlauf der Belastung und von den Eigenschaften der Prüfmaschine abhängig ist, dürfte als ein dem Siedeverzug ähnlicher unstabiler Zustand der Festigkeit anzusehen sein; sie kann in einem Zugstab ungleichmäßige Spannungsverteilungen und damit nach Entlastung innere Spannungen zur Folge haben[1], doch wird sie bei der Bemessung von Tragwerken nicht berücksichtigt.

Ein ähnlicher Einfluß der Zeit bzw. der Belastungsgeschwindigkeit zeigt sich bei der Zugfestigkeit: Bei rascher Belastungssteigerung (Kurzzeitversuch) kann die Zugfestigkeit σ_Z einen merklich höheren Wert erreichen als bei langsamer Belastungssteigerung (Langzeitversuch). Grundsätzlich soll im folgenden unter Zugfestigkeit σ_Z immer der dem Langzeitversuch entsprechende Wert verstanden werden. Wenn wir ferner unseren Zugstab rasch auf eine zwischen σ_F und σ_Z liegende Beanspruchung σ belasten, so nimmt die Dehnung ε bei konstant gehaltener Spannung während einer gewissen Zeit noch etwas zu; das Material „kriecht". Wir können uns alle diese zeitbedingten Erscheinungen etwa dadurch

---

[1] SCHLEICHER, F.: Über die Spannungs-Dehnungs-Linie von Baustahl. Bauingenieur 25 (1950) H. 7.

erklären, daß das Kristallgitter eine gewisse Zeit braucht, um die der erhöhten Spannung entsprechende verformte Lage einzunehmen; bei rascher Belastungssteigerung tritt die Verformung nicht auf einmal, sondern schichtenweise ein.

<table>
<tr><td>a) Gleitungsbruch</td><td></td><td>b) Trennbruch</td></tr>
</table>

Abb. II,26a und b.

Wird ein Zugstab nach einer oberhalb der Proportionalitätsgrenze liegenden Beanspruchung wieder *entlastet*, so gilt mit guter Annäherung während dieser Entlastung für den Zusammenhang zwischen Spannungsabnahme und Dehnungsabnahme wieder die durch das Hookesche Gesetz gegebene Linearität

$$\Delta \varepsilon = \frac{\Delta \sigma}{E};$$

abgekürzt ausgedrückt kann man sagen, daß für die Entlastung der Elastizitätsmodul E gültig ist. Der entlastete Stab ist somit durch eine bleibende Dehnung ε_{bl} verformt. Bei einer neuen Belastung folgt das entsprechende Spannungs-Dehnungs-Diagramm bis zur Höhe der früheren Beanspruchung wieder dieser „Entlastungsgeraden". Genau genommen ist allerdings dieser Zusammenhang nicht streng durch zwei zusammenfallende Gerade dargestellt, sondern durch zwei flache

Kurven, die zusammen eine sog. Hysteresisschleife bilden, derart, daß durch
einen geschlossenen Vorgang von Entlastung und Wiederbelastung die bleibende
Dehnung ε_{bl} noch etwas vergrößert wird. Es ist zu vermuten, daß auch diese
Hysteresiserscheinung zeitbedingt, d. h. von der Belastungsgeschwindigkeit, abhängig ist.

Für *Baustahl* St 37 in SM-Qualität sind die Spannungs-Dehnungs-Diagramme
für Zug und Druck in Abb. II,27 nach Versuchen der EMPA[1] dargestellt. Es

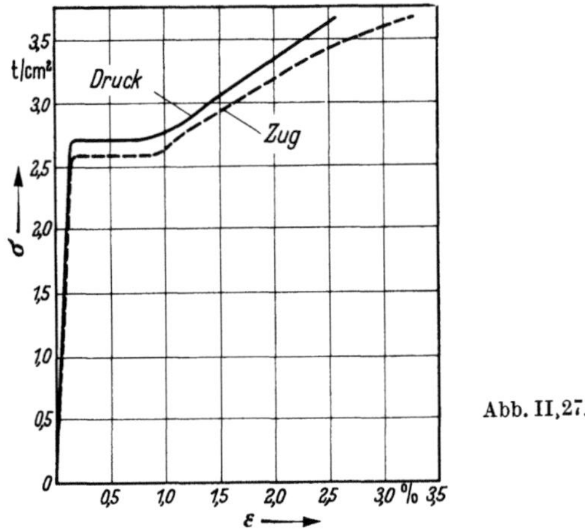

Abb. II,27.

kann etwa mit folgenden charakteristischen Werten gerechnet werden:

Proportionalitätsgrenze	$\sigma_P \cong$	1,9 t/cm²
Fließgrenze	$\sigma_F \cong$	2,4 ÷ 2,7 t/cm²
Zugfestigkeit	$\sigma_Z \cong$	3,7 ÷ 4,5 t/cm²

Die Fließgrenze für Druck (Quetschgrenze) liegt in der Regel etwas höher
als diejenige für Zug (Streckgrenze). Die Mindestfestigkeit $\sigma_{Z\,min}$,

$$\sigma_{Zmin} = 3,7 \ \text{t/cm}^2 = 37 \ \text{kg/mm}^2,$$

liegt der Bezeichnung St 37 zugrunde. Die Bruchdehnung $\varepsilon_Z = \delta$ ist wegen der
Wirkung der Einschnürung abhängig von der Länge des Probestabes bzw. der
Meßstrecke; sie beträgt mindestens

$$\delta_5 = 25\%$$

beim kurzen Probestab (Meßlänge $l = 5d$ beim Rundstab bzw. $5,65 \ \sqrt{F}$ beim
Rechteckstab) und

$$\delta_{10} = 20\% \qquad \text{(bzw. 18\% bei dünnen Blechen)}$$

beim langen Probestab (Meßlänge $l = 10d$ beim Rundstab). In der ausgeprägten
Fließgrenze und der großen Bruchdehnung liegt eine Sicherheit des normalen
Baustahles gegen gefährliche örtliche Überbeanspruchungen, die oft als Möglich-
keit der „Selbsthilfe" oder auch als „Schlauheit des Materials" bezeichnet wird.

Ähnliche Eigenschaften wie der normale Baustahl St 37 besitzt auch der
Handelsbaustahl (Baustahl von Handelsgüte), doch mit dem wesentlichen Unter-

---

[1] Roš, M., Eichinger, A.: Versuche zur Klärung der Bruchgefahr, EMPA-Bericht
Nr. 14, Zürich 1926.

schied, daß hier die Gütewerte nicht mehr oder mindestens nicht mehr in der gleichen Höhe wie beim Stahl St 37 gewährleistet werden. Logischerweise muß dieser Unterschied zur Folge haben, daß Bauteile aus Handelsbaustahl weniger hoch beansprucht werden dürfen als normaler Baustahl St 37.

Der hochfeste *Baustahl St 52*, ein niedriglegierter Si-Mn-Feinkornstahl mit begrenztem C-Gehalt, besitzt um rd. 50% höhere Festigkeitswerte (Mindeststreckgrenze 36 kg/mm²) als der Stahl St 37 bei nur wenig verminderter Bruchdehnung. Da seine Gestehungskosten deutlich über denjenigen des St 37 liegen, wird St 52 vorzugsweise für Brückentragwerke, insbesondere Straßenbrücken, sowie bei schwerbelasteten Hochbauträgern verwendet.

Weitere hochfeste Stähle, wie der naturharte Feinkornstahl St 58 (Fließgrenze $\geq$ 40 kg/mm²; heute noch nicht genormt) oder die vergüteten[1] Stähle der Art des amerikanischen T-1 (Mindeststreckgrenze 70 kg/mm²), kommen im Stahlbau, wegen der höheren Material- und Schweißkosten, nur ausnahmsweise (Groß-brückenbau) in Betracht.

Ein ähnlicher Zusammenhang wie zwischen einer durch Erhöhung des Kohlenstoffgehaltes gesteigerten Festigkeit σ_Z und der Bruchdehnung ε_Z (s. Abb. II,6) liegt auch vor bei einer durch *Kaltverformung* gesteigerten Festigkeit. In Abb. II,28

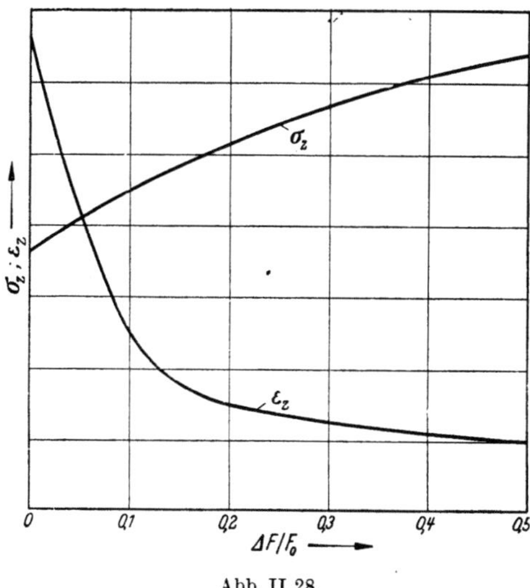

Abb. II,28.

ist dieser Zusammenhang in schematischer Form in Abhängigkeit von der Querschnittsverminderung $\Delta F/F$ durch Kaltverformung nach H. COLPAERT[2] dargestellt. Bei *gezogenen Drähten*, wie sie für Tragkabel weitgespannter Hängebrücken verwendet werden, ist die erhöhte Festigkeit durch eine entsprechende Verkleinerung der Bruchdehnung erkauft.

Das Spannungs-Dehnungs-Diagramm nach Abb. II,25 beschreibt die Formänderungen des Zugstabes nicht vollständig; neben den Längsdehnungen $\varepsilon = \varepsilon_l$ in Richtung der Spannungen σ treten auch *Querdehnungen* ε_q auf, deren Größe

---

[1] Vgl. Abb. II,8c.
[2] Siehe Fußnote 1, S. 33.

im elastischen Bereich, $\sigma \leqq \sigma_P$, durch die Proportionalität

$$\varepsilon_q = -\frac{\nu\,\sigma}{E}$$

gegeben ist. Die Querdehnungszahl ν (reziproker Wert der früher häufig verwendeten Poissonschen Zahl m) beträgt für Stahl etwa

$$\nu = 0{,}30 \text{ bis } 0{,}33;$$

praktisch wird meist mit $\nu = 0{,}30$ gerechnet. Für Spannungen oberhalb der Proportionalitätsgrenze ist das Spannungs-Dehnungs-Diagramm durch die die Querdehnungen erfassende Kurve zu ergänzen; es entsteht damit das in Abb. II,29 für Baustahl St 37 dargestellte *Doppeldiagramm,* in dem die Kurven für Zug- und Druckbeanspruchungen σ vorzeichenrichtig eingetragen sind.

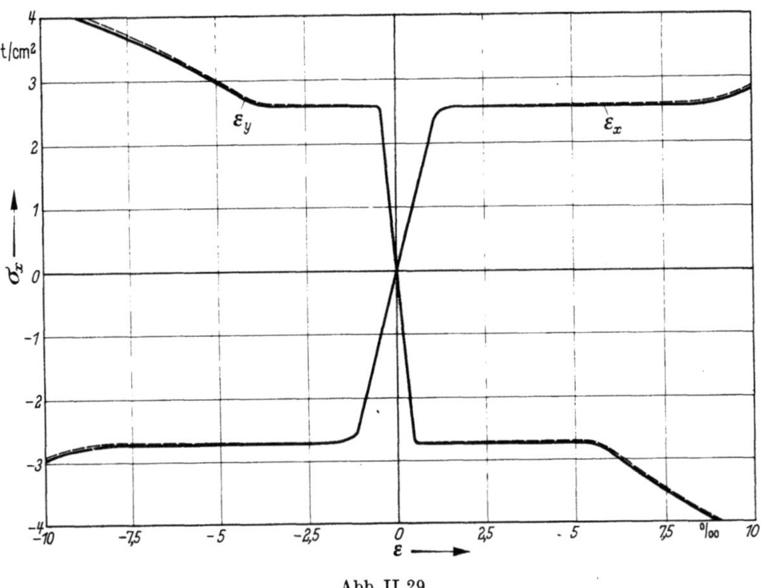

Abb. II,29.

Es ist üblich, die Spannungen σ im Spannungs-Dehnungs-Diagramm auf den ursprünglichen Querschnitt F zu beziehen. Die Querdehnungskurven ε_q erlauben uns nun, auch die Querschnittsänderungen ΔF,

$$\Delta F = F(1 \mp \varepsilon_q)^2 - F \cong \mp 2F\,\varepsilon_q \qquad \begin{matrix} (- \text{ für Zug}) \\ (+ \text{ für Druck}) \end{matrix}$$

zu bestimmen und daraus die auf die verformten Querschnitte $F + \Delta F$ bezogenen Spannungen $\bar\sigma$,

$$\bar\sigma = \frac{P}{F + \Delta F}$$

zu berechnen. In Abb. II,29 sind die Diagramme $\bar\sigma - \varepsilon$ gestrichelt eingetragen; es zeigt sich, daß diese Querdehnungseinflüsse auf die Querschnittswerte im maßgebenden Bereich des Spannungs-Dehnungs-Diagramms gering sind.

Allgemeine Spannungszustände

Für allgemeine Spannungszustände eines isotropen Baustoffes wie Stahl gilt im *elastischen Bereich* das Hookesche Gesetz in seiner allgemeinen Form; es betragen die spezifischen Längenänderungen infolge der Normalspannungen

$$\left.\begin{aligned} \varepsilon_x &= \frac{1}{E}\left[\sigma_x - \nu(\sigma_y + \sigma_z)\right] \\[2mm] \varepsilon_y &= \frac{1}{E}\left[\sigma_y - \nu(\sigma_z + \sigma_x)\right] \\[2mm] \varepsilon_z &= \frac{1}{E}\left[\sigma_z - \nu(\sigma_x + \sigma_y)\right] \end{aligned}\right\} \qquad (\text{II},2\,\text{a})$$

und die Winkeländerungen (Schiebungen) infolge der Schubspannungen τ

$$\gamma_{xy} = \frac{\tau_{xy}}{G}, \qquad \gamma_{yz} = \frac{\tau_{yz}}{G}, \qquad \gamma_{zx} = \frac{\tau_{zx}}{G}. \qquad (\text{II},2\,\text{b})$$

Zwischen dem Schubmodul G und dem Elastizitätsmodul E besteht dabei für isotrope Stoffe die bekannte Beziehung

$$G = \frac{E}{2(1 + \nu)};$$

für Stahl ist mit $E = 2100\ \text{t/cm}^2$ und $\nu = 0{,}30$ daraus $G = 800 \div 810\ \text{t/cm}^2$. Ist das betrachtete Körperelement auf Hauptspannungsrichtungen orientiert, für die die Schubspannungen τ und damit die Schiebungen γ verschwinden, so ist der Formänderungszustand durch die Gln. (II,2a) allein beschrieben, wenn wir die Richtungen x, y, z durch die Richtungen $1, 2, 3$ ersetzen.

Um auch die Formänderungen infolge von *oberhalb der Proportionalitätsgrenze liegenden Spannungszuständen* bestimmen zu können, benötigen wir zunächst ein *Vergleichsmittel* zwischen dem allgemeinen und dem einaxigen Spannungszustand. Nach dem heutigen Stand der Erkenntnisse stimmt die schon 1856 von J. C. MAXWELL[1] erstmals aufgestellte und heute mit den Namen HUBER−V. MISES−HENCKY verknüpfte *Fließbedingung von der Konstanz der Gestaltänderungsarbeit* für isotrope, zähe Baustoffe gut mit den Versuchsergebnissen überein[2]. Diese Hypothese sei zunächst kurz rekapituliert, wobei das betrachtete würfelförmige Körperelement der Einfachheit halber auf die Hauptspannungsrichtungen orientiert sein soll. Wir denken uns den Spannungszustand $\sigma_1, \sigma_2, \sigma_3$ aufgeteilt in den *hydrostatischen Spannungszustand* σ_m,

$$\sigma_m = \frac{\sigma_1 + \sigma_2 + \sigma_3}{3},$$

der nur eine Volumenänderung bei gleichbleibender Gestalt (Würfel) erzeugt, und den *Gestaltänderungs-Spannungszustand,*

$$\bar{\sigma}_1 = \sigma_1 - \sigma_m, \qquad \bar{\sigma}_2 = \sigma_2 - \sigma_m, \qquad \bar{\sigma}_3 = \sigma_3 - \sigma_m,$$

der nur eine Gestaltänderung bei gleichbleibendem Volumen verursacht.

---

[1] Siehe: Origin of CLERK MAXWELL's Electric Ideas as Described in Familiar Letters to WILLIAM THOMSON. Herausgegeben von Sir Joseph Larmor, Cambridge 1937.

[2] Roš, M., EICHINGER, A.: Versuche zur Klärung der Bruchgefahr, III. Metalle. EMPA-Bericht Nr. 34, Zürich 1929.

Die als Fließbedingung formulierte Hypothese von der Konstanz der Gestaltänderungsarbeit sagt nun aus, daß für das Eintreten des Fließzustandes nur die
spezifische Gestaltänderungsarbeit A_g

$$A_g = \frac{1}{2}\left(\bar{\sigma}_1\,\varepsilon_1 + \bar{\sigma}_2\,\varepsilon_2 + \bar{\sigma}_3\,\varepsilon_3\right) \tag{II,3}$$

maßgebend sei; dabei bedeuten ε_1, ε_2, ε_3 die durch die Hauptspannungen σ_1, σ_2, σ_3
verursachten spezifischen Dehnungen in den drei Hauptspannungsrichtungen.
Es läßt sich leicht zeigen, daß Gl. (II,3) mit den Bezeichnungen

$$\varepsilon_m = \frac{\varepsilon_1 + \varepsilon_2 + \varepsilon_3}{3},$$

$$\bar{\varepsilon}_1 = \varepsilon_1 - \varepsilon_m, \quad \bar{\varepsilon}_2 = \varepsilon_2 - \varepsilon_m, \quad \bar{\varepsilon}_3 = \varepsilon_3 - \varepsilon_m$$

auch in der dualen Form

$$A_g = \frac{1}{2}\left(\sigma_1\,\bar{\varepsilon}_1 + \sigma_2\,\bar{\varepsilon}_2 + \sigma_3\,\bar{\varepsilon}_3\right) \tag{II,3a}$$

geschrieben werden kann. Definitionsgemäß ist

$$\bar{\sigma}_1 + \bar{\sigma}_2 + \bar{\sigma}_3 = 0,$$

$$\bar{\varepsilon}_1 + \bar{\varepsilon}_2 + \bar{\varepsilon}_3 = 0.$$

Setzen wir nun die Dehnungen ε_1, ε_2, ε_3 nach (der für die Hauptspannungsrichtungen angeschriebenen) Gl. (II,2a) ein, so erhalten wir nach ordnen den ge-
suchten Wert der spezifischen Gestaltänderungsarbeit A_g zu

$$A_g = \frac{1+\nu}{3E}\left(\sigma_1^2 + \sigma_2^2 + \sigma_3^2 - \sigma_1\sigma_2 - \sigma_2\sigma_3 - \sigma_3\sigma_1\right). \tag{II,4}$$

Im einaxigen Spannungszustand, $\sigma_1 = \sigma_{10}, \sigma_2 = \sigma_3 = 0$, tritt Fließen für $\sigma_{10} = \sigma_F$
ein, und die zugehörige Gestaltänderungsarbeit A_g beträgt

$$A_g = \frac{1+\nu}{3E}\sigma_F^2;$$

der Vergleich mit Gl. (II,4) führt zur Feststellung, daß unter einem allgemeinen
Spannungszustand Fließen dann eintritt, wenn die *Vergleichsspannung* σ_g,

$$\sigma_g = \sqrt{\sigma_1^2 + \sigma_2^2 + \sigma_3^2 - \sigma_1\sigma_2 - \sigma_2\sigma_3 - \sigma_3\sigma_1} \tag{II,5}$$

gleich der Fließgrenze σ_F ist:

$$\sigma_g = \sigma_F: \quad \text{Fließbedingung.}$$

Für eine beliebige Orientierung des Koordinatensystems x, y, z läßt sich die Vergleichsspannung zu

$$\sigma_g = \sqrt{\sigma_x^2 + \sigma_y^2 + \sigma_z^2 - \sigma_x\sigma_y - \sigma_y\sigma_z - \sigma_z\sigma_x + 3\tau_{xy}^2 + 3\tau_{yz}^2 + 3\tau_{zx}^2} \tag{II,5a}$$

bestimmen.

Nun kann andererseits auch die *resultierende Schubspannung* τ_0 in der *Oktaeder-ebene* des Würfels (Abb. II,30) als maßgebend für die Anstrengung zäher Baustoffe

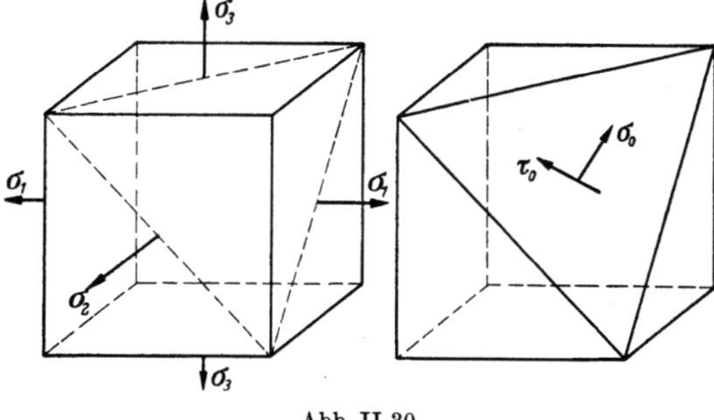

Abb. II,30.

angenommen werden. Eine Gleichgewichtsbetrachtung liefert uns für diese Okta-ederebene eine Normalspannung σ_0,

$$\sigma_0 = \frac{\sigma_1 + \sigma_2 + \sigma_3}{3} = \sigma_m,$$

und eine resultierende Schubspannung τ_0,

$$\tau_0 = \frac{\sqrt{2}}{3} \sqrt{\sigma_1^2 + \sigma_2^2 + \sigma_3^2 - \sigma_1\sigma_2 - \sigma_2\sigma_3 - \sigma_3\sigma_1}, \qquad \text{(II,6)}$$

die auch in der Form

$$\tau_0 = \frac{2}{3} \sqrt{\left(\frac{\sigma_1 - \sigma_2}{2}\right)^2 + \left(\frac{\sigma_2 - \sigma_3}{2}\right)^2 + \left(\frac{\sigma_3 - \sigma_1}{2}\right)^2} = \frac{2}{3} \sqrt{\tau_{12}^2 + \tau_{23}^2 + \tau_{31}^2}$$

geschrieben werden kann (Abb. II,31). Vergleichen wir diesen Wert der resultie-renden Schubspannung mit dem entsprechenden Wert des einaxigen Zugver-suches mit $\sigma_{10} = \sigma_F$,

$$\tau_0 = \frac{\sqrt{2}}{3} \sqrt{\sigma_F^2},$$

Abb. II,31.

so ergibt sich die gleiche Vergleichsspannung σ_g [Gl. (II,5)], wie aus der Hypothese der konstanten Gestaltänderungsarbeit. Wie leicht nachzuweisen ist, gilt für die Vergleichsspannung σ_g auch die Beziehung

$$\sigma_g = \sqrt{\frac{3}{2}} \, \sqrt{\bar{\sigma}_1^2 + \bar{\sigma}_2^2 + \bar{\sigma}_3^2}. \qquad (II,5\,b)$$

Die Fließbedingung kann aus Gl. (II,6) nun auch mit

$$\sigma_g = \frac{3}{\sqrt{2}} \tau_0 = \sigma_F$$

angeschrieben werden.

Es läßt sich nun ferner aus einer geometrischen Betrachtung in bezug auf die Oktaederebene eine spezifische Dehnung ε_0,

$$\varepsilon_0 = \frac{\varepsilon_1 + \varepsilon_2 + \varepsilon_3}{3} = \varepsilon_m,$$

und eine *resultierende spezifische Schiebung* γ_0,

$$\gamma_0 = \frac{2\sqrt{2}}{3} \sqrt{\varepsilon_1^2 + \varepsilon_2^2 + \varepsilon_3^2 - \varepsilon_1\varepsilon_2 - \varepsilon_2\varepsilon_3 - \varepsilon_3\varepsilon_1} = \frac{2\sqrt{2}}{3} \varepsilon_g, \qquad (II,7)$$

bzw.

$$\gamma_0 = \frac{4}{3} \sqrt{\left(\frac{\varepsilon_1 - \varepsilon_2}{2}\right)^2 + \left(\frac{\varepsilon_2 - \varepsilon_3}{2}\right)^2 + \left(\frac{\varepsilon_3 - \varepsilon_1}{2}\right)^2} = \frac{2}{3} \sqrt{\gamma_{12}^2 + \gamma_{23}^2 + \gamma_{31}^2} \quad (II,7\,a)$$

bestimmen. Durch Einsetzen der spezifischen Dehnungen $\varepsilon_1, \varepsilon_2, \varepsilon_3$ nach dem Hookeschen Gesetz und Vergleich mit dem einaxigen Spannungszustand finden wir, zum drittenmal, die Vergleichsspannung σ_g nach Gl. (II,5).

Die Vergleichsspannung σ_g als Maß der Anstrengung hat somit eine *dreifache Bedeutung*: Sie kann den Ausdruck einer eigentlichen *Anstrengungshypothese* (Schubspannung τ_0 in der Oktaederebene maßgebend), einer *Formänderungshypothese* (resultierende Schiebung γ_0 der Oktaederebene maßgebend) oder auch einer *Hypothese über die Gestaltänderungsarbeit* (Gestaltänderungsarbeit konstant) darstellen. Welche dieser drei Deutungen physikalisch maßgebend oder ursächlich ist, läßt sich zunächst nicht eindeutig entscheiden. Es ist jedoch festzustellen, daß sowohl in der Formänderungshypothese (γ_0) wie auch in der Gestaltänderungshypothese (A_g) die Vergleichsspannung σ_g mit Hilfe des Hookeschen Gesetzes bestimmt wird, das beim Eintreten des Fließzustandes ja gar nicht mehr gültig ist; eine auf Grund dieser beiden Hypothesen aufgestellte Fließbedingung weist somit offensichtlich einen inneren Widerspruch auf. Da aber anderseits die mit der Vergleichsspannung σ_g [Gl. (II,5)] formulierte Fließbedingung gut mit den bisherigen Versuchen übereinstimmt, ist es naheliegend, die *Schubspannungshypothese* (τ_0), die einen derartigen inneren Widerspruch nicht aufweist, als die physikalisch richtige Deutung zu betrachten.

Eine *allgemeine Darstellung* der spezifischen Formänderungen $\varepsilon_1, \varepsilon_2, \varepsilon_3$ infolge eines beliebigen Spannungszustandes $\sigma_1, \sigma_2, \sigma_3$ auch bei oberhalb der Proportionalitätsgrenze liegenden Spannungen σ gewinnen wir für konstant bleibendes Verhältnis $\sigma_1 : \sigma_2 : \sigma_3$ der Spannungen durch die *Hypothese*, daß die Formänderungen $\varepsilon_1, \varepsilon_2, \varepsilon_3$ *lineare Kombinationen* der aus dem einaxigen Versuch (Spannungs-Dehnungs-Diagramm) mit *gleichwertiger Beanspruchung* gefundenen spezifischen Dehnungen sind[1]. Gleichwertig sollen diejenigen Beanspruchungszustände sein, die die gleiche Vergleichsspannung σ_g nach Gl. (II,5), d. h. die gleiche resultierende Schubspannung τ_0 in der Oktaederebene verursachen. Bezeichnen wir die im einaxigen Zug- oder Druckversuch mit $\sigma_1 = \sigma_{10}$, $\sigma_2 = \sigma_3 = 0$ gefundenen spezifischen Dehnungen mit $\varepsilon_{11}, \varepsilon_{21}, \varepsilon_{31}$ (und analog für $\sigma_2 = \sigma_{20}$, $\sigma_3 = \sigma_{30}$) und führen die ,,Gleichwertigkeitsverhältnisse'' μ ein,

$$\mu_1 = \frac{\sigma_1}{\sigma_g}, \quad \mu_2 = \frac{\sigma_2}{\sigma_g}, \quad \mu_3 = \frac{\sigma_3}{\sigma_g},$$

so führt unsere Hypothese auf das Formänderungsgesetz

$$\boxed{\begin{aligned} \varepsilon_1 &= \mu_1\,\varepsilon_{11} + \mu_2\,\varepsilon_{12} + \mu_3\,\varepsilon_{13} \\ \varepsilon_2 &= \mu_1\,\varepsilon_{21} + \mu_2\,\varepsilon_{22} + \mu_3\,\varepsilon_{23} \\ \varepsilon_3 &= \mu_1\,\varepsilon_{31} + \mu_2\,\varepsilon_{32} + \mu_3\,\varepsilon_{33} \end{aligned}} \qquad (II,8)$$

Für einen Spannungszustand σ_1, σ_2, σ_3 sind in Gl. (II,8) die den Spannungswerten σ_{10}, σ_{20}, σ_{30} entsprechenden Dehnungen ε der Spannungs-Dehnungs-Diagramme einzusetzen. Für die Verhältniszahlen μ gilt, analog zu Gl. (II,5), die Beziehung

$$\mu_1^2 + \mu_2^2 + \mu_3^2 - \mu_1\mu_2 - \mu_2\mu_3 - \mu_3\mu_1 = 1.$$

Wenn das verallgemeinerte Formänderungsgesetz nach Gl. (II,8) richtig sein soll, so muß es für den elastischen Bereich in das Hookesche Gesetz übergehen. Für einen elastisch-isotropen Baustoff ist, da für die einaxigen Spannungen σ_{10}, σ_{20}, σ_{30} die gleichen Elastizitätskonstanten E und ν gelten,

$$\varepsilon_{11} = \varepsilon_{22} = \varepsilon_{33} = \frac{\sigma_{10}}{E},$$

$$\varepsilon_{12} = \varepsilon_{23} = \varepsilon_{31} = \varepsilon_{13} = \varepsilon_{32} = \varepsilon_{21} = -\frac{\nu\,\sigma_{10}}{E}$$

und daraus

$$\varepsilon_1 = \mu_1 \frac{\sigma_{10}}{E} - \mu_2 \frac{\nu\,\sigma_{20}}{E} - \mu_3 \frac{\nu\,\sigma_{30}}{E} = \frac{\sigma_1}{\sigma_{10}} \frac{\sigma_{10}}{E} - \nu \frac{\sigma_2}{\sigma_{20}} \frac{\sigma_{20}}{E} - \nu \frac{\sigma_3}{\sigma_{30}} \frac{\sigma_{30}}{E}$$

usw. in Übereinstimmung mit Gl. (II,2a).

Für elastisch-plastische Beanspruchungszustände ist die Gültigkeit des eingeführten Formänderungsansatzes durch den Vergleich mit Versuchsergebnissen nachzuweisen; nach den bisher durchgeführten Vergleichen mit vorhandenen Versuchsergebnissen besteht Übereinstimmung zwischen Versuch und Rechnung.

Um die Schiebung γ_{xy} infolge einer Schubspannung τ_{xy} zu bestimmen, ersetzen wir τ_{xy} durch die gleichwertigen Hauptspannungen (Abb. II,32)

$$\sigma_1 = -\sigma_2 = \tau_{xy};$$

mit

$$\sigma_g = \sqrt{3\sigma_1^2} = \sigma_1\sqrt{3},$$

$$\mu_{xy} = \mu_1 = -\mu_2 = \frac{1}{\sqrt{3}}$$

---

[1] Stüssi, F.: Beitrag zur Plastizitätstheorie, Abh. IVBH Bd. 13, Zürich 1953.

finden wir die zur Schubspannung τ_{xy} zugehörigen Hauptdehnungen

$$\varepsilon_1 = \mu_1\,\varepsilon_{11} + \mu_2\,\varepsilon_{12} = \mu_1(\varepsilon_{11} + \varepsilon_{12}),$$

$$\varepsilon_2 = \mu_1\,\varepsilon_{21} + \mu_2\,\varepsilon_{22} = \mu_1(\varepsilon_{22} + \varepsilon_{21}),$$

wobei die Dehnungen ε_{11}, ε_{21} aus dem Spannungs-Dehnungs-Diagramm des Zugversuches, ε_{22}, ε_{12} dagegen aus dem Druckversuch zu entnehmen und die entsprechenden Vorzeichen (Zug, Druck) zu beachten sind.

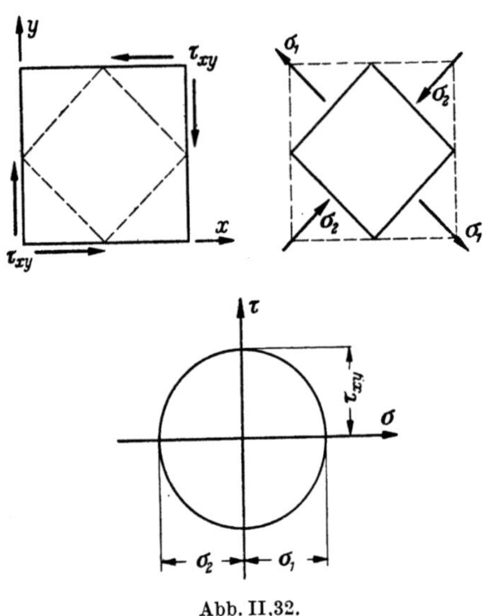

Abb. II,32.

Da aus geometrischen Gründen die Schiebung γ_{xy} durch die Dehnungen ε_1, ε_2 ausgedrückt werden kann,

$$\gamma_{xy} = 2(\varepsilon_1 - \varepsilon_2)\sin\alpha\,\cos\alpha$$

oder für

$$\alpha = 45°$$

$$\gamma_{xy} = \varepsilon_1 - \varepsilon_2$$

wird

$$\boxed{\gamma_{xy} = \mu_{xy}(\varepsilon_{11} - \varepsilon_{22} + \varepsilon_{12} - \varepsilon_{21})}\,.$$

$$(\text{II},9)$$

Ist der Baustoff isotrop, $\varepsilon_{22} = -\varepsilon_{11}$, $\varepsilon_{21} = -\varepsilon_{12}$, so wird

$$\gamma_{xy} = 2\mu_{xy}(\varepsilon_{11} - \varepsilon_{21})$$

oder für den elastischen Bereich

$$\varepsilon_{11} = \frac{\sigma_{10}}{E}\,,\qquad \varepsilon_{21} = -\nu\,\frac{\sigma_{10}}{E}\,,\qquad \tau_{xy} = \sigma_1 = \mu_{xy}\,\sigma_{10},$$

$$\gamma_{xy} = \frac{2(1+\nu)}{E}\,\tau_{xy} = \frac{\tau_{xy}}{G}\,,$$

wie zu erwarten war.

Abb. II,33 zeigt an einem einfachen Beispiel den Vergleich der Berechnung mit dem Versuch[1] für einen weichen Stahl (Armco); aus den für einaxigen Zug σ_{10} bestimmten spezifischen Dehnungen ε_{11}, ε_{21} (Abb. II,33a) wurden die Dehnungen

$$\varepsilon_1 = \mu\,(\varepsilon_{11} - \varepsilon_{21})$$

für einen zweiaxigen Spannungszustand $\sigma_2 = -\sigma_1$, $\sigma_g = \sigma_1 \sqrt{3}$, $\mu_1 = \mu = 1/\sqrt{3}$ berechnet und mit den direkt gemessenen Dehnungen ε_1 (bzw. $\varepsilon_2 = -\varepsilon_1$) ver-

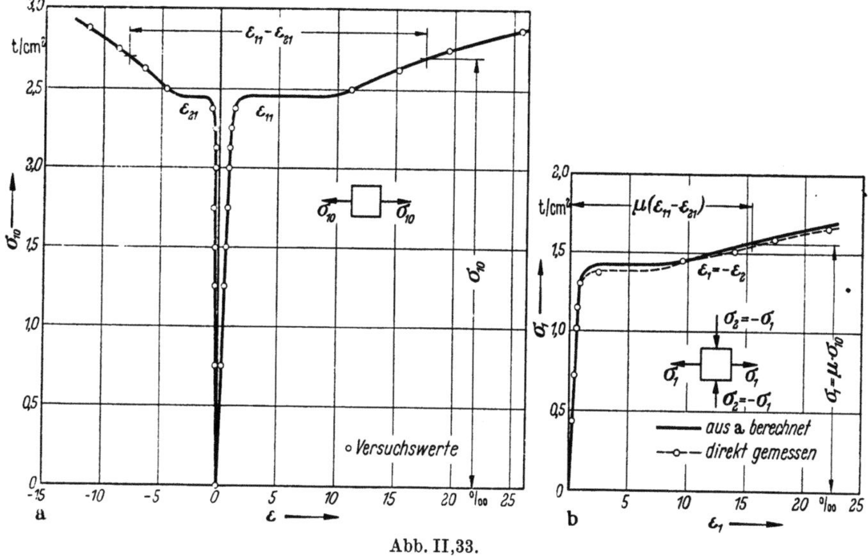

Abb. II,33.

glichen (Abb. II,33b). Diese Dehnungen ε_1 entsprechen nach Gl. (II,9) den halben Werten der Schiebung γ_{xy} für $\tau_{xy} = \sigma_1$.

Für isotrope Baustoffe mit gleichen Spannungs-Dehnungs-Diagrammen für Zug und Druck geht mit

$$\varepsilon_{11} = \varepsilon_{22} = \varepsilon_{33},$$

$$\varepsilon_{12} = \varepsilon_{21} = \varepsilon_{23} = \varepsilon_{32} = \varepsilon_{31} = \varepsilon_{13}$$

der allgemeine Ansatz Gl. (II,8) in den vereinfachten Ansatz

$$\left.\begin{aligned}
\varepsilon_1 &= \mu_1\,\varepsilon_{11} + (\mu_2 + \mu_3)\,\varepsilon_{12}, \\
\varepsilon_2 &= \mu_2\,\varepsilon_{11} + (\mu_3 + \mu_1)\,\varepsilon_{12}, \\
\varepsilon_3 &= \mu_3\,\varepsilon_{11} + (\mu_1 + \mu_2)\,\varepsilon_{12}
\end{aligned}\right\} \tag{II,8a}$$

über. Für diesen Fall läßt sich leicht zeigen, daß mit

$$A_g = \frac{\sigma_g\,\varepsilon_g}{3},$$

wobei

$$\varepsilon_g = \sqrt{\varepsilon_1^2 + \varepsilon_2^2 + \varepsilon_3^2 - \varepsilon_1\,\varepsilon_2 - \varepsilon_2\,\varepsilon_3 - \varepsilon_3\,\varepsilon_1} = \varepsilon_{11} - \varepsilon_{12}$$

bedeutet, die Hypothese der konstanten Gestaltänderungsarbeit (als Folge der Isotropie) auch über den elastischen Bereich hinaus erfüllt ist.

---

[1] Versuche am Institut für Baustatik der ETH, Versuchsdurchführung Dipl.-Ing. M. WALT mit Mechaniker E. PETER.

Bruchgefahr

Die durch die Gln. (II,8) bzw. (II,8a) umschriebene Formänderungstheorie beschäftigt sich nur mit den Zusammenhängen zwischen Spannungen und Formänderungen; sie sagt jedoch an sich nichts aus über die *Bruchgefahr*. Für den Bruch selber ist offenbar eher die Mohrsche Bruchtheorie, die mit der alle maßgebenden Hauptkreise umschließenden Hüllkurve auf die größte Schubspannung τ_{max},

$$\tau_{max} = \frac{\sigma_1 - \sigma_3}{2} = \tau_{13},$$

orientiert ist, maßgebend[1] (Abb. II,34). Damit gelangen wir, auf Grund des heutigen Standes unserer Erkenntnisse, zur Feststellung, daß für den Formänderungszustand die resultierende Schubspannung τ_0 in der Oktaederebene, für den Bruch

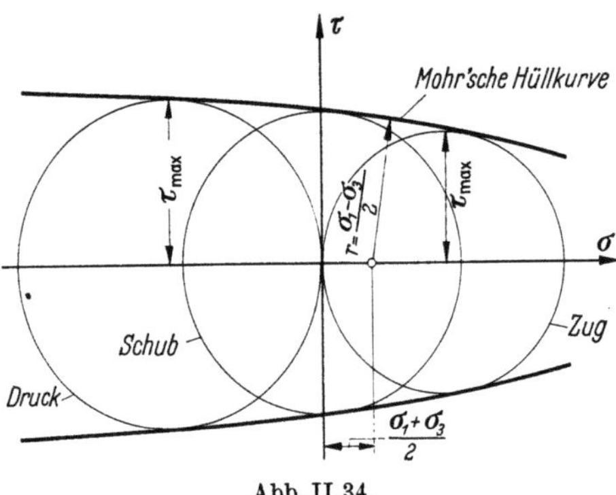

Abb. II,34.

(unter statischer Beanspruchung) dagegen die größte Schubspannung $\tau_{max} = \tau_{13}$ maßgebend ist. Das Verhältnis dieser beiden Werte,

$$\frac{\tau_0}{\tau_{max}} = \frac{2\sqrt{\tau_{12}^2 + \tau_{23}^2 + \tau_{31}^2}}{3\tau_{13}},$$

kann je nach der Größe der mittleren Hauptspannung σ_2 zwischen

$$\frac{\tau_0}{\tau_{max}} = \sqrt{\frac{2}{3}} = 0,8165 \quad \text{und} \quad \frac{\tau_0}{\tau_{max}} = \frac{2\sqrt{2}}{3} = 0,9428$$

variieren.

In Verbindung mit der Mohrschen Bruchtheorie ist nun jedoch unsere Formänderungstheorie in der Lage, etwas über die *Art des Bruches* auszusagen: Liegt für den zu untersuchenden Spannungszustand, d. h. für das Verhältnis der Spannungen $\sigma_1, \sigma_2, \sigma_3$, der dem Wert $\sigma_g = \sigma_F$ entsprechende Hauptkreis innerhalb der Mohrschen Hüllkurve, so ist ein Gleitbruch zu erwarten; schneidet dagegen der Hauptkreis für $\sigma_g = \sigma_F$ die Hüllkurve, so wird ein Trennbruch oder Sprödbruch eintreten.

b) Die Dauerfestigkeit

Das Gesetz von August Wöhler

Der Bruch eines Materials kann nicht nur durch statische Beanspruchung bis zur Zugfestigkeit σ_Z (bzw. Druckfestigkeit σ_D), sondern auch durch eine *oft*

---

[1] Roš, M., Eichinger, A.: Die Bruchgefahr fester Körper bei ruhender — statischer — Beanspruchung. EMPA-Bericht Nr. 172, Zürich 1949.

wiederholte Beanspruchung mit $\sigma_{max} < \sigma_Z$ verursacht werden. Die zugehörige Festigkeit σ_{max}, die vom Beanspruchungsverlauf und damit von der Zahl der „Lastwechsel" abhängig ist, wird als „*Dauerfestigkeit*" oder auch als „*Ermüdungsfestigkeit*" bezeichnet. Der Begriff der Ermüdung beruht auf der Vorstellung, daß der Bruch, ausgehend von einer Fehlstelle im Aufbau des Atomgitters, durch die Anhäufung der durch die einzelnen Lastwechsel verursachten Schädigungen des Materials zustande kommt. Es ist das große Verdienst von AUGUST WÖHLER (1819 bis 1914), diese Ermüdung von Metallen als Ursache für den anscheinend vorzeitigen Bruch von Eisenbahnwagenachsen erkannt und durch systematische Versuche nachgewiesen zu haben. Seine Erkenntnisse hat er 1870 in dem nach ihm benannten Gesetz zusammengefaßt; dieses Wöhlersche Gesetz lautet[1]:

„Der Bruch des Materials läßt sich auch durch vielfach wiederholte Schwingungen, von denen keine die absolute Bruchgrenze erreicht, herbeiführen. Die *Differenzen* der Spannungen, welche die Schwingungen eingrenzen, sind dabei für die Zerstörung des Zusammenhanges maßgebend.

Die *absolute Größe* der Grenzspannungen ist nur insoweit von Einfluß, als mit wachsender Spannung die Differenzen, welche den Bruch herbeiführen, sich verringern."

Das Wöhlersche Gesetz ist eine rein qualitative Aussage, und es erlaubt keine zahlenmäßige Voraussage über die Bedingungen, unter denen bei einem bestimmten Material der Bruch zu erwarten ist. Es besteht somit, sofern man sich nicht damit begnügen will, die Tragwerksbemessung auf empirischen Zahlenwerten allein aufzubauen, ein unbestreitbares Bedürfnis nach einer quantitativen Ergänzung des Wöhlerschen Gesetzes, d. h. nach einer Theorie der Dauerfestigkeit, die die bei der Dauerfestigkeit maßgebenden Zusammenhänge eindeutig formuliert.

Theorie der Dauerfestigkeit für glatte Stäbe[2]

Es ist bis jetzt nicht gelungen, eine Theorie der Dauerfestigkeit aus physikalischen Grundtatsachen abzuleiten, trotzdem es sich hier um ein physikalisches Problem handelt. Wir sind deshalb gezwungen, die gesuchte Theorie Schritt für Schritt durch Beurteilung und Auswertung zweckentsprechend angelegter Versuche zu gewinnen. Dabei ist ein Erfolg jedoch nur dann zu erwarten, wenn wir uns zunächst auf möglichst einfache Fragestellungen beschränken. Dazu ist es vorerst notwendig, den komplizierten Belastungsverlauf eines Tragwerkteils, wie er in Wirklichkeit vorkommt und von dem Abb. II,35a einen Ausschnitt darstellen soll, nach Abb. II,35b zu idealisieren: Die Beanspruchung σ variiert zwischen den festen Grenzwerten σ_{max} und σ_{min}, die auch durch die Mittelspannung σ_m

---

[1] WÖHLER, A.: Über die Festigkeitsversuche mit Eisen und Stahl. Z. Bauw., Jg. XX, Berlin 1870.

[2] STÜSSI, F.: Die Theorie der Dauerfestigkeit und die Versuche von AUGUST WÖHLER. Mitt. TKVSB Nr. 13, Zürich 1955.

STÜSSI, F.: Theory and Test Results on the Fatigue of Metals. Transactions Am. Soc. C. E., Vol. 128, 1963, Part II.

STÜSSI, F.: Die Ermüdung von Eisen und Stahl und anderen Metallen. Nachrichten aus der Eisen-Bibliothek der Georg Fischer AG, Nr. 31, Schaffhausen 1965.

und die halbe Schwingungsweite $\Delta\sigma$ ausgedrückt werden können. Es ist nämlich

$$\sigma_m = \frac{\sigma_{max} + \sigma_{min}}{2}, \qquad \Delta\sigma = \frac{\sigma_{max} - \sigma_{min}}{2}$$

und damit

$$\sigma_{max} = \sigma_m + \Delta\sigma, \qquad \sigma_{min} = \sigma_m - \Delta\sigma.$$

Wir untersuchen zuerst einen zentrisch beanspruchten *glatten Stab*; der Einfluß von Kerbwirkungen, wie er bei gelochten, genieteten oder geschweißten Stäben vorkommt, soll nachher zusätzlich betrachtet werden.

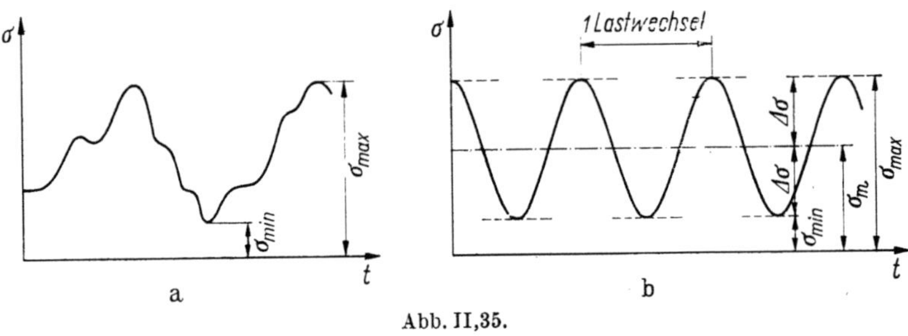

Abb. II,35.

Für diesen Grundfall ist nun offensichtlich die Größtspannung σ_{max}, bei der der Ermüdungsbruch eintritt, abhängig von der unteren Spannungsgrenze σ_{min} und der Lastwechselzahl n. Um diese Fragestellung, die drei Unbekannte σ_{max}, σ_{min} und n enthält, durch den Versuch eindeutig beantworten zu können, müssen wir sie in zwei einfachere Teilfragen zerlegen. Dabei erweist es sich als zweckmäßig, statt der Mindestspannung σ_{min} die Mittelspannung σ_m einzuführen, was wegen

$$\sigma_{min} = 2\sigma_m - \sigma_{max}$$

offenbar keine Einschränkung bedeutet.

Die *erste Teilfrage* erhalten wir dadurch, daß wir die Mittelspannung σ_m konstant halten und den Zusammenhang zwischen der Bruchspannung $\sigma_{max} = \sigma_m + {} + \Delta\sigma$ und der zugehörigen Lastwechselzahl n suchen. Abb. II,36a zeigt diesen Zusammenhang für die „Wechselfestigkeit" σ_W von normalem Baustahl St 37 mit $\sigma_m = 0$,

$$\sigma_W = \sigma_{max} = \Delta\sigma, \qquad \sigma_{min} = -\sigma_{max}.$$

Diese Kurve, die wir als „Wöhler-Kurve" der Wechselfestigkeit bezeichnen, fällt im Gebiet kleiner Lastwechselzahlen sehr steil ab und verläuft für große Lastwechselzahlen sehr flach. Es ist deshalb zweckmäßig, diese Kurve dadurch zu entzerren, daß wir als Abszissen nicht die Lastwechselzahlen n selber, sondern ihre Logarithmen $i = \log n$ einführen (Abb. II,36 b). Diese Wöhler-Kurve der Wechselfestigkeit σ_W bewegt sich zwischen den Grenzen der statischen Zugfestigkeit σ_{0Z} (konventioneller Zugversuch) und dem asymptotischen Endwert σ_{aW}. Es bestehen verschiedene Möglichkeiten, eine solche Kurve durch eine Formel analytisch zu erfassen. So können wir beispielsweise den Wert der Wechselfestigkeit σ_W als gewogenes Mittel der beiden Grenzwerte σ_{0Z} und σ_{aW} formulieren, wobei wir der statischen Zugfestigkeit σ_{0Z} das Gewicht 1, dem asymptotischen Grenzwert σ_{aW} dagegen das von der Lastwechselzahl n abhängige Gewicht f_W zuschreiben. Damit ergibt sich

$$\sigma_W = \frac{\sigma_{0Z} + f_W\,\sigma_{aW}}{1 + f_W}\,. \tag{II,10}$$

Eine solche Lösung kann nun entweder eine empirische Näherung sein, die zufällig die untersuchte Kurve mit guter Annäherung darstellt, oder sie kann,

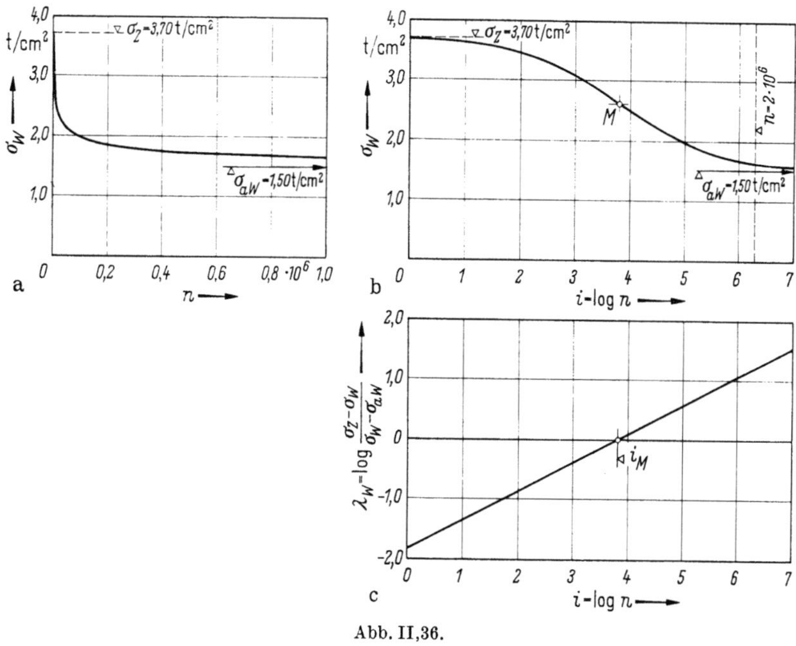

Abb. II,36.

wenn wir Glück haben, auch mehr sein, nämlich die eigentliche Lösung der Aufgabe. Sie muß dann aber nicht nur alle untersuchten Versuchsreihen zutreffend erfassen, sondern die Gewichtsfunktion f_W,

$$f_W = \frac{\sigma_{0Z} - \sigma_W}{\sigma_W - \sigma_{aW}}\,,$$

muß auch einen natürlichen Verlauf besitzen. Es zeigt sich nun bei allen bisher überprüften Versuchsreihen, daß diese zweite Bedingung erfüllt ist, indem sich nämlich für den Logarithmus λ_W dieser Gewichtsfunktion f_W ein linearer Zusammenhang mit dem Logarithmus i der Lastwechselzahl n ergibt (Abb. II,36c):

$$\lambda_W = \log f_W = p\,i + \lambda_{0W} \tag{II,10a}$$

oder

$$f_W = a^{\lambda_W} = f_{0W}\,n^p. \tag{II,10b}$$

Damit besitzt die Kurve σ_W nach Gl. (II,10) einen Wendepunkt M für $f_W = 1,0$, $\lambda_W = 0$ mit

$$i_M = -\frac{\lambda_{0W}}{p}\,, \qquad \sigma_M = \frac{\sigma_{0Z} + \sigma_{aW}}{2}\,.$$

Für normalen Baustahl St 37 ist die Wöhler-Kurve der Wechselfestigkeit σ_W, berechnet mit den Werten

$$\sigma_{0\,Z} = 3,70 \text{ t/cm}^2, \qquad \sigma_{a\,W} = 1,50 \text{ t/cm}^2, \qquad \lambda_W = 0,480\,i - 1,830,$$

in Abb. II,36 aufgetragen. Für einen einzigen Lastwechsel, $n = 1$, liegt die Wechselfestigkeit σ_W mit

$$f_W = f_{0\,W} = 0,014791, \qquad \sigma_W = \frac{3,70 + 0,014791 \cdot 1,50}{1,014791} = 3,668 \text{ t/cm}^2$$

um 0,87% unter der statischen Zugfestigkeit; der bis zur statischen Zugfestigkeit $\sigma_Z = \sigma_{0\,Z}$ belastete Stab ist nicht mehr imstande, auch nur einen einzigen vollen Lastwechsel zu ertragen.

Diejenige Beanspruchung, die ein Stab beliebig oft zu ertragen vermag, bezeichnen wir als „Arbeitsfestigkeit". Für die Wechselbeanspruchung von Baustahl St 37 beträgt somit die Arbeitsfestigkeit, entsprechend unendlich vielen Lastwechseln, $\sigma_{a\,W} = 1,50$ t/cm².

Nun ist es jedoch üblich, als Arbeitsfestigkeit diejenige Beanspruchung zu bezeichnen, die den Bruch schon bei zwei Millionen Lastwechseln verursacht; für normalen Baustahl St 37 liegt diese „konventionelle Arbeitsfestigkeit" für $n = 2 \cdot 10^6$ mit $\sigma_W = 1,632$ t/cm² um 8,8% über der wirklichen Arbeitsfestigkeit von $\sigma_{a\,W} = 1,50$ t/cm². Es ist im Interesse einer zuverlässigen Beurteilung der Tragwerkssicherheit zu erwarten, daß der Begriff der konventionellen Arbeitsfestigkeit in naher Zukunft durch die wirkliche Arbeitsfestigkeit ersetzt werden wird.

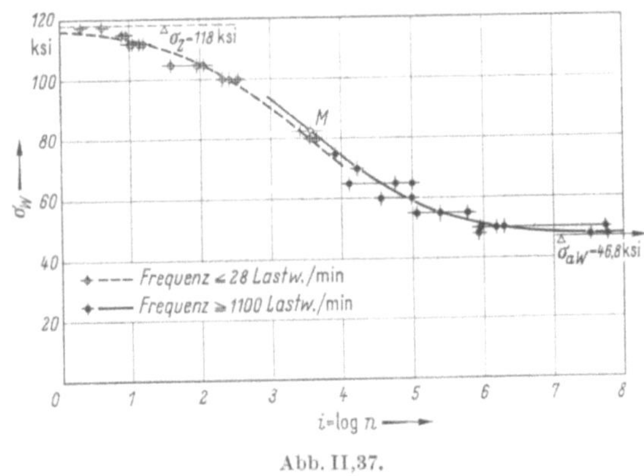

Abb. II,37.

Abb. II,37 zeigt die Auswertung amerikanischer Versuche über die Wechselfestigkeit eines Flugzeugstahles „SAE 4130 Steel"[1]. Die Übereinstimmung zwischen den Versuchswerten und der berechneten Kurve mit

$$\sigma_{0\,Z} = 118 \text{ ksi} = 8,30 \text{ t/cm}^2, \qquad \sigma_{a\,W} = 46,8 \text{ ksi} = 3,29 \text{ t/cm}^2,$$

$$\lambda_W = 0,480\,i - 1,715$$

darf wohl als gut bezeichnet werden. Es macht sich hier auch der Einfluß der Belastungsgeschwindigkeit bemerkbar: Die Lastwechselzahlen für den Bruch in

---

[1] ILLG, W.: "Fatigue Tests on Notched and Unnotched Sheet Specimens of 2024-T 3 and 7075-T 6 Aluminium Alloys and SAE 4130 Steel with Special Consideration of the Life Range from 2 to 10'000 Cycles". NACA, Technical Note 3866, 1956.

einem Pulsator kleinerer Frequenz liegen deutlich und systematisch etwas tiefer als für den Pulsator hoher Frequenz.

Wir wenden uns nun der *zweiten Teilfrage* zu, nämlich der Bestimmung der Größtspannung σ_{max} in Funktion der Mittelspannung σ_m für eine bestimmte, konstant gehaltene Lastwechselzahl n (Abb. II,38). Auch bei diesem Zusammenhang sind verschiedene Möglichkeiten der Formulierung denkbar. Nun muß eine

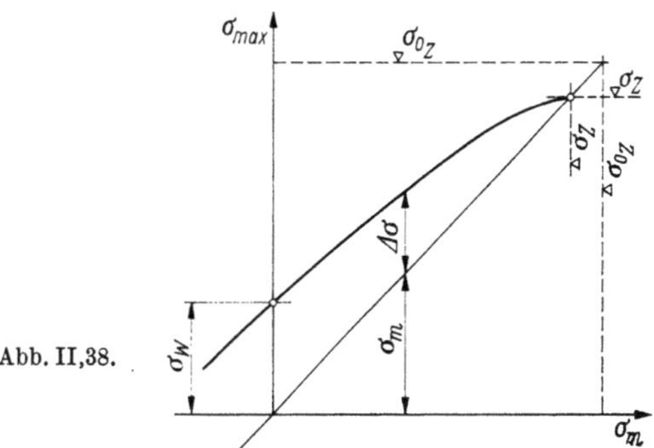

Abb. II,38.

solche Formulierung aber auch eine Besonderheit erfassen können, die bei den meisten Aluminiumlegierungen auftritt, daß nämlich die halbe Schwingungsweite $\Delta\sigma$ nicht erst bei einer Mittelspannung $\sigma_m = \sigma_{0Z}$ verschwindet, wie dies für warmgewalzten Stahl bei Normaltemperatur der Fall ist, sondern schon vorher bei $\sigma_m = \sigma_Z < \sigma_{0Z}$. Es handelt sich um eine Erscheinung, die vergleichbar ist mit der Abnahme der statischen Zugfestigkeit unter langdauernder Belastung, wie wir das für Stähle bei hohen Temperaturen kennen.

Es zeigt sich, daß unsere zweite Teilfrage durch den Zusammenhang

$$\varkappa^2 = \frac{\sigma_{0Z}(\sigma_{0Z} - \sigma_m)(\sigma_W - \Delta\sigma) - \sigma_m\,\sigma_W\,\Delta\sigma}{\sigma_m - \sigma_W + \Delta\sigma} \quad . \tag{II,11}$$

beantwortet wird. Dabei bedeutet $\varkappa^2$ eine Invariante, die sowohl von der Lastwechselzahl n wie auch von der Mittelspannung σ_m unabhängig ist. Lösen wir die Gl. (II,11) nach $\Delta\sigma$ auf, so erhalten wir mit den Abkürzungen

$$c_1 = \frac{\sigma_{0Z}\,\sigma_W + \varkappa^2}{\sigma_{0Z}^2 + \varkappa^2}, \qquad c_2 = \frac{\sigma_{0Z} - \sigma_W}{\sigma_{0Z}^2 + \varkappa^2}$$

die Beziehung

$$\Delta\sigma = \frac{\sigma_W - c_1\,\sigma_m}{1 - c_2\,\sigma_m} . \tag{II,11a}$$

$\Delta\sigma$ verschwindet für $\sigma_m = \sigma_Z$, oder es ist

$$\sigma_Z = \frac{\sigma_W}{c_1} = \frac{\sigma_W(\sigma_{0Z}^2 + \varkappa^2)}{\sigma_{0Z}\,\sigma_W + \varkappa^2} . \tag{II,11b}$$

Da die Invariante $\varkappa^2$ von der Lastwechselzahl n unabhängig ist, gelten diese Beziehungen auch für asymptotische Endwerte der Festigkeiten bei unendlich vielen Lastwechseln, $n = \infty$. So ist

$$\Delta\sigma_a = \frac{\sigma_{aW} - c_{1a}\sigma_m}{1 - c_{2a}\,\sigma_m} \tag{II,11c}$$

mit den Abkürzungen

$$c_{1a} = \frac{\sigma_{0Z}\sigma_{aW} + \varkappa^2}{\sigma_{0Z}^2 + \varkappa^2} = \frac{\sigma_{aW}}{\sigma_{aZ}},$$

$$c_{2a} = \frac{\sigma_{0Z} - \sigma_{aW}}{\sigma_{0Z}^2 + \varkappa^2} = \frac{\sigma_{aZ} - \sigma_{aW}}{\sigma_{aZ}\sigma_{0Z}}.$$

Die beiden Gln. (II,10) und (II,11) umschreiben zusammen den ganzen Bereich der Ermüdungsfestigkeit des glatten Zugstabes. Nun zeigt sich aber noch ein bemerkenswerter Zusammenhang, wenn wir die Wechselfestigkeit σ_W nach Gl. (II,10), also

$$\sigma_W = \frac{\sigma_{0Z} + f_W\sigma_{aW}}{1 + f_W},$$

sowie

$$c_1 = \frac{\sigma_{0Z}\dfrac{\sigma_{0Z} + f_W\sigma_{aW}}{1 + f_W} + \varkappa^2}{\sigma_{0Z}^2 + \varkappa^2},$$

$$c_2 = \frac{\sigma_{0Z} - \dfrac{\sigma_{0Z} + f_W\sigma_{aW}}{1 + f_W}}{\sigma_{0Z}^2 + \varkappa^2}$$

in Gl. (II,11a) einsetzen, wobei wir Zähler und Nenner mit $(1 + f_W)$ multiplizieren:

$$\Delta\sigma = \frac{\sigma_{0Z} + f_W\sigma_{aW} - \dfrac{\sigma_{0Z}^2 + \sigma_{0Z}f_W\sigma_{aW} + (1 + f_W)\varkappa^2}{\sigma_{0Z}^2 + \varkappa^2}\sigma_m}{1 + f_W - \dfrac{\sigma_{0Z}(1 + f_W) - (\sigma_{0Z} + f_W\sigma_{aW})}{\sigma_{0Z}^2 + \varkappa^2}\sigma_m}.$$

Durch ordnen folgt

$$\Delta\sigma = \frac{\sigma_{0Z} - \sigma_m + f_W\left(\sigma_{aW} - \dfrac{\sigma_{0Z}\sigma_{aW} + \varkappa^2}{\sigma_{0Z}^2 + \varkappa^2}\sigma_m\right)}{1 + f_W\left(1 - \dfrac{\sigma_{0Z} - \sigma_{aW}}{\sigma_{0Z}^2 + \varkappa^2}\sigma_m\right)} = \frac{\sigma_{0Z} - \sigma_m + f_W(\sigma_{aW} - c_{1a}\sigma_m)}{1 + f_W(1 - c_{2a}\sigma_m)}.$$

Setzen wir

$$f_W(1 - c_{2a}\sigma_m) = f_m,$$

$$f_W(\sigma_{aW} - c_{1a}\sigma_m) = \frac{\sigma_{aW} - c_{1a}\sigma_m}{1 - c_{2a}\sigma_m}f_W(1 - c_{2a}\sigma_m) = \Delta\sigma_a f_m,$$

$$\sigma_{0Z} - \sigma_m = \Delta\sigma_0,$$

so ergibt sich für konstante Mittelspannung σ_m

$$\Delta\sigma = \frac{\Delta\sigma_0 + f_m\Delta\sigma_a}{1 + f_m} \tag{II,12}$$

oder auch mit $\sigma_{\max} = \sigma_m + \Delta\sigma$, $\sigma_{a\max} = \sigma_m + \Delta\sigma_a$

$$\sigma_{\max} = \frac{\sigma_{0Z} + f_m\sigma_{a\max}}{1 + f_m}. \tag{II,12a}$$

Die Ermüdungsfestigkeit $\sigma_{\max}$ für eine bestimmte Mittelspannung σ_m und eine bestimmte Lastwechselzahl n kann somit entweder aus der Wöhler-Kurve für die Wechselfestigkeit und Gl. (II,11a)

$$\sigma_{\max} = \sigma_m + \Delta\sigma = \sigma_m + \frac{\sigma_W - c_1\,\sigma_m}{1 - c_2\,\sigma_m}$$

oder aus Gl. (II,12a) berechnet werden. Bemerkenswert ist dabei, daß wegen

$$f_m = (1 - c_{2a}\,\sigma_m)\,f_W = (1 - c_{2a}\,\sigma_m)\,f_{0W}\,n^p,$$

der Exponent p der Ermüdungsfunktion f_m für alle Werte der Mittelspannung σ_m konstant bleibt.

Für normalen, warmgewalzten Baustahl bei Raumtemperatur ist $\sigma_Z = \sigma_{0Z}$ $= \sigma_{aZ}$, und es verschwindet die Invariante $\varkappa^2$. Die Vorzahlen c_1 und c_2 der Gl. (II,11a) vereinfachen sich deshalb auf

$$c_1 = \frac{\sigma_W}{\sigma_Z}, \qquad c_2 = \frac{\sigma_Z - \sigma_W}{\sigma_Z^2}.$$

Neben der Wechselfestigkeit σ_W (mit $\sigma_{\min} = -\sigma_{\max} = -\sigma_W$, $\sigma_m = 0$) und der statischen Zugfestigkeit σ_{0Z} wird häufig auch die Ursprungsfestigkeit σ_U mit $\sigma_{\min} = 0$, $\sigma_m = \Delta\sigma = \sigma_U/2$ zur Kennzeichnung der Ermüdungsfestigkeit angegeben. Nach den Untersuchungen (1941) der Eidg. Materialprüfungsanstalt in Zürich (EMPA) kann für die heute gebräuchlichen Baustähle (ungelochter Zugstab) mit folgenden Werten der Arbeitsfestigkeiten σ_W und σ_U gerechnet werden:

$$\begin{aligned}
&\text{Baustahl St 37:} \quad &\sigma_W &= 1{,}50\ \text{t/cm}^2, \quad &\sigma_U &= 2{,}40\ \text{t/cm}^2,\\
&\text{Baustahl St 44:} \quad &\sigma_W &= 1{,}60\ \text{t/cm}^2, \quad &\sigma_U &= 2{,}65\ \text{t/cm}^2,\\
&\text{Baustahl St 52:} \quad &\sigma_W &= 1{,}70\ \text{t/cm}^2, \quad &\sigma_U &= 3{,}00\ \text{t/cm}^2.
\end{aligned}$$

Setzen wir für die Ursprungsfestigkeit die Werte

$$\Delta\sigma_U = \sigma_{mU} = \frac{\sigma_U}{2}$$

in Gl. (II,11a) mit $\varkappa^2 = 0$ ein, so ergibt sich

$$\frac{\sigma_U}{2} = \frac{\sigma_W - \dfrac{\sigma_W}{\sigma_Z}\dfrac{\sigma_U}{2}}{1 - \dfrac{\sigma_Z - \sigma_W}{\sigma_Z^2}\dfrac{\sigma_U}{2}}$$

oder nach ordnen

$$\sigma_U^2 - \sigma_U\,\frac{2\sigma_Z(\sigma_Z + \sigma_W)}{\sigma_Z - \sigma_W} + \frac{4\sigma_Z^2\sigma_W}{\sigma_Z - \sigma_W} = 0. \tag{II,13}$$

Für die angegebenen Werte der Wechselfestigkeit σ_W und die nominellen Werte der Zugfestigkeit $\sigma_Z = 3{,}7,\ 4{,}4$ bzw. $5{,}2\ \text{t/cm}^2$ liefert diese Bestimmungsgleichung die Werte der Ursprungsfestigkeit $\sigma_U = 2{,}489,\ 2{,}747$ bzw. $3{,}002\ \text{t/cm}^2$ in befriedigender Übereinstimmung mit den von der EMPA angegebenen Versuchswerten. In Abb. II,39 ist der durch Gl. (II,13) gegebene Zusammenhang durch die Werte σ_W/σ_Z und σ_U/σ_Z dargestellt.

Die $\Delta\sigma - \sigma_m$-Kurve nach Gl. (II,11a) verläuft auch für negative Werte σ_m, d. h. für Druckspannungen σ_m, zunächst vernünftig und nähert sich asymptotisch dem Endwert

$$\Delta\sigma_\infty = \frac{\sigma_Z\,\sigma_W}{\sigma_Z - \sigma_W}$$

für $\sigma_m = -\infty$. Nun kann aber physikalisch dieser Zusammenhang für wachsende Druckspannungen σ_m nicht unbegrenzt gültig bleiben, sondern es muß eine Gültigkeitsgrenze vorhanden sein, die von der Druckfestigkeit aus bestimmt ist; die *Zugkurve* $\Delta\sigma - \sigma_m$ nach Gl. (II,11a) muß offenbar durch eine analoge *Druckkurve* ergänzt werden. Damit gelangen wir zu der in Abb. II,40 skizzierten Vorstellung des gesamten Dauerfestigkeitsbereiches bei einer bestimmten Lastwechselzahl.

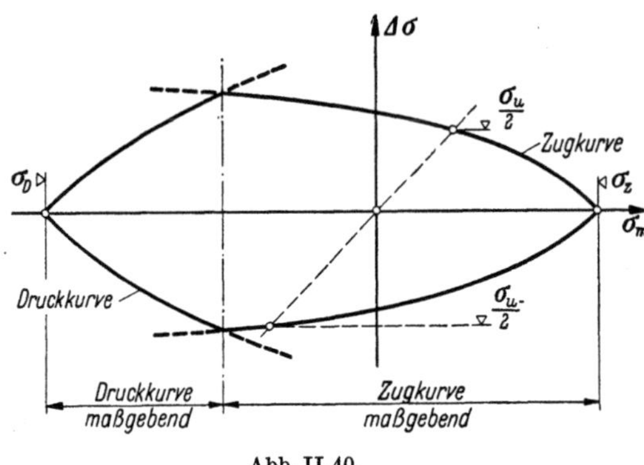

Abb. II,39.　　　　　　　　　　　Abb. II,40.

Nach dieser Vorstellung kann auch für die Ursprungsfestigkeit σ_U- auf Druck noch die Zugkurve maßgebend sein; wir finden mit

$$\Delta\sigma_{U^-} = -\sigma_{m\,U^-} = \frac{\sigma_{U^-}}{2}$$

aus Gl. (II,11a) die zugehörige Bestimmungsgleichung

$$\sigma_{U^-}^2 + 2\sigma_{U^-}\sigma_Z - \frac{4\sigma_Z^2\,\sigma_W}{\sigma_Z - \sigma_W} = 0. \qquad (\text{II,13a})$$

Die Konstruktionspraxis benötigt die durch die Gln. (II,11) gegebenen Zusammenhänge in einer Form, die auf die Größtspannung $\sigma_{\max} = \sigma_m + \Delta\sigma$ orientiert ist; dabei wird jedoch normalerweise nur die Zugkurve der Abb. II,40 für $\sigma_m \geqq 0$ berücksichtigt. Aus

$$\sigma_{\max} = \sigma_m + \Delta\sigma = \sigma_m + \frac{\sigma_W - c_1\,\sigma_m}{1 - c_2\,\sigma_m}$$

ergibt sich wegen

$$1 - c_1 = \frac{\sigma_{0\,Z}(\sigma_{0\,Z} - \sigma_W)}{\sigma_{0\,Z}^2 + \varkappa^2} = \sigma_{0\,Z}\,c_2$$

die Beziehung

$$\sigma_{\max} = \frac{\sigma_W + c_2\,\sigma_m(\sigma_{0\,Z} - \sigma_m)}{1 - c_2\,\sigma_m}. \qquad (\text{II,14})$$

Dieser Zusammenhang ist in Abb. II,41a für die Arbeitsfestigkeit von Baustahl St 37 mit $\sigma_Z = \sigma_{0\,Z} = 3{,}70$ t/cm² und $\sigma_{a\,W} = 1{,}50$ t/cm² dargestellt. In der Praxis wird häufig eine etwas andere Darstellung verwendet, bei der auf der Abszisse nicht die Mittelspannung σ_m, sondern die Mindestspannung σ_{min} aufgetragen wird (Abb. II,41 b). Endlich wird, wenn auch seltener, auch eine Darstellung nach

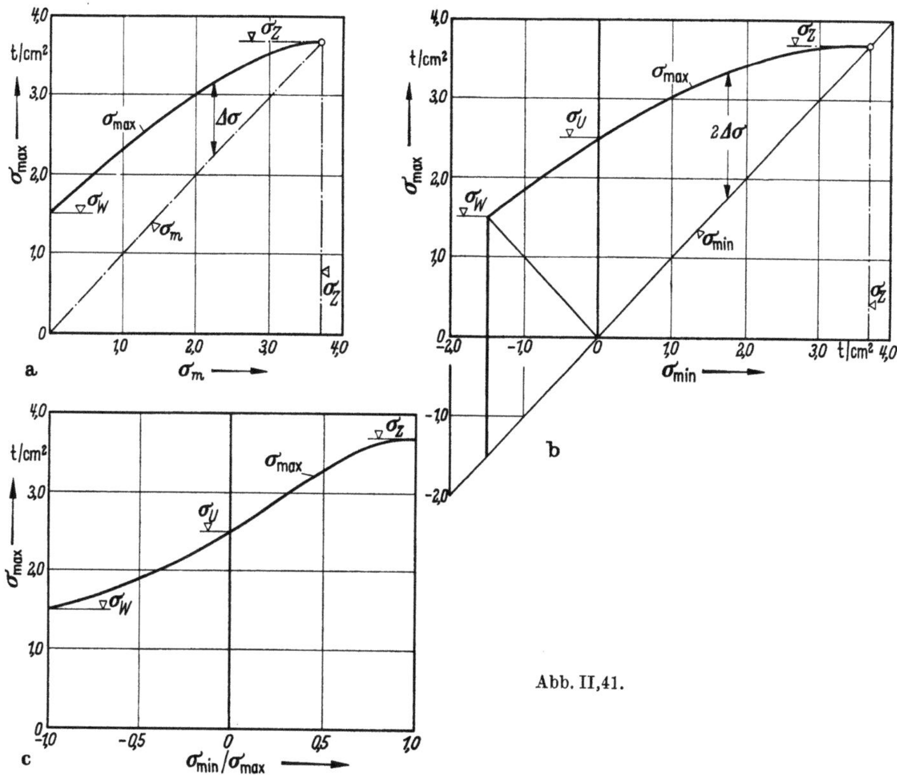

Abb. II,41.

Abb. II,41 c mit den Abszissen $\sigma_{min}/\sigma_{max}$ verwendet. Diese dritte Darstellung zeigt, daß die im Stahlbau noch häufig gebrauchte Formel von LAUNHARDT-WEYRAUCH,

$$\sigma_{max} = \sigma_U \left(1 + \alpha \frac{\sigma_{min}}{\sigma_{max}} \right),$$

nur sehr grob mit dem wirklichen Verlauf von σ_{max} übereinstimmt, während die Formel von L. v. TETMAJER,

$$\sigma_{max} = \sigma_U \left[1 + \alpha \frac{\sigma_{min}}{\sigma_{max}} + \beta \left(\frac{\sigma_{min}}{\sigma_{max}} \right)^2 \right],$$

wenigstens eine Anpassung an die drei Werte σ_Z, σ_U und σ_W erlaubt, aber den Charakter des Zusammenhanges, besonders im positiven Bereich von $\sigma_{min}/\sigma_{max}$, auch nur verfälscht wiedergibt.

In Abb. II,42 ist noch, wieder für warmgewalzten Stahl mit $\sigma_Z = \sigma_{0\,Z}$, der ganze Zusammenhang zwischen $\Delta\sigma = \sigma_{max} - \sigma_m$, σ_m und $i = \log n$ skizziert.

Für *zusammengesetzte Spannungszustände* ist die Frage der Dauerfestigkeit noch nicht abgeklärt[1]; es liegen erst vereinzelte Versuchsergebnisse vor. So haben

---

[1] Siehe auch SCHLEICHER, F.: Über das Maß für die Höhe der Dauerbeanspruchung. Bauingenieur 30 (1955) S. 42.

E. Becker und O. Föppl[1] für Flußstahl im Walzzustand im Mittel das Verhältnis zwischen der Wechselfestigkeit τ_W auf Torsion zur Wechselfestigkeit σ_W zu etwa

$$\frac{\tau_W}{\sigma_W} \cong 0{,}58 \cong \frac{1}{\sqrt{3}}$$

gefunden; dieser Verhältniswert entspricht der Theorie der konstanten Gestaltänderungsarbeit, wie sie für die Fließbedingung durch Gl. (II,5) bzw. (II,5a) formuliert ist. Man könnte sich durch dieses Ergebnis dazu verleiten lassen, die

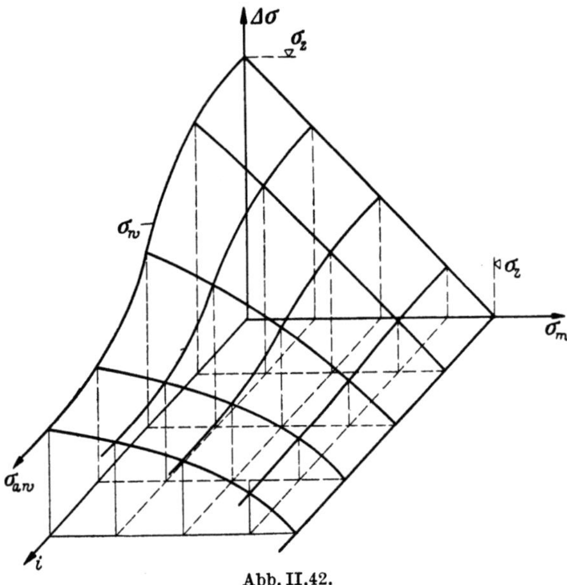

Abb. II,42.

Theorie der konstanten Gestaltänderungsarbeit als maßgebend für den Bruch unter oft wiederholter Belastung anzusehen. Dies würde jedoch einen Widerspruch gegenüber den heutigen Erkenntnissen über den statischen Bruch bedeuten, der ja einen Grenzfall des Dauerbruches für sehr kleine Lastwechselzahl darstellt und für den die Mohrsche Bruchtheorie (s. Abb. II,34) maßgebend sein soll.

Nun liegen japanische Versuche von T. Nishihara und M. Kawamoto[2] vor, die zwar in der Originalveröffentlichung nicht zugänglich waren, die aber von T. Yokobori[3] wiedergegeben werden. Diese Versuche unter kombinierter Beanspruchung $\tau_W - \sigma_W$ zeigen deutlich, daß auch für kombinierte Dauerfestigkeit die Mohrsche Bruchtheorie maßgebend ist. Nehmen wir die Mohrsche Hüllkurve (Abb. II,34) für den kleinen Bereich zwischen reinem Schub (τ_0) und reinem Zug (σ_0) mit guter Näherung als Gerade an, so gilt für den Radius r der Mohrschen Spannungskreise

$$r = \frac{\sigma_1 - \sigma_3}{2} = \tau_0 \left(1 - \frac{\sigma_1 + \sigma_3}{\sigma_0}\right) + \frac{\sigma_1 + \sigma_3}{2}$$

[1] Becker, E., Föppl, O.: Dauerversuche. Forsch.-Arb.-Ing.-Wes., H. 304, Berlin 1928.

[2] Nishihara, T., Kawamoto, M.: The Strength of Metals under Combined Alternating Bending and Torsion. Trans. Jap. Soc. Mech. Engng. Vol. 6 (1940); Vol. 7 (1941).

[3] Yokobori, T.: A Theoretical Criterion for the Fracture of Metals under Combined Alternating Stresses. Journ. Appl. Mech., Vol. 24 (1957) Nr. 1.

oder in unserem Spezialfall mit

$$\frac{\sigma_1 + \sigma_3}{2} = \frac{\sigma}{2}, \qquad \frac{\sigma_1 - \sigma_3}{2} = \frac{1}{2}\sqrt{\sigma^2 + 4\tau^2}$$

kann durch die Gleichsetzung

$$2\tau_0\left(1 - \frac{\sigma}{\sigma_0}\right) + \sigma = \sqrt{\sigma^2 + 4\tau^2}$$

eine Bestimmungsgleichung für τ bei gegebenen σ und damit für die Kurve $\tau - \sigma$ aufgestellt werden. In Abb. II,43 sind die Versuchswerte nach NISHIHARA-KAWA-MOTO für die Wechselfestigkeiten τ_W und σ_W für zwei Stähle mit 0,62 bzw. 0,34% C für sehr große Lastwechselzahl (Arbeitsfestigkeit) sowie für Messing bei 10^7 Last-wechseln mit den berechneten Werten verglichen.

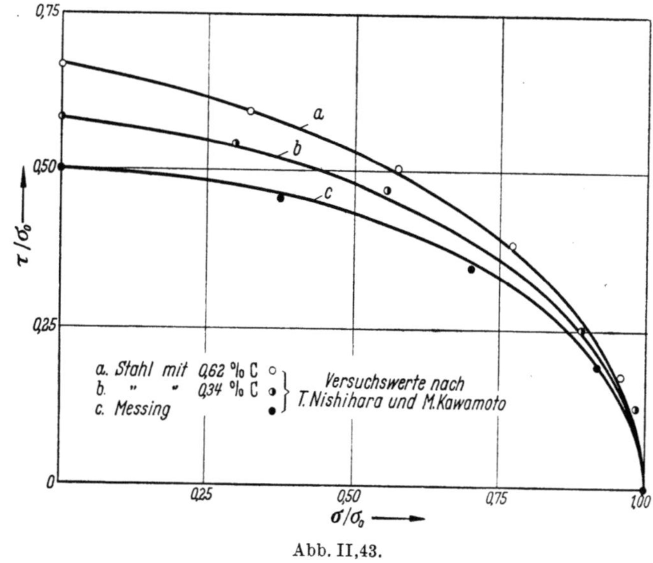

Abb. II,43.

Die Weiterführung der Versuche von T. NISHIHARA und M. KAWAMOTO ist dringend erwünscht; erst dann ist auch eine Verallgemeinerung der daraus ge-zogenen Schlüsse möglich.

Dauerfestigkeit gelochter oder gekerbter Stäbe

Für die Beurteilung der Festigkeitsverhältnisse von gelochten oder gekerbten Stäben ist davon auszugehen, daß die Spannungsverteilung im Bruchquerschnitt nicht mehr gleichmäßig ist, wie beim glatten Probestab (Abb. II,44). Die Be-rechnung dieser Spannungsverteilung mit ihrer ausgesprochenen Spannungsspitze ist eine Aufgabe der höheren Elastizitätstheorie. Unter statischer, d. h. langsam bis zum Bruch anwachsender Belastung kann sich bei zähen Baustoffen weit-gehend ein „plastischer Spannungsausgleich" vor dem Bruch einstellen, so daß die Zugfestigkeit σ_Z des Kerbstabes, bezogen auf eine gleichmäßige Spannungs-verteilung über den *geschwächten* Querschnitt, annähernd gleich groß sein wird, wie diejenige des glatten Stabes aus gleichem Material. Es zeigt sich sogar, über-einstimmend aus allen bekannten entsprechenden Versuchen, daß die statische

Zugfestigkeit des gelochten Stabes (entsprechend der Lochanordnung in genieteten Bauteilen) deutlich, d. h. bis zu etwa 10%, über der statischen Zugfestigkeit des glatten Stabes liegen kann. Erst bei sehr scharfen Kerben (mit sehr hoher Spannungsspitze), wie sie allerdings bei ausgeführten Bauteilen aus wirtschaftlichen Gründen vermieden werden müssen, fällt die statische Zugfestigkeit des Kerbstabes unter diejenige des glatten Stabes.

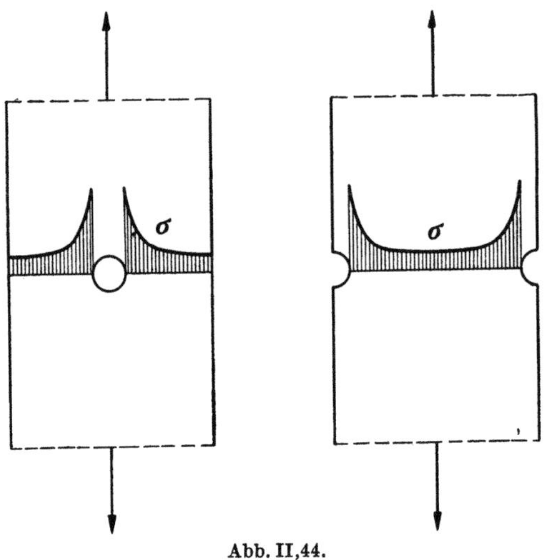

Abb. II,44.

Bei oft wiederholter Belastung zwischen den Spannungsgrenzen σ_{max} und σ_{min} spielt die Ungleichmäßigkeit der Spannungsverteilung eine entscheidend wichtige Rolle, weil hier die Spannungsspitzen nicht vollständig abgebaut werden; die durchschnittliche Bruchspannung $\sigma_{k\,max}$ des Kerbstabes (Ermüdungsfestigkeit) wird somit bei gleicher Lastwechselzahl n und gleicher Mittelspannung σ_m (abgesehen von Spannungsverhältnissen mit hoher Mittelspannung σ_m, wo sich die gegenüber dem glatten Stab erhöhte Zugfestigkeit $\sigma_{0\,z}$ stärker auswirkt als die verkleinerte Wechselfestigkeit σ_{kW}) unter der entsprechenden Ermüdungsfestigkeit σ_{max} des glatten Stabes liegen.

Die Wöhler-Kurve der Wechselfestigkeit σ_{kW} des Kerbstabes gehorcht der gleichen Beziehung (II,10) wie diejenige des glatten Stabes; es ist somit

$$\sigma_{k\,W} = \frac{\sigma_{0\,z} + f_{k\,W}\,\sigma_{ka\,W}}{1 + f_{k\,W}}$$

mit

$$f_{k\,W} = f_{0\,k\,W}\,n^p$$

bzw.

$$\lambda_{k\,W} = \log f_{k\,W} = p\,i + \lambda_{0\,k\,W}.$$

Der Wert des Exponenten p bleibt der gleiche wie beim glatten Stab; p kann somit als eine Materialkonstante betrachtet werden. Dagegen vergrößert sich der Wert von f_{0kW} des Kerbstabes gegenüber dem Wert $f_{0\,W}$ des glatten Stabes aus gleichem Material. In Abb. II,45 ist diese Kurve σ_{kW}, berechnet mit

$$\sigma_{0\,z} = 3,90\ \text{t/cm}^2, \quad \sigma_{ka\,W} = 0,97\ \text{t/cm}^2, \quad \lambda_{k\,W} = 0,480\,i - 1,756,$$

für einen Lochstab aus normalem Baustahl St 37 aufgetragen und mit der Kurve σ_W für den glatten Stab aus gleichem Material (s. Abb. II,36) verglichen. Die Ermüdungsfestigkeit eines Lochstabes ist abhängig vom Verhältnis des Lochdurchmessers d zur Stabbreite b; mit zunehmendem Verhältnis d/b nimmt die Ermüdungsfestigkeit leicht ab. Abb. II,45 bezieht sich auf einen Lochstab mit $d = 0{,}3\,b$, wie er etwa den Verhältnissen einer normalen Konstruktionspraxis entspricht.

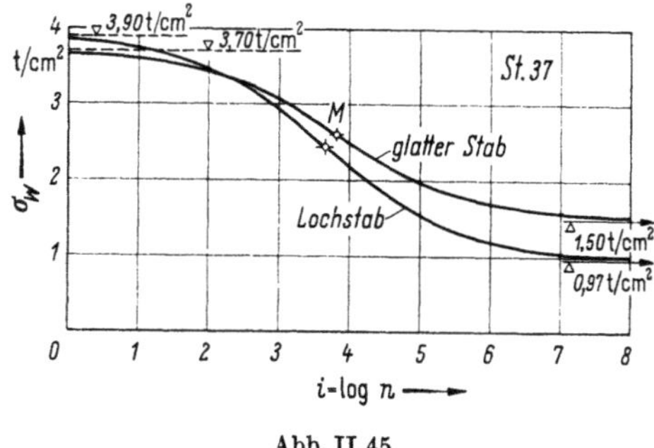

Abb. II,45.

Der Verlauf der Kurven $\Delta\sigma \div \sigma_m$ und damit auch der Kurven $\sigma_{\max} \div \sigma_m$ (für eine bestimmte Lastwechselzahl) eines Kerbstabes zeigt einen grundsätzlichen Unterschied gegenüber den entsprechenden Kurven eines glatten Stabes. Abb. II,46

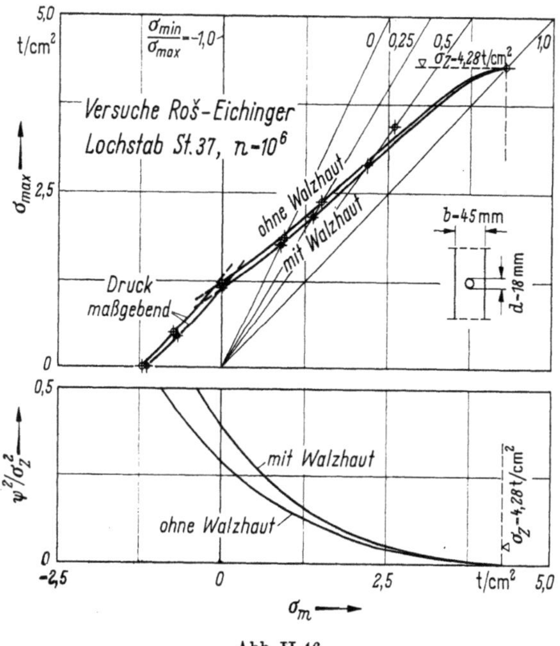

Abb. II,46.

und II,47 zeigen die Ergebnisse von Ermüdungsversuchen von M. Roš und A. Eichinger[1] an gelochten Zugstäben aus St 37 und St 52 mit und ohne Walz-

---

[1] Roš, M., Eichinger, A.: Die Bruchgefahr fester Körper bei wiederholter Beanspruchung — Ermüdung — Metalle. EMPA-Bericht Nr. 173, Zürich 1950.

haut für eine Million Lastwechsel. Das Verhältnis von Lochdurchmesser zu Stabbreite ist mit $d = 18$ mm, $b = 45$ mm, $d = 0,40 b$, gegenüber der im Stahlbau
vorkommenden Nietteilung etwas zu ungünstig. Die statischen Zugfestigkeiten σ_{0Z}
betragen für die geprüften Baustähle

St 37:   glatter Stab $\sigma_{0Z} = 3,90$ t/cm², Lochstab 4,28 t/cm²,
St 52:   glatter Stab   6,20 t/cm², Lochstab 6,65 t/cm².

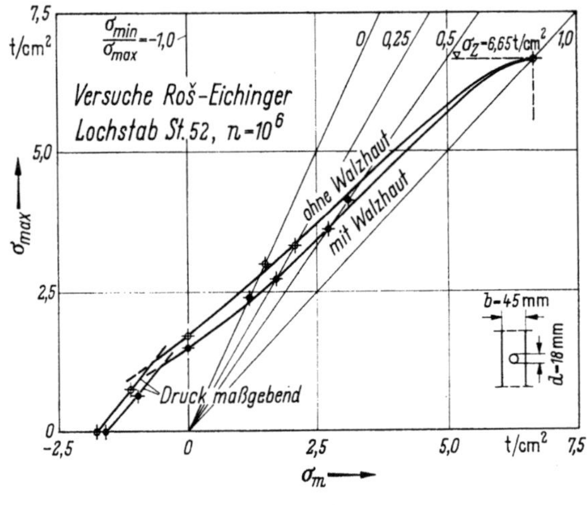

Abb. II,47.

Während beim glatten Stab die $\Delta\sigma \div \sigma_m$-Kurven nach Abb. II,38 bzw. Gl. (II,11)
in ihrem ganzen Verlauf nach oben konvex gekrümmt sind, zeigen die entsprechenden Kurven beim Lochstab deutlich einen Krümmungswechsel; für kleine
Werte der Mittelspannung σ_m sind diese Kurven nach oben konkav gekrümmt.
Die Gültigkeitsgrenze zwischen Zug- und Druckkurven $\Delta\sigma \div \sigma_m$ ist deutlich ausgeprägt erkennbar; die Ursprungsfestigkeit auf Druck ist hier durch die Druckkurve bestimmt.

Auffallend ist bei diesen Versuchen der verhältnismäßig große Einfluß der
Walzhaut auf die Ermüdungsfestigkeit. Die Wirkung der Walzhaut mit ihrer
unregelmäßigen und oft rissigen Oberfläche ist offensichtlich einer zusätzlichen
Kerbwirkung gleichzusetzen. Aus dieser Erscheinung muß der Schluß gezogen
werden, daß bei dynamisch beanspruchten Stahltragwerken die Walzhaut entfernt werden soll, eine Forderung, die auch im Interesse eines dauerhaften Korrosionsschutzes zu stellen ist.

Um den Verlauf der $\Delta\sigma_k \div \sigma_m$-Kurven des Kerbstabes rechnerisch zu erfassen,
ist Gl. (II,11) durch Einführung der *Kerbfunktion* ψ^2 zu erweitern:

$$\varkappa^2 + \psi^2 = \frac{\sigma_{0Z}(\sigma_{0Z} - \sigma_m)(\sigma_{kW} - \Delta\sigma_k) - \sigma_m \sigma_{kW} \Delta\sigma_k}{\sigma_m - \sigma_{kW} + \Delta\sigma_k}. \qquad (II,15)$$

Während die Kriechinvariante $\varkappa^2$ eine Konstante ist, ist die Kerbfunktion ψ^2
wohl noch von der Lastwechselzahl unabhängig, aber mit der Mittelspannung σ_m
veränderlich. Analog zu früher ergibt sich mit den Abkürzungen

$$c_{1k} = \frac{\sigma_{0Z}\sigma_{kW} + \varkappa^2 + \psi^2}{\sigma_{0Z}^2 + \varkappa^2 + \psi^2}, \qquad c_{2k} = \frac{\sigma_{0Z} - \sigma_{kW}}{\sigma_{0Z}^2 + \varkappa^2 + \psi^2} = \frac{1 - c_{1k}}{\sigma_{0Z}}$$

die halbe Schwingungsweite $\Delta\sigma_k$ zu

$$\Delta\sigma_k = \frac{\sigma_{kW} - c_{1k}\,\sigma_m}{1 - c_{2k}\,\sigma_m}\,. \qquad\text{(II,15a)}$$

Zu beachten ist, daß die Koeffizienten c_{1k} und c_{2k} im Gegensatz zu c_1 und c_2 nicht mehr konstant, sondern von der Mittelspannung σ_m abhängig sind. Weil die Kerbfunktion ψ^2 von der Lastwechselzahl unabhängig ist, gilt Gl. (II,15a) auch für den asymptotischen Endwert $\Delta\sigma_{ka}$

$$\Delta\sigma_{ka} = \frac{\sigma_{kaW} - c_{1ka}\,\sigma_m}{1 - c_{2ka}\,\sigma_m}\,. \qquad\text{(II,15b)}$$

Analog zur Ableitung der Gl. (II,12a) kann für konstante Mittelspannung σ_m auch die Wöhler-Kurve für $\Delta\sigma_k$ und damit auch für $\sigma_{k\max} = \sigma_m + \Delta\sigma_k$ aufgestellt werden:

$$\Delta\sigma_k = \frac{\Delta\sigma_0 + f_m\Delta\sigma_{ka}}{1 + f_m} \qquad\text{(II,16)}$$

bzw.

$$\sigma_{k\max} = \frac{\sigma_{0Z} + f_m\,\sigma_{ka\max}}{1 + f_m} \qquad\text{(II,16a)}$$

mit

$$f_m = f_W(1 - c_{2ka}\,\sigma_m)\,.$$

Der Exponent p der Ermüdungsfunktion,

$$f = f_0\,n^p$$

bleibt auch hier erhalten; er ist somit für alle Wöhler-Kurven für konstante Mittelspannung σ_m sowohl des glatten wie auch eines beliebig gekerbten Stabes aus gleichem Material mit dem gleichen Wert gültig.

Es ist zunächst nicht ganz einfach, den genauen Verlauf der Kerbfunktion ψ^2 durch Gl. (II,15) aus gegebenen Versuchswerten eindeutig zu bestimmen, weil alle Ergebnisse von Ermüdungsversuchen mit Streuungen belastet sind, die sich wegen der Empfindlichkeit von Gl. (II,15) ungünstig auswirken. Auch ist häufig bei Versuchen mit größeren Mittelspannungen σ_m und kleineren Lastwechselzahlen (etwa $n \leqq 10^5$) ein festigkeitserhöhender Nebeneinfluß vorhanden, der durch Kaltverformung während der ersten Lastwechsel erklärt werden kann. Nun zeigt sich aber, daß die Koeffizienten c_{1k} und c_{2k} der Gl. (II,15) auch in etwas anderer Form geschrieben werden können, die eine etwas übersichtlichere Beurteilung von Versuchsergebnissen gestattet, nämlich

$$c_{1k} = \frac{\sigma_{0Z}\sigma_{kW} + \varkappa^2}{\sigma_{0Z}^2 + \varkappa^2} + \varepsilon\,, \qquad c_{2k} = \frac{\sigma_{0Z} - \sigma_{kW}}{\sigma_{0Z}^2 + \varkappa^2} - \frac{\varepsilon}{\sigma_{0Z}}\,.$$

Für warmgewalzten Baustahl mit $\sigma_{0Z} = \sigma_{aZ} = \sigma_Z$, $\varkappa^2 = 0$, auf den wir uns hier beschränken können, vereinfachen sich diese Werte auf

$$c_{1k} = \frac{\sigma_{kW}}{\sigma_Z} + \varepsilon\,, \qquad c_{2k} = \frac{1 - c_{1k}}{\sigma_Z}\,,$$

und wir finden aus der Gleichsetzung

$$c_{1k} = \frac{\sigma_Z\,\sigma_{kW} + \psi^2}{\sigma_Z^2 + \psi^2} = \frac{\sigma_{kW}}{\sigma_Z} + \varepsilon$$

den Zusammenhang zwischen ε und ψ^2 zu

$$\varepsilon = \frac{\psi^2}{\sigma_Z^2 + \psi^2}\left(1 - \frac{\sigma_{kW}}{\sigma_Z}\right) \qquad\qquad (\text{II},17)$$

oder auch zu

$$\psi^2 = \frac{\varepsilon\,\sigma_Z^2}{1 - \dfrac{\sigma_{kW}}{\sigma_Z} - \varepsilon}. \qquad\qquad (\text{II},17\,\text{a})$$

Der Wert von ε kann direkt aus Versuchen gefunden werden; aus

$$\Delta\sigma_k = \frac{\sigma_{kW} - \left(\dfrac{\sigma_{kW}}{\sigma_Z} + \varepsilon\right)\sigma_m}{1 - \left(\dfrac{\sigma_Z - \sigma_{kW}}{\sigma_Z^2} - \dfrac{\varepsilon}{\sigma_Z}\right)\sigma_m}$$

ergibt sich durch ordnen

$$\varepsilon = \frac{\sigma_Z(\sigma_Z - \sigma_m)\,(\sigma_{kW} - \Delta\sigma_k) - \sigma_m\,\sigma_{kW}\,\Delta\sigma_k}{\sigma_Z\,\sigma_m(\sigma_Z + \Delta\sigma_k)}. \qquad\qquad (\text{II},18)$$

Es zeigt sich nun aus der Auswertung aller bisher verfügbaren Versuchsergebnisse, daß die Funktion ε relativ einfach verläuft, und es kann mit guter Zuverlässigkeit

$$\varepsilon = \varepsilon_0\left(1 - \frac{\sigma_m}{\sigma_Z}\right)^2 \qquad\qquad (\text{II},19)$$

gesetzt werden. Dabei bedeutet ε_0 den aus Gl. (II,18) allerdings nicht direkt bestimmbaren Wert von ε für $\sigma_m = 0$.

Es ist jedoch zu beachten, daß ε im Gegensatz zur Kerbfunktion ψ^2 nicht mehr von der Lastwechselzahl n unabhängig ist, sondern daß die Beziehung

$$\varepsilon = \frac{f_{kW}}{1 + f_{kW}}\,\varepsilon_a = \frac{f_{kW}}{1 + f_{kW}}\,\varepsilon_{0a}\left(1 - \frac{\sigma_m}{\sigma_Z}\right)^2 \qquad\qquad (\text{II},19\,\text{a})$$

gültig ist. Damit ist nach Gl. (II,17a) auch der Verlauf der Kerbfunktion bestimmt. Der ganze Bereich der Ermüdungsfestigkeit eines Kerbstabes, soweit er durch die Zugfestigkeit beherrscht wird, kann somit durch die fünf Kennwerte σ_Z, σ_{kaW}, f_{0kW}, p und ψ_0^2 eindeutig umschrieben werden. In Abb. II,48 ist die konventionelle Arbeitsfestigkeit für zwei Millionen Lastwechsel eines Lochstabes mit $d \leq 0{,}3b$ aus normalem Baustahl St 37 mit

$$\sigma_Z = 3{,}90 \text{ t/cm}^2, \qquad \sigma_{kW} = 1{,}12 \text{ t/cm}^2, \qquad \psi_0^2 = 0{,}32\,\sigma_Z^2$$

dargestellt und mit der entsprechenden Kurve des glatten Zugstabes verglichen. Diese Abb. II,48 ergänzt die Abb. II,45.

Aus einer Reihe von Versuchen geht hervor, daß der an sich schon ungünstige Einfluß von Kerben durch weitere Wirkungen noch verstärkt werden kann. In Abb. II,49 sind einige Versuchsergebnisse, die O. GRAF[1] an gelochten und genieteten Stäben aus Baustahl St 52 ($\sigma_Z = 5{,}72$ t/cm²) gefunden hat, aufgetragen.

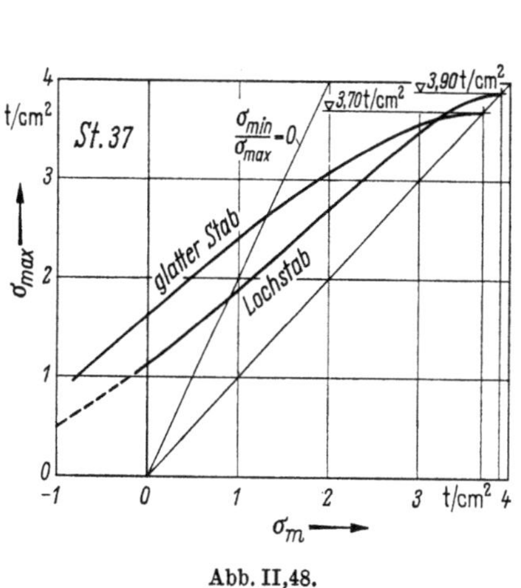

Abb. II,48.

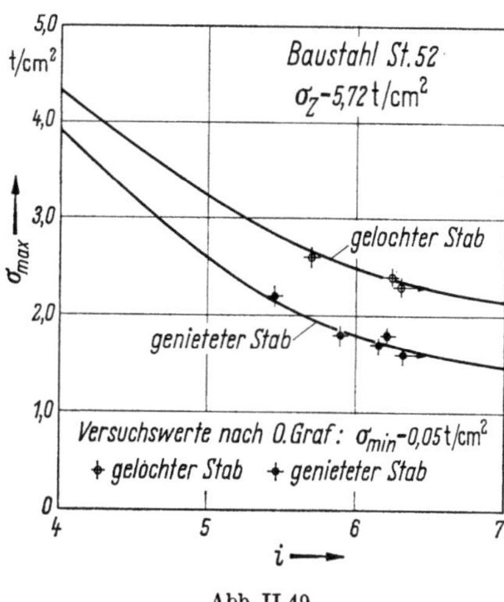

Abb. II,49.

Es zeigt sich hier, daß der genietete Stab, bei dem das gebohrte Loch durch einen Nietschaft ausgefüllt war, erheblich kleinere Dauerfestigkeitswerte $\sigma_{max} \cong \sigma_U$ bei $\sigma_{min} = 0{,}05$ t/cm² aufwies als der nur gebohrte Stab mit nicht ausgefülltem Loch. Eigene Vergleichsversuche, bei denen das Nietloch nicht durch einen warm geschlagenen Niet, sondern durch einen satt sitzenden gedrehten Bolzen aufgefüllt war, zeigten diesen starken Abfall der Dauerfestigkeit nicht. Es muß deshalb angenommen werden, daß in der Lochwandung durch das Aufstauchen des warmen Nietschaftes beim Schlagen Formänderungen auftreten, die eine Vergrößerung der Kerbwirkung verursachen.

c) Kerbzähigkeit und Härte

Von den weiteren Prüfungen zur Feststellung der verschiedenen Materialeigenschaften hat für Stahl in letzter Zeit die *Kerbschlagprobe* zunehmend an Bedeutung gewonnen. Dies steht in engem Zusammenhang mit der Entwicklung der Schweißtechnik im Stahlbau und mit der Notwendigkeit, die Ursachen von Sprödbrüchen, wie sie bei einer Reihe von Schadenfällen an geschweißten Stahltragwerken vorgekommen sind, zu erkennen, um solche Schäden in Zukunft zu vermeiden. Sprödbrüche können, außer durch Gleitbehinderung bei mehraxigen Spannungszuständen (s. S. 76) auch durch andere Ursachen, wie vor allem tiefe Temperatur und große Beanspruchungsgeschwindigkeit, verursacht werden.

Bei der Kerbschlagprobe wird ein auf der Zugseite mit einer scharfen Kerbe versehener Probestab durch einen Schlag auf Biegung beansprucht; dabei wird

---

[1] GRAF, O.: Dauerversuche mit Nietverbindungen. Bericht des Ausschusses für Versuche im Stahlbau, Ausgabe B, H. 5, Berlin 1935.
Die Versuchswerte von Abb. II,49 sind der Zusammenstellung 5, Versuchsreihe 2, entnommen.

die spezifische Schlagarbeit $\varkappa$ (in mkg/cm²), bezogen auf die Fläche des Bruch-querschnittes, die den Bruch herbeiführt, gemessen. Aus Versuchen ergibt sich, daß diese Schlagarbeit von ihrer *Hochlage*, $\varkappa > 10$ mkg/cm² bei normalen Stählen, bei abnehmender Temperatur ziemlich unvermittelt auf die *Tieflage*, $\varkappa \leq 2$ mkg/cm² abfallen kann (Abb. II,50); den Übergang von der Hochlage zur Tieflage nennt man den *Steilabfall* der Kerbschlagzähigkeit. Es zeigt sich nun, daß Stähle, bei denen der Steilabfall bei hoher Temperatur liegt, viel stärker zu Sprödbrüchen neigen als solche mit tiefliegendem Steilabfall. So dürfte, ganz schematisch gesprochen, die Kurve A von Abb. II,50 beispielsweise einem mit

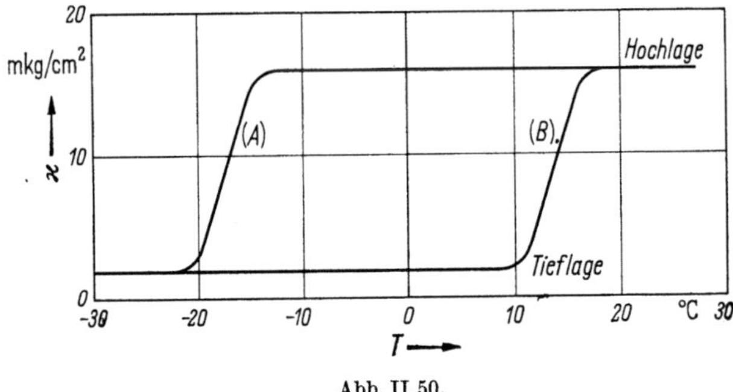

Abb. II,50.

Aluminium desoxydierten Feinkornstahl, also einem Stahl mit guter Trennbruch-sicherheit, entsprechen, während die Kurve B etwa das Verhalten eines unberuhigt vergossenen, grobkörnigen Stahles mit geringer Trennbruchsicherheit wieder-geben dürfte. Durch die Form der Kerbe wird die Temperaturlage des Steilabfalls beeinflußt; bei einer sehr scharfen Kerbe liegt der Steilabfall bei höherer Tem-peratur als etwa bei einer ausgerundeten Kerbe. Durch Verschärfung der Kerbe kann somit die Untersuchung der Kerbzähigkeit in für das Arbeiten bequemere Temperaturen verschoben werden[1]. Eine durch Kaltverformung bewirkte Alte-rung (vgl. Abschn. II.1b) führt ebenfalls zu einer mehr oder weniger ausgeprägten Verschiebung des Steilabfalles zu höheren Temperaturen.

Die Prüfung einiger durch Sprödbruch an ähnlichen Konstruktionen (Liberty-Schiffe!) verursachten Schadenfälle[2] zeigt, daß eine bestimmte Tragwerksform ebenfalls durch eine eng begrenzte Übergangstemperatur zwischen den beiden Brucharten gekennzeichnet ist. Der funktionelle Zusammenhang zwischen der kritischen Temperatur und dem Spannungszustand ist allerdings noch unbekannt; zudem hängt dieser Spannungszustand weitgehend von den rechnerisch nicht erfaßbaren Eigenspannungen ab. Das Fehlen einer eindeutigen Beziehung zwi-schen den Versprödungstemperaturen des Werkstoffes in den Proben und im Tragwerk führt dazu, daß der Kerbschlagversuch nicht imstande ist, das Trag-verhalten eines geschweißten Tragwerkes oder auch nur einer geschweißten

---

[1] FELIX, W.: Zur Frage des Steilabfalls der Kerbzähigkeit von Stahl. Diss. ETH, Zürich 1954.

FELIX, W., GEIGER, TH.: Zur Frage des Sprödbruches von Stahl. Schweizer Arch. angew. Wiss. Techn., 21. Jg. (1955) H. 2.

[2] RÜHL, K.: Die Sprödbruchsicherheit von Stahlkonstruktionen, Düsseldorf: Werner-Verlag 1959.

Verbindung umfassend zu charakterisieren. Die Kerbschlagprobe ist ein rein technologischer Versuch, der uns einen generellen Hinweis auf die Sprödbruchanfälligkeit des Materials und damit auf seine grundsätzliche Eignung für die Verwendung bei geschweißten Bauteilen liefert.

In den meisten neueren Materialvorschriften[1] erfolgt deshalb die Klassierung der *Stahlgüten* (mit gleicher Festigkeit aber verschiedener Sprödbruchanfälligkeit) nach dem Kriterium des Temperaturbereiches des Steilabfalles an einer Spitzkerbprobe. Mit dieser Güteeinteilung ist sicher ein merklicher Fortschritt erzielt worden. Es ist aber ausdrücklich festzuhalten, daß die Kerbschlagprobe allein bei weitem nicht genügt, um die verschiedenartigen Anforderungen, die wir je nach Form und Stärke der Bauelemente an einen für die Schweißung geeigneten Stahl stellen müssen, gewährleisten zu können.

Auf eine ähnliche Fragestellung wie die Kerbschlagprobe ist auch die besonders in Deutschland gebräuchliche *Aufschweißbiegeprobe* ausgerichtet; hier wird unter statischer Belastung der Biegewinkel eines auf der Zugseite mit einer längslaufenden Schweißraupe versehenen Probestabes bestimmt, bei dem Materialanrisse auftreten.

Eine weitere Prüfung von mechanischen Eigenschaften des Stahles ist die *Härteprüfung.* Als Härte bezeichnen wir den Widerstand, den die Oberfläche des Prüfstoffes dem Eindringen eines harten Gegenstandes entgegensetzt. Bei uns wird die Härteprüfung normalerweise als Kugeldruckprobe nach BRINELL durchgeführt, und wir bezeichnen als Brinellhärte H in kg/mm² die Größe der ausgeübten Kraft, bezogen auf die Oberfläche der entstandenen Kugelkalotte. Nach Angaben der EMPA besteht bei Kohlenstoffstählen zwischen der Brinellhärte H in kg/mm² und der Zugfestigkeit σ_Z in t/cm² näherungsweise die Beziehung

$$\sigma_Z \cong \frac{H}{28}.$$

Die Bedeutung der Härteprobe beruht darauf, daß sie auf sehr kleinen Prüfflächen ausgeführt werden kann; sie erlaubt somit, die Gleichmäßigkeit der Beschaffenheit eines Werkstückes, wie etwa den Querschnitt eines Walzprofils oder einer Schweißnaht, zu überprüfen.

d) Verhalten von Stahl bei hohen Temperaturen

Die Zugfestigkeit σ_Z normaler Baustähle bleibt bei wachsender Temperatur bis $\sim 300\ °C$ praktisch unverändert, ja sie nimmt gegenüber Zimmertemperatur bis etwa 200 °C sogar leicht zu; bei weiterer Erwärmung sinkt sie jedoch stark ab und liegt bei etwa 500 °C unter den bei Zimmertemperatur zulässigen Beanspruchungen. Eine ähnliche Abnahme zeigt auch die Fließgrenze σ_F und, wenn auch in vermindertem Ausmaß, der Elastizitätsmodul E. Der Verlauf von σ_Z, σ_F und E bei zunehmender Temperatur T ist in Abb. II,51 für Baustahl St 37 schematisch dargestellt[2].

---

[1] Zum Beispiel die DIN 17100 (1966).

[2] Siehe z. B. Roš, M., EICHINGER, A.: Festigkeitseigenschaften der Stähle bei hohen Temperaturen. Diskussionsbericht Nr. 87 der EMPA, Zürich 1934. — GEILINGER, E.: Stahlbau und Feuerpolizei. Erste schweizerische Stahlbautagung, Zürich 1953. Mitteilungen der TKVSB, Nr. 8.

Gleichzeitig zeigt sich eine weitere ungünstige Erscheinung: Bei hohen Temperaturen beginnt der Stahl unter kleinen Beanspruchungen zu kriechen, d. h. unter konstanter Beanspruchung sich stark zu verformen. Die Zugfestigkeit σ_Z, im statischen Kurzzeitversuch ermittelt, verliert dadurch ihre Bedeutung für die Sicherheit der Tragwerke.

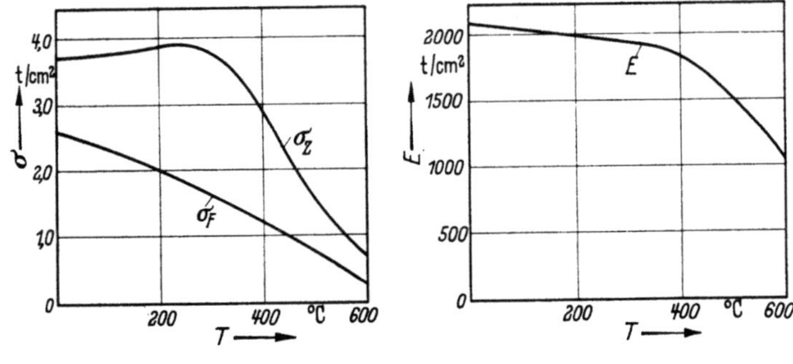

Abb. II,51.

Die Kenntnis der Festigkeit unter langdauernder Beanspruchung bei hoher Temperatur ist für den modernen Kraftmaschinenbau besonders wichtig; so werden denn auch Versuche über die *Dauerstandfestigkeit* von Stählen heute in der Maschinenindustrie laufend durchgeführt[1]. Die Auswertung solcher Versuche, für

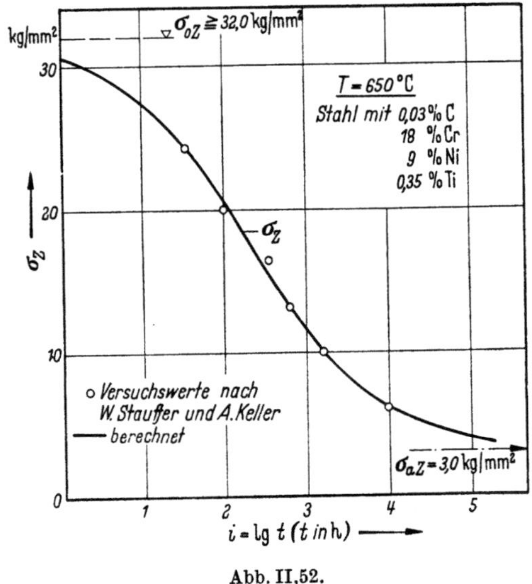

Abb. II,52.

die Abb. II,52 ein Beispiel zeigt[2], führt zur Feststellung, daß die Festigkeitskurve σ_Z in Funktion der Zeit den gleichen Charakter besitzt wie die Wöhler-Kurve σ_W der Wechselfestigkeit in Funktion der Lastwechselzahl; die Zugfestig-

---

[1] STAUFFER, W., KELLER, A.: Durchführung von Zeitstandsversuchen im Vielstabofen mit kleiner Stabform. Schweizer Arch. 22 (1956) H. 10.

[2] STÜSSI, F.: Theorie und Praxis im Stahlbau. Mitt. der Techn. Komm. des Schweizer Stahlbauverbandes, H. 16, Zürich 1957.

keit σ_Z kann auch hier als gewogenes Mittel der beiden Grenzwerte σ_{0Z} für $t = 0$ und σ_{aZ} für $t = \infty$,

$$\sigma_Z = \frac{\sigma_{0Z} + f\,\sigma_{aZ}}{1 + f} \qquad (\text{II},10\,\text{c})$$

mit

$$f = f_0\, t^p$$

dargestellt werden, wobei der Logarithmus λ des Gewichtsfaktors f linear vom Logarithmus der Zeit t, $\log t = i$, abhängig ist:

$$\lambda = \log f = \lambda_0 + p\,i.$$

Diese Übereinstimmung kann nun, wie wir mit einer an Sicherheit grenzenden Wahrscheinlichkeit annehmen dürfen, kaum ein Zufall, sondern sie muß ursächlich begründet sein. Sie zwingt uns damit aber auch zu einer umfassenderen Formulierung des Begriffes der Dauerfestigkeit. Das Wöhlersche Gesetz, das sich auf zeitlich veränderliche Beanspruchungen bezieht, umschreibt nur einen Teil dieser Dauerfestigkeit; daneben existiert das zweite Teilproblem einer langdauernden Belastung konstanter Größe, bei dem die Temperatur T als kennzeichnende Größe an Stelle der Mittelspannung σ_m tritt. Bei den bisherigen Anwendungen des Bau- und Werkstoffes Stahl konnten die beiden Aspekte des verallgemeinerten Dauerfestigkeitsproblems unabhängig voneinander betrachtet werden; diese Unabhängigkeit wird jedoch verschwinden, sobald auch bei erhöhter Temperatur zeitlich veränderliche Belastungen auftreten.

Aus diesem Verhalten des Baustoffes Stahl ergibt sich die Notwendigkeit, Stahltragwerke, die während einiger Zeit hohen Temperaturen ausgesetzt sein können, zu schützen. Die Notwendigkeit eines solchen *Feuerschutzes* kann sich somit bei Stahlhochbauten ergeben, in denen größere Mengen brennbarer Stoffe eingelagert sind. Dabei kann dieser Feuerschutz auf zwei grundsätzlich verschiedene Arten vorgesehen werden: durch Ummantelung oder Abschirmung der Stahlbauteile oder durch Bereitstellung einer wirksamen und raschen Feuerbekämpfung. Gelegentlich kann auch eine Kombination beider Maßnahmen die wirtschaftlichste Lösung sein. Beim Entscheid wird immer das Wertverhältnis von Gebäude zu Gebäudeinhalt (z. B. Flugzeughallen, bei denen der Gebäudeinhalt, d. h. die Flugzeuge, einen viel größeren Wert darstellen als das Gebäude) zu berücksichtigen sein.

Bei freistehenden Stahlkonstruktionen, wie Brücken, Masten usw., wird sich normalerweise nie eine Temperatur von gefährlicher Höhe einstellen können, so daß ein besonderer Feuerschutz nicht notwendig ist.

e) Sicherheit und zulässige Beanspruchungen

Begriff der Sicherheit

Die Beanspruchungen, die infolge der gegebenen oder zu erwartenden Belastungen in unseren Tragwerken auftreten, müssen unter denjenigen Beanspruchungswerten des Baustoffes liegen, bei denen eine Zerstörung oder ein Unbrauchbarwerden eines Tragwerkteiles auftreten könnte. Das Verhältnis zwischen der „gefährlichen" und der „vorhandenen" Belastung nennen wir *Sicherheit*.

In einem Zugstab aus Baustahl, der einer langsam und stetig anwachsenden Belastung P unterworfen wird, können wir entsprechend dem dabei maßgebenden Spannungs-Dehnungs-Diagramm (Abb. II,25) zwei gefährliche Belastungsstufen, die *Fließbelastung* $P_F = \sigma_F \cdot F$ und die *Bruchbelastung* $P_B = \sigma_Z \cdot F$ unterscheiden. Wir kennen deshalb für diesen Zugstab auch zwei Werte der Sicherheit, nämlich die

$$\text{Sicherheit gegen Fließen } n_F = \frac{P_F}{P_\text{vorh}}.$$

und die

$$\text{Sicherheit gegen Bruch } n_B = \frac{P_B}{P_\text{vorh}}.$$

Die beiden Sicherheitswerte n_F und n_B sind dabei durch das Verhältnis

$$\frac{n_F}{n_B} = \frac{P_F}{P_B} = \frac{\sigma_F}{\sigma_Z}$$

miteinander verbunden. Da wir das Eintreten merklicher bleibender Formänderungen *mit Sicherheit* ausschließen müssen, muß $n_F > 1$ sein; damit ergibt sich eine wohl stets ausreichende Sicherheit $n_B = \frac{\sigma_Z}{\sigma_F} n_F$ gegen Bruch, weil ja bei unseren Baustählen die Zugfestigkeit σ_Z erheblich über der Fließgrenze σ_F liegt. Normalerweise kann bei Stahl somit unter ruhender Belastung der Sicherheitsgrad von der Fließgrenze aus bestimmt werden. Das Eintreten bleibender Formänderungen bedeutet nun noch keinen Einsturz des Tragwerkes; die Sicherheit n_F gegen Fließen darf damit auch grundsätzlich erheblich kleiner sein als die Sicherheit n_B gegen Bruch, der ja das vollständige Unbrauchbarwerden des Tragwerkes, gegebenenfalls verbunden mit dem Verlust von Menschenleben, bedeuten würde. Bei Stählen, bei denen die Fließgrenze σ_F nur wenig unter der Zugfestigkeit σ_Z liegen würde, müßte die Sicherheit von der Bruchgrenze aus festgelegt werden.

Obwohl die grundsätzliche Festlegung des Begriffes der Sicherheit,

$$n_F = \frac{P_F}{P_\text{vorh}}, \quad n_B = \frac{P_B}{P_\text{vorh}}, \tag{II,20}$$

an sich einfach ist, so zeigen sich doch bei seiner Anwendung auf die Bemessung von Tragwerken erhebliche Schwierigkeiten, die wohl die Ursache davon sind, daß heute noch keine einheitliche Auffassung, nicht nur über die Größe der erforderlichen Sicherheit, sondern besonders auch über die Form einer zutreffenden Umschreibung besteht. Wir können diese Schwierigkeiten etwa in drei Gruppen einreihen, die wir stichwortartig als *Unsicherheitseinflüsse, Einflüsse des zeitlichen Verlaufs der Belastung* und *allgemeine Spannungszustände* kennzeichnen können.

Unsicherheitseinflüsse

Eine erste Schwierigkeit besteht darin, daß wir (auch wenn wir uns zunächst noch auf den einfachen Grundfall des Zugstabes beschränken) weder die vorhandene Belastung P_vorh noch die gefährliche Belastung P_F oder P_B genau kennen, weil unsere Berechnungsgrundlagen mit einer ganzen Reihe von „Unsicherheitseinflüssen" belastet sind. Es sind dies in der Hauptsache etwa folgende:

Wir kennen die *Größe der auftretenden Belastung* nicht genau. Wenn auch beispielsweise für den Straßenverkehr Vorschriften bestehen, die das zulässige Höchstgewicht von Lastwagen begrenzen, so kann es doch vorkommen, daß einzelne dieser Wagen überbelastet werden; ebenso kann in einem Lagerhaus die Menge des eingelagerten Lagergutes größer sein als ursprünglich vorgesehen wurde. Die aufzunehmenden Belastungen sind heute praktisch in fast allen Ländern *genormt*; diese Normen stellen idealisierte Belastungen dar, die die in Wirklichkeit in den verschiedensten Anordnungen auftretenden Belastungen in möglichst einfacher Form erfassen sollen.

Die Ermittlung der inneren Schnittkräfte des Tragwerks, beispielsweise der Stabkräfte in einem Fachwerkträger, führt oft *vereinfachende Voraussetzungen der Berechnung* ein, wie etwa die Voraussetzung reibungsfreier Gelenke in den Knotenpunkten von Fachwerkträgern. Die Spannungsspitzen in der Umgebung eines Loches sowie andere Kerbwirkungen werden meistens nicht direkt berücksichtigt. Zudem sind die Eigenspannungen (Walzspannungen, Schrumpfspannungen) rechnerisch nicht erfaßbar. Die wirklichen Beanspruchungen in einem Tragwerksteil können deshalb oft größer sein als die berechneten. Eine nur angenäherte Erfassung der Arbeitsweise eines Tragwerks durch Einführung vereinfachender Voraussetzungen ist sehr häufig nötig, um überhaupt eine Berechnung mit wirtschaftlich noch vertretbarem Arbeitsaufwand durchführen zu können.

Eine weitere Gruppe von Unsicherheiten ist auf *Ungenauigkeiten der Ausführung* zurückzuführen. Hierher gehören beispielsweise Abweichungen der Querschnittsgrößen gegenüber den in der Berechnung vorausgesetzten Werten (Walztoleranzen) oder auch zusätzliche Beanspruchungen, die durch die Art der Herstellung verursacht werden können (Zwängungen beim Zusammenbau, ungenaue Höhenlage der Auflagerpunkte bei durchlaufenden Trägern usw.). Ferner sind ungünstige äußere Einflüsse, wie etwa nachträgliche Querschnittsverminderungen durch Rosten möglich.

Weitere Unsicherheiten bestehen in bezug auf die *Festigkeitswerte des Materials*. Auch wenn wir nicht mit Mittelwerten, sondern mit normalen *Mindestwerten* dieser Festigkeiten rechnen, kann es immer wieder in einem ungünstigen Einzelfall vorkommen, daß ungenügende Festigkeit vorliegt (s. Abb. II,53). Beim Baustoff Stahl, der mit leistungsfähigen ortsfesten Einrichtungen hergestellt wird, sind allerdings solche ungünstige Ausnahmen sehr selten, aber doch nicht vollständig ausgeschlossen. Es kann ferner, auch als Ausnahmefall, vorkommen, daß die Festigkeit des Materials durch eine unzweckmäßige Verarbeitung beeinträchtigt wird. Je hochwertiger der Baustoff ist, je zuverlässiger seine Festigkeitseigenschaften gewährleistet werden können, um so kleiner braucht die Sicherheit n zu sein. So können wir uns bei Tragwerken aus Stahl mit wesentlich kleineren Sicherheiten begnügen als bei Tragwerken aus Beton oder Holz.

Die Sicherheit n hat nun alle diese Unsicherheitseinflüsse zu kompensieren. Da wir die Größe der Einflüsse, die ja *kombiniert* auftreten, im Einzelfall nicht kennen, muß die Größe der Sicherheit n aus der *Erfahrung*, aus Beobachtungen an ausgeführten Bauwerken während langer Zeit, festgelegt werden. Diese Erfahrung spiegelt sich in den Bauvorschriften der einzelnen Länder, die allerdings unter sich merkliche Unterschiede aufweisen können, doch ist als gemeinsames Merkmal aller dieser Bauvorschriften deutlich die Tendenz nach einer Verkleinerung der rechnerischen Sicherheit im Laufe der letzten Jahrzehnte festzustellen. Man wird heute bei Tragwerken aus Baustahl unter ruhender Belastung eine Sicherheit $n_F \cong 1{,}5$ gegen Fließen oder das Eintreten merklicher bleibender Verformungen oder auch eine Sicherheit $n_B \cong 2{,}0$ gegen Bruch noch als ausreichend ansehen dürfen, wenn alle erfaßbaren äußeren Belastungen in ungünstigster Kombination gleichzeitig berücksichtigt werden.

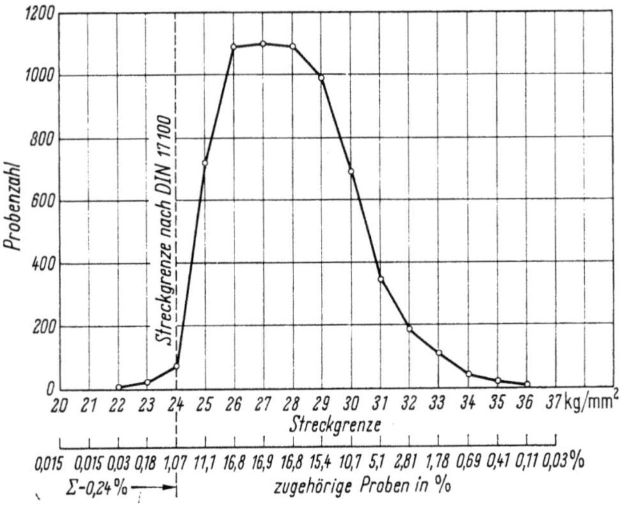

Abb. II,53.
Streckgrenze von Baustahl St 37. Histogramm der Prüfungsergebnisse von 6502 Proben (Deutsche Bundesbahn).

Es läßt sich nach diesen Feststellungen wohl nicht bestreiten, daß eine *Verfeinerung des Sicherheitsbegriffes*, der eine wirtschaftlichere Bemessung der Tragwerke bei genügender, den Besonderheiten des Einzelfalles angepaßter Sicherheit erlauben soll, erwünscht ist. Eine solche Verfeinerung ergibt sich, in einer ersten Stufe, dadurch, daß wir den Sicherheitsfaktor n in zwei Faktoren aufteilen,

$$n = n_T\, n_M,$$

von denen der erste, n_T, die Unsicherheiten der Bestimmung von P_{vorh} (äußere Belastungen, vereinfachende Voraussetzungen oder Ungenauigkeiten der Berechnung, Fehler oder Ungenauigkeiten der Ausführung) und der zweite, n_M, die Unsicherheiten in den Festigkeitswerten des Materials decken soll[1]; damit läßt sich die Sicherheitsvorschrift in der Form

$$P_{\mathrm{vorh}}\, n_T \leqq \frac{P_{\mathrm{gef}}}{n_M}, \tag{II,21}$$

wobei P_{gef} die *gefährliche Belastung* (P_F oder P_B) bedeutet, anschreiben. Die vom Tragwerk abhängige Sicherheit n_T kann dabei weiter differenziert werden, indem etwa für ständige Last ein kleinerer Wert n_T gefordert wird als für die Nutzlast.

---

[1] Moe, A. J.: Begriff der Sicherheit. 3. Kongreß der IVBH, Lüttich 1948, Vorbericht. Torroja, E.: Bases of Calculations; Safety. General Report. 4. Kongreß der IVBH, Cambridge and London 1952, Vorbericht.

Eine ausreichend zuverlässige Erfassung der Teilsicherheitsfaktoren n_T und n_M ist nun allerdings nicht mehr aus der globalen Erfahrung an ausgeführten Bauwerken allein möglich, sondern die damit eingeführte Verfeinerung des Sicherheitsbegriffes führt zwangsläufig auch zur Notwendigkeit einer verfeinerten Bestimmung und Berücksichtigung der einzelnen Unsicherheitseinflüsse. Es zeigen sich denn auch in letzter Zeit eine Reihe von Ansätzen, bei der Festlegung der erforderlichen Sicherheit die Mittel und Methoden der mathematischen *Wahrscheinlichkeitsrechnung* beizuziehen[1]. Es wird dabei notwendig, die einzelnen Unsicherheitseinflüsse in der Form statistischer Funktionen, die aus Versuchen und der Erfahrung abzuleiten sind, einzuführen, um ein Versagen des zu entwerfenden Bauwerkes mit Sicherheit auszuschließen.

Es dürfte jedenfalls noch geraume Zeit vergehen, bis solche rein auf der Theorie der mathematischen Wahrscheinlichkeit beruhende Bemessungsmethoden in die normale Konstruktionspraxis eingeführt werden können[2]. Einmal müssen zuerst die Grundlagen, d. h. die statistischen Funktionen der Einzeleinflüsse, genügend abgeklärt sein, bevor sie etwa in der Form von Bauvorschriften festgelegt werden können. Dann aber, und dies scheint wesentlich, hat die heute weitverbreitete Tendenz, den Begriff der Wahrscheinlichkeit des Versagens eines Bauwerkes als Bemessungsgrundlage einzuführen, an sich etwas grundsätzlich Stoßendes, das zu unserem konstruktiven Denken in einem unversöhnlichen Gegensatz steht: Wohl wissen wir, daß immer wieder Tragwerkseinstürze, bei Brücken und Hochbauten, vorkommen und, als Folgen der menschlichen Unzulänglichkeit, wohl als unvermeidlich angesehen werden müssen, aber die Vorstellung, daß ein Tragwerk, das wir bauen wollen, von vornherein mit einer gewissen, wenn auch noch so kleinen Wahrscheinlichkeit des Einsturzes belastet sein soll, darf mit Rücksicht auf die Menschenleben, die bei jedem Bauwerkseinsturz auf dem Spiel stehen, nicht zu einer Grundlage der Bemessungspraxis werden. Wir müssen und wollen so bauen, daß Einstürze nach menschlichem Ermessen in jedem Einzelfall als ausgeschlossen angesehen werden dürfen. Ein Bauwerk so zu bauen, daß ein Einsturz als möglich vorausgesehen werden kann, läßt sich auch unter dem Druck wirtschaftlicher Bedingungen mit dem Verantwortungsbewußtsein des Ingenieurs nicht vereinbaren.

---

[1] PROT, M.: La sécurité des constructions; Rapport introductif. 3. Kongreß der IVBH, Lüttich 1948, Vorbericht. — LÉVI, R.: La sécurité des constructions; Recherche d'une méthode concrète. 3. Kongreß der IVBH, Lüttich 1948, Vorbericht. — TORROJA, E., PAEZ, A.: Calcul du coefficient de sécurité. 4. Kongreß der IVBH, Cambridge and London 1952, Vorbericht. — BORGES, J. F.: O dimensionamento de estruturas. Laboratório Nacional de Engenharia Civil, Publ. No. 54, Lisboa 1954. Zudem zahlreiche weitere Beiträge in folgenden Kongreßberichten der IVBH: Rio de Janeiro 1964, Ic Begriff der Sicherheit und seine Bedeutung für Entwurf und Berechnung unter besonderer Berücksichtigung des Einflusses der plastischen Verformungen auf die Verteilung der Schnittkräfte, Vorbericht S. 185—273, Schlußbericht S. 95—128; New York 1968, I Sicherheit, Vorbericht S. 13—99, Schlußbericht S. 3—244.

[2] Eine praktische Anwendung in einigen Vorschriften hat bis jetzt nur die sogenannte „halbprobabilistische" Methode gefunden, meistens kombiniert mit dem Verfahren der „Grenzzustände"-(Gebrauchszustand, Erschöpfung usw.). Die verschiedenen Koeffizienten der Gl. (II,21) werden dabei teils auf Grund von statistischen Daten, teils aus Erfahrungswerten (für nicht stochastische Einflüsse) bestimmt. Vgl. z. B. den Vor- und Schlußbericht des Symposiums der IVBH „Über neue Aspekte der Tragwerksicherheit und ihre Berücksichtigung in der Bemessung", London 1969.

Der zeitliche Verlauf der Belastung

Bei der Festigkeitsprüfung der Baustoffe unterscheiden wir in bezug auf ihren zeitlichen Verlauf zwei Belastungsarten, nämlich eine *statische Belastung* einerseits und anderseits eine *oft wiederholte Belastung*. Das Verhalten des Baustoffs unter statischer, d. h. langsam und stetig anwachsender Belastung ist durch das Spannungs-Dehnungs-Diagramm charakterisiert, wobei die Fließgrenze eine wichtige Rolle spielt, während für oft wiederholte Belastung die Zusammenhänge der Dauerfestigkeit die Festigkeitsverhältnisse kennzeichnen.

Bei der Übertragung der im Festigkeitsversuch gefundenen Materialeigenschaften auf die Bemessung von Tragwerken ist nun grundsätzlich zu beachten, daß diese beiden Belastungsarten *ideale Grenzfälle* darstellen, zwischen denen der zeitliche Verlauf der am Tragwerk auftretenden wirklichen Belastungen eingegrenzt ist. In Wirklichkeit kommt weder die ideale statische Belastung noch eine dem Dauerversuch vollständig entsprechende, ständig zwischen zwei Belastungsgrenzen wechselnde, wiederholte Belastung vor. Dem Idealfall der statischen Belastung dürfte etwa ein ständig gefüllter Flüssigkeitsbehälter noch am ehesten nahekommen; jede Entleerung und Füllung des Behälters stellt jedoch eine grundsätzliche Abweichung von den Belastungsbedingungen des statischen Zugversuches dar. Auf der anderen Seite dürfte etwa der Fall einer Eisenbahnbrücke, bei der die rechnerisch berücksichtigten Verkehrslasten auch in Wirklichkeit auftreten können, dem Belastungsverlauf des Dauerversuches noch am ehesten nahekommen; aber auch hier bilden Verkehrspausen, aber auch Belastungen durch leichtere Lastenzüge für das Tragwerk einen grundsätzlichen Unterschied gegenüber dem Idealfall des Dauerversuchs. Erschwerend wirkt sich hier bei der Beurteilung aus, daß der Einfluß von Ruhepausen auf die Dauerfestigkeit heute noch nicht abschließend abgeklärt ist.

Diese Verhältnisse zwingen uns, der Bemessung der Tragwerke je nach dem zeitlichen Verlauf der zu erwartenden Belastung nicht nur verschiedene Festigkeitswerte, sondern auch verschiedene Sicherheitswerte zugrunde zu legen. Dabei wird man, wie die Vorschriften einzelner Länder es tun, etwa so vorgehen können, daß man die Tragwerke in verschiedene *Bauwerksklassen* einordnet. Eine verhältnismäßig einfache und auch vom Standpunkt der Sicherheit aus vertretbare Einteilung dürfte etwa folgende sein:

Bauwerksklasse I: Tragwerke mit vorwiegend ruhender Belastung, wie normale Hochbauten. Die Bemessung ist in erster Linie auf die statische Festigkeit und die Fließgrenze zu orientieren.

Bauwerksklasse II: Tragwerke mit veränderlicher Belastung bei kleiner Häufigkeit der Wechsel der rechnerischen Beanspruchungen wie Straßenbrücken. Diese Klasse stellt eine Zwischenklasse zwischen den Bauwerksklassen I und III dar; sie kann auch annäherungsweise keinem der beiden Grenzfälle des Belastungsverlaufes zugeordnet werden.

Bauwerksklasse III: Tragwerke mit starker Veränderlichkeit im zeitlichen Verlauf der Belastung wie Eisenbahnbrücken. Hier ist die Bemessung in erster Linie auf die Dauerfestigkeit des Materials zu orientieren.

Eine solche Regelung wird nie alle möglichen Fälle der Praxis von vornherein eindeutig einordnen können; in Grenzfällen wird immer der Konstrukteur die Entscheidung über die Einreihung treffen müssen.

Eine andere Lösung kann darin bestehen, daß je für die wichtigsten Bauwerksgruppen besondere Bauvorschriften (z. B. Eisenbahnbrücken, Straßenbrücken

Hochbauten, Kranbahnen, Maste usw.) aufgestellt werden; dieses Vorgehen liegt weitgehend den heutigen deutschen Vorschriften zugrunde.

Bei jeder derartigen Regelung spielen nicht nur technische Überlegungen auf Grund der heutigen Erkenntnisse, sondern weitgehend auch Fragen der Überlieferung in der Form der Bauvorschriften eine entscheidende Rolle; es ist meist leichter, einzelne Zahlenwerte einer Bauvorschrift als ihren grundsätzlichen Aufbau zu ändern.

Zulässige Beanspruchungen

Die in Gl. (II,20) festgelegte Sicherheit n ist zunächst auf den Grundfall des Zugstabes orientiert. Sie kann auf einfache Weise auch auf andere Fälle verallgemeinert werden durch Einführung des Begriffs der ,,*zulässigen Beanspruchung*" σ_{zul}. Mit

$$\sigma_{\text{vorh}} = \frac{P_{\text{vorh}}}{F}, \qquad \sigma_{\text{zul}} = \frac{\sigma_F}{n_F} = \frac{\sigma_B}{n_B}$$

geht Gl. (II,20) über in die heute noch allgemein gebräuchliche Form des ,,*Spannungsnachweises*"

$$\sigma_{\text{vorh}} \leqq \sigma_{\text{zul}}, \tag{II,22}$$

der damit auch Normalspannungen infolge Biegung,

$$\sigma_{\text{vorh}} = \frac{M_{\text{vorh}}}{W},$$

und in der Form

$$\tau_{\text{vorh}} \leqq \tau_{\text{zul}}$$

auch den Spannungsnachweis bei Schubbeanspruchung umfaßt. Wenn auch damit die erwähnten grundsätzlichen Schwierigkeiten bei der Festlegung des ausreichenden Sicherheitsgrades nicht behoben werden, so besitzt der auf zulässige Spannungen orientierte Sicherheitsnachweis den Vorzug der Übersichtlichkeit. Auch der Nachweis einer genügenden Stabilität (Stabilitätsprobleme s. Abschn. VI) läßt sich in dieser Form übersichtlich darstellen.

Der Sicherheitsnachweis mit zulässigen Beanspruchungen setzt nun allerdings voraus, daß äußere Belastung und Beanspruchungen über den ganzen Belastungsverlauf bis zum gefährlichen Zustand zueinander *proportional* verlaufen. Dies ist

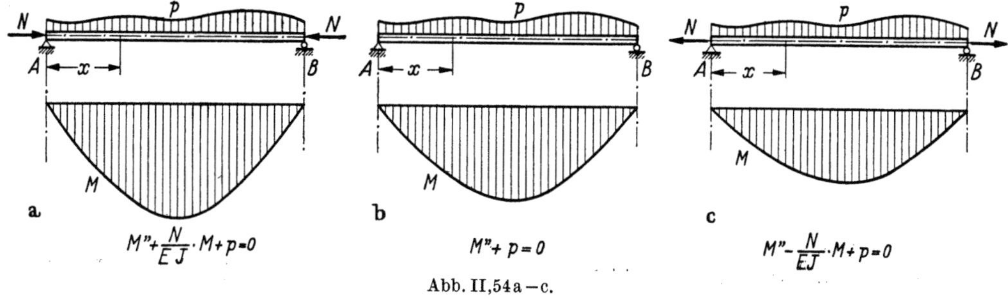

Abb. II,54a—c.

nun durchaus nicht immer der Fall; in Abb. II,54 ist ein Beispiel für die drei vorhandenen Möglichkeiten skizziert, wobei wir uns hier auf den elastischen Bereich,

d. h. auf Belastungen beschränken, die nur unterhalb der Proportionalitätsgrenze liegende Beanspruchungen σ verursachen.

Wirkt auf einen einfachen Balken AB außer der Querbelastung p noch eine Druckkraft $N(p)$, so entstehen infolge der Balkendurchbiegung η zusätzliche Momente $N\eta$, die das Gesamtmoment M gegenüber dem durch die Querbelastung p allein verursachten Moment vergrößern (Abb. II,54a); das Moment M und damit die Beanspruchungen σ wachsen somit stärker als die Belastung p (Abbildung II,55). Fehlt die Längsbelastung N (Abb. II,54b), so ist das Moment proportional zur Belastung p, während eine Zugkraft N (Abb. II,54c) ein gegenüber der Belastung p verlangsamtes Anwachsen des Momentes M verursacht.

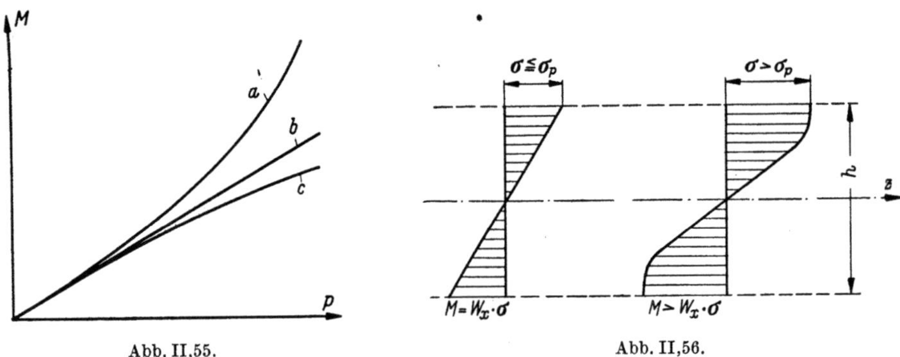

Abb. II,55.   Abb. II,56.

Der Spannungsnachweis mit zulässigen Beanspruchungen ist nun grundsätzlich nur für den *Normalfall b* zutreffend; im Fall a würde daraus eine zu geringe Sicherheit, im Fall c dagegen eine zu große Sicherheit (und damit unter Umständen eine zu geringe Wirtschaftlichkeit) resultieren.

Wenn wir nun im „Normalfall" (Abb. II,54b) eine den elastischen Bereich überschreitende Belastung p betrachten, so zeigt sich folgendes (Abb. II,56): solange die Randspannung σ die Proportionalitätsgrenze σ_P nicht überschreitet, gilt der über die Querschnittshöhe h lineare Spannungsverlauf nach der normalen Biegungslehre; es ist $M = W_x\,\sigma$.

Wird dagegen $\sigma > \sigma_P$, so folgt der Spannungsverlauf über die Trägerhöhe, wenn wir die Hypothese vom Ebenbleiben der Querschnitte weiterhin als gültig annehmen, dem Spannungs-Dehnungs-Diagramm des Materials und verliert damit die Linearität; damit wird $M > W_x\,\sigma$. Bei einer Bemessung nach zulässigen Spannungen,

$$\sigma_{\text{vorh}} = \frac{M_{\text{vorh}}}{W_x} \leqq \sigma_{\text{zul}},$$

wird damit auch hier, ähnlich wie im Falle von Abb. II,54c, eine größere Sicherheit eingehalten als sich aus dem Vergleich von gefährlicher zu vorhandener Belastung ergeben würde.

Die Bemessung auf zulässige Beanspruchungen ist nun nicht nur im Normalfall, d. h. bei Proportionalität zwischen Belastung und maßgebender Beanspruchung, sondern auch dann üblich, wenn die Beanspruchungen langsamer wachsen als die Belastungen. In diesen letzteren Fällen besteht dann ein gewisser Sicherheitsüberschuß, der gegebenenfalls in besonderen Ausnahmefällen ganz oder teilweise ausgenützt werden kann[1]. Immerhin ist auch darauf hinzuweisen, daß bei der Übertragung von an Probestäben bestimmten Festigkeitswerten (Zug, gleichmäßige Spannungsverteilung) auf die Bemessung von Bauelementen mit ungleichmäßiger Spannungsverteilung heute noch eine gewisse Unsicherheit besteht, die durch die in Abb. II,56 skizzierte Erscheinung nur im Falle der statischen Belastung vollständig gedeckt sein dürfte.[2]

Dagegen ist in allen Fällen, in denen die Beanspruchungen stärker wachsen als die Belastungen, wie im Beispiel von Abb. II,54a, die Bemessung auf zulässige Beanspruchungen, die auf eine verminderte Sicherheit führen würde, abzulehnen. In solchen Fällen, die im Zusammenhang mit den Stabilitätsproblemen näher besprochen werden sollen, muß die Bemessung immer vom Vergleich der Tragfähigkeitsgrenze mit der vorhandenen Belastung ausgehen.

Die *Formulierung der zulässigen Beanspruchungen*, unter Berücksichtigung nicht nur der statischen Festigkeitswerte, sondern auch der Dauerfestigkeit, ist nun in verschiedener Weise möglich; meistens wird die zulässige Beanspruchung direkt aus den Arbeitsfestigkeiten durch Einführung einer angemessenen Sicherheit abgeleitet, wobei auch die Vermeidung bleibender Verformungen (Fließgrenze) zu gewährleisten ist.

Es ist üblich, verschiedene Werte der zulässigen Beanspruchungen vorzuschreiben, je nachdem nur *Hauptlasten* oder *Haupt- und Zusatzlasten*, gegebenenfalls auch noch Sonderlasten, im Spannungsnachweis berücksichtigt werden. Die Hauptlasten umfassen normalerweise die ständige Last, die Nutz- oder Verkehrslasten (einschließlich dynamischer Wirkungen) sowie die Fliehkräfte bei Eisenbahnbrücken und die Schneelasten bei Hochbauten, während die Belastungen geringerer Häufigkeit oder geringerer Bedeutung, wie Seitenstöße der Fahrzeuge, Brems- und Reibungskräfte, Trägheitswirkungen bei beweglichen Brücken, Wind sowie Wärmewirkungen zu den Zusatzlasten gerechnet werden. Als Sonderlasten werden selten zu erwartende ungünstige Einwirkungen, wie etwa der Anprall von entgleisten Fahrzeugen usw. oder auch ungünstige Bauzustände bewertet.

Nachstehend sind die zulässigen Beanspruchungen σ_{zul} für Eisenbahnbrücken aus normalem Baustahl St 37 unter Hauptlasten nach deutschen und nach schweizerischen Vorschriften einander gegenübergestellt und kurz besprochen.

Die „Berechnungsgrundlagen für stählerne Eisenbahnbrücken" (BE) der *Deutschen Bundesbahn*, Ausgabe 1960, schreiben für einen auf *Zug* beanspruchten *gelochten* Stab (Bild 25.1, Zeile 3),

$$\sigma_{zul} = \frac{1{,}6}{1 - 0{,}524\,\dfrac{\sigma_{min}}{\sigma_{max}}}\ \text{t/cm}^2, \quad \text{höchstens } 1{,}60\ \text{t/cm}^2$$

vor.

In Abb. II,57a sind diese Werte σ_{zul} in Funktion des Verhältnisses $\sigma_{min}/\sigma_{max}$ aufgetragen; durch Vergleich mit der Arbeitsfestigkeit des gelochten Zugstabes

---

[1] Für die Tragfähigkeit von statisch unbestimmten vollwandigen Tragsystemen sei auf Abschn. VIII,j „Das Traglastverfahren" hingewiesen.

[2] Der Spannungsverlauf nach Abb. II,56 stellt allerdings nur eine brauchbare Näherung dar. Siehe z. B. CAMPUS, F.: La flexion élasto-plastique de l'acier doux, Abh. IVBH Bd. 26, Zürich 1966.

(Abb. II,48) ergeben sich die darunter angegebenen Sicherheiten n_{Er} gegen Ermüdung. Ebenso ist die Sicherheit n_F gegen Erreichen der Fließgrenze mit dem angenommenen Wert von $\sigma_F = 2{,}40$ t/cm² angegeben.

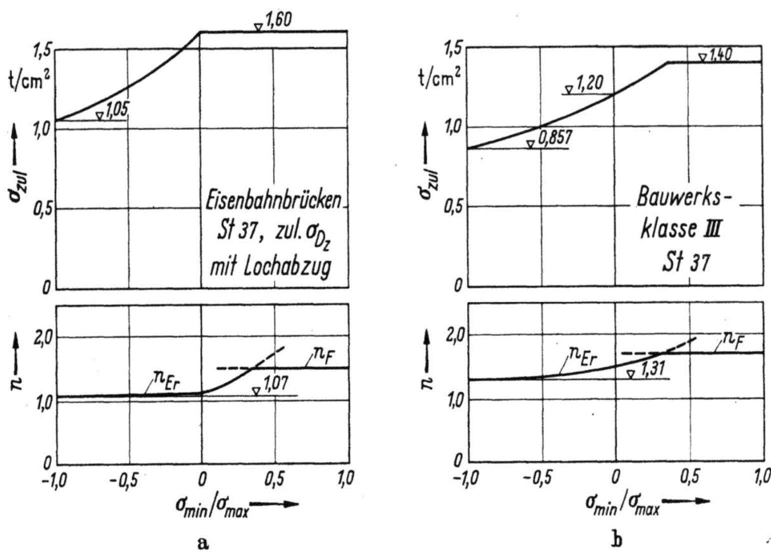

Abb. II,57a und b. a) Deutsche Vorschriften, BE 1960; b) Schweizerische Normen 1971.

Die schweizerischen „Normen für die Berechnung und die Ausführung von Stahlbauten", Entwurf 1971, schreiben für den betrachteten Fall (Bauwerksklasse III) eine zulässige Spannung von

$$\sigma_{\text{zul}} = \frac{1{,}2}{1 - 0{,}4 \,\dfrac{\sigma_{\min}}{\sigma_{\max}}}\ \text{t/cm²}, \quad \text{höchstens } 1{,}40\ \text{t/cm²}$$

vor. Diese Werte sind in Abb. II,57b aufgetragen und mit der Dauerfestigkeit sowie der Fließgrenze verglichen.

Wenn man bedenkt, daß diese Sicherheitswerte n_{Er} durch Vergleiche mit der konventionellen ($n = 2 \cdot 10^6$) und nicht mit der wirklichen Arbeitsfestigkeit des gelochten Zugstabes bestimmt worden sind und daß durch das Ausnieten die Ermüdungsfestigkeit noch verkleinert werden kann (vgl. Abb. II,49), so gelangt man zur Feststellung, daß man sich heute, auch im Eisenbahnbrückenbau, mit kleinen Sicherheiten gegen Ermüdung begnügt. Dies hat offenbar bis heute deshalb nicht zu schweren Schadenfällen geführt, weil die ungünstigste Belastungskombination, die das rechnerische Spannungsverhältnis $\sigma_{\min}/\sigma_{\max}$ verursacht, verhältnismäßig selten auftritt. In Wirklichkeit bemißt man somit mit einer genügenden Sicherheit nur gegen eine gewisse *Zeitfestigkeit* für eine endliche Lastwechselzahl. Darüber, ob dies für den Brückenbau richtig sei, kann man in guten Treuen eine von den offiziellen Bauvorschriften abweichende Auffassung haben. Sicher dürfte sein, daß unsere zulässigen Beanspruchungen heute eine obere Grenze erreicht haben und nicht mehr gesteigert werden dürfen.

Allgemeine Spannungszustände

Wie wir früher festgestellt haben, ist bei mehraxigen Spannungszuständen für das Erreichen der Fließgrenze die resultierende Schubspannung τ_0 in der Oktaederebene nach Gl. (II,6) oder, was gleichbedeutend ist, die spezifische Gestaltänderungsarbeit nach Gl. (II,4) maßgebend. Wenn der Spannungsnachweis nach Gl. (II,22) eine bestimmte Sicherheit n_F *gegen Fließen* gewährleisten soll, so ist die Vergleichsspannung nach Gl. (II,5) maßgebend; es soll also sein

$$\sigma_{g\,\text{vorh}} = \left(\sqrt{\sigma_1^2 + \sigma_2^2 + \sigma_3^2 - \sigma_1\sigma_2 - \sigma_2\sigma_3 - \sigma_3\sigma_1}\right)_{\text{vorh}} \leqq \sigma_{\text{zul}}. \qquad \text{(II,23)}$$

In erster Linie soll der Spannungsnachweis jedoch eine ausreichende Sicherheit *gegen Bruch* gewährleisten, wofür nach einer Reihe neuerer Feststellungen (s. insbesondere Abb. II,43) die Mohrsche Bruchtheorie maßgebend sein dürfte. Diese würde auf die Bemessungsforderung

$$(\sigma_1 - \sigma_3)_{\text{vorh}} \leqq \sigma_{\text{zul}}$$

führen. Nun besteht aber die Schwierigkeit, daß wir die Mohrsche Hüllkurve und damit den einzuführenden Wert von σ_{zul} erst für einige wenige Sonderfälle und auch für diese nur in einem engen Bereich kennen[1]. Nun zeigt sich aber, soweit wir heute feststellen können, daß die Vergleichsspannung σ_g nach der Theorie der konstanten Gestaltänderungsarbeit für isotrope Baustoffe nicht sehr stark von derjenigen nach der Mohrschen Theorie abweicht. Es liegt deshalb, mindestens im Sinne einer vorläufigen Regelung, nahe, den Spannungsnachweis für den Bruch durch Erweiterung und Anpassung an die verschiedenen Verhältnisse $\Delta\sigma : \sigma_m$ in den drei Hauptspannungsrichtungen von Gl. (II,23) in der Form

$$\sqrt{\left(\frac{\sigma_1}{\sigma_{1\,\text{zul}}}\right)^2 + \left(\frac{\sigma_2}{\sigma_{2\,\text{zul}}}\right)^2 + \left(\frac{\sigma_3}{\sigma_{3\,\text{zul}}}\right)^2 - \frac{\sigma_1\sigma_2}{\sigma_{1\,\text{zul}}\sigma_{2\,\text{zul}}} - \frac{\sigma_2\sigma_3}{\sigma_{2\,\text{zul}}\sigma_{3\,\text{zul}}} - \frac{\sigma_3\sigma_1}{\sigma_{3\,\text{zul}}\sigma_{1\,\text{zul}}}} \leqq 1$$

$$\text{(II,23 a)}$$

zu führen; dabei bedeuten $\sigma_{1\,\text{zul}}$, $\sigma_{2\,\text{zul}}$, $\sigma_{3\,\text{zul}}$ die für die drei Hauptspannungen unter Berücksichtigung des Spannungsverhältnisses maßgebenden zulässigen Beanspruchungen.

5. Korrosion und Korrosionsschutz[2]

a) Ursachen und Bedeutung der Korrosion

Als Korrosion bezeichnet man die Zerstörung von Werkstoffen durch chemische oder elektrochemische Angriffe von der Oberfläche her. Bei Eisen und Stahl nennen wir das Korrosionsprodukt, das im wesentlichen aus Eisenoxyden besteht, *Rost*. Das Rosten bedeutet also einen Umwandlungsprozeß des Eisens in diejenige chemische Verbindung, in der es ursprünglich in der Natur vorkam.

---

[1] Siehe auch SCHLEICHER, F.: Über das Maß für die Höhe der Dauerbeanspruchung Bauingenieur 30 (1955) S. 42.

[2] BLOM, A. V.: Rostschutz durch Anstrich. Erste schweizerische Stahlbautagung, Zürich 1953. Mitteilungen der TKVSB Nr. 8.
Korrosionsschutz im Stahlbau. Veröff. dtsch. Stahlbauverb. H. 1/54.

Ursache des Rostens ist der gleichzeitige Angriff von Sauerstoff und Wasser; in absolut trockener Luft wird Stahl kaum angegriffen, während anderseits die Berührung von Stahl mit Wasser ohne darin gelöste Luft ebensowenig schädlich ist.

Weil sich beim Rosten von Eisen und Stahl keine dichte Oxydhaut bildet[1], wie etwa beim Aluminium, schreitet ein einmal begonnener Rostvorgang beschleunigt fort. Sogar unter intakten Schutzanstrichen und unter der Walzhaut wuchert einmal aufgetretener Rost weiter und kann sich tief ins Eisen hineinfressen. Verunreinigungen im Eisen, ungleiche Belüftung der Oberfläche, Poren in Deckschichten sowie Reste aggressiver Stoffe auf der Oberfläche beschleunigen den Rostvorgang.

Wie die Verluste durch Korrosion vom Standort des Bauwerkes abhängig sind, zeigt die nebenstehende Tabelle der Abrostungsverluste (nach A. V. Blom).

Klima	Abrostung in 10^{-4} mm/Jahr
Wüste	0,3 — 6
Ländliche Gegend	4 — 60
Stadt	10 — 80
Industriegegend	30 —190
Meeresküste	60 —170

Je aggressiver die Atmosphäre ist, um so sorgfältiger müssen die Rostschutzmaßnahmen ausgeführt werden. In trockenen sauberen Innenräumen rostet der Stahl nur wenig. Die Rostbildung ist nicht bei allen Stahlsorten gleich stark; so rostet ein kohlenstoffarmer Stahl schneller als ein kohlenstoffreicher. Schon durch einen geringen Kupfergehalt kann die Korrosionsanfälligkeit von Stahl erheblich vermindert werden.

Über die jährlichen Verluste an Stahl und Eisen durch Korrosion gehen die Schätzungen weit auseinander; sie schwanken zwischen 5 und 40% der Jahreserzeugung. Trotz der Unbestimmtheit dieser Zahlen ist die große volkswirtschaftliche Bedeutung eines zuverlässigen Rostschutzes deutlich erkennbar.

Der *Rostschutz* beruht darauf, daß Eisen nicht rostet, wenn Wasser, Sauerstoff und aggressive Substanzen von seiner Oberfläche ferngehalten werden; es kann somit durch eine festhaftende, porenfreie Schutzschicht, die gegen äußere Einwirkungen widerstandsfähig ist, gegen Rosten geschützt werden.

Damit diese Schutzschicht einwandfrei aufgebracht werden kann, muß die gesamte Oberfläche des zu schützenden Stahlbauteiles gut zugänglich sein; nur dann ist eine gründliche Reinigung der Oberfläche und ein gleichmäßiges Auftragen der Schutzschicht möglich. Die Bildung von Wassersäcken muß verhütet werden, weil dort der Anstrich vorzeitig versagen würde. Fugen zwischen einzelnen Bauteilen müssen entweder so breit sein, daß Reinigung und Anstrich unbehindert möglich sind oder sie sind durch Einlegen von Futtern auszufüllen. Um Spaltkorrosionen zu verhüten, sind Berührungsflächen aufeinanderliegender Bauteile vor dem Zusammenbau zu reinigen und mit der Grundierung abzuschließen. Geschweißte Konstruktionen besitzen im Vergleich zu genieteten eine glattere, einfachere Oberfläche, was den Korrosionsschutz erleichtert; die sorgfältige Entfernung jeder Spur von Schweißrückständen und das Abschleifen von vorstehenden unregelmäßigen Oberflächen der Schweißnähte ist aber notwendig, bevor ein Anstrich aufgebracht werden darf.

---

[1] Für die wetterfesten Stähle s. Abschn. e.

b) Die Reinigung der Oberfläche

Ein Rostschutzanstrich haftet nur fest und bleibt ohne gefährliche Unterrostung auf einer sauber gereinigten, leicht aufgerauhten und vollständig trockenen Oberfläche. Die Walzhaut muß entfernt werden, wenn ein langdauernder Rostschutz verlangt wird. Für die Reinigung kommen mechanische, thermische und chemische Reinigungsverfahren in Betracht.

Die *mechanische Reinigung* kann in manchen Fällen von Hand mit Drahtbürste ausgeführt werden, doch erfordert die Entfernung einer festhaftenden Walzhaut maschinelle Hilfsmittel. Die beste Reinigung wird mit dem Sandstrahlgebläse erreicht; das Sandstrahlen liefert bei richtiger Ausführung eine gleichmäßig aufgerauhte Oberfläche, die sich ausgezeichnet als Anstrichsgrund eignet. Der erste Grundanstrich ist unmittelbar nach der Reinigung aufzutragen.

Die *thermische Reinigung* durch Flammstrahlen wird mit Hilfe breiter Schweißbrenner ausgeführt; überstreicht man damit eine Rostkruste, so wird sie gelockert und läßt sich nachher leicht abbürsten. Die Kosten des Flammstrahlens sind aber hoch und im Stahlbau nur in Sonderfällen gerechtfertigt.

Eine *chemische Reinigung* kann mit sauren oder alkalischen Mitteln durchgeführt werden, doch leiden diese Verfahren unter dem Nachteil, daß man die letzten Spuren aggressiver Chemikalien kaum völlig wegbringt.

c) Der Anstrich

Der Anstrich wird durch Auftragen (Streichen, Spritzen, Tauchen usw.) eines flüssigen Anstrichstoffes auf die zu schützende Oberfläche hergestellt; der Anstrichstoff trocknet zu einem festen Film aus, wobei sich physikalische und chemische Filmbildung unterscheiden lassen.

Lösungen von Harzen und verschiedenen synthetischen Filmbildnern trocknen lediglich durch Verdunstung, also durch einen *physikalischen* Vorgang. Wirken organische Lösungsmittel auf einen solchen Film ein, so wird er angegriffen; ein solcher Anstrich wird als reversibel bezeichnet (z. B. Nitrozelluloselacke). Eine besondere Art physikalischer Filmbildung spielt sich bei Emulsionsfarben ab, bei denen nach dem Verdunsten des Wassers ein irreversibler, d. h. unlöslicher Film entsteht, wenn der Filmbildner entsprechend zusammengesetzt ist.

Leinöl, ölmodifizierte Kunstharze und gewisse neuere synthetische Filmbildner unterliegen beim Trocknen einer *chemischen* Umsetzung, wodurch der Anstrich irreversibel, d. h. in organischen Lösungsmitteln unlöslich wird. Je nachdem, ob diese Umsetzung schon bei gewöhnlicher Raumtemperatur oder erst nach Erwärmung abläuft, spricht man von lufttrocknenden oder von ofentrocknenden Anstrichstoffen. Für Stahlbauten kommen nur lufttrocknende Anstriche in Betracht.

Ein Anstrichstoff besteht normalerweise aus drei Anteilen: dem Pigment, dem Bindemittel und den flüchtigen Anteilen. Die *Pigmente*, sowie andere feste, fein zerteilte Stoffe, tragen zur Dichtung des Filmes bei, bedingen seinen Farbton und üben gegebenenfalls eine spezifisch rostverhütende Wirkung aus. Als eigentliches Rostschutzpigment hat sich im Stahlbau in erster Linie die Bleimennige bewährt. Die *Bindemittel* bestehen meist aus organischen Substanzen; sie bedingen in erster Linie die mechanischen Festigkeitseigenschaften der Filme, ihre chemische Widerstandsfähigkeit sowie das Haftvermögen. Für säurefeste Anstriche werden auch etwa bituminöse Bindemittel verwendet, vorwiegend im Stahlwasserbau und im Rohrleitungsbau.

Die *flüchtigen Anteile* sind zur Einstellung der anstrichtechnisch erforderlichen Konsistenz notwendig; obschon sie im getrockneten Film nicht mehr erscheinen, spielen sie eine für den Ablauf der Filmbildung wichtige Rolle.

Ein Anstrich setzt sich in der Regel aus mehreren Filmlagen zusammen, die in ihrer Zusammensetzung gleich oder verschieden sein können. Die meisten Filme können bei Anwesenheit von Feuchtigkeit mehr oder weniger quellen und unterliegen der Alterung, weshalb die Lebensdauer der Anstriche begrenzt ist. Die *Quellbarkeit* beeinträchtigt die Schutzwirkung des Anstriches und ist deshalb an sich unerwünscht; anderseits haften aber Filme um so schlechter, je weniger sie quellbar sind. Eine Ausnahme machen richtig aufgebaute Bitumenlacke, indem sie trotz ihrer Unquellbarkeit gut haften; darauf beruht ihre besondere Eignung für Unterwasseranstriche. Mit fortschreitender *Alterung* kann der Film spröde werden und damit ohne merkliche Beanspruchung reißen. Ein Schutzanstrich ist zu erneuern, bevor er Risse aufweist, die die Stahloberfläche freilegen würden.

Wir unterscheiden den Grundanstrich und den Deckanstrich, von denen jeder aus mehreren Lagen bestehen kann. Der *Grundanstrich* hat die Aufgabe, das Haftvermögen des ganzen Anstrichsystems zu sichern und Unterrostungen zu vermeiden. Er darf nur bei guter Witterung aufgebracht werden; gefährlich ist nicht nur Regen, sondern schon ein Hauch von Feuchtigkeit, wie er bei nebligem oder trübem Wetter auftreten kann. Für den Grundanstrich kommen nur Anstrichstoffe in Frage, die gut haftende Filme liefern. Da das Haftvermögen vorwiegend auf reiner Adhäsion beruht, muß die zu streichende Oberfläche vollständig gereinigt und trocken sein, damit sie überall gleichmäßig vom Anstrichstoff benetzt wird. Der *Deckanstrich* hat die Aufgabe, den Grundanstrich gegen schädliche äußere Einflüsse (Atmosphärilien, mechanische Schädigungen) zu schützen. Das Bindemittel muß somit wetterbeständig bei Außenanstrichen, chemikalienfest bei gewissen Innenanstrichen sein. In Bindemitteln, die gegenüber Lichtstrahlen empfindlich sind, werden strahlenabweisende Pigmente, wie Aluminiumschuppen oder Eisenglimmer verwendet.

Einwandfreie Qualität des Anstrichmittels und fachmännische Verarbeitung mit gleichmäßiger, optimaler Filmstärke sind die Grundlage einer guten Haltbarkeit des Anstrichs und damit, weil eine vorzeitige Anstrichserneuerung immer zusätzliche Kosten verursacht, von wesentlicher Bedeutung für die Wirtschaftlichkeit des Korrosionsschutzes.

d) Metallische Schutzüberzüge

Metallische Überzüge können durch Tauchen, Elektrolyse oder durch Aufspritzen hergestellt werden. Im Stahlbau werden bis heute die Feuerverzinkung, die galvanische Verbleiung und das Aufspritzen von Zink und Aluminium angewendet. Vorbedingung für alle diese Verfahren ist eine metallisch blanke Stahloberfläche (Sandstrahlen).

Beim *Feuerverzinken* wird der zu schützende Bauteil in geschmolzenes Zink von 430 bis 460 °C eingetaucht; dadurch entsteht zwischen der Stahloberfläche und dem flüssigen Zink eine Eisen-Zink-Legierung, auf der sich erst eine reine Zinkschicht befindet. Die Feuerverzinkung ist auf kleinere Werkstücke beschränkt.

Die *galvanische Verbleiung* wird gelegentlich zum Schutz von Stahlbauteilen verwendet, die besonders schweren Korrosionsangriffen, wie etwa durch Industrieabgase, ausgesetzt sind. Auch hier sind die Abmessungen der Werkstücke beschränkt.

Die *Metallspritzverfahren*, deren Grundlagen seit 1909 von M. U. Schoop, Zürich, entwickelt worden sind, erlauben, beliebig große Werkstücke durch metallische Überzüge zu schützen. Das Schutzmetall wird durch eine Spritzpistole heißflüssig auf die gereinigte Stahloberfläche aufgespritzt; das Schutzmetall kann der Spritzpistole als Draht (Drahtspritzverfahren) oder als Pulver (Pulverspritzverfahren) zugeführt werden. Die Anwendung ist auch auf der Baustelle möglich. Als Schutzmetalle für Stahl eignen sich Zink und Aluminium. Zink ist elektrochemisch der beste Schutz für Stahl, weil es in der galvanischen Verbindung Zink—Eisen als Anode wirkt, deshalb bei genügender Stromdichte das Eisen unter Reduktion hält und damit neben der mechanischen auch eine elektrolytische Schutzwirkung ausübt. Auch Aluminium wirkt in Verbindung mit Eisen als Anode, wenn auch etwas schwächer als Zink. Die seit einiger Zeit vermehrt verwendeten *Zinkstaubanstriche*, auf sandgestrahlter Oberfläche durch Pinsel oder Spritzen aufgetragen, bilden einen metallisch reagierenden Überzug und gewährleisten eine ausgezeichnete, mit derjenigen des Metallspritzverfahrens fast vergleichbare Schutzwirkung.

Gelegentlich wird die Schutzwirkung von metallischen Überzügen noch durch einen zusätzlichen Anstrich verstärkt, dessen Erneuerung nur in sehr großen Zeitabständen erforderlich ist.

Die Kosten des Korrosionsschutzes von Stahlbauten werden gelegentlich in tendenziöser Weise übertrieben. Unter normalen atmosphärischen Verhältnissen kann der kapitalisierte Unterhalt einer einwandfrei durchgebildeten freistehenden Stahlkonstruktion etwa einem Betrag von 3 bis 5% der Erstellungskosten gleichgesetzt werden.

e) Wetterfeste Stähle

Die sog. „wetterfesten" Stähle sind niedriglegierte Stähle (etwa 0,5% Cu, 0,8% Cr, 0,5% Ni und gegebenenfalls 0,1% P), die ohne Rostschutz verwendet werden dürfen, weil die sich bei atmosphärischer Einwirkung bildende Oxydhaut gut haftet und nicht zum Abplatzen neigt. Dieser „Edelrost" ist hart und relativ dicht, bildet somit eine Sperrschicht, die die Korrosion auf natürliche Weise zum Stillstand bringt. Die fehlende Unterrostung führt auch zu einer längeren Lebensdauer eines eventuellen zusätzlichen Schutzes durch Farbanstriche.

Der Materialüberpreis ist relativ niedrig und wird öfters durch Ersparnisse beim Rostschutz ausgeglichen, so daß in Zukunft mit einer vermehrten Anwendung dieser Stähle zu rechnen ist, die in ihren Festigkeitseigenschaften den normalen Baustählen St 37 und St 52 entsprechen. Für die Besonderheiten der materialgerechten konstruktiven Gestaltung wird auf die einschlägige Literatur verwiesen.[1]

---

[1] Vgl. z. B.: Wetterfester Baustahl, Merkblatt 434 der Beratungsstelle für Stahlverwendung, Düsseldorf: Verlag Stahleisen 1969; Verwendung wetterfester Stähle im Bauwesen, Essen: Vulkan-Verlag 1969.

III. Verbindungsmittel

Vorbemerkungen

Die Verbindungsmittel haben die *Aufgabe*, die bearbeiteten Walzprofile zu Bauteilen und diese zu Tragwerken oder Bauwerken zusammenzufügen. Wir unterscheiden

lösbare Verbindungen, wie Schrauben und Bolzen, sowie

unlösbare Verbindungen, die nur durch Zerstörung des Verbindungsmittels gelöst werden können, wie Nietung und Schweißung.

Bauelemente werden im allgemeinen in der *Werkstätte* mit unlösbaren Verbindungen zusammengesetzt. Ausnahmen können vorkommen, so etwa bei provisorischen Bauten, wie Baugerüsten u. dgl., bei denen man die verwendeten Profile später in anderem Zusammenhang wieder verwenden will, auch bei Elementen von zerlegbaren Brückensystemen. In der Werkstätte hergestellte Niet- oder Schweißverbindungen sind in der Regel billiger als Schrauben und Bolzen.

Auf der *Baustelle*, d. h. bei der Verbindung von Bauelementen zu ganzen Bauwerken, kommen alle Verbindungsmittel in Betracht, wobei normalerweise etwa folgende Aufgabenteilung maßgebend sein dürfte:

Niete

Niete werden heute noch als Montageverbindungsmittel im *Großbrückenbau* verwendet. Die Nietung ist seit dem letzten Weltkrieg allmählich verdrängt worden durch die Schweißung (Werkstatt, später auch Montage) und die HV-Schrauben (Montage).

Schrauben

Schrauben werden fast ausschließlich als Montageverbindungen im *Stahlhochbau* verwendet. Stöße und Anschlüße, bei denen die Verformungen möglichst klein bleiben sollen, sind mit *Paßschrauben* auszuführen, während die billigeren *Stahlbauschrauben* sich nur für die Aufnahme beschränkter Kräfte eignen. Schrauben sind als Baustellenverbindungen dann billiger als die Schweißung, wenn nur verhältnismäßig wenige Verbindungen auszuführen sind, so daß sich die für das Schweißen nötigen Baustelleneinrichtungen auf ein zu kleines Arbeitsvolumen verteilen würden. Die Wahl von Schrauben als Verbindungsmittel kann auch aus Zeitgründen (schnellere Ausführung) oder wegen der einfacheren Ausführung an schwer zugänglichen Stellen angezeigt sein.

Hochfeste vorgespannte Schrauben

Die HV-Schrauben haben die Nietung als Montageverbindungsmittel im Brückenbau und bei schweren Hochbauten weitgehend verdrängt. Im Hochbau werden sie auch aus Preisgründen an Stelle von Paßschrauben verwendet.

Schweißung

Die Schweißung galt anfänglich als eine ausgesprochene Werkstattverbindung; sie wird aber immer mehr auch auf der Baustelle eingesetzt, besonders für hochbeanspruchte Stöße und Verbindungen, bei denen die Verformungen klein bleiben sollen. Montagenähte bester Qualität können nur unter günstigen Arbeitsbedingungen ausgeführt werden, so daß relativ teure Einrichtungen notwendig sind; zudem ist eine zuverlässige Kontrolle (Röntgenaufnahmen, Ultraschall usw.) unbedingt erforderlich.

1. Niete, Schrauben und Bolzen

Die Nietung ist das klassische und bewährte Verbindungsmittel des Stahlbaues. Es ist in seiner Form nicht besonders bequem, weil zur Verbindung von zwei Elementen meist besondere Zusatzteile, wie Stoßlaschen und Anschlußwinkel notwendig sind und weil durch die Nietlöcher das Grundmaterial geschwächt wird. Diese Bemerkung gilt selbstverständlich auch für die Schrauben, weil beide Verbindungsmittel eng verwandt sind (dornartige Verbindungen).

Der wesentliche Vorzug der Nietverbindung beruht auf ihrer leichten Kontrollierbarkeit; ein gut sitzender Niet (Abklopfen) besitzt seine volle Tragfähigkeit.

a) Niete

Herstellung von Nietverbindungen

Der *Fertigniet* (Abb. III,1 a) besteht aus dem Nietschaft und den beiden Nietköpfen. Der durch die zu verbindenden Platten hindurchgesteckte Nietschaft verhindert eine gegenseitige Verschiebung und besorgt so die Kraftübertragung. Die Nietköpfe halten den Niet fest.

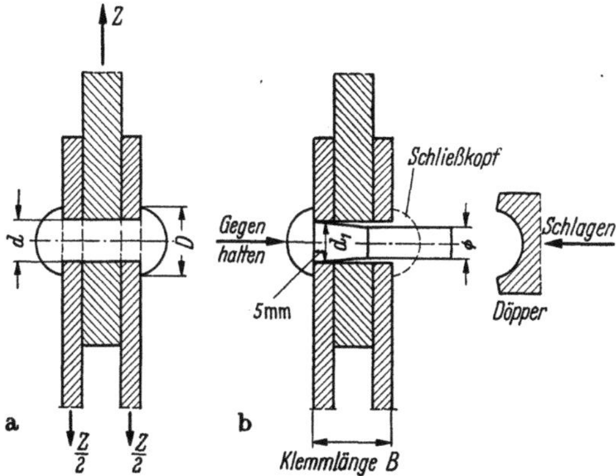

Abb. III,1a und b.

Der *Rohniet* wird aus Rundstahl vom Durchmesser $\varnothing$ durch Aufstauchen des Setzkopfes in hellrotwarmem Zustand hergestellt. Er wird in rotwarmem Zustand in das vorbereitete Nietloch eingezogen und durch *Druck* (Kniehebelpresse) oder *Schlag* (Drucklufthammer, Handnietung) aufgestaucht, so daß der Nietschaft das Nietloch satt ausfüllt; gleichzeitig wird der Schließkopf entsprechend der Form des Döppers gebildet. Die für das Aufstauchen des Schaftes und die Bildung des Schließkopfes erforderliche Materialmenge bestimmt die Länge l des Rohnietes.

Das volle Durchstauchen des ganzen Nietschaftes ist um so schwieriger, je länger der Niet, d. h. je größer die Klemmlänge B ist. Die Klemmlänge muß deshalb je nach Nietform und Nietverfahren begrenzt werden.

Die *Nietlöcher* sind zu *bohren*; im Stahlhochbau werden sie gelegentlich auch vorgestanzt und nachgebohrt. Die Bohrungen der zu verbindenden Teile müssen genau aufeinander passen. Falls die zusammengehörigen Elemente nicht gemeinsam durchgebohrt werden können, sind die Löcher zuerst um 1 bis 3 mm kleiner zu bohren und erst nach dem Zusammenbau gemeinsam auf den vollen Durchmesser aufzureiben. Die Lochränder sind sauber zu entgraten und am Setz- und Schließkopf leicht zu brechen, um die Kerbwirkung zu vermindern und somit die Dauerfestigkeit zu erhöhen. Der Lochdurchmesser d ist etwas größer als der Nenndurchmesser d_1 des Rohnietes ($d = d_1 + 1$ mm), damit dieser ohne Schwierigkeit warm eingezogen werden kann (Abb. III,1 b).

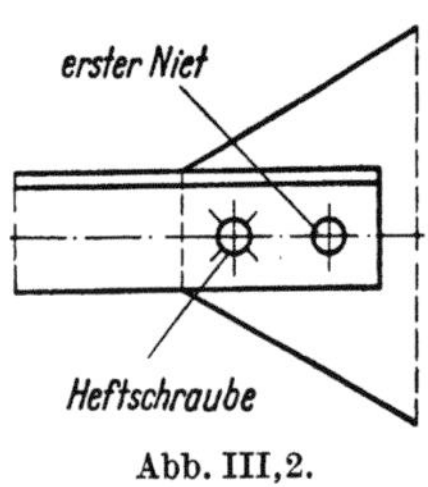

Abb. III,2.

Beim Schlagen des Nietes dürfen die zu verbindenden Teile nicht federn, weil sonst der Niet nicht satt sitzt; diese Teile müssen deshalb während des Nietens fest miteinander verbunden sein. Da diese satte provisorische Verbindung am einfachsten und sichersten durch Verschrauben hergestellt wird, ist, um einen Niet zu schlagen, noch mindestens ein zweites Loch für diese Verschraubung, die nachher durch einen zweiten Niet ersetzt wird, notwendig. Damit sind in einem genieteten Anschluß mindestens zwei Nietlöcher bzw. Niete notwendig („Ein Niet ist kein Niet") (Abb. III,2). Ausnahmen von dieser Regel sollen höchstens bei untergeordneten Bauteilen (*Schlosserarbeiten*) vorkommen.

Nietmaterial

Der warm geschlagene Niet kühlt sich ziemlich rasch ab, wodurch eine gewisse Aufhärtung des Nietmaterials eintritt.

Um diese *Abschreckwirkung* oder Aufhärtung auszugleichen, wird der Niet aus einem ursprünglich etwas weicheren Material als das Grundmaterial hergestellt. Für die gebräuchlichen Baustähle hat sich dabei in der Konstruktionspraxis etwa folgende Abstimmung ergeben:

Grundmaterial St 37:   Nietmaterial St 34,
Grundmaterial St 52:   Nietmaterial St 44.

Infolge der Abkühlung sucht sich der Nietschaft auch zu verkürzen; dem widersetzen sich aber die beiden auf den Außenflächen des Grundmaterials aufliegenden Nietköpfe. Die *verhinderte Verkürzung* aus Temperaturabnahme muß nun durch eine relative Dehnung des Nietschaftes durch Zugspannungen ausgeglichen werden. Vernachlässigen wir die kleine Zusammendrückbarkeit des Grundmaterials, so muß für eine kleine Temperaturabnahme dT unter Annahme des in Abb. II,51 skizzierten Verlaufes des Elastizitätsmoduls E die Bedingung

$$-\alpha_T\, dT + \frac{d\sigma}{E} = 0$$

oder

$$d\sigma = E\,\alpha_T\,dT$$

sein. Führen wir für den Temperaturausdehnungskoeffizienten α_T etwa den Ansatz

$$\alpha_T = 1{,}15 \cdot 10^{-5} + 0{,}105 \cdot 10^{-7}\,T$$

ein, so zeigt sich, daß im ganzen maßgebenden Abkühlungsbereich von 600 °C ($\sigma_F \cong 0$) bis Raumtemperatur die resultierende rechnerische Längsspannung σ,

$$\sigma = \int\limits_{600°}^{20°} E\,\alpha_T\,dT,$$

ständig über der der jeweiligen Temperatur entsprechenden Fließgrenze σ_F (s. Abb. II,51) des Materials liegen würde; der abgekühlte Niet ist somit durch eine Längsspannung in der Höhe der Fließgrenze σ_F beansprucht.

Nietformen

Im Stahlbau sind die in der folgenden Zusammenstellung (Abb. III,3) angegebenen Nietformen gebräuchlich. Normal ist der Halbrundniet; die Linsensenkniete werden bei großer Klemmlänge und die Senkniete dann verwendet, wenn eine glatte Außenfläche des Bauteils notwendig ist.

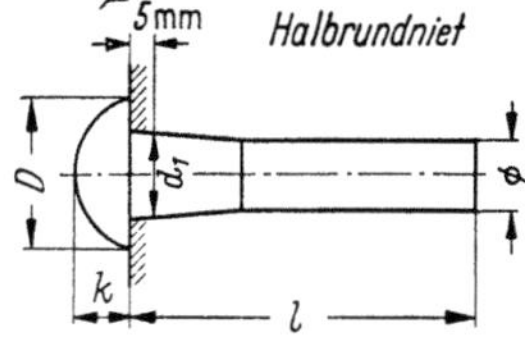

Klemmlänge   Rohnietlänge

$B \leqq 4{,}5d$ $l = B + \dfrac{4}{3}d$ bei Maschinennietung

$l = B + \dfrac{7}{4}d$ bei Handnietung

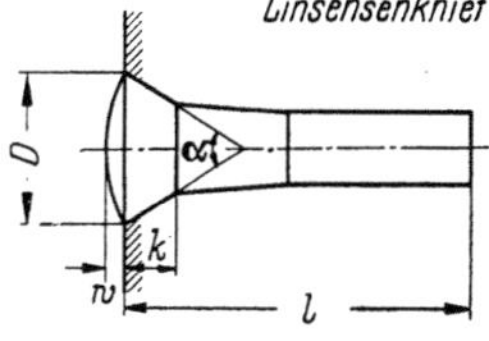

$B \leqq 6{,}5d$

Senkwinkel

$d \leqq 19$ mm: $\alpha = 75°$,

$19 < d < 31$ mm: $\alpha = 60°$,

$d \geqq 31$ mm: $\alpha = 45°$,

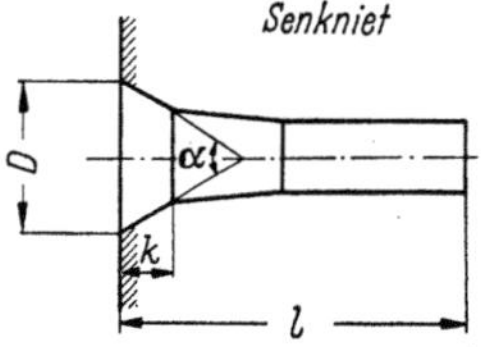

$B \leqq 4{,}0d.$

Abb. III,3.

Nach den Deutschen Nietnormen werden seit 1948 die Senkniete nach Abb. III,3 nicht mehr verwendet; sie sind durch die Linsensenkniete (DIN 302) ersetzt. Sind ebene Außenflächen notwendig, so muß die Kopfhöhe w abgearbeitet werden. Die Form des Halbrundnietes ist in Deutschland durch DIN 124 genormt. Im Kesselbau wird ein zum Stahlbau-Halbrundniet ähnlicher Kesselniet (DIN 123), mit etwas vergrößertem Kopf verwendet.

8*

Wie schon erwähnt, hängt die zulässige Klemmlänge B auch vom Nietverfahren ab; die Angaben von Abb. III,3 beziehen sich auf die heutigen normalen Nietverfahren. Durch *besondere Nietverfahren* ist es somit möglich, größere Klemmlängen (bis $9d$) zu beherrschen, indem man durch ungleiche Erwärmung des Rohnietes oder durch *Vorstauchen* mit Hülsenzange am Schaftende dafür sorgt, daß der Schaft zuerst auf der Seite des Setzkopfes aufgestaucht wird, bevor das Aufstauchen des Schließkopfendes und die Bildung des Schließkopfes beginnt.

b) Schrauben

Schraubenformen

Die *normale Schraube* nach Abb. III,4 besteht aus dem Schraubenschaft und dem Schraubenkopf; dem Schließkopf des Nietes entspricht hier die Schraubenmutter, die auf das Gewinde aufgedreht wird. Damit der geschwächte Gewindequerschnitt nicht in die zu verbindenden Teile hineinreicht, wird eine Unterlagsscheibe eingelegt, die entweder rund oder vierkantig ausgeführt ist und deren Stärke 8 mm betragen soll. Bei Anschlüssen an Flanschen von Walzprofilen sind entsprechend der Flanschneigung konische Unterlagsscheiben zu verwenden.

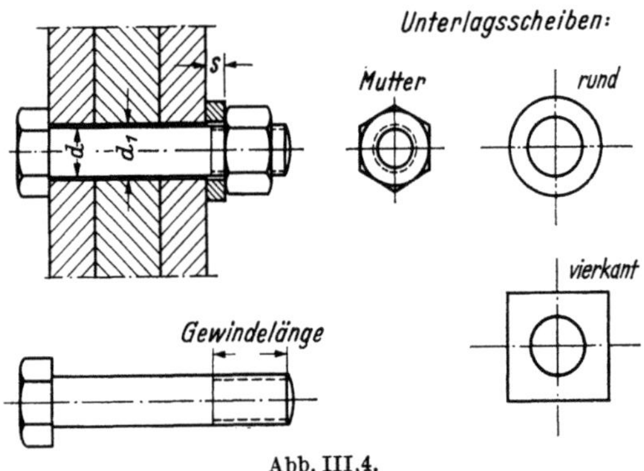

Abb. III,4.

Die Schraube normaler Form wird in zwei Ausführungen hergestellt, nämlich als rohe Schraube und als Paßschraube.

Die *rohe oder schwarze Sechskantschraube* wird durch Pressen hergestellt; sie ist nur im Gewinde besonders bearbeitet, so daß mit einem Spiel von 0,5 bis 2 mm zwischen Schaft (d) und Lochrand (d_1) gerechnet werden muß. Die rohe Schraube wird in der Werkstätte und auf der Baustelle zum Zusammenheften, d. h. als eigentliche lösbare, vorübergehende Verbindung von zu vernietenden Teilen, auf der Baustelle jedoch auch für bleibende Verbindungen einfacherer Art und bei kleineren Kräften verwendet. Das oft erhebliche Spiel dieser Schraubenverbindungen in Stößen und Anschlüssen kann zu unerwünscht großen bleibenden Formänderungen führen; auch kann durch dieses Spiel die Kräfteverteilung in statisch unbestimmten Bauteilen (und jeder Anschluß mit mehr als einer Schraube ist ja auch ein statisch unbestimmter Bauteil) stark verändert werden.

Paßschrauben oder blanke Schrauben besitzen einen gedrehten zylindrischen Schaft, so daß sie das Loch ohne nennenswertes Spiel ausfüllen. Die Schraubenlöcher der zu verbindenden Teile sind gemeinsam zu bohren oder nach dem Zusammenbau aufzureiben. Ihre Verwendung ist angezeigt, wenn Niete nicht einwandfrei geschlagen werden können oder zu teuer sind (Hochbau), wenn Zugkräfte in der Schaftrichtung auftreten, bei für Niete zu großer Klemmlänge oder auch bei der Verbindung von Walzprofilen mit Stahlgußteilen (z. B. Auflagerplatten), die das Schlagen der Niete nicht erlauben. Bei Montageverbindungen im Hochbau treten blanke Schrauben an Stelle von rohen Schrauben, wenn größere Kräfte zu übertragen oder bleibende Formänderungen klein zu halten sind. Praktisch in allen diesen Anwendungen kommen heute auch HV-Schrauben in Betracht.

Bis vor einiger Zeit wurden allgemein Schrauben mit nach dem englischen Maßsystem, d. h. nach Zoll genormtem Außendurchmesser des Gewindes (Whitworth-Gewinde) verwendet; vor einiger Zeit wurde jedoch in Deutschland und in anderen Ländern das metrische Gewinde eingeführt. Es ist nicht zu verkennen, daß das Nebeneinanderbestehen dieser beiden Reihen die Gefahr von unerwünschten Verwechslungen, beispielsweise bei Gemeinschaftslieferungen in sich schließt.

Bei sehr großen Klemmlängen, die durch die Nietung nur mit besonderen Verfahren (vgl. Abschn. III,1 a) beherrscht werden können, wurden bis vor einigen Jahren auch *konische Bolzen* nach Abb. III,5 mit kegelförmig abgedrehtem

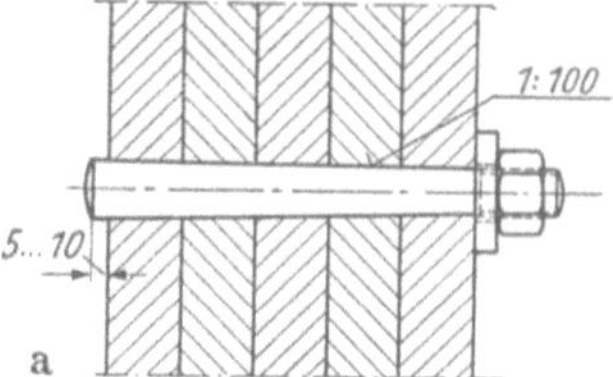

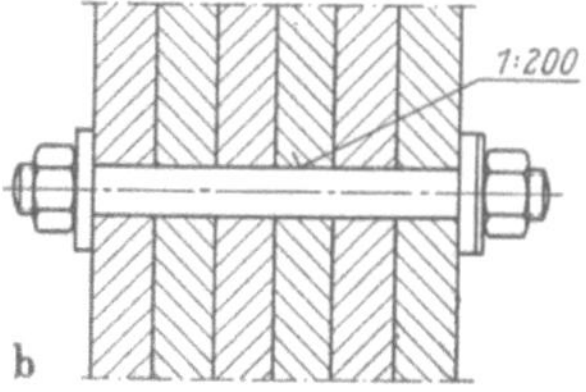

Abb. III,5a und b.
a) Normaler konischer Bolzen;
b) Bolzen nach HAUPT.

Schaft verwendet. Die zylindrisch vorgebohrten Löcher werden mit konischen Reibahlen kegelförmig aufgerieben (Neigung der Mantellinie 1 : 100 bis 1 : 200) und darauf die Bolzen unter Verwendung von mit einem Schmirgelmittel versetztem Öl eingeschliffen und nach Reinigung mit leichten Hammerschlägen eingetrieben. Die Bolzen besitzen normalerweise keinen Kopf, da es kaum möglich ist, sowohl genaues Einpassen des Schaftes wie sattes Anliegen eines Kopfes zu erreichen. Bei sehr großen Klemmlängen und großer Plattenzahl kann gelegentlich ein Klaffen der äußersten Platten bei Verwendung der normalen konischen Bolzen nicht mehr verhindert werden; in solchen Fällen ist die Verwendung von Bolzen mit beidseitigen Muttern nach HAUPT angezeigt.

Abb. III,6 zeigt einige weitere *Sonderformen* von im Stahlbau verwendeten Schrauben; es sind dies

die *Senkschraube* mit Mutter, bei der auf der Kopfseite eine glatte Werkstücksoberfläche erreicht wird, mit Schlitz oder Nase, um ein Drehen der Schraube beim Anziehen verhindern zu können;

die *Stiftschraube*, bei der das Gewinde in Grundmaterial statt in eine Mutter eingreift;

die *abgesetzte Schraube*, bei der der Gewindedurchmesser kleiner ist als der Schaftdurchmesser, damit eine Drehung der verbundenen Teile auch nach sattem Anziehen der Mutter möglich ist (z. B. Pfettengelenke u. dgl.) und

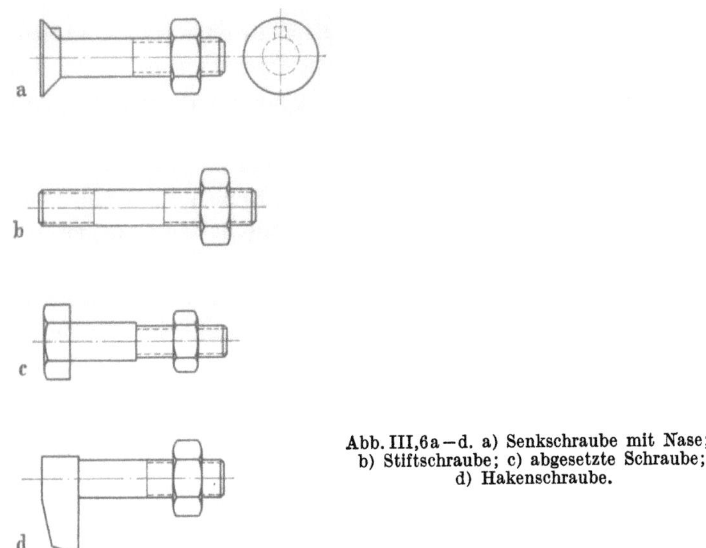

Abb. III,6a—d. a) Senkschraube mit Nase;
b) Stiftschraube; c) abgesetzte Schraube;
d) Hakenschraube.

die *Hakenschraube*, die zum Zusammenklemmen aufeinanderliegender Teile unter teilweiser Vermeidung der Lochschwächung dient.

Schraubensicherung

Bei starker zeitlicher Veränderung der Belastung, bei Stößen und Schwingungen, zeigen die Schraubenmuttern die Neigung, sich zu lösen; sie müssen in solchen Fällen gesichert werden. In Abb. III,7 sind einige der im Stahlbau verwendeten *Schraubensicherungen* wie die Doppelmutter, die durch Längsspannung

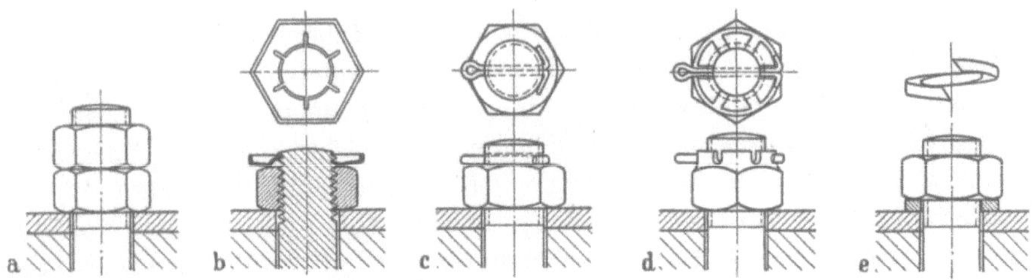

Abb. III,7a—e.
a) Doppelmutter; b) Palmmutter; c) Splint; d) Kronenmutter mit Splint; e) federnde Unterlagsscheibe.

des Gewindes wirkt, die ähnlich wirkende Palmmutter, Splintsicherungen ohne und mit Kronenmutter sowie die federnde Unterlagsscheibe skizziert. Im Stahlhochbau wird gelegentlich auch die Mutter durch Anschweißen mit einer kleinen Punktschweißung an das Gewinde gesichert; dabei ist allerdings die Mutter ohne Schädigung des Gewindes nicht mehr lösbar.

Schraubenmaterial

Während beim Nietmaterial eine Abstimmung mit der Festigkeit des Grundmaterials gesucht wird, ist dies bei den Schrauben an sich nicht erforderlich, so daß eine weitergehende Freiheit in der Wahl des Schraubenmaterials möglich ist.

Der normale Schraubenstahl (rohe Schrauben und Paßschrauben) besitzt Festigkeitseigenschaften analog dem Baustahl St 37. Bei den Stählen höherer Festigkeit ($\sigma_Z = 50 \div 60 \text{ kg/mm}^2$) sind die Eigenschaften je nach Behandlung verschieden. Bei Verwendung kaltgezogener Stähle sind Fließgrenzen von $40 \div 50 \text{ kg/mm}^2$ erreichbar, bei allerdings verminderter Dehnung. Dieses Material wird fast ausschließlich für die Herstellung von Paßschrauben verwendet. Die Festigkeitseigenschaften der Schraubenwerkstoffe sind in den Normen DIN 267 bzw. VSM 13190, Bl. 2, festgelegt.

c) Sinnbilder für Niete und Schrauben

Um auf den Werkplänen die vorgesehenen Niete oder Schrauben unmißverständlich zu kennzeichnen, werden *Sinnbilder* (Signaturen) verwendet, wodurch die Art des Verbindungsmittels, der Lochdurchmesser und der Zeitpunkt der Ausführung (Werkstatt oder Montage) festgelegt sind. Kommen auf einer Zeichnung nur Verbindungsmittel des gleichen Durchmessers vor, so kann die besondere Signatur weggelassen bzw. durch eine entsprechende Bemerkung ersetzt werden.

Sinnbilder für Niete

Eine erste Gruppe von Signaturen hat den *Nietdurchmesser* festzulegen. Abb. III,8a zeigt die seit 1948 eingeführte neue deutsche Reihe der Nietdurchmesser, während Abb. III,8b die schweizerische Reihe (die in den Durchmessern, nicht aber in allen Signaturen mit der früheren deutschen Reihe übereinstimmt) darstellt.

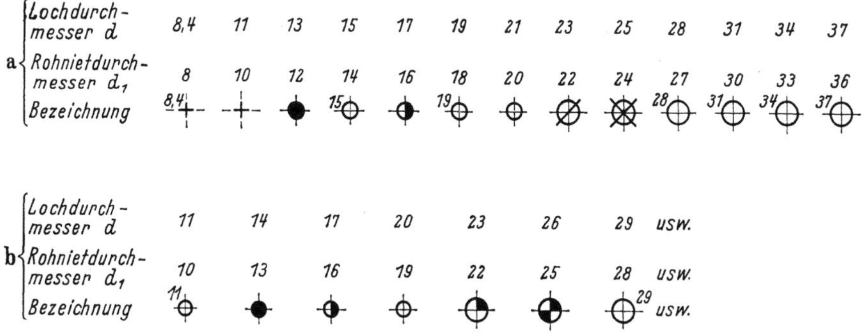

Abb. III,8a und b. a) Neue deutsche Nietreihe; b) Schweizerische Nietreihe.

Bei der Aufstellung einer solchen Nietreihe sind zwei Gesichtspunkte maßgebend, die sich gegenseitig widersprechen: Auf der einen Seite ist eine möglichst dichte Nietreihe mit kleinen Abstufungen zwischen aufeinanderfolgenden Nietdurchmessern erwünscht, um die genieteten Anschlüsse möglichst gut den auftretenden Kräften anpassen zu können, während anderseits eine kleine Zahl verschiedener Nietdurchmesser (mit den erforderlichen verschiedenen Nietlängen) für die Lagerhaltung der Stahlbauunternehmungen vorteilhaft ist. Bei der neuen deutschen Nietreihe ist offenbar der erste dieser Gesichtspunkte, bei der schweizerischen Reihe dagegen der zweite stärker berücksichtigt. Wichtig ist, daß die gewählten Sinnbilder Verwechslungen verschiedener Nietdurchmesser möglichst ausschließen.

Es ist üblich, auf Werkzeichnungen im Maßstab 1 : 10 und kleiner die Sinnbilder in der Größe des Kopfdurchmessers D zu zeichnen, während bei größeren Maßstäben wie 1 : 5, 1 : 2 usw. die Lochdurchmesser d gezeichnet werden.

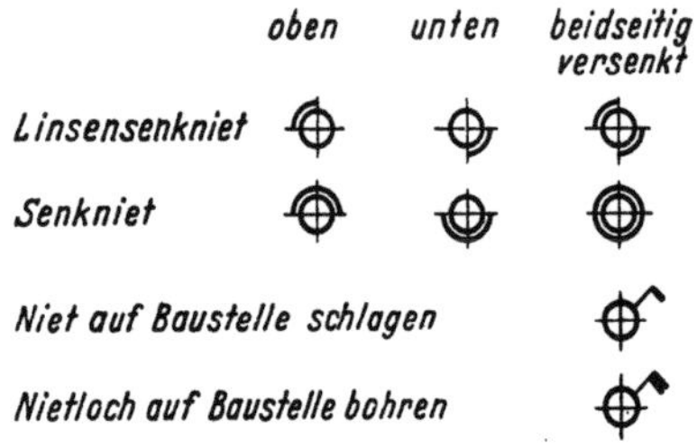

Neben dem Durchmesser sind auch die Kopfform sowie besondere Bearbeitungsvorschriften durch Kurzzeichen zu kennzeichnen. Der normale Halbrundkopf muß nicht besonders gekennzeichnet werden, sondern nur der Linsensenkkopf und der Senkkopf. Ebenso ist besonders anzugeben, wenn einzelne Niete nicht in der Werkstätte,

Abb. III,9.

sondern erst auf Montage geschlagen werden dürfen oder wenn Nietlöcher erst auf der Baustelle zu bohren sind (Abb. III,9).

Sinnbilder für Schrauben

In der Abb. III,10 sind die Reihen der Schrauben mit metrischem und mit Whitworth-Gewinde mit ihren Bezeichnungen dargestellt; dabei ist auch der Kernquerschnitt des Gewindes angegeben, der für die Bemessung von auf Zug beanspruchten Schrauben maßgebend ist (vgl. Abschn. III,1h).

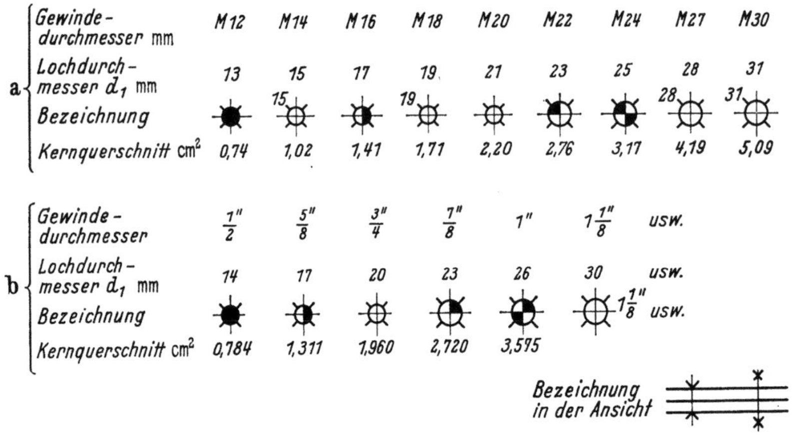

a)

Gewinde-durchmesser mm	M 12	M 14	M 16	M 18	M 20	M 22	M 24	M 27	M 30
Lochdurch-messer d_1 mm	13	15	17	19	21	23	25	28	31
Bezeichnung									
Kernquerschnitt cm²	0,74	1,02	1,41	1,71	2,20	2,76	3,17	4,19	5,09

b)

Gewinde-durchmesser	$\frac{1}{2}''$	$\frac{5}{8}''$	$\frac{3}{4}''$	$\frac{7}{8}''$	$1''$	$1\frac{1}{8}''$	usw.
Lochdurch-messer d_1 mm	14	17	20	23	26	30	usw.
Bezeichnung						$1\frac{1}{8}''$	usw.
Kernquerschnitt cm²	0,784	1,311	1,960	2,720	3,575		

Bezeichnung in der Ansicht

Abb. III,10a und b. a) Schrauben mit metrischem Gewinde; b) Schrauben mit Whitworth-Gewinde.

d) Anordnung von Nieten und Schrauben

Die Niete und Schrauben werden in einem möglichst regelmäßigen Bild und auf geraden Linien, den sog. *Rißlinien*, hintereinanderliegend angeordnet. Bei breiten Stäben sind dabei mehrere Reihen notwendig, wobei die Löcher meist gegenseitig versetzt angeordnet werden (Abb. III,11). Bei den normalen Walzprofilen ist die Lage der Rißlinien durch die Profilnormen festgelegt; die Einhaltung dieser Normen erleichtert die Ausarbeitung der Werkpläne und die Werkstattarbeit. Bei einseitigen Flanschen oder den Schenkeln von Winkelstählen

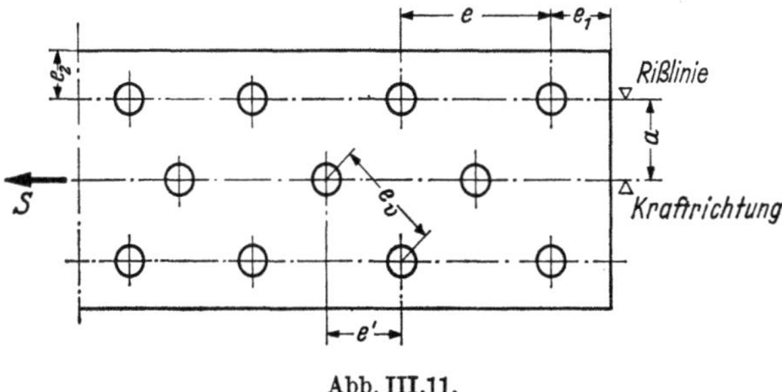

Abb. III,11.

sprechen wir vom Wurzelmaß w, bei beidseitigen Flanschen heißt der Rißabstand w Streichmaß (Abb. III,12). Abweichungen von diesen Normen können notwendig werden, wenn Profile mit nicht zusammenfallenden Rißlinien miteinander verbunden werden müssen.

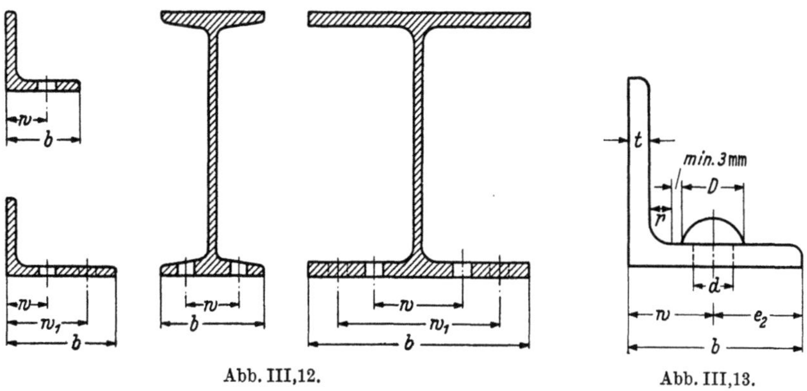

Abb. III,12.   Abb. III,13.

Die Wurzelmaße hängen nicht nur von der Schenkelbreite b ab, sondern auch von der Schenkelstärke t und dem Lochdurchmesser d bzw. dem Nietkopfdurchmesser D. In Abb. III,13 ist als Beispiel der Fall eines Winkelstahles skizziert; damit der Niet noch gut geschlagen werden kann, muß zwischen dem Kopfrand und dem Beginn der inneren Ausrundung ein Zwischenraum von mindestens 3 mm vorhanden sein. Für $D \cong 1{,}6d$ wird der kleinste Abstand

$$w_{\min} = t + r + 0{,}8d + 3 \text{ mm};$$

bei einem Mindestabstand e_2 der Nietmitte zum freien Rand von $e_2 = 1{,}5d$ (s. Nietabstände der folgenden Tabelle) senkrecht zur Kraftrichtung besteht zwischen Wurzelmaß $w_{\min}$ und Schenkelbreite $b_{\min}$ die Beziehung

$$b_{\min} = w_{\min} + e_{2\,\min} = t + r + 2{,}3d + 3 \text{ mm}.$$

Bei einem Winkelstahl $\llcorner\overline{60} \cdot 6$ mit $t = 6$ mm, $r = 8$ mm darf also ein Niet von höchstens

$$d = \frac{60 - 17}{2{,}3} = 18{,}8 \text{ mm},$$

d. h. praktisch von $d = 17$ mm Durchmesser verwendet werden. In Sonderfällen darf im Rahmen dieser Überlegungen von den normalen Wurzelmaßen abgewichen werden.

In den Stegen der I-, ⊏- und ⌐-Profile sind die Rißlinien nicht vorgeschrieben, sondern sind analog, wie hier für den Winkelschenkel besprochen, zu bestimmen. Dabei ergeben sich Unterschiede der Nietabstände g, je nachdem die zu vernietenden Laschen oder Aussteifungen eingepaßt sind oder nicht (Abb. III,14).

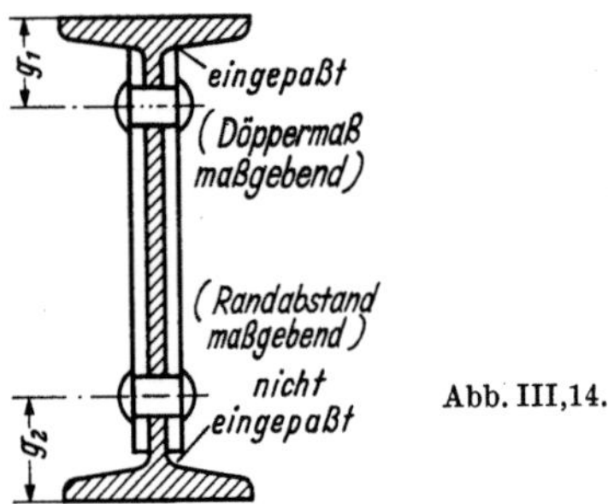

Abb. III,14.

Die *Niet- und Schraubenabstände* sind sowohl nach oben wie nach unten zu begrenzen; die größten Abstände ergeben sich daraus, daß die Fugen zwischen den verbundenen Platten nicht klaffen (Rostgefahr) oder daß gedrückte Platten nicht knicken dürfen, während die kleinsten Abstände sich aus der Forderung ergeben, daß die Niete noch leicht geschlagen bzw. die Schrauben angezogen werden können und daß die Festigkeit der zu verbindenden Teile nicht durch eine zu große Häufung von Löchern zu stark vermindert wird. In bezug auf den Größtabstand unterscheidet man zwischen *Kraftverbindungen*, die, wie etwa bei Stoßdeckungen oder Anschlüssen, der eigentlichen Kraftübertragung dienen, und *Heftverbindungen*, die die zu verbindenden Teile ohne wesentliche Kraftübertragung zusammenhalten müssen, wie etwa bei zusammengesetzten Zug- oder Druckstäben. Für einzuhaltende Grenzwerte dieser Abstände haben sich in der Stahlbaupraxis empirische Regeln herausgebildet, die mit den Bezeichnungen von Abb. III,11 in der folgenden Tabelle zusammengestellt sind.

Niet- und Schraubenabstände[1]

Gegenseitige Abstände	höchstens	mindestens
Kraftverbindungen	$6d$ bzw. $12t$	$3,5d$
Heftverbindungen in Druckstäben	$7d$ bzw. $15t$	Brückenbau
Heftverbindungen in Zugstäben	$10d$ bzw. $20t$	$3d$
Wasserdichte Nietung	$5d$ bzw. $10t$	Stahlhochbau
Endabstand e_1 in Kraftrichtung	$3d$ bzw. $6t$	$2d$
Endabstand e_2 quer zur Kraftrichtung	$3d$ bzw. $6t$	$1,5d$

$d =$ Lochdurchmesser,
$t =$ Dicke des dünnsten außenliegenden Teiles.

Da das Anziehen der Muttern mit dem Schraubenschlüssel mehr Platz erfordert als der Döpper beim Nieten, soll der kleinste Schraubenabstand den Wert $e_{\min} = 3,5d$, besser $4d$, nicht unterschreiten.

---

[1] In Deutschland sind leicht verschiedene Abstände geläufig.

Bei versetzten Reihen (Abb. III,11) sind sowohl die Abstände

$$e_v \leqq e_{\max}$$

wie

$$e' \leqq e_{\max} - \frac{a}{2}$$

einzuhalten. Von diesen Regeln darf dann nach oben bzw. nach unten abgewichen werden, wenn die Gefahr des Aufklaffens (z. B. innere Reihen bei breiten Stäben) bzw. des Aufreißens (z. B. Randverstärkung durch abstehende Schenkel) vermieden ist.

Abstimmung des Durchmessers d und der Stärke t der Elemente

Um die Arbeit in der Werkstätte und auch auf der Baustelle möglichst zu erleichtern, sollen in einem Bauelement oder in einer Montageverbindung möglichst wenige verschiedene Niet- bzw. Schraubendurchmesser verwendet werden. Es wird bei sorgfältiger Durcharbeitung eines Entwurfs in der Regel möglich sein, mit nur zwei verschiedenen Durchmessern auszukommen. Der Durchmesser d ist auf die Dicke t der dünnsten in einem zusammengesetzten Querschnitt außenliegenden Teile abzustimmen, wobei etwa die folgende Regel als orientierende Richtlinie dienen kann:

$$t = (1 \pm 0,3)\,(0,10 + 0,25 d^2); \tag{III,1}$$

dabei sind t und d in cm einzusetzen. Ist beispielsweise die kleinste Blechstärke $t = 10$ mm, so kann der Durchmesser im Bereich von $d = 17$ bis $d = 23$ mm gewählt werden.

e) Berechnung der Niet- und Schraubenverbindungen

Bei der Berechnung von Niet- und Schraubenverbindungen muß der Nachweis sowohl für die Verbindungsmittel als auch für das Grundmaterial durchgeführt werden. Dabei ist zwischen auf Abscheren beanspruchten (ein- oder mehrschnittig) und auf Zug beanspruchten Verbindungen zu unterscheiden.

Im vorliegenden Abschn. e) werden nur die „*Scherverbindungen*" behandelt, bei denen die Niete oder Schrauben durch *senkrecht* zur Schaftachse wirkende Kräfte beansprucht werden (normale Anwendung dieser Verbindungsmittel). Die Zugverbindungen werden dagegen erst im Abschn. h) besprochen.

Grundmaterial

Der Spannungszustand im gelochten Zugstab ist, wie früher erwähnt, durch eine stark ungleichmäßige Spannungsverteilung gekennzeichnet, wobei die Spannungsspitze $\sigma_{\max}$ am Lochrand bei kleinem Verhältnis d/b sich dem Wert

$$\sigma_{\max} \leqq 3\sigma_m$$

nähert (Abb. III,15). Aus Gleichgewichtsgründen,

$$\frac{\partial \sigma_x}{\partial x} + \frac{\partial \tau_{xy}}{\partial y} = 0, \qquad \frac{\partial \sigma_y}{\partial y} + \frac{\partial \tau_{xy}}{\partial x} = 0,$$

hat die ungleichmäßige Verteilung der Längsspannungen σ_x auch Querspannungen σ_y und Schubspannungen τ_{xy} zur Folge.

Wesentlich ist nun, daß für den Bruch eines solchen gelochten Stabes im *statischen Zugversuch* nicht die Spannungsspitze σ_{max} maßgebend ist, sondern daß der Bruch erst dann eintritt, wenn die durchschnittliche Spannung σ_m, bezogen auf den geschwächten Querschnitt (*Nettoquerschnitt*) F_n,

$$F_n = F - \Delta F = b\,t - d\,t = t(b - d),$$

die Zugfestigkeit σ_z des Materials erreicht. Diese Tatsache wird nach der *älteren* Plastizitätstheorie durch einen *Spannungsausgleich* im plastischen Belastungsbereich, nach der *neueren* Plastizitätstheorie dagegen wenigstens teilweise auch mit einer örtlichen Verfestigung im stark ungleichmäßigen Spannungsfeld erklärt. Für diese zweite Erklärung spricht auch der Umstand, daß auch im *Dauerversuch* die Tragfähigkeitsabnahme des gelochten Zugstabes gegenüber dem Vollstab bei weitem nicht dem Verhältnis σ_m/σ_{max} entspricht; die Spannungsspitze wirkt sich somit auch hier nicht mit ihrer vollen Größe aus. Für die Dauerfestigkeitsverhältnisse des gelochten Zugstabes sei auf die Ausführungen in Abschn. II,4b und insbesondere auf die Abb. II,45, 46, 47, 48 und 49 verwiesen.

Abb. III,15.

Abb. III,16.

Der Spannungsnachweis für auf Zug beanspruchte Bauteile ist immer unter Berücksichtigung des Lochabzuges, also mit dem Nettoquerschnitt oder Nutzquerschnitt F_n durchzuführen:

$$\sigma_{m\,\text{vorh}} = \frac{S}{F_n} \leqq \sigma_{\text{zul}}.$$

Die Lochschwächung wirkt sich damit gleich aus wie ein Materialverlust im Verhältnis $\Delta F/F$. Es ist deshalb aus wirtschaftlichen Gründen notwendig, den Lochabzug so klein wie möglich zu halten. Bei mehreren Reihen führt diese Forderung auf die versetzte Anordnung der Löcher wie in Abb. III,11. Abb. III,16 zeigt die entsprechende Anordnung in Winkelschenkeln mit einer Reihe ($b \leqq 100$ mm) und mit zwei Reihen ($b \geqq 110$ mm).

Bei solchen Bildern mit versetzten Löchern stellt sich nun die Frage, welcher Nutzquerschnitt bzw. welcher Rißverlauf als maßgebend anzusehen sei. Darüber geben die grundlegenden Versuche von M. RUDELOFF[1] Aufschluß; diese Versuche seien deshalb hier besprochen.

---

[1] RUDELOFF, M.: Versuche mit Nietverbindungen und Brückenteilen, Berlin 1912.

In einer ersten Gruppe dieser Versuche über den „Einfluß der Querschnittsschwächung auf die Zugfestigkeit von Flacheisen und Winkeln" werden aus zwei mit Nieten $d = 23$ zusammengenieteten Platten von je 12 mm Stärke bestehende Zugstäbe untersucht; Abb. III,17 zeigt die untersuchten Nietbilder der beiden Versuchsreihen A und B.

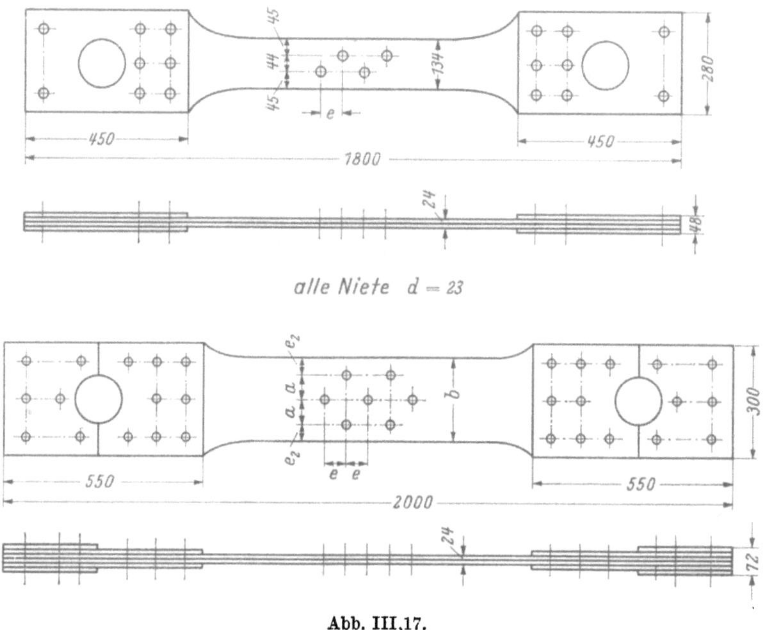

Abb. III,17.

Die Versuchsergebnisse, d. h. der Bruchverlauf für die verschiedenen untersuchten Stäbe, sind in Abb. III,18 dargestellt[1], wobei der zeitliche Verlauf der Rißbildung durch die Angaben $a-b-c-d$ gekennzeichnet ist. Die Ergebnisse der Versuchsreihe B seien nachstehend näher betrachtet: Es zeigen sich die beiden Bruchformen 1 und 2 nach Abb. III,19. Bruchform 1 zeigt einen geraden Riß quer zur Stabaxe; der Nutzquerschnitt F_{n1} beträgt hier

$$F_{n1} = 2t(b - 2d).$$

Bei Bruchform 2 mit geknickter Rißlinie ist davon auszugehen, daß in unmittelbarer Nietnähe im entsprechenden Längsstreifen der Breite d keine nennenswerten Spannungen wirken können; da ferner die *Vergleichsspannung* σ_g, die ja nur von der Größe der Hauptspannungen abhängt, für alle Rißrichtungen gleich groß, also *invariant* ist, ist hier mit dem Nutzquerschnitt

$$F_{n2} = 2t\left(2e_2 - d + \frac{2a - 2d}{\cos\alpha}\right)$$

zu rechnen. Für alle Stäbe mit Ausnahme von Stab 2 ($e = 4{,}0$ cm), betragen

$$b = 22{,}2 \text{ cm}, \qquad e_2 = 4{,}5 \text{ cm}, \qquad a = 6{,}6 \text{ cm}, \qquad 2t = 2{,}4 \text{ cm}, \qquad d = 2{,}3 \text{ cm};$$

---

[1] Umzeichnung der Darstellung von M. RUDELOFF mit maßstabsgetreu gezeichneten Nietabständen e.

für Stab 2 lauten die entsprechenden Werte

$$b = 21{,}0 \text{ cm}, \qquad e_2 = 4{,}5 \text{ cm}, \qquad a = 6{,}0 \text{ cm}, \qquad 2t = 2{,}4 \text{ cm}, \qquad d = 2{,}3 \text{ cm}.$$

Die daraus mit veränderlichen Werten der Nietabstände e berechneten Nutzquerschnitte sind in Abb. III,20 aufgetragen. Es wird sich die dem kleineren Nutzquer-

Versuchsreihe A			Versuchsreihe B		
Stab Nr.	e mm	Bruchform	Stab Nr.	e mm	Bruchform
1	50		2	40	
63	50		6		Bruch am Auge
47	55		11	50	
47a	55		12	60	
5	60		12'	60	
9	60		12a	60	
9a	60		41	70	
10	70		41'	70	
39	75		41a	70	
40	80		42	80	

Abb. III,18.

schnitt entsprechende Bruchform einstellen. Für den Normalstab liegt die Grenze
zwischen den beiden Bereichen bei $e = 5,15$ cm in voller Übereinstimmung mit
den Versuchsergebnissen: für $e = 4$ cm kommt nur die Bruchform 2, für $e \geqq 7$ cm

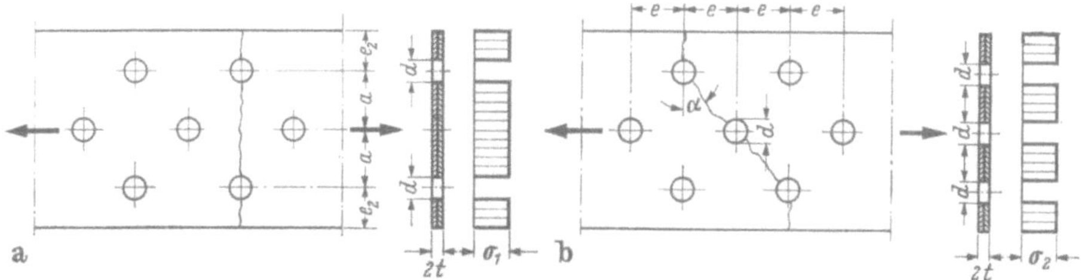

Abb. III,19a und b. a) Bruchform *1*; b) Bruchform *2*.

dagegen nur die Bruchform 1 vor, während sich bei $e = 5$ cm und $e = 6$ cm beide
Formen zeigen. Beim Probestab 11 mit $e = 5$ cm ist die obere Platte nach Form 1,
die untere nach Form 2 gebrochen. Bei solchen versetzten Nietbildern ist jedenfalls die Verteilung der Stabkraft auf die einzelnen Streifen trotz eines weitgehenden Spannungsausgleichs nicht vollständig gleichmäßig, doch hat dies auf
die Ausbildung der Bruchform offenbar keinen merklichen Einfluß.

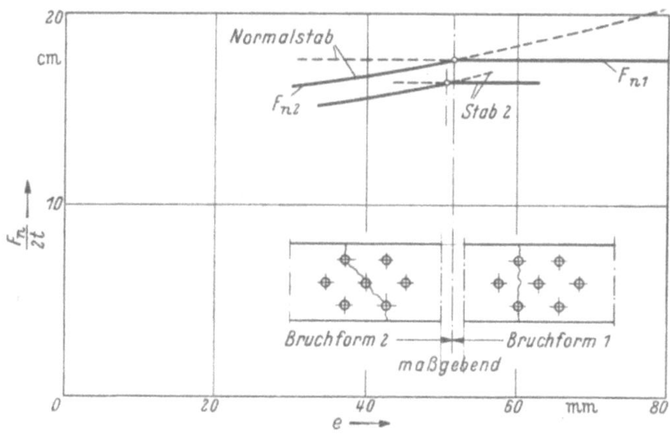

Abb. III,20.

Genau gleich sind die Bruchformen der Versuchsreihe *A* zu erklären, wobei
jedoch zu beachten ist, daß bei der Bruchform 1 wegen der einseitigen Lochschwächung eine Verschiebung des Schwerpunktes im maßgebenden Stabquerschnitt eintritt.

In einer weiteren Versuchsgruppe hat M. RUDELOFF auch Stäbe mit Winkel-
querschnitt und mit in den beiden Schenkeln gegenseitig versetzt angeordneten
Nietlöchern, mit und ohne Niet, berücksichtigt. Da die Untersuchung dieser Versuchsergebnisse gegenüber Abb. III,20 keine neuen Feststellungen erbringt,
brauchen diese Winkelversuche hier nicht weiter besprochen zu werden. Dagegen
ist die Feststellung erwähnenswert, daß die Zugfestigkeit bei leeren und bei durch
Niete ausgefüllten Löchern praktisch gleich groß war, doch zeigte sich, daß bei

größeren Nietabständen die Zugfestigkeit der gelochten und der genieteten Stäbe die Zugfestigkeit σ_Z des Grundmaterials merklich (bis 10% und mehr) übersteigen konnte. Diese Erscheinung wurde schon früher besprochen. Bei kleinen Nietabständen, mit der entsprechenden gegenseitigen Störung der Spannungsverhältnisse, trat diese Festigkeitserhöhung nicht auf, sondern hier lag die Festigkeit des gelochten Stabes in der Regel etwas tiefer als beim vollen Probestab. Praktisch ist für statische Belastung die Folgerung zu ziehen, daß der Vollstab und der Lochstab, bei diesem auf den Nutzquerschnitt bezogen, die gleiche Zugfestigkeit besitzen.

Da entsprechende Dauerversuche meines Wissens bis heute nicht vorliegen, wird man die Rudeloffschen Versuchsergebnisse über den Einfluß der Lochschwächung und ihre Deutung in Abb. III,20 auch für oft wiederholte Beanspruchung als maßgebend ansehen müssen.

Über die Frage, ob auch in Druckstäben ein Lochabzug berücksichtigt werden müsse, sind die Auffassungen geteilt. Wir werden darauf bei der Besprechung der Stabilitätsprobleme und der Bauelemente zurückkommen.

Verbindungsmittel (Niete oder Schrauben)

Bei einer zweischnittigen Verbindung nach Abbildung III,21 ist der Schaft, im Sinne der Biegungslehre, durch eine Belastung p belastet, die die Querkräfte Q und die Biegungsmomente M verursacht. Zwischen diesen Größen bestehen die bekannten Beziehungen

$$\frac{dQ}{dx} = -p, \qquad \frac{dM}{dx} = Q,$$

und damit auch

$$\frac{d^2 M}{dx^2} = -p.$$

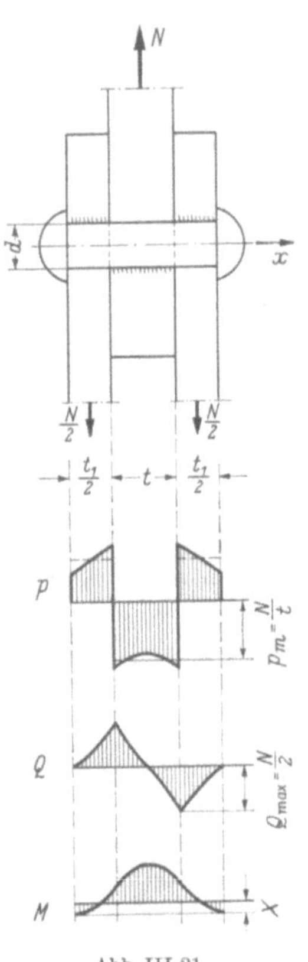

Abb. III,21.

Bei der Momentenfläche M kann sich eine Verhinderung der Drehung der Köpfe in einem Einspannmoment auswirken. Diese *normale Tragwirkung* stellt sich allerdings erst dann ein, wenn die *Reibungskräfte* überwunden sind, die in den Berührungsflächen infolge der Klemmkräfte (in Achsrichtung) der Verbindungsmittel entstehen. Bei den Nieten ist diese „Längsvorspannung" eine Folge der verhinderten Schrumpfung des Schaftes bei der Abkühlung nach dem Schlagen (vgl. Abschn. III,1a). Die Reibungskraft kann an sich recht beträchtliche Werte annehmen und sogar die zulässige Nietbelastung erreichen oder übersteigen; sie ist jedoch unzuverlässig, so daß man bei der Bemessung nicht auf sie rechnen darf. Es zeigt sich nämlich, daß in einer Nietverbindung sowohl die Klemmkräfte als auch die Reibungskoeffizienten und damit auch die Reibungswirkung in sehr weiten Grenzen schwanken kann; sie ist auch bei hochwertigen Stählen verhältnismäßig wesentlich kleiner als bei normalem Baustahl[1].

Bei den normalen Schrauben (im Gegensatz zu den HV-Schrauben, vgl. Abschn. III,2) sind die beim Anziehen erreichbaren Klemmkräfte klein, und die Reibungskräfte werden deshalb auch vernachlässigt.

Für die normale Tragwirkung eines Nietes oder einer Schraube mit p, Q und M und damit für die Bemessung ist nun charakteristisch, daß der Schaft ein kurzer, gedrungener Stab ist; sein Durchmesser d ist ja auf die Stärke der zu verbindenden Teile derart abgestimmt, etwa nach Gl. (III,1) oder ähnlichen Regeln, daß d stets größer oder wenigstens annähernd gleich groß ist wie die kleinste der Stärken t. Die gedrungene Form des Schaftes wirkt sich dreifach auf die Berechnung aus: es gelten die Spannungsformeln der normalen Festigkeitslehre, die ja für einen schlanken Stab abgeleitet sind, hier nicht mehr; die Verteilung der Belastung p über eine Plattenstärke t weicht nicht in gefährlichem Ausmaß von der gleichmäßigen Verteilung ab, und endlich zeigt sich eindeutig aus Versuchen, daß die Biegungsbeanspruchungen des Bolzenschaftes, auch wenn ihre berechnete Größe durchaus ansehnliche Werte annehmen kann, in ihrer Bedeutung für den Bruch einer Scherverbindung hinter die Beanspruchungen infolge p und Q zurücktreten.

Der in Wirklichkeit ziemlich verwickelte Beanspruchungszustand durch p, Q und M wird in der Bemessungspraxis angenähert durch zwei stark vereinfachte Spannungsnachweise, auf Lochleibungsdruck und auf Abscheren, ersetzt; diese Vereinfachungen sind durch die Erfahrungen an ausgeführten Stahlbauten und durch die Ergebnisse zahlreicher Laboratoriumsversuche gerechtfertigt.

Durch den *Lochleibungsdruck*, d. h. die gegenseitige Pressung zwischen Bolzenschaft und Lochwand, kann das Loch verformt oder, im Falle von Randnieten oder -schrauben, das Grundmaterial aufgerissen werden (Abb. III,22a u. b).

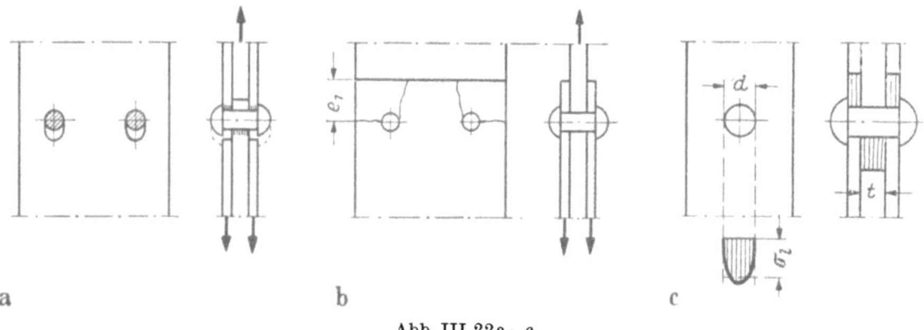

Abb. III,22a–c.

Für die Bemessung wird eine fiktive durchschnittliche Lochleibungsspannung σ_l eingeführt, indem angenommen wird, daß sich die Belastung p nach Abb. III,21 sowohl über den Schaftdurchmesser d wie über die Blechstärke t gleichmäßig verteile (Abb. III,22c). Ein solches Vorgehen, das offensichtlich mit

---

[1] Bei der Abkühlung findet infolge der γ-α-Gefügeumwandlung (vgl. Abb. II,7) eine Volumenvergrößerung statt, die für die hochwertigen Stähle bei einer Temperatur unterhalb derjenigen am Schluß des Nietvorganges einsetzt und die Klemmkraft somit stark vermindert.

der Wirklichkeit nicht übereinstimmt, ist hier deshalb zulässig, weil auch bei der Bestimmung des zulässigen Lochleibungsdruckes $\sigma_{l\,\mathrm{zul}}$ aus Nietversuchen die gleichen Vereinfachungen eingeführt werden. Die zulässige Belastung eines Nietes oder einer Schraube auf Lochleibung beträgt somit

$$\boxed{N_{l\,\mathrm{zul}} = d\,t\,\sigma_{l\,\mathrm{zul}}}\,, \qquad\qquad (\mathrm{III},2\,\mathrm{a})$$

dabei ist vorausgesetzt, daß $t < t_1$ (Abb. III,21) sein soll, sonst ist t durch t_1 zu ersetzen.

Auch bei der Berechnung der Niete und Schrauben auf *Abscheren* wird, in einer ähnlichen Vereinfachung, die Scherspannung τ_a als gleichmäßig verteilt über den Schaftquerschnitt angenommen. Damit ergibt sich die zulässige Belastung eines *einschnittigen* Verbindungsmittels (Niet oder Schraube) auf Abscheren zu

$$\boxed{N_{a\,\mathrm{zul}} = \frac{\pi\,d^2}{4}\,\tau_{a\,\mathrm{zul}}} \qquad\qquad (\mathrm{III},2\,\mathrm{b})$$

und diejenige eines *zweischnittigen* nach Abb. III,21 zu

$$\boxed{N_{a\,\mathrm{zul}} = 2\,\frac{\pi\,d^2}{4}\,\tau_{a\,\mathrm{zul}}}\,. \qquad\qquad (\mathrm{III},2\,\mathrm{c})$$

Maßgebend für die Bemessung ist selbstverständlich der kleinere der beiden Werte $N_{l\,\mathrm{zul}}$ oder $N_{a\,\mathrm{zul}}$.

Die zulässigen Beanspruchungen der Niete und Paßschrauben werden in den meisten Vorschriften durch Verhältniszahlen

$$\frac{\sigma_{l\,\mathrm{zul}}}{\sigma_{\mathrm{zul}}} \quad \text{bzw.} \quad \frac{\tau_{a\,\mathrm{zul}}}{\sigma_{\mathrm{zul}}}$$

angegeben und damit durch die zulässigen Beanspruchungen σ_{zul} des Grundmaterials festgelegt. In den deutschen Vorschriften wird heute das Verhältnis

$$(\sigma_{\mathrm{zul}})_{\mathrm{Druck}} : \sigma_{l\,\mathrm{zul}} : \tau_{a\,\mathrm{zul}} = 1{,}0 : 2{,}0 : 1{,}0$$

als maßgebend vorgeschrieben, während in der Schweiz diese Verhältniszahlen je nach der Materialart etwas verschieden sind, nämlich

$$\left.\begin{array}{l}\text{für St 37, Niete St 34:}\\ \text{für St 52, Niete St 44:}\end{array}\right\} \sigma_{\mathrm{zul}} : \sigma_{l\,\mathrm{zul}} : \tau_{a\,\mathrm{zul}} = \left\{\begin{array}{l}1{,}0 : 2{,}25 : 0{,}8,\\ 1{,}0 : 2{,}0\ : 0{,}7.\end{array}\right.$$

Diese Verhältniszahlen sollen nun an Hand von einigen als typisch ausgewählten Versuchsergebnissen von OTTO GRAF[1] etwas näher besprochen werden. Die Versuchsergebnisse sind in der folgenden Tabelle zusammengestellt; wir beschränken uns auf Versuche mit St 37 (Grundmaterial) bzw. St 34 (Niete). Die Beanspruchungsart, die den Bruch verursacht hat, ist durch Fettdruck der entsprechenden Spannung gekennzeichnet. Alle Spannungswerte sind in kg/mm² angegeben.

---

[1] GRAF, O.: Dauerversuche mit Nietverbindungen. Berichte des Ausschusses für Versuche im Stahlbau. Ausgabe B, H. 5, Berlin: Springer 1935. Die wiedergegebenen Versuchswerte sind den Zusammenstellungen 1 und 4 entnommen.

Nietversuche von O. GRAF (St 37/St 34)

Nietverbindung	Mate-rial	Abmessungen mm				Statischer Bruch			Dynamischer Bruch ($\sim$ Ursprungsbelastung)			
	σ_Z	b	t	d	e_1	σ	σ_l	τ_a	σ	σ_l	τ_a	n
1	40,1	120	8	17	35	36,6	**90,7**	28,5	**22,3** **22,7** **22,5**	55,8 56,4 56,1	17,9 17,9 17,9	23457 7422 15439
2	41,0	160	10	23	46	33,6	**80,9**	22,2	**25,1** **25,2** **25,1**	60,3 60,3 60,3	16,5 16,5 16,5	5515 5515 5515
3	38,6	70	12	20	50	35,4	86,8	**32,8**	**21,0**	51,2	19,4	$2 \cdot 10^6$
4	38,6	70	14	20	50	31,8	77,3	**33,9**	**16,0**	38,9	17,1	$2 \cdot 10^6$
5	39,7	70	16	20	50	27,7	67,9	**34,0**	**14,5**	35,4	18,0	$2 \cdot 10^6$

Der *statische Bruch* wurde in den Versuchen 1 und 2 durch den Lochleibungsdruck verursacht, und zwar in beiden Fällen durch Aufreißen der Nietlöcher nach Abb. III,22 b; in beiden Fällen war der minimale Randabstand $e_1 = 2d$ eingehalten. Der maßgebende Lochleibungsdruck bei Versuch 1 betrug

$$\sigma_l = \frac{90,7}{40,1}\,\sigma_Z = 2,26\,\sigma_Z,$$

bei Versuch 2 dagegen

$$\sigma_l = \frac{80,9}{41,0}\,\sigma_Z = 1,97\,\sigma_Z;$$

nun ist aber zu beachten, daß bei Versuch 2 die Blechstärke t im Verhältnis zum Nietdurchmesser d abnormal klein war und merklich unter dem etwa durch Gl. (III,1) angegebenen Verhältnis lag. Die Vorschrift $\sigma_{l\,\mathrm{zul}} = 2,00\,\sigma_{\mathrm{zul}}$ oder gar $2,25\,\sigma_{\mathrm{zul}}$ setzt somit eine normale Abstimmung von Blechstärke und Schaftdurchmesser voraus. Anderseits könnte ohne Gefahr der zulässige Lochleibungsdruck $\sigma_{l\,\mathrm{zul}}$ etwas über diese Werte hinaus vergrößert werden bei Vergrößerung der Blechstärke t oder bei Vergrößerung des Randabstandes e_1.

In den Versuchen 3, 4 und 5 trat der statische Bruch durch Abscheren der Niete ein, und zwar bei Scherspannungen τ_a, die im Mittel

$$\tau_a = \frac{33,6}{39,0}\,\sigma_Z = 0,86\,\sigma_Z$$

betrugen; die Festsetzung $\tau_{a\,\mathrm{zul}} = 0,8\,\sigma_{\mathrm{zul}}$ erscheint damit für Stahl St 37 gerechtfertigt.

Bei den Versuchen mit *oft wiederholter Belastung* ist auffallend, daß der Bruch in allen Fällen durch Zerreißen des Grundmaterials eintrat, bei den Versuchen 1 und 2 sogar bei verhältnismäßig kleiner Lastwechselzahl, und dies trotzdem beim statischen Bruch entweder Lochleibungsdruck oder Abscheren maßgebend gewesen waren. Die Bruchspannung des Materials bei den Versuchen 3, 4 und 5 mit zwei Millionen Lastwechseln betrug im Mittel rd. 17,2 kg/mm² in verhältnismäßig guter Übereinstimmung mit der Ursprungsfestigkeit $\sigma_{aU} = 18$ kg/mm² des gelochten Zugstabes; dagegen liegt der Mindestwert bei Versuch 5 mit 14,5 kg/mm² (mit $\sigma_{min} = 0{,}5$ kg/mm²) merklich unter diesem Festigkeitswert. Hier äußert sich deutlich die durch die in Abb. II,49 wiedergegebenen Versuche erfaßte Erscheinung, daß die Dauerfestigkeit des genieteten Stabes (mit ausgefülltem Nietloch) merklich unter der Dauerfestigkeit des nur gelochten Stabes liegt.

Die hier festgestellte Erscheinung, daß bei einer Nietverbindung, bei der für den statischen Bruch entweder Lochleibung oder Abscheren maßgebend ist, der Dauerbruch trotzdem im Grundmaterial eintritt, ist durch den verschiedenen Verlauf der entsprechenden Wöhler-Kurven zu erklären. Wenn auch diese Verhältnisse heute versuchstechnisch noch nicht abschließend abgeklärt sein dürften, so kann doch der Verlauf dieser Kurven wenigstens angenähert skizziert werden. Dieser Verlauf der relativen Festigkeitswerte bei wachsender Lastwechselzahl ist in Abb. III,23 für eine auf gleiche Sicherheit von Grundmaterial,

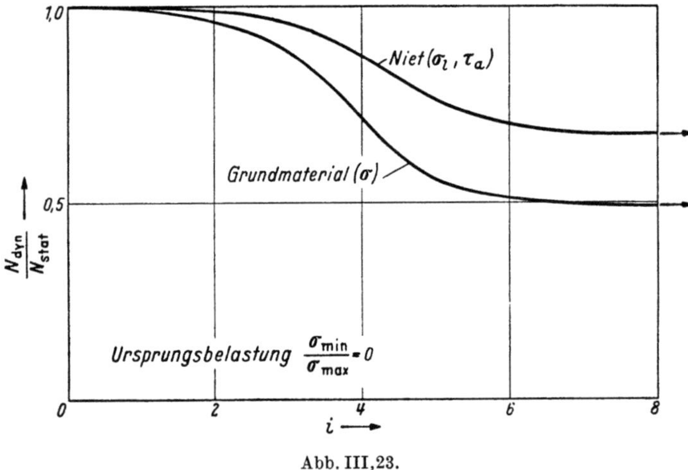

Abb. III,23.

Lochleibung und Abscheren im statischen Bruch abgestimmte Nietverbindung in schematischer Form für Ursprungsbelastung skizziert.

Wie aus diesen Feststellungen und Überlegungen hervorgeht, könnten die Verhältniszahlen

$$\frac{\sigma_l}{\sigma} \quad \text{und} \quad \frac{\tau_a}{\sigma}$$

für die Nietberechnung bei dynamisch beanspruchten Bauteilen gegenüber den heutigen Vorschriften merklich erhöht werden; Voraussetzung dafür wäre allerdings eine umfassende versuchstechnische Überprüfung der in Abb. III,23 schematisch skizzierten Zusammenhänge, die sich leicht durch den Einfluß der Kerbwirkung beim Grundmaterial erklären lassen. Dagegen dürfte gegenüber den heutigen Normen eine Erhöhung der zulässigen Beanspruchungen des Grundmaterials auf keinen Fall mehr verantwortet werden können.

Auf *Abscheren* arbeitende Schrauben werden, wie schon erwähnt, grundsätzlich gleich berechnet wie Niete, nämlich auf Abscheren und Lochleibungsdruck nach den Gl. (III,2). Bei *Paßschrauben* (mit gedrehtem Schaft) werden in den meisten Vorschriften auch die gleichen zulässigen Beanspruchungen $\tau_{a\,\mathrm{zul}}$ und $\sigma_{l\,\mathrm{zul}}$ zugelassen wie bei Nieten. Damit die volle Ausnützung des zulässigen Lochleibungsdruckes $\sigma_{l\,\mathrm{zul}}$ möglich ist, ist es notwendig, daß auch die volle Lochleibungsfläche zur Verfügung steht; das Gewinde darf somit nicht in die Bohrung hineinreichen. Daraus ergibt sich die Bedeutung der Unterlagsscheiben bei Schraubenverbindungen.

Der Reibungswiderstand in normalen Schraubenverbindungen ist kleiner als in Nietverbindungen, da die Klemmkräfte, die beim Anziehen der Mutter mit den gewöhnlichen Schraubenschlüsseln erreicht werden können, kleiner sind als die Klemmkräfte, die beim Niet durch die Schrumpfwirkungen erzeugt werden. Auch ist bei normalen Schrauben durch zu starkes Anziehen das Gewinde wegen der großen Kerbwirkung bei Zugbeanspruchung des Schaftes gefährdet. Wegen dieser geringeren Klemm- und Reibungskräfte verhalten sich Schrauben bei auf Ermüdung beanspruchten Scherverbindungen weniger günstig als Niete; bei Dauerbelastung ist es angezeigt, die Paßschrauben durch die im nächsten Abschnitt behandelten *HV-Schrauben* mit großem Reibungswiderstand zu ersetzen.

Bei *rohen Schrauben* ist wegen des Spiels zwischen Lochwand und Schraubenschaft mit einer geringeren Festigkeit auf Lochleibung zu rechnen als bei Paßschrauben oder Nieten; auch Abscheren ist ungünstiger wegen der ungünstigeren Verteilung des Lochwanddruckes, und zwar auch dann, wenn der wirkliche Schaftdurchmesser d berücksichtigt wird. Sofern die amtlichen Vorschriften keine Regelung über die zulässigen Beanspruchungen roher Schrauben enthalten, ist es angezeigt, mit gegenüber den für Niete gültigen Beanspruchungen um etwa 25% verminderten Werten von $\tau_{a\,\mathrm{zul}}$ und $\sigma_{l\,\mathrm{zul}}$ zu rechnen.

Auch *Senkschrauben* besitzen ein kleineres Tragvermögen als entsprechende Schrauben mit normalen Sechskantkopf (ungünstigere Biegungseinflüsse im Bereich des Senkkopfes).

Die angegebenen Werte von $\tau_{a\,\mathrm{zul}}$ und $\sigma_{l\,\mathrm{zul}}$ sind nur gültig, wenn die Werkstoffeigenschaften der Verbindungsmittel mit denjenigen des Grundmaterials abgestimmt sind (vgl. Abschn. III,1a für Niete und Abschn. III,1b für Schrauben). Bei der Verwendung von Schrauben höherer Festigkeit dürfen die $\tau_{a\,\mathrm{zul}}$ erhöht werden, wobei für Schraubenmaterial mit hohem Verhältnis σ_F/σ_Z auch die Bruchfestigkeit σ_Z eine Rolle spielt. Zudem machen sich bei den im allgemeinen schlankeren Schrauben hoher Festigkeit die vorher erwähnten Nebeneinflüsse (Schaftbiegung usw.) bemerkbar, so daß die auf die mittleren Spannungen τ_a und σ_l bezogene Sicherheit größer sein muß.

Bei *einschnittigen Verbindungen* liegen die Beanspruchungsverhältnisse wesentlich ungünstiger als bei zweischnittigen (Abb. III,24a). Durch die Exzentrizität der Kraftübertragung gegenüber der Stoßlasche muß sich die ganze Verbindung verbiegen; daraus resultiert auch eine stark ungleichmäßige Verteilung des Lochleibungsdruckes über die Blechstärken t. Solche Verbindungen sollten nach Möglichkeit vermieden werden; sind sie nicht vermeidbar, so ist wenigstens der zulässige Lochleibungsdruck kräftig abzumindern. Die einschnittige Verbindung ist nur dort mit normaler Ausnützung der zulässigen Niet- oder Schraubenkräfte anzuwenden, wo eine Verformung durch eine stetige Unterstützung der gestoßenen

Platte verhindert wird (Abb. III,24b), wie dies bei der Stoßdeckung der Lamellen von genieteten Blechträgern und ähnlichen Bauteilen der Fall ist.

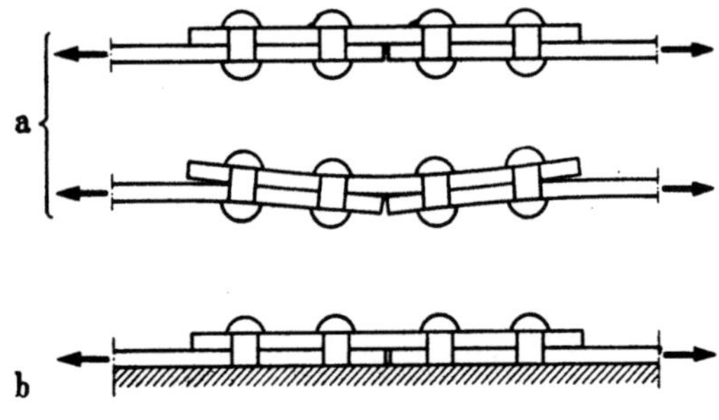

Abb. III,24a und b.

Der Vergleich der beiden zulässigen Kräfte $N_{l\,\mathrm{zul}}$ und $N_{a\,\mathrm{zul}}$ nach Gl. (III,2) führt für die Verhältniszahlen

$$\frac{\sigma_{l\,\mathrm{zul}}}{\sigma_{\mathrm{zul}}} = 2{,}0, \qquad \frac{\tau_{a\,\mathrm{zul}}}{\sigma_{\mathrm{zul}}} = 1{,}0$$

für die *zweischnittige* Verbindung zur Feststellung, daß immer Abscheren maßgebend ist für

$$d \leqq 1{,}27\,t;$$

für die einschnittige Verbindung gilt entsprechend

$$d \leqq 2{,}55\,t.$$

f) Verformung der Nietverbindung

Wir schätzen nachstehend die Verformung einer zweischnittigen Nietverbindung[1] ab, indem wir den in Abb. III,21 skizzierten Beanspruchungen die entsprechenden Formänderungen gegenüberstellen (Abb. III,25). Ein erster Verformungsanteil v_l ergibt sich aus dem Lochleibungsdruck σ_l; betrachten wir zunächst nur eine der verbundenen Platten, beispielsweise die mittlere Platte der Stärke t und der Breite b, so rührt diese Verformung in der Hauptsache von der ungleichmäßigen Verteilung der durch den Niet eingeleiteten Kraft N in der näheren Umgebung des Nietes her. Dabei darf angenommen werden, daß im Abstand b vom Nietrand der Spannungsausgleich vollständig sei, und es darf etwa mit den in Abb. III,26 skizzierten Spannungsverteilungskurven gerechnet werden. Der dem Lochleibungsdruck zuzuschreibende Verformungsanteil für eine Platte beträgt somit

$$\Delta v_l = \int\limits^{b} \varepsilon_a \, dx - \int\limits^{\sim\,b} \varepsilon_b \, dx.$$

Neben den skizzierten Längsspannungen σ_x treten auch Querspannungen σ_y auf, deren Einfluß auf die Verschiebungen v jedoch klein ist (Vorzeichenwechsel der σ_y) und deshalb bei unserer Abschätzung vernachlässigt werden soll.

---

[1] Die nachfolgenden Überlegungen gelten grundsätzlich auch für Schraubenverbindungen. Auswertbare Versuchsergebnisse über die Schraubenverformungen liegen aber nicht vor.

Der Verschiebungsbeitrag $\int \varepsilon_a\,dx$ ist nun auch vom Verhältnis $\sigma_{l\,max} : \sigma_m$ und damit vom Verhältnis $b : d$ abhängig; einige Vergleichsrechnungen führen dazu, daß der Verschiebungsanteil $\Delta v_{0\,l}$ (vgl. Abb. III,25) mit

$$\sigma_{l\,max} = \frac{4}{\pi}\,\sigma_l = 1{,}27\,\sigma_l$$

und für über die Plattenstärke t gleichmäßig verteilten Lochleibungsdruck σ_l zu

$$\Delta v_{0\,l} = \frac{N}{E\,t}\left(\frac{0{,}58\,b}{d + 0{,}23\,b} + 0{,}80\right)$$

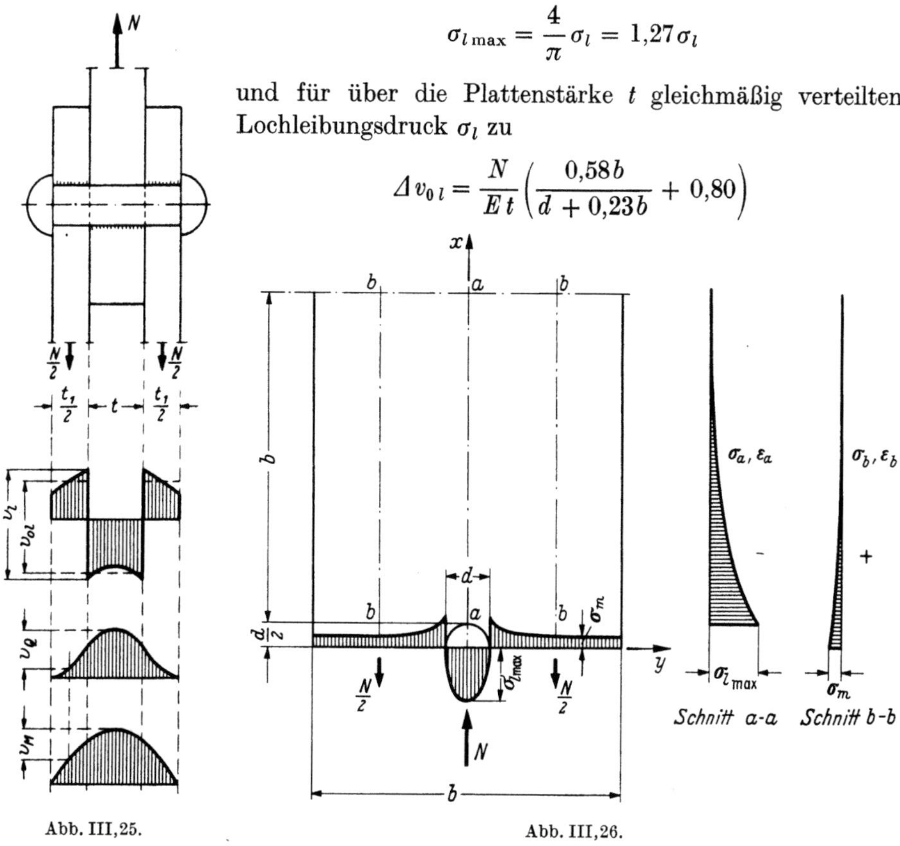

Abb. III,25.

Abb. III,26.

erfaßt werden kann; in diesem Wert ist auch eine Zusammendrückung des Nietschaftes über die halbe Schaftstärke mitberücksichtigt. Für auch über die Seitenlaschen konstant angenommenen Lochleibungsdruck ergibt sich damit

$$v_{0\,l} = \frac{N}{E}\left(\frac{1}{t} + \frac{1}{t_1}\right)\left(\frac{0{,}58\,b}{d + 0{,}23\,b} + 0{,}80\right)$$

oder

$$v_{0\,l} = \frac{N}{E}\,\frac{t_1 + t}{t_1\,t}\,\frac{0{,}80\,d + 0{,}76\,b}{d + 0{,}23\,b}\,.$$

Nehmen wir zunächst auch für die Schub- und Biegungsverformung gleichmäßig über die Plattenstärken t bzw. t_1 verteilten Lochleibungsdruck an, so lassen sich näherungsweise mit der hier nicht genau zutreffenden klassischen Biegungslehre die Verformungsanteile v_Q und v_M als Durchbiegungsunterschiede des Schaftes zwischen Mitte Mittelplatte und den Mitten der Seitenlaschen zu

$$v_Q = \frac{N}{G\,F'}\,\frac{3\,t_1 + 4\,t}{32}$$

bzw.

$$v_M = \frac{N}{E J_x} \, \frac{4{,}25\,t_1^3 + 96\,t_1^2\,t + 160\,t_1\,t^2 + 80\,t^3}{16 \cdot 96}$$

bestimmen. Nun sind aber gerade die Nietschaftverbiegungen die Ursache dafür, daß der Lochleibungsdruck nicht mehr gleichmäßig, sondern entsprechend einer zur Biegungslinie des Nietschaftes ähnlichen Kurve begrenzt über die einzelnen Plattenstärken ungleichmäßig verteilt ist. Nach der Theorie des Balkens auf elastischer Bettung kann die zusätzliche Verformung Δv_l durch eine entsprechende Vergrößerung der Anteile v_M und v_Q einfach berücksichtigt werden. Genau genommen beeinflußt nun diese Veränderung der Verteilung des Lochleibungsdruckes auch wieder den Verlauf der Querkräfte Q und der Momente M und damit auch die entsprechenden Verformungsanteile. Da es sich hier doch nur um eine mehr oder weniger grobe Abschätzung der Verformung handeln kann, sei auf diese Verfeinerung der Berechnung verzichtet.

Setzen wir

$$J = \frac{\pi\,d^4}{64}, \qquad F' \cong F = \frac{\pi\,d^2}{4}, \qquad E = 2100 \text{ t/cm}^2,$$

so ergibt sich auf diese Weise mit einer für die Genauigkeit unwesentlichen Vereinfachung die Gesamtverformung des Nietes zu

$$v^{\text{cm}} = N^t \left(\frac{t_1 + t}{t_1 t} \, \frac{0{,}38\,d + 0{,}36\,b}{d + 0{,}23\,b} + \frac{0{,}29\,t_1 + 0{,}34\,t}{d^2} + \frac{(0{,}36\,t_1 + 0{,}66\,t)\,t_1 t}{d^4} \right) 10^{-3}.$$

$$(\text{III,3})$$

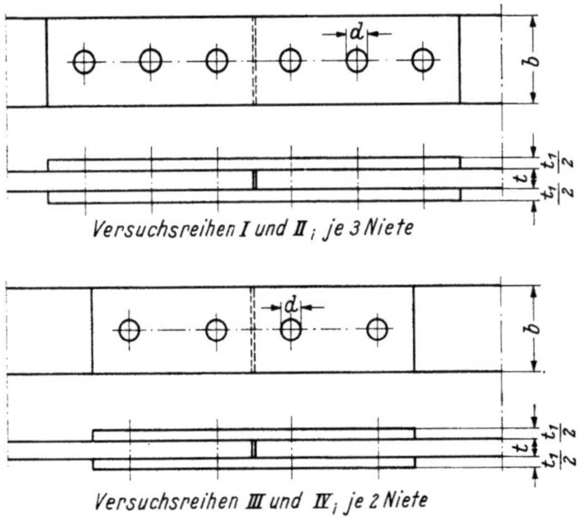

Abb. III,27.

Die Zuverlässigkeit dieser Näherungsformel soll nun noch durch Vergleich mit den entsprechenden Versuchen von M. RUDELOFF[1], den einzigen mir bekannten auswertbaren Versuchen, überprüft werden. M. RUDELOFF untersuchte vier Versuchsreihen; die Ausbildung der Versuchsstücke ist in Abb. III,27 skizziert. Jede

---

[1] Siehe Fußnote 1 S. 124.

Reihe umfaßte zwei Gruppen A und B, die sich nur durch die Behandlung der Zwischenflächen unterschieden; bei Gruppe A waren die Zwischenflächen „gebeizt und geölt", bei Gruppe B dagegen „gebeizt, geölt und einmal rot (mit Mennige) gestrichen". Ein systematischer Unterschied im Verhalten der beiden Gruppen war bei den Versuchen nicht festzustellen, so daß wir uns hier auf die Versuchsgruppe A beschränken können. Innerhalb jeder Gruppe wurden mehrere Versuchsstücke mit verschiedenen Nietverfahren hergestellt (Handnietung, Lufthammernietung und Kniehebelnietung).

In der folgenden Tabelle sind die maßgebenden Abmessungen und die Berechnung der Verschiebungen v für $N = 1\,$t nach Gl. (III,3) zusammengestellt.

Versuchs-reihe	d cm	b cm	t cm	t_1 cm	$\dfrac{t_1 + t}{t_1 t}\dfrac{0,38d + 0,36b}{d + 0,23b}$	$\dfrac{0,29t_1 + 0,34t}{d^2}$	$\dfrac{(0,36t_1 + 0,66t)t_1 t}{d^4}$	$\dfrac{v}{N}$ cm/t·10^{-3}
I	2,3	10,0	2,4	2,8	0,753	0,308	0,622	1,68
II	2,1	10,0	2,4	2,8	0,773	0,369	0,896	2,04
III	2,5	10,0	2,0	2,4	0,869	0,220	0,268	1,36
IV	2,7	11,0	2,0	2,4	0,874	0,189	0,197	1,26

Bei den Rudeloffschen Versuchen wurde die Nietverformung als gegenseitige Verschiebung zwischen mittlerer Platte und Seitenlaschen mit Hilfe von 4 oder 6 Spiegelapparaten gemessen. Abb. III,28 zeigt für je einen Versuch der mit den

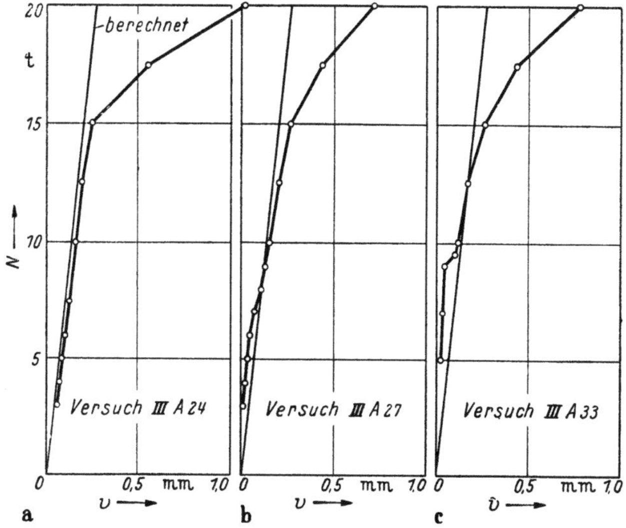

Abb. III,28a—c. a) Handnietung; b) Lufthammernietung; c) Kniehebelnietung.

verschiedenen Nietverfahren ausgeführten Versuchsstücke der Reihe III,A die Mittelwerte der Spiegelmessungen, bezogen auf die durchschnittliche Belastung eines Nietes. Nach diesen Versuchen unterscheiden sich die drei Nietverfahren durch die verschiedene Klemmwirkung der Nietköpfe; während bei der Handnietung (Versuch III,A 24) praktisch kein Reibungseinfluß zu erkennen ist, zeigen die andern beiden Nietverfahren diesen Einfluß deutlich. Ist die Reibung überwunden, so folgt die Verformungskurve den durch die elastische Nietverformung gegebenen Werten, die mit der Rechnung,

$$v = 1,36 \cdot 10^{-3} N \text{ cm/t},$$

befriedigend übereinstimmt. Die Proportionalitätsgrenze wird für eine Nietbelastung von rd. $N = 14$ t erreicht, was den Spannungswerten

$$\sigma_{lP} = \frac{14}{2,0 \cdot 2,5} = 2,8 \text{ t/cm}^2, \quad \tau_{aP} = \frac{14}{2 \cdot 4,91} = 1,43 \text{ t/cm}^2$$

entspricht; dagegen beträgt die größte Biegungsbeanspruchung ohne Berücksichtigung einer Einspannwirkung durch die Nietköpfe

$$\sigma_{BP} = \frac{N_P(t_1 + t)}{2 \cdot 4\,W} = \frac{14 \cdot 4,4}{8 \cdot 1,534} = 5,02 \text{ t/cm}^2.$$

Maßgebend für das Erreichen der Proportionalitätsgrenze ist somit offensichtlich die in der praktischen Nietberechnung nicht berücksichtigte Biegungsbeanspruchung. Diese wirkt sich offenbar in den Verformungskurven deshalb nicht früher und nicht stärker aus, weil die Einspannwirkung durch die Nietköpfe eine merkliche Entlastung bewirkt und weil mit beginnender Durchbiegung die Veränderung in der Verteilung des Lochleibungsdruckes eine relative Verkleinerung der Momente verursacht, die wir hier nicht berücksichtigt haben.

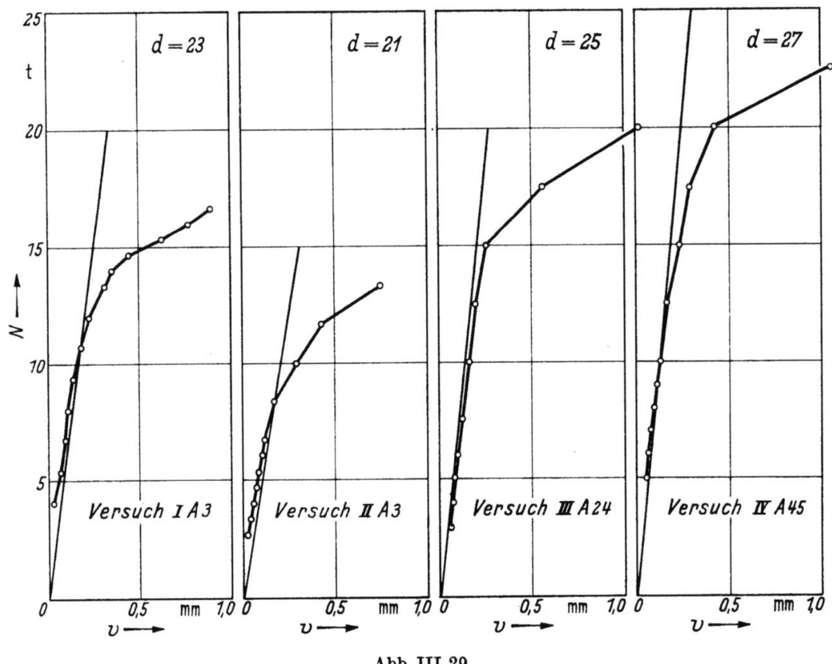

Abb. III,29.

In Abb. III,29 ist noch je ein typischer Versuch aus jeder Versuchsreihe, Handnietung, dargestellt und mit der rechnerischen Verformung nach Gl. (III,3) verglichen; die Übereinstimmung von Versuch und Näherungsformel darf für alle vier Versuchsreihen als befriedigend bezeichnet werden.

g) Längsverteilung der Kräfte in einer Scherverbindung

Es ist bei der Bemessung üblich, eine gleichmäßige Verteilung der Kräfte in einer Reihe oder allgemeiner in einer zentrisch belasteten Gruppe von Nieten oder Schrauben anzunehmen. Diese Annahme ist nun zu prüfen.

Wir betrachten in Abb. III,30 eine einreihige, zweischnittige Verbindung, bei der die Zugkraft P von der Platte I durch n Verbindungsmittel auf die beiden Seitenlaschen II übertragen werden soll. Die dabei auftretende Verformung der Niete oder Schrauben ist schematisch dargestellt.

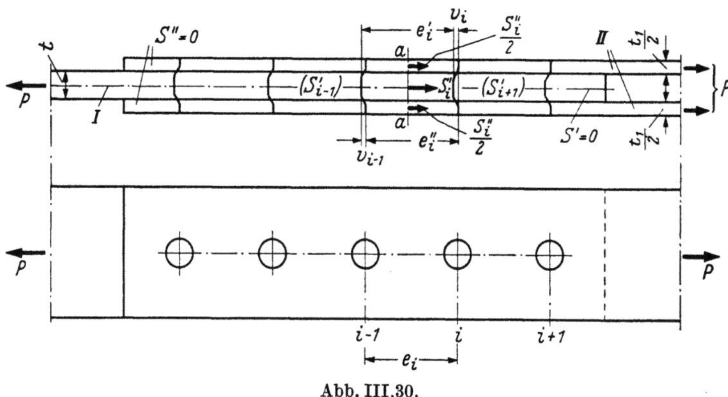

Abb. III,30.

Im Feld e_i wird die Platte I noch durch die Kraft S_i' beansprucht, während der Anteil S_i'',

$$S_i'' = P - S_i',$$

durch die vorangehenden Verbindungsmittel auf die Seitenlaschen II übertragen worden ist. Durch die Zugkräfte S wird die ursprüngliche Feldweite e_i der Platte I auf

$$e_i' = e_i + \int^{e_i} \frac{S_i'}{E\,F_i'}\,dz,$$

bzw. bei den Seitenlaschen II auf

$$e_i'' = e_i + \int^{e_i} \frac{S_i''}{E\,F_i''}\,dz = e_i + \int^{e_i} \frac{P - S_i'}{E\,F_i''}\,dz$$

verlängert. Gleichzeitig verformen sich die Niete oder Schrauben infolge der Kräfte N_i,

$$N_i = S_i' - S_{i+1}' = S_{i+1}'' - S_i'',$$

um die Verformungen v entsprechend Gl. (III,3). Führen wir die Verformungswiderstände C ein,

$$C_i = \frac{N_i}{v_i} = \frac{1}{v_{N=1}},$$

so ist

$$v_i = \frac{N_i}{C_i} = \frac{S_i' - S_{i+1}'}{C_i},$$

$$v_{i-1} = \frac{N_{i-1}}{C_{i-1}} = \frac{S_{i-1}' - S_i'}{C_{i-1}}.$$

Die *Elastizitätsbedingung*, die dieses statisch unbestimmte Problem der Längsverteilung beherrscht, läßt sich direkt aus Abb. III,30 ablesen:

$$e_i' + v_i = e_i'' + v_{i-1}$$

oder

$$\boxed{e_i' - e_i'' + v_i - v_{i-1} = 0}\,.$$

Setzen wir die oben bestimmten Werte der Formänderungen in diese Elastizitätsbedingung ein, indem wir beachten, daß die Zugkräfte S_i' und S_i'' je feldweise
konstant sind, so ergibt sich für jedes Feld nach ordnen die dreigliedrige Bestimmungsgleichung

$$\boxed{-S_{i-1}'\frac{E}{C_{i-1}} + S_i'\left(\frac{E}{C_{i-1}} + \frac{E}{C_i} + \int^{e_i}\frac{1}{F_i'}\,dz + \int^{e_i}\frac{1}{F_i''}\,dz\right) - S_{i+1}'\frac{E}{C_i} = P\int^{e_i}\frac{1}{F_i''}\,dz}\,.$$

$$(\text{III},4)$$

Sind alle Widerstände C gleich groß und die Querschnittsflächen F_i' und F_i'' je
über eine Feldweite konstant, so läßt sich die Bestimmungsgleichung auf die Form

$$\boxed{-S_{i-1}' + S_i'\left(2 + \frac{C\,e_i}{E}\,\frac{F_i' + F_i''}{F_i'\,F_i''}\right) - S_{i+1}' = P\,\frac{C\,e_i}{E\,F_i''}} \qquad (\text{III},4\,\text{a})$$

vereinfachen.

Zur Auflösung des Gleichungssystems Gl. (III,4) sind noch zwei *Randbedingungen* beizuziehen: Vor dem ersten Verbindungsmittel wirkt noch die volle
Kraft P in der Platte I; es ist somit

$$S_0' = P$$

und die Bestimmungsgleichung für das erste Feld e_1 lautet mit den Vereinfachungen der Gl. (III,4a)

$$S_1'\left(2 + \frac{C\,e_1}{E}\,\frac{F_1' + F_1''}{F_1'\,F_1''}\right) - S_2' = P\left(1 + \frac{C\,e_1}{E\,F_1''}\right)\,.$$

Andererseits ist nach dem letzten Verbindungsmittel die ganze Kraft P auf die
Seitenlaschen II übertragen; es ist somit

$$S_{n+1}' = 0$$

und die letzte Bestimmungsgleichung für das Feld e_n vereinfacht sich dementsprechend auf

$$-S_{n-1}' + S_n'\left(2 + \frac{C\,e_n}{E}\,\frac{F_n' + F_n''}{F_n'\,F_n''}\right) = P\,\frac{C\,e_n}{E\,F_n''}\,.$$

Zahlenbeispiel

Zur Veranschaulichung der Verhältnisse soll das in Abb. III,31 skizzierte
Zahlenbeispiel durchgerechnet werden. Mit $e = 13,2$ cm, $t = t_1 = 2,4$ cm,
$b = 11,0$ cm, $d = 2,3$ cm liefert die Gl. (III,3)

$$v = 1,624 \cdot 10^{-3}N, \quad \text{somit} \quad C = 616 \text{ t/cm}.$$

Ferner ist

$$F' = F'' = F = 11{,}0 \cdot 2{,}4 = 26{,}4 \ \text{cm}^2, \qquad \frac{C\,e}{E\,F} = \frac{616 \cdot 13{,}2}{2100 \cdot 26{,}4} = 0{,}1467 \,.$$

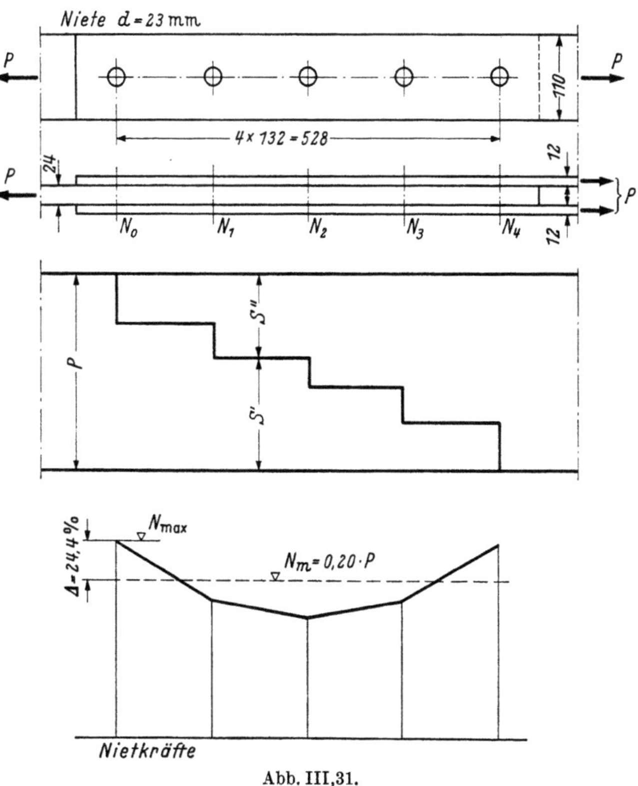

Abb. III,31.

Das System der Bestimmungsgleichungen Gl. (III,4a) ist nachstehend in Matrixform angeschrieben und mit Hilfe des abgekürzten Gaußschen Algorithmus[1] reduziert.

Nr.	Reduktion	S_1'	S_2'	S_3'	S_4'	Belastungsglied
(1)		2,2934	−1			1,1467
(2)	$(1) \cdot \dfrac{1}{2{,}2934}$	−1 1	2,2934 −0,4360	−1		0,1467 0,5000
(II)		−	1,8574	−1		0,6467
(3)	$(II) \cdot \dfrac{1}{1{,}8574}$		−1 1	2,2934 −0,5384	−1	0,1467 0,3482
(III)			−	1,7550	−1	0,4949
(4)	$(III) \cdot \dfrac{1}{1{,}7550}$			−1 1	2,2934 −0,5698	0,1467 0,2820
(IV)				−	1,7236	0,4287

$$\times P$$

[1] Siehe z. B. STÜSSI, F.: Baustatik II, Basel 1954 u. 1971.

Aus der letzten Gleichung des reduzierten Systems ergibt sich

$$S_4' = \frac{0,4287}{1,7236}\,P = 0,2487\,P,$$

worauf sich die weiteren Werte S' sukzessive durch Rückwärtseinsetzen zu

$$S_3' = \frac{0,2487 + 0,4949}{1,7550}\,P = 0,4237\,P, \quad S_2' = 0,5763\,P, \quad S_1' = 0,7513\,P$$

bestimmen lassen. Die Kräfte $N_i = S_i' - S_{i+1}'$, die wegen $F' = F''$ symmetrisch verlaufen, betragen

$$N_0 = N_4 = 0,2487\,P, \quad N_1 = N_3 = 0,1750\,P, \quad N_2 = 0,1526\,P.$$

Diese Ergebnisse sind in Abb. III,31 dargestellt. Wir stellen fest, daß die Nietkräfte, im Gegensatz zur üblichen Rechnungsannahme, nicht gleichmäßig verteilt sind, sondern daß die Randniete am stärksten belastet sind. Die Überlastung $\varDelta$, bezogen auf die durchschnittliche Kraft N_m, beträgt hier in Prozent

$$\varDelta = \frac{N_{\max} - N_m}{N_m}\,100 = \frac{0,2487 - 0,2000}{0,2000}\,100 = 24,4\,\% .$$

Diese Überlastung $\varDelta$ hängt einerseits von der Nietzahl und anderseits für $F' = F'' = F$ vom Verhältnis

$$\frac{C\,e}{E\,F}$$

ab; Abb. III,32 zeigt den Verlauf dieser Werte $\varDelta$ für Reihen mit 4, 5 und 6 hintereinanderliegenden Nieten oder Schrauben.

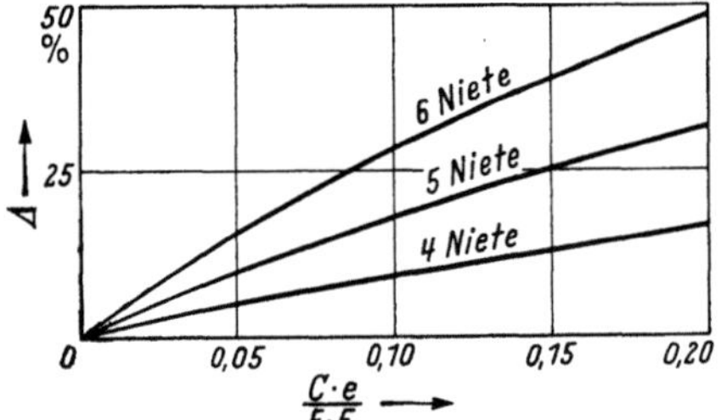

Abb. III,32.

Die Überlastung $\varDelta$ ist eine Folge davon, daß die Kraft in den Endnieten oder -schrauben auch bei sehr langen Reihen nicht unter einen bestimmten Endwert $\bar N_{\max}$ absinkt, der nur noch vom Verhältnis

$$\mu = \frac{C\,e}{E\,F}$$

abhängig ist. Dieser Endwert soll noch für den Fall des symmetrischen Anschlusses $F' = F''$ bestimmt werden.

Bei einer sehr langen Reihe nähert sich das Verhältnis der Kräfte auf einer Seite des Anschlusses einem konstanten Wert,

$$\frac{N_2}{N_1} = \frac{N_3}{N_2} = \frac{N_4}{N_3} = \cdots = c;$$

anderseits ist nach Gl. (III,4a), da die Niet- oder Schraubenkräfte N die Differenzen aufeinanderfolgender Laschenkräfte S sind,

$$-N_{i-1} + (2 + 2\mu)\, N_i - N_{i+1} = 0$$

oder mit konstanten Verhältnissen c

$$c^2 - (2 + 2\mu)\, c + 1 = 0,$$

$$c = 1 + \mu_{\overline{(+)}}\, \sqrt{(1 + \mu)^2 - 1}.$$

Summieren wir nun die Kräfte des halben Anschlusses auf, so ist mit $N_1 = \bar{N}_{\max}$

$$\frac{P}{2} = N_1 + N_2 + N_3 + \cdots = \bar{N}_{\max}(1 + c + c^2 + c^3 + \cdots) = \frac{\bar{N}_{\max}}{1 - c}$$

und damit wird

$$\bar{N}_{\max} = \frac{P}{2}\,(1 - c)$$

oder nach Einsetzen des Wertes von c

$$\boxed{\bar{N}_{\max} = \frac{P}{2}\,\big(\sqrt{(1 + \mu)^2 - 1} - \mu\big)}.$$

Für das untersuchte Zahlenbeispiel mit $\mu = 0,1467$ wird $\bar{N}_{\max} = 0,2073\,P$ für eine sehr lange Nietreihe gegenüber $N_{\max} = 0,2487\,P$ bei nur fünf Nieten. Eine beliebig große Steigerung der Nietzahl in der gleichen Nietreihe könnte somit die größte Nietkraft gegenüber fünf Nieten nur um 16,7 % vermindern. Wir erkennen auch aus diesen Überlegungen, daß lange Niet- oder Schraubenreihen in Anschlüssen unwirtschaftlich sein müssen. Ähnliche Verhältnisse werden sich bei langen Schweißnähten (Flankennähten) zeigen.

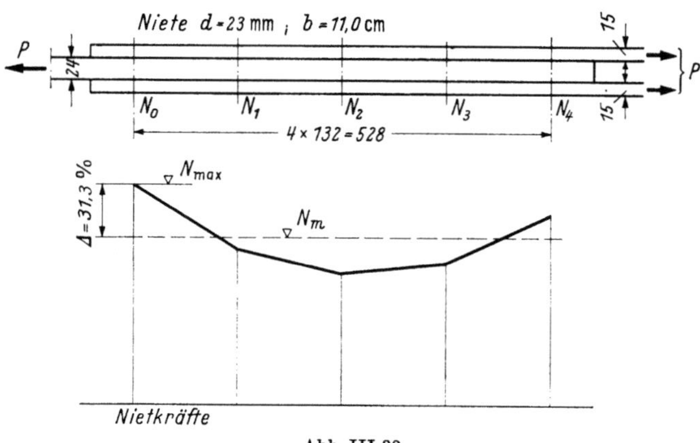

Abb. III,33.

Wenn die Querschnitte F' und F'' verschieden groß sind, verschwindet die Symmetrie der Kraftverteilung. Abb. III,33 zeigt die Nietkraftverteilung für ein Beispiel mit $F'' = 1,25\,F'$, $t_1 = 3,0$ cm, mit im übrigen jedoch gleichen Abmessungen wie im Beispiel von Abb. III,31. Die Nietüberlastung Δ nimmt auf der Anfangsseite des größeren Querschnittes, hier F'', gegenüber dem Fall $F' = F''$ merklich zu.

Über diese Verhältnisse sind schon vor längerer Zeit von C. Findeisen[1] Versuche durchgeführt worden. Abb. III,34 zeigt die Form des Versuchsstückes; die Laschenkräfte und daraus die Bolzenkräfte wurden aus den auf den Laschenoberflächen gemessenen spezifischen Dehnungen berechnet. Der Vergleich von Versuch und Rechnung [mit $C = 526$ t/cm entsprechend Gl. (III,3)] zeigt zwar eine

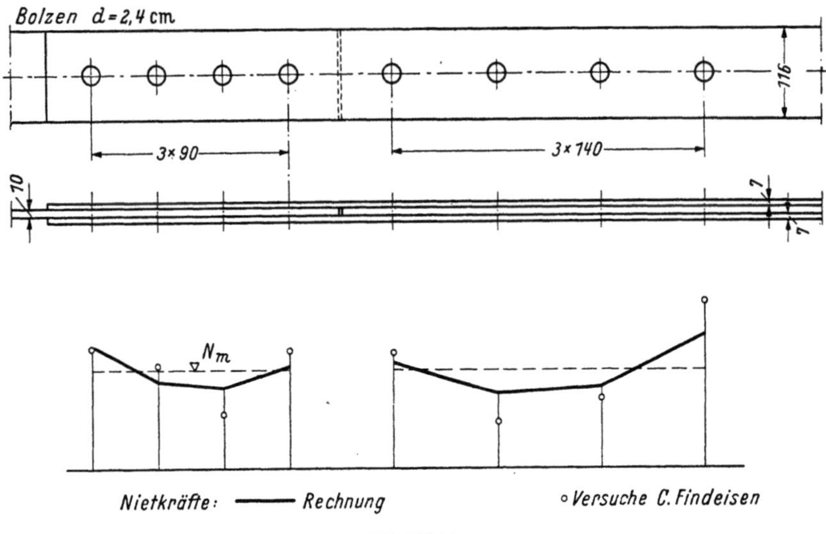

Abb. III,34.

grundsätzliche Übereinstimmung im Verlauf der Nietkraftverteilung, doch größere Unterschiede in den Einzelwerten. Nun sind bei der gewählten Versuchsauswertung größere Unsicherheiten und Streuungen durchaus zu erwarten, so daß diese Versuchsergebnisse mindestens keinen Beweis gegen die Brauchbarkeit der Berechnung darstellen.

Ähnliche Versuche wurden später von A. Hertwig und H. Petermann[2] durchgeführt; hier wurde die Nietkraftverteilung aus dem Vergleich der Drehungen der Bolzenenden bestimmt. Auch bei diesen Versuchen zeigt sich grundsätzliche Übereinstimmung mit der Rechnung, allerdings mit dem Unterschied, daß die Ungleichmäßigkeit der Kraftverteilung im Versuch stärker ausgeprägt ist als in der Rechnung. Da jedoch in dem der Auswertung zugrunde gelegten Belastungsbereich die Biegungsbeanspruchung der Bolzen die Proportionalitätsgrenze überschreitet, können die Versuchswerte nicht als vollständig beweiskräftig beurteilt werden. In diesem Zusammenhang ist zu erwähnen, daß Gl. (III,4) für das *Bruchverhalten* einer statisch beanspruchten Verbindung nicht mehr zutrifft. Mit steigender Belastung treten zuerst in den äußersten Verbindungsmitteln bleibende Schubverformungen ein; diese am stärksten belasteten Elemente werden relativ entlastet, die Kräfteverteilung wird wieder gleichmäßiger und im Bruchzustand sind alle Kräfte in der Reihe etwa gleich groß. Bei einer Dauerbeanspru-

---

[1] Findeisen, C.: Versuche über die Beanspruchungen in den Laschen eines gestoßenen Flacheisens bei Verwendung zylindrischer Bolzen. Forsch.-Arb. VdI H. 229, Berlin 1920.

[2] Hertwig, A., Petermann, H.: Über die Verteilung einer Kraft auf die einzelnen Niete einer Nietreihe. Stahlbau 1929, H. 25.

chung dagegen ist dieser Kräfteausgleich durch bleibende Verformungen nur in beschränktem Maße möglich.

Die *Folgerungen*, die für die *Konstruktionspraxis* aus diesen Untersuchungen zu ziehen sind, sind etwa folgende: Damit die übliche einfache Berechnung der Niet- und Schraubenkräfte in Anschlüssen mit der Annahme einer gleichmäßigen Kräfteverteilung beibehalten werden darf, muß die Überlastung $\varDelta$ an den Anschlußenden klein gehalten werden, indem einerseits der *Zwischenabstand e* verhältnismäßig *klein* gehalten und anderseits die *Zahl der* in einer Reihe hintereinander liegenden *Verbindungsmittel* begrenzt wird. Im *Brückenbau* dürfte es angemessen sein, diese Zahl auf *fünf* zu begrenzen, während im *Stahlhochbau*, bei vorwiegend ruhender Belastung und der damit verbundenen Möglichkeit eines Kraftausgleiches vor dem Bruch, diese Zahl auf *sechs* erhöht werden dürfte. Die Anordnung einer größeren Zahl von Nieten oder Schrauben in einer Reihe ist wenig wirksam, weil die Kräfte der äußersten Verbindungsmittel viel weniger stark abnehmen als die Gesamtzahl zunimmt.

Die *allgemeine Bedeutung* dieser Verhältnisse liegt darin, daß der Anschluß der Seitenlaschen am Anfang der Verbindung für die mittlere Platte eine *plötzliche Querschnittsänderung* bedeutet, die hier durch die Nachgiebigkeit der Verbindungsmittel allerdings gemildert wird. Wären die Niete (oder Schrauben) starr, so müßte die ganze Laschenkraft durch die Randniete allein aufgenommen werden; bei starren Platten und Laschen dagegen oder bei ideal nachgiebigen Verbindungsmitteln wäre die Kräfteverteilung gleichmäßig. Jede plötzliche Querschnittsänderung ist mit einer Ungleichmäßigkeit der Spannungsverteilung oder mit *Spannungsspitzen* belastet; dies wirkt sich auf die Dauerfestigkeit unter oft wiederholter Belastung ähnlich ungünstig aus wie eine Kerbwirkung.

Würden wir die Niete oder Schrauben durch ein stetig verteiltes Anschlußmittel, wie etwa eine Leimfuge oder eine längslaufende Schweißnaht (Flankennähte), ersetzen[1], so würde mit dem spezifischen Formänderungswiderstand

$$c = \frac{C}{e}$$

die Bestimmungsgleichung (III,4) in die Differentialgleichung

$$\boxed{\frac{d^2 S'}{dz^2} - \frac{c}{E}\,\frac{F' + F''}{F'\,F''}\,S' + P\,\frac{c}{E\,F''} = 0} \qquad \text{(III,4b)}$$

übergehen, deren Lösung S' für konstante Koeffizienten einem hyperbolischen Ansatz entspricht. Auch in diesem Fall muß durch einen *möglichst gedrungenen Anschluß* eine möglichst gleichmäßige Kraftverteilung im Anschluß angestrebt werden.

Da die Schwächung des Grundmaterials durch die Löcher wirtschaftlich mit einem Materialverlust gleichbedeutend ist, ist grundsätzlich immer eine Anordnung anzustreben, bei der die Lochschwächung in voll beanspruchten Querschnitten möglichst klein ist. Aus diesem Grunde ist schon verschiedentlich der

---

[1] Fillunger, P.: Über die Festigkeit von Löt-, Leim- und Nietverbindungen. Ö. W. öff. B. 1919.

Dreiecksanschluß nach Abb. III,35 vorgeschlagen worden, bei dem die Mittelplatte im letzten vollbeanspruchten Querschnitt nur durch ein einziges Loch geschwächt ist. Nun zeigt aber eine Nachrechnung der Kräfteverteilung mit Gl. (III,4), wobei die Formänderungsanteile

$$\int\limits^{e_i} \frac{1}{F_i''}\,dz$$

am einfachsten mit der Simpsonschen Regel berechnet werden, daß der erste Niet stärker überlastet ist als beim Normalanschluß mit vergleichbaren Verhältnissen (Abb. III,31). Wohl bedeutet der Anschluß des schmalen Laschenendes durch den ersten Niet für die Mittelplatte als Ganzes eine geringere Querschnittsänderung,

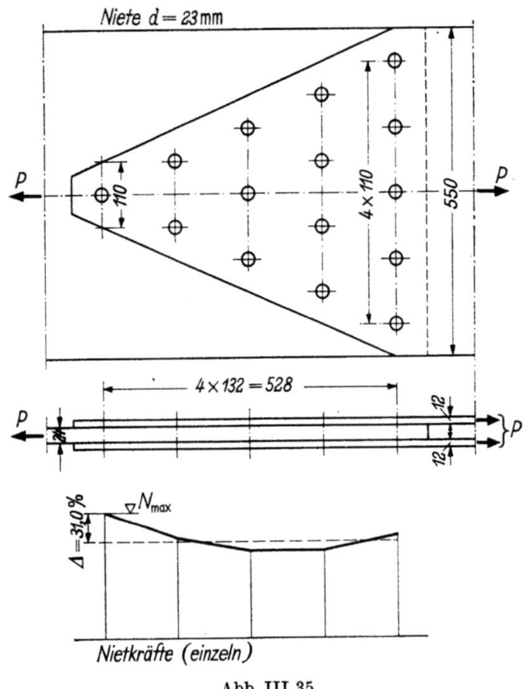

Abb. III,35.

als sie Laschen der vollen Breite darstellen würden, aber diese Querschnittsänderung ist auf einen Teil der Mittelplatte konzentriert und wirkt sich damit hier entsprechend ungünstiger aus. Da der Dreiecksanschluß außer diesen festigkeitstechnischen Nachteilen auch noch den wirtschaftlichen Nachteil von Materialabfall infolge der Schrägschnitte bei den Laschenenden aufweist, ist seine Anwendung im allgemeinen nicht zu empfehlen.

Verteilung der Kräfte nach der Breite

Bei mehr als zwei Rißlinien ist die Verteilung auch hier statisch unbestimmt. Die übliche Annahme gleich großer Kräfte setzt voraus, daß die Verteilung gemäß den Spannungen im Grundmaterial erfolgt, d. h. daß diese Spannungen ohne Umwege aufgenommen werden. Dies ist bei der konstruktiven Anordnung des Anschlusses zu beachten.

h) Zugverbindungen

Für diese durch *Kräfte in Schaftrichtung* beanspruchten Verbindungen sollten *normalerweise hochfeste vorgespannte Schrauben* (vgl. Abschn. III,2) verwendet werden, weil die Vorspannung die Verformungen merklich reduziert und die hohe Festigkeit des Schraubenmaterials die Aufnahme auch größerer Kräfte ermöglicht. Im vorliegenden Abschnitt werden deshalb nur kurz die zulässigen Spannungen für Niete und normale Schrauben besprochen.

Niete

Einwandfrei geschlagene Niete sind infolge der verhinderten Schrumpfung schon ohne äußere Einwirkung in Achsrichtung bis auf die Fließgrenze beansprucht (vgl. Abschn. III,1a). Allerdings hängt die Zugfestigkeit der Niete nicht wesentlich von dieser „Vorspannung" ab, weil dadurch die axiale Betriebszusatzbelastung eines Nietes nur einen Bruchteil der entsprechenden äußeren Zugkraft beträgt (vgl. Abschn. III,2e). Obwohl eine Zugbeanspruchung der Niete also kaum so ganz ungünstig zu beurteilen wäre, werden im Stahlbau solche Verbindungen vermieden, zum Teil auch wegen der ungünstigen Beanspruchung in den angeschlossenen Teilen und wegen der möglichen Erhöhung der Zugkräfte in den Nieten infolge der Verformungen der Anschlußelemente (vgl. Abschn. III,2e). Zudem wird die übertragbare Zugkraft durch eine gleichzeitig wirkende Scherkraft vermindert.

Schrauben

Bei auf *Zug in Schaftrichtung* beanspruchten Schrauben ist der Kernquerschnitt[1] F_K des Gewindes maßgebend. Die Zugfestigkeit eines gekerbten Stabes ist (vgl. Abb. II,48) praktisch gleich derjenigen des glatten Stabes oder kann diese sogar etwas übersteigen; sie fällt dagegen bei zeitlich veränderlicher Belastung je nach dem Spannungsverhältnis $\sigma_{min}/\sigma_{max}$ stark ab. Die heutigen Vorschriften und Regeln berücksichtigen diese Abhängigkeit des Faktors

$$\varphi = \frac{\sigma_{K\,max}}{\sigma_{max}}$$

noch nicht, sondern rechnen mit festen Abminderungswerten, wie z. B. $\sigma_{K\,zul} = 0{,}75\sigma_{zul}$; es ist zu erwarten, daß eine schärfere Erfassung der wirklichen Festigkeitsverhältnisse sich auch hier mit der Zeit durchsetzen wird.

i) Die Gelenkbolzenverbindung

Die Gelenkbolzenverbindung, d.h. die Verbindung von zug- und druckfesten Stäben durch einen einzigen Bolzen mit entsprechend großem Durchmesser, wurde früher in Nordamerika häufig beim Bau von fachwerkförmigen Brückenhauptträgern verwendet (Abb. III,36a); es wurde dabei geltend gemacht, daß mit einem solchen Bolzengelenk die Hauptvoraussetzung der Fachwerksberechnung,

---

[1] Bei HV-Schrauben wird der sog. Spannungsquerschnitt (vgl. Abschn. III,2b), der etwas größer ist als der Kernquerschnitt, als maßgebender Querschnitt bei Zug in Schaftrichtung angesehen. Es wäre logisch, diesen versuchsmäßig ermittelten Bezugsquerschnitt auch bei den normalen Schrauben der Berechnung zugrunde zu legen.

nämlich die reibungsfreien gelenkigen Knotenpunkte, weitgehend verwirklicht sei. Es zeigte sich nun aber einerseits, daß durch die Wirkung der Reibung im Bolzengelenk Zusatzspannungen auftreten können, die annähernd von gleicher Größenordnung sind, wie die Nebenspannungen in Fachwerken mit steifen Knoten.

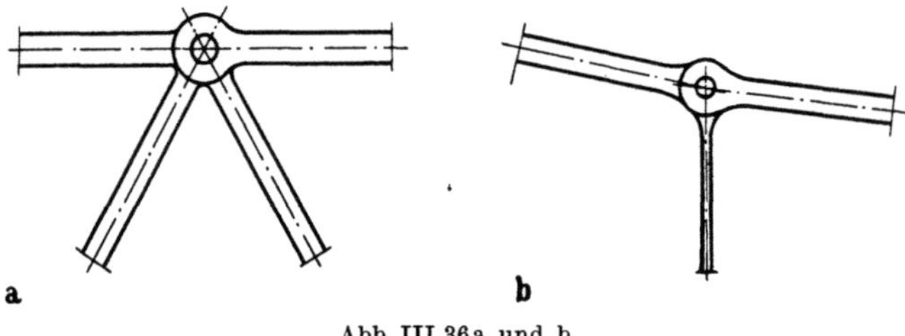

Abb. III,36a und b.

Anderseits konnte aus einigen Brückenunfällen (Anfahren von Fahrzeugen an Füllungsglieder) der Schluß gezogen werden, daß Fachwerke mit steifen Knotenpunkten eine größere Sicherheit besitzen als solche mit Gelenkbolzenverbindungen. Der eigentliche Grund, weshalb das Gelenkbolzenfachwerk in Nordamerika sich verhältnismäßig lange halten konnte, ist ein wirtschaftlicher. Mit der Gelenkbolzenverbindung war der Zusammenbau von Fachwerkträgern auch mit ungeübten Hilfskräften möglich, während die Nietung, wie auch die Schweißung, ausgebildete Spezialhandwerker verlangt.

Heute wird in allen Ländern die Gelenkbolzenverbindung in der Regel nur noch für die Ketten von Kettenhängebrücken (Abb. III,36b) und konstruktiv ähnlichen Sonderfällen sowie auch gelegentlich bei zerlegbaren „Baukastensystemen" (Kriegsbrücken, Krane, usw.) verwendet. Die zu verbindenden Stäbe (Kettenglieder und Hängestangen) werden dabei in Einzelstäbe (*Augenstäbe*) aufgelöst, die symmetrisch zur mittleren Tragwerksebene (Abb. III,37) anzuordnen sind.

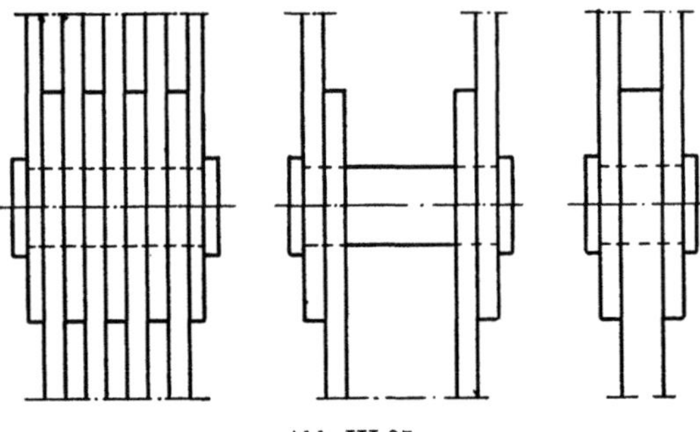

Abb. III,37.

Im Gegensatz zur Niet- und Schraubenverbindung ist diese Bolzenverbindung eine gelenkige Verbindung; die freie (d. h. höchstens durch Reibungskräfte behinderte) Drehbarkeit soll nicht durch bleibende Formänderungen beeinträchtigt werden. Deshalb ist auch eine nennenswerte Verbiegung des Bolzens unerwünscht und damit zu vermeiden. Der Bolzen ist so zu bemessen, daß alle Beanspruchungen unterhalb der Proportionalitätsgrenze des Materials liegen.

Die genaue Berechnung eines *Bolzens* ist deshalb schwierig, weil er nicht mehr einen schlanken Stab, wie er in der normalen Biegungslehre vorausgesetzt wird, sondern einen gedrungenen Stab darstellt, für den diese Biegungslehre nicht mehr gilt. F. BLEICH[1] hat eine wohl annähernd zutreffende Berechnung für die Bolzenspannungen angegeben, indem er eine aus einem zweischnittigen Bolzen herausgeschnitten gedachte dünne ebene Scheibe untersucht. Nachstehend sind die Ergebnisse dieser Berechnung wiedergegeben, die als genügend genau zutreffende Grundlage der praktischen Bemessung angesehen werden dürfen (Abb. III,38).

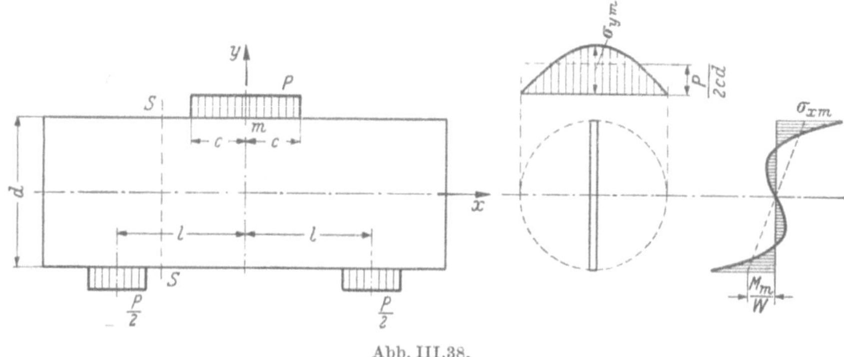

Abb. III,38.

Die größten Normalspannungen treten im Punkt m auf; sie betragen bei cosinus-förmiger Verteilung des Lochleibungsdruckes:

$$\max \sigma_y = \frac{4}{\pi}\frac{P}{2cd} = 1{,}27\frac{P}{2cd} = 1{,}27\sigma_l, \qquad \text{(III,5a)}$$

$$\max \sigma_x = \frac{M_m}{W} + 0{,}42\frac{P}{cd}\operatorname{arc\,tg}0{,}21\frac{d}{c}; \qquad \text{(III,5b)}$$

gleichzeitig verschwindet an dieser Stelle die Schubspannung τ aus Symmetriegründen. Für die Bemessung ist somit eine Vergleichsspannung σ_g maßgebend; wird die Theorie von der Konstanz der Gestaltänderungsarbeit als maßgebend angesehen, so muß sein

$$\sigma_g = \sqrt{\sigma_x^2 + \sigma_y^2 - \sigma_x\,\sigma_y} \leqq \sigma_\text{zul}.$$

Nach der Schubspannungstheorie wäre dagegen wegen $\sigma_z = 0$ der größere der beiden Spannungswerte für sich allein maßgebend.

Die *Schubspannungen* τ spielen hier, gegenüber den Normalspannungen, für die Bemessung in der Regel keine nennenswerte Rolle; ihr Größtwert beträgt nach F. BLEICH in einer Scherfläche F, etwa im Schnitt $s-s$,

$$\max \tau = \left[1{,}10 + 0{,}02\left(\frac{d}{2l}\right)^2 + 0{,}25\operatorname{arc\,tg}\frac{2l}{d}\right]\tau_m, \qquad \text{(III,5c)}$$

wobei τ_m die mittlere auf die Scherfläche F gleichmäßig verteilt angenommene Schubspannung bedeutet.

---

[1] BLEICH, F.: Theorie und Berechnung der eisernen Brücken, Berlin: Springer 1924, S. 324ff. Für die numerische Untersuchung dieser Scheibenprobleme s. PIERRE DUBAS: Calcul numérique des plaques et des parois minces, Mitt. Inst. f. Baustatik, ETH Nr. 27, Zürich 1955.

Für die Bemessung der *Augenstäbe* ist wesentlich, daß die beiden durch die Bolzenlöcher geschwächten Stabenden nicht den Stabquerschnitt auf die ganze Stablänge bestimmen sollen; die Stabenden müssen somit gegenüber dem normalen Stabquerschnitt entweder *verbreitert* oder *verstärkt* werden. Dabei soll das Stabende oder *Auge* trotz der ungleichmäßigen Spannungsverteilung im Schnitt durch Lochmitte (vgl. Abb. III,15), die hier zusätzlich durch die Ringform des Stabendes noch weiter ungünstig beeinflußt wird, mindestens die gleiche Festigkeit wie der normale Stabquerschnitt aufweisen.[1]

Abb. III,39 zeigt drei charakteristische Ausführungsformen: In Amerika ist es üblich, die Verbreiterung durch Aufstauchen der Stabenden zu erhalten, während

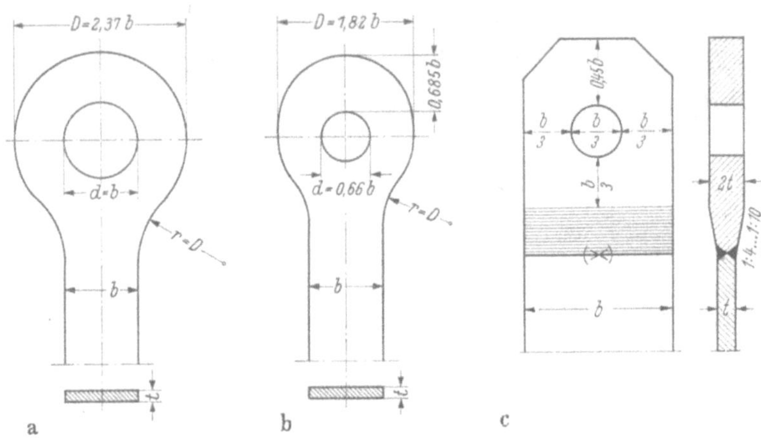

Abb. III,39a–c. a) Amerikanische Norm; b) Budapest; c) Hängestange einer Tiefschütze.

der Augenstab, der für den Bau der Elisabethenbrücke in Budapest verwendet wurde, aus einem vollen Breitflachstahl der Breite D herausgeschnitten wurde. Die Stabenden lassen sich auch durch Anschweißen besonders geformter, dickerer Endstücke einfach verstärken.

2. Hochfeste vorgespannte Schrauben

Kurz nach dem letzten Weltkrieg ist, von Nordamerika ausgehend, mit der hochfesten vorgespannten Schraube (HV-Schraube) ein neues *Montage*verbindungsmittel eingeführt worden. Für die HV-Verbindungen haben sich im Stahlbau zwei Anwendungsformen mit verschiedenen Wirkungsweisen und Beanspruchungsarten herausgebildet[2]:

---

[1] Vgl. u. a. BOHNY, C. M.: Hängebrücken, Beiträge zu ihrer Berechnung und Konstruktion, Berlin 1934.

[2] Die an der TH-Karlsruhe durchgeführte systematische Versuchsforschung über das Verhalten und die Anwendung der HV-Schrauben hat wesentlich zu ihrer raschen Verbreitung beigetragen. Die Ergebnisse der Untersuchungen sind in folgenden Veröffentlichungen erschienen: STEINHARDT, O., MÖHLER, K.: Versuche zur Anwendung vorgespannter Schrauben im Stahlbau. Berichte des Deutschen Ausschusses für Stahlbau, Stahlbau-Verlags-GmbH Köln; I. Teil — H. 18 (1954), II. Teil — H. 22 (1959), III. Teil — H. 24 (1962), IV. Teil — H. 25 (1969). Zudem kann auf folgende Kongreßberichte der IVBH hingewiesen werden: Stockholm 1960, Vorbericht S. 313—382, Schlußbericht S. 157—201; Rio de Janeiro 1964, Vorbericht S. 363—430, Schlußbericht S. 171—192.

Reibungsverbindungen, deren Tragfähigkeit auf der Reibung zwischen den zu verbindenden, aufeinander geklemmten Anschlußteilen beruht. Sie übertragen quer zur Schaftrichtung wirkende Kräfte und sind von diesem Gesichtspunkt mit den Scherverbindungen mittels Niete oder gewöhnlicher Schrauben (vgl. Abschn. III,1e) verwandt.

HV-Zugverbindungen, die in Schaftrichtung wirkende äußere Zugkräfte übernehmen, wobei sich die Vorspannung hauptsächlich in einer geringeren Verformbarkeit des Anschlusses auswirkt.

a) Formgebung und Festigkeitseigenschaften der HV-Schrauben

Schraubenformen

Gegenüber der für die gewöhnlichen Schrauben normierten Formgebung ist bei den HV-Schrauben die Pressungsfläche zwischen Kopf (bzw. Mutter) und Unterlagsscheibe durch Wahl der jeweils nächst größeren Kopfweite vergrößert und der Übergang zwischen Kopf und Schaft verbessert, so daß eine höhere Vorspannkraft als bei der am Anfang üblichen „kleinen Kopfform" zulässig ist.

Bis vor kurzem hat man bei HV-Schrauben beidseitig Unterlagsscheiben angeordnet; neuere Versuche haben gezeigt, daß diese Maßnahme nicht unbedingt erforderlich ist, falls die Löcher sauber entgratet sind. Heute wird meistens nur eine 4 mm starke Unterlagsscheibe verwendet, die auf der Anziehseite (Mutter, vereinzelt auch Kopf) anzuordnen ist.

Schraubenlöcher

Bei Reibungsverbindungen ist der Schraubenschaft nur im Bruchzustand (vgl. Abschn. III,2c) auf Abscheren und Lochleibungsdruck beansprucht; das Gewinde darf deshalb in die Bohrung hineinreichen, und der Lochdurchmesser darf größer sein als der Schaftdurchmesser (Abb. III,40). Das Spiel beträgt in der Regel 1 bis 2 mm, vereinzelt sogar 3 mm; es reicht meistens aus, um die Ausführungstoleranzen auszugleichen und ein gemeinsames Bohren oder ein Aufreiben der Löcher auf der Baustelle zu vermeiden.

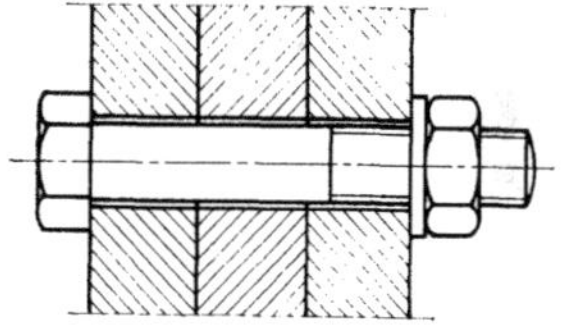

Abb. III,40.

Festigkeitseigenschaften

Das Anbringen einer möglichst großen und dauerhaften Vorspannkraft bedingt die Verwendung eines Materials von sehr hoher Festigkeit. Die HV-Schrauben werden deshalb meistens aus einem legierten und vergüteten Stahl der Festigkeitsklasse 10.9 [1] mit folgenden Eigenschaften hergestellt:

Zugfestigkeit	$\sigma_Z = 100$ bis 120 kg/mm^2,
Fließgrenze	$\sigma_F \geq 90 \text{ kg/mm}^2$ (0,2%-Grenze),
Bruchdehnung	$\lambda_5 \geq 9\%$,
Brinellhärte	$H_B = 280$ bis 365 kg/mm^2.

---

[1] Die erste Zahl gibt 1/10 der Mindestzugfestigkeit in kg/mm², die zweite 1/10 des Verhältnisses der Mindestfließgrenze zur Mindestzugfestigkeit in Prozenten an; durch die Multiplikation der beiden Zahlen ergibt sich die Mindestfließgrenze in kg/mm².

Vereinzelt werden auch Schrauben der niedrigeren Klasse 8.8 oder der höheren Klasse 12.9 verwendet. Die Muttern haben in der Regel die nächstniedrigere, die Unterlagsscheiben die gleiche Klasse wie die Schrauben.

b) Vorspannkraft

Nach den Empfehlungen der „Europäischen Konvention der Stahlbauverbände"[1] ist folgende axial im Schraubenschaft wirkende Vorspannkraft erforderlich:

$$P_v = 0.8\sigma_F F_{sp}$$

mit

σ_F = Fließgrenze des Schraubenmaterials nach III,2a,

F_{sp} = Spannungsquerschnitt der Schraube, d. h. versuchsmäßig bestimmter Querschnitt jenes glatten Ersatzzylinders, welcher dieselbe Sicherheit gegen Bruch bei Aufbringen eines Drehmomentes oder einer Zugkraft besitzt wie der Gewindeteil der Schraube. Er wird aus dem Mittelwert zwischen Kerndurchmesser und Flankendurchmesser des Gewindes errechnet.

Unter Berücksichtigung der nach dem Anziehen verbleibenden Torsionsschubspannungen erreicht die Vergleichsspannung rd. $0.9\sigma_F$.

Verfahren zum Anspannen der Schrauben

In Europa werden die HV-Schrauben oft mit einem einstellbaren Drehmomentenschlüssel angezogen, wobei sich das Anziehmoment durch folgende empirische Formel erfassen läßt:

$$M_a = k\, d\, P_v$$

mit

$k \cong 0.18$ (Lieferzustand, Schrauben leicht eingefettet),

d = Schaftdurchmesser (als Kenngröße des Hebelarmes der inneren Widerstände).

Um die Streuung des Ablesegerätes und des k-Wertes auszugleichen, schreiben die Empfehlungen ein um 10% höheres Anziehmoment vor. Zudem wird die rechnerische Vorspannkraft P_v gegenüber $0.8\sigma_F F_{sp}$ um 10% ermäßigt.

Bei einem zuerst in Nordamerika eingeführten anderen Anspannverfahren ist die indirekte Messung der Vorspannkraft (über das Anziehmoment) durch eine Schätzung der Schraubendehnung ersetzt, wobei der Umdrehungswinkel der Mutter eine einfache „Ablesung" der Schaftverlängerung erlaubt. Um eine einwandfreie Ausgangslage mit anliegenden Kontaktflächen zu erhalten, werden die Schrauben zuerst „handfest" angezogen, oder noch besser bis die gegenüberliegenden Löcherzonen satt anliegen („snug fit", wobei der Preßluftschlagschlüssel vom Leerlauf ins Hämmern übergeht). Anschließend ist die Mutter um das Umdrehungsmaß

$$\alpha^\circ = 90^\circ + t + d,$$

d. h. um rd. eine halbe Umdrehung weiter anzuziehen; es bedeuten

t = totale Klemmlänge in mm (entspricht B nach III,1a),

d = Schaftdurchmesser in mm.

---

[1] Europäische Richtlinien für die Verwendung hochfester vorgespannter Schrauben im Stahlbau, CEACM-X-65-21^D, Mai 1965 (in Revision).

Eine genauere Ausgangslage kann man dadurch erreichen, daß man zuerst mit einem Drehmomentenschlüssel drei Viertel des erforderlichen Drehmomentes M_a anbringt und darauf die Mutter um 90 bis 120° weiterdreht. Mit diesem Verfahren wird zudem der Einfluß der Streuung der k-Werte verringert.

Für die vorher angegebenen Umdrehungsmasse liegt die Schraubendehnung (bzw. die Schraubenspannung) im Bereich der 0,2%-Grenze; es verbleibt aber eine ausreichende plastische Reserve vor dem Bruch, wie dies aus dem Abwürg-diagramm Abb. III,41 ersichtlich ist. Bei zugbeanspruchten Verbindungen ist

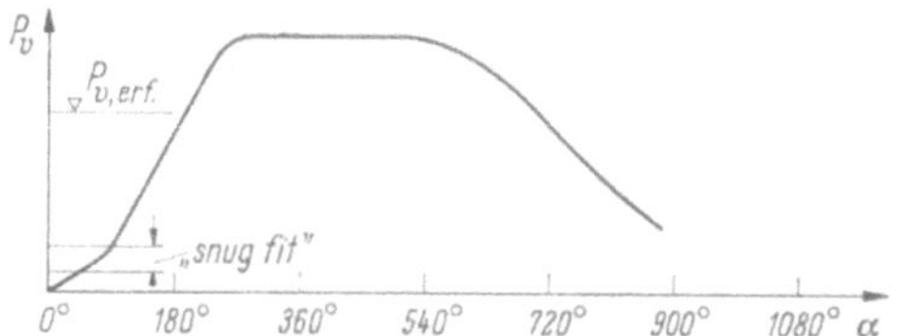

Abb. III,41. Schematisches Abwürgdiagramm einer HV-Schraube.

allerdings für ständig wirkende (Relaxation) oder oft wiederholte (Ermüdung) Beanspruchungen die durch das Anziehverfahren bedingte Verminderung des Plastifizierungsvermögens genauer zu verfolgen.

Durch eine besondere Ausbildung des Schraubenschaftes kann die Kontrolle des Anziehmomentes von der Schraube selbst übernommen werden[1]. In letzter Zeit werden zudem im Stahlbau die seit langem im Leichtmetallbau verwendeten vorgespannten Huck-Bolzen (Abb. III,42) eingeführt, bei denen ein Schließring

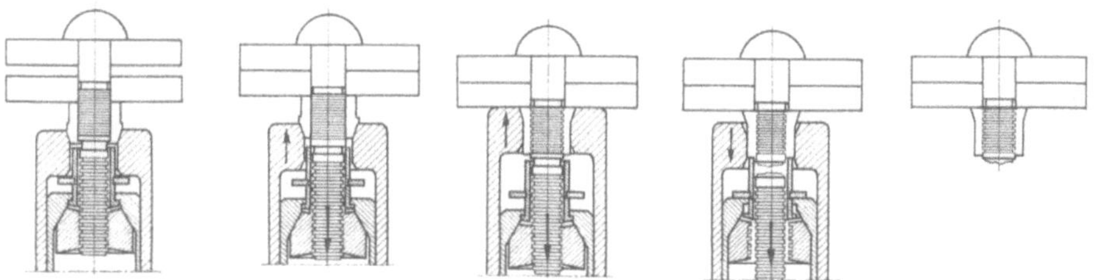

Abb. III,42. Setzvorgang bei Schließringbolzen (Huck-Bolzen).

durch das an der Schaftverlängerung angreifende Setzgerät in die Rillen des Schaftes eingepreßt wird und somit die Mutter ersetzt. Bei Steigerung der Kraft des Gerätes reißt der Bolzen an einer Sollbruchstelle ab, wobei die Vorspannkraft in die gleiche Größenordnung zu liegen kommt, wie bei den Schrauben der Festigkeitsklasse 8.8[2].

c) Reibungsverbindungen

Wirkungsweise

Beim Anziehen der HV-Schrauben werden die zu verbindenden Teile auf-einandergeklemmt, so daß die quer zur Schaftrichtung wirkenden Kräfte durch

---

[1] Bei den in England entwickelten „Torshear"-Schrauben wird die Reaktion des auf die Mutter wirkenden Anziehmomentes auf eine Verlängerung des Schaftes übertragen, wodurch der Arbeiter entlastet ist. Eine kalibrierte Kerbe zwischen dem Schaft und seiner Verlängerung schert auf Torsion ab, sobald das vorgeschriebene Moment erreicht ist.

[2] Vgl. z. B. VALTINAT, G.: Hochfeste Huck-Bolzen — ein neues Verbindungsmittel im Metallbau. Draht-Welt 55, 1969.

die ruhende Reibung (Mikroverzahnung) zwischen den Berührungsflächen übertragen werden. Im Gegensatz zu den Nieten und gewöhnlichen Schrauben, bei denen nach Abschn. III,1e die Klemm- und Reibungskräfte nicht berücksichtigt werden dürfen, ist bei den HV-Schrauben die *Gleitlast* μP_v die kennzeichnende Größe für die Bemessung. Wenn die Sicherheit gegen Gleiten mit n_G bezeichnet wird, beträgt die zulässige übertragbare Kraft einer Reibungsverbindung

$$P_{s\,\text{zul}} = \frac{\mu P_v}{n_G} \qquad \textit{je Schraube und je Reibungsfläche.}$$

Die Reibungszahl μ (Verhältnis Gleitlast/Klemmkraft) hängt hauptsächlich von der Beschaffenheit der Berührungsflächen beim Einbau, d. h. von ihrer Vorbehandlung, ab. Die Festigkeit des Grundmaterials spielt dagegen eine geringere Rolle. Bei sachgemäßer Behandlung kann man folgende Mindestwerte der Berechnung zugrunde legen:

Grundmaterial	Berührungsflächen	
	sand- evtl. flammgestrahlt	unbehandelt
St 37	$\mu = 0{,}5$	$\mu = 0{,}3$,
St 52	$\mu = 0{,}55$	$\mu = 0{,}3$.

Bei der Festlegung der Sicherheit n_G ist zwischen vorwiegend ruhender und oft wiederholter Belastung zu unterscheiden, weil das Überschreiten der Gleitgrenze einer Reibungsverbindung je nach Art der Beanspruchungen andere Folgen hat und somit verschieden zu beurteilen ist.

Bei statischer Beanspruchung bedeutet eine Gleitung um das Lochspiel wohl ein unerwünschtes Ereignis, weil bleibende Formänderungen die Brauchbarkeit des Tragwerkes beeinträchtigen, aber keine unmittelbare Einsturzgefahr: nach Überwinden der Reibung und Eintreten einer plötzlichen Verschiebung um 1 bis 2 mm kommen die Schraubenschäfte zum Anliegen an die Lochwandung, und die Übertragung der Kräfte erfolgt — bei Fortbestehen eines beträchtlichen Reibungswiderstandes — zusätzlich durch Abscheren und Lochleibungsdruck. Die Verbindung versagt in der Regel nicht durch Abscheren des hochfesten Schraubenmaterials, sondern durch Erreichen der Zugfestigkeit im maßgebenden Querschnitt des Grundmaterials oder durch Aufreißen der Randzone vor der ersten Schraube.

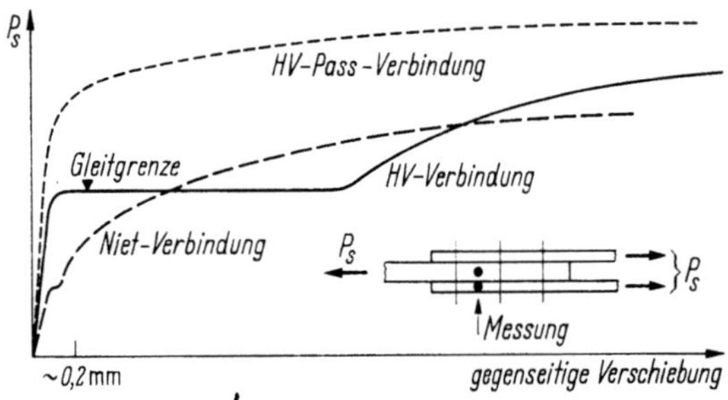

Abb. III,43. Schematische Lastverschiebungsdiagramme verschiedener Verbindungsmittel.

Das Lastverschiebungsdiagramm Abb. III,43 zeigt deutlich, daß oberhalb der Gleitgrenze der HV-Verbindung eine beträchtliche Tragreserve vorhanden ist, so daß eine relativ kleine Sicherheit genügt, z. B. $n_G = 1{,}25$. Bei dünnen angeschlossenen Teilen ist der Lochleibungsdruck zu kontrollieren; der an Hand von Versuchsergebnissen bestimmte zulässige Wert liegt, wegen des günstigen Einflusses der Querpressungen in der Lochzone, höher als bei Nieten oder nicht vorgespannten Schrauben und beträgt

$$\sigma_{l\,\text{zul}} = 3\,\sigma_{\text{zul}} \qquad (\sigma_{\text{zul}} \text{ Grundmaterial}).$$

Bei *Dauerbeanspruchung* verhält sich dagegen die Verbindung oberhalb der Gleitlast ungünstiger: Verminderung des Reibungskoeffizienten durch mehrmaliges Überschreiten der Gleitgrenze, größerer Einfluß der Lochschwächung bei Verringerung der Klemmkraft infolge Querkontraktion des Grundmaterials im Fließbereich, usw. Beim Dauerfestigkeitsnachweis ist somit eine höhere Gleitsicherheit erforderlich, z. B. $n_G = 1{,}4$.

Verbindungen, bei denen Gleitverschiebungen möglichst unterdrückt werden sollen, sind mit *HV-Paßschrauben* (HVP-Schrauben) auszuführen, die ein maximales Lochspiel von $^3/_{10}$ mm besitzen. Die gute Passung erlaubt zudem, die Scherfestigkeit des Schraubenschaftes von Anfang an auszunützen: es liegt somit eine kombinierte *Reibungs-Scher-Verbindung* hoher Tragkraft und geringer Nachgiebigkeit im maßgebenden Bereich vor (vgl. Abb. III,43), bei der die Werte $P_{s\,\text{zul}}$ entsprechend erhöht werden dürfen. Für den Lochleibungsdruck ist dagegen der Wert $3\,\sigma_{\text{zul}}$ einzuhalten. Der Umstand, daß die Stoßlöcher gemeinsam gebohrt oder nach dem Zusammenbau aufgerieben werden müssen, verteuert die Bearbeitung. Für die praktische Anwendung kommt deshalb auch eine Kombination von HVP- und HV-Schrauben im selben Anschluß in Frage, wobei zugleich die Schraubenzahl und der Gleitweg vermindert werden.

Spannungsnachweis im Grundmaterial

Für den Spannungsnachweis der zu verbindenden Elemente ist in der Regel der Lochabzug nur bei einer Zugbeanspruchung zu berücksichtigen. Da die Kraftübertragung *flächenhaft* auf Reibung erfolgt, ist ein Teil der Kraft, der vorsichtigerweise auf 40% geschätzt[1] werden kann, bereits vor dem geschwächten Querschnitt angeschlossen. Der Nachweis erfolgt deshalb mit der verminderten Kraft

$$N\left(1 - 0{,}4\,\frac{r}{n}\right),$$

r = Zahl der Schrauben im gefährdeten (ersten) Querschnitt,

n = Gesamtzahl der Schrauben für den Anschluß von N.

Für den Nachweis der statischen *Bruch*sicherheit ist diese Verminderung nicht statthaft, weil die Klemmkräfte in diesem Zustand infolge der Querkontraktion stark abgemindert sind.

Bei *oft wiederholter Beanspruchung* bewirken die Klemmkräfte P_v hohe Querpressungen um die Lochränder, die zu einer Verminderung der Kerbwirkung führen[2]. Die Ermüdungsfestigkeit einer HV-Verbindung liegt somit höher als

---

[1] Bei HVP-Schrauben darf selbstverständlich nur 40% vom *Reibungs*anteil berücksichtigt werden, d. h. die gleiche Kraft wie bei einer normalen HV-Schraube.

[2] Vgl. u. a. STEINHARDT, O.: Stand der Verbindungstechnik im Metallbau. Abhandlungen IVBH Bd. 26, Zürich 1966. Abb. III,44 ist dieser Arbeit entnommen.

diejenige eines genieteten oder gelochten Stabes (Abb. III,44). Die Rißlinie verläuft hier meistens durch den vollen Querschnitt, in Randnähe der Unterlagsscheiben.

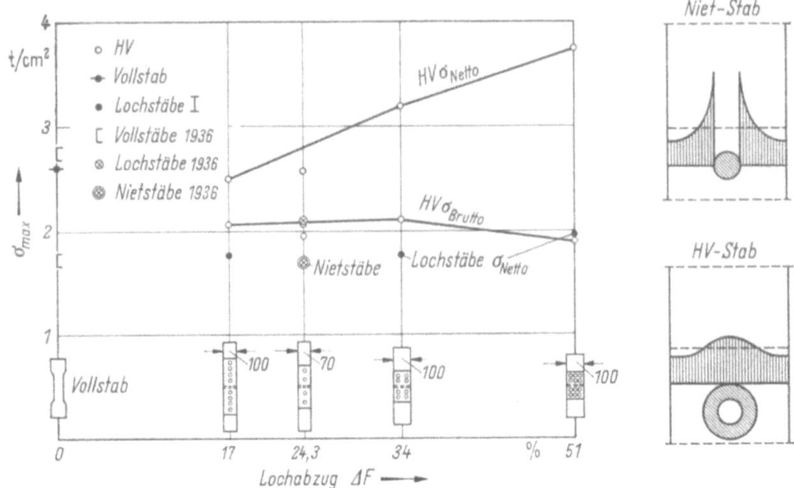

Abb. III,44. Dauerschwellfestigkeiten verschiedener Stäbe aus St 37 ($\sigma_{min}/\sigma_{max} = 0,1$; $n = 2 \cdot 10^6$).

Schraubenabstände bei Reibungsverbindungen

Für die minimalen Abstände gelten praktisch die Werte des Abschn. III,1d, d. h.

$$\text{Gegenseitige Schraubenabstände} \qquad e \geqq 3d,$$

$$\text{Endabstände} \quad \begin{array}{l} \text{in Kraftrichtung} \qquad e_1 \geqq 2d, \\ \text{quer zur Kraftrichtung} \quad e_2 \geqq 1,5d. \end{array}$$

Vorzüge und Nachteile der HV-Reibungsverbindungen

Als Hauptvorzug der HV-Schrauben ist die verbilligte Ausführung zu nennen, weil ein gemeinsames Bohren oder Aufreiben der Löcher in der Regel nicht erforderlich ist und weil das Einziehen von Schrauben mit Spiel rascher vor sich geht als bei Paßschrauben; auch fällt der Lärm beim Nieten, der besonders bei Hochbauten in Städten störend wirkt, hier weg. Der verbesserte Kraftfluß durch die flächenhafte Einleitung der Kräfte mildert die Wirkung der Lochschwächung und erlaubt Ersparnisse an Konstruktionsmaterial. Zudem kann jede Schraube eine höhere Kraft übertragen, so daß sich die Anschlußlänge verkleinert (weniger Stoßmaterial). Ein unbeabsichtigtes Lösen ist dank der hohen Klemmkraft wirksam verhindert; eine besondere Sicherung ist deshalb auch bei dynamischer Beanspruchung entbehrlich.

Auf der anderen Seite darf nicht verschwiegen werden, daß die Kontrolle der tatsächlichen Höhe der Klemmkraft P_v und der Reibungszahl μ auf Schwierigkeiten stößt; außerdem streuen die Werte k und μ erheblich. Hohe μ-Werte bedingen eine sorgfältige Behandlung der Berührungsflächen; zudem sind Vorkehrungen zu treffen, damit der rechnerisch angenommene Zustand auf die Dauer erhalten bleibt. Da eine Rostbildung in den Zwischenflächen zu einer beträchtlichen Verminderung des μ-Wertes führt ($\mu < 0{,}3$), ist dem *Korrosionsschutz* vor und nach dem Verschrauben die größte Aufmerksamkeit zu schenken. Es ist allerdings zu erwarten, daß nächstens Schutzanstriche zur Verfügung stehen werden, welche die Reibungszahl nicht herabsetzen — sondern möglicherweise sogar erhöhen — und einen dauerhaften Schutz gewährleisten.

Die Bearbeitung von HV-Reibungsverbindungen wird dadurch erschwert, daß ein genaues Passen (sattes Anliegen) der Kontaktflächen erforderlich ist, da sonst ein Teil der Vorspannkraft für das Verbiegen und Zusammenpressen der Stoßelemente verbraucht und die tatsächliche Klemmkraft auf einer Seite des Anschlusses entsprechend vermindert wird. Bei den im Stahlbau üblichen Toleranzen sind somit allfällige Fugen durch beidseitig sandgestrahlte Ausgleichsfutter auszufüllen (Abb. III,45). Um auch bei größeren Schraubenbildern den Einfluß der örtlichen Passungsungenauigkeiten möglichst auszuschalten, sind die Schrauben zuerst in überspringender Reihenfolge bis auf etwa $^3/_4 P_v$ anzuziehen und die Sollvorspannung erst in einer zweiten Runde aufzubringen.

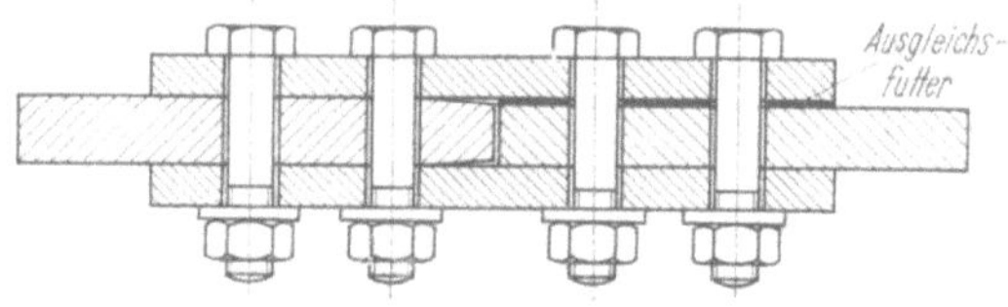

Abb. III,45.

Schließlich muß darauf hingewiesen werden, daß sich bei längeren Anschlüssen in bezug auf die Schraubenkraftverteilung eine Schwierigkeit ergeben kann. Die HV-Schraube, bei der unter Gebrauchslast ja keine nennenswerte Verformung eintreten darf, ist praktisch ein starres oder mindestens annähernd starres Verbindungsmittel mit großem Verformungswiderstand C. Die Ungleichmäßigkeit der Kraftverteilung in einem Anschluß muß deshalb noch ausgeprägter sein als bei einer Nietreihe (siehe z. B. Abb. III,31 ff.), und die Gefahr einer starken Überlastung der Randschrauben vergrößert sich entsprechend. Die Anschlüsse sind deshalb möglichst gedrungen (mit dem minimalen Abstand $3d$) auszuführen, und in Kraftrichtung sollen bei dynamischer Belastung nicht mehr als fünf Schrauben hintereinander in einer Reihe liegen. „Setzungsrutschungen" (bis 0,05 mm), die sich von den Anschlußenden gegen die Mitte ausbreiten, bewirken allerdings einen gewissen Lastausgleich schon vor dem eigentlichen Gleiten.

Das geringe Verformungsvermögen unterhalb der Gleitlast verunmöglicht zudem einen Abbau von ungünstigen Spannungszuständen. In dieser Hinsicht verhalten sich Reibungsverbindungen nicht wie die nachgiebigen Nietverbindungen (vgl. Abb. III,43), sondern eher wie Schweißnähte. Diese Steifheit ist bei der Wahl der Güte des Grundmaterials zu berücksichtigen (ausreichende Sprödbruchunempfindlichkeit).

Vorgespannte geklebte Verbindungen (VK-Verbindungen)

Reine Klebeverbindungen sind im Stahlbau selten, weil die zulässigen Scherbeanspruchungen der zur Verfügung stehenden Klebestoffe relativ bescheiden sind. Das Zusammenwirken von Klebefugen mit HV-Schrauben könnte dagegen in der Zukunft eine gewisse Rolle spielen. Obwohl einige Ausführungen[1] vorliegen, steht die VK-Verbindung noch im Entwicklungsstadium.

d) Vorgespannte Scherbolzenverbindungen

Wenn man eine Gleitverschiebung um das Lochspiel unter den rechnerischen Gebrauchslasten in Kauf nimmt — was bei statischer Beanspruchung unter Umständen tragbar erscheint und in Nordamerika bei Hochbaukonstruktionen üblich ist —, darf man zur Verringerung des Bearbeitungsaufwandes auf eine Behandlung der Kontaktflächen verzichten. Man bleibt auf der sicheren Seite, wenn man, wie bei den Nieten und gewöhnlichen Schrauben, den Reibungsschluß infolge der Klemmkräfte vernachlässigt und annimmt, daß die quer zur Schaftrichtung wirkenden Kräfte nur auf *Abscheren* und *Lochleibungsdruck* übertragen werden. Diese sog. Scherbolzenverbindungen stellen somit eine Weiterentwicklung der Anschlüsse mit gewöhnlichen Schrauben dar. Sie besitzen den Vorzug einer geringeren Schraubenzahl (Material hoher Festigkeit) und der kleineren Nachgiebigkeit im Betrieb, so lange die Gleitgrenze nicht überschritten wird. Der Einfluß der größeren, nach Überwindung der Reibung eintretenden Gleitwege auf die Kräfteverteilung ist allerdings zu beachten, insbesondere bei statisch unbestimmten Bauteilen. Um diese Verschiebungen des Anschlusses und damit die Verformungen des Tragwerkes in einem vernünftigen Rahmen zu halten, ist bei den Scherbolzen das Spiel zwischen Schaft und Lochwand auf *1 mm* zu begrenzen, so daß ein Aufreiben auf der Baustelle in der Regel erforderlich ist. Die Berechnung erfolgt gleich wie bei den Nieten und gewöhnlichen Schrauben, wobei die Wirkung der Klemmkräfte indirekt in einer Erhöhung der zulässigen Beanspruchungen $\tau_{a\,zul}$ bzw. $\sigma_{l\,zul}$ abgegolten wird.

e) HV-Zugverbindungen

Wirkungsweise und zulässige übertragbare Kraft

Unter einer in Schaftrichtung wirkenden äußeren Betriebskraft dehnen sich die vorgespannten Schrauben einer HV-Zugverbindung nur wenig beim Anbringen der Last, so daß die Verformungen des Anschlusses bedeutend kleiner sind als bei der Verwendung gleicher, aber nicht vorgespannter Schrauben. Dieses Verhalten ist aus dem sog. Verspannungsdiagramm einer HV-Zugschraube (Abb. III,46) ersichtlich: die statisch unbestimmte Verteilung der Betriebslast P_t auf die Schraube (Steigerung der Vorspannkraft um die axiale Betriebszusatzbelastung ΔP) und auf die verspannten Anschlußteile (Abbau der Druckvorspannkraft um $P_t - \Delta P$) ergibt sich aus der Verträglichkeitsbedingung dieses „Verbundquerschnittes", d. h. aus der Bedingung einer gleichen Längenänderung der Schraube und der Anschlußteile. Greift die axiale Betriebslast nicht direkt an der Schraube an, so sind die Besonderheiten der Lasteinleitung zu berücksichtigen. Im theoretischen Grenzfall einer in der mittleren Kontaktfuge an-

---

[1] DÖRNEN, A., TRITTLER, G.: Neue Wege der Verbindungstechnik im Stahlbau. Der Stahlbau 1956; TRITTLER, G.: Neue Entwicklungen der Verbindungstechnik im Stahlbau. Z. VDI 1963; TRITTLER, G., DÖRNEN, K.: Die vorgespannte Klebverbindung (VK-Verbindung), eine Weiterentwicklung der Verbindungstechnik im Stahlbau. Der Stahlbau 1964.

gebrachten Last P_t werden die verspannten Teile nicht entlastet, so daß die Schraubenkraft bis zum Klaffen der Fuge, d. h. in diesem Fall bis die Betriebslast P_t die Vorspannkraft übersteigt, überhaupt nicht zunimmt.

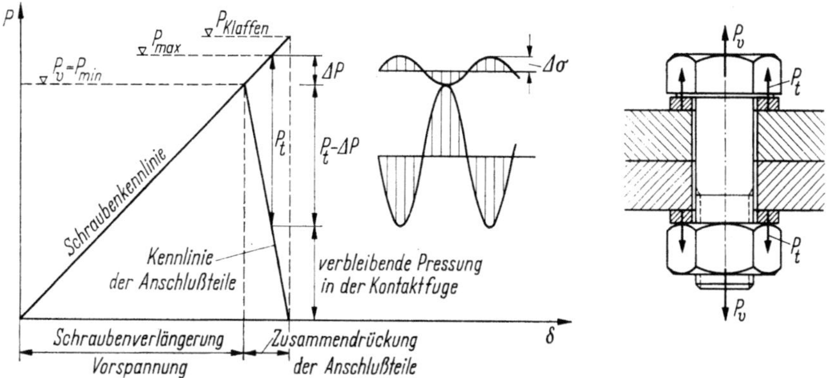

Abb. III,46. Schematisches Verspannungsdiagramm einer HV-Zugschraube.

Um die axiale Zusatzbelastung ΔP der Schraube und damit die Verformungen des Anschlusses unter den Gebrauchslasten klein zu halten, ist ein Klaffen in der Kontaktfuge mit Sicherheit zu vermeiden, weil für eine P_{Klaffen} übersteigende Betriebslast P_t die Schraube den ganzen Zuwachs der Betriebslast allein zu übernehmen hätte. Für eine statische Zugbeanspruchung in Schaftrichtung ist deshalb die zulässige äußere Betriebskraft je Schraube zu begrenzen, z. B. auf

$$P_{t\,\mathrm{zul}} = 0{,}7 P_v.$$

Bei der Ermittlung des auf das einzelne Verbindungsmittel entfallenden Anteiles P_t der gesamten Betriebskraft sind Exzentrizitäten des Lastangriffes sowie der Einfluß der Nachgiebigkeit der Anschlußteile zu berücksichtigen. So stützen sich z. B. nicht genügend steife Stirnplatten an den Rändern ab und führen zu einer beträchtlichen Erhöhung der Anschlußkräfte durch *Hebelwirkung* (Abb. III,47)

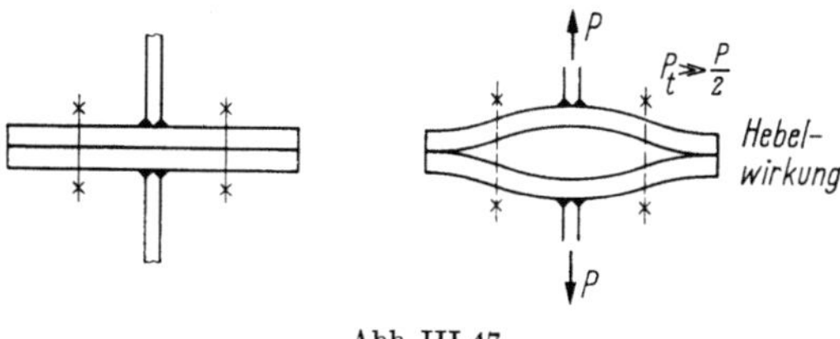

Abb. III,47.

und zu unerwünschten Verbiegungen des Schraubenschaftes, die zu einem vorzeitigen Bruch der Verbindung führen können.

Dauerbeanspruchung

Wird die Betriebslast P_t wiederholt angebracht, so wirkt sich die Vorspannung günstig aus, weil die Zusatzbelastung ΔP der Schraube bis zum Abheben der Stirnplatten nur einen Bruchteil von P_t beträgt (vgl. Abb. III,46); die für die Ermüdung maßgebenden Spannungsschwankungen bleiben somit relativ klein. Die Kerbwirkung im Schraubengewinde führt allerdings zu einer geringen Ermüdungsfestigkeit der HV-Schrauben. In der Abb. III,48[1] sind die Arbeitsfestigkeiten ($n = 10^7$) von zwei nach verschiedenen Verfahren hergestellten HV-Schrauben sowie vom polierten Vollstab aus dem gleichen Material der Festigkeitsklasse 10.9 dargestellt: die billigeren schlußvergüteten Schrauben, wie sie normalerweise im Handel erhältlich sind, weisen ein wesentlich ungünstigeres Verhalten als Schrauben höherer Qualität auf, bei denen das Gewinde nach dem Vergüten kalt nachgerollt wird und somit günstige Druckeigenspannungen im Kerbgrund erhalten bleiben. Bei den schlußvergüteten Schrauben liegen die

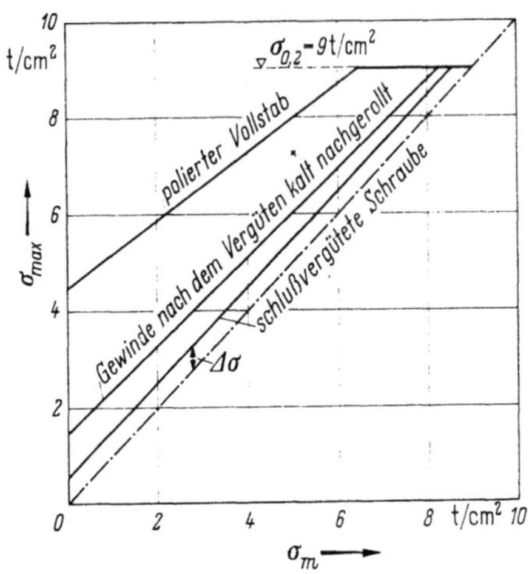

Abb. III,48. Arbeitsfestigkeiten von HV-Schrauben der Klasse 10.9; Durchmesserbereich M 18—M 30.

ertragbaren halben Schwingungsweiten $\Delta\sigma$ mit rd. 500 kg/cm² recht tief, so daß die Spannungsschwankungen im Betrieb sehr klein zu halten sind. Dieses Ziel wird durch eine steile Kennlinie der Anschlußteile (vgl. Abb. III,46) erreicht, d. h. durch eine steife Übertragung der Vorspannkraft mit möglichst wenig Zwischenfugen und praktisch ohne Biegeverformungen. Im Maschinenbau werden zudem hochelastische Schrauben (sog. Dehnschrauben) mit reduziertem Schaftquerschnitt und entsprechender flacher Schraubenkennlinie verwendet.

Da die Arbeitsfestigkeiten der HV-Schrauben auch bei relativ hohen Verhältnissen $\sigma_{min}/\sigma_{max}$ unterhalb der Fließgrenze liegen (Abb. III,48), ist bei oft wiederholter Beanspruchung ein Kräfteausgleich vor dem Bruch nicht möglich. So zeigten Ermüdungsversuche an auf Biegung beanspruchten Stirnplattenanschlüssen mit zwei Schraubenreihen auf jeder Seite des Profilsteges, daß die äußeren Reihen praktisch keinen Anteil an der Traglast lieferten, obwohl die Stirnplatten gebührend ausgesteift waren. Jede Nachgiebigkeit der Anschlußteile wirkt sich somit noch bedeutend ungünstiger aus als bei einer vorwiegend statisch beanspruchten Zugverbindung.

Grundmaterial (Verbindungsteile und angeschlossene Elemente)

Wie soeben erwähnt wurde, üben auch die örtlichen Verformungen der Anschlußteile (Stirnplatten, usw.) einen wesentlichen Einfluß auf das Tragvermögen

---

[1] Vgl. JUNKER, G., BLUME, D.: Neue Wege einer systematischen Schraubenberechnung, Düsseldorf: Michael Triltsch Verlag 1965.

der Verbindung aus: bei diesem Krafteinleitungsproblem ist die Wechselwirkung zwischen der Steifigkeit der Verbindungsmittel und derjenigen der Anschlußteile sowie der miteinander verbundenen Tragwerkselemente zu beachten. HV-Zugverbindungen sind gekennzeichnet durch eine beträchtliche Störung des Spannungsflusses: die inneren Kräfte, die zuerst auf die Querschnittsfläche der angeschlossenen Elemente verteilt sind, müssen umgelenkt und in den Schrauben konzentriert werden. Eine solche Verbindung ist somit weit entfernt vom direkten Anschluß, der in der Stumpfnaht verwirklicht ist.

Bei statisch unbestimmten Tragsystemen ist zudem der Einfluß der zusätzlichen Verformungen in der Zugverbindung (Ersatzfeder) mindestens abzuschätzen.

Anwendungsmöglichkeiten

Unserer Ansicht nach sollte die Anwendung von HV-Zugschrauben auf vorwiegend *statisch* beanspruchte, kleinere Verbindungen des Hochbaues beschränkt bleiben. Für I-NP, I-PE sowie HE B-Profile bis 400 mm Höhe sind auf Grund von Versuchen Regelausführungen für biegesteife Stirnplattenstöße entwickelt worden[1].

Bei darüber hinausgehenden Anwendungen sind bei der Bemessung sowohl der Schrauben als auch der Anschlußteile die Besonderheiten des Kräfteflusses sorgfältig zu beachten. Die miteinander verschraubten Anschlußteile sollen im Betrieb praktisch eben bleiben, um die vorher erwähnten Hebelwirkungen möglichst auszuschließen; sie sind kräftig zu bemessen und, wenn nötig, mit angeschweißten Rippen auszusteifen.

Kombinierte Beanspruchungen

Bei Beanspruchung der Verbindung senkrecht (P_s) und in Richtung der Schraubenachse (P_t) vermindert sich in erster Näherung die Klemmkraft um P_t. Die Kraft $P_{s\,\mathrm{zul}}$ ist aus der Gleitlast $\mu(P_v - P_t)$, oder besser $\mu(P_v - n_t\,P_t)$, zu bestimmen, während $P_{t\,\mathrm{zul}}$ unverändert bleibt. Bei einer Beanspruchung durch ein Biegemoment dagegen wird die *Summe* der Klemmkräfte nicht beeinflußt, so daß in diesem Fall $P_{s\,\mathrm{zul}}$ nicht abzumindern ist.

3. Schweißen

a) Der Schweißvorgang

Bei dem im Stahlbau üblichen *Schmelzschweißen* werden zwei Werkstücke dadurch miteinander verbunden, daß zwischen ihre zu verbindenden Ränder Schweißmaterial (Schweißgut) in geschmolzenem Zustand eingebracht wird, wobei auch die Werkstückränder (Grundmaterial) aufgeschmolzen werden. Beim Abkühlen wird die Verbindung fest und tragfähig. Das *Preßschweißen*, bei dem die auf teigigen Zustand erwärmten Werkstücke durch Druck oder Schlag miteinander verbunden werden, wird im Stahlbau höchstens für dünnwandige Leichtbauteile verwendet.

Da bei der Schweißung teigige und flüssige Werkstoffzustände auftreten, wird der Gefügeaufbau durch den Schweißvorgang beeinflußt und es spielen

---

[1] STEINHARDT, O., MÖHLER, K.: Versuche zur Anwendung vorgespannter Schrauben im Stahlbau. Berichte des Deutschen Ausschusses für Stahlbau 1962, H. 24; sowie „Stahl im Hochbau", 13. Aufl. 1967, S. 295.

offensichtlich auch die Erhitzungs- und Abkühlungsgeschwindigkeit sowie die Gasaufnahme bei hoher Temperatur eine wesentliche Rolle für das mechanische Verhalten der Verbindung. Abb. III,49 zeigt schematisch in der Darstellung

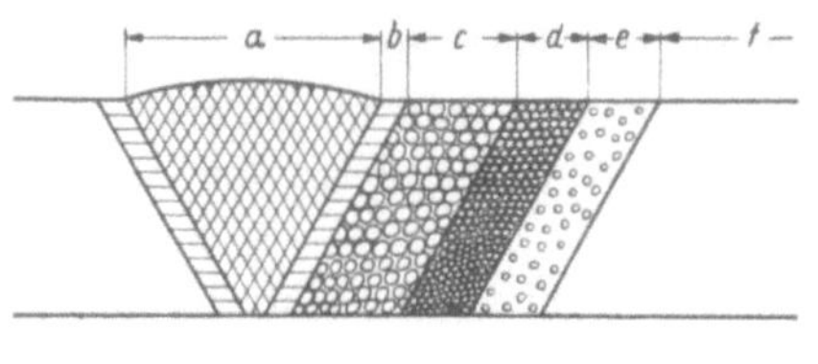

Abb. III,49.

von K. L. Zeyen[1] den Gefügeaufbau einer Schmelzschweißung ohne thermische Nachbehandlung. Die Zonen a (Schweißgut) und b (aufgeschmolzenes Grundmaterial) sind beim Schweißen flüssig geworden; sie bilden ein mehr oder weniger homogenes Gemisch mit Gußgefüge. Die angrenzende Zone c wurde sehr hoch erhitzt, bis nahe an den A_4-Punkt des Eisen-Kohlenstoff-Diagramms (Abb. II,7) und hat dabei eine grobkörnige Umkristallisation, verbunden mit einer Aufhärtung, erfahren. Die bis zu Zone d gelangende Schweißwärme verursachte noch eine feinkörnige Umkristallisation. In der folgenden Zone e reichte die Wärme zwar nicht mehr aus, um eine Umkristallisation zu verursachen, doch genügte sie noch, um gewisse Gefügeänderungen, wie Zusammenballungen des Perlites zu bewirken. Die Zone f ist weder im Gefüge noch in den Eigenschaften durch die Schweißwärme verändert.

Durch *Normalglühen* (Abb. II,8a), das bei Temperaturen oberhalb des A_3-Punktes, d. h. je nach Kohlenstoffgehalt zwischen 800 und 900° durchgeführt werden muß, können die in Abb. III,49 angegebenen Gefügeänderungen wieder rückgängig gemacht werden, doch kommt eine solche Wärmebehandlung bei den großen Werkstücken des Stahlbaues nicht in Betracht. Wir müssen somit damit rechnen, daß eine geschweißte Verbindung aus verschiedenen Zonen mit verschiedener Gefügeausbildung und dementsprechend verschiedenen Eigenschaften besteht. Diese Inhomogenität des Zustandes wird sich auf die mechanischen Eigenschaften der Verbindung auswirken.

Nun werden bei den im Stahlbau vorkommenden Blechstärken die Schweißnähte nicht auf einmal, sondern in *mehreren Lagen* hergestellt, und es stellt sich die Frage, ob durch die Wärmezufuhr beim Schweißen einer neuen Lage nicht die früher geschweißten Teile der Naht eine Vergütung erfahren. Nach den eingehenden Untersuchungen von E. Brandenberger und Mitarbeitern[2] ergibt sich, daß die Wärmebeeinflussung der bereits geschweißten Naht sich in ihrem oberen Teil in aufgeschmolzenem, im unteren Teil dagegen in festem Zustand abspielt, so daß Mehrlagenschweißungen abwechselnd aus Schichten mit Gußgefüge und solchen mit Umkörnungsgefüge bestehen; auch beim Umkörnungsgefüge handelt es sich nicht um ein eigentliches Vergütungsgefüge. Die Tatsache der Inhomogenität mit ihren möglichen ungünstigen Auswirkungen besonders auf die Dauerfestigkeit bleibt also auch bei der Mehrlagenschweißung bestehen.

---

[1] Zeyen, K. L.: Die Schweißbarkeit von unlegierten Stählen unter besonderer Berücksichtigung der bei geschweißten Schiffen und Brücken aufgetretenen Sprödbrüche. „Schiffstechnik", Forschungshefte für Schiffbau-Schiffsmaschinenbau 1954, H. 6.

[2] Brandenberger, E., Preis, H., Tuchschmid, E., Kollbrunner, C. F.: Untersuchungen zur Frage der inneren Vergütung von Mehrlagenschweißungen. Mitteilungen der TKVSB Nr. 9, Zürich 1954.

Das Ausmaß der Gefüge- und Eigenschaftsänderungen hängt einmal von der Temperatur, d. h. von der Art und Durchführung des Schweißverfahrens, dann aber auch sehr stark von der Zusammensetzung des geschweißten Grundmaterials ab. Dabei zeigt sich, daß besonders der Kohlenstoffgehalt für die Aufhärtung von wesentlicher Bedeutung ist; bei höherem Kohlenstoffgehalt als 0,3% wird bei Vollabschreckung die Grenze der Bearbeitbarkeit mit spanabhebenden Werkzeugen erreicht; da aber bei der Schweißung immer eine mehr oder weniger schroffe Abkühlung vorliegt, ist der Gehalt an Kohlenstoff und anderen aufhärtungsfähigen Elementen grundlegend wichtig dafür, ob ein Stahl unter *normalen Bedingungen*, wie sie für eine Verwendung der Schweißung im Stahlbau gefordert werden müssen, geschweißt werden kann, ohne zusätzliche Maßnahmen zu verlangen, d. h. ob er gut schweißbar ist.

Nun enthält der Baustahl jedoch neben dem Kohlenstoff weitere aufhärtungsfähige Elemente, die ihm entweder bewußt zugesetzt werden oder ungewollt aus dem Schrotteinsatz stammen. Man hat nun versucht, die Wirkung dieser Bestandteile durch den Begriff des „äquivalenten Kohlenstoffgehaltes" zu erfassen, wie er in der folgenden, häufig verwendeten[1] Formel enthalten ist:

$$C + \frac{Mn}{6} + \frac{Cr}{5} + \frac{Ni}{15} + \frac{Mo}{4} + \frac{Cu}{13} + \frac{P}{2} \quad (\text{in } \%).$$

Der Beurteilung der Schweißeignung eines Stahles ist somit nicht der Kohlenstoffgehalt C allein, sondern der äquivalente Kohlenstoffgehalt zugrunde zu legen. Bei nicht zu großer Profilstärke ist Stahl bis zu einem Kohlenstoffäquivalent von 0,45% unter normalen Bedingungen schweißbar. Darüber hinaus muß in der Regel ein Wärmestau durch *Vorwärmen* oder andere geeignete Maßnahmen erzeugt werden, um die Abkühlungsgeschwindigkeit herabzusetzen und damit eine Aufhärtung zu vermeiden.

Weiter ist festzuhalten, daß das Ausmaß der Aufhärtung in der Umgebung der Naht (Übergangszone oder auch Einbrandzone) nicht nur von der Zusammensetzung des Materials, sondern ebenfalls stark von der Materialstärke abhängt; je dicker ein zu schweißendes Blech ist, um so stärker ist die Aufhärtung. Zudem verschlechtern sich andere wichtige Werkstoffeigenschaften bei zunehmender Stärke. Damit ergibt sich, daß die Anforderungen, die an die Zusammensetzung und die Herstellung eines schweißbaren Stahles gestellt werden müssen, von der Profilstärke der Werkstücke abhängig sind. Das Herstellungsverfahren ist deshalb von Bedeutung, weil bei unberuhigt vergossenem Stahl sich ein besonders deutlicher Steilabfall der Kerbschlagprobe zeigt, was im Zusammenhang mit der Aufhärtung auf eine Neigung zur Sprödbruchgefahr hinweist. Die Al-haltigen Feinkornstähle besitzen dagegen eine hohe Umwandlungsfreudigkeit (Keimwirkung der Al-Nitride) und weisen somit eine geringere Aufhärtung im Bereich einer Schweißung auf.

Bei der *Wahl der Stahlgüte* für geschweißte Konstruktionen spielt allerdings das Sprödbruchverhalten des Werkstoffes, d. h. seine Fähigkeit, sich auch unter mehrachsigen Spannungen noch plastisch verformen zu können, eine noch größere

---

[1] Weitere Gleichungen für das Kohlenstoffäquivalent enthält folgendes Werk: WIRTZ, H.: Das Verhalten der Stähle beim Schweißen; Teil I: Grundlagen, Fachbuchreihe Schweißtechnik, Düsseldorf 1966.

Rolle als die eigentliche Schweißbarkeit. Obwohl kein einheitliches Kriterium für die Beurteilung dieser zwei Eigenschaften vorliegt, sind gewisse Beziehungen vorhanden. Zum Beispiel begünstigt die Bildung harter und spröder Zonen mit Martensitgefüge (bei zu rascher Abkühlung) die Neigung zur sog. Kaltrissigkeit: unter dem Einfluß der behinderten Schrumpfung entstehen hohe Eigenspannungen, die infolge des stark verminderten Verformungsvermögens der Übergangszone zu Rissen führen können. Die dadurch bedingte Kerbwirkung kann die Ausgangsstelle eines Sprödbruches sein, der sich bei einem trennbruchanfälligen Werkstoff in das Grundmaterial fortpflanzen wird.

Vom Gesichtspunkt der Sprödbruchsicherheit muß der Baustoff somit solche Eigenschaften besitzen, daß die durch die äußere Belastung verursachten Beanspruchungen und die bei der Verarbeitung, insbesondere bei der Schweißung auftretenden Eigenspannungen zusammen keine gefährliche Verminderung der Verformungsfähigkeit unter den Betriebstemperaturen bewirken. Die Wahl der Stahlgüte hängt deshalb wesentlich von der *baulichen Gestaltung* des geschweißten Tragwerkes ab (z. B. Vermeidung von Schweißnahtanhäufungen und von durch schroffe Übergänge oder andere Kerbwirkungen verursachten Spannungskonzentrationen), von den *Herstellungsbedingungen* in der Werkstatt und auf der Baustelle (Beherrschung der Schrumpfwirkungen und des entsprechenden räumlichen Eigenspannungszustandes durch eine günstige Schweißreihenfolge oder Abbau der Schrumpfspannungen durch Spannungsfreiglühen, wobei zugleich der ungünstige Einfluß der Alterung infolge plastischer Kaltverformungen bei der Bearbeitung mindestens teilweise rückgängig gemacht wird), von der *Profilstärke* (größere Schrumpfbehinderung; zudem die vorher erwähnten metallurgischen Dickeneinflüsse), vom *Umfang der zerstörungsfreien Prüfung* (Feststellung und Beseitigung von Schweißfehlern oder von Mikrorissen usw.) und von den *Betriebsverhältnissen* nach Beanspruchungsart, Temperatur und Auswirkungen eines Versagens. Von großer Bedeutung sind zudem die Art und Zusammensetzung der verwendeten Elektroden, weil diese bezüglich Verunreinigungen (Gefahr der Warmrissigkeit) oder Seigerungen im Grundmaterial mehr oder weniger empfindlich sind.

Die sicher sehr lückenhafte Aufzählung der bei der Wahl der Stahlgüte zu berücksichtigenden Faktoren zeigt deutlich die Komplexität des Problems. In den letzten Jahren sind allerdings in zahlreichen Ländern Empfehlungen oder Richtlinien erschienen, die eine mindestens *qualitative* Bewertung der Haupteinflüsse ermöglichen in bezug auf Sprödbruchsicherheit und Schweißbarkeit, und somit die Wahl unter den für jede Festigkeitsstufe in den Materialvorschriften normierten oder von den Lieferwerken angebotenen Stahlgüten (vgl. Abschn. II,4 c) erleichtern. Dabei soll man sich allerdings bewußt sein, daß die unter den gegebenen Bedingungen erforderliche Stahlgüte kaum mit mathematischer Genauigkeit bestimmt werden kann und — innerhalb gewisser Grenzen — Sache des entwerfenden Ingenieurs und seiner Erfahrung bleiben muß.

b) Die Schweißverfahren

Das im Stahlbau vorherrschende Verfahren der *elektrischen Lichtbogenschweißung* soll nachstehend nur soweit kurz charakterisiert werden, als es für die bauliche Ausbildung und Bemessung geschweißter Tragwerke notwendig ist. Auf weitere Schweißverfahren soll nur durch kurze Erwähnung hingewiesen werden.

Unter den verschiedenen Möglichkeiten, die für das Schweißen notwendige Wärme durch einen elektrischen Lichtbogen zu erzeugen, hat sich das *Verfahren von* SLAVIANOFF entscheidend durchgesetzt. Der Lichtbogen bildet sich hier direkt zwischen dem das Schweißgut liefernden Schweißdraht, der hier zur *Elektrode* wird, und dem zu schweißenden Werkstück, das an den Stromkreis angeschlossen ist (Abb. III,50). Die auftretenden Temperaturen betragen bis zu 5000 °C. Der elektrische Strom wird von einem Umformer auf die für das Schweißen zweckmäßige Stromart umgeformt.

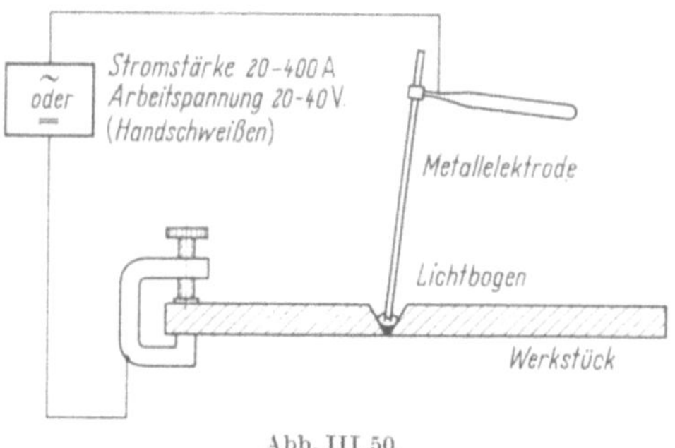

Abb. III,50.

Die Schweißdrähte werden entweder als nackte oder umhüllte Elektroden verwendet. *Nackte Elektroden* sind billig, in allen Lagen gut verschweißbar, aber sie liefern Schweißnähte von beschränkter Dehnung und Zähigkeit und werden deshalb im Stahlbau heute nicht mehr verwendet.

Bei den *ummantelten Elektroden* unterscheiden wir Eintauchelektroden, deren dünne Umhüllung durch Eintauchen hergestellt wird, und mittelstark bis stark umhüllte Mantelelektroden mit durch Aufpressen hergestellter Ummantelung.

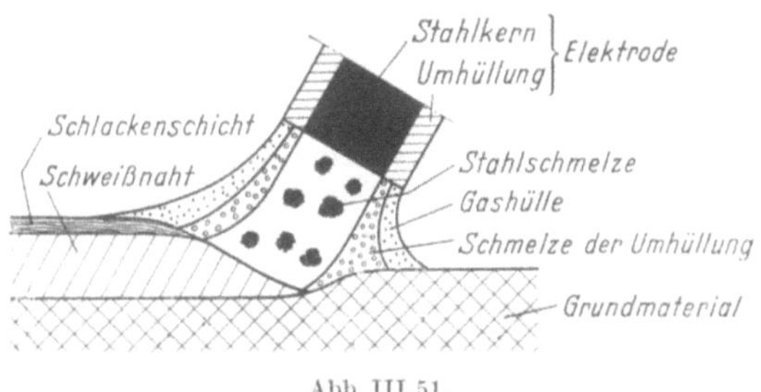

Abb. III,51.

Der wesentliche Vorzug der umhüllten Elektroden ist der, daß einerseits der Lichtbogen infolge der sich bildenden Schutzgashülle ruhiger (Stabilisierung des Lichtbogens durch Ionisation) brennt als bei nackten Elektroden und daß ein Luftzutritt (O_2, N_2) verhindert ist; anderseits bildet sich eine Schlackenschicht, die die Abkühlung der darunter liegenden Schweißnaht verlangsamt (Abb. III,51) und die Nahteigenschaften beeinflußt (metallurgische Wirkungen).

In bezug auf die Zusammensetzung des Umhüllungsmaterials unterscheidet man *saure* und *basische* Elektroden. Saure Elektroden sind im allgemeinen leichter zu verschweißen und geben glattere Nahtoberflächen als basische; diese jedoch liefern Nähte mit besserem Formänderungsvermögen, insbesondere mit einem erst bei tiefen Temperaturen stattfindenden Steilabfall der Kerbschlagzähigkeit. Auch zeigen bis heute die sauren Elektroden besseren Arbeitsfortschritt (Abschmelzleistung). Ob die heute gelegentlich verwendete gemischte Schweißung, bei der die unteren Lagen mit basischen, die Decklage dagegen mit sauren Elektroden geschweißt werden und die damit die Vorzüge der beiden Arten vereinigen soll, sich allgemein durchzusetzen vermag, läßt sich noch nicht entscheiden. Bei hochbeanspruchten Nähten werden mehr und mehr basische Elektroden mit ihrer geringeren Anfälligkeit gegen Schweißnahtrissigkeit und ihren kleineren Ansprüchen hinsichtlich des Reinheitsgrades des Grundmaterials verwendet; der Nachteil der weniger glatten Oberfläche (Kerbwirkung) ist durch Nacharbeiten, derjenige des geringeren Einbrandvermögens durch Auskreuzen der Nahtwurzel bei V- und X-Nähten zu beheben; zudem sind die Elektroden vor dem Schweißen zu trocknen, weil sie hygroskopisch sind.

Zur Erzielung größerer Arbeitsleistungen als bei der Handschweißung nach SLAVIANOFF sind *Schweißmaschinen* (Schweißautomaten) verschiedener Systeme entwickelt worden. Das zeitraubende Auswechseln der Elektroden mit den Unebenheiten der Nahtansätze kann durch einen langen Draht vermieden werden; wird der Lichtbogen durch ein besonderes Schweißpulver, das damit die Funktion der Ummantelung übernimmt, vollständig abgedeckt, so kann mit größeren Stromstärken als bei der Handschweißung gearbeitet werden. Der wirtschaftliche Einsatz der Automatenschweißung setzt lange, in Wannenlage zu schweißende Nähte voraus; zudem sind die Anforderungen an die Genauigkeit der Nahtvorbereitung größer, so daß die Automatenschweißung wohl die Handschweißung ergänzen, nicht aber verdrängen wird.

Beim *Schutzgasschweißen* werden der Lichtbogen und das Schweißbad durch eine Schutzhülle aus Edelgas (Argon, Helium, atomarer Wasserstoff) gegen die umgebende Luft abgeschirmt, wodurch eine zu starke Sauerstoff- und Stickstoffaufnahme verhindert und die Güte der Schweißnaht verbessert wird. Während das sog. TIG-Verfahren (Tungsten-Inert-Gas) mit nicht abschmelzbarer Wolframelektrode sich eher für kleine Dicken eignet und im Stahlbau somit selten verwendet wird, hat in den letzten Jahren das MIG-Verfahren (Metal-Inert-Gas) mit abschmelzender Metallelektrode eine starke Verbreitung sowohl für Werk-

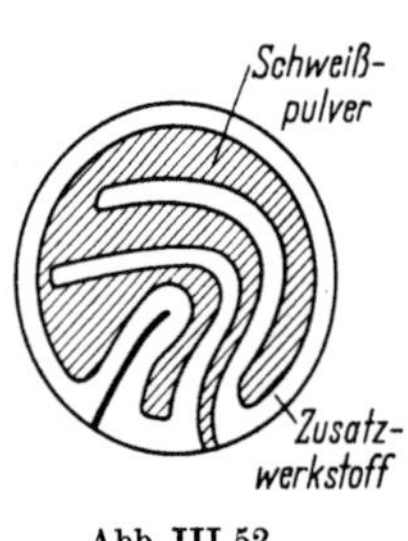

Abb. III,52.

statt- als auch für Baustellenschweißung gefunden, wobei man meistens mit dem billigen CO_2-Gas als Schutzgas arbeitet. Das Fehlen einer Schlacke kann sich allerdings bei den normalen, nicht sehr reinen Baustählen auf die Nahtgüte ungünstig auswirken, weil ein Ausgleich metallurgischer Unterschiede nicht mehr möglich ist; zudem führt der unruhige Lichtbogen zu hohen Spritzverlusten. Diese Schwierigkeiten können durch die Verwendung von Falzdrähten (Abb. III,52), Rohrdrähten oder von magnetischem, am Draht anhaftendem Schweißpulver beseitigt werden. Die CO_2-Schutzgasschweißung, die sowohl mit Vollautomaten als auch mit Halbautomaten (Schweißpistolen, auch in Zwangslage verwendbar) ausgeführt werden kann, hat sich voll bewährt und liefert Nähte mit dem Grundmaterial entsprechenden mechanischen Eigenschaften. Wegen der höheren Schweißgeschwindigkeit sind die Schrumpfverformungen geringer als bei Handschweißung.

Beim *Gasschweißen* (Autogenschweißen) wird die erforderliche Wärme durch eine Gasflamme, meistens Azetylen und Sauerstoff, geliefert. Bei dieser Schweißung wird das Werkstück in einem größeren Bereich als bei der elektrischen Schweißung erheblich erwärmt; autogen hergestellte Schweißnähte weisen im allgemeinen ein gutes Verformungsvermögen auf, doch werden dadurch auch die Werkstücke erheblich verformt. Dies ist die Hauptursache dafür, daß dieses Schweißverfahren im Stahlbau nur in sehr geringem Umfang verwendet wird.

c) Schrumpfwirkungen

Der beim Schweißen auftretende Schrumpfvorgang sei zunächst in schematischer Form skizziert (Abb. III,53). Das warmflüssig eingebrachte und damit vollständig plastische Schweißgut (einschließlich des aufgeschmolzenen Grundmaterials in unmittelbarer Nahtnähe) kühlt sich nach dem Schweißen ab, beginnt

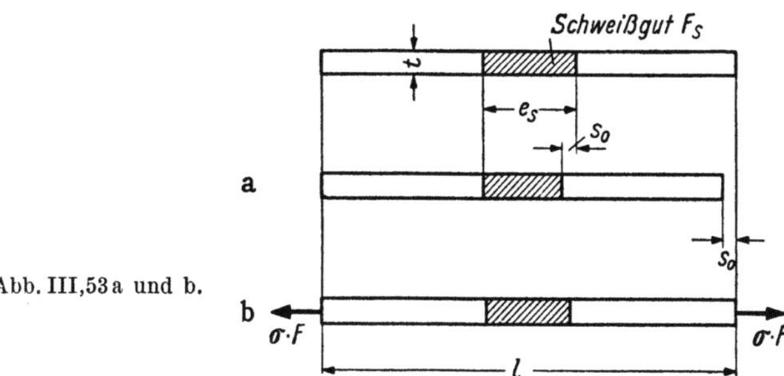

Abb. III,53 a und b.

nach Unterschreiten des Schmelzpunktes fest zu werden und sucht sich entsprechend der Temperaturausdehnungszahl α_T um den Betrag s_0 (Schrumpfmaß bei unbehinderter Schrumpfung) zu verkürzen (Abb. III,53a). Diese unbehinderte *Schrumpfung* s_0 kann jedoch nur eintreten, wenn die beiden zu verbindenden Werkstücke sich gegenseitig frei verschieben können; sind sie jedoch unverschieblich festgehalten, so müssen *Schrumpfspannungen* σ auftreten, deren zugehörige Dehnungen $\varepsilon = \sigma/E$ die Schrumpfung s_0 im Bereich der Länge l zwischen den beiden Festhaltepunkten kompensieren.

Zur Bestimmung des Schrumpfmaßes s_0 sind verschiedene Untersuchungen durchgeführt worden. F. CAMPUS[1] hat aus zahlreichen Messungen an stumpf geschweißten Platten von 14 mm Stärke bei verschiedenen Formen der Nahtquerschnitte den einfachen Zusammenhang

$$s_0 = 0{,}18 e_S (\pm 14\%) \tag{III,6}$$

zwischen dem Schrumpfmaß s_0 und der durchschnittlichen Nahtbreite e_S,

$$e_S = \frac{F_S}{t},$$

gefunden. Nach weiteren Untersuchungen von F. CAMPUS dürfte diese Beziehung für V-förmige Nahtquerschnitte bei Plattenstärken von 5 bis 30 mm,

---

[1] CAMPUS, F.: Recherches, études et considérations sur les constructions soudées, Liège 1946.

für X-förmige Nahtquerschnitte dagegen nur für Plattenstärken von etwa 14 bis 20 mm angenähert gültig sein.

Das Schrumpfmaß s_0 ist nach diesen Feststellungen erstaunlich groß. Auch wenn wir als Abkühlungsbereich den ganzen Bereich vom Schmelzpunkt mit rd. 1400 °C bis zur Raumtemperatur und die mittlere Temperaturausdehnungszahl α_T mit

$$\alpha_T = (1{,}15 + 0{,}00105\,T) \cdot 10^{-5} = 2{,}62 \cdot 10^{-5}$$

in Rechnung setzen würden, würden wir nur ein Schrumpfmaß von $s_0 = 0{,}037\,e_S$ erhalten; wir müssen daraus schließen, daß außer dem eigentlichen Schweißgut beidseitig der Naht noch ein Grundmaterialstreifen von je doppelter Nahtbreite voll am Schrumpfvorgang beteiligt, d. h. bis auf voll plastischen Zustand erwärmt gewesen sein muß. Diese Feststellungen zeigen, daß eine eingehende systematische Abklärung des Schrumpfvorganges dringend erwünscht ist.

Beim Versuch einer Berechnung der Schrumpfspannungen σ bei Schweißen unter Festhaltung (Abb. III,53 b) ist zu beachten, daß der Elastizitätsmodul E von der Temperatur abhängig und damit sowohl über den Temperaturbereich wie auch über die Festhaltelänge l veränderlich ist; die Elastizitätsbedingung für die Kompensation des Schrumpfmaßes s_0 ist somit in der Form

$$s_0 = \int\limits^{T} \int\limits^{l} \frac{d\sigma}{dT}\, \frac{1}{E(x, T)}\, dT\, dx$$

anzuschreiben; wenn wir näherungsweise für den maßgebenden Abkühlungsbereich von etwa 650 °C vom Verfestigungsbeginn bis zur Raumtemperatur einen mittleren Elastizitätsmodul E_m einführen,

$$E_m \cong 0{,}75\,E,$$

wird

$$\sigma = \frac{E_m\, s_0}{l} = \frac{0{,}75\,E}{l}\, 0{,}18\,e_S$$

oder

$$\frac{e_S}{l} = \frac{\sigma}{0{,}135\,E}\,.$$

Damit die Schrumpfspannung σ die Fließgrenze $\sigma_F = 2{,}4$ t/cm² bei $E = 2100$ t/cm² nicht übersteigt, muß die Einspannlänge l mindestens das 120fache der Nahtbreite e_S betragen.

Es zeigt sich nun aus den bekanntgewordenen Versuchswerten, daß das Schrumpfmaß s bei Schweißen unter Festhaltung und nachherigem Lösen des Werkstückes wesentlich kleiner ist als das Schrumpfmaß s_0 bei unbehinderter Schrumpfung. Dieser Unterschied zwischen s_0 und s ist aber nur dann möglich, wenn die während der Festhaltung vorhandenen Spannungen σ bleibende Dehnungen ε verursacht haben; das bedeutet aber, daß die beim Schweißen unter Festhaltung auftretenden Schrumpfspannungen praktisch stets die Fließgrenze erreichen.

Es ist somit festzuhalten, daß auch im einfachsten Fall einer Schweißung (Abb. III,53) entweder beträchtliche Verformungen oder große innere Spannungen entstehen; die Schweißverformungen können nur auf Kosten innerer Spannungen klein gehalten werden.

Für die Werkstätte ergibt sich als eine erste Regel, daß stumpf geschweißte Stäbe erst nach dem Schweißen auf genaue Länge abgelängt werden dürfen.

Bei einer über Plattenstärke t veränderlichen Nahtdicke verursacht das ungleiche Schrumpfen eine Verkrümmung des Werkstückes (Abb. III,54a); mit dem Schrumpfmaß nach Gl. (III,6) ist der Knickwinkel φ aus

$$\operatorname{tg}\varphi \cong 0{,}18 \frac{e_o - e_u}{t}$$

zu bestimmen.

Bei solchen V-Nähten wurden Knickwinkel φ bis $\varphi = 10°$ beobachtet. Bei einem normalen Öffnungswinkel α der Naht von 60° ist

$$\frac{e_o - e_u}{t} = 2\operatorname{tg}\frac{\alpha}{2} \cong 1{,}15$$

und damit

$$\operatorname{tg}\varphi = 0{,}18 \cdot 1{,}15 = 0{,}207, \quad \varphi \cong 11°40'.$$

Diese Beobachtung bestätigt somit den Wert des Querschrumpfmaßes von $0{,}18\,e_S$ nach Gl. (III,6).

Auch einseitig angeordnete Schweißnähte nach Abb. III,54b verursachen Verkrümmungen der angeschweißten Querschnittsteile. Analog wird sich ein Stab verkrümmen, wenn man eine einseitige Schweißnaht aufträgt (Abb. III,54c).

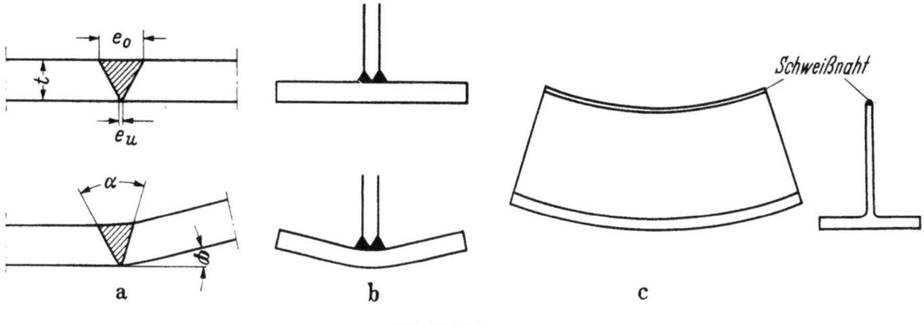

Abb. III,54a—c.

Die unerwünschten Schrumpfverformungen nach Abb. III,54 können durch passende Maßnahmen rückgängig gemacht oder wenigstens merklich verkleinert werden, und zwar im Fall von Abb. III,54a durch Ergänzung der Schweißnaht durch eine Schweißraupe auf der Plattenunterseite (wurzelseitiges Nachschweißen), im Fall von Abb. III,54b durch entsprechendes, der durch das Schweißen verursachten Verkrümmung entgegengesetztes Vorverformen. Diese Maßnahmen verursachen jedoch innere Spannungen; auch hier ist eine Verminderung der Verformungen nur auf Kosten innerer Spannungen möglich.

Beim Schweißen einer *Platte* der Breite b spielen sich auch in der Plattenebene Schrumpfvorgänge ab, die in Abb. III,55 skizziert sind. Neben der Schrumpfung quer zur Naht tritt auch eine starke Schrumpfung in der Nahtlängsrichtung auf, die gegenüber dem freien Schrumpfmaß durch die anliegenden Querstreifen des nicht aufgeschmolzenen Plattenmaterials stark behindert ist; diese Schrumpfungen suchen zunächst die in Abb. III,55a skizzierte Plattenverformung zu verursachen.

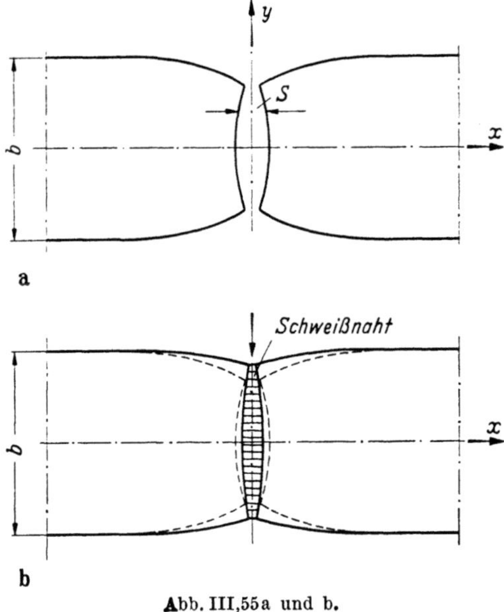

Abb. III,55a und b.

Das beim Abkühlen festwerdende Schweißgut widersetzt sich dieser Fugenbildung und es treten entsprechend der über die Plattenbreite veränderlichen Verformung ε veränderliche Längsspannungen σ_x auf, die die Fugenbreite s verkleinern. In bezug auf den Verlauf der Längsspannungen σ_x über die Plattenbreite sind zwei Grenzfälle zu unterscheiden: wenn die beiden zu verbindenden Plattenteile beim Schweißen gegenseitig unverschieblich festgehalten werden, treten an den Einspannstellen Festhaltekräfte Z,

$$Z = \int\limits^{b} \sigma_x \, dF \, ,$$

auf, wobei der Verlauf der Spannungen σ_x in erster Näherung ähnlich zum Verlauf der Fugenbreite angenommen werden darf; die Schrumpfspannungen σ_x sind über die ganze Plattenbreite Zugspannungen (Abb. III,56a).

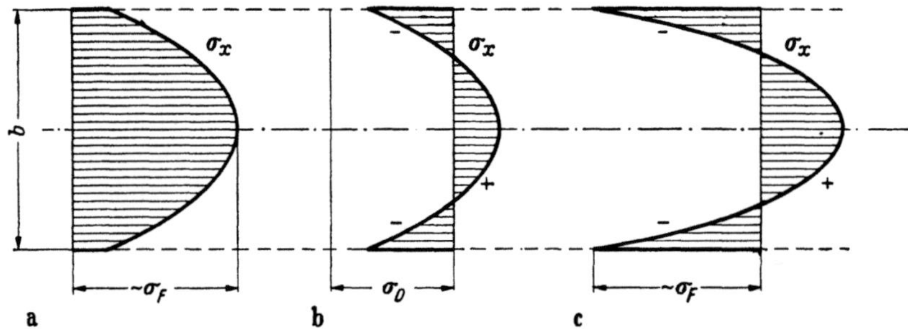

Abb. III,56a—c. a) Unter Verspannung geschweißt; b) Verspannung nachträglich gelöst; c) Platten beim Schweißen frei verschieblich.

Wird die Verspannung nun nachträglich gelöst, so müssen die Festhaltekräfte Z verschwinden,

$$\int\limits^b \sigma_x \, dF = 0,$$

und es stellt sich die in Abb. III,56b skizzierte Spannungsverteilung ein, die man sich aus den Spannungen σ_x nach Abb. III,56a und den gleichmäßig verteilten Druckspannungen σ_D infolge $- Z$ zusammengesetzt denken kann,

$$\sigma_D = - \frac{Z}{F}.$$

Werden dagegen die Platten beim Verschweißen nicht festgehalten, so können keine Festhaltekräfte Z auftreten und die Bedingung

$$\int\limits^b \sigma_x \, dF = 0$$

muß von Anfang an erfüllt sein (Abb. III,56c).

Aus der Beurteilung der Verformungsverhältnisse und der bekanntgewordenen Versuchsergebnisse sowie aus der Auswertung eigener Versuche ergibt sich nun, daß in beiden Fällen, bei Schweißen mit und ohne Festhaltung, die größten Schrumpfspannungen σ_x annähernd die Fließgrenze σ_F erreichen müssen. Die kleinsten Schrumpfspannungen σ_x ergeben sich somit dann, wenn unter Verspannung geschweißt, die Verspannung nach dem Abkühlen jedoch gelöst wird. Ein solches Vorgehen wird jedoch bei der praktischen Ausführung kaum möglich sein.

Da die Längsspannungen σ_x über die Platte veränderlich sind, treten gleichzeitig auch Querspannungen σ_y und Schubspannungen τ_{xy} auf, wobei die beiden Komponentengleichgewichtsbedingungen an einem Scheibenelement $dx\,dy$ erüllt sein müssen [vgl. auch Gl. (IV,37)]:

$$\frac{\partial \sigma_x}{\partial x} + \frac{\partial \tau_{yx}}{\partial y} = 0, \qquad \frac{\partial \sigma_y}{\partial y} + \frac{\partial \tau_{xy}}{\partial x} = 0:$$

wegen $\tau_{xy} = \tau_{yx}$ folgt daraus auch

$$\frac{\partial^2 \sigma_x}{\partial x^2} = \frac{\partial^2 \sigma_y}{\partial y^2}.$$

In Abb. III,57 sind die Spannungen σ_x und σ_y für die beiden schubspannungsfreien Schnitte $A-A$ und $B-B$ (Symmetrieaxen) einer freigeschweißten Platte skizziert. Jeder beliebige Plattenteil muß unter den Schrumpfspannungen im Gleichgewicht sein.

Eine rechnerische Untersuchung der Schrumpfspannungen in einer geschweißten Platte entsprechend der Scheibentheorie ist heute nur unter Einführung von stark vereinfachenden Voraussetzungen möglich, vor allem deshalb, weil die auftretenden Verformungen in der Nahtnähe die Proportionalitätsgrenze erheblich überschreiten; dies läßt sich daraus feststellen, daß in einer solchen Platte nach dem Auftrennen der Naht noch beträchtliche bleibende Dehnungen vorhanden sind. Einen solchen Berechnungsversuch hat G. GRÜNING[1] durchgeführt; die Ergebnisse zeigen eine Reihe von qualitativ aufschlußreichen Zusammenhängen, doch dürften daraus wohl keine weitreichenden quantitativen Schlußfolgerungen gezogen werden.

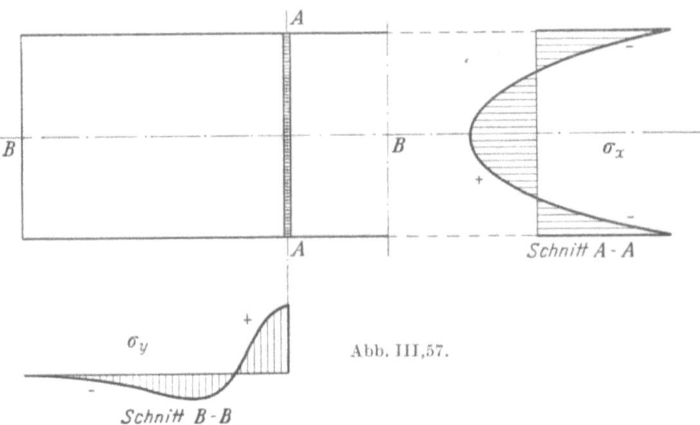

Abb. III,57.

Die wesentliche Frage, die sich nun stellt, ist die, wie weit die Schrumpfspannungen beim Dazutreten von Betriebsspannungen aus äußerer Belastung die Sicherheit geschweißter Verbindungen beeinflussen. Solange es sich um rein statische Belastungen handelt, lautet heute die Antwort in der Hauptsache einheitlich; beim Überschreiten der Fließgrenze werden die Schrumpfspannungen, die ja für den Gleichgewichtszustand nicht notwendig sind, weitgehend abgebaut, so daß sie die Sicherheit nicht in gefährlichem Ausmaß herabmindern werden.

Um festzustellen, ob die Schrumpfspannungen *unter oft wiederholter Belastung* die Festigkeit einer geschweißten Verbindung grundsätzlich beeinflussen oder nicht, habe ich vor einiger Zeit in meiner Abteilung des Institutes für Baustatik an der ETH Dauerfestigkeitsversuche an geschweißten Trägerstößen durchführen lassen[2]. Die Überlegung, die diesen Versuchen zugrunde liegt, ist folgende: Wenn in einem I-Trägerstoß zuerst die beiden Flanschen O und U geschweißt werden, wobei die beiden Trägerhälften nicht festgehalten sein sollen, so treten in den Flanschen die in Abb. III,58a skizzierten Schrumpfspannungen auf, während der Steg spannungslos bleibt. Wird nun in einem zweiten Schritt auch noch der Steg S verschweißt, wobei die Flanschen O und U nun als Festhaltung wirken, so ergeben sich die in Abb. III,58b skizzierten Schrumpfspannungen; Abb. III,58c zeigt die Superposition der Spannungen, die für den fertig geschweißten Stoß gilt.

Wird dagegen die Reihenfolge in der Ausführung der Schweißnähte geändert, so ändert sich auch der Verlauf der resultierenden Schrumpfspannungen. So zeigt Abb. III,59 den grundsätzlichen Verlauf der Schrumpfspannungen der Reihe II

---

[1] GRÜNING, G.: Die Schrumpfspannungen beim Schweißen (Versuch einer statischen Berechnung). Stahlbau 7 (1934) S. 110.

[2] STÜSSI, F., KOLLBRUNNER, C. F.: Schrumpfspannungen und Dauerfestigkeit geschweißter Trägerstöße. Mitt. Inst. f. Baustatik Nr. 18, Zürich 1946.

$(S-O-U)$, bei der zuerst der Steg und erst anschließend die beiden Flanschen (diese nun unter Verspannung) geschweißt werden; dabei werde zur Vereinfachung gleichzeitiges Schweißen der beiden Flanschen O und U angenommen. Durch die

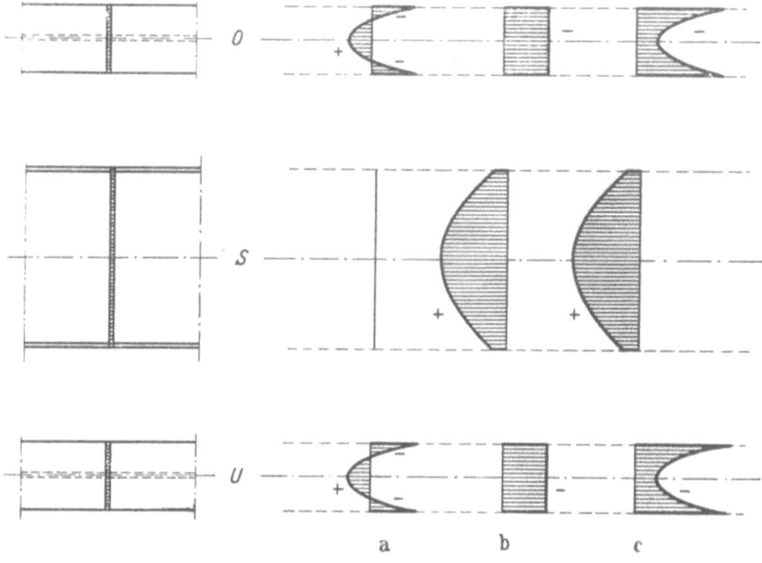

Abb. III,58a—c. Schrumpfspannungen im I-Trägerstoß Reihe I.

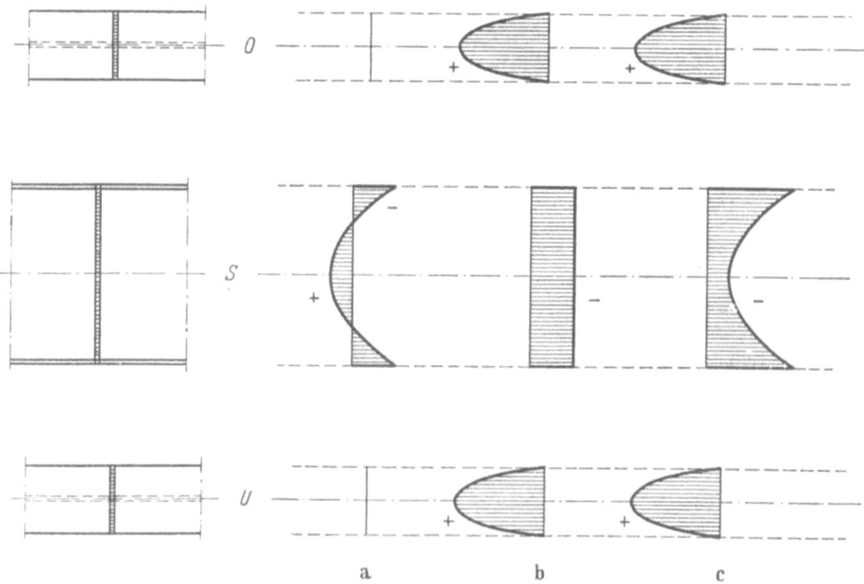

Abb. III,59a—c. Schrumpfspannungen im I-Trägerstoß Reihe II.

Schrumpfwirkungen sind somit die für den Dauerbruch maßgebenden Flanschen in Reihe I auf Druck, in Reihe II dagegen auf Zug vorgespannt.

Zeigen nun die beiden Trägerreihen I und II, die sich nur durch die Reihenfolge der Schweißnähte unterscheiden, im Dauerversuch auf Biegung die gleiche

Dauerfestigkeit, so ist daraus zu schließen, daß die Schrumpfspannungen die Dauerfestigkeit nicht beeinflussen. Zeigen dagegen die beiden Reihen verschiedene Dauerfestigkeiten, so ist der Nachweis dafür erbracht, daß die Dauerfestigkeit durch die Schrumpfspannungen beeinflußt werden kann. Die Versuche wurden an einem Träger aus I NP 20 von 1,80 m Spannweite bei einem Abstand von 0,50 m der beiden Einzellasten mit der Belastungsanordnung nach Abb. III,60

Abb. III,60.

(Bruchzustand eines Trägers) für je die beiden Laststufen $\sigma_{max} = 2{,}70$ und $2{,}50$ t/cm² durchgeführt; die Minimalbelastung ergab sich aus der Hubhöhe des verwendeten Pulsators Bauart Amsler zu

$$\sigma_{min} = 0{,}18\,\sigma_{max}.$$

Die Belastung wurde mit 138 Lastwechseln in der Minute, d. h. mit der praktisch kleinsten Geschwindigkeit des Pulsators aufgebracht. Die erreichten Lastwechselzahlen n bis zum Bruch sind nachstehend zusammengestellt.

Reihe I ($O-U-S$)				Reihe II ($S-O-U$)			
σ_{max}	n	σ_{max}	n	σ_{max}	n	σ_{max}	n
2,70 t/cm²	424700	2,50 t/cm²	600300	2,70 t/cm²	49900*	2,50 t/cm²	334000
	222300		515700		134900		227500
	335200		368500		128900		140900
	420100		546000		149700		223300
Mittel	350600		507600		125300		231400

* Schweißfehler, bei Mittelbildung mit halbem Gewicht eingesetzt.

Diese Versuchsergebnisse, die in Abb. III,61 aufgetragen sind, sind eindeutig und schlüssig; die Lastwechselzahlen und damit die Dauerfestigkeitswerte der Versuchsreihe I liegen eindeutig höher als die entsprechenden Werte der Reihe II. Trotz der Streuungen der einzelnen Versuchswerte, die die bei Dauerversuchen bekannte Größenordnung nicht übersteigen, ist keine Überschneidung von einzelnen Versuchswerten der beiden Reihen vorhanden. Wenn wir davon ausgehen, daß unter statischer Belastung die Schrumpfspannungen die Festigkeit nicht wesentlich beeinflussen, so können, ausgehend von dem eher zu ungünstigen Wert $\sigma_Z \cong 3{,}70$ t/cm², die Wöhler-Kurven im Untersuchungsbereich für die beiden Versuchsreihen recht zutreffend abgeschätzt werden; sie sind in Abb. III,61 eingetragen.

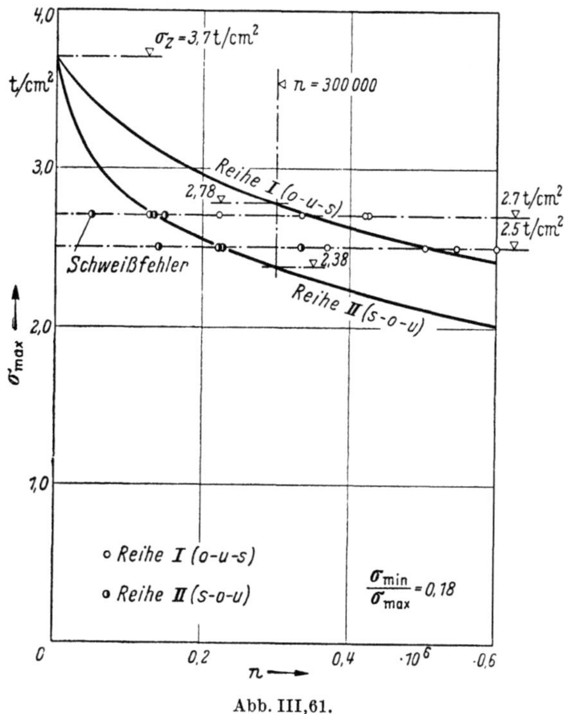

Abb. III,61.

Der enge Bereich dieser Versuche, die ja nur auf die qualitative Fragestellung eine erste grundsätzliche Antwort geben sollten, erlaubt selbstverständlich keine abschließende quantitative Auswertung, dagegen dürfte doch eine qualitative Deutung erlaubt sein: wir entnehmen der Darstellung in Abb. III,61 beispielsweise für $n = 300\,000$ die beiden Dauerfestigkeitswerte

$$\sigma_{max} = 2{,}78 \text{ t/cm}^2 \text{ für Reihe I,}$$

$$\sigma_{max} = 2{,}38 \text{ t/cm}^2 \text{ für Reihe II.}$$

Es darf nun wohl angenommen werden, daß für einen *Idealstoß* ohne Schrumpfspannungen der Mittelwert, $\sigma_{max} = 2{,}58$ t/cm² bei $\sigma_{min} = 0{,}18\sigma_{max} = 0{,}46$ t/cm² betragen würde; für diese Werte ist in Abb. III,62 das Diagramm der Werte σ_{max} und σ_{min} in Funktion von σ_m (unter Vorwegnahme des später, S. 181 ff., zu besprechenden Dauerfestigkeitsverlaufs von Stumpfnähten) aufgetragen.

Für die Versuchswerte kennen wir die wirkliche Gesamtspannung nicht, sondern nur die Schwingungsweite

$$2\varDelta\sigma = \sigma_{max} - \sigma_{min};$$

sie sind somit entsprechend diesen Werten, d. h.

$$\text{Reihe I:}\quad 2\varDelta\sigma = 0{,}82 \cdot 2{,}78 = 2{,}28\ \text{t/cm}^2,$$

$$\text{Reihe II:}\quad 2\varDelta\sigma = 0{,}82 \cdot 2{,}38 = 1{,}95\ \text{t/cm}^2$$

in das Diagramm zu orientieren, um die wirkliche Festigkeit zu erhalten. Dabei zeigt sich, daß bei Reihe I die Größtspannung $\sigma_{max} = 2{,}78\ \text{t/cm}^2$ durch die

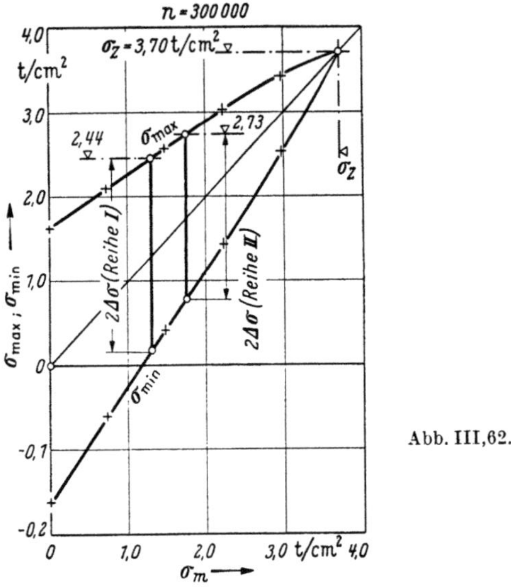

Abb. III,62.

Schrumpfspannung um $0{,}34\ \text{t/cm}^2$ auf $2{,}44\ \text{t/cm}^2$ verkleinert wird, während bei Reihe II die Größtspannung eine Vergrößerung um $2{,}73 - 2{,}38 = 0{,}35\ \text{t/cm}^2$ erfährt. Dieses Ergebnis ist so zu deuten, daß die anfänglich vorhandenen Schrumpfspannungen während der ersten Lastwechsel durch Überschreiten der Fließgrenze wohl erheblich verkleinert, nicht aber ganz abgebaut werden. Ein ähnlicher teilweiser Abbau der Größtspannungen ist ja auch bei Dauerbeanspruchung des gelochten Zugstabes festzustellen, bei dem die (scheinbare) Festigkeitsverminderung gegenüber dem glatten Zugstab ja auch nicht dem größten, sondern nur einem abgeminderten Wert von σ_{max} entspricht; nur bei statischer Belastung kann annähernd mit einem vollen Spannungsausgleich bzw. mit einem vollen Abbau der für das Gleichgewicht nicht notwendigen Schrumpfspannungen gerechnet werden.

Aus diesen Untersuchungen und Überlegungen können etwa folgende *Schlußfolgerungen* gezogen werden: Die Schrumpfspannungen beeinflussen die Dauerfestigkeit geschweißter Verbindungen, wobei dieser Einfluß, je nach der Reihenfolge bei der Ausführung der Schweißnähte, günstig oder ungünstig sein kann. Die Größenordnung dieses Einflusses ist ähnlich wie diejenige von Kerbwirkungen beim gelochten Zugstab. Eine rechnerische Berücksichtigung der Schrumpfwirkungen bei der Bemessung dürfte allerdings normalerweise nicht notwendig sein, dagegen ist durch zweckmäßige Reihenfolge der Schweißnähte bei der Ausführung stets eine günstig wirkende Beeinflussung der Dauerfestigkeit anzustreben. Eine Ausnahme dürfte dagegen bei geschweißten Stützen vorliegen, bei denen die Knicklast durch die Schrumpfspannungen erheblich vermindert werden kann; diese Verhältnisse sollen in Abschn. VI,1f untersucht werden.

d) Formen und Bezeichnungen der Schweißnähte

Es werden drei Grundformen der Schweißnähte unterschieden:

Die *Stumpfnaht* dient zur Verbindung von stumpf aneinander stoßenden Teilen (Platten) gleicher Stärke;

mit der K-*Naht* werden senkrecht aufeinander stehende Teile, von denen einer durchgehend ist, miteinander verbunden;

die *Kehlnaht* dient zur Verbindung von aufeinander liegenden Teilen, wobei die Naht zwischen zwei senkrecht aufeinander stehenden Flächen angeordnet ist.

Abb. III,63 zeigt die verschiedenen Nahtformen, die erforderliche Vorbereitung der Blechkanten, sowie die zur eindeutigen Kennzeichnung auf den Ausführungsplänen verwendeten Sinnbilder.

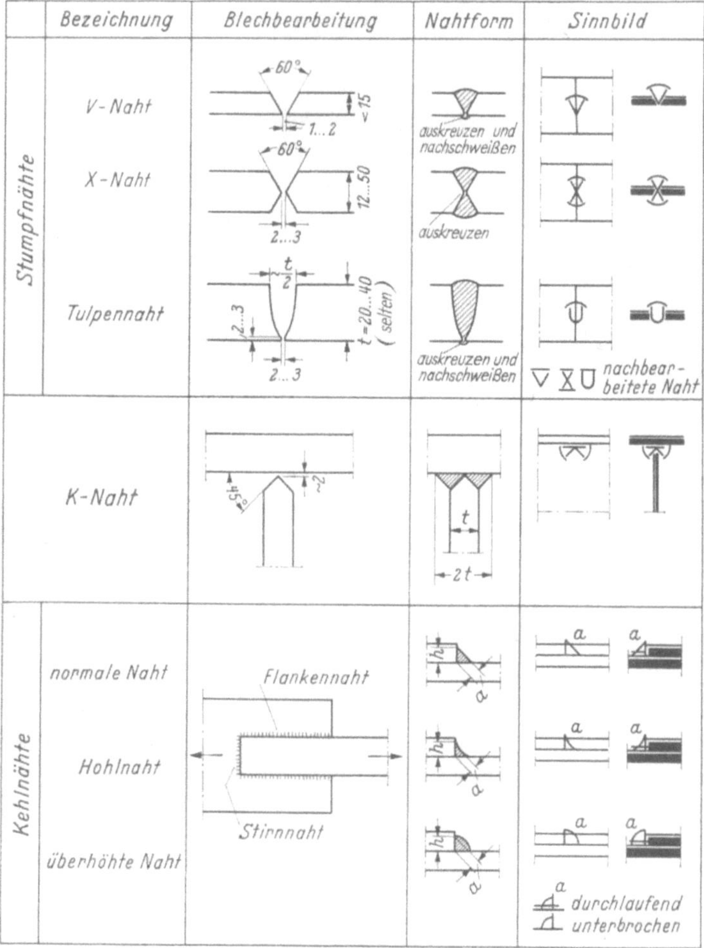

Abb. III,63.

Bei der *Stumpfnaht* sind, je nach der Stärke t der zu verbindenden Platten, die V-Naht, die X-Naht oder die Tulpennaht in Gebrauch. Die V-Naht wird zur Verbindung dünner Platten oder wenn in der Hauptsache nur von einer Seite her geschweißt werden soll verwendet; es ist jedoch stets *wurzelseitig auszukreuzen und nachzuschweißen*, weil bei nur einseitiger Schweißung infolge der auf der Unterseite vorhandenen Kerbe die Dauerfestigkeit stark absinkt.[1] Jede Naht weist, als Folge des Schweißvorganges, eine unregelmäßige, gewellte oder höckerige Oberfläche auf, besonders auch an den Nahtansatzstellen (Endkrater); diese Unregelmäßigkeiten, gleichbedeutend mit Kerbwirkungen, verursachen zusammen mit der Inhomogenität der Nahtstruktur (s. Abb. III,49) ein Absinken der Festigkeit im Dauerversuch gegenüber dem glatten Zugstab. Diese Kerbwirkung kann weitgehend gemildert werden durch glattes Abarbeiten der Nahtoberfläche. Die nachbearbeitete Naht wird als *Stumpfnaht Sondergüte* (in Deutschland), die nicht bearbeitete Naht als *Normalgüte* bezeichnet. In tragenden Verbindungen des Stahlbrückenbaues sollten nur nachbearbeitete Nähte angewendet werden.

Hauptanwendungsgebiet der *K-Naht* ist die Verbindung von Stehblech und Lamellen bei aus normalen Breitflachstählen und Blechen zusammengesetzten geschweißten Blechträgern. Es zeigte sich, daß diese Halsnaht wegen des sanfteren Kraftflusses gegenüber der Verbindung durch zwei getrennte Kehlnähte bessere Dauerfestigkeitswerte aufweist, wenn sie als K-Naht ausgeführt wird. Bei kleinen Stärken wird die K-Naht durch die einseitige $^1/_2$ *V-Naht* ersetzt.

Bei den *Kehlnähten* unterscheidet man, entsprechend der Querschnittsform, neben der normalen Naht mit dreieckförmigem Querschnitt noch die Hohlnaht und die überhöhte Naht; für die Festigkeit ist der Querschnitt des einbeschriebenen Dreieckes maßgebend, wobei meistens die Höhe a als kennzeichnende Größe verwendet wird, die den schwächsten und damit für die Festigkeit maßgebenden Schnitt durch die Naht kennzeichnet. Die Hohlnaht besitzt die Vorzüge eines sanften Querschnittsüberganges und des kleinsten Schweißnahtquerschnittes, d. h. der kleinsten Schrumpfwirkungen. Je nach der Lage einer Kehlnaht gegenüber der Kraftrichtung werden *Stirnnähte* (senkrecht zur Kraftrichtung) und *Flankennähte* (parallel zur Kraftrichtung) unterschieden.

Erfahrungsgemäß hängt die Güte einer Schweißverbindung wesentlich davon ab, ob sie in bequemer Lage hergestellt werden kann; das Schweißen von *Überkopfnähten* verlangt besondere Geschicklichkeit und Erfahrung des Schweißers und wird deshalb häufig durch Verwendung von besonderen Drehvorrichtungen, mit denen die Werkstücke in die für die Herstellung der einzelnen Schweißnähte bequemste Lage gedreht werden können, umgangen.

Die größeren Stahlbauwerkstätten besitzen heute durchweg eigene Prüfvorrichtungen, um die Güte der Schweißnähte laufend kontrollieren zu können. Die zerstörungsfreie Prüfung, die somit nicht eine eigentliche Festigkeitsprüfung darstellt, sondern unerwünschte Einschlüsse von Schlacken, Poren oder Risse feststellen soll, verfügt heute über verschiedene Verfahren, wie Durchstrahlung mit Röntgenstrahlen oder Gammastrahlen radioaktiver Substanzen, magnetische Durchflutung oder Ultraschallwellen. Solche Kontrollen, deren Durchführung

---

[1] Falls ein Wurzelnachschweißen nicht möglich ist (kein Zugang), wird auf der Wurzelseite eine Unterlage aus Stahl (geheftet und mitgeschweißt) oder eine abnehmbare Kupferleiste angebracht.

neben der meist kostspieligen Einrichtung besondere Erfahrung verlangt, die aber in hochbeanspruchten Verbindungen (Brückenbauten, Druckrohrleitungen usw.) unerläßlich sind, erhöhen selbstverständlich die Gestehungskosten geschweißter Tragwerke.

e) Festigkeit und Berechnung der Schweißnähte

Für die Bemessung geschweißter Verbindungen sind die in den amtlichen Vorschriften angegebenen Werte der zulässigen Beanspruchungen verbindlich maßgebend. Diese zulässigen Beanspruchungen (oder entsprechende Verhältniszahlen) sind aus dem Vergleich der Festigkeit σ_S der Schweißnaht zur Festigkeit σ des Grundmaterials abgeleitet worden. Dieser Vergleich sei nachstehend am Beispiel der dem Entwurf 1971 der schweizerischen Norm[1] zugrunde liegenden Zahlenwerte für normalen Baustahl St 37 skizziert.

Für eine nachbearbeitete Stumpfnaht nach Abb. III,64a ergab sich nach den Versuchen der Eidg. Materialprüfungsanstalt (EMPA) in Zürich, Leitung

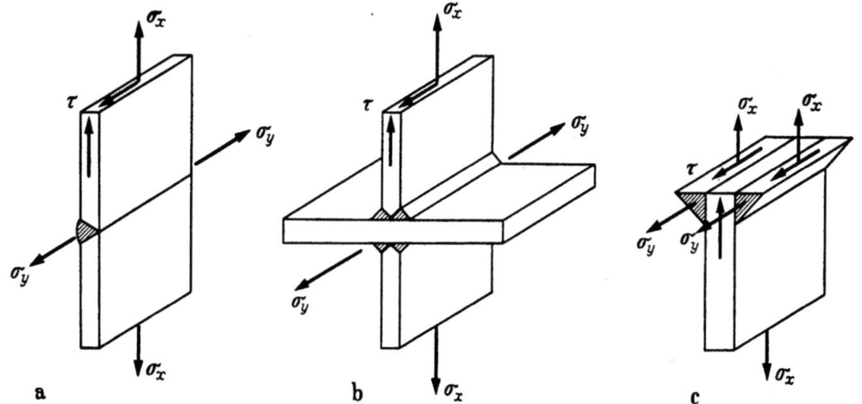

Abb. III,64a—c. a) Stumpfnaht; b) K-Naht; c) Kehlnaht.

M. Roš,[2] eine Ursprungsfestigkeit σ_{SU} von 1,8 bis 2,0 t/cm² unter Beanspruchungen σ_x quer zur Naht. Vergleicht man den Mittelwert, $\sigma_{SU} = 1,9$ t/cm², mit dem entsprechenden Wert von σ_U für das Grundmaterial, wobei als Vergleichsgrundlage der gelochte Zugstab mit $\sigma_U = 1,9$ t/cm² (also etwas höher als der aus Abb. II,48 herauszulesende Wert $\sigma_U = 1,8$ t/cm²) angenommen wurde, so ergibt sich das Verhältnis der *Ursprungsfestigkeiten* zu

$$\alpha_x = \frac{1,9}{1,9} = 1,0;$$

in erster Näherung wird dieser Wert für alle Spannungsverhältnisse als maßgebend angesehen. Für eine Beanspruchung σ_x kann der Spannungsnachweis nun sowohl in der Form

$$\sigma_{S\,\mathrm{vorh}} \leqq \alpha_x\,\sigma_{\mathrm{zul}} = \sigma_{S\,\mathrm{zul}} \tag{III,7a}$$

---

[1] Diese Norm steht gegenwärtig in Revision.

[2] Roš, M.: Aktuelle Probleme der Schweißung von Konstruktionsstählen. EMPA-Bericht Nr. 132, Zürich 1941.

oder auch in der Form

$$\frac{\sigma_{S\,\text{vorh}}}{\alpha_x} \leqq \sigma_{\text{zul}}, \qquad\qquad\qquad \text{(III,7 b)}$$

wobei σ_{zul} die zulässige Beanspruchung des Grundmaterials bedeutet, geführt werden. Die zweite Form nach Gl. (III,7 b) hat den Vorzug, daß in der statischen Berechnung sowohl für das Grundmaterial wie für die Schweißnaht nur eine einheitliche zulässige Beanspruchung σ_{zul} vorkommt.

In gleicher Weise sind auch die Verhältniszahlen oder Abminderungswerte α für die Beanspruchungen σ_y und $\tau = \tau_{xy}$ sowie für K-Nähte und Kehlnähte bestimmt. Die Verhältniszahlen α sind zur Orientierung in der folgenden Tabelle[1] zusammengestellt. Für die Kehlnähte ist zu beachten, daß die für die Schubspannungen angegebenen Werte sich auf die Höhe a des dem Nahtquerschnitt einbeschriebenen rechtwinkligen Dreiecks beziehen (vgl. Abb. III,63), während in der schweizerischen Norm 1956 die kleinere Kathete die Bezugsgröße darstellte.

Art der Schweißverbindung	Beanspruchung	α_x	α_y	$\alpha_{xy} = \alpha$
Stumpfnaht	Zug Druck	1,0 1,1	1,1 1,1	} 1,1
K-Naht	Zug Druck	0,9 1,1	1,1 1,1	} 1,1
Kehlnaht	Zug Druck	0,6 0,7	1,1 1,1	} 1,2

Bei *zusammengesetzten Beanspruchungen* ist der Spannungsnachweis mit Hilfe einer „modifizierten" Vergleichsspannung σ_g, beschränkt auf den ebenen Spannungszustand, zu führen:

$$\sigma_g = \sqrt{\left(\frac{\sigma_x}{\alpha_x}\right)^2 + \left(\frac{\sigma_y}{\alpha_y}\right)^2 - \frac{\sigma_x\,\sigma_y}{\alpha_x\,\alpha_y} + 3\left(\frac{\tau}{\alpha}\right)^2} \leqq \sigma_{\text{zul}}. \qquad \text{(III,8)}$$

Die deutschen Vorschriften DIN 4100 (1968) für geschweißte Stahlbauten mit vorwiegend ruhender Belastung und die DIN 4101 (Neuentwurf Ausgabe 1969) für geschweißte Straßenbrücken beruhen auf ähnlichen Überlegungen; sie enthalten allerdings direkt die zulässigen Werte $\sigma_{S\text{zul}}$ der Schweißnähte. Zudem sind für zusammengesetzte Beanspruchungen andere Gleichungen als (III,8) vorgeschrieben.

An einer solchen Regelung mit festen, d. h. vom Verhältnis $\sigma_{\min}/\sigma_{\max}$ unabhängigen Abminderungswerten α ist unbefriedigend, daß sie sich auf ein bestimmtes Spannungsverhältnis, nämlich Ursprungsbelastung, bezieht. Dadurch kann die Festigkeit unter statischer Belastung offensichtlich unterschätzt, diejenige unter Wechselbelastung dagegen überschätzt werden. Man wird wohl kaum darum herumkommen, die heutigen schweizerischen Vorschriften, die in der Hauptsache auf Untersuchungen und Anschauungen beruhen, die aus der Anfangszeit der Schweißtechnik im Stahlbau stammen, einer grundsätzlichen

---

[1] Die angegebenen Verhältniszahlen α gelten für einwandfrei geschweißte Nähte, für die im Fall der Stumpf- und K-Nähte eine röntgenographische Kontrolle oder andere Prüfungen durchzuführen sind. Bei ausgesprochener Ermüdungsbeanspruchung ist eine Nachbearbeitung erforderlich.

Revision zu unterziehen. Einen wesentlichen Schritt dazu zeigt die österreichische Vorschrift über geschweißte Stahltragwerke[1], in der wenigstens teilweise veränderliche Abminderungsfaktoren α für die Bemessung der Schweißnähte angegeben sind, sowie die Vorschriften der Deutschen Bundesbahn für geschweißte Eisenbahnbrücken (DV 848). In den modernen Kranbauvorschriften (Fédération Européenne de la Manutention sowie Entwurf 1967 der DIN 15018) wurden zudem die neuen Erkenntnisse auf dem Gebiet der Betriebsfestigkeit durch die Einführung von Betriebsgruppen berücksichtigt, die sowohl von der Anzahl der vorgesehenen Lastwechsel als auch von der Art des Spannungskollektivs (Häufigkeitsverteilung der maximalen Betriebsspannungen) abhängig sind.

Die Formulierung des Spannungsnachweises nach Gl. (III,8), wie sie nach Vorschlag von M. Roš zuerst in die schweizerischen Normen aufgenommen worden ist, besitzt den Vorzug der einfachen und bequemen Anwendung, aber auch den Nachteil, daß sie sich auf die Theorie der konstanten Gestaltänderungsarbeit stützt und damit im Widerspruch steht zu den neueren Erkenntnissen über die Bruchgefahr, für die die Mohrsche Bruchtheorie als maßgebend anzusehen ist. Wenn auch der Unterschied zwischen diesen beiden Theorien zahlenmäßig nicht sehr groß ist, so wird doch eine bessere Anpassung des Spannungsnachweises an die wirklichen Verhältnisse in der Zukunft nicht zu umgehen sein.

Von großer Bedeutung scheinen mir die Dauerfestigkeitsversuche zu sein, die die Deutsche Bundesbahn vor einiger Zeit im Zusammenhang mit einer Neubearbeitung der Vorschriften für geschweißte Eisenbahnbrücken hat durchführen lassen[2].

Die Versuche wurden je für St 37 und St 52 durchgeführt, wobei als Werkstoff ein aluminiumberuhigter normalgeglühter SM-Breitflachstahl verwendet wurde; die Probestäbe wurden in Walzlängsrichtung herausgeschnitten. Die Dauerfestigkeit wurde für $2 \cdot 10^6$ Lastwechsel ermittelt, und zwar je für den Vollstab mit Walzhaut, die Stumpfnaht Sondergüte und die Stumpfnaht Normalgüte. Die Nähte wurden als X-Nähte hergestellt und mit sauren Elektroden geschweißt. Die den Spannungsverhältnissen

$$\varkappa = \frac{\sigma_{\min}}{\sigma_{\max}}$$

entsprechenden Dauerfestigkeitswerte $\sigma_{\max}$ t/cm² sind nachstehend wiedergegeben.

Stahl	Versuchsstab	$\varkappa = -1{,}0$	$-0{,}5$	0	$0{,}5$	$1{,}0$
		t/cm²	t/cm²	t/cm²	t/cm²	t/cm²
St 37	Vollstab mit Walzhaut, $\sigma_{\max}$	1,65	2,10	2,65	4,10	4,32
	Stumpfnaht Sondergüte, $\sigma_{\max}$	1,58	2,05	2,60	3,85	4,63
	Stumpfnaht Normalgüte, $\sigma_{\max}$	1,40	1,55	2,05	3,70	4,43
St 52	Vollstab mit Walzhaut, $\sigma_{\max}$	2,05	2,44	3,32	4,65	5,05
	Stumpfnaht Sondergüte, $\sigma_{\max}$	1,85	2,25	2,82	4,15	5,22
	Stumpfnaht Normalgüte, $\sigma_{\max}$	1,65	1,95	2,55	3,80	5,33

[1] Önorm B 4300, 3. Teil, 1952.
[2] POPP, C.: Neuere Erkenntnisse und Versuchsergebnisse anläßlich der Neubearbeitung der Vorschriften der Deutschen Bundesbahn für die Berechnung geschweißter Eisenbahnbrücken. V. Kongreß der IVBH, Lissabon 1956, Vorbericht S. 483.

Es scheint von Interesse zu sein, diese versuchsmäßig gefundenen Festigkeitswerte mit der in Abschn. II,4 dargestellten Theorie der Dauerfestigkeit zu vergleichen. Dieser Vergleich zwischen Theorie und Versuch ist in Abb. III,65 für die Stumpfnähte in normalem Baustahl St 37, in Abb. III,66 für den hochwertigen Baustahl St 52 dargestellt. Die eingetragenen Kurven sind mit den Werten

$$\psi_0^2 = 0{,}32\sigma_Z^2 \quad \text{für die Stumpfnaht Sondergüte,}$$

$$\psi_0^2 = 0{,}34\sigma_Z^2 \quad \text{für die Stumpfnaht Normalgüte}$$

berechnet worden. Die Übereinstimmung zwischen Versuch und Rechnung führt zur Folgerung, daß *die Wirkung einer Schweißnaht für die Festigkeitsberechnung einer Kerbwirkung gleichgesetzt werden kann.* Damit ist grundsätzlich ein einheitliches Materialverhalten bei genieteten und geschweißten Bauteilen festgestellt.

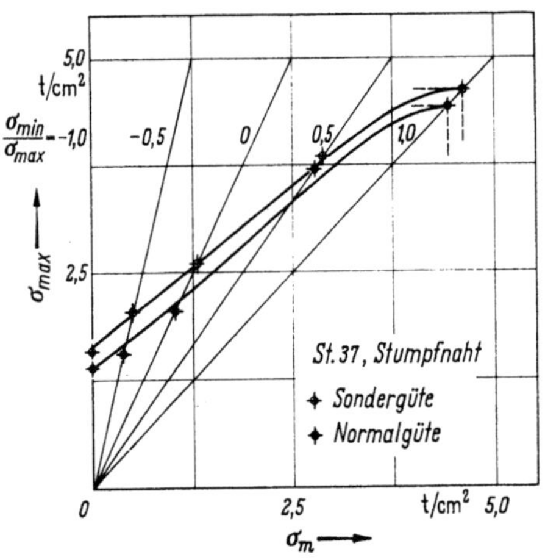

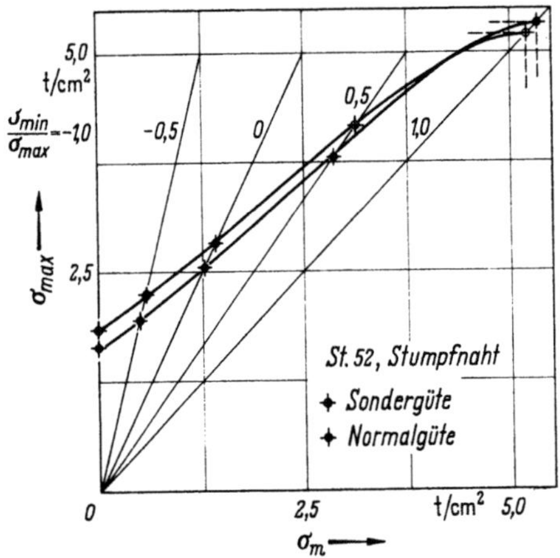

Abb. III,65. Versuche der Deutschen Bundesbahn; St 37, $n = 2 \cdot 10^6$.   Abb. III,66. Versuche der Deutschen Bundesbahn; St 52, $n = 2 \cdot 10^6$.

Im Anschluß an den erwähnten Bericht von C. POPP[1] sind weitere Ergebnisse dieser Versuche der Deutschen Bundesbahn veröffentlicht worden, und zwar über den Einfluß von mit Kehlnähten einseitig aufgeschweißten Querrippen und für Kreuzstöße mit K-Nähten und Kehlnähten[2,3]. Nachstehend sind diese Versuchswerte $\sigma_{\max}$ in t/cm² für $n = 2 \cdot 10^6$ zusammengestellt:

Stahl	Versuchsstab	$\varkappa = -1{,}0$	$-0{,}5$	0	1,0
St 37	Querrippe mit Kehlnähten	1,42	1,70	2,15	4,37
	Kreuzstoß mit K-Nähten	1,20	1,55	2,41	4,44
	Kreuzstoß mit Kehlnähten	0,72	0,88	1,05	4,42
St 52	Querrippe mit Kehlnähten	1,52	1,80	2,50	5,25
	Kreuzstoß mit K-Nähten	1,425	1,575	1,95	5,25
	Kreuzstoß mit Kehlnähten	0,80	0,98	1,20	5,30

[1] POPP, C.: Siehe Fußnote 2, S. 181.

[2] WINTERGERST, S., RÜCKERL, E.: Untersuchungen der Dauerfestigkeit von Schweißverbindungen mit St 37. Der Stahlbau, 26 (1957) S. 121; 31 (1962) S. 321.

[3] KLÖPPEL, K.: Über neue Dauerfestigkeitsversuche mit Schweißverbindungen aus St 52 und neue zulässige Spannungen. V. Kongreß der IVBH Lissabon 1956, Schlußbericht S. 355; sowie KLÖPPEL, K., WEIHERMÜLLER, H.: Neue Dauerfestigkeitsversuche mit Schweißverbindungen aus St 52. Der Stahlbau, 26 (1957) S. 149, 29 (1960) S. 129.

Es zeigt sich deutlich, daß diese Versuchswerte verhältnismäßig große Streuungen aufweisen. Diese Streuungen lassen sich, wenigstens teilweise, dadurch eliminieren, daß man Mittelwerte der spezifischen Spannungen σ_{max}/σ_Z bildet. Dann ergibt sich auch hier, daß die Ermüdungsfestigkeit auch dieser Schweißformen grundsätzlich der Theorie des gekerbten Stabes gehorcht.

Aus den Dauerfestigkeitswerten σ_{max} ergeben sich mit Hilfe des Sicherheitsgrades n die *zulässigen Beanspruchungen* σ_{zul},

$$\sigma_{zul} = \frac{\sigma_{max}}{n}.$$

Als Beispiel sind in Abb. III,67 die von der Deutschen Bundesbahn (DV 848) vorgeschriebenen Werte σ_{zul} für die Stumpfnaht *Normalgüte* mit den entspre-

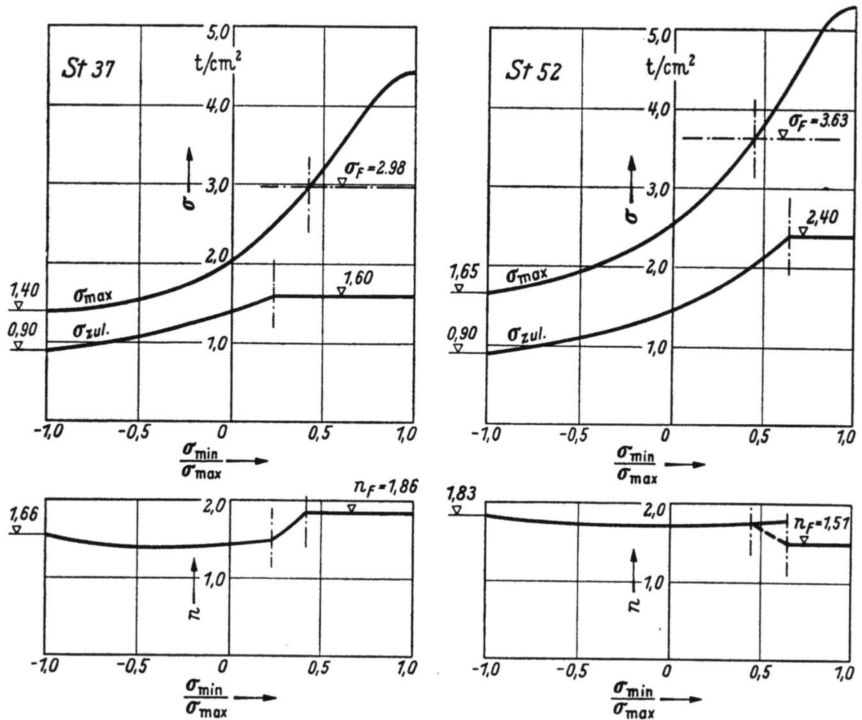

Abb. III,67. Deutsche Bundesbahn. Auf Zug beanspruchte Stumpfnaht-Normalgüte (*D*-Linie).

chenden Versuchswerten (vgl. Abb. III,65 u. 66) verglichen; als Ergebnis dieses Vergleichs ist die Sicherheit n,

$$n = \frac{\sigma_{max}}{\sigma_{zul}},$$

aufgetragen. Für größere Werte von $\varkappa = \sigma_{min}/\sigma_{max}$ werden die Dauerfestigkeitskurven durch die Fließgrenze σ_F abgeschnitten, wie dies ja auch bei der Bemessung des gelochten Stabes (vgl. Abb. II,57) üblich ist. Nach diesem Vergleich erscheinen die zulässigen Spannungen für Stahl St 52 als durchaus angemessen, während die Sicherheit für St 37 eher gering ist, besonders wenn man berücksichtigt, daß die Versuchswerte σ_{max} sich auf einen Stahl mit abnormal hoher Festigkeit,

$$\sigma_Z = 4{,}46 \ \text{t/cm}^2 \quad \text{statt} \quad 3{,}70 \ \text{t/cm}^2,$$

$$\sigma_W = 1{,}80 \ \text{t/cm}^2 \quad \text{statt} \quad 1{,}50 \ \text{t/cm}^2,$$

beziehen, der somit durchaus der Güte St 44 entspricht.

Aus den zulässigen Beanspruchungen σ_{zul} für die verschiedenen Nahtarten und Beanspruchungsrichtungen kann nun auch der Spannungsnachweis für *zusammengesetzte Beanspruchungen* durchgeführt werden. Für den auf ein Koordinatensystem x, y orientierten ebenen Spannungszustand ergibt sich als Erweiterung von Gl. (III,8) die Bemessungsforderung

$$\boxed{\ \sqrt{\left(\frac{\sigma_x}{\sigma_{a\,zul}}\right)^2 + \left(\frac{\sigma_y}{\sigma_{y\,zul}}\right)^2 - \frac{\sigma_x\,\sigma_y}{\sigma_{x\,zul}\,\sigma_{y\,zul}} + \left(\frac{\tau}{\tau_{zul}}\right)^2} \leqq 1\ }; \qquad \text{(III,9)}$$

Inhaltlich ist diese Forderung gleichbedeutend mit derjenigen von Gl. (III,8), wenn dort die Abminderungsfaktoren α nicht als auf die Ursprungsfestigkeit bezogene Festwerte, sondern als dem Spannungsverhältnis $\sigma_{min}/\sigma_{max}$ entsprechende veränderliche Größen eingeführt werden. Sie besitzt auch die dort erwähnten Vorzüge und Nachteile.

Bei den für *Flankennähte*, d. h. parallel zur Kraftrichtung beanspruchte Kehlnähte in der Literatur angegebenen Festigkeitswerten ist zu beachten, daß es sich dabei um Spannungsmittelwerte handelt, die sich auf einen Probestab von bestimmter Form und Größe beziehen. In Wirklichkeit ist die Spannungsverteilung längs einer Flankennaht veränderlich und diese Veränderlichkeit beeinflußt selbstverständlich die Festigkeit der Verbindung. Die Spannungsverteilung in einer Flankennaht, die eine grundsätzliche Analogie zur Kraftverteilung in einem genieteten Anschluß (s. Abschn. III,1 g) zeigt, soll nachstehend untersucht werden.

An einem Element der Länge dx der beiden aufeinanderliegenden Scheiben F_1 und F_2 können nach Abb. III,68 die beiden Gleichgewichtsbedingungen

$$S_1 + S_2 = P$$

und

$$2T_x + \frac{dS_1}{dx} = 0 \quad \text{bzw.} \quad 2T_x - \frac{dS_2}{dx} = 0$$

mit

$$\frac{dS_1}{dx} = -\frac{dS_2}{dx} = \frac{dS}{dx} = S'$$

abgelesen werden.

Um die statisch unbestimmte Verteilung der Scheibenkräfte S bestimmen zu können, muß eine Elastizitätsbedingung aufgestellt werden, die sich aus den Verformungen eines Elementes der Länge dx gewinnen läßt (Abb. III,69). Dabei sind offenbar einerseits die Schubverformungen der beiden Schweißnähte und anderseits die Verformungen der beiden Scheibenelemente $F_1\,dx$ und $F_2\,dx$ zu unterscheiden; wesentlich ist dabei, daß die Längsschubkräfte T_x nicht nur die beiden Schweißnähte beanspruchen, sondern offensichtlich auch die beiden Scheibenelemente auf Schub beanspruchen. Wir begnügen uns nachstehend mit einer angenäherten Untersuchung auf Grund einer *vereinfachten Scheibentheorie*, bei der wir die Normalspannungen σ_y und die zugehörigen Dehnungen ε_y und $\nu\,\varepsilon_y$ vernachlässigen. Ferner setzen wir voraus, daß die Scheibenstärken t_1 und t_2 so klein sein sollen, daß wir uns auf die Verformungen in der x-y-Ebene beschränken dürfen.

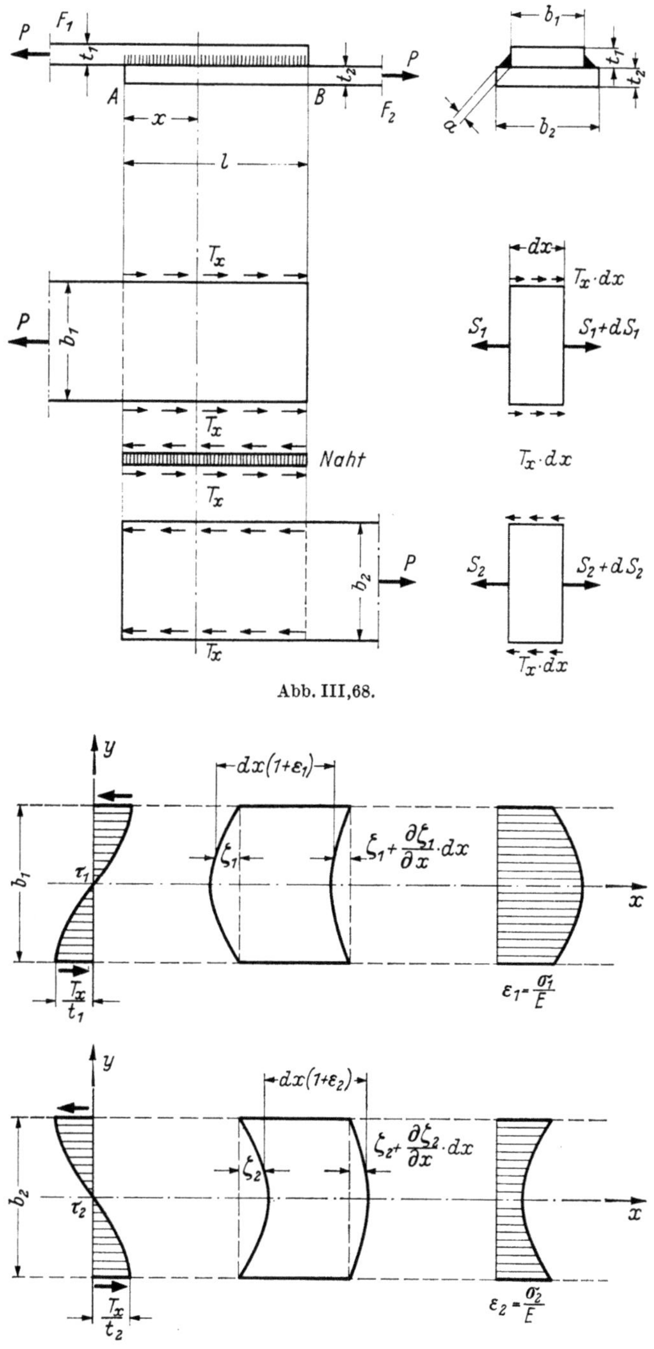

Abb. III,68.

Abb. III,69.

Die Schubspannungen τ verursachen Winkeländerungen γ,

$$\gamma = \frac{\tau}{G},$$

die ihrerseits eine Verkrümmung ζ des Scheibenelementes mit

$$\frac{\partial \zeta}{\partial y} = \gamma = \frac{\tau}{G}$$

verursachen. Ursprünglich ebene Querschnitte können somit, im Gegensatz zur elementaren Biegungslehre, nicht mehr eben bleiben. Dies hat zur Folge, daß nun aber auch die Normalspannungen $\sigma = \sigma_x$ nicht mehr linear über die Scheibenbreite b verteilt sein können, sondern die Verträglichkeitsbedingung

$$\frac{\partial \varepsilon}{\partial y} = \frac{1}{E}\frac{\partial \sigma}{\partial y} = \frac{\partial \gamma}{\partial x} = \frac{\partial^2 \zeta}{\partial x \, \partial y} = \frac{1}{G}\frac{\partial \tau}{\partial x}$$

erfüllen müssen. Eliminieren wir noch die Schubspannungen τ durch die Komponentengleichgewichtsbedingung an einem Scheibenelement $dx\,dy$,

$$\frac{\partial \sigma_x}{\partial x} + \frac{\partial \tau_{yx}}{\partial y} = 0,$$

so lautet diese Verträglichkeitsbedingung

$$\boxed{\frac{\partial^2 \sigma_x}{\partial y^2} + \frac{E}{G}\frac{\partial^2 \sigma_x}{\partial x^2} = 0}, \tag{III,10}$$

die eine Zwischenstufe zwischen der elementaren Biegungslehre mit

$$\frac{\partial^2 \sigma_x}{\partial y^2} = 0$$

und der vollständigen Scheibentheorie (s. Abschn. IV, 6a) mit

$$\frac{\partial^2 \sigma_x}{\partial y^2} + \frac{\partial^2 \sigma_x}{\partial x^2} + \frac{\partial^2 \sigma_y}{\partial y^2} + \frac{\partial^2 \sigma_y}{\partial x^2} = 0,$$

wobei aus Gleichgewichtsgründen

$$\frac{\partial^2 \sigma_x}{\partial x^2} = \frac{\partial^2 \sigma_y}{\partial y^2}$$

ist, darstellt.

Um nun die Spannungsverteilung in der Flankennaht in der vereinfachten Form eines linearen Problems berechnen zu können, wie es schon von F. BLEICH[1] vorgeschlagen worden ist, ersetzen wir den wirklichen Verlauf der Spannungen σ_1 und σ_2 durch eine gleichmäßige Verteilung

$$\sigma_1 = \frac{S_1}{b_1\,t_1}, \qquad \varepsilon_1 = \frac{S_1}{E\,b_1\,t_1},$$

$$\sigma_2 = \frac{S_2}{b_2\,t_2}, \qquad \varepsilon_2 = \frac{S_2}{E\,b_2\,t_2}.$$

---

[1] BLEICH, F.: Stahlhochbauten, Bd. I, Berlin: Springer 1932.

Dementsprechend ist nun aber auch die Schubverformung ζ durch ihren Mittelwert zu ersetzen. Nehmen wir als weitere Vereinfachung, für das Endergebnis auf der sicheren Seite liegend, lineare Verteilung der Schubspannungen τ über die Scheibenbreite an,

$$\tau = \frac{T_x}{2t}\,\frac{2y}{b} = \frac{T_x}{b\,t}\,y,$$

so verläuft ζ nach einer Parabel, und der Mittelwert ζ_m beträgt

$$\zeta_m = \frac{2}{3}\,\zeta_{\max} = \frac{2}{3}\,\frac{T_x}{4G}\,\frac{b}{t} = \frac{T_x\,b}{6G\,t}.$$

Für das zusammengesetzte Element der Länge dx ergibt sich damit die in Abb. III,70 skizzierte Durchschnittsverformung, bei der die Schweißnaht mit der Nahtstärke a und der durchschnittlichen Nahtbreite a den Beitrag

$$\zeta_N = \frac{T_x}{a\,G}\,a = \frac{T_x}{G}$$

leistet.

Mit

$$\zeta = \zeta_1 + \zeta_N + \zeta_2 = \frac{T_x}{G}\left(\frac{b_1}{6t_1} + 1 + \frac{b_2}{6t_2}\right) = -\frac{S_1'}{c},$$

wobei wir mit c,

$$\frac{1}{c} = \frac{1}{2G}\left(1 + \frac{b_1}{6t_1} + \frac{b_2}{6t_2}\right),$$

den spezifischen *Schubverformungswiderstand* bezeichnen, lautet die gesuchte Elastizitätsbedingung für die Scheibenkräfte S nach Abb. III,70

$$dx(1 + \varepsilon_1) + \zeta + \frac{\partial \zeta}{\partial x}\,dx = \zeta + dx(1 + \varepsilon_2),$$

$$\varepsilon_1 - \varepsilon_2 = -\frac{\partial \zeta}{\partial x}$$

oder nach Einführung der Kräfte

$$\frac{S_1}{E\,F_1} - \frac{S_2}{E\,F_2} = \frac{S_1''}{c};$$

eliminieren wir noch die Scheibenkraft S_2 mit

$$S_2 = P - S_1,$$

so ergibt sich nach Ordnen die gesuchte Differentialgleichung des Problems zu

$$\boxed{S_1'' - \frac{c}{E}\,\frac{F_1 + F_2}{F_1\,F_2}\,S_1 + P\,\frac{c}{E\,F_2} = 0}, \qquad \text{(III,11)}$$

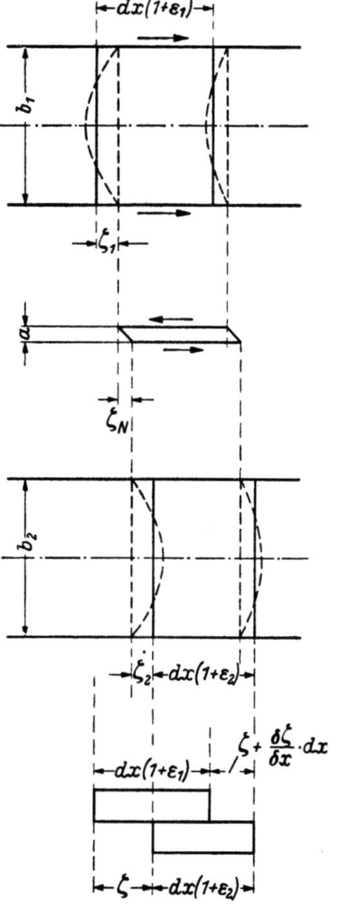

Abb. III,70.

die mit der Gl. (III,4b) grundsätzlich identisch ist. Dabei gelten als *Randbedingungen*

$$S_{1A} = P, \quad S_{1B} = 0,$$

bzw.

$$S_{2A} = 0, \quad S_{2B} = P.$$

Die Lösung dieser inhomogenen linearen Differentialgleichung zweiter Ordnung mit konstanten Koeffizienten ist nun sehr leicht in geschlossener Form möglich; mit

$$\omega^2 = \frac{c}{E} \frac{F_1 + F_2}{F_1 F_2}$$

genügt sie dem Lösungsansatz

$$S_1 = C_1 \operatorname{Sinh}\omega\, x + C_2 \operatorname{Cosh}\omega\, x + \frac{F_1}{F_1 + F_2} P,$$

dessen Integrationskonstanten C_1 und C_2 aus den beiden Randbedingungen zu bestimmen sind. Für die uns insbesondere interessierende Längsschubkraft ergibt sich nach Ordnen die Lösung

$$\boxed{\; -2T_x = S_1' = \frac{\omega\, P}{F_1 + F_2}\left(F_2 \operatorname{Sinh}\omega\, x - \frac{F_1 + F_2}{\operatorname{Sinh}\omega\, l}\operatorname{Cosh}\omega\, l \operatorname{Cosh}\omega\, x\right) \;} \qquad \text{(III,12)}$$

Für die numerische Auswertung ist die später angegebene numerische Lösung solcher Differentialgleichungen (s. IV. Kapitel) wohl noch einfacher als die Lösung durch Integration.

Zahlenbeispiel

Zur Veranschaulichung der Verhältnisse sind in Abb. III,71 die Ergebnisse von zwei durchgerechneten Zahlenbeispielen dargestellt. Für den symmetrischen Fall, $F_1 = F_2$, sind die Querschnitte

$$F_1 = \square\, 100 \cdot 12, \quad F_2 = \square\, 120 \cdot 10,$$

$$F_1 = F_2 = 12{,}0 \text{ cm}^2$$

gewählt worden. Der Verformungswiderstand c ergibt sich damit aus

$$\frac{1}{c} = \frac{1}{2G}\left(1 + \frac{10{,}0}{6 \cdot 1{,}2} + \frac{12{,}0}{6 \cdot 1{,}0}\right) = \frac{2{,}194}{G}.$$

Bei einer Nahtlänge $l = 20$ cm, was bei voller Materialausnützung einer Nahtstärke von mindestens $a = 0{,}45$ cm entspricht ($\tau_{zul} \cong 0{,}65\sigma_{zul}$, bezogen auf die kleinste Nahtstärke a), lautet damit unsere Differentialgleichung für $G = \tfrac{3}{8} E$

$$S_1'' - \frac{11{,}392}{l^2} S_1 + \frac{5{,}696}{l^2} P = 0.$$

Es zeigt sich, daß bei diesen wohl noch nicht allzu extremen Verhältnissen die größte Nahtbeanspruchung an den Nahtenden um rd. 81% über dem Durchschnittswert liegt, die Längsschubkraft also stark ungleichmäßig verteilt ist, trotzdem wir im Schubverformungswiderstand c auch die günstig wirkende Schubverformung der Scheiben mitberücksichtigt haben. Bei unsymmetrischem Anschluß

$F_1 \neq F_2$ steigt diese Spannungsspitze auf der Seite des Stabes mit kleinerem Querschnitt noch merklich weiter an. In Abb. III,71b sind die Verhältnisse für

$$F_1 = 10,0\ \mathrm{cm^2}, \qquad F_2 = 15,0\ \mathrm{cm^2}$$

dargestellt; hier liegt der größte Wert der Längsschubkraft um rd. 112% über dem Durchschnittswert.

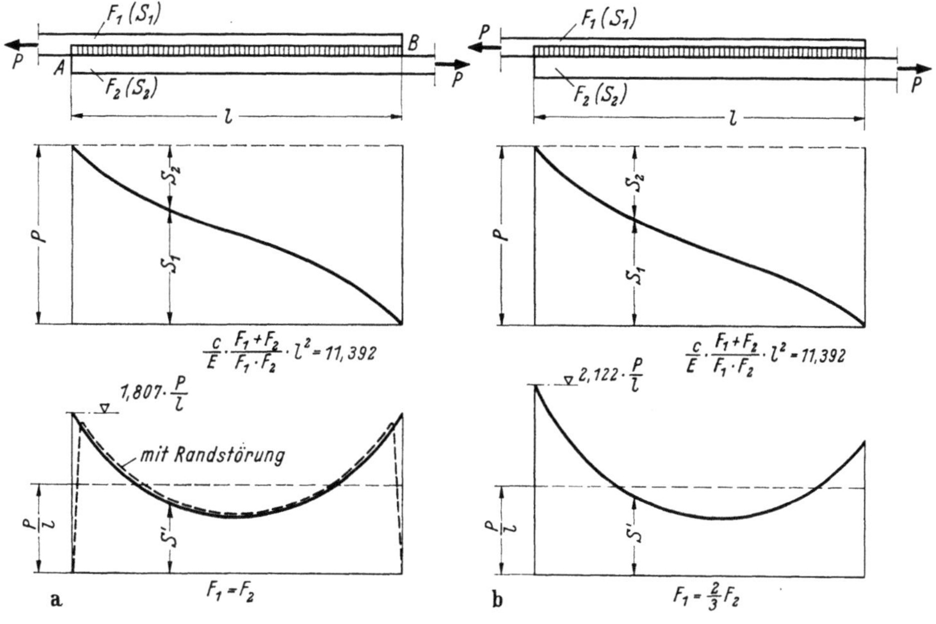

Abb. III,71a und b.

Unsere Untersuchung enthält noch einen gewissen Widerspruch mit der Wirklichkeit: am Nahtanfang bzw. an einem freien Querrand der Scheiben F_1 und F_2 muß die Längsschubspannung τ_{xy} und damit die Längsschubkraft T_x wegen der Gleichheit zugeordneter Schubspannungen

$$\tau_{yx} = \tau_{xy}$$

verschwinden. Die Längsschubkraft T_x kann somit nicht plötzlich von Null auf ihren Größtwert $T_{\max}$ anwachsen, sondern sie braucht dafür eine gewisse endliche Lastausbreitungszone. Es handelt sich hier um einen „Randstörungseinfluß", der zahlenmäßig mit der (genauen) Scheibentheorie untersucht werden könnte. In Abb. III,71a ist der Einfluß dieser Randstörung auf den Verlauf von S_1' gestrichelt skizziert, wobei die Bedingung

$$\int\limits_0^l S'\,dx = P$$

erfüllt sein muß. Genauere Untersuchung vorbehalten, dürfte durch diese Randstörung der Größtwert der Längsschubkraft nicht wesentlich verkleinert werden.

Die Ungleichmäßigkeit in der Verteilung der Längsschubkraft steigt mit wachsendem Wert von

$$\omega\, l = l\,\sqrt{\frac{c}{E}\,\frac{F_1 + F_2}{F_1 F_2}}$$

an; diese Verhältnisse sind in Abb. III,72 durch den Verlauf der Werte S'_{max} und S'_{min} für den symmetrischen Fall $F_1 = F_2$ dargestellt. In der Konstruktionspraxis ist es nicht üblich, bei der Bemessung von Kehlnähten diese Spannungsspitzen τ_{max} zu berücksichtigen, sondern man bemißt auf den Durchschnittswert τ_m. Dies ist offensichtlich nur dann gerechtfertigt, wenn die *Konstruktionsregel* eingehalten wird, wonach Kehlnahtanschlüsse so gedrängt wie möglich ausgebildet werden sollen. Diese Forderung deckt sich eindeutig mit den Ergebnissen von Dauerfestigkeitsversuchen; kurze, kräftige Kehlnähte zeigen erheblich höhere Dauerfestigkeitswerte als lange, schlanke Nähte.

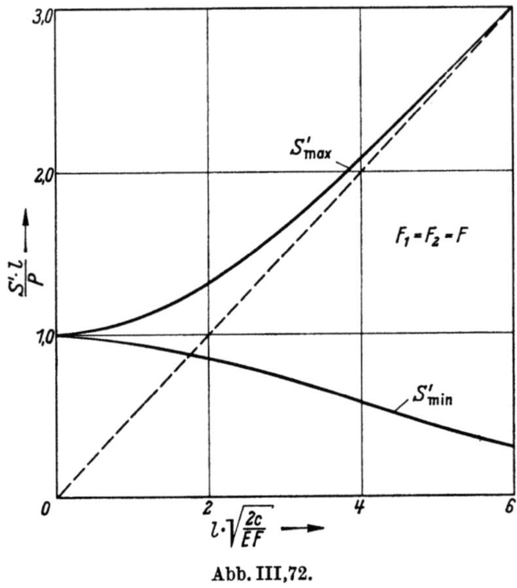

Abb. III,72.

Abb. III,72 zeigt auch, daß der Größtwert der Längsschubkraft S' mit wachsender Nahtlänge einem Grenzwert S'_{max} zustrebt, der aus Gl. (III,12) zu

$$S'_{A\,max} = \omega \frac{F_2}{F_1 + F_2} P = P \sqrt{\frac{c\,F_2}{E\,F_1(F_1 + F_2)}} \tag{III,13}$$

bzw.

$$S'_{B\,max} = P \sqrt{\frac{c\,F_1}{E\,F_2(F_1 + F_2)}} = \frac{F_1}{F_2} S'_{A\,max}$$

berechnet werden kann. Für $F_1 = F_2$ ist dieser Grenzwert an beiden Nahtenden mit

$$S'_{max} = P \sqrt{\frac{c}{2\,E\,F}} \tag{III,13a}$$

gleich groß. Dieser Wert S'_{max} wird auch mit beliebig langer Naht nicht unterschritten. Zum Vergleich sei festgehalten, daß diese Werte für die beiden Beispiele von Abb. III,71

$$S'_{max} = 0{,}500\,P\omega \quad \text{bzw.} \quad 0{,}600\,P\omega$$

statt

$$S'_{max} = 0{,}535\,P\omega \quad \text{bzw.} \quad 0{,}629\,P\omega$$

bei endlicher Nahtlänge $l = 20$ cm betragen. Wenn lange Kehlnähte unvermeidlich sind, können diese Werte $S'_{\max}$ nach Gl. (III,13) als Richtlinie für die notwendige Nahtstärke am Anfang und am Ende der Naht dienen.

Die hier untersuchten Verhältnisse erlauben noch eine weitere Schlußfolgerung, die allgemeine Bedeutung besitzt. Der Anschluß des Stabes F_1 an den Stab F_2 bedeutet für den Stab F_1 beim Nahtanfang A eine plötzliche starke Querschnittsänderung, auch wenn sie durch die Nachgiebigkeit der Verbindung etwas gemildert erscheint. Jede derartige Querschnittsänderung verursacht Spannungsspitzen oder ungleichmäßige Spannungszustände, die die Festigkeit unter oft wiederholter Belastung stark herabmindern. Plötzliche Querschnittsänderungen sind deshalb überall dort unbedingt zu vermeiden, wo die Dauerfestigkeit maßgebend ist, in erster Linie also im Stahlbrückenbau. Spannungsspitzen sind aber auch im Hochbau unerwünscht, weil ihr Abbau örtliche Plastifizierung zur Folge haben kann; die Vermeidung plötzlicher Querschnittsänderungen ist somit stets anzustreben.

Bei der Untersuchung einer *unterbrochenen Kehlnaht* ist zwischen den Nahtstrecken e_S und den nahtlosen Strecken e zu unterscheiden. Für eine Nahtstrecke gilt auch hier die Differentialgleichung (III,11), während sich für eine nahtlose Strecke der Länge e zwischen den Punkten i und k die Elastizitätsbedingung

$$\frac{1}{c}(S'_i - S'_k) + \frac{e}{E}\frac{F_1 + F_2}{F_1 F_2} S = \frac{e}{E F_2} P \qquad (\text{III},14)$$

anschreiben läßt. Abb. III,73 zeigt die Ergebnisse eines durchgerechneten Zahlenbeispiels (mit den Querschnittswerten des Beispiels von Abb. III,71 a, jedoch einer

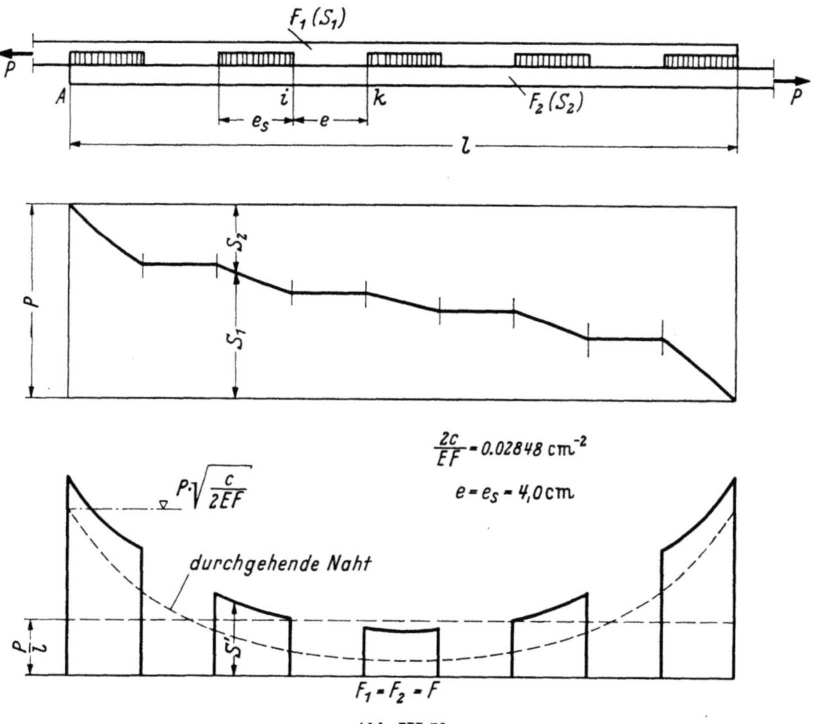

Abb. III,73.

auf das 1,8fache vergrößerten Anschlußlänge l). Zum Vergleich ist auch der Verlauf von S' für eine durchgehende Schweißnaht eingetragen, deren Endwerte S'_{max} hier schon praktisch genau mit dem Wert nach Gl.(III,13) übereinstimmen. Wir stellen fest, daß die Längsschubkraft an den Anschlußenden den Größtwert der durchgehenden Naht noch merklich übersteigt. Da die unterbrochene Naht auch den Nachteil der wiederholten Nahtansatzstellen (Endkrater) aufweist, ist sie nicht zu empfehlen. Besser ist eine möglichst dünne durchgehende Naht, deren Enden gegebenenfalls entsprechend Gl. (III,13) verstärkt auszuführen sind.

f) Bauliche Einzelheiten

Dauerversuche zeigen eindeutig, daß auch bei einer sehr sorgfältig hergestellten Schweißnaht die Festigkeit unter derjenigen des Grundmaterials (glatter Stab) liegt; ausgenommen sind nur die Fälle einer rein statischen Belastung, wie sie in Wirklichkeit bei Tragwerken ja nicht vorkommt. Es muß nun unbedingt vermieden werden, die Festigkeit durch zusätzliche ungünstige Wirkungen noch weiter zu vermindern; ungleichmäßige Spannungsverteilungen mit Spannungsspitzen sind somit zu vermeiden. Die erste grundlegend wichtige Forderung an die bauliche Ausbildung geschweißter Verbindungen kann damit etwa wie folgt formuliert werden:

Es muß durch Vermeidung von plötzlichen Querschnittsänderungen und von unsymmetrischen Anschlüssen ein stetiger und gleichmäßiger Kraftfluß gewährleistet sein.

Diese Forderung erstreckt sich auch auf die Wahl der Querschnittsform der Naht und die entsprechende Vorbereitung der Werkstückränder.

Eine zweite Forderung kann in bezug auf die Schrumpfwirkungen wie folgt aufgestellt werden:

Die schädliche Wirkung von Schrumpfspannungen muß sowohl durch die Formgebung der Bauteile und Verbindungen wie auch durch zweckmäßige Bearbeitung (Reihenfolge der Schweißnähte bei der Herstellung usw.) soweit als möglich vermieden werden.

Zur Erfüllung dieser Forderung gehört auch, daß die Schweißnahtquerschnitte nicht unnötig stark gemacht und Nahtanhäufungen vermieden werden.

Wie diese Forderungen zu erfüllen sind, soll nachstehend an einigen wenigen einfachen Beispielen veranschaulicht werden; dabei ist zu berücksichtigen, daß die Sprödbruchsicherheit (vgl. Abschn. III,3a) von praktisch den gleichen Faktoren abhängt wie die Dauerfestigkeit, so daß von diesem Standpunkt ähnliche Forderungen an die bauliche Gestaltung von geschweißten Konstruktionen bestehen.

Sollen zwei Platten verschiedener Stärke stumpf miteinander gestoßen werden, so ist die plötzliche Querschnittsänderung durch Abarbeiten der stärkeren Platte zu vermeiden (Abb. III,74a). Die Stumpfnaht wird bei dünnen Platten mit V-Querschnitt wurzelseitig nachgeschweißt ausgeführt, während bei stärkeren Platten die X-Naht oder die Tulpennaht in Frage kommt. Die dünne Platte kann auch durch Auflegen einer Verstärkungslamelle verstärkt werden; hier ist die Verstärkungslamelle an ihrem Ende auf ganze Breite abzuarbeiten, jedoch nicht zuzuspitzen, weil sich sonst in diesem Teil die Spannungen konzentrieren würden (Abb. III,74 b). Der Forderung des sanften Querschnittsüberganges hat sich auch die Querschnittsform der Stirnnaht (Hohlnaht) anzupassen.

Auf keinen Fall darf die Verstärkungslamelle breiter sein als die Grundlamelle (Abb. III,74 c), weil sonst beim Übergang von der Stirnnaht zur Flankennaht eine Kerbwirkung durch Einbrand an der Grundlamelle unvermeidlich ist, die die an sich schon ungünstige Wirkung der Querschnittsänderung weiter verschärft.

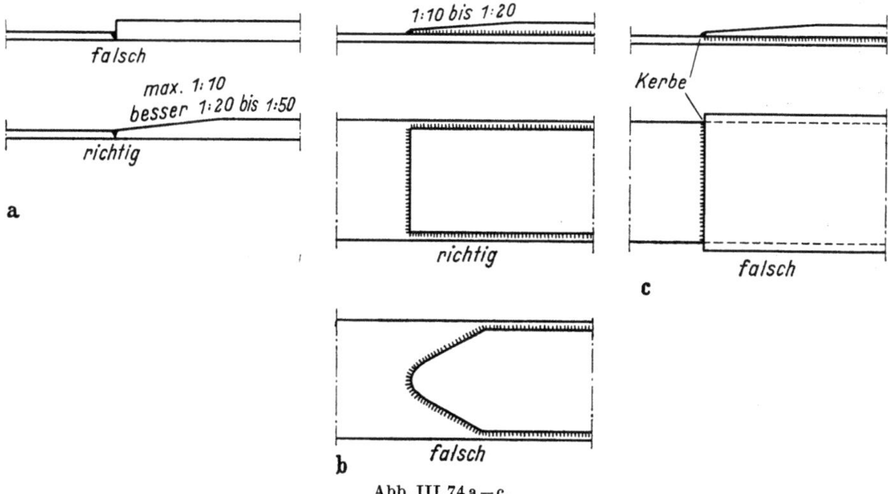

Abb. III,74 a—c.

Die Verstärkung durch aufgelegte Lamellen nach Abb. III,74 b soll bei geschweißten Bauteilen nur ausnahmsweise vorgesehen werden, dann etwa, wenn eine Verstärkung nur auf kurze Länge notwendig ist, so daß sich der Einbau einer einzigen dicken Platte mit Unterbruch der durchgehenden Lamelle nach Abb. III,74 a nicht lohnt. Grundsätzlich handelt es sich ja darum, daß eine Verstärkung von Querschnitten durch aufgesetzte Lamellen eine Anordnung darstellt, die der genieteten Bauweise angehört und dort zweckmäßig, aber nicht schweißgerecht ist.

Festigkeitstechnisch steht stets im Vordergrund, daß jede Schweißnaht im Grundmaterial eine *Kerbwirkung* verursacht, sogar auch dann, wenn sie nur auf das Grundmaterial aufgebracht ist, ohne eine Verbindung herstellen zu müssen. Dies geht mit aller Deutlichkeit aus Versuchen hervor, über die E. H. SCHULZ und H. BUCHHOLTZ schon 1933[1] berichtet haben und aus denen nachstehend in Abb. III,75 die Zahlentafel I, die die Ursprungsfestigkeiten von Probestäben aus Baustahl St 52 enthält, wiedergegeben ist. Eine einseitige Querraupe vermindert die Ursprungsfestigkeit auf diejenige des gelochten Stabes; noch wesentlich ungünstiger ist die Wirkung einer einseitigen Längsraupe wegen des Endkraters. Bei aufgeschweißten Querversteifungen tritt zur Kerbwirkung noch die Wirkung einer plötzlichen Querschnittsänderung verschärfend hinzu.

Es gilt heute als Konstruktionsregel, daß Quernähte auf Zugstäben mindestens im Brückenbau vermieden werden sollen. Wenn dies nicht möglich ist, so sollen

---

[1] SCHULZ, E. H., BUCHHOLTZ, H.: Über die Dauerfestigkeit von genieteten und geschweißten Verbindungen aus Baustahl St 52. Abhandlungen IVBH Bd. 2, Zürich 1933 bis 1934.

die Nähte auf alle Fälle glatt nachgearbeitet werden, und es soll in solchen Fällen auch die zulässige Beanspruchung des Zugstabes entsprechend vermindert werden.

Nr.	Stabformen	Ursprungs-festigkeit	
		kg/mm²	%
1	glatter Stab	28	100
2	gelochter Stab...........................	22	78
3	gelochter Stab mit Niet..................	18	64
4	Stab mit Querraupe, einseitig	21	75
5	Stab mit Querraupe, doppelseitig	11	39
6	Stab mit Längsraupe, einseitig	12	43
7	Stab mit Längsraupe, doppelseitig	11	39
8	Querversteifung, einseitig	18	64
9	Querversteifung, doppelseitig	10	36
10	Stab mit einseitig aufgeschweißter Lasche..	9—10	34
11	Stab mit einseitig aufgeschweißter Lasche..	~9	32

——— Lage des Bruches

Abb. III,75.

Beim Stumpfstoß von Platten können die Randkerben dadurch vermieden werden, daß die Platten vorübergehend durch seitliche Lappen verbreitert werden (Abb. III,76); nach dem Entfernen dieser Lappen vermindern sich auch die Schrumpfspannungen. Es handelt sich bei der Ausführung eines solchen Stumpfstoßes ja um ein Schweißen unter teilweiser Verspannung, die durch das Abarbeiten der Lappen nachträglich wieder aufgehoben wird (vgl. Abb. III,56).

Der wesentliche Unterschied zwischen genieteter und geschweißter Bauweise besteht darin, daß bei genieteten Anschlüssen und Verbindungen normalerweise zusätzliche Teile, wie Anschlußwinkel, Stoßlaschen u.ä., notwendig sind, während bei geschweißten Verbindungen meist eine direkte Kraftübertragung mit glattem Kraftfluß möglich und auch stets anzustreben ist. Bei der Einführung der Schweißtechnik in den Stahlbau hat man diesen grundsätzlichen Unterschied zu wenig beachtet und häufig die Formen der Nietbauweise übernommen, wobei lediglich die Niete durch Schweißnähte ersetzt wurden. So war es anfänglich üblich, einen Blechstoß durch Stoßlaschen zu decken, bei denen die Funktion der Niete den Stirn- und Flankennähten zugewiesen war (Abb. III,77a); man scheute sich offensichtlich noch, die Kraftübertragung einer Stumpfnaht allein zu überlassen. Die Nachteile dieser Anordnung (vermehrter Materialverbrauch, Festigkeitsverminderung durch Kerbwirkung) sind heute allgemein erkannt und die Anordnung ist eindeutig überholt. Eine Übergangsstufe, wie sie für den Stehblechstoß von Blechträgern vorgeschlagen worden ist, zeigt Abb. III,77 b; man suchte die Stumpfnaht an den Stellen größter Beanspruchungen durch Decklaschen zu verstärken. Auch diese Anordnung ist überholt.

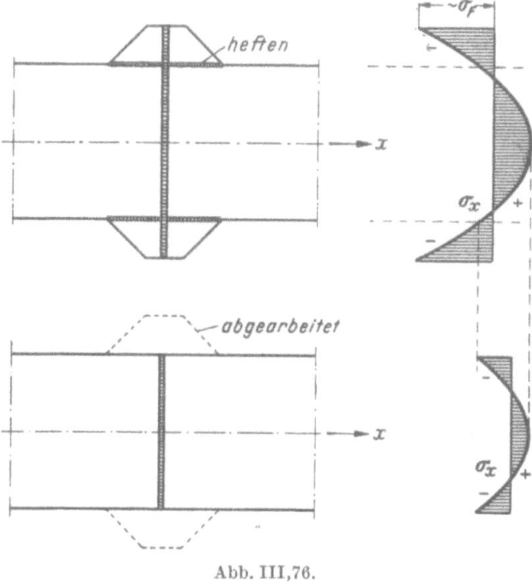

Abb. III,76.

Eine weitere früher verwendete Stoßanordnung ist in Abb. III,77 c skizziert; man suchte die Stumpfnaht durch Schräglegen zu verlängern und die größte Beanspruchung σ_u gegenüber σ_x zu verkleinern. Eine solche Schrägnaht hat den

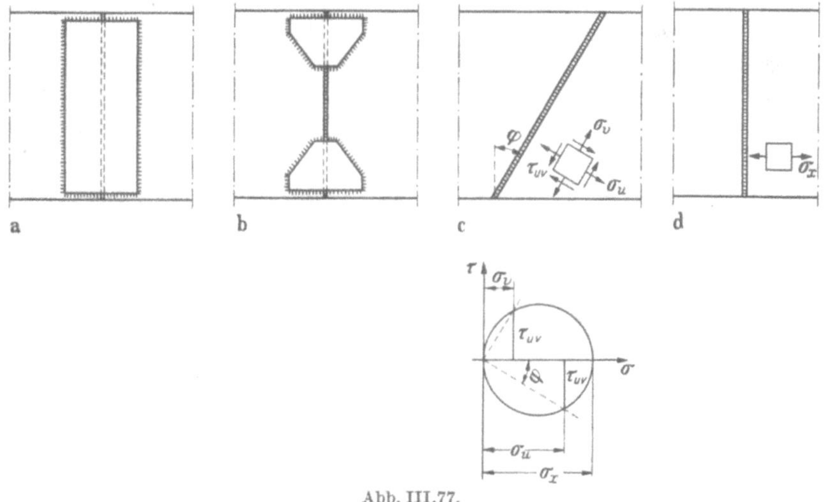

Abb. III,77.

Nachteil, daß durch die Schrägschnitte Materialabfall entsteht; noch wichtiger ist, daß eine Verkleinerung der maßgebenden Vergleichsspannung σ_g nur dann erreicht wird, wenn der Abminderungswert α_x der Schweißnaht für Beanspruchung quer zur Naht kleiner ist als eins, d. h. in der Regel nur für Schweißnähte geringer Güte. Dies rührt daher, daß für einen isotropen Baustoff die Vergleichsspannung wegen

$$\sigma_g = \sqrt{\sigma_1^2 + \sigma_2^2 - \sigma_1 \sigma_2}$$

von der Schnittrichtung unabhängig ist. Heute stellt deshalb der senkrechte
Stumpfstoß (Abb. III,77d) die normale Ausführung dar.

Der Unterschied zwischen genieteter und geschweißter Bauweise sei in
Abb. III,78 noch am weiteren Beispiel eines einfachen Knotenpunktes skizziert.
Bei genieteter Ausführung ist zum Anschluß der beiden Füllstäbe an den durchgehenden Gurtstab ein besonderes Zusatzelement, das Knotenblech notwendig
(Abb. III,78a). Damit aber dieses Knotenblech seinerseits möglichst einfach mit
den Stäben verbunden werden kann, sind die Stabquerschnitte entsprechend zu
wählen; bei leichten Fachwerken drängt sich hier der Stabquerschnitt mit zwei
nebeneinanderliegenden Winkeln auf, zwischen deren stehende Schenkel das
Knotenblech leicht eingeführt werden kann.

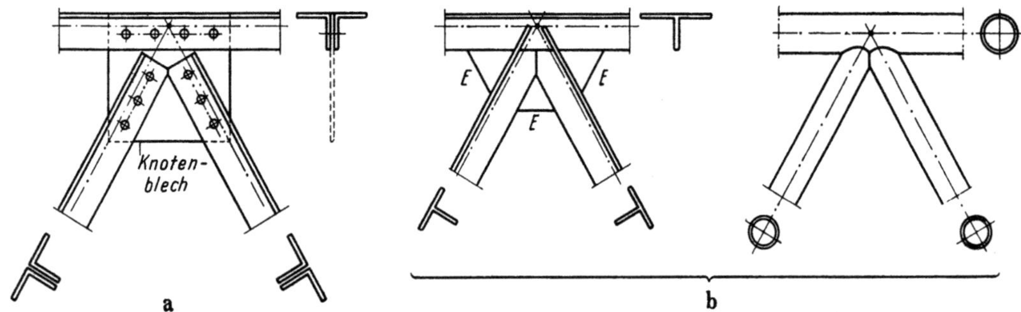

Abb. III,78a und b. a) Genietet; b) geschweißt.

In geschweißter Ausführung (Abb. III,78b) sind vom baulichen Standpunkt
aus keine Knotenbleche notwendig; die Füllungsglieder können direkt an den
Gurtstab angeschlossen werden, wobei allerdings die Kraftübertragung der Spannungen in den abstehenden Flanschen durch entsprechende Flanschverlängerungen gesichert werden muß. An den Anschlußstellen der Füllstäbe weist der durchgehende Gurtstab plötzliche Querschnittsänderungen auf, die, wenn der Gurtstab
auf Zug beansprucht ist und wenn es sich um zeitlich veränderliche Belastung
handelt, durch eingeschweißte Eckbleche E gemildert werden müssen. Solche
Eckbleche sind bei schmalen Gurtprofilen auch notwendig, um die notwendige
Anschlußlänge für die Flanschen der Füllstäbe zu gewinnen, und gleichzeitig
um die Schubspannungen, die für die Übertragung der Vertikalkomponenten
der Kräfte der Füllungsglieder erforderlich sind, in zulässigen Grenzen zu halten.
Für die Wahl von Doppelwinkeln als Stabquerschnitt besteht hier beim Wegfall
des Knotenblechs kein Grund mehr; wir erkennen, daß sich der Unterschied
zwischen geschweißter und genieteter Bauweise nicht nur auf die Art des Verbindungsmittels beschränkt, sondern auch auf die Bauformen der zu verbindenden Profile auswirkt. Die Schweißung erlaubt nun auch weitere Profilformen,
wie etwa Rohre, zu verwenden, deren Querschnitt für die Übertragung von
Druckkräften sehr günstig ist (großes Verhältnis $i^2 : F$), deren Verbindung aber
in der genieteten Bauweise auf einfache Art nicht möglich war. Abb. III,78b

zeigt auch einen solchen Knotenpunkt mit Rohrstäben, wie er etwa bei einem leichten Fachwerk für ruhende Belastung in Betracht kommen kann; bei Dauerbeanspruchung müßten auch hier die plötzlichen Querschnittsänderungen gemildert werden.

Die Unterschiede zwischen genieteten und geschweißten Verbindungen wirken sich aber noch weiter aus als nur auf die Wahl der Stabquerschnitte; sie können sogar die Wahl des Tragsystems entscheidend beeinflussen. Als Beispiel zeigt Abb. III,79 den Anschluß eines Unterzuges an eine Stütze.

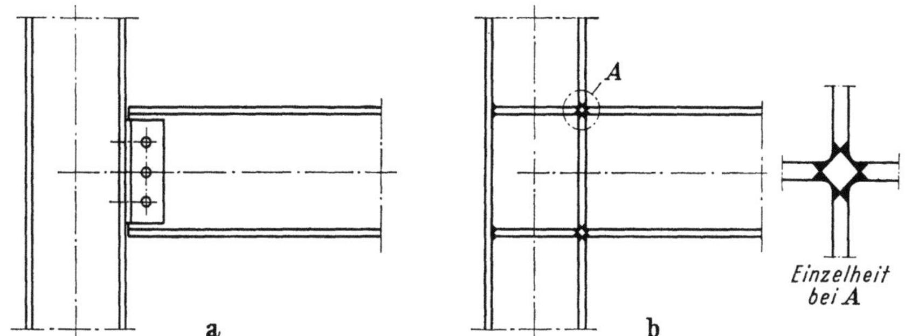

Abb. III,79a und b. a) Genietet; b) geschweißt.

Der normale genietete Anschluß überträgt im wesentlichen nur eine Querkraft; die Übertragung größerer Momente verursacht beträchtliche Schwierigkeiten. Der genietete Anschluß arbeitet somit, wenigstens in erster Annäherung, wie eine Gelenkverbindung (wobei sich die Unvollständigkeit der Gelenkwirkung allerdings bei oft wiederholter Belastung ungünstig auswirken wird). In geschweißter Ausführung dagegen lassen sich Steg und Flanschen des Unterzuges direkt anschließen; der Anschluß ist biegungssteif, oder er bildet eine Rahmenecke mit einigen Besonderheiten des Kräftespiels, auf die bei der Besprechung der Bauelemente zurückgekommen werden muß (vgl. Abschn. VIII,1h). Grundsätzlich ist hier festzuhalten, daß die beiden Verbindungen von Abb. III,79 bei sonst gleichen Bauelementen verschiedene statische Tragsysteme charakterisieren. Die einfache Ausbildung von Rahmentragwerken, wie Stockwerkrahmen oder auch Vierendeelträgern, ist im Stahlbau erst durch die Einführung der Schweißtechnik möglich geworden. Die Einführung der Schweißtechnik in den Stahlbau hat somit nicht nur die Entwicklung neuer Formen bei den Einzelheiten erzwungen, sondern sie kann sogar die Wahl des Tragsystems und damit die Gesamtanordnung eines Tragwerks entscheidend beeinflussen.

IV. Numerische Lösung von Differentialgleichungen der Baustatik

1. Mathematische und baustatische Methoden

Bei einer stets wachsenden Zahl von Bemessungsaufgaben der Stahlbaupraxis treten Differentialgleichungen auf, für deren Lösung einerseits die Methoden der *mathematischen Analysis*, andererseits die *numerischen Methoden der Baustatik* zur Verfügung stehen. Nachstehend soll am einfachen Beispiel der Balkenbiegung versucht werden, die grundsätzlichen Unterschiede der beiden Lösungsmethoden aufzuzeigen.

a) Die Differentialgleichungen der Balkenbiegung

Zwischen der Belastung p, der Querkraft Q und dem Biegungsmoment M eines auf Biegung beanspruchten Balkens (Abb. IV,1a) lassen sich aus der Be-

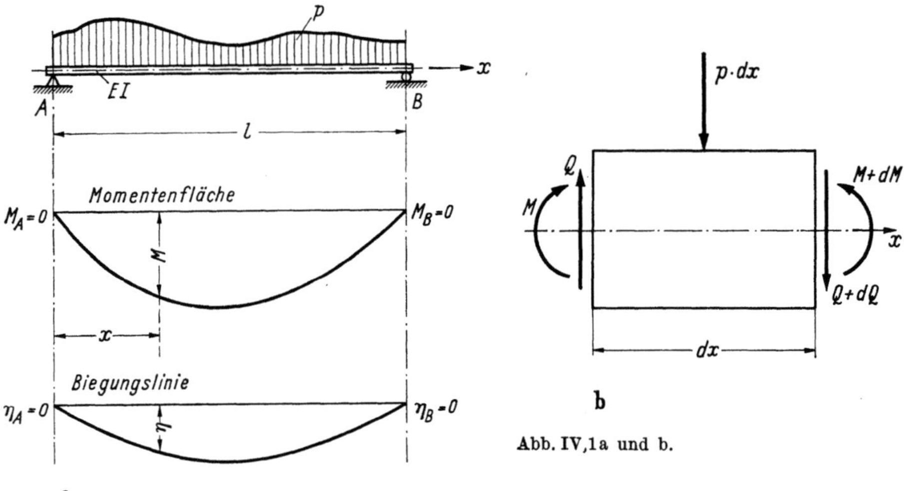

Abb. IV,1a und b.

trachtung des Gleichgewichtszustandes eines Balkenelementes (Abb. IV,1b) der Länge dx die folgenden Beziehungen aufstellen:

$$\sum \uparrow = 0: \qquad Q - (Q + dQ) - p\, dx = 0,$$

$$\boxed{Q' = \frac{dQ}{dx} = -p} \qquad\qquad \text{(IV,1)}$$

$$\sum \circlearrowright = 0: \qquad M - (M + dM) + Q\, dx - p\,\frac{dx^2}{2} = 0,$$

$$\boxed{M' = \frac{dM}{dx} = Q} \qquad\qquad \text{(IV,2)}$$

der Beitrag $p\,dx^2/2$ ist von höherer Ordnung klein und kann deshalb vernachlässigt werden.

Die beiden Gln. (IV,1) und (IV,2) lassen sich zur *Differentialgleichung der Balkenbiegung*

$$M'' = \frac{d^2 M}{dx^2} = -p \qquad\qquad \text{(IV,3)}$$

zusammenfassen, und die gesuchte *Momentenfläche M* ergibt sich durch zweimalige Integration der Belastungsfläche unter Beachtung von zwei Randbedingungen, beim einfachen Balken $M_A = 0$ und $M_B = 0$. Diese Integration läßt sich jedoch nur dann auf einfache Weise durchführen, wenn die Belastung p durch eine einfache, d. h. integrierbare mathematische Funktion erfaßt werden kann. Der einfachste Fall liegt mit $p = $ konst. vor, und es ist dann

$$Q = M' = - \int\limits^{x} p\,dx = C_1 - p\,x,$$

$$M = \int\limits^{x} Q\,dx = C_1 x - \frac{p}{2}x^2 + C_2.$$

Aus den Randbedingungen des einfachen Balkens folgt

$$M_A = C_2 = 0, \qquad C_2 = 0,$$

$$M_B = C_1 l - \frac{p}{2}l^2 = 0, \qquad C_1 = \frac{p\,l}{2}$$

und damit

$$Q = \frac{p}{2}(l - 2x) \qquad\qquad M = \frac{p}{2}x(l - x).$$

Für

$$x = \frac{l}{2}$$

wird

$$Q = 0, \qquad M = M_{\max} = \frac{p\,l^2}{8}.$$

Die mathematische Untersuchung liefert uns hier *gebrauchsfertige Formeln*, die jedoch nur auf den betrachteten Sonderfall, hier den einfachen Balken unter gleichmäßig verteilter Belastung anwendbar sind. Der Anwendungsbereich derartiger Formeln ist somit in der Praxis dadurch begrenzt, daß in Wirklichkeit meist nicht nur der einfache Sonderfall $p = $ konst. zu untersuchen ist, sondern kompliziertere Belastungsfälle (Streckenbelastungen, Einzellasten) vorkommen. Der unbestreitbare Vorzug der Formel ist damit nur beschränkt ausnützbar.

Die gesuchte *Biegungslinie η* läßt sich analog aus der Differentialgleichung der elastischen Linie, die den Gleichgewichtszustand zwischen inneren und äußeren Momenten am Balkenelement ausdrückt,

$$E\,J\,\eta'' + M = 0, \qquad\qquad \text{(IV,4a)}$$

berechnen; diese Beziehung wird meist in der Form

$$\eta'' = -\frac{M}{E\,J}$$

(IV,4b)

geschrieben; dabei bedeutet $E\,J$ die Biegungssteifigkeit des Trägers. Die Biegungslinie η ergibt sich somit durch zweimalige Integration der reduzierten Momentenfläche $M/E\,J$; auch diese Integration läßt sich nur in einfachen Fällen geschlossen durchführen. Für den einfachen Balken nach Abb. IV,1 mit $p = $ konst. und $E\,J = $ konst. ergibt sich

$$\eta' = \int^x \eta''\,dx = -\int^x \frac{M}{E\,J}\,dx = -\frac{p}{2\,E\,J}\left(\frac{l\,x^2}{2} - \frac{x^3}{3}\right) + C_3,$$

$$\eta = \int^x \eta'\,dx = C_3\,x - \frac{p}{2\,E\,J}\left(\frac{l\,x^3}{6} - \frac{x^4}{12}\right) + C_4;$$

die Randbedingungen $\eta_A = 0$ und $\eta_B = 0$ liefern

$$C_4 = 0,$$

$$C_3\,l - \frac{p}{2\,E\,J}\left(\frac{l^4}{6} - \frac{l^4}{12}\right) = 0, \quad C_3 = \frac{p\,l^3}{24\,E\,J}$$

und damit

$$\eta = \frac{p}{24\,E\,J}\left(l^3\,x - 2\,l\,x^3 + x^4\right)$$

mit dem Größtwert in Balkenmitte, $x = l/2,$

$$\eta_{\max} = \frac{5}{384}\,\frac{p\,l^4}{E\,J}.$$

Auch hier führt die mathematische Lösung auf eine Gebrauchsformel, die aber auch wieder nur für die untersuchten besonderen und besonders einfachen Verhältnisse gültig ist.

Die beiden Gln. (IV,3) und (IV,4), die zusammen die Balkenbiegung umschreiben, sind direkt nur bei *statisch bestimmt gelagerten Trägern* anwendbar. Bei *statisch unbestimmt gelagerten Trägern*, für die der beidseitig starr eingespannte Balken nach Abb. IV,2 ein Beispiel darstellt, ist eine stufenweise Lösung deshalb nicht möglich, weil sich hier alle vier Randbedingungen auf die Biegungslinie beziehen:

$$\eta_A = \eta_B = \eta'_A = \eta'_B = 0.$$

Hier müssen die beiden Teilgleichungen (IV,3) und (IV,4) zur totalen Differentialgleichung der Balkenbiegung

$$(E\,J\,\eta'')'' = p$$

(IV,5)

vereinigt werden, aus der sich die Biegungslinie η durch viermalige Integration der Belastungsfunktion p unter Beachtung der vier Randbedingungen bestimmen läßt.

Das allgemeine Problem der Balkenbiegung ist somit ein Randwertproblem vierter Ordnung, das für den Sonderfall der statisch bestimmten Lagerung in zwei voneinander unabhängige Randwertprobleme von je zweiter Ordnung zerfällt. Die

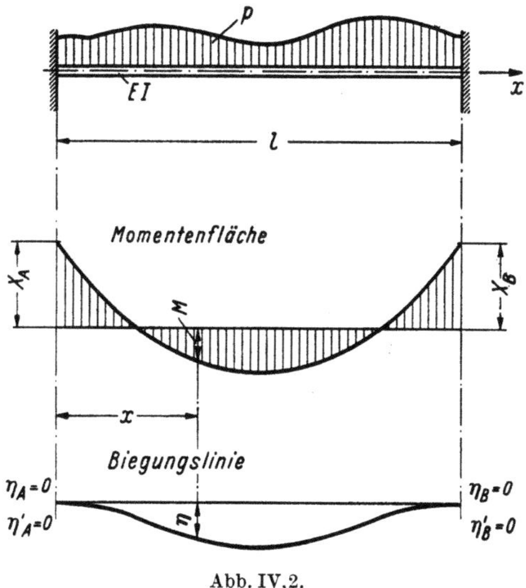

Abb. IV,2.

baustatische Betrachtungsweise des allgemeinen Biegungsproblems unterscheidet sich grundsätzlich von der Auffassung des Randwertproblems vierter Ordnung dadurch, daß man, auf Grund der Gültigkeit des Superpositionsgesetzes, ein statisch bestimmtes Grundsystem einführt, für das wieder die Teilgleichungen (IV,3) und (IV,4) gültig sind; die beiden Randbedingungen $\eta'_A = 0$ und $\eta'_B = 0$ liefern als Elastizitätsbedingungen die beiden überzähligen Stützenmomente X_A und X_B.

b) Die Seilpolygongleichung

Bei beliebiger Belastungsanordnung wird die Momentenfläche eines einfachen Balkens zeichnerisch durch die Konstruktion von Kräfte- und Seilpolygon bestimmt. Das Seilpolygon ist ein klassisches Hilfsmittel der Baustatik, dessen Einführung auf LEONARDO DA VINCI (1452 bis 1519), SIMON STEVIN (1548 bis 1620) und VARIGNON (1654 bis 1722) zurückgeht und das ursprünglich dazu diente, Kräfte in einer Ebene zu einer Resultierenden zusammenzusetzen. Sein Anwendungsbereich wurde wesentlich erweitert durch KARL CULMANN (1821 bis 1881, Bestimmung statischer Momente und von Momenten höherer Ordnung, Culmannsche Schlußlinie) und durch OTTO MOHR (1835 bis 1918, Deutung der elastischen Linie als Seilpolygon). Eine weitere Ausweitung des Anwendungsbereiches ergibt sich durch die Übersetzung der graphischen Konstruktion des Seilpolygons in die Sprache der Zahlenrechnung; mit der *Seilpolygongleichung* lassen sich die wichtigsten der in der Baustatik vorkommenden Differentialgleichungen numerisch lösen.

Die Seilpolygongleichung sei zunächst am Beispiel eines durch Einzellasten P belasteten einfachen Balkens (Abb. IV,3a) aufgestellt. Die Gleichgewichtsbedingungen an einem Balkenfeld zwischen den Knotenpunkten $m - 1$ und m, wobei die Lasten P nur in Knotenpunkten angreifen und die das Feld begrenzenden

Schnitte unmittelbar rechts von den Knotenpunkten geführt sein sollen (Abb. IV,3b), liefern die beiden Beziehungen

$$\sum \uparrow = 0: \qquad \boxed{Q_m - Q_{m+1} = P_m}, \qquad\qquad (IV,6)$$

$$\sum \circlearrowright = 0: \qquad \boxed{M_m = M_{m-1} + Q_m \Delta x_m}. \qquad\qquad (IV,7)$$

Gl. (IV,7) läßt sich unmittelbar auf die *Rekursionsformel*

$$\boxed{M_m = \sum_A^m Q_i \Delta x_i} \qquad\qquad (IV,7\,a)$$

verallgemeinern, die in der elementaren Baustatik zur Berechnung der Biegungsmomente M aus den Querkräften Q verwendet wird; sie stellt eine besondere Form der Seilpolygongleichung dar.

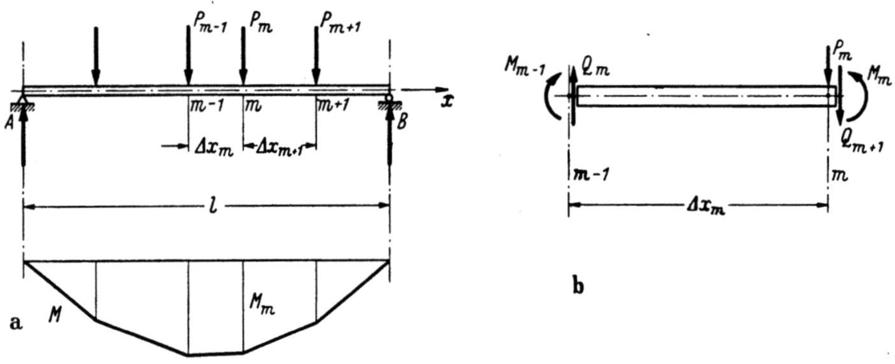

Abb. IV,3a und b.

Eliminieren wir dagegen die Querkräfte Q, indem wir die Werte

$$Q_m = \frac{M_m - M_{m-1}}{\Delta x_m} \quad \text{und} \quad Q_{m+1} = \frac{M_{m+1} - M_m}{\Delta x_{m+1}}$$

in Gl. (IV,6) einsetzen, so erhalten wir die eigentliche *Seilpolygongleichung*

$$\boxed{\frac{M_m - M_{m-1}}{\Delta x_m} - \frac{M_{m+1} - M_m}{\Delta x_{m+1}} = P_m}, \qquad\qquad (IV,8)$$

die uns direkt den Zusammenhang zwischen den Belastungen P und den durch sie verursachten Momenten darstellt. Für die späteren Anwendungen wird in der Regel konstante Feldweite, $\Delta x_m = \Delta x_{m+1} = \Delta x$, eingeführt werden dürfen; damit vereinfacht sich die Seilpolygongleichung auf

$$\boxed{-M_{m-1} + 2M_m - M_{m+1} = P_m \Delta x}. \qquad\qquad (IV,8\,a)$$

Die Momentenfläche eines einfach gelagerten Balkens ergibt sich aus den Belastungen P durch die *Auflösung eines dreigliedrigen Gleichungssystems* mit den beiden Randbedingungen $M_A = 0$, $M_B = 0$; dieses Gleichungssystem muß in

jedem Einzelfall wieder neu aufgelöst werden. Die Seilpolygongleichung führt
somit nicht auf eine gebrauchsfertige Formel, wie die Integration der Differentialgleichung (IV,3), sondern sie stellt eine *numerische Methode* dar, die sich aber
stets, bei jeder Größe und Verteilung der Belastungen P, in der gleichen Form
anwenden läßt.

Sachlich stellen die Gln. (IV,3) und (IV,8) den gleichen Zusammenhang zwischen Biegungsmoment und Belastung, oder allgemeiner ausgedrückt, zwischen
einer Funktion M und ihrer zweiten Ableitung $p = -M''$ dar; formell besteht
jedoch zwischen den beiden Ausdrucksweisen ein grundsätzlicher Unterschied:
die mathematische Formulierung,

$$M'' = -p,$$

bezieht sich voraussetzungsgemäß auf *stetige Funktionen*; sie stellt an sich noch
nicht die Lösung der gestellten Aufgabe dar, sondern diese Lösung muß erst durch
zweimalige Integration der Belastungsfunktion p gewonnen werden und hängt
damit auch ihrem mathematischen Charakter nach vom Charakter der Funktion p
ab. Die baustatische Formulierung dagegen,

$$-M_{m-1} + 2M_m - M_{m+1} = P_m \Delta x,$$

bezieht sich auf Einzellasten P, also auf *unstetige Belastungen*; sie stellt direkt eine
numerische Lösungsmethode dar, die allerdings nicht den ganzen Verlauf der
gesuchten „Funktion" M und damit ihren mathematischen Charakter, sondern
nur die Einzelwerte M in den Knotenpunkten liefert. Die Querkraft Q ist aus der
Seilpolygongleichung eliminiert; diese enthält nur den Zusammenhang zwischen
der Funktion M und ihrer zweiten Ableitung, während die *erste Ableitung* $Q = M'$
hier deutlich den Charakter einer *Nebenfunktion* annimmt, die indirekt bestimmt
werden muß.

Bei der Lösung von Bemessungsaufgaben der Konstruktionspraxis sind beide
Lösungswege, die mit Hilfe der mathematischen Analysis aufgestellte Formel und
die baustatisch-numerische Methode, notwendig und nützlich; sie ergänzen sich
gegenseitig. Es ist jedoch stets zu beachten, daß einfache Formeln sich nur für
einfache Fälle aufstellen lassen, während die numerische Methode, die der baustatischen Problemstellung ihrem eigentlichen Wesen nach angepaßt oder aus
dieser direkt herausgewachsen ist, in allen Fällen in der gleichen Form zum
gesuchten Ergebnis, nämlich dem numerischen Wert der gesuchten Größe führt.
Es entspricht offensichtlich der elementaren wissenschaftlichen Forderung nach
der Ökonomie des Denkens (E. MACH), daß bei der Untersuchung eines Problems
dasjenige Mittel eingesetzt wird, das auf dem raschesten Wege zum Ziel führt.
Wenn heute in der bautechnischen Literatur die Methoden der mathematischen
Analysis auch dort bevorzugt werden, wo sie weniger leistungsfähig sind, als der
Problemstellung angepaßte numerische Methoden, die offensichtlich noch vielfach
als wenig elegant vernachlässigt werden, so widerspricht dies der zu fordernden
Ökonomie auch des technischen Denkens.

In den folgenden Abschnitten sollen solche numerische Methoden aufgestellt
werden, mit denen sich die in der Konstruktionspraxis fast täglich auftretenden
Differentialgleichungen auf einfache Weise lösen lassen. Dabei soll zunächst, ausgehend von der Simpsonschen Regel, die einfache Integration und Differentiation

besprochen werden, während anschließend die linearen Differentialgleichungen zweiter und vierter Ordnung sowie die Scheiben- und Plattengleichungen behandelt werden sollen.

2. Numerische Integration und Differentiation

a) Die Simpsonsche Regel

Die Simpsonsche Regel (THOMAS SIMPSON, 1710 bis 1761) dient zur Berechnung des Flächeninhaltes von krummlinig begrenzten Flächen. Bei parabelförmigem Verlauf der Ordinaten p über das Doppelfeld $2\Delta x$ setzt sich der Flächeninhalt F

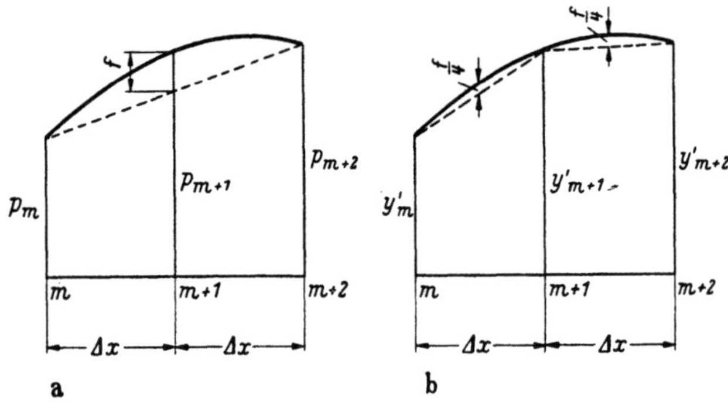

Abb. IV,4a und b.

(Abb. IV,4a) zusammen aus der Trapezfläche

$$F_T = 2\Delta x \frac{p_m + p_{m+2}}{2} = \Delta x(p_m + p_{m+2})$$

und aus der Parabelfläche mit der Pfeilhöhe f,

$$f = p_{m+1} - \frac{p_m + p_{m+2}}{2},$$

und deshalb mit dem Flächeninhalt

$$F_P = \frac{2}{3}f \cdot 2\Delta x = \frac{\Delta x}{3}[4p_{m+1} - 2(p_m + p_{m+2})].$$

Der gesuchte Flächeninhalt $F = F_T + F_P$ beträgt somit

$$\boxed{F = \frac{\Delta x}{3}(p_m + 4p_{m+1} + p_{m+2})} \,. \tag{IV,9}$$

Diese Flächenberechnung stellt nun die numerische Integration der Funktion p über das Intervall $2\Delta x$ dar; es ist somit

$$F = \int\limits_m^{m+2} p\,dx = \frac{\Delta x}{3}(p_m + 4p_{m+1} + p_{m+2})$$

oder allgemeiner geschrieben mit $p = y'$ und der Integrationskonstanten $C = y_m$

$$y_{m+2} = y_m + \int\limits_m^{m+2} y'\, dx = y_m + \frac{\Delta x}{3}(y'_m + 4y'_{m+1} + y'_{m+2})$$

oder auch

$$\boxed{y_{m+2} - y_m = \frac{\Delta x}{3}(y'_m + 4y'_{m+1} + y'_{m+2})}. \qquad (IV,9\,a)$$

Ist somit eine Funktion y' durch ihre Werte in den Teilpunkten $m, m+1, m+2$, $m+3$ usw. gegeben, so erlaubt uns die Simpsonsche Regel die Werte des bestimmten Integrals y, ausgehend von y_m, in jedem zweiten Teilpunkt zu bestimmen.

Für algebraische Kurven y' von höchstens drittem Grade ist die Simpsonsche Regel genau; für höhere Kurven stellt sie eine Annäherung dar, deren Genauigkeit durch entsprechende Wahl der Intervallgröße Δx stets in einem den praktischen Anforderungen genügenden Umfang gesteigert werden kann.

b) Ergänzungen zur Simpsonschen Regel

Es ist ein Nachteil der Simpsonschen Regel, daß sie uns das Integral y zur Funktion y' nur in jedem zweiten Teilpunkt liefert. Nun können wir aber nach Abb. IV,4b auch die Inhalte der Teilflächen über den Einzelintervallen Δx berechnen; es ist nämlich

$$F_m^{m+1} = y_{m+1} - y_m = \Delta x\, \frac{y'_m + y'_{m+1}}{2} + \Delta x\, \frac{2}{3}\, \frac{f}{4}$$

und

$$F_{m+1}^{m+2} = y_{m+2} - y_{m+1} = \Delta x\, \frac{y'_{m+1} + y'_{m+2}}{2} + \Delta x\, \frac{2}{3}\, \frac{f}{4};$$

wir erhalten somit für y_{m+1} die beiden Werte

$$\left.\begin{aligned}
y_{m+1} &= y_m + \frac{\Delta x}{12}(5y'_m + 8y'_{m+1} - y'_{m+2})\\[2mm]
y_{m+1} &= y_{m+2} - \frac{\Delta x}{12}(-y'_m + 8y'_{m+1} + 5y'_{m+2}),
\end{aligned}\right\} \qquad (IV,10\,a)$$

die für algebraische Kurven zweiten Grades genau sind. Bilden wir dagegen den Mittelwert

$$\boxed{y_{m+1} = \frac{y_m + y_{m+2}}{2} + \frac{\Delta x}{4}(y'_m - y'_{m+2})}, \qquad (IV,10\,b)$$

so ist dieser auch für Kurven dritten Grades noch genau.

Eine gleichwertige Form,

$$y_{m+1} = y_m + \frac{\Delta x}{24}(-y'_{m-1} + 13y'_m + 13y'_{m+1} - y'_{m+2}), \qquad (IV,10\,c)$$

läßt sich aus den beiden Gln. (IV,10a) dadurch gewinnen, daß wir die zweite für das Doppelfeld von $m-1$ bis $m+1$ anschreiben und von der ersten subtrahieren.

Häufig stellt sich auch die reziproke Aufgabe, nämlich eine Funktion y differenzieren zu müssen.

Schreiben wir die Gln. (IV,9a) und (IV,10b) in der Form

$$-3y_m + 3y_{m+2} = \Delta x(y'_m + 4y'_{m+1} + y'_{m+2})$$

bzw.

$$-2y_m + 4y_{m+1} - 2y_{m+2} = \Delta x(y'_m - y'_{m+2}),$$

so gewinnen wir durch Addition und Ordnen die Rekursionsformel

$$\boxed{y'_{m+1} = \frac{y_{m+2} + 4y_{m+1} - 5y_m}{4\Delta x} - \frac{y'_m}{2}} \tag{IV,11a}$$

die uns, ausgehend vom Wert y'_m die folgenden Werte der gesuchten Ableitung y' liefert. Eine zweite Rekursionsformel

$$\boxed{y'_{m+2} = \frac{5y_{m+2} - 4y_{m+1} - y_m}{2\Delta x} - 2y'_{m+1}} \tag{IV,11b}$$

gewinnen wir entsprechend aus der Subtraktion; diese Beziehung, die etwas weniger genau ist als Gl. (IV,11a), erlaubt uns die Bestimmung von y' am Ende des Untersuchungsbereichs.

Ist kein Wert von y' bekannt, so läßt sich durch Kombination der Gln. (IV,9a) und (IV,10) für zwei Doppelfelder auch die Beziehung

$$\boxed{y'_m = \frac{1}{12\Delta x}(y_{m-2} - 8y_{m-1} + 8y_{m+1} - y_{m+2})} \tag{IV,11c}$$

aufstellen, worauf die weiteren Werte y' mit den Rekursionsformeln (IV,11a) bzw. (IV,11b) zu berechnen sind. Damit ist die Differentiation innerhalb eines stetigen Funktionsbereiches von mindestens 4 Feldern Δx immer durchführbar.

c) Die lineare Differentialgleichung erster Ordnung

Die Lösung einer Differentialgleichung von der Form

$$\boxed{y' + by - F(x) = 0}$$

beruht darauf, daß wir durch Elimination der Ableitungen y' ein System von Gleichungen aufstellen, die nur noch Unbekannte y enthalten. Zu dieser Elimination von y' wird eine Beziehung benötigt, die uns erlaubt, die Ableitungen y' durch die Funktionswerte y auszudrücken.

Erste Lösung

Eine erste, wenn auch nur angenäherte Lösung ergibt sich dadurch, daß wir *feldweise linearen Verlauf von y'* voraussetzen; es ist dann (Abb. IV,5)

$$y_{m+1} - y_m = \int_m^{m+1} y'\,dx = \frac{\Delta x}{2}(y'_m + y'_{m+1}).$$

Setzen wir hier die beiden Werte y' aus der zu lösenden Differentialgleichung ein, so folgt

$$y_{m+1} - y_m = \frac{\Delta x}{2}(F_m + F_{m+1} - b_m y_m - b_{m+1} y_{m+1})$$

oder mit den Abkürzungen

$$\beta = \frac{b \Delta x}{2}, \quad S_{m+1}(F) = \frac{\Delta x}{2}(F_m + F_{m+1})$$

und geordnet

$$\boxed{-y_m(1 - \beta_m) + y_{m+1}(1 + \beta_{m+1}) = S_{m+1}(F)} \quad \text{(IV,12a)}$$

Bei der Lösung einer Differentialgleichung erster Ordnung ist eine Anfangs- oder Randbedingung vorgeschrieben. Entweder ist y_A direkt gegeben, dann ist für

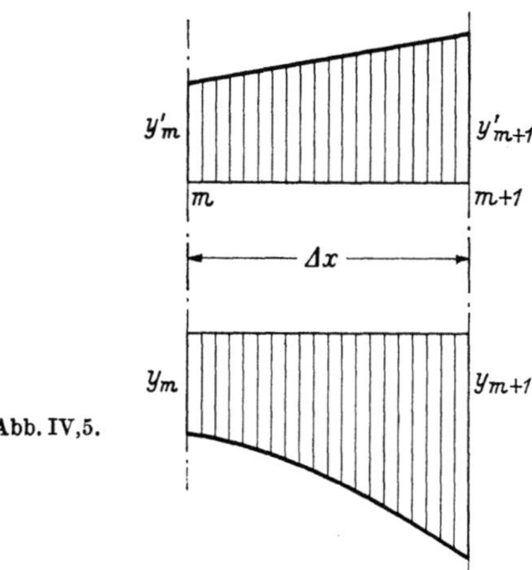

Abb. IV,5.

den Randpunkt A keine Bestimmungsgleichung notwendig; oder es ist y'_A gegeben, dann ergibt sich der gesuchte Funktionswert y_A direkt aus der zu lösenden Differentialgleichung

$$y_A = \frac{1}{b_A}(F_A - y'_A).$$

Unsere Bestimmungsgleichung (IV,12a) ist somit in der Form einer Rekursionsformel

$$\boxed{y_{m+1} = \frac{1}{1 + \beta_{m+1}}[S_{m+1}(F) + y_m(1 - \beta_m)]} \quad \text{(IV,12b)}$$

zu verwenden; sie liefert, ausgehend vom Anfangswert y_A die gesuchte Lösungsfunktion y Punkt für Punkt.

Zweite Lösung

Eine zweite, genauere, aber etwas weniger bequeme Lösung kann dadurch erhalten werden, daß zur Elimination der Ableitungen y' die Simpsonsche Regel, Gl. (IV,9a), verwendet wird; setzen wir hier die Werte y' aus der zu lösenden

Differentialgleichung ein, so erhalten wir

$$y_{m+2} - y_m = \frac{\Delta x}{3}\left(F_m + 4F_{m+1} + F_{m+2} - b_m y_m - 4b_{m+1} y_{m+1} - b_{m+2} y_{m+2}\right)$$

oder mit den Abkürzungen

$$\beta = \frac{b\,\Delta x}{3}, \quad \bar{S}_{m+1}(F) = \frac{\Delta x}{3}\left(F_m + 4F_{m+1} + F_{m+2}\right),$$

$$\boxed{-y_m(1 - \beta_m) + 4\beta_{m+1} y_{m+1} + y_{m+2}(1 + \beta_{m+2}) = \bar{S}_{m+1}(F)} \quad \text{(IV,13a)}$$

Da diese Gleichung drei Unbekannte y enthält, bei der Lösung von Differentialgleichungen erster Ordnung jedoch nur eine Randbedingung zur Verfügung steht, muß noch eine weitere Bedingung beigezogen werden, um aus y_A die Werte y_1 und y_2 berechnen zu können. Wir bilden deshalb aus Gl. (IV,10b) die Beziehung

$$-y_m + 2y_{m+1} - y_{m+2} = \frac{\Delta x}{2}\left(F_m - F_{m+2} - b_m y_m + b_{m+2} y_{m+2}\right), \quad \text{(IV,10d)}$$

die zusammen mit der Randbedingung y_A und der Gl. (IV,13a), für das Doppelintervall A-1-2 angeschrieben, uns die gesuchten Werte y_A, y_1 und y_2 liefert. Die weiteren Funktionswerte y ergeben sich nun aus der in Form einer Rekursionsformel angeschriebenen Bestimmungsgleichung (IV,13a):

$$\boxed{y_{m+2} = \frac{1}{1 + \beta_{m+2}}\left[\bar{S}_{m+1}(F) + y_m(1 - \beta_m) - 4\beta_{m+1} y_{m+1}\right]} \quad \text{(IV,13b)}$$

Praktisch wird bei genügend kleiner Intervallteilung (Vergleichsrechnungen mit verschiedenen Intervallgrößen) die einfachere Lösung nach Gl. (IV,12b) genügend genau sein.

Zahlenbeispiel

Wir lösen die Differentialgleichung

$$y' + b\,y - F(x) = 0$$

(Silodruck) für die Werte $b = 1$, $F(x) = 1 = $ konst. Die mathematische Lösung mit der Randbedingung $y_A = 0$,

$$y = \frac{F}{b}\left(1 - e^{-bx}\right) = 1 - e^{-x},$$

soll zur Prüfung der Genauigkeit der numerischen Lösung beigezogen werden.

Für die *einfachere Lösung* nach Gl. (IV,12b) mit dem Intervall $\Delta x = 0{,}20$ ist

$$\beta = \frac{b\,\Delta x}{2} = 0{,}10, \quad S_{m+1}(F) = \frac{\Delta x}{2}\left(F_m + F_{m+1}\right) = 0{,}20$$

und die Rekursionsformel lautet

$$\boxed{y_{m+1} = \frac{0{,}20 + 0{,}90\,y_m}{1{,}10}}\,.$$

Die Kurve y kann damit, ausgehend von $y_A = 0$, Punkt für Punkt berechnet werden.

Bei der *genaueren Lösung* mit Gl. (IV,13b) lautet mit

$$\bar{\beta} = 0{,}06667, \qquad \bar{S}_{m+1}(F) = 0{,}40$$

die Rekursionsformel

$$y_{m+2} = \frac{0{,}40 + 0{,}93333\,y_m - 0{,}26667\,y_{m+1}}{1{,}066667} = 0{,}375 + 0{,}875\,y_m - 0{,}250\,y_{m+1}.$$

Für die Bestimmung von y_1 ist auch noch die Hilfsgleichung (IV,10d) mit

$$-y_m(1 - \beta_m) + 2y_{m+1} - y_{m+2}(1 + \beta_{m+2}) = \frac{\Delta x}{2}(F_m - F_{m+2})$$

bzw. mit

$$y_A = 0, \qquad F_A - F_2 = 0,$$

$$2y_1 - y_2(1 + 0{,}10) = 0, \qquad y_2 = \frac{2{,}0}{1{,}10}\,y_1$$

zu berücksichtigen; somit ergibt sich aus

$$y_2 = 0{,}375 - 0{,}250\,y_1 = \frac{2{,}0}{1{,}10}\,y_1$$

der Wert

$$y_1 = \frac{0{,}375}{0{,}250 + 1{,}818182} = 0{,}18132.$$

Damit ist für die Berechnung der weiteren Funktionswerte y die Rekursionsformel anwendbar.

Nachstehend sind die berechneten Zahlenwerte bis $x = 1{,}0$ der genauen Lösung gegenübergestellt:

x	Gl. (IV,12b) y	Gl. (IV,13b) y	genau y
0	0	0	0
0,2	0,18182	0,18132	0,18127
0,4	0,33058	0,32967	0,32968
0,6	0,45229	0,45124	0,45119
0,8	0,55187	0,55065	0,55067
1,0	0,63335	0,63217	0,63212
	usw.	usw.	usw.

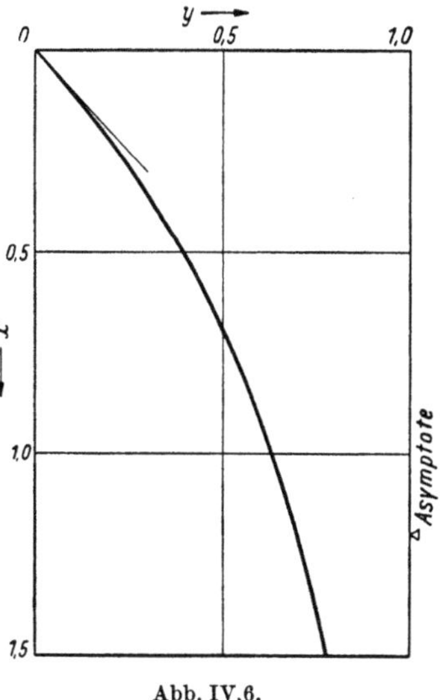

Abb. IV,6.

Die Kurve y, deren Verlauf in Abb. IV,6 skizziert ist, konvergiert mit wachsendem x gegen den Endwert $y = 1$, auch für die beiden numerischen Lösungen. Trotz der verhältnismäßig groben Feldteilung $\Delta x = 0{,}20$ liefert auch die einfachere Lösung mit Gl. (IV,12b) noch recht befriedigende Werte von y (größter Fehler 0,3% in y_1). Bei der genaueren Lösung nach Gl. (IV,13b) liegt der größte Fehler unter 0,03%, und zwar ist zu beachten, daß die Ungenauigkeit von der Hilfsgleichung (IV,10d) und nicht von der Rekursionsformel (IV,13b) herrührt. Würden wir die Rechnung mit dem genauen Wert von $y_1 = 0{,}18127$ statt 0,18132 beginnen, so würden wir mit $y_2 = 0{,}32968$ usw. alle weiteren Werte von y auf die berücksichtigten fünf Stellen genau erhalten. Wir brauchen somit lediglich das erste Intervall zu unterteilen, um einen genügend genauen Wert von y_1 zu erhalten, worauf sich alle weiteren Werte aus Gl. (IV,13b) mit der gleichen Genauigkeit ergeben, sofern wir die Intervallgröße nicht wesentlich über $\Delta x = 0{,}20$ vergrößern.

Die Bedeutung der numerischen Lösung liegt selbstverständlich nicht darin, daß wir die Differentialgleichung erster Ordnung für konstante Koeffizienten lösen können, wofür ja eine gebrauchsfertige geschlossene Lösung vorliegt, sondern daß sie in gleicher Form auch bei veränderlichen Koeffizienten anwendbar ist.

3. Die lineare, inhomogene Differentialgleichung zweiter Ordnung

a) Die Seilpolygongleichung bei verteilter Belastung

Die Seilpolygongleichung, die wir an Hand von Abb. IV,3 zur Berechnung der Momente M eines auf Biegung beanspruchten Balkens aufgestellt haben, ist grundsätzlich auf Einzellasten P orientiert. Um sie auch bei verteilter Belastung p anwenden zu können, gehen wir über auf den Begriff des indirekt belasteten Balkens (Abb. IV,7a), für den offensichtlich die Seilpolygongleichung bei konstanter Feldweite Δx in der Form

$$-M_{m-1} + 2 M_m - M_{m+1} = \Delta x\, K_m(p)$$

(IV,14)

gilt. Dabei bedeutet nun $K_m(p)$ die im Knotenpunkt m übertragene Knotenlast oder Auflagerkraft der sekundären Längsträger (diese als einfache Balken aufgefaßt) infolge der verteilten Belastung p.

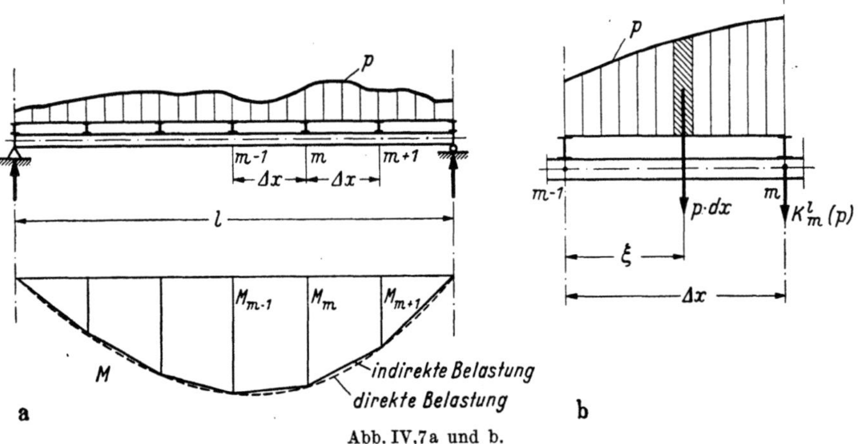

Abb. IV,7a und b.

Da die Momentenfläche des indirekt belasteten Balkens in den Knotenpunkten mit derjenigen bei direkter Belastung übereinstimmt, stellt das nach Gl. (IV,14) bestimmte Seilpolygon das *Sehnenpolygon* zur wirklichen Seilkurve unter stetiger Belastung dar.

Die *Knotenlasten* ergeben sich nach Abb. IV,7b für eine nur auf dem Feld links vom Knotenpunkt m wirkende Belastung p aus einer Momentengleichgewichtsbedingung bezüglich des Knotenpunktes $m - 1$ zu

$$K_m^l(p) = \frac{1}{\Delta x} \int\limits^{\Delta x} \xi\, p\, dx.$$

Nachstehend sind für die wichtigsten praktisch vorkommenden Fälle (Abb. IV,8) die Gebrauchsformeln für die Werte $K_m(p)$ zusammengestellt.

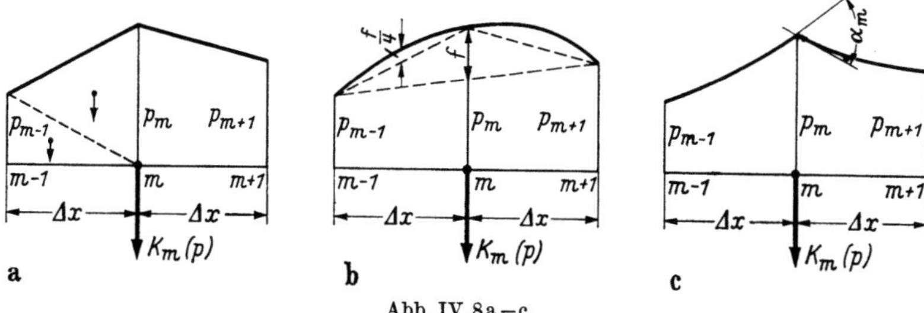

Abb. IV,8a—c.

Trapezformeln

Ist die Belastung p feldweise geradlinig begrenzt, so ergeben sich für Belastung nur des Feldes von $m - 1$ bis m die angrenzenden Knotenlasten zu

$$K_{m-1}^r(p) = \frac{\Delta x}{6}\,(2\,p_{m-1} + p_m), \tag{IV,15a}$$

$$K_m^l(p) = \frac{\Delta x}{6}\,(p_{m-1} + 2\,p_m). \tag{IV,15b}$$

Ist dagegen das Doppelfeld nach Abb. IV,8a belastet, so ist

$$\boxed{K_m(p) = K_m^l(p) + K_m^r(p) = \frac{\Delta x}{6}\,(p_{m-1} + 4\,p_m + p_{m+1})}. \tag{IV,15c}$$

Wir nennen diese Gln. (IV,15) die Trapezformeln der Knotenlasten.

Parabelformeln

Bei stetigem Verlauf von p (Abb. IV,8b) denken wir uns die Begrenzung über das Doppelfeld von $m - 1$ bis $m + 1$ als quadratische Parabel; zu den durch die Trapezformeln gegebenen Werten der Knotenlasten treten die Beiträge infolge der Parabelsegmente mit der Pfeilhöhe $f/4$

$$\frac{f}{4} = \frac{1}{8}\,(-\,p_{m-1} + 2\,p_m - p_{m+1})$$

hinzu. Damit wird

$$K_{m-1}^r(p) = \frac{\Delta x}{24}\,(7\,p_{m-1} + 6\,p_m - p_{m+1}) \tag{IV,16a}$$

$$K_m^l(p) = \frac{\Delta x}{24}\,(3\,p_{m-1} + 10\,p_m - p_{m+1}), \tag{IV,16b}$$

und

$$\boxed{K_m(p) = \frac{\Delta x}{12}\,(p_{m-1} + 10\,p_m + p_{m+1})}. \tag{IV,16c}$$

Unstetigkeit α_m

Weist endlich die Belastungsfunktion p im Knotenpunkt m eine Unstetigkeit in Form eines Knickwinkels α_m auf (Abb. IV,8c), so denken wir uns die Belastung aus einem trapezförmigen Anteil p_1 und einem stetigen (parabelförmigen) Anteil p_2 zusammengesetzt,

$$p = p_1 - p_2;$$

damit wird

$$K_m(p) = \frac{\Delta x}{6}(p_{1\,m-1} + 4p_{1\,m} + p_{1\,m+1}) - \frac{\Delta x}{12}(p_{2\,m-1} + 10p_{2\,m} + p_{2\,m+1}).$$

Mit

$$\alpha_m\,\Delta x = -p_{1\,m-1} + 2p_{1\,m} - p_{1\,m+1}$$

können wir zusammenfassen zu

$$\boxed{K_m(p) = \frac{\Delta x}{12}(p_{m-1} + 10p_m + p_{m+1}) - \frac{\Delta x^2}{12}\alpha_m}. \qquad (IV,17)$$

Auf ähnliche Weise lassen sich auch andere bekannte Unstetigkeiten im Verlauf der Belastungsfunktion p erfassen.

Mit diesen Werten der Knotenlast $K_m(p)$ läßt sich nun der Zusammenhang Gl. (IV,14) zwischen Momenten M und Belastung p vollständig anschreiben. So ist für stetig verteilte Belastung entsprechend Gl. (IV,16c)

$$-M_{m-1} + 2M_m - M_{m+1} = \frac{\Delta x^2}{12}(p_{m-1} + 10p_m + p_{m+1}).$$

Die Aufstellung der Knotenlastformeln ist nun nicht notwendigerweise an die Wahl gleicher Feldweiten gebunden. Für feldweise linearen Verlauf mit einer Unstetigkeit im Punkt m erhalten wir beispielsweise die Trapezformel

$$K_m(p) = \frac{\Delta x_m}{6}(p_{m-1} + 2p_m^l) + \frac{\Delta x_{m+1}}{6}(2p_m^r + p_{m+1}) \qquad (IV,15d)$$

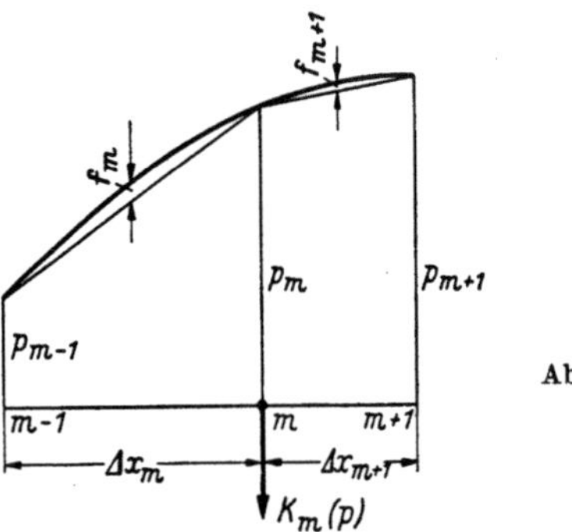

Abb. IV,9.

nicht wesentlich komplizierter als für gleiche Feldweiten Δx. Dagegen wird für diesen Fall die Parabelformel erheblich schwerfälliger; es ist (Abb. IV,9) nun

$$K_m(p) = \frac{\Delta x_m}{6}(p_{m-1} + 2p_m) + \frac{\Delta x_{m+1}}{6}(2p_m + p_{m+1}) + \frac{f_m\,\Delta x_m}{3} + \frac{f_{m+1}\,\Delta x_{m+1}}{3}.$$

Setzen wir den Verlauf von p mit

$$p = p_m + a\,x + b\,x^2$$

als quadratische Parabel an, so wird mit

$$b = \frac{1}{\Delta x_m + \Delta x_{m+1}}\left(\frac{p_{m+1} - p_m}{\Delta x_{m+1}} + \frac{p_{m-1} - p_m}{\Delta x_m}\right),$$

$$f_m = -\frac{b}{4}\Delta x_m^2, \qquad f_{m+1} = -\frac{b}{4}\Delta x_{m+1}^2$$

nach Einsetzen und Einführung der Abkürzungen

$$\mu_m = \frac{\Delta x_m^3 + \Delta x_{m+1}^3}{\Delta x_m^2(\Delta x_m + \Delta x_{m+1})}, \qquad \mu_{m+1} = \frac{\Delta x_m^3 + \Delta x_{m+1}^3}{\Delta x_{m+1}^2(\Delta x_m + \Delta x_{m+1})}$$

die Knotenlast zu

$$K_m(p) = \frac{1}{12}\{[p_{m-1}(2 - \mu_m) + p_m(4 + \mu_m)]\Delta x_m +$$

$$+ [p_m(4 + \mu_{m+1}) + p_{m+1}(2 - \mu_{m+1})]\Delta x_{m+1}\} \qquad \text{(IV,16d)}$$

erhalten. Für $\Delta x_m = \Delta x_{m+1} = \Delta x$ wird $\mu_m = \mu_{m+1} = 1$, und Gl. (IV,16d) geht in die normale Parabelformel der Knotenlast über. Es ist naheliegend, daß die Einführung gleicher Feldweiten Δx stets anzustreben ist.

Beachten wir den Zusammenhang

$$M = -p''$$

nach Gl. (IV,3), so gilt diese Beziehung allgemein für jede Funktion y und ihre zweite Ableitung y'', sofern diese stetig verläuft:

$$\boxed{y_{m-1} - 2y_m + y_{m+1} = \frac{\Delta x^2}{12}(y''_{m-1} + 10y''_m + y''_{m+1})}\,, \qquad \text{(IV,18)}$$

bzw. direkt aus Gl. (IV,14)

$$y_{m-1} - 2y_m + y_{m+1} = \Delta x\, K_m(y''). \qquad \text{(IV,18a)}$$

Wir können somit zu jeder stetigen Funktion y'' mit dem Seilpolygon die zugehörige Funktion y berechnen und umgekehrt; das Seilpolygon besorgt uns somit sowohl eine zweimalige Integration wie auch eine zweimalige Differentiation. Dabei ist grundsätzlich zu beachten, daß die Seilpolygongleichung (IV,14) und die allgemeine Gl. (IV,18a) *genau* sind, daß wir jedoch die Knotenlast $K_m(p)$ bzw. $K_m(y'')$ mit Gl. (IV,16c) unter der Annahme einer parabelförmigen Begrenzung des Funktionsverlaufes von p bzw. y'' und damit nur für algebraische Kurven von höchstens drittem Grade genau erfaßt haben. Für alle anderen Funktionen stellt die Parabelformel der Knotenlast und damit auch Gl. (IV,18) nur eine Annäherung dar, deren Genauigkeit jedoch bei nicht allzu großen Intervallen Δx eine sehr gute ist.

Vergleich mit der Differenzenrechnung

In der Differenzenrechnung wird die zweite Ableitung y'' einer Funktion y durch die Beziehung

$$y''_m = \frac{y_{m-1} - 2y_m + y_{m+1}}{\Delta x^2}$$

erfaßt, die sich auch in der Form

$$y_{m-1} - 2y_m + y_{m+1} = \Delta x^2\, y''_m$$

schreiben läßt. Wir erkennen, daß sich diese Beziehung gegenüber der Seilpolygongleichung nur im Wert der Knotenlast $K_m(y'')$ unterscheidet; für $y'' =$ konst. stimmen die beiden Werte überein.

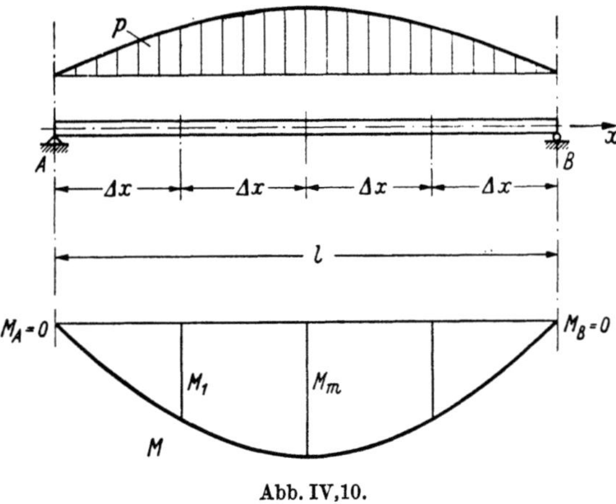

Abb. IV,10.

Der Einfluß dieses Unterschiedes sei nachstehend an einem einfachen *Zahlenbeispiel* (Abb. IV,10) untersucht: Wir berechnen die Momentenfläche M eines einfachen Balkens unter sinusförmig verteilter Belastung p,

$$p = p_m \sin \frac{\pi x}{l}.$$

Für die Berechnung mit der *Seilpolygongleichung* bestimmen wir zunächst die Knotenlasten $K_m(p)$ nach Gl. (IV,16c), daraus die Auflagerkraft A,

$$A = \frac{1}{l} \sum_A^B K_i(p)\,(l - x),$$

die sich hier allerdings direkt aus Symmetriegründen ergibt, worauf aus den Querkräften Q,

$$Q_m = A - \sum_A^{m-1} K_i(p),$$

die gesuchten Momente M mit Gl. (IV,7a) bestimmt werden können. Diese Berechnung ist in der folgenden Tabelle wiedergegeben; aus Symmetriegründen ist sie nur für eine Trägerhälfte durchzuführen. Das Intervall Δx wurde mit $\Delta x = l/4$ absichtlich verhältnismäßig groß gewählt.

Seilpolygonrechnung

Kn.pkt.	p	K	Q	M	M
A	0			0	0
			13,778 18		
1	0,707 107	8,071 07		13,7782	0,071 761
			5,707 11		
m	1,000	$2 \cdot 5,707 11$		19,4853	0,101 486
	$\times p_m$	$\times p_m \dfrac{\Delta x}{12}$		$\times p_m \dfrac{\Delta x^2}{12}$	$\times p_m l^2$

Das größte Moment M_m in Balkenmitte beträgt somit

$$M_m = 0{,}101\,486\,p_m\,l^2 = \frac{p_m\,l^2}{9{,}8536}\,;$$

es ist um 0,16% größer als der genaue Wert

$$M_m = \frac{p_m\,l^2}{\pi^2}\,.$$

In der nächsten Tabelle ist die analoge Rechnung mit der Differenzenrechnung, $K_m(p) = p\,\Delta x$, durchgeführt.

Differenzenrechnung

Kn.pkt.	p	K	Q	M	M
A	0			0	
			1,207 107		
1	0,707 107	0,707 107		1,207 11	0,075 444
			0,5000		
m	1,000	$2 \cdot 0,500$		1,707 11	0,106 694
	$\times p_m$	$\times p_m \Delta x$		$\times p_m \Delta x^2$	$\times p_m l^2$

Hier ist das Größtmoment M_m mit

$$M_m = 0{,}106\,694\,p_m\,l^2 = \frac{p_m\,l^2}{9{,}3726}$$

um 5,3% größer als der genaue Wert.

Hätten wir die Spannweite l in acht, statt nur in vier Intervalle Δx eingeteilt, so hätten wir das Moment M_m mit der Seilpolygonrechnung mit einem Fehler von 0,01%, mit der Differenzenrechnung dagegen mit einem Fehler von immer noch 1,3% erhalten.

Der entscheidende Unterschied der Seilpolygonrechnung gegenüber der Differenzenrechnung liegt somit in der vielfach besseren Genauigkeit und in der schnelleren Konvergenz mit n^4 statt mit n^2 ($n =$ Anzahl Intervalle), die uns eine wesentlich gröbere Intervallteilung und damit eine erhebliche Verminderung des Rechnungsaufwandes erlaubt. Die Seilpolygonrechnung ist eine autochthone Methode der Baustatik, und die Grundgleichung (IV,18a)

$$y_{m-1} - 2y_m + y_{m+1} = \Delta x\, K_m(y'')$$

ist mathematisch genau, während die Differenzenrechnung mit

$$y_{m-1} - 2y_m + y_{m+1} = \Delta x^2\, y_m''$$

eine mit großer Ungenauigkeit verbundene Vergröberung der Differentialrechnung darstellt.

b) Die Nebenfunktion y'

Die Seilpolygongleichung enthält nur noch die Hauptfunktionen M und p bzw. y und $-y''$, während die *Nebenfunktion* Q bzw. y' eliminiert ist. Es ist deshalb notwendig, diese Nebenfunktion aus den Hauptfunktionen bestimmen zu

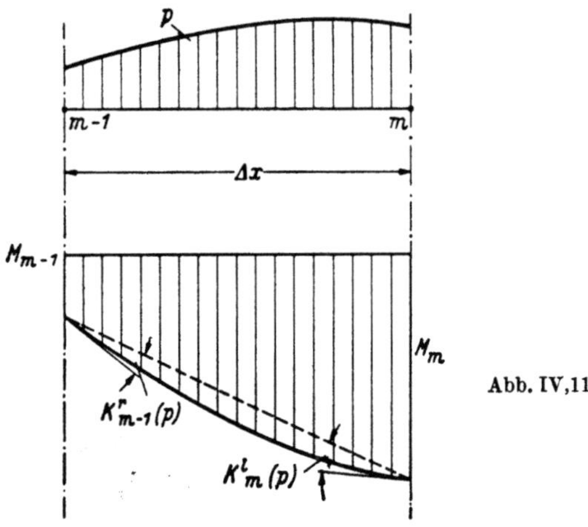

Abb. IV,11.

können, wobei wir der Anschaulichkeit wegen wieder vom Beispiel der Balkenbiegung ausgehen (Abb. IV,11); es ist

$$Q_{m-1} = \frac{M_m - M_{m-1}}{\Delta x} + K^r_{m-1}(p),$$

$$Q_m = \frac{M_m - M_{m-1}}{\Delta x} - K^l_m(p)$$

oder in verallgemeinerter Schreibweise mit $y = M$, $y'' = -p$ und $y' = Q$

$$y'_{m-1}\,\Delta x = y_m - y_{m-1} - \Delta x\, K^r_{m-1}(y''), \qquad\text{(IV,19a)}$$

$$y'_m\,\Delta x = y_m - y_{m-1} + \Delta x\, K^l_m(y''). \qquad\text{(IV,19b)}$$

Dabei sind die Knotenlasten $K(y'')$ entweder nach den Trapezformeln (IV,15) oder nach den Parabelformeln (IV,16) einzusetzen.

Den Wert von y'_m können wir auch aus der für das Feld von m bis $m+1$ angeschriebenen Gl. (IV,19a) berechnen; bilden wir den Mittelwert mit Gl. (IV,19b),

$$y'_m\,\Delta x = \frac{1}{2}(y_{m+1} - y_{m-1}) + \frac{\Delta x}{2}\left(K^l_m(y'') - K^r_m(y'')\right),$$

so ergibt sich, gleichgültig, ob wir die Knotenlasten nach den Trapezformeln oder den Parabelformeln einsetzen, der Wert

$$\boxed{y'_m\,\Delta x = \frac{1}{2}(y_{m+1} - y_{m-1}) - \frac{\Delta x^2}{12}(y''_{m+1} - y''_{m-1})}, \qquad\text{(IV,19c)}$$

der offenbar weitgehend unabhängig vom Verlauf von y'' allgemein eine sehr gute Genauigkeit besitzt.

Die Knotenlast $K_m(y')$ endlich, die wir später benötigen werden, ergibt sich mit Hilfe der Trapezformel (IV,15c) und der Simpsonschen Regel (IV,9a) zu

$$\boxed{K_m(y')} = \frac{\Delta x}{6}\,(y'_{m-1} + 4y'_m + y'_{m+1}) = \boxed{\frac{1}{2}\,(y_{m+1} - y_{m-1})}\,, \qquad \text{(IV,20a)}$$

mit der Parabelformel dagegen aus (IV,9a) und (IV,19c) zu

$$\boxed{K_m(y')} = \frac{\Delta x}{12}\,(y'_{m-1} + 10y'_m + y'_{m+1})$$

$$= \boxed{\frac{1}{2}\,(y_{m+1} - y_{m-1}) - \frac{\Delta x^2}{24}\,(y''_{m+1} - y''_{m-1})}\,. \qquad \text{(IV,20b)}$$

Es zeigt sich, daß die Knotenlast der Nebenfunktion y' mit der Trapezformel wesentlich einfacher zu erfassen ist als mit der Parabelformel. Dies wird bei den späteren Anwendungen von Bedeutung sein.

c) Die Grundgleichung des dreigliedrigen Gleichungssystems

Der wesentliche Schritt bei der numerischen Lösung einer *inhomogenen, linearen Differentialgleichung zweiter Ordnung* von der Form

$$\boxed{y'' + b\,y' + c\,y + F(x) = 0} \qquad \text{(IV,21)}$$

besteht darin, die zweite Ableitung y'' zu eliminieren bzw. durch die gesuchte Funktion y selbst auszudrücken. Dafür eignet sich die Seilpolygongleichung (IV,18a)

$$\boxed{\Delta x\,K_m(y'') = y_{m-1} - 2y_m + y_{m+1}}\,,$$

die in dieser allgemeinen Form unabhängig vom Verlauf der Funktionen y'' und y genau gültig ist. Wir setzen deshalb die zu lösende Differentialgleichung (IV,21) um in eine entsprechende Beziehung zwischen Δx-fachen Knotenlasten

$$\Delta x\,K_m(y'') + \Delta x\,K_m(\,b\,y') + \Delta x\,K_m(c\,y) + \Delta x\,K_m(F) = 0, \qquad \text{(IV,21a)}$$

in der das erste Glied mit Hilfe der Seilpolygongleichung (IV,18a) durch

$$y_{m-1} - 2y_m + y_{m+1}$$

zu ersetzen ist.

Zur Elimination der Nebenfunktion y' stehen uns die beiden Gln. (IV,20a) und (IV,20b) zur Verfügung. Dabei hat die genauere Parabelformel (IV,20b) den Nachteil, daß durch sie wieder zweite Ableitungen y'' eingeführt werden, die ihrerseits nicht einfach eliminiert werden können. Anderseits ist festzustellen, daß in unseren Anwendungsgebieten das Glied $b\,y'$ der Differentialgleichung (IV,21) nur eine untergeordnete Bedeutung besitzt; so berücksichtigt es beispielsweise den Einfluß von Querkräften bei Formänderungsproblemen oder den Einfluß der Dämpfung bei Schwingungsgleichungen. Es dürfte deshalb ohne nennenswerte

Beeinträchtigung der Genauigkeit zulässig sein, die Nebenfunktion y' durch die einfachere Trapezformel (IV,20a) zu eliminieren; ferner setzen wir zur weiteren Vereinfachung noch Konstanz des Koeffizienten $b = b_m$ je über das betrachtete Doppelfeld von $m - 1$ bis $m + 1$ voraus. Damit und mit der Abkürzung

$$\beta = \frac{b\,\Delta x}{2}$$

ergibt sich somit

$$\Delta x\,K_m(b\,y') = \beta\,(y_{m+1} - y_{m-1}).$$

Um endlich den Wert der Knotenlast $K_m(c\,y)$ berechnen und einsetzen zu können, nehmen wir stetigen Verlauf von $c\,y$ an und finden mit der Parabelformel (IV,16c) und mit der Abkürzung

$$\gamma = \frac{c\,\Delta x^2}{12}$$

den Wert[1]

$$\Delta x\,K_m(c\,y) = \gamma_{m-1}\,y_{m-1} + 10\gamma_m\,y_m + \gamma_{m+1}\,y_{m+1}.$$

Setzen wir diese Werte in Gl. (IV,21a) ein, so ergibt sich nach Ordnen die gesuchte *dreigliedrige Grundgleichung* unserer numerischen Lösung der Differentialgleichung zweiter Ordnung zu

$$\boxed{-y_{m-1}(1 - \beta_m + \gamma_{m-1}) + y_m(2 - 10\gamma_m) - y_{m+1}(1 + \beta_m + \gamma_{m+1}) = \Delta x\,K_m(F)}$$

$$(IV,22)$$

Eine Änderung des Vorzeichens der Koeffizienten b oder c äußert sich nur in einer Vorzeichenänderung der Werte β und γ, ohne dadurch die Berechnungsmethode zu verändern, während bei der mathematischen Lösung der Differentialgleichung (IV,21) eine Vorzeichenänderung von c den Charakter der Lösungsfunktion y verändert.

Es kann, bei unstetigem Verlauf der Störungsfunktion $F(x)$, vorkommen, daß auch die Lösung y eine Unstetigkeit aufweist, deren Art und Größe dann jedoch bekannt ist und damit bei der Formulierung der Knotenlast $K_m(c\,y)$ berücksichtigt werden kann. Auf einen solchen Fall soll bei den Anwendungen zurückgekommen werden.

Die Knotenlast $K_m(F)$ braucht hier nicht weiter rechnerisch umgeformt zu werden, da der Verlauf der gegebenen Störungsfunktion ja immer bekannt ist, so daß die Knotenlast $K_m(F)$ stets mit genügender Genauigkeit berechnet werden kann.

d) Rand- und Anfangsbedingungen

Um die beiden Integrationskonstanten, die bei der Lösung einer Differentialgleichung zweiter Ordnung auftreten, bestimmen zu können, müssen zwei Rand- oder Anfangsbedingungen gegeben sein. Dabei sind grundsätzlich zwei Anwendungsformen zu unterscheiden (Abb. IV,12):

---

[1] Für die *nichtlineare* Differentialgleichung zweiter Ordnung $y'' + b\,y' + c\,f(y) - F(x) = 0$ erhält man analoge Glieder der Form $\gamma_i\,f(y_i)$. Für die Besonderheiten der numerischen Berechnung vgl. STÜSSI, F.: Zur numerischen Lösung von nichtlinearen Differentialgleichungen zweiter Ordnung. Abh. IVBH Bd. 21, Zürich 1961, S. 283—291.

Entweder handelt es sich um Probleme, die sich auf einen bestimmten Integrationsbereich l beziehen und bei denen an jedem Ende dieses Bereiches je eine der drei Größen y, y' oder y'' gegeben ist. Solche Aufgaben nennen wir *Randwertprobleme*; sie beziehen sich in der Regel auf Formänderungsaufgaben.

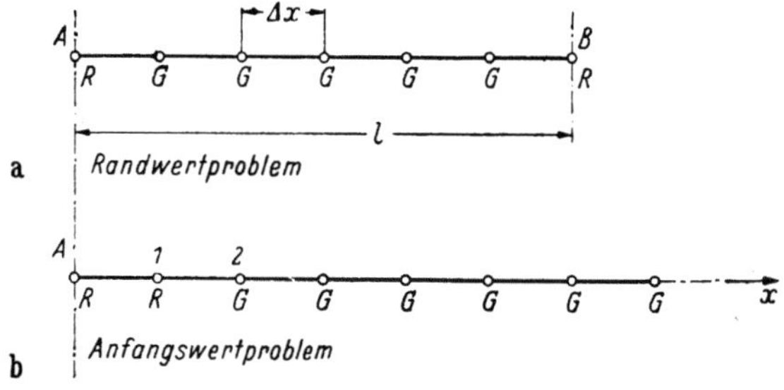

Abb. IV,12a und b.

Im andern Fall sind zwei der drei Größen y, y' oder y'' am Anfang des Integrationsbereiches, der sich dann in Richtung x beliebig weit erstreckt, gegeben; hier sprechen wir von *Anfangswertproblemen*, wie sie in der Regel durch Schwingungsaufgaben, bei denen dann die Zeit t die unabhängige Variable darstellt, gegeben sind.

Bei Randwertproblemen stellen die beiden Randbedingungen R die Bestimmungsgleichungen für die beiden Funktionswerte y_A und y_B dar; für alle Zwischenknotenpunkte ist die Grundgleichung G [Gl. (IV,22)] anzuschreiben. Bei Anfangswertproblemen liefern die beiden Anfangsbedingungen R die Bestimmungsgleichungen für die beiden Funktionswerte y_A und y_1, während die Grundgleichung für alle weiteren Punkte, erstmals für Punkt 2, anzuschreiben ist; hier ist die Grundgleichung in Form einer Rekursionsformel

$$y_{m+1} = c_1 + c_2\, y_m + c_3\, y_{m-1}$$

zu verwenden.

Für die Formulierung der Randbedingungen sind folgende Fälle zu unterscheiden:

Ist y_A *gegeben*, so ersetzt uns diese Randbedingung direkt die Bestimmungsgleichung für y_A.

Ist dagegen y'_A *gegeben*, so gehen wir für die Formulierung der Randbedingung aus von Gl. (IV,19a):

$$y'_A\, \Delta x = y_1 - y_A - \Delta x\, K_A(y''),$$

wobei wir $\Delta x\, K_A(y'')$ entsprechend der zu lösenden Differentialgleichung (IV,21) durch

$$\Delta x\, K_A(y'') = -\Delta x\, K_A(b\, y') - \Delta x\, K_A(c\, y) - \Delta x\, K_A(F)$$

ersetzen. Zur Bestimmung des Beitrages der Nebenfunktion y', deren Einfluß wir auch hier als klein voraussetzen dürfen[1], nehmen wir linearen Verlauf von y' im

---

[1] Für eine genauere Erfassung des „Dämpfungsgliedes" $b\,y'$ sowie für verbesserte Knotenlasten vgl. STÜSSI, F.: Die verbesserte Seilpolygonmethode zur numerischen Lösung von Differentialgleichungen zweiter Ordnung. Abh. IVBH Bd. 29 — II, Zürich 1969. Eine andere Lösungsmethode ist im folgenden Beitrag enthalten: STÜSSI, F.: Zur numerischen Lösung von linearen totalen Differentialgleichungen. Stahlbau und Baustatik — Aktuelle Probleme, Festschrift zum 60. Geburtstag von HERMANN BEER und KONRAD SATTLER, Wien: Springer 1965.

Bereich von A bis 1 an (vgl. auch Abb. IV,5); damit ist

$$y_1 - y_A = \int\limits_A^1 y'\, dx = \frac{\Delta x}{2}(y'_A + y'_1),$$

$$y'_1 = \frac{2(y_1 - y_A)}{\Delta x} - y'_A$$

oder mit

$$b_A = b_1 = b$$

$$\Delta x\, K_A(b\, y') = \frac{\Delta x^2}{6}\, b\,(2y'_A + y'_1) = y'_A\, \Delta x\, \frac{\beta}{3} + (y_1 - y_A)\,\frac{2\beta}{3}.$$

Setzen wir ferner noch entsprechend Gl. (IV,16a)

$$\Delta x\, K_A(c\, y) = 3{,}5\gamma_A\, y_A + 3{,}0\gamma_1\, y_1 - 0{,}5\gamma_2\, y_2,$$

so erhalten wir nach Ordnen die gesuchte Randbedingung zu

$$\boxed{\begin{aligned} &y_A\left(1 + \frac{2\beta}{3} - 3{,}5\gamma_A\right) - y_1\left(1 + \frac{2\beta}{3} + 3{,}0\gamma_1\right) + y_2(0{,}5\gamma_2) \\ &= \Delta x\, K_A(F) - y'_A\, \Delta x\left(1 - \frac{\beta}{3}\right) \end{aligned}}. \qquad \text{(IV,23)}$$

Für den Sonderfall $y'_A = 0$ kann die Knotenlast $K_A(c\, y)$ als *Symmetriebedingung* entsprechend Gl. (IV,16c)

$$\Delta x\, K_A(c\, y) = 5\gamma_A\, y_A + \gamma_1\, y_1$$

ausgedrückt werden, und die Randbedingung vereinfacht sich auf

$$\boxed{y_A\left(1 + \frac{2\beta}{3} - 5\,\gamma_A\right) - y_1\left(1 + \frac{2\beta}{3} + \gamma_1\right) = \Delta x\, K_A(F)}. \qquad \text{(IV,23a)}$$

Ist endlich y''_A *gegeben*, so kann y''_A durch die zu lösende Differentialgleichung ausgedrückt werden:

$$y''_A = -b_A\, y'_A - c_A\, y_A - F_A,$$

und die entsprechende Randbedingung läßt sich auf Gl. (IV,23) zurückführen.

Vereinfachungen ergeben sich bei der unvollständigen Differentialgleichung mit $b = 0$,

$$y'' + c\, y + F(x) = 0,$$

wie sie in der Baustatik normalerweise vorkommt.

e) Der querbelastete Zug- oder Druckstab

Als Beispiel eines *Randwertproblems* sei der *querbelastete Zugstab* (Abb. IV,13) untersucht.

Gegenüber dem Moment M_0 im einfachen Balken ohne Längskraft N tritt hier infolge der Durchbiegung η eine Entlastung ein; es ist somit

$$M = M_0 - N\,\eta.$$

Setzen wir diesen Wert von M in die Differentialgleichung der elastischen Linie

$$M = -E J \eta''$$

ein, so erhalten wir die gesuchte Differentialgleichung des Problems zu

$$\boxed{\eta'' - \frac{N}{E J} \eta + \frac{M_0}{E J} = 0} \;.$$

(IV,24a)

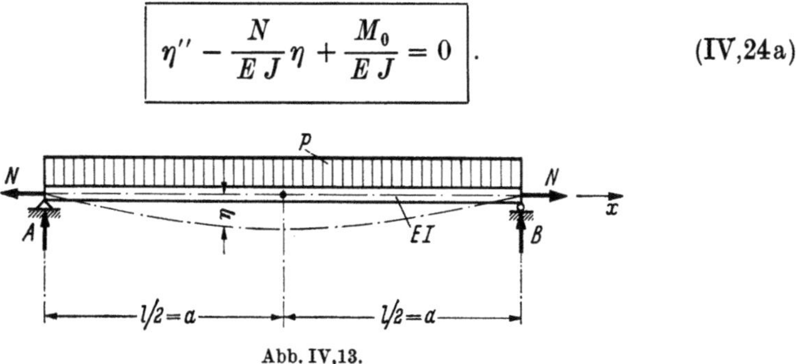

Abb. IV,13.

Eine zweite Form dieser Gleichung ergibt sich durch zweimalige Differentiation des Ausdruckes für M (bei konstanter Längskraft N)

$$M'' = M_0'' - N \eta''$$

mit

$$\eta'' = -\frac{M}{E J}, \qquad M_0'' = -p$$

zu

$$\boxed{M'' - \frac{N}{E J} M + p = 0} \;.$$

(IV,24b)

In den beiden Gln. (IV,24) ist nur der durch die Momente verursachte Anteil der Formänderungen η berücksichtigt. Es bietet nun keine Schwierigkeiten, auch den Einfluß der Querkräfte zu erfassen, wenigstens für (feldweise) konstante Schubsteifigkeit $G F'$; führen wir die erweiterte Differentialgleichung der elastischen Linie

$$\eta'' = -\frac{M}{E J} + \frac{M''}{G F'}$$

ein, so erhalten wir durch analoge Rechnung die Gleichungen

$$\eta'' - \frac{N}{E J}\, \frac{1}{1 + \dfrac{N}{G F'}}\, \eta + \frac{1}{1 + \dfrac{N}{G F'}} \left(\frac{M_0}{E J} + \frac{p}{G F'} \right) = 0 \;.$$

bzw.

$$M'' - \frac{N}{E J}\, \frac{1}{1 + \dfrac{N}{G F'}}\, M + \frac{1}{1 + \dfrac{N}{G F'}}\, p = 0 \;.$$

Da der Formänderungseinfluß jedoch nur bei schlanken Stäben, bei denen die Formänderungen infolge der Querkräfte gegenüber dem Momentenanteil klein sind, eine maßgebende Größe erreicht, wird man bei Bemessungsaufgaben der Konstruktionspraxis normalerweise auf diese Erweiterung der Gl. (IV,24) verzichten dürfen.

Für den einfachen Sonderfall $EJ = $ konst. läßt sich die *mathematische Lösung* der Gln. (IV,24) sofort anschreiben; sie lautet mit

$$\omega^2 = \frac{N}{EJ}$$

für Gl. (IV,24 b)

$$M = C_1 \operatorname{Sinh}\omega\, x + C_2 \operatorname{Cosh}\omega\, x + \frac{p}{\omega^2} + \frac{p''}{\omega^4} + \cdots .$$

Für die Randbedingungen $M_A = 0$, $M_B = 0$ sowie für $p = $ konst., $p'' = 0$ und wenn x von der Balkenmitte aus gerechnet wird (Symmetrie), ergibt sich M zu

$$\boxed{M = \frac{p}{\omega^2}\left(1 - \frac{\operatorname{Cosh}\omega\, x}{\operatorname{Cosh}\omega\, a}\right)}, \qquad (IV,25)$$

wobei $a = l/2$ die halbe Spannweite bedeutet.

Die *numerische Lösung* läßt sich aus Gl. (IV,22) mit

$$\gamma = \frac{c\,\Delta x^2}{12} = \frac{N\,\Delta x^2}{12\,EJ}$$

unmittelbar anschreiben; es ist lediglich zu beachten, daß in den Gln. (IV,24) der Koeffizient c gegenüber Gl. (IV,21) ein negatives Vorzeichen besitzt. Die Grundgleichungen lauten somit für die Durchbiegung η

$$-\eta_{m-1}(1-\gamma) + \eta_m(2 + 10\gamma) - \eta_{m+1}(1-\gamma) = \Delta x\, K_m\left(\frac{M_0}{EJ}\right), \qquad (IV,26\,a)$$

bzw. analog für das Biegungsmoment M

$$-M_{m-1}(1-\gamma) + M_m(2 + 10\gamma) - M_{m+1}(1-\gamma) = \Delta x\, K_m(p); \qquad (VI,26\,b)$$

dazu gelten die Randbedingungen $\eta_A = \eta_B = 0$ bzw. $M_A = M_B = 0$, die die entsprechenden Bestimmungsgleichungen ersetzen.

Zahlenbeispiel

Wir teilen die Spannweite l des Balkens nach Abb. IV,13 mit $p = $ konst., $EJ = $ konst. in 4 Teile Δx ein und wählen

$$\frac{N}{EJ} = \frac{16}{l^2};$$

damit wird

$$\gamma = \frac{N}{EJ}\,\frac{\Delta x^2}{12} = \frac{16}{l^2}\,\frac{l^2}{16\cdot 12} = 0{,}08333 .$$

Unter Beachtung der Symmetrie $M_1 = M_3$ sind mit $M_A = 0$ nur die beiden Bestimmungsgleichungen

$$2{,}83333\,M_1 - 0{,}91667\,M_m = 0{,}0625\,p\,l^2,$$

$$-1{,}83333\,M_1 + 2{,}83333\,M_m = 0{,}0625\,p\,l^2$$

anzuschreiben, die die Lösungen

$$M_1 = 0,036926\,p\,l^2, \qquad M_m = 0,045\,952\,p\,l^2$$

liefern. Die genaue Lösung Gl. (IV,25) ergibt mit $\omega\,a = \sqrt{\dfrac{16}{l^2}}\,\dfrac{l}{2} = 2,0$ die Werte

$$M_1 = 0,036\,865\,p\,l^2, \qquad M_m = 0,045\,887\,p\,l^2.$$

Trotz der sehr groben Feldteilung ergibt unsere numerische Lösung nur einen Fehler von 0,14% für M_m bzw. 0,17% für M_1. Hätten wir die Spannweite l in 6 Felder $\varDelta x$ eingeteilt, so wäre der Fehler für M_m unter 0,03% gesunken. Allgemein darf wohl festgestellt werden, daß die Genauigkeit unseres numerischen Verfahrens praktisch immer reichlich genügen wird, wenn $\gamma \leqq 0,05$ ist, was durch entsprechende Feldteilung immer erreicht werden kann.

Ist der Balken durch eine *Einzellast* P belastet (Abb. IV,14), so weist die Momentenfläche unter P eine Unstetigkeit $\alpha_m = P_m$ bekannter Größe auf, die

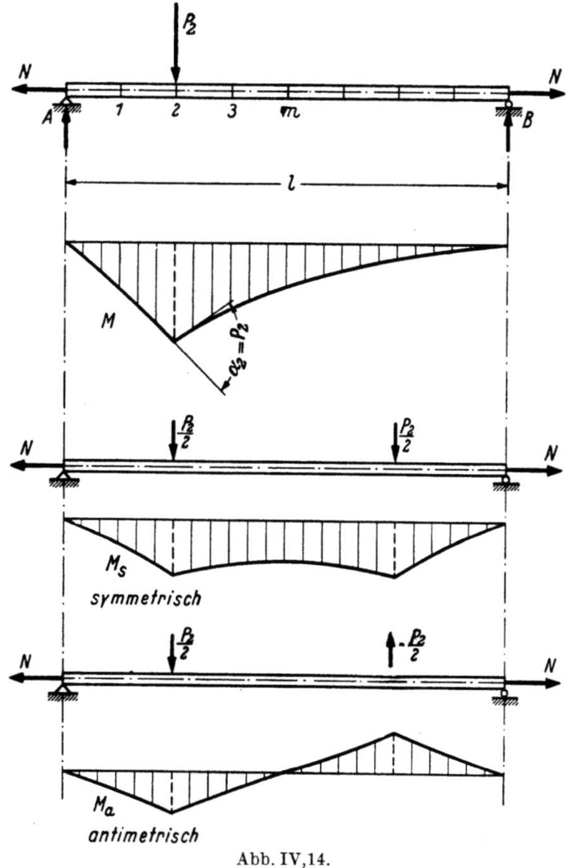

Abb. IV,14.

entsprechend Abb. IV,8c durch Gl. (IV,17) erfaßt werden kann. Damit geht für diesen Fall die Grundgleichung (IV,22) über in

$$-M_{m-1}(1-\gamma) + M_m(2+10\gamma) - M_{m+1}(1-\gamma) = P_m(1+\gamma)\,\varDelta x; \qquad \text{(IV,26c)}$$

für unbelastete Knotenpunkte entfällt das Belastungsglied.

Das dreigliedrige System der Bestimmungsgleichungen wird am einfachsten und übersichtlichsten mit Hilfe des abgekürzten Gaußschen Algorithmus[1] aufgelöst. Bei konstanten Koeffizienten c bzw. γ ist es dabei bequem, die Grundgleichung durch $1 - \gamma$ zu dividieren und in der Form

$$-M_{m-1} + \frac{2 + 10\gamma}{1 - \gamma} M_m - M_{m+1} = P_m \frac{1 + \gamma}{1 - \gamma} \Delta x$$

zu verwenden. Die folgende Tabelle enthält die Gaußsche Reduktion des Gleichungssystems, bei der alle vor der Hauptdiagonale stehenden Vorzahlen der Matrix eliminiert werden für die Zahlenwerte

$$\Delta x = \frac{l}{8}, \qquad N = N_E = \frac{\pi^2 E J}{l^2},$$

$$\gamma = \frac{N}{E J} \frac{\Delta x^2}{12} = \frac{\pi^2 E J}{l^2 E J} \frac{l^2}{12 \cdot 64} = \frac{\pi^2}{768} = 0{,}012851$$

und damit

$$-M_{m-1} + 2{,}15622\, M_m - M_{m+1} = 0{,}12826\, P_m\, l.$$

Bei symmetrischer Anordnung des Tragsystems ist es ferner bequem, die untersuchte unsymmetrische Belastung P (in Punkt 2 angreifend) entsprechend Abb. IV,14 in einen symmetrischen und einen antimetrischen Lastanteil aufzuteilen; das Gleichungssystem muß dann nur für eine Balkenhälfte angeschrieben und aufgelöst werden.

Reduktion des Gleichungssystems

Gl. Nr.	Reduktion	M_1	M_2	M_3	M_m	Belastungsglieder	
						symmetrisch	antimetrisch
1		2,1562	−1,0				
2	$(1) \cdot \dfrac{1{,}0}{2{,}1562}$	−1,0 1,0	2.1562 −0,4638	−1,0		0,06413	0,06413
II			1,6924	−1,0		0,06413	0,06413
3	$(II) \cdot \dfrac{1{,}0}{1{,}6924}$		−1,0 1,0	2,1562 −0,5909	−1,0	0,03789	0,03789
III				1,5653	−1,0	0,03789	0,03789
m	$(III) \cdot \dfrac{2{,}0}{1{,}5653}$			−2,0 2,0	2,1562 −1,2777	0,04841	
$\bar{m}$					0,8785	0,04841	
						$\times P\,l$	$\times P\,l$

Für den symmetrischen Lastanteil ist aus der letzten reduzierten Gleichung

$$M_{sm} = \frac{0{,}04841\, P\, l}{0{,}8785} = 0{,}05511\, P\, l;$$

---

[1] Siehe z. B. Stüssi, F.: Baustatik II, Basel 1954 und 1971.

die übrigen Werte M ergeben sich damit durch Rückwärtseinsetzen. Für den antimetrischen Lastanteil ist $M_m = 0$; die entsprechende Reduktion braucht nur bis zum dritten Knotenpunkt durchgeführt zu werden. Die Lösungen M_s und M_a sowie die resultierenden Momente M,

$$M = M_s \pm M_a,$$

sind nachstehend zusammengestellt.

Lösungen

	M_s	M_a	M
A	0	0	0
1	0,033 86	0,024 21	0,058 07
2	0,073 00	0,052 20	0,125 20
3	0,059 41	0,024 21	0,083 62
m	0,055 11	0	0,055 11
5			0,035 20
6			0,020 80
7			0,009 65
B			0
	$\times P\,l$	$\times P\,l$	$\times P\,l$

Es sei noch darauf hingewiesen, daß die hier berechnete Momentenfläche M für $P = 1$ gleichzeitig auch die *Einflußlinie* für das Biegungsmoment M im Knotenpunkt 2 darstellt. Wir können ja bekanntlich die Einflußlinie für ein Biegungsmoment M in einem Punkt m als lotrechte Biegungslinie infolge einer Winkeländerung $\alpha_m = 1$ darstellen; aus der Analogie der beiden Gleichungssysteme für M und η (bzw. der entsprechenden Differentialgleichungen) ergibt sich die behauptete Gleichheit von Einflußlinie und Momentenfläche infolge $P = 1$. Die Mohrsche Analogie der Balkenbiegung gilt auch für den hier untersuchten Fall des Balkens mit gegebener Längskraft N.

Bei *sehr kleiner Steifigkeit EJ*, wie sie beispielsweise bei einem durch eine Einzellast P belasteten Seil vorkommt, würde die aus Genauigkeitsgründen aufgestellte Forderung $\gamma \leqq 0,05$ kleine Intervalle Δx und damit eine große Zahl von aufzulösenden Gleichungen erfordern. Die Auflösung des Gleichungssystems, die dabei etwas umständlich würde, kann durch folgende Überlegung umgangen werden:

Führen wir vorübergehend die Abkürzung

$$a = \frac{2 + 10\gamma}{1 - \gamma}$$

ein, so lauten die Bestimmungsgleichungen für die unbelasteten Knotenpunkte zwischen Auflager A und Lastangriffspunkt m

$$-M_{i-1} + a\,M_i - M_{i+1} = 0,$$

die mit

$$M_{i-1} = \alpha_i\,M_i$$

durch die Reduktion auf

$$(a - \alpha_i)\,M_i - M_{i+1} = 0$$

übergehen. Setzen wir analog

$$M_i = \alpha_{i+1} M_{i+1},$$

so ist

$$(a - \alpha_i)\,\alpha_{i+1} - 1 = 0.$$

Bei großer Felderzahl, wie sie hier vorkommt, konvergieren die Werte α gegen einen konstanten Wert α_n, der sich somit aus

$$\alpha_n(a - \alpha_n) = 1$$

zu

$$\alpha_n = \frac{a}{2} \overset{(+)}{-} \sqrt{\frac{a^2}{4} - 1}$$

bestimmen läßt. Damit kann die Bestimmungsgleichung für den Lastpunkt zu

$$M_m[2 + 10\gamma - 2(1 - \gamma)\,\alpha_n] = P_m\,\Delta x(1 + \gamma)$$

angeschrieben werden, wobei Δx noch mit

$$\Delta x = \sqrt{12\gamma}\,\sqrt{\frac{E\,J}{N}}$$

eingesetzt werden kann.

Für $\gamma = 0{,}05$ wird

$$a = \frac{2{,}50}{0{,}95} = 2{,}6316, \quad \alpha_n = 1{,}3158 - \sqrt{0{,}73133} = 0{,}4606,$$

$$\Delta x = 0{,}7746\,\sqrt{\frac{E\,J}{N}}, \quad [2 + 10\gamma - 2(1 - \gamma)\,\alpha_n] = 1{,}6249$$

und damit

$$M_m = 0{,}5005\,P\,\sqrt{\frac{E\,J}{N}}\,;$$

dieser Wert zeigt gegenüber dem bekannten genauen Wert von M_m,

$$M_m = 0{,}50\,P\,\sqrt{\frac{E\,J}{N}}\,,$$

eine Abweichung von 0,1%. Damit ist bestätigt, daß die Forderung $\gamma \leq 0{,}05$ praktisch genügend genaue Werte gewährleistet. Hätten wir dagegen mit $\gamma = 0{,}01$ gerechnet, so hätte der Fehler nur 0,005% betragen.

Von der Laststelle aus klingen die Momente M beidseitig rasch ab.

Statisch unbestimmte Lagerung

Bei statisch unbestimmter Lagerung des querbelasteten Zugstabes, beispielsweise mit starrer Einspannung bei A wie in Abb. IV,15, sind die beiden Differentialgleichungen (IV,24) für die Momente M und die Durchbiegungen η nicht mehr voneinander unabhängig und können nicht mehr unabhängig voneinander gelöst werden. Wohl besteht die Möglichkeit, die beiden Gleichungen zweiter Ordnung zu einer *Differentialgleichung vierter Ordnung*,

$$(E\,J\,\eta'')'' - (N\,\eta)'' - p = 0, \tag{IV,24c}$$

zu vereinigen; auch diese Gleichung läßt sich durch Umsetzen in ein (nun fünfgliedriges, vgl. Abschn. IV,4) Gleichungssystem unter Berücksichtigung der vier
Randbedingungen numerisch lösen. Eine solche Behandlung der gestellten baustatischen Aufgabe als Randwertproblem ist aber etwas mühsam und schwerfällig;
es ist wohl stets bequemer und einfacher, die Lösung durch Einführung eines
statisch bestimmten Grundsystems mit den entsprechenden überzähligen Größen
zu suchen.

Im Beispiel von Abb. IV,15 ist der einfache Balken mit Längskraft N nach
Abb. IV,14 wohl das zweckmäßige Grundsystem; das Einspannmoment M_A wird
damit zur überzähligen Größe X (Abb. IV,16).

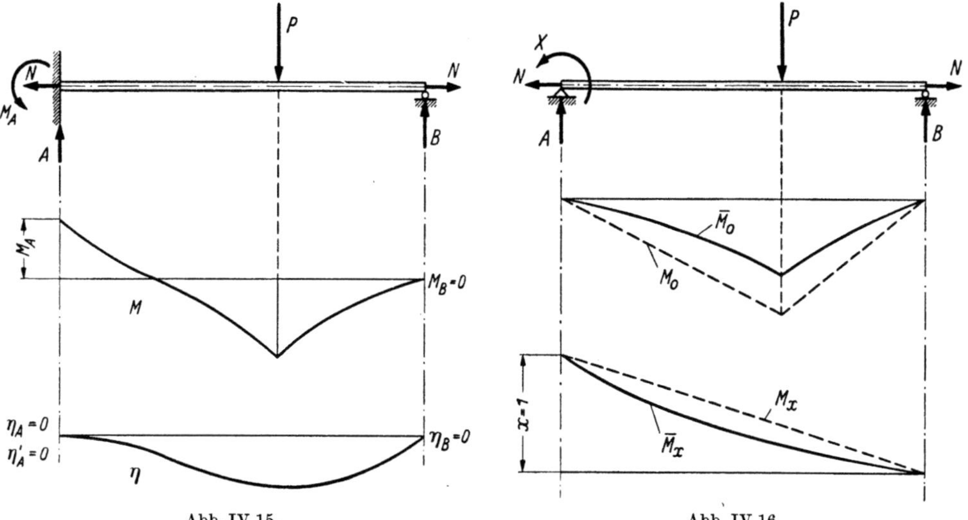

Abb. IV,15.   Abb. IV,16.

Bezeichnen wir hier die Momente im Grundsystem mit Längskraft N infolge
der äußeren Belastung bzw. infolge $X = 1$ mit $\bar{M}_0$ bzw. $\bar{M}_x$ im Gegensatz zu den
Momenten M_0 und M_x im Balken ohne Längskraft N, so ergeben sich die Momente M im wirklichen Tragwerk aus der Superposition[1]

$$M = \bar{M}_0 + X\,\bar{M}_x,$$

während sich die überzählige Größe aus der Elastizitätsbedingung

$$a_{11}\,X + a_{10} = 0$$

ergibt. Die einzige Besonderheit, die hier gegenüber der normalen Berechnung
von statisch unbestimmten Systemen ohne Formänderungseinfluß besteht, ist
die, daß in den Verschiebungsgrößen a_{ik},

$$a_{ik} = \int\limits^{l} \frac{M_i\,\bar{M}_k}{E\,J}\,ds = \int\limits^{l} \frac{M_i\,M_k}{E\,J}\,ds,$$

(wenn wir zur Vereinfachung hier nur den Einfluß der Momente anschreiben) der
Einfluß der Längskraft N *entweder* im Verschiebungszustand *oder* im virtuellen

---

[1] Dies unter der Voraussetzung, daß es sich bei der Normalkraft N um einen *Festwert*
handelt, so daß der Formänderungseinfluß $N\,\eta$ linear mit der Belastung P zunimmt.

15*

Belastungszustand der Arbeitsgleichung berücksichtigt werden muß. Die Momente $\bar{M}$ ergeben sich numerisch durch Auflösung des Gleichungssystems (IV,26b) bzw. (IV,26c). Bei der Berechnung der Momente $\bar{M}_x$ infolge $X = 1$ kommen keine eigentlichen Belastungsglieder vor, dagegen lautet die erste der Bestimmungsgleichungen mit $\bar{M}_{Ax} = 1$

$$\bar{M}_{1x}(2 + 10\gamma_1) - \bar{M}_{2x}(1 - \gamma_2) = 1(1 - \gamma_A)$$

bzw. bei konstanten Koeffizienten γ einfacher

$$\bar{M}_{1x}\frac{2 + 10\gamma}{1 - \gamma} - \bar{M}_{2x} = 1 .$$

Damit ist auch das Vorgehen bei mehrfach statisch unbestimmten Systemen dieser Art festgelegt; die Momente (und analog die übrigen gesuchten Schnittgrößen) ergeben sich aus der Superposition

$$M = \bar{M}_0 + \sum X_i \bar{M}_i ,$$

während sich die überzähligen Größen aus einem System von Elastizitätsbedingungen

$$\sum a_{ik} X_k + a_{io} = 0$$

ergeben. Die Berechnung der Verschiebungsgrößen a_{ik} bleibt gleich wie vorher.

Ein solcher Fall kommt beispielsweise vor bei einem Fachwerkträger, dessen biegungssteifer Untergurt auch Lasten, die zwischen den Knotenpunkten angreifen, aufnehmen muß, wie etwa eine Laufkatze (Abb. IV,17).

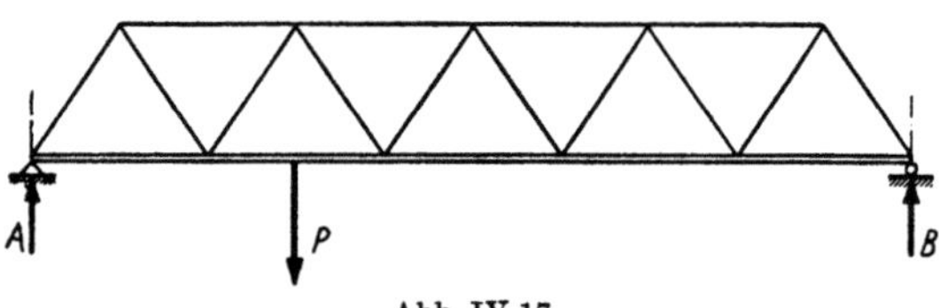

Abb. IV,17.

Da hier die Steifigkeit der Füllungsglieder gegenüber derjenigen des Untergurtes wohl als klein vorausgesetzt werden darf, darf der Untergurt für die Untersuchung der direkten Belastung als durchlaufender Balken auf gelenkigen Stützen angenommen werden; dabei wirkt eine feldweise konstante Längskraft N entsprechend der Größe der Untergurtstabkräfte. Dabei tritt jedoch die Schwierigkeit auf, daß diese Längskräfte von der Größe und Stellung der Last P abhängig sind; sie sind deshalb zuerst mit der normalen Fachwerktheorie zu schätzen, wobei gegebenenfalls diese Schätzung in einem zweiten Rechnungsgang zu verbessern ist. Da jedoch eine Zugkraft N auf die Momente entlastend wirkt, ist der Wert von N eher etwas zu klein als zu groß in die Rechnung einzuführen.

Der querbelastete Druckstab

Bei einem querbelasteten Druckstab nach Abb. IV,18 ändert gegenüber dem bisher betrachteten Zugstab mit Querbelastung das Vorzeichen der Längskraft N; diese vergrößert bei der Durchbiegung η somit die Momente, und es ist hier

$$M = M_0 + N\eta$$

oder

$$\eta'' + \frac{N}{EJ}\eta + \frac{M_0}{EJ} = 0$$

bzw.

$$M'' + \frac{N}{EJ}M + p = 0.$$

Dementsprechend ändert in den Gln. (IV,26) auch das Vorzeichen von γ,

$$\gamma = \frac{N}{EJ}\frac{\Delta x^2}{12},$$

und Gl. (IV,26c) (für Belastung durch Einzellasten P) geht beispielsweise über
in die Beziehung

$$\boxed{-M_{m-1}(1+\gamma) + M_m(2-10\gamma) - M_{m+1}(1+\gamma) = P_m(1-\gamma)\Delta x}.$$

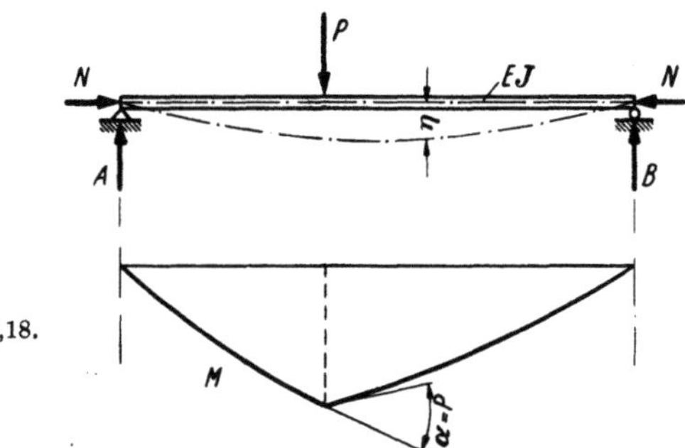

Abb. IV,18.

Dieses Gleichungssystem ist nun nicht mehr unbegrenzt lösbar; für $N = N_E$,

$$N_E = \frac{\pi^2 EJ}{l^2} \quad \text{(Eulersche Knicklast)},$$

knickt der Stab auch bei verschwindender Querbelastung aus, und die Momente
und Durchbiegungen werden *unendlich groß*. Auf solche Fälle werden wir im
Zusammenhang mit den Stabilitätsproblemen (exzentrisches Knicken) zurückkommen.

f) Schwingungsgleichungen

Als Beispiel eines *Anfangswertproblems* sei die Differentialgleichung

$$\ddot{y} + b\dot{y} + cy - F(x) = 0$$

der gedämpften erzwungenen Schwingung eines Massenpunktes numerisch untersucht. Die Ableitungen der Schwingungsausschläge y nach der Zeit sind wie üblich
durch Punkte bezeichnet,

$$\frac{dy}{dt} = \dot{y} \quad \text{(Geschwindigkeit)};$$

$$\frac{d^2y}{dt^2} = \ddot{y} \quad \text{(Beschleunigung)}.$$

Gegenüber den Randwertproblemen besteht hier die Besonderheit, daß zwei der
drei möglichen Größen y_A, $\dot{y}_A$ und $\ddot{y}_A$ als *Anfangsbedingungen* gegeben sind. Sind

beispielsweise y_A und $\dot{y}_A$ zur Zeit $t = 0$ gegeben, so ersetzt y_A die Bestimmungsgleichung für y zur Zeit $t = 0$, während mit der *Randbedingung* Gl. (IV,23)

$$\boxed{\begin{aligned} -y_A\left(1 + \frac{2\beta}{3} - 3{,}5\gamma_A\right) &+ y_1\left(1 + \frac{2\beta}{3} + 3{,}0\gamma_1\right) - y_2(0{,}5\gamma_2) \\ &= \Delta t\, K_A(F) + \dot{y}_A\, \Delta t\left(1 - \frac{\beta}{3}\right) \end{aligned}}$$

$$(IV,23\,b)$$

[bzw. mit der etwas einfacheren Form von Gl. (IV,23a) für $\dot{y}_A = 0$] aus $\dot{y}_A$ sich die Bestimmungsgleichung für y_1 zur Zeit $t_1 = \Delta t$ ergibt. Dabei bedeuten die Abkürzungen β und γ in Analogie zu früher

$$\beta = \frac{b\,\Delta t}{2}, \qquad \gamma = \frac{c\,\Delta t^2}{12}.$$

Das Glied $0{,}5\gamma_2\, y_2$ ist mit der für $y_1 = y_m$ angeschriebenen Grundgleichung

$$-y_A(1 - \beta_1 + \gamma_A) + y_1(2 - 10\gamma_1) - y_2(1 + \beta_1 + \gamma_2) = -\Delta t\, K_1(F)$$

zu eliminieren. Alle weiteren Schwingungsausschläge ergeben sich nun aus der als Rekursionsformel angeschriebenen Grundgleichung

$$\boxed{y_{m+1} = \frac{1}{1 + \beta_m + \gamma_{m+1}}\left[\Delta t\, K_m(F) + y_m(2 - 10\gamma_m) - y_{m-1}(1 - \beta_m + \gamma_{m-1})\right]}.$$

$$(IV,22\,a)$$

Die Intervallgröße Δt (mit entsprechender Änderung der Werte β und γ) kann im Verlaufe der Berechnung geändert werden. So ist es beispielsweise bei größerer Dämpfung angezeigt, am Anfang der Schwingungen mit kleinen Intervallen Δt zu rechnen, weil die Anfangsbedingung (IV,23b) mit vereinfachenden Voraussetzungen über den Verlauf der Dämpfung $b\,\dot{y}$ aufgestellt wurde. Ein Zahlenvergleich der für verschiedene Intervallwerte Δt erhaltenen Schwingungsausschläge erlaubt stets eine einfache Beurteilung der für eine gewünschte Genauigkeit erforderlichen Intervallgröße.

Zahlenbeispiel

Als einfaches Zahlenbeispiel sei nachstehend die Differentialgleichung der ungedämpften harmonischen Schwingung

$$\ddot{y} + c\,y = 0$$

für die Anfangsbedingungen $y_A = y_0$, $\dot{y}_A = 0$ numerisch gelöst.

Die *mathematische Lösung* dieser Schwingungsgleichung lautet allgemein

$$y = C_1 \sin p\,t + C_2 \cos p\,t,$$

wobei p,

$$p = \sqrt{c},$$

die Kreisfrequenz bedeutet. Für die gegebenen Anfangsbedingungen wird

$$y = y_A \cos p\,t.$$

Für die *numerische Lösung* ist der Wert von γ mit

$$\gamma = \frac{c\,\Delta t^2}{12} = \frac{p^2\,\Delta t^2}{12} = \frac{\pi^2}{12\,n^2}$$

einzuführen, wenn wir mit n den Wert

$$n = \frac{\pi}{p\,\Delta t} = \frac{T}{2\,\Delta t}\,,$$

d. h. das Verhältnis der Schwingungsdauer T zum doppelten Zeitintervall Δt, bezeichnen. Wegen $\beta = 0$, $F = 0$ vereinfacht sich die Grundgleichung (IV,22a) auf

$$y_{m+1} = y_m\,\frac{2 - 10\gamma}{1 + \gamma} - y_{m-1}\,,$$

während wir die Anfangsbedingung $\dot{y}_A = 0$ hier entsprechend Gl. (IV,23a) als Symmetriebedingung

$$y_1 = y_A\,\frac{1 - 5\gamma}{1 + \gamma}$$

formulieren können.

Wählen wir beispielsweise $n = 6$, was einem Intervall von $p \cdot \Delta t = \pi/6 = 30°$ entspricht, so wird

$$\gamma = 0{,}0228463, \qquad \frac{2 - 10\gamma}{1 + \gamma} = 1{,}731968$$

und wir erhalten für die erste halbe Schwingungsdauer die folgenden Schwingungsausschläge y, wobei zum Vergleich auch die genauen Werte $y_A \cos p\,t$ angegeben sind:

$p\,t$	y	$\cos p\,t$	y
0°	$1{,}000000\,y_A$	1,000000	1,000000
15°	—	—	0,965925
30°	0,865984	0,866025	0,866023
60°	0,499857	0,500000	0,499924
90°	−0,000248	0,000000	−0,000171
120°	−0,500287	−0,500000	−0,500220
150°	−0,866232	−0,866025	−0,866194
180°	−0,999999	−1,000000	−1,000000

In der letzten Kolonne sind zudem die Werte angegeben, die sich bei einer Unterteilung des ersten Intervalles (mit $\gamma^* = \tfrac{1}{4}\gamma$) ergeben würden.

Die Ungenauigkeit der numerischen Berechnung wirkt sich gleich aus wie eine kleine Vergrößerung des Argumentes $p\,t$, die hier etwa 0,015% beträgt.

Dieses Beispiel zeigt, daß wir mit der Rekursionsformel

$$y_{m+1} = \frac{2 - 10\gamma}{1 + \gamma}\,y_m - y_{m-1}$$

die *Kreisfunktionen* berechnen können; dabei entsprechen die Anfangsbedingungen $y_A = 1$, $y'_A = 0$ der Funktion $\cos x$, während die Anfangsbedingungen $y_A = 0$, $y'_A = 1$ die Funktion $\sin x$ liefern würden.

Anderseits ergeben sich durch Umkehrung des Vorzeichens von γ,

$$\gamma = \frac{\Delta x^2}{12},$$

die *hyperbolischen Funktionen* aus

$$y_{m+1} = \frac{2 + 10\gamma}{1 - \gamma}\, y_m - y_{m-1},$$

wobei entsprechend die Anfangsbedingungen $y_A = 1$, $y_A' = 0$ die Funktion $\operatorname{Cosh} x$, die Bedingungen $y_A = 0$, $y_A' = 1$ dagegen die Funktion $\operatorname{Sinh} x$ liefern. Nachstehend ist das Ergebnis einer solchen Berechnung von $\operatorname{Sinh} x$ für $\Delta x = 0{,}10$ wiedergegeben:

x	y
0	0
0,1	0,100 167
0,2	0,201 336
0,3	0,304 520
0,4	0,410 752 usw.;

diese Werte stimmen mit den gesuchten Funktionswerten in den ersten fünf Stellen nach dem Komma genau überein.

Abschließend soll erwähnt werden, daß die Rekursionsformel (IV,22 a) auch bei *Randwertproblemen* (vgl. Abschn. IV,3 d u. e) verwendet werden kann. Ausgehend vom Rand A und vom ersten Feldpunkt 1 werden dabei alle y-Werte fortlaufend in der Form $a_i + b_i y_1$ ausgedrückt, wobei sich die Koeffizienten a_i und b_i aus den numerischen Berechnungen ergeben. Die letzte, für den Randpunkt B geschriebene Rekursionsgleichung liefert mit der vorgeschriebenen Randbedingung den noch unbekannten Wert y_1 und damit zahlenmäßig alle y. Eine direkte Auflösung des dreigliedrigen Gleichungssystems ist dabei nicht nötig.

g) Gekoppelte Differentialgleichungen

Gelegentlich kommen auch gekoppelte Differentialgleichungen von der Form

$$y'' + c_1 y + d_1 z'' + e_1 z + F(x) = 0,$$
$$z'' + c_2 z + d_2 y'' + e_2 y + G(x) = 0$$

vor. Sofern es nicht gelingt, die eine der beiden Unbekannten y oder z durch Aufstellung einer Differentialgleichung vierter Ordnung zu eliminieren (siehe z. B. Balken auf elastischer Bettung, S. 236), so kommen die folgenden Lösungsmöglichkeiten in Betracht: wir setzen die beiden Differentialgleichungen je in ein Gleichungssystem um:

$$-y_{m-1}(1 + \gamma_1) + y_m(2 - 10\gamma_1) - y_{m+1}(1 + \gamma_1) - z_{m-1}(d_1 + \varepsilon_1) +$$
$$+ z_m(2d_1 - 10\varepsilon_1) - z_{m+1}(d_1 + \varepsilon_1) = \Delta x\, K_m(F)$$

und analog für die zweite Gleichung. Wir erhalten somit ein sechsgliedriges gemischtes System zur Bestimmung der beiden Unbekannten y und z, das wohl etwas mühsamer aufzulösen ist als ein dreigliedriges Gleichungssystem, doch bieten sich keinerlei grundsätzliche Schwierigkeiten.

Eine andere Lösungsmöglichkeit besteht darin, daß wir eine erste geschätzte Lösung von z als zusätzliche Belastungsglieder in die erste Gleichungsgruppe einführen, und damit y in erster Annäherung berechnen; diese Werte y erlauben nun eine Berechnung von z mit der zweiten Gleichungsgruppe. Dieses Verfahren ist solange zu wiederholen, bis die erforderliche Genauigkeit erreicht ist. Der Vorzug einer solchen Berechnung mit fortgesetzter Annäherung liegt darin, daß die beiden nun dreigliedrigen Gleichungssysteme leichter aufzulösen sind als das gemischte System mit den beiden Unbekannten y und z; für jede Wiederholung der Berechnung ist jeweils nur eine zusätzliche Kolonne von Belastungsgliedern zu reduzieren.

Welcher der beiden Wege im gegebenen Einzelfall günstiger ist, hängt sowohl von der Art des Problems (Konvergenz!) als auch von der persönlichen Einstellung ab. Auf ein Anwendungsbeispiel werden wir später zurückkommen (Torsion des $\mathbf{I}$-Trägers mit Berücksichtigung der Stegverbiegung, s. Abschn. V, 2d).

4. Die Differentialgleichung vierter Ordnung

a) Allgemeine Formeln

Bei den in der Baustatik vorkommenden Differentialgleichungen vierter Ordnung sind in der Regel die Koeffizienten der Nebenfunktionen y' und y''' Null; wir dürfen uns deshalb auf die Lösung der Gleichung

$$\boxed{y'''' + c\,y'' + dy - F(x) = 0} \qquad \text{(IV,27)}$$

beschränken. Durch Umsetzen in Δx-fache Knotenlasten können wir mit der Seilpolygongleichung (IV,18a), sinngemäß mit

$$\Delta x\, K_m(y'''') = y''_{m-1} - 2y''_m + y''_{m+1} \qquad \text{(IV,18b)}$$

angeschrieben, die vierten Ableitungen y'''' durch zweite Ableitungen ausdrücken. Wir erhalten somit eine erste Eliminationsstufe in der Form

$$(y''_{m-1} - 2y''_m + y''_{m+1}) + \Delta x\, K_m(c\,y'') + \Delta x\, K_m(dy) - \Delta x\, K_m(F) = 0. \quad \text{(IV,28)}$$

Schreiben wir diese Gleichung zehnmal für den Knotenpunkt m und je einmal für die Knotenpunkte $m-1$ und $m+1$ an und multiplizieren mit $\Delta x^2/12$, so können wir die einzelnen Glieder wie folgt durch die gesuchte Funktion y selbst ausdrücken:

aus $(y''_{m-1} - 2y''_m + y''_{m+1})$ ergibt sich auf diese Weise mit Gl. (IV,18) für die Kolonnen, wenn y'' als stetige Funktion vorausgesetzt wird,

$$\frac{\Delta x^2}{12} \begin{Bmatrix} +\ \ y''_{m-2} - \ 2y''_{m-1} + \ \ y''_m \\ +10y''_{m-1} - 20y''_m\ \ + 10y''_{m+1} \\ +\ \ y''_m\ \ - \ 2y''_{m+1} + \ \ y''_{m+2} \end{Bmatrix} = \begin{Bmatrix} +\ \ y_{m-2} - 2y_{m-1} + \ \ y_m \\ -\ 2y_{m-1} + 4y_m\ \ - 2y_{m+1} \\ +\ \ y_m\ \ - 2y_{m+1} + \ \ y_{m+2} \end{Bmatrix}$$

$$= y_{m-2} - 4y_{m-1} + 6y_m - 4y_{m+1} + y_{m+2}.$$

Um das Glied $\Delta x\, K_m(c\,y'')$ zu eliminieren, setzen wir zunächst den Koeffizienten c als konstant voraus; wir finden so mit der Abkürzung

$$\gamma = \frac{c\,\Delta x^2}{12}$$

und mit Gl. (IV,18a) für die Zeilen den Beitrag

$$\frac{\Delta x^2}{12}\left\{\begin{array}{l}+\quad \Delta x\, K_{m-1}(c\,y'') \\ +\,10\Delta x\, K_m \quad (c\,y'') \\ +\quad \Delta x\, K_{m+1}(c\,y'')\end{array}\right\} = \frac{\Delta x^2}{12}\,c\left\{\begin{array}{l}+\quad \Delta x\, K_{m-1}(y'') \\ +\,10\Delta x\, K_m \quad (y'') \\ +\quad \Delta x\, K_{m+1}(y'')\end{array}\right\}$$

$$= \gamma\left\{\begin{array}{l}+\quad y_{m-2}-\ 2y_{m-1}+\quad y_m \\ +\,10 y_{m-1}-20 y_m \quad +\,10 y_{m+1} \\ +\quad y_m \quad -\ 2y_{m+1}+\quad y_{m+2}\end{array}\right\} = \gamma\,(y_{m-2}+8 y_{m-1}-18 y_m + \\ +\,8 y_{m+1}+y_{m+2}).$$

Endlich liefert das Glied $\Delta x\, K_m(dy)$ mit der Abkürzung

$$\delta = \frac{d\,\Delta x^4}{144}$$

den Beitrag

$$\frac{\Delta x^2}{12}\left\{\begin{array}{l}+\quad \Delta x\, K_{m-1}(dy) \\ +\,10\Delta x\, K_m \quad (dy) \\ +\quad \Delta x\, K_{m+1}(dy)\end{array}\right\} = \delta\left\{\begin{array}{l}+\quad y_{m-2}+\ 10 y_{m-1}+\quad y_m \\ +\,10 y_{m-1}+100 y_m \quad +\,10 y_{m+1} \\ +\quad y_m \quad +\ 10 y_{m+1}+\quad y_{m+2}\end{array}\right\}$$

$$= \delta\,(y_{m-2}+20 y_{m-1}+102 y_m + 20 y_{m+1}+y_{m+2}).$$

Durch Addition dieser Beiträge und Ordnen erhalten wir die gesuchte *Grundgleichung*

$$\boxed{\begin{array}{l}y_{m-2}(1+\gamma+\delta)-y_{m-1}(4-8\gamma-20\delta)+y_m(6-18\gamma+102\delta)- \\[4pt] \qquad -y_{m+1}(4-8\gamma-20\delta)+y_{m+2}(1+\gamma+\delta) \\[4pt] \quad =\dfrac{\Delta x^3}{12}\,[K_{m-1}(F)+10 K_m(F)+K_{m+1}(F)]\end{array}} \qquad \text{(IV,29)}$$

Die lineare inhomogene Differentialgleichung vierter Ordnung, Gl. (IV,27), wird numerisch durch Umsetzen in ein fünfgliedriges Gleichungssystem gelöst. Dabei ist auch, ohne nennenswerte Einschränkung der Genauigkeit, eine Berücksichtigung von veränderlichen Koeffizienten γ und δ möglich.

Wir benötigen später noch eine *Hilfsgleichung*, die wir dadurch gewinnen, daß wir zu Gl. (IV,28) die Seilpolygongleichung (IV,18) in der Form

$$-y''_{m-1}-10 y''_m - y''_{m+1} + \frac{12}{\Delta x^2}\,(y_{m-1}-2 y_m + y_{m+1}) = 0$$

addieren; setzen wir ferner

$$\Delta x\, K_m(c\,y'') = c\,(y_{m-1}-2 y_m + y_{m+1}),$$

so erhalten wir nach Ordnen und mit den schon eingeführten Abkürzungen γ und δ die gesuchte Beziehung zu

$$\boxed{\begin{array}{l}-y''_m\,\Delta x^2 + y_{m-1}(1+\gamma+\delta)-y_m(2+2\gamma-10\delta)+ \\[4pt] \qquad +y_{m+1}(1+\gamma+\delta)-\dfrac{\Delta x^3}{12}\,K_m(F) = 0\end{array}} \qquad \text{(IV,30)}$$

Es ist leicht einzusehen, daß die Grundgleichung (IV,29) auch dadurch gewonnen werden kann, daß die Hilfsgleichung zehnmal für Knotenpunkt m und

je einmal für die Knotenpunkte $m - 1$ und $m + 1$ angeschrieben wird; dabei
läßt sich der Wert

$$- (y''_{m-1} + 10 y''_m + y''_{m+1})\, \Delta x^2$$

durch

$$12\,(- y_{m-1} + 2 y_m - y_{m+1})$$

ersetzen und somit eliminieren.

Randbedingungen

Zur Lösung einer Differentialgleichung vierter Ordnung benötigen wir vier
Randbedingungen. Bei einem *Randwertproblem*, auf das wir uns hier beschränken
können, läßt sich die Grundgleichung („G") für die $n - 3$ Zwischenknotenpunkte
anschreiben, während die Bestimmungsgleichungen „R" je für die äußersten
beiden Knotenpunkte des Integrationsbereiches aus Randbedingungen gewonnen
werden müssen (Abb. IV,19).

Abb. IV,19.

Damit verfügen wir insgesamt über $n + 1$ Bestimmungsgleichungen zur Berechnung der $n + 1$ unbekannten Funktionswerte y.

Als Randbedingungen sind auf jeder Seite des Integrationsbereiches zwei der
fünf Werte y, y', y'', y''' und y'''' gegeben; es sind also grundsätzlich eine ganze
Reihe von Kombinationen von Randbedingungen möglich. Wir beschränken uns
hier darauf, für die beiden am häufigsten vorkommenden Normalfälle diese
Bestimmungsgleichungen formelmäßig aufzustellen; in besonderen Anwendungsfällen dürfte es sich dagegen empfehlen, die Randbedingungen nicht formelmäßig
zu entwickeln, sondern für den gegebenen Einzelfall direkt numerisch auszudrücken.

Erster Fall y_A *und* y'_A *gegeben.*

Die Randbedingung „y_A gegeben" ersetzt uns die Bestimmungsgleichung für
den Randpunkt A, während wir aus der Bedingung „y'_A gegeben" die Bestimmungsgleichung für den ersten Zwischenknotenpunkt 1 gewinnen müssen. Wir
gehen dazu aus von Gl. (IV,19a), wobei wir die Knotenlast $K_A(y'')$ nach der
Parabelformel Gl. (IV,16a) einführen:

$$y'_A\, \Delta x = y_1 - y_A - \frac{\Delta x^2}{24}\,(7 y''_A + 6 y''_1 - y''_2).$$

Addieren wir zu

$$24 y'_A\, \Delta x = 24 y_1 - 24 y_A - \Delta x^2 (7 y''_A + 6 y''_1 - y''_2)$$

die 64fache Hilfsgleichung (IV,30) für den Knotenpunkt 1 und die achtfache
Hilfsgleichung für den Knotenpunkt 2, so können wir die Werte y'' mit der Seilpolygongleichung

$$\Delta x^2 (7 y''_A + 70 y''_1 + 7 y''_2) = 84\,(y_A - 2 y_1 + y_2)$$

eliminieren, und wir erhalten nach Ordnen die gesuchte Bestimmungsgleichung zu

$$-y_A(11 - 16\gamma - 16\delta) + y_1(18 - 30\gamma + 162\delta) - y_2(9 - 12\gamma - 36\delta) + $$
$$+ y_3(2 + 2\gamma + 2\delta) = 6y_A'\,\Delta x + \frac{\Delta x^3}{12}[16K_1(F) + 2K_2(F)]$$

(IV,31 a)

Zweiter Fall y_A *und* y_A' *gegeben.*

Zur Aufstellung der Bestimmungsgleichung für den Knotenpunkt 1 gehen wir aus von der Seilpolygongleichung

$$\Delta x^2(y_A'' + 10y_1'' + y_2'') - 12(y_A - 2y_1 + y_2) = 0,$$

in der wir die Werte y_1'' und y_2'' mit der Hilfsgleichung (IV,30) eliminieren können. Wir erhalten nach Ordnen

$$-y_A(2 - 10\gamma - 10\delta) + y_1(5 - 19\gamma + 101\delta) - y_2(4 - 8\gamma - 20\delta) + $$
$$+ y_3(1 + \gamma + \delta) = -\Delta x^2\,y_A'' + \frac{\Delta x^3}{12}[10K_1(F) + K_2(F)]$$

(IV,31 b)

b) Der Balken auf elastischer Bettung

Gelegentlich ist es zweckmäßiger, die Bestimmungsgleichungen direkt von den Gegebenheiten und Besonderheiten des betrachteten Einzelfalles aus aufzustellen, statt die allgemeinen Formeln des letzten Abschnittes zu verwenden. Ein solcher Fall sei am Beispiel des *Balkens auf elastischer Bettung* (Idealboden, Bettungsziffer B in kg/cm³) nachstehend besprochen (Abb. IV,20).

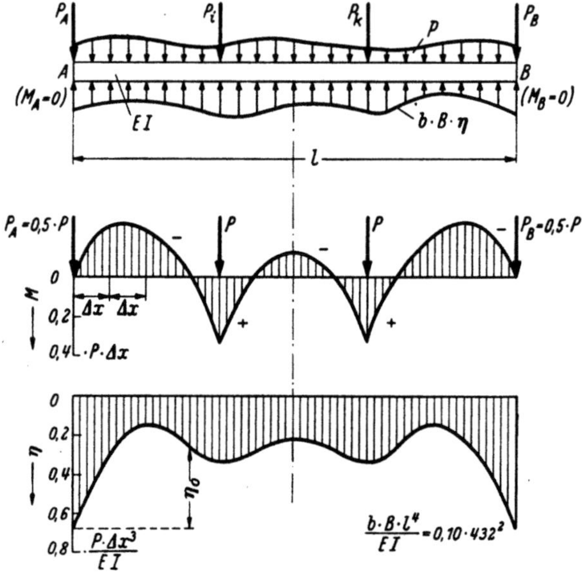

Abb. IV,20.

Zur Bestimmung der gesuchten Momente M und Durchbiegungen η stehen uns die beiden *normalen* Seilpolygongleichungen der Balkenbiegung zur Verfügung:

$$-M_{m-1} + 2M_m - M_{m+1} = \Delta x[K_m(p - bB\eta) + P_m], \qquad (\text{IV},32\,\text{a})$$

$$-\eta_{m-1} + 2\eta_m - \eta_{m+1} = \Delta x\, K_m\left(\frac{M}{EJ}\right); \qquad (\text{IV},32\,\text{b})$$

da unter den Einzellasten P_m (die wir uns in den Knotenpunkten wirkend denken) Unstetigkeiten der Momentenfläche M auftreten, ist für die Berechnung der Knotenlast K_m infolge der reduzierten Momentenfläche M/EJ die Gl. (IV,17) entsprechend Abb. IV,8c zu beachten:

$$\Delta x\, K_m\left(\frac{M}{EJ}\right) = \frac{\Delta x^2}{12\,EJ}\,(M_{m-1} + 10M_m + M_{m+1} - \Delta x\, P_m). \quad (\text{IV},32\,\text{c})$$

Es bestehen nun die beiden Möglichkeiten, durch passende Kombination der beiden Gln. (IV,32a u. b) entweder die Momente M oder die Durchbiegungen η zu eliminieren. Da uns in erster Linie die Momente M interessieren, ist es naheliegend, die Durchbiegungen η zu eliminieren und Bestimmungsgleichungen für die Momente M zu formulieren; dabei können auch die Randbedingungen einfacher formuliert werden als bei Elimination der Momente M.

Schreiben wir die Gl. (IV,32a), in der die Durchbiegung η im Belastungsglied vorkommt, je einmal für die Knotenpunkte $m-1$ und $m+1$ und zweimal, jedoch mit negativem Vorzeichen, für den Knotenpunkt m an, die Gl. (IV,32b) dagegen je einmal für $m-1$ und $m+1$ und zehnmal für m, so heben sich bei Addition die Durchbiegungen η heraus, und wir erhalten nach Ordnen mit der Abkürzung

$$\delta = \frac{bB\Delta x^4}{144\,EJ}$$

die gesuchte fünfgliedrige *Grundgleichung*:

$$\boxed{\begin{aligned}
M_{m-2}(1 + \delta) &- M_{m-1}(4 - 20\delta) + M_m(6 + 102\delta) - M_{m+1}(4 - 20\delta) + \\
&+ M_{m+2}(1 + \delta) = \Delta x[-K_{m-1}(p) + 2K_m(p) - K_{m+1}(p) - \\
&- P_{m-1}(1 - \delta) + P_m(2 + 10\delta) - P_{m+1}(1 - \delta)]
\end{aligned}}\,.$$

$$(\text{IV},33)$$

Randbedingungen

Wegen $M_A = 0$ entfällt die Bestimmungsgleichung für den Randpunkt A. Um die Bestimmungsgleichung für das Moment M_1 im ersten Zwischenknotenpunkt aufzustellen, schreiben wir

$$M_1 = -\Delta x[K_A(p) + P_A - K_A(bB\eta)],$$

$$M_1 + P_A\Delta x + K_A(p)\Delta x = \frac{bB\Delta x^2}{12}(3{,}5\eta_A + 3{,}0\eta_1 - 0{,}5\eta_2). \quad (\text{IV},32\,\text{d})$$

Wir eliminieren zuerst die Durchbiegung η_A mit Hilfe von Gl. (IV,32b), worauf die beiden übrig bleibenden Durchbiegungen η_1 und η_2 mit Hilfe der aus den Gln. (IV,32a u. b) gewonnenen Hilfsgleichung

$$-M_{m-1}(1 + \delta) + M_m(2 - 10\delta) - M_{m+1}(1 + \delta) - \Delta x\, P_m(1 - \delta) - \Delta x\, K_m(p)$$
$$= -bB\Delta x^2\eta_m$$

eliminiert werden können. Durch Ordnen ergibt sich die gesuchte Bestimmungsgleichung zu

$$
\begin{aligned}
&M_1(9 + 81\,\delta) - M_2(4{,}5 - 18\,\delta) + M_3(1 + \delta) \\
&= \Delta x\,[-3\,K_A(p) + 2{,}5\,K_1(p) - K_2(p) - 3\,P_A + P_1(2{,}5 + 8\,\delta) - P_2(1 - \delta)]
\end{aligned}
$$

$$(\mathrm{IV,33\,a})$$

Zahlenbeispiel

Der Rechnungsgang soll noch an einem Zahlenbeispiel eines symmetrisch belasteten Balkens mit $P_A = P_B = 0{,}5\,P$ nach Abb. IV,20 und für

$$\frac{b\,B\,l^4}{E\,J} = 0{,}10 \cdot 432^2$$

gezeigt werden. Wählen wir $\Delta x = l/12$, so wird

$$\delta = \frac{0{,}10 \cdot 432^2}{144 \cdot 12^4} = 0{,}006\,25.$$

Das Gleichungssystem ist in der folgenden Tabelle zusammengestellt.

	M_1	M_2	M_3	M_4	M_5	M_m	Bel. gl.
1	9,50625	−4,3875	1,00625				−1,50
2	−3,875	6,6375	−3,875	1,00625			—
3	1,00625	−3,875	6,6375	−3,875	1,00625		−0,99375
4		1,00625	−3,875	6,6375	−3,875	1,00625	2,06250
5			1,00625	−3,875	7,64375	−3,875	−0,99375
m				2,0125	−7,750	6,6375	—
							$\times P\,\Delta x$

Die Auflösung liefert die folgenden Werte M:

	M	η_0	η
A	0	0	0,683
1	−0,2593	−0,386	0,297
2	−0,2332	−0,536	0,147
3	−0,0581	−0,466	0,218
4	0,3160	−0,354	0,330
5	−0,0263	−0,415	0,269
m	−0,1265	−0,470	0,214
	$P\,\Delta x$	$\times\dfrac{P\,\Delta x^3}{E\,J}$	$\times\dfrac{P\,\Delta x^3}{E\,J}$

Aus der reduzierten Momentenfläche kann nun die Biegungslinie η_0 als Seilpolygon bestimmt werden; die wirklichen Durchbiegungen η,

$$\eta = \eta_0 + \eta_A\frac{l - x}{l} + \eta_B\frac{x}{l},$$

ergeben sich daraus, daß der Balken unter den Belastungen p, P und $-B\,b\,\eta$ im Gleichgewicht sein muß; sie können auch mit Hilfe der Gln. (IV,32b u. d)

unter Beachtung der Knotenlastberechnung nach Gl. (IV,32c) berechnet werden. Der Verlauf der Kurven M und η ist in Abb. (IV,20) dargestellt.

Wir haben hier konstante Steifigkeit EJ des Balkens angenommen. Eine stetig
veränderliche Steifigkeit läßt sich auf einfache Weise und bei entsprechender
Wahl von kleinen Feldweiten Δx mit guter Genauigkeit dadurch berücksichtigen,
daß in den Gln. (IV,33) im Wert δ ein dem Knotenpunkt m (bzw. 1) entsprechender Mittelwert von EJ eingesetzt wird. Sprunghafte Änderungen der Steifigkeit
können bei der Aufstellung der Grundgleichung, die dann allerdings komplizierter
wird, berücksichtigt werden. In einem solchen Fall wird es angezeigt sein, die
Knotenlasten K_m mit der Trapezformel statt mit der Parabelformel zu berechnen
und entsprechend etwas kleinere Feldweiten (mit feldweise konstanter Steifigkeit)
zu wählen.

5. Die Membrangleichung

a) Die Membrananalogie der Torsion

Die Belastung p einer vollständig biegsamen Membran wird durch die aus der
Krümmung entstehenden Ablenkungskräfte der Membranzugkraft H aufgenommen. Teilen wir die Membran in Streifen in zwei zueinander senkrechten Rich-

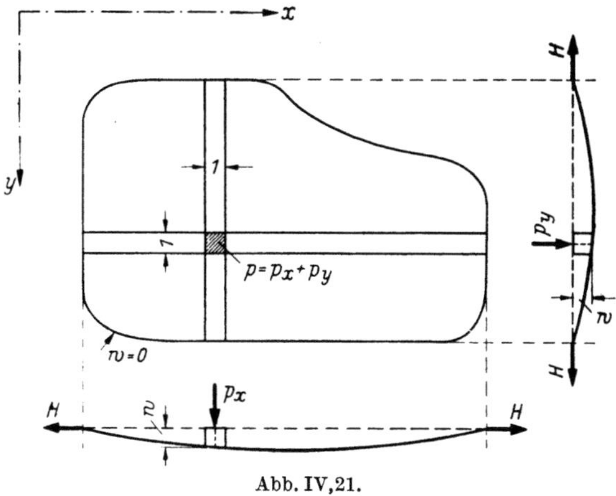

Abb. IV,21.

tungen x und y auf (Abb. IV,21), so gilt für den Streifen in x-Richtung bei als
klein vorausgesetzten Durchbiegungen w

$$H \frac{\partial^2 w}{\partial x^2} = -p_x;$$

analog ist

$$H \frac{\partial^2 w}{\partial y^2} = -p_y.$$

Aus der Gleichgewichtsbedingung

$$p = p_x + p_y$$

folgt die *Membrangleichung*

$$\boxed{\frac{\partial^2 w}{\partial x^2} + \frac{\partial^2 w}{\partial y^2} = -\frac{p}{H}}. \tag{IV,34}$$

Längs des gestützten Randes ist $w = 0$ (Randbedingung). Gl. (IV,34) bedeutet die Formulierung des hier vorliegenden statisch unbestimmten Problems (Aufteilung von p in p_x und p_y bei gleichen Durchbiegungen w an den Kreuzungspunkten) nach der Deformationsmethode.

Eine technisch wichtige Anwendung der Membrangleichung beruht, wie L. PRANDTL[1] gezeigt hat, darauf, daß sie in der Form mit der von DE SAINT-VENANT erstmals aufgestellten Lösung des Torsionsproblems[2] übereinstimmt; die Torsionsgleichung

$$\boxed{\frac{\partial^2 F}{\partial x^2} + \frac{\partial^2 F}{\partial y^2} = -2\,G\,\vartheta = -2\,G\,\varphi'}$$
(IV,35)

bezieht sich auf die Spannungsfunktion F,

$$\frac{\partial F}{\partial y} = \tau_{xz}\,, \qquad \frac{\partial F}{\partial x} = -\tau_{yz}\,.$$
(IV,36a)

Dabei bedeutet $\vartheta = \varphi'$ die Änderung des Verdrehungswinkels φ und G den Schubmodul.

Für Querschnitte mit einem einzigen Rand ist die Analogie eine vollständige: Schneidet man in einer ebenen Platte eine Öffnung von der Form des zu untersuchenden Querschnittes heraus und spannt eine dünne Haut (Seifenhaut, „Seifenhautgleichnis") darüber, so verformt sich diese unter einer kleinen Belastung $p/H = 2\,G\,\varphi'$ zu einer gekrümmten Fläche mit den Ordinaten $w = F$. Bei Hohlquerschnitten bildet der innere Rand die Begrenzung einer zweiten Ebene mit $w = F = \mathrm{konst}$. Wir beschränken uns hier auf die Betrachtung einfach geschlossener Querschnitte.

Das von den Schubspannungen τ aufgenommene Torsionsmoment T entspricht dem doppelten Volumen $V(F)$ des von der ursprünglichen Ebene und der ausgebogenen Haut gebildeten Hügels:

$$T = 2\,V(F) = 2 \int \int^{F} F\,dx\,dy.$$
(IV,36b)

Längs eines Randes muß die resultierende Schubspannung τ_s parallel zum Rand gerichtet sein; $\tau_n = 0$. Damit ist nach Abb. IV,22 für das Flächenelement df

$$\tau_{yz}\,df\cos\alpha + \tau_{xz}\,df\sin\alpha = 0,$$
$$-\tau_{yz}\,df\sin\alpha + \tau_{xz}\,df\cos\alpha = \tau_s\,df$$

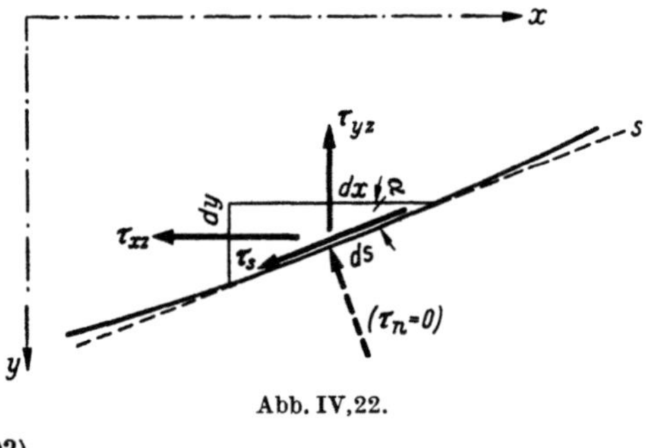

Abb. IV,22.

---

[1] Phys. Z., 4 (1903).

[2] Mém. savants étrangers, vol. 14 (1855); s. a. die Ergänzungen von de Saint-Venant zur 3. Auflage von Naviers „Résumé des leçons ..." Paris 1864.

oder durch die Spannungsfunktion F ausgedrückt

$$- \frac{\partial F}{\partial x} \cos\alpha + \frac{\partial F}{\partial y} \sin\alpha = 0 = \frac{dF}{ds}, \qquad \text{(IV,36c)}$$

$$\frac{\partial F}{\partial x} \sin\alpha + \frac{\partial F}{\partial y} \cos\alpha = \tau_s. \qquad \text{(IV,36d)}$$

Aus Gl. (IV,36c) folgt sofort, daß längs eines Randes der Wert der Spannungsfunktion konstant sein muß; daraus ergibt sich z. B. $F = 0$ für den Rand eines einfachen Querschnitts.

Zur Lösung der Torsionsgleichung (IV,35) bestehen die beiden im folgenden zu besprechenden Möglichkeiten, deren Anwendbarkeit durch die Randbedingungen bestimmt ist.

b) Formelle Lösung

Die formelle Lösung besteht darin, daß wir in der Gl. (IV,35) die Unbekannten

$$\frac{\partial^2 F}{\partial x^2} = F'', \qquad \frac{\partial^2 F}{\partial y^2} = F^{\cdot\cdot}$$

mit Hilfe der Seilpolygongleichung,

$$\frac{\Delta x^2}{12}(F''_{m-1} + 10 F''_m + F''_{m+1}) = F_{m-1} - 2F_m + F_{m+1},$$

$$\frac{\Delta y^2}{12}(F^{\cdot\cdot}_l + 10 F^{\cdot\cdot}_m + F^{\cdot\cdot}_n) = F_l - 2F_m + F_n$$

und mit

$$F'' + F^{\cdot\cdot} = -2G\,\varphi'$$

eliminieren und damit die zu lösende partielle Differentialgleichung in ein System von Bestimmungsgleichungen für die Unbekannte F umsetzen. Die Elimination von F'' und $F^{\cdot\cdot}$ gelingt, wenn wir die beiden Seilpolygongleichungen nach dem in Abb. IV,23 skizzierten Schema anschreiben und addieren. Dabei setzen wir zur Abkürzung

$$\Delta y = \mu\,\Delta x.$$

Für ein quadratisches Netz, $\Delta x = \Delta y$, $\mu = 1$ vereinfacht sich das Gleichungsschema auf die in Abb. IV,24 dargestellte Form.[1]

Dieses Gleichungssystem läßt sich dann lösen, wenn die Randbedingungen durch die gesuchte Spannungsfunktion F ausgedrückt werden können; dies ist bei Rändern parallel zu den Axen x und y mit $F_R = 0$ der Fall.

Dieser Lösungsweg entspricht der Deformationsmethode bei der Berechnung statisch unbestimmter Systeme; die Membrangleichung (IV,34) ist in der For-

---

[1] Der Membranspannungszustand einer Translationsschale ist bestimmt durch eine Differentialgleichung der Form $f(y)\,F'' + f(x)\,F^{\cdot\cdot} = -Z$, die mit einem ähnlichen Gleichungsschema numerisch gelöst werden kann. Vgl. STÜSSI, F., DUBAS, P.: Détermination du régime de membrane dans les voiles minces de translation à l'aide de la méthode du polygone funiculaire, Abh. IVBH Bd. 21, Zürich 1961.

mulierung der Deformationsmethode (Kraftgrößen durch Formänderungen ausgedrückt, Gleichgewichtsbedingungen als Bestimmungsgleichungen) angeschrieben.

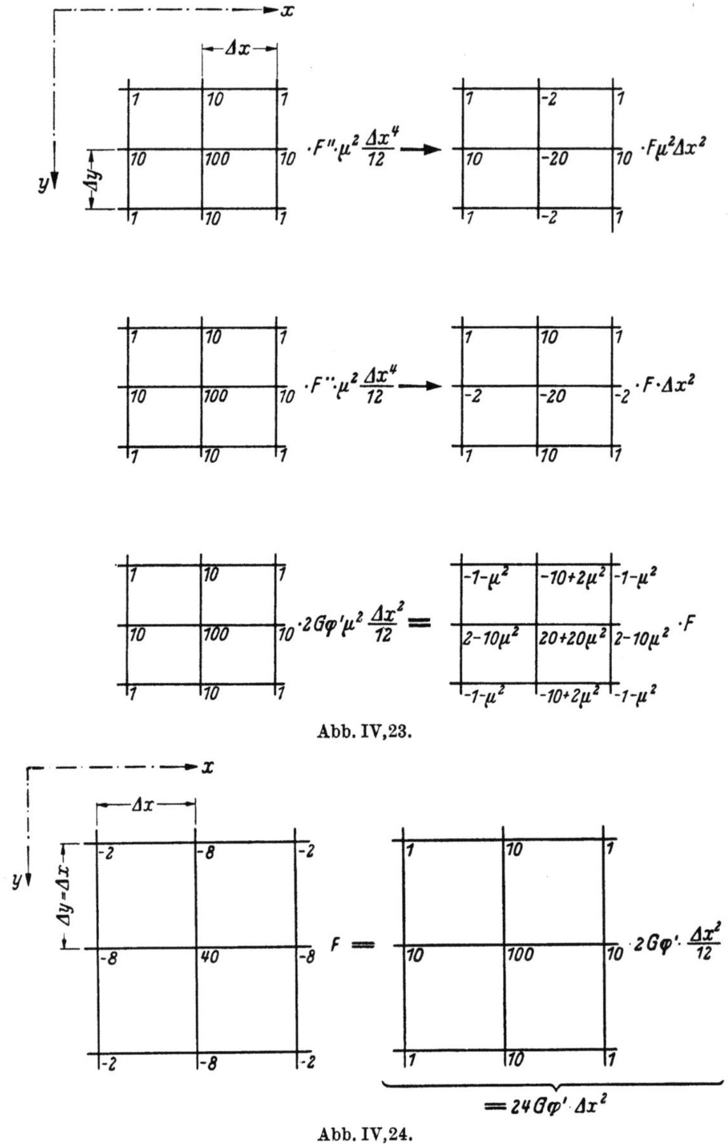

Abb. IV,23.

Abb. IV,24.

Zahlenbeispiel

Wir untersuchen einen quadratischen Querschnitt, wobei die Seitenlänge a in 4 Teile Δx eingeteilt werden soll (Abb. IV,25). Damit wird das Belastungsglied

$$24\,G\,\varphi'\,\Delta x^2 = 24\,G\,\varphi'\,\frac{a^2}{16} = 1{,}50\,G\,a^2\,\varphi'.$$

Wegen der bestehenden Symmetrie brauchen die Unbekannten F nur in den drei Punkten a, b, c bestimmt zu werden; das Gleichungssystem ist in der folgenden

Tabelle zusammengestellt, wobei die letzte Gleichung durch 4 dividiert wurde, um Symmetrie der Vorzahlen bezüglich der Hauptdiagonale zu erhalten. Die Lösungen F, die sich am einfachsten mit Hilfe des Gaußschen Algorithmus ergeben, sind in der letzten Zeile der Tabelle enthalten.

Gl. Nr.	F_a	F_b	F_c	Bel. gl.
a	40	-16	-2	1,500
b	-16	36	-8	1,500
c	-2	-8	10	0,375
$F =$	0,09079	0,11480	0,14750	$\times G\, a^2\, \varphi'$

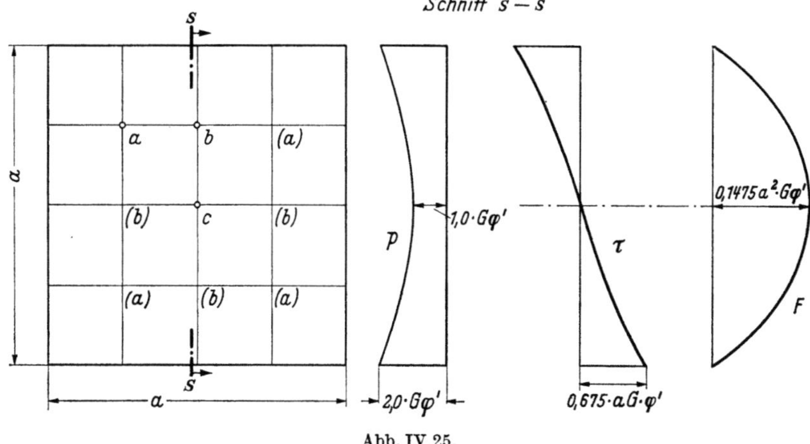

Abb. IV,25.

Das Torsionsmoment T ergibt sich durch zweimalige Anwendung der Simpsonschen Regel zu

$$T = 2\,V(F) = 2\,\frac{a^2}{144}\,(64 F_a + 32 F_b + 4 F_c) = 0{,}13992\, G\, a^4\, \varphi';$$

mit

$$J_d = 0{,}1399\, a^4 \quad \text{(Verdrehungsträgheitsmoment)},$$

$$C = G\, J_d \quad \text{(Torsionssteifigkeit)}$$

läßt sich dieses Ergebnis in der Normalform

$$T = C\, \varphi'$$

schreiben. Trotz der groben Teilung weicht der Wert von J_d nur um 0,48 % vom genauen Wert $J_d = 0{,}14059\, a^4$ ab. Bei einer Einteilung in 6×6 Maschen sinkt mit $J_d = 0{,}14042\, a^4$ der Fehler auf 0,12 %.

Um die Schubspannungen τ, d.h. die Ableitungen F' bzw. $F^{\cdot}$ zu berechnen, benötigen wir die zweiten Ableitungen $F'' = -p_x$, $F^{\cdot\cdot} = -p_y$, wobei $p_x + p_y = 2\,G\,\varphi'$. Für einen Rand parallel zur x-Axe ist $p_x = 0$, $p_y = 2\,G\,\varphi'$; in den Diagonalpunkten a und c ist aus Symmetriegründen $p_x = p_y = G\,\varphi'$. Es ist somit nur p_b zu bestimmen, wofür uns die Seilpolygongleichung

$$0 + 2 F_b - F_c = \frac{\varDelta x^2}{12}\,(2{,}0 + 10\, p_b + 1{,}0)\, G\,\varphi'$$

16*

den Wert $p_b = 1{,}2763 \cdot G \varphi'$ liefert; die größte Schubspannung $\tau_{\max}$ in Randmitte ergibt sich damit zu

$$\tau_{\max} = F'_R = \frac{F_b}{\Delta x} + \frac{\Delta x}{12}\,(3{,}5\,p_R + 3{,}0\,p_b - 0{,}5\,p_c) = \left(4 \cdot 0{,}1148 + \frac{10{,}329}{48}\right) a\,G\,\varphi'.$$

$$\tau_{\max} = 0{,}6744\,a\,G\,\varphi'$$

mit einem Fehler von 0,13% gegenüber dem genauen Wert von $0{,}6753 \cdot a\,G\,\varphi'$.
Die Rechnungsergebnisse sind in Abb. IV,25 veranschaulicht.

c) Kraftmethode

Bei beliebig geformtem Querschnittsrand ist die formelle Lösung nach der Deformationsmethode nicht mehr anwendbar, weil sich hier die Randbedingungen nicht mehr im Rahmen des Gleichungssystems formulieren lassen. Dagegen kann das Problem hier so gelöst werden, wie es in der normalen Baustatik bei statisch unbestimmten Problemen mit der Kraftmethode üblich ist; wir bestimmen hier die eigentlichen statisch unbestimmten Größen $p_x = -F''$, $p_y = -F^{\cdot\cdot} = p - p_x$ aus der Elastizitätsbedingung gleicher Werte F (gleiche Membrandurchbiegungen) in den Kreuzungspunkten. Aus den Belastungen p ergeben sich dann die Schubspannungen τ wie die Querkräfte und die Spannungsfunktion wie die Momente eines einfachen Balkens. Für die Belastungen p in Randpunkten liefert Gl. (IV,36c) die notwendigen *Elastizitätsbedingungen*. Der Rechnungsgang sei nachstehend am Beispiel eines rechtwinkligen gleichschenkligen Dreiecks dargestellt (Abb. IV,26).

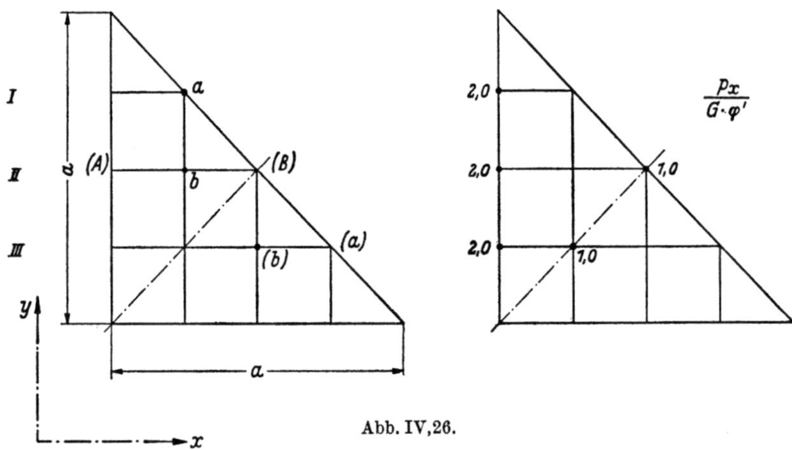

Abb. IV,26.

Zahlenbeispiel

Unbekannt ist bei einer Einteilung der Kathete in 4 Teile Δx nur die Belastungsverteilung in den beiden Punkten a und b, da sie in den Kathetenpunkten und auf der Symmetrieachse ($p_x = p_y$) gegeben ist.

Für den Kreuzungspunkt b kann die Bedingung $F_x = F_y$ aufgestellt werden, während für den Randpunkt a wegen $\alpha = 45°$, $\sin\alpha = \cos\alpha$ die Gl. (IV,36c) die Bedingung

$$\left(\frac{\partial F}{\partial x}\right)_a = \left(\frac{\partial F}{\partial y}\right)_a$$

liefert.

Es müssen somit für die einzelnen Streifen die Werte F' und F aus der bekannten Belastung p_0 sowie für die gesuchten Belastungen p_a und p_b berechnet werden. Diese Berechnung ist als Beispiel für den Streifen II in x-Richtung durchgeführt.

	p_0	K	F_0'	F_0	p_b	K	F_b'	F_b
A	2,0	6,5	(8,0)	0	—	3,0	(8,0)	0
			1,5				5,0	
b	—	3,0		1,5	1,0	10,0		5,0
			−1,5				−5,0	
B	1,0	2,5		0	—	3,0		0
			(−4,0)				(−8,0)	
		$\times \dfrac{\Delta x}{12}$	$\times \dfrac{\Delta x}{12}$	$\times \dfrac{\Delta x^2}{12}$		$\times \dfrac{\Delta x}{12}$	$\times \dfrac{\Delta x}{12}$	$\times \dfrac{\Delta x^2}{12}$

Beim Streifen I ist die Belastung p_x linear anzunehmen, da bei der gewählten Teilung kein Zwischenknotenpunkt vorliegt. Beim Streifen III ist zu beachten, daß in den Punkten (a) und (b) die Belastungen

$$p_{(a)} = 2{,}0\,G\,\varphi' - p_a, \qquad p_{(b)} = 2{,}0\,G\,\varphi' - p_b$$

wirken. Die beiden Bestimmungsgleichungen lauten

Punkt a: $\quad 4{,}0 + 4{,}0\,\dfrac{p_a}{G\,\varphi'} = 4{,}1667 + 10{,}0\left(2 - \dfrac{p_b}{G\,\varphi'}\right) + 4{,}1667\left(2 - \dfrac{p_a}{G\,\varphi'}\right),$

Punkt b: $\quad 1{,}5 + 5{,}0\,\dfrac{p_b}{G\,\varphi'} = 4{,}6667 + 7{,}0\left(2 - \dfrac{p_b}{G\,\varphi'}\right) + 0{,}6667\left(2 - \dfrac{p_a}{G\,\varphi'}\right)$

oder geordnet

$$8{,}1667\,p_a + 10{,}00\,p_b = 28{,}500\,G\,\varphi',$$
$$0{,}6667\,p_a + 12{,}0\,p_b = 18{,}500\,G\,\varphi',$$

woraus sich die Lösungen

$$p_a = 1{,}7190\,G\,\varphi', \qquad p_b = 1{,}4462\,G\,\varphi'$$

ergeben. Damit können nun die Werte $F'\,(= \tau)$ und F in elementarer Weise berechnet werden; als Beispiel ist die Berechnung für Streifen II angegeben.

	p	K	Q	F	F	τ
A	2,0	10,839	(19,570)	0	0	0,4077
			8,731			
b	1,4462	17,462		8,731	0,04547	
			− 8,731			
B	1,00	6,839		0	0	−0,3244
			(−15,570)			
	$\times G\,\varphi'$	$\times G\,\varphi'\dfrac{\Delta x}{12}$		$\times G\,\varphi'\dfrac{\Delta x^2}{12}$	$\times G\,\varphi'\,a^2$	$\times G\,\varphi'\,a$

Mit der Simpsonschen Regel ergibt sich

$$T = 0{,}02559\,a^4\,G\,\varphi',$$

während die größte Schubspannung $\tau_{\max}$ in der Mitte der Hypothenuse

$$\tau_{\max} = 2 \cdot 0{,}3244\, G\, a\, \varphi' \, \frac{1}{\sqrt{2}} = 0{,}4588\, G\, a\, \varphi'$$

beträgt.

Hätten wir die Kathete in 6 Teile Δx eingeteilt, so wären 6 unbekannte Belastungen p zu berechnen gewesen; es hätte sich dann ergeben

$$T = 0{,}02600\, a^4\, G\, \varphi',$$
$$\tau_{\max} = 0{,}4590\, G\, a\, \varphi'.$$

In Abb. IV,27 ist der Verlauf der Spannungsfunktion F durch Höhenkurven (= Richtung der resultierenden Schubspannungen) und der Schubspannungen τ längs der Ränder und im Symmetrieschnitt dargestellt.

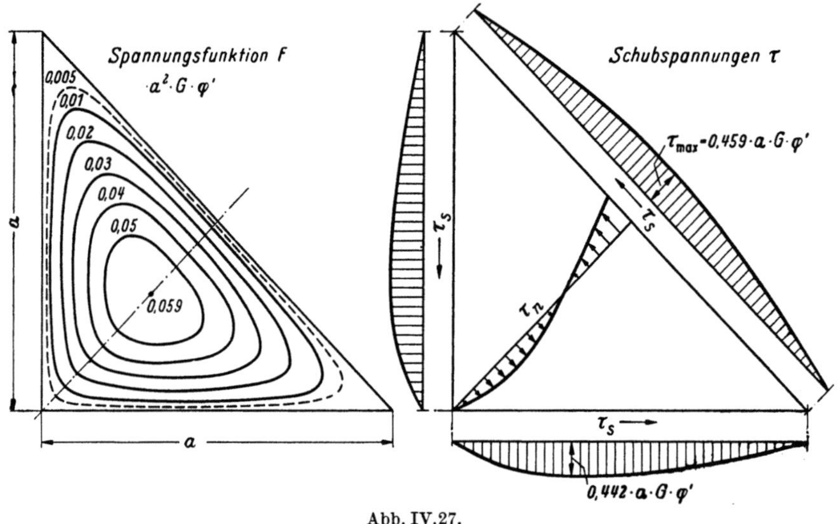

Abb. IV,27.

6. Scheiben und Platten

Scheiben und Platten gehorchen einer gleich gebauten Differentialgleichung, deren numerische Lösung nachstehend entwickelt werden soll. Zunächst seien jedoch die aus der Elastizitätstheorie[1] bekannten Scheiben- und Plattengleichungen zusammenfassend wiedergegeben.

a) Scheibengleichungen

Die Berechnung ebener Scheiben (ebener Spannungszustand) stützt sich auf drei Gruppen von Aussagen: Die Gleichgewichtsbedingungen an einem Scheibenelement (statische Aussagen), die Formänderungsbeziehungen am Scheibenelement (geometrische Aussagen) und die als Hookesches Gesetz bekannten Zusammenhänge zwischen Spannungen und spezifischen Formänderungen, die die beiden Gruppen miteinander verbinden.

---

[1] Siehe z. B. TIMOSHENKO, S., GOODIER, J. N.: Theory of Elasticity, New York 1951, und TIMOSHENKO, S., WOINOWSKY-KRIEGER, S.: Theory of Plates and Shells, New York 1959.

Gleichgewicht

Zwischen den an einem Scheibenelement $dx\,dy$ mit der konstant angenommenen Scheibenstärke $h = 1$ wirkenden Spannungen $\sigma_x, \sigma_y, \tau_{xy}$ und den in der Form spezifischer Gewichte eingeführten inneren Scheibenbelastungen p_x, p_y

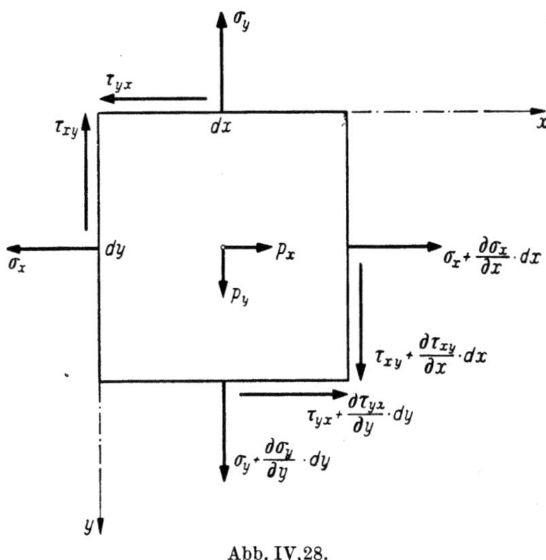

Abb. IV,28.

(Eigengewicht, Massenkräfte usw.) können mit den drei Gleichgewichtsbedingungen der Ebene die folgenden Beziehungen aufgestellt werden (Abb. IV,28):

Aus $\sum X = 0$

$$\left(\sigma_x + \frac{\partial \sigma_x}{\partial x} dx\right) dy - \sigma_x\, dy + \left(\tau_{yx} + \frac{\partial \tau_{yx}}{\partial y} dy\right) dx - \tau_{yx}\, dx + p_x\, dx\, dy = 0$$

folgt

$$\boxed{\frac{\partial \sigma_x}{\partial x} + \frac{\partial \tau_{yx}}{\partial y} + p_x = 0}\,. \tag{IV,37a}$$

Analog ergibt sich aus $\sum Y = 0$

$$\boxed{\frac{\partial \sigma_y}{\partial y} + \frac{\partial \tau_{xy}}{\partial x} + p_y = 0}\,. \tag{IV,37b}$$

Endlich folgt aus einer Momentengleichgewichtsbedingung die Gleichheit zugeordneter Schubspannungen

$$\boxed{\tau_{xy} = \tau_{yx}}\,. \tag{IV,37c}$$

Formänderungen

Aus der Formänderung eines Scheibenelementes (Abb. IV,29) lassen sich die Beziehungen zwischen den Verschiebungen ξ, η und den spezifischen Formänderungen $\varepsilon_x, \varepsilon_y$ und γ_{xy} ablesen.

Die spezifischen Dehnungen betragen

$$\varepsilon_x = \frac{\partial \xi}{\partial x}, \tag{IV,38a}$$

$$\varepsilon_y = \frac{\partial \eta}{\partial y}, \tag{IV,38b}$$

während sich für die Winkeländerung γ_{xy} der Wert

$$\gamma_{xy} = \frac{\partial \xi}{\partial y} + \frac{\partial \eta}{\partial x} \tag{IV,38c}$$

ergibt.

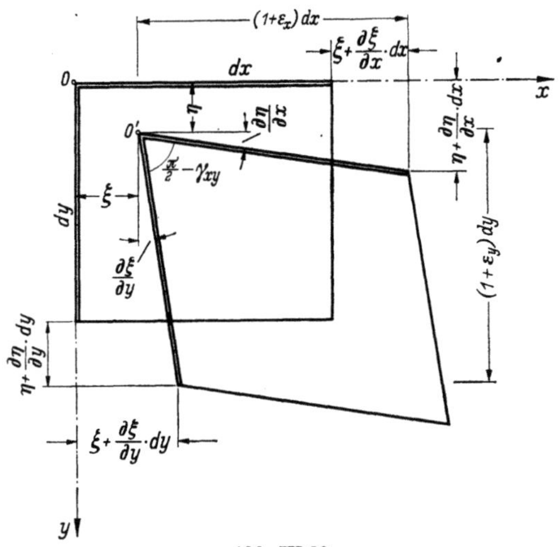

Abb. IV,29.

Das Hookesche Gesetz

Das Hookesche Gesetz lautet in seiner auf den ebenen Spannungszustand orientierten Form für einen isotropen Baustoff mit dem Elastizitätsmodul E und der Querdehnungszahl ν (auf den wir uns hier beschränken)

$$\varepsilon_x = \frac{1}{E}\left(\sigma_x - \nu\,\sigma_y\right) + \alpha_T\, T, \tag{IV,39a}$$

$$\varepsilon_y = \frac{1}{E}\left(\sigma_y - \nu\,\sigma_x\right) + \alpha_T\, T, \tag{IV,39b}$$

$$\gamma_{xy} = \frac{1}{G}\,\tau_{xy} = \frac{2\,(1+\nu)}{E}\,\tau_{xy}. \tag{IV,39c}$$

Dabei ist auch eine Temperaturänderung T mit der linearen Wärmeausdehnungszahl α_T berücksichtigt.

Die Verträglichkeitsbedingung

Aus den Formänderungsgleichungen (IV,38) ergeben sich durch Differentiation die Beziehungen

$$\frac{\partial^2 \varepsilon_x}{\partial y^2} = \frac{\partial^3 \xi}{\partial x \, \partial y^2}, \quad \frac{\partial^2 \varepsilon_y}{\partial x^2} = \frac{\partial^3 \eta}{\partial x^2 \, \partial y}, \quad \frac{\partial^2 \gamma_{xy}}{\partial x \, \partial y} = \frac{\partial^3 \xi}{\partial x \, \partial y^2} + \frac{\partial^3 \eta}{\partial x^2 \, \partial y},$$

die auf die *Verträglichkeitsbedingung der Scheibentheorie*

$$\boxed{\frac{\partial^2 \varepsilon_x}{\partial y^2} + \frac{\partial^2 \varepsilon_y}{\partial x^2} = \frac{\partial^2 \gamma_{xy}}{\partial x \, \partial y}} \qquad \text{(IV,40)}$$

führen.

Diese Verträglichkeitsbedingung ersetzt die Elastizitätsbedingung vom Ebenbleiben der Querschnitte nach der Hypothese von BERNOULLI-NAVIER der elementaren Biegungslehre, die ja für den schlanken, in der x-y-Ebene belasteten Stab mit

$$\frac{\partial^2 \varepsilon_y}{\partial x^2} = 0, \quad \frac{\partial^2 \gamma_{xy}}{\partial x \, \partial y} = 0$$

auch in Gl. (IV,40) enthalten ist:

$$\frac{\partial^2 \varepsilon_x}{\partial y^2} = 0, \quad \varepsilon_x = a + b\,y.$$

Setzen wir die spezifischen Formänderungen nach dem Hookeschen Gesetz in die Verträglichkeitsbedingung ein, so folgt

$$\boxed{\frac{\partial^2}{\partial y^2}\left(\sigma_x - \nu\,\sigma_y + E\,\alpha_T\,T\right) + \frac{\partial^2}{\partial x^2}\left(\sigma_y - \nu\,\sigma_x + E\,\alpha_T\,T\right) = 2(1 + \nu)\frac{\partial^2 \tau_{xy}}{\partial x \, \partial y}}.$$

$$\text{(IV,41)}$$

Diese Grundgleichung der Scheibentheorie läßt sich nicht lösen, weil sie alle drei Unbekannten σ_x, σ_y und τ_{xy} des Problems enthält. Für eine Lösung stehen zwei Möglichkeiten zur Verfügung: entweder werden zwei der drei Unbekannten mit Hilfe der Gleichgewichtsbedingungen (IV,37) eliminiert oder wir führen eine neue Unbekannte (Airysche Spannungsfunktion) ein, von der die Spannungen σ_x, σ_y, τ_{xy} eindeutig und unter Erfüllung der Gleichgewichtsbedingungen abhängen. Dabei können wir uns hier, mit Rücksicht auf die in der Stahlbaustatik vorkommenden Anwendungen, auf den Fall konstanter Scheibenbelastungen p_x und p_y,

$$\frac{\partial p_x}{\partial x} = \frac{\partial p_y}{\partial y} = \frac{\partial p_x}{\partial y} = \frac{\partial p_y}{\partial x} = 0,$$

beschränken.

Elimination von σ_y und τ_{xy}

Unter dieser Einschränkung liefern uns die Gleichgewichtsbedingungen (IV,37)

$$\frac{\partial^2 \tau_{xy}}{\partial x \, \partial y} = -\frac{\partial^2 \sigma_x}{\partial x^2} = -\frac{\partial^2 \sigma_y}{\partial y^2}, \quad \frac{\partial^2 \sigma_y}{\partial y^2} = \frac{\partial^2 \sigma_x}{\partial x^2}.$$

Um auch den Wert $\partial^2 \sigma_y / \partial x^2$ eliminieren zu können, müssen wir die Gl. (IV,41) noch zweimal nach y ableiten; damit finden wir durch Einsetzen

$$\frac{\partial^4 \sigma_x}{\partial x^4} + 2\,\frac{\partial^4 \sigma_x}{\partial x^2\,\partial y^2} + \frac{\partial^4 \sigma_x}{\partial y^4} = -E\,\alpha_T\left(\frac{\partial^4 T}{\partial x^2\,\partial y^2} + \frac{\partial^4 T}{\partial y^4}\right). \qquad (IV,42)$$

Analoge Gleichungen könnten auch für die Unbekannten σ_y und τ_{xy} aufgestellt werden. Diese erste Form der Scheibengleichung ist jedoch wenig gebräuchlich, so daß wir sie nicht weiter verfolgen.

Einführung der Spannungsfunktion F

Die Airysche Spannungsfunktion F, die wir als neue Unbekannte zur Elimination der Spannungswerte $\sigma_x, \sigma_y, \tau_{xy}$ einführen, ist definiert durch die Beziehungen

$$\sigma_x = \frac{\partial^2 F}{\partial y^2}\,, \qquad \sigma_y = \frac{\partial^2 F}{\partial x^2}\,, \qquad \tau_{xy} = -\frac{\partial^2 F}{\partial x\,\partial y} - p_x y - p_y x\,. \qquad (IV,43)$$

Wie sich leicht durch Einsetzen nachweisen läßt, sind die Gleichgewichtsbedingungen (IV,37) durch diese Ansätze identisch erfüllt. Setzen wir nun für den vorausgesetzten Fall konstanter Scheibenbelastungen p_x und p_y die Werte

$$\frac{\partial^2 \sigma_x}{\partial y^2} = \frac{\partial^4 F}{\partial y^4}\,, \qquad \frac{\partial^2 \sigma_x}{\partial x^2} = \frac{\partial^4 F}{\partial x^2\,\partial y^2}\,, \qquad \frac{\partial^2 \sigma_y}{\partial x^2} = \frac{\partial^4 F}{\partial x^4}\,,$$

$$\frac{\partial^2 \sigma_y}{\partial y^2} = \frac{\partial^4 F}{\partial x^2\,\partial y^2}\,, \qquad \frac{\partial^2 \tau_{xy}}{\partial x\,\partial y} = -\frac{\partial^4 F}{\partial x^2\,\partial y^2}$$

in Gl. (IV,41) ein, so erhalten wir die *Grundgleichung der Scheibentheorie* in der üblichen Form

$$\frac{\partial^4 F}{\partial x^4} + 2\,\frac{\partial^4 F}{\partial x^2\,\partial y^2} + \frac{\partial^4 F}{\partial y^4} = -E\,\alpha_T\left(\frac{\partial^2 T}{\partial x^2} + \frac{\partial^2 T}{\partial y^2}\right). \qquad (IV,44)$$

Ist die Spannungsfunktion F bekannt, so ergeben sich die Spannungswerte aus den Definitionsgleichungen (IV,43).

Die Randbedingungen

Die Randbedingungen der Scheibentheorie sind gegeben durch die äußeren Belastungen der Scheibenränder, die selbstverständlich unter sich im Gleichgewicht sein müssen.

Ist ein Scheibenrand parallel zur x-Axe durch äußere *Normalspannungen* σ_y belastet (Abb. IV,30), so ist nach Definition

$$\sigma_y = \frac{\partial^2 F}{\partial x^2}\,;$$

die Spannungsfunktion $F(x)$ längs des belasteten Randes ist ein Seilpolygon zur Belastung σ_y. Dabei ist die Lage der Schlußlinie entsprechend der Problemstellung unwesentlich; sie kann für zwei Ränder frei gewählt werden, wobei sich die zwei Schlußlinien schneiden müssen. Da nur die zweiten Ableitungen von F eine physikalische Bedeutung haben, ist F nur bis zu einer Ebene $A + Bx + Cy$ bestimmt.

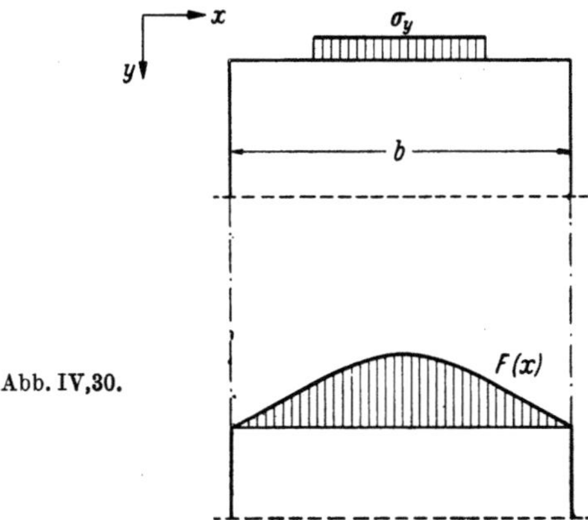

Abb. IV,30.

Wirken dagegen *Schubspannungen* τ_{xy} auf einen Scheibenrand parallel zur x-Axe, so ist

$$\int \tau_{xy}\, dx = -\int \frac{\partial^2 F}{\partial x\, \partial y}\, dx + C = -\frac{\partial F}{\partial y} + C;$$

die Neigung der Spannungsfunktion F normal zum auf Schub beanspruchten Rand entspricht der resultierenden Schubkraft. Ist insbesondere $\tau_{xy} = 0$, was dem Normalfall entspricht, so ist die Neigung der Spannungsfunktion normal zum schubspannungsfreien Rand konstant.

Damit kann man sich den allgemeinen Verlauf der Spannungsfunktion F leicht veranschaulichen: für eine nach Abb. IV,31 belastete rechteckige Scheibe ent-

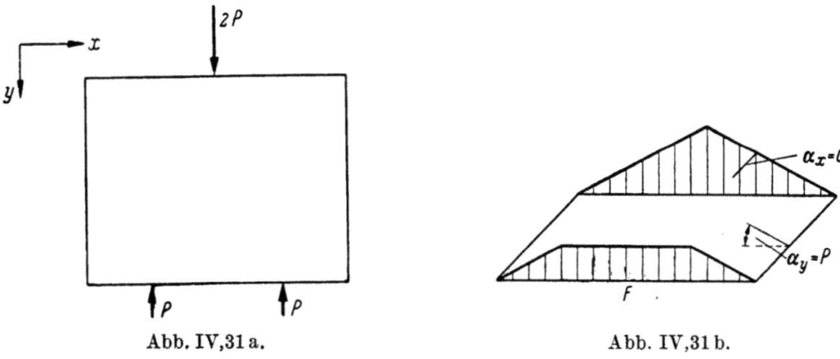

Abb. IV,31a.   Abb. IV,31b.

spricht die Spannungsfunktion den Ordinaten einer Haut, die über die beiden Seilpolygone der Längsränder mit den Randneigungen $\alpha_x = 0$, $\alpha_y = P$ gespannt ist.

b) Plattengleichungen

Wir betrachten zuerst ein Element der Länge dx eines Plattenstreifens parallel zur x-Axe mit der Breite dy; diesem Streifen weisen wir den Belastungsanteil p_1 zu (Abb. IV,32). Auf die Stirnseiten des Elementes wirken Biegungsmomente M_x, auf die Längsseiten Torsions- oder Drillungsmomente M_{xy}.

Eine Komponentengleichgewichtsbedingung liefert

$$\frac{\partial Q_x}{\partial x} = -p_1,$$

während eine Momentengleichgewichtsbedingung die Beziehung

$$\frac{\partial M_x}{\partial x} + \frac{\partial M_{xy}}{\partial y} = Q_x$$

ergibt. Eliminieren wir Q_x, so wird

$$\boxed{\frac{\partial^2 M_x}{\partial x^2} + \frac{\partial^2 M_{xy}}{\partial x\,\partial y} = -p_1}\,. \qquad\qquad \text{(IV,45a)}$$

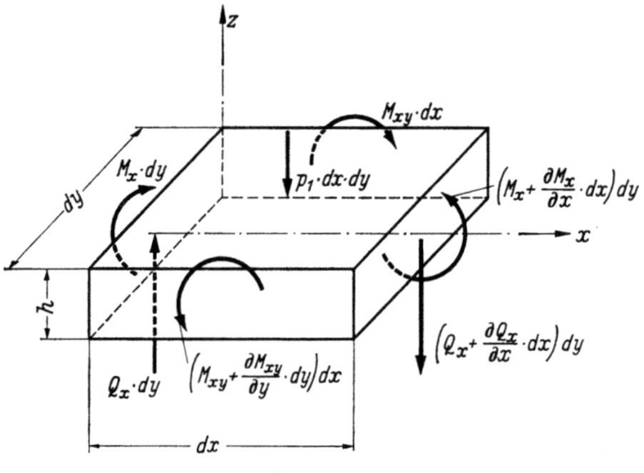

Abb. IV,32.

Analog würde eine Gleichgewichtsbetrachtung an einem zur y-Axe parallelen Plattenstreifen mit dem Belastungsanteil p_2 ergeben

$$\boxed{\frac{\partial^2 M_y}{\partial y^2} + \frac{\partial^2 M_{yx}}{\partial x\,\partial y} = -p_2}\,. \qquad\qquad \text{(IV,45b)}$$

Anderseits ist mit den üblichen Voraussetzungen der Theorie dünner Platten, die in bezug auf die Spannungsverteilung den Voraussetzungen der Berechnung von schlanken Balken entsprechen, für linear über die Plattenstärke verlaufende Spannungen und wenn wir die Randspannungen an den Plattenoberflächen mit σ_x, σ_y und $\tau_{xy} = \tau_{yx}$ bezeichnen

$$M_x = -\sigma_x\frac{1\,h^2}{6}, \quad M_y = -\sigma_y\frac{1\,h^2}{6}, \quad M_{xy} = M_{yx} = -\tau_{xy}\frac{1\,h^2}{6}\,.$$

Aus $p_1 + p_2 = p$ ergibt sich nun

$$\boxed{\frac{\partial^2 M_x}{\partial x^2} + 2\frac{\partial^2 M_{xy}}{\partial x\,\partial y} + \frac{\partial^2 M_y}{\partial y^2} = -p} \qquad\qquad \text{(IV,45c)}$$

oder auch

$$\frac{1}{6}h^2\left(\frac{\partial^2\sigma_x}{\partial x^2}+2\frac{\partial^2\tau_{xy}}{\partial x\,\partial y}+\frac{\partial^2\sigma_y}{\partial y^2}\right)=p\,.$$

(IV,45 d)

Diese Gleichungen enthalten beide je drei Unbekannte; ihre Lösung ist dadurch zu suchen, daß die drei Unbekannten durch eine einzige ausgedrückt werden. Es zeigt sich, daß es am bequemsten ist, als neue Unbekannte die Plattendurchbiegungen w einzuführen; nach Abb. IV,33 ist

$$\xi=\frac{h}{2}\frac{\partial w}{\partial x}$$

und analog

$$\eta=\frac{h}{2}\frac{\partial w}{\partial y}\,.$$

Nun gelten aber für die Plattenoberfläche ebenfalls die Gln. (IV,38) der ebenen Scheibe, und es ist

$$\varepsilon_x=\frac{\partial\xi}{\partial x}=\frac{h}{2}\frac{\partial^2 w}{\partial x^2}\,,\quad \varepsilon_y=\frac{\partial\eta}{\partial y}=\frac{h}{2}\frac{\partial^2 w}{\partial y^2}\,,$$

$$\gamma_{xy}=\frac{\partial\xi}{\partial y}+\frac{\partial\eta}{\partial x}=2\frac{h}{2}\frac{\partial^2 w}{\partial x\,\partial y}\,.$$

Mit Hilfe des Hookeschen Gesetzes können wir nun die unbekannten Spannungen σ_x, σ_y und τ_{xy} durch diese spezifischen Formänderungen ausdrücken und

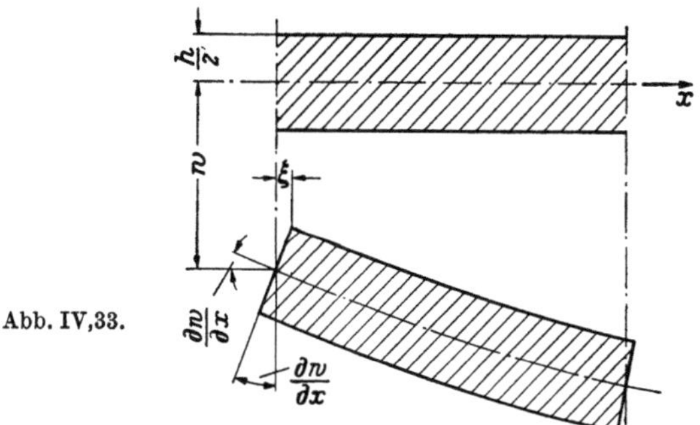

Abb. IV,33.

in die Gleichgewichtsbedingung (IV,45 d) einsetzen. Um die Plattengleichung in etwas allgemeinerer Form, nämlich für die orthogonal-anisotrope oder *orthotrope Platte* zu erhalten, gehen wir dabei vom auf einen orthogonal-anisotropen Baustoff erweiterten Hookeschen Gesetz aus,

$$\varepsilon_x=\frac{\sigma_x}{E_x}-\frac{\sigma_y}{E_{xy}}\,,\quad \varepsilon_y=\frac{\sigma_y}{E_y}-\frac{\sigma_x}{E_{yx}}\,,\quad \gamma_{xy}=\frac{\tau_{xy}}{G_{xy}}\,,$$

aus dem wir mit

$$E_{xy}=E_{yx}\,,\quad \text{und}\quad \frac{E_x}{E_{xy}}=v_x\,,\quad \frac{E_y}{E_{xy}}=v_y$$

die Spannungen zu

$$\sigma_x = \frac{1}{1 - v_x v_y} E_x (\varepsilon_x + v_y \varepsilon_y) = \frac{1}{1 - v_x v_y} E_x \frac{h}{2} \left(\frac{\partial^2 w}{\partial x^2} + v_y \frac{\partial^2 w}{\partial y^2} \right),$$

$$\sigma_y = \frac{1}{1 - v_x v_y} E_y (\varepsilon_y + v_x \varepsilon_x) = \frac{1}{1 - v_x v_y} E_y \frac{h}{2} \left(\frac{\partial^2 w}{\partial y^2} + v_x \frac{\partial^2 w}{\partial x^2} \right),$$

$$\tau_{xy} = G_{xy} \gamma_{xy} = G_{xy} \cdot 2 \frac{h}{2} \frac{\partial^2 w}{\partial x \, \delta y}$$

finden.

Führen wir noch die Biegungssteifigkeiten D und die Verdrehungssteifigkeit C je für einen Plattenstreifen der Breite 1 mit

$$D_x = \frac{E_x h^3}{12(1 - v_x v_y)}, \qquad D_y = \frac{E_y h^3}{12(1 - v_x v_y)}, \qquad C = \frac{G_{xy} h^3}{12}$$

ein, so erhalten wir aus Gl. (IV,45d)

$$\boxed{D_x \frac{\partial^4 w}{\partial x^4} + 2 D_{xy} \frac{\partial^4 w}{\partial x^2 \partial y^2} + D_y \frac{\partial^4 w}{\partial y^4} = p} \, , \tag{IV,46}$$

wobei

$$2 D_{xy} = 4C + v_y D_x + v_x D_y$$

bedeutet.

Gl. (IV,46) ist die Grundgleichung der Theorie der orthotropen Platte[1]; ist diese gelöst, so ergeben sich die Schnittgrößen der Platte (entsprechend Abb. IV,32 für eine Plattenbreite gleich der Längeneinheit gerechnet) zu

$$\left.\begin{array}{l}
M_x = -D_x \left(\dfrac{\partial^2 w}{\partial x^2} + v_y \dfrac{\partial^2 w}{\partial y^2} \right), \qquad M_y = -D_y \left(\dfrac{\partial^2 w}{\partial y^2} + v_x \dfrac{\partial^2 w}{\partial x^2} \right), \\[2ex]
M_{xy} = M_{yx} = -2C \dfrac{\partial^2 w}{\partial x \, \partial y}, \\[2ex]
Q_x = -D_x \dfrac{\partial^3 w}{\partial x^3} - (2C + v_y D_x) \dfrac{\partial^3 w}{\partial x \, \partial y^2}, \\[2ex]
Q_y = -D_y \dfrac{\partial^3 w}{\partial y^3} - (2C + v_x D_y) \dfrac{\partial^3 w}{\partial x^2 \, \partial y}.
\end{array}\right\} \tag{IV,47}$$

Für *isotrope Platten* ist

$$E_x = E_y = E, \qquad v_x = v_y = v, \qquad G = \frac{E}{2(1 + v)},$$

$$D_x = D_y = D = \frac{E h^3}{12(1 - v^2)}, \qquad C = D \frac{1 - v}{2}, \qquad D_{xy} = D$$

und die Grundgleichung (IV,46) vereinfacht sich auf

$$\boxed{\frac{\partial^4 w}{\partial x^4} + 2 \frac{\partial^4 w}{\partial x^2 \partial y^2} + \frac{\partial^4 w}{\partial y^4} = \frac{p}{D}} \, . \tag{IV,46a}$$

Diese Gleichung ist erstmals 1811 von LAGRANGE aufgestellt und gelöst worden.

---

[1] Die orthotrope Platte wurde zuerst von J. BOUSSINESQ (Journal de Math. 3me série, vol. 5, 1879) und später von M. T. HUBER (s. z. B. Probleme der Statik technisch wichtiger orthotroper Platten, Gastvorlesungen an der ETH, Warschau 1929) untersucht.

Für die Schnittgrößen ergeben sich entsprechend die folgenden Werte:

$$\left.\begin{aligned}
M_x &= -D\left(\frac{\partial^2 w}{\partial x^2} + \nu\,\frac{\partial^2 w}{\partial y^2}\right), \quad M_y = -D\left(\frac{\partial^2 w}{\partial y^2} + \nu\,\frac{\partial^2 w}{\partial x^2}\right), \\[2mm]
M_{xy} &= -D(1-\nu)\,\frac{\partial^2 w}{\partial x\,\partial y}, \\[2mm]
Q_x &= -D\left(\frac{\partial^3 w}{\partial x^3} + \frac{\partial^3 w}{\partial x\,\partial y^2}\right), \quad Q_y = -D\left(\frac{\partial^3 w}{\partial x^2\,\partial y} + \frac{\partial^3 w}{\partial y^3}\right).
\end{aligned}\right\} \quad \text{(IV,47a)}$$

Die *Randbedingungen* sind ebenfalls durch die unbekannten Durchbiegungen auszudrücken. Ist beispielsweise ein parallel zur y-Axe liegender Rand $x = a$ starr eingespannt, so ist

$$(w)_{x=a} = 0, \quad \left(\frac{\partial w}{\partial x}\right)_{x=a} = 0.$$

Ist ein solcher Rand dagegen frei drehbar gelagert, so ist

$$(w)_{x=a} = 0, \quad (M_x)_{x=a} = -D\left(\frac{\partial^2 w}{\partial x^2} + \nu\,\frac{\partial^2 w}{\partial y^2}\right)_{x=a} = 0, \quad \text{bzw.} \quad \left(\frac{\partial^2 w}{\partial x^2}\right)_{x=a} = 0.$$

Für einen freien, d. h. ungestützten Rand müssen sowohl das Moment M_x wie die Auflagerreaktion V_x,

$$V_x = Q_x + \frac{\partial M_{xy}}{\partial y},$$

verschwinden; es ist somit

$$\left(\frac{\partial^2 w}{\partial x^2} + \nu\,\frac{\partial^2 w}{\partial y^2}\right)_{x=a} = 0, \quad \left(\frac{\partial^3 w}{\partial x^3} + (2-\nu)\,\frac{\partial^3 w}{\partial x\,\partial y^2}\right)_{x=a} = 0.$$

Es lassen sich selbstverständlich auch andere Randbedingungen, wie etwa elastische Einspannung oder elastische Senkbarkeit, mit Hilfe der Gl. (IV,47) durch die Durchbiegungen w ausdrücken.

c) Das Lösungsverfahren[1]

Die Differentialgleichung sowohl von Scheiben wie von Platten kann [unter den üblichen, bei der Aufstellung der Gln. (IV,42), (IV,44) und (IV,46) berücksichtigten Voraussetzungen] immer auf die Form

$$D_x\,\frac{\partial^4 w}{\partial x^4} + 2D_{xy}\,\frac{\partial^4 w}{\partial x^2\,\partial y^2} + D_y\,\frac{\partial^4 w}{\partial y^4} = p(x,y)$$

gebracht werden. Um die *Grundgleichung* unseres numerischen Lösungsverfahrens aufzustellen, müssen die Ableitungen von w durch die Unbekannten w selbst ausgedrückt werden; dies wird durch passende Kombinationen mit Hilfe der Seilpolygongleichung erreicht. Diese Kombinationen werden hier am übersicht-

---

[1] Eine eingehende Darstellung mit zahlreichen numerischen Beispielen und Genauigkeitsuntersuchungen gibt PIERRE DUBAS [Calcul numérique des plaques et des parois minces, Mitt. Inst. Baustatik, ETH Zürich, No. 27, 1955, sowie eine gekürzte Fassung in der Schweiz. Bauztg. 79 (1961) H. 17].

lichsten durch Kombinationen von *Knotenlasten* dargestellt. In sinngemäßer
Erweiterung von Gl. (IV,16c) ist hier mit den Bezeichnungen von Abb. IV,34

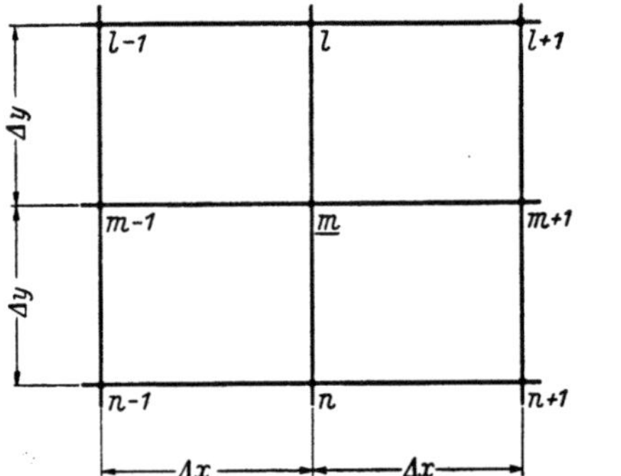

Abb. IV,34.

die Knotenlast $K_m(p)$ einer stetig verteilten Flächenbelastung $p(x, y)$ wie folgt
definiert:

$$K_m(p) = \frac{\Delta x\,\Delta y}{144}\left\{\begin{array}{l} p_{l-1} + 10\,p_l + p_{l+1} \\ +10\,p_{m-1} + 100\,p_m + 10\,p_{m+1} \\ +p_{n-1} + 10\,p_n + p_{n+1} \end{array}\right\}. \qquad \text{(IV,48a)}$$

Die Aufstellung der Grundgleichung gelingt dadurch, daß wir die Knotenlasten
nach dem folgenden Schema summieren:

$$\boxed{\begin{array}{l} K_{l-1} + 10\,K_l + K_{l+1} \\ +10\,K_{m-1} + 100\,K_m + 10\,K_{m+1} \\ +K_{n-1} + 10\,K_n + K_{n+1} \end{array}}. \qquad \text{(IV,48b)}$$

Berechnen wir dieses Schema für alle Glieder der zu lösenden Differentialgleichung,
so lassen sich alle Ableitungen von w mit der Seilpolygongleichung

$$\Delta x\,K_m\left(\frac{\partial^4 w}{\partial x^4}\right) = \left(\frac{\partial^2 w}{\partial x^2}\right)_{m-1} - 2\left(\frac{\partial^2 w}{\partial x^2}\right)_m + \left(\frac{\partial^2 w}{\partial x^2}\right)_{m+1}$$

bzw.

$$\Delta x\,K_m\left(\frac{\partial^2 w}{\partial x^2}\right) = w_{m-1} - 2\,w_m + w_{m+1}$$

und analog für die y-Richtung eliminieren. Diese Rechnung führt auf das in
Abb. IV,35 dargestellte Schema des Gleichungssystems, dessen Aufbau eine un-
verkennbare Analogie mit der Grundgleichung (IV,29) zur Lösung der gewöhnlichen Differentialgleichung vierter Ordnung zeigt.

Die *Randbedingungen* können nun entsprechend formuliert werden. So führt
beispielsweise für einen Rand $x = a$ mit den Bedingungen

$$(w)_{x=a} = 0, \quad \left(\frac{\partial w}{\partial x}\right)_{x=a} = 0,$$

die einem starr eingespannten Plattenrand entsprechen, das folgende Schema der
Knotenlasten in Verbindung mit der Beziehung

$$\Delta x\left(\frac{\partial w}{\partial x}\right)_A = w_1 - w_A - \Delta x\,K_A\left(\frac{\partial^2 w}{\partial x^2}\right),$$

zur gesuchten Elimination und damit zur Bestimmungsgleichung für den Knotenpunkt m (Abb. IV,36a):

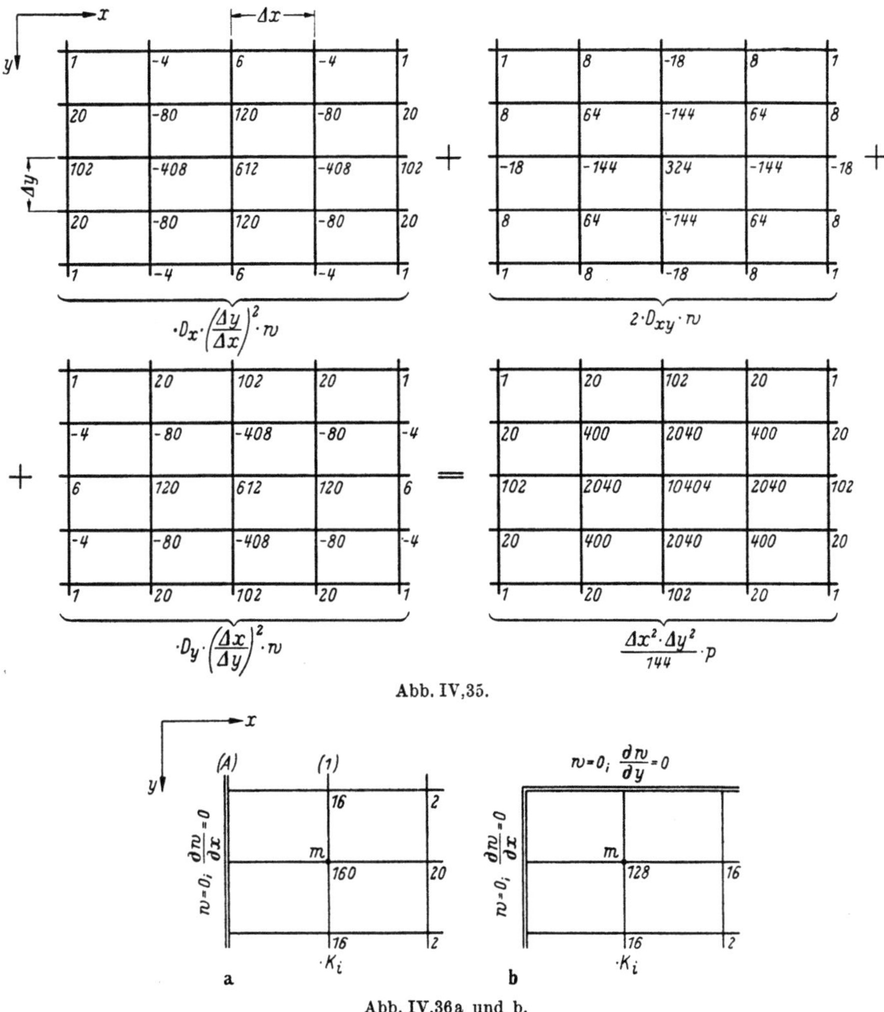

Abb. IV,35.

Abb. IV,36a und b.

Setzen wir die Knotenlasten ein, so erhalten wir nach Elimination der Ableitungen und nach Ordnen die Bestimmungsgleichung für Punkt m nach Abb. IV,37.

Auch hier ist die Analogie im Aufbau der Vorzahlen mit der entsprechenden Randbedingung (IV,31a) deutlich ersichtlich.

Für einen Eckpunkt nach Abb. IV,36b ergibt sich entsprechend die Bestimmungsgleichung nach Abb. IV,38.

Für die Randbedingungen

$$(w)_{x=a} = 0, \qquad \left(\frac{\partial^2 w}{\partial x^2}\right)_{x=a} = 0$$

führen die in Abb. IV,39 angegebenen Eliminationsschemata auf die gesuchten Bestimmungsgleichungen.

Endlich zeigt Abb. IV,40 das Eliminationsschema für einen Eckpunkt mit verschiedenen Randbedingungen der zusammenstoßenden Ränder.

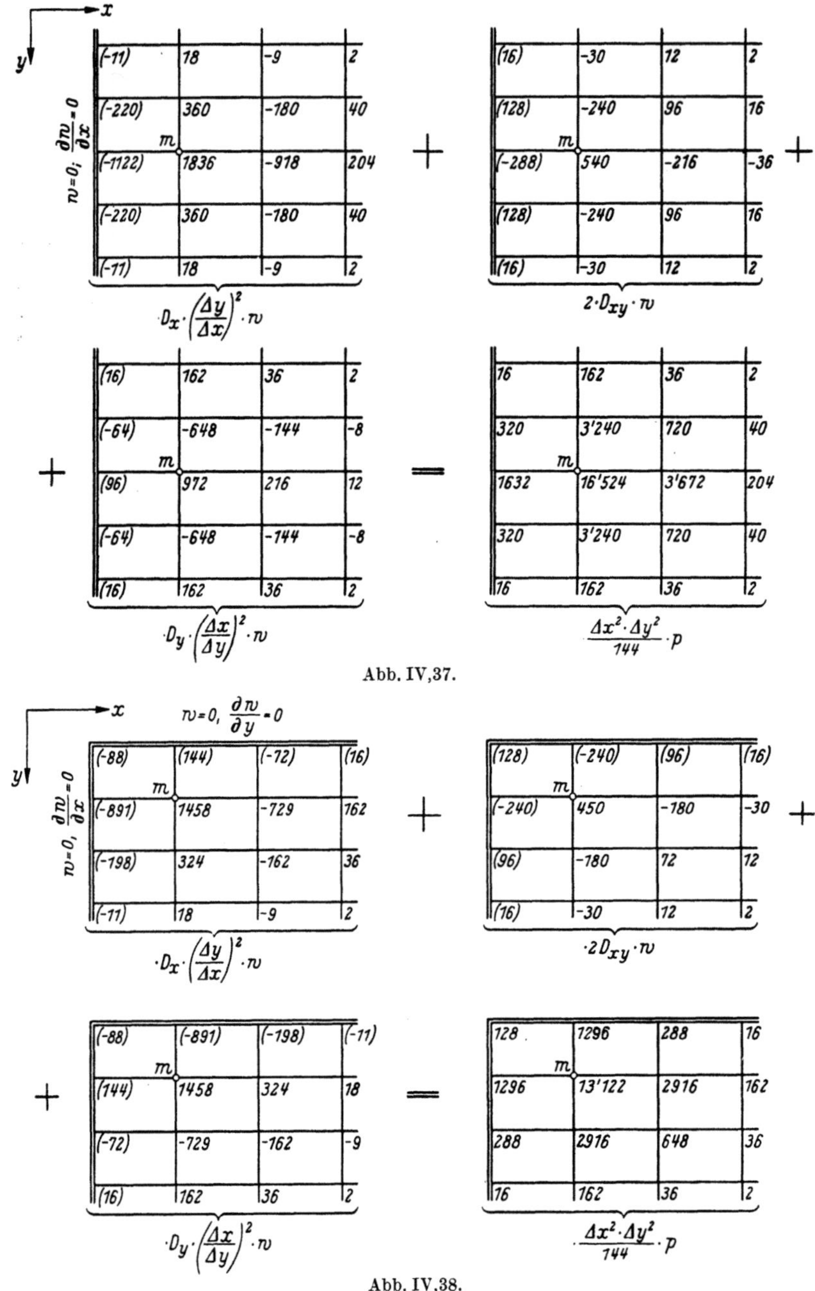

Abb. IV,37.

Abb. IV,38.

Als Beispiel für die Aufstellung der Bestimmungsgleichungen aus diesen Schemata sind in Abb. IV,41 die Vorzahlen des Gleichungssystems für eine frei gelagerte isotrope Platte, $D_x = D_{xy} = D_y$, mit quadratischen Maschen, $\Delta x = \Delta y$, und verteilter Belastung p zusammengestellt.

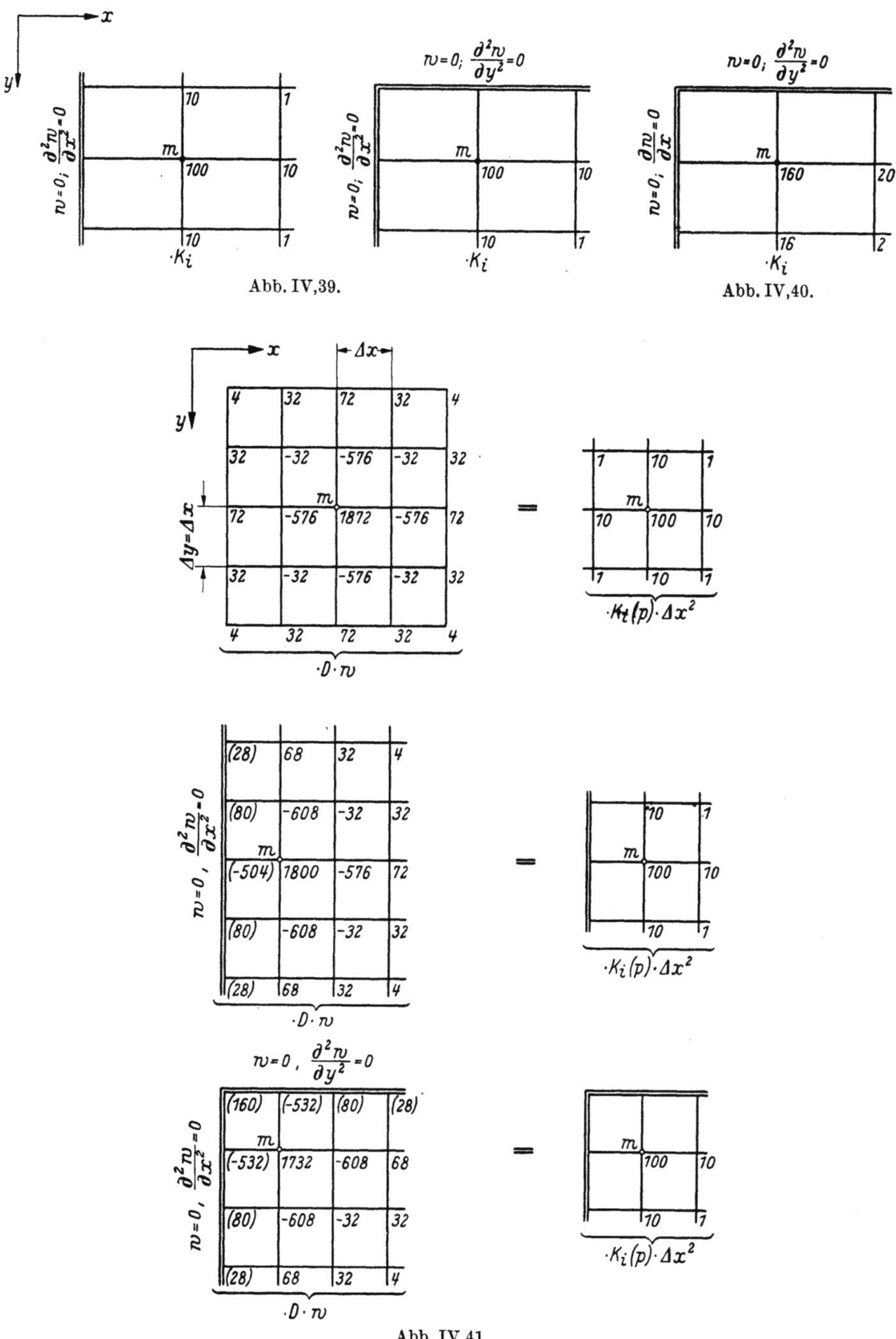

Abb. IV,39.   Abb. IV,40.

Abb. IV,41.

Zahlenbeispiel

Es soll noch am Beispiel einer gelenkig gelagerten isotropen Rechteckplatte, $b = 1{,}4a$ (Abb. IV,42), unter gleichmäßig verteilter Vollbelastung p die Genauigkeit des Verfahrens überprüft werden. Wir wählen eine verhältnismäßig große Maschenweite, indem wir die Platte in 4×4 Felder aufteilen. Wegen der doppel-

17*

ten Symmetrie brauchen dann nur vier unbekannte Durchbiegungswerte w berechnet zu werden. Das Gleichungssystem ist in der folgenden Tabelle zusammengestellt, wobei, um symmetrische Vorzahlen bezüglich der Hauptdiagonale zu

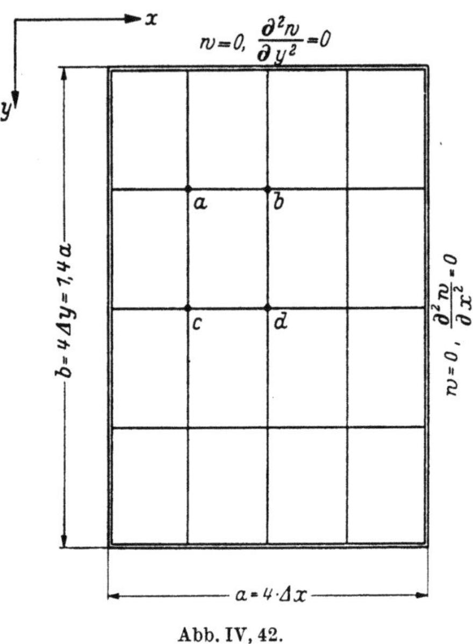

Abb. IV, 42.

erhalten, die Gleichungen für die Punkte b und c mit 2, die Gleichung für Punkt a mit 4 multipliziert wurden.

Punkt	w_d	w_c	w_b	w_a	Belastungsglied
d	2159,765	−2052,911	− 521,927	− 278,465	20736
c	−2052,911	4319,530	− 278,465	−1043,853	38016
b	− 521,927	− 278,465	4319,530	−4105,822	38016
a	− 278,465	−1043,853	−4105,822	8639,060	69696
					$\times\ \dfrac{\Delta x^2\,\Delta y^2}{144\,D}\,p$

Die Auflösung des Gleichungssystems, die an sich schon mit dem abgekürzten Algorithmus von GAUSS sehr einfach ist, wird durch die Symmetrie des Gleichungssystems noch weiter erleichtert; sie liefert die folgenden Werte der Durchbiegungen w:

$$w_d = 7069{,}43\cdot10^{-6}\,\frac{a^4}{D}\,p,$$

$$w_c = 5068{,}37,$$

$$w_b = 5208{,}00,$$

$$w_a = 3744{,}39.$$

Mit $D = \dfrac{E\,h^3}{12(1-\nu^2)}$ und $\nu = 0{,}3$ ist daraus

$$w_d = w_{\max} = 0{,}07720\,\frac{a^4}{E\,h^3}\,p,$$

während S. TIMOSHENKO[1] für den gleichen Wert

$$w_{\mathrm{max}} = 0{,}0770\,\frac{a^4}{E\,h^3}\,p$$

angibt. Aus den Durchbiegungen w ergeben sich nun mit Hilfe der Seilpolygongleichung und unter Beachtung der Randbedingungen die zweiten Ableitungen von w und daraus die Momente. So erhalten wir beispielsweise für

$$M_x = -D\left(\frac{\partial^2 w}{\partial x^2} + \nu\,\frac{\partial^2 w}{\partial y^2}\right)$$

den Wert

$$M_{x\,\mathrm{max}} = 0{,}0755\,p\,a^2$$

statt des von S. TIMOSHENKO angegebenen Wertes $0{,}0753\,p\,a^2$. Die aufgestellten Beziehungen über die numerische Differentiation erlauben nun auch eine einfache Bestimmung der Querkräfte und Drillungsmomente.

Wir können abschließend feststellen, daß die Genauigkeit des Berechnungsverfahrens auch bei grober Teilung sehr gut ist. Bei eingespannten Platten ist eine etwas kleinere Maschenweite zu empfehlen. Nach unseren Untersuchungen ist für gelenkig gelagerte Platten bei 4×4 Maschen, für eingespannte Platten bei 6×6 Maschen ein Fehler von weniger als 1% zu erwarten.

d) Gegenseitige Beeinflussung von Scheibe und Platte

Wenn eine Platte nicht nur durch Belastungen p normal zur Plattenebene, sondern auch durch in dieser Ebene wirkende Kräfte belastet ist, so tritt eine gegenseitige Beeinflussung von Scheiben- und Plattenwirkung auf (Abb. IV,43).

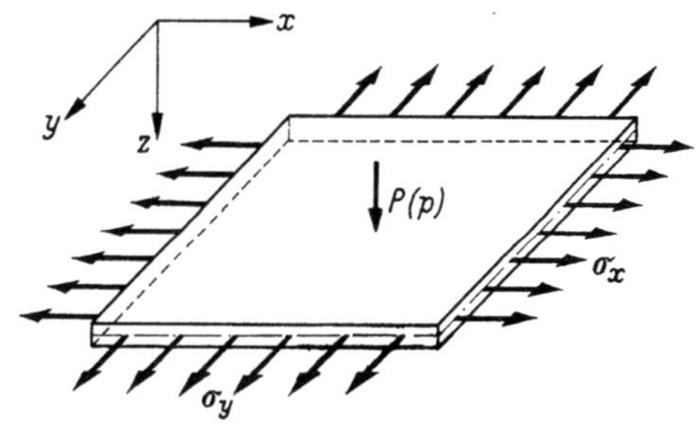

Abb. IV,43.

Einerseits verursachen die Durchbiegungen w Ablenkungskräfte der Scheibenbeanspruchungen, die sich als zusätzliche Plattenbelastungen Δp auswirken, und anderseits wirkt sich der Unterschied der elastischen Verformungen zwischen einem geneigten Scheibenelement und seiner Projektion als zusätzliche Scheibenverformung aus und beeinflußt so die Scheibenbeanspruchungen σ_x, σ_y und τ_{xy}. Es müssen somit sowohl die Scheibengleichung (IV,44) als auch die Plattengleichung (IV,46) entsprechend diesen Zusatzwirkungen erweitert werden.

---

[1] TIMOSHENKO, S., WOINOWSKY-KRIEGER, S.: Theory of Plates and Shells, New York 1959.

Diese erweiterten Gleichungen, die erstmals von TH. VON KÁRMÁN[1] aufgestellt wurden, lauten für isotrope Platten:

$$\frac{\partial^4 F}{\partial x^4} + 2\frac{\partial^4 F}{\partial x^2\,\partial y^2} + \frac{\partial^4 F}{\partial y^4} = E\left[\left(\frac{\partial^2 w}{\partial x\,\partial y}\right)^2 - \frac{\partial^2 w}{\partial x^2}\,\frac{\partial^2 w}{\partial y^2}\right] \qquad \text{(IV,49a)}$$

und

$$\frac{\partial^4 w}{\partial x^4} + 2\frac{\partial^4 w}{\partial x^2\,\partial y^2} + \frac{\partial^4 w}{\partial y^4} = \frac{h}{D}\left(\frac{p}{h} + \frac{\partial^2 F}{\partial y^2}\,\frac{\partial^2 w}{\partial x^2} + \frac{\partial^2 F}{\partial x^2}\,\frac{\partial^2 w}{\partial y^2} - 2\frac{\partial^2 F}{\partial x\,\partial y}\,\frac{\partial^2 w}{\partial x\,\partial y}\right).$$

$$\text{(IV,49b)}$$

Diese beiden Gleichungen sind nun nicht mehr unabhängig voneinander. Während bisher eine geschlossene Lösung für den allgemeinen Fall noch nicht angegeben wurde, ist eine numerische Lösung wenigstens auf dem Wege der sukzessiven Approximation möglich: Wir schätzen zuerst die Scheibenspannungen

$$\sigma_x = \frac{\partial^2 F}{\partial y^2}, \quad \sigma_y = \frac{\partial^2 F}{\partial x^2}, \quad \tau_{xy} = -\frac{\partial^2 F}{\partial x\,\partial y}$$

und setzen sie in die Plattengleichung (IV,49b) ein, so daß wir die Durchbiegungen w in erster Annäherung berechnen können. Damit ergeben sich die Belastungsglieder der Scheibengleichung (IV,49a), so daß wir nun verbesserte Werte der Spannungsfunktion F berechnen können usw. Selbstverständlich ist eine solche Berechnung immer etwas mühsam, so daß sie sich wohl nur bei größeren Bauobjekten lohnen wird. Sie kann jedoch notwendig werden bei einer Fahrbahnplatte aus Stahl, die als orthotrope Platte mit den Hauptträgern zusammenwirkt.

---

[1] v. KÁRMÁN, TH. in: Enzyklopädie der Mathematischen Wissenschaften, Vol. IV₄, p. 349, 1910; — s. a. TIMOSHENKO, S., WOINOWSKY-KRIEGER, S.: Theory of Plates and Shells, New York 1959, Gl. (245) und (246).

V. Biegung und Verdrehung des dünnwandigen, schlanken Stabes

1. Grundlagen und Voraussetzungen

a) Gültigkeitsgrenzen der elementaren Biegungslehre

Die elementare Biegungslehre beschäftigt sich mit der Berechnung der Spannungen σ und τ in geraden, schlanken und prismatischen Stäben. Sie setzt, entsprechend der Hypothese von BERNOULLI-NAVIER, *Ebenbleiben ursprünglich ebener Stabquerschnitte* während der Formänderungen voraus, woraus in Verbindung mit dem Hookeschen Gesetz,

$$\sigma = E\,\varepsilon,$$

eine lineare Verteilung der Normalspannungen σ über den Querschnitt hervorgeht:

$$\sigma = a + b\,x + c\,y.$$

Die drei Koeffizienten a, b und c lassen sich aus den drei Gleichgewichtsbedingungen zwischen Normalkräften N und Normalspannungen σ,

$$N = \int\limits^{F} \sigma\,dF,$$

$$N\,x_A = \int\limits^{F} \sigma\,x\,dF,$$

$$N\,y_A = \int\limits^{F} \sigma\,y\,dF,$$

bestimmen (Abb. V,1).

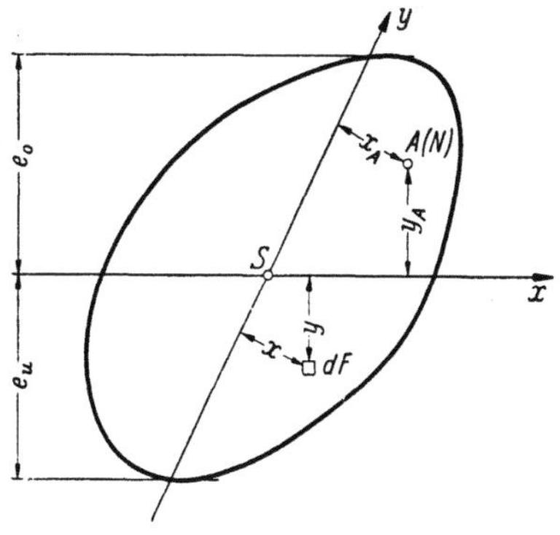

Abb. V,1.

Wählen wir als Koordinatenursprung insbesondere den Schwerpunkt S mit

$$S_x = \int\limits^{F} y\,dF = 0, \qquad S_y = \int\limits^{F} x\,dF = 0,$$

so beträgt die Normalspannung σ[1]

$$\sigma = \frac{N}{F} + \frac{N(x_A\,J_x - y_A\,Z_{xy})}{J_x\,J_y - Z_{xy}^2}\,x + \frac{N(y_A\,J_y - x_A\,Z_{xy})}{J_x\,J_y - Z_{xy}^2}\,y, \qquad \text{(V,1a)}$$

wobei F die Querschnittsfläche, J_x und J_y die Trägheitsmomente des Querschnitts,

$$J_x = \int\limits^{F} y^2\,dF, \qquad J_y = \int\limits^{F} x^2\,dF,$$

---

[1] Siehe z. B. STÜSSI, F.: Baustatik I, Basel 1946, 1953, 1962 u. 1971.

und Z_{xy} das Zentrifugalmoment bezüglich der Axen x und y,

$$Z_{xy} = \int\limits^{F} x\,y\,dF,$$

bedeuten. Wählen wir konjugierte Schweraxen, $Z_{xy} = 0$ (also beispielsweise auch Hauptaxen mit $J_1 = J_{\max}$, $J_2 = J_{\min}$), so vereinfacht sich die Spannungsformel auf

$$\sigma = \frac{N}{F} + \frac{N\,x_A}{J_y}\,x + \frac{N\,y_A}{J_x}\,y$$

oder, nach Einführung der Momente unter Beachtung der üblichen Vorzeichenregeln,

$$M_y = N\,x_A, \qquad M_x = -N\,y_A,$$

auf

$$\boxed{\sigma = \frac{N}{F} - \frac{M_x}{J_x}\,y + \frac{M_y}{J_y}\,x}.$$ (V,1 b)

Für reine Biegung ($N = 0$) mit Belastungen nur in der y-z-Ebene betragen die Randspannungen

$$\sigma_o = -\frac{M_x}{J_x}\,e_o, \qquad \sigma_u = \frac{M_x}{J_x}\,e_u,$$

oder nach Einführung der Widerstandsmomente W,

$$W_{x_o} = \frac{J_x}{e_o}, \qquad W_{x_u} = \frac{J_x}{e_u},$$

$$\sigma_o = -\frac{M_x}{W_{x_o}}, \qquad \sigma_u = \frac{M_x}{W_{x_u}}.$$

Bei den meisten Bemessungsaufgaben der täglichen Konstruktionspraxis wird die Spannungsberechnung von Bauelementen mit diesen elementaren Spannungsformeln durchgeführt werden können, doch zeigt sich anderseits auch, daß diese Formeln verhältnismäßig oft nicht mehr angewendet werden dürfen, weil ihre grundlegende Voraussetzung vom Ebenbleiben der Querschnitte nicht mehr gültig ist, nämlich immer dann, wenn neben der Biegung auch Verdrehung im Spiel ist. Ein einfaches Beispiel soll diese Verhältnisse etwas näher veranschaulichen. In Abb. V,2 ist eine einfache Balkenbrücke, bestehend aus zwei Hauptträgern und einem Windverband in der Schwerebene der beiden Hauptträger skizziert; diese drei Trägerscheiben bilden im Sinne der Biegungslehre einen dreiflächigen Stab.

Denken wir uns einen Hauptträger H_1 belastet, so treten in ihm in irgendeinem Schnitt s—s die Spannungen σ_1 auf, während der unbelastete Hauptträger H_2 spannungslos bleibt, $\sigma_2 = 0$. Für den Gesamtquerschnitt betrachtet, lassen sich die Spannungen σ_1 und σ_2 nicht mehr durch einen linearen Ansatz

$$\sigma = a + b\,x + c\,y$$

erfassen; der ursprünglich ebene Querschnitt s—s bleibt unter der Beanspruchung σ nicht eben.

Diese Abweichung von der elementaren Biegungslehre rührt offensichtlich davon her, daß beim betrachteten Belastungsfall der Gesamtstab nicht nur auf Biegung, sondern auch auf Verdrehung beansprucht ist. Teilen wir nämlich die einseitige Belastung P in einen symmetrischen und einen antimetrischen Anteil auf (Abb. V,2b), so erkennen wir, daß unter dem Biegungsanteil der Querschnitt

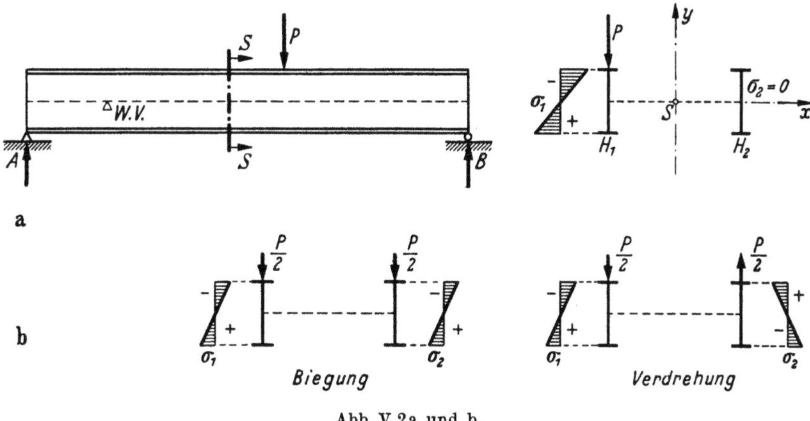

Abb. V,2a und b.

eben bleibt und daß somit die Ungültigkeit der Bernoulli-Navierschen Hypothese nur vom Torsionsanteil herrührt; für diesen letzteren ist die elementare Biegungslehre nicht mehr gültig.

Wir erkennen in diesem einfachen Beispiel noch eine weitere Abweichung gegenüber der elementaren Biegungslehre, nämlich, daß unter Verdrehung auch Normalspannungen σ und nicht nur Torsionsschubspannungen τ vorkommen können. Wir werden deshalb *reine Torsion* (nur Schubspannungen τ) und *gemischte Torsion* oder *Torsion mit Flanschbiegung* (Schubspannungen τ und Normalspannungen σ) unterscheiden müssen.

In einer erweiterten Biegungslehre, die für schlanke Profilstäbe *beliebiger Querschnittsform* gültig sein soll, muß deshalb die Elastizitätsbedingung vom Ebenbleiben der Querschnitte durch eine *allgemeinere Elastizitätsbedingung* ersetzt werden. Der folgenden Darstellung einer solchen erweiterten Biegungslehre legen wir deshalb die Bedingung zugrunde, daß unter Belastung *die ursprüngliche Form des Querschnittes* erhalten bleiben soll. Diese Bedingung ist bei den Trägerquerschnitten des Stahlbaues in der Regel genügend gut erfüllt, bei den Walzprofilen durch den Zusammenhang der einzelnen *Scheiben*, aus denen das Profil besteht, und bei zusammengesetzten Trägern durch die Aussteifungen und Querschotten, die ja stets aus konstruktiven Gründen angeordnet werden. Die einzelnen ebenen Scheiben, aus denen sich der Träger zusammensetzt, sollen als schlank und dünnwandig vorausgesetzt werden; für sie soll die klassische Biegungslehre gültig sein.

Bei hohen Trägern mit I-Querschnitt, wie sie heute etwa in geschweißter Ausführung im Stahlhochbau angewendet werden, kann es vorkommen, daß die Elastizitätsbedingung von der Erhaltung der Querschnittsform nicht mehr genügend genau erfüllt ist. Auf diesen Sonderfall werden wir am Schluß von Abschn. V,2 zurückkommen.

b) Reine und gemischte Torsion

Wir betrachten zunächst als Beispiel für reine Torsion in Abb. V,3a einen durch ein äußeres Drehmoment M_d belasteten Stab mit Rechteckquerschnitt und Balkenlagerung. Da die sechs räumlichen Gleichgewichtsbedingungen nur sechs Auflagergrößen, die jedoch die unverschiebliche Lagerung des Systems gewährleisten müssen, zu bestimmen erlauben, die übliche Lagerung mit Sicherung beider Endquerschnitte gegen Verdrehen aber sieben Auflagergrößen aufweist, ist ein waagrechter Stützstab überzählig.

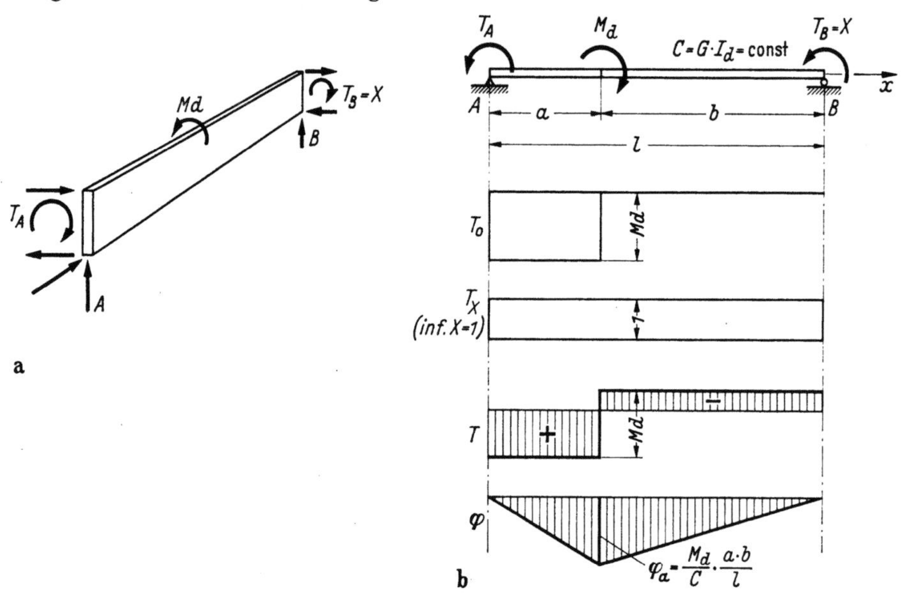

Abb. V,3a und b.

Es ist naheliegend, als überzählige Größe X das Auflagertorsionsmoment T_B einzuführen; die zugehörige Elastizitätsbedingung lautet dann

$$\varphi_B = \varphi_{0B} + X\,\varphi_{XB} = 0.$$

Die Verdrehungswinkel φ ergeben sich mit der Verdrehungssteifigkeit $C = GJ_d$ (G = Schubmodul des Materials, J_d = Verdrehungsträgheitsmoment) aus (vgl. Abschn. IV,5b)

$$T = C\,\frac{d\varphi}{dx} = C\,\varphi'$$

zu

$$\varphi_{0B} = \int\limits_A^B \frac{T_0}{C}\,dx, \qquad \varphi_{XB} = \int\limits_A^B \frac{1}{C}\,dx.$$

Für konstante Torsionssteifigkeit C wird

$$\varphi_{0B} = \frac{M_d}{C}\int\limits^a dx = \frac{M_d\,a}{C}, \qquad \varphi_{XB} = \frac{1}{C}\int\limits^l dx = \frac{l}{C};$$

daraus ergibt sich die überzählige Größe X zu

$$X = -\frac{\varphi_{0B}}{\varphi_{XB}} = -\frac{M_d\,a}{l}$$

und das resultierende Torsionsmoment T,

$$T = T_0 + X\,T_X,$$

zeigt in diesem Fall, C = konst. (außer bei Symmetrie nur in diesem), den gleichen Verlauf wie die Querkraft Q (infolge einer Einzellast P) im einfachen Balken. Der Verdrehungswinkel φ,

$$\varphi' = \frac{T}{C},$$

verläuft hier (wieder wegen C = konst.) wie das Biegungsmoment M im einfachen Balken.

Das Verdrehungsträgheitsmoment J_d kann nach C. WEBER[1] für schmale Rechtecke, $b \geqq 2t$, genügend genau zu

$$J_d = \frac{(b - 0{,}63t)\,t^3}{3} = \frac{b_r\,t^3}{3} \tag{V,2a}$$

gesetzt werden (Abb. V,4a). Die Membrananalogie liefert sehr anschaulich die Begründung dafür, daß wegen der Abrundungen des *Spannungshügels* freie Enden

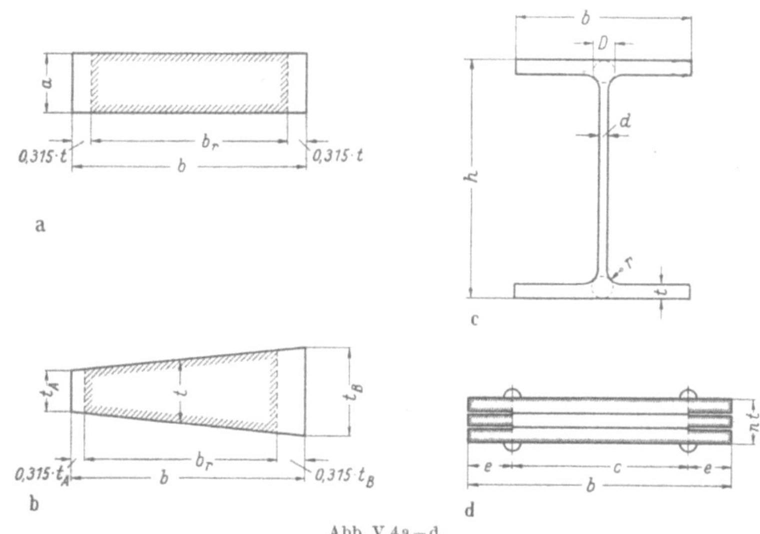

Abb. V,4a—d.

eines Rechteckes nur einen reduzierten Beitrag an das Torsionsmoment T bzw. an das Verdrehungsträgheitsmoment J_d leisten können. Sinngemäß ist für ein schlankes Trapez nach Abb. V,4b

$$J_d = \frac{1}{3}\int\limits^{b_r} t^3\,dx. \tag{V,2b}$$

---

[1] WEBER, C.: Die Lehre der Drehungsfestigkeit. Forsch.-Arb. Ing.-Wes. (1921), H. 249 Berlin.

Für aus schmalen Rechtecken zusammengesetzte Querschnitte, wie sie die meisten Walzprofile aufweisen, hat A. Föppl[1] die Näherungsformel

$$J_d = \frac{1}{3}\sum b_i\, t_i^3 \qquad\qquad \text{(V,2c)}$$

angegeben; seine späteren Versuche[2] haben jedoch gezeigt, daß bei einzelnen Querschnittsformen, so besonders beim I-Querschnitt mit geneigten Flanschen, größere Abweichungen gegenüber diesem Formelwert vorkommen können. Solche Abweichungen sind dadurch erklärlich, daß einerseits an den freien Enden gegenüber der Näherungsformel eine Verkleinerung, an den Gabelungspunkten dagegen eine Vergrößerung des Spannungshügels und damit von J_d eintritt und daß diese beiden Einflüsse sich nicht aufheben. Für Querschnitte von Walzprofilen, besonders von I-Trägern, ist deshalb eine Verfeinerung der Berechnung von J_d zu empfehlen, wie sie grundsätzlich von C. Weber[3] vorgeschlagen wurde. Nach diesem Vorgehen wird für den I-Querschnitt mit parallelen Flanschen nach Abb. V,4c

$$J_d = 2\,\frac{(b - 0{,}63\,t)\,t^3}{3} + \frac{(h - 2t)\,d^3}{3} + 2\alpha\,D^4, \qquad\qquad \text{(V,2d)}$$

wobei das letzte Glied den steifigkeitsvergrößernden Einfluß der Übergangszone zwischen Flansch und Steg berücksichtigt. Dieser Einfluß ist u. a. von Trayer und March[4] untersucht worden; ihre Ergebnisse lassen sich mit guter Annäherung durch die Formel

$$\alpha = \left(0{,}145 + 0{,}10\,\frac{r}{t}\right)\frac{d}{t} \qquad\qquad \text{(V,2e)}$$

zusammenfassen. Dabei bedeutet r den Radius der Ausrundung und D den Durchmesser des einbeschriebenen Kreises. Für Breitflanschträger mit parallelen Flanschen wird J_d nach Gl. (V,2d) rd. 10% größer als nach der Näherungsformel (V,2c); bei Trägern mit geneigten Flanschen kann der Unterschied erheblich größer, bis gegen 30% bei breiten Flanschen, sein.

Für einfache Übergänge von Flansch zu Steg, wie bei den [- oder L-Profilen, kann für α rd. die Hälfte des durch Gl. (V,2e) angegebenen Wertes angenommen werden.

Bei zusammengenieteten Lamellenpaketen wirken nur die innerhalb der Niete liegenden Plattenteile wie ein zusammenhängender Querschnitt, während die Lamellenteile außerhalb der Nietreihen als Einzelteile der Stärke t mit freien Enden zu betrachten sind. Nach dieser erstmals von C. Weber[3] geäußerten Vorstellung ist für einen Querschnitt nach Abb. V,4d

$$J_d = 2n\,\frac{(e - 0{,}315\,t)\,t^3}{3} + \frac{c\,(n\,t)^3}{3}. \qquad\qquad \text{(V,2f)}$$

[1] Föppl, A.: Über den elastischen Verdrehungswinkel eines Stabes. Sitzungsber. bayr. Akad. d. W. 1917.

[2] Föppl, A.: Versuche über die Verdrehungssteifigkeit der Walzeisenträger. Sitzungsber. bayr. Akad. d. W. 1921; — Föppl, A.: Verdrehungsversuche mit Stäben von kreuzförmigem Querschnitt. Z. VDI. 1922.

[3] Weber, C.: Der Verdrehungswinkel von Walzeisenträgern. Föppl-Festschrift, Berlin 1924.

[4] Nat. Advis. Comm. Aeronautics, Report 334.

Diese Auffassung wird durch neuere amerikanische Untersuchungen bestätigt[1].

Daß die in Abb. V,3 festgestellte Analogie zwischen den Torsionsmomenten T und den Querkräften Q des einfachen Balkens eine zufällige und deshalb auch nur unter bestimmten Bedingungen (C = konst. oder Symmetrie), dann allerdings für beliebige Verteilung der äußeren Drehmomente M_d gültig ist, geht daraus hervor, daß die Größe der Querkräfte Q (und Momente M) beim einfachen Balken eine Folge der *Gleichgewichtsbedingungen* ist, während beim verdrehten Stab das Torsionsmoment T (und daraus der Verdrehungswinkel φ) sich aus einer *Elastizitätsbedingung* ergibt.

Bei großen Verdrehungswinkeln φ und bei sehr schmalen Rechteckquerschnitten müssen sich die Randfasern des verdrehten Stabes gegenüber den Fasern in der Nähe der Balkenaxe verlängern; es müssen somit hier bei Verdrehung Längsspannungen σ als Nebenspannungen auftreten. Bei den im Bauwesen noch zulässigen kleinen Verdrehungswinkeln φ sind diese Nebenspannungen jedoch vernachlässigbar klein, so daß wir hier darauf nicht näher einzutreten brauchen.

Besitzt ein auf Verdrehen beanspruchter Stab dagegen beispielsweise einen ⊥-förmigen Querschnitt (Abb. V,5a), so liegt *gemischte Torsion* oder *Torsion mit Flanschbiegung* vor.[2]

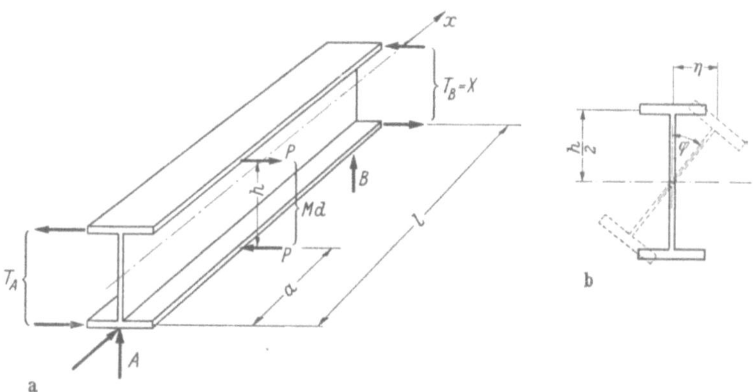

Abb. V,5a und b.

Bei einer Verdrehung φ des Trägers infolge eines äußeren Drehmomentes M_d, das wir uns in Form eines Kräftepaares $P\,h$ aufgebracht denken können, müssen sich die beiden Flanschen des ⊥-Trägers in der Flanschebene verbiegen. Diese Flanschausbiegung η (Abb. V,5b), oder genauer die Flanschkrümmung, kann nun nicht spannungsfrei vor sich gehen, sondern die Flanschen widersetzen sich entsprechend ihrer Biegungssteifigkeit $E\,J_{Fl}$ dieser Formänderung. Die zu diesem elastischen Widerstand zugehörigen Flanschquerkräfte $\mathfrak{Q}$ nehmen nun einen Teil $\mathfrak{Q}\,h$ des äußeren Torsionsmomentes T auf, während der Rest t durch die Torsionsschubspannungen aufgenommen wird. Es gilt somit die Gleichgewichtsbedingung

$$T = t + \mathfrak{Q}\,h.$$

---

[1] Siehe zusammenfassende Berichte von R. BARBRÉ in Bauingenieur 28 (1953) S. 98 und Bauingenieur 30 (1955) S. 373.

[2] Mit der Ausnahme des durch entgegengesetzt gleiche Enddrehmomente beanspruchten Trägers konstanten Querschnittes.

Die Größe der Flanschquerkraft $\mathfrak{Q}$ läßt sich als erste Ableitung des Flansch-biegungsmomentes $\mathfrak{M}$ ausdrücken,

$$\mathfrak{Q} = \frac{d\,\mathfrak{M}}{d\,x} = \mathfrak{M}',$$

während sich $\mathfrak{M}$ selbst aus der Differentialgleichung der elastischen Linie,

$$\mathfrak{M} = -E\,J_{Fl}\,\eta''$$

durch die Flanschausbiegung η ausdrücken läßt. Damit ergibt sich für den Fall konstanter Flanschsteifigkeit $E\,J_{Fl} = B_{Fl} = $ konst., auf den wir uns hier be-schränken können, die Flanschquerkraft $\mathfrak{Q}$ zu

$$\mathfrak{Q} = -B_{Fl}\,\eta'''.$$

Anderseits kann der Torsionsanteil t wie vorher durch den Verdrehungswinkel φ ausgedrückt werden:

$$t = C\,\varphi'.$$

Setzen wir die berechneten Werte von $\mathfrak{Q}$ und t in unsere Gleichgewichtsbedingung ein, so wird

$$T = C\,\varphi' - B_{Fl}\,h\,\eta'''.$$

Die Verteilung des Torsionsmomentes T auf die beiden Anteile t und $\mathfrak{Q}\,h$ ist nun ein statisch unbestimmtes Problem; die beiden Anteile müssen so groß sein, daß die durch sie verursachten Formänderungen φ und η miteinander verträg-lich sind. Es gilt somit für den vorausgesetzten symmetrischen I-Querschnitt die Elastizitätsbedingung

$$\eta = \frac{h}{2}\,\varphi$$

und damit für konstante Höhe h auch

$$\eta''' = \frac{h}{2}\,\varphi''';$$

da beim untersuchten symmetrischen I-Querschnitt die Flanschsteifigkeit prak-tisch gleich der halben seitlichen Biegungssteifigkeit ist,

$$B_{Fl} = E\,J_{Fl} = \tfrac{1}{2}\,E\,J_y = \tfrac{1}{2}\,B_2,$$

erhalten wir die gesuchte Torsionsgleichung zu

$$\boxed{\;T = C\,\varphi' - \frac{B_2\,h^2}{4}\,\varphi'''\;}. \tag{V,3}$$

Der Wert $\dfrac{J_y\,h^2}{4}$ wird auch etwa als *Wölbwiderstand* C_W (cm^6) bezeichnet (vgl. Abschn. V,2c); die Torsionsgleichung kann auch in der Form

$$\boxed{\;T = G\,J_d\,\varphi' - E\,C_W\,\varphi'''\;} \tag{V,3a}$$

geschrieben werden.

Führen wir die Abkürzung a^2,

$$a^2 = \frac{4\,C\,l^2}{B_2\,h^2} = \frac{G\,J_d\,l^2}{E\,C_W},$$

ein, so ergibt sich die Torsionsgleichung auch in der Form

$$T = C\,\varphi' - \frac{l^2}{a^2}\,C\,\varphi''' = t - \frac{l^2}{a^2}\,t''\;.$$

(V,3 b)

Diese Torsionsgleichung des Trägers mit konstantem I-Querschnitt ist erstmals von S. TIMOSHENKO[1] angegeben worden; diese Art der Torsion mit Flanschbiegung wird denn auch gelegentlich als „Timoshenko-Torsion" bezeichnet. Die Lösung der Torsionsgleichung (V,3) unter Beachtung der Randbedingungen liefert uns zunächst den Torsionsanteil $t = C\,\varphi'$, woraus auch der Verdrehungswinkel φ und seine Ableitungen sowie mit

$$\mathfrak{M} = -\frac{B_2}{2}\,\eta'' = -\frac{B_2\,h}{4}\,\varphi'' = -\frac{l^2}{a^2\,h}\,t'$$

auch das Flanschbiegungsmoment $\mathfrak{M}$ bestimmt sind.

Beachten wir, daß die Änderung des Torsionsmomentes T dem äußeren Drehmoment m_d entspricht,

$$T' = -\,m_d\,,$$

so gewinnen wir aus der Torsionsgleichung (V,3) mit Hilfe dieser Beziehungen für $\mathfrak{M}$ und m_d eine zweite Form der Grundgleichung

$$\mathfrak{M}'' - \frac{a^2}{l^2}\,\mathfrak{M} + \frac{m_d}{h} = 0\;,$$

(V,4)

die sich direkt auf die Flanschbiegungsmomente $\mathfrak{M}$ bezieht.

Bei der Lösung der Torsionsgleichung (V,3) ist zwischen statisch bestimmter und statisch unbestimmter Lagerung der Flanschenden zu unterscheiden. Für statisch bestimmte Lagerung, d. h. für beidseitig frei drehbare Flanschenden ist

$$\mathfrak{M}_A = -\frac{B_2}{2}\,\eta''_A = -\frac{l^2}{a^2\,h}\,t'_A = \mathfrak{M}_B = 0;$$

es gilt somit beidseitig die Randbedingung

$$t'_A = t'_B = 0\,.$$

Nun ist das überzählige Torsionsmoment $T_B = X$ (s. Abb. V,3b) aus der Elastizitätsbedingung

$$\varphi_B = \int\limits_A^B \frac{T}{C}\,dx = 0$$

bestimmt worden; mit

$$T = t - \frac{l^2}{a^2}\,t''$$

---

[1] TIMOSHENKO, S.: Einige Stabilitätsprobleme der Elastizitätstheorie. Zeitschrift für Mathematik und Physik 1910. — TIMOSHENKO, S.: Sur la stabilité des systèmes élastiques. Ann. Ponts Chauss. 1913.

wird für die angenommene konstante Torsionssteifigkeit C

$$\int\limits_A^B \frac{T}{C}\,dx = \int\limits_A^B \frac{t}{C}\,dx - \left[\frac{l^2}{a^2\,C}\,t'\right]_A^B .$$

Wegen $t_A' = t_B' = 0$ ist somit hier

$$\varphi_B = \int\limits_A^B \frac{t}{C}\,dx = \int\limits_A^B \frac{T}{C}\,dx .$$

Wenn die Elastizitätsbedingung $\varphi_B = 0$ für das äußere Torsionsmoment T erfüllt ist, ist sie es somit auch für den Torsionsanteil t, oder bei beidseitig frei drehbaren Flanschenden darf in der Torsionsgleichung (V,3) das aus der Querkraftsanalogie bestimmte äußere Torsionsmoment T eingesetzt werden. Dies gilt, abgesehen von Symmetrie in Tragwerk und Belastung, nicht mehr für statisch unbestimmt gelagerte Flanschen; hier ist die überzählige Größe aus der Elastizitätsbedingung

$$\varphi_B = \int\limits_A^B \frac{t}{C}\,dx = 0$$

zu bestimmen.

In diesen Fällen wäre es wohl richtig, die Timoshenko-Gleichung (V,3) in der Form

$$C\,\varphi' - \frac{B_2\,h^2}{4}\,\varphi''' = T_0 + X\,T_X \qquad\qquad\qquad \text{(V,3 c)}$$

zu schreiben, um festzuhalten, daß das äußere Torsionsmoment T von einer Elastizitätsbedingung abhängig ist. Anderseits können wir mit den Beziehungen für $\mathfrak{M}$ diese Gl. (V,3 c) auch aus der Gl. (V,4) bzw. mit

$$T' = -\,m_d$$

aus

$$C\,\varphi'' - \frac{B_2\,h^2}{4}\,\varphi'''' = -\,m_d$$

entstanden denken; die überzählige Größe $X\,T_X$ besitzt somit den Charakter einer Integrationskonstanten. Damit zeigt sich aber auch, daß der Träger mit frei drehbaren Flanschenden das statisch unbestimmte Grundsystem dieser gemischten Torsion darstellt; Einspannmomente eingespannter Flanschenden können somit auch direkt als überzählige Größen aufgefaßt und aus der Elastizitätsbedingung $\varphi_A' = 0$ berechnet werden. Die Verdrehungen φ ergeben sich nun als Seilpolygon zur Belastung

$$- \frac{4\,\mathfrak{M}}{B_2\,h}$$

mit den Randbedingungen $\varphi_A = 0$, $\varphi_B = 0$; damit sind nun aber auch die Torsionsanteile $t = C\,\varphi'$ bestimmt.

Die Momentengleichung (V,4) liefert nur bei beidseitig frei drehbaren Flanschenden,

$$\mathfrak{M}_A = \mathfrak{M}_B = 0,$$

direkt die gesuchten Flanschbiegungsmomente $\mathfrak{M}$. Für ein starr eingespanntes Flanschende läßt sich die Randbedingung

$$\eta'_A = 0$$

nicht durch $\mathfrak{M} = -B_{Fl}\,\eta''$ ausdrücken; in solchen Fällen müßten Flanscheinspannmomente als überzählige Größen eingeführt werden.

Die Lösung der Torsionsgleichungen (V,3) und (V,4) wird praktisch am einfachsten mit der im IV. Abschnitt entwickelten numerischen Methode durch Umsetzen in ein dreigliedriges Gleichungssystem (IV,22) gefunden. Es ist somit für Gl. (V,3b)

$$t'' - \frac{a^2}{l^2}\,t + \frac{a^2}{l^2}\,T = 0,$$

mit

$$\gamma = \frac{a^2\,\Delta x^2}{12\,l^2} = \frac{a^2}{12\,n^2}, \quad \text{wobei} \quad n = \frac{l}{\Delta x},$$

die Grundgleichung

$$-t_{m-1}(1-\gamma) + t_m(2+10\gamma) - t_{m+1}(1-\gamma) = \Delta x\, K_m(T)\,\frac{a^2}{l^2}. \qquad \text{(V,5)}$$

Für frei drehbares Flanschende, $t'_A = 0$, lautet die Randbedingung (als Symmetriebedingung angeschrieben)

$$t_A(1+5\gamma) - t_1(1-\gamma) = \Delta x\, K_A(T)\,\frac{a^2}{l^2}.$$

Bei starrer Flanscheinspannung ist wegen $\eta'_A = \varphi'_A = 0$ auch $t_A = 0$, und die Bestimmungsgleichung für den Randpunkt entfällt.

Bei der Umsetzung der *Momentengleichung* (V,4) ist zu beachten, daß unter einem konzentrierten äußeren Drehmoment M_d im Punkt m die Fläche der Flanschbiegungsmomente $\mathfrak{M}$ eine Unstetigkeit α,

$$\alpha = \frac{M_d}{h},$$

aufweist, die in der entsprechenden Knotenlast analog zum Beispiel von Abb. IV,14 und Gl. (IV,26c) zu berücksichtigen ist; es gilt somit

$$-\mathfrak{M}_{m-1}(1-\gamma) + \mathfrak{M}_m(2+10\gamma) - \mathfrak{M}_{m+1}(1-\gamma)$$
$$= \Delta x\, K_m\!\left(\frac{m_d}{h}\right) + \Delta x\,\frac{M_d}{h}(1+\gamma). \qquad \text{(V,6)}$$

Diese Gleichung bezieht sich auf das Grundsystem mit frei drehbaren Flanschenden, $\mathfrak{M}_A = \mathfrak{M}_B = 0$. Infolge eines überzähligen Flanschbiegungsmomentes $\mathfrak{M}_A$ lautet die Bestimmungsgleichung für den ersten Zwischenpunkt

$$\mathfrak{M}_1(2+10\gamma) - \mathfrak{M}_2(1-\gamma) = \mathfrak{M}_A(1-\gamma);$$

in den übrigen Gleichungen verschwindet das Belastungsglied.

Abb. V,6 zeigt die Ergebnisse eines durchgerechneten Zahlenbeispiels für einen Träger mit $\mathbf{I}$-Querschnitt mit $J_y = 350$ cm⁴, $J_d = 24{,}0$ cm⁴, $G = {}^3/_8 E$ und $l = 400$ cm für ein im Viertelspunkt angreifendes äußeres Drehmoment $M_d = 1$ cmt. Abb. V,7 bezieht sich auf das gleiche Beispiel, nur sind hier die Flanschen

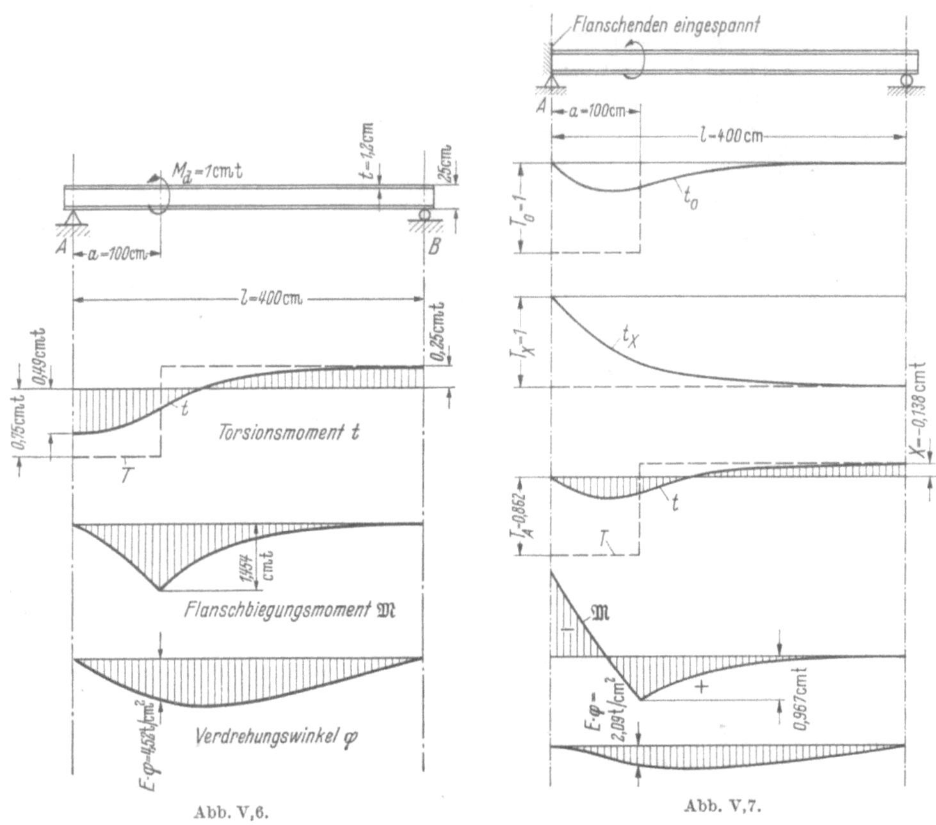

einseitig eingespannt angenommen. Die Berechnung kann, wie vorstehend ausgeführt, auf zwei Arten durchgeführt werden, entweder entsprechend Gl. (V,3c) mit überzähligem Torsionsmoment $X T_X$ oder aber nach Gl. (V,4) mit überzähligem Flanschbiegungsmoment $\mathfrak{M}_A$. Der Vergleich der beiden Beispiele zeigt deutlich den Einfluß einer einseitigen Flanscheinspannung auf den Verlauf der Torsionsmomente T.

c) Die Versuche von C. von Bach an Balken mit C-Querschnitt

C. von Bach[1] hat als erster durch Spannungsmessungen an einem nach Abb. V,8 belasteten Balken mit Querschnitt C 30 festgestellt, daß die Spannungen im Mittelschnitt $s-s$ weder bei Belastung in der Schwerpunktebene noch in der Stegebene mit der Spannungsverteilung nach der normalen Biegungslehre über-

---

[1] v. Bach, C.: Versuche über die tatsächliche Widerstandsfähigkeit von Balken mit C-förmigem Querschnitt. Z. VDI 1909, 1910.

einstimmen, sondern über die Flanschbreiten veränderlich sind. Er fand folgende
Spannungswerte:

	Belastung $P = 1{,}50$ t	
	in Schwerebene	in Stegebene
Punkt 1:	$\sigma_1 = -518$ kg/cm²	-417 kg/cm²
Punkt 2:	$\sigma_2 = 104$ kg/cm²	-45 kg/cm²
Punkt 3:	$\sigma_3 = 456$ kg/cm²	370 kg/cm²
Punkt 4:	$\sigma_4 = -16$ kg/cm²	113 kg/cm²

während nach der normalen Spannungsberechnung

$$\sigma = -\frac{M_x}{J_x}\, y$$

sich für alle vier Punkte der Wert von

$$-\sigma_1 = -\sigma_2 = \sigma_3 = \sigma_4 = \frac{150 \text{ cmt}}{7975 \text{ cm}^4}\, 14{,}5 \text{ cm} = 0{,}273 \text{ t/cm}^2 = 273 \text{ kg/cm}^2$$

hätte ergeben sollen. Man hat damals von einer „Anomalie der Biegung beim
C-Eisen" gesprochen.

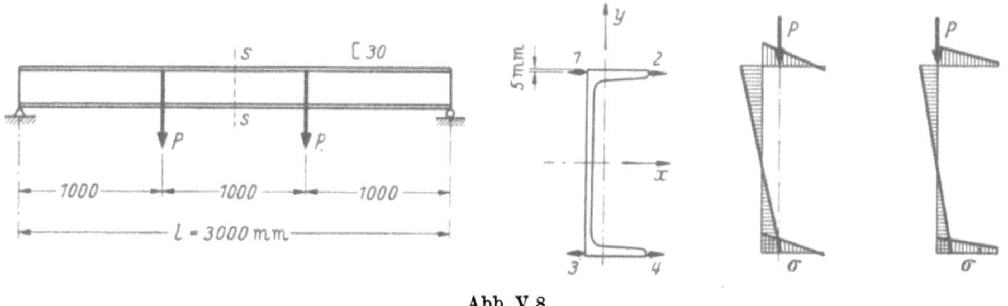

Abb. V,8.

Die in Abb. V,8 skizzierte Spannungsverteilung zeigt, daß sich den Spannungen
infolge des Biegungsmomentes M_x ($\sigma = 273$ kg/cm²) noch ungleichmäßig über die
Flanschen verteilte Spannungen überlagern; diese Zusatzspannungen sind bei
Belastung in der Schwerpunktsebene größer als bei Belastung in der Stegebene
und es war zu erwarten, daß sie bei einer außerhalb des Steges, in einem noch zu
bestimmenden Punkt O, wirkenden Belastung überhaupt verschwinden. Drei
Schweizer Ingenieure[1], R. MAILLART, Dr. H. SCHWYZER und Dr. A. EGGEN-
SCHWYLER, haben ungefähr gleichzeitig und unabhängig voneinander die mit den
von Bachschen Versuchen festgestellte Abweichung von der klassischen Biegungslehre zu erklären vermocht, indem sie den Begriff des *Schubmittelpunktes O* als
Angriffspunkt für verdrehungsfreie Biegung einführten. Damit wurde erkannt, daß
die Zusatzspannungen, die gegenüber der normalen Biegungslehre auftreten,
durch *Verdrehung* verursacht werden oder daß jede nicht im Schubmittelpunkt
wirkende Belastung neben der Biegung auch Verdrehung verursache.

---

[1] MAILLART, R.: Zur Frage der Biegung. Schweiz. Bauztg. Bd. 77 (1921). — SCHWYZER, H.:
Statische Untersuchung der aus ebenen Tragflächen zusammengesetzten räumlichen Tragwerke. Diss. ETH 1920. — EGGENSCHWYLER, A.: Über die Festigkeitsberechnung von Schiebe-
toren und ähnlichen Bauwerken. Diss. ETH 1921.

Die von Bachschen Versuche zeigen noch eine weitere, wenn auch weniger auffällige Besonderheit: Die Spannungen aus Verdrehung sollten antimetrisch über den Querschnitt verlaufen. Dies ist jedoch deutlich nicht der Fall; auch wenn man mit gewissen Ungenauigkeiten der Spannungsmessung rechnet, zeigt sich doch, daß noch ein dritter Spannungsanteil vorhanden ist, der von einem seitlichen Biegungsmoment M_y,

$$\sigma = \frac{M_y}{J_y}\, x,$$

herrühren muß. Bei lotrechter Belastung kann aber ein solches Moment M_y nur auftreten, wenn der Balkenquerschnitt um einen Winkel φ aus seiner ursprünglichen Lage mit lotrecht stehendem Steg verdreht ist:

$$M_y = M_x \sin\varphi.$$

Auch dieser dritte Spannungsanteil, der allerdings klein ist und praktisch in der Regel nicht berücksichtigt zu werden braucht, weist somit darauf hin, daß hier ein Verdrehungsproblem vorliegt.

Die Versuche C. von Bachs und ihre Deutung stellen, neben der verallgemeinerten Elastizitätsbedingung von der Erhaltung der Querschnittsform, den Ausgangspunkt der aufzustellenden erweiterten Biegungslehre dar, in der offenbar der Schubmittelpunkt eine zentrale Bedeutung besitzt.

d) Doppelbedeutung und Grenzlagen des Schubmittelpunktes

Der Schubmittelpunkt O besitzt eine *doppelte Bedeutung*, die sich aus der folgenden Überlegung ergibt. Wenn ein Stab an irgendeiner Stelle durch ein Drehmoment Z belastet wird, so dreht sich jeder Querschnitt des Stabes um den noch zu bestimmenden Punkt O, der somit bei dieser Verdrehung keine Verschiebung erfährt (Abb. V,9). Wenn nun anderseits in einem solchen Punkte O eine Belastung Y angreift, so kann sie, da ja ihr Angriffspunkt sich nicht verschiebt,

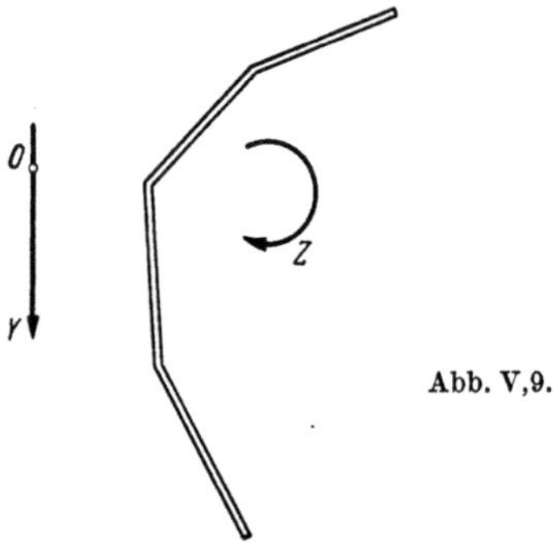

Abb. V,9.

während der Verdrehung keine Arbeit leisten; die Verschiebung a_{yz} des Punktes O in Richtung y infolge des Drehmomentes $Z = 1$ ist Null:

$$a_{yz} = 0.$$

Für Einheitsbelastungen $Y = 1$ und $Z = 1$ gilt das Maxwell-Mohrsche Reziprozitätsgesetz

$$a_{yz} = a_{zy};$$

es muß somit auch die Verdrehung a_{zy} des Querschnittes um den Punkt O infolge der Belastung Y Null sein,

$$a_{zy} = 0.$$

Damit ist nachgewiesen, daß während einer durch O gehenden Belastung Y das Drehmoment Z keine Arbeit leisten kann und daß sich deshalb der Querschnitt infolge einer solchen Belastung verdrehungsfrei verschieben muß. Daraus ergibt sich nun sofort die doppelte Bedeutung des Schubmittelpunktes O: *Der Schubmittelpunkt ist sowohl Drehpunkt des Querschnittes bei Verdrehung wie auch Lastangriffspunkt für verdrehungsfreie Biegung.*

Diese Feststellung ist sofort auf den ganzen Stab zu erweitern: Der Schubmittelpunkt wird in jedem Querschnitt zum Angriffspunkt der Querkraft Q und an Stelle des einzelnen Drehmomentes Z tritt bei dieser Verallgemeinerung das Torsionsmoment T.

Die wesentliche praktische Bedeutung des Schubmittelpunktes beruht nun darauf, daß wir mit seiner Hilfe jede beliebige Belastung in zwei voneinander unabhängige Teilbelastungen zerlegen können; bezeichnen wir mit Q die in irgendeinem Querschnitt auftretende Querkraft infolge der Gesamtbelastung, so zerfällt diese in eine verdrehungsfreie Biegung, bei der die zugehörige Querkraft Q im Schubmittelpunkt O angreift, und ein Torsionsmoment $T = Q\,e$, durch das der Querschnitt um den Schubmittelpunkt verdreht wird (Abb. V,10a). Für die

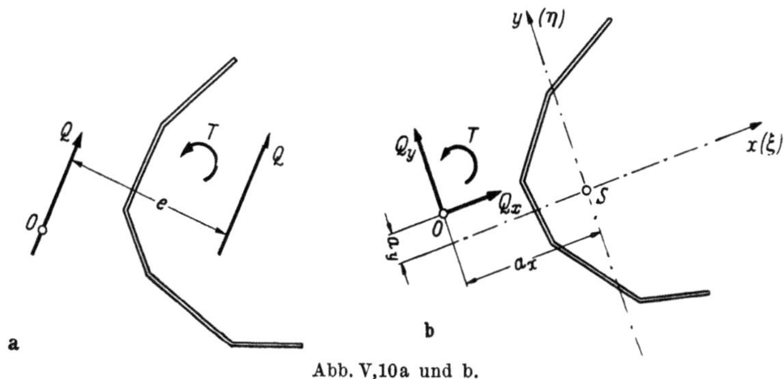

Abb. V,10a und b.

praktische Berechnung ist eine noch weitergehende Aufteilung bequem, indem der Querschnitt auf seine beiden *Hauptschweraxen* x und y orientiert und die Querkraft Q (und damit der Teilbelastungsfall der verdrehungsfreien Biegung) in die beiden Komponenten Q_x und Q_y aufgeteilt wird (Abb. V,10b).

Wegen $a_{yz} = a_{zy} = 0$ sind die Formänderungen und damit auch die Beanspruchungen aus den beiden Teilbelastungen Q und T nach Abb. V,10a, voneinander unabhängig. Bei einer Aufteilung nach Abb. V,10b werden auch die Verschiebungen ξ und η nicht nur vom Verdrehungswinkel φ, sondern auch gegenseitig voneinander unabhängig. Die gesamte Formänderung des Stabes ist damit in die voneinander unabhängigen Verschiebungen ξ, η und die Verdrehung φ zerlegt. Damit lassen sich anderseits die Teilverformungen ξ, η, φ auch je für sich aus den entsprechenden Belastungsanteilen Q_x, Q_y, T berechnen; die Gesamtverformung ergibt sich damit aus der Superposition der Teilverformungen. Analog lassen sich auch die Beanspruchungen einzeln aus den Belastungsanteilen berechnen. Wir setzen im folgenden diese Aufteilung nach Abb. V,10b immer voraus.

Eine gewisse Schwierigkeit ergibt sich nun daraus, daß der Schubmittelpunkt grundsätzlich kein Querschnittsfestpunkt ist, sondern daß seine Lage, außer von der geometrischen Querschnittsform, auch von der Art der Belastung sowie von der Lagerungsart des ganzen Stabes abhängt. Dies läßt sich am Beispiel von Abb. V,11 leicht einsehen.

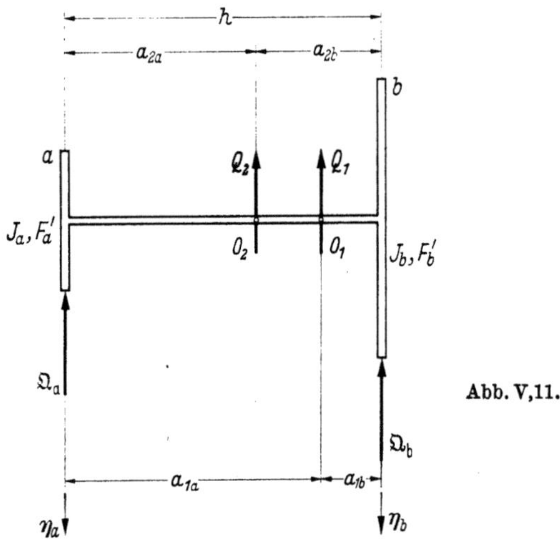

Abb. V,11.

Gehen wir von der Deutung des Schubmittelpunktes als Angriffspunkt der Querkraft bei verdrehungsfreier Biegung aus, so müssen sich die beiden Scheiben oder Flanschen a und b eines Trägers mit einfach symmetrischem Querschnitt nach Abb. V,11 unter einer im Schubmittelpunkt O angreifenden lotrechten Belastung gleich stark durchbiegen. Würden wir bei der Berechnung dieser Durchbiegungen η nur den Einfluß der Momente berücksichtigen (wobei wir die *Flanschbiegungsmomente* mit $\mathfrak{M}$ bezeichnen), so würde mit

$$\eta_{a(M)}'' = -\frac{\mathfrak{M}_a}{E\,J_a}, \quad \eta_{b(M)}'' = -\frac{\mathfrak{M}_b}{E\,J_b}$$

aus der Gleichsetzung

$$\eta_a = \eta_b$$

folgen, daß der Schubmittelpunkt $O = O_1$ den Flanschabstand h umgekehrt proportional zu den Trägheitsmomenten J_a und J_b aufteilt:

$$a_{1a} = h\,\frac{J_b}{J_a + J_b}, \quad a_{1b} = h\,\frac{J_a}{J_a + J_b}.$$

Nun beeinflussen jedoch auch die Flanschquerkräfte $\mathfrak{Q}$ die Flanschdurchbiegungen η; würden wir umgekehrt nur diesen Einfluß mit

$$\eta_{a(Q)}' = \frac{\mathfrak{Q}_a}{G\,F_a'}, \quad \eta_{b(Q)}' = \frac{\mathfrak{Q}_b}{G\,F_b'}$$

berücksichtigen, so würden wir die Schubmittelpunktsabstände zu

$$a_{2a} = h\,\frac{F_b'}{F_a' + F_b'}, \qquad a_{2b} = h\,\frac{F_a'}{F_a' + F_b'}$$

erhalten. Dabei bedeutet F' den für die Schubverformung maßgebenden reduzierten Querschnitt ($F' = {}^5/_6 F$ für den Rechteckquerschnitt).

Je nach Lagerungsart und Belastung muß somit die Lage des Schubmittelpunktes zwischen den beiden durch die Abstände a_1 und a_2 bestimmten angegebenen Punkten variieren; diese beiden Punkte O_1 und O_2 bedeuten somit die *Grenzlagen des Schubmittelpunktes*.

Sobald nun aber die Lage des Schubmittelpunktes veränderlich ist, wird eine Aufteilung der äußeren Belastung in voneinander unabhängige Teilbelastungen nach Abb. V,10b stark erschwert, wenn nicht gar verunmöglicht.[1] Nun zeigt sich aber bei *schlanken Stäben* der für die Aufstellung einer verhältnismäßig einfachen erweiterten Biegungslehre glückliche Umstand, daß die Schubverformungen gegenüber den Biegungsverformungen normalerweise klein sind; dies hat zur Folge, daß die zweite Grenzlage O_2 des Schubmittelpunktes nur eine sekundäre Bedeutung besitzt. Bei Biegung allgemein und bei der Torsion offener Querschnitte kann die Schubverformung bei der Bestimmung des Schubmittelpunktes vernachlässigt werden, so daß der Schubmittelpunkt O mit der Grenzlage O_1 zusammenfällt und damit zum Querschnittsfestpunkt wird. Diese Vernachlässigung der Schubverformungen hat keine schwererwiegenden Folgen, als etwa die Vernachlässigung der Schubverformungen auf die Elastizitätsbedingung der normalen Biegungslehre, wo ja auch genau genommen das Ebenbleiben der Querschnitte mit der Schubverformung nicht verträglich ist. Dagegen besitzt, wie wir sehen werden, bei der Torsion von Kastenquerschnitten auch die zweite Grenzlage O_2 des Schubmittelpunktes eine nicht mehr vernachlässigbare, wenn auch meistens nur örtliche Bedeutung.

2. Stäbe mit offenem Querschnitt

a) Verdrehungsfreie Biegung

Bei *verdrehungsfreier Biegung* erfahren nach unserer Voraussetzung von der Erhaltung der Querschnittsform (Elastizitätsbedingung der erweiterten Biegungslehre) alle Punkte eines Querschnittes gleiche Verschiebungen u. Bezeichnen wir nach Abb. V,12 die Komponenten dieser Verschiebungen u in bzw. normal zur Scheibenebene $y_i z$ mit η_i und ξ_i und den Winkel zwischen η_i und u mit ψ_i, so ist

$$\eta_i = u\cos\psi_i, \qquad \xi_i = u\sin\psi_i.$$

Da wir *dünne Scheiben* (dünnwandiger Stab) voraussetzen, bei denen das Trägheitsmoment J_y klein ist gegen J_x, leisten sie einer Verschiebung ξ nur einen vernachlässigbar kleinen Widerstand; wir brauchen deshalb hier die Verschiebungen ξ nicht weiter zu berücksichtigen.

---

[1] Vgl. u. a. STÜSSI, F.: Die Grenzlagen des Schubmittelpunktes bei Kastenträgern, Abh. IVBH Bd. 25, Zürich 1965.

In einer herausgetrennt gedachten Einzelscheibe b_i, für die die lineare Spannungsverteilung gelten soll, sollen die Randspannungen die Werte σ_{i-1} und σ_i

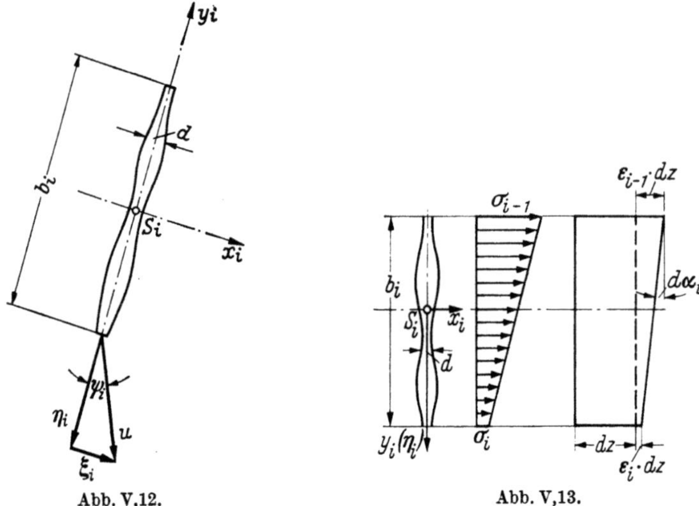

Abb. V,12.   Abb. V,13.

besitzen (Abb. V,13). Zwei um den Abstand dz voneinander entfernte Schnitte drehen sich damit gegenseitig um den Winkel $d\alpha_i$,

$$d\alpha_i = \frac{\varepsilon_{i-1} - \varepsilon_i}{b_i}\, dz = \frac{\sigma_{i-1} - \sigma_i}{E\, b_i}\, dz;$$

da aber $d\alpha_i/dz$ die Neigungsänderung

$$\eta'' = \frac{d^2\eta}{dz^2}$$

der elastischen Linie ist, folgt

$$\boxed{\eta_i'' = \frac{\sigma_{i-1} - \sigma_i}{E\, b_i}}. \tag{V,7}$$

Für gleichbleibende Richtung und Größe einer Verschiebung u wird somit für alle Scheiben eines Querschnittes

$$\boxed{u'' = \frac{\eta_i''}{\cos\psi_i} = \frac{\sigma_{i-1} - \sigma_i}{E\, b_i \cos\psi_i} = \text{konst.}}. \tag{V,8}$$

Dies bedeutet, daß alle auf die u-Richtung projizierten Spannungsdiagramme der Einzelscheiben gleiche Neigung besitzen; da ferner die Spannungen σ zweier Scheiben in zusammenstoßenden Kanten gleich groß sein müssen, folgt daraus, daß für verdrehungsfreie Biegung die Spannungen linear über den Querschnitt verteilt sind oder daß die *Elastizitätsbedingung von der Erhaltung der Querschnittsform bei verdrehungsfreier Biegung in die Elastizitätsbedingung vom Ebenbleiben der Querschnitte übergeht.*

Damit gilt für verdrehungsfreie Biegung mit Lastangriff im Schubmittelpunkt die klassische Biegungslehre nach L. NAVIER; bezogen auf konjugierte Schweraxen x, y betragen somit die Normalspannungen nach Gl. (V,1 b)

$$\sigma = \frac{N}{F} - \frac{M_x}{J_x}\, y + \frac{M_y}{J_y}\, x.$$

Wie im Zusammenhang mit Abb. V,10 b festgestellt, ist es zweckmäßig, die Spannungs- und Verformungsberechnung auf die Hauptschweraxen der Stabquerschnitte zu beziehen.

b) Schubspannungen und Schubmittelpunkt

Die zu den Normalspannungen σ und $\sigma + d\sigma$ zugehörigen Schubspannungen τ können nun wegen $\tau_{yz} = \tau_{zy}$ aus Gleichgewichtsbedingungen

$$\frac{\partial\sigma_z}{\partial z} + \frac{\partial\tau_{yz}}{\partial y} = 0$$

berechnet werden. Aus Abb. V,14 ergibt sich mit $\partial\sigma_z/\partial z = \sigma'$ für ein Element einer Scheibe b_i

$$\boxed{\tau = \frac{1}{d}\left(- \int_{e_{i-1}}^{y_i} \sigma'_z\, dF + \tau_{i-1}\, d_{i-1}\right).} \tag{V,9}$$

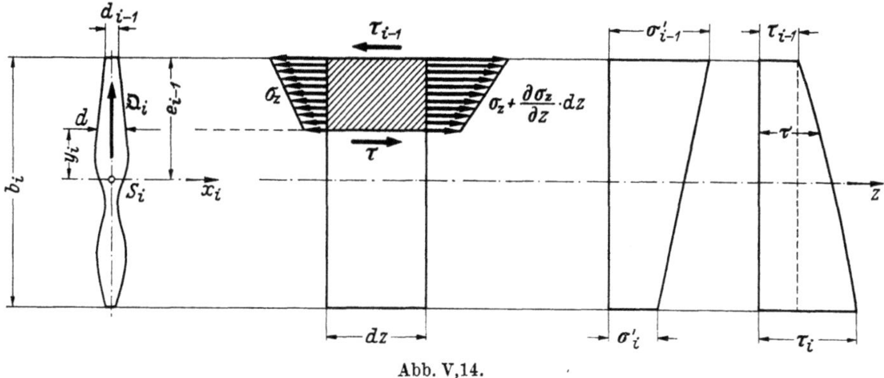

Abb. V,14.

An einem freien Rand ist die Schubspannung τ Null; die Integration nach Gl. (V,9) kann somit immer von einem freien Rand aus begonnen und damit die Integrationskonstante τ_{i-1} für innere Scheiben des Querschnitts bestimmt werden.

Ist die Scheibenstärke d konstant, so ergeben sich die Schubspannungen für die Scheibenmitte, $y_{im} = 0$, $e_{i-1} = b_i/2$, zu

$$\tau_{im} = \tau_{i-1} - \frac{b_i}{8}\,(3\sigma'_{i-1} + \sigma'_i) \tag{V,10a}$$

und am unteren Rand zu

$$\tau_i = \tau_{i-1} - \frac{b_i}{2}\,(\sigma'_{i-1} + \sigma'_i). \tag{V,10b}$$

Die Schubspannungen τ lassen sich nun zu Scheibenquerkräften $\mathfrak{Q}_i$ zusammenfassen,

$$\mathfrak{Q}_i = \int^{b_i} \tau\, dF; \tag{V,11}$$

ist die Scheibenstärke konstant, so wird wegen des parabolischen Verlaufs der Schubspannungen τ diese Querkraft nach Gl. (IV,9)

$$\mathfrak{Q}_i = \frac{d_i b_i}{6}\left(\tau_{i-1} + 4\tau_{i\,m} + \tau_i\right)$$

oder ausgerechnet

$$\mathfrak{Q}_i = b_i\left[\tau_{i-1}d_i - \frac{b_i d_i}{6}\left(2\sigma'_{i-1} + \sigma'_i\right)\right]. \tag{V,11a}$$

Die resultierende Querkraft Q aller Scheibenquerkräfte $\mathfrak{Q}_i$ eines Querschnitts muß mit der Querkraft Q der äußeren Lasten im Gleichgewicht sein und damit bei verdrehungsfreier Biegung durch den Schubmittelpunkt $O = O_1$ gehen.

Damit ist nun auch der Weg zur Bestimmung der beiden Koordinaten a_x und a_y des *Schubmittelpunktes* $O = O_1$, bezogen auf die Hauptschweraxen des Querschnittes gegeben (Abb. V,10b). Aus einer Querkraft Q_y folgt wegen

$$Q_y = \frac{dM_x}{dz} = M'_x$$

mit $N = 0$, $M_y = 0$ aus der Spannungsformel Gl. (V,1b)

$$\sigma'_{(y)} = -\frac{Q_y}{J_x}y;$$

daraus können nach Gl. (V,9) die Schubspannungen τ und damit nach Gl. (V,11) bzw. bei konstanter Scheibenstärke nach Gl. (V,11a) die Scheibenquerkräfte $\mathfrak{Q}_i$ bestimmt werden, deren Resultierende Q_y durch den Schubmittelpunkt $O = O_1$ gehen muß und damit den Abstand a_x liefert. Analog ist aus einer Querkraft Q_x bzw. aus den Spannungsänderungen $\sigma'_{(x)}$,

$$\sigma'_{(x)} = \frac{Q_x}{J_y}x,$$

der Abstand a_y zu bestimmen. Bei einfach symmetrischen Querschnitten liegt der Schubmittelpunkt auf der Symmetrieaxe, so daß hier nur eine Koordinate a zu bestimmen ist, während bei doppeltsymmetrischen Querschnitten der Schubmittelpunkt O mit dem Schwerpunkt S zusammenfällt. Besteht der Querschnitt

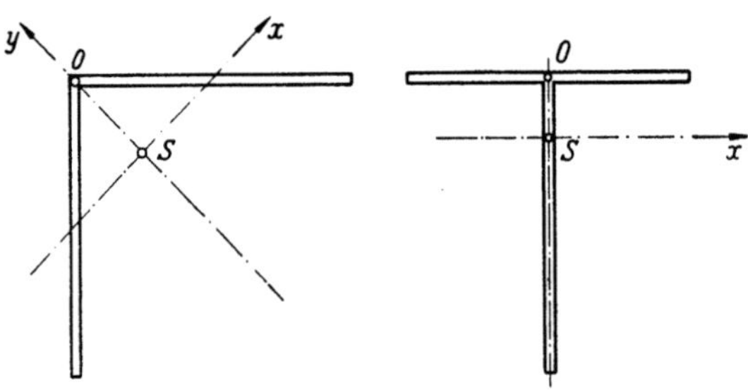

Abb. V,15.

nur aus zwei ebenen Scheiben, so liegt der Schubmittelpunkt im Schnittpunkt der beiden Scheibenaxen (Abb. V,15); da hier die beiden Scheibenquerkräfte kein Drehmoment bilden können, kommt hier nur reine Torsion vor.

c) Torsion

Bei Beanspruchung auf Torsion beteiligen sich (abgesehen vom Fall der „reinen" Torsion wie bei aus einer oder zwei Scheiben bestehenden Stäben) sowohl die Torsionsschubspannungen (Torsionsanteil t_T), wie auch die mit Längsspannungen σ_z verbundenen Scheibenquerkräfte $\mathfrak{Q}$ (Flanschbiegungsanteil t_B) an der Aufnahme des äußeren Torsionsmomentes T:

$$\boxed{T = t_T + t_B}\,. \tag{V,12}$$

Der *Torsionsanteil* t_T kann mit der bekannten Beziehung der elementaren Festigkeitslehre

$$t_T = C\,\varphi'$$

durch den Verdrehungswinkel φ ausgedrückt werden. Dabei bedeutet, wie beim früher untersuchten I-Querschnitt, C die Verdrehungssteifigkeit des Stabquerschnittes; für einen aus schmalen Rechtecken zusammengesetzten Querschnitt ist bekanntlich nach Gl. (V,2c)

$$C = G\,J_d = G \sum \frac{b\,d^3}{3}\,.$$

Örtliche Querschnittsverstärkungen, wie etwa Ausrundungen beim Übergang vom Flansch zum Steg bei Walzprofilen, können den Wert des Torsionsträgheitsmomentes I_d, entsprechend dem Zusatzglied $\alpha\,D^4$ in Gl. (V,2d), merklich vergrößern.

Der *Flanschbiegungsanteil* t_B läßt sich mit Hilfe des nun bekannten Schubmittelpunktes $O = O_1$ wie folgt bestimmen: da der Schubmittelpunkt nun Verdrehungsmittelpunkt ist, um den sich *der in seiner Form unveränderliche Querschnitt* dreht, muß jede Einzelscheibe bezüglich O den gleichen Verdrehungs-

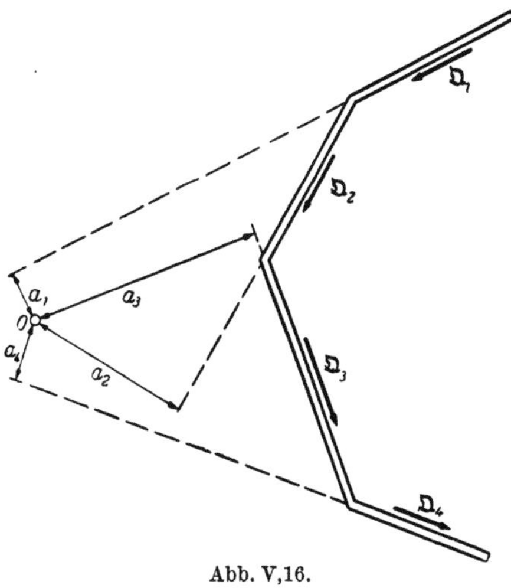

Abb. V,16.

winkel φ bzw. gleiche Werte der Ableitungen von φ aufweisen (Abb. V,16); es ist somit für alle Scheiben des Querschnittes mit Gl. (V,7)

$$\varphi'' = \frac{\eta_i''}{a_i} = \frac{\sigma_{i-1} - \sigma_i}{E\,a_i\,b_i} = \text{konst.}$$

oder

$$\sigma_{i-1} - \sigma_i = a_i\, b_i\, E\, \varphi'' \tag{V,13}$$

und analog für die Spannungsänderungen σ'

$$\sigma'_{i-1} - \sigma'_i = a_i\, b_i\, E\, \varphi'''. \tag{V,13a}$$

Da ein aus n Scheiben bestehender Querschnitt $n+1$ unbekannte Kanten-spannungen[1] σ bzw. σ' besitzt, genügen die n Gln. (V,13) bzw. (V,13a) nicht zur Bestimmung der $n+1$ unbekannten Spannungswerte, die zu einem bestimmten Drehwinkel φ gehören. Die Gln. (V,13) besitzen die Form von Differenzengleichungen und müssen deshalb durch *Integrationskonstanten* ergänzt werden, die sich sehr einfach aus der Gleichgewichtsbedingung

$$\int\limits^{F} \sigma\, dF = N = 0 \quad\text{bzw.}\quad \int\limits^{F} \sigma'\, dF = 0$$

ergeben. Bei (einfacher) Symmetrie ergibt sich die Integrationskonstante aus Symmetriegründen; die Verteilung der Spannungen σ bzw. σ' muß hier antimetrisch sein.

Nach der Bestimmung der Spannungsänderungen σ' in der Form

$$\sigma'_i = \alpha_i\, E\, \varphi'''$$

ergeben sich aus den Gln. (V,9) bzw. (V,10) die zugehörigen Schubspannungen τ und aus Gl. (V,11) die entsprechenden Scheibenquerkräfte $\mathfrak{Q}_i$, aus denen sich (Abb. V,16) der Flanschbiegungsanteil t_B,

$$t_B = \sum \mathfrak{Q}_i\, a_i = -\, E\, C_W\, \varphi'''$$

berechnen läßt. Setzen wir diesen Wert in die Gleichgewichtsbedingung (V,12) ein, so finden wir die Torsionsgleichung von Stäben mit offenem Querschnitt zu

$$\boxed{T = C\,\varphi' - E\,C_W\,\varphi'''} \tag{V,3a}$$

oder mit $t_T = t$ und der Abkürzung

$$a^2 = \frac{G\,J_d\,l^2}{E\,C_W} = \frac{C\,l^2}{E\,C_W}$$

auch zu

$$\boxed{T = t - \frac{l^2}{a^2}\,t''}\,, \tag{V,3b}$$

d. h. in der erstmals von S. TIMOSHENKO für die Torsion des I-Trägers angegebenen Form[2].

Der Wert des Wölbwiderstandes C_W kann nur bei ganz einfachen Querschnittsformen auf einfache Weise formelmäßig berechnet werden; es ist normalerweise zweckmäßig, die Berechnung für den zu untersuchenden Einzelfall numerisch durchzuführen. Bei der Berechnung von $\sum \mathfrak{Q}_i\, a_i$ ist selbstverständlich auf den Drehsinn (Vorzeichen) der Einzelmomente $\mathfrak{Q}_i\, a_i$ (vgl. Abb. V,16) zu achten.

---

[1] In gemeinsamen Kanten müssen die Normalspannungen zusammenstoßender Scheiben gleich groß sein.

[2] Siehe Fußnote 1, S. 271.

Es sei noch daran erinnert, daß auch hier das äußere Torsionsmoment T grundsätzlich aus einer Elastizitätsbedingung (vgl. Abb. V,3) zu bestimmen ist und nur bei statisch bestimmter Lagerung der Einzelscheiben und bei konstantem Querschnitt direkt aus der Analogie mit der Querkraft des einfachen Balkens ermittelt werden darf.

Sind die Drehwinkel φ (bzw. φ') durch die Lösung der Torsionsgleichung (V,3) mit den entsprechenden Randbedingungen bestimmt, so ergeben sich die zugehörigen Spannungen σ bzw. σ' aus den Gln. (V,13). Normalerweise wird auch hier die Torsionsgleichung am einfachsten numerisch durch Umsetzen in ein dreigliedriges Gleichungssystem (IV,22) gelöst.

Besteht der zu untersuchende Stab nicht aus ebenen Scheiben, sondern ganz oder teilweise aus *gekrümmten Flächen* (Abb. V,17), so ist das aufgestellte Berechnungsverfahren mit den folgenden Ergänzungen ebenfalls anwendbar.

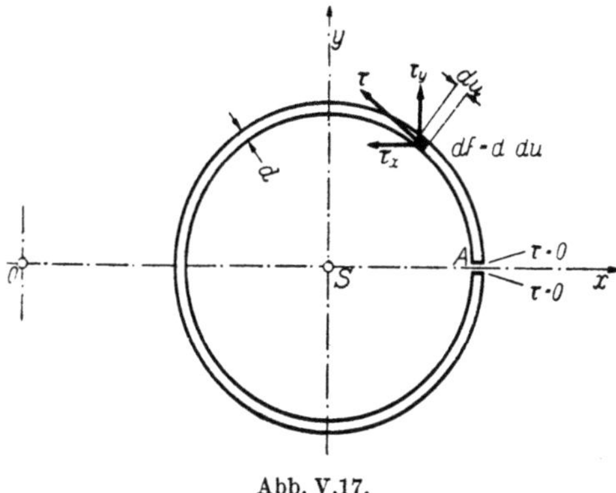

Abb. V,17.

Zur Bestimmung der resultierenden Querkraft Q werden die tangential gerichteten Schubspannungen τ,

$$\tau = -\frac{1}{d}\int_{A}^{u} \sigma_z' \, dF, \qquad (V,9\,a)$$

an jeder Stelle in ihre Komponenten τ_x und τ_y zerlegt, für die mit den bekannten elementaren Mitteln der Baustatik die Teilresultierenden Q_x und Q_y und daraus Q nach Größe und Lage bestimmt werden können. Die dabei vorkommenden Integrationen werden am einfachsten numerisch mit Hilfe der Simpsonschen Regel mit Einführung endlicher Intervalle Δu durchgeführt. An Stelle der Differenzengleichungen (V,13) und (V,13a) treten die Differentialgleichungen

$$\frac{d\sigma}{du} = -a_i E \, \varphi'', \qquad \frac{d\sigma'}{du} = -a_i E \, \varphi''', \qquad (V,13\,b)$$

aus denen sich die Spannungswerte durch Integration (Simpsonsche Regel):

$$\sigma = -E \, \varphi'' \int_{A}^{u} a_i \, du + C$$

bzw.

$$\sigma' = -E \, \varphi''' \int_{A}^{u} a_i \, du + C' \qquad (V,13\,c)$$

ergeben; die Integrationskonstanten sind wieder durch die Gleichgewichtsbedingungen

$$\int\limits^{F}\sigma\, dF = 0 \quad \text{bzw.} \quad \int\limits^{F}\sigma'\, dF = 0$$

bestimmt.

Der Flanschbiegungsanteil t_B beträgt (vgl. Abb. V,16)

$$t_B = \int\limits^{F}\tau\, a_i\, dF = \int\limits^{u}\tau\, d\, a_i\, du.$$

Da der Schubfluß $\tau\, d$ an den freien Rändern verschwindet, finden wir durch
partielle Integration

$$\int\limits^{u}\tau\, d\, a_i\, du = -\int\limits^{u}\left[\frac{\partial}{\partial u}(\tau d)\int\limits^{u} a_i\, du\right]du.$$

Die Gleichgewichtsbedingung für die Komponenten in Stablängsrichtung z
lautet (vgl. Abschn. V,2b)

$$\frac{\partial}{\partial u}(\tau\, d) = -\frac{\partial}{\partial z}(\sigma\, d) = -\sigma'\, d.$$

Zudem kann a_i nach Gl. (V,13b) in der Form

$$a_i = -\frac{d\sigma'}{du}\frac{1}{E\,\varphi'''}$$

geschrieben werden. Man erhält somit

$$t_B = -\int\limits^{u}\frac{\sigma'^{\,2}}{E\,\varphi'''}\, d\, du = -E\,\varphi'''\int\limits^{F}\left(\frac{\sigma'}{E\,\varphi'''}\right)^2 dF,$$

bzw.

$$C_W = \int\limits^{F}\left(\frac{\sigma'}{E\,\varphi'''}\right)^2 dF.$$

Diese Beziehung kann auch bei einem aus ebenen Scheiben zusammengesetzten
Querschnitt verwendet werden. Da die Spannungsänderungen σ' über jede
Einzelscheibe linear verlaufen, ergibt sich der Wölbwiderstand bei konstanter
Scheibenstärke d_i zu

$$C_W = \left(\frac{1}{E\,\varphi'''}\right)^2 \sum \frac{b_i\, d_i}{3}\left(\sigma_{i-1}'^{\,2} + \sigma_{i-1}'\,\sigma_i' + \sigma_i'^{\,2}\right).$$

Gl. (V,13c) kann auch in der Form

$$\frac{\sigma'}{E\,\varphi'''} = \int\limits_{B}^{u} a_i\, du$$

geschrieben werden, wenn der Anfangspunkt B so gewählt wird, daß die Integrationskonstante verschwindet. Der Ausdruck $\sigma'/E\varphi'''$ wird oft als *Einheits-
verwölbung*[1], $\int a_i\, du$ entsprechend als *sektorielle Koordinate*[2] ω_0 bezeichnet. Die

---

[1] Dieser Begriff wurde zuerst von H. WAGNER eingeführt: Verdrehung und Knickung
von offenen Profilen; Festschrift „Fünfundzwanzig Jahre Technische Hochschule Danzig",
1929.

[2] Vgl. u. a. WLASSOW, W. S.: Dünnwandige elastische Stäbe, Berlin: Verlag für Bauwesen
1964.

Einführung der Koordinaten ω erlaubt eine formelmäßige Darstellung der erweiterten Biegungslehre, die für die praktische Anwendung gewisse Vorteile bietet. Selbstverständlich stimmen dabei die Ergebnisse mit den vorher gefundenen vollständig überein.

Zahlenbeispiel

Zur Veranschaulichung des Berechnungsganges sollen, als Zahlenbeispiel, die Versuche C. VON BACHS[1] über die Spannungen an einem Träger mit $\llcorner$-Querschnitt nachgerechnet werden (vgl. Abb. V,8).

Da wir dünnwandige Querschnitte vorausgesetzt haben, sind die Eigenträgheitsmomente der Flanschen bei der Berechnung von J_x zu vernachlässigen. Um somit einerseits eine innerlich widerspruchsfreie Berechnung und anderseits eine gute Übereinstimmung mit dem wirklichen Querschnitt zu erhalten, legen wir unserer Untersuchung den in Abb. V,18 skizzierten Querschnitt zugrunde,

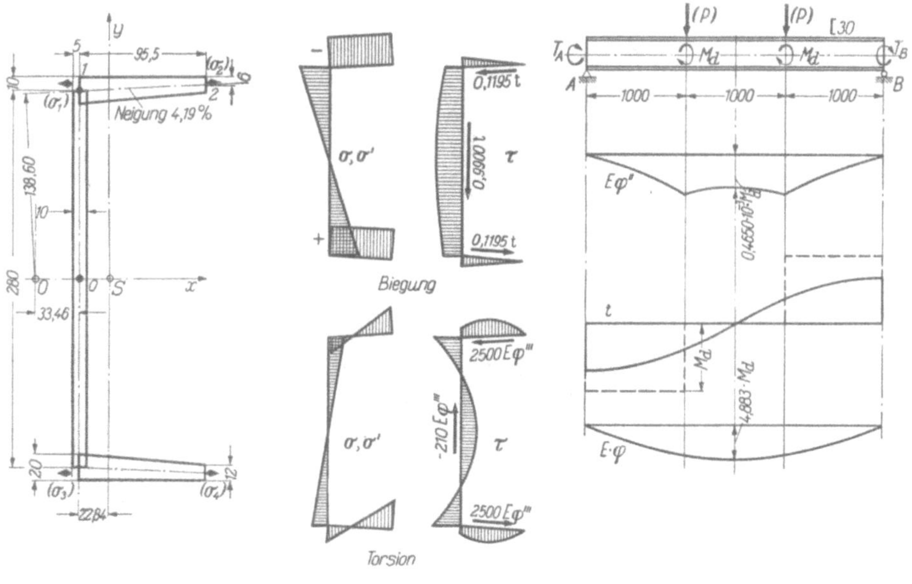

Abb. V,18.

dessen Trägheitsmoment $J_x = 7977$ cm⁴ mit dem von C. VON BACH angegebenen Wert $J_x = 7975$ cm⁴ praktisch übereinstimmt. Aus den Spannungen σ' infolge $Q_y = 1{,}0$ t,

$$\sigma' = \frac{1{,}0}{J_x}\,y,$$

können nun die Schubspannungen τ und daraus die Scheibenkräfte $\mathfrak{Q}$ nach Gln. (V,9) und (V,11) berechnet werden; bei den Flanschen ist wegen der veränderlichen Flanschstärke t diese Rechnung numerisch durchzuführen (Simpsonsche Regel). Aus dem in Abb. V,18 eingetragenen Wert von $\mathfrak{Q}$ ergibt sich der

---

[1] Siehe Fußnote 1, S. 274.

Abstand des Schubmittelpunktes O von der Stegmitte zu

$$a_x = -\frac{28,0 \cdot 0,1195}{1,0000} = -3,346 \text{ cm} = a_1$$

und damit der Abstand a_2 der geneigten Flanschmittellinie zu $a_2 = 13,860$ cm. Damit können die beiden Gln. (V,13a)

$$0 - \sigma_1' = -3,346 \cdot 14,0 E \varphi''' = -46,84 E \varphi''',$$
$$\sigma_1' - \sigma_2' = 13,860 \cdot 9,55 E \varphi''' = 132,36 E \varphi'''$$

angeschrieben werden, die uns die Werte

$$\sigma_1' = 46,84 E \varphi''', \qquad \sigma_2' = -85,52 E \varphi'''$$

liefern. Damit ergeben sich nun die in Abb. V,18 ebenfalls eingetragenen Scheibenquerkräfte aus Torsion und es läßt sich daraus und mit $J_d = 37,04$ cm⁴, $C = GJ_d$ $= {}^3/_8 \cdot 37,04 E = 13,89 E$ die Torsionsgleichung

$$T = 13,89 E \varphi' - 69950 E \varphi'''$$

aufstellen, die geordnet und mit $m_d = -T'$ in den beiden Formen

$$-E \varphi''' + 0,19857 \cdot 10^{-3} E \varphi' = 0,014296 \cdot 10^{-3} T,$$
$$-E \varphi'''' + 0,19857 \cdot 10^{-3} E \varphi'' = -0,014296 \cdot 10^{-3} m_d$$

angeschrieben werden kann. Da die Randbedingungen

$$\text{für} \quad x = 0: \quad E \varphi'' = 0,$$
$$\text{für} \quad x = \frac{l}{2}: \quad E \varphi' = E \varphi''' = 0$$

durch das gleiche Gleichungssystem für die beiden Unbekannten $E \varphi'$ und $E \varphi''$, nur mit umgekehrter Reihenfolge der Knotenpunkte und verschiedenen Belastungsgliedern, erfaßt werden, ist es hier zweckmäßig, die beiden Kurven $E \varphi'$ und $E \varphi''$ direkt durch Auflösen des Gleichungssystems mit zwei Belastungsgliederkolonnen zu bestimmen. Aus $E \varphi''$ ergibt sich $E \varphi$ als Seilpolygon. Der Verlauf dieser Werte ist in Abb. V,18 ebenfalls dargestellt.

Die Randspannungen σ lassen sich nun leicht berechnen; zu den Biegungsspannungen σ,

$$\sigma_1 = \sigma_2 = \sigma_3 = \sigma_4 = \mp \frac{150 \cdot 14,5}{7977} \cdot 1000 = \mp 273 \text{ kg/cm}^2,$$

infolge der Belastung $P = 1,50$ t entsprechend den Versuchen von Bach sind noch die Spannungswerte aus Torsion und seitlicher Biegung zu superponieren. Bei der Torsion ist zu beachten, daß die Spannungen σ_1 und σ_3 ja nicht in Stegmitte, sondern auf Stegaußenkante gemessen worden sind; für diese Punkte ist somit

$$\sigma_1 = \sigma_3 = \pm \left(46,84 + \frac{0,50}{9,55} \cdot 132,36\right) E \varphi'' = \pm 53,8 E \varphi''.$$

Die seitliche Biegung ergibt sich aus

$$M_y = M_x \sin\varphi \cong M_x \varphi,$$

für Balkenmitte somit aus

$$M_y = M_x \frac{4{,}883}{E} M_d .$$

Für die beiden von C. VON BACH untersuchten Belastungsfälle ergeben sich damit folgende Spannungswerte:

Last in Stegebene, $M_d = 1{,}50 \cdot 3{,}346 = 5{,}02$ cmt

$$\sigma_1 = -273 - 126 - 10 = -409 \text{ kg/cm}^2; \quad \text{gemessen } -417 \text{ kg/cm}^2,$$
$$\sigma_2 = -273 + 200 + 25 = -\ 48 \text{ kg/cm}^2; \quad \text{gemessen } -\ 45 \text{ kg/cm}^2,$$
$$\sigma_3 = \ \ 273 + 126 - 10 = \ \ 389 \text{ kg/cm}^2; \quad \text{gemessen } \ \ 370 \text{ kg/cm}^2,$$
$$\sigma_4 = \ \ 273 - 200 + 25 = \ \ \ 98 \text{ kg/cm}^2; \quad \text{gemessen } \ \ 113 \text{ kg/cm}^2.$$

Last in Schwerebene, $M_d = 1{,}50 \cdot 5{,}630 = 8{,}45$ cmt

$$\sigma_1 = -273 - 211 - 16 = -500 \text{ kg/cm}^2; \quad \text{gemessen } -518 \text{ kg/cm}^2,$$
$$\sigma_2 = -273 + 336 + 42 = \ \ 105 \text{ kg/cm}^2; \quad \text{gemessen } \ \ 104 \text{ kg/cm}^2,$$
$$\sigma_3 = \ \ 273 + 211 - 16 = \ \ 468 \text{ kg/cm}^2; \quad \text{gemessen } \ \ 456 \text{ kg/cm}^2,$$
$$\sigma_4 = \ \ 273 - 336 + 42 = -\ 21 \text{ kg/cm}^2; \quad \text{gemessen } -\ 16 \text{ kg/cm}^2.$$

Die Übereinstimmung zwischen Messung und Rechnung darf als gut bezeichnet werden.

d) Torsion des ͟I͟-Trägers mit Stegverbiegung

Bei der Torsion von ͟I͟-Trägern großer Höhe und mit sehr dünnem Steg, wie sie etwa im Stahlhochbau in geschweißter Ausführung vorkommen, ist die Elastizitätsbedingung von der Erhaltung der Querschnittsform nicht mehr immer genügend genau erfüllt, weil der Steg sich merklich verbiegen kann. Auf dieses Problem haben meines Wissens erstmals J. N. GOODIER und M. V. BARTON[1] hingewiesen; ihre Untersuchung beschränkt sich allerdings auf den Fall eines konstanten Torsionsmomentes T. Nachstehend soll eine allgemeinere Lösung dieses Problems angegeben werden.

In Abb. V,19 sind zunächst die Elastizitätsbedingungen an einem Trägerelement mit doppeltsymmetrischem Querschnitt skizziert; bezeichnen wir den Verdrehungswinkel des Steges mit φ, so beträgt die Flanschdurchbiegung

$$\eta = \frac{h}{2}\varphi$$

und die Flanschverdrehung

$$\varphi_{Fl} = \varphi - \alpha .$$

Denken wir uns das äußere Drehmoment m_d zunächst auf den Steg wirkend (Grundsystem), so treten als überzählige Reaktionen zwischen Flanschen und Steg eine Flanschbelastung $q = -\mathfrak{M}''$ und ein inneres Drehmoment m_i auf und wir können die Formänderungsbeziehungen wie folgt anschreiben:

Flanschdurchbiegung:

$$B_{Fl}\,\eta'''' = B_{Fl}\frac{h}{2}\varphi'''' = q = -\mathfrak{M}'', \qquad \text{(V,14a)}$$

---

[1] GOODIER, J. N., BARTON, M. V.: The Effects of Web Deformation on the Torsion of I-Beams. Journal of Applied Mechanics, Vol. 11 (1944) No. 1, p. A-35. — Siehe auch den zusammenfassenden Bericht von J. SCHEER: Stahlbau 24 (1955) H. 11.

Flanschverdrehung:

$$C_{Fl}(\varphi'' - \alpha'') = -m_i,\qquad\text{(V,14b)}$$

Stegverdrehung:

$$C_{St}\,\varphi'' = -(m_d - \mathfrak{q}\,h - 2m_i),\qquad\text{(V,14c)}$$

Stegverbiegung:

$$\frac{6B_{St}}{h}\,\alpha = m_i.\qquad\text{(V,14d)}$$

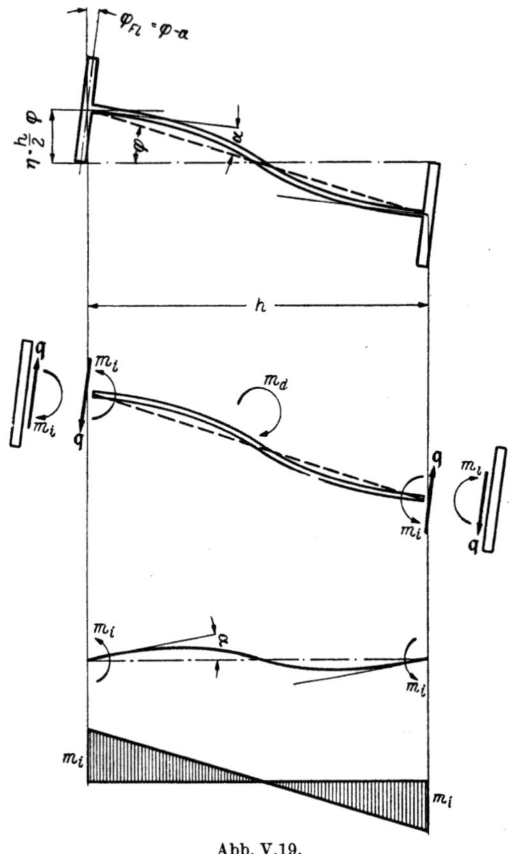

Abb. V,19.

Dabei haben die Werte $B_{Fl} = E\,J_{Fl}$, $C = G\,J_d$ die gewohnte Bedeutung, während mit B_{St} der Wert

$$B_{St} = \frac{1\,d^3\,E}{12(1 - \nu^2)}$$

bezeichnet wird. Durch Einsetzen und mit

$$\varphi'' = -\frac{2}{h\,B_{Fl}}\,\mathfrak{M}$$

erhalten wir die beiden das Problem beherrschenden simultanen Differentialgleichungen

$$\boxed{-\mathfrak{M}'' + \frac{2C_{St}}{B_{Fl}\,h^2}\,\mathfrak{M} + \frac{2m_i}{h} = \frac{m_d}{h}}\,,\qquad\text{(V,15a)}$$

$$\boxed{\; -m_i'' + \frac{6\,B_{St}}{C_{Fl}\,h}\,m_i - \frac{12\,B_{St}}{B_{Fl}\,h^2}\,\mathfrak{M} = 0 \;}\;. \qquad\qquad (V,15\,b)$$

Wenn wir nur stetig verlaufende äußere Drehmomente m_d zu berücksichtigen hätten, würde es sich wahrscheinlich empfehlen, diese beiden Gleichungen durch Elimination der einen der beiden Unbekannten in einer Differentialgleichung vierter Ordnung zu vereinigen; da dies jedoch eine Einschränkung des Anwendungsbereiches bedeuten würde, verzichten wir hier darauf. Selbstverständlich könnten wir als Unbekannte auch die Winkel φ und α einführen an Stelle der Momente $\mathfrak{M}$ und m_i, doch ist die statische Form der Gln. (V,15) der geometrischen Formulierung (Randwertproblem) mit Rücksicht auf die Anwendungen ebenfalls vorzuziehen.

Die Randbedingungen

Bei einem auf Torsion beanspruchten I-Träger ist es eine konstruktive Selbstverständlichkeit, daß die Flanschenden direkt gelagert werden; bei einer Festhaltung nur des Steges müßten durch die Übertragung der Flanschauflagerkräfte $\mathfrak{Q}_A$ und $\mathfrak{Q}_B$ örtliche Überbeanspruchungen im Steg auftreten.

Bei frei drehbar gelagerten Flanschenden ist $\mathfrak{M}_A = \mathfrak{M}_B = 0$ [Randbedingung der Gl. (V,15a)]. Sind die Flanschenden dagegen starr oder elastisch eingespannt, so sind die Flanscheinspannmomente $\mathfrak{M}_A$ und $\mathfrak{M}_B$ als überzählige Größen zu behandeln; die Gln. (V,15) sind dann für die weiteren Belastungsfälle $\mathfrak{M}_A = 1$, $\mathfrak{M}_B = 1$ (bzw. $\mathfrak{M}_A = \mathfrak{M}_B = 1$ bei Symmetrie) zu lösen und die resultierenden Werte $\mathfrak{M}$ und m_i sind aus einer Superposition entsprechend den Elastizitätsbedingungen zu berechnen.

Bei gegen Verdrehen festgehaltenem Endquerschnitt ist auch der Stegverbiegungswinkel α bei den Auflagern Null; als Randbedingung der Gl. (V,15b) gilt damit entsprechend Gl. (V,14d)

$$m_{i_A} = m_{i_B} = 0\,.$$

Geschlossene Lösung

Der einzige Fall, bei dem sich eine einfache Lösung der Gln. (V,15) in geschlossener Form angeben läßt, ist der, bei dem bei statisch bestimmter Flanschlagerung, $\mathfrak{M}_A = \mathfrak{M}_B = 0$, und konstanten Querschnittswerten ein sinusförmig verteiltes Drehmoment m_d wirkt:

$$m_d = m_{d\,m} \sin \frac{\pi\,x}{l}\,;$$

dafür wird

$$\mathfrak{M} = \mathfrak{M}_m \sin \frac{\pi\,x}{l}\,, \qquad m_i = m_{i_m} \sin \frac{\pi\,x}{l}\,.$$

Aus Gl. (V,15b) folgt damit

$$m_i \left(\frac{\pi^2}{l^2} + \frac{6\,B_{St}}{C_{Fl}\,h} \right) = \frac{12\,B_{St}}{B_{Fl}\,h^2}\,\mathfrak{M}\,,$$

$$m_i = \frac{2\,\mathfrak{M}}{B_{Fl}\,h^2}\,\frac{C_{Fl}\,h}{1 + \dfrac{\pi^2\,C_{Fl}\,h}{6\,B_{St}\,l^2}}\,,$$

woraus Gl. (V,15a) durch Einsetzen zu

$$-\mathfrak{M}'' + \frac{2}{B_{Fl}\,h^2}\left(C_{St} + \frac{2\,C_{Fl}}{1 + \dfrac{\pi^2\,C_{Fl}\,h}{6\,B_{St}\,l^2}}\right)\mathfrak{M} = \frac{m_d}{h}$$

wird. Vergleichen wir diesen Ausdruck mit Gl. (V,4), so erkennen wir, daß sich die Verformbarkeit des Steges gleich auswirkt, wie eine Verkleinerung der Torsionssteifigkeit C auf den Wert

$$\bar{C} = C_{St} + \frac{2\,C_{Fl}}{1 + \dfrac{\pi^2\,C_{Fl}\,h}{6\,B_{St}\,l^2}}\,;$$

mit

$$\bar{a}^2 = \frac{2\,\bar{C}\,l^2}{B_{Fl}\,h^2} = \frac{4\,\bar{C}\,l^2}{B_2\,h^2}$$

erhalten wir die Torsionsgleichung somit in der Form der Gl. (V,4). Für den untersuchten Fall des sinusförmig verteilten Drehmomentes m_d wird nun

$$\mathfrak{M}\left(\frac{\pi^2}{l^2} + \frac{\bar{a}^2}{l^2}\right) = \frac{m_d}{h}$$

oder

$$\boxed{\mathfrak{M} = \frac{m_d\,l^2}{\pi^2\,h}\left(1 + \frac{\pi^2}{\bar{a}^2}\right)}\,.$$

Der Einfluß der Stegverformung auf die Torsionssteifigkeit $\bar{C}$ ist bei sehr kleinen Spannweiten am größten; bei diesen ist aber der Torsionsanteil $\bar{C}\,\varphi'$ an der Aufnahme der äußeren Drehmomente klein. Anderseits wird bei großen Spannweiten, bei denen der Einfluß der Flanschbiegung zurücktritt, die Abminderung von $\bar{C}$ gegenüber $C = C_{St} + 2\,C_{Fl}$ nicht mehr groß sein, so daß der ungünstigste Einfluß der Stegverformung bei mittleren Spannweiten auftreten wird. Auf diese Verhältnisse wird bei der Auswahl des Zahlenbeispiels Rücksicht genommen.

Numerische Lösung

Wir setzen die Differentialgleichungen (V,15) mit Hilfe der Abkürzungen

$$\gamma_1 = \frac{2\,C_{St}}{B_{Fl}\,h^2}\,\frac{\Delta x^2}{12}\,, \qquad \beta_1 = \frac{2}{h}\,\frac{\Delta x^2}{12}\,,$$

$$\gamma_2 = \frac{6\,B_{St}}{C_{Fl}\,h}\,\frac{\Delta x^2}{12}\,, \qquad \beta_2 = \frac{12\,B_{St}}{B_{Fl}\,h^2}\,\frac{\Delta x^2}{12}$$

in die beiden dreigliedrigen Gleichungssysteme

$$\boxed{\begin{aligned}&-(1-\gamma_1)\,\mathfrak{M}_{m-1} + (2+10\gamma_1)\,\mathfrak{M}_m - (1-\gamma_1)\,\mathfrak{M}_{m+1} + \\ &+ \beta_1(m_{i_{m-1}} + 10\,m_{i_m} + m_{i_{m+1}}) = \Delta x\,K_m\left(\frac{m_d}{h}\right) + \Delta x\,\frac{M_{d\,m}}{h}(1+\gamma_1)\end{aligned}} \quad \text{(V,16a)}$$

und

$$-(1-\gamma_2)\,m_{i_{m-1}} + (2+10\gamma_2)\,m_{i_m} - (1-\gamma_2)\,m_{i_{m+1}} -$$
$$-\beta_2(\mathfrak{M}_{m-1} + 10\,\mathfrak{M}_m + \mathfrak{M}_{m+1}) = -\Delta x\,\frac{M_{d\,m}}{h}\,\beta_2 \qquad (\text{V,16b})$$

um; dabei ist auch auf konzentrierte äußere Drehmomente M_d und die dadurch verursachte Unstetigkeit in den Knotenlasten von $\mathfrak{M}$ Rücksicht genommen. Ob wir diese beiden simultanen Gleichungssysteme direkt oder durch sukzessive Annäherung lösen, ist grundsätzlich gleichgültig; der Arbeitsaufwand dürfte in beiden Fällen annähernd der gleiche sein.

Zahlenbeispiel

In Abb. V,20 sind die Ergebnisse eines Zahlenbeispiels (Drehmoment M_d in Balkenmitte) sowohl für frei drehbare wie für starr eingespannte Flanschenden dargestellt. Für die angegebenen Querschnittswerte ist

$$B_{Fl} = \frac{3{,}0 \cdot 30{,}0^3}{12}\,E = 6750 \text{ cm}^4\,E,$$

$$B_{St} = \frac{1 \cdot 1{,}0^3}{12(1-\nu^2)}\,E = 0{,}0916 \text{ cm}^3\,E, \qquad \nu = 0{,}3$$

$$C_{Fl} = \frac{30{,}0 \cdot 3{,}0^3}{3}\,\frac{3}{8}\,E = 101{,}25 \text{ cm}^4\,E,$$

$$C_{St} = \frac{100 \cdot 1{,}0^3}{3}\,\frac{3}{8}\,E = 12{,}50 \text{ cm}^4\,E.$$

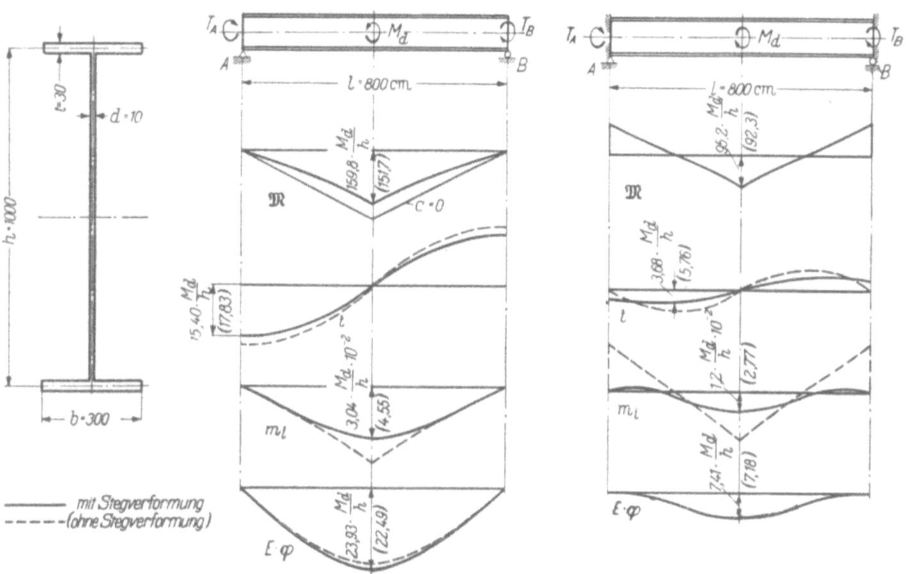

Für $l = 8{,}0$ m, $\Delta x = 100$ cm, wird

$$\gamma_1 = \frac{2 \cdot 12{,}50}{6750 \cdot 100^2}\,\frac{100^2}{12} = 0{,}0003086, \qquad \beta_1 = \frac{2}{100}\,\frac{100^2}{12} = 16{,}667,$$

$$\gamma_2 = \frac{6 \cdot 0{,}0916}{101{,}25 \cdot 100}\,\frac{100^2}{12} = 0{,}045235, \qquad \beta_2 = \frac{12 \cdot 0{,}0916}{6750 \cdot 100^2}\,\frac{100^2}{12} = 0{,}00001357.$$

In der folgenden Tabelle ist das gekoppelte Gleichungssystem angeschrieben, und zwar für die beiden Belastungsfälle $M_d/h = 1$ (Balkenmitte) und $\mathfrak{M}_A = \mathfrak{M}_B = 1$ (überzählige Größe bei Flanscheinspannung). Bei den vorliegenden Zahlenwerten empfiehlt es sich, die 100fachen Werte von m_i als Unbekannte einzuführen.

	$\mathfrak{M}_1$	$100\,m_{i_1}$	$\mathfrak{M}_2$	$100\,m_{i_2}$	$\mathfrak{M}_3$	$100\,m_{i_3}$	$\mathfrak{M}_m$	$100\,m_{i_m}$	Belastungsglied $\dfrac{M_d}{h} = 1$	$\mathfrak{M}_A = 1$
1a	2,00309	1,66667	−0,99969	0,16667					−	0,99969
1b	−0,01357	2,45235	−0,00136	−0,95476					−	0,00136
2a	−0,99969	0,16667	2,00309	1,66667	−0,99969	0,16667			−	−
2b	−0,00136	−0,95476	−0,01357	2,45235	−0,00136	−0,95476			−	−
3a			−0,99969	0,16667	2,00309	1,66667	−0,99969	0,16667	−	−
3b			−0,00136	−0,95476	−0,01357	2,45235	−0,00136	−0,95476	−	−
m a					−1,99938	0,33333	2,00309	1,66667	100,031	−
m b					−0,00271	−1,90953	−0,01357	2,45235	−0,001357	−

Die Auflösung des Gleichungssystems benötigt rd. eine Stunde Arbeitszeit. Die dadurch gefundenen Werte $\mathfrak{M}$ und m_i sowie die daraus berechneten Größen $t = C_{St}\,\varphi' + 2C_{Fl}(\varphi' - \alpha') = C\,\varphi' - 2C_{Fl}\,\alpha'$ und $E\,\varphi$ sind in Abb. V,20 aufgetragen und mit den entsprechenden Werten ohne Stegverformung verglichen. Der Einfluß der Stegverformung äußert sich am deutlichsten auf den Verlauf der Werte t und m_i, dagegen ist er weniger bedeutend bei den Momenten $\mathfrak{M}$ (5,3 bzw. 3,1%) und den Verdrehungswinkeln φ (6,4 bzw. 3,2%). Immerhin zeigt sich, daß bei hohen Trägern mit dünnem Steg eine Überprüfung dieses Einflusses angezeigt ist, wenn auch vielleicht nur in angenäherter Weise, wobei die für sinusförmig verteiltes Drehmoment abgeleiteten Beziehungen (S. 291) gute Dienste leisten können.

Träger mit ungleichen Flanschen

Auch bei Trägern mit ungleichen Flanschen läßt sich der Einfluß der Stegverbiegung ohne grundsätzliche Schwierigkeiten erfassen (Abb. V,21). Hier sind vier Elastizitätsbedingungen zu berücksichtigen:

$$\eta_l = e_l\,\varphi, \qquad\qquad \eta_r = e_r\,\varphi,$$
$$\varphi_l = \varphi - \alpha_l, \qquad\qquad \varphi_r = \varphi - \alpha_r.$$

Die Formänderungsgleichungen lauten hier

$$B_l\,e_l\,\varphi'''' = \mathfrak{q}_l = -\,\mathfrak{M}_l'', \qquad B_r\,e_r\,\varphi'''' = \mathfrak{q}_r = -\,\mathfrak{M}_r'',$$
$$C_l(\varphi'' - \alpha_l'') = -\,m_l, \qquad C_r(\varphi'' - \alpha_r'') = -\,m_r,$$
$$C_{St}\,\varphi'' = -\,(m_d - \mathfrak{q}_l\,e_l - \mathfrak{q}_r\,e_r - m_l - m_r),$$
$$\frac{2B_{St}}{h}(2\alpha_l + \alpha_r) = m_l, \qquad \frac{2B_{St}}{h}(2\alpha_r + \alpha_l) = m_r.$$

Aus Gleichgewichtsgründen ist

$$\mathfrak{q}_l = \mathfrak{q}_r, \qquad \mathfrak{M}_l = \mathfrak{M}_r,$$

woraus mit

$$B_l\, e_l\, \varphi'' = B_r\, e_r\, \varphi'' = B_r(h - e_l)\, \varphi''$$

und

$$\bar{B}_{Fl} = \frac{2\, B_l\, B_r}{B_l + B_r}$$

sich drei simultane Differentialgleichungen ergeben:

$$-\mathfrak{M}'' + \frac{2\, C_{St}}{\bar{B}_{Fl}\, h^2}\, \mathfrak{M} + \frac{m_l + m_r}{h} = \frac{m_d}{h}\,,$$

$$-2m_l'' + m_r'' + \frac{6\, B_{St}}{C_l\, h}\, m_l - \frac{12\, B_{St}}{\bar{B}_{Fl}\, h^2}\, \mathfrak{M} = 0\,,$$

$$-2m_r'' + m_l'' + \frac{6\, B_{St}}{C_r\, h}\, m_r - \frac{12\, B_{St}}{\bar{B}_{Fl}\, h^2}\, \mathfrak{M} = 0\,.$$

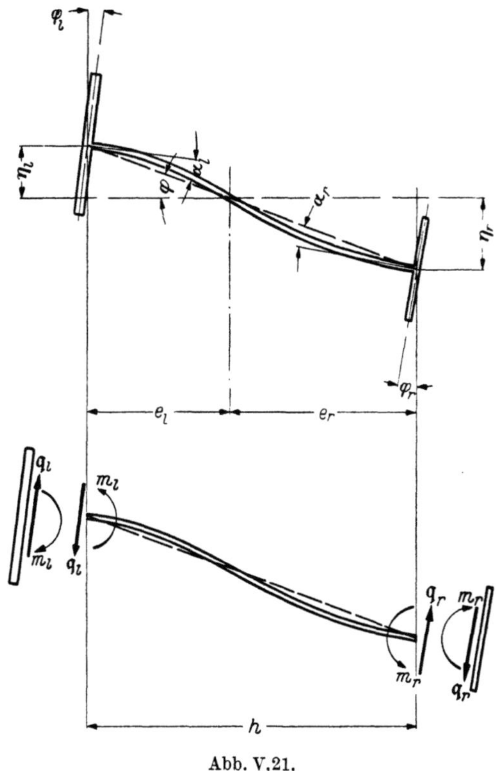

Abb. V,21.

Auch diese Gleichungen lassen sich durch Umsetzen in dreigliedrige Gleichungssysteme entweder direkt oder durch Iteration ohne grundsätzliche Schwierigkeiten, wenn auch mit gegenüber den Gln. (V,16) vergrößertem Arbeitsaufwand lösen. Eine solche Untersuchung kann gelegentlich bei einem schwerbelasteten Kranbahnträger notwendig werden.

3. Stäbe mit Kastenquerschnitt

a) Der Schubmittelpunkt O_1

Bei zusammengesetzten Trägern mit geschlossenem Querschnitt oder geschlossenen Querschnittsteilen ergibt sich *bei verdrehungsfreier Biegung*[1] als Besonderheit gegenüber Stäben mit offenem Querschnitt, daß hier bei der Bestimmung des Schubmittelpunktes die Schubspannungen τ nicht mehr durch Aufsummieren von einem freien Rande mit $\tau = 0$ her bestimmt werden können; wir müssen hier durch Aufschneiden einer Scheibe, beispielsweise längs einer Kante, erst ein *statisch bestimmtes Grundsystem* schaffen und an der Schnittstelle eine überzählige Schubspannung τ_x oder bequemer einen *überzähligen Schubfluß* $s = \tau_x\,d$ einführen (Abb. V,22).

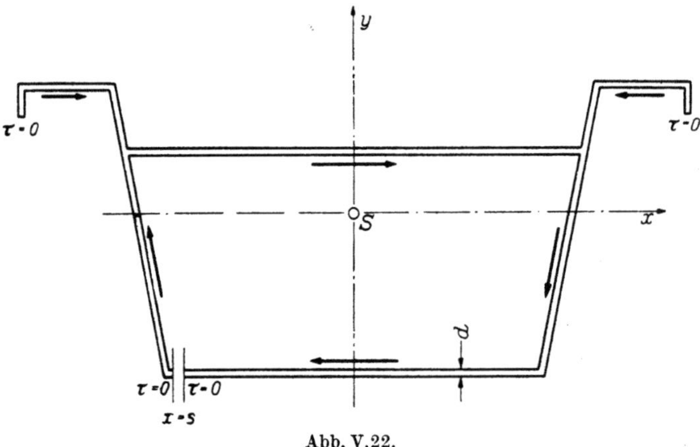

Abb. V,22.

Bezeichnen wir die Schubspannungen im Grundsystem [Gl. (V,9)] mit τ_0, so ergibt sich der überzählige Schubfluß s aus einer Elastizitätsbedingung normaler Form,

$$s\,a_{11} + a_{10} = 0, \tag{V,17}$$

deren Verschiebungsgrößen a_{10} und a_{11} am einfachsten aus einer Arbeitsgleichung mit dem virtuellen Belastungszustand $s = \tau_x\,d = 1$ bestimmt werden. Für ein Scheibenelement b_i mit $dz = 1$ ergibt sich mit

$$\gamma_0 = \frac{\tau_0}{G}$$

der Anteil $\varDelta a_{10}$ an die Verschiebungsgröße a_{10} zu

$$\varDelta a_{10} = \int\limits^{b_i} \frac{\tau_0}{G}\,\tau_x\,dF = \int\limits^{b_i} \frac{\tau_0}{G}\,\frac{s=1}{d}\,dF = \frac{1}{G}\int\limits^{b_i} \tau_0\,\frac{dF}{d}.$$

Führen wir mit u die von der Schnittstelle aus gemessene Länge des Umfangs des geschlossenen Querschnittsteiles ein, so ist

$$\frac{dF}{d} = du\,,$$

---

[1] Für den Einfluß der Schubverformungen bei verdrehungsfreier Biegung vgl. die auf S. 279 erwähnte Arbeit.

und wir erhalten

$$a_{10} = \frac{1}{G} \int\limits^{K} \tau_0 \, du$$

und analog

$$a_{11} = \frac{1}{G} \int\limits^{K} \frac{1}{d} \, du.$$

Diese Integrale $\int\limits^{K}$ erstrecken sich über den kastenförmigen Teil des Querschnittes. Da sich in der Elastizitätsbedingung der konstante[1] Schubmodul G heraushebt, ist

$$s \int\limits^{K} \frac{1}{d} \, du + \int\limits^{K} \tau_0 \, du = 0. \tag{V,17a}$$

Diese Bedingung liefert den überzähligen Schubfluß s, was mit

$$\tau = \tau_0 + \frac{s}{d}$$

mit der im Flugzeugbau bekannten Beziehung

$$\int\limits^{K} \tau \, du = 0$$

inhaltlich übereinstimmt.

Besteht der Querschnitt aus Einzelscheiben von konstanter Stärke d_i, so ist es bequem, die Schubspannungen nach Gl. (V,11a) zu Scheibenquerkräften $\mathfrak{Q}_i$ zusammenzufassen und die Elastizitätsbedingung in der Form

$$s \sum^{K} \frac{b_i}{d_i} + \sum^{K} \frac{\mathfrak{Q}_{0\,i}}{d_i} = 0 \tag{V,17b}$$

anzuschreiben. Dabei ist selbstverständlich, daß sich auch die Summation in Gl. (V,17b) nur auf den geschlossenen Querschnittsteil bezieht; freie Flanschen beeinflussen wohl die Schubspannungen τ_0 des Grundsystems, kommen aber in der Elastizitätsbedingung (V,17) nicht vor, da sie durch den überzähligen Schubfluß s nicht beansprucht werden. Aussteifungsrippen sind ebenfalls freie Flanschen. Aus den resultierenden Scheibenquerkräften $\mathfrak{Q}_i$,

$$\mathfrak{Q}_i = \mathfrak{Q}_{0\,i} + s \, b_i,$$

kann nun, analog zum offenen Querschnitt, der Schubmittelpunkt $O = O_1$ bestimmt werden.

Damit ist auch das Vorgehen bei *mehrfach geschlossenen Querschnitten* festgelegt: das Grundsystem wird gewonnen durch Aufschneiden in allen Einzelzellen (Abb. V,23); an jeder Schnittstelle ist auch ein überzähliger Schubfluß s anzubringen. Die Elastizitätsbedingungen

$$a_{11}\,s_1 + a_{12}\,s_2 + a_{13}\,s_3 + \cdots + a_{10} = 0,$$
$$a_{21}\,s_1 + a_{22}\,s_2 + a_{23}\,s_3 + \cdots + a_{20} = 0,$$
$$a_{31}\,s_1 + a_{32}\,s_2 + a_{33}\,s_3 + \cdots + a_{30} = 0 \quad \text{usw.}$$

---

[1] Besteht der Stab aus Scheiben verschiedenen Baustoffes (z. B. Verbundträger), so ist selbstverständlich der Schubmodul G in den Integralen (bzw. Summen) zu belassen.

erlauben in gewohnter Weise die Bestimmung der überzähligen Schubflüsse. Besteht der Querschnitt nur aus nebeneinander liegenden Zellen, wie in Abb. V,23, so werden die Elastizitätsbedingungen dreigliedrig.

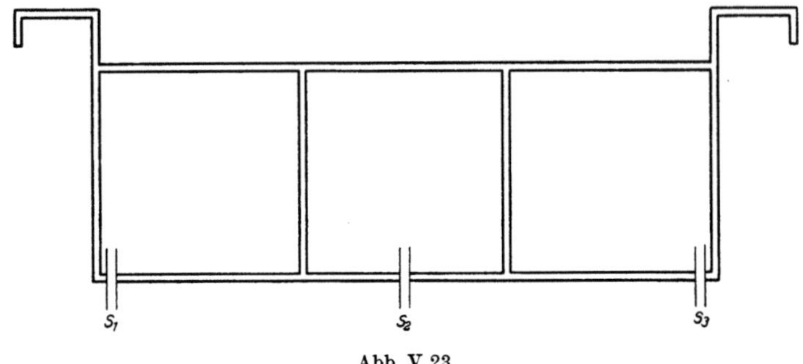

Abb. V,23.

Bei Tragwerken mit Querschnitt nach Abb. V,23 kann es bei weichen Querverbänden vorkommen, daß die Elastizitätsbedingung von der Erhaltung der Querschnittsform nicht genügend genau erfüllt ist, indem sich die verschiedenen lotrechten Scheiben (Hauptträger) verschieden stark durchbiegen. Die allgemeine Erfassung solcher Verformungen dürfte auf einfache Weise wohl kaum möglich sein, dagegen ist es nicht schwierig, diese Querschnittsverformungen für einen bestimmten Belastungsfall in einem zusätzlichen Berechnungsgang durch entsprechende Korrektur der Elastizitätsbedingung Gl. (V,8) zu berücksichtigen. Es handelt sich hier um ähnliche Verhältnisse, wie sie bei der Torsion des I-Trägers mit verformbarem Steg, Abschn. V,2d, besprochen worden sind und deren Auswirkung durch genügend steife Zwischenquerverbände weitgehend gemildert werden kann.

Bei sehr breiten Querschnitten kann auch eine Abweichung von unseren Voraussetzungen in dem Sinne vorkommen, daß die waagrechten Scheiben bei Biegung nicht voll mitwirken; dieser Einfluß kann in üblicher Weise durch Einführung einer reduzierten *mitwirkenden Breite* angemessen berücksichtigt werden.

b) Die zweite Grenzlage O_2 des Schubmittelpunktes

Der Schubmittelpunkt O_2, als Querkraftsmittelpunkt definiert, ist der Angriffspunkt einer Querkraft Q, deren Schubspannungen eine verdrehungsfreie Biegung erzeugen. Nehmen wir beispielsweise eine Verschiebungsänderung u' (z. B. $u' = 1$) in Richtung u an, so ist für jede Scheibe b_i

$$\eta'_{i\tau} = u' \cos\psi_i = \cos\psi_i,$$

während auch hier die Verformungen ξ_i normal zur Mittelebene der als dünn vorausgesetzten Scheiben vernachlässigt werden dürfen. Da für die Schubverformung allein

$$\eta'_{i\tau} = \frac{\mathfrak{Q}_i}{G\,F'_i} \cong \frac{\mathfrak{Q}_i}{G\,F_i}$$

gilt, wird

$$\frac{\mathfrak{Q}_{iu}}{G\,F_i} = \cos\psi_i$$

oder

$$\mathfrak{Q}_{iu} = G\,F_i\cos\psi_i. \qquad\qquad\text{(V,18)}$$

Dabei wurde in erster Näherung für jede Scheibe $F_i' = F_i$ gesetzt. Aus diesen Scheibenquerkräften kann die Resultierende Q_u nach Größe und Lage bestimmt werden.

In bezug auf die Vorzeichen ist zu beachten, daß wir für die Scheibenquerkräfte $\mathfrak{Q}_i$ und die Scheibendurchbiegungen η_i einen gleichbleibenden Drehsinn um den geschlossenen Querschnittsteil herum als positiv annehmen. Der Winkel ψ_i ist zwischen der positiven Verschiebungsrichtung u und der positiven Durchbiegungsrichtung η_i zu messen; für $\dfrac{\pi}{2} \leqq \psi_i \leqq \dfrac{3\pi}{2}$ wird $\cos\psi_i$ negativ.

Analog ergibt sich für eine angenommene Verschiebungsrichtung v aus $v' = 1$ eine resultierende Querkraft Q_v. Der gesuchte Schubmittelpunkt O_2 ist der Schnittpunkt von Q_u und Q_v. Ist die Verschiebungsrichtung v senkrecht zur Verschiebungsrichtung u, so wird

$$\mathfrak{Q}_{iv} = G\,F_i\sin\psi_i.$$

Für die Scheibenquerkräfte $\mathfrak{Q}_{iu}$ und $\mathfrak{Q}_{iv}$ ist die Elastizitätsbedingung des Schubflusses im geschlossenen Querschnittsteil,

$$\int\limits^{K} \tau\,du = 0 \qquad \text{bzw.} \qquad \sum^{K} \frac{\mathfrak{Q}_i}{d_i} = 0,$$

erfüllt.

Es ist zu beachten, daß die Richtung der resultierenden Querkräfte Q_u und Q_v nicht mit den entsprechenden Verschiebungsrichtungen u und v übereinstimmt.

c) Torsion

Bei der Verdrehung geschlossener Querschnitte ist die *Besonderheit* zu berücksichtigen, daß das äußere Torsionsmoment T (dessen Verlauf auch hier grundsätzlich durch eine Elastizitätsbedingung bestimmt ist; vgl. Abb. V,3) in zwei Anteile T_1 und T_2 aufzuteilen ist,

$$T = T_1 + T_2,$$

von denen der erste Anteil T_1 den Querschnitt um den ersten Schubmittelpunkt O_1 verdreht, während sich der zweite Anteil T_2 auf die soeben (Abschn. V,3b) bestimmte zweite Grenzlage O_2 des Schubmittelpunktes bezieht. Für beide Anteile gilt die Elastizitätsbedingung von der Erhaltung der Querschnittsform.

Wir wollen zuerst den einfachen Fall der *reinen Schubflußtorsion* betrachten, bei welchem allein die Scheibenquerkräfte $\mathfrak{Q}_{si} = b_i\,s$ in den zum geschlossenen Querschnittsteil gehörenden Scheiben dem gesamten Torsionsmoment T Gleichgewicht halten $(T_2 = 0)$:

$$T = s \sum^{K} a_i\,b_i = 2F_m\,s. \qquad\qquad\text{(V,19)}$$

Dabei bedeutet F_m den Flächeninhalt des durch die Scheibenmittellinien umgrenzten Kastenquerschnittes. Gl. (V,19) ist die bekannte Bredtsche Formel.

Die Bredtsche Formel ist jedoch nur dann genau gültig, wenn die Elastizitätsbedingung von der Erhaltung der Querschnittsform für Schubfluß allein erfüllt ist (vgl. Abb. V,16)

$$\frac{\eta'_{si}}{a_i} = \frac{b_i\, s}{a_i\, G\, F_i} = \varphi' = \text{konst.}$$

Für Scheiben konstanter Stärke d_i, auf die wir uns der einfacheren Schreibweise wegen im folgenden beschränken wollen, bedeutet dies

$$\frac{s}{a_i\, d_i\, G} = \varphi' = \text{konst.} \tag{V,20}$$

oder bei konstantem Schubmodul G

$$a_i\, d_i = \text{konst.}$$

Für diesen Fall der reinen Schubflußtorsion ist somit

$$G\,\varphi' = \frac{s}{a_i\, d_i} = \frac{T}{a_i\, d_i \overset{K}{\sum} a_i\, b_i} = \frac{T}{\overset{K}{\sum} a_i^2\, b_i\, d_i}\,.$$

Die Verdrehungssteifigkeit der als dünnwandig vorausgesetzten Einzelscheiben [vgl. Gl. (V,2a)],

$$G\,J_d = G\,\frac{(b_i - 0{,}63\, d_i)\, d_i^3}{3} \cong G\,\frac{b_i\, d_i^3}{3}\,,$$

kann gegenüber der Verdrehungssteifigkeit des Kastenquerschnittes,

$$G \overset{K}{\sum} a_i^2\, b_i\, d_i = G\,\frac{(2 F_m)^2}{\overset{K}{\sum} \dfrac{b_i}{d_i}} \quad \text{bzw.} \quad G\,\frac{(2 F_m)^2}{\overset{K}{\displaystyle\int} \dfrac{du}{d}}$$

vernachlässigt werden.

Bei reiner Schubflußtorsion fallen die beiden Schubmittelpunkte O_1 und O_2 zusammen.

Ist dagegen die Elastizitätsbedingung Gl. (V,20) nicht erfüllt oder weist der Querschnitt neben dem geschlossenen Querschnittsteil noch freie Flanschen auf, in denen ja kein Schubfluß s wirkt, so müssen neben dem *primären Schubfluß* s_1, der den *primären Torsionsanteil* T_1 aufnimmt, noch Normalspannungen σ_i auftreten, damit die Querschnittsform erhalten bleibt; nach den Gln. (V,13) und (V,20) ist die Elastizitätsbedingung bei Drehung um die erste Grenzlage O_1 des Schubmittelpunktes, mit den entsprechenden Scheibenabständen a_{1i} auf

$$\frac{\eta''_{1i}}{a_{1i}} = \frac{s'_1}{a_{1i}\, d_i\, G} + \frac{\sigma_{i-1} - \sigma_i}{a_{1i}\, b_i\, E} = \varphi''_1 = \text{konst.}$$

bzw. auf

$$\sigma_{i-1} - \sigma_i + \frac{E}{G}\,\frac{b_i}{d_i}\, s'_1 = E\, a_{1i}\, b_i\, \varphi''_1 \tag{V,21}$$

zu erweitern. Schreiben wir bei einem einfach geschlossenen Querschnitt diese Gl. (V,21) für alle diejenigen Scheiben an, die zusammen den geschlossenen Teil des Querschnittes bilden, und addieren, so heben sich alle Spannungswerte σ heraus, und es ist

$$\varphi''_1 \overset{K}{\sum} a_{1i}\, b_i - \frac{s'_1}{G} \overset{K}{\sum} \frac{b_i}{d_i} = 0\,;$$

mit den Abkürzungen

$$a_{11} = \sum^{K} \frac{b_i}{d_i}, \quad 2F_m = \sum^{K} a_i b_i, \quad \Phi = \frac{2F_m}{a_{11}}$$

folgt somit

$$\boxed{\varphi_1'' = \frac{a_{11}}{2G F_m} s_1' = \frac{s_1'}{G \Phi}}.$$ (V,22)

Setzen wir diesen Wert von φ_1'' in Gl. (V,21) ein, so ergibt sich für zum geschlossenen Querschnittsteil gehörende Scheiben

$$\boxed{\sigma_{i-1} - \sigma_i = \frac{E}{G}\left(\frac{a_{1i} b_i}{\Phi} - \frac{b_i}{d_i}\right) s_1'}.$$ (V,23a)

Für freie Flanschen ist dagegen, weil in diesen kein Schubfluß s_1 wirkt,

$$\boxed{\sigma_{i-1} - \sigma_i = \frac{E}{G} \frac{a_{1i} b_i}{\Phi} s_1'}.$$ (V,23b)

Bei mehrfach geschlossenen Querschnitten wirkt in einer zu zwei Zellen n und $n+1$ gehörenden Scheibe eine Schubflußdifferenz $s_n - s_{n+1}$; Gl. (V,21) nimmt deshalb die Form

$$\sigma_{i-1} - \sigma_i + \frac{E}{G}\frac{b_i}{d_i}(s_{1,n}' - s_{1,n+1}') = E\, a_{1i}\, b_i\, \varphi_1''$$

an, und es ergibt sich wegen

$$\varphi_1'' = \frac{s_{1,n}'}{G\,\Phi_n} = \frac{s_{1,n+1}'}{G\,\Phi_{n+1}}$$

usw. sinngemäß für diese Scheibe

$$\boxed{\sigma_{i-1} - \sigma_i = \frac{E}{G}\left[\frac{a_{1i} b_i}{\Phi_n} - \frac{b_i}{d_i}\left(1 - \frac{\Phi_{n+1}}{\Phi_n}\right)\right] s_{1,n}'}.$$ (V,23c)

Die Differenzengleichungen (V,23) erlauben uns nun, in Verbindung mit einer Symmetriebedingung oder der Gleichgewichtsbedingung,

$$\int^{F} \sigma\, dF = N = 0,$$

die zu einem primären Schubfluß $s = s_1$

$$s_1 = \frac{T_1}{2F_m},$$ (V,19a)

gehörenden Längsspannungen σ zu bestimmen.

Zu diesen Längsspannungen σ, bzw. zu den entsprechenden Spannungsänderungen σ' gehören nun aber auch Schubspannungen τ_0, bzw. Scheibenquerkräfte $\mathfrak{Q}_{0i}$ nach Gl. (V,11) und zu diesen ein überzähliger Schubfluß s_2. Für diesen zweiten Belastungsanteil ist ebenfalls eine Elastizitätsbedingung für die Erhaltung der Querschnittsform anzuschreiben:

$$\frac{\mathfrak{Q}_i}{a_{2\,i}\,b_i\,d_i\,G} = \left(\frac{\mathfrak{Q}_{0\,i}}{b_i\,d_i} + \frac{s_2}{d_i}\right)\frac{1}{a_{2\,i}\,G} = \varphi_2' = \text{konst.}, \qquad (\text{V},24)$$

wobei sich der Querschnitt um die zweite Grenzlage O_2 des Schubmittelpunktes dreht. Aus diesen Gln. (V,24) sind die beiden Unbekannten s_2 und φ_2' in Funktion von s_1'' zu bestimmen; unbekannt sind ferner auch die beiden Koordinaten des zweiten Schubmittelpunktes O_2, die wir jedoch mit Hilfe der Scheibenquerkräfte nach Gl. (V,18) auf anderem Wege (Querkraftsmittelpunkt) bestimmt haben. Bei Querschnitten mit mehr als vier Scheiben und besonders, wenn freie Flanschen vorhanden sind, sind im allgemeinen Fall die Elastizitätsbedingungen Gl. (V,24) nicht mehr für alle Einzelscheiben erfüllt.

Wir beheben die hier aufgetretene Schwierigkeit wie folgt: Zunächst wählen wir die Integrationskonstante C in der verallgemeinerten Gl. (V,9)

$$\tau\,d = -\int_{e_{i-1}}^{y_i} \sigma_z'\,dF + C$$

bei der Bestimmung der Scheibenquerkräfte $\mathfrak{Q}_{0\,i}$ derart, daß das Moment verschwindet:

$$\int^F \tau_0\,a_2\,dF = 0, \quad \text{bzw.} \quad \sum^F \mathfrak{Q}_{0\,i}\,a_{2\,i} = 0.$$

Multiplizieren wir nun Gl. (V,24) mit $a_{2\,i}^2\,b_i\,d_i$ und summieren über den ganzen Querschnitt (wobei in den freien Flanschen kein Schubfluß s_2 wirkt), so folgt

$$\underbrace{\sum^F \mathfrak{Q}_{0\,i}\,a_{2\,i}}_{=\,0} + s_2\underbrace{\sum^K a_{2\,i}\,b_i}_{=\,2F_m} = G\,\varphi_2'\sum^F a_{2\,i}^2\,b_i\,d_i. \qquad (\text{V},25)$$

Eine zweite abgeleitete Gleichung erhalten wir, indem wir Gl. (V,24) mit $a_{2\,i}\,b_i$ multiplizieren und über den geschlossenen Teil des Querschnittes summieren:

$$s_2\sum^K \frac{b_i}{d_i} + \sum^K \frac{\mathfrak{Q}_{0\,i}}{d_i} = G\,\varphi_2'\sum^K a_{2\,i}b_i \qquad (\text{V},26)$$

oder mit den Abkürzungen der Gl. (V,22)

$$\varphi_2' = \frac{s_2}{G\,\varPhi} + \frac{1}{2\,G\,F_m}\sum^K \frac{\mathfrak{Q}_{0\,i}}{d_i}. \qquad (\text{V},26\,\text{a})$$

Dabei ist das Vorzeichen der Scheibenquerkräfte $\mathfrak{Q}_{0\,i}$ selbstverständlich entsprechend dem Umlaufsinn zu berücksichtigen. Gl. (V,26) stellt die Elastizitätsbedingung für den überzähligen Schubfluß s_2 des geschlossenen Querschnittsteiles dar; sie stimmt grundsätzlich mit der entsprechenden Bedingung (V,17b) für die verdrehungsfreie Biegung ($\varphi' = 0$!) überein.

Die beiden Gln. (V,25) und (V,26) erlauben nun die Bestimmung der beiden Unbekannten s_2 und $G\,\varphi_2'$ in Funktion von s_1''. Damit ergibt sich der zweite Anteil T_2 des Torsionsmomentes zu

$$T_2 = \underbrace{\sum^F \mathfrak{Q}_{0\,i}\,a_{2\,i}}_{=\,0} + s_2\sum^K a_{2\,i}\,b_i = 2F_m\,s_2 = -c_T^2\cdot 2F_m\,s_1'', \qquad (\text{V},19\,\text{b})$$

wenn die Lösung der Gln. (V,25) und (V,26) in der Form $s_2 = -c_T^2 s_1''$ ausgedrückt wird. Damit folgt aus der Gleichgewichtsbedingung $T = T_1 + T_2$ die Differentialgleichung des Torsionsproblems zu

$$s_1 - c_T^2 s_1'' = \frac{T}{2 F_m} \quad \text{oder} \quad \boxed{T_1 - c_T^2 T_1'' = T}. \tag{V,27}$$

Da die Elastizitätsbedingung Gl. (V,24) nicht streng für jede Einzelscheibe erfüllt ist, treten aus dieser Unverträglichkeit Ergänzungskräfte $\Delta \mathfrak{Q}_i$ auf

$$\mathfrak{Q}_i + \Delta \mathfrak{Q}_i = G \varphi_2' a_{2i} b_i d_i,$$

die ein Gleichgewichtssystem bilden. Abb. V,24 zeigt ein Beispiel mit einem unsymmetrischen Kastenträger mit zwei Flanschen, wobei der Vollständigkeit halber auch der primäre Schubfluß s_1 sowie die Normalspannungen σ [Gl. (V,23)]

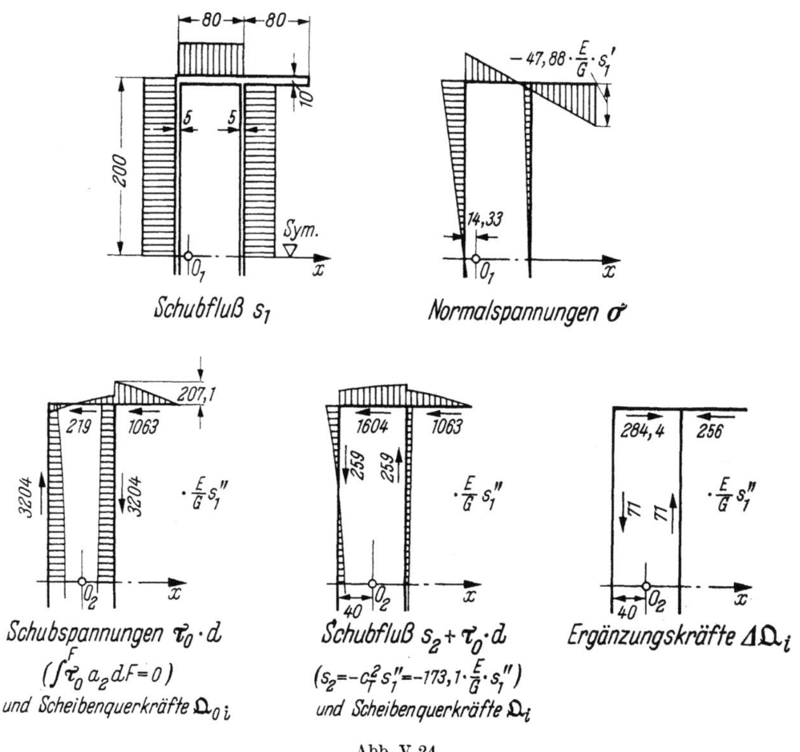

Abb. V,24.

und die entsprechenden Schubspannungen dargestellt sind. Da das Gleichgewichtssystem der Ergänzungskräfte die Verformungen des Stabes unter der getroffenen Voraussetzung von der Erhaltung der Querschnittsform nicht beeinflußt, darf die Aufgabe mit der Aufstellung der Differentialgleichung (V,27) als gelöst betrachtet werden.

Der sekundäre Torsionsanteil T_2 besitzt meistens ausgesprochen örtlichen Charakter; er ist Längsspannungen von nicht mehr vernachlässigbarer Größe nur an den Angriffsstellen konzentrierter Drehmomente M_d zugeordnet. Er ist somit mit der Biegung von Seilen kleiner Steifigkeit unter einer konzentrierten

Einzellast P vergleichbar und wir können aus Analogie zur Untersuchung dieses Falles (s. S. 225) bei genügender Länge des Kastenträgers mit $m_d = -T'$ aus Gl. (V,27) für die Angriffsstelle m von M_d den Wert

$$s'_{1m} = \frac{M_d}{4\,c_T\,F_m}$$

anschreiben, aus dem sich die Spannungen σ_m mit den aus den Gln. (V,23) bestimmten Verhältniszahlen ergeben. Ähnliche *Unstetigkeitsstellen* zeigen sich auch an den Trägerenden bei starrer Einspannung des Kastenträgers.

Bei stetig verteilten Drehmomenten m_d ist der sekundäre Torsionsanteil T_2 in der Regel unbedeutend, weil meist schon kleine Normalspannungen σ genügen, damit die Elastizitätsbedingung (V,21) erfüllt ist; die Normalspannungen σ spielen hier die Rolle einer kleinen Korrekturgröße gegenüber dem Fall der reinen Torsion nach den Gln. (V,19) und (V,20).

Wenn ein Kastenträger auch schubweiche *fachwerkförmige* Scheiben enthält, so verlängert sich die Störungszone, in der die Scheibenbelastungen stark von der Bredtschen Schubflußtorsion abweichen. In solchen Fällen, z. B. beim Torsionsverband einer Vollwandbrücke, ist eine genauere Untersuchung nach Gl. (V,27) notwendig.

Wenn die Elastizitätsbedingung von der Erhaltung der Querschnittsform im Bereich der Angriffsstelle konzentrierter Drehmomente nicht erfüllt ist (weiche Querverbände, usw.; vgl. auch Abschn. V,3a), so vermindern sich in der Regel die Normalspannungen σ. Auch dieses komplizierte Problem kann für einen bestimmten Lastfall in einem zusätzlichen Berechnungsgang durch entsprechende Korrekturen der Elastizitätsbedingungen Gln. (V,21) und (V,24) untersucht werden.

VI. Stabilitätsprobleme

1. Knicken

a) Knickvorgang und Knickbedingung

Als *Knicken* bezeichnen wir das Unstabilwerden eines ursprünglich geraden, zentrisch gedrückten Stabes durch *seitliches Ausbiegen*; die Ausbiegungsebene ist dabei normalerweise durch die Richtung der ersten Hauptschweraxe des Querschnittes $(J_1 = J_{max})$ bzw. durch die kleinste Biegungssteifigkeit $E\,J_2 = E\,J_{min}$ bestimmt. Voraussetzung dafür, daß dieses Biegeknicken gegenüber dem später zu besprechenden allgemeinen Fall der Instabilität des zentrisch gedrückten Stabes maßgebend sein kann, ist die Symmetrie des Querschnittes bezüglich der ersten Hauptschweraxe des Stabquerschnittes.

Wir betrachten in Abb. VI,1 mit einem beidseitig gelenkig gelagerten Stab zunächst den *Grundfall* dieses Biegeknickens. Erteilen wir diesem Stab eine beliebig kleine anfängliche Ausbiegung η_0, so entstehen infolge der Belastung P die Biegungsmomente M_0,

$$M_0 = P\,\eta_0,$$

die die anfängliche Ausbiegung η_0 um die zusätzliche Ausbiegung η_1 vergrößern. Der Zusammenhang zwischen M_0 und η_1 ist dabei durch die Differentialgleichung der elastischen Linie, bei als klein vorausgesetzten Formänderungen also durch

$$E\,J\,\eta_1'' + P\,\eta_0 = 0 \qquad\qquad \text{(VI,1)}$$

gegeben. Die zusätzlichen Ausbiegungen η_1 können durch ein Seilpolygon zur reduzierten Momentenfläche

$$\frac{P}{E\,J}\,\eta_0$$

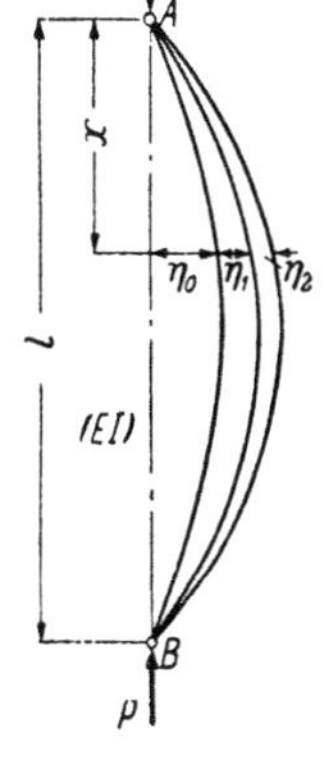

Abb. VI,1.

als Belastungsfläche bestimmt werden; an irgendeiner Stelle x des Stabes, z. B. in Stabmitte, erhalten wir dadurch die Ausbiegung η_1 in der Form

$$\eta_1 = \frac{P\,l^2}{c_1\,E\,J}\,\eta_0 = \alpha_1\,\eta_0.$$

Nun verursachen aber diese Ausbiegungen η_1 weitere Momente $M_1 = P\eta_1$, aus denen weitere zusätzliche Ausbiegungen η_2,

$$\eta_2 = \alpha_2\,\eta_1,$$

entstehen, die ihrerseits wiederum eine Vergrößerung der Ausbiegungen um η_3,

$$\eta_3 = \alpha_3\,\eta_2,$$

verursachen. Der Endwert η der Ausbiegungen kann somit angeschrieben werden zu

$$\eta = \eta_0 + \eta_1 + \eta_2 + \eta_3 + \cdots = \eta_0 + \alpha_1\,\eta_0 + \alpha_2\,\eta_1 + \alpha_3\,\eta_2 + \cdots$$
$$\eta = \eta_0(1 + \alpha_1 + \alpha_1\,\alpha_2 + \alpha_1\,\alpha_2\,\alpha_3 + \cdots).$$

Sind nun die anfängliche Ausbiegungslinie η_0 und die dadurch verursachte Biegungslinie η_1 ähnlich zueinander, so ist die Verhältniszahl α für alle Schnitte x des Stabes gleich groß und es muß in diesem Fall auch die Biegungslinie η_2 ähnlich zu η_1 und damit auch zu η_0 werden; es ist somit für diesen Fall, der der *Lösung des Stabilitätsproblems* entspricht,

$$\alpha_1 = \alpha_2 = \alpha_3 = \alpha_4 = \cdots = \alpha$$

und der Endwert η der Ausbiegung,

$$\eta = \eta_0(1 + \alpha + \alpha^2 + \alpha^3 + \cdots),$$

kann für $\alpha \leqq 1$ auch zu

$$\eta = \eta_0 \frac{1}{1 - \alpha} \tag{VI,2}$$

angeschrieben werden. Sobald die Verhältniszahl α den Wert 1 besitzt, wird die Endausbiegung η auch bei einer sehr kleinen anfänglichen Ausbiegung η_0 endliche Werte annehmen: *für $\alpha = 1$ knickt der Stab aus.* Wir nennen deshalb die Bedingung $\alpha = 1$ *die Knickbedingung.*

Führen wir diese Knickbedingung $\alpha = 1$ mit

$$\eta_0 = \eta_1 = \eta$$

in Gl. (VI,1) ein, so erhalten wir die *Differentialgleichung des untersuchten Knickproblems*:

$$\boxed{E\,J\,\eta'' + P\eta = 0}\,. \tag{VI,3}$$

Diese Gleichung ist eine Gleichgewichtsbedingung zwischen den inneren Momenten $M_i = E\,J\,\eta''$ des ausgebogenen Stabes mit der Steifigkeit $E\,J$ und den durch die äußere Belastung P während der Ausbiegung η verursachten äußeren Momenten $M_0 = P\,\eta$. Das Stabilitätsproblem ist ein *Gleichgewichtsproblem*; beim Erreichen der kritischen Last $P = P_{kr}$ kann gerade noch Gleichgewicht zwischen inneren und äußeren Momenten bestehen. Man drückt das auch etwa so aus, daß man sagt, die kritische Last sei durch den Übergang vom stabilen zum labilen Gleichgewicht gekennzeichnet; im labilen Zustand verursacht eine beliebig kleine Störung ein unaufhaltbares Ausweichen, d. h. das Ausknicken des Stabes. Die Differentialgleichung des Knickproblems kann auch als Gleichgewichtsbedingung zwischen den inneren elastischen Widerständen $(E\,J\,\eta'')''$ des Stabes und den äußeren Ablenkungskräften $P\,\eta''$ formuliert werden:

$$\boxed{(E\,J\,\eta'')'' + P\,\eta'' = 0}\,. \tag{VI,3a}$$

Bei dieser Form als Differentialgleichung vierter Ordnung können vier Randbedingungen, z. B. $\eta_A = \eta'_A = \eta_B = \eta'_B = 0$ bei einem beidseitig starr eingespannten Stab berücksichtigt werden. Gl. (VI,3a) stellt somit den allgemeinen Fall der Knickgleichung dar, während die Momentengleichgewichtsbedingung (VI,3) nur bei statisch bestimmt gelagerten Stäben direkt lösbar ist. Es ist allerdings in der Regel bequemer, Knickfälle von statisch unbestimmt gelagerten Stäben nicht durch die Lösung der Gleichung vierter Ordnung, sondern mit Hilfe der Gleichung zweiter Ordnung und Einführung eines statisch bestimmten Grundsystems zu lösen. Wir beschränken uns nachstehend denn auch auf die Lösung der Gl. (VI,3).

In *einfachen Fällen* kann die Lösung der Differentialgleichung (VI,3) direkt in geschlossener Form angeschrieben und damit die Größe der kritischen Last auf einfache Weise bestimmt werden. So wird beispielsweise für einen beidseitig gelenkig gelagerten Druckstab, $\eta_A = \eta_B = 0$, mit konstanter Steifigkeit EJ = konst. die Differentialgleichung (VI,3) durch die Lösung

$$\eta = \eta_0 \sin \frac{n\,\pi\,x}{l},$$

$$\eta'' = -\frac{n^2\,\pi^2}{l^2}\,\eta_0 \sin \frac{n\,\pi\,x}{l}$$

befriedigt, und wir erhalten durch Einsetzen den Wert von $P = P_{kr}$ zu

$$\boxed{P_{kr} = \frac{n^2\,\pi^2\,E\,J}{l^2}}. \tag{VI,4}$$

Der Stab kann in verschiedenen Formen oder mit verschiedenen Halbwellenzahlen n ausknicken (Abb. VI,2).

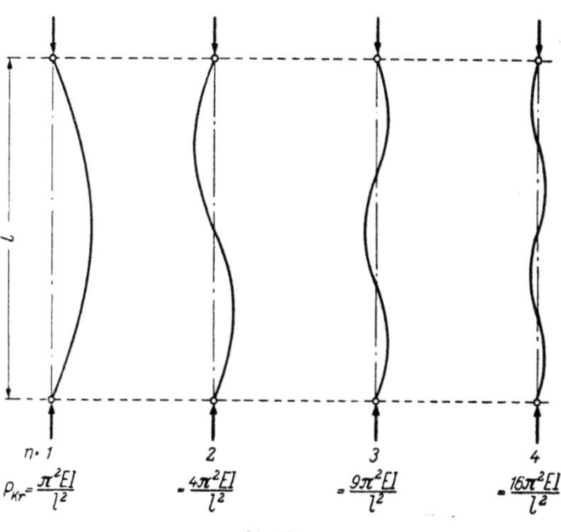

Abb. VI,2.

Die kleinste und damit maßgebende Knicklast ergibt sich für Ausknicken mit einer Halbwelle, $n = 1$:

$$\boxed{\min P_{kr} = \frac{\pi^2\,E\,J}{l^2}}. \tag{VI,4a}$$

Dies ist der Wert, der 1744 von LEONHARD EULER[1] gefunden worden ist; wir werden diesen Wert deshalb die *Eulersche Knicklast* nennen und, sofern eine Unterscheidung gegenüber anderen Knickfällen nötig ist, mit P_E bezeichnen.

b) Numerische Lösungen der Knickgleichung

In allgemeinen Fällen besteht bei der Lösung der Differentialgleichung (VI,3) die Schwierigkeit, daß für die Knickkurve η kein einfacher Lösungsansatz in geschlossener Form angegeben werden kann. Man ist deshalb entweder auf analytische Sonderverfahren (z. B. Reihenentwicklung) oder dann auf *numerische Verfahren* angewiesen. Wir beschränken uns hier darauf, die beiden grundsätzlichen Möglichkeiten von numerischen Lösungen aufzuzeigen.

Ein erster Weg besteht darin, daß wir die zu lösende Knickgleichung

$$\eta'' + \frac{P}{E\,J}\,\eta = 0$$

nach dem in Abschn. IV dargestellten Verfahren mit Hilfe der Seilpolygongleichung in ein dreigliedriges Gleichungssystem

$$-\eta_{m-1}(1 + \gamma) + \eta_m(2 - 10\gamma) - \eta_{m+1}(1 + \gamma) = 0$$

mit den entsprechenden Randbedingungen umsetzen. Die Lösungen γ

$$\gamma = \frac{P_{kr}}{E\,J}\,\frac{\Delta x^2}{12} \quad \text{bzw.} \quad P_{kr} = \gamma\,\frac{12\,E\,J}{\Delta x^2}$$

dieses homogenen Gleichungssystems sind durch das *Verschwinden der Vorzahlendeterminante* charakterisiert. Teilen wir beispielsweise die Länge l eines beidseitig gelenkig gelagerten Stabes, $\eta_A = \eta_B = 0$, mit konstanter Steifigkeit $E\,J$ in vier Teile Δx ein, so gelten unter Beachtung der Symmetrie die beiden Gleichungen

$$\eta_1(2 - 10\gamma) - \eta_m(1 + \gamma) = 0,$$
$$-\eta_1 \cdot 2(1 + \gamma) + \eta_m(2 - 10\gamma) = 0,$$

so daß durch Nullsetzen der Determinante sich die Bestimmungsgleichung für γ zu

$$(2 - 10\gamma)^2 - 2(1 + \gamma)^2 = 0$$

und daraus

$$\gamma = \frac{11 \pm 6\,\sqrt{2}}{49}$$

mit der maßgebenden kleinsten Wurzel

$$\gamma = 0{,}051\,321, \quad P_{kr} = 9{,}8536\,\frac{E\,J}{l^2}$$

und damit gegenüber der genauen Lösung ein Fehler von 0,16% ergibt. Die Ordinaten der Knickbiegungslinie entsprechen mit

$$\eta_1 = \frac{1 + \gamma}{2 - 10\gamma}\,\eta_m = \frac{1{,}051\,321}{1{,}48679}\,\eta_m = 0{,}707\,11\,\eta_m$$

in den berücksichtigten Teilpunkten der Sinuskurve.

---

[1] EULER, L.: Methodus inveniendi lineas curvas maximi minimive proprietate gaudentes sive solutio problematis isoperimetrici latissimo sensu accepti; Additamentum primum: De curvis elasticis. Lausannae et Genevae MDCCXLIV.

Wenn wir, um die Rechnung zu verfeinern, die Zahl der Intervalle Δx vergrößern, so wird die Berechnung der Determinante sehr rasch mühsam. Dann führt es rascher und bequemer zum Ziel, wenn wir das Gleichungssystem in der Form

$$-\eta_{m-1} + \frac{2 - 10\gamma}{1 + \gamma}\,\eta_m - \eta_{m+1} = 0$$

für zwei oder drei geschätzte Werte von γ nach dem Gaußschen Algorithmus durchreduzieren; die Determinante verschwindet dann, wenn die letzte reduzierte Vorzahl der Matrix Null wird. Daraus kann der gesuchte Wert von γ durch Interpolation, eventuell mit einer weiteren Kontrollrechnung bestimmt werden. Eine solche Berechnung ist nachstehend für die beiden Werte

$$\frac{2 - 10\gamma}{1 + \gamma} = 1{,}84 \quad \text{und} \quad 1{,}85$$

für 8 Teile Δx und unter Ausnützung der Symmetrie durchgeführt.

$$\frac{2 - 10\gamma}{1 + \gamma} = 1{,}84:$$

	η_1	η_2	η_3	η_m
1	1,84	-1		
2	-1	1,84	-1	
		1,29652	-1	
3		-1	1,84	-1
			1,06870	-1
m			-2	1,84
				$-0{,}03143$

$$\frac{2 - 10\gamma}{1 + \gamma} = 1{,}85:$$

	η_1	η_2	η_3	η_m
1	1,85	-1		
2	-1	1,85	-1	
		1,30946	-1	
3		-1	1,85	-1
			1,08633	-1
m			-2	1,85
				0,00894

Durch Interpolation (mit Hilfe einer nochmaligen Rechnung mit $\dfrac{2-10\gamma}{1+\gamma}$ $= 1{,}848$) finden wir

$$\frac{2-10\gamma}{1+\gamma} = 1{,}84776, \qquad \gamma = 0{,}0128497, \qquad P_{kr} = 9{,}86857\,\frac{E\,J}{l^2}$$

mit einem Fehler von $0{,}010\%$ gegenüber dem genauen Wert. Die Form der Knickkurve ergibt sich leicht aus dem reduzierten Gleichungssystem.

Ein zweiter Weg besteht darin, daß wir entsprechend der Gleichgewichtsbedingung (VI,1)

$$\eta_1'' = -\frac{P}{E\,J}\,\eta_0$$

die Form η_0 der Knickbiegungslinie schätzen und zur reduzierten Momentenfläche $\dfrac{P}{E\,J}\,\eta_0$ die Biegungslinie $\eta_1 = \alpha_1\,\eta_0$ als Seilpolygon berechnen; die Knickbedingung $\alpha = 1$ für irgendeine Stelle x, etwa für Stabmitte angeschrieben, liefert uns einen ersten Näherungswert P_{1kr}, wenn die beiden Kurven η_0 und η_1 einander nicht ähnlich sind. Wiederholen wir die Rechnung, ausgehend von der Form der Kurve η_1, so finden wir einen zweiten Näherungswert P_{2kr}, der schon wesentlich näher beim gesuchten genauen Wert der Knicklast liegt. Dieses Verfahren der sukzessiven Approximation ist zuerst von L. VIANELLO und F. ENGESSER in graphischer Form angegeben worden. Seine Leistungsfähigkeit beruht auf seiner guten Konvergenz; sowohl der Wert von P_{kr} als auch die Ausbiegungskurve η nähern sich normalerweise rasch den genauen Werten, d. h. den gesuchten Lösungen der Differentialgleichung (VI,3).

In der folgenden Tabelle ist eine solche Berechnung von P_{kr} für den Grundfall Abb. VI,1 mit $E\,J = \text{konst.}$, ausgehend von einer quadratischen Parabel als geschätzter Ausgangskurve η_0, durchgeführt; die Stablänge l ist dabei in 8 Teile Δx eingeteilt worden und wegen der Symmetrie braucht die Rechnung nur für eine Stabhälfte durchgeführt zu werden. Die Knotenlasten der stetigen Belastungsfunktion $P\,\eta_0/E\,J$ sind nach der *Parabel*formel, Gl. (IV,16c), berechnet. Die Tabelle ist sonst analog zur Tabelle auf S. 215 aufgestellt.

Kn. pkt.	η_0	$K\left(\dfrac{P\,\eta_0}{E\,J}\right)$	$Q\left(\dfrac{P\,\eta_0}{E\,J}\right)$	η_1	$\dfrac{\eta_1}{\eta_{1m}}$	$\sin\dfrac{\pi x}{l}$
A	0			0	0	0
			31,0625			
1	0,4375	5,125		31,0625	0,38828	0,32868
			25,9375			
2	0,7500	8,875		57,0000	0,71250	0,70711
			17,0625			
3	0,9375	11,125		74,0625	0,92578	0,92388
			5,9375			
m	1,0000	$2 \cdot 5{,}9375$		80,0000	1,00000	1,00000
	$\times\,\eta_{0m}$	$\times\,\dfrac{\Delta x}{12}\,\dfrac{P}{E\,J}\,\eta_{0m}$	$\times\,\dfrac{\Delta x^2}{12}\,\dfrac{P}{E\,J}\,\eta_{0m}$			

Für Stabmitte ist somit

$$\eta_{1\,m} = 80{,}000\,\frac{\varDelta x^2}{12}\,\frac{P}{E\,J}\,\eta_{0\,m} = \frac{80{,}00}{12\cdot 8^2}\,\frac{P\,l^2}{E\,J}\,\eta_{0\,m} = \alpha_{1\,m}\,\eta_{0\,m}$$

aus der Knickbedingung $\alpha_{1\,m} = 1$ folgt

$$P_{1kr} = \frac{768}{80{,}00}\,\frac{E\,J}{l^2} = 9{,}60\,\frac{E\,J}{l^2}$$

mit einem Fehler von 2,73% gegenüber der genauen Lösung. Die zweitletzte Kolonne der Tabelle zeigt, daß sich die Kurve η_1 schon recht gut der Sinuskurve, die ja die Lösung der Differentialgleichung (VI,3) für diesen Fall darstellt, angenähert hat. Die Wiederholung der Berechnung, ausgehend von den Werten $\eta_1/\eta_{1\,m}$ als anfängliche Ausbiegung liefert denn auch die Knicklast P_{kr} schon mit einem Fehler von nur noch 0,34%, während eine weitere Wiederholung die Knicklast schon auf 0,04% genau liefern würde.

Das Verfahren ist selbstverständlich auch bei beliebigem Verlauf der Steifigkeit $E\,J$ in gleicher Form anwendbar; bei sprunghafter Änderung der Steifigkeit ist die Einteilung der Stablänge in Felder $\varDelta x$ entsprechend vorzunehmen. Dabei braucht $\varDelta x$ nicht etwa über die ganze Stablänge gleich groß gewählt zu werden; es genügt, wenn Doppelfelder gleicher Feldweite vorhanden sind. Als Beispiel für einen solchen Fall sei die kritische Belastung für den in Abb. VI,3 skizzierten Stab mit sprunghaft veränderlicher Steifigkeit berechnet.

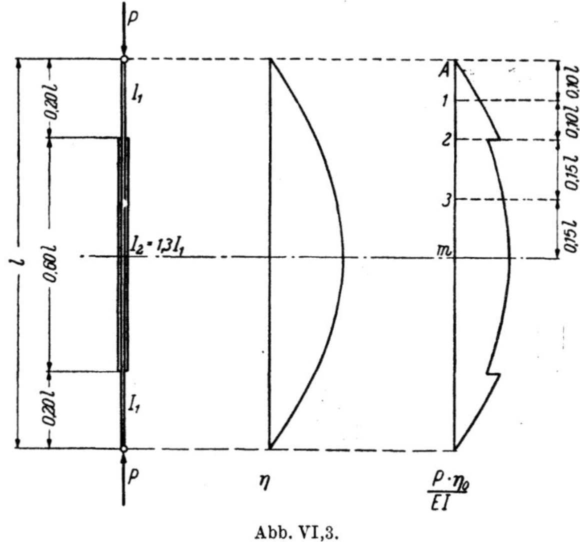

Abb. VI,3.

Eine Besonderheit besteht hier somit bei der Ermittlung der Knotenlast $K_2\!\left(\dfrac{P\,\eta_0}{E\,J}\right)$, wofür wir die Parabelformel für den Endpunkt eines Doppelfeldes [Gl. (IV,16a)] beiziehen:

$$K_2\!\left(\frac{P\,\eta_0}{E\,J}\right) = \frac{P\,l}{24}\left(0{,}10\,\frac{6\eta_1 + 7\eta_2}{E\,J_1} + 0{,}15\,\frac{7\eta_2 + 6\eta_3 - \eta_m}{1{,}3\,E\,J_1}\right).$$

Die Berechnung ist in der nachstehenden Tabelle durchgeführt.

	η_0	$\dfrac{M}{EJ}$	$K\left(\dfrac{M}{EJ}\right)$	$Q\left(\dfrac{M}{EJ}\right)$	η_1	$\dfrac{\eta_1}{\eta_{1m}}$
A	0	0			0	0
				3,0742		
1	0,3191	0,3191	0,3790		0,3074	0,3191
				2,6952		
2	0,5988	$\dfrac{0,5988}{0,4606}$	$\dfrac{0,3053}{0,4936}$		0,5769	0,5988
				1,8963		
3	0,8941	0,6878	1,2162		0,8614	0,8941
				0,6801		
m	1,0000	0,7692	0,6801		0,9634	1,0000
	$\times\,\eta_{0m}$	$\times\,\dfrac{P\,\eta_{0m}}{EJ_1}$	$\times\,\dfrac{P\,l}{12\,EJ_1}\,\eta_{0m}$		$\times\,\dfrac{P\,l^2}{12\,EJ_1}\,\eta_{0m}$	

$$\alpha = 1: \quad P_{kr} = \frac{12\,E\,J_1}{0,9634\,l^2} = 12{,}456\,\frac{E\,J_1}{l^2} = 9{,}582\,\frac{E\,J_2}{l^2}\,.$$

Das Verfahren der sukzessiven Approximation mit Schätzung einer Ausgangskurve η_0 ist normalerweise bequemer als das Verfahren mit Nullsetzen der Determinante, wenigstens immer dann, wenn die Konvergenz aufeinander folgender Rechnungsgänge gut ist. Bei den nachstehend untersuchten Stabilitätsproblemen soll deshalb das anschaulichere Approximationsverfahren verwendet werden.

Statisch unbestimmt gelagerte Stäbe

Das gleiche Verfahren der Lösung der Differentialgleichung zweiter Ordnung [Gl.(VI,3)] durch sukzessive Approximation ist auch bei statisch unbestimmt gelagerten Stäben anwendbar, nur ist die Berechnung auf ein statisch bestimmtes Grundsystem zu beziehen. Ein solcher Fall sei an Hand von Abb. VI,4 mit einem einseitig starr eingespannten Stab besprochen.

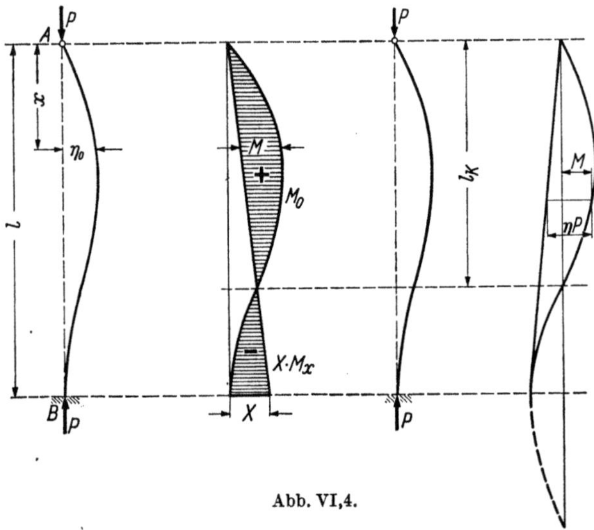

Abb. VI,4.

Das Moment M_0,

$$M_0 = P\,\eta_0,$$

bedeutet hier das äußere Moment im statisch bestimmten Grundsystem mit beidseitig gelenkiger Lagerung, dem zur Erfüllung der Elastizitätsbedingung

$$a_1 = \eta_B' = a_{11}\,X + a_{10} = 0$$

die Wirkung der überzähligen Größe X,

$$X = -\frac{a_{10}}{a_{11}},$$

mit der Momentenfläche $X\,M_X$ zu überlagern ist. Aus der resultierenden Momentenfläche M,

$$M = M_0 + X\,M_X,$$

ergibt sich die gesuchte Biegungslinie η_1

$$\eta_1 = \alpha\,\eta_0,$$

in normaler Weise als Seilpolygon, worauf die Knickbedingung $\alpha = 1$, für irgendeine Stelle x des Stabes angeschrieben, die Knicklast P_{kr} liefert. Die Zahlenrechnung ist in der nachstehenden Tabelle für einen Stab mit konstanter Steifigkeit,
$EJ = \mathrm{const}$, mit den notwendigen Ergänzungen durchgeführt.

	η_0	K_0	Q_0	$-Q_x$	$X\,Q_x$	Q	η_1	$\dfrac{\eta_1}{\eta_{14}}$
A	0						0	0
			37,328	−19,8	−14,162	23,166		
1	0,3898	4,614					23,166	0,3898
			32,714	−18,6	−13,304	19,410		
2	0,7164	8,483					42,576	0,7164
			24,231	−16,2	−11,588	12,643		
3	0,9292	11,008					55,219	0,9292
			13,223	−12,6	− 9,013	4,210		
4	1,0000	11,858					59,429	1,0000
			1,365	− 7,8	− 5,579	− 4,214		
5	0,9291	11,036					55,215	0,9291
			− 9,671	− 1,8	− 1,288	−10,959		
6	0,7447	8,874					44,256	0,7447
			−18,545	5,4	3,862	−14,683		
7	0,4976	5,972					29,573	0,4976
			−24,517	13,8	9,871	−14,646		
8	0,2512	3,078					14,927	0,2512
			−27,595	23,4	16,737	−10,858		
9	0,0685	0,936					4,069	0,0685
			−28,531	34,2	24,462	− 4,069		
B	0	0,080					0	0
			(28,6112)	(40,0)				
	$\times\,\eta_{04}$	$\times\dfrac{\Delta x}{12}\dfrac{P}{EJ}\eta_{04}$		$\dfrac{\Delta x}{12\,EJ}$	$\dfrac{\Delta x}{12}\dfrac{P}{EJ}\eta_{04}$		$\times\dfrac{\Delta x^2}{12}\dfrac{P}{EJ}\eta_{04}$	

Die Verschiebungsgrößen a_{10} und a_{11} der Elastizitätsbedingung werden als Auflagerkräfte Q_B der Knotenlasten $K\,(M/EJ)$ bestimmt,

$$a_{10} = Q_{0B} = \frac{1}{l} \sum_A^B K_0 \left(\frac{M}{EJ}\right) x,$$

$$a_{11} = Q_{XB} = \frac{1}{l} \sum_A^B K_X \left(\frac{M}{EJ}\right) x;$$

damit wird

$$X = \frac{28,6112}{40,00} P\,\eta_{04} = 0,715\,28\,P\,\eta_{04},$$

und daraus können direkt die Querkräfte Q

$$Q = Q_0 + X\,Q_X,$$

bestimmt werden, aus denen sich die gesuchten Durchbiegungen η_1 zu

$$\eta_1 = \sum Q\,\Delta x,$$

ergeben. Die Stabilitätsbedingung $\eta_1 = \eta_0$ liefert die kritische Last P_{kr} zu

$$\boxed{P_{kr} = \frac{12\,EJ}{59,429\,\Delta x^2} = \frac{1200\,EJ}{59,429\,l^2} = 20,19\,\frac{EJ}{l^2}}.$$

Die Knicklänge l_k

Für die praktische Bemessung ist es bequem, den Wert der Knicklast P_{kr} auf übersichtliche Weise mit der Knicklast des beidseitig gelenkig gelagerten Stabes (Grundfall) durch Einführung der *Knicklänge* l_k vergleichen zu können. Wir setzen deshalb für den untersuchten einseitig eingespannten Stab (Abb. VI,4)

$$20,19\,\frac{EJ}{l^2} = \pi^2 \frac{EJ}{l_k^2}$$

und finden damit

$$l_k = \frac{\pi\,l}{\sqrt{20,19}} = 0,699\,l.$$

Die Bedeutung dieser Knicklänge l_k ist in Abb. VI,4 veranschaulicht.

Bei statisch unbestimmt gelagerten Stäben konstanter Steifigkeit ist die *Momentenfläche* M (und nicht mehr notwendigerweise die Ausbiegungslinie η) durch eine Sinuskurve mit der Halbwellenlänge l_k begrenzt; so ist für den einseitig eingespannten Stab

$$M = P\,\eta - X\frac{x}{l} = P\,\eta_m \sin\frac{\pi x}{l_k}$$

und damit

$$\eta = \eta_m \sin\frac{\pi x}{l_k} + \frac{X}{P\,l}\,x.$$

Aus den beiden Randbedingungen für $x = l$:

$$\eta_{x=l} = 0 = \eta_m \sin\frac{\pi l}{l_k} + \frac{X}{P}$$

und

$$\eta'_{x=l} = 0 = \frac{\pi}{l_k}\eta_m \cos\frac{\pi l}{l_k} + \frac{X}{Pl}$$

folgt die Lösung

$$\boxed{\frac{\pi l}{l_k} = \operatorname{tg}\frac{\pi l}{l_k}}\,,$$

die die Werte

$$\frac{\pi l}{l_k} = 4,4934\,,\qquad \frac{l_k}{l} = 0,6992\,,\qquad P_{kr} = 20,191\,\frac{E J}{l^2}$$

in Übereinstimmung mit der numerischen Untersuchung (s. Tabelle S. 313) liefert.

Durch den Begriff der Knicklänge wird es möglich, alle Stäbe gleicher konstanter Steifigkeit einheitlich durch die Eulersche Knickformel Gl. (VI,4a) zu erfassen:

$$\boxed{P_{kr} = \frac{\pi^2 E J}{l_k^2}}\,. \tag{VI,4b}$$

In Abb. VI,5 sind die wichtigsten Lagerungsarten des Knickstabes konstanter Steifigkeit $E J$ und die entsprechenden Werte von P_{kr} und l_k zusammengestellt.

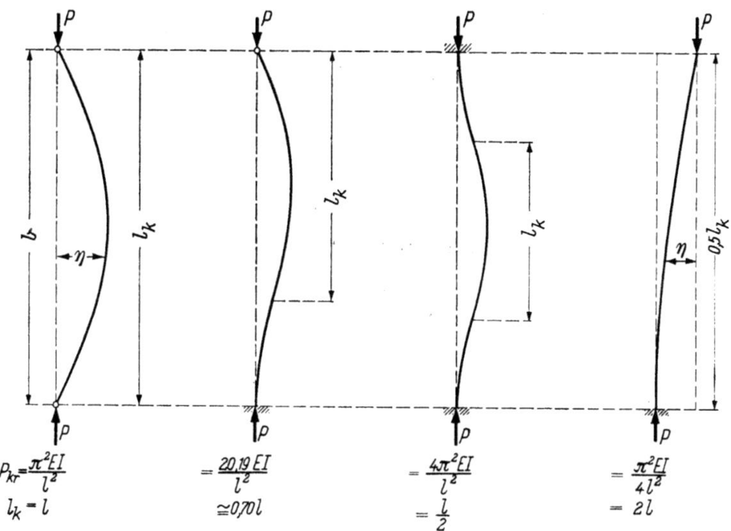

Abb. VI,5.

Es ist selbstverständlich, daß auch die Verteilung der Biegungssteifigkeit $E J$ die Größe der Knicklast P_{kr} beeinflußt; um somit bei Stäben veränderlicher Steifigkeit die Knicklast in der einfachen Form der Gl. (VI,4b) angeben zu können, muß die Berechnung auf einen Vergleichswert $E J_c$ der Steifigkeit bezogen werden:

$$P_{kr} = \frac{\pi^2 E J_c}{l_k^2}\,;$$

der Verlauf von EJ und die Größe von EJ_c beeinflussen dann die Knicklänge l_k. So ist für das Beispiel von Abb. VI,3 mit

$$J_c = J_1: \quad l_k = 0{,}890\,l$$

und für

$$J_c = J_2: \quad l_k = 1{,}015\,l.$$

Einfluß der Schubspannungen

Wir haben bis jetzt in der Knickgleichung (VI,3) mit

$$\eta'' = -\frac{P\,\eta}{E\,J}$$

nur den Einfluß der Biegungsmomente $P\,\eta$ auf die Größe der Ausbiegungen η berücksichtigt; grundsätzlich werden die Durchbiegungen jedoch auch durch die Querkräfte $Q = P\,\eta'$ beeinflußt:

$$\eta'' = -\frac{P\,\eta}{E\,J} + \left(\frac{P\,\eta'}{G\,F'}\right)',$$

wobei G den Schubmodul und $F' = \varkappa F$ den für die Schubverformung maßgebenden reduzierten Querschnitt bedeutet. Für eine sinusförmige anfängliche Ausbiegung η_0 wird für den Grundfall des beidseitig gelenkig gelagerten Stabes mit konstantem Querschnitt

$$\eta_1 = \left(\frac{P\,l^2}{\pi^2\,E\,J} + \frac{P}{G\,F'}\right)\eta_0 = \alpha\,\eta_0,$$

und aus der Knickbedingung $\alpha = 1$ folgt

$$P_{kr} = \frac{1}{\dfrac{l^2}{\pi^2\,E\,J} + \dfrac{1}{G\,F'}} = \frac{1}{\dfrac{1}{P_E} + \dfrac{1}{G\,F'}} = \frac{P_E}{1 + \dfrac{P_E}{G\,F'}}.$$

Die Knicklast wird gegenüber der Euler-Last P_E im Verhältnis

$$\frac{G\,F'}{G\,F' + P_E}$$

verkleinert.

Für einen Stab mit *Rechteckquerschnitt*, $F' = {}^5/_6 F$, ist mit

$$\frac{E}{G} = \frac{8}{3}, \quad \lambda^2 = \frac{l^2}{i^2} = \frac{l^2\,F}{J}$$

der Verhältniswert

$$\frac{G\,F'\,l^2}{G\,F'\,l^2 + \pi^2\,E\,J} = \frac{3\,\dfrac{5}{6}\,l^2}{3\,\dfrac{5}{6}\,l^2 + \pi^2\cdot 8\,i^2} = \frac{5\,\lambda^2}{5\,\lambda^2 + 16\,\pi^2} = \frac{\lambda^2}{\lambda^2 + 31{,}6};$$

für $\lambda = 110$ wird beispielsweise

$$\frac{\lambda^2}{\lambda^2 + 31{,}6} = \frac{12\,100}{12\,131{,}6} = 0{,}9974$$

oder der Einfluß der Schubspannungen vermindert die Knicklast um $0{,}26\%$.

Bei einem Stab mit $\mathbf{I}$-*Querschnitt* $F' = F_{St} \cong {}^1/_3\,F$ beträgt der Einfluß mit

$$\frac{G\,F'}{G\,F' + P_E} = \frac{\lambda^2}{\lambda^2 + 79}$$

für $\lambda = 110$ rd. $0{,}65\%$.

Bei schlanken Stäben mit vollem Querschnitt, bei denen ja auch der Einfluß der Querkräfte auf die Durchbiegungen klein ist, ist auch die Verminderung der Knicklast durch die Schubverformungen vernachlässigbar klein. Anders liegen die Verhältnisse beim Rahmenstab, der normalerweise aus zwei Gurtstäben mit Hilfe von Bindeblechen zusammengesetzt ist und auf den wir später (Abschn. VI,1h) zurückkommen werden.

c) Energiemethoden

Mit der Stabilitätsbedingung $\alpha = 1$ erfassen wir den Gleichgewichtszustand $M_i + M_a = 0$ nur an einer einzigen Stelle x des Stabes; durch eine Energiebetrachtung dagegen können wir den Formänderungszustand η des ganzen Stabes erfassen und deshalb die kritische Belastung P_{kr} auch bei nur näherungsweise bekannter Ausbiegung η wesentlich genauer bestimmen als mit der Bedingung $\alpha = 1$. Darin liegt der Vorzug solcher Energiebetrachtungen, wie sie besonders von S. TIMOSHENKO[1] entwickelt und in die Theorie der Stabilitätsprobleme eingeführt worden sind.

Wir betrachten die Energieverhältnisse beim Knickvorgang eines beidseitig gelenkig gelagerten Stabes (Abb. VI,6).

Durch die Ausbiegung η wird im Stab, wie in einer gespannten Feder, Energie A_i aufgespeichert, deren Betrag der bei der Formänderung aufgewendeten Formänderungsarbeit gleich sein muß:

$$A_i = \frac{1}{2}\int\limits_0^l M\,\eta''\,dx,$$

woraus mit

$$M = -E\,J\,\eta''$$

folgt

$$A_i = -\frac{1}{2}\int\limits_0^l E\,J\,\eta''^{\,2}\,dx.$$

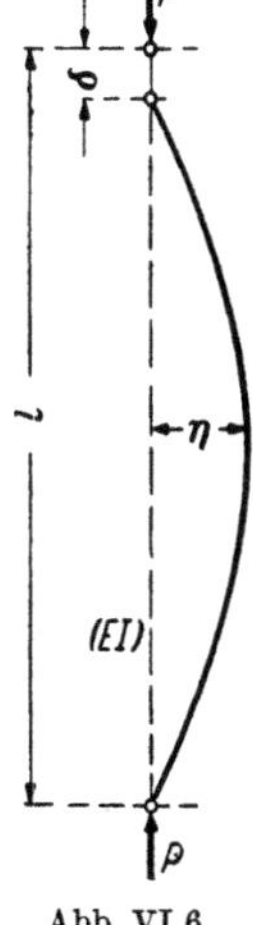

Abb. VI,6.

Gleichzeitig verliert die Last P den Betrag A_p an potentieller Energie, weil sich ihr Angriffspunkt um die Strecke δ, die dem Unterschied zwischen Kurvenlänge und Sehnenlänge entspricht, senkt:

$$A_p = P\,\delta = P\!\int\limits_0^l \left(\sqrt{1 + \eta'^{\,2}} - 1\right) dx;$$

weil $\eta'^{\,2}$ klein ist gegen eins, wird

$$\sqrt{1 + \eta'^{\,2}} = 1 + \frac{\eta'^{\,2}}{2}$$

---

[1] TIMOSHENKO, S.: Sur la stabilité des systèmes élastiques. Ann. Ponts Chauss. 1913, — TIMOSHENKO, S., GERE, J. M.: Theory of Elastic Stability, New York 1961.

und

$$A_p = \frac{1}{2} P \int_0^l \eta'^2 \, dx.$$

Ein Energiegewinn durch das Ausknicken ist unmöglich, ein Energieverlust nur durch die Zerstörung des Stabes; für den Knickbeginn oder den Grenzfall der kritischen Last muß die Energiesumme gerade noch erhalten bleiben und die im ausgebogenen Stab aufgespeicherte Formänderungsenergie A_i und der Verlust A_p an potentieller Energie müssen sich aufheben:

$$A_i + A_p = 0 = -\frac{1}{2} \int_0^l E J \eta''^2 \, dx + P_{kr} \frac{1}{2} \int_0^l \eta'^2 \, dx$$

oder

$$\boxed{P_{kr} = \frac{\displaystyle\int_0^l E J \eta''^2 \, dx}{\displaystyle\int_0^l \eta'^2 \, dx}} \qquad\qquad (VI,5)$$

Falls die Form der Ausbiegungskurve η nicht genau der Lösung der Differentialgleichung des Knickproblems entspricht, erhalten wir für P_{kr} nicht den genauen, sondern nur einen angenäherten Wert. Da eine Ungenauigkeit in der Form der geschätzten Kurve η gleichbedeutend ist mit einer gewissen willkürlichen Festhaltung des Stabes oder mit einer Vergrößerung seiner Steifigkeit $E J$, kennen wir auch das Vorzeichen des Fehlers der berechneten kritischen Last: durch eine Energiebetrachtung erhalten wir P_{kr} stets etwas zu groß.

Für eine baustatische Verwendung ist allerdings die Form der Gl. (VI,5) noch etwas unbequem, weil wir hier gewohnt sind, mit Funktionen η (Seilpolygonordinaten) und ihren zweiten Ableitungen η'' (Belastungen) zu rechnen; die ungeraden Ableitungen η' sind als Nebenfunktionen weniger bequem erfaßbar. Wir suchen deshalb eine zu Gl. (VI,5) analoge baustatische Ausdrucksweise, indem wir von der Gleichgewichtsbedingung

$$M_i + M_a = 0$$

ausgehen. Wenn innere und äußere Momente miteinander im Gleichgewicht sind, so müssen sich auch die durch sie verursachten Formänderungsarbeiten während der Stabkrümmungen η'' aufheben:

$$A_i + A_a = 0 = \frac{1}{2} \int_0^l M_i \eta'' \, dx + \frac{1}{2} \int_0^l M_a \eta'' \, dx.$$

Setzen wir[1]

$$M_i = E J \eta'', \qquad M_a = P \eta$$

---

[1] Unter η ist somit in allgemeinen Fällen nicht die eigentliche seitliche Auslenkung, sondern der Ausdruck M_a/P zu verstehen. Bei einem unten eingespannten und oben freien Stab, z. B., bedeutet η die in der Abb. VI,5 rechts bezeichnete Verformung.

ein, so wird

$$P_{kr} = -\ \frac{\int_0^l E\,J\,\eta''^2\,dx}{\int_0^l \eta\,\eta''\,dx}$$

(VI,6a)

oder auch

$$P_{kr} = -\ \frac{\int_0^l \dfrac{M_i^2}{E\,J}\,dx}{\int_0^l \eta\,\dfrac{M_i}{E\,J}\,dx}\ .$$

(VI,6b)

Die Arbeitsgleichungen (VI,6) sind gleichbedeutend mit der Energiegleichung (VI,5), jedoch bequemer für die baustatische Anwendung.

Es ist nun naheliegend, die Arbeitsgleichungen (VI,6) in *Kombination* mit dem direkten Verfahren (Knickbedingung $\alpha = 1$) anzuwenden. Aus einer angenommenen, mit den Randbedingungen verträglichen Kurve η_0 wird mit[1]

$$\eta_1'' = -\ \frac{P\,\eta_0}{E\,J} = \frac{M_i}{E\,J}$$

die Ausbiegung η_1 berechnet. Aus der Knickbedingung $\alpha = 1$ (z.B. für Stabmitte) erhalten wir einen ersten und mit den Werten $\eta'' = \eta_1''$ bzw. M_i und $\eta = \eta_1$ mit Gl. (VI,6) einen zweiten besseren Näherungswert. Aus dem Vergleich der beiden Näherungswerte für P_{kr} erkennen wir, ob die Annahme von η_0 genügend genau mit der richtigen Lösung übereinstimmt oder ob eine zweite Rechnung, ausgehend von η_1 durchgeführt werden muß. Da wir wissen, daß der zweite Näherungswert etwas zu groß sein muß, können wir meist einen noch genaueren Wert von P_{kr} aus den beiden Näherungswerten schon des ersten Rechnungsganges abschätzen.

In der folgenden Tabelle ist die Berechnung von P_{kr} nach Gl. (VI,6) als Ergänzungsberechnung zur Tabelle S. 310 durchgeführt. Wesentlich ist, daß die berechnete Kurve $\eta = \eta_1$ schon eine wesentlich bessere Annäherung an die genaue Lösungskurve darstellt, als die geschätzte Kurve η_0.

Kn.-Pkt.	$-\eta''$	η	$-\eta\,\eta''$	η''^2
A	0	0	0	0
1	0,4375	31,0625	13,5898	0,19141
2	0,7500	57,0000	42,7500	0,56250
3	0,9375	74,0625	69,4336	0,87891
m	1,0000	80,0000	80,0000	1,00000
	$\times\ \dfrac{P}{E\,J}\,\eta_{0\,m}$	$\times\ \dfrac{P\,\Delta x^2}{12\,E\,J}\,\eta_{0\,m}$	$\dfrac{\Delta x^2}{12}\left(\dfrac{P}{E\,J}\right)^2 \eta_{0\,m}^2$	$\left(\dfrac{P}{E\,J}\right)^2 \eta_{0\,m}^2$

---

[1] Unter η_0 ist, analog η in der Fußnote S. 318, verallgemeinert der Ausdruck $-M_i/P$ zu verstehen.

Wir bestimmen zunächst aus den von der Tabelle S. 310 übernommenen Werten η'' und η der ersten beiden Kolonnen die Werte $\eta\,\eta''$ und η''^2 der beiden letzten Kolonnen, aus denen wir mit Hilfe der Simpsonschen Regel die Integrale

$$\int_0^l \eta\,\eta''\,dx = -\frac{\Delta x}{3}\,2 \cdot 497{,}5936\,\frac{\Delta x^2}{12}\,\eta_{0\,m}^2\left(\frac{P}{E\,J}\right)^2$$

und

$$\int_0^l \eta''^2\,dx = \frac{\Delta x}{3}\,2 \cdot 6{,}40628\,\eta_{0\,m}^2\left(\frac{P}{E\,J}\right)^2$$

berechnen; daraus erhalten wir den gesuchten verbesserten Näherungswert P_{2kr} der kritischen Last zu

$$P_{2kr} = \frac{6{,}40628 \cdot 12 \cdot 8^2}{497{,}5936}\,\frac{E\,J}{l^2} = 9{,}8876\,\frac{E\,J}{l^2},$$

der gegenüber der genauen Lösung nur noch einen Fehler von 0,18% aufweist.

Ein Vergleich mit der direkten Methode zeigt nun, daß wir in der Schreibweise der Gl. (VI,6) die Knickbedingung $\alpha = 1$ auch in der Form

$$P_{kr} = -\frac{E\,J\,\eta''}{\eta} = -\frac{M_i}{\eta} \tag{VI,7a}$$

anschreiben können; die Berechnung nach Gl. (VI,6) beruht gegenüber der direkten Methode darauf, daß wir ein gewogenes Mittel bilden, woraus die wesentlich bessere Genauigkeit erklärlich ist. Wir könnten ohne weiteres auch ein gewöhnliches Mittel bilden,

$$P_{kr} = -\frac{\displaystyle\int_0^l E\,J\,\eta''\,dx}{\displaystyle\int_0^l \eta\,dx} = -\frac{\displaystyle\int_0^l M_i\,dx}{\displaystyle\int_0^l \eta\,dx}; \tag{VI,7b}$$

für den untersuchten Fall würden wir damit

$$P_{kr} = 9{,}9984\,\frac{E\,J}{l^2}$$

oder einen Fehler von 1,3% erhalten.

Es ist nun selbstverständlich auch ohne weiteres möglich, die *Formänderungsarbeiten mit den äußeren Momenten* M_a infolge $P = 1$ zu bilden; wir erhalten dann sinngemäß

$$\boxed{\;P_{kr} = -\frac{\displaystyle\int_0^l E\,J\,\eta''\,\eta\,dx}{\displaystyle\int_0^l \eta^2\,dx} = -\frac{\displaystyle\int_0^l \frac{M_i\,M_a}{E\,J}\,dx}{\displaystyle\int_0^l \eta\,\frac{M_a}{E\,J}\,dx}\;}. \tag{VI,6c}$$

Es zeigt sich, daß diese Form der Energiebetrachtung bei nicht genau bekannter Form der Ausbiegungskurve η genauer ist als die Gln. (VI,6a) und (VI,6b), weil entsprechend unserem Rechnungsverfahren $\eta = \eta_1$ schon die bessere Annäherung an die genaue Lösung darstellt als $\eta = \eta_0$. Für das untersuchte Zahlenbeispiel ergibt sich so

$$P_{2kr} = 9,8751 \, \frac{E J}{l^2}$$

mit einem Fehler von nur noch $0,056\%$ gegenüber $0,18\%$.

Mit den Gln. (VI,6) und (VI,7) ist grundsätzlich auch der Einfluß der Querkräfte leicht zu berücksichtigen, indem im Nenner die mit Berücksichtigung der Schubverformung berechnete Durchbiegung η eingesetzt wird.

Bei der Bestimmung der kritischen Last von statisch bestimmt gelagerten Stäben kommen in Zähler und Nenner der Gln. (VI,6) die bestimmten Integrale von ähnlichen Kurven vor; dies ist deshalb vorteilhaft, weil sich damit eventuelle Fehler in der numerischen Integration (Flächenberechnung) mit Hilfe der Simpsonschen Regel herausheben. Bei *statisch unbestimmt gelagerten Stäben* (vgl. z. B. Abb. VI,4) besteht diese Ähnlichkeit zwischen M_i und M_a nicht mehr, und es können sich deshalb gewisse Ungenauigkeiten in der Flächenberechnung im Ergebnis bemerkbar machen. Es ist deshalb angezeigt, Gl. (VI,6b) mit Hilfe des Reduktionssatzes in der Form

$$P_{kr} = - \frac{\displaystyle\int_0^l M_{0i} \frac{M_i}{E J} \, dx}{\displaystyle\int_0^l \eta \frac{M_i}{E J} \, dx} = - \frac{\displaystyle\int_0^l M_{0i} \frac{M_a}{E J} \, dx}{\displaystyle\int_0^l \eta \frac{M_a}{E J} \, dx} \qquad \text{(VI,6d)}$$

anzuschreiben und zu verwenden; damit ist die Ähnlichkeit der Kurven in Zähler und Nenner wiederhergestellt.

Nach dem bekannten Reduktionssatz der Baustatik ist nämlich

$$\int_0^l \frac{M_i \, M_k}{E J} \, ds = \int_0^l \frac{M_{0i} \, M_k}{E J} \, ds = \int_0^l \frac{M_i \, M_{0k}}{E J} \, ds;$$

d. h., es darf bei der Berechnung von Formänderungen von statisch unbestimmten Systemen mit der Arbeitsgleichung entweder der Verschiebungszustand oder der Belastungszustand an einem statisch bestimmten Grundsystem eingeführt werden.

d) Die Knickspannungslinie und der unelastische Knickbereich

Die Eulersche Knickspannungslinie

Bei den Festigkeitsproblemen vergleichen wir im Spannungsnachweis die vorhandenen spezifischen Spannungen σ_{vorh} und τ_{vorh} mit den zulässigen Beanspruchungen. Es liegt im Sinne einer einheitlichen Darstellung des Spannungsnachweises nahe, auch bei den Stabilitätsproblemen nicht die kritische Last P_{kr}, sondern die *kritische Spannung* σ_{kr} als Grundlage der Bemessung zu verwenden. Für den Knickstab ist

$$\sigma_{kr} = \frac{P_{kr}}{F} = \frac{\pi^2\, E\, J}{l_k^2\, F}.$$

Führen wir den *Schlankheitsgrad* λ,

$$\lambda = \frac{l_k}{i}$$

ein, indem wir die Knicklänge l_k mit dem (maßgebenden) Trägheitsradius i,

$$i = \sqrt{\frac{J}{F}}$$

vergleichen, so wird

$$\boxed{\sigma_{kr} = \frac{\pi^2\, E\, i^2}{l_k^2} = \frac{\pi^2\, E}{\lambda^2}}. \tag{VI,8}$$

Die kritische Spannung σ_{kr} ist für einen bestimmten Baustoff mit dem Elastizitätsmodul E nur von der Schlankheit λ abhängig, während die kritische Last P_{kr} von zwei Variabeln, dem Trägheitsmoment J und der Knicklänge l_k abhängt. Die kritische Spannung kann somit durch eine einzige Kurve, die *Eulersche Hyperbel*,

$$\sigma_{kr} = \frac{\pi^2\, E}{\lambda^2},$$

mit den Ordinaten σ_{kr} und den Abszissen λ dargestellt werden, während die kritische Last P_{kr} durch eine Kurvenschar, beispielsweise mit dem Parameter J und den Abszissen l_k, dargestellt werden müßte; dies wäre jedoch auch wegen der praktisch vorkommenden großen Bereiche von P_{kr}, J und l_k unbequem.

Die Eulersche Hyperbel, die in Abb. VI,7 für Baustahl mit $E = 2100\ \text{t/cm}^2$ dargestellt ist, besitzt noch einen weiteren wesentlichen Vorzug; sie zeigt uns

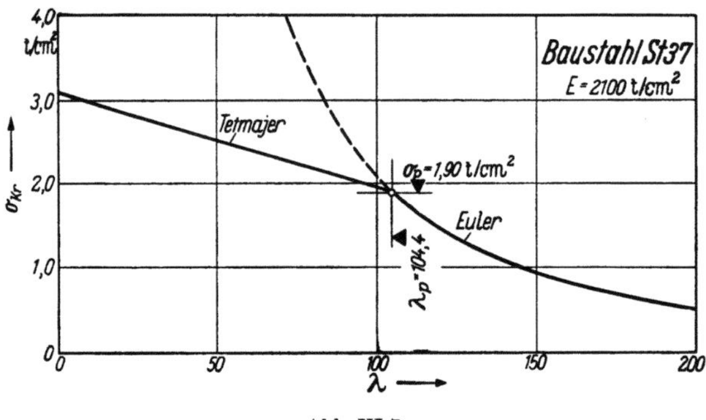

Abb. VI,7.

nämlich auch sofort den *Gültigkeitsbereich der Knickspannungslinie*. Für kleine Schlankheiten λ liegen die kritischen Spannungen σ_{kr} nach Gl. (VI,8) oberhalb der Proportionalitätsgrenze σ_P des Materials und für solche Spannungen $\sigma > \sigma_P$ ist nach dem Spannungs-Dehnungs-Diagramm (s. z. B. Abb. II,29) keine Proportionalität

$$\sigma = E\,\varepsilon$$

zwischen Spannungen und Dehnungen mehr vorhanden und unsere Ableitung der kritischen Last P_{kr} und der kritischen Spannungen σ_{kr}, die ja auf der Gültigkeit des Elastizitätsmoduls E beruht, gilt nicht mehr. *Die Eulersche Hyperbel gilt nur im elastischen Bereich, $\sigma_{kr} \leqq \sigma_P$.*

Für normalen Baustahl St 37 kann die Proportionalitätsgrenze mit $\sigma_P = 1,9\ \mathrm{t/cm^2}$ angenommen werden und die Grenze des elastischen Knickbereiches ergibt sich aus

$$\sigma_{kr} = \frac{\pi^2 E}{\lambda^2} = \sigma_P$$

mit $E = 2100\ \mathrm{t/cm^2}$ zu

$$\lambda_P = \sqrt{\frac{\pi^2 E}{\sigma_P}} = \sqrt{\frac{\pi^2 \cdot 2100}{1,9}} = 104,4\,.$$

Der *unelastische Knickbereich*, $\lambda \leq \lambda_P$, wird entweder durch die empirisch gefundene Tetmajersche Gerade oder die entsprechend dem Spannungs-Dehnungs-Diagramm erstmals von F. ENGESSER auf den unelastischen Bereich erweiterte Eulersche Formel umschrieben.

Die Tetmajersche Gerade

L. VON TETMAJER hat den unelastischen Knickbereich für verschiedene Baustoffe versuchstechnisch untersucht[1] und die Versuchswerte angenähert durch eine Gerade (Tetmajersche Gerade) ausgemittelt. Für Baustahl St 37 wird diese Gerade durch

$$\boxed{\sigma_{kr} = 3,10 - 0,0114\,\lambda} \tag{VI,9}$$

(in $\mathrm{t/cm^2}$) wiedergegeben. Sie ergibt für $\sigma_{kr} = \sigma_P = 1,90\ \mathrm{t/cm^2}$ eine Grenzschlankheit λ_P von

$$\lambda_P = \frac{3,10 - 1,90}{0,0114} = 105,3\,;$$

sie ist, verglichen mit der Eulerschen Hyperbel, auf einen Elastizitätsmodul von $E = 2130\ \mathrm{t/cm^2}$ abgestimmt. Die Tetmajersche Gerade ist in Abb. VI,7 als Ergänzung der Eulerschen Hyperbel ebenfalls eingetragen.

Die Tetmajerschen Versuche, die in der Hauptsache im Anschluß an das Brückenunglück bei Münchenstein (1891) durchgeführt wurden, bilden seit der Jahrhundertwende, teilweise schon etwas früher, in den Bauvorschriften verschiedener Länder die Grundlage für die Bemessung gedrungener Knickstäbe, $\lambda < \lambda_P$. In anderen Ländern wieder dauerte es dagegen wesentlich länger, bis der unelastische Bereich in den amtlichen Bauvorschriften praktisch zutreffend umschrieben wurde. Um so verblüffender ist es, festzustellen, daß schon L. NAVIER eine recht zutreffende Vorstellung über den ganzen Knickbereich besaß. Er stellt nämlich fest, daß für sehr kurze Stäbe die Druckfestigkeit maßgebend werden müsse, so daß dort die Eulersche Knickspannung nicht gültig sein könne. Wenn er auch noch nicht über Versuchsergebnisse verfügt, aus denen der ganze unelastische Bereich genau („avec exactitude") umschrieben werden könnte, so gibt

---

[1] v. TETMAJER, L.: Die Gesetze der Knickungs- und der zusammengesetzten Druckfestigkeit der technisch wichtigsten Baustoffe, Zürich 1896.

er doch auf Grund der wenigen ihm zugänglichen Versuchsergebnisse einige Einzelwerte der Knickspannung für gedrungene Stäbe an. Für Schmiedeisen („fer forgé") und Stäbe mit Rechteckquerschnitt lauten diese Angaben[1]

$$l_k = 12\,b: \qquad \sigma_{kr} = \frac{5}{8}\,\sigma_Z = \frac{5}{8}\,40 = 25\ \text{kg/mm}^2,$$

$$l_k = 24\,b: \qquad \sigma_{kr} = \frac{1}{2}\,\sigma_Z = \frac{1}{2}\,40 = 20\ \text{kg/mm}^2.$$

Setzen wir $b = 3,464\,i$ und legen wir durch diese beiden Punkte,

$$\lambda = 41,57: \qquad \sigma_{kr} = 2,50\ \text{t/cm}^2,$$

$$\lambda = 83,14: \qquad \sigma_{kr} = 2,00\ \text{t/cm}^2,$$

als erste Annäherung eine Gerade, so erhalten wir

$$\sigma_{kr} = 3,0 - 0,0120\,\lambda \qquad \text{Navier (1826)},$$

während für den gleichen Baustoff (Schweißeisen) Tetmajer (1896) den Wert

$$\sigma_{kr} = 3,03 - 0,0129\,\lambda$$

angibt. Eine Reihe von Rückschlägen im Bauwesen hätte vermieden werden können, wenn diese Erkenntnisse Naviers besser beachtet worden wären.

Genauere Untersuchung gedrungener Stäbe

Wenn auch die Tetmajersche Gerade eine brauchbare Grundlage für die praktische Bemessung gedrungener Druckstäbe liefert, so stellt sie doch nur eine empirisch gefundene erste Annäherung an die Wirklichkeit dar, die uns keinen ursächlichen Aufschluß über das unelastische Knicken liefert. Es besteht deshalb das unbestreitbare Bedürfnis, den *unelastischen Bereich der Knickspannungslinie genauer* zu untersuchen, indem wir vom Zusammenhang zwischen Spannungen und Dehnungen oberhalb der Proportionalitätsgrenze ausgehen. Dieser Zusammenhang ist durch das Spannungs-Dehnungs-Diagramm dargestellt, dessen Neigung β mit dem Tangentenmodul T,

$$T = \text{tg}\,\beta,$$

für jeden Spannungswert σ den Zusammenhang

$$\left(\frac{d\sigma}{d\varepsilon}\right)_+ = T \qquad \text{(zunehmende Spannungen)}$$

für zunehmende Spannungen zeigt (Abb. VI,8). Bei einer Spannungsabnahme (Entlastung) ist dagegen

$$\left(\frac{d\sigma}{d\varepsilon}\right)_- = E \qquad \text{(abnehmende Spannungen)}.$$

Die erste theoretische Untersuchung des unelastischen Knickens ist Friedrich Engesser zu verdanken. Er hat seine *erste Theorie*[2], die keine Spannungsabnahme beim Beginn des Ausknickens berücksichtigte, auf Grund eines Einwandes von

---

[1] Navier, L.: Résumé des leçons ..., Ziff. 318. Paris 1826.
[2] Engesser, F.: Knickfragen. Schweiz. Bauztg. 25 (1895).

F. Jasinsky[1] abgeändert[2]; diese *zweite Theorie*, die durch die späteren Untersuchungen Th. von Kármáns[3] vollinhaltlich bestätigt erschien, wurde ein halbes Jahrhundert lang als richtig und endgültig angesehen. Erst vor einigen Jahren

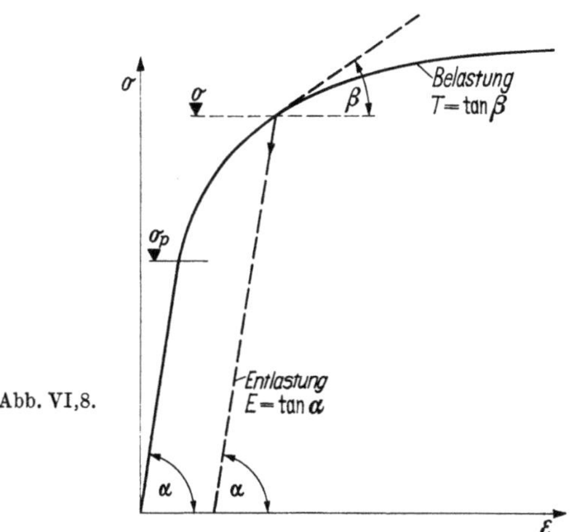

Abb. VI,8.

hat F. R. Shanley[4] darauf hingewiesen, daß neben der Vorstellung des plastischen Knickens, die der *Theorie von* Engesser-Kármán zugrunde liegt, auch noch eine andere Möglichkeit des Überganges vom stabilen in den labilen Gleichgewichtszustand besteht. Da diese neue Theorie in ihrem wesentlichen praktischen Ergebnis mit der ersten Theorie von F. Engesser übereinstimmt, scheint es gerechtfertigt, sie im Gegensatz zur Theorie Engesser-Kármán als *Theorie von* Engesser-Shanley zu bezeichnen[5]. Nachstehend sollen die beiden Theorien besprochen und einander gegenübergestellt werden.

Der Theorie Engesser-Kármán liegt die Auffassung zugrunde, daß der Stab bis zum Erreichen der kritischen Last P_{kr} vollständig gerade bleibt. Wenn er nun unter der kritischen Spannung $\sigma_{kr} = P_{kr}/F$ auszuknicken beginnt, so überlagern sich der Grundspannung $\sigma_{kr} = \sigma_0$ die Biegungsspannungen $\Delta\sigma$, die zusammen das innere Biegungsmoment M_i bilden:

$$M_i = \int\limits^{F} \Delta\sigma\, y\, dF,$$

das mit dem äußeren Biegungsmoment M_a infolge der Ausbiegung η,

$$M_a = P\,\eta,$$

im Gleichgewicht stehen muß. Wesentlich ist nun, daß die Randspannungen auf der Biegezugseite (außen) durch die Zusatzspannungen $\Delta\sigma_a$ verkleinert werden; es tritt somit eine Entlastung ein, und es ist

$$\Delta\sigma_a = E\,\Delta\varepsilon_a,$$

---

[1] Jasinski, F.: Noch ein Wort zu den Knickfragen. Schweiz. Bauztg. 25 (1895).

[2] Engesser, F.: Knickfragen. Schweiz. Bauztg. 26 (1895).

[3] v. Kármán, Th.: Untersuchungen über die Knickfestigkeit. Forsch.-Arb. Ing.-Wes. (1910) H. 81.

[4] Shanley, F. R.: Inelastic Column Theory. Journal Aeron. Sc. Vol. 14 (1947).

[5] Stüssi, F.: Über einige Knickfragen. Mitteilungen der TKVSB H. 8, Zürich 1953.

während auf der Innenseite eine Spannungsvergrößerung eintritt, für die mit dem Tangentenmodul T die Beziehung

$$\Delta\sigma_i = T\,\Delta\varepsilon_i$$

gilt. Für die Berechnung der Zusatzspannungen $\Delta\sigma$ führen wir die Annahme ebenbleibender Querschnitte als Elastizitätsbedingung ein. Mit den Bezeichnungen

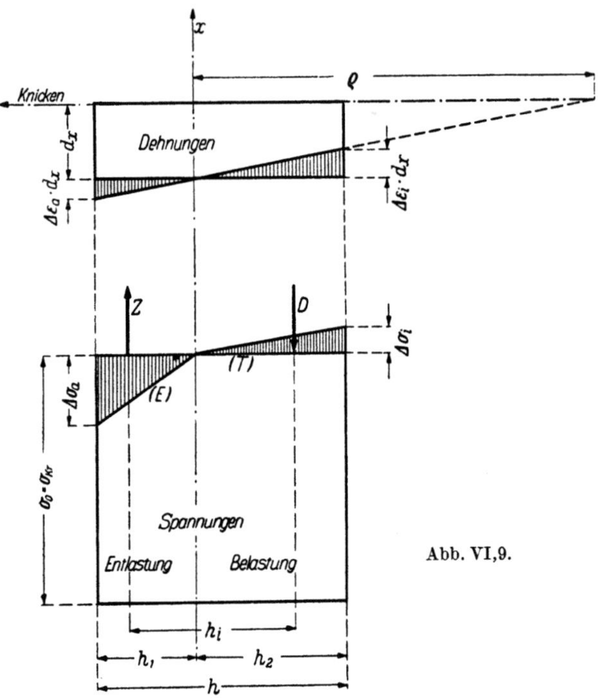

Abb. VI,9.

von Abb. VI,9 führt diese Elastizitätsbedingung auf den Zusammenhang

$$\frac{\Delta\varepsilon_i\,dx}{h_2} = \frac{\Delta\varepsilon_a\,dx}{h_1} = \frac{dx}{\varrho},$$

woraus sich die Zusatzspannungen $\Delta\sigma$ an den beiden Querschnittsrändern zu

$$\Delta\sigma_i = T\,\Delta\varepsilon_i = T\,\frac{h_2}{\varrho},$$

$$\Delta\sigma_a = E\,\Delta\varepsilon_a = E\,\frac{h_1}{\varrho}$$

ergeben.

Nun müssen noch die beiden Gleichgewichtsbedingungen

$$D = Z, \qquad Dh_i = M_i$$

erfüllt sein; dabei muß die *Querschnittsform* berücksichtigt werder.

Für einen Stab mit *Rechteckquerschnitt* $b\,h$ ist

$$D = \frac{1}{2}\,\Delta\sigma_i\,b\,h_2 = \frac{1}{2}\,T\,\frac{b\,h_2^2}{\varrho},$$

$$Z = \frac{1}{2}\,\Delta\sigma_a\,b\,h_1 = \frac{1}{2}\,E\,\frac{b\,h_1^2}{\varrho};$$

aus

$$T\,h_2^2 = E\,h_1^2$$

folgt mit

$$h_1 + h_2 = h,$$
$$T\,(h - h_1)^2 = E\,h_1^2$$

die Lage der Nullinie zu

$$h_1 = h\,\frac{\sqrt{T}}{\sqrt{E} + \sqrt{T}}, \qquad h_2 = h\,\frac{\sqrt{E}}{\sqrt{E} + \sqrt{T}}$$

und damit

$$D = Z = \frac{1}{2}\,\frac{b\,h^2}{\varrho}\,\frac{T\,E}{(\sqrt{E} + \sqrt{T})^2}.$$

Für den Rechteckquerschnitt ist der innere Hebelarm zwischen D und Z

$$h_i = \frac{2\,h}{3};$$

somit ist

$$M_i = D\,h_i = \frac{2\,h}{3}\,\frac{b\,h^2}{2\varrho}\,\frac{T\,E}{(\sqrt{E} + \sqrt{T})^2} = \frac{b\,h^3}{3\varrho}\,\frac{T\,E}{(\sqrt{E} + \sqrt{T})^2}.$$

Führen wir das Trägheitsmoment J,

$$J = \frac{b\,h^3}{12}$$

und den *Engesser-Kármánschen Knickmodul* T_k für den Rechteckquerschnitt

$$\boxed{T_k = \frac{4\,T\,E}{(\sqrt{E} + \sqrt{T})^2}} \tag{VI,10a}$$

ein, so erhalten wir das Moment

$$M_i = \frac{T_k\,J}{\varrho} = T_k\,J\,\eta''$$

in der zur elastischen Biegung

$$M_i = E\,J\,\eta''$$

analogen Form. Mit $M_a = P\,\eta$ ergibt sich aus der Gleichgewichtsbedingung

$$M_i + M_a = 0$$

die Differentialgleichung des unelastischen Knickens nach ENGESSER-KÁRMÁN zu

$$\boxed{T_k\,J\,\eta'' + P\,\eta = 0}, \tag{VI,11}$$

als Verallgemeinerung der Gl. (VI,3), die nur im elastischen Bereich gilt. Für Spannungen σ_{kr} unterhalb der Proportionalitätsgrenze wird $T = E$ und damit $T_k = E$; Gl. (VI,11) geht damit in Gl. (VI,3) über.

Für einen Stab konstanten Querschnittes und damit eines über die Stablänge gleichbleibenden Wertes des Knickmoduls T_k liefert die Lösung der Gl. (VI,11) die kritische Last P_{kr} zu

$$P_{kr} = \frac{\pi^2\,T_k\,J}{l_k^2} \tag{VI,12a}$$

mit der durch Abb. VI,5 festgelegten Knicklänge l_k. Die kritische Spannung σ_{kr} ergibt sich daraus durch Einführung des Schlankheitsgrades λ zu

$$\boxed{\;\sigma_{kr} = \frac{\pi^2\,T_k}{\lambda^2}\;}\;. \tag{VI,8a}$$

Der Knickmodul T_k, der ja nicht nur vom Spannungs-Dehnungs-Diagramm des Materials, sondern auch von der Querschnittsform des Stabes abhängig ist,

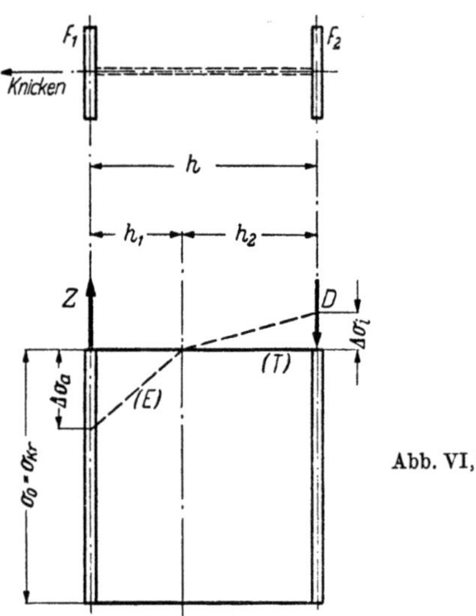

Abb. VI,10.

soll nun auch noch für einen Stab mit idealisiertem I-*Querschnitt* mit vernachlässigbar dünnem Steg und Knicken in Stegebene bestimmt werden (Abb. VI,10). Aus der Gleichgewichtsbedingung $D = Z$ folgt

$$\Delta\sigma_a\,F_1 = E\,F_1\,\frac{h_1}{\varrho} = \Delta\sigma_i\,F_2 = T\,F_2\,\frac{h_2}{\varrho}$$

und aus

$$h_1\,E\,F_1 = (h - h_1)\,T\,F_2$$

ergibt sich

$$h_1 = h\,\frac{T\,F_2}{E\,F_1 + T\,F_2}\,, \qquad h_2 = h\,\frac{E\,F_1}{E\,F_1 + T\,F_2}\,.$$

Das innere Moment M_i beträgt

$$M_i = Dh = h^2\,\frac{E\,F_1\,T\,F_2}{E\,F_1 + T\,F_2}\,\frac{1}{\varrho}\,;$$

führen wir das Trägheitsmoment J des Querschnittes,

$$J = \frac{F_1\,F_2}{F_1 + F_2}\,h^2\,,$$

ein, so wird

$$M_i = E\,T\,\frac{F_1 + F_2}{E\,F_1 + T\,F_2}\,J\,\frac{1}{\varrho} = \frac{T_k\,J}{\varrho}$$

und wir erhalten den Knickmodul T_K zu

$$T_k = \frac{E\,T(F_1 + F_2)}{E\,F_1 + T\,F_2}\,. \qquad (\text{VI},10\,\text{b})$$

Für gleiche Flanschquerschnitte, $F_1 = F_2$, vereinfacht sich dieser Wert auf

$$T_k = \frac{2\,E\,T}{E + T}\,. \qquad (\text{VI},10\,\text{c})$$

Die Knickspannungslinie σ_{kr} wird nun für einen bestimmten Baustoff und für eine bestimmte Querschnittsform so bestimmt, daß wir für eine bestimmte Spannung $\sigma_0 = \sigma_{kr}$ auf Grund des Spannungs-Dehnungs-Diagramms aus dem Tangentenmodul T den Knickmodul T_k und die zugehörige Schlankheit λ aus

$$\lambda^2 = \frac{\pi^2\,T_k}{\sigma_{kr}}$$

berechnen. Der Wert des Knickmoduls T_k für den I-Querschnitt ist etwas kleiner als für den Rechteckquerschnitt; praktisch wird man wohl in der Regel (außer bei Versuchsauswertungen) nur eine einzige Knickspannungslinie für einen Baustoff auftragen und dabei im Interesse der Tragwerkssicherheit diejenige für den I-Querschnitt wählen.

Der Theorie ENGESSER-SHANLEY liegt, im Gegensatz zur Theorie ENGESSER-KÁRMÁN, die Vorstellung zugrunde, daß der Stab schon vor dem Erreichen der kritischen Last sich etwas ausbiegen kann; gleichzeitig mit dem Auftreten der kleinen Biegungsspannungen $\Delta\sigma$ wachsen somit die Grundspannungen σ_0 noch etwas an. Die Biegungsspannungen $\Delta\sigma_a$ werden dabei durch die Zuwachsspannungen $\Delta\sigma_0$ der Grundspannung σ_0 kompensiert, so daß keine Spannungsabnahme eintritt (Abb. VI,11).

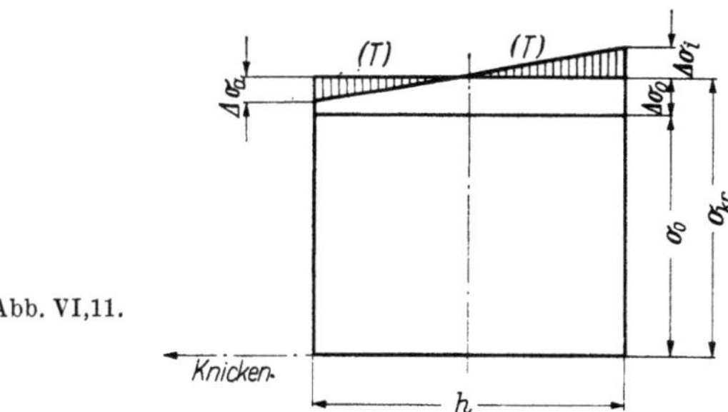

Abb. VI,11.

Es gilt somit für die ganze Stabbreite h der Zusammenhang

$$\Delta\sigma = T\,\Delta\varepsilon,$$

so daß die Biegungssteifigkeit den Wert $T\,J$ besitzt. Die kritische Belastung beträgt somit

$$P_{kr} = \frac{\pi^2\,T\,J}{l_k^2}\,, \qquad (\text{VI},12\,\text{b})$$

während die kritische Spannung den Wert

$$\sigma_{kr} = \frac{\pi^2 T}{\lambda^2}$$ (VI,8b)

annimmt. Da der Tangentenmodul T kleiner ist, als der Knickmodul T_k nach ENGESSER-KÁRMÁN, ist auch die Knickspannung nach Gl. (VI,8b) kleiner als nach Gl. (VI,8a).

Nun ist aber zu beachten, daß mit wachsender Ausbiegung η auch nach der Vorstellung ENGESSER-SHANLEY auf der Biegezugseite eine gewisse Spannungsabnahme oder Entlastung eintreten wird, da die Biegungsspannungen $\Delta\sigma_a$ nun stärker anwachsen als die Grundspannungen σ_0; es tritt also mit zunehmender Ausbiegung eine gewisse relative Versteifung des Stabes ein, die eine kleine Vergrößerung der Knicklast über den durch Gl. (VI,12b) gegebenen Wert hinaus verursachen kann. *Die Knicklast nach* ENGESSER-SHANLEY *bedeutet somit einen unteren Grenzwert, während die Knicklast nach* ENGESSER-KÁRMÁN *einen oberen, in Wirklichkeit nicht erreichbaren Grenzwert darstellt.*

Es ist immerhin erstaunlich, daß man die Existenz dieses unteren Grenzwertes ein halbes Jahrhundert lang nicht erkannt hat. Dies mag, wenigstens teilweise, damit zusammenhängen, daß für Baustähle der Unterschied zwischen den beiden Theorien nicht sehr groß ist. Der Unterschied wird dagegen bei Leichtmetallen stärker ausgeprägt und damit aus Versuchen leichter feststellbar.

Wesentlich ist nun zu wissen, wie groß die wirklichen Knickspannungen σ_{kr} im Vergleich zu den beiden Grenzwerten nach ENGESSER-SHANLEY und ENGESSER-KÁRMÁN sind. Zur Abklärung dieser Frage ist vor einiger Zeit in der Abteilung Stahlbau des Institutes für Baustatik an der ETH eine Versuchsreihe über zentrisches (und exzentrisches) Knicken von Stäben mit Rechteckquerschnitt aus der Aluminiumlegierung ,,Peraluman 30 — weich'' durchgeführt worden[1]. Abb. VI,12 zeigt die Versuchseinrichtung; es wurde besonderer Wert auf eine möglichst genaue Verwirklichung der idealen Auflagerbedingungen (reibungsfreie gelenkige Lagerung der Stabenden) und streng zentrische Belastung gelegt. Gemessen wurden unter wachsender Belastung sowohl die beidseitigen spezifischen Verkürzungen (Tensometer HUGGENBERGER) als auch die seitlichen Ausbiegungen (Spiegelapparate), um die Formänderungsverhältnisse zuverlässig zu kennen.

In Abb. VI,13 ist das Spannungs-Dehnungs-Diagramm $\sigma - \varepsilon$ aufgetragen, aus dem durch numerische Differentiation der Tangentenmodul T,

$$T = \frac{d\sigma}{d\varepsilon} \quad \text{bzw.} \quad \frac{1}{T} = \frac{d\varepsilon}{d\sigma},$$

(Kontrollrechnung) und daraus nach Gl. (VI,10a) der Knickmodul T_k für Rechteckquerschnitt bestimmt wurde. Abb. VI,14 zeigt den Vergleich der berechneten Knickspannungslinien nach EULER, ENGESSER-KÁRMÁN und ENGESSER-SHANLEY mit den aus den Versuchen erhaltenen Werten von σ_{kr}, wobei die Knicklängen der Versuchsstäbe mit Querschnitt 15/16 mm zwischen 120 mm und 320 mm mit Abstufungen von je 40 mm und damit die Schlankheiten λ von 27,7 bis 73,8

---

[1] Die Durchführung dieser Versuche wurde durch Assistent-Konstrukteur Dipl.-Ing. M. WALT, unterstützt durch Mechaniker E. PETER, besorgt.

variierten. Die Versuche zeigen, daß die kritischen Spannungen nur für kurze
Stäbe merklich über dem unteren Grenzwert nach ENGESSER-SHANLEY liegen,

Abb. VI,12.

für mittelschlanke Stäbe jedoch sehr gut mit diesem übereinstimmen. Der obere
Grenzwert nach ENGESSER-KÁRMÁN wird auch bei sehr kurzen Stäben nicht

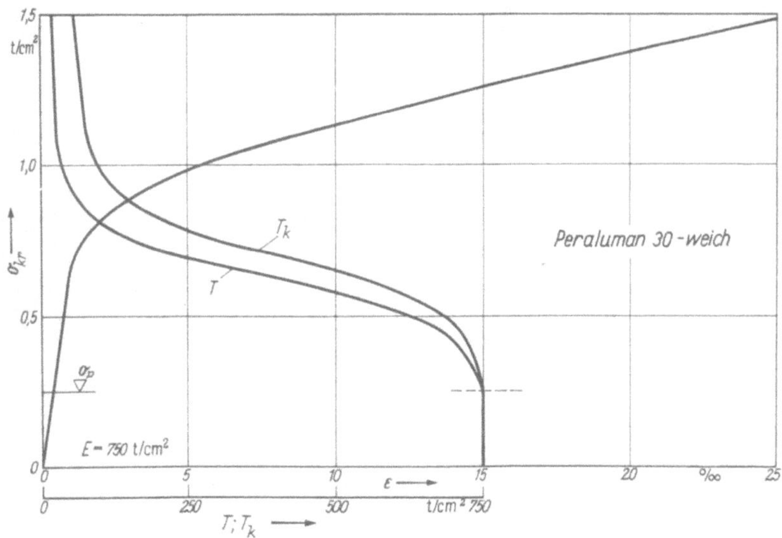

Abb. VI,13.

erreicht. Die *Schlußfolgerung*, die somit aus diesen Überlegungen und Versuchen
zu ziehen ist, ist eindeutig: *Die Theorie* ENGESSER-SHANLEY, *die die unteren*

Grenzwerte der Knickspannungen σ_{kr} *liefert, ist als maßgebende Bemessungsgrundlage der Konstruktionspraxis zu betrachten.* Dies gilt auch für das unelastische Knicken von Stäben aus Baustahl.

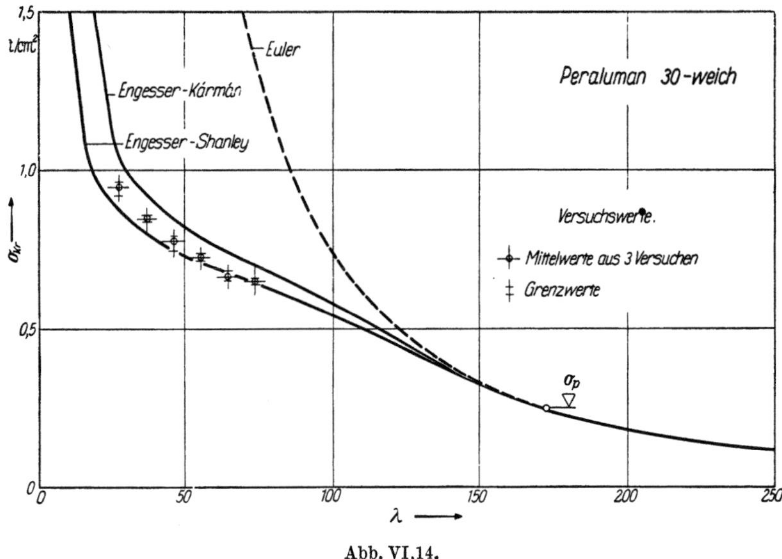

Abb. VI,14.

Für *normalen Baustahl St 37* ist in Abb. VI,15a das Spannungs-Dehnungs-Diagramm mit einem verhältnismäßig *weichen,* d. h. ungünstigen Übergang von der Proportionalitätsgrenze zur Fließgrenze aufgetragen; daraus sind die in Abb. VI,15b

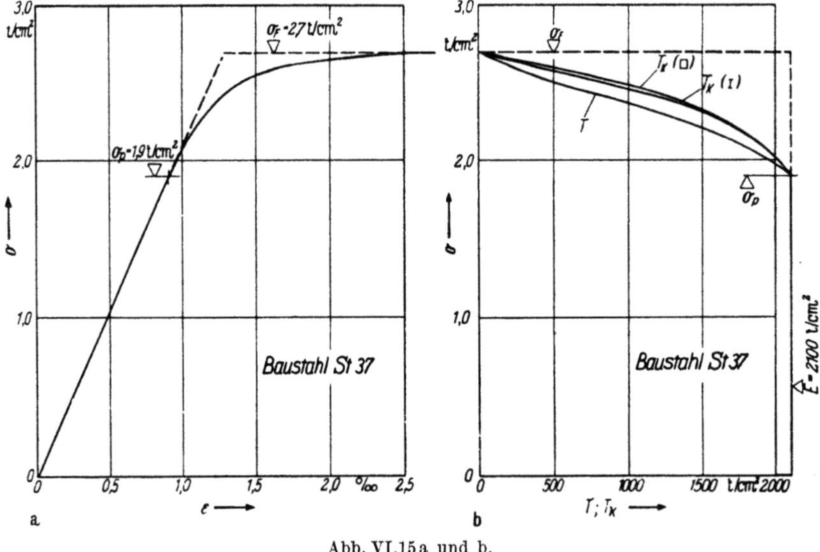

Abb. VI,15a und b.

dargestellten Werte des Tangentenmoduls T sowie des Engesser-Kármánschen Knickmoduls T_k für Rechteck- und I-Querschnitt bestimmt worden. Abb. VI,16 zeigt die entsprechenden Knickspannungslinien, im elastischen Knickbereich nach

Euler, im unelastischen Bereich nach Engesser-Shanley bzw. nach Engesser-Kármán. Gestrichelt sind in den Abb. VI,15 und VI,16 auch die Werte für ein idealisiertes Spannungs-Dehnungs-Diagramm mit einer mit der Fließgrenze zusammenfallenden Proportionalitätsgrenze dargestellt.

Da Baustahl eine ausgeprägte Fließgrenze mit horizontalem Verlauf des Spannungs-Dehnungs-Diagramms für $\sigma = \sigma_F$ besitzt, verschwinden für $\sigma_{kr} = \sigma_F$ sowohl der Tangentenmodul T als auch der Knickmodul T_k; für $\sigma_{kr} = \sigma_F$ muß somit nach beiden Theorien der Schlankheitsgrad λ Null sein. *Die Fließgrenze bedeutet somit immer eine Grenze des stabilen Gleichgewichtszustandes eines gedrückten Stabes.*

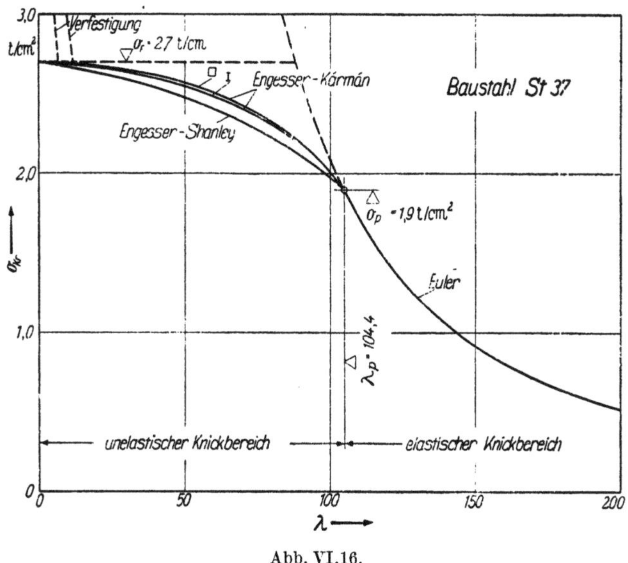

Abb. VI,16.

Nun kann aber ein sehr kurzer Stab sich nach Durchlaufen dieser Instabilitätszone, die der Fließbereich darstellt, beim Erreichen des Verfestigungsbereichs $\sigma > \sigma_F$, wieder *auffangen*; die kritische Spannung steigt für solche Stäbe nochmals an. Für normalen Baustahl St 37 ist beim Verfestigungsbeginn, $\varepsilon \cong 20^0/_{00}$, mit etwa $T \cong 10 \text{ t/cm}^2$ zu rechnen; dies ergibt nach Engesser-Shanley einen Schlankheitsgrad von etwa $\lambda = 6,0$, nach Engesser-Kármán etwa $\lambda = 11,3$ (Rechteckquerschnitt). Die Werte von σ_{kr} für den Beginn des Verfestigungsbereiches sind in Abb. VI,16 gestrichelt eingetragen. Praktisch besitzt der Verfestigungsbereich, $\sigma_{kr} > \sigma_F$, beim Knicken keine wesentliche Bedeutung.

In Abb. VI,16 sind die Knickspannungen nach Engesser-Kármán nur zur Veranschaulichung der Verhältnisse dargestellt worden; auf Grund der Feststellungen an Hand der in Abb. VI,14 wiedergegebenen Versuchsergebnisse sind auch bei Baustahl für den unelastischen Knickbereich nur die Knickspannungen nach Engesser-Shanley als maßgebend für die Bemessung zu betrachten.

Für die Konstruktionspraxis ist aus den Knickspannungswerten nach Abb. VI,16 noch eine Folgerung von wesentlicher wirtschaftlicher Bedeutung zu ziehen: Für schlanke Stäbe, $\lambda > \lambda_P$, sinkt die kritische Spannung mit zunehmender Schlankheit rasch ab; bei solchen Stäben darf das Material somit nur wenig beansprucht oder nur schlecht ausgenützt werden. Bei größeren Kräften ist somit aus wirtschaftlichen Gründen immer ein möglichst kleiner Schlankheitsgrad, $\lambda < \lambda_P$ anzustreben, und der Eulersche Knickbereich soll nur bei leichten Bauteilen in Anspruch genommen werden.

e) Exzentrisch gedrückte, querbelastete und gekrümmte Stäbe

Während beim *zentrischen Knicken* mit der Differentialgleichung (nach Engesser-Shanley)

$$T\,J\,\eta'' + P\,\eta = 0 \qquad\qquad (\mathrm{VI,11\,a})$$

ein *Eigenwertproblem* vorliegt, handelt es sich beim *exzentrischen Knicken* oder bei *querbelasteten und gekrümmten Druckstäben* um ein *Spannungsproblem zweiter Ordnung* mit einem endlichen Störungsglied der Differentialgleichung; dieses Störungsglied wird durch das von Anfang an vorhandene Moment M_0 gebildet, so daß hier die Differentialgleichung mit der zunächst noch unbekannten Biegungssteifigkeit $T_B\,J$ zu

$$\boxed{T_B\,J\,\eta'' + P\,\eta + M_0 = 0} \qquad\qquad (\mathrm{VI,13})$$

anzuschreiben ist. Die hier zu untersuchenden Fälle unterscheiden sich nur durch das Störungsglied M_0 (Abb. VI,17).

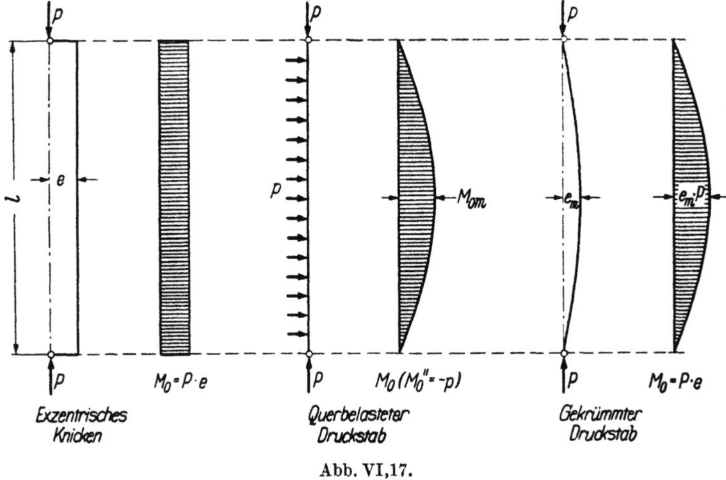

Abb. VI,17.

Die Besonderheit dieses Spannungsproblems zweiter Ordnung beruht darauf, daß sich für den allgemeinen Fall (beliebige Form des Spannungs-Dehnungs-Diagramms, beliebige Querschnittsform, beliebige Form der Momentenfläche M_0) keine der *Tragfähigkeitsgrenze* entsprechende Lösung der Differentialgleichung (VI,13) angeben läßt. Diese Schwierigkeit besteht in der Hauptsache deshalb, weil die Biegungssteifigkeit $T_B\,J$ an der Tragfähigkeitsgrenze nicht mehr nur von der Schwerpunktsspannung abhängig ist wie beim zentrischen Knicken, sondern vom ganzen Spannungsverlauf und der Größe der Formänderungen, und daß sie ferner auch über die Stablänge veränderlich ist. Gegenüber dem Stabilitätsproblem des zentrischen Knickens besteht ferner der Unterschied, daß hier die der Tragfähigkeitsgrenze entsprechenden Ausbiegungen η des Stabes, bei denen gerade noch Gleichgewicht zwischen inneren und äußeren Momenten bestehen kann, von endlicher Größe und eindeutig bestimmt sind. Wir sind deshalb gezwungen, für jeden Einzelfall die Lösung numerisch zu suchen; diese Lösung mit den normalen Mitteln der Baustatik ist zwar grundsätzlich einfach, aber in der praktischen Durchführung etwas mühsam.

Das *Berechnungsverfahren* sei nachstehend für den Fall des exzentrisch gedrückten Stabes dargestellt. Grundsätzlich handelt es sich darum, daß der verformte exzentrisch gedrückte Stab infolge der äußeren Momente,

$$M_a = P(e + \eta_0) = P y,$$

Verformungen η_1 erfährt (Abb. VI,18), deren Größe durch die Differentialgleichung der elastischen Linie,

$$\eta_1'' = - \frac{P(e + \eta_0)}{T_B J},$$

bestimmt ist. Aus Gleichgewichtsgründen

$$M_i = \eta_1'' T_B J = - M_a,$$

müssen die Biegungslinien η_0 und η_1 miteinander übereinstimmen.

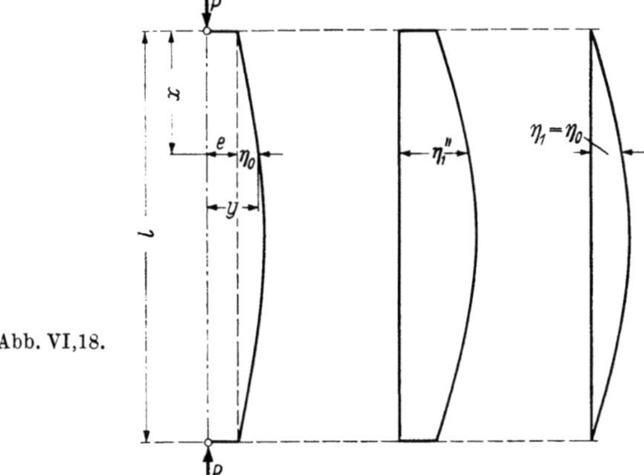

Abb. VI,18.

Wäre die Biegungssteifigkeit $T_B J$ bekannt, so wäre, neben der analytischen Lösung der Differentialgleichung (VI,13) in einfachen Fällen, ein einfacher Berechnungsgang möglich: aus einer geschätzten Kurve η_0 könnte als Seilpolygon zu η_1'' die Kurve η_1 berechnet werden. Die Gleichsetzung $\eta_0 = \eta_1$ würde uns einen mit den Gleichgewichtsbedingungen verträglichen Wert der Last P liefern. Stimmen die Kurven η_0 und η_1 in ihrer Form nicht miteinander überein, so wäre die Berechnung, ausgehend von der Form der Kurve η_1, zu wiederholen.

Nun besteht aber die schon festgestellte Schwierigkeit, daß wir die Biegungssteifigkeit $T_B J$ nicht von vornherein kennen, da an der Tragfähigkeitsgrenze der Stab durch oberhalb der Proportionalitätsgrenze liegende Spannungen beansprucht ist. Es muß somit für jede Lastgröße der Zusammenhang zwischen den Hebelarmen y bzw. den Momenten $P y$ und den Werten η'' bestimmt werden. Diese Berechnung ist in Abb.VI,19 grundsätzlich dargestellt: Gehen wir aus von der Voraussetzung ebenbleibender Querschnitte, so ist durch die Randdehnungen

ε_i und ε_a nach dem Spannungs-Dehnungs-Diagramm der Verlauf der Spannungen σ über die Querschnittsbreite h bestimmt und es kann für jede Querschnittsform die Resultierende nach Größe (P) und Lage (y) berechnet werden; zu diesem Wertepaar $P - y$ gehört auch ein bestimmter Wert von η'',

$$\eta'' = \frac{d\alpha}{dx} = \frac{\varepsilon_i - \varepsilon_a}{h} = \frac{\varepsilon_i}{a}.$$

Da wir die zusammengehörigen Werte von y und η'' für bestimmte Werte von P benötigen, werden wir praktisch etwa wie folgt vorgehen: Wir lassen für einen bestimmten Wert von ε_i den Wert von ε_a (oder des Nullinienabstandes a) variieren und berechnen jeweils aus der zugehörigen Spannungsfigur die zugehörigen Werte von P und y sowie η''. Damit können wir für einen bestimmten Wert von ε_i zwei Kurven $P - y$ und $P - \eta''$ auftragen, aus denen wir für jede Größe von P das gesuchte Wertepaar $y - \eta''$ herauslesen können. In Abb. VI,20 sind

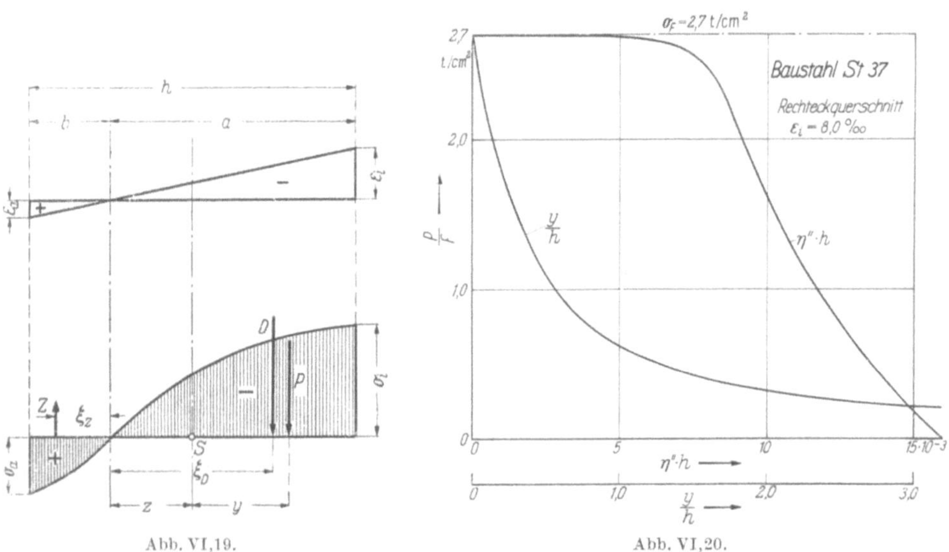

Abb. VI,19.   Abb. VI,20.

diese beiden Kurven für das Spannungs-Dehnungs-Diagramm nach Abb. VI,15 (Baustahl St 37) und für Rechteckquerschnitt für die Randdehnung $\varepsilon_i = 8{,}0^0/_{00}$ dargestellt. Wiederholen wir diese Berechnung für verschiedene Werte von ε_i, so können wir die gesuchten Kurven $y - \eta''$ für verschiedene Werte von P daraus bestimmen; damit sind für den zu untersuchenden Fall (Material und Querschnittsform) die eigentlichen Berechnungsgrundlagen zusammengestellt. Abb. VI,21 enthält diese Kurven für den untersuchten Fall (Baustahl St 37, Rechteckquerschnitt) in spezifischen Größen.

Für den *idealisierten* I-*Querschnitt* mit vernachlässigbar dünnem Steg ergibt sich eine wesentliche Vereinfachung in der Bestimmung der $y - \eta''$-Kurven. Für gleich große Flanschquerschnitte $F_1 = F/2$ ist nämlich

$$P = F_1(\sigma_i + \sigma_a) = F\sigma,$$

$$\sigma = \frac{\sigma_i + \sigma_a}{2}.$$

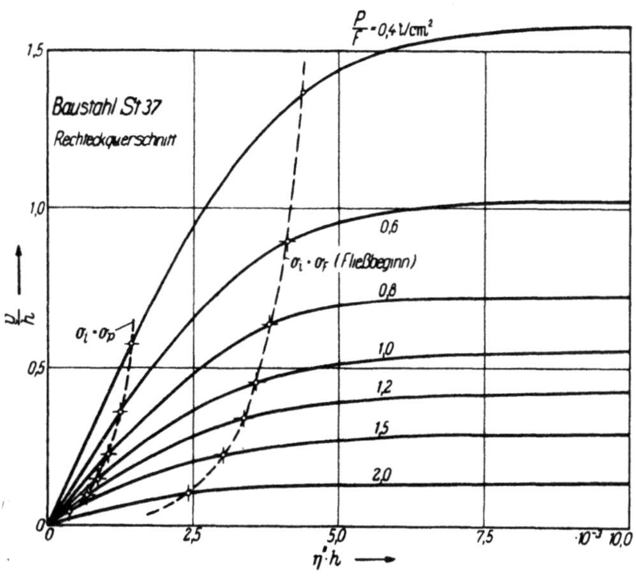

Abb. VI,21.

Nach Abb. VI,22 ist ferner

$$\sigma_i F/2h = P\left(\frac{h}{2} + y\right)$$

oder

$$y = h\left(\frac{\sigma_i}{2\sigma} - 0,5\right) = \frac{h}{4}\,\frac{\sigma_i - \sigma_a}{\sigma}$$

und

$$\frac{d\alpha}{dx} = \eta'' = \frac{\varepsilon_i - \varepsilon_a}{h}.$$

Für $\sigma > \sigma_P$ sind die Dehnungen ε dem Spannungs-Dehnungs-Diagramm (Abb. VI,15 für Baustahl St 37) zu entnehmen.

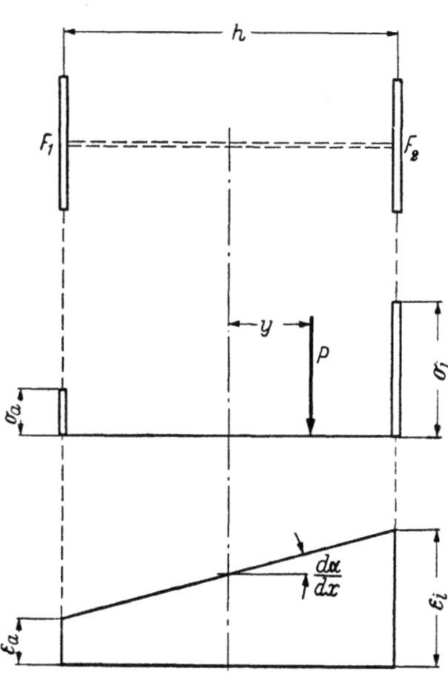

Abb. VI,22.

Für eine Spannung $\sigma = P/F$ können wir nun zu einer veränderlichen Spannung σ_i die zugehörigen Werte σ_a,

$$\sigma_a = 2\sigma - \sigma_i,$$

bestimmen und damit die Werte y und η'' berechnen. So ist die Kurventafel Abb. VI,23 aufgetragen worden.

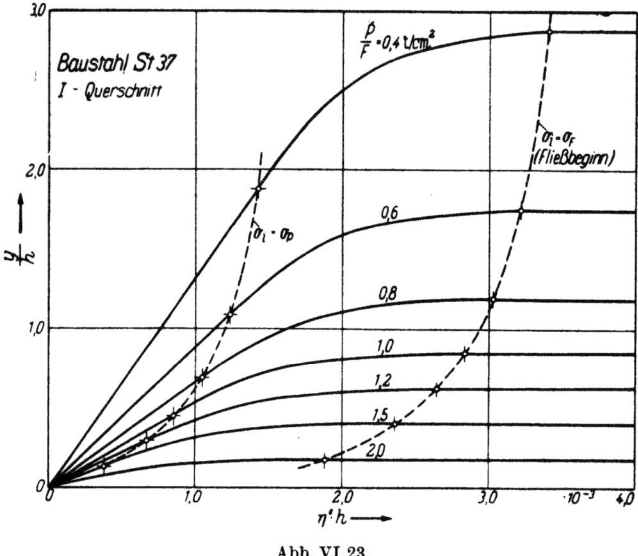

Abb. VI,23.

In der folgenden Tabelle ist nun die Berechnung der Biegungslinie für $e = 0,50\,h$, $\sigma = 1,0$ t/cm² und einen geschätzten Wert von $\eta_{0\,m} = 0,30\,h$ in üblicher Weise (Knotenlasten nach Parabelformel) durchgeführt. Da die Biegungslinie zur Stabmitte symmetrisch verläuft, genügt die Berechnung für eine Stabhälfte. Zur geschätzten Kurve η_0 wird

$$y = e + \eta = 0,50\,h + \eta;$$

die zugehörigen Werte von η'' sind direkt der Kurventafel Abb. VI,23 (für I-Querschnitt) zu entnehmen, ohne daß die Biegungssteifigkeit $T_B J$ ermittelt werden muß.

	η_0	y	η''	$K(\eta'')$	$Q(\eta'')$	η_1	$\dfrac{\eta_1}{\eta_{1\,m}}$
A	0	0,500	0,954			0	0
					64,74		
1	0,122	0,622	1,210	14,539		64,74	0,1224
					50,20		
2	0,217	0,717	1,485	17,820		114,94	0,2173
					32,38		
3	0,278	0,778	1,760	21,007		147,32	0,2785
					11,37		
m	0,300	0,800	1,922	$2 \cdot 11,370$		158,69	0,3000
	$\times h$	$\times h$	$\times \dfrac{10^{-3}}{h}$	$\times \dfrac{\varDelta x \cdot 10^{-3}}{12h}$		$\times \dfrac{\varDelta x^2 \cdot 10^{-3}}{12h}$	

Die Gleichsetzung $\eta_1 = \eta_0$ für Stabmitte liefert

$$0{,}300\,h = 0{,}158\,69\,\frac{\varDelta x^2}{12\,h} = 0{,}158\,69\,\frac{l^2}{768\,h}$$

oder

$$\frac{l^2}{h^2} = \frac{0{,}300 \cdot 768}{0{,}158\,69} = 1451{,}9\,, \qquad \frac{l}{h} = 38{,}1\,.$$

Führen wir den Trägheitsradius i,

$$i = \sqrt{\frac{J}{F}} = \frac{h}{2}\,,$$

ein, so wird

$$\boxed{\lambda = \frac{l}{i} = 76{,}2}\,.$$

In der letzten Kolonne der Tabelle ist noch die reduzierte Kurve $\eta_1/\eta_{1\,m}$ zur Kontrolle der Rechnungsannahme eingetragen.

Nun existieren aber für jede Laststufe eines exzentrisch gedrückten Stabes eine ganze Reihe von möglichen Gleichgewichtslagen mit verschiedenen Ausbiegungen η_m (und auch mit verschiedenen Formen der Ausbiegungskurven, die ja vom Verlauf der veränderlichen Biegungssteifigkeiten abhängig sind). Im Sinne unserer Berechnung bedeutet dies, daß zur Laststufe $\sigma = 1{,}0\ \text{t/cm}^2$ unseres Stabes verschiedene Schlankheitsgrade λ gehören können; *maßgebend für die Grenze der Tragfähigkeit ist somit jene Ausbiegung η_m, die den größten Schlankheitsgrad λ liefert.* Hätten wir die Rechnung mit $\eta_{0\,m} = 0{,}25\,h$ bzw. $0{,}35\,h$ durchgeführt, so hätten wir die Schlankheitsgrade $\lambda = 73{,}8$ bzw. $\lambda = 74{,}0$ erhalten. Durch Interpolation kann nun der maßgebende Schlankheitsgrad mit der zugehörigen Ausbiegung $\eta_{0\,m}$ gefunden werden; für das durchgerechnete Beispiel ist dies zufällig in Übereinstimmung mit der Tabelle

$$\lambda_{\max} = 76{,}2 \quad \text{bei} \quad \eta_{0\,m} \cong 0{,}30\,h\,.$$

Auf analoge Weise wurden die maßgebenden Schlankheitsgrade für verschiedene Werte der Spannung σ und für verschiedene Exzentrizitäten e durchgerechnet, so daß die Spannungslinien von Abb. VI,24 aufgetragen werden konnten. Als Exzentrizitätsmaß wurde dabei die Verhältniszahl m,

$$m = \frac{e}{k}\,,$$

eingeführt, wobei k die dem Lastangriffspunkt zugehörige Kernweite,

$$k = \frac{W_i}{F}\,,$$

bedeutet. Für den idealisierten I-Querschnitt ist

$$k = \frac{h}{2}\,,$$

während für den Rechteckquerschnitt

$$k = \frac{h}{6}$$

betragen würde.

Es ist noch darauf hinzuweisen, daß bei kleinen Schlankheiten und kleinen
Exzentrizitäten bei den Randspannungen σ_a im Verlaufe des Belastungsvorganges
eine gewisse Entlastung (Elastizitätsmodul E maßgebend) eintreten kann; die
dadurch verursachte Vergrößerung der Tragfähigkeit ist jedoch praktisch bedeutungslos. Die Kurven von Abb. VI,24 stellen somit, analog zur Theorie von

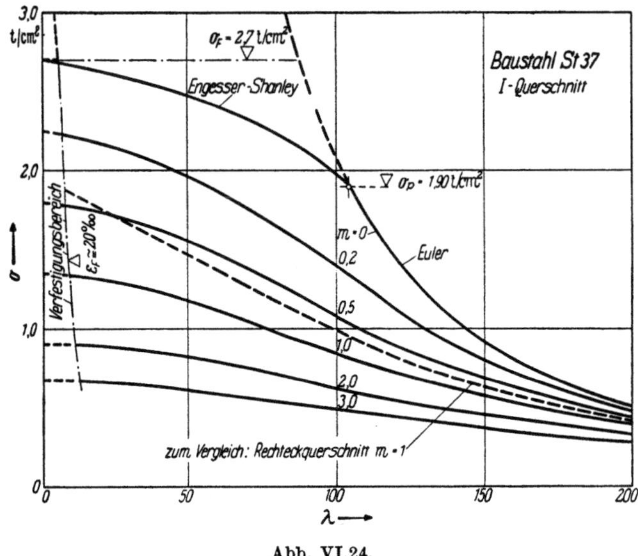

Abb. VI,24.

ENGESSER-SHANLEY beim zentrischen Knicken, untere Grenzwerte der Tragfähigkeit dar, die jedoch auch bei kleinen Schlankheiten und Exzentrizitäten nur
unwesentlich unter den wirklichen Tragfähigkeitswerten liegen.

Ferner kann der Verfestigungsbereich des Spannungs-Dehnungs-Diagramms,
$\sigma > \sigma_F$, sich bei kleinen Schlankheitsgraden ähnlich wie beim zentrischen Knicken
bemerkbar machen. In Abb. VI,24 ist die Grenze des Verfestigungsbereiches für
$\varepsilon_F \cong 20^0/_{00}$ eingetragen. Auch hier ist der Verfestigungsbereich praktisch bedeutungslos.

Zum Vergleich ist in Abb. VI,24 auch die Spannungslinie für Rechteckquerschnitt, $m = 1$, für den gleichen Baustahl St 37 und berechnet auf Grund der
Kurventafel Abb. VI,21 eingetragen. Es zeigt sich, daß die Spannungswerte σ für
Rechteckquerschnitt besonders im Bereich kleiner Schlankheiten λ erheblich über
denjenigen für den idealisierten I-Querschnitt liegen können, und zwar nimmt
der Unterschied mit zunehmendem Exzentrizitätsmaß zu.

Damit stellt sich die Frage, ob als Bemessungsgrundlage der Konstruktionspraxis für jede Querschnittsform eine besondere Kurventafel $\sigma - \lambda$ zu verwenden
sei oder nicht. Man kann diese Frage sicher in guten Treuen mit ja oder nein
beantworten. Für die Verwendung nur einer Kurventafel, nämlich der für den
I-Querschnitt aufgestellten, sprechen jedoch gewichtige Gründe: Die Werte σ für
den I-Querschnitt sind die kleinsten; für alle anderen Querschnittsformen ergibt
sich somit ein gewisser Sicherheitsüberschuß, wenn wir mit diesen Werten rechnen.
Dies ist aber genau gleich bei der Bemessung normaler Biegungsträger, die wir
auch auf Grund der Randspannungen $\sigma_{max} \leqq \sigma_{zul}$ bemessen und die kleine

Sicherheitsreserve, die sich dabei infolge der nicht mehr linearen Spannungsverteilung für $\sigma_{\max} > \sigma_P$ ergeben würde, auch nicht in Anspruch nehmen. Die allgemeine Verwendung der σ-Werte für exzentrisches Knicken, die für den $\underline{I}$-Quer-
schnitt bestimmt sind, bedeutet somit nicht nur eine wesentliche Vereinfachung
für die Konstruktionspraxis, sondern sie liegt auch im Sinne einer einheitlichen
Durchführung der üblichen allgemeinen Bemessungsregeln.

Abb. VI,25, die sich auf exzentrisch gedrückte Stäbe ($m = 1$) mit Rechteckquerschnitt der Aluminiumlegierung Peraluman 30 — weich mit Spannungs-Dehnungs-Diagramm nach Abb. VI,13 bezieht, zeigt noch die ausgezeichnete Übereinstimmung zwischen dem Versuch und dem aufgestellten Berechnungsverfahren.

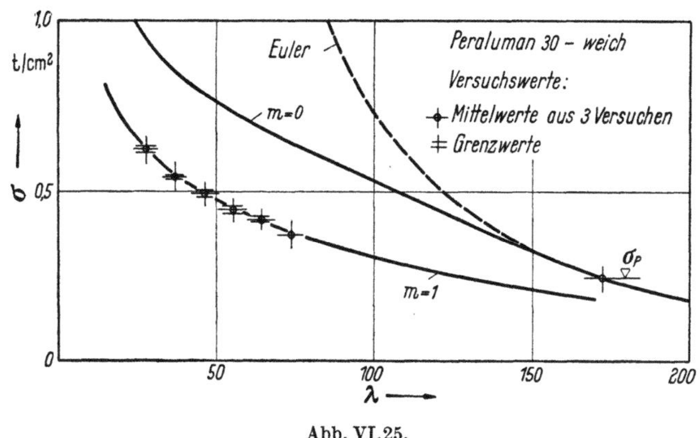

Abb. VI,25.

Bei diesen Versuchen, die im Zusammenhang mit den zentrischen Knickversuchen
von Abb. VI,14 durchgeführt wurden, zeigten sich kleinere Streuungen der Trag-
fähigkeitswerte als beim reinen Stabilitätsproblem des Knickens, was ja ohne
weiteres verständlich ist.

Genau gleich, wie für den exzentrisch gedrückten Stab können auch die Trag-
fähigkeitsgrenzen für den querbelasteten und den gekrümmten Stab bestimmt
werden. Dabei zeigt sich, daß die Spannungen σ für diese Fälle bei gleicher
Schlankheit λ und gleichem Exzentrizitätsmaß m,

$$m = \frac{e}{k}, \qquad e = \frac{M_{0\max}}{P},$$

etwas höher liegen als für exzentrisches Knicken. Eine Kurventafel nach
Abb. VI,24 könnte also auch dafür, auf der sicheren Seite liegend, als Bemessungsgrundlage verwendet werden.

Näherungsformeln

Eine Lösung der Differentialgleichung (VI,13) läßt sich in geschlossener Form
nur für den elastischen Bereich, also nur für die Gleichung

$$E J \eta'' + P \eta + M_0 = 0 \tag{VI,13a}$$

und auch dann nur für einfache Fälle angeben.

Für den exzentrisch gedrückten Stab,

$$M_0 = P e = \text{konst.}$$

und für konstante Biegungssteifigkeit EJ läßt sich die Lösung der Gl. (VI,13a) zu

$$\eta = C_1 \sin\omega\, x + C_2 \cos\omega\, x - e$$

mit

$$\omega = \sqrt{\frac{P}{EJ}}$$

anschreiben. Die Integrationskonstanten C_1 und C_2 ergeben sich aus den Randbedingungen

$$x = 0: \quad \eta = 0 = C_1\, 0 + C_2\, 1 - e: \qquad C_2 = e,$$

$$x = l: \quad \eta = 0 = C_1 \sin\omega\, l + e(\cos\omega\, l - 1): \qquad C_1 = -e\,\frac{\cos\omega\, l - 1}{\sin\omega\, l};$$

damit ist

$$\eta = e\left(\frac{1 - \cos\omega\, l}{\sin\omega\, l}\,\sin\omega\, x + \cos\omega\, x - 1\right).$$

Für die Stabmitte, $x = l/2$, wird

$$y_m = e + \eta_m = e\left(\frac{1 - \cos\omega\, l}{\sin\omega\, l}\,\sin\frac{\omega\, l}{2} + \cos\frac{\omega\, l}{2}\right);$$

setzen wir

$$\cos\omega\, l = 1 - 2\sin^2\frac{\omega\, l}{2}, \quad \sin\omega\, l = 2\sin\frac{\omega\, l}{2}\cos\frac{\omega\, l}{2},$$

so wird nach einfacher Zwischenrechnung

$$y_m = e\,\frac{1}{\cos\dfrac{\omega\, l}{2}}.$$

Eine Abschätzung der Tragfähigkeit bei einem Material mit physikalisch ausgeprägter Fließgrenze wie Baustahl ergibt sich nun daraus, daß wir ein idealisiertes Spannungs-Dehnungs-Diagramm (in Abb. VI,15 gestrichelt eingetragen) annehmen und die größte Randspannung σ_i in Stabmitte gleich der Fließgrenze σ_F setzen. Wohl ist damit die größte Tragfähigkeitsgrenze noch nicht ganz erreicht, aber nach Eintritt des Fließbeginns nehmen die Ausbiegungen η so rasch zu, daß die Belastung P nicht mehr viel stärker anwachsen kann. Wir setzen somit

$$\sigma_{\max} = \frac{P}{F} + \frac{P\,y_m}{W} = \sigma_F$$

(Druckspannungen positiv) oder mit $W = kF$

$$\sigma_F = \sigma + \frac{\sigma}{k}\,\frac{e}{\cos\dfrac{\omega\, l}{2}} = \sigma\left(1 + m\,\frac{1}{\cos\dfrac{\omega\, l}{2}}\right).$$

Setzen wir ferner

$$\frac{\omega\, l}{2} = \sqrt{\frac{P\, l^2}{4EJ}} = \frac{\pi}{2}\sqrt{\frac{P}{P_E}} = \frac{\pi}{2}\sqrt{\frac{\sigma}{\sigma_E}}$$

und

$$\frac{1}{\cos\dfrac{\omega\, l}{2}} = \sec\frac{\omega\, l}{2} = \sec\frac{\pi}{2}\sqrt{\frac{\sigma}{\sigma_E}},$$

wobei σ_E die Eulersche Knickspannung,

$$\sigma_E = \frac{\pi^2\, E}{\lambda^2},$$

bedeutet, so lautet das aufgestellte Kriterium $\sigma_{\max} = \sigma_F$ für die Tragfähigkeitsgrenze

$$\boxed{\sigma_F = \sigma\left(1 + m\, \sec \frac{\pi}{2}\, \sqrt{\frac{\sigma}{\sigma_E}}\right).} \tag{VI,14a}$$

Diese Gleichung kann für gegebenes m und σ_E bzw. λ nur durch Probieren aufgelöst werden. Es soll ihr deshalb noch eine leichter zu handhabende Näherungsgleichung gegenübergestellt werden.

Infolge des konstanten Momentes $P\,e$ entsteht zunächst eine parabelförmige
Ausbiegung η_1, die in Stabmitte den Wert

$$\eta_{1\,m} = \frac{P\, e\, l^2}{8\, E\, J}$$

annimmt. Die weiteren, durch $P\,\eta_1$ verursachten Ausbiegungen dürfen wir, weil
die Kurve η_1 sich schon ziemlich weitgehend einer Sinuskurve angenähert hat,
mit guter Annäherung analog Gl. (VI,2) mit

$$\eta_{2\,m} + \eta_{3\,m} + \cdots = \eta_{1\,m} \frac{1}{1 - \dfrac{\sigma}{\sigma_E}} = \eta_{1\,m} \frac{\sigma_E}{\sigma_E - \sigma}$$

anschreiben. Die größte Beanspruchung in Stabmitte beträgt somit

$$\sigma_{\max} = \sigma + \frac{P\, y_m}{W} = \sigma\left(1 + \frac{y_m}{k}\right) = \sigma\left[1 + \frac{e}{k}\left(1 + \frac{P\, l^2}{8\, E\, J}\, \frac{\sigma_E}{\sigma_E - \sigma}\right)\right]$$

und wir finden aus der Gleichsetzung $\sigma_{\max} = \sigma_F$

$$\boxed{\sigma_F = \sigma\left[1 + m\left(1 + \frac{\pi^2}{8}\, \frac{\sigma}{\sigma_E}\, \frac{\sigma_E}{\sigma_E - \sigma}\right)\right] = \sigma\left(1 + m\, \frac{\sigma_E + 0{,}234\,\sigma}{\sigma_E - \sigma}\right).} \tag{VI,14b}$$

Kontrollrechnungen zeigen, daß die beiden Gln. (VI,14a) und (VI,14b) mit guter
Genauigkeit übereinstimmen; es muß somit mit guter Genauigkeit

$$\frac{\sigma_E + 0{,}234\,\sigma}{\sigma_E - \sigma} \cong \sec \frac{\pi}{2}\, \sqrt{\frac{\sigma}{\sigma_E}}$$

sein[1]. Gl. (VI,14b) läßt sich in die Form der quadratischen Gleichung

$$\boxed{\sigma^2(1 - 0{,}234\,m) - \sigma[\sigma_F + (1 + m)\,\sigma_E] + \sigma_E\,\sigma_F = 0} \tag{VI,14c}$$

ordnen, die direkt gelöst werden kann. Abb. VI,26 zeigt die mit Gl. (VI,14c)
berechneten Kurven σ für die Exzentrizitätsmasse $m = 0,\ 0{,}2,\ 0{,}5,\ 1{,}0,\ 2{,}0$ und

---

[1] Die Genauigkeit der Annäherung kann durch ein weiteres Glied noch verbessert werden;
der Zahlenwert 0,234 ist dann durch $0{,}234 + 0{,}035\,\sigma/\sigma_E$ oder vereinfacht durch einen Mittelwert von etwa 0,255 zu ersetzen.

3,0; zum Vergleich sind die für den I-Querschnitt berechneten genauen Kurven nach Abb. VI,24 für $m = 0$ (ENGESSER-SHANLEY), 0,2, 1,0 und 3,0 eingetragen.

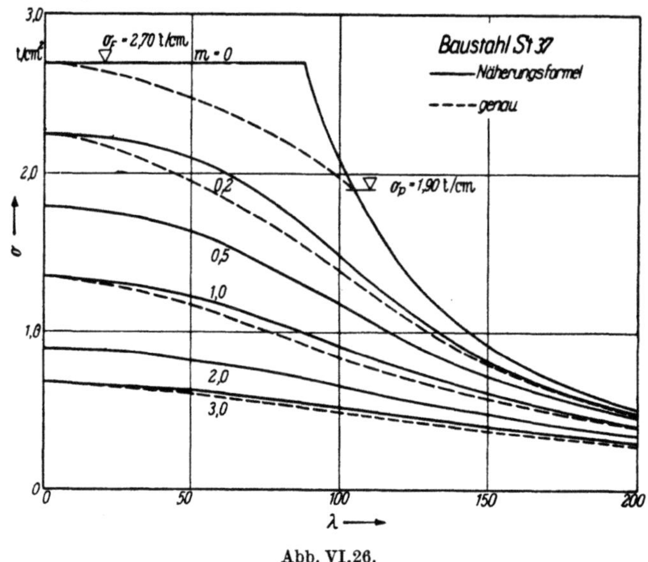

Abb. VI,26.

Es zeigt sich, daß die Näherungsformeln Gln. (VI,14) etwas zu große Werte der Tragfähigkeit σ ergeben; dies rührt offensichtlich davon her, daß wir der genauen Berechnung (absichtlich) ein verhältnismäßig ungünstiges Spannungs-Dehnungs-Diagramm mit möglichst stark ausgeprägter Übergangskurve von der Proportionalitätsgrenze zur Fließgrenze zugrunde gelegt haben. Die in Abb. VI,26 erkennbaren Unterschiede zwischen genauer und angenäherter Berechnung dürften somit ein Maximum darstellen, so daß die Näherungsrechnung für Baustahl bei nicht allzu kleinen Exzentrizitätsmassen wohl als befriedigend bezeichnet werden darf.

Für einen von Anfang an nach einer Sinuskurve *gekrümmten Stab* läßt sich mit

$$M_0 = P\, e_m \sin \frac{\pi x}{l}$$

die Lösung der Differentialgleichung (VI,13a) mit den Randbedingungen $\eta_A = \eta_B = 0$ direkt zu

$$\eta = e_m \frac{P}{P_E - P} \sin \frac{\pi x}{l}$$

anschreiben; damit liefert das Tragfähigkeitskriterium $\sigma_{max} = \sigma_F$ die Beziehung

$$\sigma_F = \sigma \left[1 + m \left(1 + \frac{\sigma}{\sigma_E - \sigma} \right) \right] = \sigma \left(1 + m \frac{\sigma_E}{\sigma_E - \sigma} \right) \qquad \text{(VI,15a)}$$

oder geordnet

$$\boxed{\sigma^2 - \sigma[\sigma_F + (1 + m)\,\sigma_E] + \sigma_E\,\sigma_F = 0} \qquad \text{(VI,15b)}$$

Die Spannungswerte σ nach den Gln. (VI,15) sind etwas, jedoch unwesentlich größer als nach den Gln. (VI,14). Die Kurventafeln der Abb. VI,24 bzw. VI,26 können deshalb (auf der sicheren Seite liegend) auch als Bemessungsgrundlage für diesen Fall verwendet werden.

Endlich ist noch auf den Druckstab mit Querbelastung einzutreten. Bei sinusförmiger Momentenfläche läßt sich dieser Fall mit

$$e_m \doteq \frac{M_{0\,m}}{P}, \qquad m = \frac{e_m}{k}$$

auf denjenigen des anfänglich gekrümmten Stabes und das Ergebnis damit auf die Gln. (VI,15) zurückführen. Dies gilt auch dann noch mit praktisch genügender Genauigkeit, wenn eine gleichmäßig verteilte Querbelastung p vorliegt, die Momentenfläche M_0 somit eine Parabel ist.

Allgemeinere Belastungsfälle des exzentrisch gedrückten ($e_A \neq e_B$), des querbelasteten oder des gekrümmten Druckstabes lassen sich in gleicher Weise auf Grund der Kurventafeln $y - \eta''$ nach den Abb. VI,21 bzw. VI,23 oder angenähert durch numerische Lösung der Differentialgleichung (VI,13a) mit der in Abschn. IV aufgestellten Methode untersuchen. Die Tragfähigkeitsgrenze ist nach dem Näherungsverfahren dann erreicht, wenn die mit dem geforderten Sicherheitsgrad n multiplizierten Belastungen in einem Stabteil eine Beanspruchung in der Größe der Fließgrenze, $\sigma_{\max} = \sigma_F$, verursachen.

f) Der Einfluß innerer Spannungen

Bei Walzprofilen treten innere Spannungen wegen der ungleichmäßigen Abkühlung nach dem Walzen, bei geschweißten Stäben wegen der örtlichen Schrumpfung in der Umgebung der Schweißnähte auf. Solche innere Spannungen σ_S beeinflussen die Knicklast P_{kr} eines gedrückten Stabes deshalb, weil nun unter der gesamten Spannung σ die Proportionalitätsgrenze σ_P früher überschritten wird, als wenn keine inneren Spannungen vorhanden wären; die inneren Spannungen verursachen damit eine Verkleinerung des Knickmoduls.

Für einen zentrisch gedrückten Stab[1] mit doppeltsymmetrischem Querschnitt läßt sich der Einfluß innerer Spannungen σ_S, die ja einen Eigenspannungszustand mit

$$\int\limits^{F} \sigma_S \, dF = 0$$

darstellen, im Rahmen der Knicktheorie nach ENGESSER-SHANLEY und der normalen Biegungslehre recht einfach wie folgt erfassen (Abb. VI,27): wird der Stab gedrückt, so müssen die zu den Spannungen σ_D zugehörigen Dehnungen ε_D die Elastizitätsbedingung vom Ebenbleiben der Querschnitte, hier also

$$\varepsilon_D = \text{konst.}$$

erfüllen; die gesamte Dehnung ε beträgt somit

$$\varepsilon = \varepsilon_D + \varepsilon_S,$$

wenn wir hier Verkürzungen und damit auch Druckspannungen als positiv bezeichnen.

---

[1] Für exzentrisch gedrückte Stäbe vgl. z. B. HUBER, A. W., KETTER, R. L.: The Influence of Residual Stress on the Carrying Capacity of Eccentrically Loaded Columns; Abh. IVBH Bd. 18, Zürich 1958.

Wenn die Dehnungen ε nirgends den Wert $\varepsilon_P = \sigma_P/E$ (σ_P = Proportionalitätsgrenze) überschreiten, so gilt die Eulersche Knickspannung

$$\sigma_{kr} = \frac{\pi^2 E}{\lambda^2};$$

für

$$\varepsilon_D \leqq \varepsilon_P - \varepsilon_{Sa}$$

beeinflussen die inneren Spannungen die Knickspannungen σ_{kr} somit noch nicht.

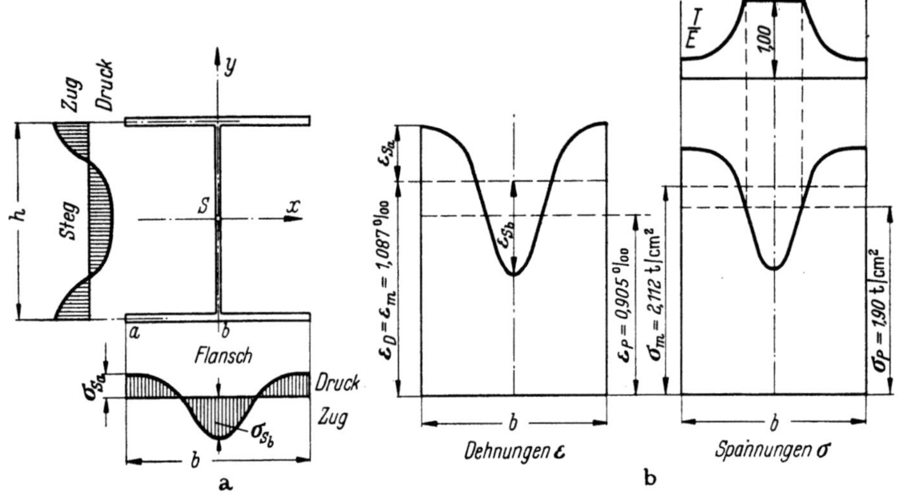

Abb. VI,27a und b.

Überschreiten dagegen die Dehnungen ε in einzelnen Flächenelementen den Wert ε_P, so ergeben sich die zugehörigen Spannungen $\sigma > \sigma_P$ aus dem Spannungs-Dehnungs-Diagramm; diese Elemente setzen einer Verformung nun nicht mehr den Widerstand E, sondern nur noch

$$T = \frac{d\sigma}{d\varepsilon}$$

entgegen (Abb. VI,27b). Für Ausknicken in der y-z-Ebene ist somit der Biegungswiderstand eines Stabelementes

$$\int\limits^{F} T\,y^2\,dF = T_x\,J_x; \qquad T_x = \frac{\int\limits^{F} T\,y^2\,dF}{J_x}$$

und die Knickspannung σ_{kr}

$$\sigma_{kr} = \sigma_m = \frac{\int\limits^{F} \sigma\,dF}{F}$$

wird

$$\boxed{\sigma_{kr} = \frac{P_{kr}}{F} = \frac{\pi^2 T_x}{\lambda_x^2}},$$

wobei

$$\lambda_x^2 = \frac{l_k^2}{i_x^2} = l_k^2\,\frac{F}{J_x}$$

bedeutet. Analog gilt für Knicken in der x-z-Ebene

$$T_y = \frac{\int\limits^{F} T\,x^2\,dF}{J_y},$$

$$\boxed{\sigma_{kr} = \frac{\pi^2\,T_y}{\lambda_y^2}}\,.$$

In Abb. VI,28 sind die Ergebnisse eines durchgerechneten Beispieles für einen $\mathbf{I}$-Querschnitt mit vernachlässigbar dünnem Steg mit $\sigma_{Sb} = 1{,}0$ t/cm² (Zug),

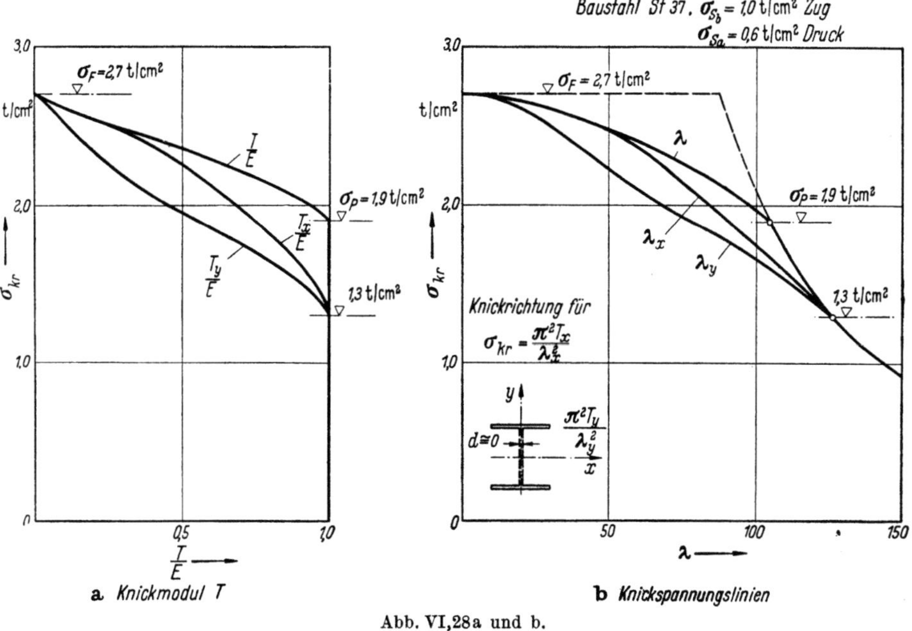

Abb. VI,28a und b.

$\sigma_{Sa} = 0{,}6$ t/cm² (Druck) und für das in Abb. VI,15a dargestellte Spannungs-Dehnungs-Diagramm bzw. für den Tangentenmodul T nach Abb. VI,15b zusammengestellt. Der elastische Bereich wird hier für eine mittlere Spannung σ_m von

$$\sigma_m = \sigma_P - \sigma_{Sa} = 1{,}9 - 0{,}6 = 1{,}3 \text{ t/cm}^2$$

überschritten. Der Einfluß der inneren Spannungen zeigt sich stark für gedrungene und mittelschlanke Stäbe.

Bei der Beurteilung dieser Ergebnisse ist davon auszugehen, daß die eingeführten inneren Spannungen mit $\sigma_{Sb} = 1{,}0$ t/cm² für ein normales Walzprofil, vielleicht abgesehen von den größten Breitflanschprofilen, zu ungünstig, für geschweißte Träger dagegen bestimmt viel zu günstig sein dürften. Beachten wir ferner, daß wir unserer Untersuchung ein extrem ungünstiges Spannungs-Dehnungs-Diagramm zugrunde gelegt haben, so dürfte bei normalen Walzprofilen eine besondere Berücksichtigung der Walzspannungen beim Knicken nicht notwendig sein, dagegen empfiehlt es sich, bei HE-Trägern mit über 600 mm Profilhöhe die zulässigen Knickspannungen der Vorschriften nicht voll auszunützen.

Anders liegen die Verhältnisse bei geschweißten Stützen, bei denen die Schweißspannung σ_{Sb} ohne weiteres den Wert der Fließspannung σ_F erreichen kann. Hier ist der Feststellung von B. Thürlimann[1], der diese Verhältnisse auch versuchstechnisch untersucht hat, beizupflichten, daß der Abfall der Knicklast durch Schweißspannungen nicht mehr übersehen werden darf. Die Knickspannungslinien der Abb. VI,28 b dürften als Richtlinien für die Beträge dienen, um die die zulässigen Knickspannungen geschweißter Stützen *mindestens* abgemindert werden sollten. B. Thürlimann weist mit Recht auch darauf hin, daß die von verschiedenen Seiten festgestellten Unterschiede zwischen versuchstechnisch und rechnerisch bestimmten Knicklasten nicht nur auf unvermeidliche Unvollkommenheiten der Druckstäbe und der Krafteinleitung, sondern mindestens ebensosehr auf den Einfluß innerer Spannungen zurückzuführen sind. Dies wird auch bei der Festlegung der zulässigen Knickspannungen zu beachten sein.

g) Die zulässige Knickspannung

Die Besonderheit bei der Festsetzung *zulässiger Knickspannungen* $\sigma_{k\,zul}$ beruht darauf, daß schon eine kleine Exzentrizität des Kraftangriffs die Tragfähigkeit gedrückter Stäbe erheblich vermindern kann; solche kleine Exzentrizitäten sind jedoch in der Ausführungspraxis unvermeidlich. Damit stehen zwei Möglichkeiten des Vorgehens offen: Entweder bestimmt man die zulässige Knickspannung $\sigma_{k\,zul}$ aus der kritischen Spannung σ_{kr} (zentrisches Knicken), indem man einen verhältnismäßig großen Sicherheitsgrad n_k einführt, der auch praktisch unvermeidliche Exzentrizitäten decken soll:

$$\sigma_{k\,zul} = \frac{\sigma_{kr}}{n_k}$$

oder man geht aus von der Tragfähigkeit σ_{exz} eines exzentrisch gedrückten Stabes mit einer mehr oder weniger willkürlich gewählten, konventionellen Größe der Exzentrizität e, wobei man sich dann mit einem verhältnismäßig kleinen Sicherheitsgrad n_e, in ähnlicher Größe wie bei den normalen, linearen Spannungsproblemen, begnügen darf:

$$\sigma_{k\,zul} = \frac{\sigma_{\mathrm{exz}}}{n_e}.$$

Man wird etwa annehmen dürfen, daß bei normaler Sorgfalt der Herstellung eine Ungenauigkeit der Stabform (Krümmung) oder des Kraftangriffes von $^1/_{500}$ der Stablänge nicht überschritten wird. Diese konventionelle Exzentrizität beträgt somit für einen Stab mit idealisiertem I-Querschnitt,

$$i = k = \frac{h}{2},$$

---

[1] Thürlimann, B.: Der Einfluß von Eigenspannungen auf das Knicken von Stahlstützen, Schweizer Archiv 23 (1957) H. 12, S. 388.

auf den wir uns hier beschränken können,

$$e = \frac{l}{500}, \qquad m = \frac{e}{k} = \frac{l}{500\,k} = \frac{l}{500\,i} = 0{,}002\,\lambda.$$

In Abb. VI,29 sind sowohl die Knickspannungslinie σ_{kr} wie auch die Spannungswerte σ_{exz} eines mit $m = 0{,}002\,\lambda$ exzentrisch gedrückten Stabes (I-Querschnitt) aus Baustahl St 37 aufgetragen; es zeigt sich, wie zu erwarten war, daß eine solche konventionelle Exzentrizität die Tragfähigkeit eines gedrückten Stabes erheblich herabmindern kann.

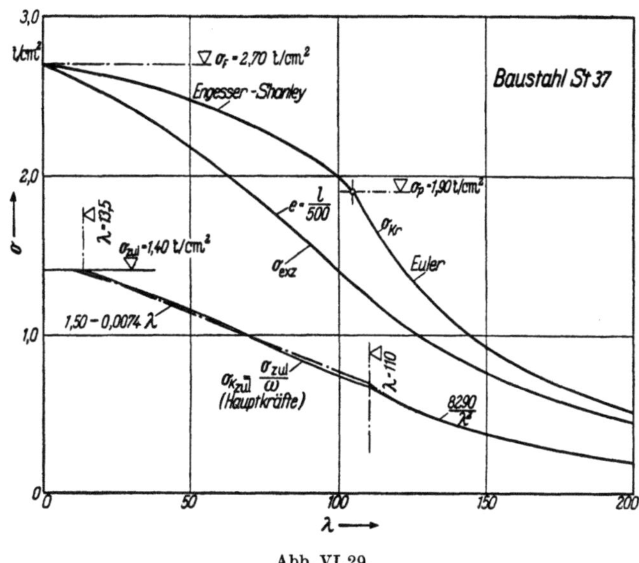

Abb. VI,29.

Die zulässige Knickspannung kann nun auf zwei Arten festgelegt werden: entweder wird direkt der Wert $\sigma_{k\,zul}$ in Funktion der Schlankheit λ festgelegt, wie dies die meisten Vorschriften, entweder formelmäßig oder durch eine Zahlentabelle tun, oder man kann, nach Art der deutschen Vorschriften, durch Einführung einer Verhältniszahl (ω-Verfahren) die vorhandene Spannung $\sigma_{k\,vorh}$ des Druckstabes mit einem Festwert der zulässigen Spannung (σ_{zul} für Druck) vergleichen:

$$\sigma_{k\,\mathrm{vorh}}\,\omega \leqq \sigma_{\mathrm{zul}}.$$

Diese Bemessungsvorschrift läßt sich jedoch auch in der Form

$$\sigma_{k\,\mathrm{vorh}} \leqq \frac{\sigma_{\mathrm{zul}}}{\omega}$$

anschreiben, so daß der Wert $\sigma_{\mathrm{zul}}/\omega$ als zulässige Knickspannung zu betrachten ist. Diese Werte

$$\sigma_{k\,\mathrm{zul}} = \frac{\sigma_{\mathrm{zul}}}{\omega}$$

für Baustahl St 37, Belastung durch Hauptkräfte, $\sigma_{\mathrm{zul}} = 1{,}40$ t/cm², und für die ω-Zahlen der deutschen DIN 4114, sind ebenfalls in Abb. VI,29 aufgetragen.

Diese zulässigen Knickspannungen $\sigma_{k\,\text{zul}}$ erlauben nun zwei Folgerungen: eine erste, mehr formaler Art, lautet, daß die deutschen Knickvorschriften ohne wesentliche Änderung der Zahlenwerte sich sehr einfach formelmäßig erfassen lassen. Für den betrachteten Fall, Baustahl St 37, Hauptkräfte, ist nämlich für

$$\lambda \leqq 13{,}5: \qquad \sigma_{k\,\text{zul}} = \sigma_{\text{zul}} = 1{,}40 \text{ t/cm}^2,$$

$$13{,}5 < \lambda < 110: \qquad \sigma_{k\,\text{zul}} = 1{,}50 - 0{,}0074\,\lambda \text{ t/cm}^2,$$

$$\lambda > 110: \qquad \sigma_{k\,\text{zul}} = \frac{8290}{\lambda^2} \text{ t/cm}^2.$$

Die deutschen Normen unterscheiden somit grundsätzlich, wie beispielsweise auch die schweizerischen, einen unelastischen Knickbereich, der durch eine Tetmajersche Gerade umschrieben werden kann, und einen elastischen Bereich, der durch eine Eulersche Hyperbel erfaßt wird.

Es kann sich hier selbstverständlich nicht darum handeln, etwa die deutschen Normen abändern zu wollen; dies wäre ein unerlaubter Eingriff in die Rechte der zuständigen Amtsstellen und Körperschaften. Auch dürfen die Formen einer Vorschrift, soweit sie sachlich richtig sind, nicht ohne zwingenden Grund abgeändert werden, denn solche Formen sind in jeder Vorschrift die Ergebnisse einer langen Entwicklung, die sich in der Praxis eingelebt haben. Es geht hier lediglich darum, den sachlichen Inhalt der Vorschrift im Zusammenhang mit den heoretischen Grundlagen zu beleuchten.

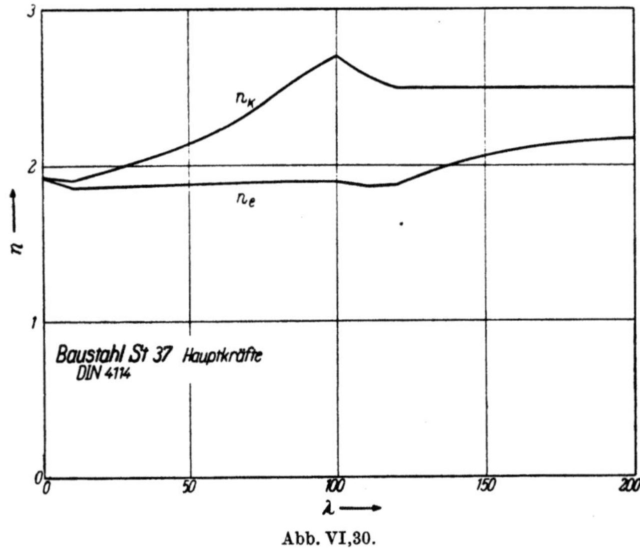

Abb. VI,30.

Eine zweite Folgerung ergibt sich daraus, daß wir die Größe der Sicherheitsgrade bestimmen. Diese Werte

$$n_k = \frac{\sigma_{kr}}{\sigma_{k\,\text{zul}}} \quad \text{und} \quad n_e = \frac{\sigma_{\text{exz}}}{\sigma_{k\,\text{zul}}}$$

sind in Abb. VI,30 dargestellt. Es zeigt sich, daß der Sicherheitsgrad n_k gegen zentrisches Knicken im unelastischen Bereich mit wachsender Schlankheit λ zunimmt, während er, abgesehen von einem kurzen Übergangsbereich zwischen

$\lambda = 100$ und $\lambda = 120$, im elastischen Bereich mit $n_k = 2,50$ konstant bleibt. Der Sicherheitsgrad n_e gegen exzentrisches Knicken mit einer konventionellen Exzentrizität von $e = l/500$ bleibt dagegen im unelastischen Bereich praktisch konstant mit einem Mindestwert von $n_e = 1,87$; im elastischen Bereich nimmt n_e dagegen noch etwas zu. *Die deutschen Knickvorschriften erfüllen somit, wie übrigens auch die schweizerischen Normen, die wesentliche Forderung, daß unvermeidliche Exzentrizitäten[1] von Druckstäben angemessen zu berücksichtigen sind.*

In Abb. VI,31 sind noch zur Veranschaulichung der Verhältnisse die aus den ω-Werten der DIN 4114 berechneten zulässigen Knickspannungen $\sigma_{k\,\mathrm{zul}}$ dargestellt. Die aus den Werten für St 37, Hauptkräfte, gezogenen Folgerungen gelten sinngemäß auch für die anderen drei Kurven.

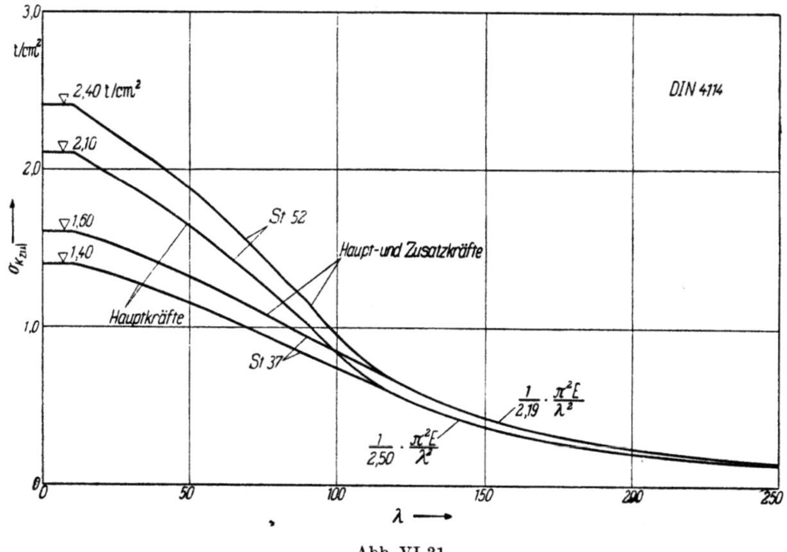

Abb. VI,31.

Wenn wir nun auch noch *zulässige Schwerpunktsspannungen* für *exzentrisch gedrückte Stäbe* aufstellen wollen, so müssen sich diese offenbar widerspruchsfrei an die zulässigen Knickspannungen $\sigma_{k\,\mathrm{zul}}$ anschließen. Da bei rechnerischer Berücksichtigung einer vorhandenen Exzentrizität e eine besondere Erhöhung des Sicherheitsgrades nicht mehr gerechtfertigt erscheint, ergeben sich die gesuchten Werte $\sigma_{e\,\mathrm{zul}}$ aus der wirklichen Tragfähigkeit, für den als maßgebend anzusehenden ⊥-Querschnitt also aus Abb. VI,24, durch Division durch den konstanten Sicherheitsgrad $n = 1,87$. So ist die Kurventafel Abb. VI,32 berechnet worden. Das etwas ungewohnte Bild, daß die Kurven für exzentrisches Knicken, $\sigma_{e\,\mathrm{zul}}$, die Knickspannungslinie $\sigma_{k\,\mathrm{zul}}$ schneiden, ist die logische und konsequente Folge davon, daß wir bei den Werten $\sigma_{k\,\mathrm{zul}}$ gegenüber der kritischen Spannung σ_{kr} im plastischen Bereich eine mit der Schlankheit λ zunehmende *unvermeidliche* Exzentrizität von $l/500$ berücksichtigt haben und daß der konstante Sicherheitsgrad des elastischen Bereiches gegenüber dem Mindestsicherheitsgrad für $\lambda = 10$ noch größere Exzentrizitäten deckt.

---

[1] Der DIN 4114 liegt bekanntlich (Ri 7.2) im unelastischen Knickbereich ein Stab mit T-Profil und einer unvermeidlichen Exzentrizität $e = i/20 + l/500$ vor.

Diese Ergebnisse sind sinngemäß auch auf andere Spannungsprobleme zweiter Ordnung von Druckstäben zu übertragen; auch solche Fälle müssen mit der durch die Verordnung indirekt vorgeschriebenen Sicherheit[1], $n_e = 1{,}87$ für Hauptkräfte

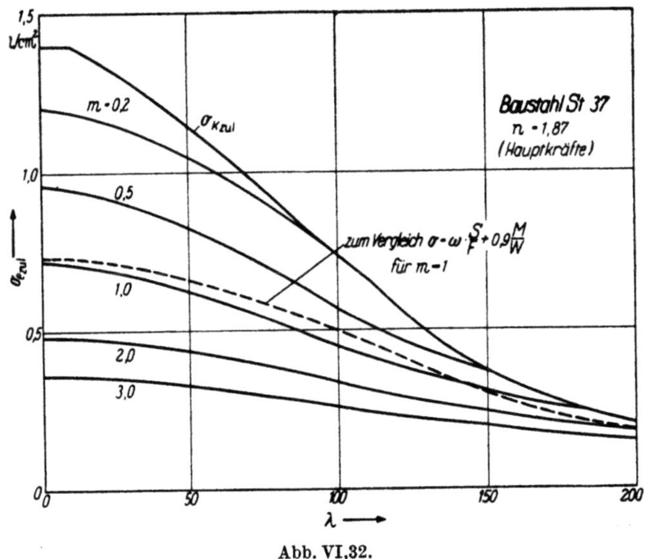

Abb. VI,32.

bzw. $n_e = 1{,}64$ für Haupt- und Zusatzkräfte, bemessen werden. Für unseren Baustahl mit seiner ausgeprägten Fließgrenze liegen die Verhältnisse insofern günstig, als wir diese Fälle in gegenüber der genauen Berechnung, die immer etwas mühsam ist, vereinfachter Weise als Spannungsprobleme zweiter Ordnung mit der Biegungssteifigkeit EJ und dem Tragfähigkeitskriterium $\sigma_{max} = \sigma_F$ berechnen dürfen. Die kleinen Unterschiede zwischen dieser Näherungsberechnung und der genauen Methode dürften, wie aus einem Vergleich der Abb. VI,24 und VI,26 hervorgeht, durch eine Erhöhung des Sicherheitsgrades von 1,87 auf 2,0 für Hauptkräfte bzw. auf 1,75 für Haupt- und Zusatzkräfte angemessen berücksichtigt sein.

Die deutschen Normen schreiben für den exzentrisch gedrückten oder querbelasteten Druckstab einen Spannungsnachweis mit der einfachen empirischen Formel

$$\sigma = \omega \frac{S}{F} + 0{,}90 \frac{M}{W} \leqq \sigma_{zul}$$

vor, in der ω die Knickzahl,

$$\omega = \frac{\sigma_{zul}}{\sigma_{k\,zul}},$$

bedeutet. Diese Formel ist offenbar durch Kombination der beiden Grenzfälle,

$$\text{reines Knicken} \quad \sigma = \omega \frac{S}{F} \leqq \sigma_{zul},$$

$$\text{reine Biegung} \quad \sigma = \frac{M}{W} \leqq \sigma_{zul},$$

---

[1] Für den exzentrisch gedrückten Stab nach Fußnote S. 351 schreibt die DIN 4114 eine Sicherheit von 1,5 (Lastfall H) vor.

und Einführung eines *Anpassungsfaktors* 0,9 beim Einfluß der Momente entstanden. Setzen wir

$$m = \frac{e}{k} = \frac{M\,F}{S\,W}, \qquad \frac{M}{W} = m\,\frac{S}{F},$$

so geht die Formel über in

$$\sigma = \frac{S}{F}\,(\omega + 0{,}9\,m) \leqq \sigma_{\mathrm{zul}}.$$

Sie zeigt dann recht gute Übereinstimmung mit der genauen Berechnung, wenn die Biegungslinie infolge des Momentes ähnlich zur Knickbiegungslinie verläuft. In Abb. VI,32 sind zum Vergleich die sich aus dieser Formel ergebenden Spannungswerte für den exzentrisch gedrückten Stab mit $m = 1$, $\sigma_{\mathrm{zul}} = 1{,}4\ \mathrm{t/cm^2}$ mit den Knickzahlen ω für St 37 eingetragen.

h) Sonderfälle

Nachstehend sollen einige einfache Sonderfälle des Biegeknickens, wie sie in der Stahlbaupraxis häufig vorkommen (elastisch quergestützter Druckstab, Stäbe mit veränderlicher Druckkraft, mehrteiliger Stab, Stabverbindungen) besprochen werden.

Der elastisch quergestützte Druckstab

Der allgemeine Fall des elastisch quergestützten Druckstabes mit veränderlicher Druckkraft und Querstützung in einzelnen Punkten kommt beispielsweise bei der Druckgurtung der Hauptträger einer oben offenen Fachwerkbrücke vor. Hier beschränken wir uns auf den einfachen Engesser-Fall[1], für den F. ENGESSER die folgenden vereinfachenden Voraussetzungen eingeführt hat (Abb. VI,33):

Der Stab sei auf die ganze Länge l durch die konstante Druckkraft P beansprucht.
Die Biegungssteifigkeit $E\,J$ (bzw. $T\,J$ im unelastischen Knickbereich) sei konstant.
Die elastische Querstützung sei gleichgroß und stetig verteilt, $q = c\,\eta$.
Die Endpunkte A und B seien frei drehbar, jedoch seitlich unverschieblich gelagert.

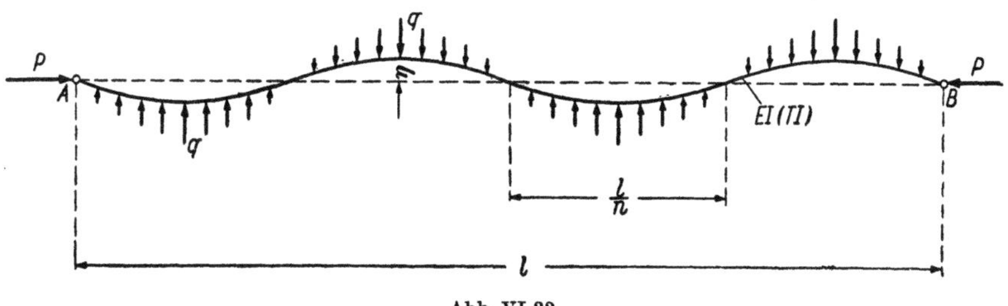

Abb. VI,33.

Die äußere Belastung P verursacht im ausgebogenen Stab die Biegungsmomente $P\,\eta$ und damit die Ablenkungskräfte $(P\,\eta)''$, die durch die inneren elastischen Widerstände $(E\,J\,\eta'')''$ sowie durch die Querstützung $q = c\,\eta$ aufgenommen werden müssen. Für konstante Stabkraft und konstanten Querschnitt

---

[1] ENGESSER, F.: Die Sicherung offener Brücken gegen Ausknicken. Zbl. Bauverw. 1884 u. 1885.

besteht somit beim Beginn des Knickvorganges die Gleichgewichtsbedingung

$$\boxed{E\,J\,\eta'''' + P\,\eta'' + c\,\eta = 0}\,,\qquad\qquad\text{(VI,16)}$$

die für $\eta_A = \eta_B = 0$ sowie $\eta_A'' = \eta_B'' = 0$ durch den Lösungsansatz

$$\eta = \eta_c \sin\frac{n\,\pi\,x}{l}$$

mit den Ableitungen

$$\eta'' = -\eta_c\,\frac{n^2\,\pi^2}{l^2}\sin\frac{n\,\pi\,x}{l}\,,$$

$$\eta'''' = \eta_c\,\frac{n^4\,\pi^4}{l^4}\sin\frac{n\,\pi\,x}{l}$$

befriedigt wird. Durch Einsetzen ergibt sich

$$E\,J\,\frac{n^4\,\pi^4}{l^4} - P\,\frac{n^2\,\pi^2}{l^2} + c = 0$$

oder

$$\boxed{P_{kr} = \frac{n^2\,\pi^2\,E\,J}{l^2} + \frac{c\,l^2}{n^2\,\pi^2}}\,.\qquad\qquad\text{(VI,16a)}$$

Die kritische Belastung P_{kr} setzt sich also aus einem Eulerschen Anteil und einem von der elastischen Querstützung herrührenden Anteil zusammen. Maßgebend ist offensichtlich diejenige Halbwellenzahl, die auf den kleinsten Wert von P_{kr} führt oder

$$\frac{d\,P_{kr}}{d\,n} = 0 = \frac{2\,n\,\pi^2\,E\,J}{l^2} - \frac{2\,c\,l^2}{n^3\,\pi^2}\,;$$

die maßgebende Halbwellenzahl bestimmt sich aus

$$n^4 = \frac{c\,l^4}{\pi^4\,E\,J}\,,\qquad n^2 = \frac{l^2}{\pi^2}\sqrt{\frac{c}{E\,J}}\,.$$

Setzen wir n^2 in Gl. (VI,16a) ein, so wird

$$\boxed{{}_{\min}P_{kr} = \sqrt{c\,E\,J} + \sqrt{c\,E\,J} = 2\sqrt{c\,E\,J}}\,.\qquad\qquad\text{(VI,16b)}$$

Die Halbwellenzahl n stellt sich für die maßgebende Knicklast so ein, daß die beiden Anteile von P_{kr} gleich groß werden. Für den unelastischen Knickbereich ist selbstverständlich

$$P_{kr} = 2\sqrt{c\,T\,J}$$

zu setzen.

Vergleichen wir die maßgebende kritische Last P_{kr} nach Gl. (VI,16b) mit der Eulerschen Knicklast P_E,

$$P_E = \frac{\pi^2\,E\,J}{l^2}\,,$$

(unter Beschränkung auf den elastischen Bereich), so wird

$$\frac{P_{kr}}{P_E} = \frac{2\sqrt{c\,E\,J}}{P_E} = 2\sqrt{\frac{c\,E\,J}{P_E^2}}$$

oder wir können das Verhältnis P_{kr}/P_E als quadratische Parabel

$$\frac{P_{kr}}{P_E} = 2\sqrt{x}$$

über die Abszisse

$$x = \frac{c\,E\,J}{P_E^2} = \left(\frac{\min P_{kr}}{2\,P_E}\right)^2$$

darstellen (Abb. VI,34).

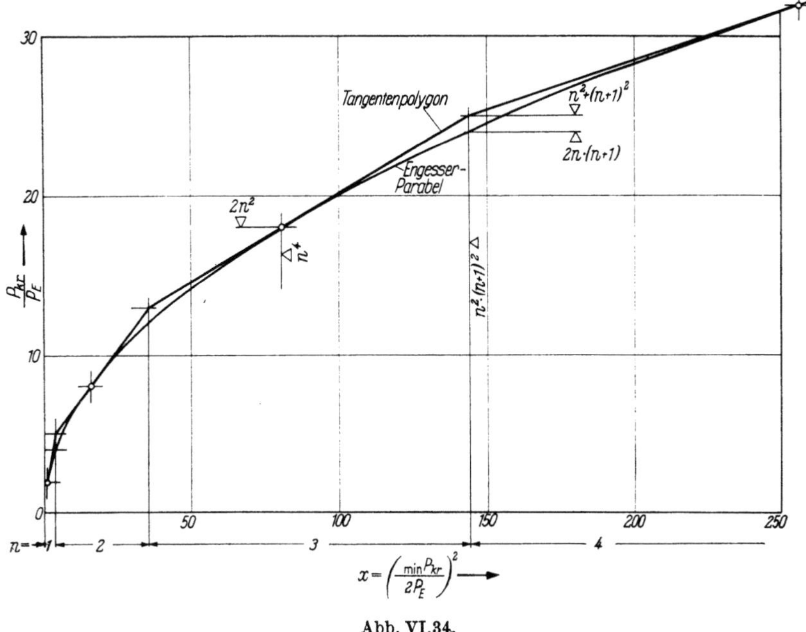

Abb. VI,34.

Nun sind aber in Wirklichkeit nur solche Halbwellenlängen a möglich, die die Stablänge l in n gleiche Teile einteilen, wobei n eine ganze Zahl sein muß. Die Parabel von Abb. VI,34 stellt uns somit nur einen angenäherten Verlauf des Verhältnisses P_{kr}/P_E dar; der wirkliche Verlauf ist nach Gl. (VI,16a) durch ganzzahlige Werte von n mit

$$\frac{P_{kr}}{P_E} = n^2 + \frac{1}{n^2}\,\frac{c\,E\,J}{P_E^2} = n^2 + \frac{x}{n^2}$$

gegeben. Die rechte Seite stellt in unserem Diagramm Abb. VI,34 für jede Halbwellenzahl n eine Gerade dar, die die Engesser-Parabel über den Abszissen

$$\boxed{x = n^4} \tag{VI,17a}$$

mit den Ordinaten

$$\boxed{\frac{P_{kr}}{P_E} = 2\,n^2} \qquad\qquad (VI,17\,b)$$

tangiert. Aufeinanderfolgende Tangenten schneiden sich für

$$n^2 + \frac{x}{n^2} = (n+1)^2 + \frac{x}{(n+1)^2},$$

$$\boxed{x = n^2(n+1)^2} \qquad\qquad (VI,17\,c)$$

und damit für

$$\boxed{\frac{P_{kr}}{P_E} = n^2 + (n+1)^2}, \qquad\qquad (VI,17\,d)$$

während die Parabel an der gleichen Stelle nur die Ordinate

$$\frac{P_{kr}}{P_E} = 2\,n(n+1)$$

aufweist. Dieses Tangentenpolygon, auf das meines Wissens P. MATILDI[1] zuerst hingewiesen hat, ist in Abb. VI,34 ebenfalls eingetragen. Mit zunehmender Halbwellenzahl n verlieren die Unterschiede zwischen Parabel und Tangentenpolygon relativ mehr und mehr an Bedeutung; für etwa $n \geqq 5$ darf die Engesser-Parabel praktisch als genügend genau angesehen werden, um so mehr, als sie auf der sicheren Seite liegt. Dann ist es bequem, die Knicklast P_{kr} des elastisch quergestützten Stabes durch Einführung einer Knicklänge l_k auf den Eulerschen Grundfall zurückzuführen; aus der Gleichsetzung

$$2\,\sqrt{c\,E\,J} = \frac{\pi^2\,E\,J}{l_k^2}$$

folgt[2]

$$\boxed{l_k = \pi\,\sqrt[4]{\frac{E\,J}{4c}}} \qquad\qquad (VI,18)$$

bzw. für den unelastischen Bereich

$$\boxed{l_k = \pi\,\sqrt[4]{\frac{T\,J}{4c}}}. \qquad\qquad (VI,18\,a)$$

---

[1] MATILDI, P.: Sul calcolo delle travi caricate di punta in un mezzo elastico continuo. Atti dell' Istituto di Scienza delle Costr., Università di Pisa, No. 28, 1953.

[2] Wegen des Einflusses der Querstützung stimmt die Knicklänge l_k nicht mit der Halbwellenlänge l/n (Abb. VI,33) überein. Da nach Gl. (VI,16 b) die Stützung den Eulerschen Anteil verdoppelt, ist $l_k = l/n\,\sqrt{2}$.

Von P. MATILDI[1] ist auch auf den *Einfluß der Schubspannungen* auf die Knicklast elastisch quergestützter Stäbe hingewiesen worden. Um diesen Einfluß zu erfassen, ist Gl. (VI,16) auf

$$E\,J\,\eta'''' + P\left(\eta'' - \frac{E\,J}{G\,F'}\,\eta''''\right) + c\,\eta = 0 \qquad\qquad \text{(VI,16c)}$$

zu erweitern. Mit dem Lösungsansatz

$$\eta = \eta_c \sin\frac{n\,\pi\,x}{l}$$

ergibt sich hier

$$P_{kr} = \frac{\dfrac{n^2\,\pi^2\,E\,J}{l^2} + \dfrac{c\,l^2}{n^2\,\pi^2}}{1 + \dfrac{n^2\,\pi^2\,E\,J}{l^2\,G\,F'}}$$

oder

$$\frac{P_{kr}}{P_E} = \frac{n^2 + \dfrac{c\,E\,J}{n^2\,P_E^2}}{1 + \dfrac{n^2\,P_E}{G\,F'}} = \frac{n^2 + \dfrac{x}{n^2}}{1 + \dfrac{n^2\,P_E}{G\,F'}}.$$

Es zeigt sich, daß der Einfluß der Schubspannungen zwar mit wachsender Halbwellenzahl n stark zunimmt, doch dürfte er in den Anwendungsfällen des Stahlbaues keine wesentliche Größe erreichen.

Stäbe mit veränderlicher Druckkraft

Bei Stäben mit veränderlicher Druckkraft sind grundsätzlich zwei Fälle zu unterscheiden: die auf den verformten Stab wirkenden Zusatzkräfte ΔP bzw. dP können, je nach der Art der Kraftübertragung, ihre ursprüngliche Richtung parallel zur Stabaxe beibehalten (Abb. VI,35a) oder die Richtung der verformten Stabaxe im Angriffspunkt annehmen (Abb. VI,35b).

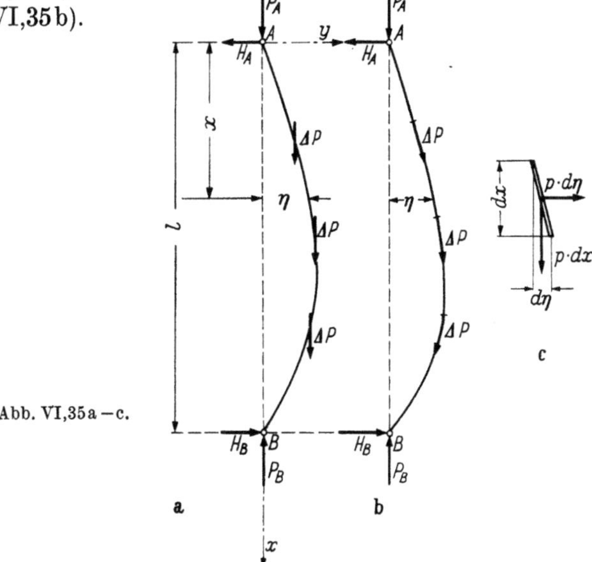

Abb. VI,35a—c.

[1] MATILDI, P.: Sul contributo del taglio nell'instabilità delle travi caricate di punta in un mezzo elastico continuo. Atti dell'Istituto di Scienza delle Costr., Università di Pisa, No. 23, 1952.

Wir betrachten zunächst den ersten Fall mit lotrecht wirkenden Zusatzkräften ΔP. Im verformten Zustand treten die waagrechten Auflagerkräfte

$$H_A = -H_B = \frac{1}{l} \sum_A^B \Delta P \eta \quad \text{bzw.} \quad \frac{1}{l} \int^l d P \eta$$

auf; die Biegungsmomente M ergeben sich mit den Querkräften

$$Q_x = P_A + \sum_A^m \Delta P, \quad Q_y = H_A = \text{konst.}$$

nach bekannten Regeln zu

$$M_m = \sum_A^m Q_x \Delta \eta + \sum_A^m Q_y \Delta x.$$

Für stetig verteilte Zusatzkräfte $dP = p\, dx$ ist es bequemer, diese Gleichung umzuformen; es ist dann

$$M = \int_0^x Q_x\, d\eta + \int_0^x Q_y\, dx$$

und daraus

$$\frac{dM}{dx} = M' = Q_x \eta' + Q_y$$

und ferner, wegen $Q_y = \text{konst.}$ und $Q_x' = p$

$$\boxed{M'' = (Q_x \eta')' = Q_x \eta'' + p\, \eta'}. \tag{VI,19a}$$

Es ist nun offensichtlich am bequemsten, von einer geschätzten Kurve η'' auszugehen, aus der sich zunächst eine Biegungslinie η als Seilpolygon ergibt; die Neigungen η' sind dann aus der Gl. (IV,19c) mit

$$\eta_m' \Delta x = \frac{1}{2} (\eta_{m+1} - \eta_{m-1}) - \frac{\Delta x^2}{12} (\eta_{m+1}'' - \eta_{m-1}'')$$

sehr einfach zu bestimmen. Nun wird aus M'' die Momentenfläche M als Seilpolygon bestimmt, und die Gleichgewichtsbedingung $M_i + M_a = 0$ liefert mit $M_i = EJ \eta''$ die Größe der kritischen Belastung, ausgedrückt beispielsweise durch P_B,

$$P_B = P_A + \int_A^B p\, dx.$$

Die Energiebetrachtung ist in der Form

$$P_{Bkr} = -\frac{\displaystyle\int_0^l \eta'' M\, dx}{\displaystyle\int_0^l \frac{1}{P_B} \frac{M^2}{EJ}\, dx}$$

durchzuführen. Die nachstehende Tabelle enthält die Zahlenrechnung zum in Abb. VI,36 skizzierten Beispiel mit $P_A = 0$, $p = $ konst., $P_B = p\,l$, $EJ = $ konst.

	Q_x	$-\eta''$	$-Q_x\eta''$	$p\eta'$	M''	$K(-M'')$	$Q(-M'')$	M	$\dfrac{M}{M_6}$
A	0	0	0	0,2505	0,2505			0	0
							8,570		
1	0,1	0,131	0,0131	0,2443	0,2312	$-2,724$		8,570	0,1327
							11,294		
2	0,2	0,305	0,0610	0,2228	0,1618	$-1,880$		19,865	0,3076
							13,174		
3	0,3	0,506	0,1518	0,1823	0,0305	$-0,303$		33,039	0,5116
							13,477		
4	0,4	0,712	0,2848	0,1213	$-0,1635$	2,010		46,516	0,7203
							11,467		
5	0,5	0,892	0,4460	0,0407	$-0,4053$	4,871		57,984	0,8979
							6,596		
6	0,6	1,000	0,6000	$-0,0547$	$-0,6547$	7,797		64,580	1,0000
							$-1,200$		
7	0,7	0,985	0,6895	$-0,1551$	$-0,8447$	10,000		63,380	0,9814
							$-11,200$		
8	0,8	0,816	0,6528	$-0,2465$	$-0,8993$	10,577		52,179	0,8080
							$-21,777$		
9	0,9	0,474	0,4266	$-0,3123$	$-0,7389$	8,625		30,402	0,4708
							$-30,402$		
B	1,0	0	0	$-0,3371$	$-0,3371$			0	0
	$\times P_B$	$\times \eta''_6$	$\times \eta''_6 P_B$			$\times \dfrac{\varDelta x}{12}\eta''_6 P_B$		$\times \dfrac{\varDelta x^2}{12}\eta''_6 P_B$	

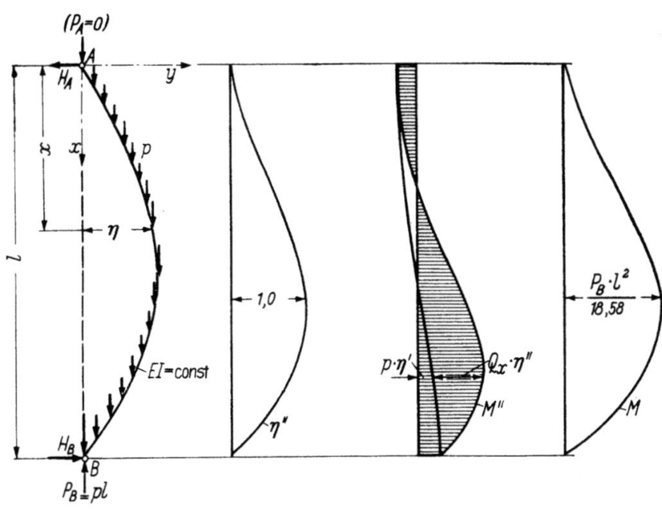

Abb. VI,36.

Aus der Gleichgewichtsbedingung für Punkt 6

$$-E\,J\,\eta''_6 + 64,580\,\frac{\varDelta x^2}{12}\,P_B\,\eta''_6 = 0$$

ergibt sich

$$P_{Bkr} = \frac{1200}{64{,}580}\,\frac{E\,J}{l^2} = 18{,}58\,\frac{E\,J}{l^2}\,,$$

während eine Energiebetrachtung den Wert

$$P_{Bkr} = 18{,}56\,\frac{E\,J}{l^2}$$

liefert. Trotz der nur angenäherten Übereinstimmung der geschätzten Kurve η'' mit der berechneten Momentenkurve ist der aus der Gleichgewichtsbedingung bestimmte Wert von P_{Bkr} schon recht genau, wie sich aus dem Vergleich mit dem aus der Energiebetrachtung ermittelten Wert zeigt. Eine Wiederholung der Berechnung ist hier somit nicht notwendig.

Geneigte Zuwachskräfte p zerlegen wir entsprechend Abb. VI,35c in lotrechte und waagrechte Komponenten. Für die lotrechten Komponenten p ist, wie für den Fall mit lotrechten Zusatzkräften, der Anteil M_1'' von M'' durch

$$M_1'' = Q_x\,\eta'' + p\,\eta'$$

gegeben, während der Anteil M_2'' infolge der waagrechten Belastungskomponenten $p\,\eta'$

$$M_2'' = -\,p\,\eta'$$

beträgt. Aus

$$M'' = M_1'' + M_2'' = Q_x\,\eta'' \qquad\qquad (VI,19\,b)$$

kann somit M sehr einfach als Seilpolygon bestimmt werden, worauf die Gleichgewichtsbedingung

$$E\,J\,\eta'' + M = 0$$

wieder den Wert von P_{kr} liefert. In Abb. VI,37 ist ein zu Abb. VI,36 analoges Beispiel skizziert; die Größe von P_{Bkr} ergibt sich mit

$$P_{Bkr} = 18{,}95\,\frac{E\,J}{l^2}$$

etwas größer als für lotrechte Zuwachskräfte P.

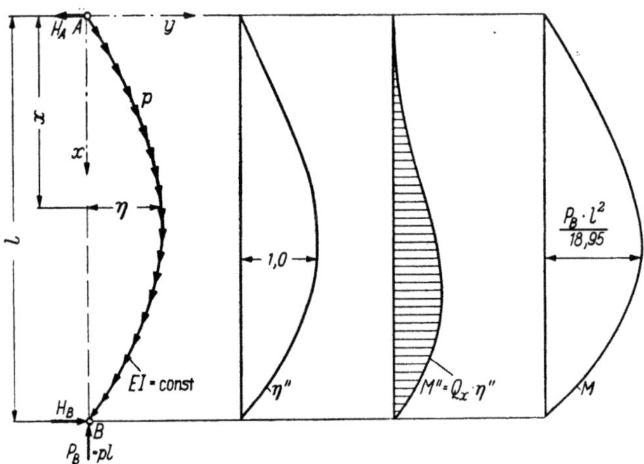

Abb. VI,37.

Ein Sonderfall eines Stabes mit veränderlicher Längskraft kommt bei den Pfosten eines K-Fachwerkes, Ausknicken aus der Trägerebene, vor; hier greift in Stabmitte eine Belastung $2P$ an, die die obere Stabhälfte auf Zug, die untere auf

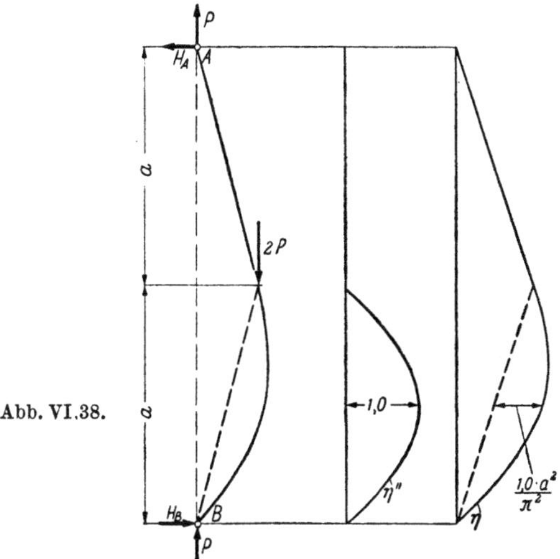

Abb. VI.38.

Druck beansprucht. Die in Abb. VI,38 skizzierte Berechnung führt für diesen praktisch häufig vorkommenden Fall auf eine kritische Belastung von

$$P_{kr} = \frac{\pi^2\, E\, J}{a^2}.$$

Der Rahmenstab

Das Tragverhalten eines zweiteiligen gedrückten Rahmenstabes nach Abb. VI,39 ist dadurch charakterisiert, daß die beiden Gurtstäbe sowie die Bindebleche und ihre Anschlüsse beim Knicken bezüglich der *materialfreien* Axe y durch die Querkräfte Q,

$$Q = P\,\eta',$$

zusätzlich auf Biegung beansprucht werden.

Ein Rahmenstab mit n Feldern ist $3n$-fach innerlich statisch unbestimmt. Eine für unsere Zwecke genügend genaue vereinfachte Berechnung ergibt sich dadurch, daß wir näherungsweise Momentennullpunkte je in der Mitte der Einzelstäbe annehmen; damit ergibt sich das in Abb. VI,40 skizzierte Kräftebild zweier Halbfelder zwischen zwei aufeinanderfolgenden Momentennullpunkten der Gurtungen. Infolge der Schnittgrößen P und M betragen die Stabkräfte S der Einzelstäbe (Gurtungen)

$$S_{i,\,a} = \frac{P}{2} \pm \frac{M}{h},$$

wenn wir Druckkräfte positiv bezeichnen. In den beiden Bindeblechen zusammen wirkt die Schubkraft R_m,

$$R_m = \frac{l_1}{2h}\,(Q_{m-1} + Q_m),$$

oder, wenn wir näherungsweise $Q_{m-1} \cong Q_m$ setzen,

$$R_m \cong \frac{l_1}{h} Q_m.$$

Um die kritische Belastung P_{kr} des Rahmenstabes zu bestimmen, nehmen wir eine anfängliche kleine Ausbiegung η_0 an, die für konstante Gurtquerschnitte und

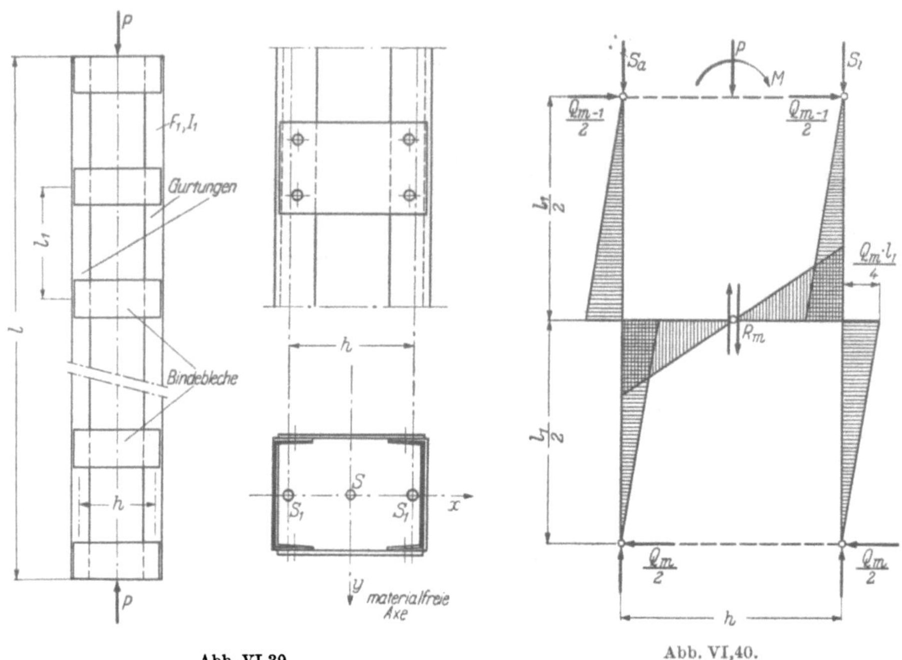

Abb. VI,39.   Abb. VI,40.

konstante Druckkraft im wesentlichen sinusförmig verlaufen muß,

$$\eta_0 = \eta_{0\,m} \sin \frac{\pi x}{l},$$

$$\eta_0' = \frac{\pi}{l} \eta_{0\,m} \cos \frac{\pi x}{l}.$$

Wir bestimmen nun für den Verschiebungszustand $M_0 = P\,\eta_0$, $Q_0 = P\,\eta_0'$ die Ausbiegung $\eta_{1\,m} = \alpha\,\eta_{0\,m}$ der Stabmitte mit Hilfe der Arbeitsgleichung, indem wir den virtuellen Belastungszustand $P_{v\,m} = 1$ einführen (Abb. VI,41).

Der *Einfluß der Momente M* auf die Ausbiegung $\eta_{1\,m}$ beträgt mit den Stabkräften

$$S_0 = \pm \frac{P\eta_{0\,m}}{h} \sin \frac{\pi x}{l}, \quad S_v = \pm \frac{1\,x}{2\,h}$$

(wobei S_v nur bis zur Stabmitte gilt),

$$\eta_{1\,m}^{(M)} = \int\limits^{(l)} \frac{S_0\,S_v}{E\,F_1}\,ds = \frac{P\,\eta_{0\,m}}{2\,h^2\,E\,F_1}\,4 \int\limits_0^{l/2} x \sin \frac{\pi x}{l}\,dx.$$

Durch die Substitution

$$z = \frac{\pi\,x}{l}$$

finden wir

$$\int\limits_{0}^{l/2} x \sin\frac{\pi\,x}{l}\,dx = \frac{l^2}{\pi^2}\int\limits_{0}^{\pi/2} z\,\sin z\,dz = \frac{l^2}{\pi^2}$$

oder

$$\boxed{\eta_{1\,m}^{(M)} = \frac{2\,P\,l^2}{\pi^2\,h^2\,E\,F_1}\,\eta_{0\,m} = \frac{P\,l^2}{\pi^2\,E\,J_y}\,\eta_{0\,m}}\,,$$

wenn wir das Trägheitsmoment J_y,

$$J_y = \frac{F_1\,h^2}{2}\,,$$

des aus den beiden Einzelquerschnitten F_1 bestehenden Stabquerschnittes bezüglich der y-Axe einsetzen.

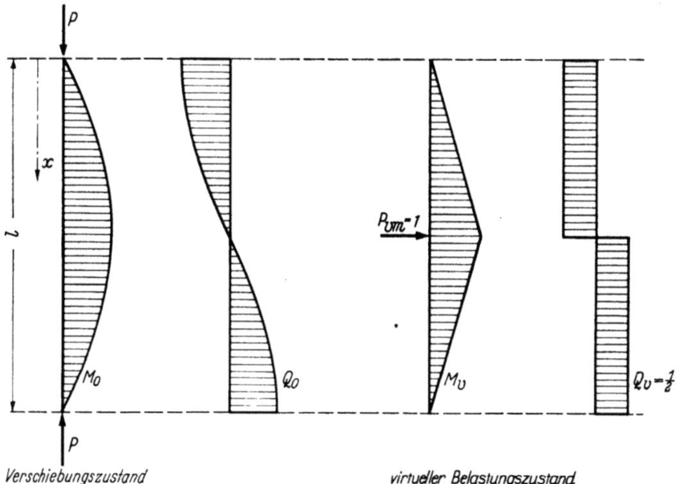

Abb. VI,41a und b. a) Verschiebungszustand; b) virtueller Belastungszustand.

Die sekundäre Verbiegung der Einzelstäbe durch die *Querkräfte* liefert mit den Momenten M_{1o} und M_{1v} für ein Stabfeld l_1 den Beitrag[1]

$$\Delta\eta_{1\,m}^{(Q)} = \int\limits^{l_1}\frac{M_{1o}\,M_{1v}}{E\,J_1}\,ds = 4\,\frac{\dfrac{Q_{0\,m}\,l_1}{4}\,\dfrac{Q_{v\,m}\,l_1}{4}\,\dfrac{l_1}{2}}{3\,E\,J_1} = \frac{Q_{0\,m}\,Q_{v\,m}\,l_1^2}{12\,E\,J_1}\,\frac{l_1}{2}\,.$$

---

[1] Dieser Beitrag wird nach Theorie erster Ordnung ermittelt, d. h. ohne den Einfluß der Zusatzmomente infolge der Stabkräfte S_0. Dies setzt eine geringe Schlankheit der Einzelstäbe voraus.

Um von der Felderzahl n unabhängig zu sein, ersetzen wir die Summation der n Beiträge $\Delta\eta_{1m}^{(Q)}$ durch eine Integration:

$$\eta_{1m}^{(Q)} = \int\limits_0^l \frac{Q_{0m}\,Q_{vm}\,l_1^2}{24\,E\,J_1}\,dx = 2\,\frac{l_1^2}{24\,E\,J_1}\int\limits_0^{l/2}\frac{\pi}{l}\cos\frac{\pi\,x}{l}\,P\,\eta_{0m}\,\frac{1}{2}\,dx,$$

$$\eta_{1m}^{(Q)} = \frac{l_1^2}{24\,E\,J_1}\,\frac{\pi}{l}\,P\,\eta_{0m}\int\limits_0^{l/2}\cos\frac{\pi\,x}{l}\,dx;$$

die Substitution

$$\int\limits_0^{l/2}\cos\frac{\pi\,x}{l}\,dx = \frac{l}{\pi}\int\limits_0^{\pi/2}\cos z\,dz = \frac{l}{\pi}$$

ergibt den Beitrag der Querkräfte zu

$$\boxed{\;\eta_{1m}^{(Q)} = \frac{l_1^2}{24\,E\,J_1}\,P\,\eta_{0m}\;}\;.$$

Vernachlässigen wir zunächst den normalerweise kleinen Beitrag der Bindebleche, so beträgt die Ausbiegung η_{1m} in Stabmitte

$$\eta_{1m} = P\left(\frac{l^2}{\pi^2\,E\,J_y} + \frac{l_1^2}{24\,E\,J_1}\right)\eta_{0m} = \alpha\,\eta_{0m}$$

und die Knickbedingung $\alpha = 1$ liefert die kritische Belastung P_{kr} zu

$$\boxed{\;P_{kr} = \cfrac{\pi^2\,E}{\cfrac{l^2}{J_y} + \cfrac{\pi^2\,l_1^2}{24\,J_1}}\;} \tag{VI,20a}$$

oder die kritische Spannung σ_{kr} mit $F = 2F_1$ zu

$$\sigma_{kr} = \frac{P_{kr}}{F} = \cfrac{\pi^2\,E}{\cfrac{l^2\,F}{J_y} + \cfrac{\pi^2\,l_1^2\,F_1}{12\,J_1}}\;.$$

Nun ist aber

$$\frac{l^2\,F}{J_y} = \frac{l^2}{i_y^2} = \lambda_y^2\,,\qquad \frac{l_1^2\,F_1}{J_1} = \frac{l_1^2}{i_1^2} = \lambda_1^2\,;$$

runden wir im zweiten Nennerglied den Wert $\pi^2/12$ auf eins auf, wodurch wir dem Sinne nach den vernachlässigten Einfluß der Bindebleche angenähert erfassen, so wird

$$\boxed{\;\sigma_{kr} = \frac{\pi^2\,E}{\lambda_y^2 + \lambda_1^2}\;}\;. \tag{VI,20b}$$

Dies ist die *vereinfachte* Engessersche Formel für die Knickberechnung des Rahmenstabes[1]; die kritische Spannung eines Rahmenstabes wird durch Einführung

---

[1] ENGESSER, F.: Über die Knickfestigkeit von Rahmenstäben. Zbl. Bauverw. 1909, S. 136.

einer ideellen Schlankheit $\lambda_{y\,id}$,

$$\lambda_{y\,id}^2 = \lambda_y^2 + \lambda_1^2, \tag{VI,20c}$$

auf die Knickspannung eines Vollstabes zurückgeführt:

$$\boxed{\sigma_{kr} = \frac{\pi^2\,T}{\lambda_{y\,id}^2}}. \tag{VI,20d}$$

Dabei haben wir den Eulerschen Knickspannungswert entsprechend der Theorie ENGESSER-SHANLEY verallgemeinert.

Besteht der Rahmenstab statt aus zwei aus m Einzelstäben, so ändert sich grundsätzlich nur der von den Querkräften herrührende Beitrag an die Ausbiegung $\eta_{1\,m}$. Die Querkräfte Q_0 und Q_v verteilen sich hier entsprechend den Träg-

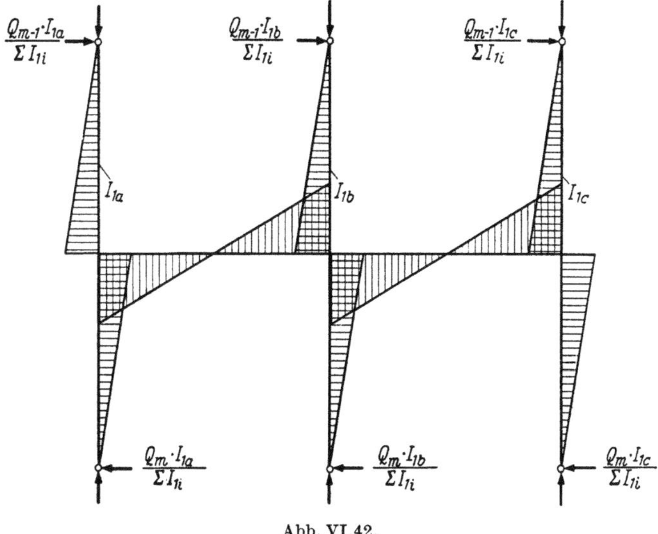

Abb. VI,42.

heitsmomenten J_1 auf die Einzelstäbe (Abb. VI,42) und der Beitrag $\Delta\eta_{1m}^{(Q)}$ nimmt den Wert

$$\Delta\eta_{1m}^{(Q)} = 2\sum \frac{Q_{0\,m}\,Q_{v\,m}\,J_{1i}^2}{(\sum J_{1i})^2}\,\frac{l_1^3}{24E\,J_{1i}} = \sum \frac{Q_{0\,m}\,Q_{v\,m}\,J_{1i}\,l_1^3}{12E(\sum J_{1i})^2}$$

an und der Gesamtbeitrag der Querkräfte wird

$$\eta_{1m}^{(Q)} = \frac{l_1^2\,\sum J_{1i}}{12E(\sum J_{1i})^2}\,P\,\eta_{0\,m} = \frac{l_1^2}{12E\,\sum J_{1i}}\,P\,\eta_{0\,m}.$$

Mit $F = \sum F_{1i}$ wird

$$\sigma_{kr} = \frac{\pi^2\,E}{\dfrac{l^2\,F}{J_y} + \dfrac{\pi^2\,l_1^2\,\sum F_{1i}}{12\,\sum J_{1i}}};$$

setzen wir

$$\frac{\sum J_{1i}}{\sum F_{1i}} = \bar{i}_1^2, \qquad \lambda_1^2 = \frac{l_1^2}{\bar{i}_1^2},$$

so wird die ideelle Schlankheit $\lambda_{y\,id}$ mit

$$\lambda_{y\,id}^2 = \lambda_y^2 + \frac{\pi^2}{12}\,\lambda_1^2 \cong \lambda_y^2 + \lambda_1^2$$

in der gleichen Form wie für den zweiteiligen Rahmenstab erhalten.

Zur *Bemessung der Bindebleche* gehen wir aus von der größten Schubkraft $R_{\max}$,

$$R_{\max} = \frac{l_1}{h}\,Q_{\max},$$

die in der Nähe der Stabenden auf beide Bindeblechebenen zusammen wirkt. Nun ist jedoch die größte Querkraft $Q_{\max}$,

$$Q_{\max} = \left(\frac{\pi}{l}\cos\frac{\pi\,x}{l}\,P\,\eta_m\right)_{\max} = \frac{\pi}{l}\,P_{kr}\,\eta_{m\,\max},$$

wegen der Unbestimmtheit der Ausbiegungen η in der linearen Knicktheorie (d.h. bei der Voraussetzung kleiner Formänderungen) unbestimmt. Um die Unbestimmtheit zu beheben, nehmen wir nach dem Vorschlag von R. Krohn[1] an, daß an der Tragfähigkeitsgrenze der innere der beiden Einzelstäbe bis zur Fließgrenze σ_F beansprucht sei; eine größere Ausbiegung als diesem Zustand $\sigma_{\max} = \sigma_F$ entspricht, ist schon mit einem Versagen des Stabes gleichbedeutend. Wir setzen somit

$$\sigma_{\max} = \frac{P_{kr}}{2\,F_1} + \frac{P_{kr}\,\eta_{\max}}{h\,F_1} = \sigma_{kr}\left(1 + \frac{2\,\eta_{\max}}{h}\right) = \sigma_F,$$

woraus

$$\eta_{\max} = \left(\frac{\sigma_F}{\sigma_{kr}} - 1\right)\frac{h}{2}$$

und damit

$$\boxed{\;Q_{\max} = \frac{\pi}{l}\,P_{kr}\left(\frac{\sigma_F}{\sigma_{kr}} - 1\right)\frac{h}{2} = \frac{\pi}{l}\,(\sigma_F - \sigma_{kr})\,h\,F_1\;} \qquad \text{(VI,21\,a)}$$

folgt.

Beachten wir, daß für den zweiteiligen Stab

$$\frac{l}{h} = \frac{\lambda_y}{2}$$

und

$$\sigma_{kr} = \frac{\pi^2\,T}{\lambda_{y\,id}^2}$$

ist, σ_{kr} sich also auf den ideellen Schlankheitsgrad bezieht, so wird

$$\boxed{\;Q_{\max} = F_1\frac{\lambda_{y\,id}}{\lambda_y}\,\frac{2\,\pi}{\lambda_{y\,id}}\,(\sigma_F - \sigma_{kr})\;}. \qquad \text{(VI,21\,b)}$$

Der Zahlenwert

$$\frac{2\,\pi}{\lambda_{y\,id}}\,(\sigma_F - \sigma_{kr}),$$

---

[1] Krohn, R.: Beitrag zur Untersuchung der Knickfestigkeit gegliederter Stäbe. Zbl. Bauverw. 1908, S. 559.

der nur vom maßgebenden Schlankheitsgrad $\lambda_{y\,id}$ abhängig ist, ist auf Grund der Knickspannungslinie für Baustahl St 37 (Abb. VI,16, ENGESSER-SHANLEY) berechnet und in Abb. VI,43 aufgetragen worden. Der Größtwert liegt bei etwa

$$\left(\frac{2\pi}{\lambda_{y\,id}}(\sigma_F - \sigma_{kr})\right)_{\max} \cong 0{,}075\ \text{t/cm}^2;$$

er stimmt mit dem von R. KROHN[1] selber angegebenen Wert von

$$Q_{\max} = \frac{F_1}{14}\ (\text{in t}) \tag{VI,21 c}$$

zahlenmäßig überein, wenn auch hier, offensichtlich etwas zu günstig, das Verhältnis $\lambda_{y\,id}/\lambda_y$ auf eins abgerundet wurde.

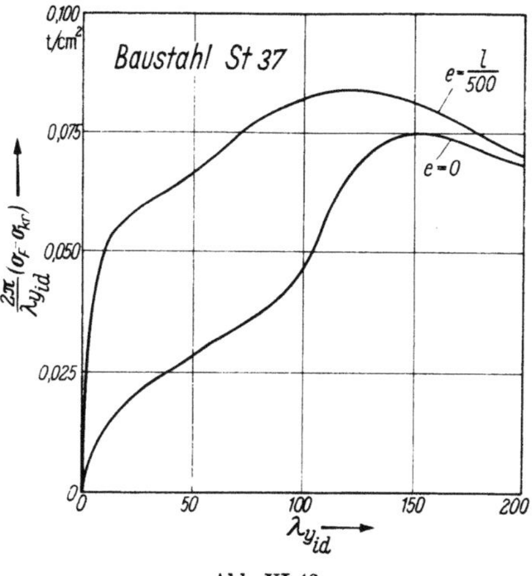

Abb. VI,43.

Es liegt nun nahe, ähnlich wie bei der Festlegung der zulässigen Knickspannungen, der Bestimmung der Querkraft $Q_{\max}$ nicht die kritische Spannung σ_{kr} für zentrisches Knicken, sondern die ungünstigere Spannung σ_{exz} für eine unvermeidliche konventionelle Exzentrizität $e = l/500$ zugrunde zu legen (vgl. Abb. VI,29); dafür ergibt sich die in Abb. VI,43 ebenfalls eingetragene ungünstigere Kurve mit einem Höchstwert von

$$\left(\frac{2\pi}{\lambda_{y\,id}}(\sigma_F - \sigma_{\text{exz}})\right)_{\max} \cong 0{,}085\ \text{t/cm}^2.$$

Es scheint gerechtfertigt, der Bemessung der Bindebleche nicht einen Festwert, sondern den der maßgebenden Schlankheit entsprechenden Wert von

$$\frac{2\pi}{\lambda_{y\,id}}(\sigma_F - \sigma_{kr}) \quad \text{bzw.} \quad \frac{2\pi}{\lambda_{y\,id}}(\sigma_F - \sigma_{\text{exz}})$$

zugrunde zu legen.

Die so bestimmten Querkräfte $Q_{\max}$ entsprechen der Tragfähigkeitsgrenze des Rahmenstabes; die infolge $R_{\max}$ auftretenden Beanspruchungen der Bindebleche und ihrer Anschlüsse dürfen deshalb die Fließgrenze σ_F erreichen.

---

[1] Siehe Fußnote 1, S. 366.

Der Gitterstab

Um die Knicklast eines fachwerkförmigen zweiteiligen Druckstabes nach Abb. VI,44 zu bestimmen, nehmen wir wieder eine sinusförmige anfängliche Ausbiegung η_0 an und bestimmen die durch die Momente $P\,\eta_0$ und die Querkräfte $P\,\eta_0'$ verursachte Ausbiegung $\eta_1 = \alpha\,\eta_0$; die Knickbedingung $\alpha = 1$ liefert die gesuchte kritische Last P_{kr}.

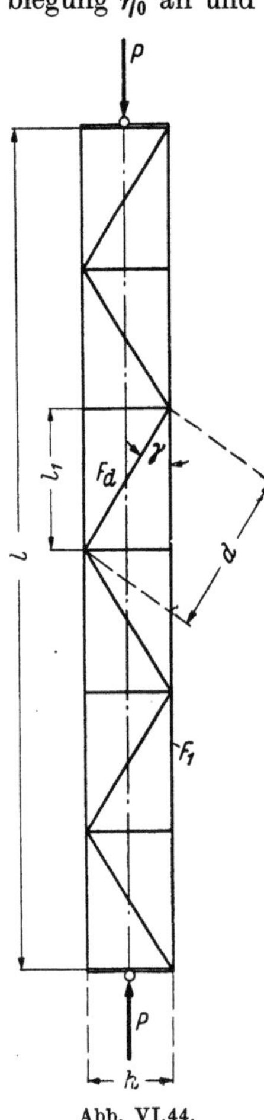

Abb. VI,44.

Der Beitrag der Momente bzw. der Gurtkräfte S an die Ausbiegung η_1 ist (bei verhältnismäßig großer Felderzahl) gleich groß wie beim zweiteiligen Rahmenstab, nämlich

$$\eta_1^{(M)} = \frac{P\,l^2}{\pi^2\,E\,J_y}\,\eta_{0\,m};$$

es ist somit nur noch der Beitrag der *Querkräfte* Q bzw. der Strebenkräfte D zu bestimmen. Für ein Einzelfeld l_1 ist wegen $D\sin\gamma + Q = 0$

$$\Delta\eta_{1m}^{(Q)} = \frac{Q_0\,Q_v}{E\,F_d}\,\frac{d}{\sin^2\gamma} = \frac{\pi \cdot 0{,}5 d}{l\,E\,F_d\,\sin^2\gamma}\,P\cos\frac{\pi\,x}{l}\,\eta_{0\,m}.$$

Um von der Felderzahl unabhängig zu sein und die Summation dieser Beiträge durch eine Integration ersetzen zu können, setzen wir

$$d(d\cos\gamma) = dx$$

und finden

$$\eta_{1m}^{(Q)} = 2\,\frac{\pi\,P\,\eta_{0\,m}}{2l\,E\,F_d\,\sin^2\gamma\,\cos\gamma}\int_0^{l/2}\cos\frac{\pi\,x}{l}\,dx$$

oder mit

$$\int_0^{l/2}\cos\frac{\pi\,x}{l}\,dx = 1\frac{l}{\pi}, \qquad \sin\gamma = \frac{h}{d}, \qquad \cos\gamma = \frac{l_1}{d}$$

$$\eta_{1m}^{(Q)} = P\,\frac{d^3}{E\,F_d\,h^2\,l_1}\,\eta_{0\,m}.$$

Die Gesamtausbiegung $\eta_{1\,m}$ beträgt somit

$$\eta_{1\,m} = P\left(\frac{l^2}{\pi^2\,E\,J_y} + \frac{d^3}{E\,F_d\,h^2\,l_1}\right)\eta_{0\,m};$$

beachten wir noch, daß in den Gurtstäben beim Ausknicken die Proportionalitätsgrenze überschritten sein kann, so daß hier der Elastizitätsmodul E durch den Tangentenmodul T zu ersetzen ist, so wird aus $\alpha = 1$

$$P_{kr} = \frac{1}{\dfrac{l^2}{\pi^2\,T\,J_y} + \dfrac{d^3}{E\,F_d\,h^2\,l_1}} = \frac{\pi^2\,T}{\dfrac{l^2}{J_y} + \dfrac{\pi^2\,T\,d^3}{E\,F_d\,h^2\,l_1}}$$

oder

$$\sigma_{kr} = \frac{P_{kr}}{F} = \frac{\pi^2\,T}{\lambda_y^2 + \dfrac{\pi^2\,T\,F\,d^3}{E\,F_d\,h^2\,l_1}}. \tag{VI,22}$$

Auch der Gitterstab kann, wie der Rahmenstab, durch Einführung eines ideellen Schlankheitsgrades $\lambda_{y\,id}$ auf einen Vollstab zurückgeführt werden. Beachten wir, daß wir bei unserer Ableitung nur eine einzige Vergitterungsebene angenommen haben, so ist bei z solchen Ebenen der Querschnitt F_d durch $z\,F_d$ zu ersetzen, und es wird

$$\lambda_{y\,id}^2 = \lambda_y^2 + \frac{\pi^2\,T\,F\,d^3}{z\,E\,F_d\,h^2\,l_1}.\qquad\text{(VI,22a)}$$

Da die Nachgiebigkeit der Ausfachung viel kleiner ist als etwa beim Rahmenstab, ist hier $\lambda_{y\,id}$ meist nur wenig größer als λ_y; der abmindernde Einfluß der Querkräfte auf die kritische·Belastung ist hier gering.

Für die Bemessung der Streben auf die Stabkraft $D_{\max}$,

$$D_{\max} = \frac{Q_{\max}}{z\sin\gamma},$$

gelten die für den Rahmenstab berechneten Werte von $Q_{\max}$ [Gln. (VI,21)] ebenfalls. Auch die Streben dürfen unter $D_{\max}$ ihre Tragfähigkeitsgrenze erreichen.

Mehrstäbige Systeme

Als Beispiel für die Stabilitätsuntersuchung von aus mehreren Stäben zusammengesetzten Systemen sei nachstehend das Knicken eines Zweigelenkrahmens, der durch zwei lotrechte Lasten P in den Ständeraxen belastet ist, untersucht (Abb. VI,45).

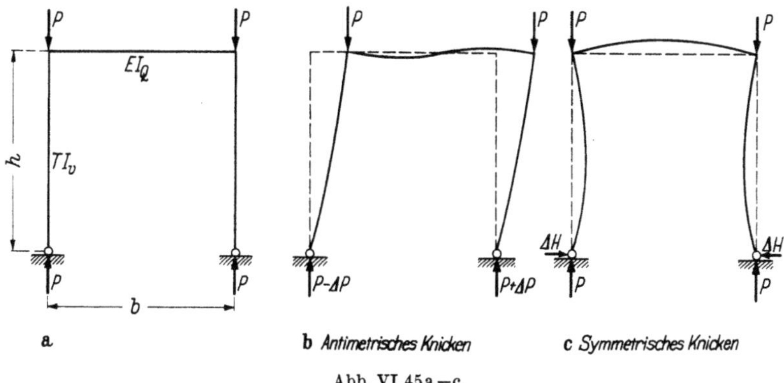

Abb. VI,45a—c.

Hier sind zwei Knickformen, eine antimetrische und eine symmetrische möglich. Im allgemeinen Fall können wir, für jeden dieser beiden Fälle, die kritische Belastung P_{kr} so bestimmen, daß wir eine geschätzte Verformung η_0, ξ_0 annehmen und die dadurch verursachte Verformung $\eta_1 = \alpha\,\eta_0$, $\xi_1 = \alpha\,\xi_0$ berechnen; die Stabilitätsbedingung $\alpha = 1$ liefert die gesuchte kritische Belastung in einer ersten Annäherung, die durch Wiederholung der Berechnung beliebig verbessert werden kann. Für konstante Steifigkeit je der Ständer und des Querriegels und für schlanke Stäbe kann die kritische Belastung in geschlossener Form bestimmt werden, wobei der in Abb. VI,4 eingeführte Begriff der Knicklänge l_k die Berechnung wesentlich erleichtert.

Beim *antimetrischen Knickfall* (Abb. VI,46) ist die Knicklänge l_k größer als die Ständerhöhe h; die Biegungslinie des Ständers ist ein Teil einer Sinuskurve mit der Halbwellenlänge l_k:

$$\eta_V = \eta_m \sin\frac{\pi x}{l_k},$$

die in der Rahmenecke E die Neigung

$$\eta'_{EV} = \frac{\pi}{l_k}\,\eta_m \cos\frac{\pi h}{l_k}$$

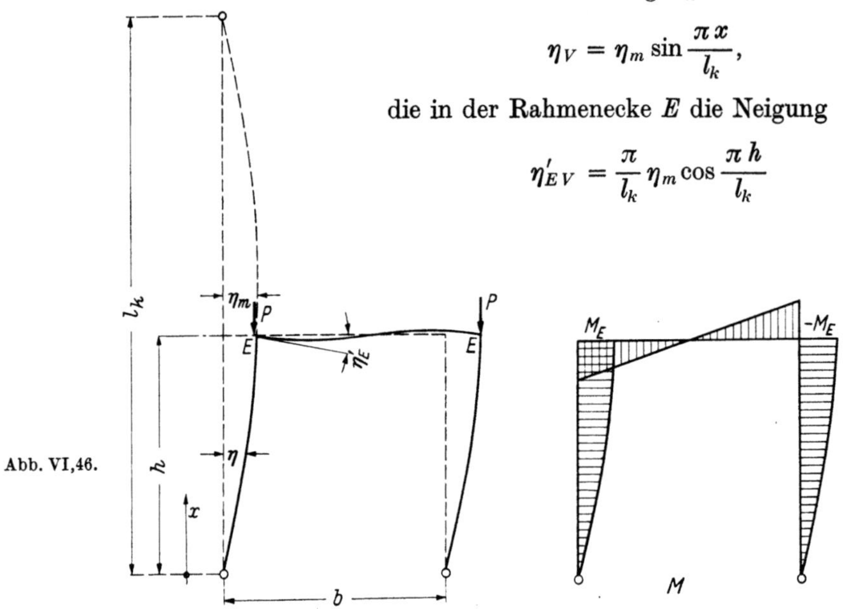

Abb. VI,46.

besitzt. Wegen $M_V = P\,\eta_V$ ist das Eckmoment im Augenblick des Ausknickens

$$M_E = P\,\eta_m \sin\frac{\pi h}{l_k} = \frac{\pi^2\,T\,J_V}{l_k^2}\,\eta_m \sin\frac{\pi h}{l_k}\,.$$

Die biegungssteife Verbindung zwischen Ständer und Riegel erfordert mit

$$\eta'_{EQ} = \frac{M_E\,b}{6\,E\,J_Q} = \frac{\pi^2\,T\,J_V}{l_k^2}\,\frac{b}{6\,E\,J_Q}\,\eta_m \sin\frac{\pi h}{l_k}$$

die Gleichheit $\eta'_{EV} = \eta'_{EQ}$ oder

$$\frac{\pi}{l_k}\cos\frac{\pi h}{l_k} = \frac{\pi^2}{l_k^2}\,\frac{T\,J_V\,b}{6\,E\,J_Q}\sin\frac{\pi h}{l_k},$$

woraus sich die Knickbedingung zu

$$\boxed{\frac{\pi h}{l_k}\,\mathrm{tg}\,\frac{\pi h}{l_k} = \frac{6\,E\,J_Q\,h}{T_V\,J_V\,b}}\qquad (\text{VI},23)$$

ergibt.

Der Wert der Knicklänge l_k variiert zwischen $l_k = 2h$ für starre Querriegel ($J_Q = \infty$) und $l_k = \infty$ für sehr nachgiebige Querriegel ($J_Q = 0$). In Abb. VI,47 ist der Zu-

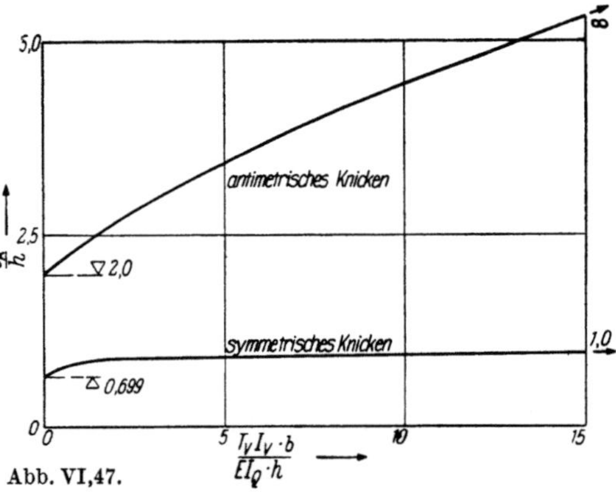

Abb. VI,47.

sammenhang zwischen dem Verhältnis $\dfrac{T_V J_V b}{E J_Q h}$ und dem Wert l_k/h aufgetragen.

Beim *symmetrischen Knickfall* (Abb. VI,48) ist die Momentenfläche des Ständers durch eine Sinuskurve dargestellt,

$$M_V = P\,\eta_m \sin\frac{\pi x}{l_k},$$

Abb. VI,48.

während die Biegungslinie wegen $\eta_E = 0$ durch

$$\eta_V = \eta_m \left(\sin\frac{\pi x}{l_k} - \frac{x}{h}\sin\frac{\pi h}{l_k} \right)$$

mit der Neigung

$$\eta'_V = \eta_m \left(\frac{\pi}{l_k}\cos\frac{\pi x}{l_k} - \frac{1}{h}\sin\frac{\pi h}{l_k} \right)$$

gegeben ist. Die Gleichheit der Neigungswinkel $\eta'_{E\,V} = \eta'_{E\,Q}$ (Elastizitätsbedingung) führt für das konstante Riegelmoment M_E auf

$$\frac{\pi}{l_k}\cos\frac{\pi h}{l_k} - \frac{1}{h}\sin\frac{\pi h}{l_k} = \frac{\pi^2 T J_V}{l_k^2}\sin\frac{\pi h}{l_k}\,\frac{b}{2 E J_Q}$$

oder geordnet

$$\boxed{\;\cot\frac{\pi h}{l_k} - \frac{l_k}{\pi h} = \frac{\pi}{2}\,\frac{T_V J_V}{E J_Q}\,\frac{b}{l_k}\;}. \tag{VI,24}$$

Für sehr steife Querriegel, $J_Q = \infty$, verhält sich der Ständer mit

$$\operatorname{tg}\frac{\pi h}{l_k} = \frac{\pi h}{l_k}$$

wie ein einseitig starr eingespannter Stab (Abb. VI,4) mit $l_k = 0,6992\,h$, während für einen sehr nachgiebigen Querriegel, $J_Q = 0$, der Ständer mit $l_k = h$ in den Eulerschen Grundfall des beidseitig gelenkig gelagerten Stabes übergeht. Abb. VI,47 enthält auch die Werte l_k/h in Funktion des Verhältnisses der relativen Stabsteifigkeiten für diesen symmetrischen Knickfall. Der symmetrische Knickfall ist gegenüber dem antimetrischen nur dann maßgebend, wenn der Rahmenriegel seitlich unverschieblich festgehalten ist. Für die Bemessung eines Zweigelenkrahmens ist allerdings nicht nur das hier skizzierte Stabilitätsproblem zu beachten, sondern auch das damit verwandte *Spannungsproblem zweiter Ordnung*, das bei anfänglichen Verformungen von endlicher Größe auftritt. Dabei gilt jedoch mit in der Regel sehr guter Genauigkeit auch hier die Gl. (VI,2), und zwar für die Verformungen und die Biegungsmomente:

$$\eta = \eta_0 \, \frac{1}{1 - \dfrac{P}{P_{kr}}} \, , \quad M = M_0 \, \frac{1}{1 - \dfrac{P}{P_{kr}}} \, ;$$

dabei bedeuten η_0 und M_0 die nach der gewöhnlichen Theorie erster Ordnung bestimmten Ausbiegungen und Momente und P_{kr} die für den elastischen Bereich und den entsprechenden Verformungsfall (antimetrisch bzw. symmetrisch) berechnete kritische Pfostenbelastung.

2. Torsionsknicken und Kippen

a) Grundgleichungen

Als *Kippen* bezeichnet man das Unstabilwerden eines auf Biegung beanspruchten Trägers; unter der kritischen Belastung biegt der Träger unter gleichzeitiger Verdrehung seitlich aus (Abb. VI,49). Die Kippgefahr infolge eines Biegungsmomentes M_x besteht dann, wenn die seitliche Biegungssteifigkeit $B_2 = EJ_y$ wesentlich kleiner ist als die Biegungssteifigkeit $B_1 = EJ_x$.

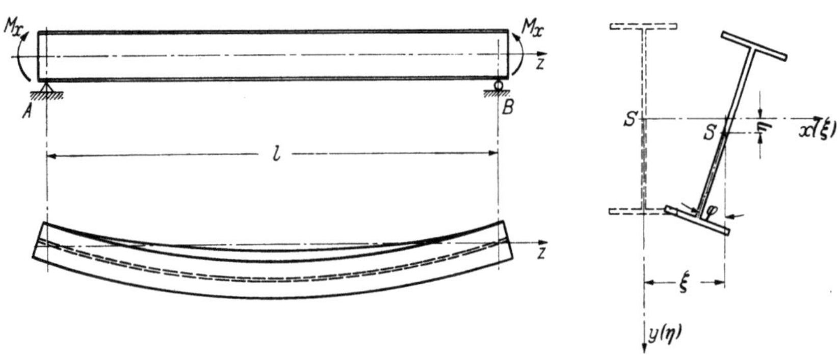

Abb. VI,49.

Die ersten Untersuchungen dieses Problems gehen auf L. PRANDTL und A. G. M. MICHELL zurück; sie beziehen sich auf Stäbe mit Rechteckquerschnitt[1]. Die Erweiterung dieser ersten Untersuchungen auf Stäbe mit doppelt-symmetrischem I-Querschnitt ist S. TIMOSHENKO[2] zu verdanken. Ein allgemein anwendbares numerisches Verfahren zur Untersuchung dieser Fälle entwickelte der Ver-

---

[1] PRANDTL, L.: Kipperscheinungen. Ein Fall von instabilem elastischem Gleichgewicht. Diss. München 1899. — MICHELL, A. G. M.: Elastic Stability of Long Beams under Transverse Forces; Phil. Mag. Bd. 48, 1899.

[2] TIMOSHENKO, S.: Einige Stabilitätsprobleme der Elastizitätstheorie. Z. Math. Phys. 1910. — Sur la stabilité des systèmes élastiques. Ann. Ponts Chauss. 1913.

fasser[1]. Das Kippen von Trägern mit einfach-symmetrischem Querschnitt wurde erstmals von E. CHWALLA[2] untersucht. Neben dem reinen Stabilitätsproblem des Kippens besteht auch hier, ähnlich wie beim gedrückten Stab, ein Spannungsproblem zweiter Ordnung; die Tragfähigkeit eines solchen schmalen Trägers kann durch anfängliche seitliche Ausbiegungen oder auch durch Querbelastungen oder äußere Drehmomente erheblich vermindert werden[3].

Beim gedrückten Stab besteht, neben dem im letzten Abschnitt untersuchten Biegeknicken, auch die Möglichkeit, daß ein Unstabilwerden durch Verdrehen eintreten kann; auf diese Möglichkeit des *Torsionsknickens* (Abb. VI,50) hat meines Wissens erstmals H. WAGNER hingewiesen[4]. Die Verdrehung φ kann nun jedoch auch von Ausbiegungen ξ und η begleitet sein; diesen allgemeinsten Fall des Knickproblems hat u. a. S. TIMOSHENKO dargestellt[5].

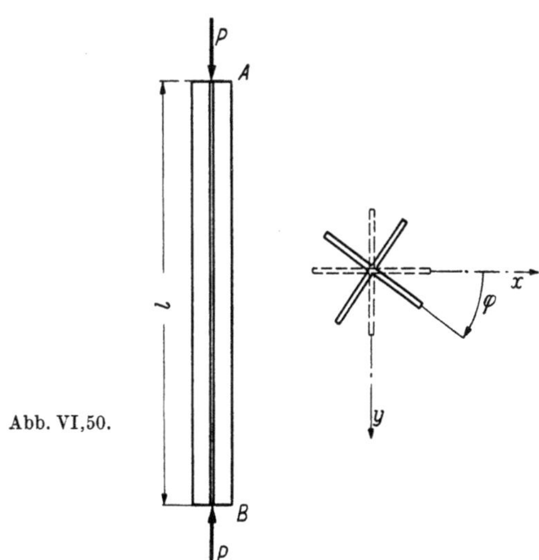

Abb. VI,50.

Diese beiden Problemgruppen des Kippens und des Torsionsknickens, die miteinander noch durch das Problem des Kippens unter Biegung und Längsdruck verbunden sind, werden von denselben Grundgleichungen beherrscht. Beziehen wir den Stabquerschnitt auf Hauptschweraxen x, y und die Formänderungen auf den Schubmittelpunkt 0, so haben wir es mit drei voneinander unabhängigen Formänderungen zu tun, nämlich den beiden Ausbiegungen ξ und η und der Verdrehung φ bezüglich des Schubmittelpunktes.

---

[1] STÜSSI, F.: Die Stabilität des auf Biegung beanspruchten Trägers, Abh. IVBH Bd. 3 (1935).

[2] CHWALLA, E.: Kippung von Trägern mit einfach-symmetrischen, dünnwandigen und offenen Querschnitten. Akad. d. Wissenschaften in Wien 1944.

[3] STÜSSI, F.: Exzentrisches Kippen. Schweiz. Bauztg. 105 (1935). — PETTERSSON, O.: Combined Bending and Torsion of I Beams of Monosymmetrical Cross Section. Stockholm 1952.

[4] WAGNER, H.: Verdrehung und Knickung von offenen Profilen, Festschrift „Fünfundzwanzig Jahre Technische Hochschule Danzig", 1929.

[5] TIMOSHENKO, S.: Theory of Bending, Torsion and Buckling of Thin-walled Members of Open Cross Section. J. Franklin Inst. Bd. 239 (1945).

Infolge von gedachten anfänglichen Verformungen ξ_0, η_0, φ_0 treten im beanspruchten Stab Biegungsmomente M_y, M_x sowie Torsionsmomente T auf, die ihrerseits die Verformungen $\xi_1 = \alpha\,\xi_0$, $\eta_1 = \alpha\,\eta_0$, $\varphi_1 = \alpha\,\varphi_0$ verursachen; die kritische Belastung ist als Grenzbelastung, bei der gerade noch Gleichgewicht zwischen äußeren Belastungen und inneren elastischen Widerständen möglich ist, durch die Stabilitätsbedingung

$$\alpha = 1$$

gekennzeichnet. Nachstehend sollen die benötigten Grundgleichungen unter ausdrücklicher Voraussetzung kleiner Formänderungen und unter Vernachlässigung von praktisch bedeutungslosen Nebeneinflüssen[1] aufgestellt werden; mit diesen Grundgleichungen sollen darauf die uns hier interessierenden Stabilitätsprobleme untersucht werden. Für die Momente und Längskräfte sowie für die Normal-

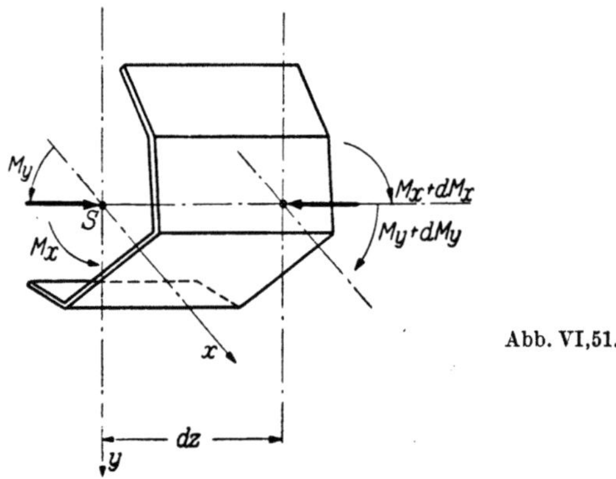

Abb. VI,51.

spannungen σ führen wir die Vorzeichenkonvention ein, daß Druckspannungen σ als positiv bezeichnet werden sollen (Abb. VI,51):

$$\sigma_z = \frac{P}{F} + \frac{M_x}{J_x}\,y + \frac{M_y}{J_y}\,x \qquad \text{(Druckspannungen positiv)}. \tag{VI,25}$$

Wir betrachten zuerst in Abb. VI,52 eine *seitliche Ausbiegung* ξ.

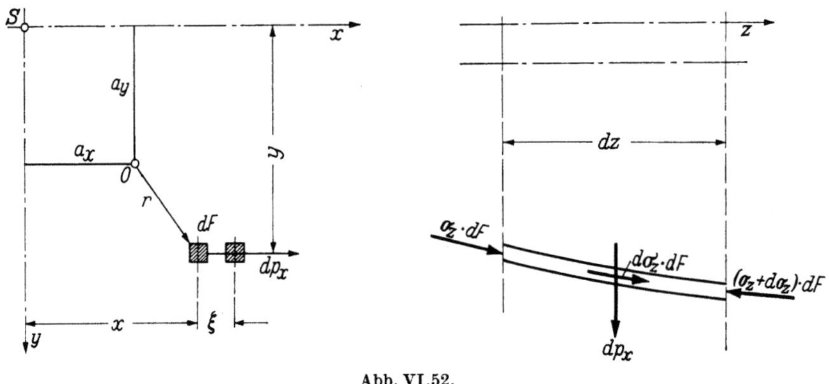

Abb. VI,52.

---

[1] Bei dünnwandigen Profilen muß der Einfluß der Querschnittsverformung (vgl. V,2d) verfolgt werden, wenn nur wenige Aussteifungen oder Querschotte vorgesehen sind.

An einem Stabelement der Länge dz und mit dem Querschnitt dF treten infolge der Krümmung ξ'',

$$\xi'' = \frac{d^2\xi}{dz^2},$$

die Ablenkungskräfte dp_x,

$$dp_{x\xi} = \xi''\,\sigma_z\,dF,$$

auf[1]; die Querbelastung p_x beträgt somit

$$\boxed{p_{x\xi} = \xi''\int\limits^{F}\sigma_z\,dF}\,.\qquad\text{(VI,26a)}$$

Anderseits verursachen die Ablenkungskräfte p_x auch ein Drehmoment $m_d = T'$ bezüglich des Schubmittelpunktes 0:

$$dT'_\xi = -dp_{x\xi}(y - a_y);$$

es ist damit (unter Beachtung des Drehsinns)

$$\boxed{m_{d\xi} = T'_\xi = -\xi''\int\limits^{F}(y - a_y)\,\sigma_z\,dF}\,.\qquad\text{(VI,26b)}$$

Infolge einer waagrechten Ausbiegung ξ entstehen keine lotrechten Querbelastungen p_y.

Analog treten bei einer *lotrechten Ausbiegung* η die lotrechten Querbelastungen p_y,

$$\boxed{p_{y\eta} = \eta''\int\limits^{F}\sigma_z\,dF}\,,\qquad\text{(VI,27a)}$$

sowie die Drehmomente

$$\boxed{m_{d\eta} = T'_\eta = \eta''\int\limits^{F}(x - a_x)\,\sigma_z\,dF}\qquad\text{(VI,27b)}$$

auf.

Erfährt anderseits der Querschnitt eine *Verdrehung* φ, so verschiebt sich das Querschnittselement dF an der Stelle $z + dz$ gegenüber der Stelle z um den Betrag $r\,d\varphi$; dem in der Ebene normal zu r und parallel zur Stabaxe auftretenden Moment $\sigma_z\,dF \cdot r\,d\varphi$ muß somit, wenn wir der Ableitung von E. CHWALLA[2] folgen, durch eine Schubkraft dR bzw. durch das Moment $dR\,dz$ Gleichgewicht gehalten werden (Abb. VI,53):

$$dR = \sigma_z\,dF\,r\,\frac{d\varphi}{dz} = \sigma_z\,dF\,r\,\varphi'.$$

---

[1] Diese Beziehung setzt voraus, daß der Zuwachs $d\sigma_z$ der Normalspannung durch in Richtung der *verformten* Achse wirkende Zusatzkräfte [analog Abb. VI,35b und Gl. (VI,19b)] oder Schubspannungen bedingt ist. Behalten die Zusatzkräfte ihre ursprüngliche Richtung parallel zur Achse bei [analog Abb. VI,35a und Gl. (VI,19a)], so wird $dp_{x\xi} = (\xi'\,\sigma_z)'\,dF$.

[2] Siehe Fußnote S. 373.

Die Schubkräfte dR verursachen nun bezüglich des Schubmittelpunktes 0 ein Drehmoment $dR\,r$, dessen Änderung zwischen zwei benachbarten Querschnit-

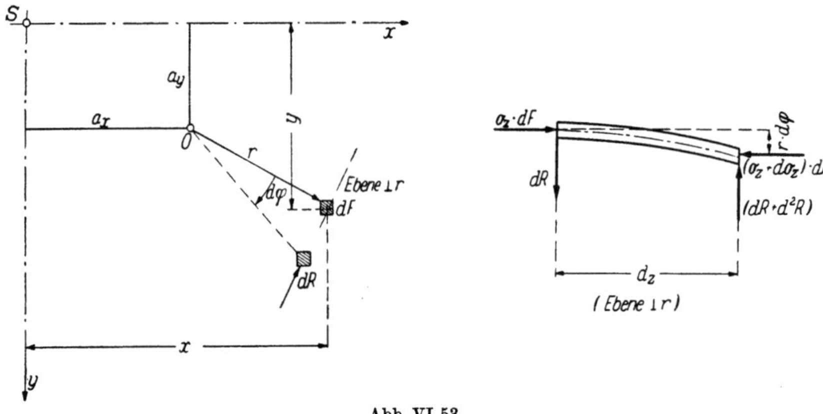

Abb. VI,53.

ten z und $z + dz$ die Bedeutung eines äußeren Drehmomentes $m_d = T'$ und, über den Querschnitt F integriert, den Wert

$$m_{d\,\varphi} = T'_{\varphi} = \frac{d}{dz}\left(\varphi' \int\limits^{F} \sigma_z\, r^2\, dF\right) \tag{VI,28a}$$

besitzt.

Die Ablenkungskräfte $\sigma_z\, dF \cdot r\, \varphi''$ verursachen nun auch Querbelastungen p_x und p_y von der Größe

$$\left.\begin{aligned}p_{x\,\varphi} &= -\varphi'' \int\limits^{F} (y - a_y)\, \sigma_z\, dF\;,\\[2ex] p_{y\,\varphi} &= \varphi'' \int\limits^{F} (x - a_x)\, \sigma_z\, dF\;.\end{aligned}\right\} \tag{VI,28b}$$

Endlich wird noch ein äußeres Drehmoment $m_{d\,a} = T'_a$ zu berücksichtigen sein, wenn die äußere Belastung bzw. die zugehörige Querkraft nicht im Schubmittelpunkt angreift.

Wir fassen nun die Querbelastungen p infolge der Verformungen zusammen:

$$p_x = \xi'' \int\limits^{F} \sigma_z\, dF - \varphi'' \int\limits^{F} (y - a_y)\, \sigma_z\, dF\;, \tag{VI,29a}$$

$$p_y = \eta'' \int\limits^{F} \sigma_z\, dF + \varphi'' \int\limits^{F} (x - a_x)\, \sigma_z\, dF\;. \tag{VI,29b}$$

Bei einem beidseitig gelenkig, d. h. statisch bestimmt gelagerten Stab können wir, wenn wir uns auf Stäbe konstanten Querschnitts beschränken, wegen der

Analogie der Randbedingungen aus diesen Querbelastungen mit $M'' = -p$ direkt die entsprechenden Momente anschreiben:

$$\boxed{M_y = -\xi \int\limits^{F} \sigma_z\, dF + \varphi \int\limits^{F} (y - a_y)\, \sigma_z\, dF}\,, \qquad (\text{VI},30\,\text{a})$$

$$\boxed{M_x = -\eta \int\limits^{F} \sigma_z\, dF - \varphi \int\limits^{F} (x - a_1)\, \sigma_z\, dF}\cdot \qquad (\text{VI},30\,\text{b})$$

Bei statisch unbestimmter Lagerung bedeuten diese Momente M_0-Momente im statisch bestimmten Grundsystem, denen noch die Momente infolge der überzähligen Größen, aus den entsprechenden Elastizitätsbedingungen bestimmt, zu superponieren sind.

Das resultierende Drehmoment m_d ergibt sich aus der Superposition der Einzeleinflüsse zu

$$\boxed{m_d = -\xi'' \int\limits^{F} (y - a_y)\, \sigma_z\, dF + \eta'' \int\limits^{F} (x - a_x)\, \sigma_z\, dF + \left(\varphi' \int\limits^{F} \sigma_z\, r^2\, dF\right)' + m_{da}}\cdot$$

$$(\text{VI},30\,\text{c})$$

Zur Berechnung der durch diese äußeren Ursachen ξ_0, η_0, φ_0 verursachten Formänderungen ξ_1, η_1, φ_1 stehen uns die drei auf den Schubmittelpunkt bezogenen Formänderungsgleichungen der erweiterten Biegungslehre (Kap. V) zur Verfügung, die mit der durch Abb. VI,51 und der zugehörigen Spannungsformel Gl. (VI,25) festgelegten Vorzeichenkonvention lauten

$$\boxed{B_1\, \eta'' = M_x}\,, \quad \text{bzw.} \quad \boxed{(B_1\, \eta'')'' = -p_y}\,, \qquad (\text{VI},31\,\text{a})$$

$$\boxed{B_2\, \xi'' = M_y}\,, \quad \text{bzw.} \quad \boxed{(B_2\, \xi'')'' = -p_x}\,, \qquad (\text{VI},31\,\text{b})$$

$$\boxed{C\left(\varphi'' - \frac{l^2}{a^2}\, \varphi''''\right) = m_{il}}\cdot \qquad (\text{VI},31\,\text{c})$$

b) Torsionsknicken

Wir betrachten einen zentrisch gedrückten, beidseitig gelenkig gelagerten Stab beliebigen, jedoch konstanten Querschnittes[1]; für diesen Fall ist

$$\sigma_z = \frac{P}{F}$$

und wir erhalten aus den Gln. (VI,30) und (VI,31) wegen

$$S_x = \int\limits^{F} y\, dF = 0, \qquad S_y = \int\limits^{F} x\, dF = 0$$

---

[1] Bei geschlossenem Querschnitt sind die in Abschn. V,3 angegebenen Besonderheiten bezüglich Schubmittelpunkt und Torsion des Kastenquerschnittes zu beachten.

(Hauptschweraxen x, y des Querschnittes) die Bestimmungsgleichungen des Problems zu

$$\left.\begin{aligned}
B_1\,\eta_1'' &= -P\,\eta_0 + P\,a_x\,\varphi_0, \\
B_2\,\xi_1'' &= -P\,\xi_0 - P\,a_y\,\varphi_0, \\
C\left(\varphi_1'' - \frac{l^2}{a^2}\,\varphi_1''''\right) &= a_y\,P\,\xi_0'' - a_x\,P\,\eta_0'' + P\,i_p^2\,\varphi_0''.
\end{aligned}\right\}\qquad \text{(VI,32)}$$

Dabei bedeutet $J_p = i_p^2\,F$ das polare Trägheitsmoment des Stabquerschnittes *in bezug auf den Schubmittelpunkt*.

Da die Koeffizienten alle konstant sind, werden die Gln. (VI,32) für die vorliegenden Randbedingungen durch die Ansätze

$$\eta = \eta_m \sin\frac{n\,\pi\,x}{l},$$

$$\xi = \xi_m \sin\frac{n\,\pi\,x}{l},$$

$$\varphi = \varphi_m \sin\frac{n\,\pi\,x}{l}$$

befriedigt, und wir finden für die maßgebende kleinste Knicklast mit der Halbwellenzahl $n = 1$ aus der Stabilitätsbedingung $\alpha = 1$ die Beziehungen

$$\left.\begin{aligned}
\frac{\pi^2\,B_1}{l^2}\,\eta_m &= P\,\eta_m - P\,a_x\,\varphi_m, \\[2mm]
\frac{\pi^2\,B_2}{l^2}\,\xi_m &= P\,\xi_m + P\,a_y\,\varphi_m, \\[2mm]
C\left(1 + \frac{\pi^2}{a^2}\right)\varphi_m &= P\,a_y\,\xi_m - P\,a_x\,\eta_m + P\,i_p^2\,\varphi_m.
\end{aligned}\right\}\qquad \text{(VI,33)}$$

Zunächst sollen aus diesen Gleichungen drei einfache *Sonderfälle* herausgelesen werden:

Bei Ausbiegung nur in Richtung η ergibt sich mit $\varphi = 0$, $\xi = 0$ aus der ersten der Gl. (VI,33) die entsprechende Knicklast P_η zu

$$\boxed{P_\eta = \frac{\pi^2\,B_1}{l^2}}\,;\qquad \text{(VI,34a)}$$

dies ist die *Eulersche Knicklast* mit der Knickrichtung η, für die die Biegungssteifigkeit $B_1 = E\,J_x$ maßgebend ist.

Analog folgt mit $\varphi = 0$, $\eta = 0$ aus der zweiten Gleichung

$$\boxed{P_\xi = \frac{\pi^2\,B_2}{l^2}}\,.\qquad \text{(VI,34b)}$$

Endlich ergibt sich aus der dritten Gleichung mit $\eta = 0$, $\xi = 0$ die Knicklast P_φ für reines *Torsionsknicken* zu

$$\boxed{P_\varphi = \frac{C}{i_p^2}\left(1 + \frac{\pi^2}{a^2}\right)}\qquad \text{(VI,34c)}$$

die sich bei Torsion ohne Flanschbiegung auf den Wert

$$P_\varphi = \frac{C}{i_p^2}$$

(VI,34d)

vereinfacht.

Die drei Werte P_η, P_ξ, P_φ erlauben nun, die Gln. (VI,33) einfacher zu schreiben:

$$\left.\begin{aligned}
(P_\eta - P)\,\eta_m &= -\,P\,a_x\,\varphi_m, \\
(P_\xi - P)\,\xi_m &= P\,a_y\,\varphi_m, \\
(P_\varphi - P)\,i_p^2\,\varphi_m &= P\,a_y\,\xi_m - P\,a_x\,\eta_m.
\end{aligned}\right\}$$

(VI,33a)

Aus den ersten beiden Gleichungen ergibt sich

$$\eta_m = -\,\frac{P\,a_x}{P_\eta - P}\,\varphi_m, \qquad \xi_m = \frac{P\,a_y}{P_\xi - P}\,\varphi_m;$$

setzen wir diese Werte in die dritte Gleichung ein, so wird

$$(P_\varphi - P)\,i_p^2 = \frac{P^2\,a_y^2}{P_\xi - P} + \frac{P^2\,a_x^2}{P_\eta - P},$$

oder geordnet

$$P^3\left(\frac{a_x^2 + a_y^2}{i_p^2} - 1\right) + P^2\left[P_\xi\left(1 - \frac{a_x^2}{i_p^2}\right) + P_\eta\left(1 - \frac{a_y^2}{i_p^2}\right) + P_\varphi\right] - \\ - P(P_\xi P_\eta + P_\eta P_\varphi + P_\varphi P_\xi) + P_\xi P_\eta P_\varphi = 0$$

(VI,35a)

Die kleinste der drei Wurzeln P dieser kubischen Gleichung ist die maßgebende Knicklast; ihr Wert ist kleiner als der kleinere der beiden Eulerschen Knickwerte P_η und P_ξ und auch kleiner als P_φ.

Ein einfaches Beispiel soll die Verhältnisse veranschaulichen (Abb. VI,54). Untersucht wurde ein ungleichschenkliger Winkel ∟ 100 · 200, Verhältnis $a:b = 1:2$, mit verschiedenen Schenkelstärken von $t = 10$ bis $t = 16$. Die Ergebnisse der Gl. (VI,35a) sind in Abb. VI,54 in der von CH. MASSONNET[1] vorgeschlagenen Dar-

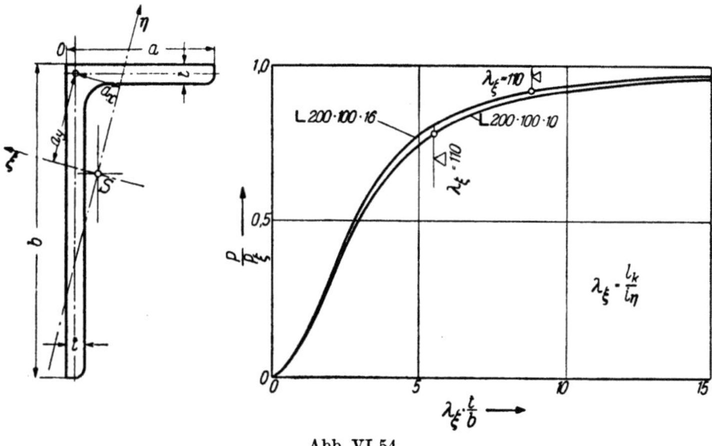

Abb. VI,54.

---

[1] MASSONNET, CH.: Applications de la théorie du flambage des barres à parois minces à quelques types particuliers de sections droites. L'Ossature Métallique No. 12 (1947).

stellung mit den über den Abszissen $\lambda_\xi \cdot t/b$ aufgetragenen Ordinaten P/P_ξ zusammengestellt. Es zeigt sich, daß die so erhaltenen Abminderungskurven für die verschiedenen Schenkelstärken nicht zusammenfallen; dies wäre, wie bei CH. MASSONNET, nur der Fall für idealisierte Querschnitte mit sehr dünnen Schenkeln. Bei der Durchführung der Zahlenrechnung zeigt sich, daß für die untersuchte Querschnittsform das kubische Glied der Gl. (VI,35a) nur eine untergeordnete Rolle spielt und ohne nennenswerten Fehler vernachlässigt werden kann.

Die Bedeutung der in Abb. VI,54 dargestellten Abminderungskurven ist von ihrem Gültigkeitsbereich aus zu beurteilen. Die Gl. (VI,35a) ist ja für den elastischen Bereich aufgestellt worden und gilt somit auch nur für diesen. Zur Veranschaulichung der Verhältnisse sind in Abb. VI,55 die kritischen Spannungen σ_{kr}

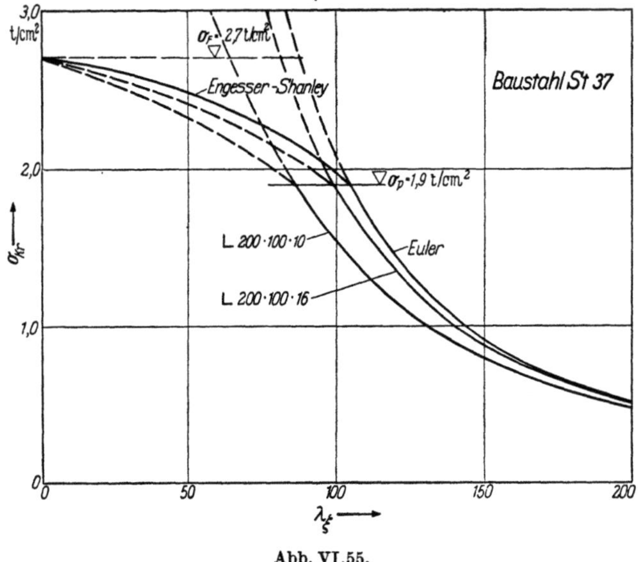

Abb. VI,55.

in Funktion der Schlankheit λ_ξ aufgetragen worden; es zeigt sich, daß der Einfluß der Abminderung für die untersuchten Winkel erst im unelastischen Bereich sehr beträchtlich wird. Bei sehr dünnwandigen Winkeln, wie sie nicht mehr im normalen Walzprogramm vorkommen, liegen die Verhältnisse allerdings noch wesentlich ungünstiger.

Eine genaue theoretische Erfassung des Torsionsknickens im unelastischen Bereich scheint heute noch nicht möglich zu sein, weil die Abminderung des Schubmoduls G bei einer die Proportionalitätsgrenze übersteigenden Druckspannung noch nicht bekannt ist; die endgültige Abklärung dieser noch offenen Frage kann nur die Versuchsforschung liefern. Es scheint deshalb mindestens vorläufig angezeigt, den unelastischen Bereich des Torsionsknickens durch eine zur Engesser-Shanleyschen Knickspannungslinie ähnliche Kurve zu umschreiben, wie dies in Abb. VI,55 auch angegeben ist. Dieses Vorgehen kann auch durch die Einführung eines ideellen Schlankheitsgrades λ_{id},

$$\lambda_{id} = \pi \sqrt{\frac{E}{\sigma_{krel}}},$$

aus dem Vergleich mit der Eulerschen Knickspannung umschrieben werden (Abb. VI,56).

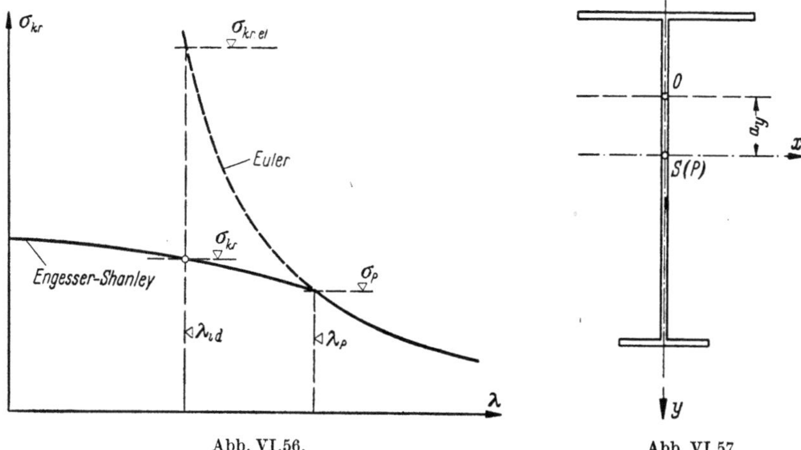

Abb. VI,56. Abb. VI,57.

Ist der *Querschnitt einfach-symmetrisch* (Abb. VI,57), so liegt der Schubmittelpunkt 0 auf der Symmetrieaxe. Im skizzierten Fall ist $a_x = 0$, und das System der Gln. (VI,33) zerfällt in die unabhängige Gleichung

$$\frac{\pi^2\,B_1}{l^2} = P_\eta$$

und das reduzierte System

$$(P_\xi - P)\,\xi_m = P\,a_y\,\varphi_m,$$

$$(P_\varphi - P)\,i_p^2\,\varphi_m = P\,a_y\,\xi_m,$$

aus dem wir die Beziehung

$$(P_\varphi - P)\,i_p^2 = \frac{P^2\,a_y^2}{P_\xi - P}$$

oder geordnet

$$\boxed{\frac{P}{P_\xi} + \frac{P}{P_\varphi} - \frac{P^2}{P_\xi\,P_\varphi}\left(1 - \frac{a_y^2}{i_p^2}\right) = 1} \tag{VI,35b}$$

finden. Maßgebende Knicklast ist entweder die kleinere der beiden Wurzeln P dieser quadratischen Gleichung oder dann die Biegeknicklast P_η, sofern $J_x(B_1)$ kleiner ist als $J_y(B_2)$. Ein solcher Fall liegt beispielsweise bei einem gleichschenkligen Winkel vor; die in Abb. VI,58 dargestellten Berechnungsergebnisse zeigen, daß auch hier das Torsionsknicken $\sigma_{\eta\varphi}$ nur bei sehr kleiner Schenkelstärke gegenüber dem Biegeknicken σ_ξ in Richtung der ξ-Axe ($J_\eta = J_{\min}$) maßgebend wird.

Für sehr dünnwandige Winkel ist

$$1 - \frac{a_x^2}{i_\eta^2} = 1 - \frac{\left(\dfrac{b}{4}\sqrt{2}\right)^2}{\dfrac{b^2}{3}} = \frac{5}{8}$$

und Gl. (VI,35b) läßt sich mit

$$\sigma_\eta = 4\sigma_\xi = 4\,\frac{\pi^2\,E}{\lambda_\xi^2}, \qquad \sigma_\varphi = \frac{E\,t^2}{2(1+\nu)\,b^2}$$

[nach Gl. (VI,34d)] in der Form der quadratischen Gleichung

$$\sigma^2 - \frac{8}{5}\,(\sigma_\eta + \sigma_\varphi)\,\sigma + \frac{8}{5}\,\sigma_\eta\,\sigma_\varphi = 0 \qquad\qquad \text{(VI,35c)}$$

anschreiben, aus der sich σ leicht berechnen läßt.

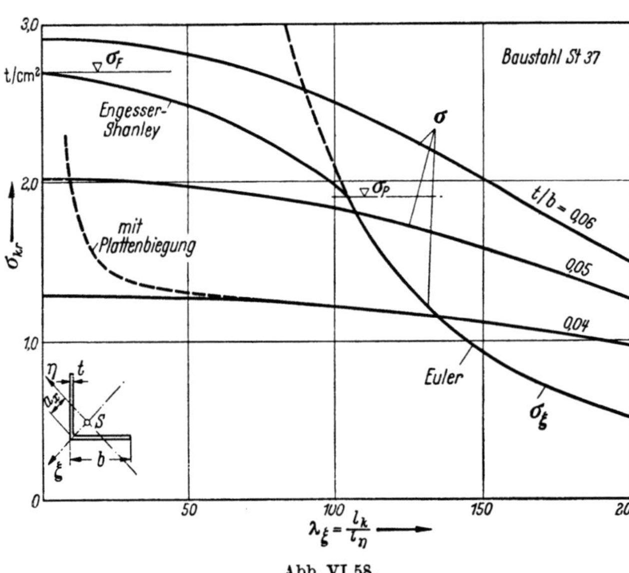

Abb. VI,58.

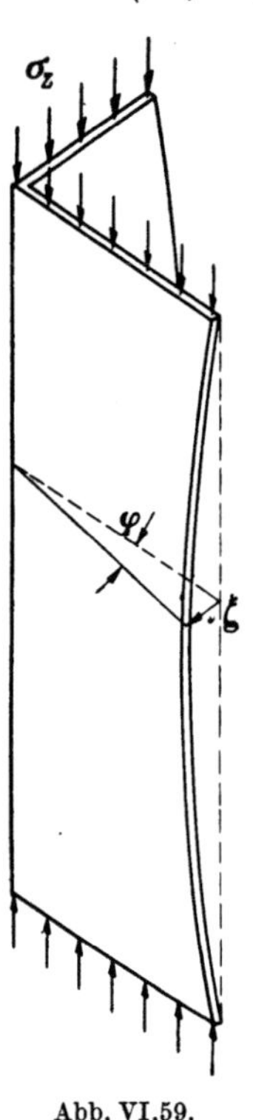

Abb. VI,59.

Nun ist aber bei diesem Fall des Torsionsknickens ohne Flanschbiegung, wie es beim aus zwei Scheiben bestehenden Winkelprofil vorkommt, noch auf einen zusätzlichen Einfluß hinzuweisen, der die kritische Spannung σ bei kurzen Stäben merklich vergrößern kann. Wenn sich nämlich der Stab mit dem veränderlichen Verdrehungswinkel φ verdreht (Abb. VI,59), so müssen sich die Schenkelflächen aus ihrer Ebene heraus verbiegen und durch ihre Plattensteifigkeit EJ,

$$EJ = \frac{1\,t^3}{12(1-\nu^2)},$$

beteiligen sie sich an der Aufnahme des durch die Ablenkungskräfte verursachten Drehmomentes m_d,

$$m_d = \varphi''\,\sigma_z\,J_p = \varphi''\,i_p^2\,P,$$

und die Gleichgewichtsbedingung zwischen inneren und äußeren Drehmomenten lautet hier für $\xi = \eta = 0$

$$C\,\varphi_1'' - \varphi_1''''\,EJ\int\limits^{F} r^2\,dx = C\,\varphi_1'' - 2\,\frac{b^3}{3}\,EJ\,\varphi_1'''' = P_\varphi\,i_p^2\,\varphi''.$$

Für den untersuchten Fall mit gelenkiger Lagerung,

$$\varphi = \varphi_m \sin\frac{\pi x}{l},$$

wird daraus, wenn wir noch von P_φ auf σ_φ übergehen,

$$\sigma_\varphi = \frac{C}{i_p^2 F} + \frac{\pi^2}{l^2}\frac{2 b^3}{3}\frac{E J}{i_p^2 F}$$

oder durch Einsetzen der Querschnittswerte

$$\boxed{\sigma_\varphi = \frac{E}{2(1 + \nu)}\frac{t^2}{b^2} + \frac{\pi^2 E}{12(1 - \nu^2)}\frac{t^2}{l^2}}.\qquad\text{(VI,34e)}$$

Setzen wir diesen Wert von σ_φ in Gl. (VI,35c) ein, so ergibt sich ein im Bereich kurzer Stäbe vergrößerter Wert von $\sigma = \sigma_{kr}$, wie er in Abb. VI,58 für den Fall $t = 0{,}04 b$ gestrichelt eingetragen ist.

Mit Rücksicht auf die später zu untersuchenden Beulspannungen (Abschn.VI,3) schreiben wir Gl. (VI,34e) noch in der Form

$$\sigma_\varphi = k\,\sigma_E = k\,\frac{\pi^2 E}{12(1 - \nu^2)}\frac{t^2}{b^2},$$

$$\sigma_\varphi = \left(\frac{6(1 - \nu)}{\pi^2} + \frac{b^2}{l^2}\right)\frac{\pi^2 E}{12(1 - \nu^2)}\frac{t^2}{b^2};$$

die Torsionsknickspannung σ_φ entspricht mit einem Beulwert k,

$$k = \frac{6(1 - \nu)}{\pi^2} + \frac{b^2}{l^2},\qquad\text{(VI,34f)}$$

der Beulspannung $\sigma_{kr} = k\,\sigma_E$ einer Rechteckplatte mit einem gelenkig gelagerten und einem freien Längsrand mit dem einzigen Unterschied, daß wir hier nur eine Längsverbiegung der Winkelschenkel berücksichtigt haben, während in Wirklichkeit auch noch eine kleine Querverbiegung auftritt, deren Einfluß allerdings gering ist (rd. 1%).

Es ist leicht einzusehen, daß der Einfluß dieser Plattenbiegung gegenüber einer Flanschverbiegung in der Scheibenebene stark zurücktritt; bei Torsion mit Flanschbiegung darf der Einfluß der Plattenbiegung somit normalerweise vernachlässigt werden.

Bei einem *doppelt-symmetrischen Querschnitt* zerfällt das Gleichungssystem (VI,33) wegen $a_x = 0$, $a_y = 0$ in drei voneinander unabhängige Gleichungen für P_η, P_ξ und P_φ oder für diesen Fall sind P_η, P_ξ, P_φ die drei Wurzeln der kubischen Gl. (VI,35a). Bei Stäben mit doppelt-symmetrischem Querschnitt ist somit entweder reines Torsionsknicken oder reines Biegeknicken maßgebend.

c) Kippen bei doppelt-symmetrischem Querschnitt

Beim doppelt-symmetrischen Querschnitt fallen Schubmittelpunkt 0 und Schwerpunkt S zusammen; es ist

$$a_x = a_y = 0.$$

Für Biegung ohne Längskraft ist

$$\sigma_z = \frac{M_x}{J_x}\, y + \frac{M_y}{J_y}\, x,$$

und Gl. (VI,30c) liefert uns mit $m_{da} = 0$ und wegen

$$\int\limits^{F} y\, dF = \int\limits^{F} x\, dF = \int\limits^{F} x\, y\, dF = \int\limits^{F} y\, r^2\, dF = \int\limits^{F} x\, r^2\, dF = 0$$

das äußere Drehmoment

$$m_d = -M_x\, \xi'' + M_y\, \eta''.$$

Denken wir uns nun nur ein äußeres Moment $-M_x$ wirkend (Belastungsfall Abb. VI,49), so ist aus Gl. (VI,30a) nach der Verformung φ

$$M_y = \varphi \int\limits^{F} y\, \sigma_z\, dF = \varphi \int\limits^{F} \frac{M_x}{J_x}\, y^2\, dF = \varphi\, M_x,$$

und die Gln. (VI,31a) und (VI,31b) liefern uns

$$\eta'' = \frac{M_x}{B_1}, \quad \xi'' = \frac{M_x\, \varphi}{B_2},$$

und damit wird (unter Beachtung des Vorzeichens von M_x)

$$\boxed{\; m_d = \frac{M_x^2\, \varphi}{B_1} - \frac{M_x^2\, \varphi}{B_2} = -\,\frac{M_x^2\, \varphi}{B_2'} \;}, \qquad\qquad (VI,36)$$

wenn wir die Abkürzung

$$B_2' = B_2\, \frac{B_1}{B_1 - B_2} \qquad\qquad (VI,36a)$$

einführen.

Träger mit Rechteckquerschnitt

Für einen *Balken mit Rechteckquerschnitt* liefert die Torsionsgleichung (VI,31c)

$$C\, \varphi'' = m_d$$

die Grundgleichung des untersuchten Kippproblems zu

$$C\, \varphi_1'' = -\,\frac{M_x^2}{B_2'}\, \varphi_0$$

oder auch

$$\boxed{\; \varphi_1'' + \frac{M_x^2}{B_2'\, C}\, \varphi_0 = 0 \;}. \qquad\qquad (VI,37)$$

Für einen durch ein konstantes Biegungsmoment belasteten einfachen Balken mit gegen Verdrehen festgehaltenen Endquerschnitten, $\varphi_A = \varphi_B = 0$ (Abb. VI,46) wird diese Differentialgleichung wegen der konstanten Koeffizienten durch den Ansatz

$$\varphi = \varphi_m \sin \frac{n\, \pi\, x}{l}$$

befriedigt, und die Stabilitätsbedingung $\alpha = 1$ ergibt für $n = 1$ (kleinster Wert von M_{kr})

$$-\frac{\pi^2}{l^2} + \frac{M_x^2}{B_2' C} = 0$$

oder

$$\boxed{M_{kr} = \frac{\pi \sqrt{B_2' C}}{l}}\,.$$

(VI,38)

Es zeigt sich, daß sich die Durchbiegungen η infolge M_x vergrößernd auf das kritische Moment auswirken; die Durchbiegungen η wirken stabilisierend. Dies läßt sich auch am Beispiel eines in der y-z-Ebene gekrümmten Balkens (Abb. VI,60)

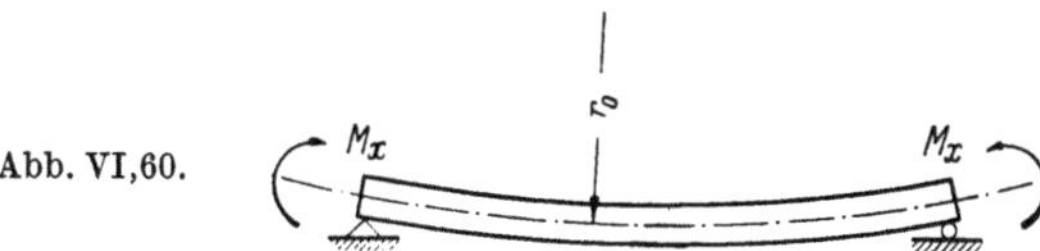
Abb. VI,60.

zeigen, für den S. TIMOSHENKO[1] den Wert des kritischen Momentes M_{kr} für große Krümmungsradien zu

$$M_{kr} = \frac{B_2 + C}{2 r_0} \genfrac{}{}{0pt}{}{+}{(-)} \frac{\pi}{l} \sqrt{B_2 C}$$

angibt; für den skizzierten Fall gilt nur das $+$-Zeichen des zweiten Gliedes.

Für einen ursprünglich geraden Balken ist

$$\frac{1}{r_0} = \frac{M_x}{B_1},$$

und es wird mit $M_x = M_{kr}$

$$M_{kr} = \frac{M_{kr}(B_2 + C)}{2 B_1} + \frac{\pi}{l} \sqrt{B_2 C},$$

$$M_{kr} = \frac{\pi}{l} \sqrt{B_2 C} \; \frac{2 B_1}{2 B_1 - B_2 - C} \cong \frac{\pi}{l} \sqrt{B_2 C} \sqrt{\frac{B_1}{B_1 - B_2}};$$

dieser Wert stimmt mit Gl. (VI,38) überein, wenn B_2 klein und C sehr klein gegenüber B_1 ist. Für die I-Normalprofilreihe beträgt C etwa $^1/_4$ bis $^1/_3$% von B_1; der Einfluß der Hauptbiegung ist damit durch die modifizierte seitliche Biegungssteifigkeit B_2' genügend genau erfaßt.

Für allgemeine Belastungsfälle des Balkens mit Rechteckquerschnitt empfiehlt sich eine numerische Berechnung des Kippmomentes M_{kr} auf dem Wege der sukzessiven Approximation: wir berechnen aus einer geschätzten Verdrehungskurve φ_0 die Verdrehung φ_1 aus

$$\varphi_1'' = -\frac{M_x^2}{B_2' C} \varphi_0$$

als Seilpolygon; die Stabilitätsbedingung $\alpha = 1$ liefert dann einen ersten Annäherungswert von M_{kr}. Stimmen die beiden Kurven φ_0 und φ_1 in ihrer Form

---

[1] TIMOSHENKO, S., GERE, J. M.: Theory of Elastic Stability, New York 1961, S. 317.

nicht miteinander überein, so ist die Rechnung, ausgehend von der Form der Kurve φ_1 zu wiederholen. Die Konvergenz des Verfahrens ist (ähnlich wie beim Knicken) normalerweise gut.

Nachstehend ist die Zahlenrechnung für einen durch gleichmäßig verteilte Belastung p belasteten einfachen Balken mit

$$M_x = \frac{p}{2}\,x\,(l - x)$$

in gewohnter Weise tabellarisch dargestellt. Wegen der Symmetrie bezüglich der Balkenmitte braucht die Rechnung nur für die halbe Spannweite durchgeführt zu werden.

	M_x	M_x^2	φ_0	$-\varphi_1'$	$K(-\varphi_1')$	$Q(-\varphi_1')$	φ_1	$\dfrac{\varphi_1}{\varphi_{1m}}$
A	0	0	0	0			0	0
						25,9288		
1	0,36	0,1296	0,27065	0,03508	0,5701		25,929	0,27065
						25,3587		
2	0,64	0,4096	0,53536	0,21928	2,7720		51,287	0,53536
						22,5867		
3	0,84	0,7056	0,77113	0,54411	6,5256		73,874	0,77112
						16,0611		
4	0,96	0,9216	0,93878	0,86518	10,1959		89,935	0,93878
						5,8652		
m	1,00	1,0000	1,00000	1,00000	5,8652		95,800	1,00000
	$\times M_m$	$\times M_m^2$	$\times \varphi_{0m}$	$\times \dfrac{M_m^2}{B_2'C}\,\varphi_{0m}$	$\times \dfrac{M_m^2\,\Delta x}{12\,B_2'C}\,\varphi_{0m}$		$\times \dfrac{M_m^2\,\Delta x^2}{12\,B_2'C}\,\varphi_{0m}$	

Für die Balkenmitte ist somit

$$\varphi_{1m} = 95{,}800\,\frac{M_m^2\,\Delta x^2}{12\,B_2'\,C}\,\varphi_{0\,m} = \frac{95{,}800}{1200}\,\frac{M_m^2\,l^2}{B_2'\,C}\,\varphi_{0\,m} = \alpha\,\varphi_{0\,m}.$$

Aus der Stabilitätsbedingung $\varphi_1 = \varphi_0$ oder $\alpha = 1$ ergibt sich der Wert des kritischen Momentes M_{kr} zu

$$M_{kr} = \sqrt{\frac{1200\,B_2'\,C}{95{,}800\,l^2}} = 3{,}539\,\frac{\sqrt{B_2'\,C}}{l}.$$

Da die Übereinstimmung der Kurvenformen φ_0 und φ_1 praktisch vollkommen ist, ist eine Wiederholung der Rechnung nicht notwendig. Aus dem Vergleich mit Gl. (VI,38) zeigt sich, daß für Träger mit Rechteckquerschnitt das kritische Moment allgemein in der Form

$$M_{kr} = k\,\frac{\sqrt{B_2'\,C}}{l} \qquad\qquad\qquad\text{(VI,38a)}$$

angeschrieben werden kann. Die Zahlenwerte k für einige weitere Belastungsfälle sind in der Tabelle S. 394 zusammengestellt.

Träger mit I-Querschnitt

Für einen Träger mit doppelt-symmetrischem I-Querschnitt ergibt sich aus den Gln. (VI,31 c) und (VI,36) die gesuchte Torsionsgleichung zu

$$C\left(\varphi_1'' - \frac{l^2}{a^2}\,\varphi_1''''\right) = -\frac{M_x^2}{B_2'}\,\varphi_0$$

oder

$$\boxed{\varphi_1'' - \frac{l^2}{a^2}\,\varphi_1'''' + \frac{M_x^2}{B_2'\,C}\,\varphi_0 = 0}\ ; \tag{VI,39}$$

die Flanschbiegung beteiligt sich an der Aufnahme der Drehmomente m_d. Die Größe a^2 besitzt hier (s. S. 270) den Wert

$$a^2 = \frac{4\,C\,l^2}{B_2\,h^2}\,.$$

Für konstantes Biegungsmoment M_x (Belastungsfall Abb. VI,49) wird diese Differentialgleichung (VI,39) wegen der konstanten Koeffizienten und für die Randbedingungen $\varphi_A = \varphi_B = 0$ sowie $\varphi_A'' = \varphi_B'' = 0$ (frei drehbare Flanschenden) wieder durch den Ansatz

$$\varphi = \varphi_m \sin\frac{n\,\pi\,x}{l}$$

befriedigt, und wir erhalten durch Einsetzen

$$-\frac{\pi^2}{l^2} - \frac{l^2}{a^2}\,\frac{\pi^4}{l^4} + \frac{M_x^2}{B_2'\,C} = 0$$

oder geordnet

$$\boxed{M_{kr} = \frac{\pi\,\sqrt{B_2'\,C}}{l}\,\sqrt{1 + \frac{\pi^2}{a^2}}}\,. \tag{VI,40}$$

Dies ist der erstmals von S. TIMOSHENKO gefundene Wert des Kippmomentes für den untersuchten Grundfall. Er läßt sich mit

$$\beta_1 = \sqrt{1 + \frac{\pi^2}{a^2}} \tag{VI,41}$$

auf den für den Rechteckquerschnitt gefundenen Wert [Gl. (VI,38a)] zurückführen

$$\boxed{M_{kr} = k\,\frac{\sqrt{B_2'\,C}}{l}\,\beta_1}\,, \tag{VI,40a}$$

wobei k für konstantes Moment M_x den Wert $k = \pi$ besitzt.

Bei beliebig verteilter Belastung ist die Berechnung des kritischen Momentes M_{kr} schrittweise[1] durchzuführen: zunächst ist mit einer geschätzten Verdrehungskurve φ_0 das Drehmoment m_d,

$$m_d = -\frac{M_x^2}{B_2'}\,\varphi_0,$$

zu bestimmen, worauf aus der Lösung der Torsionsgleichung

$$\varphi_1'''' - \frac{a^2}{l^2}\,\varphi_1'' + \frac{a^2\,m_d}{l^2\,C} = 0$$

die Kurve φ_1'' zu berechnen ist; aus φ_1'' folgt $\varphi_1 = \alpha\,\varphi_0$ als Seilpolygon, worauf die Stabilitätsbedingung $\alpha = 1$ den gesuchten Wert des kritischen Momentes M_{kr} liefert. Die Torsionsgleichung wird am einfachsten numerisch durch Umsetzen in ein dreigliedriges Gleichungssystem [vgl. Gl. (IV,22)] gelöst; hier lautet mit

$$\gamma = \frac{a^2}{l^2}\,\frac{\Delta x^2}{12}$$

die Grundgleichung

$$-\varphi_{m-1}''(1 - \gamma) + \varphi_m''(2 + 10\gamma) - \varphi_{m+1}''(1 - \gamma) = -\Delta x\,K_m\left(\frac{a^2\,m_d}{l^2\,C}\right).$$

Für stetig verteiltes Drehmoment wird das Belastungsglied

$$\Delta x\,K_m\left(\frac{a^2\,m_d}{l^2\,C}\right) = \frac{a^2\,\Delta x^2}{l^2 \cdot 12}\,\frac{1}{C}(m_{dm-1} + 10\,m_{dm} + m_{dm+1}) = \frac{\gamma}{C}(m_{dm-1} + 10\,m_{dm} + m_{dm+1}).$$

Für einen einfachen Balken mit frei drehbaren Flanschenden sind die Randbedingungen $\varphi_A'' = \varphi_B'' = 0$ einfach zu berücksichtigen; sie ersetzen die Bestimmungsgleichungen für die Randpunkte A und B.

Nachstehend ist die Berechnung von M_{kr} für einen einfachen Balken mit I-Querschnitt unter gleichmäßig verteilter Belastung p durchgeführt. Wählen wir $a^2 = 24$, so wird mit Einteilung der Spannweite l in 10 Teile Δx

$$\gamma = \frac{24}{l^2}\,\frac{l^2}{100 \cdot 12} = 0{,}02.$$

In der folgenden ersten Tabelle werden zunächst die Belastungsglieder des dreigliedrigen Gleichungssystems bestimmt.

Punkt	M_x	M_x^2	φ_0	$M_x^2\,\varphi_0$	Bel.-Glied
A	0	0	0	0	0
1	0,36	0,1296	0,29774	0,03859	0,01241
2	0,64	0,4096	0,57236	0,23444	0,05892
3	0,84	0,7056	0,79789	0,56299	0,13475
4	0,96	0,9216	0,94746	0,87318	0,20590
m	1,00	1,0000	1,00000	1,00000	$2 \cdot 0{,}11746$
	$\times\,M_m$	$\times\,M_m^2$	$\times\,\varphi_{0m}$	$\times\,M_m^2\,\varphi_{0m}$	$\times\,\dfrac{M_m^2\,\varphi_{0m}}{B_2'\,C}$

---

[1] Selbstverständlich ist auch hier das in Abschn. VI,1b besprochene Verfahren mit Nullsetzen der Determinante möglich; es führt allerdings zu einer homogenen Differentialgleichung 4. Ordnung bzw. zu einem fünfgliedrigen Gleichungssystem, und ist somit weniger bequem.

Nun ist das folgende Gleichungssystem aufzulösen:

	φ_1''	φ_2''	φ_3''	φ_4''	φ_m''	Bel.-Glied
1	2,20	−0,98				0,01241
2	−0,98	2,20	−0,98			0,05892
3		−0,98	2,20	−0,98		0,13475
4			−0,98	2,20	−0,98	0,20590
m				−0,98	1,10	0,11746
						$\times\; \dfrac{M_m^2\,\varphi_{0m}}{B_2'\,C}$

Aus den Lösungen φ_1'' werden in der nächsten Tabelle mit $\varDelta x = l/10$ die Verdrehungswinkel φ_1 als Seilpolygon berechnet; zur Kontrolle der erreichten Übereinstimmung zwischen φ_0 und φ_1 sind in der letzten Kolonne die Verhältniswerte φ_1/φ_{1m} eingetragen.

	φ_1''	$K(\varphi_1')$	$Q(\varphi_1')$	φ_1	$\dfrac{\varphi_1}{\varphi_{1m}}$
A	0			0	0
			20,0624		
1	0,12819	1,5570		20,062	0,29774
			18,5054		
2	0,27511	3,3086		38,568	0,57238
			15,1968		
3	0,42929	5,1191		53,765	0,79791
			10,0777		
4	0,55109	6,5379		63,842	0,94746
			3,5398		
m	0,59775	3,5398		67,382	1,00000
	$\times\; \dfrac{M_m^2\,\varphi_{0m}}{B_2'\,C}$	$\times\; \dfrac{l}{120}\; \dfrac{M_m^2\,\varphi_{0m}}{B_2'\,C}$		$\times\; \dfrac{M_m^2\,l^2}{1200\,B_2'\,C}\,\varphi_{0m}$	

Die Gleichsetzung

$$\varphi_{1m} = 67,382\,\frac{M_m^2\,l^2}{1200\,B_2'\,C}\,\varphi_{0m} = \varphi_{0m}$$

liefert nun den gesuchten Wert

$$M_m^2 = \frac{1200}{67,382}\,\frac{B_2'\,C}{l^2} = 17,809\,\frac{B_2'\,C}{l^2}$$

oder

$$\boxed{\; M_{kr} = 4,220\,\frac{\sqrt{B_2'\,C}}{l}\;}.$$

Vergleichen wir diesen Wert mit dem auf S. 386 berechneten Wert von $k = 3,539$ für Kippen ohne Flanschbiegung, so ergibt sich

$$\beta_1 = \frac{4,220}{3,539} = 1,1924\,.$$

Hätten wir die Rechnung für die Werte $a^2 = 60$ bzw. 2,4 durchgeführt, so hätten wir die Werte $\beta_1 = 1{,}0822$ bzw. 2,2715 erhalten. Es zeigt sich nun, daß wir die Werte β_1 für das Kippen einfacher Balken in der Form der Gl. (VI,41) mit recht guter Genauigkeit anschreiben können. Setzen wir für den untersuchten Belastungsfall mit gleichmäßig verteilter Belastung p

$$\beta_1 = \sqrt{1 + \frac{10{,}0}{a^2}},$$

so erhalten wir

$$\text{für} \quad a^2 = 2{,}4: \quad \beta_1 = 2{,}2730, \quad \text{Fehler} \quad + 0{,}07\%,$$
$$24 \qquad\qquad 1{,}1902, \qquad\qquad - 0{,}19\%,$$
$$60 \qquad\qquad 1{,}0802, \qquad\qquad - 0{,}19\%.$$

Diese Genauigkeit dürfte genügen.

Die Berechnung von k bzw. β_1 kann schon bei einer noch nicht vollständigen Übereinstimmung in der Form der Kurven φ_0 und φ_1 abgebrochen werden, wenn wir im Sinne einer Energiebetrachtung das gewogene Mittel

$$\varphi_1 = \frac{\int\limits_0^l \varphi_1^2\,dx}{\int\limits_0^l \varphi_0\,\varphi_1\,dx}\,\varphi_0 \tag{VI,42}$$

zur Erfüllung der Stabilitätsbedingung verwenden.

Der Einfluß der Flanschbiegung ist in Abb. VI,61 durch die Kurven $\varphi = \varphi_0$ und φ'' veranschaulicht.

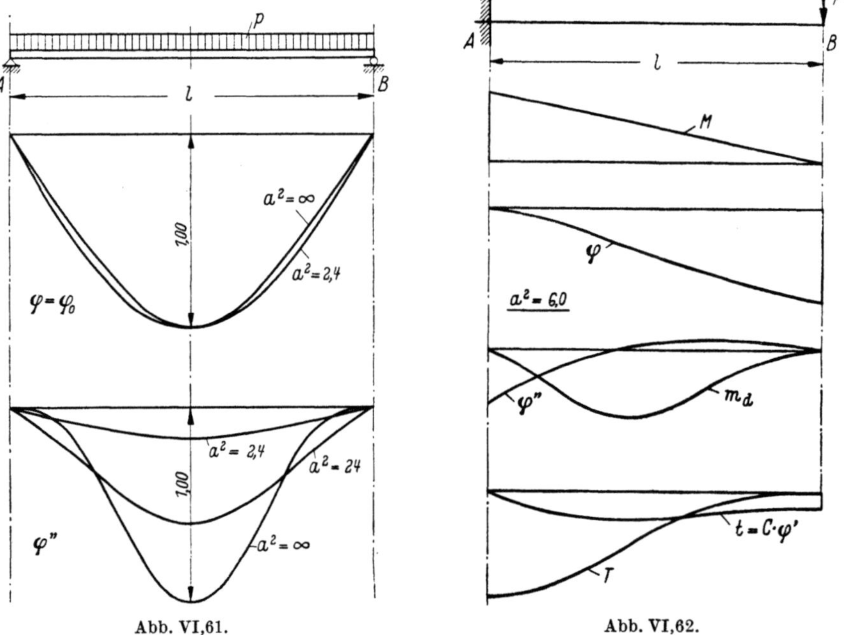

Abb. VI,61.					Abb. VI,62.

Als Beispiel für einen Fall *mit besonderen Randbedingungen* sei an Hand von Abb. VI,62 der am freien Ende B durch eine Einzellast P belastete *Konsolträger* besprochen. Am freien Ende B ist $\varphi_B'' = 0$; dagegen sind die Randbedingungen $\varphi_A = 0$, $\varphi_A' = 0$ des eingespannten Flanschendes in der Torsionsgleichung nicht direkt zu erfüllen. Es bestehen hier zwei Möglichkeiten des Vorgehens:

Der erste Weg besteht darin, daß wir zunächst aus den Werten $m_d = T'$,

$$m_d = -\frac{M_x^2}{B_2'}\,\varphi_0,$$

die äußeren Torsionsmomente T,

$$T = -\int\limits_B^x m_d\,dx,$$

durch numerische Integration bestimmen und die Torsionsgleichung in der Form

$$T = t - \frac{l^2}{a^2}\,t''$$

verwenden und numerisch lösen. Aus den Werten $t = C\,\varphi_1'$ ergibt sich nun φ_1 zu

$$\varphi_1 = \int\limits_A^x \frac{t}{C}\,dx,$$

wobei die Randbedingung $\varphi_A = 0$, wieder durch numerische Integration, leicht zu erfüllen ist.

Der zweite Weg, bei dem die zweimalige Einzelintegration durch eine einmalige Seilpolygonrechnung ersetzt wird, besteht darin, die Randbedingung $\varphi_A' = 0$ in eine Bestimmungsgleichung des dreigliedrigen Gleichungssystems umzusetzen. Aus

$$\frac{T_A}{C} = \varphi_A' - \frac{l^2}{a^2}\,\varphi_A'''$$

folgt mit $\varphi_A' = 0$

$$\varphi_A''' \,\varDelta x = -\frac{a^2}{l^2}\,\frac{T_A}{C}\,\varDelta x = -\varphi_A'' + \varphi_1'' - \varDelta x\,K_A(\varphi'''').$$

Setzen wir die Werte

$$\varphi'''' = \frac{a^2}{l^2}\left(\varphi'' - \frac{m_d}{C}\right)$$

sowie

$$T_A = \int\limits_B^A m_d\,dx$$

ein, so wird nach Ordnen

$$\varphi_A''(1 + 3{,}5\gamma) - \varphi_1''(1 - 3\gamma) - \varphi_2'' \cdot 0{,}5\gamma = \frac{a^2}{l^2}\,\frac{T_A}{C}\,\varDelta x -$$

$$-\frac{\gamma}{C}(3{,}5\,m_{d_A} + 3{,}0\,m_{d_1} - 0{,}5\,m_{d_2}).$$

Die Auflösung des Gleichungssystems (mit der normalen Grundgleichung) und die Bestimmung von φ_1 als Seilpolygon mit $\varphi_A = 0$, $\varphi_A' = 0$ bieten keine Schwierigkeiten.

Es zeigt sich nun, daß der Faktor β_1, der den vergrößernden Einfluß der Flanschbiegung auf das Kippmoment M_{kr} erfaßt, hier nicht in der für einfache

Balken zutreffenden Form angeschrieben werden kann; dagegen wird hier dieser Einfluß durch die Beziehung

$$\beta_1 = \left(\frac{a + 1,61}{a + 0,32}\right)^2, \qquad\qquad (\text{VI,41\,a})$$

bezogen auf $k = 4,01$, genügend genau erfaßt.

Greift die äußere *Belastung* nicht im Schubmittelpunkt = Schwerpunkt des Querschnittes, sondern beispielsweise nach Abb. VI,63 *auf Trägeroberkante* an, so ist ein zusätzliches Drehmoment m_{da},

$$m_{da} = \mp \frac{p\,h}{2}\,\varphi,$$

zu berücksichtigen. Damit lautet die Grundgleichung

$$\varphi_1'''' - \frac{a^2}{l^2}\,\varphi_1'' = \frac{a^2}{l^2\,C}\left(\frac{M_x^2}{B_2'} \pm \frac{p\,h}{2}\right)\varphi_0.$$

Das untere Vorzeichen im Klammerausdruck gilt für an der Trägerunterkante angreifende Belastung, die offensichtlich stabilisierend, die Kipplast vergrößernd wirkt.

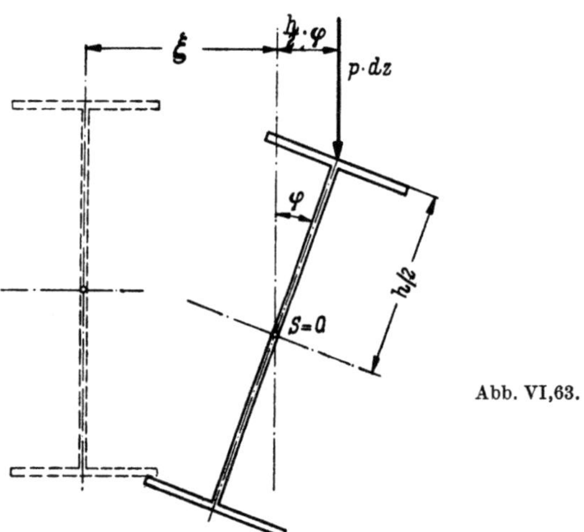

Abb. VI,63.

Es scheint nun bei der numerischen Durchführung der Berechnung zweckmäßig, den Einfluß von m_{da} zusätzlich, d. h. getrennt von der Berechnung von M_{kr} bei im Schwerpunkt angreifender Belastung zu ermitteln. Wir erhalten dann die berechnete Verdrehung φ_1 in der Form

$$\varphi_1 = \left(\frac{M_m^2\,l^2}{k^2\,\beta_1^2\,B_2'\,C} \pm \frac{p\,h\,l^2}{2\,C\,m}\right)\varphi_0 = \left(\frac{M_m^2\,l^2}{k^2\,\beta_1^2\,B_2'\,C} \pm \frac{M_m\,h}{\overline{m}\,C}\right)\varphi_0.$$

Dabei bedeutet m bzw. $\overline{m}$ einen sich aus der numerischen Berechnung ergebenden Zahlenwert, der, da ja die beiden Anteile von m_d und damit auch die entsprechenden Anteile der Verdrehungskurven φ_1 einen voneinander etwas abweichenden Verlauf aufweisen, zweckmäßigerweise durch Mittelwertbildung bestimmt wird.

Setzen wir

$$M_m = M_{2kr}, \qquad \frac{k\,\beta_1\,\sqrt{B_2'\,C}}{l} = M_{1kr}, \qquad \beta_2 = \frac{M_{2kr}}{M_{1kr}},$$

so liefert die Stabilitätsbedingung $\varphi_1 = \varphi$ die quadratische Gleichung

$$\beta_2^2 \pm \frac{M_{1kr}\,h}{\overline{m}\,C}\,\beta_2 - 1 = 0$$

oder es ist

$$\beta_2 = \sqrt{1 + \frac{M_{1kr}^2\,h^2}{4\overline{m}^2\,C^2}} \mp \frac{M_{1kr}\,h}{2\overline{m}\,C};$$

nun ist aber

$$\frac{M_{1kr}\,h}{2\overline{m}\,C} = \frac{k\,\beta_1\,\sqrt{B_2'\,C}\,h}{2\,\overline{m}\,C\,l} = \frac{k\,\beta_1}{\overline{m}}\,\sqrt{\frac{B_2'\,h^2}{4\,C\,l^2}} = \frac{k\,\beta_1}{\overline{m}\,\bar{a}},$$

wenn wir die Abkürzung

$$\bar{a}^2 = \frac{4\,C\,l^2}{B_2'\,h^2}$$

einführen, die sich von der früher eingeführten Abkürzung

$$a^2 = \frac{4\,C\,l^2}{B_2\,h^2}$$

nur dadurch unterscheidet, daß B_2 durch B_2' ersetzt ist. Nun zeigt sich aus der Zahlenrechnung, daß für einen bestimmten Belastungsfall

$$\frac{k\,\beta_1}{\overline{m}\,\bar{a}} = \frac{c}{\bar{a}\,\beta_1}$$

gesetzt werden kann; so ist beispielsweise für einen einfachen Balken unter gleichmäßig verteilter Belastung

$$\text{für} \quad a^2 = \infty: \quad c = \frac{k\,\beta_1^2}{\overline{m}} = \frac{3{,}539 \cdot 1{,}0^2}{2{,}441} = 1{,}450,$$

$$a^2 = 24: \qquad \frac{3{,}539 \cdot 1{,}192^2}{3{,}470} = 1{,}450.$$

Damit wird

$$\boxed{\beta_2 = \sqrt{1 + \frac{c^2}{\bar{a}^2\,\beta_1^2}} \mp \frac{c}{\bar{a}\,\beta_1}}. \qquad\qquad (\text{VI},43)$$

Das kritische Moment kann, unter Berücksichtigung der Lastexzentrizität, durch den Faktor β_2 nun in der Form

$$\boxed{M_{kr} = k\,\frac{\sqrt{B_2'\,C}}{l}\,\beta_1\,\beta_2} \qquad\qquad (\text{VI},40\,\text{b})$$

geschrieben werden.

Gebrauchsformeln

Für einige häufig vorkommende einfache Belastungsfälle[1] sind die Zahlenwerte k, β_1 und β_2 in Abb. VI,64 zusammengestellt; die Werte des kritischen Momentes M_{kr},

$$M_{kr} = k\,\frac{\sqrt{B_2'\,C}}{l}\,\beta_1\,\beta_2\,,$$

gelten selbstverständlich nur für den elastischen Beanspruchungsbereich, $\sigma_{max} \leqq \sigma_P$.

Belastungsfall	M_{max}	k	Flanschbiegung β_1	Last am obern/untern Flansch β_2
	M	π	$\sqrt{1 + \dfrac{\pi^2}{a^2}}$	
	$\dfrac{p\,l^2}{8}$	3,54	$\cong \sqrt{1 + \dfrac{10,0}{a^2}}$	$\cong \sqrt{1 + \dfrac{2,10}{\beta_1^2 a^2} \mp \dfrac{1,45}{\beta_1 a}}$
	$\dfrac{P\,l}{4}$	4,23	$\cong \sqrt{1 + \dfrac{10,2}{a^2}}$	$\cong \sqrt{1 + \dfrac{3,24}{\beta_1^2 a^2} \mp \dfrac{1,80}{\beta_1 a}}$
	M	5,56	$\cong \sqrt{1 + \dfrac{11,2}{a^2}}$	
	$P\,l$	4,01	$\cong \left(\dfrac{a + 1,61}{a + 0,32}\right)^2$	

Abb. VI,64.

Der unelastische Bereich

Wenn an einer Stelle des Trägers die kritische Randspannung σ_{kr},

$$\sigma_{kr} = \frac{M_{kr}}{W}\,,$$

die Proportionalitätsgrenze σ_P übersteigt, so ändern sich sowohl die Biegungssteifigkeit $B_2 = E J_y$ als auch die Verdrehungssteifigkeit $C = G J_d$. Die wesentliche Schwierigkeit, die sich einer rechnerischen Erfassung des unelastischen Kippbereiches entgegenstellt, beruht darauf, daß wir die Veränderung des Schubmoduls G, die bei einer Überschreitung der Proportionalitätsgrenze σ_P eintritt, nicht kennen.

Nun liegen aber die Verhältnisse, wenigstens vom Standpunkt der Konstruktionspraxis aus gesehen, insofern günstig, als bei kurzen Balken die Stabilitäts-

---

[1] Für weitere Momentenverteilungen vgl. z. B. Loos, W., Goeben, H.-E., Franke, H.-W.: Zur praktischen Kippberechnung von I-Trägern, belastet durch Endmomente, Streckenlast und Axialkraft, Abh. IVBH Bd. 27, 1967.

grenze annähernd dann erreicht wird, wenn die größten Beanspruchungen die Fließgrenze erreichen; wir können damit die Kippspannungslinie σ_{kr} für den Bereich kurzer Spannweiten durch eine horizontale Gerade $\sigma_{kr} = \sigma_F$ umschreiben. Durch diese Gerade als Tangente für $l = 0$ und den Wert von l_P für $\sigma_{kr} = \sigma_P$ wird der unelastische Bereich in engen Grenzen umschrieben (Abb. VI,65). Der

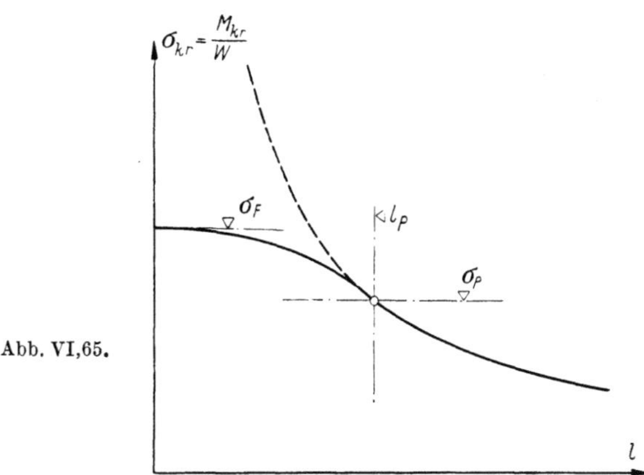

Abb. VI,65.

Unterschied zwischen der Kippspannungslinie und der Knickspannungslinie des Druckstabes liegt hauptsächlich im wesentlich flacheren Verlauf der Kurve von Abb. VI,65 gegenüber der Eulerschen Knickspannungslinie. Die Einführung eines Schlankheitsgrades als dimensionslose Kenngröße ist hier weniger angezeigt als beim Knicken, weil die Spannweite l beim Kippen auch die Faktoren β_1 und β_2 beeinflußt.

d) Kippen bei einfach-symmetrischem Querschnitt

Bei Stäben mit einfach-symmetrischem Querschnitt nach Abb. VI,57 verursachen die Biegungsspannungen σ_z,

$$\sigma_z = \frac{M_x}{J_x}\, y,$$

entsprechend Gl. (VI,30c) noch ein zusätzliches Drehmoment Δm_d,

$$\Delta m_d = \left(\varphi' \frac{M_x}{J_x} \int\limits^{F} y\, r^2\, dF\right)'.$$

Führen wir die Abkürzung[1] c_y ein,

$$c_y = \frac{\int\limits^{F} y\, r^2\, dF}{J_x} = \frac{\int\limits^{F} y\, r^2\, dF}{\int\limits^{F} y^2\, dF},$$

(wobei c_y positiv oder negativ sein kann), so wird

$$\Delta m_d = (c_y\, \varphi'\, M_x)' = c_y(\varphi''\, M_x + \varphi'\, Q_y);$$

---

[1] Diese Größe wird gelegentlich als Querschnittsstrecke bezeichnet.

damit lautet die Bestimmungsgleichung des Kippmomentes bei Torsion mit Flanschbiegung und für im Schubmittelpunkt angreifende Belastung

$$\boxed{\,C\left(\varphi_1'' - \frac{l^2}{a^2}\,\varphi_1''''\right) = -\,\frac{M_x^2}{B_2'}\,\varphi_0 + c_y\,Q_y\,\varphi_0' + c_y\,M_x\,\varphi_0''\,}\,. \qquad \text{(VI,44)}$$

Wir beschränken uns hier darauf, diese Gleichung für den einfachen Belastungsfall durch ein konstantes Moment M_x (Belastungsfall nach Abb. VI,49) zu lösen[1]; hier ist $Q_y = 0$, und Gl. (VI,44) wird mit $\varphi_A = \varphi_B = 0$ und für frei drehbare Flanschenden, $\varphi_A'' = \varphi_B'' = 0$, durch den Ansatz

$$\varphi = \varphi_m \sin\frac{\pi\,x}{l}$$

befriedigt. Die Stabilitätsbedingung $\alpha = 1$ liefert uns somit nach Einsetzen von $\varphi, \varphi'', \varphi''''$

$$C\,\frac{\pi^2}{l^2}\left(1 + \frac{\pi^2}{a^2}\right) = \frac{M_x^2}{B_2'} + c_y\,\frac{\pi^2}{l^2}\,M_x\,.$$

Führen wir die Werte

$$M_{0kr} = \frac{\pi\,\sqrt{B_2'\,C}}{l}, \qquad \beta_1^2 = 1 + \frac{\pi^2}{a^2}$$

ein, so wird

$$\frac{M_x^2}{\beta_1^2\,M_{0kr}^2} + \frac{M_x}{\beta_1\,M_{0kr}}\,\frac{\pi\,c_y\,\sqrt{B_2'}}{\beta_1\,l\,\sqrt{C}} - 1 = 0$$

oder mit der Abkürzung

$$\bar{a} = \frac{2l\,\sqrt{C}}{c_y\,\sqrt{B_2'}}\,,$$

$$\frac{M_x^2}{\beta_1^2\,M_{0kr}^2} + 2\,\frac{M_x}{\beta_1\,M_{0kr}}\,\frac{\pi}{\beta_1\,\bar{a}} - 1 = 0;$$

die Lösung dieser quadratischen Gleichung liefert uns das gesuchte kritische Moment $M_{kr} = M_x$ zu

$$M_{kr} = \beta_1\,M_{0kr}\left(\sqrt{1 + \frac{\pi^2}{\beta_1^2\,\bar{a}^2}} - \frac{\pi}{\beta_1\,\bar{a}}\right)$$

oder ausgeschrieben

$$\boxed{\,M_{kr} = \frac{\pi\,\sqrt{B_2'\,C}}{l}\,\sqrt{1 + \frac{\pi^2}{a^2}}\left(\sqrt{1 + \frac{\pi^2}{\beta_1^2\,\bar{a}^2}} - \frac{\pi}{\beta_1\,\bar{a}}\right)\,}\,. \qquad \text{(VI,40c)}$$

Wir stellen fest, daß für den untersuchten Belastungsfall des einfach-symmetrischen Querschnitts das kritische Moment in der Form der Gl. (VI,40b) geschrieben werden kann,

$$M_{kr} = k\,\frac{\sqrt{B_2'\,C}}{l}\,\beta_1\,\beta_2\,,$$

---

[1] Ove Pettersson hat verschiedene Belastungsfälle untersucht; vgl. Fußnote 1, S. 373.

wobei hier der Faktor β_2,

$$\beta_2 = \sqrt{1 + \frac{\pi^2}{\beta_1^2\,\bar{a}^2}} - \frac{\pi}{\beta_1\,\bar{a}},$$

den Einfluß der Unsymmetrie erfaßt. Dieser Einfluß wirkt sich ähnlich aus, wie eine auf dem oberen Flansch statt im Schubmittelpunkt angreifende Belastung (Abb. VI,63); liegt der Schubmittelpunkt oberhalb des Schwerpunktes, d.h. in der Druckzone des Querschnittes, so ist c_y negativ und die Unsymmetrie bewirkt eine Stabilisierung und damit eine Vergrößerung des kritischen Momentes, analog zur am unteren Flansch angreifenden Belastung. Liegt dagegen der Schubmittelpunkt in der Zugzone (c_y positiv), so wird $\beta_2 < 1$ und das kritische Moment wird verkleinert.

Bei allgemeinen Belastungsfällen kann das kritische Moment durch numerische Lösung der Differentialgleichung (VI,44) auf Grund einer geschätzten Ausgangskurve φ_0 ohne Schwierigkeit berechnet werden.

e) Biegung und Längskraft

Wir betrachten einen beidseitig gelenkig gelagerten Stab mit doppelt-symmetrischem I-Querschnitt unter der Wirkung einer exzentrisch wirkenden Druckkraft P (Abb. VI,66).

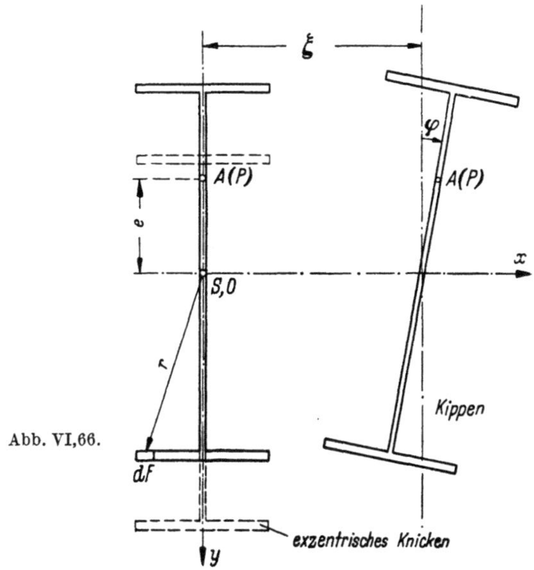

Abb. VI,66.

Dieser Stab kann seine Tragfähigkeit nicht nur durch exzentrisches Knicken in der y-z-Ebene (Spannungsproblem zweiter Ordnung) verlieren, sondern auch durch seitliches Ausbiegen und Verdrehen, also durch Kippen (Stabilitätsproblem). Dieses Stabilitätsproblem kann bei schmalen Trägern, $B_2 \ll B_1$, gegenüber dem exzentrischen Knicken maßgebend werden.

Die hier aufgestellten Beziehungen erlauben uns, die Grundgleichungen dieses Stabilitätsproblems bei gleichzeitiger Wirkung einer Druckkraft P und eines

Momentes $M_x = -P\,e$ und unter Beachtung der doppelten Symmetrie[1] des Querschnittes ($a_x = a_y = c_x = c_y = 0$) zu

$$B_2\,\xi_1'' = -P\,\xi_0 - M_x\,\varphi_0,$$
$$C\left(\varphi_1'' - \frac{l^2}{a^2}\,\varphi_1''''\right) = P\,i_p^2\,\varphi_0'' + M_x\,\xi_0'' \qquad\qquad \text{(VI,45)}$$

anzuschreiben; da Schubmittelpunkt und Schwerpunkt hier zusammenfallen, bedeutet $J_p = i_p^2\,F$ hier auch das polare Trägheitsmoment bezüglich des Schwerpunktes S.

Mit den Sonderlösungen Gln. (VI,34b) und (VI,34c)

$$P_\xi = \frac{\pi^2 B_2}{l^2}, \qquad P_\varphi = \frac{C}{i_p^2}\left(1 + \frac{\pi^2}{a^2}\right),$$

die für den untersuchten Belastungsfall $M_x = $ konst. wegen der konstanten Koeffizienten auch hier gelten, finden wir aus $\alpha = 1$

$$\xi_m = \frac{M_x}{P_\xi - P}\,\varphi_m$$

und damit

$$i_p^2(P_\varphi - P) = \frac{M_x^2}{P_\xi - P}$$

oder geordnet mit $M_x = -P\,e$

$$\boxed{\;\frac{P}{P_\xi} + \frac{P}{P_\varphi} - \frac{P^2}{P_\xi P_\varphi}\left(1 - \frac{e^2}{i_p^2}\right) = 1\;}\,. \qquad\qquad \text{(VI,46)}$$

Diese Gleichung stimmt in ihrer Form mit Gl. (VI,35b) überein, und wir können somit feststellen, daß die exzentrische Druckbelastung eines Stabes mit doppeltsymmetrischem Querschnitt und einer Lastexzentrizität e sich für $e = a_y$ gleich auswirkt wie eine zentrische Druckbelastung eines Stabes mit einfach-symmetrischem Querschnitt, bei dem der Schubmittelpunkt den Abstand a_y vom Schwerpunkt besitzt.

Um die Bedeutung des Kippens exzentrisch gedrückter Stäbe zu veranschaulichen, sind in Abb. VI,67 noch die Ergebnisse eines (vielleicht etwas extrem ausgewählten) Zahlenbeispiels dargestellt. Es wurde ein Normalprofilträger I NP 50 mit einer Exzentrizität $e = 15{,}3$ cm, d. h. $m = e/k = 1$, untersucht. Für das Torsionsknicken sind die Zahlenwerte

$$i_x = 19{,}6 \text{ cm}, \qquad i_y = 3{,}72 \text{ cm}, \qquad i_p = 19{,}89 \text{ cm},$$

$$\sigma_\xi = \frac{P_\xi}{F} = \frac{\pi^2 E\,i_y^2}{l^2} = \frac{252710\,\mathrm{t}}{l^2}, \qquad F = 179 \text{ cm}^2,$$

$$\sigma_\varphi = \frac{P_\varphi}{F} = \frac{C}{J_p}\left(1 + \frac{\pi^2}{a^2}\right) = 4{,}545\left(1 + \frac{98140}{l^2}\right) \text{ t/cm}^2$$

---

[1] Bei einfach-symmetrischen Querschnitten fallen Schwerpunkt S und Schubmittelpunkt 0 nicht zusammen; zudem ist die Größe c_y nach Abschn. VI,2d verschieden von Null. Die Gln. (VI,45) müssen entsprechend erweitert werden. Vgl. CHWALLA, E.: Über die Kippstabilität querbelasteter Druckstäbe mit einfach-symmetrischem Querschnitt. FEDERHOFER-GIRKMANN-Festschrift, Wien: F. Deuticke 1950.

maßgebend. Die nach Gl. (VI,46) berechnete kritische Last P bzw.

$$\sigma_{kr} = \frac{P}{F}$$

gilt nur für den elastischen Bereich, dessen Grenze durch

$$\sigma = \frac{\sigma_P}{1 + m}$$

bestimmt wird; der unelastische Bereich kann durch die in Abb. VI,67 eingetragene Übergangskurve mit guter Annäherung abgeschätzt werden.

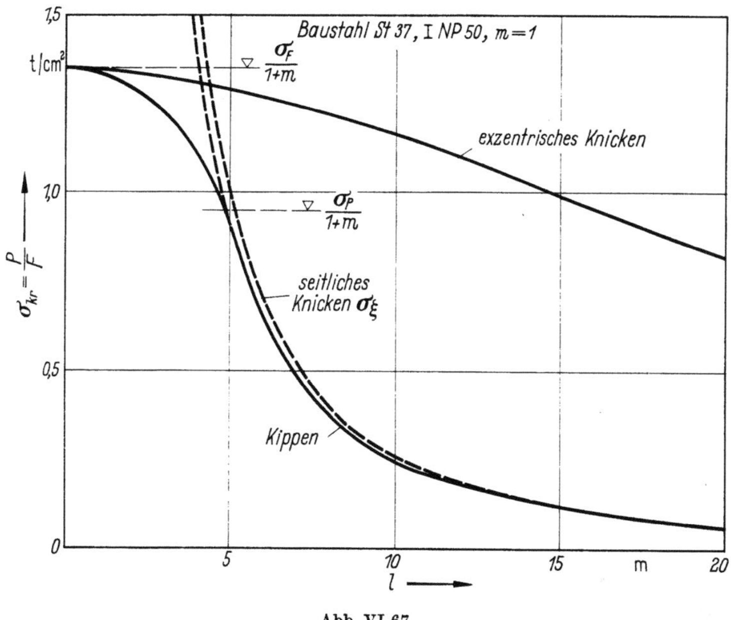

Abb. VI,67.

Es zeigt sich, daß in diesem Beispiel das exzentrische Knicken überhaupt nicht maßgebend ist, sondern nur das Kippen. Anderseits zeigt sich, daß die Kippspannungslinie für größere Schlankheiten nur wenig unter der Knickspannungslinie σ_ξ für seitliches Knicken liegt.

Lassen wir in den Gln. (VI,45) die Druckkraft P verschwinden und $-Pe$ in das konstante Moment M_x übergehen, so erhalten wir aus

$$B_2 \frac{\pi^2}{l^2} \xi_m = P_\xi \xi_m = M_x \varphi_m,$$

$$C\left(1 + \frac{\pi^2}{a^2}\right)\varphi_m = P_\varphi i_p^2 \varphi_m = M_x \xi_m$$

durch Elimination von φ_m und ξ_m den Wert des kritischen Momentes M_{kr} zu

$$M_{kr}^2 = P_\xi P_\varphi i_p^2 = \frac{\pi^2 B_2 C}{l^2}\left(1 + \frac{\pi^2}{a^2}\right);$$

dieser Wert unterscheidet sich von Gl. (VI,40) nur deshalb etwas, weil wir hier beim Torsionsknicken den normalerweise nicht bedeutenden Einfluß der Durchbiegung des Stabes in der y-z-Ebene vernachlässigt und damit statt

$$B_2' = B_2 \frac{B_1}{B_1 - B_2}$$

nur B_2 gesetzt haben.

f) Exzentrisches Kippen

Die Untersuchung des Stabilitätsproblems des Kippens setzt ideale Balken voraus; jede Abweichung von der Idealform (gerade Stabaxe, ursprünglich unverdrehte Querschnitte) verursacht, wie beim exzentrischen Knicken, eine Verkleinerung der Tragfähigkeit.

Wir beschränken uns nachstehend auf die Besprechung eines einfachen Falles; ein einfacher Balken, der durch ein konstantes Moment $M = M_x$ nach Abb. VI,49 belastet sein soll und doppelt-symmetrischen I-Querschnitt besitze, weise *eine anfängliche seitliche Ausbiegung ξ_0*,

$$\xi_0 = \xi_{0\,m} \sin \frac{\pi\,x}{l},$$

auf[1]. Die Normalspannungen σ_z,

$$\sigma_z = \frac{M_x}{J_x}\,y,$$

verursachen entsprechend Gl. (VI,26b) die Drehmomente m_{d_ξ},

$$m_{d_{\xi_0}} = -\,\xi_0'' \int\limits^{F} y\,\sigma_z\,dF = -\,\xi_0'' \frac{M_x}{J_x} \int\limits^{F} y^2\,dF = -\,\xi_0''\,M_x,$$

während die seitliche Belastung $p_{x_{\xi_0}}$ nach Gl. (VI,26a),

$$p_{x_{\xi_0}} = \xi_0'' \int\limits^{F} \sigma_z\,dF = \xi_0'' \frac{M_x}{J_x} \int\limits^{F} y\,dF = \xi_0'' \frac{M_x}{J_x}\,S_x$$

wegen $S_x = 0$ null ist.

Infolge dieser Drehmomente m_{d_ξ} treten nun zunächst Verdrehungen φ und damit zusätzliche seitliche Ausbiegungen $\varDelta\,\xi$ auf, aus denen sich die Belastungen

$$m_d = -\,(\xi_0'' + \varDelta\,\xi'')\,M_x$$

und [nach Gl. (28b)]

$$p_x = -\,\varphi'' \frac{M_x}{J_x} \int\limits^{F} y^2\,dF = -\,\varphi''\,M_x$$

ergeben. Die Formänderungsgleichungen (VI,31b) und (VI,31c) lauten somit für konstanten Balkenquerschnitt

$$B_2\,\varDelta\,\xi'''' = -\,\varphi''\,M_x,$$

$$C\left(\varphi'' - \frac{l^2}{a^2}\,\varphi''''\right) = (\xi_0'' + \varDelta\,\xi'')\,M_x.$$

---

[1] Stüssi, F.: Exzentrisches Kippen. Schweiz. Bauztg. 105 (1935).

Wegen der konstanten Koeffizienten und für gelenkige Lagerung der Trägerenden kann bei der angenommenen sinusförmigen Ausbiegung ξ_0 die Lösung

$$\varphi = \varphi_m \sin \frac{\pi x}{l},$$

$$\Delta \xi = \Delta \xi_m \sin \frac{\pi x}{l}$$

angeschrieben werden; durch Einsetzen finden wir

$$B_2 \frac{\pi^2}{l^2} \Delta \xi = \varphi M_x,$$

$$C \left(1 + \frac{\pi^2}{a^2}\right) \varphi = (\xi_0 + \Delta \xi) M_x,$$

woraus wir mit (unter Berücksichtigung der Hauptbiegung)

$$\frac{\pi^2 B_2 C}{l^2} \left(1 + \frac{\pi^2}{a^2}\right) \cong \frac{\pi^2 B_2' C}{l^2} \left(1 + \frac{\pi^2}{a^2}\right) = M_{kr}^2,$$

$$\alpha = \frac{M_x^2}{M_{kr}^2}$$

die Werte

$$\Delta \xi = \xi_0 \frac{M_x^2}{M_{kr}^2 - M_x^2},$$

$$\boxed{\xi = \xi_0 + \Delta \xi = \frac{1}{1 - \alpha} \xi_0},\qquad\text{(VI,47a)}$$

$$\boxed{\varphi = \frac{M_x}{C\left(1 + \dfrac{\pi^2}{a^2}\right)} \frac{1}{1 - \alpha} \xi_0}\qquad\text{(VI,47b)}$$

erhalten.

Die Tragfähigkeit des Trägers ist, im Sinne einer idealisierenden Vereinfachung, annähernd dann erreicht, wenn die größte Randspannung σ_{max} die Fließgrenze σ_F erreicht; von diesem Augenblick an beginnen die Formänderungen stark zu wachsen, so daß eine wesentliche Laststeigerung nicht mehr möglich ist. Die Randspannung σ_{max} setzt sich aus folgenden Beiträgen zusammen:

Hauptbiegung
$$\sigma_1 = \frac{M_x}{W_x},$$

Seitliche Biegung
$$\sigma_2 = \frac{M_y}{W_y} = \frac{M_x \varphi}{W_y},$$

Flanschbiegung
$$\sigma_3 = \frac{\mathfrak{M}_{Fl}}{W_{Fl}} = -\frac{B_2 h}{2 W_y} \varphi'' = \frac{\pi^2 B_2 h}{2 W_y l^2} \varphi;$$

die aufgestellte Tragfähigkeitsbedingung $\sigma_{\max} = \sigma_F$ lautet somit

$$\sigma_F = \frac{M_x}{W_x} + \xi_0 \frac{1}{1-\alpha} \frac{M_x}{W_y} \frac{M_x + \dfrac{\pi^2 B_2 h}{2 l^2}}{C\left(1 + \dfrac{\pi^2}{a^2}\right)}$$

oder wenn wir die Werte

$$\frac{\pi^2 B_2}{l^2} = P_\xi, \qquad C\left(1 + \frac{\pi^2}{a^2}\right) = i_p^2 P_\varphi$$

einführen

$$\sigma_F = \frac{M_x}{W_x}\left(1 + \frac{\xi_0}{1-\alpha} \frac{W_x}{W_y} \frac{M_x + P_\xi \dfrac{h}{2}}{i_p^2 P_\varphi}\right). \tag{VI,48}$$

Zur Auswertung dieser Beziehung werden am einfachsten für eine bestimmte Spannweite l verschiedene Werte von M_x angenommen und daraus die zugehörigen anfänglichen Ausbiegungen ξ_0 berechnet. Durch Interpolation dieser Werte läßt sich nun eine Kurventafel auftragen, wie sie in Abb. VI,68 für ein I-Normalprofil

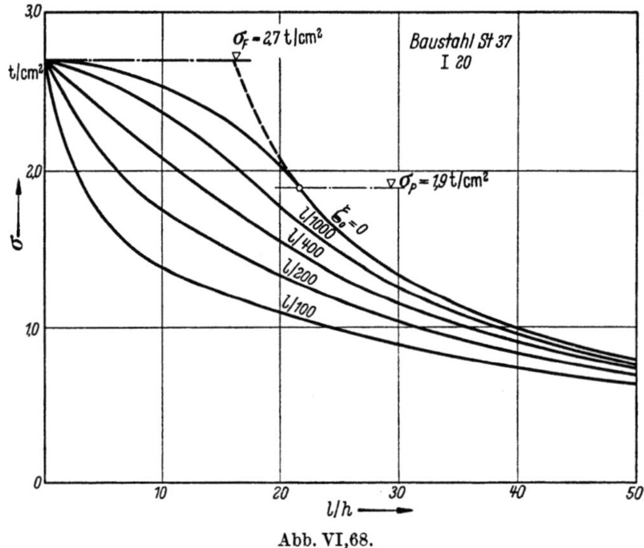

Abb. VI,68.

(berechnet für I NP 20, wegleitend für andere Profile ähnlicher Form) dargestellt ist; die anfänglichen Ausbiegungen ξ_0 sind dabei in Bruchteilen der Spannweite l angegeben. Es zeigt sich, daß schon eine kleine Abweichung von den Voraussetzungen des Stabilitätsproblems eine recht beträchtliche Abminderung der Tragfähigkeit verursacht. Dieses Ergebnis war übrigens zu erwarten.

Weist anderseits der Balken *eine anfängliche Verdrehung* φ_0 auf, so entstehen dadurch die seitlichen Belastungen

$$p_x = -(\varphi_0'' + \Delta\varphi'') M_x$$

sowie die Drehmomente

$$m_d = -\xi'' M_x,$$

woraus sich die Formänderungsgleichungen

$$B_2 \frac{\pi^2}{l^2} \xi = (\varphi_0 + \Delta \varphi) M_x,$$

$$C \left(1 + \frac{\pi^2}{a^2}\right) \Delta \varphi = \xi M_x$$

ergeben, und wir erhalten

$$\varphi = \varphi_0 + \Delta \varphi = \varphi_0 \frac{1}{1 - \alpha},$$

$$\xi = \frac{M_x \, l^2}{\pi^2 \, B_2} \frac{1}{1 - \alpha} \varphi_0 = \frac{M_x}{P_\xi} \frac{1}{1 - \alpha} \varphi_0.$$

Die Tragfähigkeitsbedingung $\sigma_{\mathrm{max}} = \sigma_F$ führt somit hier auf die Beziehung

$$\boxed{\sigma_F = \frac{M_x}{W_x} + \varphi_0 \frac{1}{1 - \alpha} \frac{1}{W_y} \left(M_x + \frac{P_\xi \, h}{2}\right).}$$

$$(VI,48a)$$

Weitere Fälle sind u. a. von H. Nylander[1], Ch. Massonnet[2], G. Winter[3] und O. Petterson[4] untersucht worden.

3. Ausbeulen

a) Problemstellung und Grundgleichungen der ebenen Platte

Unter *Ausbeulen* verstehen wir das Unstabilwerden von dünnen Blechen unter Druck- und Schubkräften. So können beispielsweise die Stehbleche eines zusammengesetzten Druckstabes ausbeulen, bevor der Stab als Ganzes ausknickt[5]. Das erste Problem dieser Art, nämlich das Ausbeulen einer gelenkig gelagerten Rechteckplatte unter gleichmäßig verteiltem Längsdruck wurde von G. H. Bryan[6] gelöst; eine erste umfassende und systematische Untersuchung verschiedener Beulfälle verdanken wir S. Timoshenko[7]. Im Zusammenhang mit der allgemeinen Entwicklung des Stahlbaues ist die Bedeutung des Beulproblems stark angewachsen; bei großen Vollwandträgern bildet die Beuluntersuchung der Steh-

---

[1] Nylander, H.: Torsional and Lateral Buckling of Excentrically Compressed I and T Columns, Stockholm: Transactions, Royal Institute of Technology 1949.

[2] Massonnet, Ch.: Réflexions concernant l'établissement de prescriptions rationnelles sur le flambage des barres en acier. Ossature Métallique 1950.

[3] Winter, G.: Strength of Slender Beams. Transactions Am. Soc. Civil Eng. Vol. 109 (1944).

[4] Pettersson, O.: Combined Bending and Torsion of I-Beams of Monosymmetrical Cross-Section, Stockholm: Royal Institute of Technology 1952.

[5] Knick- bzw. Kipp- und Beulerscheinungen können auch gleichzeitig auftreten. Für die Untersuchung dieser „Gesamtstabilität" vgl. z. B. Schmied, R.: Die Gesamtstabilität von zweiachsig außermittig gedrückten dünnwandigen I-Stäben unter Berücksichtigung der Querschnittsverformung nach der nichtlinearen Plattentheorie. Der Stahlbau 1967, S. 1.

[6] Bryan, G. H.: On the Stability of a Plane Plate under Thrusts in its own Plane with Application on the „Buckling" of the Sides of a Ship. Proc. London Math. Soc. 22 (1891).

[7] Timoshenko, S., Gere, J. M.: Theory of Elastic Stability, New York 1961; zusammenfassende Darstellung auch seiner früheren Untersuchungen.

bleche einen wichtigen Teil der Bemessungsaufgabe. Eine eingehende Darstellung der wichtigsten Beulfälle ebener Platten gibt F. Schleicher[1].

Die Problemstellung ist an sich verhältnismäßig einfach (Abb. VI,69): Wenn eine Platte der Stärke h Ausbiegungen $w = w_0$ erfährt, so entstehen dadurch, als

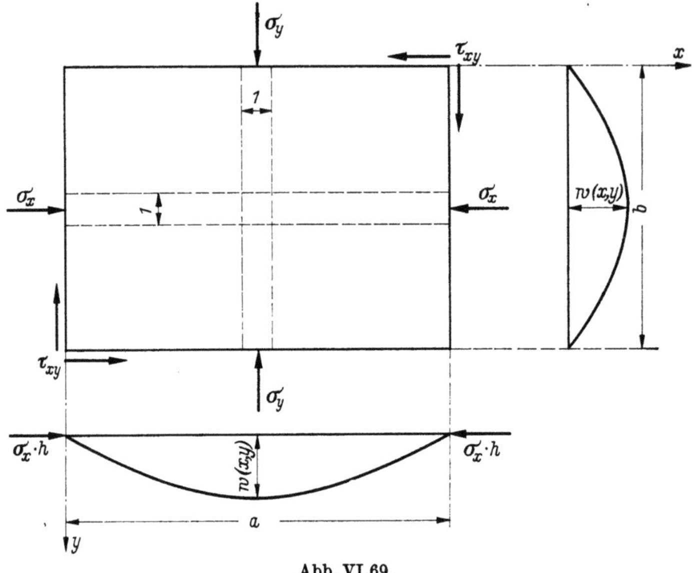

Abb. VI,69.

Ablenkungskräfte der Plattenbeanspruchungen σ_x, σ_y, τ_{xy}, äußere Querbelastungen p_a,

$$p_a = \sigma_x\, h\, \frac{\partial^2 w_0}{\partial x^2} + \sigma_y\, h\, \frac{\partial^2 w_0}{\partial y^2} - 2\tau_{xy}\, h\, \frac{\partial^2 w_0}{\partial x\, \partial y}\,,$$

die mit den inneren elastischen Widerständen p_i der Platte im Gleichgewicht sein müssen. Diese Widerstände p_i treten infolge der durch die äußere Belastung p_a verursachten Verformungen w_1 auf [Gl. (IV,46a)],

$$p_i = D\left(\frac{\partial^4 w_1}{\partial x^4} + 2\,\frac{\partial^4 w_1}{\partial x^2\, \partial y^2} + \frac{\partial^4 w_1}{\partial y^4}\right).$$

Dabei bedeutet D die Plattensteifigkeit,

$$D = \frac{E\, h^3}{12(1 - \nu^2)}\,.$$

Ausdruck des Gleichgewichtszustandes zwischen inneren und äußeren Belastungen ist die *Stabilitätsbedingung*

$$w_1 = \alpha\, w_0 = w_0$$

oder

$$\alpha = 1\,;$$

---

[1] Schleicher, F.: Stabilitätsfälle, Taschenbuch für Bauing., herausgegeben von F. Schleicher, 2. Aufl., Berlin/Göttingen/Heidelberg: Springer 1955.

damit lautet die *Beulgleichung* der isotropen ebenen Platte, wenn wir die Normalspannungen σ_x und σ_y nun als Druckspannungen einführen,

$$D\left(\frac{\partial^4 w}{\partial x^4} + 2\frac{\partial^4 w}{\partial x^2\,\partial y^2} + \frac{\partial^4 w}{\partial y^4}\right) = -\sigma_x\,h\,\frac{\partial^2 w}{\partial x^2} + 2\tau_{xy}\,h\,\frac{\partial^2 w}{\partial x\,\partial y} - \sigma_y\,h\,\frac{\partial^2 w}{\partial y^2}.$$

$$(\text{VI},49)$$

Diese Gleichung ist identisch mit der für den Fall von Abb. VI,69 mit $p = 0$ angeschriebenen Gl. (IV,49 b).

Um die Beulgleichung lösen zu können, müssen die Spannungen σ_x, σ_y, τ_{xy} im ganzen Bereich der Platte bekannt sein. In den *Normalfällen* sind die Spannungen aus der Randbelastung direkt bekannt, nicht aber in den Fällen einer ungleichmäßig verteilten Randbelastung oder bei besonderen Plattenformen (Abb. VI,70); hier müssen die Scheibenbeanspruchungen

$$\sigma_x = -\frac{\partial^2 F}{\partial y^2}, \quad \sigma_y = -\frac{\partial^2 F}{\partial x^2}, \quad \tau_{xy} = -\frac{\partial^2 F}{\partial x\,\partial y}$$

zuerst durch Lösen der Scheibengleichung (IV,44)

$$\frac{\partial^4 F}{\partial x^4} + 2\frac{\partial^4 F}{\partial x^2\,\partial y^2} + \frac{\partial^4 F}{\partial y^4} = 0$$

berechnet werden, bevor die homogene Plattengleichung (VI,49) gelöst werden kann. Dabei darf in der klassischen, *linearen*[1] Beultheorie vorausgesetzt werden, daß die Ausbeulordinaten w klein sind und die Verteilung der Scheibenspannungen σ_x, σ_y, τ_{xy} nicht beeinflussen.

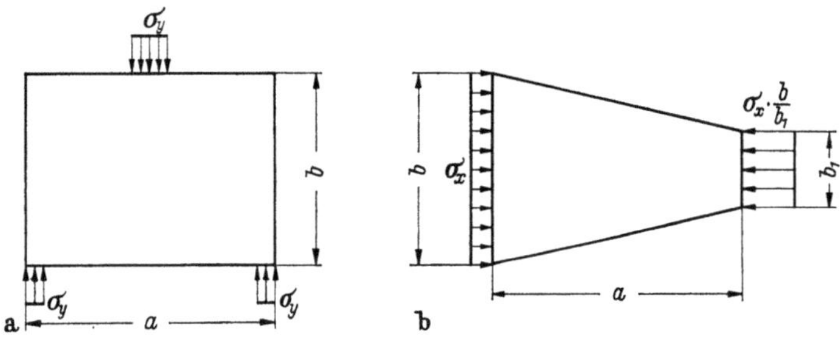

Abb. VI,70a und b.

Beulfälle nach Abb. VI,70a sind von K. GIRKMANN[2] untersucht worden, während das Ausbeulen trapezförmiger Platten (Abb. VI,70b) von A. R. EID[3] behandelt wurde.

Die nachfolgende Darstellung beschränkt sich auf die „Normalfälle" mit bekannter Verteilung der Scheibenspannungen σ_x, σ_y, τ_{xy}.

---

[1] Im überkritischen Bereich (Abschn. VI,3g) ist dagegen nach Gln. (IV,49a) u. (IV,49b) der gegenseitige Einfluß der endlichen Ausbeulordinaten w und der Spannungsverteilung in der Scheibe zu berücksichtigen (nichtlineare Beultheorie).

[2] GIRKMANN, K.: Die Stabilität der Stegbleche vollwandiger Träger bei Berücksichtigung örtlicher Lastangriffe. II. Kongreß der IVBH Berlin 1936, Schlußbericht S. 607.

[3] EID, A. R.: Ausbeulen trapezförmiger Platten. Mitt. Institut für Baustatik H. 31, Zürich 1957.

b) Der Bryansche Grundfall der Rechteckplatte

Eine einfache geschlossene Lösung der Beulgleichung (VI,49) läßt sich nur für den von G. H. Bryan erstmals untersuchten *Grundfall* der ringsum gelenkig gelagerten Rechteckplatte unter gleichmäßig verteiltem Längsdruck σ_x angeben;

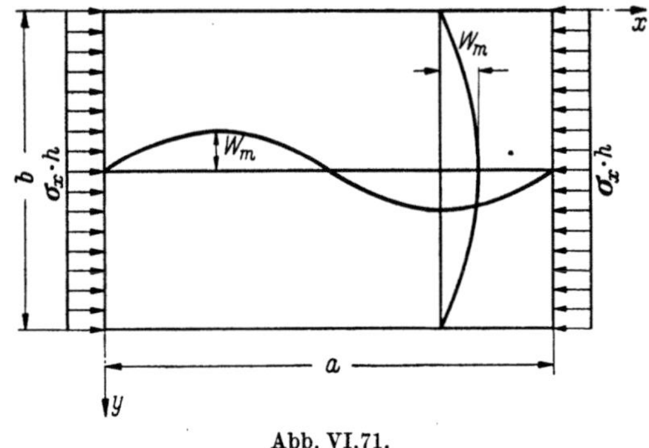

Abb. VI,71.

für diesen Fall (Abb. VI,71) genügt der Ansatz

$$w = w_m \sin \frac{m\,\pi\,x}{a} \sin \frac{n\,\pi\,y}{b}$$

sowohl der Beulgleichung wie den Randbedingungen, und wir erhalten durch Einsetzen

$$D\,\pi^4 \left(\frac{m^2}{a^2} + \frac{n^2}{b^2} \right)^2 - \sigma_x\,h\,\pi^2\,\frac{m^2}{a^2} = 0$$

oder geordnet

$$\sigma_{xkr} = \frac{D\,\pi^2}{h\,b^2} \left(\frac{m\,b}{a} + n^2\,\frac{a}{m\,b} \right)^2 . \tag{VI,50}$$

Von allen möglichen Werten σ_{xkr} interessieren uns bei der Bemessung nur die kleinsten, denn gegenüber diesen müssen wir unsere Bleche mit einer noch genügenden Sicherheit bemessen. Wir erkennen aus Gl. (VI,50), daß σ_{xkr} am kleinsten wird, wenn die Platte in Richtung der Plattenbreite b in einer einzigen Halbwelle, $n = 1$, ausbeult; es ist somit nur noch der Wert

$$\sigma_{xkr} = \frac{\pi^2\,D}{h\,b^2} \left(\frac{m\,b}{a} + \frac{a}{m\,b} \right)^2 \tag{VI,50a}$$

weiter zu untersuchen.

Dieser Ausdruck erlaubt nun zunächst eine allgemein für Rechteckplatten bequeme Formulierung durch Aufteilung in zwei Faktoren: Der Ausdruck

$$\sigma_E = \frac{\pi^2\,D}{h\,b^2} = \frac{\pi^2\,E\,h^2}{12\,(1 - \nu^2)\,b^2} \tag{VI,51a}$$

stellt die *Eulersche Knickspannung* eines lotrechten Plattenstreifens der Breite 1,

$$F = 1\,h, \qquad J = \frac{1\,h^3}{12\,(1 - \nu^2)},$$

mit der Knicklänge $l_k = b$ dar. Damit kann die kritische Spannung σ_{kr} bzw. τ_{kr} allgemein in der Form

$$\sigma_{kr} = k\,\sigma_E \quad \text{bzw.} \quad \tau_{kr} = k\,\sigma_E \qquad \text{(VI,51 b)}$$

angeschrieben werden, wobei k den von der Form und Lagerungsart der Platte sowie der Art der Belastung abhängigen *Beulwert* darstellt. Die Beuluntersuchung einer Rechteckplatte läßt sich damit auf die Bestimmung des Beulwertes k zurückführen.

Für den untersuchten Bryanschen Grundfall ergibt sich k aus Gl. (VI,50 a) zu

$$k = \left(\frac{m\,b}{a} + \frac{a}{m\,b}\right)^2.$$

Für die verschiedenen Verhältnisse a/b ist somit der kleinste Wert von k mit der maßgebenden Halbwellenzahl m zu bestimmen. Wir erkennen leicht, daß dabei nicht das Verhältnis a/b selbst, sondern das Verhältnis

$$\beta = \frac{m\,b}{a}$$

maßgebend ist; der Beulwert k beträgt ja

$$k = \left(\beta + \frac{1}{\beta}\right)^2 = \beta^2 + 2 + \frac{1}{\beta^2}. \qquad \text{(VI,52)}$$

Der Kleinstwert $k_{\min}$ ergibt sich aus

$$\frac{dk}{d\beta} = 2\beta - \frac{2}{\beta^3} = 0$$

für $\beta = 1$ zu

$$k_{\min} = 4{,}0.$$

Rechnen wir einige Werte von $k(\beta)$ aus, z. B.

$$\begin{aligned}
\beta = 0{,}5\colon \quad &k = (0{,}5 + 2{,}0)^2 &&= 6{,}250,\\
\beta = 0{,}8\colon \quad &k = (0{,}8 + 1{,}25)^2 &&= 4{,}2025,\\
\beta = 1{,}0\colon \quad &k = (1{,}0 + 1{,}0)^2 &&= 4{,}0000,\\
\beta = 1{,}2\colon \quad &k = (1{,}2 + 0{,}8333)^2 &&= 4{,}1344,\\
\beta = 1{,}5\colon \quad &k = (1{,}5 + 0{,}6667)^2 &&= 4{,}6944,\\
\beta = 2{,}0\colon \quad &k = (2{,}0 + 0{,}5)^2 &&= 6{,}250 \quad \text{usw.,}
\end{aligned}$$

so läßt sich der Verlauf von k in Funktion von β auftragen (Abb. VI,72 a). Setzen wir nun verschiedene Werte der Halbwellenzahl m, z. B. $m = 1, 2, 3$ usw. ein, so gewinnen wir die Beulwerte k für die verschiedenen Verhältnisse $a/b = m/\beta$, wobei jeweils der kleinste Wert mit einer bestimmten Halbwellenzahl *maßgebend* wird (Abb. VI,72 b).

Die aus den maßgebenden Teilen der Einzelkurven zusammengesetzte „Girlandenkurve" der kleinsten k-Werte weicht mit zunehmendem Verhältnis a/b immer weniger vom Wert $k_{\min} = 4{,}0$ ab; es drängt sich, vom Standpunkt der Bemessungspraxis aus, somit eine vereinfachte Beulberechnung für längliche Rechteckplatten, $a/b > 1{,}5$, mit dem auf der sicheren Seite liegenden Festwert $k_{\min} = 4{,}0$ auf.

Für allgemeinere Belastungsfälle und Lagerungsarten als sie im Grundfall nach Abb. VI,71 berücksichtigt sind, führt die mathematische Lösung der Beulgleichung (VI,49) auf oft erhebliche Schwierigkeiten. Die Lösung w der Beulgleichung (VI,49) ist dann in Form einer doppelten trigonometrischen Reihe

$$w = \sum_{m=1}^{\infty} \sum_{n=1}^{\infty} a_{mn} \sin \frac{m \pi x}{a} \sin \frac{n \pi y}{b}$$

anzusetzen, und es ist einleuchtend, daß die Bestimmung der Beulwerte k auch dann einen großen Arbeitsaufwand erfordert, wenn durch eine Energiebetrachtung die Zahl der zu berücksichtigenden Glieder kleinzuhalten versucht wird.

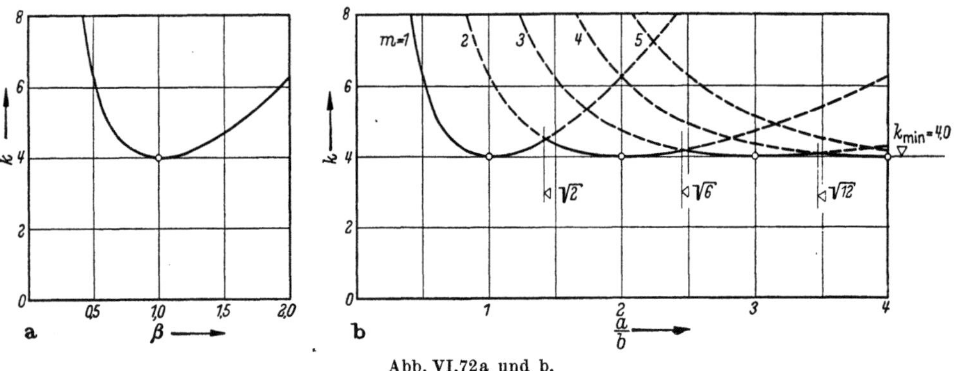

Abb. VI,72a und b.

Für die Durchführung derartiger Berechnungen sei auf die grundlegende und umfassende Darstellung von S. TIMOSHENKO[1] verwiesen.

Anderseits entspricht es einem Bedürfnis der Konstruktionspraxis, für solche Fälle ein numerisches Verfahren zur Untersuchung des Beulproblems aufzustellen. Ein solches Verfahren hat CHARLES DUBAS[2] ausgearbeitet, ausgehend von den im IV. Kapitel behandelten numerischen Methoden zur Lösung von Differentialgleichungen der Baustatik (Seilpolygongleichung). Die numerische Berechnung des Beulwertes k für den *Plattenfall* soll später an einem Beispiel (auf Schub beanspruchte Rechteckplatte) dargestellt werden, doch wird vorher die Möglichkeit einer erheblichen Vereinfachung (*Streifenfall*) besprochen.

c) Vereinfachte Lösung für längsgedrückte Rechteckplatten

Wenn eine Rechteckplatte mit gelenkig gelagerten Querrändern durch Druck oder Biegung oder Druck mit Biegung derart beansprucht ist, daß in jedem Längsstreifen $a\,dy$ nur eine konstante Längsspannung σ_x wirkt, so beult die Platte in der Längsrichtung in m sinusförmigen Halbwellen aus. Für diesen praktisch wichtigen Fall kann die Lösung w der Beulgleichung in der Form[3]

$$w = \eta \sin \frac{m \pi x}{a} \tag{VI,53}$$

---

[1] TIMOSHENKO, S.: Siehe Fußnote 7, S. 403.

[2] DUBAS, CH.: Contribution à l'étude du voilement des tôles raidies. Mitt. Inst. Baustatik ETH, Zürich, H. 23 (1948); vgl. auch DUBAS, P.: Calcul numérique des plaques et des parois minces. Mitt. Inst. Baustatik ETH, Zürich, H. 27 (1955).

[3] TIMOSHENKO, S.: Siehe Fußnote 7, S. 403 (p. 360).

angeschrieben werden, in der die Durchbiegung $\eta = \eta(y)$ nur noch von y abhängig ist. Setzen wir nun die Ableitungen

$$\frac{\partial^2 w}{\partial y^2} = \frac{\partial^2 \eta}{\partial y^2} \sin \frac{m\,\pi\,x}{a} = \eta'' \sin \frac{m\,\pi\,x}{a} ,$$

$$\frac{\partial^4 w}{\partial y^4} = \frac{\partial^4 \eta}{\partial y^4} \sin \frac{m\,\pi\,x}{a} = \eta'''' \sin \frac{m\,\pi\,x}{a}$$

sowie

$$\frac{\partial^2 w}{\partial x^2} = -\eta \frac{m^2\,\pi^2}{a^2} \sin \frac{m\,\pi\,x}{a} ,$$

$$\frac{\partial^4 w}{\partial x^4} = \eta \frac{m^4\,\pi^4}{a^4} \sin \frac{m\,\pi\,x}{a}$$

in die Beulgleichung (VI,49) ein, so erhalten wir an Stelle der partiellen die totale Differentialgleichung[1]

$$\boxed{\; \frac{m^4\,\pi^4}{a^4}\eta_1 - 2\,\frac{m^2\,\pi^2}{a^2}\eta_1'' + \eta_1'''' = \frac{m^2\,\pi^2}{a^2}\,\frac{\sigma_x\,h}{D}\,\eta_0 \;}$$ (VI,54)

Die Lösung des Beulproblems ist damit von der Lösung eines Plattenproblems in die Lösung eines Streifen- oder Stabproblems vereinfacht worden. In der Unterscheidung zwischen η_0 und η_1 soll zum Ausdruck gebracht werden, daß durch die äußeren Ablenkungskräfte infolge einer Ausbeulung η_0 Verformungen η_1 entstehen, wobei als Gleichgewichts- oder Stabilitätsbedingung die Gleichheit $\eta_1 = \eta_0$ zu fordern ist. Da wir den Beulwert k suchen, drücken wir die Längsspannung σ_x in der Form

$$\sigma_x = \varphi\,k\,\sigma_E = \varphi\,k\,\frac{\pi^2\,D}{h\,b^2}$$

aus, wobei die Verteilzahl φ die Verteilung der Spannungen σ_x über die Plattenbreite b charakterisiert (Abb. VI,73).

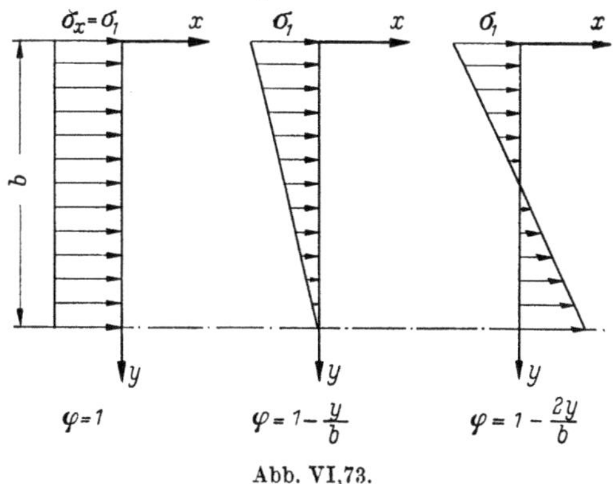

Abb. VI,73.

Mit den Abkürzungen

$$c = 2\,\frac{m^2\,\pi^2}{a^2}, \qquad d = \frac{m^4\,\pi^4}{a^4}, \qquad F = \varphi\,k\,\frac{m^2\,\pi^4}{a^2\,b^2}\,\eta_0$$

---

[1] TIMOSHENKO, S.: Siehe Fußnote 7, S. 403 (p. 361).

läßt sich die Gl. (VI,54) in der Normalform

$$\boxed{\eta'''' - c\,\eta'' + d\eta - F = 0}\qquad\text{(VI,54a)}$$

der totalen Differentialgleichung vierter Ordnung schreiben.

Numerische Lösung

Wir verzichten auf die Wiedergabe von analytischen Lösungen, für die wir auf die Darstellung von S. TIMOSHENKO[1] verweisen, dagegen soll die numerische Lösung[2] etwas näher besprochen werden. Nach dem in Abschn. IV,4 dargestellten Verfahren läßt sich die zu lösende Differentialgleichung (VI,54) unter Beachtung der Randbedingungen in ein fünfgliedriges Gleichungssystem umsetzen. *Die Grundgleichung* lautet hier

$$
\begin{aligned}
&\eta_{m-2}(1 - \gamma + \delta) - \eta_{m-1}(4 + 8\gamma - 20\delta) + \eta_m(6 + 18\gamma + 102\delta) - \\
&\quad - \eta_{m+1}(4 + 8\gamma - 20\delta) + \eta_{m+2}(1 - \gamma + \delta) \\
&= \frac{\Delta y^3}{12}\left[K_{m-1}(F) + 10 K_m(F) + K_{m+1}(F)\right]
\end{aligned}
\qquad\text{(VI,55)}
$$

Die Abkürzungen γ und δ haben hier, bei Einteilung der Plattenbreite b in n gleiche Felder Δy und mit $\beta = \dfrac{m\,b}{a}$ folgende Bedeutung:

$$\gamma = \frac{c\,\Delta y^2}{12} = \frac{2m^2\,\pi^2\,b^2}{12 n^2\,a^2} = \frac{\pi^2}{6 n^2}\,\frac{m^2\,b^2}{a^2} = \frac{\pi^2}{6 n^2}\,\beta^2,$$

$$\delta = \frac{d\,\Delta y^4}{144} = \frac{m^4\,\pi^4\,b^4}{144 n^4\,a^4} = \frac{\pi^4}{144 n^4}\,\beta^4 = \frac{\gamma^2}{4}.$$

Ferner ist

$$\frac{\Delta y^3}{12}\,K_m(F) = k\,\frac{\delta}{\beta^2}\,(\varphi_{m-1}\,\eta_{0\,m-1} + 10\,\varphi_m\,\eta_{0\,m} + \varphi_{m+1}\,\eta_{0\,m+1}),$$

so daß das Belastungsglied die Form

$$\frac{k\,\delta}{\beta^2}\,(\varphi_{m-2}\,\eta_{0\,m-2} + 20\,\varphi_{m-1}\,\eta_{0\,m-1} + 102\,\varphi_m\,\eta_{0\,m} + 20\,\varphi_{m+1}\,\eta_{0\,m+1} + \varphi_{m+2}\,\eta_{0\,m+2})$$

annimmt.

Bei den *Randbedingungen* beschränken wir uns auf die Formulierung der folgenden praktisch wichtigsten Fälle:

Gelenkig gelagerter Längsrand

Die unverschiebliche Lagerung, $\eta_A = 0$, ersetzt uns die Bestimmungsgleichung für den Randpunkt A. Aus der freien Drehbarkeit,

$$-D\left(\frac{\partial^2 w}{\partial y^2} + \nu\,\frac{\partial^2 w}{\partial x^2}\right)_A = 0,$$

---

[1] TIMOSHENKO, S.: Siehe Fußnote 7, S. 403.
[2] STÜSSI, F.: Berechnung der Beulspannungen gedrückter Rechteckplatten. Abh. IVBH Bd. 8, Zürich 1947.

folgt, wegen

$$\left(\frac{\partial^2 w}{\partial x^2}\right)_A = 0,$$

$$\frac{\partial^2 w}{\partial y^2} = \eta_A'' = 0$$

und es ergibt sich nach Gl. (IV,31 b) die Bestimmungsgleichung für den ersten Zwischenpunkt 1 zu

$$\eta_1(5 + 19\gamma + 101\delta) - \eta_2(4 + 8\gamma - 20\delta) + \eta_3(1 - \gamma + \delta)$$

$$= \frac{\varDelta y^3}{12}[10 K_1(F) + K_2(F)] = \frac{k\,\delta}{\beta^2}(101\,\varphi_1\,\eta_{01} + 20\,\varphi_2\,\eta_{02} + \varphi_3\,\eta_{03}). \qquad \text{(VI,55a)}$$

Starr eingespannter Längsrand

Wegen der unverschieblichen Stützung ist $\eta_A = 0$; die Bestimmungsgleichung für den Randpunkt A fällt aus. Für den ersten Zwischenpunkt ergibt sich die Bestimmungsgleichung aus Gl. (IV,31 a) zu

$$\eta_1(18 + 30\gamma + 162\delta) - \eta_2(9 + 12\gamma - 36\delta) + \eta_3(2 - 2\gamma + 2\delta)$$

$$= \frac{\varDelta y^3}{12}[16 K_1(F) + 2 K_2(F)] = \frac{k\,\delta}{\beta^2}(162\,\varphi_1\,\eta_{01} + 36\,\varphi_2\,\eta_{02} + 2\,\varphi_3\,\eta_{03}). \qquad \text{(VI,55b)}$$

Freier Längsrand

An einem freien, d. h. nicht gestützten Längsrand ist nach Abschn. IV,6 b

$$M_{yA} = 0 \quad \text{und} \quad \left(Q_y + \frac{\partial M_{yx}}{\partial x}\right)_A = 0;$$

dies führt zu den Bedingungen

$$\left(\frac{\partial^2 w}{\partial y^2} + \nu\,\frac{\partial^2 w}{\partial x^2}\right)_A = 0 \quad \text{bzw.} \quad \eta_A'' - \nu\,\frac{m^2\,\pi^2}{a^2}\,\eta_A = 0$$

und

$$\left(\frac{\partial^3 w}{\partial y^3} + (2 - \nu)\,\frac{\partial^3 w}{\partial x^2\,\partial y}\right)_A = 0 \quad \text{bzw.} \quad \eta_A''' - (2 - \nu)\,\frac{m^2\,\pi^2}{a^2}\,\eta_A' = 0.$$

Da in der Nähe des freien Randes die Krümmungen der Kurven η klein sind (im Gegensatz zu einem eingespannten Rand), dürfen wir hier die Nebenfunktionen η_A' und η_A''' in der einfacheren Form (Trapezformel) nach Gl. (IV,19 a)

$$\eta_A'\,\varDelta y = -\eta_A + \eta_1 - \frac{\varDelta y^2}{12}(4\eta_A'' + 2\eta_1''),$$

$$\eta_A'''\,\varDelta y = -\eta_A'' + \eta_1'' - \frac{\varDelta y^2}{12}(4\eta_A'''' + 2\eta_1'''')$$

anschreiben.

Die Elimination der Ableitungen von η führt auf die beiden Bestimmungsgleichungen

für den Randpunkt A:

$$
\begin{aligned}
\eta_A[1 &+ (11 - 13\,v)\,\gamma + (49 - v\,\gamma + 4\,v - 48\,v^2)\,\delta] - \\
&- \eta_1[2 + (10 - 8\,v)\,\gamma - (34 - 10\,v\,\gamma - 8\,v)\,\delta] + \\
&+ \eta_2[1 - (1 + v)\,\gamma + (1 - v\,\gamma + 4v)\,\delta] \\
&= \frac{\varDelta y^3}{12}\,[12\,K_A(F) + (1 - v\,\gamma)K_1(F)];
\end{aligned}
\qquad \text{(VI,55c)}
$$

für den ersten Zwischenpunkt 1:

$$
\begin{aligned}
-\eta_A[2 &+ (10 - 6\,v)\,\gamma - 10\,\delta] + \eta_1(5 + 19\gamma + 101\,\delta) - \\
&- \eta_2(4 + 8\gamma - 20\,\delta) + \eta_3(1 - \gamma + \delta) = \frac{\varDelta y^3}{12}\,[10\,K_1(F) + K_2(F)].
\end{aligned}
$$

Die Querdehnungszahl v wirkt sich somit hier auf die beiden Randbedingungen aus; sie führt auf etwas kompliziertere Vorzahlen der entsprechenden Bestimmungsgleichungen, doch wird die Auflösung des Gleichungssystems dadurch in keiner Weise erschwert.

Lösungsmöglichkeiten

Die eigentliche Unbekannte des vorliegenden Eigenwertproblems, d. h. der Beulwert k, kann numerisch auf zwei Arten bestimmt werden. Ein *erster Weg* besteht darin, daß wie beim Verfahren von ENGESSER-VIANELLO (vgl. Abschnitt VI,1b) die Ordinaten η_0 der Beulkurve ihrem Verlauf nach geschätzt und in die Belastungsglieder der Gl. (VI,55) eingesetzt werden. Die Auflösung des fünfgliedrigen Systems der Gl. (VI,55) ergibt die Beulauslenkungen η_1. Die Beulbedingung $\alpha = 1$ (bzw. $\eta_0 = \eta_1$) für irgendeine Stelle y, z. B. für diejenige mit der maximalen Auslenkung angeschrieben, liefert einen ersten Näherungswert k_1, wenn die beiden Kurven η_0 und η_1 einander nicht ähnlich sind. Durch eine Wiederholung der Berechnung oder mit dem anschließend besprochenen Energieverfahren kann ein verbesserter Näherungswert ermittelt werden. Bei Beulproblemen ist allerdings dieses Verfahren der sukzessiven Approximation oft mühsam, weil die Konvergenz relativ schlecht ist: die Kurven η_1 der aufeinanderfolgenden Rechnungsgänge nähern sich nicht der genauen Lösungskurve, sondern sie *pendeln*. Um die Konvergenz zu erzwingen, sind bei der nächsten Rechnung die η_0 geschickt zu wählen[1].

Beim *zweiten Weg* wird die Beulbedingung $\eta_0 = \eta_1 = \eta$ von Anfang an berücksichtigt: die Belastungsglieder werden somit ebenfalls auf der linken Seite der Gl. (VI,55) geschrieben, nach entsprechendem Vorzeichenwechsel. Das vorhandene Gleichungssystem ist somit homogen, und die Lösungen k sind durch das *Verschwinden der Vorzahlendeterminante* charakterisiert (vgl. Abschn. VI,1b). Bei n Gleichungen können n Nullwerte der Determinante durch Variation des

---

[1] Vgl. STÜSSI, F., KOLLBRUNNER, C. F., WANZENRIED, H.: Ausbeulen rechteckiger Platten unter Druck, Biegung und Druck mit Biegung. Mitt. Inst. Baustatik ETH, Zürich, H. 26 (1953).

unbekannten Beulwertes k, d. h. n Beulwerte k, bestimmt werden. Meistens interessiert nur der niedrigste Beulwert, der zur „natürlichen" Beulfigur gehört.

Numerisch ist eine Determinante durch das Produkt der Diagonalglieder der reduzierten Gleichungen des Gaußschen Algorithmus gegeben. Praktisch wird die Determinante somit nicht mathematisch gerechnet, sondern das Gleichungssystem wird für einige geschätzte Beulwerte k durchreduziert; die Determinante verschwindet dann, wenn die letzte reduzierte Vorzahl der Matrix null wird. Durch Interpolation bzw. Extrapolation aus den Ergebnissen der ersten zwei Schätzungen wird das Verfahren stark beschleunigt.

Energiebetrachtung

Auch bei den Beulproblemen liefert, wie besonders S. Timoshenko nachgewiesen hat, eine Energiebetrachtung auch dann schon eine gute Annäherung an den genauen Wert der kritischen Belastung, wenn der Verlauf der Beulkurven erst angenähert bekannt ist. Im Zusammenhang mit der soeben erwähnten Lösung des Beulproblems durch das Verfahren der sukzessiven Approximation bedeutet eine solche Energiebetrachtung eine Ergänzungsberechnung, die häufig weitere Wiederholungen der direkten Berechnung überflüssig macht, da ja die aus geschätzten Formänderungen η_0 berechneten Werte η_1 schon eine verbesserte Annäherung an die genaue Lösung darstellen.

Wegen der Gleichheit von innerer und äußerer Arbeit können wir die an einem Plattenelement $dx\,dy$ durch die Belastung $p\,dx\,dy$ geleistete Arbeit gleich

$$\frac{1}{2}\,p\,dx\,dy\,\eta$$

setzen; für die ganze Platte ist somit

$$A = \frac{1}{2}\int\limits^{a}\int\limits^{b} p\,\eta\,dx\,dy.$$

Da sowohl die Durchbiegungen wie die Belastungen über die Längsrichtung x sinusförmig verlaufen, bedeutet die Integration über die Längsrichtung x nur einen Multiplikationsfaktor, der sich bei der Gleichsetzung von innerer und äußerer Formänderungsarbeit heraushebt, so daß wir uns auf die Betrachtung eines Querstreifens $b \cdot 1$ beschränken können. Da ferner nur die relative Form der Kurven von Bedeutung ist, können wir als Belastung $\bar{p}$ den Wert

$$\bar{p} = \varphi\,\eta$$

einsetzen. Die innere Formänderungsarbeit wird damit

$$A_i = \frac{1}{2}\int\limits^{b} \bar{p}\,\eta_0\,dy = \frac{1}{2}\int\limits^{b} \varphi\,\eta\,\eta_0\,dy,$$

weil durch die (geschätzten) Durchbiegungen η_0 die inneren Kräfte hervorgerufen werden. Analog beträgt mit

$$\eta_1 = k\,\eta_{01},$$

die äußere Arbeit

$$A_a = \frac{1}{2}\int\limits^{b} \bar{p}\,\eta_1\,dy = \frac{1}{2}k\int\limits^{b} \varphi\,\eta\,\eta_{01}\,dy.$$

Die Stabilitätsbedingung (Gleichgewicht zwischen inneren und äußeren Kräften bzw. Formänderungsarbeiten) liefert damit die Beulzahl k in den beiden Formen

$$k = \frac{\int\limits^{b} \varphi\,\eta_0^2\,dy}{\int\limits_{b} \varphi\,\eta_0\,\eta_{0\,1}\,dy} = \frac{\int\limits^{b} \varphi\,\eta_0\,\eta_1\,dy}{\int\limits_{b} \varphi\,\eta_1\,\eta_{0\,1}\,dy}\,. \tag{VI,56}$$

Wie wir schon bei der Energiebetrachtung beim Knicken festgestellt haben, ist die gute Genauigkeit darauf zurückzuführen, daß wir den Beulwert k mit Hilfe eines gewogenen Mittels bestimmen. In Analogie zu den Gln. (VI,6) ergibt sich auch, daß die zweite Form der Gl. (VI,56) etwas genauer sein wird als die erste.

Zahlenbeispiel

Wir wählen als Beispiel eine auf Biegung beanspruchte Rechteckplatte mit beidseitig gelenkig gelagerten Längsrändern [Randbedingung Gl. (VI,55a)] und dem Seitenverhältnis $a/b = 2/3$, $\beta = 1{,}5$, für das sich der kleinste Beulwert $k_{\min}$

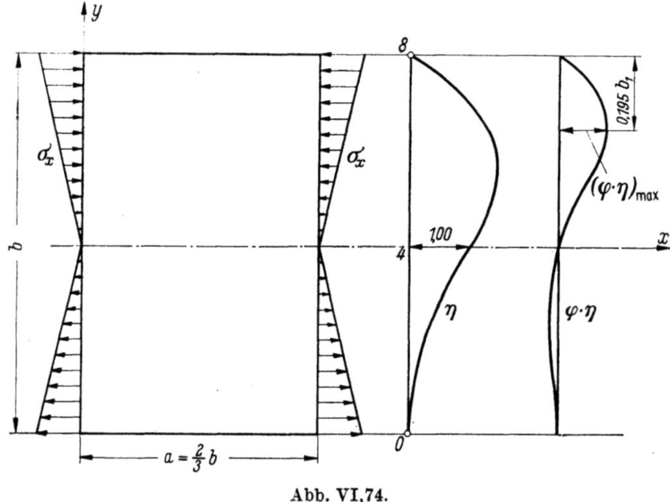

Abb. VI,74.

ergibt (Abb. VI,74). Teilen wir die Breite b in 8 Teile Δy ein, $n = 8$, so ergeben sich die folgenden für die Berechnung erforderlichen Zahlenwerte:

$$\gamma = \frac{\pi^2\,\beta^2}{6\,n^2} = \frac{\pi^2 \cdot 2{,}25}{6 \cdot 64} = 57{,}829\,71 \cdot 10^{-3}, \qquad \delta = \frac{\gamma^2}{4} = 0{,}836\,069 \cdot 10^{-3},$$

$$1 - \gamma + \delta = 943{,}006 \cdot 10^{-3},$$

$$4 + 8\gamma - 20\delta = 4445{,}916 \cdot 10^{-3},$$

$$6 + 18\gamma + 102\delta = 7126{,}214 \cdot 10^{-3},$$

$$5 + 19\gamma + 101\delta = 6183{,}207 \cdot 10^{-3},$$

$$\frac{\delta}{\beta^2} = 0{,}371\,5862 \cdot 10^{-3} \quad \text{(Belastungsglied)}.$$

Der Beulwert k soll durch Nullsetzen der Determinante[1] des homogenen Gleichungssystems (IV,55) ermittelt werden. Die nächste Tabelle enthält die Matrix der sieben fünfgliedrigen Gleichungen für die Beulauslenkungen η_1 bis η_7, wobei die Numerierung am Zugrand beginnt (vgl. Abb. VI,74). Die Belastungsglieder sind jeweils als untere Zeile geschrieben und enthalten den unbekannten Beulwert k. Alle Zahlenwerte sind *1000fach* eingeführt, um die Schreibweise zu vereinfachen. Die benötigten Verteilzahlen φ der Spannungen sind in der zweitobersten Zeile angegeben.

	η_1	η_2	η_3	η_4	η_5	η_6	η_7
φ	$-0,75$	$-0,50$	$-0,25$	0	$0,25$	$0,50$	$0,75$
1 (VI,55a)	6183,207 $28,14765\,k$	$-4445,916$ $3,71586\,k$	943,006 $0,09290\,k$				
	6855,091	$-4357,218$	945,224				
2 (VI,55)	$-4445,916$ $5,57379\,k$	7126,214 $18,95090\,k$	$-4445,916$ $1,85793\,k$	943,006 $-$			
	0,6291484	4837,235	$-3806,881$	943,006			
3 (VI,55)	943,006 $0,27869\,k$	$-4445,916$ $3,71586\,k$	7126,214 $9,47545\,k$	$-4445,916$ $-$	943,006 $-0,09290\,k$		
	$-0,1385333$	0,7759802	4267,384	$-3714,162$	940,788		
4 (VI,55)		943,006 $0,18579\,k$	$-4445,916$ $1,85793\,k$	7126,214 $-$	$-4445,916$ $-1,85793\,k$	943,006 $-0,18579\,k$	
		$-0,1958641$	0,8567159	3759,531	$-3684,277$	938,571	
5 (VI,55)			943,006 $0,09290\,k$	$-4445,916$ $-$	7126,214 $-9,47545\,k$	$-4445,916$ $-3,71586\,k$	943,006 $-0,27869\,k$
			$-0,2214995$	0,9637455	3140,946	$-3630,070$	936,354
6 (VI,55)				943,006 $-$	$-4445,916$ $-1,85793\,k$	7126,214 $-18,95090\,k$	$-4445,916$ $-5,57379\,k$
				$-0,2508308$	1,1353696	2316,962	$-3515,855$
7 (VI,55a)					943,006 $-0,09290\,k$	$-4445,916$ $-3,71586\,k$	6183,207 $-28,14765\,k$
					$-0,2995239$	1,4878625	$-0,247$
η	0,0805	0,2490	0,5641	1,0000	1,3894	1,4484	0,9545

Die Tabelle enthält zugleich die Auflösung des infolge der Belastungsglieder (Einfluß der veränderlichen φ) unsymmetrischen Gleichungssystems nach dem abgekürzten Gaußschen Algorithmus mit allen erforderlichen Zahlenwerten; die Reduktionszahlen μ sind jeweils links geschrieben. Dabei ist die Berechnung für

$$k = 23,87$$

durchgeführt. Für einen Beulwert $k = 23,86$ würde die letzte reduzierte Vorzahl $+0,886$ betragen; durch Interpolation finden wir $\Delta = 0$ für

$$k = 23,868,$$

---

[1] Für eine Anwendung des Verfahrens der sukzessiven Approximation am gleichen Beispiel vgl. die in der Fußnote 2 auf S. 410 erwähnte Arbeit.

mit einem Fehler von 0,05% gegenüber dem genauen Wert $(n \to \infty)$ von $k = 23{,}880$.

Weil das System homogen ist, sind die Beulordinaten nur deren Verlauf nach bestimmbar. In der letzten Zeile wurde willkürlich $\eta_4 = 1{,}0$ gewählt und die anderen η durch Rückwärtseinsetzen ermittelt.

Zahlenrechnungen mit verschiedenen Werten von β liefern die folgenden Beulwerte k für Biegung:

$$\beta^2 = 10{,}0 \qquad a/m\,b = 0{,}316 \qquad k = 35{,}540,$$
$$\beta^2 = 4{,}0 \qquad a/m\,b = 0{,}500 \qquad k = 25{,}528,$$
$$\beta^2 = 2{,}25 \qquad a/m\,b = 0{,}667 \qquad k = 23{,}880,$$
$$\beta^2 = 1{,}0 \qquad a/m\,b = 1{,}00 \qquad k = 27{,}112,$$
$$\beta^2 = 0{,}64 \qquad a/m\,b = 1{,}25 \qquad k = 32{,}444.$$

Damit kann die Kurve der Beulwerte k aufgetragen werden (Abb. VI,75), die ihrerseits die Ermittlung der Girlandenkurve k für diesen Fall (in Abb. VI,78 enthalten) erlaubt.

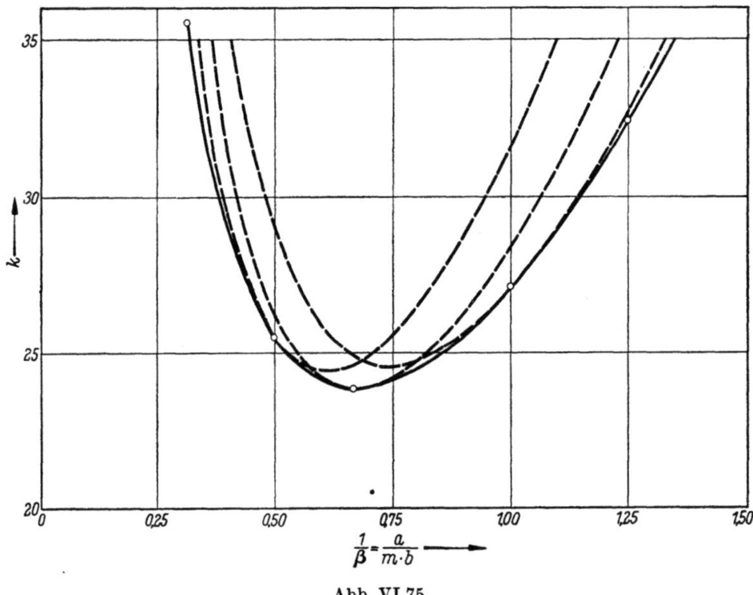

Abb. VI,75.

Man kann sich nun die Frage stellen, ob auch im Fall des Beulens unter Biegung (und auch im allgemeinen Fall) die Beulwerte k durch eine zu Gl. (VI,52) analoge Beziehung

$$k = c_1 \beta^2 + c_2 + \frac{c_3}{\beta^2} \tag{VI,52a}$$

mit dem Kleinstwert

$$k_{\min} = 2\sqrt{c_1 c_3} + c_2$$

für

$$\beta^2_{k_{\min}} = \sqrt{\frac{c_3}{c_1}}$$

erfaßt werden können wie bei der gleichmäßig gedrückten Rechteckplatte. Um diese Frage zu beantworten, schreiben wir die Beulgleichung (VI,54) mit $\eta_0 = \eta_1$ und mit

$$\sigma_{kr} = \varphi\, k\, \frac{\pi^2 D}{h\, b^2}\,, \qquad \beta^2 = \frac{m^2 b^2}{a^2}$$

in der Form

$$\beta^2\, \eta - \frac{2 b^2}{\pi^2}\, \eta'' + \frac{b^4}{\pi^4}\, \frac{1}{\beta^2}\, \eta'''' = \varphi\, k\, \eta\,.$$

Diese Gleichung stellt, mit einer Maßstabsänderung, für jeden Streifenpunkt die Gleichgewichtsbedingung

$$p_{i\,x} + 2 p_{i\,x\,y} + p_{i\,y} - p_a = 0$$

zwischen der durch die Krümmung verursachten äußeren Belastung p_a und den inneren elastischen Widerständen durch Längsbiegung, Drillung und Querbiegung dar. Da aber diese Belastungsanteile über die Plattenbreite b nicht gleichartig verlaufen, müssen wir zur Bestimmung des Beulwertes k die Formänderungsarbeiten

$$\int\limits^{b} p\, \eta\, dy$$

über den ganzen Streifen b einsetzen; es ist somit

$$\beta^2 \int\limits^{b} \eta^2\, dy - \frac{2 b^2}{\pi^2} \int\limits^{b} \eta''\, \eta\, dy + \frac{b^4}{\pi^4}\, \frac{1}{\beta^2} \int\limits^{b} \eta''''\, \eta\, dy = k \int\limits^{b} \varphi\, \eta^2\, dy$$

oder es ergibt sich k nach Gl. (VI,52a) mit den Werten

$$c_1 = \frac{\int\limits^{b} \eta^2\, dy}{\int\limits^{b} \varphi\, \eta^2\, dy}\,, \qquad c_2 = -\frac{2 b^2}{\pi^2}\, \frac{\int\limits^{b} \eta''\, \eta\, dy}{\int\limits^{b} \varphi\, \eta^2\, dy}\,, \qquad c_3 = \frac{b^4}{\pi^4}\, \frac{\int\limits^{b} \eta''''\, \eta\, dy}{\int\limits^{b} \varphi\, \eta^2\, dy}\,.$$

Aus den berechneten Kurven η ergeben sich die Ableitungen η'' und η'''' nacheinander durch die Auflösung der Gleichungssysteme [Seilpolygongleichung (IV,18)]

$$\eta''_{m-1} + 10\,\eta''_m + \eta''_{m+1} = \frac{12}{\Delta y^2}\, (\eta_{m-1} - 2\,\eta_m + \eta_{m+1})$$

bzw.

$$\eta''''_{m-1} + 10\,\eta''''_m + \eta''''_{m+1} = \frac{12}{\Delta y^2}\, (\eta''_{m-1} - 2\,\eta''_m + \eta''_{m+1})$$

mit den Randbedingungen

$$\eta''_A = \eta''_B = \eta''''_A = \eta''''_B = 0\,.$$

Eine für $\beta^2 = 2,25$ durchgeführte Zahlenrechnung liefert die „Ersatzkurve"

$$k = 3,015\,\beta^2 + 10,460 + \frac{14,932}{\beta^2}\,;$$

für $\beta^2 = 1{,}0$ bzw. $\beta^2 = 4{,}0$ dagegen ergeben sich die Werte

$$k = 3{,}783\beta^2 + 10{,}913 + \frac{12{,}416}{\beta^2}$$

bzw.

$$k = 2{,}562\beta^2 + 10{,}653 + \frac{18{,}499}{\beta^2}\,.$$

Diese Unterschiede werden verständlich, wenn die in Abb. VI,76 dargestellten Unterschiede in der Aufteilung der äußeren Belastung p_a auf die inneren elastischen Widerstände p_{ix}, p_{ixy} und p_{iy} beachtet werden; die Koeffizienten c_1, c_2

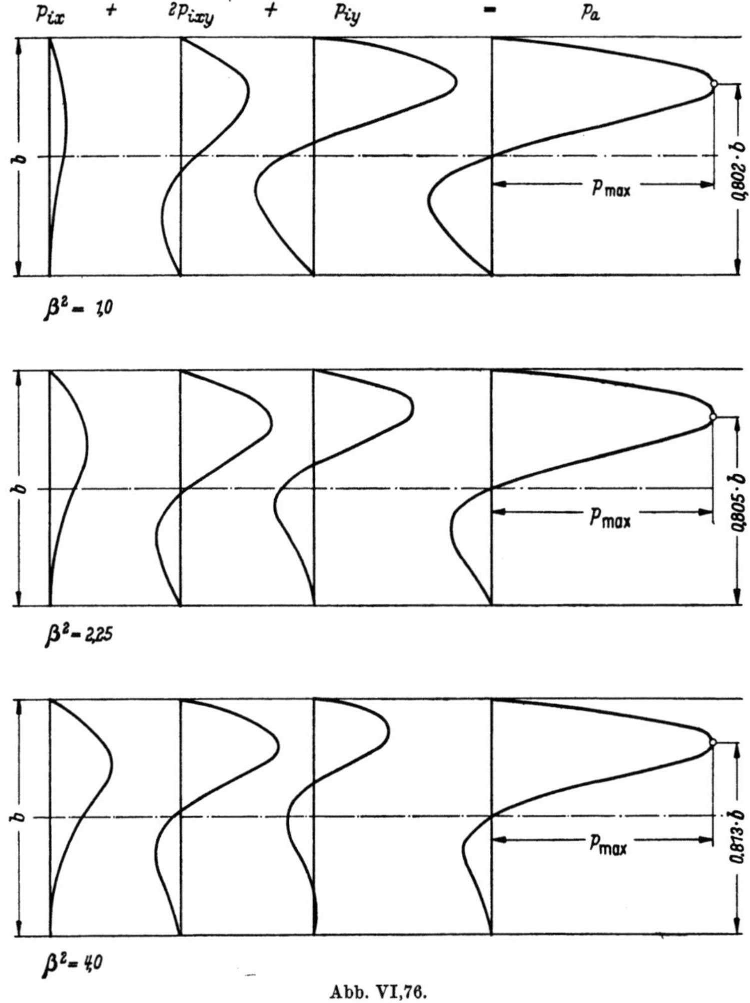

Abb. VI,76.

und c_3 der Ersatzkurve nach Gl. (VI,52a) sind selber mit β veränderlich. Mit einem solchen Ansatz kann somit die Kurve der Beulwerte k, wie die in Abb. VI,75 eingetragenen Ersatzkurven zeigen, entweder nur in einem eng begrenzten Bereich oder dann nur mit beschränkter Genauigkeit erfaßt werden. Eine Verbesserung ist möglich durch den Ansatz

$$k = c_1 \beta^2 + c_2 \beta + c_3 + \frac{c_4}{\beta} + \frac{c_5}{\beta^2} . \qquad \text{(VI,52 b)}$$

Berechnen wir die Koeffizienten c aus den auf S. 416 angegebenen Zahlenwerten von k, so wird

$$k = 1{,}229\beta^2 + 4{,}163\beta + 7{,}888 + \frac{3{,}754}{\beta} + \frac{10{,}078}{\beta^2} ;$$

diese Kurve dürfte im erfaßten Bereich von $\beta^2 = 0{,}64$ bis $\beta^2 = 10{,}0$ die k-Werte mit nur unmerklichem Fehler wiedergeben.

Auf gleiche Weise lassen sich die Beulwerte k für andere Lagerungsbedingungen der Längsränder und für andere lineare Verteilungen der Längsspannungen σ_x berechnen. Jeder Beulfall ist somit durch die Angabe der Lagerungsart (Randbedingungen) und der Verteilzahl φ

$$\varphi = 1{,}0 - c\frac{y}{b} ,$$

bzw. durch den Zahlenwert von c charakterisiert (Abb. VI,77).

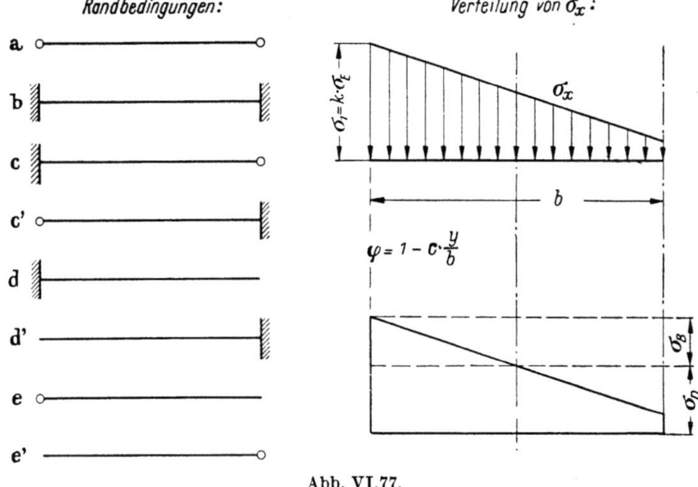

Abb. VI,77.

In Abb. VI,78 sind die Beulkurven für beidseitig gelenkig gelagerte Längsränder (Randbedingungen a) und verschiedene Verteilzahlen c zusammengestellt; die Kurve $a2$ bezieht sich somit beispielsweise auf den Fall der reinen Biegung, $c = 2{,}0$. Es zeigt sich, daß die k-Werte, abgesehen von ganz kurzen Platten, nur wenig über den Kleinstwerten $k_{\min}$ liegen, so daß diese ohne wesentliche Beeinträchtigung der Wirtschaftlichkeit der Bemessung zugrunde gelegt werden dürfen. Zwischen den $k_{\min}$-Werten für die verschiedenen Belastungsverteilungen besteht nun aber ein bemerkenswert einfacher Zusammenhang. Teilen wir nämlich die Spannungen σ_x auf in einen Druckanteil

$$\sigma_D = k\,\sigma_E\!\left(1 - \frac{c}{2}\right)$$

und einen Biegungsanteil

$$\sigma_B = k\,\sigma_E\frac{c}{2},$$

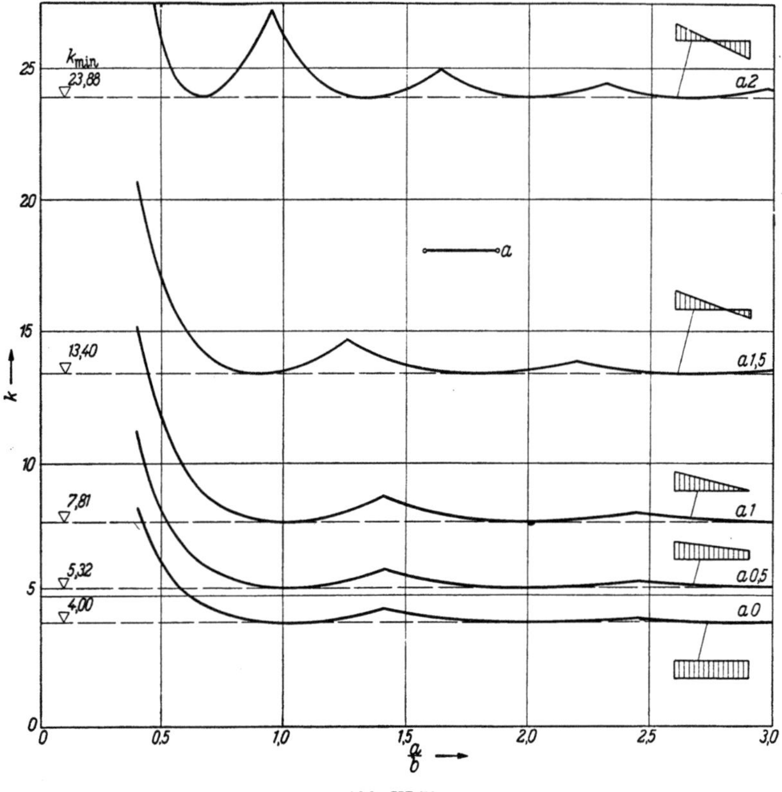

Abb. VI,78.

so zeigt sich in einer Darstellung nach Abb. VI,79, daß die Punkte mit den Koordinaten

$$y = \frac{k\left(1 - \dfrac{c}{2}\right)}{k_D}, \qquad x = \frac{k\dfrac{c}{2}}{k_B}$$

nur sehr wenig von der Parabel

$$y = 1 - x^2$$

abweichen, oder es ist deshalb mit guter Genauigkeit

$$\frac{\sigma_D}{\sigma_{D\,kr}} + \left(\frac{\sigma_B}{\sigma_{B\,kr}}\right)^2 = 1. \tag{VI,57}$$

Die Spannungen σ_D und σ_B beziehen sich auf den kritischen Zustand unter der kombinierten Belastung, während die Werte

$$\sigma_{D\,kr} = k_D\,\sigma_E = 4,00\,\sigma_E,$$
$$\sigma_{B\,kr} = k_B\,\sigma_E = 23,88\,\sigma_E$$

die Beulspannungen unter Druck allein bzw. Biegung allein bedeuten.

Gl. (VI,57) gilt ebenfalls für beidseitig eingespannte Ränder, dagegen weniger gut für die Randbedingungen c, d und e.

Die Platten mit den Randbedingungen e mit einem gelenkig gestützten und einem freien Längsrand weisen die Besonderheit auf, daß hier stets Ausbeulen in einer einzigen Halbwelle, $m = 1$, maßgebend ist; der Kleinstwert $k_{\min}$ bezieht sich somit auf unendlich lange Platten, $\beta = 0$, für die unser numerisches Verfahren nicht mehr anwendbar ist. Dagegen lassen sich diese Grenzwerte $k_{\min}$ durch folgende einfache Überlegung bestimmen (Abb. VI,80).

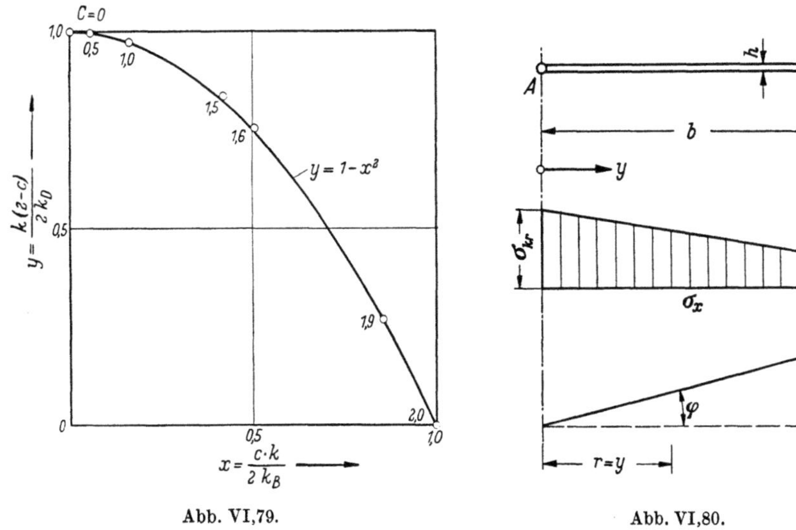

Abb. VI,79.   Abb. VI,80.

Bei einer unendlich langen Platte verschwinden die Biegungsmomente, und die Platte bleibt eben; sie dreht sich mit dem Drehwinkel φ um den gelenkig gelagerten Längsrand A, weil die Ablenkungskräfte

$$\eta'' \, \sigma_x \, dF = \varphi'' \, r \, \sigma_x \, dF$$

das Drehmoment m_d,

$$m_d = \int\limits^{F} \varphi'' \, r \, \sigma_x \, dF \, r = \varphi'' \int\limits^{F} \sigma_x \, r^2 \, dF,$$

verursachen, das mit dem inneren elastischen Widerstand,

$$m_{d_i} = G \, J_d \, \varphi'',$$

im Gleichgewicht sein muß. Damit wird

$$\varphi'' \, \sigma_{kr} \int\limits^{F} \left(1 - \frac{c\,r}{b} \right) r^2 \, dF = G \, J_d \, \varphi''$$

oder

$$\boxed{\sigma_{kr} = \frac{G \, J_d}{\int\limits^{F} \left(1 - \dfrac{c\,r}{b} \right) r^2 \, dF}}. \qquad\qquad (VI,58)$$

Für gleichmäßig verteilten Längsdruck ist $c = 0$, $\sigma_x = $ konst., und es wird

$$\sigma_{kr} = \frac{G J_d}{J_p}$$

oder mit

$$J_p = \frac{h b^3}{3}, \quad J_d = \frac{b h^3}{3}, \quad G = \frac{E}{2(1 + \nu)},$$

$$\sigma_{kr} = \frac{E}{2(1 + \nu)} \frac{h^2}{b^2}.$$

Vergleichen wir diesen Wert mit dem üblichen Ansatz der Beulspannungen,

$$\sigma_{kr} = k \sigma_E = k \frac{\pi^2 E}{12(1 - \nu^2)} \frac{h^2}{b^2},$$

so finden wir

$$k = k_{\min} = \frac{6(1 - \nu)}{\pi^2}.$$

Für $\nu = 0{,}3$ nähert sich der Beulwert k in Übereinstimmung mit Gl. (VI,34f) somit asymptotisch dem Wert $k = 0{,}4255$.

Für andere Verteilungen der Belastungen σ_x wird der Beulwert $k_{\min}$ zu

$$k_{\min} = \frac{24(1 - \nu)}{\pi^2 (4 - 3c)} \tag{VI,58a}$$

erhalten. Für $c = 1{,}333$ wird $k_{\min} = \infty$; die Zugzone am freien Rand verhindert das Ausbeulen.

Anderseits ergibt sich für die Lagerungsart e' mit $\sigma_{kr} = \sigma_{\max}$ am freien Rand der Beulwert $k_{\min}$ zu

$$k_{\min} = \frac{24(1 - \nu)}{\pi^2 (4 - c)}. \tag{VI,58b}$$

Für diese Lagerungsart e genügt allerdings der minimale Beulwert $k_{\min}$ nicht mehr als Bemessungsgrundlage, weil er ja nur den ungünstigsten Grenzwert für sehr lange Platten bedeutet. Dagegen kann der Verlauf des k-Wertes hier beispielsweise für gleichmäßig verteilten Längsdruck (Fall $e_0 = e_0'$) und für $\nu = 0{,}3$ mit guter Genauigkeit zu

$$k \cong 0{,}426 + 0{,}975 \frac{b^2}{a^2}$$

angenommen werden.

In der folgenden Tabelle sind die kleinsten Beulwerte $k_{\min}$ für die praktisch wichtigsten Fälle zusammengestellt, wobei die Zahlenwerte für die Lagerungsarten d und e mit einem freien Längsrand mit der Querdehnungszahl $\nu = 0{,}3$ berechnet sind. Bei der Anwendung der Zahlenwerte für starre Einspannung ist eine gewisse Vorsicht angezeigt, da eine vollständige Einspannung sich in Wirklichkeit wohl kaum erreichen läßt und schon bei kleiner Nachgiebigkeit die Beulwerte merklich absinken.

	Belastungsverteilung					
	$c=0$		$c=1{,}0$		$c=2{,}0$	
Randbedingungen	$k_{\min}$	für $\dfrac{a}{m\,b}$	$k_{\min}$	für $\dfrac{a}{m\,b}$	$k_{\min}$	für $\dfrac{a}{m\,b}$
a	4,00	1,00	7,81	0,98	23,88	0,67
b	6,97	0,66	13,54	0,65	39,52	0,47
c	5,41	0,80	11,73	0,76	39,52	0,47
c'	5,41	0,80	9,54	0,80	23,94	0,67
d	1,280	1,63	5,91	1,58	—	—
d'	1,280	1,63	1,608	1,67	2,134	1,67
e	0,426	∞	1,702	∞	—	—
e'	0,426	∞	0,567	∞	0,851	∞

d) Ausbeulen unter Schubbeanspruchung

Gegenüber einer nur durch Längsspannungen σ_x beanspruchten Rechteckplatte
tritt hier die Besonderheit auf, daß die Ausbeulungen w nach beiden Richtungen
unbekannt sind; es muß somit die Plattengleichung

$$\frac{\partial^4 w_1}{\partial x^4} + 2\,\frac{\partial^4 w_1}{\partial x^2\,\partial y^2} + \frac{\partial^4 w_1}{\partial y^4} = 2\tau_{xy}\,\frac{h}{D}\,\frac{\partial^2 w_0}{\partial x\,\partial y} \qquad \text{(VI,49a)}$$

gelöst werden. Dabei bedeuten im Sinne des Verfahrens der sukzessiven Approximation w_0 die geschätzten[1] und w_1 die durch Lösung der Differentialgleichung
daraus berechneten Ordinaten der Beulfläche. Die Stabilitätsbedingung $w_1 = w_0$,
die für eine genaue Lösung in allen Plattenpunkten erfüllt sein muß, liefert die
kritische Beulspannung τ_{kr}.

Setzen wir, wie bei den bisher untersuchten Beulfällen,

$$\tau_{kr} = k\,\sigma_E = k\,\frac{\pi^2\,D}{h\,b^2},$$

so geht die zu lösende Differentialgleichung über in

$$\frac{\partial^4 w_1}{\partial x^4} + 2\,\frac{\partial^4 w_1}{\partial x^2\,\partial y^2} + \frac{\partial^4 w_1}{\partial y^4} = k\,\frac{2\pi^2}{b^2}\,\frac{\partial^2 w_0}{\partial x\,\partial y}. \qquad \text{(VI,49b)}$$

Die numerische Lösung beruht darauf, daß diese Gleichung nach Abschn. IV,6
in ein Gleichungssystem mit den Unbekannten w_1 umgesetzt wird. Da der Berech-
nungsaufwand mit der Zahl der Maschen $\Delta x\,\Delta y$ bzw. der Knotenpunkte stark
ansteigt, ist es erwünscht, auch mit einer weitmaschigen Teilung noch eine gute

---

[1] Selbstverständlich ist auch hier das Verfahren mit der Nullsetzung der Determinante
möglich (vgl. Abschn. VI,3c).

Genauigkeit zu erreichen; dazu ist es insbesondere notwendig, die Belastungs-funktion möglichst genau zu erfassen. Es zeigt sich nun, daß für die Berechnung dieser Belastungsfunktion, die hier ja eine doppelte „Nebenfunktion" ist, die Gln. (IV,19) und nicht etwa die bei großer Feldteilung merklich weniger genauen Differentiationsformeln (IV,11) verwendet werden sollen. Die Funktion

$$\frac{\partial^2 w_0}{\partial x \, \partial y} = w_0^{\prime\cdot}$$

zu einer (geschätzten) Funktion w_0 ist in zwei Stufen zu bestimmen: Zuerst sind mit der Seilpolygongleichung (IV,18)

$$w_{m-1}^{\prime\prime} + 10 w_m^{\prime\prime} + w_{m+1}^{\prime\prime} = \frac{12}{\Delta x^2} \left(w_{m-1} - 2 w_m + w_{m+1} \right)$$

mit den Randbedingungen $w_A^{\prime\prime} = w_B^{\prime\prime} = 0$ (gelenkig gelagerte Ränder) die zweiten Ableitungen $w^{\prime\prime}$ zu berechnen, worauf die Gln. (IV,19) die Ableitungen $w^{\prime}$ liefern; in einer zweiten Rechnungsstufe ergeben sich nun analog mit

$$w_l^{\prime\cdot\cdot} + 10 w_m^{\prime\cdot\cdot} + w_n^{\prime\cdot\cdot} = \frac{12}{\Delta y^2} \left(w_l^{\prime} - 2 w_m^{\prime} + w_n^{\prime} \right)$$

die gesuchten Werte $w^{\prime\cdot}$. Bei Beulen unter reinem Schub setzt sich die Beul-fläche w aus einem symmetrischen Anteil u und einem antimetrischen v zusammen, aus denen sich eine antimetrische Fläche $u^{\prime\cdot}$ und eine symmetrische $v^{\prime\cdot}$ ergeben. Diese Zusammenhänge sind in Abb. VI,81 dargestellt.

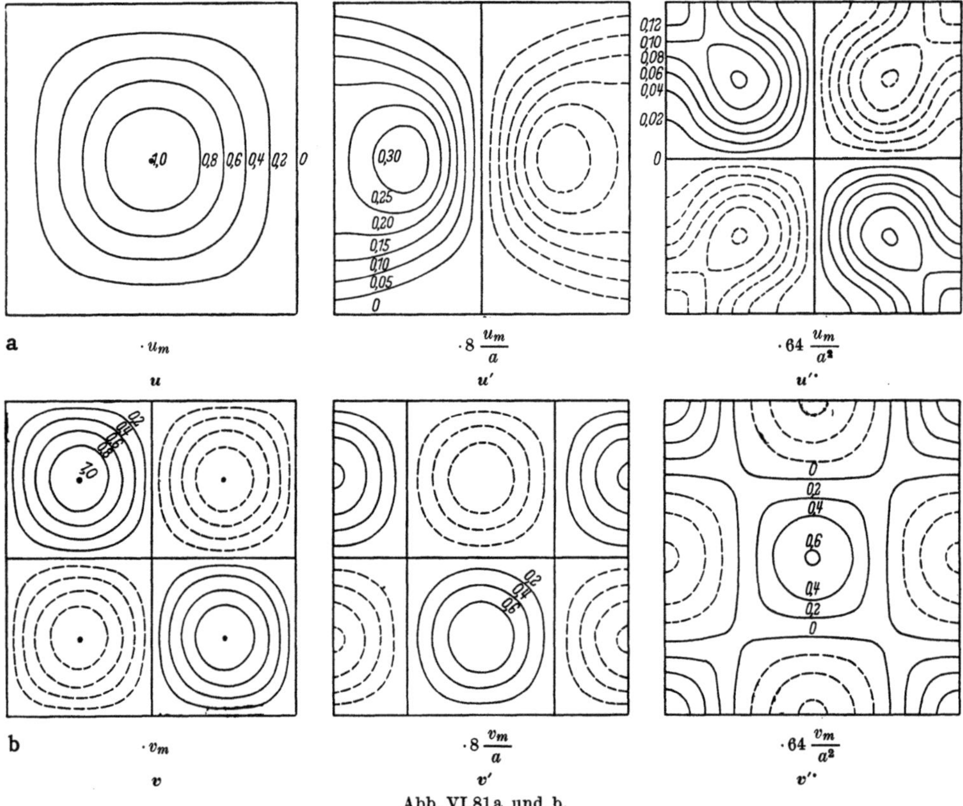

Abb. VI,81a und b.

Der Rechnungsgang sei noch am Beispiel einer *quadratischen Platte* skizziert. Wir wählen wegen der Übersichtlichkeit eine Teilung mit nur 4 × 4 Maschen; selbstverständlich ist diese Teilung viel zu grob, um den Beulwert k genügend genau liefern zu können. Wir beginnen mit der Annahme der antimetrischen Beulfläche v, die hier durch eine einzige Ordinate $v_a = 1$ bestimmt ist (Abb. VI,82a).

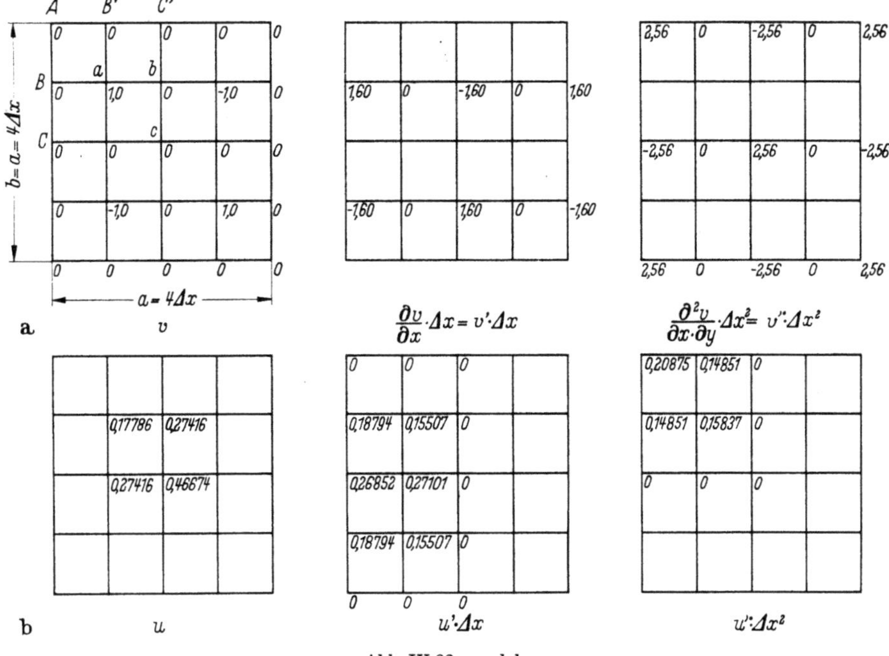

Abb. IV,82a und b.

Aus $v_a = 1$ folgt zunächst

$$\left(\frac{\partial^2 v}{\partial x^2}\right)_a = v_a'' = -\frac{12}{10\,\Delta x^2}\,2v_a = -\frac{2{,}40}{\Delta x^2}\,v_a$$

und damit

$$\left(\frac{\partial v}{\partial x}\right)_B = v_B' = \frac{v_a}{\Delta x} - \frac{\Delta x}{12}\,3{,}0\,v_a'' = v_a\left(\frac{1{,}0}{\Delta x} + \frac{0{,}6}{\Delta x}\right) = \frac{1{,}60}{\Delta x}\,v_a.$$

Daraus ergeben sich in analoger Weise zunächst die Werte v''' und

$$\left(\frac{\partial^2 v}{\partial x\,\partial y}\right)_A = v_A'^{\cdot} = \left(\frac{1{,}60}{\Delta x}\right)^2 v_a = \frac{2{,}56}{\Delta x^2}\,v_a.$$

Mit

$$\frac{2\pi^2\,\Delta x^2}{b^2} = \frac{2\pi^2}{16}, \quad \frac{2\pi^2\,\Delta x^2}{144\,b^2} = 0{,}856737 \cdot 10^{-2}$$

erhalten wir die Knotenlasten der Ablenkungskräfte zu

$$K_a = 0, \quad K_b = 0, \quad K_c = k \cdot 256 \cdot 0{,}856737 \cdot 10^{-2} v_a = k \cdot 2{,}19325\,v_a;$$

damit lautet bei der hier vorhandenen doppelten Symmetrie das Gleichungssystem für die Durchbiegungen u nach dem Schema von Abb. IV,41 (wobei die Gleichungen a und b durch 4, Gleichung c durch 16 dividiert sind):

a) $\quad 468\,u_a - 288\,u_b - \quad 8\,u_c = \quad 25\,K_a + \quad 5\,K_b + 0{,}25\,K_c = k \cdot 0{,}54831\,v_a,$

b) $\quad -288\,u_a + 452\,u_b - 144\,u_c = \quad 5\,K_a + 25{,}5\,K_b + 2{,}5\,K_c = k \cdot 5{,}48312\,v_a,$

c) $\quad - \quad 8\,u_a - 144\,u_b + 117\,u_c = 0{,}25\,K_a + \quad 2{,}5\,K_b + 6{,}25\,K_c = k \cdot 13{,}70779\,v_a.$

Die Auflösung ergibt

$$u_a = 0{,}17786\,k\,v_a, \quad u_b = 0{,}27416\,k\,v_a, \quad u_c = 0{,}46674\,k\,v_a.$$

Damit können nun die Werte u' und u'' berechnet werden; sie sind in Abb. VI,82b eingetragen.

Aus der Knotenlast

$$K_a = k^2 \cdot 19{,}0160 \cdot 0{,}856737 \cdot 10^{-2}v_a = 0{,}162917\,k^2\,v_a$$

liefert nun die einzige Bestimmungsgleichung

$$1600\,v_a = 100\,K_a$$

den Wert

$$v_{1a} = 0{,}0101823\,k^2\,v_{0a};$$

aus der Stabilitätsbedingung $v_{1a} = v_{0a}$ ergibt sich somit

$$k^2 = \frac{1}{0{,}0101823} = 98{,}210, \quad \boxed{k = 9{,}910}\,.$$

Dieser Wert ist offensichtlich, als Folge der groben Feldteilung, zu groß. Eine Verkleinerung der Maschenweite liefert folgende k-Werte:

$$6 \times 6 \text{ Maschen:} \quad k = 9{,}564,$$
$$8 \times 8 \text{ Maschen:} \quad k = 9{,}423.$$

Ein noch genauerer k-Wert kann abgeschätzt werden, wenn wir schreiben

$$k = 9{,}910 - 0{,}346 - 0{,}141 - \cdots$$
$$= 9{,}910 - 0{,}346(1 + 0{,}408 + \cdots) = 9{,}910 - \frac{0{,}346}{1{,}0 - 0{,}408},$$
$$\boxed{k = 9{,}910 - 0{,}584 = 9{,}326 \cong 9{,}33}\,.$$

Dieser Wert dürfte dem genauen Beulwert für den untersuchten Fall sehr nahe kommen; er liegt noch etwas unter dem von S. Timoshenko nach den Untersuchungen von St. Bergmann und H. Reissner sowie von E. Seydel als genau angegebenen Wert von *ungefähr* $k = 9{,}34$.

Sowohl bei der numerischen wie bei der analytischen Untersuchung des Beulens unter Schubbeanspruchung ist die Konvergenz verhältnismäßig langsam; es ist deshalb eine enge Maschenteilung zu wählen bzw. eine große Zahl von Gliedern bei der Reihenentwicklung

$$w = \sum_{m=1}^{\infty} \sum_{n=1}^{\infty} a_{mn} \sin\frac{m\,\pi\,x}{a} \sin\frac{n\,\pi\,y}{b}$$

zu berücksichtigen. Abb. VI,83 zeigt noch die Form der Beulfläche einer quadratischen Platte, berechnet mit 8 × 8 Maschen.

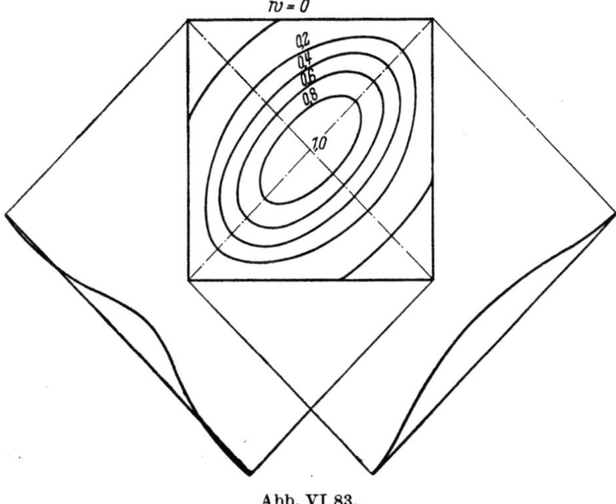

Abb. VI,83.

In Abb. VI,84 sind die Beulwerte k für veränderliche Verhältnisse a/b nach S. TIMOSHENKO[1] aufgetragen. Da für eine sehr lange Rechteckplatte der Beulwert sich dem Wert $k = 5{,}35$ annähert, können diese Punkte näherungsweise durch die Formel[1]

$$k \cong 5{,}35 + 4{,}0 \left(\frac{b}{a} \right)^2$$

erfaßt werden. Eine bessere Annäherung gibt für $a > b$ der Ansatz

$$k = 5{,}35 + \frac{4{,}38\, a\, b}{2{,}1\, a^2 - b^2};$$

diese Kurve ist in Abb. VI,84 dargestellt.

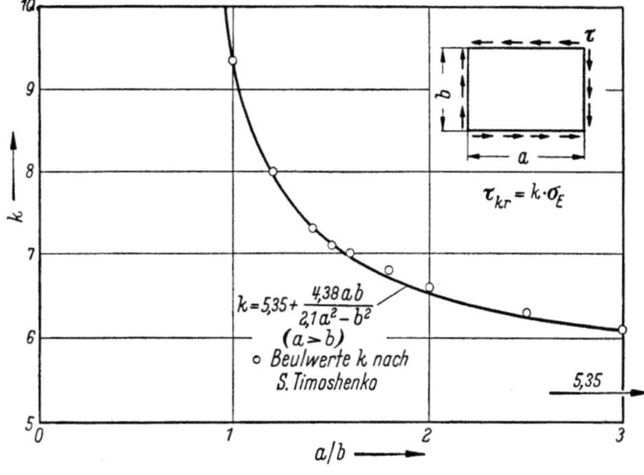

Abb. VI,84.

---

[1] Siehe Fußnote 7, S. 403.

Für *kombinierte Beanspruchungsfälle* (Schub mit Biegung und Druck) von gelenkig gelagerten Rechteckplatten kann nach den bis heute vorliegenden Untersuchungen[1] in Analogie zu Gl. (VI,57) mit guter Genauigkeit geschrieben werden

$$\frac{\sigma_D}{\sigma_{D\,kr}} + \left(\frac{\sigma_B}{\sigma_{B\,kr}}\right)^2 + \left(\frac{\tau}{\tau_{kr}}\right)^2 = 1 . \qquad \text{(VI,57a)}$$

e) Bleche mit Längsaussteifungen

Bei Blechen mit großer Breite b kann häufig die Beulgefahr eine gute Materialausnützung verhindern; es ist dann wirtschaftlicher, die Beulsicherheit nicht durch eine Vergrößerung der Blechstärke h, sondern durch *Aussteifungen* zu vergrößern. Der Verlauf der k-Werte mit wachsendem Verhältnis a/b der Platte (vgl. Abb. VI,72 oder 78) zeigt nun deutlich, daß durch Verkürzung der Plattenlänge a, d. h. durch Queraussteifungen, eine wesentliche Vergrößerung des Beulwertes k, abgesehen von abnormal kurzen Platten, nicht möglich ist. Eine wesentliche Vergrößerung des Beulwertes ist nur durch längsgerichtete Aussteifungen zu erreichen. Eine solche *Längsaussteifung* wirkt wie ein Zwischenlängsträger der durch die Ablenkungskräfte p_a belasteten Platte; sie entlastet die Platte entsprechend ihrer Steifigkeit $E J_{St}$ durch Unterteilung der Spannweite b der Querstreifen.

Die Besonderheit des Kräftespiels besteht darin, daß die Aussteifung eine *Linienbelastung* P_{St} auf die Platte ausübt, während bei der nicht ausgesteiften Platte nur stetig verteilte Flächenbelastungen (äußere Ablenkungskräfte p_a, innere Widerstände p_i) vorkommen; die Steifenbelastung stellt für einen Querstreifen eine konzentrierte Einzellast, die den Streifen elastisch stützt, dar (Abb. VI,85).

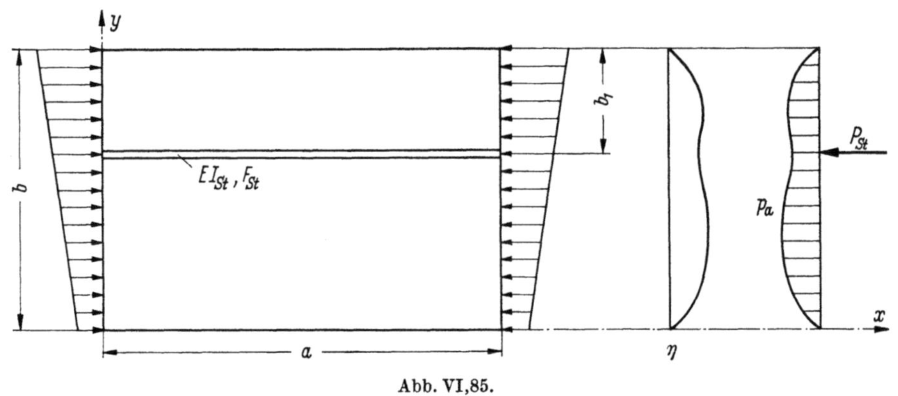

Abb. VI,85.

Die Aussteifung setzt der Verformung w einen Widerstand

$$- E J_{St} \frac{\partial^4 w}{\partial x^4}$$

entgegen; andererseits ist sie jedoch durch Längsspannungen σ_{St} beansprucht, so daß Ablenkungskräfte

$$- \sigma_{St} F_{St} \frac{\partial^2 w}{\partial x^2}$$

---

[1] Siehe Fußnote 7, S. 403, Abb. 9-25 u. 9-27.

auftreten, die die Ausbiegung zu vergrößern versuchen. Insgesamt beträgt somit die Steifenbelastung P_{St}

$$P_{St} = -E J_{St} \frac{\partial^4 w}{\partial x^4} - \sigma_{St} F_{St} \frac{\partial^2 w}{\partial x^2} \, . \tag{VI,59}$$

Wir untersuchen nachstehend eine nur durch Längsspannungen σ_x beanspruchte Rechteckplatte mit Längsaussteifung, indem wir die in Abschn. VI,3c dargestellte numerische Lösung auf die auftretende Besonderheit der konzentrierten Einzellast P_{St} erweitern. Die Plattendurchbiegungen w verlaufen in Längsrichtung sinusförmig,

$$w = \eta \sin \frac{m \pi x}{a} \, .$$

Führen wir die üblichen Abkürzungen[1]

$$\gamma_{St} = \frac{E J_{St}}{b D}, \qquad \delta_{St} = \frac{F_{St}}{b h},$$

$$\sigma_{St} = \varphi_{St} \, k \frac{\pi^2 D}{h b^2} = \varphi_{St} \sigma_{kr}$$

ein, so wird für den Querstreifen

$$P_{St} = -\left(\gamma_{St} \, b \, D \frac{m^4 \pi^4}{a^4} - \varphi_{St} \, k \frac{\pi^2 D}{h b^2} \delta_{St} \, b \, h \frac{m^2 \pi^2}{a^2} \right) \eta \sin \frac{m \pi x}{a} \, ,$$

$$\boxed{\frac{P_{St}}{D} = -(\gamma_{St} \beta^2 - \varphi_{St} \, k \, \delta_{St}) \frac{\beta^2 \pi^4}{b^3} \eta \sin \frac{m \pi x}{a}} \, . \tag{VI,59a}$$

Um nun unsere Differentialgleichung (VI,54) für den Querstreifen,

$$\frac{m^4 \pi^4}{a^4} \eta_1 - 2 \frac{m^2 \pi^2}{a^2} \eta_1'' + \eta_1'''' = \frac{p_a}{D} \, ,$$

zu lösen, multiplizieren wir sie mit $\Delta y^2/12$ und bilden wie unter Abschn. IV,4a die Δy-fachen Knotenlasten für den Punkt m:

$$\frac{m^4 \pi^4}{a^4} \frac{\Delta y^4}{144} (\eta_{m-1} + 10\eta_m + \eta_{m+1}) - 2 \frac{m^2 \pi^2}{a^2} \frac{\Delta y^2}{12} (\eta_{m-1} - 2\eta_m + \eta_{m+1}) +$$

$$+ \frac{\Delta y^2}{12} (\eta_{m-1}'' - 2\eta_m'' + \eta_{m+1}'') = \frac{\Delta y^3}{12} K_m \left(\frac{p_a}{D} \right).$$

Um nun noch die zweiten Ableitungen η'' mit der Seilpolygongleichung durch die Durchbiegungen η selbst ausdrücken zu können, müssen wir diese Beziehung für die Punkte $m-1$ und $m+1$ je einmal, für Punkt m dagegen zehnmal anschreiben und addieren. Dabei ist aber zu beachten, daß infolge der Einzellast P_{St} die Kurve η'' eine Unstetigkeit in Form des Knickwinkels P_{St}/D aufweist (Abb. VI,86),

---

[1] Der Steifigkeitswert γ_{St} und der Querschnittswert δ_{St} der Längsaussteifung dürfen nicht mit den Abkürzungen γ und δ des Gleichungssystems (VI,55) verwechselt werden.

so daß entsprechend Gl. (IV,17) hier für die Durchbiegungen infolge der Einzellast P_{St} zu setzen ist

$$K_m(\eta'') = \frac{\Delta y}{12}\,(\eta''_{m-1} + 10\eta''_m + \eta''_{m+1}) - \frac{\Delta y^2}{12}\,\frac{P_{St}}{D}$$

bzw.

$$\frac{\Delta y^2}{12}\,(\eta''_{m-1} + 10\eta''_m + \eta''_{m+1}) = \eta_{m-1} - 2\eta_m + \eta_{m+1} + \frac{\Delta y^3}{12}\,\frac{P_{St}}{D}\,.$$

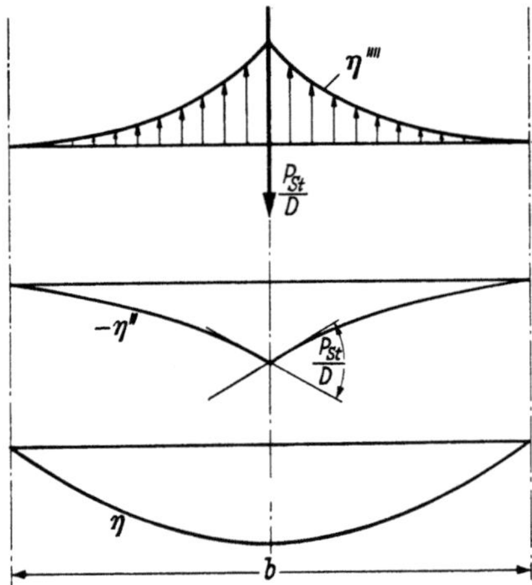

Abb. VI,86.

Setzen wir diese Werte ein und beachten, daß im Belastungsglied nun P_{St} eine Knotenlast darstellt und an Stelle von $K_m(p_a)$ tritt, so erhalten wir mit den früheren Bezeichnungen

$$\gamma = 2\,\frac{m^2\,\pi^2}{a^2}\,\frac{\Delta y^2}{12} = \frac{\pi^2\,\beta^2}{6\,n^2}\,, \qquad \delta = \frac{\gamma^2}{4}$$

sowie mit

$$\frac{\Delta y^3}{12}\,\frac{P_{St}}{D} = -(\gamma_{St}\,\beta^2 - \varphi_{St}\,k\,\delta_{St})\,\frac{\beta^2\,\pi^4}{12\,n^3} = -\gamma_{0\,St}\,\frac{\beta^4\,\pi^4}{12\,n^3} = -12n\,\delta\,\gamma_{0\,St}$$

genau die gleichen Vorzahlen des Gleichungssystems, wie wir sie in Gl.(VI,55) für die nichtausgesteifte Platte gefunden haben; es ändert sich wegen der in Abb.VI,86 skizzierten Unstetigkeit lediglich das Belastungsglied der konzentrierten Einzellast von der Form $1 + 10 + 1$ auf die Form $(1 + 1) + (10 - 2) + (1 + 1)$ $= 2 + 8 + 2$. Die Gesamtgleichung lautet somit, für Aussteifungen in den Punkten $m - 1$, m und $m + 1$,

$$
\begin{aligned}
&\eta_{m-2}(1 - \gamma + \delta) - \eta_{m-1}(4 + 8\gamma - 20\delta) + \eta_m(6 + 18\gamma + 102\delta) - \\
&\quad - \eta_{m+1}(4 + 8\gamma - 20\delta) + \eta_{m+2}(1 - \gamma + \delta) \\
&= k\,\frac{\delta}{\beta^2}\,(\varphi_{m-2}\,\eta_{0\,m-2} + 20\varphi_{m-1}\,\eta_{0\,m-1} + 102\varphi_m\,\eta_{0\,m} + \\
&\quad + 20\varphi_{m+1}\,\eta_{0\,m+1} + \varphi_{m+2}\,\eta_{0\,m+2}) - \\
&\quad - 12n\,\delta(2\gamma_{0\,St\,m-1}\,\eta_{0\,m-1} + 8\gamma_{0\,St\,m}\,\eta_{0\,m} + 2\gamma_{0\,St\,m+1}\,\eta_{0\,m+1})
\end{aligned}
\qquad (VI,60)
$$

Wenn eine Aussteifung nur im Punkt m angeordnet ist, so lauten die $\gamma_{0\,St\,m}$ entsprechenden Belastungsglieder:

Gl. für Punkt $m - 1$ $\qquad\qquad -24\,n\,\delta\,\gamma_{0\,St\,m}\,\eta_{0\,m}\,,$

Gl. für Punkt m $\qquad\qquad\quad -96\,n\,\delta\,\gamma_{0\,St\,m}\,\eta_{0\,m}\,,$

Gl. für Punkt $m + 1$ $\qquad\quad -24\,n\,\delta\,\gamma_{0\,St\,m}\,\eta_{0\,m}\,.$

Diese Glieder erscheinen somit in einer Kolonne (nicht in der Zeile m) des Gleichungssystems. Die Randbedingungen bleiben grundsätzlich diejenigen der Gln. (VI,55a, b u. c), sofern nicht ein dem Rand benachbarter Knotenpunkt durch eine Einzellast P_{St} gestützt wird. Selbstverständlich verschwindet das von der Steifenbelastung herrührende Belastungsglied, wenn weder im Punkt m, noch in den Nachbarpunkten $m - 1$ und $m + 1$ eine Aussteifung vorhanden ist.

Die Auflösung des Gleichungssystems (VI,60) liefert mit der Stabilitätsbedingung $\eta_1 = \eta_0 = \eta$ den Beulwert k für eine ausgesteifte Platte mit dem Steifigkeitswert $\gamma_{0\,St}$, der einer ideellen Aussteifung mit dem Querschnitt $F_{St} = 0$, $\delta_{St} = 0$ entspricht. In Wirklichkeit wird ein Querschnittswert $\delta_{St} > 0$ vorhanden sein; für diesen Fall ergibt sich jedoch aus der oben geschriebenen Beziehung für P_{St} die gleiche Beulfläche und der gleiche Beulwert k, wenn der Steifigkeitswert γ_{St} zu

$$\gamma_{St} = \gamma_{0\,St} + \frac{\varphi_{St}\,k\,\delta_{St}}{\beta^2} \qquad\qquad (VI,59\,b)$$

eingeführt wird. Es ist somit nicht notwendig, die Berechnung für verschiedene Querschnittswerte δ_{St}, z. B. $\delta_{St} = 0{,}05$, $0{,}10$, $0{,}15$ usw., durchzuführen, sondern es genügt eine einzige Berechnung für ein Wertepaar $k - \gamma_{0St}$, aus der die zugehörigen γ_{St}-Werte für die verschiedenen Querschnittswerte δ_{St} sich nach Gl. (VI,59b) ergeben. Statisch bedeutet dies, daß wir den Einfluß der Ablenkungskräfte der Aussteifung direkt durch eine entsprechende Vergrößerung der Steifigkeit EJ_{St} bzw. der Steifigkeitszahl γ_{St} kompensieren.

Die Lösung des Eigenwertproblems wird zweckmäßigerweise mit dem in Abschn. VI,3c beschriebenen Verfahren des Nullsetzens der Determinante gefunden. Das Vorgehen wird besonders einfach, wenn man als Unbekannte nicht den Beulwert k, sondern die Steifigkeitszahl $\gamma_{0\,St}$ wählt. Diese Zahl $\gamma_{0\,St}$ erscheint nämlich nur in den Gleichungen für den entsprechenden Punkt und für die Nachbarpunkte. Wenn die Knoten so numeriert werden, daß der Punkt mit der Aussteifung erst gegen den Schluß erscheint, so beschränkt sich das im Abschnitt VI,3c erwähnte wiederholte Schätzen des unbekannten Wertes $\gamma_{0\,St}$ auf die letzten Gleichungen des Systems. Für eine im Abstand Δy oder $2\Delta y$ vom Rand angeordnete Aussteifung erübrigt sich sogar das Probieren, und $\gamma_{0\,St}$ ergibt sich als Lösung einer Gleichung ersten Grades.

Zahlenbeispiel

Wir untersuchen eine quadratische Platte, $\beta = 1$, die durch konstanten Längsdruck σ_x, $\varphi = 1$, beansprucht ist. Die Aussteifung mit dem Steifigkeitswert $\gamma_{0\,St}$ befinde sich in Plattenmitte, $b_1 = 0{,}5\,b$. Die Längsränder seien (wie auch die Querränder) gelenkig gelagert; es gilt somit die Randbedingung Gl. (VI,55a).

432   VI. Stabilitätsprobleme

Teilen wir die Plattenbreite b in 8 gleiche Teile $\varDelta y$ ein, $n = 8$, so ergeben sich folgende Werte der benötigten Vorzahlen:

$$\gamma = \frac{\pi^2\,\beta^2}{6\,n^2} = \frac{\pi^2 \cdot 1{,}0}{384} = 25{,}702\,09 \cdot 10^{-3}, \qquad \delta = \frac{\gamma^2}{4} = 0{,}165\,1494 \cdot 10^{-3},$$

$$\frac{\delta}{\beta^2} = 0{,}165\,1494 \cdot 10^{-3}, \qquad\qquad\qquad 12\,n\,\delta = 15{,}854\,34 \cdot 10^{-3},$$

$$1 - \gamma + \delta = 974{,}463 \cdot 10^{-3},$$

$$4 + 8\gamma - 20\,\delta = 4202{,}314 \cdot 10^{-3},$$

$$6 + 18\gamma + 102\,\delta = 6479{,}483 \cdot 10^{-3}.$$

Wir untersuchen die Platte *für den Beulwert* $k = 16$, der dem Ausbeulen mit zwei Halbwellen in Querrichtung entspricht (vgl. Abb. VI,88b), und bestimmen den erforderlichen Steifigkeitswert $\gamma_{0\,St}$ aus der Bedingung, daß die Determinante des Gleichungssystems (VI,60) verschwindet. Dieses System ist in der nächsten Tabelle aufgestellt und nach dem Gaußschen Algorithmus reduziert. Wegen der Symmetrie erstreckt sich die Berechnung nur über die halbe Streifenbreite. Um die Symmetrie der Vorzahlen (Verteilzahl φ konstant) auszunützen, ist die Gleichung m durch 2 dividiert. Die von k abhängigen Belastungsglieder sind jeweils als zweite Zeile, die von $\gamma_{0\,St}$ abhängigen als dritte Zeile geschrieben. Alle Vorzahlen sind 1000 fach eingesetzt.

	η_1	η_2	η_3	η_m
1	5505,020	−4202,314	974,463	
	−16,68009 k	−3,30299 k	−0,16515 k	
(VI,55a)	5238,139	−4255,162	971,821	
2		6479,483	−4202,314	974,463
		−16,84524 k	−3,30299 k	−0,16515 k
(VI,55)	0,8123423	2753,311	−3465,711	971,821
3			7453,946	−4202,314
			−17,01039 k	−3,30299 k
				31,7087 $\gamma_{0\,St}$
(VI,60)	−0,1855279	1,2587430	2639,040	−3031,889
				+31,7087 $\gamma_{0\,St}$
m				3239,741
				−8,42262 k
				63,4174 $\gamma_{0\,St}$
(VI,60)				−721,257
$\times\ \frac{1}{2}$		−0,3529645	1,1488606	+99,8463 $\gamma_{0\,St}$
η	0,6022	0,9839	1,0621	1,0000

Die letzte Vorzahl der reduzierten Gleichungen beträgt $-721{,}257 + 99{,}8463\gamma_{0\,St}$. Die Determinante verschwindet somit für

$$\gamma_{0\,St} = \frac{721{,}257}{99{,}8463} = 7{,}2237.$$

Der ermittelte $\gamma_{0\,St}$-Wert stimmt mit dem genauen, analytisch bestimmbaren Wert[1] von 7,2254 sehr gut überein (Fehler 0,02%).

Die Bestimmung von $\gamma_{0\,St}$ ist im vorliegenden Beispiel besonders einfach, weil sich die Aussteifung im letzten Punkt m des Gleichungssystems befindet[2].

In Abb. VI,87 ist die Wirkung der Aussteifung für den untersuchten Fall dadurch veranschaulicht, daß die inneren elastischen Widerstände p_i der Platte in ihre Anteile $p_{ix} + 2p_{ixy} + p_{iy}$ aufgeteilt sind. Es zeigt sich, daß die Aussteifung

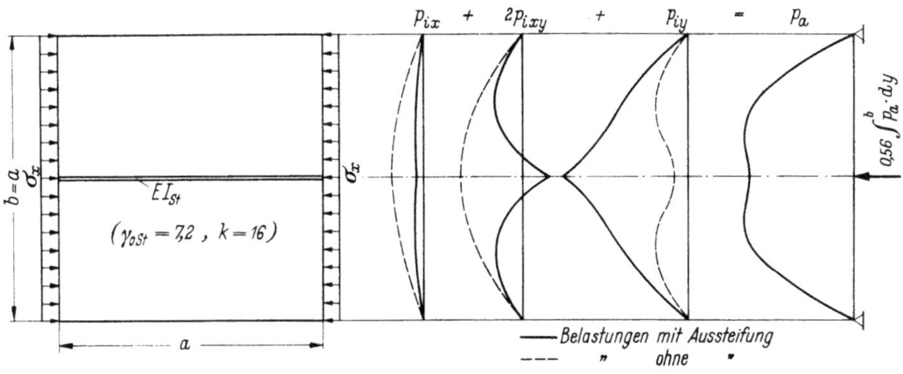

Abb. VI,87.

die Anteile p_{iy} zugunsten von p_{ix} und $2p_{ixy}$ ganz wesentlich vergrößert; durch die Zwischenunterstützung P_{St} ist der Querstreifen stark versteift worden. Die Aussteifung übernimmt hier 56% der Ablenkungskräfte.

Um weitere Wertepaare $\gamma_{0\,St} - k$ für eine Platte mit gegebener Form, hier $\beta = m\,b/a = 1$ zu finden, genügt ein für allemal das verwendete Gleichungssystem; es sind lediglich die anderen Beulwerte k einzusetzen und die entsprechenden Steifigkeitszahlen $\gamma_{0\,St}$ zu bestimmen. Abb. VI,88 zeigt die auf diese Weise berechnete Kurve $\gamma_{0\,St} - k$ für die quadratische Platte, $\beta = 1$. Es hat nun offensichtlich keinen Sinn, die Steifigkeit der Aussteifung über den dem Beulwert $k = 16$ entsprechenden Wert

$$\gamma_{0\,St} = 7{,}22$$

bzw. nach Gl. (VI,59b) mit $\varphi_{St} = 1$, $\beta^2 = 1$ und $k = 16$

$$\gamma_{St} = 7{,}22 + 16{,}0\,\delta_{St}$$

---

[1] SCHLEICHER, F.: Siehe Fußnote 1, S. 404, Gl. (100a), sowie BARBRÉ, R.: Stabilität gleichmäßig gedrückter Rechteckplatten mit Längs- oder Quersteifen. Ing. Arch. 1937.

[2] Für ein weiteres detailliertes Zahlenbeispiel mit einer Aussteifung im Abstand $2\varDelta y$ vom Rand vgl. STÜSSI, F., DUBAS, CH., DUBAS, P.: Le voilement de l'âme des poutres fléchies, avec raidisseur au cinquième supérieur. Etude complémentaire. Abh. IVBH Bd. 18 Zürich 1958.

hinaus zu vergrößern, denn der Beulwert k würde, bei Ausbeulen in 2×2 Halb-wellen, [entsprechend Gl. (VI,50)] mit

$$k = (2{,}0 + 2{,}0)^2 = 16{,}0$$

sich für die maßgebende Beulform doch nicht weiter vergrößern. Für $k = 16$ sind die in Abb. VI,88 skizzierten beiden Beulformen a und b möglich.

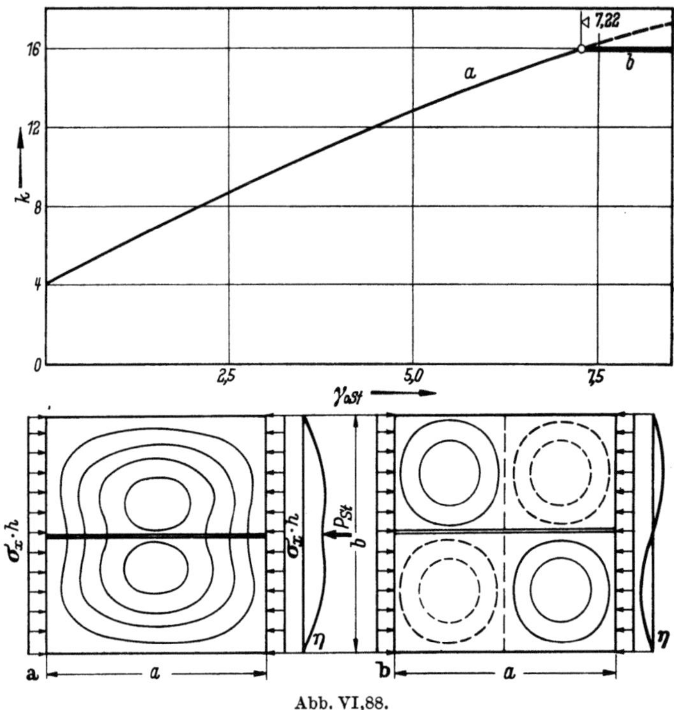

Abb. VI,88.

Mit welchem Steifigkeitswert γ_{St} die Aussteifung im gegebenen Einzelfall aus-zubilden ist, kann nicht allgemein angegeben werden, sondern ist durch Ver-gleichsrechnungen zu bestimmen. Wohl erlaubt die *volle Aussteifung*[1] mit $\gamma_{0 St} = 7{,}2$, $k = 16{,}0$, die Verwendung der kleinsten Blechstärke h; liegt jedoch diese Stärke unter der konstruktiv erforderlichen Mindeststärke, so ist die volle Aussteifung nicht mehr wirtschaftlich, weil dann ja auch eine Steifigkeit mit $\gamma_{0 St} < 7{,}2$, $k < 16{,}0$, die Einhaltung der geforderten Beulsicherheit erlaubt.

Abb. VI,89 enthält die Kurven $\gamma_{0 St} - k$ für verschiedene Verhältnisse $1/\beta$ der Plattenform. Daraus sind in Abb. VI,90 die Beulwertkurven k in der Darstellung der Girlandenkurven für verschiedene Steifigkeitswerte $\gamma_{0 St}$ ($\delta_{St} = 0$) aufgetra-gen. Es zeigt sich deutlich, daß eine verhältnismäßig kleine Steifigkeit genügt, um den Beulwert k deutlich über den Beulwert der unversteiften Platte zu heben, daß aber weitere Vergrößerungen mit stets steigendem Mehraufwand an Steifig-

---

[1] Die Steifigkeitszahl, die den Beulwert der Form a (eine Querwelle) auf denjenigen der Form b (zwei Querwellen) vergrößert, wird gelegentlich als *Mindeststeifigkeit* bezeichnet. Im vorliegenden Fall liegt die Aussteifung auf einer Knotenlinie der antimetrischen Beulform b und erfährt somit für diese Form keine Durchbiegung; man spricht von einer Mindeststeifig-keit *erster* Art.

keit erkauft werden müssen. Da Aussteifungen mit großer Steifigkeit aber auch einen verhältnismäßig großen Querschnitt $F_{St} = \delta_{St}\, b\, h$ besitzen, wächst dieser Mehraufwand wegen

$$\gamma_{St} = \gamma_{0\,St} + \frac{k\,\delta_{St}}{\beta^2} \quad \text{(für } \varphi_{St} = 1)$$

stark progressiv. Es wird deshalb, mindestens für lange Rechteckplatten, $a \gg b$, wirtschaftlich sein, nicht voll mit $k = 16$ auszusteifen, sondern sich mit einer nur teilweisen Aussteifung, $k < 16$, zu begnügen.

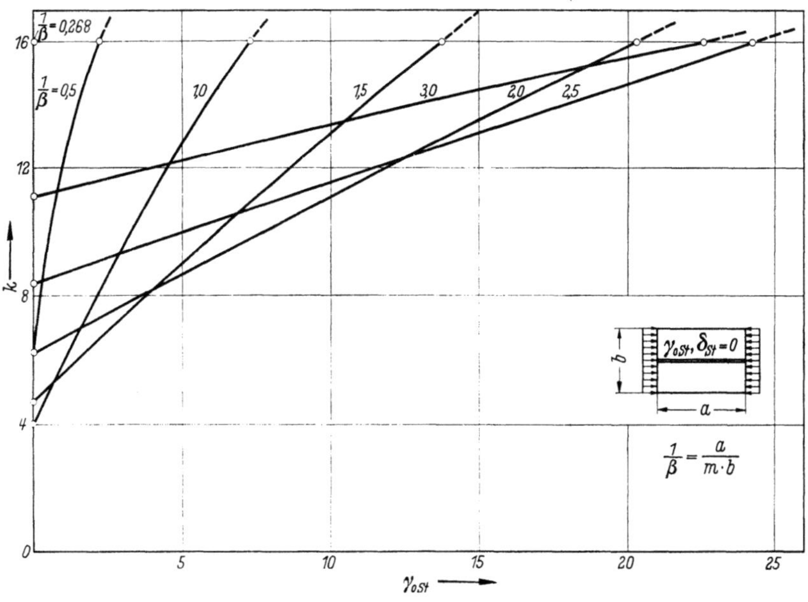

Abb. VI,89.

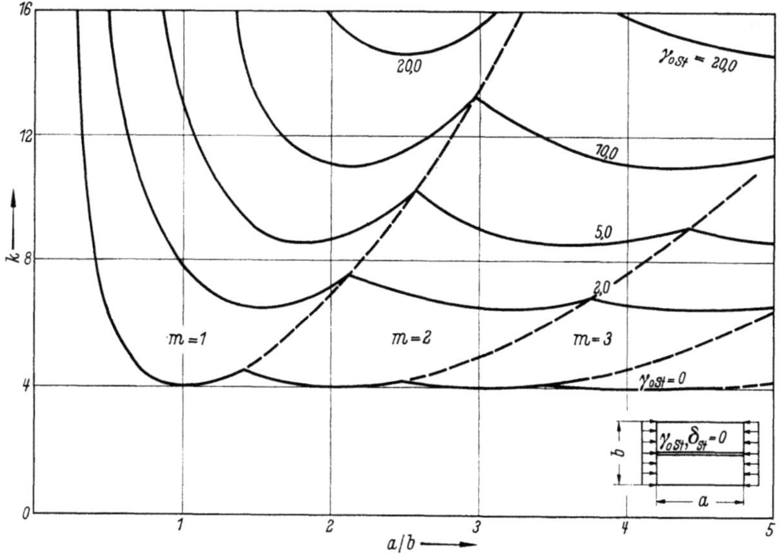

Abb. VI,90.

Bei *ungleichmäßig verteilten Längsspannungen* stellt sich in erster Linie die Frage, in welcher Höhe die Längsaussteifung anzuordnen ist, damit sie die Platte am wirksamsten entlastet. Diese wirksamste Lage ist offenbar dort, wo in der unversteiften Platte die größten Ablenkungskräfte p_a auftreten. Für eine auf *Biegung* beanspruchte Platte ist dies nach Abb. VI,76 etwa im oberen Fünftelspunkt, d. h. für $b_1 \cong 0{,}20b$, der Fall[1]. Zum gleichen Ergebnis gelangte auch CH. DUBAS[2] durch andere Überlegungen: der größtmögliche Beulwert einer mit einer einzigen Längsaussteifung versehenen Platte wird dann erreicht, wenn man die Aussteifung an der Stelle anordnet, an der sich die Knotenlinie der *unversteiften*, mit zwei (verschieden langen) Halbwellen in der Querrichtung ausbeulenden Platte ausbildet. Es handelt sich somit um eine Verallgemeinerung des vorher untersuchten Falles des konstanten Längsdruckes. Jede Verschiebung der Aussteifungslage bewirkt eine Verminderung des maximalen Beulwertes, weil die Verkleinerung der Eulerschen Spannung der vergrößerten Teilplatte durch die teilweise Einspannung in der kleiner gewordenen anderen Teilplatte nicht kompensiert wird. Zudem würde sich die Aussteifung beim Ausbeulen mit zwei Halbwellen in der Querrichtung stets mitbiegen[3].

Abb. VI,91 zeigt die Kurven $\gamma_{0\,St} - k$ für Biegung[4] mit $b_1 = 0{,}2b$ nach den Untersuchungen von CH. DUBAS[5] und späteren Ergänzungen[6]. Aus diesen Werten können die in Abb. VI,92 dargestellten Girlandenkurven abgeleitet werden. Es zeigt sich auch hier die gleiche Erscheinung, wie bei der auf Druck beanspruchten längsversteiften Platte: die erforderliche Steifigkeit $\gamma_{0\,St}$ bzw.

$$\gamma_{St} = \gamma_{0\,St} + 0{,}60\,\frac{k\,\delta_{St}}{\beta^2}$$

wächst progressiv mit wachsendem Beulwert k. Es ist also auch hier in der Regel nicht wirtschaftlich, die Aussteifung so steif auszubilden, daß der Beulwert $k = 129{,}4$, der dem Ausbeulen der unversteiften Platte in zwei Halbwellen, $n = 2$, entspricht, erreicht wird; man wird sich auch hier meistens mit einem kleineren Beulwert k begnügen.

Einen anschaulichen Einblick in die Wirkung einer *vollen Aussteifung* bei der zwar einerseits die kleinste Blechstärke h erreicht werden kann, andererseits aber die Aussteifung bis zu verhältnismäßig großen Plattenlängen in nur einer Halbwelle, $m = 1$, ausbeult, ergibt sich durch Einführung des Begriffes der *belastenden*

---

[1] Siehe Fußnote 2, S. 410.

[2] Siehe Fußnote 2, S. 408.

[3] Die waagerechte Gerade (Beulform b) der Abb. VI,88 würde somit durch eine sehr langsam ansteigende Kurve ersetzt. Der Schnittpunkt dieser Kurve b mit der Kurve a (Beulform mit einer Halbwelle in Querrichtung der versteiften Platte) ergibt die Mindeststeifigkeit, die für diese nicht optimale Lage der Aussteifung als Mindeststeifigkeit zweiter Art bezeichnet wird.

[4] Für die optimale Lage der Aussteifung bei weiteren Verteilungen der Längsspannungen sowie für die entsprechenden k_{max}-Werte vgl. DUBAS, P.: Voilement des âmes comprimées et fléchies, munies d'un seul raidisseur longitudinal. Abh. IVBH Bd. 26, Zürich 1966.

[5] Siehe auch DUBAS, CH.: Le voilement de l'âme des poutres fléchies et raidies au cinquième supérieur. Abh. IVBH Bd. 14, Zürich 1954.

[6] STÜSSI, F., DUBAS, CH., DUBAS, P.: Le voilement de l'âme des poutres fléchies, avec raidisseur au cinquième supérieur. Abh. IVBH Bd. 17, Zürich 1957. Etude complémentaire. Abh. IVBH Bd. 18, Zürich 1958.

Plattenbreite $\mu\, b$, der dem Begriff der mitwirkenden Plattenbreite dual entspricht. Die Aussteifung hat dann die Ablenkungsbelastungen

$$P_{a\,St} = -\varphi_{St}\,\sigma_{kr}\,\frac{\partial^2 w}{\partial x^2}\,(F_{St} + \mu\, b\, h)$$

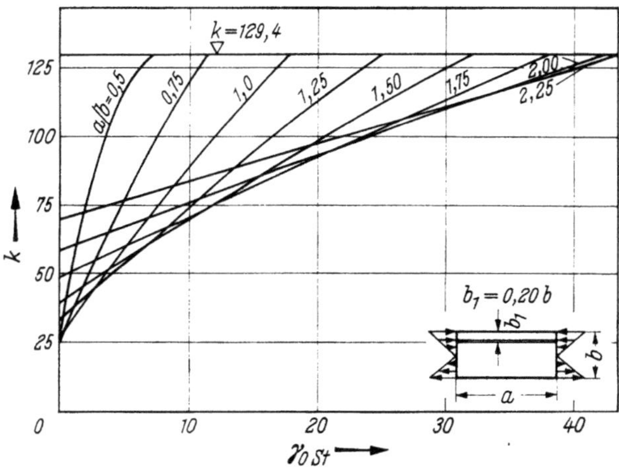

Abb. VI,91.

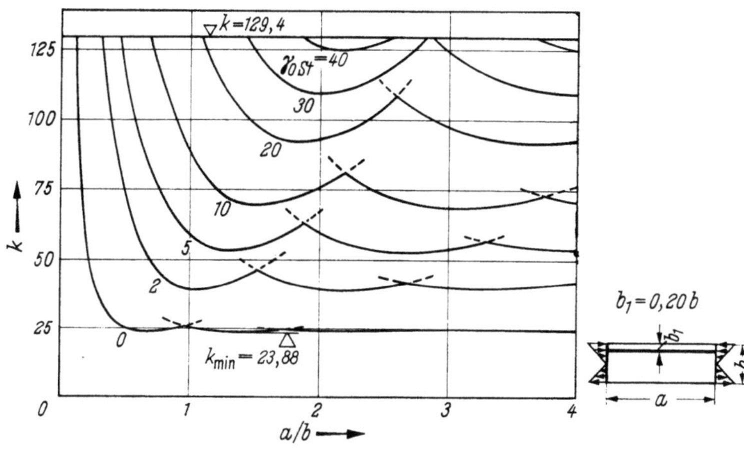

Abb. VI,92.

aufzunehmen, die mit den inneren elastischen Widerständen

$$P_{i\,St} = -E\,J_{St}\,\frac{\partial^4 w}{\partial x^4}$$

im Gleichgewicht sein müssen. Mit der Knicklänge $l_k = a$ und der Ausbiegung

$$w = \eta \sin\frac{\pi\,x}{a}$$

ergibt sich aus

$$\varphi_i + P_a = 0$$

die erforderliche Steifigkeit zu

$$E\,J_{St} = \frac{a^2}{\pi^2}\,\varphi_{St}\,\sigma_{kr}(F_{St} + \mu\,b\,h).$$

Führen wir die schon verwendeten Abkürzungen

$$\sigma_{kr} = k\,\frac{\pi^2\,D}{h\,b^2}, \quad \delta_{St} = \frac{F_{St}}{b\,h},$$

$$\gamma_{St} = \frac{E\,J_{St}}{b\,D}$$

ein, so wird

$$\boxed{\gamma_{St\,erf} = \varphi_{St}\,k\left(\frac{a}{b}\right)^2 [\delta_{St} + \mu].} \qquad\qquad (VI,61)$$

Die Beiwerte μ der belastenden Plattenbreite, aus den Abb. VI,89 und VI,91 berechnet, sind in Abb. VI,93 aufgetragen, die auch die μ-Werte für andere Verteilungen der Längsspannungen enthält[1]. Es zeigt sich, daß diese Beiwerte μ

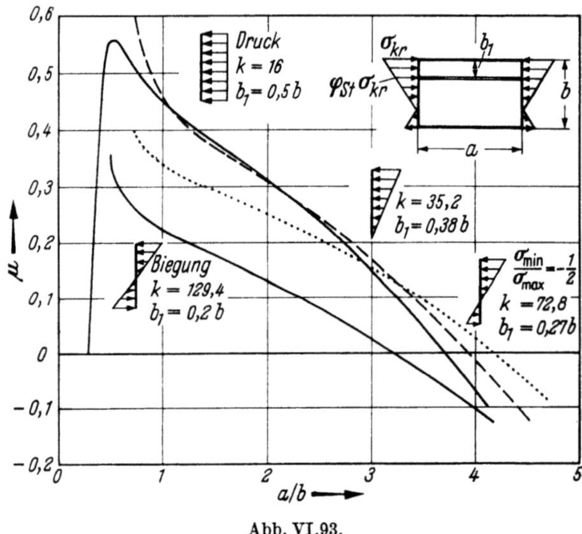

Abb. VI,93.

nach einem Maximum, das für verhältnismäßig kurze Platten erreicht wird, mit zunehmendem Verhältnis a/b ständig abnehmen; die Platte belastet die Aussteifung mit zunehmender Länge relativ weniger stark. Andererseits ist zu beachten, daß die erforderliche Eigensteifigkeit der Aussteifung quadratisch mit dem Verhältnis a/b zunimmt. Es zeigt sich hier wieder, daß Aussteifungen, um wirtschaftlich zu sein, mit möglichst kleiner Querschnittsfläche $F_{St} = \delta_{St}\,b\,h$ bei möglichst großer Steifigkeit $E\,J_{St}$ ausgebildet werden sollen.

Wenn bei langen Blechen die kleinste Blechstärke h angestrebt wird, so kann es wirtschaftlich sein, die Längsaussteifung in ihrer Mitte so stark durch eine

---

[1] DUBAS, P.: Siehe Fußnote 4, S. 436.

vertikale Zwischenaussteifung elastisch zu stützen, daß für die Bestimmung von $\gamma_{St\,erf}$ nur noch die halbe Feldweite a maßgebend wird. Ob eine solche Zwischenaussteifung wirtschaftlich gerechtfertigt ist oder ob Vergrößerung der Blechstärke h mit nur teilweiser Aussteifung die wirtschaftlichere Lösung liefert, ist von Fall zu Fall abzuklären. Auf die Ausbildung der Aussteifungen werden wir bei der Besprechung der Bauelemente zurückkommen.

f) Ausbeulen dünnwandiger Rohre

Dünnwandige Rohre können unter Längsdruck σ_x, unter Ringdruckspannungen σ_t infolge Außendruck, unter Schubspannungen τ oder unter einer Kombination dieser Beanspruchungen ausbeulen. Wir beschränken uns hier auf eine kurze Betrachtung des für den normalen Stahlbau wichtigen Belastungsfalles unter Längsdruck σ_x (Abb. VI,94).

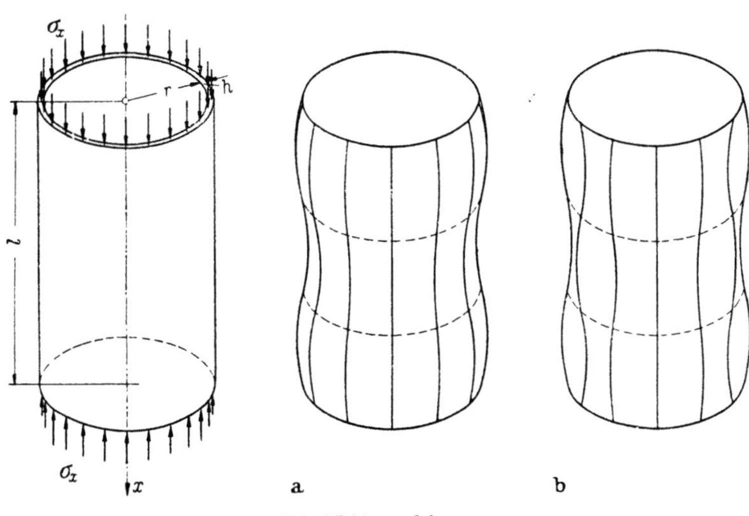

Abb. VI,94a und b.

Ein solches dünnwandiges Rohr kann nun in zwei verschiedenen Formen ausbeulen: Beim symmetrischen Ausbeulen (Abb. VI,94a), das schon vor längerer Zeit von S. TIMOSHENKO[1] untersucht worden ist, verbiegen sich die Längsstreifen sinusförmig,

$$w = w_0 \sin \frac{m\,\pi\,x}{l} ,$$

während die Querstreifen ihre ursprüngliche Kreisform beibehalten. Die Ablenkungskräfte p_a,

$$p_a = \sigma_x\,h\,\frac{d^2 w}{d x^2} ,$$

werden nun nicht nur durch die Verbiegung der Längsstreifen,

$$p_{i\,l} = D\,\frac{d^4 w}{d x^4} ,$$

---

[1] TIMOSHENKO, S.: Einige Stabilitätsprobleme der Elastizitätstheorie. Z. Math. Physik, 58 (1910) p. 378. Siehe auch Fußnote 7, S. 403.

aufgenommen, sondern der Zusammenhang der Längsstreifen leistet noch einen weiteren elastischen Widerstand,

$$p_{ir} = \frac{E\,h}{r^2}\,w,$$

weil eine Ausbeulung w eine Ausweitung des Rohres bedeutet; die Vergrößerung des Rohrumfanges um

$$2\,(r + w)\,\pi - 2\,r\,\pi = 2\,w\,\pi$$

verlangt Ringspannungen σ_t von der Größe

$$\sigma_t = E\,\frac{w}{r}\,,$$

die den radialen Widerstand p_{ir} verursachen. Die Stabilitätsbedingung liefert die Differentialgleichung des Problems zu

$$D\,\frac{d^4 w}{d\,x^4} + \sigma_x\,h\,\frac{d^2 w}{d\,x^2} + \frac{E\,h}{r^2}\,w = 0. \tag{VI,62}$$

Der betrachtete Rohrstreifen verhält sich somit gleich wie ein elastisch gebetteter Stab mit der Bettungsziffer $E\,h/r^2$.

Die Differentialgleichung (VI,62) mit konstanten Koeffizienten wird bei der vorausgesetzten gelenkigen Randlagerung durch den Ansatz der sinusförmigen Ausbeulung befriedigt, und wir erhalten durch Einsetzen

$$\sigma_{kr} = \frac{1}{h}\left(D\,\frac{m^2\,\pi^2}{l^2} + \frac{E\,h}{r^2}\,\frac{l^2}{m^2\,\pi^2}\right);$$

der kleinste Wert ergibt sich für

$$\frac{m\,\pi}{l} = \sqrt[4]{\frac{E\,h}{D\,r^2}}$$

zu

$$\sigma_{kr} = 2\,\frac{\sqrt{E\,D\,h}}{r\,h}\,. \tag{VI,62a}$$

Setzen wir den Wert der Steifigkeit D ein, indem wir noch die Möglichkeit des plastischen Ausbeulens berücksichtigen,

$$D = \frac{T \cdot 1\,h^3}{12\,(1 - \nu^2)}\,,$$

so wird

$$\boxed{\sigma_{kr} = \sqrt{\frac{E\,T}{3\,(1 - \nu^2)}}\,\frac{h}{r}}\,. \tag{VI,62b}$$

Es zeigt sich nun aus Versuchen, wie sie von E. E. Lundquist[1] an Aluminiumzylindern (Duraluminium) und von L. H. Donnell[2] an Zylindern aus Stahl und

---

[1] Lundquist, E. E.: Strength Tests of Thin Walled Duralumin Cylinders in Compression, NACA Techn. Rep. Nr. 473, 1933.

[2] Donnell, L. H.: A New Theory for the Buckling of Thin Cylinders under Axial Compression and Bending. Trans. Am. Soc. Mech. Eng., vol. 56 (1934).

Messing durchgeführt und von S. Timoshenko[1] zusammenfassend besprochen worden sind, daß die im Versuch festgestellte Tragfähigkeit erheblich unter der durch Gl. (VI,62b) gegebenen kritischen Belastung liegt; bei den Versuchen an Stahlzylindern liegen die Versuchswerte bei rd. 33% der theoretischen Werte und darunter.

Es ist nun in letzter Zeit verschiedentlich darauf hingewiesen worden, daß neben dieser symmetrischen Beulform noch eine zweite Form existiert, bei der auch die ringförmigen Querstreifen eine wellenförmige Ausbiegung erfahren (Abb. VI,94b); für diesen Beulfall hat kürzlich L. Kirste[2] eine anschauliche Darstellung gegeben, deren Ergebnisse wir hier übernehmen. Gegenüber dem symmetrischen Beulfall erhöht sich einerseits die Steifigkeit eines Längsstreifens der Breite b,

$$b = \frac{2\,r\,\pi}{n},$$

weil durch die Schalenwirkung das Trägheitsmoment vergrößert wird; andererseits verkleinert sich der Widerstand der ringförmigen Querstreifen auf den Biegungswiderstand eines gekrümmten Stabes, so daß die Stabilitätsbedingung auf die kritische Spannung

$$\sigma_{kr} = \frac{\pi^2}{6(1-\nu^2)}\left(\frac{T\,b^4\,m^2}{120\,r^2\,l^2} + \frac{T\,h^2\,m^2}{2\,l^2} + \frac{E\,h^2\,l^2}{\pi\,b^4\,m^2} + k\,\frac{E\,h^2}{\pi\,b^2}\right)$$

führt. Wenn l/m und b sehr groß sind gegenüber der Wandstärke h, so können das zweite und vierte Glied vernachlässigt werden, und der Kleinstwert von σ_{kr} ergibt sich für

$$\frac{m^2\,b^4}{l^2} = \sqrt{\frac{120\,E}{\pi\,T}}\,r\,h$$

zu

$$\sigma_{kr} = \frac{\pi^2}{6(1-\nu^2)}\,2\,\sqrt{\frac{E\,T}{120\,\pi}\,\frac{h}{r}}\,. \tag{VI,63}$$

Für $\nu = 0{,}3$ ergibt sich damit

$$\sigma_{kr} = 0{,}187\,\sqrt{T\,E}\,\frac{h}{r}$$

in guter Übereinstimmung mit anderen Untersuchungen, während Gl. (VI,62b) den Wert

$$\sigma_{kr} = 0{,}605\,\sqrt{T\,E}\,\frac{h}{r}$$

liefert. Damit dürften die angeführten Versuchsergebnisse auch ihre rechnerische Bestätigung gefunden haben. Wenn auch für große Verhältnisse r/h ein Absinken der Versuchswerte unter die durch Gl. (VI,63) gegebenen kritischen Spannungen festzustellen ist, so dürfte dies auf eine große Empfindlichkeit von sehr dünnwandigen Zylindern gegenüber unvermeidlichen Abweichungen von der Idealform

---

[1] Siehe Fußnote 7, S. 403.
[2] Kirste, L.: Abwickelbare Verformung dünnwandiger Kreiszylinder. Öst. Ing.-Arch. Bd. VIII (1954) H. 2/3.

zurückzuführen sein. Diese große Empfindlichkeit dünnwandiger Zylinder ist auch
die Ursache dafür, daß die klassische Stabilitätsuntersuchung mit als klein vorausgesetzten Ausbeulungen w hier nicht mehr genügend genau ist; eine genauere
allgemeine Lösung ist durch Berücksichtigung endlicher Verformungen zu suchen[1].

Gl. (VI,63) ist auch anwendbar, wenn nur ein Teil des Rohrquerschnittes auf
Druck beansprucht wird, wie dies bei Biegung der Fall ist; Ausbeulen wird dann
zu erwarten sein, wenn die größte Biegedruckspannung den Wert von σ_{kr} erreicht.

g) Überkritische Belastungen — Leichtprofile

Mit dem Erreichen der Beulspannung tritt häufig noch kein Zusammenbruch
einer gedrückten oder auf Biegung beanspruchten Rechteckplatte ein, sondern die
Belastung kann noch weiter gesteigert werden, bis die Tragfähigkeit erschöpft ist.
Die Bemessung von dünnwandigen *Leichtbauelementen* geht normalerweise von
dieser Erschöpfungslast aus. Abb. VI,95 zeigt einige Versuchsergebnisse an
Blechen, aus der Aluminiumlegierung Avional M hart vergütet, von 12 und 16 cm
Breite und 2 und 4 mm Stärke unter gleichmäßig verteiltem Längsdruck[2].

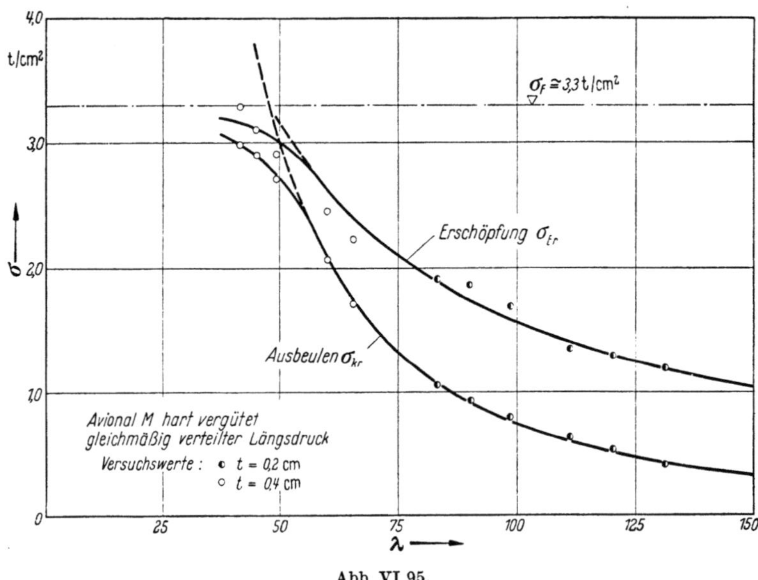

Abb. VI,95.

Zwischen den Beulspannungen σ_{kr} und den Erschöpfungsspannungen σ_{Er}
besteht nun offensichtlich der einfache Zusammenhang

$$\sigma_{Er}^2 = C\,\sigma_{kr},$$

wobei die Konstante $C = 3,3$ t/cm² nach dem Spannungs-Dehnungs-Diagramm
des verwendeten Materials eine Beanspruchung bedeutet, bei der die Dehnungen

---

[1] Siehe z. B. den zusammenfassenden Bericht von EBEL, H.: Das Beulen eines Kreis-
zylinders unter axialem Druck nach der nichtlinearen Stabilitätstheorie. Der Stahlbau 27
(1958) H. 2.

[2] STÜSSI, F., KOLLBRUNNER, C. F., WALT, M.: Versuchsbericht über das Ausbeulen der
auf einseitigen, gleichmäßig und ungleichmäßig verteilten Druck beanspruchten Platten aus
Avional M, hart vergütet. Mitt. Inst. Baustatik ETH, Zürich, H. 25 (1951).

bei nur geringer Laststeigerung stark zunehmen, oder wir können grundsätzlich, ohne auf die Besonderheiten einer bei Aluminiumlegierungen nur konventionellen, nicht wirklichen Fließgrenze einzutreten, somit setzen

$$C \cong \sigma_F$$

oder

$$\boxed{\sigma_{kr}\,\sigma_F = \sigma_{Er}^2}\,. \tag{VI,64}$$

Diese Beziehung erlaubt nun eine einfache Deutung (Abb. VI,96): im überkritischen Belastungsbereich, $\sigma > \sigma_{kr}$, ist die Druckspannung $\sigma = \sigma_x$ nicht mehr gleichmäßig über die Plattenbreite b verteilt, weil sich die ausgebeulten mittleren

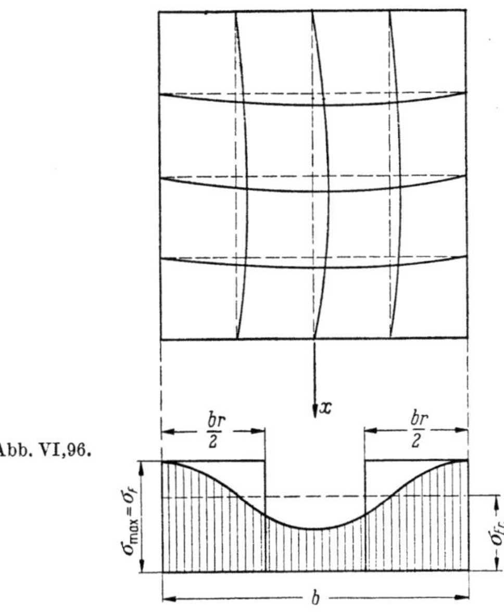

Abb. VI,96.

Plattenteile der Kraftaufnahme entziehen, sondern ungleichmäßig. Die Erschöpfungsspannung σ_{Er} bedeutet somit eine gedachte mittlere Spannung. Führen wir nun eine reduzierte Plattenbreite b_r ein, die durch die gedachte Größtspannung $\sigma_{max} = \sigma_F$ gleichmäßig beansprucht sein soll, so ist

$$b_r\,\sigma_F = b\,\sigma_{Er}$$

oder durch Einsetzen nach Gl. (VI,64)

$$\frac{b_r}{b} = \frac{\sigma_{Er}}{\sigma_F} = \frac{\sqrt{\sigma_{kr}\,\sigma_F}}{\sigma_F}\,,$$

$$\boxed{\frac{b_r}{b} = \sqrt{\frac{\sigma_{kr}}{\sigma_F}}}\,. \tag{VI,65}$$

Diese Gleichung stimmt grundsätzlich überein mit der von TH. VON KÁRMÁN, E. E. SECHLER und L. H. DONNELL[1] für den Fall gelenkig gelagerter Längs-

---

[1] v. KÁRMÁN, TH., SECHLER, E. E., DONNELL, L. H.: The Strength of Thin Plates in Compression. Trans. Amer. Soc. Mech. Engrs. Vol. 54 (1932) p. 53.

ränder, $k_{\min} = 4{,}0$, angegebenen Beziehung für die mitwirkende Breite b_r,

$$b_r = 1{,}9\,h\,\sqrt{\frac{E}{\sigma_F}}\,. \qquad\qquad (\text{VI},65\,\text{a})$$

Es ist nämlich (mit $\nu = 0{,}3$)

$$\sigma_{kr} = k\,\sigma_E = 4{,}00\,\frac{\pi^2\,E\,h^2}{12\,(1 - \nu^2)\,b^2} = 1{,}9^2\,\frac{E\,h^2}{b^2}\,.$$

Über diese Zusammenhänge hat G. WINTER eingehende Versuche durchgeführt, von denen die am Kongreß Lüttich der IVBH veröffentlichten Ergebnisse herausgegriffen werden sollen[1]. Die Versuche wurden an Leichtprofilen mit Querschnitt nach Abb. VI,97 durchgeführt, wobei die mitwirkende Plattenbreite b_r aus der durch Dehnungsmessungen bestimmten Lage der Nullinie berechnet wurde. Prof. WINTER hat aus seinen Versuchen eine eher konservative Bemessungsformel abgeleitet.

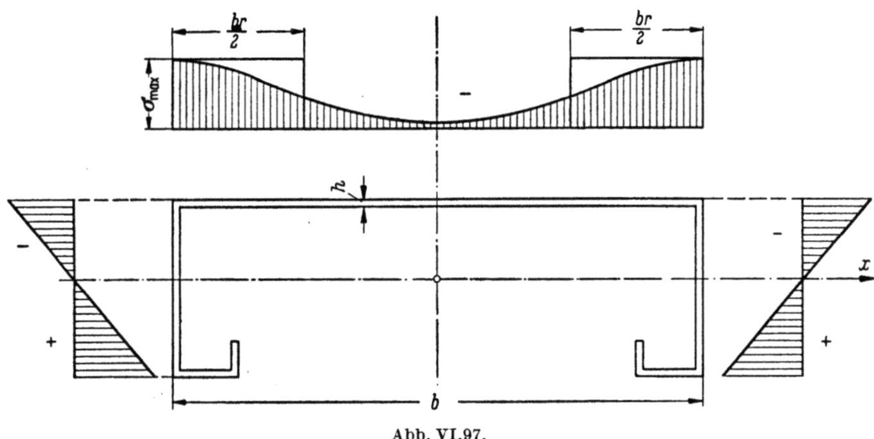

Abb. VI,97.

Tragen wir jedoch seine Versuchswerte in der Darstellung von Abb. VI,98 mit den Ordinaten b_r/b und den Abszissen $h\,\sqrt{E}/b\,\sqrt{\sigma_{\max}}$ auf, so dürfen wir feststellen, daß sie die Gln. (VI,65) bzw. (VI,65a) sehr schön bestätigen. Die festzustellenden „echten" Streuungen dürfen mit Rücksicht auf die der Versuchsauswertung anhaftenden Unsicherheiten eher als klein bezeichnet werden. An diesen Versuchen von G. WINTER, die sich über Bereiche von b/h von 86 bis 344 und von σ_F von 1,74 bis 4,00 t/cm² erstrecken, ist besonders wertvoll, daß jeder Versuch mit drei Laststufen durchgeführt wurde; dadurch erlauben sie eine Verallgemeinerung von Gl. (VI,65) auf

$$\frac{b_r}{b} = \sqrt{\frac{\sigma_{kr}}{\sigma_{\max}}}\,,$$

d. h. auf Spannungsgrößtwerte $\sigma_{\max} < \sigma_F$, unter denen noch keine Erschöpfung eintritt.

---

[1] WINTER, G.: Performance of Thin Steel Compression Flanges. 3. Kongreß der IVBH Lüttich 1948, Vorbericht S. 137; zudem Einführungsbericht zum Thema IIa: Dünnwandige Konstruktionen. Theoretische Lösungen und Versuchsergebnisse. 8. Kongreß der IVBH New York 1968, Vorbericht S. 125.

Eine reduzierte mitwirkende Breite bedeutet immer, daß das Material nicht voll ausgenützt werden kann. Eine Verwendung des hochwertigen Baustoffes

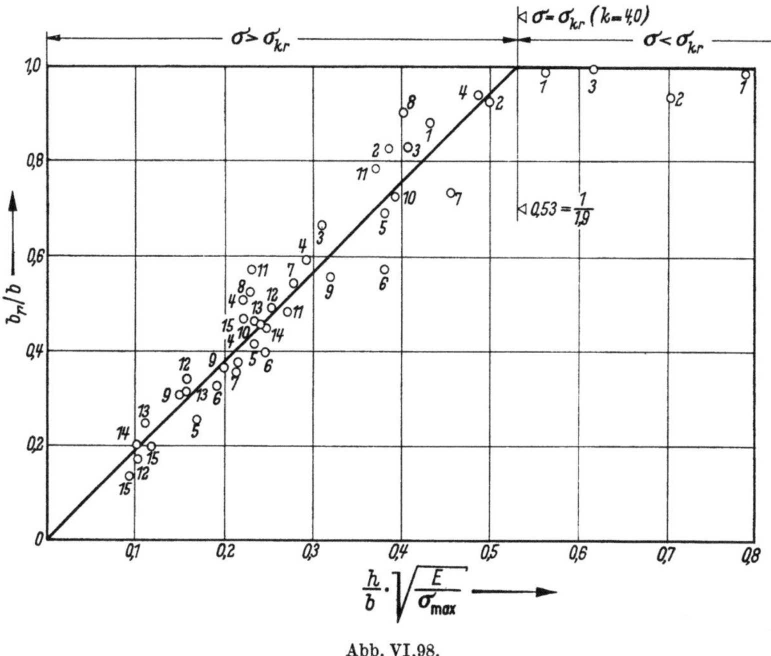

Abb. VI,98.

Stahl für Leichtprofile mit unvollständiger Materialausnützung wird in europäischen Verhältnissen nur in besonderen Fällen wirtschaftlich gerechtfertigt sein, beispielsweise dann, wenn den Leichtprofilen neben der tragenden Funktion noch eine raumabschließende Funktion zugewiesen werden kann.

h) Plastisches Ausbeulen, Beulsicherheiten

Die bisher berechneten Beulwerte k gelten für elastisches Verhalten des Baustoffes

$$\sigma_{kr} \leqq \sigma_P, \qquad \tau_{kr} \leqq \tau_P = \frac{\sigma_P}{\sqrt{3}},$$

bzw. bei einer kombinierten Beanspruchung für die Vergleichsspannung

$$\sigma_{gkr} = \sqrt{\sigma_{kr}^2 + 3\tau_{kr}^2} \leqq \sigma_P.$$

Bei unelastischem Ausbeulen, $\sigma_{kr} > \sigma_P$, $\tau_{kr} > \tau_P$, $\sigma_{gkr} > \sigma_P$ verhält sich das Material anisotrop; für reinen Längsdruck σ_x ist die Anisotropie orthogonal, und die Beulgleichung (VI,49) nimmt die Form

$$D_x \frac{\partial^4 w}{\partial x^4} + 2 D_{xy} \frac{\partial^4 w}{\partial x^2 \partial y^2} + D_y \frac{\partial^4 w}{\partial y^4} = -\sigma_x h \frac{\partial^2 w}{\partial x^2}$$

an. Die Lösung dieser Gleichung wäre nun an sich, mindestens für einzelne Beulfälle, durchaus möglich, wenn die orthotropen Steifigkeitswerte D_x, D_{xy}, D_y für den plastischen Beanspruchungszustand bekannt wären.

Solche Berechnungen hat P. P. Bijlaard[1] meines Wissens als erster durchgeführt. Auch ich habe diese Ergebnisse zuerst als gesichert angesehen[2]; erst später sind mir gewisse Widersprüche gegenüber einzelnen Versuchen aufgefallen. Diese Widersprüche beziehen sich nicht etwa auf die Lösung der Beulgleichung an sich, sondern auf die als Grundlage der Bestimmung der Steifigkeiten D_x, D_{xy}, D_y beigezogene mathematische Plastizitätstheorie, deren Voraussetzung der Volumenkonstanz bei plastischen Formänderungen durch Beobachtungstatsachen widerlegt wird[3]. Eine rechnerische Bestimmung der Beulwerte im plastischen Bereich wird erst dann einwandfrei möglich sein, wenn eine versuchstechnisch gesicherte Plastizitätstheorie als Grundlage zur Verfügung stehen wird. Dabei werden auch die kritischen Überlegungen von F. R. Shanley[4] beachtet werden müssen.

Nun liegen die Verhältnisse für die Konstruktionspraxis insofern günstig, als wir die Beschaffung dieser Grundlagen nicht abwarten müssen, um eine schon recht brauchbare Umschreibung auch des unelastischen Beulbereichs aufstellen zu können. Führen wir nämlich aus dem Vergleich

$$\sigma_{kr} = k\,\sigma_E = \frac{\pi^2\,E}{\lambda_{id}^2}$$

von Beulspannung und Knickspannung einen ideellen Schlankheitsgrad λ_{id},

$$\lambda_{id}^2 = \frac{\pi^2\,E}{k\,\sigma_E} = \frac{\pi^2\,E \cdot 12(1-\nu^2)\,b^2}{k\,\pi^2\,E\,h^2},$$

$$\boxed{\lambda_{id} = \frac{b}{h}\sqrt{\frac{12(1-\nu^2)}{k}}} \qquad\qquad (\text{VI},66)$$

ein, so können wir die Beulspannung σ_{kr} direkt aus der Knickspannungslinie (Engesser-Shanley) entnehmen (Abb. VI,99). Diese Knickspannungswerte liegen auf der sicheren Seite.

Für *kombinierte Beanspruchungsfälle* mit den vorhandenen Spannungen $\sigma_{D\,\text{vorh}}$ (Druck), $\sigma_{B\,\text{vorh}}$ (Biegung) und τ_{vorh} (Schub) ergibt sich nach Gl. (VI,57a) die Sicherheit n aus folgender Beziehung

$$\frac{n\,\sigma_{D\,\text{vorh}}}{\sigma_{D\,kr}} + \left(\frac{n\,\sigma_{B\,\text{vorh}}}{\sigma_{B\,kr}}\right)^2 + \left(\frac{n\,\tau_{\text{vorh}}}{\tau_{kr}}\right)^2 = 1$$

zu

$$\frac{1}{n} = \frac{\sigma_{D\,\text{vorh}}}{2\sigma_{D\,kr}} + \sqrt{\left(\frac{\sigma_{D\,\text{vorh}}}{2\sigma_{D\,kr}}\right)^2 + \left(\frac{\sigma_{B\,\text{vorh}}}{\sigma_{B\,kr}}\right)^2 + \left(\frac{\tau_{\text{vorh}}}{\tau_{kr}}\right)^2}.$$

---

[1] Bijlaard, P. P.: Theory of Local Plastic Deformations. Abh. IVBH, Bd. 6, Zürich 1940/41. — Bijlaard, P. P.: Theory of the Plastic Stability of Thin Plates. Abh. IVBH, Bd. 6, Zürich 1940/41. — Bijlaard, P. P.: Some Contributions to the Theory of Elastic and Plastic Stability, Abh. IVBH, Bd. 8, Zürich 1947.

[2] Bijlaard, P. P., Kollbrunner, C. F., Stüssi, F.: Theorie und Versuche über das plastische Ausbeulen von Rechteckplatten unter gleichmäßig verteiltem Längsdruck. 3. Kongreß der IVBH Lüttich 1948, Vorbericht.

[3] Stüssi, F.: Die Grundlagen der mathematischen Plastizitätstheorie und der Versuch. Z. ang. Math. Phys. (Zamp), Vol. I. 1950.

[4] Shanley, F. R.: On the Inelastic Buckling of Plates. Memorie Symposium sulla Plasticità, Varenna 1956, Bologna, Zanichelli.

Die kritische Vergleichsspannung $n\,\sigma_{g\,\text{vorh}}$ beträgt somit im elastischen Bereich

$$(\sigma_{g\,kr})_{el} = \frac{\sqrt{\sigma_{1\,\text{vorh}}^2 + 3\tau_{\text{vorh}}^2}}{\dfrac{\sigma_{D\,\text{vorh}}}{2\sigma_{D\,kr}} + \sqrt{\left(\dfrac{\sigma_{D\,\text{vorh}}}{2\sigma_{D\,kr}}\right)^2 + \left(\dfrac{\sigma_{B\,\text{vorh}}}{\sigma_{B\,kr}}\right)^2 + \left(\dfrac{\tau_{\text{vorh}}}{\tau_{kr}}\right)^2}},\qquad (\text{VI},67)$$

wobei $\sigma_{1\,\text{vorh}} = \sigma_{D\,\text{vorh}} + \sigma_{B\,\text{vorh}}$ nach Abb. VI,77 die Randspannung der untersuchten Platte bedeutet.

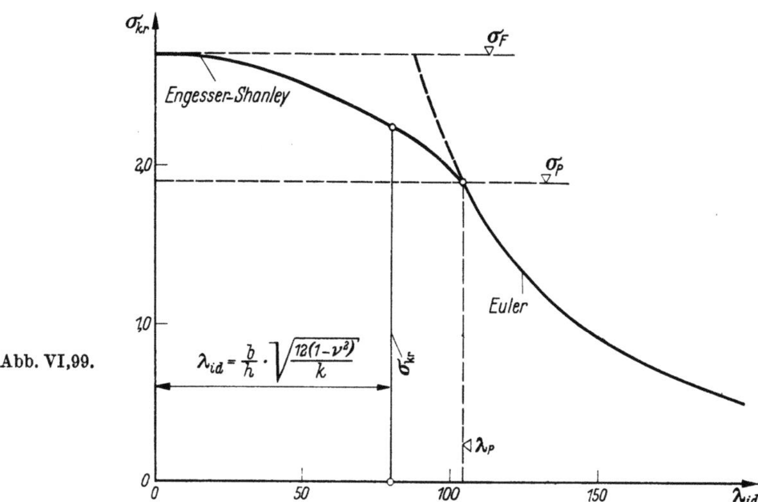

Abb. VI,99.

Falls die vorher erwähnte Bedingung für elastisches Verhalten des Baustoffes

$$(\sigma_{g\,kr})_{el} \leqq \sigma_P$$

nicht erfüllt ist, wird mit dem ideellen Schlankheitsgrad

$$\lambda_{id} = \pi\sqrt{\frac{E}{(\sigma_{g\,kr})_{el}}}\qquad (\text{VI},66\,\text{a})$$

die kritische Vergleichsspannung $(\sigma_{g\,kr})_{pl}$ des unelastischen Bereiches bestimmt (Abb. VI,99).

Die tatsächliche Sicherheit beträgt somit

$$n_{\text{vorh}} = \frac{(\sigma_{g\,kr})_{pl}}{\sigma_{g\,\text{vorh}}} = \frac{(\sigma_{g\,kr})_{pl}}{\sqrt{\sigma_{1\,\text{vorh}}^2 + 3\tau_{\text{vorh}}^2}}.$$

Wenn durch das Ausbeulen eines Bleches noch kein Zusammenbruch des Bauelementes ausgelöst wird, sondern die Tragfähigkeit auch nach dem Ausbeulen[1] infolge einer Spannungsumlagerung erhalten bleibt (vgl. z. B. Blechträger, Abb. VIII,23), so darf mit kleineren Sicherheiten gerechnet werden als beim Knicken oder Kippen, die ein unmittelbares Versagen des Bauteiles verursachen. Orientierende Richtlinien werden bei der Besprechung der Bauelemente gegeben werden.

---

[1] Dieses Verhalten im sog. überkritischen Bereich ist Gegenstand zahlreicher Forschungsarbeiten. Für allgemeine Fälle dieser nichtlinearen Beultheorie mit kombinierter Platten- und Membranwirkung [Gl. (IV,49)] fehlen direkt verwendbare theoretische Ergebnisse noch weitgehend. Für Literaturangaben sei verwiesen auf den Einführungsbericht von MASSONNET, CH.: 8. Kongreß der IVBH New York 1968; IIc, Dünnwandige hohe Blechträger. Vorbericht S. 174; Schlußbericht S. 493.

VII. Schwingungen von Trägern

1. Grundbegriffe

a) Die schwingende Feder

Wir betrachten zunächst in Abb. VII,1 mit einem an einer Feder aufgehängten schwingenden Massenpunkt m ein einfaches Beispiel einer Schwingung mit *einem* Freiheitsgrad.

Abb. VII,1.

Am Massenpunkt m mit der Masse M greifen die folgenden Kräfte an:

die d'Alembertsche Trägheitskraft $\quad K_T = M\dfrac{d^2 y}{dt^2} = M\ddot{y}$,

die Dämpfungskraft $\quad K = k\dfrac{dy}{dt} = k\dot{y}$,

die Rückstellkraft $\quad K_F = C\,y$,

sowie eine äußere Störungskraft R.

Die Dämpfung wird wie üblich proportional zur Geschwindigkeit $\dot{y}$ mit dem Dämpfungsfaktor k eingeführt; C bedeutet die Federkonstante.

Diese Kräfte müssen miteinander im Gleichgewicht sein; es ist also

$$\boxed{M\ddot{y} + k\dot{y} + C\,y - R = 0}\,. \tag{VII,1}$$

Dividieren wir durch M, so nimmt Gl. (VII,1) mit den Abkürzungen

$$b = \frac{k}{M}, \quad c = \frac{C}{M}, \quad F = \frac{R}{M}$$

die Form der Differentialgleichung

$$\boxed{\ddot{y} + b\dot{y} + c\,y - F = 0} \tag{VII,2}$$

an, die den zeitlichen Verlauf der Schwingungsausschläge y beschreibt. Dadurch, daß wir diese Schwingungsausschläge von der statischen Ruhelage aus messen, wird die statische Durchbiegung y_{stat},

$$y_{\text{stat}} = G/C,$$

infolge des Gewichtes $G = gM$ (g = Erdbeschleunigung) aus der Schwingungsgleichung eliminiert.

Verschwindet die Störungskraft R, so geht die *erzwungene Schwingung* in eine *Eigenschwingung* des sich selbst überlassenen Systems über.

Zur Lösung der Schwingungsgleichung (VII,2) müssen noch zwei *Anfangsbedingungen* gegeben sein, also zwei der drei Größen y_0 (Ausschlag), $\dot{y}_0$ (Geschwindigkeit) oder $\ddot{y}_0$ (Beschleunigung) zur Zeit $t = 0$. Die Lösung wird in einfachen Fällen in geschlossener Form, durch Integration der Differentialgleichung, in komplizierten Fällen (beliebig veränderliche Störungskraft usw.) numerisch mit den in Abschn. IV entwickelten Beziehungen gefunden.

Ungedämpfte Eigenschwingungen

Vorerst sei der Fall der Eigenschwingung unter Vernachlässigung der Dämpfung, $k \cong 0$, etwas näher betrachtet; für diesen Fall ist

$$\boxed{\ddot{y} + c\,y = \ddot{y} + p^2 y = 0}\,. \tag{VII,2a}$$

Diese vereinfachte Schwingungsgleichung wird durch den Lösungsansatz

$$\boxed{y = C_1 \sin p t + C_2 \cos p t}$$

befriedigt; p bedeutet die *Kreisfrequenz*,

$$p^2 = c = \frac{C}{M}\,.$$

Für die Anfangsbedingungen

$$(y)_0 = y_0, \qquad (\dot{y})_0 = 0$$

zur Zeit $t = 0$ wird

$$C_1 = 0, \qquad C_2 = y_0$$

oder

$$\boxed{y = y_0 \cos p t}\,.$$

Die in Abschn. IV besprochene numerische Lösung liefert mit

$$\gamma = \frac{c\,\Delta t^2}{12} = \frac{p^2\,\Delta t^2}{12}$$

den Schwingungsausschlag y_1 zur Zeit $t = \Delta t$ zu

$$y_1 = y_0 \frac{1 - 5\gamma}{1 + \gamma}\,, \tag{VII,3a}$$

sowie die weiteren Ausschläge y_{i+1} zur Zeit $t = (i + 1)\,\Delta t$ aus der Rekursionsformel

$$y_{i+1} = y_i \frac{2 - 10\gamma}{1 + \gamma} - y_{i-1}\,. \tag{VII,3b}$$

Der Verlauf dieser *harmonischen Schwingung* ist in Abb. VII,2 dargestellt.

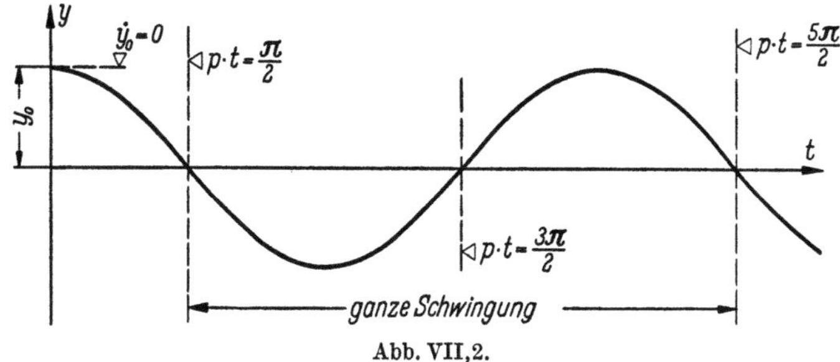

Abb. VII,2.

Diese Schwingungskurve zeigt Nullpunkte für $pt = \pi/2,\ 3\pi/2,\ 5\pi/2$ usw.; ihre Periode ist somit

$$pt = 2\pi$$

oder ihre *Schwingungsdauer* T_0 beträgt

$$\boxed{T_0 = \frac{2\pi}{p}}.$$

Die Zahl der Schwingungen in der Sekunde oder die *Schwingungsfrequenz* ν ergibt sich somit zu

$$\boxed{\nu = \frac{1}{T_0} = \frac{p}{2\pi}};$$

die Einheit dieser sekundlichen Schwingungszahl wird, nach dem deutschen Physiker HEINRICH HERTZ, als Hertz bezeichnet.

Gedämpfte Eigenschwingungen

Die Differentialgleichung der gedämpften freien Schwingung (mit zur Geschwindigkeit $\dot{y}$ proportionaler Dämpfung)

$$\ddot{y} + b\,\dot{y} + c\,y = 0 \qquad\qquad\qquad (\text{VII},2\,\text{b})$$

wird bei konstanten Koeffizienten b und c durch den Lösungsansatz

$$y = C_1\, e^{\lambda_1 t} + C_2\, e^{\lambda_2 t}$$

befriedigt, wobei

$$\lambda_{1,2} = -\frac{b}{2} \pm \sqrt{\frac{b^2}{4} - c}$$

bedeutet. Der mathematische Charakter der Schwingungskurve wird gegenüber der harmonischen Schwingung grundsätzlich verändert. Auf die numerische Auswertung der Lösung (für die auf die Lehrbücher der technischen Mechanik verwiesen sei) soll hier nicht weiter eingetreten werden; wir begnügen uns hier mit einigen Feststellungen an Hand der numerischen Lösung.

Die *numerische Lösung* der Schwingungsgleichung (VII,2b) für die Anfangsbedingungen y_0 und $\dot{y}_0$ gegeben, läßt sich entsprechend den Gln. (IV,23) und (IV,22) umschreiben einerseits durch die Anfangsbedingung für $\dot{y}_0$,

$$y_0\left(1 + \frac{2\beta}{3} - 3{,}5\gamma_0\right) - y_1\left(1 + \frac{2\beta}{3} + 3{,}0\gamma_1\right) + 0{,}5y_2\,\gamma_2 = -\dot{y}_0\left(1 - \frac{\beta}{3}\right)\Delta t,$$

die sich für den *Normalfall* $\dot{y}_0 = 0$ auf

$$y_0\left(1 + \frac{2\beta}{3} - 5\gamma_0\right) - y_1\left(1 + \frac{2\beta}{3} + \gamma_1\right) = 0$$

oder

$$\boxed{y_1 = y_0\,\frac{1 + \dfrac{2\beta}{3} - 5\gamma_0}{1 + \dfrac{2\beta}{3} + \gamma_1}} \qquad\qquad (\text{VII},4\,\text{a})$$

vereinfachen läßt, und anderseits durch die Rekursionsformel

$$y_{i+1} = \frac{1}{1 + \beta_i + \gamma_{i+1}} [y_i(2 - 10\gamma_i) - y_{i-1}(1 - \beta_i + \gamma_{i-1})] \,, \qquad \text{(VII,4b)}$$

die alle weiteren Schwingungsausschläge y liefert.

Mit Hilfe dieser Gleichungen sei zunächst der Grenzfall der *aperiodischen Schwingungen* mit

$$\frac{b^2}{4} = c = p^2, \quad b = 2p$$

untersucht und dabei auch auf die Frage der Rechnungsgenauigkeit bzw. der zu wählenden Intervallgröße Δt eingetreten.

Für $b = 2p$ wird

$$\beta = p\,\Delta t, \quad \gamma = \frac{p^2 \Delta t^2}{12}$$

oder wenn wir die neue unabhängige Variable $x = p\,t$ einführen,

$$\beta = \Delta x, \quad \gamma = \frac{\Delta x^2}{12}\,.$$

Um eine Schwingungskurve zutreffend darstellen zu können, wird die Intervallgröße $\Delta x = p\,\Delta t$ höchstens zu etwa

$$\Delta x = \frac{\pi}{6}$$

gewählt werden dürfen; wählen wir mit Rücksicht auf eine bequeme Zahlenrechnung $\Delta x = 0{,}48$, so wird

$$\beta = 0{,}48, \quad \gamma = 0{,}0192,$$

und die Gln. (VII,4) lauten zahlenmäßig

$$y_1 = y_0 \frac{1 + 0{,}32 - 0{,}0960}{1 + 0{,}32 + 0{,}0192} = y_0 \frac{1{,}2240}{1{,}3392} = 0{,}913978\,y_0 \,,$$

$$y_{i+1} = y_i \frac{2 - 0{,}1920}{1 + 0{,}48 + 0{,}0192} - y_{i-1} \frac{1 - 0{,}48 + 0{,}0192}{1 + 0{,}48 + 0{,}0192}$$

$$= 1{,}205977\,y_i - 0{,}359658\,y_{i-1} \,. \qquad \text{(VII,4c)}$$

Da bei der Ableitung dieser Beziehungen der Dämpfungseinfluß (β) nur angenähert mit der Trapezformel berücksichtigt wurde, ist zu erwarten, daß bei so großen Werten des Intervalles Δx bzw. von β die mit diesen Zahlenwerten berechnete Schwingungskurve mit merklichen Fehlern belastet sein wird. Um die Größe dieser Fehler zu beurteilen, sind zwei Arten von Kontrollen möglich: entweder verfeinern wir die Berücksichtigung des Dämpfungsgliedes oder wir rechnen eine zweite Kurve mit wesentlich kleineren Intervallgrößen. Nachstehend seien beide Kontrollrechnungen durchgeführt.

Die genauere Knotenlast[1] des Dämpfungsgliedes $b\,\dot{y}$ der zu lösenden Schwingungsgleichung

$$\ddot{y} + b\,\dot{y} + c\,y = 0$$

beträgt mit der Parabelformel entsprechend Gl. (IV,20b)

$$K_i(\dot{y}) = \frac{1}{2}\,(y_{i+1} - y_{i-1}) - \frac{\Delta t^2}{24}\,(\ddot{y}_{i+1} - \ddot{y}_{i-1}).$$

Setzen wir hierin entsprechend der zu lösenden Gleichung

$$\ddot{y} = -b\,\dot{y} - c\,y$$

und beachten, daß nach Gl. (IV,10b)

$$\Delta t(\dot{y}_{i+1} - \dot{y}_{i-1}) = 2(y_{i-1} - 2y_i + y_{i+1})$$

beträgt, so erhalten wir nach Einsetzen und Ordnen für $b_{i-1} = b_i = b_{i+1} = $ konst.

$$\Delta t\,K_i(b\,\dot{y}) = \beta(1 + \gamma)\,(y_{i+1} - y_{i-1}) + \frac{\beta^2}{3}\,(y_{i+1} - 2y_i + y_{i-1})$$

und damit die verbesserte Grundgleichung

$$\boxed{\begin{aligned}
&-y_{i-1}\left[1 - \beta\left(1 - \frac{\beta}{3} + \gamma\right) + \gamma\right] + y_i\left(2 + \frac{2\beta^2}{3} - 10\gamma\right) - \\
&-y_{i+1}\left[1 + \beta\left(1 + \frac{\beta}{3} + \gamma\right) + \gamma\right] = 0
\end{aligned}} \quad \text{(VII,5a)}$$

Anderseits ergibt sich eine verbesserte Formulierung der Randbedingung $\dot{y}_0 = 0$ aus

$$0 = y_1 - y_0 + \beta\,\frac{\Delta t}{12}\,(7\dot{y}_0 + 6\dot{y}_1 - \dot{y}_2) + \gamma(3{,}5y_0 + 3{,}0y_1 - 0{,}5y_2)$$

mit den aus den Gln. (IV,10b) und (IV,11a) sich ergebenden Werten

$$\Delta t\,\dot{y}_2 = 2(y_0 - 2y_1 + y_2),$$

$$\Delta t\,\dot{y}_1 = \frac{1}{4}\,(y_2 + 4y_1 - 5y_0);$$

wir erhalten durch Einsetzen und Ordnen

$$\boxed{-y_0\left(1 + \frac{19}{24}\beta - 3{,}5\gamma\right) + y_1\left(1 + \frac{20\beta}{24} + 3{,}0\gamma\right) - y_2\left(\frac{\beta}{24} + 0{,}5\gamma\right) = 0}.$$

$$\text{(VII,5b)}$$

---

[1] Für eine allgemeine Formel mit verbesserten Knotenlasten vgl. STÜSSI, F.: Die verbesserte Seilpolygonmethode zur numerischen Lösung von Differentialgleichungen zweiter Ordnung. Abh. IVBH Bd. 29-II, Zürich 1969.

Die Vorzahl von y_2 kann leicht mit der Grundgleichung (VII,5a) numerisch eliminiert werden.

Die Gln. (VII,5) lassen sich, wie auch die Gln. (VII,4), in der Form

$$y_{i+1} = c_i\, y_i - c_{i-1}\, y_{i-1},$$

$$y_1 = c_0\, y_0$$

anschreiben; für die Zahlenwerte $\beta = 0{,}48$, $\gamma = 0{,}0192$ wird

$$c_i = 1{,}237434, \quad c_{i-1} = 0{,}382777, \quad c_0 = 0{,}915901. \qquad \text{(VII,5c)}$$

Der zweite Weg einer Kontrolle, nämlich eine Berechnung mit genügend kleinen Intervallen Δx durchzuführen ist etwas mühsam. Wir bestimmen deshalb zunächst in allgemeiner Form die Koeffizienten $\bar c$ unserer Rekursionsformeln für verdoppelte Intervalle. Aus den Gleichungen

$$c_{i-1}(-c_{i-1}\, y_{i-2} + c_i\, y_{i-1} - y_i) = 0,$$

$$c_i(-c_{i-1}\, y_{i-1} + c_i\, y_i - y_{i+1}) = 0,$$

$$-c_{i-1}\, y_i + c_i\, y_{i+1} - y_{i+2} = 0$$

erhalten wir durch Addition

$$\boxed{\,-c_{i-1}^2\, y_{i-2} + (c_i^2 - 2c_{i-1})\, y_i - y_{i+2} = 0\,}. \qquad \text{(VII,6a)}$$

Analog folgt aus

$$c_i(c_0\, y_0 - y_1) = 0,$$

$$-c_{i-1}\, y_0 + c_i\, y_1 - y_2 = 0$$

durch Addition

$$\boxed{\,(c_i\, c_0 - c_{i-1})\, y_0 - y_2 = 0\,}. \qquad \text{(VII,6b)}$$

Die Koeffizienten $\bar c$ für verdoppelte Intervallgrößen lauten somit

$$\boxed{\,\bar c_i = c_i^2 - 2c_{i-1}\,}, \quad \boxed{\,\bar c_{i-1} = c_{i-1}^2\,}, \quad \boxed{\,\bar c_0 = c_0\, c_i - c_{i-1}\,}. \qquad \text{(VII,6c)}$$

Gehen wir aus von den Werten $\Delta x = 0{,}06$, $\beta = 0{,}06$, $\gamma = 0{,}0003$, so erhalten wir aus den genaueren Gln. (VII,5) zunächst die Werte

$$c_i = 1{,}883529, \quad c_{i-1} = 0{,}886920, \quad c_0 = 0{,}998270$$

und daraus durch wiederholte Verdoppelung der Intervallgrößen Δx entsprechend den Gln. (VII,6c) für $\Delta x = 0{,}48$, $\beta = 0{,}48$, $\gamma = 0{,}0192$ die Werte

$$c_i = 1{,}237577, \quad c_{i-1} = 0{,}382891, \quad c_0 = 0{,}915802. \qquad \text{(VII,6d)}$$

In der folgenden Tabelle sind die Werte y, nach den drei Gruppen von Beziehungen berechnet, zusammengestellt und mit der analytischen Lösung $y = y_0(1 + x)\,e^{-x}$ verglichen:

$x = p\,t$	Werte y für $b = 2p$, $\dot{y}_0 = 0$			
	Gl. (VII,4)	Gl. (VII,5)	Gl. (VII,6)	genau
0	1,000000	1,000000	1,000000	1,000000
0,48	0,913978	0,915901	0,915802	0,915799
0,96	0,742578	0,750590	0,750484	0,750470
1,44	0,566812	0,578220	0,578129	0,578104
1,92	0,416488	0,428200	0,428126	0,428092
2,40	0,298416	0,308540	0,308478	0,308441
2,88	0,210090	0,217893	0,217840	0,217803
3,36	0,146036	0,151526	0,151480	0,151446
3,84	0,100556	0,104099	0,104059	0,104029
4,32	0,068745	0,070815	0,070781	0,070755
4,80	0,046739	0,047782	0,047754	0,047732
5,28	0,031641	0,032021	0,031998	0,031980
5,76	0,021348	0,021334	0,021315	0,021301
6,24	0,014365	0,014133	0,014127	0,014117
usw.	$\times y_0$	$\times y_0$	$\times y_0$	$\times y_0$

Der Vergleich dieser Zahlenwerte zeigt, daß die „verbesserten" Formeln, Gln. (VII,5) trotz der großen β-Werte eine ausgezeichnete Genauigkeit besitzen; ihr Nachteil liegt jedoch darin, daß sie für den allgemeinen Fall der erzwungenen Schwingungen auf etwas schwerfällige Beziehungen führen. Beachten wir jedoch, daß der untersuchte Grenzfall der aperiodischen Schwingung wohl den ungünstigsten praktisch noch zu untersuchenden Fall einer Schwingung darstellt, so darf doch festgestellt werden, daß normalerweise die „vereinfachten" Formeln, Gln. (VII,4), auch bei den größten vernünftigerweise noch in Betracht kommenden Intervallwerten $p\,\Delta t = \Delta x$ eine praktisch noch durchaus ausreichende Genauigkeit besitzen; im untersuchten Grenzfall beträgt der größte Fehler von y rd. 1% von y_0.

Die berechnete Schwingungskurve für $b = 2p$ ist in Abb. VII,3 zusammen mit den Kurven für $b = p$, $b = 1/2\,p$ und $b = 0$ aufgetragen. Wir stellen fest,

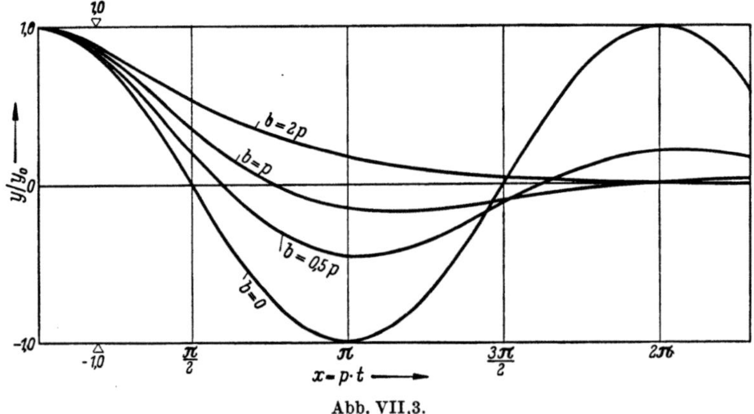

Abb. VII,3.

daß auch der Wert $b = 0,50\,p$ einer sehr starken Dämpfung entspricht; bei Trägerschwingungen, wie sie den Stahlbau interessieren, dürfte b wohl stets unter dem Wert $b = 0,20\,p$ liegen.

Es ist somit ohne grundsätzliche Schwierigkeit möglich, den Verlauf einer gedämpften Schwingung mit genügender Genauigkeit zu berechnen, sobald die Dämpfungskonstante k bekannt ist. Die eigentliche Schwierigkeit, der wir heute bei gedämpften Schwingungen gegenüberstehen, beruht jedoch darauf, daß wir eben diese Dämpfungskonstante k für die Tragwerke der Konstruktionspraxis bei der Projektierung noch nicht kennen, sondern höchstens durch eine Belastungsprobe am fertigen Bauwerk nachträglich bestimmen könnten. Leider sind auch die bisher bekanntgegebenen Meßergebnisse zu spärlich, um daraus zuverlässige Grundlagen für die Vorausbestimmung der Dämpfungskonstanten abzuleiten. In diesem Umstand liegt meines Erachtens eine der Hauptursachen dafür, daß heute eine befriedigende Tragwerksdynamik noch nicht aufgestellt werden kann.

Nun ist, soweit wir feststellen können, die Dämpfungskonstante bei Stahltragwerken verhältnismäßig klein, so daß eine Reihe von Fragen über das Schwingungsverhalten unserer Brücken und Hochbauten (wenn auch bei weitem nicht alle) unter Vernachlässigung der Dämpfung, $k = 0$, befriedigend beantwortet werden können.

b) Die Feder als Ersatzsystem

Die schwingende Feder nach Abb. VII,1 erlaubt uns häufig, einfache Schwingungsvorgänge an Trägern recht zutreffend abzuschätzen. Zwei einfache Beispiele sollen dies veranschaulichen.

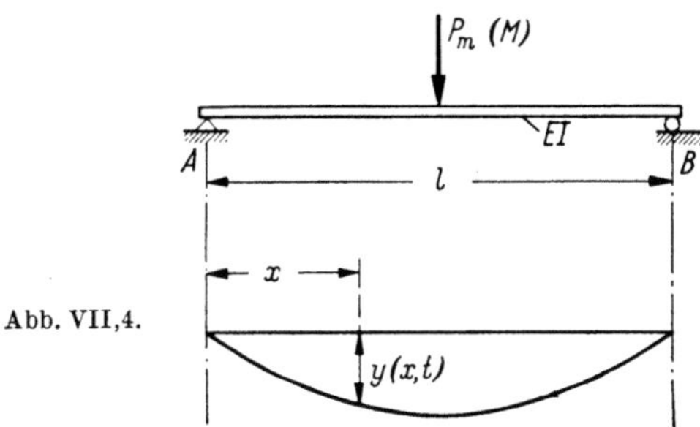

Abb. VII,4.

Es soll die Schwingungsdauer eines masselos vorausgesetzten Trägers mit Balkenlagerung, belastet durch die Einzellast P_m mit der Masse

$$M = \frac{P_m}{g},$$

bestimmt werden (Abb. VII,4).

Die statische Durchbiegung η_m in Balkenmitte unter der Last P_m beträgt bei konstanter Steifigkeit EJ

$$\eta_m = \frac{P_m\, l^3}{48\,E\,J}$$

oder die *Federkonstante* C, d. h. der Widerstand, den der Balken einer Durchbiegung η_m entgegensetzt, ist

$$C = \frac{P_m}{\eta_m} = \frac{48\,E\,J}{l^3}.$$

Damit ergibt sich die Kreisfrequenz p zu

$$p = \sqrt{\frac{C}{M}} = \sqrt{\frac{Cg}{P_m}} = \sqrt{\frac{48\,EJg}{P_m\,l^3}} = \sqrt{\frac{g}{\eta_m}}$$

oder die Schwingungsdauer T_0 zu

$$T_0 = \frac{2\pi}{p} = 2\pi\sqrt{\frac{\eta_m}{g}}\,.$$

Ist dagegen der Balken durch eine gleichmäßig verteilte Masse $m = q/g$ belastet (Abb. VII,5), so sehen wir sofort ein, daß nicht alle Massenteilchen den vollen Schwingungsausschlag mitmachen.

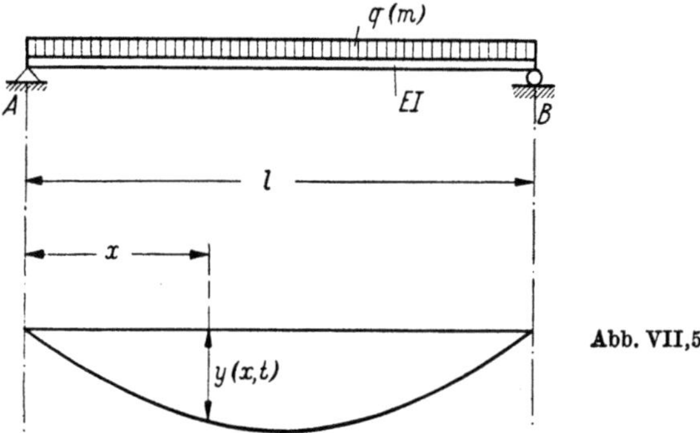

Abb. VII,5.

Wir denken uns deshalb eine *reduzierte*, in Balkenmitte wirkende Ersatzmasse M, die wir durch mehr oder weniger willkürliche Schätzung zu

$$M \cong \frac{m\,l}{2} = \frac{q\,l}{2g}$$

annehmen; damit wird

$$p = \sqrt{\frac{C}{M}} = \sqrt{\frac{48\,EJ\cdot 2g}{q\,l^4}} = \sqrt{\frac{96\,EJg}{q\,l^4}}$$

oder die sekundliche Schwingungszahl ν

$$\nu = \frac{1}{T_0} = \frac{p}{2\pi} = \frac{\sqrt{96}}{2\pi\,l^2}\sqrt{\frac{EJg}{q}} \cong \frac{\pi}{2l^2}\sqrt{\frac{EJg}{q}}\,.$$

Aus dem Vergleich mit dem später zu bestimmenden genauen Wert der Frequenz ν zeigt sich, daß diese einfache Schätzung ein recht gutes Ergebnis geliefert hat; hätten wir eine reduzierte Masse von

$$M = \frac{q\,l}{2,0294\,g}$$

eingeführt, so hätte sich der genaue Wert der Frequenz ν ergeben.

Die schwingende Feder wird uns als Gleichnis später noch weitere Dienste bei der Untersuchung von erzwungenen Schwingungen leisten.

2. Eigenschwingungen von Trägern

a) Vollwandige einfache Balken

Wir untersuchen die von der statischen Ruhelage aus (Elimination von statischer Belastung und statischer Durchbiegung) gemessenen Eigenschwingungen eines einfachen Balkens (Abb. VII,6); die Schwingungsausschläge $y = y(x, t)$ sind sowohl von der Abszisse x wie von der Zeit t abhängig. Die Dämpfung sei vernachlässigt.

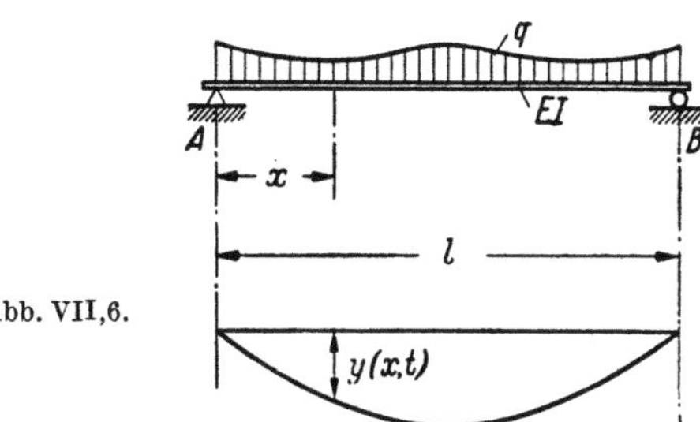

Abb. VII,6.

An einem *Balkenelement* der Länge dx muß Gleichgewicht bestehen zwischen der Trägheitskraft

$$\underbrace{\frac{q}{g}\, dx}_{\text{Masse}} \times \underbrace{\frac{\partial^2 y}{\partial t^2}}_{\times\ \text{Beschleunigung}} = \frac{q}{g}\, \ddot{y}\, dx$$

und dem inneren elastischen Widerstand

$$\frac{\partial^2}{\partial x^2}\left(E\,J\,\frac{\partial^2 y}{\partial x^2}\right) dx = (E\,J\,y'')''\, dx,$$

den das Balkenelement mit der Steifigkeit $E\,J$ seiner Verformung entgegensetzt; es lautet somit die Grundgleichung der betrachteten Eigenschwingungen

$$\boxed{(E\,J\,y'')'' + \frac{q}{g}\,\ddot{y} = 0}\ . \tag{VII,7}$$

Da die Eigenschwingungen harmonische sind, gelingt es, den örtlichen und den zeitlichen Verlauf je getrennt zu erfassen; wir setzen

$$y(x, t) = \eta(x)\, f(t);$$

wobei die Funktion $f(t)$,

$$\boxed{f(t) = C_1 \sin p\,t + C_2 \cos p\,t}\ , \tag{VII,8}$$

mit der Kreisfrequenz p bzw. mit der Schwingungsdauer

$$T_0 = \frac{2\,\pi}{p}$$

bzw. der sekundlichen Schwingungszahl (Frequenz)

$$\nu = \frac{1}{T_0} = \frac{p}{2\,\pi}$$

den *zeitlichen Verlauf* der Schwingungen darstellt. Damit ist

$$y(x, t) = \eta(x)\,(C_1 \sin p\,t + C_2 \cos p\,t),$$
$$\ddot{y}(x, t) = -\eta(x)\,p^2(C_1 \sin p\,t + C_2 \cos p\,t)$$

und die Schwingungsgleichung (VII,7) geht mit $\eta(x) = \eta$ über in

$$\boxed{(E\,J\,\eta'')'' - \frac{q}{g}\,p^2\,\eta = 0}\;. \tag{VII,9}$$

Diese Gleichung umschreibt den *örtlichen Verlauf* der Schwingungen.

In *einfachen Sonderfällen* ist eine geschlossene analytische Lösung der Schwingungsgleichung (VII,9) möglich; so befriedigt für einen einfachen Balken mit $E\,J$ = konst., q = konst. der Lösungsansatz

$$\eta = \eta_m \sin\frac{n\,\pi\,x}{l},$$
$$\eta'''' = \eta_m \frac{n^4\,\pi^4}{l^4} \sin\frac{n\,\pi\,x}{l},$$

die Gleichung

$$E\,J\,\eta'''' - \frac{q}{g}\,p^2\,\eta = 0$$

und wir erhalten durch Einsetzen

$$E\,J\,\frac{n^4\,\pi^4}{l^4} - \frac{q}{g}\,p^2 = 0$$

oder

$$p^2 = \frac{n^4\,\pi^4}{l^4}\,\frac{E\,J\,g}{q}\,, \qquad \boxed{p = \frac{n^2\,\pi^2}{l^2}\sqrt{\frac{E\,J\,g}{q}}}\;.$$

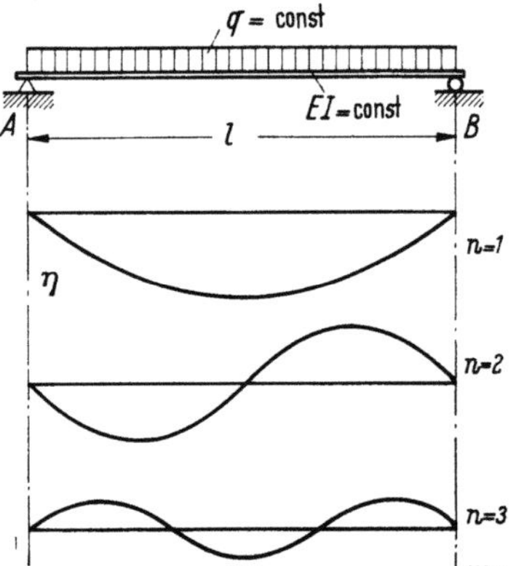

Abb. VII,7.

Wir erkennen, daß verschiedene Schwingungsformen mit verschiedenen Halbwellenzahlen $n = 1, 2, 3$ usw. möglich sind (Abb. VII,7); die Schwingung mit einer Halbwelle und der kleinsten Frequenz $\nu = \nu_0$

$$\nu_0 = \frac{p}{2\pi} = \frac{\pi}{2\,l^2}\sqrt{\frac{E\,J\,g}{q}}$$

nennen wir die *Grundschwingung* und die zugehörige Frequenz ν_0 die *Grundschwingungszahl*.

Von allen diesen Schwingungsformen ist praktisch die Grundschwingung die wichtigste; die höheren Schwingungsformen haben eine ähnliche Bedeutung wie die Obertöne in der Akustik. In vielen Fällen der Konstruktionspraxis genügt die Kenntnis der Grundschwingungszahl, doch ist auch die Bestimmung der „Obertöne" gelegentlich notwendig. Im folgenden werden wir uns in der Hauptsache auf die Bestimmung der Grundschwingung beschränken.

Allgemeines Verfahren

In allgemeinen Fällen, etwa bei beliebiger Verteilung der Belastung q oder der Steifigkeit EJ, ist eine geschlossene Lösung der Schwingungsgleichung (VII,9) in einfacher Form nicht mehr möglich. Wir sind dann auf ein *numerisches Verfahren* angewiesen, das auf ähnlichen Überlegungen aufbaut, wie das Verfahren nach ENGESSER-VIANELLO beim Knicken, d. h. auf einer sukzessiven Approximation an die genaue Lösung. Ein solches Verfahren hat POHLHAUSEN[1] für Fachwerkträger aufgestellt, bei dem aus der wiederholten Bestimmung von Verschiebungsgrößen die Eigenfrequenz mit fortgesetzter Annäherung ermittelt wird. Eine Übertragung der Methode von POHLHAUSEN auf Vollwandträger rührt von F. BLEICH[2] her; es läßt sich zeigen, daß das Verfahren von POHLHAUSEN-BLEICH in der Anwendungsform sich vereinfachen läßt, wodurch es im wesentlichen in das graphische Verfahren von STODOLA[3] übergeht. Nachstehend wird ein solches Verfahren in rechnerischer Form aufgestellt, das sich auch sehr leicht mit einer Energiebetrachtung kombinieren läßt, wodurch die Zahl der notwendigen Rechnungsgänge bis zur Erzielung der gewünschten Rechnungsgenauigkeit sich erheblich vermindern oder eine Wiederholung der Rechnung überhaupt vermeiden läßt[4].

Die Schwingungsgleichung (VII,9) erlaubt eine sehr einfache *baustatische Deutung*; denken wir uns nämlich eine Belastung u,

$$u = \frac{q}{g}\, p^2\, \eta_0,$$

so muß die dadurch verursachte Biegungslinie η_1,

$$(E\,J\,\eta_1'')'' - u = 0,$$

wieder mit der Ausgangskurve η_0 übereinstimmen. Da wir für einen bestimmten Punkt des Trägers die Durchbiegung η_1 in der Form $\eta_1 = \alpha\,\eta_0$ erhalten, führt die Gleichheit $\eta_1 = \eta_0$ auf die *Frequenzbedingung* $\alpha = 1$ in ähnlicher Art wie die Stabilitätsbedingung $\alpha = 1$. Stimmen die Kurven η_0 und η_1 ihrer Form nach nicht überein, so ist grundsätzlich (abgesehen von der später zu besprechenden Möglichkeit einer Energiebetrachtung) die Berechnung, ausgehend von der Form der

---

[1] POHLHAUSEN, E.: Berechnung der Eigenschwingungen statisch bestimmter Fachwerke. Z. angew. Math. Mech. 1921.

[2] BLEICH, F.: Stahlhochbauten Bd. I., Berlin: Springer 1932.

[3] STODOLA, A.: Dampf- und Gasturbinen, 6. Aufl., Berlin: Springer 1924.

[4] STÜSSI, F.: Zur Berechnung der Grundschwingungszahl vollwandiger Träger. Schweiz. Bauztg. 104 (1934).

Kurve η_1, zu wiederholen. Die Leistungsfähigkeit des Verfahrens beruht auf der guten Konvergenz an die genaue Lösungskurve der Schwingungsgleichung.

Der *Gang der Berechnung* sei an Hand von Abb. VII,8 dargestellt.

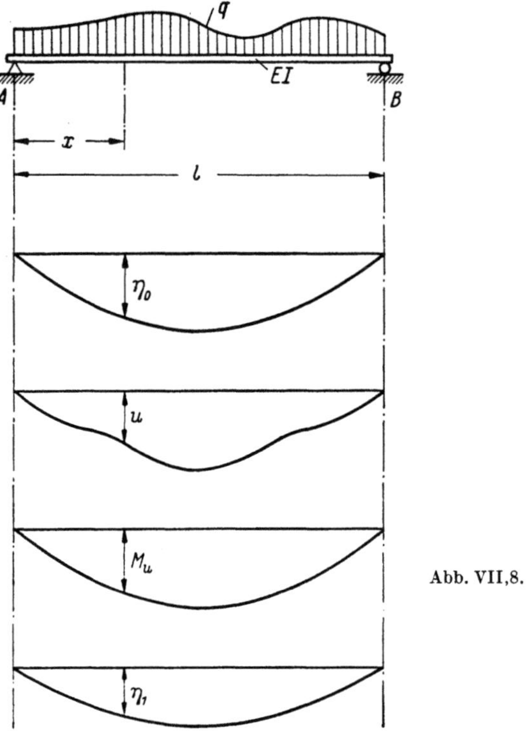

Abb. VII,8.

Wir nehmen eine mit den *Randbedingungen verträgliche* Kurve η_0 an und berechnen zur Belastung u,

$$u = \frac{q}{g}\, p^2\, \eta_0,$$

die zugehörige Momentenfläche M_u als erstes Seilpolygon. Ein zweites Seilpolygon mit der reduzierten Momentenfläche M_u/EJ als Belastungsfläche liefert die Biegungslinie η_1. Die Gleichsetzung

$$\eta_1 = p^2\, \frac{q}{g}\, \frac{l^4}{k\,E\,J}\, \eta_0 = \eta_0$$

liefert das Quadrat der gesuchten Kreisfrequenz p,

$$\boxed{\; p^2 = \frac{k\,E\,J\,g}{q\,l^4}\;}.$$

Die folgende Tabelle zeigt die numerische Durchführung der Berechnung für ein einfaches Beispiel (einfacher Balken mit q = konst., EJ = konst.) bei parabelförmig angenommener Kurve η_0; die Spannweite l ist der Übersichtlichkeit wegen in nur acht Teile Δx eingeteilt. Die Knotenlasten K sind mit der Parabelformel berechnet.

	u	$K(u)$	$Q(u)$	M_u	$K(M)$	$Q(M)$	η_1	$\dfrac{\eta_1}{\eta_{1m}}$
A	0			0			0	0
			31,0625			2394,4375		
1	0,4375	5,125		31,0625	367,625		2394,4375	0,38329
			25,9375			2026,8125		
2	0,7500	8,875		57,0000	675,125		4421,2500	0,70774
			17,0625			1351,6875		
3	0,9375	11,125		74,0625	877,625		5772,9375	0,92411
			5,9375			474,0625		
m	1,0000	5,9375		80,0000	474,0625		6247,0000	1,00000
	$\times u_m$	$\times \dfrac{\Delta x}{12} u_m$		$\times \dfrac{\Delta x^2}{12} u_m$	$\times \dfrac{\Delta x^3}{12^2} u_m$	$\times \dfrac{\Delta x^4}{12^2 EJ} u_m$		

Die Gleichsetzung $\eta_1 = \eta_0$ ergibt mit

$$u_m = \frac{q}{g} p^2 \eta_{0\,m}$$

für die Balkenmitte die Beziehung

$$\eta_{1\,m} = 6247{,}00 \frac{\Delta x^4}{12^2 E J} \frac{q}{g} p^2 \eta_{0\,m} = \frac{6247{,}00}{12^2 \cdot 8^4} \frac{l^4 q}{E J g} p^2 \eta_{0\,m} = \eta_{0\,m}$$

und liefert die Kreisfrequenz zu

$$p^2 = \frac{12^2 \cdot 64^2}{6247{,}00} \frac{E J g}{q\, l^4} = 94{,}417 \frac{E J g}{q\, l^4} ,$$

$$p = 9{,}717 \sqrt{\frac{E J g}{q\, l^4}} .$$

Die Schwingungszahl ν,

$$\nu = \frac{p}{2\pi} = \frac{3{,}093}{2 l^2} \sqrt{\frac{E J g}{q}} ,$$

weist einen Fehler von $-1{,}55\%$ gegenüber dem genauen Wert (s. S. 458) auf. Da wir normalerweise den genauen Wert von ν ja nicht kennen (dann hätte die numerische Berechnung ja keinen Sinn), ist eine Fehlerabschätzung bei diesem Verfahren erst mit Hilfe einer zweiten Berechnung möglich. Daß diese dann schon eine sehr gute Annäherung an den genauen Wert von ν liefern wird, erkennen wir daraus, daß die Kurve $\eta_1/\eta_{1\,m}$ sich schon sehr gut der Sinuskurve, die die Lösung für den untersuchten Fall darstellt, angenähert hat.

Einfluß der Querkräfte

Wir haben bisher nur den Einfluß der Momente M_u auf die Biegungslinie η_1 berücksichtigt. Nun verursachen jedoch die Querkräfte bzw. die Schubspannungen eine Vergrößerung der Durchbiegungen, die sich für Balkenfelder *konstanter* Schubsteifigkeit $G F'$ zu

$$\eta_1^{(Q)} = \frac{M_{0u}}{G F'}$$

anschreiben läßt. Für den untersuchten einfachen Balken konstanten Querschnitts mit $q = \text{konst.}$ wird somit für Balkenmitte

$$\eta_{1m} = \eta_{1m}^{(M)} + \eta_{1m}^{(Q)} = \frac{q}{g}\, p^2 \left(\frac{l^4}{\pi^4\, E\, J} + \frac{l^2}{\pi^2\, G\, F'} \right) \eta_{0m},$$

und die Gleichsetzung $\eta_1 = \eta_0$ liefert

$$p^2 = \frac{g}{q\left(\dfrac{l^4}{\pi^4\, E\, J} + \dfrac{l^2}{\pi^2\, G\, F'}\right)} = \frac{\dfrac{\pi^4}{l^4}\,\dfrac{E\, J\, g}{q}}{1 + \dfrac{\pi^2\, E\, J}{l^2\, G\, F'}} \,.$$

Die Größe des Abminderungsfaktors, der mit demjenigen des entsprechenden Querkrafteinflusses beim Knicken (vgl. Abschn. VI,1 b) übereinstimmt,

$$\frac{1}{1 + \dfrac{\pi^2\, E\, J}{l^2\, G\, F'}} = \frac{1}{1 + \dfrac{P_E}{G\, F'}}$$

sei zahlenmäßig am Beispiel eines Breitflanschträgers HE B 300 mit Spannweite $l = 3,00\,\text{m}$ bestimmt; mit $J_x = 25\,170\,\text{cm}^4$, $F' = F_{\text{Steg}} = 1,1 \cdot 30 = 33,0\,\text{cm}^2$, $G = {}^3/_8 \cdot E$ wird

$$\frac{\pi^2\, E\, J}{l^2\, G\, F'} = \frac{\pi^2 \cdot 8 \cdot 25\,170}{300^2 \cdot 3 \cdot 33} = 0,220$$

und der Abminderungsfaktor, auf p bezogen,

$$\sqrt{\frac{1}{1,220}} = 0,905;$$

die Kreisfrequenz p bzw. die Frequenz ν wird um 9,5% abgemindert und die Schwingungsdauer T_0 um 9,5% vergrößert. Allerdings wird dieser Einfluß mit zunehmender Spannweite rasch kleiner; anderseits ist er bei durchlaufenden Trägern wesentlich größer, so daß wir den Schluß ziehen müssen, daß bei Schwingungen der Schubspannungseinfluß nicht von vornherein vernachlässigt werden darf.

Einfluß von Einzellasten

Der Einfluß von Einzellasten K läßt sich ganz analog erfassen: Zu den stetig verteilten Trägheitsbelastungen u kommen hier noch konzentrierte Trägheitskräfte U,

$$U = \frac{p^2}{g}\, K\, \eta_0,$$

hinzu, deren Wirkung in normaler Weise bei der Bestimmung der Momente M_u und der Durchbiegungen η_1 zu berücksichtigen ist (Abb. VII,9). Selbstverständlich wird auch die Form der Ausgangskurve η_0, die ja mit η_1 übereinstimmen muß, durch die Lage und Größe solcher Einzellasten K beeinflußt.

b) Energiebetrachtungen

Energiebetrachtungen, wie sie besonders von S. TIMOSHENKO entwickelt und mit vorbildlicher Klarheit dargestellt worden sind[1], erlauben uns auch dann die Frequenz einer Schwingung mit guter Genauigkeit zu bestimmen, wenn die Form der Schwingungskurve nur angenähert bekannt ist.

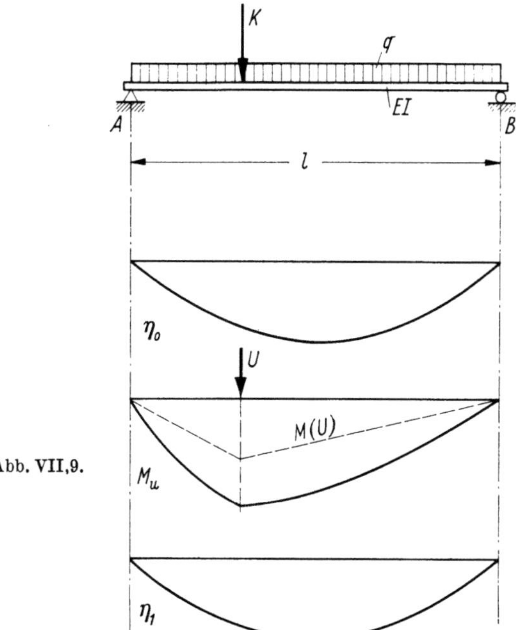

Abb. VII,9.

Die kinetische Energie dE_k eines schwingenden Balkenelementes dx beträgt

$$dE_k = \frac{1}{2}\frac{q}{g}\,dx\left(\frac{\partial y}{\partial t}\right)^2 = \frac{1}{2}\frac{q}{g}\,dx\left[\frac{\partial}{\partial t}\,\eta(x)\,f(t)\right]^2,$$

wobei der zeitliche Verlauf durch $f(t)$ nach Gl. (VII,8) gegeben ist. Bei passender Wahl der Anfangsbedingungen können wir setzen

$$y(x,t) = \eta(x)\,\sin p\,t,$$

und es wird

$$dE_k = \frac{q}{2g}\,[p\,\eta(x)\,\cos p\,t]^2\,dx.$$

Beim Durchgang durch die statische Gleichgewichtslage ist

$$\sin p\,t = 0, \qquad \cos p\,t = 1,$$

und die kinetische Energie E_k des Balkens der Spannweite l wird mit

$$_{\max}E_k = \frac{p^2}{2g}\int\limits_0^l q\,\eta^2\,dx$$

ein Maximum. Gleichzeitig ist die potentielle Energie Null.

---

[1] TIMOSHENKO, S., YOUNG, D. H.: Vibration Problems in Engineering. New York 1928, 1937, 1955.

Wenn die Ausbiegungen y ihren Größtwert η erreichen, ist die Geschwindigkeit und damit die kinetische Energie gleich Null, dagegen erreicht die potentielle Energie E_p ihren Größtwert. Dieser ist gleich der Arbeit, die zur Erreichung der maximalen Ausbiegung η aufgewendet werden mußte, also für ein Balkenelement dx

$$_{\max}dE_p = \frac{1}{2}\,\frac{M^2}{E\,J}\,dx = \frac{E\,J}{2}\,\eta''^2\,dx$$

oder für die Balkenlänge l

$$_{\max}E_p = \frac{1}{2}\int_0^l E\,J\,\eta''^2\,dx.$$

Während des Schwingungsvorganges muß, abgesehen von Reibungsverlusten, die wir hier vernachlässigen, die Energiesumme konstant bleiben:

$$E_k + E_p = \text{konst.};$$

dies bedeutet, daß die Beträge von $_{\max}E_k$ und $_{\max}E_p$ einander gleich sein müssen, woraus folgt

$$\boxed{\,p^2 = \dfrac{g\displaystyle\int_0^l E\,J\,\eta''^2\,dx}{\displaystyle\int_0^l q\,\eta^2\,dx}\,}. \qquad\qquad \text{(VII,10a)}$$

Die potentielle Energie E_p wurde hier als Formänderungsarbeit eingeführt. Diese ist aber gleich der äußeren Arbeit, d. h. der Arbeit, die die Belastung u bis zu der durch sie verursachten Durchbiegung η leistet, für ein Balkenelement dx also

$$_{\max}dE_p = \frac{1}{2}\,u\,\eta\,dx.$$

Führen wir diesen Wert ein, so erhalten wir folgende Form der Gl. (VII,10):

$$\boxed{\,p^2 = \dfrac{g\displaystyle\int_0^l u\,\eta\,dx}{\displaystyle\int_0^l q\,\eta^2\,dx}\,}. \qquad\qquad \text{(VII,10b)}$$

Diese zweite Form ist für die numerische Schwingungsberechnung bequemer als Gl. (VII,10a), weil hier in Zähler und Nenner ähnlich verlaufende Kurven zu integrieren sind, eventuelle Ungenauigkeiten der numerischen Integration (Simpsonsche Regel) sich also aufheben. Dann ist mit dieser Form auch der Einfluß der Querkräfte sehr einfach zu erfassen, indem wir die Durchbiegungen η infolge einer Belastung u unter Berücksichtigung der Querkraftsverformungen bestimmen. Da ja nur die Kurvenform und nicht auch die absolute Größe eine Rolle spielt, ist es vielleicht anschaulicher, statt der auf S. 459 definierten Belastung u eine fiktive Belastung u_0,

$$u_0 = q\,\eta_0,$$

einzuführen (die allerdings nicht mehr die Dimensionen t/cm einer wirklichen Belastung besitzt) und dazu über die Momente M_{u_0} die zugehörigen Durchbiegungen $\eta = \eta_1$ zu berechnen.

Damit erkennen wir auch deutlich den Zusammenhang der Energiebetrachtung Gl. (VII,10b) mit der direkten numerischen Berechnung auf Grund der Gleichsetzung $\eta_1 = \eta_0$; das Ergebnis dieser direkten Berechnung kann nun auch zu

$$p_a^2 = \frac{g\,u_{0\,m}}{q\,\eta_m} \qquad (\text{VII},11\,\text{a})$$

angeschrieben werden. Eine gewöhnliche Mittelwertbildung würde auf

$$p_b^2 = \frac{g \int_0^l u_0\,dx}{\int_0^l q\,\eta\,dx} \qquad (\text{VII},11\,\text{b})$$

führen; die Energiebetrachtung stellt mit

$$p_c^2 = \frac{g \int_0^l u_0\,\eta\,dx}{\int_0^l q\,\eta^2\,dx} \qquad (\text{VII},11\,\text{c})$$

somit eine gewogene Mittelwertbildung mit den Gewichten η dar; daraus ist ihre gute Genauigkeit erklärlich. Selbstverständlich kann diese Mittelwertbildung auch mit den reduzierten Durchbiegungswerten η/η_m als Gewichten durchgeführt werden.

Es ist nun zweckmäßig, eine solche Energiebetrachtung als Ergänzung des direkten Verfahrens ($\eta_0 = \eta_1$) durchzuführen; die Tabellenrechnung muß dabei lediglich um zwei Kolonnen, $u_0\,\eta$ und $q\,\eta^2$, ergänzt werden. Da die Kurve η schon nach dem ersten Rechnungsgang eine verbesserte Annäherung an die genaue Schwingungskurve darstellt, ist der Wert von p_c nach Gl. (VII,11c) in der Regel schon praktisch genügend genau. Bei einem solchen *Kombinationsverfahren* ist somit normalerweise eine Wiederholung der Berechnung nicht notwendig.

Nachstehend sind, unter Wiederholung der Werte $u = u_0$ und $\eta = \eta_1$, die beiden Ergänzungskolonnen zur Tabellenrechnung S. 461 angegeben.

	u_0	η	$u_0\,\dfrac{\eta}{\eta_m}$	$\eta\,\dfrac{\eta}{\eta_m}$
A	0	0	0	0
1	0,4375	2394,438	0,16769	917,76
2	0,7500	4421,250	0,53081	3129,10
3	0,9375	5772,938	0,86635	5334,83
m	1,0000	6247,000	1,00000	6247,00
	$\times\,u_m$	$\times\,\dfrac{\varDelta x^4}{12^2 EJ}$	$\times\,u_m$	$\times\,\dfrac{\varDelta x^4}{12^2 EJ}$

Die Werte von p entsprechend den drei Formen der Gl. (VII,11) betragen

$$p_a = 9{,}7168 \sqrt{\frac{E\,J\,g}{q\,l^4}}, \qquad \text{Fehler} \; -1{,}55\%,$$

$$p_b = 9{,}9398 \sqrt{\frac{E\,J\,g}{q\,l^4}}, \qquad \text{Fehler} \; +0{,}71\%,$$

$$p_c = 9{,}8713 \sqrt{\frac{E\,J\,g}{q\,l^4}}, \qquad \text{Fehler} \; +0{,}017\%.$$

Der Fehler von p_a und p_b kann positiv oder negativ sein, dagegen ist der Fehler von p_c immer positiv, weil sich eine Abweichung der geschätzten Schwingungskurve η_0 und damit auch von η_1 gegenüber der genauen Lösungskurve in der Energiebetrachtung gleich auswirken muß, wie eine gewisse willkürliche Festhaltung des Stabes oder, was gleichbedeutend ist, wie eine gewisse Vergrößerung der Steifigkeit $E\,J$. Dies erlaubt, den genauen Wert von p aus den Werten p_a, p_b und p_c noch etwas besser abzuschätzen. Eine Wiederholung der Berechnung ist somit nur dann notwendig, wenn der Unterschied zwischen p_a und p_c oder p_b und p_c ein Vielfaches des zuzulassenden Fehlers beträgt, was nur in seltenen Ausnahmefällen vorkommen dürfte.

Wirken neben der verteilten Belastung q auch Einzellasten K (s. Abbildung VII,9), so werden in der Energiegleichung (VII,10b) bzw. (VII,11c) Zähler und Nenner um die Werte

$$U\,\eta \quad \text{bzw.} \quad U_0\,\eta$$

und

$$K\,\eta^2$$

vergrößert.

c) Statisch unbestimmte Vollwandträger

Die Schwingungsgleichung (VII,9) enthält keine einschränkende Voraussetzung in bezug auf die Lagerungsart der Träger; sie gilt deshalb sowohl für statisch bestimmte wie auch für statisch unbestimmte Träger. Damit bleibt aber auch das aufgestellte allgemeine Verfahren zur Berechnung der Eigenschwingungen in grundsätzlich gleicher Form auch für statisch unbestimmte Träger anwendbar: wir schätzen eine mit den Auflagerbedingungen verträgliche anfängliche

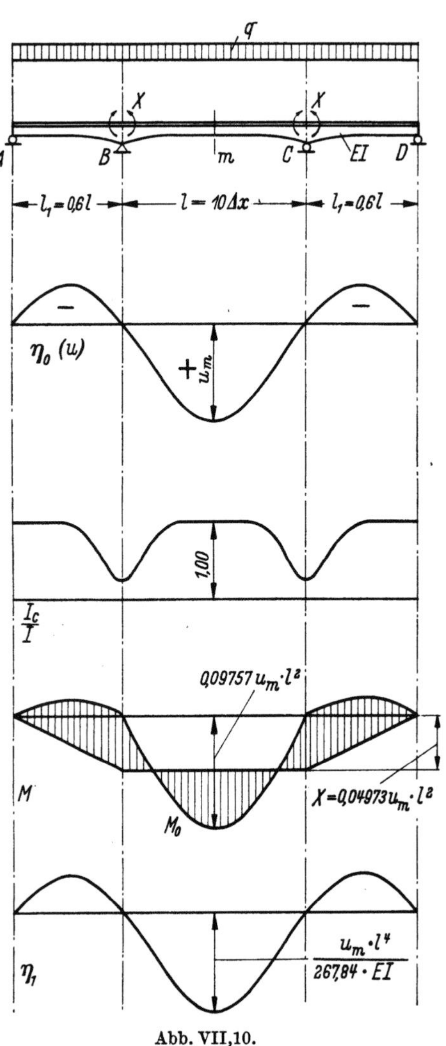

Abb. VII,10.

Verformung η_0 und bestimmen die durch die Belastung u,

$$u = \frac{q}{g}\,p^2\,\eta_0 \quad \text{bzw.} \quad u_0 = q\,\eta_0$$

verursachten Verformungen $\eta = \eta_1$, worauf die gesuchte Kreisfrequenz p sich aus den drei Werten der Gln. (VII,11) mit steigender Genauigkeit ergibt; der Vergleich von p_a mit p_c bzw. von p_b mit p_c liefert den Entscheid darüber, ob die Berechnung auf Grund einer verbesserten Verformungskurve η wiederholt werden muß oder nicht. Der einzige Unterschied der Berechnung gegenüber statisch bestimmten Trägern beruht darauf, daß hier infolge der Belastung u auch überzählige Größen X auftreten, die sowohl die Momente M_u wie auch die Querkräfte sowie eventuelle Längskräfte und damit auch die Biegungslinie $\eta = \eta_1$ beeinflussen. Die Bestimmung der überzähligen Größen X nach der normalen Theorie statisch unbestimmter Systeme bietet keinerlei Besonderheiten.

Zahlenbeispiel

Zur Veranschaulichung sei nachstehend als Beispiel die Grundschwingungszahl eines über drei Felder durchlaufenden Balkens mit veränderlichem Trägheitsmoment nach Abb. VII,10 berechnet.

In der folgenden Tabelle ist zunächst die Berechnung der Momentenfläche $M_0(u_0)$ im statisch bestimmten Grundsystem durchgeführt; daran anschließend sind auf Grund des angenommenen Verlaufes der Biegungssteifigkeit EJ bzw. von J_c/J die EJ_c-fachen Neigungswinkel $Q(M_0')$ der zugehörigen Biegungslinie unter Berücksichtigung nur der Momente berechnet.

	u_0	$K(u_0)$	$Q_0(u_0)$	$M_0(u_0)$	$\dfrac{J_c}{J}$	$M_0' = M_0\dfrac{J_c}{J}$	$K(M_0')$	$Q(M_0')$
A	0			0	1,00	0		
			$-8,28$					$-349,90$
1	$-0,18$	$-2,12$		$-8,28$	1,00	$-8,28$	$-97,24$	
			$-6,16$					$-252,66$
2	$-0,32$	$-3,76$		$-14,44$	1,00	$-14,44$	$-169,52$	
			$-2,40$					$-83,14$
3	$-0,38$	$-4,47$		$-16,84$	1,00	$-16,84$	$-195,39$	
			$2,07$					$112,25$
4	$-0,35$	$-4,09$		$-14,77$	0,85	$-12,55$	$-146,65$	
			$6,16$					$258,90$
5	$-0,21$	$-2,45$		$-8,61$	0,50	$-4,31$	$-55,65$	
			$8,61$				$-6,66$	$314,55$
B	0			0	0,25	0	$24,30$	
			$35,39$					$4050,42$
7	$0,25$	$3,01$		$35,39$	0,50	$17,70$	$234,60$	
			$32,38$					$3815,82$
8	$0,51$	$6,12$		$67,77$	0,85	$57,60$	$687,73$	
			$26,26$					$3128,09$
9	$0,77$	$9,15$		$94,03$	1,00	$94,03$	$1109,04$	
			$17,11$					$2019,05$
10	$0,94$	$11,17$		$111,14$	1,00	$111,14$	$1322,51$	
			$5,94$					$696,54$
m	$1,00$	$5,94$		$117,08$	1,00	$117,08$	$696,54$	
	$\times u_{0m}$	$\times \dfrac{\Delta x}{12} u_{0m}$	$\times \dfrac{\Delta x^2}{12} u_{0m}$			$\times \dfrac{\Delta x^2}{12} u_{0m}$	$\times \dfrac{\Delta x^3}{12^2} u_{0m}$	

468   VII. Schwingungen von Trägern

In der nächsten Tabelle sind nun die entsprechenden Werte $Q(M'_x)$ infolge der Momente $M'_x = M_x \dfrac{J_c}{J}$ aus den überzähligen Stützenmomenten $X_B = X_C = X = 1$ bestimmt.

	M_x	$M'_x = M_x \dfrac{J_c}{J}$	$K(M'_x)$	$Q(M'_x)$	$X\,Q(M'_x)$	$Q(M')$	$EJ_c\,\eta$	$\dfrac{\eta}{\eta_m}$
A	0	0					0	0
				123,7	−615,14	−965,04		
1	2,0	2,0	24,0				− 965,0	−0,17949
				99,7	−495,79	−748,45		
2	4,0	4,0	48,0				−1713,5	−0,31871
				51,7	−257,10	−340,24		
3	6,0	6,0	70,8				−2053,7	−0,38198
				− 19,1	94,98	207,23		
4	8,0	6,8	79,0				−1846,5	−0,34345
				− 98,1	487,84	746,74		
5	10,0	5,0	59,8				−1099,8	−0,20456
				−157,9	785,21	1099,76		
B	12,0	3,0	22,1				0	0
			23,4					
				551,4	−2742,03	1308,39		
7	12,0	6,0	73,2				1308,4	0,24336
				478,2	−2378,02	1437,80		
8	12,0	10,2	120,0				2746,2	0,51079
				358,2	−1781,27	1346,82		
9	12,0	12,0	142,2				4093,0	0,76129
				216,0	−1074,14	944,91		
10	12,0	12,0	144,0				5037,9	0,93704
				72,0	− 358,05	338,49		
m	12,0	12,0	72,0				5376,4	1,0000
		$\times \dfrac{1}{12}$		$\times \dfrac{\Delta x}{12^2}$		$\times \dfrac{\Delta x^3}{12^2}\,u_{0m}$	$\times \dfrac{\Delta x^4}{12^2}\,u_{0m}$	

Die Vorzahlen a_{1i} der Elastizitätsbedingung

$$a_{11}X + a_{10} = 0$$

können mit

$$a_{1i} = -Q^l_B(M'_i) + Q^r_B(M'_i)$$

direkt aus diesen beiden Tabellen bestimmt werden; es ist

$$a_{10} = [-(314{,}55 + 6{,}66) + (4050{,}42 + 24{,}30)]\,\frac{\Delta x^3}{12^2}\,u_{0\,m} = 3753{,}51\,\frac{\Delta x^3}{12^2}\,u_{0\,m},$$

$$a_{11} = [-(-157{,}9 - 22{,}1) + (551{,}4 + 23{,}4)]\,\frac{\Delta x}{12^2} = 754{,}8\,\frac{\Delta x}{12^2}.$$

Damit wird

$$X = -\,\frac{3753{,}51}{754{,}8}\,\Delta x^2\,\dot{u}_{0\,m} = -\,4{,}97285\,\Delta x^2\,u_{0\,m}.$$

Nun können die Neigungen $Q(M')$,

$$Q(M') = Q(M'_0) + X\,Q(M'_x),$$

der EJ_c-fachen Biegungslinie η aus Superposition und diese selber aus

$$E\,J_c\,\eta_m = \sum_1^m Q_i(M')\,\Delta x$$

berechnet werden.

Gl. (VII,11a) liefert nun durch direkten Vergleich von η_m mit $u_{0\,m}$ den Wert

$$p_a^2 = \frac{1{,}00\cdot 12^2 E\,J_c\,g}{5376{,}4\,q\,\Delta x^4} = 267{,}84\,\frac{E\,J_c\,g}{q\,l^4}\,,$$

bzw.

$$\boxed{\;p_a = 16{,}37\,\sqrt{\frac{E\,J_c\,g}{q\,l^4}}\;}\,,\qquad \boxed{\;\nu_a = \frac{5{,}21}{2\,l^2}\,\sqrt{\frac{E\,J_c\,g}{q}}\;}\,.$$

Eine Energiebetrachtung würde dagegen nach Gl. (VII,11c) die Werte

$$p_c^2 = 269{,}31\,\frac{E\,J_c\,g}{q\,l^4}\,,\qquad p_c = 16{,}41\,\sqrt{\frac{E\,J_c\,g}{q\,l^4}}\,,\qquad \nu_c = \frac{5{,}22}{2\,l^2}\,\sqrt{\frac{E\,J_c\,g}{q}}$$

liefern; eine Wiederholung der Berechnung ist somit nicht notwendig.

Die Berücksichtigung auch der *Querkräfte* bei der Berechnung der Biegungslinie η würde dagegen bei näherungsweise konstant angenommenem Schubquerschnitt F', d. h. mit $\eta^{(Q)} = \dfrac{M_0(u_0)}{GF'}$, und direktem Vergleich von η_m mit $u_{0\,m}$ aus

$$\eta_m = u_{0\,m}\left(\frac{5376{,}4\,l^4}{1\,440\,000\,E\,J_c} + \frac{117{,}08\,l^2}{1200\,G\,F'}\right)$$

auf den Wert

$$p^2 = 267{,}84\,\frac{E\,J_c\,g}{q\,l^4}\,\frac{1}{1 + \dfrac{26{,}13\,E\,J_c}{G\,F'\,l^2}}$$

führen; der Einfluß der Schubverformung ist somit hier ganz erheblich größer als beim einfachen Balken gleicher Schlankheit (vgl. S. 462).

Neben der hier berechneten Grundschwingung können auch höhere Schwingungen auftreten, deren Kenntnis gelegentlich von Interesse sein kann; die entsprechenden Frequenzen ergeben sich aus dem gleichen Rechnungsgang, wenn den Belastungen u die entsprechenden höheren Schwingungsformen (Abb. VII,11) zugrunde gelegt werden.

Da die Eigenschwingungskurven die Orthogonalitätsbedingung

$$\int \frac{q}{g}\,\eta_i\,\eta_k\,dx = 0 \quad \text{für}\quad i \neq k$$

erfüllen müssen, ist die Konvergenz des Verfahrens nur gewährleistet, wenn der angenommene Verlauf der zu bestimmenden höheren Eigenschwingung von den Anteilen der niedrigeren Eigenschwingungen „gereinigt" wird[1]. Dabei ist zu berücksichtigen, daß ein verbleibender Anteil z. B. der Grundschwingung zu einer rd. n^4 größeren Durchbiegung führt als ein entsprechender Anteil der n-ten Eigen-

---

[1] Vgl. u. a. Den Hartog, J. P.: Mechanical Vibrations. New York 1947, S. 202.

schwingung, weil hier die maßgebende Spannweite rd. n-mal kleiner ist. Die niedrigeren Eigenschwingungskurven sind deshalb möglichst genau zu ermitteln. Um

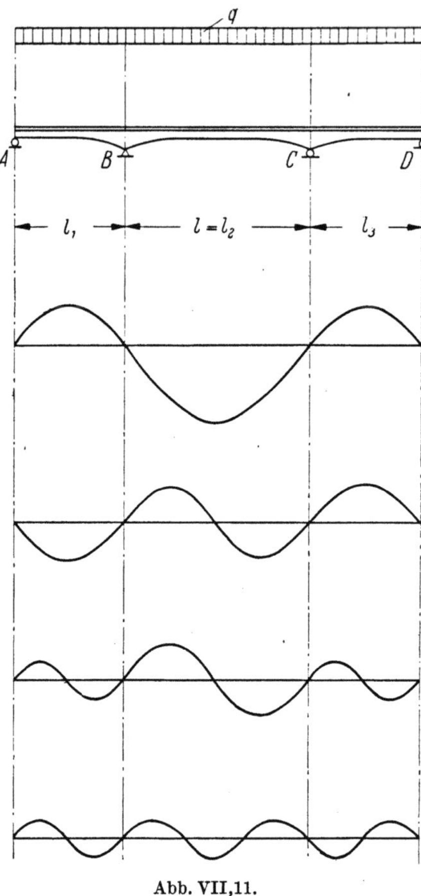

Abb. VII,11.

die Ungenauigkeiten der numerischen Integration zu vermeiden, ist es zudem angezeigt, von vornherein mit in den Knoten konzentriert gedachten Einzelmassen $K(q)/g$ und mit den dazugehörigen geradlinig begrenzten Momentenflächen zu arbeiten, so daß die Orthogonalitätsbedingung in der unter dieser Voraussetzung strengen Form

$$\sum \frac{K(q)}{g}\,\eta_i\,\eta_k = 0$$

angeschrieben werden kann. Wird eine Schätzung der zweiten Eigenschwingung mit η_2 und die Grundschwingungskurve mit η_1 bezeichnet, so lautet die gereinigte Schätzung η_2^* somit

$$\eta_2^* = \eta_2 - \frac{\sum \dfrac{K(q)}{g}\,\eta_1\,\eta_2}{\sum \dfrac{K(q)}{g}\,\eta_1^2}\,\eta_1 .$$

In analoger Weise können auch die Schwingungen von *Rahmen*, wie sie bei Maschinenfundamenten vorkommen, untersucht werden. In der Rahmenebene sind zwei verschiedene Grundschwingungsformen, eine symmetrische und eine antimetrische möglich (Abb. VII,12); in Analogie zum Rahmenknicken (Abb. VI,45) wird die antimetrische Form die kleinste Frequenz liefern.

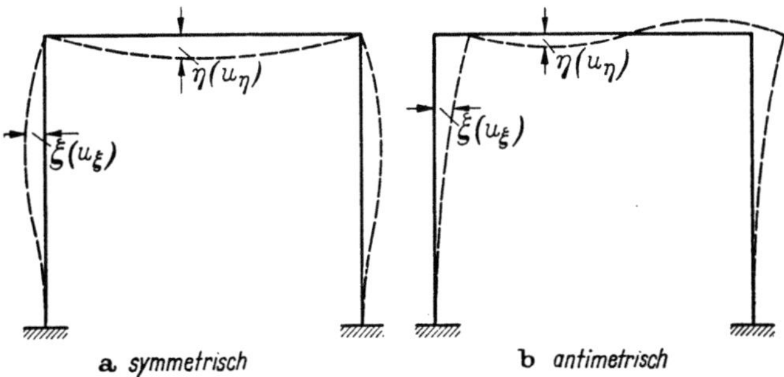

Abb. VII,12a und b. a) Symmetrisch; b) antimetrisch.

Entsprechend den waagrechten Schwingungsausschlägen ξ sind hier auf die Ständer auch waagrechte Trägheitsbelastungen u_ξ,

$$u_\xi = \frac{q_v}{g}\, p^2\, \xi_0$$

einzuführen, während auf die waagrechten Riegel die gewohnten lotrechten Belastungen u_η, wie beim Balken, wirken.

Bei einem *rahmenförmigen Raumtragwerk* nach Abb. VII,13 kann, neben den ebenen Schwingungen in den einzelnen Rahmenebenen nach Abb. VII,12, auch eine räumliche Torsionsschwingung auftreten und gelegentlich maßgebend werden.

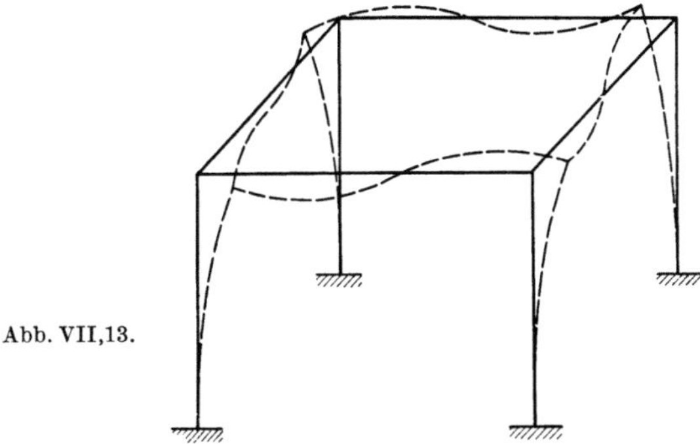

Abb. VII,13.

Hier sind die räumlichen Verformungen unter den räumlichen Belastungen u zu berechnen, um die Eigenfrequenz zu bestimmen.

Bei Rahmenträgern mit *schlanken Stäben* tritt infolge der Längskräfte eine zusätzliche Wirkung auf; die Längskräfte in ausgebogenen Stäben verursachen Ablenkungskräfte, die zusammen mit den Trägheitskräften von den inneren elastischen Widerständen aufgenommen werden müssen. Bei gedrückten (gezogenen) Stäben vergrößern (verkleinern) die entstehenden Ablenkungskräfte die Belastungen u und beeinflussen entsprechend die Schwingungen. Nachstehend sei diese Wirkung der Längskräfte an einem einfachen Beispiel näher betrachtet.

d) Eigenschwingungen gedrückter Stäbe

Infolge der Ausbiegungen η verursacht die Längsdruckkraft P im Balken Abb. VII,14 zusätzliche Momente $P\eta$ und damit zusätzliche Querbelastungen (Ablenkungskräfte) $P\eta''$, die die von den Trägheitsbelastungen u verursachten Ausbiegungen η vergrößern.

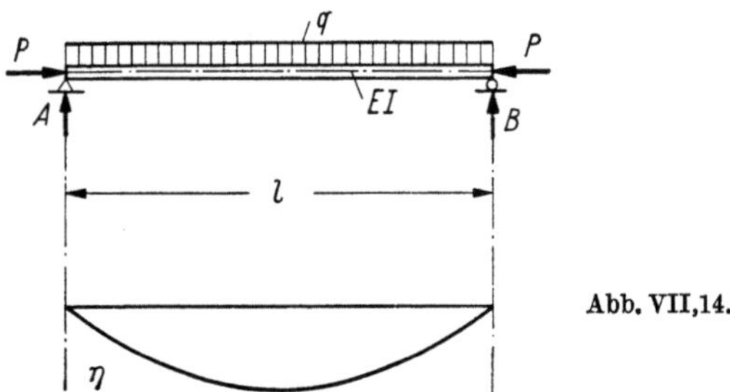

Abb. VII,14.

Die Schwingungsgleichung (VII,9), die den Gleichgewichtszustand zwischen den inneren elastischen Widerständen $(EJ\eta'')''$ und der äußeren Belastung umschreibt, nimmt damit die Form

$$(E\,J\,\eta'')'' + P\,\eta'' - \frac{q}{g}\,p^2\,\eta = 0 \tag{VII,12}$$

an.

Für den einfachen Sonderfall $EJ = $ konst., $q = $ konst. und für die Randbedingungen bei der betrachteten Balkenlagerung genügt wieder der Ansatz

$$\eta = \eta_m \sin\frac{\pi\,x}{l}$$

($n = 1$, Grundschwingung) der Schwingungsgleichung, und wir erhalten durch Einsetzen

$$\frac{\pi^4\,E\,J}{l^4} - \frac{\pi^2\,P}{l^2} - \frac{q}{g}\,p^2 = 0$$

oder

$$p^2 = \frac{\pi^4\,E\,J\,g}{q\,l^4} - P\,\frac{\pi^2\,g}{l^2\,q} = \frac{\pi^4}{l^4}\,\frac{E\,J\,g}{q}\left(1 - P\,\frac{l^2}{\pi^2\,E\,J}\right).$$

Da

$$\frac{\pi^2\,E\,J}{l^2} = P_E$$

die Eulersche Knicklast des Stabes bedeutet, wird

$$p = \frac{\pi^2}{l^2}\sqrt{\frac{E\,J\,g}{q}}\sqrt{1 - \frac{P}{P_E}} = p_0\sqrt{1 - \frac{P}{P_E}}\,, \tag{VII,13}$$

dabei ist mit p_0 die Kreisfrequenz des Balkens ohne Längskraft, $P = 0$, bezeichnet.

Für $P = P_E$ wird $p = 0$ oder die Schwingungsdauer T_0,

$$T_0 = \frac{2\pi}{p}\,,$$

wird unendlich groß. Wir können somit das Knicken des Stabes als Grenzfall einer unendlich langsamen Eigenschwingung auffassen, bei der der Stab wohl ausschwingt, aber nie mehr in seine statische Ruhelage zurückkehrt.

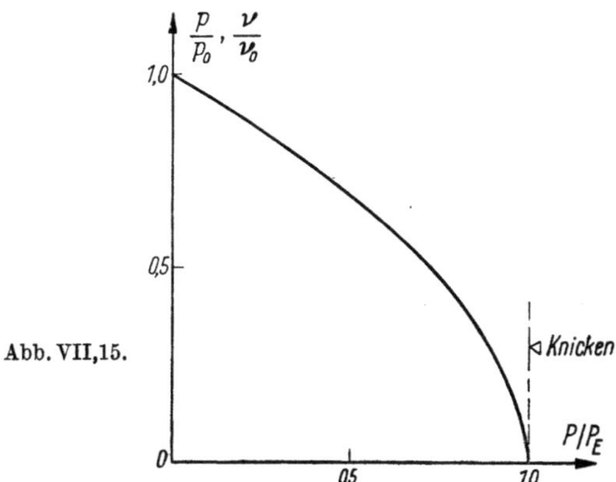

Abb. VII,15.

Der durch Gl. (VII,13) gegebene Zusammenhang ist in Abb. VII,15 durch eine quadratische Parabel dargestellt.

Bei beliebiger Verteilung der Querbelastung q und bei veränderlicher Steifigkeit EJ ist die Schwingungsgleichung (VII,12) am einfachsten numerisch durch sukzessive Approximation zu lösen; wir schätzen eine mit den Randbedingungen verträgliche Schwingungskurve η_0 und bestimmen die Momente M_u zur Trägheitsbelastung u. Aus der reduzierten Gesamtmomentenfläche

$$\frac{M_u + P\,\eta_0}{E\,J}$$

ergibt sich die Schwingungskurve $\eta_1 = \alpha\,\eta_0$ als Seilpolygon, worauf die Frequenzbedingung $\alpha = 1$ den gesuchten Wert von p^2 liefert. Auch hier wird eine ergänzende Energiebetrachtung zweckmäßig sein, um die Güte der Annäherung zu beurteilen bzw. zu verbessern.

Bei statisch unbestimmten Trägern bedeuten die Momente $M_u + P\,\eta_0$ die Momente im statisch bestimmten Grundsystem, denen zur Erfüllung der Elastizitätsbedingungen noch die Momente $\sum X_i M_i$ infolge der überzähligen Größen zu superponieren sind.

Der enge Zusammenhang zwischen der Schwingungsfrequenz und der Knicklast, der in Gl. (VII,13) zum Ausdruck kommt, ist nicht zufällig. Die Schwingungsgleichung (VII,12) geht für verschwindende Frequenz, $p = 0$, in die Knickgleichung

$$(E\,J\,\eta'')'' + P\,\eta'' = 0$$

über, während sie für verschwindenden Längsdruck, $P = 0$, mit der gewöhnlichen Schwingungsgleichung

$$(E\,J\,\eta'')'' - \frac{q}{g}\,p^2\,\eta = 0$$

übereinstimmt. Beide Gleichungen sind Gleichgewichtsbedingungen zwischen den äußeren Belastungen und den inneren elastischen Widerständen $(EJ\,\eta'')''$ des

Stabes. Es ist in diesem Zusammenhang charakteristisch, daß schon LEONHARD EULER[1] in der gleichen Untersuchung, in der er als erster die Knicklast bestimmte, auch Eigenschwingungen elastischer Stäbe untersucht hat.

e) Eigenschwingungen von Fachwerkträgern

Es bietet keinerlei Schwierigkeiten, die bisherigen Überlegungen auch auf die Berechnung der Eigenschwingungen von Fachwerkträgern mit gelenkig ausgebildeten Knotenpunkten anzuwenden. In einem solchen idealen Fachwerkträger greifen die Belastungen als Knotenlasten K in den Knotenpunkten an. Für eine angenommene anfängliche Biegungslinie η_0 ergeben sich die Knotenlasten der Trägheitskräfte zu

$$U_\eta = \frac{K}{g}\, p^2\, \eta_0;$$

sie verursachen die Stabkräfte S_U in den einzelnen Stäben des Fachwerks (Abb. VII,16a).

Aus diesen Stabkräften S_U kann nun die Biegungslinie $\eta_1 = \alpha\,\eta_0$ bestimmt werden, entweder rechnerisch oder zeichnerisch (Williotscher Verschiebungsplan)

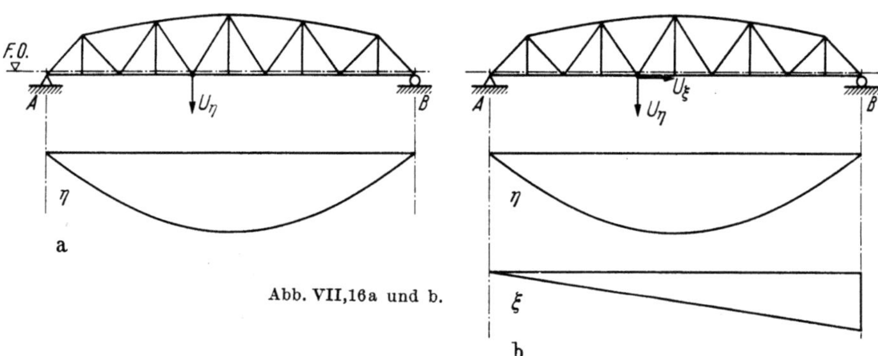

Abb. VII,16a und b.

und die Frequenzbedingung $\alpha = 1$, aufgestellt für irgendeinen Trägerpunkt, beispielsweise für Trägermitte, liefert uns die gesuchte Kreisfrequenz p in einer ersten Annäherung. Auch hier ist grundsätzlich die Rechnung zu wiederholen, wenn die Formänderungen η_0 und η_1 nicht genügend genau miteinander übereinstimmen. Ebenso kann auch eine Energiebetrachtung beigezogen werden, wobei Gl.(VII,10b) hier die Form

$$p^2 = \frac{g\,\sum\limits_{A}^{B} U_\eta\,\eta_1}{\sum\limits_{A}^{B} K\,\eta_1^2} \tag{VII,14}$$

annimmt.

Genau genommen verschieben sich allerdings bei der Verformung eines Fachwerkes die Knotenpunkte nicht nur in lotrechter Richtung, sondern es treten

---

[1] EULER, L.: Methodus inveniendi lineas curvas maximi minimive proprietate gaudentes, Lausannae et Genevae MDCCXLIV; Additamentum I: De curvis elasticis.

auch waagrechte Verschiebungskomponenten ξ und infolgedessen auch waagrechte Trägheitskräfte U_ξ,

$$U_\xi = \frac{K}{g}\,p^2\,\xi_0,$$

auf, welche ihrerseits zusätzliche Stabkräfte ΔS_U und damit zusätzliche Verformungen verursachen. Sobald wir die vollständige Verformung η, ξ des Fachwerkes kennen, bietet die verfeinerte Bestimmung der Eigenfrequenz keine Schwierigkeiten. Die zusätzlichen Wirkungen aus den waagrechten Trägheitskräften U_ξ verlangen allerdings in der Regel einen zweiten Rechnungsgang; der Einfluß der waagrechten Verschiebungen auf die Frequenz von Fachwerkbalken (im Gegensatz zu Fachwerkbogen) wird in der Regel klein sein.

3. Erzwungene Schwingungen

a) Systeme mit einem Freiheitsgrad

Erzwungene Schwingungen von Systemen mit einem Freiheitsgrad werden durch die Differentialgleichung (VII,2),

$$\ddot{y} + b\,\dot{y} + c\,y - F = 0 \qquad\qquad (\text{VII},2)$$

beherrscht; dabei ist, wie üblich, eine zur Geschwindigkeit $\dot{y}$ proportionale Dämpfungskraft angenommen.

Ein solches System ist in schematischer Form in Abb. VII,17 skizziert: Eine auf lotrechten Federn aufgelagerte Platte, die seitlich reibungsfrei unverschieblich gestützt ist, werde durch eine zeitlich veränderliche Störungskraft $R = FM$ zu erzwungenen Schwingungen angeregt.

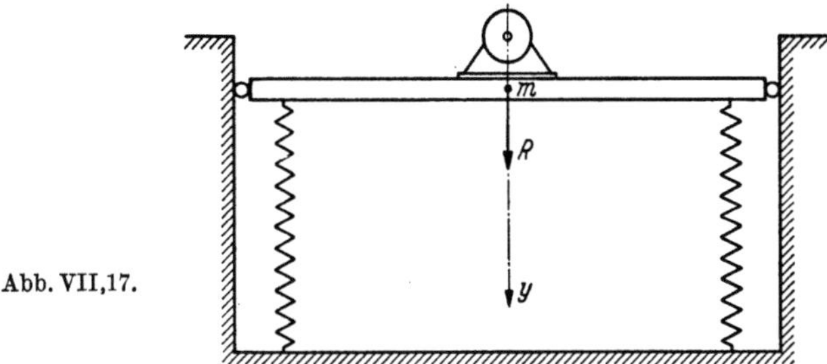

Abb. VII,17.

Wenn die Schwingungen y sehr langsam verlaufen, verschwinden die Beschleunigungen $\ddot{y}$ und die Geschwindigkeiten $\dot{y}$, und die dynamische Durchbiegung y geht über in die statische Durchbiegung η, und es wird

$$c\,\eta - F = p^2\,\eta - F = 0$$

oder es ist die Störungsfunktion

$$\boxed{F = p^2\,\eta = c\,\eta}, \qquad\qquad (\text{VII},15)$$

wobei $\eta = R/C$ somit die unter der statischen Wirkung der Störungskraft R entstehende statische Durchbiegung bedeutet. Die Differentialgleichung der erzwungenen Schwingungen läßt sich somit auch in der Form

$$\ddot{y} + b\,\dot{y} + p^2 y = p^2 \eta \qquad (VII,16)$$

anschreiben.

Für *periodischen Verlauf der Störungsfunktion F*,

$$F = F_c \sin\omega\, t = p^2\,\eta_c \sin\omega\, t,$$

läßt sich die Lösung der Differentialgleichung (VII,16) in geschlossener Form angeben[1].

Wir betrachten zunächst den *Fall der ungedämpften erzwungenen Schwingung*, $b = 0$. Die Lösung der Differentialgleichung

$$\ddot{y} + p^2 y = p^2 \eta_c \sin\omega\, t \qquad (VII,17)$$

setzt sich zusammen aus der Lösung y_0 der homogenen Gleichung, d.h. den Eigenschwingungen

$$y_0 = C_1 \sin p\, t + C_2 \cos p\, t$$

und der partikulären Lösung y_1 der eigentlichen erzwungenen Schwingung

$$y_1 = C_3 \sin\omega\, t.$$

Setzen wir diesen Ansatz und seine zweite Ableitung

$$\ddot{y}_1 = -\omega^2 C_3 \sin\omega\, t$$

in Gl. (VII,17) ein, so wird

$$C_3(-\omega^2 + p^2)\sin\omega\, t = p^2\,\eta_c \sin\omega\, t,$$

$$C_3 = \eta_c \frac{p^2}{p^2 - \omega^2} = \eta_c \frac{1}{1 - \dfrac{\omega^2}{p^2}}$$

oder

$$y_1 = \frac{1}{1 - \dfrac{\omega^2}{p^2}}\,\eta_c \sin\omega\, t = \frac{1}{1 - \dfrac{\omega^2}{p^2}}\,\eta.$$

Die erzwungene Schwingung y_1 verläuft somit hier, im Fall der periodischen Störungskraft ähnlich zur statischen Durchbiegung η; führen wir den *Vergrößerungsfaktor* μ ein,

$$\mu = \frac{1}{1 - \dfrac{\omega^2}{p^2}},$$

so ist

$$y_1 = \mu\,\eta.$$

Die vollständige Lösung $y = y_0 + y_1$ der Gl. (VII,17) lautet somit

$$y = \mu\,\eta + C_1 \sin p\, t + C_2 \cos p\, t.$$

---

[1] Wir folgen hier im wesentlichen der ausgezeichneten Darstellung von S. TIMOSHENKO and D. H. YOUNG in Vibration Problems in Engineering, New York 1928, 1937, 1955.

Die Integrationskonstanten C_1 und C_2 sind aus den Anfangsbedingungen des Schwingungsvorganges zu bestimmen. Normalerweise werden zur Zeit $t = 0$ sowohl y wie auch $\dot{y}$ null sein; aus $y = 0$ folgt $C_2 = 0$, während sich für $\dot{y} = 0$ aus

$$0 = \mu\,\omega\,\eta_c + C_1\,p$$

der Wert von C_1 zu

$$C_1 = -\eta_c\,\frac{\mu\,\omega}{p}$$

ergibt. Somit ist

$$y = \mu\,\eta_c\left(\sin\omega\,t - \frac{\omega}{p}\sin p\,t\right).\qquad\text{(VII,18a)}$$

Der Beginn des Schwingungsvorganges ist für die Zahlenwerte

$$\omega = 1{,}2\,p \qquad \mu = \frac{1}{1 - 1{,}2^2} = -2{,}27273$$

in Abb. VII,18 dargestellt; damit die Anfangsbedingung $\dot{y} = 0$ erfüllt wird, müssen sich der erzwungenen Schwingung y_1, die diese Bedingung für sich allein nicht erfüllt, die freien Schwingungen y_0 überlagern.

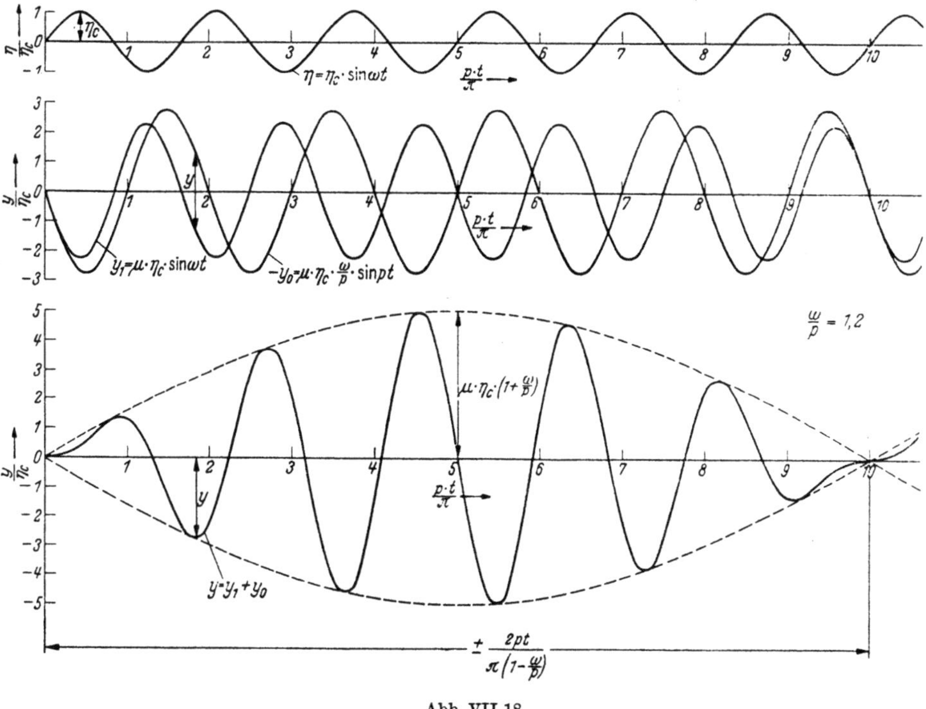

Abb. VII,18.

Im Verlaufe des Schwingungsvorganges werden die Eigenschwingungen y_0 infolge der bisher nicht berücksichtigten Dämpfung abklingen und verschwinden, so daß im *Dauerzustand* allein die erzwungene Schwingung $y = y_1$,

$$y_1 = \mu\,\eta_c\,\sin\omega\,t,\qquad\text{(VII,18b)}$$

übrigbleibt. Es ist zu beachten, daß während des Einschwingvorganges größte Schwingungsausschläge $y_{\max}$ auftreten, die wesentlich größer sind als die größten Ausschläge $y_{1\,\max}$ im Dauerzustand:

$$y_{\max} \cong y_{1\,\max}\left(1 + \frac{\omega}{p}\right).$$

Auch für den *Fall der gedämpften erzwungenen Schwingung* läßt sich für einen einfachen Verlauf der Störungsfunktion bzw. der davon herrührenden statischen Durchbiegung η eine geschlossene Lösung der Differentialgleichung

$$\ddot{y} + b\,\dot{y} + p^2\,y = p^2\,\eta \qquad\qquad \text{(VII,19)}$$

angeben. Diese Lösung setzt sich wieder zusammen aus einer partikulären Lösung y_1, der eigentlichen erzwungenen Schwingung, und der gedämpften freien Schwingung y_0,

$$y = y_1 + y_0.$$

Für den einfachen Fall

$$\eta = \eta_c \sin\omega\,t$$

sollen nachstehend wenigstens die wichtigsten Ergebnisse, wieder der Darstellung von S. Timoshenko folgend[1], zusammengestellt werden.

Die erzwungene Schwingung y_1 ist hier wieder, wie die Störungsfunktion, eine periodische Funktion mit der Kreisfrequenz ω,

$$\boxed{\,y_1 = \mu\,\eta_c \sin(\omega\,t - \alpha)\,},$$

wobei jedoch hier der Vergrößerungsfaktor μ den Wert

$$\boxed{\mu = \frac{1}{\sqrt{\left(1 - \dfrac{\omega^2}{p^2}\right)^2 + \dfrac{b^2\,\omega^2}{p^4}}}} \qquad\qquad \text{(VII,20)}$$

annimmt, der für $b = 0$ mit dem für die ungedämpfte Schwingung angegebenen Wert übereinstimmt. Die Phasenverschiebung α ist durch

$$\operatorname{tg}\alpha = \frac{b\,\omega}{p^2 - \omega^2} \qquad\qquad \text{(VII,20a)}$$

bestimmt.

Die freien Schwingungen y_0 gehorchen dem früher angegebenen Ansatz

$$y_0 = C_1\,e^{\lambda_1 t} + C_2\,e^{\lambda_2 t},$$

der die Lösung der homogenen Differentialgleichung (VII,19) darstellt; die Integrationskonstanten C_1 und C_2 sind so zu bestimmen, daß die Anfangsbedingungen der vollständigen Schwingung y erfüllt werden.

Von besonderer praktischer Bedeutung ist die Größe der Vergrößerungsfaktoren μ nach Gl. (VII,20). Diese Werte sind in Abb. VII,19 in Funktion des Verhältnisses ω/p für einige ausgewählte Dämpfungswerte b in Form der sog.

---

[1] Siehe Fußnote 1, S. 476.

Resonanzkurven aufgetragen. Es zeigt sich, daß für annähernde Übereinstimmung von Erregerfrequenz und Eigenfrequenz die Vergrößerungsfaktoren μ stark anwachsen, die Schwingungsausschläge y also sehr große Werte annehmen. Bei

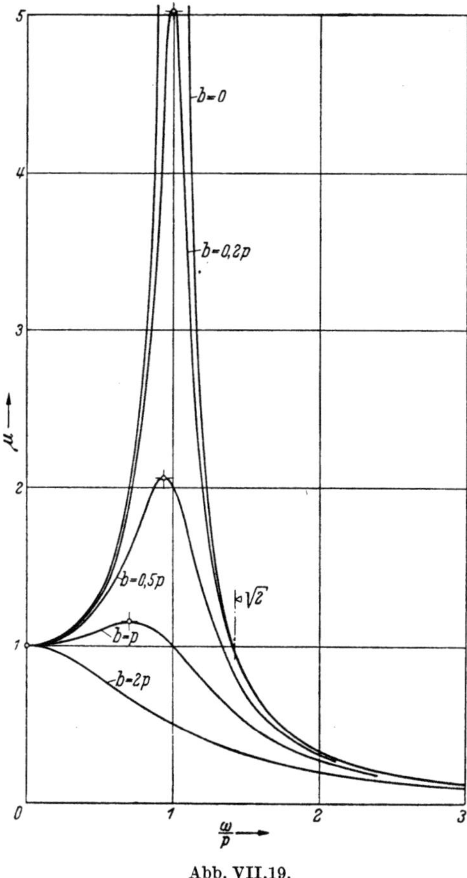

Abb. VII,19.

Tragwerken, die einer periodisch veränderlichen Belastung ausgesetzt sind, muß diese Resonanz vermieden werden; es muß das Tragwerk derart auf den Rhythmus der Belastung abgestimmt werden, daß etwa der Bereich

$$0{,}4 \leqq \frac{\omega}{p} \leqq 1{,}35$$

vermieden wird, wenn Werte von $\mu \geqq 1{,}2$ nicht in Kauf genommen werden sollen. Dabei ist zu beachten, daß bei Trägern, neben der Grundschwingung, auch höhere Eigenschwingungen („Obertöne") existieren, mit denen eine Resonanzlage des Erregers ebenfalls vermieden werden soll.

Die Erfüllung dieser Forderung der Resonanzvermeidung ist nicht immer einfach. Wohl kennen wir bei *Traggerüsten von Maschinen* die Erregerfrequenz im Dauerbetrieb; diese Frequenzen liegen jedoch häufig so hoch, daß ω/p für die Grundschwingung wesentlich mehr als Eins beträgt und daß damit die Resonanzlage beim Einschwingungsvorgang durchfahren wird. Ferner wird damit die Gefahr der Resonanz mit einem Oberton aktuell.

Bei *Brücken* läßt sich die Erregerfrequenz am einfachsten für *Fußgängerverkehr* angeben; es ist bekannt, daß leichte Fußgängerbrücken gelegentlich unter einer im Schritt marschierenden Truppe, d. h. bei etwa 100 bis 120 Schritt je Minute, $\omega = 10,7$ bis $12,6\ \mathrm{sec^{-1}}$ in starke Schwingungen, also in Resonanz geraten. Bei *Lastwagen* kommt nach Feststellungen der Deutschen Reichsbahn[1] eine Erregerfrequenz von $\omega = 22$ bis 26 besonders häufig vor, während sich bei *Eisenbahnbrücken* aus unausgeglichener Massenverteilung der Räder vom Durchmesser D bei der Geschwindigkeit v ein Wert ω von

$$\omega = \frac{2\pi v}{\pi D} = \frac{2v}{D}$$

bestimmen läßt. Glücklicherweise ist jedoch bei größeren Brücken die Gefahr der Resonanz nicht sehr groß, einmal, weil unter einer beweglichen Belastung sich die Eigenfrequenz ständig verändert, und zweitens, weil bei Vollbelastung eine synchrone Erregung durch alle auf der Brücke fahrenden Fahrzeuge ausgeschlossen erscheint, so daß eher mit einer gegenseitigen Störung der verschiedenen Erregermöglichkeiten gerechnet werden darf.

Wenn es sich darum handelt, den Verlauf einer erzwungenen gedämpften Schwingung y numerisch zu bestimmen, so führt, auch bei einfachem Verlauf der Störungsfunktion η, *die numerische Lösung* der Differentialgleichung (VII,16) bequemer und rascher zum Ziel als eine geschlossene formelmäßige Lösung. Nach Gl. (IV,22) läßt sich die zu lösende Differentialgleichung

$$\ddot{y} + b\,\dot{y} + p^2\,y = p^2\,\eta$$

mit den Abkürzungen

$$\beta = \frac{b\,\Delta t}{2}, \qquad \gamma = \frac{p^2\,\Delta t^2}{12},$$

$$\Delta t\,K_i(p^2\,\eta) = \frac{p^2\,\Delta t^2}{12}\,(\eta_{i-1} + 10\eta_i + \eta_{i+1}) = \gamma \sum_i \eta$$

umsetzen in die Rekursionsformel

$$y_{i+1} = \frac{1}{1+\beta+\gamma}\left[\gamma \sum_i \eta + (2-10\gamma)\,y_i - (1-\beta+\gamma)\,y_{i-1}\right]. \tag{VII,21}$$

Die ersten beiden Schwingungswerte y_0 und y_1, zur Zeit $t_0 = 0$, $t_1 = \Delta t$ ergeben sich aus den Anfangsbedingungen. Normalerweise werden zur Zeit $t_0 = 0$ sowohl der Schwingungsausschlag y_0 wie die Geschwindigkeit $\dot{y}_0$ Null sein; damit ist nach Gl. (IV,23a)

$$y_1 = \frac{\Delta t\,K_0(p^2\,\eta)}{1 + \dfrac{2\beta}{3} + \gamma} = \frac{\gamma(3,5\eta_A + 3,0\eta_1 - 0,5\eta_2)}{1 + \dfrac{2\beta}{3} + \gamma}. \tag{VII,21a}$$

---

[1] Deutsche Reichsbahn-Gesellschaft: Mechanische Schwingungen der Brücken. Berlin 1933.

Die Anwendung dieser Formeln soll nachstehend an einem Zahlenbeispiel gezeigt werden. Gesucht ist die erzwungene Schwingung für die Störungsfunktion

$$\eta = \eta_c \sin \omega\, t;$$

es sei

$$\omega = 1{,}20\,p, \qquad b = 0{,}20\,p.$$

Wählen wir

$$\Delta x = p\,\Delta t = \frac{\pi}{6},$$

so wird

$$\gamma = \frac{p^2\,\Delta t^2}{12} = \frac{\pi^2}{432} = 0{,}022\,8463, \qquad \beta = \frac{b\,\Delta t}{2} = 0{,}10\,\Delta x = \frac{\pi}{60} = 0{,}052\,3599,$$

und unsere Rekursionsformel Gl. (VII,21) lautet

$$\boxed{y_{i+1} = 0{,}021\,2483 \sum_i \eta + 1{,}647\,625\,y_i - 0{,}902\,605\,y_{i-1}}. \qquad \text{(VII,22)}$$

Für die Randbedingungen $y_0 = 0$, $\dot{y}_0 = 0$ wird mit $\eta_0 = 0$

$$y_1 = \frac{0{,}022\,8463\,(3{,}0\,\eta_1 - 0{,}5\,\eta_2)}{1{,}057\,753} = 0{,}021\,599\,(3{,}0\,\eta_1 - 0{,}5\,\eta_2).$$

Die Zahlenrechnung ist in der nächsten Tabelle für das erste Schwingungsintervall

$$T_0 = \frac{2\,\pi}{p},$$

d.h. für die ersten 12 Intervalle Δx durchgeführt. Beim Rechnen mit einer normalen Handrechenmaschine sind keine weiteren Zwischenrechnungen notwendig.

	η	$\sum \eta$	$\dfrac{\gamma}{1+\beta+\gamma}\sum \eta$	y
0	0			0
1	0,587 79	6,828 96	0,145 104	0,027 816
2	0,951 06	11,049 45	0,234 782	0,190 934
3	0,951 06	usw.	0,234 782	0,524 263
4	0,587 79		0,145 104	0,926 233
5	0		0	1,197 986
6	−0,587 79		−0,145 104	1,137 809
7	−0,951 06		−0,234 782	0,648 270
8	−0,951 06		−0,234 782	−0,193 668
9	−0,587 79		−0,145 104	−1,139 006
10	0		0	−1,846 953
11	0,587 79		0,145 104	−2,015 013
12	0,951 06		0,234 782	−1,507 813
usw.	usw.		usw.	usw.
	$\times \eta_c$	$\times \eta_c$	$\times \eta_c$	$\times \eta_c$

Die mitgeführte Stellenzahl entspricht selbstverständlich nicht der erreichten numerischen Genauigkeit, da ja der Dämpfungseinfluß β nur angenähert erfaßt ist, doch zeigt eine Kontrollrechnung mit kleineren Intervallen Δx, daß der Fehler praktisch bedeutungslos ist (kleiner als 1% der größten Schwingungsausschläge) und sich ähnlich auswirkt wie eine kleine Veränderung der Abszissenwerte.

In Abb. VII,20 sind sowohl die Störungsfunktion η wie die erzwungenen Schwingungen y für den Beginn des Einschwingvorganges aufgetragen; es zeigt sich, daß einerseits trotz der noch verhältnismäßig großen Dämpfung $b = 0{,}20\,p$,

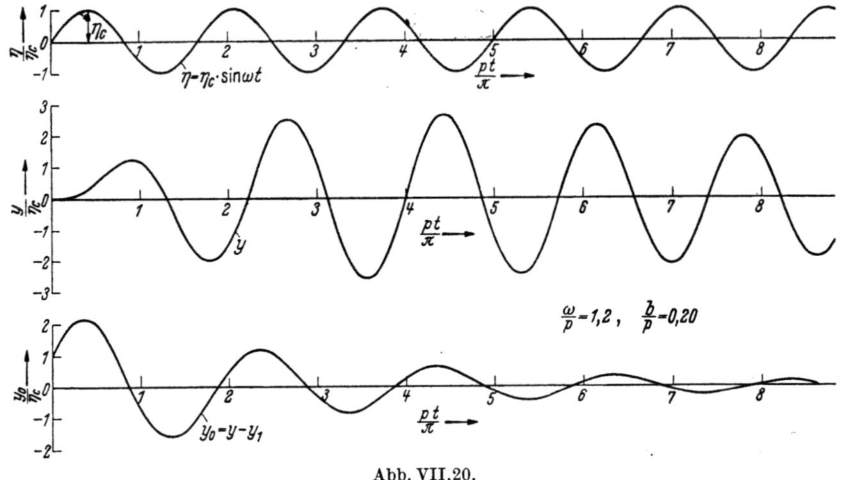

Abb. VII,20.

während des Einschwingens größte Schwingungsausschläge vorkommen, die noch rd. 30% über den durch die Resonanzkurve bestimmten Werten im Dauerzustand liegen, und andererseits, daß hier, wegen der starken Dämpfung, der Dauerzustand der reinen erzwungenen Schwingung y_1 etwa nach einer Zeit von $12\,\pi:p$ praktisch erreicht ist. Abb. VII,20 zeigt ferner noch den Verlauf der Eigenschwingungen $y_0 = y - y_1$, die notwendig sind, damit die Anfangsbedingungen $y_0 = 0$, $\dot{y}_0 = 0$ erfüllt sind.

Auch die *eigentlichen erzwungenen Schwingungen y_1 im Dauerzustand*, infolge einer periodischen Störungsfunktion η, lassen sich mit dem Gleichungssystem (VII,22) leicht bestimmen: Diese Schwingungen y_1 sind diejenigen Lösungen des Gleichungssystems, die periodisch verlaufen mit der gleichen Periode $T_\omega = 2\,\pi/\omega$ wie die Störungsfunktion η. An Stelle der beiden Anfangsbedingungen bei der normalen Lösung treten hier *zwei Periodizitätsbedingungen*; nach Ablauf der Periode T_ω muß die Schwingungskurve wieder den gleichen Schwingungsausschlag y_1 und die gleiche Geschwindigkeit $\dot{y}_1$ aufweisen wie zu Beginn der Periode. Diese zweite Bedingung kann auch, etwas einfacher, dadurch ausgedrückt werden, daß der Schwingungsausschlag y_1 zur Zeit $T_\omega + \Delta t$ wieder mit dem Ausschlag zur Zeit Δt übereinstimmen muß.

Diese Berechnung der erzwungenen Schwingung y_1 läßt sich in zwei verschiedenen Formen durchführen, die nachstehend am Beispiel von Abb. VII,20 mit den Werten

$$\eta = \eta_c \sin \omega\, t,$$

$$\omega = 1{,}2\,p, \quad b = 0{,}2\,p,$$

$$p\,\Delta t = \Delta x = \frac{\pi}{6}, \quad \omega\,\Delta t = \frac{\pi}{5}$$

gezeigt werden sollen. Für diesen Fall braucht die Rechnung nur über die halbe Periode T_ω durchgeführt zu werden, wobei die beiden Periodizitätsbedingungen durch zwei Antimetriebedingungen (Abb. VII,21),

$$y_B = -y_A, \qquad y_{B+\varDelta t} = -y_{A+\varDelta t}$$

zu ersetzen sind.

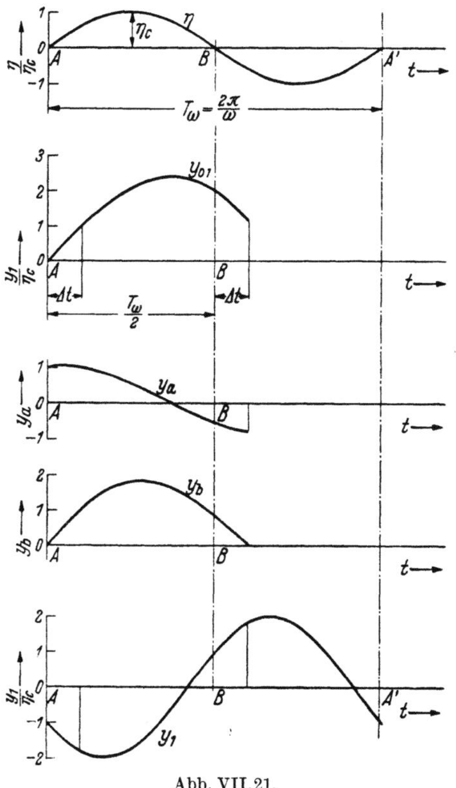

Abb. VII,21.

Die erste Berechnungsform besteht darin, daß wir das System der Bestimmungsgleichungen (VII,22) unter Berücksichtigung der Antimetriebedingungen (unterstrichene Vorzahlen) anschreiben und (mit Hilfe des Gaußschen Algorithmus) auflösen. Die folgende Tabelle zeigt dieses Gleichungssystem; die Lösungen y_1 sind in der untersten Zeile angegeben.

	y_A	y_1	y_2	y_3	y_4	Bel.-Glied
A	1,647625	−1,00			0,902605	0
1	−0,902605	1,647625	−1,00			−0,145104
2		−0,902605	1,647625	−1,00		−0,234782
3			−0,902605	1,647625	−1,00	−0,234782
4	1,00			−0,902605	1,647625	−0,145104
$y_1 =$	−0,940614	−1,807726	−1,984348	−1,403017	−0,285781	$\times \eta_c$

Unangenehm ist bei dieser Lösung, daß die Einführung der Reziprozitäts- bzw. der Antimetriebedingungen den einfachen Aufbau des dreigliedrigen Gleichungssystems empfindlich stört; diese Unannehmlichkeit wirkt sich auf die Auflösung des Gleichungssystems um so stärker aus, je größer die Zahl der Gleichungen und Unbekannten ist.

Die zweite Berechnungsform beruht darauf, daß wir aus der Rekursionsformel (VII,22) einerseits eine „partikuläre Lösung" y_{01} mit beliebigen Anfangsbedingungen sowie zwei „homogene Lösungen" y_a und y_b für verschwindende Belastungsglieder und mit verschiedenen Anfangsbedingungen berechnen. Die gesuchte Schwingung y_1 ergibt sich damit aus der Superposition

$$y_1 = y_{01} + a\,y_a + b\,y_b,$$

und die beiden Unbekannten a und b lassen sich aus den beiden Periodizitätsbedingungen, für zwei Punkte angeschrieben, leicht bestimmen. Diese zweite Berechnung ist nachstehend wiedergegeben; die für die Kurven y_{01}, y_a und y_b angenommenen Anfangsbedingungen sind unterstrichen.

	$\dfrac{\gamma}{1+\beta+\gamma}\,\Sigma\eta$	y_{01}	y_a	y_b	y_1
A	0	0	$\overline{1,00}$	0	$-0,940614$
1	0,145104	$\overline{1,00}$	$\overline{1,00}$	$\overline{1,00}$	$-1,807725$
2	0,234782	1,792729	0,745020	1,647625	$-1,984346$
3	0,234782	2,285922	0,324909	1,812063	$-1,403014$
4	0,145104	2,382998	$-0,137131$	1,498446	$-0,285778$
B	0	2,008106	$-0,519205$	0,833300	0,940616
6		1,157700	$-0,731680$	0,020461	1,807727
		$\times\,\eta_c$			$\times\,\eta_c$

Die beiden Antimetriebedingungen lauten

$$1,00a = -(2,008106\eta_c - 0,519205a + 0,833300b),$$

$$1,00\eta_c + 1,00a + 1,00b = -(1,157700\eta_c - 0,731680a + 0,020461b);$$

sie liefern nach Ordnen die Werte

$$a = -0,940614\eta_c, \qquad b = -1,867111\eta_c,$$

woraus sich die Anfangswerte

$$y_{1A} = -0,940614\eta_c, \qquad y_{11} = -1,807725\eta_c$$

ergeben. Damit kann, als Rechenkontrolle, die Kurve y_1 direkt aus der Rekursionsformel Gl. (VII,22) bestimmt werden; diese Werte sind in der letzten Kolonne der obenstehenden Tabelle eingetragen.

Die beiden Berechnungsformen führen selbstverständlich auf die gleichen Ergebnisse; welche dieser Formen die bequemere ist, wird wohl kaum objektiv entschieden werden können, sondern von der subjektiven Einstellung des Rechners abhängen.

Der Vergleich der Lösungen y_1 mit der früher (s. S. 231) für Kreisfunktionen aufgestellten, allgemein gültigen Beziehung

$$-y_{i-1} + \frac{2-10\gamma}{1+\gamma}y_i - y_{i+1} = 0$$

zeigt, daß die erzwungene Schwingung y_1 für die untersuchte Störungsfunktion $\eta = \eta_c \cdot \sin\omega t$ eine reine Sinusschwingung mit der Kreisfrequenz ω ist. Diese gleiche Beziehung erlaubt aber auch, Zwischenwerte von y_1 zu interpolieren, was auf den Größtwert

$$y_{\max} = 1{,}9923\,\eta_c, \qquad \mu = 1{,}9923$$

führt, der sich vom genauen Wert nach Gl. (VII,20),

$$\mu = 1{,}9952,$$

nur um 0,15% unterscheidet. Die Phasenverschiebung α ergibt sich aus

$$\sin\alpha = -\frac{0{,}940\,614}{1{,}9923} = -0{,}4721$$

zu

$$\operatorname{tg}\alpha = -0{,}5356;$$

dieser Wert unterscheidet sich vom genauen Wert nach Gl. (VII,20a),

$$\operatorname{tg}\alpha = -\frac{0{,}24}{0{,}44} = -0{,}5455,$$

um 1,8%. Es zeigt sich hier wieder, daß die Ungenauigkeit unseres Gleichungssystems, die auf der für die gewählte grobe Feldteilung Δx zu wenig genauen Erfassung des Dämpfungseinflusses (Trapezformel) beruht, sich auf den Wert der Schwingungsausschläge nur wenig, stärker jedoch auf die zugehörigen Abszissen auswirkt.

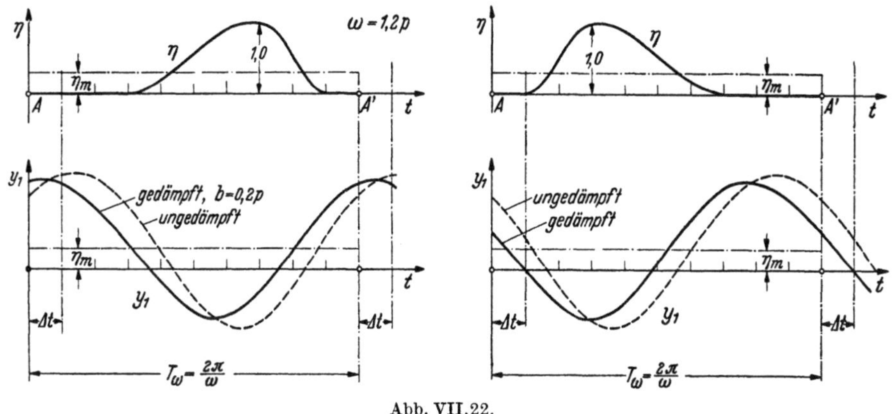

Abb. VII,22.

In Abb. VII,22 ist noch die erzwungene Schwingung y_1 infolge einer willkürlichen Störungsfunktion η dargestellt, wobei die Verhältniswerte

$$\omega = 1{,}2p, \qquad \Delta x = p\,\Delta t = \frac{\pi}{6}$$

die gleichen sind wie bei den bisherigen Zahlenbeispielen. Die Störungsfunktion η läßt sich hier auch als Schwingung um eine mittlere *statische* Durchbiegung η_m auffassen,

$$\eta_m = \frac{\int\limits_{0}^{T_\omega} \eta\, dt}{T_\omega},$$

um die auch die erzwungene Schwingung y_1, allerdings nicht mehr in regelmäßiger Form schwingt. Zum Vergleich ist auch die ungedämpfte erzwungene Schwingung y_1 gestrichelt eingetragen.

Bei spiegelbildlichem Verlauf der Störungsfunktion wird auch der Verlauf der ungedämpften Schwingung spiegelbildlich, nicht aber die gedämpfte Schwingung (Abb. VII,22).

b) Trägerschwingungen unter ortsfester Störungskraft

Wir betrachten den einfachen Fall eines elastischen Trägers, auf den an einer bestimmten Stelle $x = a$ eine periodisch veränderliche Störungskraft P,

$$P = P_0 \sin\omega\, t,$$

einwirken soll (Abb. VII,23). Unter der Kraft P biegt sich der Träger zunächst statisch durch; diese Durchbiegungen betragen

$$\eta_1 = \eta_P(x) \sin\omega\, t,$$

wenn wir mit $\eta_P(x)$ die statischen Durchbiegungen infolge der Kraft P_0 bezeichnen. Diese Biegungslinie $\eta_P(x)$ ergibt sich auf einfachste Weise als Seilpolygon zur $1/EJ$-fachen Momentenfläche infolge P_0.

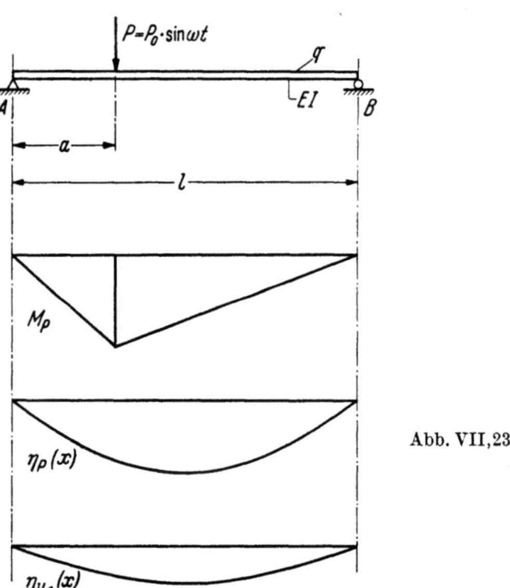

Abb. VII,23.

Nun treten aber während dieser statischen Durchbiegungen η_1 Beschleunigungen $\ddot\eta_1$ auf,

$$\ddot\eta_1 = -\omega^2\,\eta_P(x)\sin\omega\, t,$$

die Trägheitsbelastungen u_1,

$$u_1 = \frac{q}{g}\,\ddot\eta_1 = -\omega^2\frac{q}{g}\,\eta_P(x)\sin\omega\, t,$$

infolge der Trägermasse q/g verursachen. Diese Trägheitsbelastungen u_1 verursachen nun ihrerseits wieder eine Vergrößerung der Durchbiegungen η um den Betrag

$$\eta_2 = \eta_{u_1}(x)\sin\omega\, t,$$

wobei η_{u_1} die statische Biegungslinie infolge der Belastung

$$u_{10} = -\omega^2 \frac{q}{g} \eta_P(x)$$

bedeutet; sie kann leicht mit den normalen Mitteln der Baustatik mit zwei Seil-polygonen (M_u, η_u) berechnet werden. In der Zahlenrechnung erscheinen die Ordinaten der Biegungslinie $\eta_{u_1}(x)$ gegenüber der Biegungslinie $\eta_P(x)$ mit dem Faktor

$$\omega^2 \frac{q}{g} \frac{\Delta x^4}{144\, E J} = \omega^2 \frac{q}{g} \frac{l^4}{144\, n^4\, E J}$$

multipliziert. Beschränken wir uns der einfacheren Darstellung wegen auf den Fall des einfachen Balkens mit konstanter ständiger Last q und konstanter Steifigkeit $E J$, so können wir diesen Faktor mit Hilfe der Kreisfrequenz p der Eigenschwingungen

$$p^2 = \frac{\pi^4\, E J\, g}{q\, l^4}$$

ausdrücken; es ist

$$\omega^2 \frac{q}{g} \frac{l^4}{144\, n^4\, E J} = \frac{\omega^2}{p^2} \frac{\pi^4}{144\, n^4}.$$

Damit können wir schreiben

$$\eta_{u_1}(x) = \varphi_1 \frac{\omega^2}{p^2} \eta_P(x),$$

wobei φ_1 einen über die Spannweite l veränderlichen Zahlenwert bedeutet.

Wir setzen nun ausdrücklich $\omega < p$ voraus; dann addieren sich zu den bisher bestimmten Durchbiegungen η_1 und η_2 weitere Durchbiegungen η_3, die durch die Trägheitskräfte u_{20},

$$u_{20} = -\omega^2 \frac{q}{g} \eta_{u_1}(x),$$

infolge der Beschleunigungen während der Durchbiegungen $\eta_{u_1}(x)$ verursacht werden; analog ist

$$\eta_{u_2}(x) = \varphi_2 \frac{\omega^2}{p^2} \eta_{u_1}(x).$$

In der folgenden Tabelle sind die Zahlenwerte für $\eta_P(x)$ sowie φ_1 und φ_2 für einige Laststellungen eines einfachen Balkens mit konstanter Steifigkeit $E J$ und konstanter Masse q/g zusammengestellt.

Pkt.	$a = \dfrac{l}{6}$			$a = \dfrac{l}{3}$			$a = \dfrac{l}{2}$		
	$\eta_P(x)$	φ_1	φ_2	$\eta_P(x)$	φ_1	φ_2	$\eta_P(x)$	φ_1	φ_2
A	0			0			0		
1	0,634 00	0,808 17	0,988 54	0,977 37	0,915 82	0,993 76	1,003 09	1,023 18	1,000 34
2	0,977 37	0,915 82	0,993 76	1,646 09	0,939 21	0,996 37	1,774 69	1,001 98	1,000 04
3	1,003 09	1,023 18	1,000 34	1,774 69	1,001 98	1,000 04	2,083 33	0,985 73	0,999 89
4	0,797 33	1,107 58	1,006 41	1,440 33	1,064 99	1,003 73	1,774 69	1,001 98	1,000 04
5	0,437 24	1,160 90	1,010 59	0,797 33	1,107 58	1,006 41	1,003 09	1,023 18	1,000 34
B	0			0			0		
	$\times \dfrac{P\, l^3}{E J} 10^{-2}$			$\times \dfrac{P\, l^3}{E J} 10^{-2}$			$\times \dfrac{P\, l^3}{E J} 10^{-2}$		

Diese Zahlenwerte zeigen nun deutlich, daß die Werte φ sich mit sehr guter Konvergenz dem Wert Eins annähern; das bedeutet, daß die folgenden Biegungslinien η_u sich sehr rasch der Eigenschwingungskurve $\eta(x)$ des Trägers annähern. Die gleiche Folgerung ergibt sich analog auch für Träger mit veränderlicher Steifigkeit und für veränderliche Massenverteilung. Wir können somit die Berechnung mit φ_2 abbrechen und (für den vorausgesetzten Fall $\omega < p$) die *eigentliche erzwungene Schwingung* y_1 zu

$$y_1 = y_1(x) \sin \omega\, t = \{\eta_P(x) + \eta_{u_1}(x) + \eta_{u_2}(x) + \eta_{u_3}(x) + \cdots\} \sin \omega\, t,$$

$$y_1 = \eta_P(x) \left[1 + \varphi_1 \frac{\omega^2}{p^2} \left(1 + \varphi_2 \frac{\omega^2}{p^2} + \cdots\right)\right] \sin \omega\, t,$$

$$\boxed{y_1 = \eta_P(x) \left(1 + \varphi_1 \frac{\omega^2}{p^2}\, \frac{1}{1 - \varphi_2 \dfrac{\omega^2}{p^2}}\right) \sin \omega\, t} \tag{VII,23}$$

anschreiben. In der folgenden Tabelle ist die Berechnung für eine periodisch wirkende Störungskraft $P = P_0 \cdot \sin \omega\, t$ im Drittelspunkt, $a = l/3$, und für ein Verhältnis $\omega = 0{,}4\,p$ durchgeführt.

	$\eta_P(x)$	$\varphi_1 \dfrac{\omega^2}{p^2}$	$\dfrac{1}{1 - \varphi_2 \dfrac{\omega^2}{p^2}}$	$y_1(x)$	$\dfrac{y_1(x)}{\eta_P(x)}$	$\dfrac{y_1(x)}{\eta_P(x)} - \bar\mu$
A	0			0		
1	0,97737	0,14653	1,18906	1,14766	1,17423	$-0{,}01639$
2	1,64609	0,15027	1,18966	1,94036	1,17877	$-0{,}01185$
3	1,77469	0,16032	1,19049	2,11341	1,19086	0,00024
4	1,44033	0,17040	1,19132	1,73272	1,20300	0,01238
5	0,79733	0,17721	1,19193	0,96574	1,21122	0,02060
B	0			0		
	$\times \dfrac{P\,l^3}{EJ}\,10^{-2}$			$\times \dfrac{P\,l^3}{EJ}\,10^{-2}$		

Trotzdem wir mit $\omega = 0{,}4\,p$ praktisch ungünstige, an der unteren Grenze des zu vermeidenden Resonanzbereiches liegende Verhältnisse gewählt haben, zeigt sich, daß der örtliche Verlauf $y_1(x)$ der erzwungenen Schwingung y_1 in seiner Form nicht sehr stark von der statischen Durchbiegungslinie abweicht. Der durchschnittliche dynamische Vergrößerungsfaktor $\bar\mu$,

$$\bar\mu = \frac{\displaystyle\int_0^l y_1(x)\, dx}{\displaystyle\int_0^l \eta_P(x)\, dx},$$

der leicht aus einer Flächenberechnung bestimmt werden kann, beträgt hier

$$\bar\mu = 1{,}19062$$

und weicht somit nur um etwa 0,01 % vom Wert

$$\mu = \frac{1}{1 - \dfrac{\omega^2}{p^2}} = \frac{1}{1 - 0,16} = 1,19048$$

ab, der sich für das gleiche Verhältnis ω/p für eine schwingende Feder [s. Gl. (VII,20) für $b = 0$] ergeben würde. In der letzten Kolonne der vorstehenden Tabelle sind noch die Werte

$$\frac{y_1(x)}{\eta_P(x)} - \bar{\mu}$$

eingetragen, die die Unterschiede in der Form der Kurven $y_1(x)$ und $\eta_P(x)$ charakterisieren.

Den erzwungenen Schwingungen y_1 überlagern sich nun noch freie Schwingungen y_0, deren Größe von den Anfangsbedingungen abhängt. Für den Normalfall ist

$$(y)_{t=0} = 0, \qquad (\ddot{y})_{t=0} = 0,$$

und die freien Schwingungen

$$y_0 = C_1 \sin p\,t + C_2 \cos p\,t$$

ergeben sich mit $(y_1)_{t=0} = 0$, $C_2 = 0$, aus

$$(\dot{y})_{t=0} = (\dot{y}_1 + \dot{y}_0)_{t=0} = [-\omega\, y_1(x) + p\, C_1] = 0$$

zu

$$\boxed{y_0 = -\frac{\omega}{p}\, y_1(x)\, \sin p\,t}\,. \tag{VII,24}$$

Es zeigt sich, daß zur Erfüllung der Anfangsbedingung $(\dot{y})_{t=0} = 0$ an allen Trägerpunkten der örtliche Schwingungsverlauf der freien Schwingungen $y_0(x)$ weitgehend mit der Kurve der erzwungenen Schwingung $y_1(x)$ und damit in erster Annäherung mit der statischen Biegungslinie $\eta_P(x)$ übereinstimmen muß. *Die Schwingungskurve $y_0(x)$ stimmt somit nicht mit der Schwingungskurve der Eigenschwingungen des Trägers ohne Störungskraft überein.* Nun wissen wir aber, daß die Form der Schwingungskurve die Kreisfrequenz p der Eigenschwingungen beeinflußt; die Kreisfrequenz p der Gl. (VII,24) muß somit grundsätzlich von der Kreisfrequenz der Eigenschwingungen des unbelasteten Trägers abweichen. Nun zeigt aber andererseits eine Energiebetrachtung, daß auch eine merkliche Änderung der Form der Schwingungskurve nur eine ganz unbedeutende Änderung der Kreisfrequenz p verursacht, und zwar im Sinne einer geringen Vergrößerung. Damit ergibt sich aber auch, daß die Form der Schwingungskurven $y_0(x)$ und $y_1(x)$ mit praktisch genügender Genauigkeit übereinstimmen müssen. Der ganze Schwingungsverlauf ergibt sich damit zu

$$\boxed{y = y_1(x)\left(\sin \omega\, t - \frac{\omega}{p}\, \sin p\,t\right)}, \tag{VII,25}$$

wobei für p der konstante Wert der Kreisfrequenz der Trägereigenschwingungen, für einen einfachen Balken mit $EJ = \text{konst.}$, $q = \text{konst.}$ somit der Wert

$$p = \frac{\pi^2}{l^2} \sqrt{\frac{E J g}{q}}$$

eingesetzt werden darf.

Für unser Zahlenbeispiel ergibt sich mit $\omega = 0{,}4\,p$ somit für den Lastpunkt $x = a$

$$\boxed{y = \eta_P(a)\,(1{,}17877 \sin\omega t - 0{,}47151 \sin p t)}\,. \qquad\qquad \text{(VII,25a)}$$

Die geringen Abweichungen zwischen den Kurven $\eta_P(x)$ und $y_1(x)$ erlauben die Folgerung, daß die Schwingungen des Lastpunktes $x = a$ mit recht guter Genauigkeit wie für ein System mit einem Freiheitsgrad berechnet werden können. Eine solche Berechnung soll deshalb für die Werte des Zahlenbeispiels numerisch mit den Gln. (VII,21) und (VII,21a) durchgeführt werden, die sich hier wegen $\beta = 0$, $\eta_{t=0} = 0$ auf

$$y_{i+1} = \frac{\gamma}{1+\gamma}\sum_i \eta + \frac{2-10\gamma}{1+\gamma}\,y_i - y_{i-1}$$

und

$$y_1 = \frac{\gamma}{1+\gamma}\,(3{,}0\eta_1 - 0{,}5\eta_2)$$

vereinfachen. Wir wählen

$$\omega\,\Delta t = \frac{\pi}{10}\,, \qquad p\,\Delta t = \frac{\pi}{4}\,, \qquad \gamma = \frac{p^2\,\Delta t^2}{12} = \frac{\pi^2}{192} = 0{,}0514042\,;$$

somit ist

$$y_{i+1} = 0{,}048891 \sum_i \eta + 1{,}41331\,y_i - y_{i-1}$$

und

$$y_1 = 0{,}048891\,(3{,}0\eta_1 - 0{,}5\eta_2)\,.$$

Die Berechnung ist in der folgenden Tabelle für das Zeitintervall

$$T_P = \frac{2\pi}{\omega} = 20\Delta t$$

durchgeführt. In der letzten Kolonne sind zum Vergleich die nach Gl. (VII,25a) berechneten Schwingungsausschläge eingetragen.

$\dfrac{t}{\Delta t}$	η	$\sum\eta$	$\dfrac{\gamma}{1+\gamma}\sum\eta$	y	nach Gl. (VII,25a)	$\dfrac{t}{\Delta t}$	$\dfrac{\gamma}{1+\gamma}\sum\eta$	y	nach Gl. (VII,25a)
0	0	0,6332	0,03096	0	0	10	0	−0,47614	−0,47151
1	0,30902	3,6780	0,17982	0,03096	0,03085	11	−0,17982	−0,70217	−0,69767
2	0,58779	6,9959	0,34204	0,22358	0,22136	12	−0,34204	−0,69606	−0,69287
3	0,80902	9,6291	0,47078	0,62707	0,62024	13	−0,47078	−0,62362	−0,62024
4	0,95106	11,3196	0,55343	1,13344	1,12108	14	−0,55343	−0,65609	−0,64957
5	1,00000	11,9021	0,58191	1,52826	1,51218	15	−0,58191	−0,85707	−0,84536
6			0,55343	1,60837	1,59259	16	−0,55343	−1,13712	−1,12108
7			0,47078	1,29829	1,28706	17	−0,47078	−1,30345	−1,28706
8			0,34204	0,69729	0,69287	18	−0,34204	−1,17584	−1,16438
9			0,17982	0,02924	0,03085	19	−0,17982	−0,70041	−0,69767
10			0	−0,47614	−0,47151	20	0	0,00613	0
	$\times\,\eta_P(a)$			$\times\,\eta_P(a)$				$\times\,\eta_P(a)$	

Der größte Schwingungsausschlag im Zeitpunkt $t = 6\Delta t$ beträgt nach der numerischen Berechnung

$$y = 1{,}60837\,\eta_P(a),$$

während Gl. (VII,25a) den Wert

$$y = 1{,}59259\,\eta_P(a)$$

liefert; das Verhältnis

$$\frac{1{,}60837}{1{,}59259} = 1{,}0099$$

entspricht genau dem Verhältnis der Vergrößerungsfaktoren

$$\frac{1{,}19048}{1{,}17877} = 1{,}0099,$$

die wir für die Trägerschwingung (Tabelle S. 488; Kraft in Punkt 2) bzw. für eine schwingende Feder (S. 489) berechnet haben. Die numerische Rechnung liefert uns also Schwingungskurven, die dem *durchschnittlichen dynamischen Vergrößerungsfaktor* entsprechen. Da die Veränderlichkeit des Vergrößerungsfaktors über die Trägerlänge nur klein ist, liefert unser einfaches numerisches Verfahren die Schwingungskurven y für einzelne Trägerpunkte mit durchaus genügender Genauigkeit. Eine Genauigkeitskontrolle ergibt sich ferner daraus, daß für den Zeitpunkt $t = 20\Delta t$ die Schwingungsordinate y verschwinden muß; aus den Zahlenwerten läßt sich (wie früher) feststellen, daß die relativ großen Zeitintervalle sich gleich auswirken wie eine Änderung des Zeitmaßstabes um nur 0,044%. In Abb. VII,24 sind die Kurven y, y_1 und η aufgetragen. Aufschlußreich ist

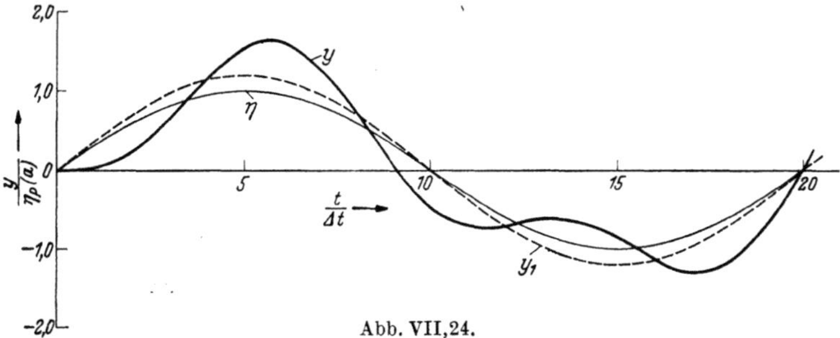

Abb. VII,24.

der Vergleich der größten Schwingungsausschläge: während des Einschwingvorganges ist ein totaler dynamischer Vergrößerungsfaktor von rd. 1,60 festzustellen, während der Vergrößerungsfaktor μ für die eigentliche erzwungene Schwingung nur rd. 1,18 beträgt. Die Anfangsbedingung $\dot{y}_{t=0} = 0$ erzwingt somit freie Schwingungen, die, mindestens am Anfang, nicht vernachlässigt werden dürfen.

Die hier entwickelte Berechnung läßt sich grundsätzlich gleich und ohne Schwierigkeit auch dann anwenden, wenn die Steifigkeit EJ und die Massenverteilung q/g veränderlich sind, auch bei beliebigem Tragsystem. Wird beispielsweise die Störungskraft P durch Drehungen von Maschinenteilen mit unvollständigem Massenausgleich verursacht (Abb. VII,25), so beeinflußt die Maschinenmasse M die Kreisfrequenzen p der Eigenschwingungen (vgl. Abb. VII,9) wie auch die Biegungslinien η_u.

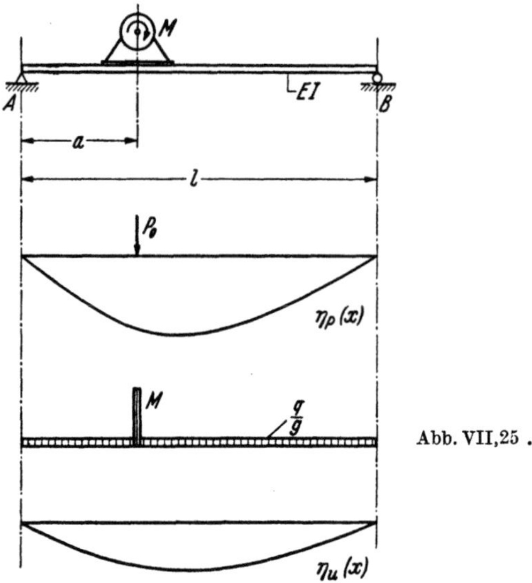

Abb. VII,25 .

Da in diesem Fall die Unterschiede in der Form der beiden Kurven $\eta_P(x)$ und $\eta_u(x)$ mit wachsendem Verhältnis $gM : ql$ immer kleiner werden, stimmt die Form der Kurve der erzwungenen Schwingungen y_1 mit der statischen Biegungslinie $\eta_P(x)$ besser überein als im untersuchten Beispiel, und die Veränderlichkeit des Vergrößerungsfaktors μ über die Spannweite verschwindet mehr und mehr. Daraus ergibt sich, daß unser numerisches Verfahren, das auf die Bestimmung der Schwingungen y eines Trägerpunktes (Lastpunkt) orientiert ist, an Genauigkeit gewinnt und deshalb erst recht geeignet sein dürfte, eine eingehende Berechnung auf dem Wege der sukzessiven Approximation vollwertig zu ersetzen.

Besonders groß werden die Vorzüge des numerischen Verfahrens mit den Gln. (VII,21), wenn der zeitliche Verlauf der Störungsfunktion unregelmäßig ist, sowie wenn die Dämpfung berücksichtigt werden soll.

c) Trägerschwingungen unter bewegter Last

Wir betrachten in Abb. VII,26 als Beispiel einen einfachen Balken, über den sich eine Last P mit der Geschwindigkeit v von A nach B bewegt. Ist die Geschwindigkeit v sehr klein, so erfährt der Lastpunkt die statische Durchbiegung η_P, die sich für jede Laststellung $P(x)$ sehr einfach mit einer Arbeitsgleichung berechnen läßt:

$$\eta_P = \int_0^l \frac{M_P \, \bar{M}}{E \, J} \, dx ;$$

dabei bedeutet $\bar{M}$ das Biegungsmoment infolge des virtuellen Belastungszustandes $P(x) = 1$. Für einen einfachen Balken konstanter Steifigkeit ist

$$\eta_P = \frac{P}{3 \, E \, J \, l} \, x^2 (l - x)^2 .$$

Wenn sich die Last P jedoch mit *endlicher* Geschwindigkeit v über den Balken bewegt, so entstehen infolge der zeitlich veränderlichen Durchbiegungen des Last-

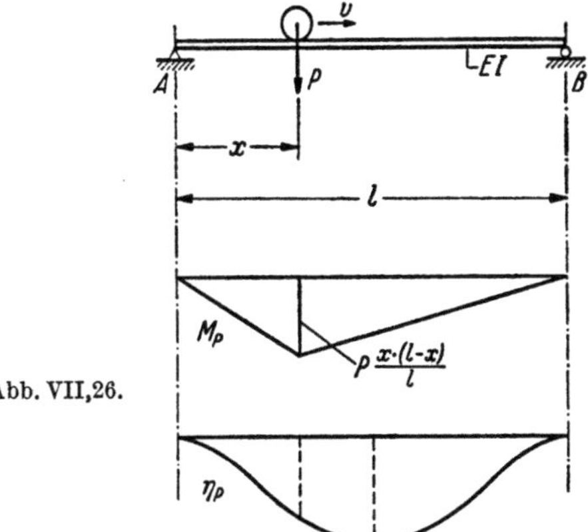

Abb. VII,26.

punktes Beschleunigungen und damit Trägheitskräfte, so daß sich die Wirkung der Last P auf

$$R = P - \frac{P}{g}\ddot{y}$$

vergrößert. Nehmen wir nun, ohne damit die Gültigkeit der Untersuchung praktisch allzusehr einzuschränken, eine konstante Geschwindigkeit v an, so ist

$$x = v\,t, \quad dx = v\,dt, \quad dt = \frac{dx}{v}$$

und damit wird

$$\frac{\partial^2 y}{\partial t^2} = \ddot{y} = v^2\frac{\partial^2 y}{\partial x^2} = v^2 y'',$$

und die Wirkung der Last beträgt

$$R = P - \frac{P}{g}v^2 y'' = P\left(1 - \frac{v^2}{g}y''\right);$$

die dynamische Durchbiegung y_P des Lastpunktes ergibt sich somit aus der statischen Durchbiegung η_P dadurch, daß wir an Stelle der statischen Last P die dynamische Wirkung R einsetzen:

$$\boxed{y_P = \eta_P\left(1 - \frac{v^2}{g}y_P''\right)} \qquad \text{(VII,26)}$$

Für einen einfachen Balken konstanter Steifigkeit ist somit

$$y_P = \frac{P}{3EJl}\left(1 - \frac{v^2}{g}y_P''\right)x^2(l-x)^2. \qquad \text{(VII,26a)}$$

Die Lösung dieser Gleichung wurde erstmals von G. G. STOKES[1] angegeben; der Einfluß der durch die Durchbiegungen unter der Last hervorgerufenen Trägheitskräfte wird deshalb auch etwa als Stokes-*Effekt* bezeichnet.

---

[1] STOKES, G. G.: Math. and Phys. Papers. Vol. 2, p. 179.

Eine Näherungslösung der Gl. (VII,26) ergibt sich in einfacher Weise dadurch, daß wir im Klammerausdruck den unbekannten Wert y_P'' durch die zweite Ableitung η_P'' der statischen Durchbiegung ersetzen[1]:

$$y_P \cong \eta_P\left(1 - \frac{v^2}{g}\eta_P''\right); \qquad (VII,26\,b)$$

für den einfachen Balken konstanter Steifigkeit ist damit

$$y_P \cong \frac{P}{3\,E\,J\,l}\,x^2(l-x)^2\left(1 - \frac{2\,P\,v^2}{3\,E\,J\,g\,l}\,[l^2 - 6x(l-x)]\right). \qquad (VII,26\,c)$$

Der Größtwert der dynamischen Wirkung tritt auf, wenn sich die Last P in Balkenmitte, $x = l/2$, befindet; dafür ist

$$y_{P_m} \cong \frac{P\,l^3}{48\,E\,J}\left(1 + \frac{P\,l\,v^2}{3\,E\,J\,g}\right).$$

Wir können diesen Wert mit

$$\eta_{P_m} = \frac{P\,l^3}{48\,E\,J}$$

in der vielleicht etwas anschaulicheren Form

$$y_{P_m} = \eta_{P_m}\left(1 + \frac{16\,v^2\,\eta_{P_m}}{g\,l^2}\right)$$

anschreiben. Rechnen wir beispielsweise mit einer Geschwindigkeit von

$$v = 100 \text{ km/Std.} = 27{,}78 \text{ m/sec}$$

und einer statischen Durchbiegung von

$$\eta_{P_m} = \frac{l}{900},$$

so erhalten wir die folgenden Vergrößerungsfaktoren

$$l = 10 \text{ m:} \quad \mu = \frac{y_{P_m}}{\eta_{P_m}} = 1{,}140,$$

$$20 \text{ m:} \qquad 1{,}070,$$

$$30 \text{ m:} \qquad 1{,}047,$$

$$50 \text{ m:} \qquad 1{,}028,$$

$$100 \text{ m:} \qquad 1{,}014.$$

Trotzdem der Stokes-*Effekt*, nach der ersten Annäherung berechnet, nicht sehr groß ist, soll doch noch die Güte der Annäherung in Gl. (VII,26 b), durch eine *verbesserte Näherungsuntersuchung* überprüft werden. Führen wir in baustatischer Deutung und in Analogie zu den „reduzierten Momenten" der Balkenbiegung

$$\frac{M}{E\,J} = -y''$$

die *reduzierten Momente*

$$m = -\frac{v^2}{g}y''$$

---

[1] Timoshenko, S., Young, D. H.: Vibration Problems in Engineering. New York 1955, p. 359.

ein, so bedeutet die zu lösende Differentialgleichung

$$y_P = \eta_P(1 + m),$$

daß das Seilpolygon zur Momentenfläche

$$m = \frac{y_P}{\eta_P} - 1$$

die v^2/g-fache erzwungene Schwingung y_P des wandernden Lastpunktes darstellt. Wegen $y_A' = y_B' = 0$ entspricht die Durchbiegungslinie in den Randbedingungen einem beidseitig eingespannten Träger, wobei sich die Stützenmomente $m_A = m_B$ aus folgender Überlegung ergeben: der Wert

$$\left(\frac{y_P}{\eta_P}\right)_A = \frac{0}{0}$$

ist, da auch die ersten Ableitungen

$$\left(\frac{y_P'}{\eta_P'}\right)_A = \frac{0}{0}$$

einen unbestimmten Wert darstellen, aus den zweiten Ableitungen zu bestimmen:

$$\left(\frac{y_P}{\eta_P}\right)_A = \left(\frac{y_P''}{\eta_P''}\right)_A = 1 + m_A = 1 - \frac{v^2}{g}\left(\frac{y_P''}{\eta_P''}\right)_A \eta_{P_A}'',$$

$$\left(\frac{y_P''}{\eta_P''}\right)_A = \frac{1}{1 + \dfrac{v^2}{g}\eta_{P_A}''} = 1 + m_A,$$

$$m_A = -\frac{\dfrac{v^2}{g}\eta_{P_A}''}{1 + \dfrac{v^2}{g}\eta_{P_A}''} = m_B.$$

Für einen einfachen Balken konstanter Steifigkeit ist

$$\frac{v^2}{g}\eta_{P_A}'' = \frac{2\,P\,l\,v^2}{3\,E\,J\,g} = 32\eta_m\frac{v^2}{g\,l^2}.$$

Denken wir uns die Momentenfläche m aus der rechteckförmigen Momentenfläche infolge der Stützenmomente m_A und einer noch zu bestimmenden Momentenfläche m_0 zusammengesetzt, so ergibt sich hier die Besonderheit, daß der Maßstab der m_0-Fläche einer bestimmten Form sich dadurch aus m_A ergibt, daß die Auflagerkraft der Momentenfläche (erste Mohrsche Analogie der Balkenbiegung) verschwinden muß oder wegen der Symmetrie muß

$$\int_0^{l/2} m\,dx = \int_0^{l/2} (m_A + m_0)\,dx = 0$$

sein, während normalerweise sich die Größe des Stützenmomentes X aus der gegebenen Momentenfläche des Grundsystems ergibt.

Die unbekannte m_0-Fläche denken wir uns aus zwei Anteilen zusammengesetzt, nämlich aus einer geschätzten *Grundkurve* m_0 und aus einer möglichst passend gewählten *Ergänzungskurve* Δm, die jedoch so gewählt werden soll, daß

durch sie die Stützenmomente nicht mehr verändert werden sollen, die also die
Bedingung

$$\int_0^{l/2} \Delta m \, dx = 0$$

erfüllt. Infolge der Grundkurve wird die zu lösende Differentialgleichung

$$\frac{y_P}{\eta_P} - m = 1$$

wegen der Berücksichtigung des Stützenmomentes m_A wohl am Auflager A erfüllt, an den übrigen Trägerpunkten wird sich dagegen ein von Eins abweichender
Wert Φ,

$$\Phi = \frac{y_P}{\eta_P} - m,$$

ergeben. Die Ergänzungskurve Δm ist nun so zu wählen, daß die Bedingung
$\Phi = 1$ über den ganzen Verlauf des Trägers möglichst gut erfüllt ist.

Der Rechnungsgang ist in Abb. VII,27 grundsätzlich dargestellt. Als Grundkurve m_0 ist die Biegungslinie infolge P_m gewählt worden, während die Ergänzungskurve Δm (nach einigen Vergleichsversuchen) als Biegungslinie infolge der
skizzierten Lastgruppe aus der Bedingung $\int_0^{l/2} \Delta m \, dx = 0$ gewählt wurde. Die
folgende Tabelle gibt einen Auszug aus einer Zahlenrechnung für die folgenden
Werte[1]:

$$l = 20{,}0 \text{ m}, \quad v = 27{,}778 \text{ m/sec}, \quad g = 9{,}81 \text{ m/sec}^2,$$

$$\eta_m = \frac{l}{900} = 2{,}2222 \text{ cm}, \quad \frac{g\,l^2}{v^2} = 508{,}55 \text{ cm},$$

$$\frac{v^2}{g}\,\eta_{P_A}'' = 0{,}13983, \quad m_A = -\frac{0{,}13983}{1{,}13983} = -0{,}12268.$$

	η	Grundkurve			Ergänzungskurve			Superposition			
		m	$\dfrac{y}{\eta}$	Φ	Δm	$\Delta\left(\dfrac{y}{\eta}\right)$	$\Delta\Phi$	m	y	$\dfrac{y}{\eta}$	Φ
	cm								cm		
A	0	−0,12268	0,87732	1,00000	0	0	0	−0,12268	0	0,8773	1,0000
1	0,2075	−0,07406	0,90520	0,97926	−0,0539	0,1604	0,2143	−0,07897	0,1908	0,9198	0,9988
2	0,6859	−0,02817	0,93016	0,95833	−0,0878	0,3660	0,4536	−0,03615	0,6608	0,9635	0,9996
3	1,2500	0,01227	0,95138	0,93911	−0,0811	0,6132	0,6943	0,00489	1,2590	1,0072	1,0023
4	1,7558	0,04453	0,96796	0,92343	−0,0014	0,8831	0,8971	0,04374	1,8407	1,0483	1,0046
5	2,1005	0,06588	0,97876	0,91288	0,1278	1,1241	0,9963	0,07751	2,2708	1,0811	1,0036
m	2,2222	0,07360	0,98258	0,90898	0,2291	1,2291	1,0000	0,09446	2,4321	1,0945	1,0000
					$\times\,\Delta\Phi_m$	$\times\,\Delta\Phi_m$	$\times\,\Delta\Phi_m$	$\Delta\Phi_m = 0{,}09102$			

Wie die letzte Kolonne zeigt, ist die Differentialgleichung $\Phi = 1$ mit für
unsere Zwecke genügender Genauigkeit erfüllt. Es zeigt sich, daß der größte
dynamische Vergrößerungsfaktor in Balkenmitte rd. 9,5% beträgt gegenüber

---

[1] Die Berechnung ist gegenüber der Tabelle mit doppelter Teilung, $\Delta x = l/24$, und
größerer Stellenzahl durchgeführt worden.

rd. 7,0% nach der Näherungsrechnung entsprechend Gl. (VII,26b). Diese Näherungsrechnung darf damit nur deshalb als praktisch genügend genau angesehen werden, weil der Stokes-Effekt normalerweise überhaupt klein ist und somit der Fehler der Näherungsrechnung sich auf den Wert der größten Durchbiegung nur unwesentlich, in unserem Zahlenbeispiel mit 2,3% auswirkt.

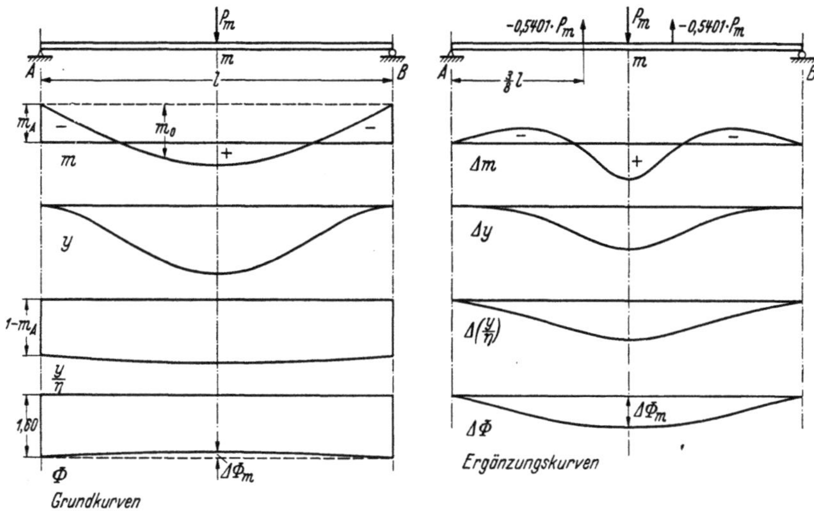

Abb. VII, 27.

Eine Verfeinerung unserer verbesserten Näherungsgleichung, etwa durch eine zweite Ergänzungskurve, wäre denkbar, doch müßte dann, wegen der Empfindlichkeit der Zahlenrechnung, die Rechnungsgenauigkeit vergrößert und die Feldteilung wesentlich verfeinert werden; die zu erzielende Verbesserung der Genauigkeit müßte somit mit einer unverhältnismäßig großen Vergrößerung des Arbeitsaufwandes erkauft werden.

Man kann sich fragen, ob eine Lösung der Differentialgleichung (VII, 26) auf dem Wege der sukzessiven Annäherung möglich sei, indem im Klammerausdruck der aus der Näherungslösung (VII,26b) durch zweimalige Differentiation ermittelte Wert von y_P'' eingesetzt wird und so weiter; es zeigt sich, daß dieser Weg nicht gangbar ist, weil er nicht konvergiert. Auch eine numerische Lösung durch Umsetzen in ein dreigliedriges Gleichungssystem nach Gl. (IV,22) kommt nicht in Betracht, weil in den Vorzahlen der Gleichungen die reziproken Werte der Durchbiegungen η, die ihrerseits an den Auflagern verschwinden, vorkommen, so daß auch bei beliebig kleinen Intervallen Δx das aufgestellte Genauigkeitskriterium nicht erfüllt werden kann. Selbstverständlich ist dagegen eine Lösung durch Reihenentwicklung möglich, indem wir etwa

$$m_0 = a_1 \sin \frac{\pi x}{l} + a_3 \sin \frac{3\pi x}{l} + a_5 \sin \frac{5\pi x}{l} + \cdots$$

setzen und die Differentialgleichung $\Phi = 1$ an möglichst vielen Stellen erfüllen, doch zeigt es sich, daß zur Erreichung einer besseren Genauigkeit als mit dem in Abb. VII,27 skizzierten Vorgehen eine sehr große Zahl von Gliedern erforderlich wäre, so daß sich der Arbeitsaufwand nicht lohnt.

Einfluß der Trägermasse

Während der Überfahrt der bewegten Last P über den Träger erleidet nicht nur der Lastangriffspunkt x Beschleunigungen, sondern auch alle anderen Trägerpunkte. Dadurch treten Trägheitsbelastungen

$$\frac{q}{g}\,\ddot{y} = q\,\frac{v^2}{g}\,y''$$

infolge der Trägermasse q/g auf, die die erzwungenen Schwingungen y_1 beeinflussen. Wir beschränken uns darauf, diesen Einfluß der Trägermasse näherungsweise in Analogie zu Gl. (VII,26b) zu bestimmen, indem wir die Trägheitskräfte mit

$$q\,\frac{v^2}{g}\,\eta''$$

einführen. Dazu benötigen wir die zweiten Ableitungen η'', die wir allgemein aus der Arbeitsgleichung

$$\eta = \int\limits_0^l \frac{M\,\bar{M}}{E\,J}\,dx$$

durch Differentiation entsprechend der Differentiationsregel

$$(u\,v)'' = u\,v'' + 2u'\,v' + u''\,v$$

zu

$$\eta'' = \int\limits_0^l \frac{M\,\bar{M}''}{E\,J}\,dx + 2\int\limits_0^l \frac{M'\,\bar{M}'}{E\,J}\,dx + \int\limits_0^l \frac{M''\,\bar{M}}{E\,J}\,dx \qquad\qquad \text{(VII,27)}$$

berechnen können. Dabei bedeutet offensichtlich $M'\,dx$ die Änderung der Momentenfläche M bei einer Verschiebung der Last P von x nach $x + dx$. In Abb. VII,28 ist diese Änderung zunächst für eine Verschiebung um das endliche Intervall Δx dargestellt; die M'-Fläche entspricht in diesem Fall der P-fachen Einflußlinie der Querkraft Q für indirekte Lastübertragung mit der Feldweite Δx. Geht das endliche Intervall Δx in das Differential dx über, so wird die M'-Fläche zur Einflußlinie der Querkraft für verschwindend kleine Feldweite, d. h. für direkte Belastung. Diese Analogie mit der Querkrafteinflußlinie gilt selbstverständlich nur für den einfachen Balken, nicht aber für statisch unbestimmte Lagerung, doch ist dort die M'-Fläche auf analoge Weise ebenfalls sehr einfach zu bestimmen. Die M''-Fläche ergibt sich nun analog aus der M'-Fläche durch Verschieben der Last P von x nach $x + dx$; die M''-Fläche reduziert sich auf die Einzellast $-P$ an der Stelle x. Es ist leicht einzusehen, daß eine Veränderlichkeit der Steifigkeit EJ diese Überlegungen nicht beeinflußt, sondern daß Gl. (VII,27) allgemein, d. h. auch bei veränderlicher Steifigkeit gültig ist.

Um nun die Beschleunigung $v^2\,\eta''/g$ an einer von der Last P um den Abstand c entfernten Trägerstelle n zu bestimmen, ist in der erweiterten Arbeitsgleichung (VII,27) der virtuelle Belastungszustand $\bar{M}, \bar{M}', \bar{M}''$ für eine Last $P = 1$ an der Stelle $x + c$ einzuführen. In Abb. VII,29 sind für diesen Fall der Verschiebungszustand und der virtuelle Belastungszustand dargestellt. Für einen einfachen

Balken konstanter Steifigkeit läßt sich nun Gl. (VII,27) in geschlossener Form auswerten; wir erhalten für diesen Fall

$$\eta''_{xc} = \frac{P}{3EJl}\left[2l^2 - 6cl + 3c^2 - 12x(l - x - c)\right]. \qquad \text{(VII,28)}$$

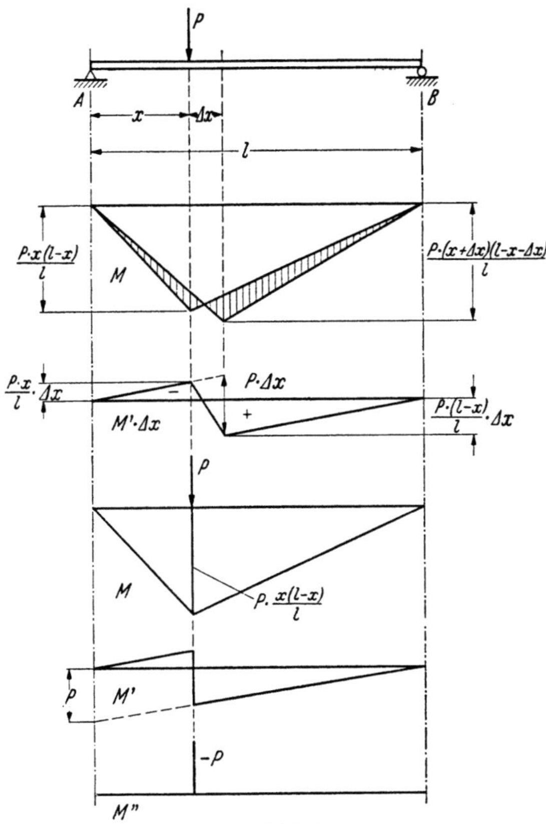

Abb. VII,28.

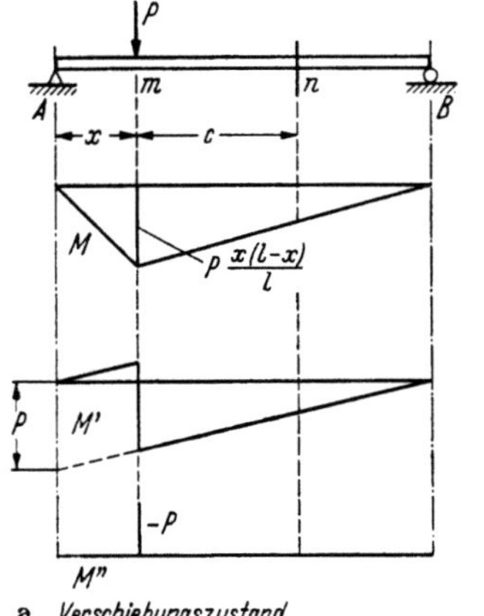

a   *Verschiebungszustand*

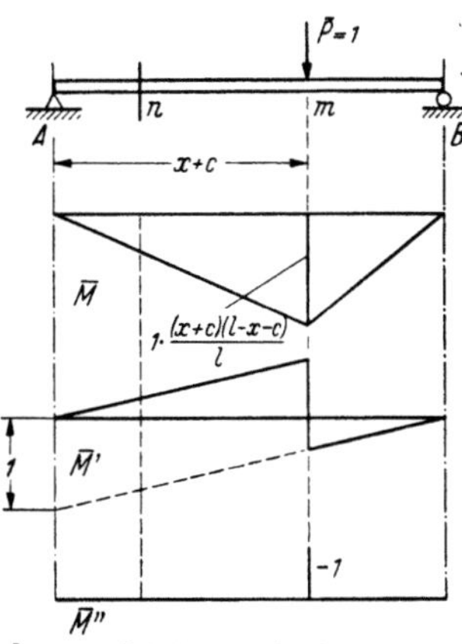

b   *virt. Belastungszustand*

Abb. VII,29a und b.

Diesen Wert hätten wir übrigens auch durch zweimalige Differentiation von η_{xc},

$$\eta_{xc} = \frac{P}{6\,E\,J\,l}\{x(l - x - c)\,[2(l - x)(x + c) - c^2]\},$$

berechnen können. Für die Auswertung ist es bequem, die Werte

$$l = n\,\varDelta x, \quad x = i\,\varDelta x, \quad c = k\,\varDelta x$$

einzuführen; wir erhalten dann für den betrachteten Sonderfall

$$\eta_{xc} = \frac{P\,l^3}{6\,n^4\,E\,J}\{i(n - i - k)\,[2(n - i)(i + k) - k^2]\},$$

$$\eta_{xc}'' = \frac{P\,l}{3\,n^2\,E\,J}[2n^2 - 6kn + 3k^2 - 12i(n - i - k)].$$

Damit können wir für jeden beliebigen Zeitpunkt die Werte η_{xc}'' und damit die Trägheitskräfte

$$\frac{q}{g}\ddot{\eta} = q\,\frac{v^2}{g}\,\eta''$$

über die ganze Trägerlänge berechnen; dieser Verlauf ist in Abb. VII,30 für den untersuchten einfachen Balken dargestellt. Aus diesen Belastungen lassen sich

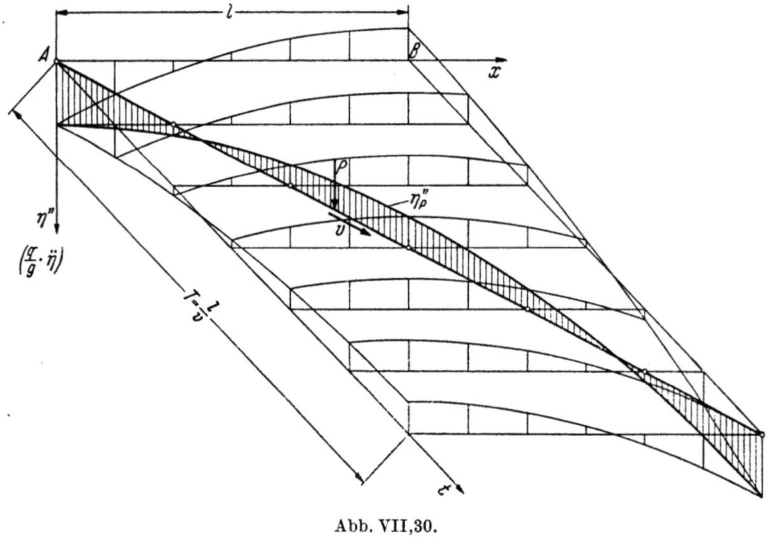

Abb. VII,30.

nun über die Momente die zugehörigen Durchbiegungen $\varDelta y_q$ infolge der Trägermasse berechnen; ein Auszug aus den Ergebnissen einer solchen Berechnung ist mit dem Zeitintervall

$$\varDelta t = \frac{T}{6} = \frac{l}{6v}$$

in der folgenden Tabelle zusammengestellt.

Werte Δy_q

	$t=0$	$t=\Delta t$	$t=2\Delta t$	$t=3\Delta t$	$t=4\Delta t$	$t=5\Delta t$	$t=T$
A	0	0	0	0	0	0	0
1	0,0045	0,1022	0,1631	0,1875	0,1753	0,1264	0,0410
2	0,0237	0,1866	0,2866	0,3238	0,2980	0,2095	0,0580
m	0,0478	0,2287	0,3372	0,3733	0,3372	0,2287	0,0478
4	0,0580	0,2095	0,2980	0,3238	0,2866	0,1866	0,0237
5	0,0410	0,1264	0,1753	0,1875	0,1631	0,1022	0,0045
B	0	0	0	0	0	0	0

$$\times \frac{q\,v^2}{g}\,\frac{P\,l^5}{(E\,J)^2}\,10^{-2}$$

Auffallend ist, daß sich der Träger schon zur Zeit $t = 0$ unter den Trägheitskräften aus der Trägermasse durchbiegt. Dies ist physikalisch undenkbar, weil es mit den Anfangsbedingungen $y_{t=0} = 0$, $\dot{y}_{t=0} = 0$ im Widerspruch steht. Die endlichen Anfangsdurchbiegungen werden wie auch die endlichen Anfangsgeschwindigkeiten durch die später zu berechnenden freien Schwingungen y_0 kompensiert werden müssen. Immerhin scheinen die endlichen Anfangsdurchbiegungen $\Delta y_{q_{t=0}}$ auf einen Widerspruch zwischen Rechnung und Wirklichkeit hinzuweisen: die Existenz dieser Anfangsdurchbiegungen setzt nämlich voraus, daß eine Kraftwirkung in allen Trägerpunkten gleichzeitig auftritt, sich also mit einer unendlich großen Geschwindigkeit über die ganze Trägerlänge fortpflanzt, während in Wirklichkeit die Fortpflanzungsgeschwindigkeit nur von endlicher Größe sein kann. Auf diese Frage der Fortpflanzungsgeschwindigkeit einer Kraftwirkung werden wir später beim Vergleich von Rechnung und Versuch zurückkommen.

Durch die Durchbiegungen Δy_q, die wir in erster Annäherung berechnet haben, werden wieder weitere zusätzliche Beschleunigungen verursacht, die ihrerseits weitere zusätzliche Trägheitskräfte sowohl infolge der Trägermasse als auch infolge der Masse der wandernden Last P auslösen. Diese kleinen Zusatzeinflüsse sollen jedoch nicht berücksichtigt werden; ihre Vernachlässigung ist dadurch gerechtfertigt, daß sowohl der Stokes-Effekt der wandernden Last als auch, und zwar normalerweise erst recht der Einfluß der Trägermasse an sich schon klein sind, so daß ihre gegenseitige Beeinflussung als Produkt kleiner Größen keine wesentliche Bedeutung besitzen kann.

Die totalen erzwungenen Schwingungen y_1

Aus den bisher berechneten Werten kann nun für irgendeinen Trägerpunkt m der zeitliche Verlauf der totalen erzwungenen Schwingungen y_1 bestimmt werden. Diese setzen sich zusammen aus den statischen Durchbiegungen η des Trägerpunktes, der dynamischen Zusatzwirkung (Stokes-Effekt) der wandernden Last, Δy_P, und der Wirkung der Trägermasse; es ist somit

$$y_{1m} = \eta_m + \Delta y_{P_m} + \Delta y_{q_m}.$$

Die statische Durchbiegung η infolge der wandernden Last P entspricht der P-fachen Einflußlinie der Durchbiegung des betrachteten Trägerpunktes; über ihre Bestimmung ist hier deshalb nichts beizufügen.

Der Einfluß der wandernden Lastmasse ergibt sich daraus, daß in jedem Zeitpunkt die Kraftwirkung durch die Trägheitskraft

$$-\frac{P}{g}\,v^2\,y_P'' = P\left(\frac{y_P}{\eta_P} - 1\right)$$

entsprechend der Differentialgleichung (VII,26) vergrößert wird; es ist somit in jedem Zeitpunkt die entsprechende statische Durchbiegung η_m entsprechend zu vergrößern oder es ist

$$\Delta y_{P_m} = \eta_m\left(\frac{y_P}{\eta_P} - 1\right).$$

Die Zusatzwirkungen Δy_q ergeben sich aus den Belastungen von Abb. VII,30 oder direkt aus der auf S. 501 wiedergegebenen Tabelle.

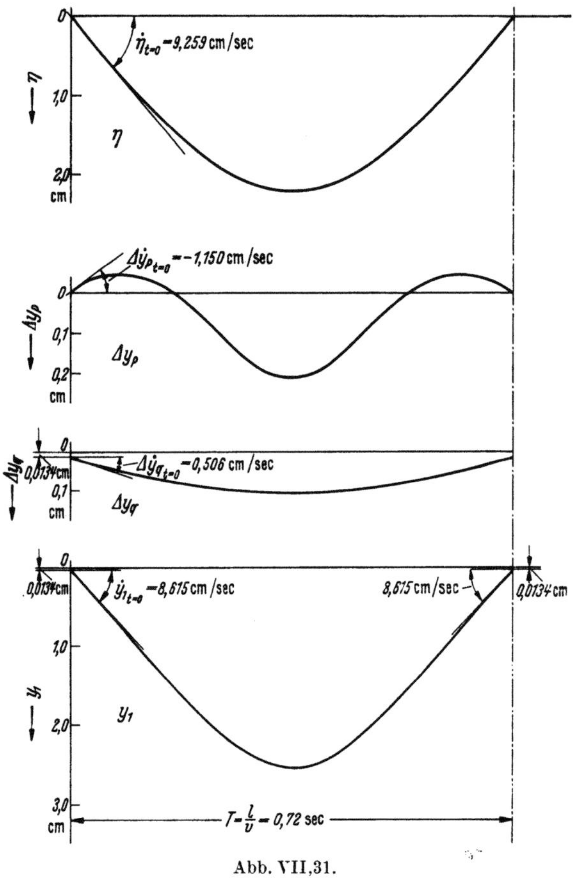

Abb. VII,31.

In Abb. VII,31 ist diese Superposition der erzwungenen Schwingungen für die Trägermitte m des der genaueren Untersuchung des Stokes-Effektes zugrunde gelegten Zahlenbeispieles skizziert mit folgenden Zahlenwerten:

$$l = 20,0\,\text{m}, \qquad v = 27,78\,\text{m/sec}, \qquad \eta_m = \frac{l}{900} = 2,222\,\text{cm}.$$

Setzen wir

$$\frac{P\,l^3}{E\,J} = 48\,\eta_m\,, \qquad \frac{q\,l^4}{E\,J} = \frac{q\,l}{P}\,48\,\eta_m\,,$$

so wird für die Annahme

$$\frac{q\,l}{P} = 1,25$$

der Multiplikationsfaktor für die Werte Δy_q

$$\frac{q\,v^2}{g}\,\frac{P\,l^5}{(E\,J)^2}\,10^{-2} = \frac{v^2}{g\,l^2}\,\frac{P\,l^3}{E\,J}\,\frac{q\,l^4}{E\,J}\,10^{-2} = \frac{1,25\cdot 48^2\eta_m^2}{508,55}\,10^{-2} = 0,2797\,.$$

Die folgende Tabelle gibt auszugsweise die zur Auftragung von Abb. VII,31 benötigten Zahlenwerte. Die Werte y_P/η_P zur Bestimmung von Δy_P sind der Tabelle S. 496 entnommen. Es ist vielleicht noch von Interesse, daß der Schwingungsanteil Δy_{q_m} für den untersuchten Balken konstanter Steifigkeit einer quadratischen Parabel entspricht. Die Tabellenwerte sind für Zeitintervalle $\Delta t = T/12$ angegeben; sie verlaufen symmetrisch zu $T/2$.

Erzwungene Schwingungen y_1 (cm) für Balkenmitte

$\dfrac{t}{\Delta t}$	Statisch	Wandernde Last		Trägermasse	Total
	η	$\dfrac{y_P}{\eta_P} - 1$	Δy_P	Δy_q	y_1
0	0	$-0,1227$	0	0,0134	0,0134
1	0,5504	$-0,0802$	$-0,0441$	0,0412	0,5475
2	1,0700	$-0,0365$	$-0,0391$	0,0639	1,0949
3	1,5278	0,0072	0,0110	0,0816	1,6204
4	1,8930	0,0483	0,0914	0,0943	2,0787
5	2,1348	0,0811	0,1731	0,1019	2,4098
6	2,2222	0,0945	0,2100	0,1044	2,5366

In Abb. VII,31 sind auch die „Unstetigkeiten" der erzwungenen Schwingung y_1 eingetragen; sie betragen

$$\text{zur Zeit } t = 0: \quad y_1 = 0,0134 \text{ cm}, \quad \dot{y}_1 = 8,615 \text{ cm/sec},$$
$$\text{zur Zeit } t = T: \quad y_1 = 0,0134 \text{ cm}, \quad \dot{y}_1 = -8,615 \text{ cm/sec}.$$

Die freien Schwingungen y_0

Im Augenblick, in dem die wandernde Last P den Balken betritt, d. h. zur Zeit $t = 0$, sind alle Trägerpunkte in Ruhe; diese *Anfangsbedingungen*

$$y_{t=0} = 0, \quad \dot{y}_{t=0} = 0$$

stehen im Widerspruch zu den Unstetigkeiten $y_{1_{t=0}} \neq 0$, $\dot{y}_{1_{t=0}} \neq 0$ der erzwungenen Schwingung y_1, und diese Unstetigkeiten müssen deshalb durch *freie Schwingungen y_0* mit den Anfangsbedingungen

$$y_{0_{t=0}} = -y_{1_{t=0}}, \quad \dot{y}_{0_{t=0}} = -\dot{y}_{1_{t=0}}$$

kompensiert werden. Eine zweite freie Schwingung wird durch die Unstetigkeiten von y_1 zur Zeit $t = T$, d. h. im Augenblick, in dem die Last P den Balken verläßt, ausgelöst; für diese lauten die Anfangsbedingungen entsprechend

$$y_{0_{t=T}} = y_{1_{t=T}}, \qquad \dot{y}_{0_{t=T}} = \dot{y}_{1_{t=T}}.$$

Die Besonderheit dieser freien Schwingungen y_0 beruht nun darauf, daß ihre Kreisfrequenzen p nicht konstant, sondern entsprechend der Stellung der Last P mit ihrer Masse P/g veränderlich sind. Die Größe der Kreisfrequenzen p kann für jeden Zeitpunkt t mit der entsprechenden Laststellung leicht numerisch berechnet werden; diese Berechnung sei mit einem Hinweis auf Abb. VII,9 in Erinnerung gerufen. Abb. VII,32 zeigt das Ergebnis der Berechnung für das angenommene Verhältnis

$$\frac{q\,l}{P} = 1{,}25;$$

es sind die Verhältniszahlen p^2/p_0^2 aufgetragen, wobei p_0,

$$p_0^2 = \frac{\pi^4\,E\,J\,g}{q\,l^4} = \frac{\pi^4\,g}{1{,}25 \cdot 48\,\eta_m},$$

die Kreisfrequenz des unbelasteten Balkens, also für $t = 0$ und für $t \geq T$, bedeutet. Für unser Zahlenbeispiel mit $\eta_m = 2{,}222$ cm ist

$$p_0^2 = 591{,}76 \text{ sec}^{-2}.$$

Praktisch werden wir die Berechnung von p^2 für eine Reihe von Trägerpunkten durchführen und für die Zwischenpunkte möglichst sorgfältig interpolieren.

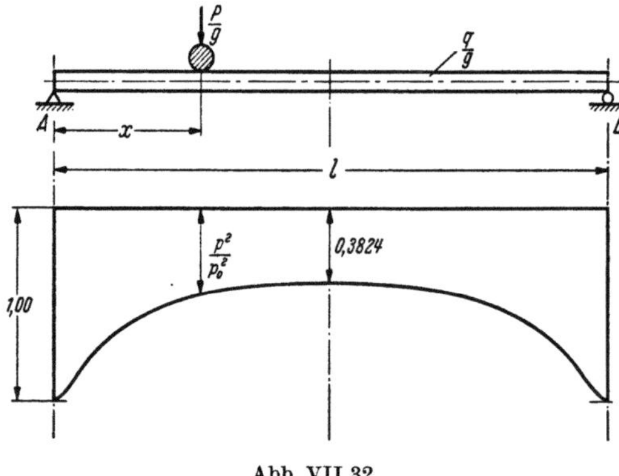

Abb. VII,32.

Von wesentlicher Bedeutung ist nun, daß die Kurvenform der freien Schwingungen y_0 über die Trägerlänge sich mit bedeutungslosen Abweichungen der Kurvenform der erzwungenen Schwingungen y_1 anpassen muß; dies haben wir bei der Untersuchung der Trägerschwingungen unter ortsfester Störungskraft feststellen können, und dies gilt auch bei wandernder Last. Dies bedeutet nun aber, daß wir die freien Schwingungen y_0 für jeden Trägerpunkt für sich allein, unabhängig von den Nachbarpunkten, aus den dort gültigen Anfangsbedingungen $- y_{1_{t=0}}, - \dot{y}_{1_{t=0}}$ berechnen können.

Eine Berechnung in geschlossener Form der freien Schwingungen y_0 ist hier wegen der Veränderlichkeit der Kreisfrequenzen p wohl kaum mehr möglich, dagegen läßt sie sich mit unserem numerischen Verfahren sehr einfach durchführen.

Nach der schon wiederholt verwendeten Gl. (IV,22) läßt sich, wenn wir auf die Berücksichtigung der Dämpfung verzichten, die Grundgleichung in der Form der Rekursionsformel

$$y_{i+1} = \frac{1}{1 + \gamma_{i+1}} \left[(2 - 10\gamma_i)\, y_i - (1 + \gamma_{i-1})\, y_{i-1} \right]$$

anschreiben, während die Bestimmungsgleichung für y_1 hier wegen $y_A \neq 0$, $\dot{y}_A \neq 0$ in der Form

$$y_A(1 - 3{,}5\gamma_A) - y_1(1 + 3{,}0\gamma_1) + 0{,}5 y_2\, \gamma_2 = -\dot{y}_A\, \Delta t$$

anzuschreiben ist. Dabei ist y_A (für $t = 0$) gegeben und y_2 läßt sich mit Hilfe der für Punkt 1 zur Zeit $t = \Delta t$ angeschriebenen Rekursionsformel eliminieren. Die Abkürzung γ hat, wie früher, die Bedeutung

$$\gamma = \frac{p^2\, \Delta t^2}{12}.$$

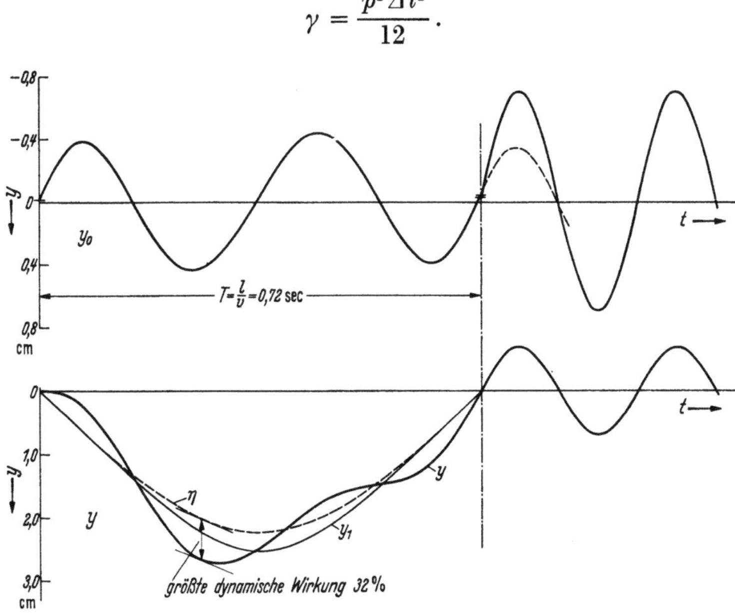

Abb. VII,33.

In Abb. VII,33 sind die mit einem verhältnismäßig klein gewählten Zeitintervall Δt,

$$\Delta t = \frac{T}{30} = 0{,}024 \text{ sec,}$$

berechneten freien Schwingungen y_0 dargestellt und mit den erzwungenen Schwingungen y_1 zu den Gesamtschwingungen y,

$$y = y_1 + y_0,$$

superponiert. Zum Vergleich ist auch die statische Durchbiegung (P-fache Einflußlinie η_m) gestrichelt eingetragen, wodurch eine Beurteilung der gesamten dynamischen Wirkung möglich wird. Es zeigt sich, daß der Einfluß der freien Schwingungen größer ist als der von Δy_P und Δy_q zusammen.

Die ersten freien Schwingungen, die durch die Unstetigkeiten von y_1 zur Zeit $t = 0$ ausgelöst werden, werden durch die zur Zeit $t = T$ ausgelösten zweiten freien Schwingungen im untersuchten Beispiel wesentlich vergrößert, d. h. annähernd verdoppelt. Es kann, je nach der Phase[1] der ersten freien Schwingungen zur Zeit $t = T$ auch das Gegenteil eintreten, indem sich die Wirkung der beiden Unstetigkeitsstellen von y_1 ganz oder teilweise kompensiert.

Direkte Berechnung der Schwingungen y

Bei der Untersuchung der *Schwingungen eines bestimmten Trägerpunktes* liegt es nahe, diesen durch eine schwingende Feder als Ersatzsystem zu ersetzen[2]; für dieses Ersatzsystem gilt dann die Differentialgleichung (VII,2)

$$\boxed{\ddot{y} + b\,\dot{y} + c\,y - F = 0}\,, \qquad\qquad\qquad (\mathrm{VII},2)$$

und die Lösung der Aufgabe wird im wesentlichen darauf beruhen, die dem Problem des schwingenden Trägerpunktes entsprechenden Koeffizienten b und c sowie die Störungsfunktion F richtig einzusetzen. Der Vergleich mit der bisher durchgeführten Untersuchung mit der Superposition $y = y_1 + y_0$ wird dann über die Brauchbarkeit einer solchen direkten Berechnung am Ersatzsystem entscheiden.

Wir bestimmen zunächst den Koeffizienten c durch einen Grenzübergang, indem wir die Störungsfunktion F sowie den Dämpfungsfaktor b bzw. k verschwinden lassen; die zu lösende Differentialgleichung geht dann über in die Differentialgleichung der ungedämpften harmonischen Schwingung

$$\ddot{y} + c\,y = 0\,.$$

Damit wird offensichtlich, daß c dem Quadrat der Kreisfrequenz p entsprechen muß:

$$c = p^2,$$

wobei p entsprechend der Laststellung der Masse P/g nach Abb. VII,32 zeitlich veränderlich ist. Analog wäre die Dämpfungskonstante b zu bestimmen, worauf wir jedoch hier mit Rücksicht auf die ungenügenden Erfahrungsgrundlagen über die Größe des Dämpfungsfaktors k verzichten.

Nehmen wir nun anderseits, um die Störungsfunktion F zu bestimmen, an, die Last P bewege sich mit verschwindender Geschwindigkeit v über den Träger, so verschwinden auch die Beschleunigung $\ddot{y}$ und die Geschwindigkeit $\dot{y}$ und die dynamische Durchbiegung geht in die statische Durchbiegung η über, und es ist

$$p^2\,\eta - F = 0\,,$$

und die zu lösende Differentialgleichung lautet für den untersuchten Fall der Schwingungen eines bestimmten Trägerpunktes

$$\boxed{\ddot{y} + b\,\dot{y} + p^2\,y = p^2\,\eta}\,. \qquad\qquad\qquad (\mathrm{VII},29)$$

---

[1] Diese Phase der ersten freien Schwingungen bestimmt auch die Größe der Gesamtschwingung $y(T)$ für die Zeit $t = T$; in den Abb. VII,33 und VII,34 ist zufälligerweise y am Schluß der Überfahrt null.

[2] STÜSSI, F.: Trägerschwingungen unter bewegter Last. Abh. IVBH Bd. 13, Zürich 1953.

Dabei bedeutet die statische Durchbiegung η offensichtlich die P-fache Einflußlinie für die Durchbiegung des betrachteten Trägerpunktes m.

Diese Gleichung läßt sich nun durch Umsetzen in unser dreigliedriges Gleichungssystem sehr einfach lösen. Die Grundgleichung wird zur Rekursionsformel
(VII,21)

$$y_{i+1} = \frac{1}{1 + \beta_i + \gamma_{i+1}} \left[\sum_i \gamma\,\eta + (2 - 10\gamma_i)\,y_i - (1 - \beta_i + \gamma_{i-1})\,y_{i-1} \right]; \quad (VII,30)$$

dabei bedeutet hier wegen der Veränderlichkeit von γ

$$\sum_i \gamma\,\eta = \Delta t\, K_i(p^2\,\eta) = \gamma_{i-1}\,\eta_{i-1} + 10\gamma_i\,\eta_i + \gamma_{i+1}\,\eta_{i+1}.$$

Die Randbedingungen $y_{t=0} = 0$, $\dot{y}_{t=0} = 0$ liefern uns mit $\eta_{t=0} = 0$ den Schwingungsausschlag y_1 zur Zeit $t = \Delta t$ zu

$$y_1 = \frac{\Delta t\, K_{t=0}(p^2\,\eta)}{1 + \dfrac{2\beta_0}{3} + \gamma_1} = \frac{3{,}0\gamma_1\,\eta_1 - 0{,}5\gamma_2\,\eta_2}{1 + \dfrac{2\beta_0}{3} + \gamma_1}. \quad (VII,31)$$

Beschränken wir uns auf die Untersuchung ungedämpfter Schwingungen, so ist
etwas einfacher

$$\boxed{y_{i+1} = \frac{1}{1 + \gamma_{i+1}} \left[\sum_i \gamma\,\eta + (2 - 10\gamma_i)\,y_i - (1 + \gamma_{i-1})\,y_{i-1} \right]} \quad (VII,30a)$$

und

$$\boxed{y_1 = \frac{3{,}0\gamma_1\,\eta_1 - 0{,}5\gamma_2\,\eta_2}{1 + \gamma_1}}. \quad (VII,31a)$$

Die Schwingungen y für die Trägermitte des früheren Zahlenbeispiels $l = 20{,}0$ m,
$v = 27{,}78$ m/sec, $\eta_m = 2{,}222$ cm (s. Abb. VII,33) wurden nun mit diesen Gleichungen berechnet und in Abb. VII,34 aufgetragen. *Die Übereinstimmung* mit
der früheren Berechnung $y = y_1 + y_0$ *ist erstaunlich gut*; die größte dynamische
Wirkung beträgt hier 31% statt früher 32%, und zwar zeigt sich, daß dieser Wert
auch im genau gleichen Zeitpunkt auftritt wie früher.

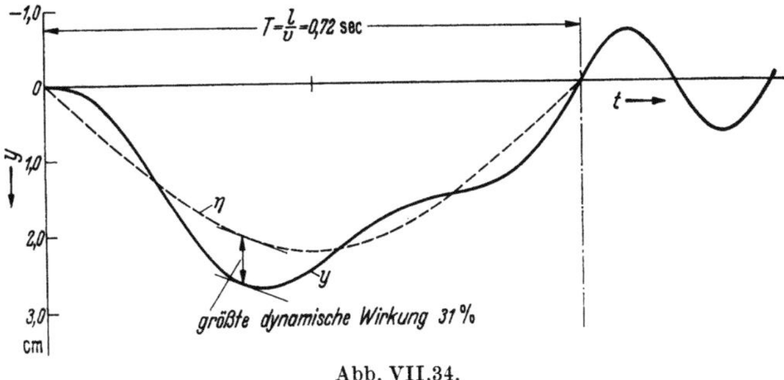

Abb. VII,34.

Daraus ergibt sich, daß die Differentialgleichung (VII,29) des Ersatzsystems
mit veränderlichen Koeffizienten und damit auch die numerischen Lösungen nach
den Gln. (VII,30) und (VII,31) durch die Einführung der wirklichen, zeitlich ver-

änderlichen Kreisfrequenz p auch die Wirkung der Trägheitskräfte sowohl der wandernden Masse P/g wie auch der Trägermasse q/g sehr gut erfassen; auch die Unstetigkeiten der erzwungenen Schwingungen y_1 bzw. der statischen Durchbiegungen η für die Zeitpunkte $t = 0$ (Anfangsbedingungen) und $t = T$ (stetiger Verlauf von y) werden automatisch berücksichtigt. Die gute Genauigkeit der Berechnung am Ersatzsystem ist im wesentlichen wohl darauf zurückzuführen, daß der Verlauf der freien Schwingungen y_0 über die Balkenlänge sich weitgehend dem Verlauf der erzwungenen Schwingungen y_1 anpassen muß und ferner wohl auch darauf, daß die Wirkung der Trägheitskräfte, d. h. der Unterschied zwischen den erzwungenen Schwingungen y_1 und der statischen Durchbiegung hier an sich nicht sehr groß ist.

Es ist noch von Interesse, die für das untersuchte Zahlenbeispiel errechnete dynamische Wirkung,

$$y_{\mathrm{max}} = 1{,}32\,\eta,$$

mit der in der Literatur[1] angegebenen Beziehung

$$y = \frac{1}{1-\alpha}\,\eta$$

zu vergleichen, bei der

$$\alpha = \frac{v\,l}{\pi}\sqrt{\frac{q}{E\,J\,g}}$$

bedeutet. Für die Zahlenwerte

$$l = 20{,}0 \text{ m}, \quad v = 27{,}78 \text{ cm/sec}, \quad \frac{q}{E\,J} = \frac{1}{120\cdot 10^9}\,\text{cm}^{-3}$$

wird

$$\alpha = 0{,}163$$

und damit

$$y = 1{,}195\,\eta$$

erhalten. Die Formel gibt somit erheblich zu kleine Werte für die dynamische Wirkung. Um Übereinstimmung mit dem Zahlenbeispiel zu erhalten, müßte α auf

$$\alpha = \frac{v\,l}{\pi}\sqrt{\frac{q\,l + 1{,}5P}{l\,E\,J\,g}}$$

erweitert werden.

Es sei noch ausdrücklich darauf hingewiesen, daß dieses direkte Berechnungsverfahren mit den Gln. (VII,30) und (VII,31) nicht nur auf den untersuchten einfachen Balken, sondern grundsätzlich in gleicher Form auf jedes Tragsystem anwendbar ist, da wir bei seiner Ableitung keinerlei Voraussetzungen über die Art des Tragsystems getroffen haben. Einzig bei Spannungsproblemen zweiter Ordnung ist die Analogie mit der Einflußlinie für die Durchbiegung des untersuchten Trägerpunktes nicht mehr gültig, weil ja hier überhaupt grundsätzlich keine Einflußlinien mehr gelten (Superpositionsgesetz ungültig); bei diesen Systemen bedeutet η ganz einfach die wirkliche statische Durchbiegung unter der wandernden

---

[1] Siehe z. B. BLEICH, F.: Theorie und Berechnung der eisernen Brücken, § 5, 14. Berlin: Springer 1924.

Last, berechnet unter Berücksichtigung des Formänderungseinflusses, und unsere Schwingungsberechnung gilt dann grundsätzlich für verhältnismäßig kleine dynamische Wirkungen $y - \eta$.

Vergleich der Berechnung mit Versuchen

Zur Überprüfung der direkten Schwingungsberechnung habe ich seinerzeit in meiner Abteilung des Institutes für Baustatik an der ETH eine Reihe von einfachen Schwingungsversuchen[1] durchführen lassen, deren wichtigste Ergebnisse nachstehend zusammenfassend mitgeteilt werden sollen.

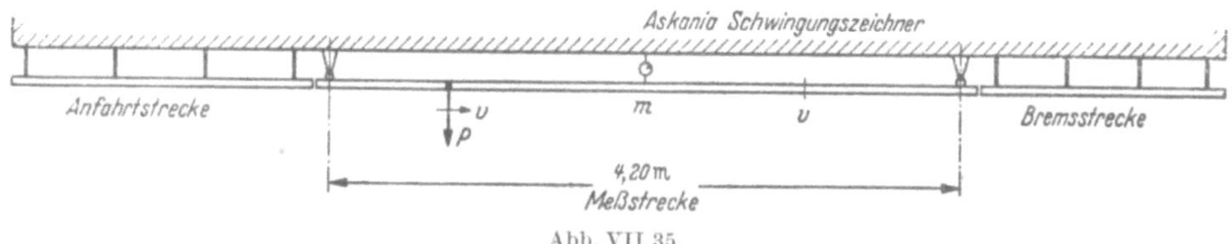

Abb. VII,35.

Die Versuchsanordnung ist in Abb. VII,35 schematisch dargestellt. Die wandernde Last P ist durch einen *Einachswagen* (Abb. VII,36) mit elektrischem Antrieb gebildet; dabei konnte die Drehzahl des Motors durch stufenlose Schaltung

Abb. VII,36.

in ziemlich weiten Grenzen beliebig verändert werden. Vor dem eigentlichen Versuchsträger von 4,20 m Spannweite war eine Beschleunigungsstrecke, dahinter eine Bremsstrecke angeordnet. Die Schwingungen y des (beliebigen) Träger-

---

[1] Die Versuche wurden von meinem Assistentkonstrukteur Dipl.-Ing. M. WALT, unterstützt durch Mechaniker E. PETER, in gewohnt sorgfältiger Weise durchgeführt.

punktes m wurden durch einen Askaniaschwingungszeichner aufgenommen, wobei auch das Überfahren von Balkenanfang, Balkenmitte und Balkenende mit
Hilfe elektrischer Kontakte auf dem Meßstreifen registriert wurde. Übersetzungs-
verhältnis und Geschwindigkeit des Papiervorschubes wurden in Vorversuchen
möglichst genau bestimmt.

Der Versuchsträger bestand aus einem Profil I 60/40 ($J_x = 34{,}1$ cm⁴,
$F = 5{,}90$ cm², $q = 4{,}63$ kg/m′); die wandernde Last P besaß ein Gewicht von
27,8 kg $= 1{,}429\, q\, l$. Die Trägersteifigkeit EJ wurde aus statischen Durchbie-
gungsmessungen zu $72\,200\, t$ cm² bestimmt. Für den unbelasteten Träger wurde
damit der Wert von p_0^2 zu

$$p_0^2 = 4788{,}9 \ \mathrm{sec}^{-2}$$

bestimmt, während sich für Last in Balkenmitte p^2 zu

$$p^2 = 1231{,}0 \ \mathrm{sec}^{-2}$$

ergab.

Abb. VII,37 zeigt typische Schwingungsdiagramme für drei verschiedene
Geschwindigkeiten v, aufgenommen für Punkt m in Balkenmitte. Es zeigt sich,

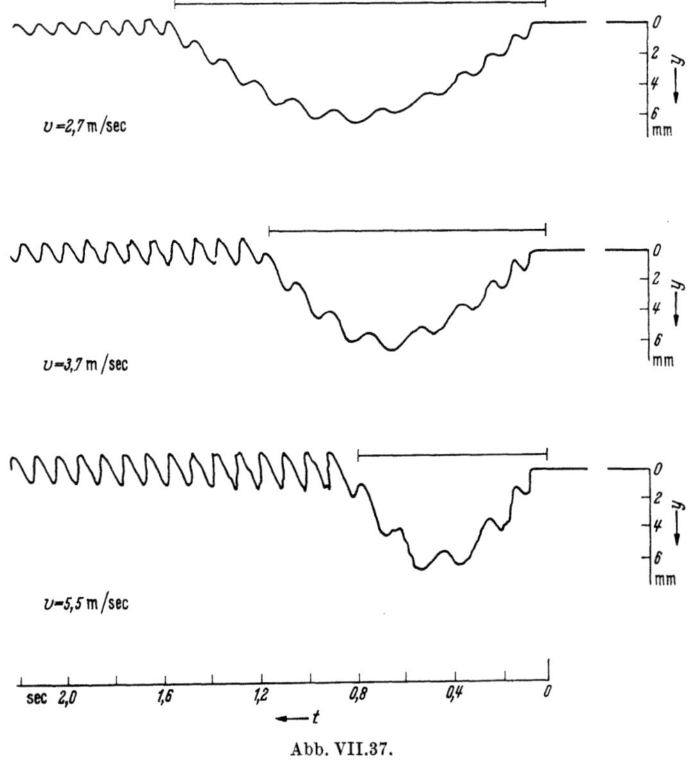

Abb. VII.37.

daß die Geschwindigkeit v, die nicht von vornherein genau auf einen gewünschten
Wert eingestellt werden konnte, sondern erst nachher aus der Überfahrtszeit T,
d. h. aus den Aufzeichnungen des Meßstreifens berechnet werden mußte, nicht
genau konstant war, sondern während der ersten Hälfte der Überfahrt noch etwas

zunahm. Diese Ungleichmäßigkeit vergrößert sich mit wachsender Geschwindigkeit.

In Abb. VII,38 sind die Ergebnisse der entsprechenden Berechnungen für v = konst. aufgetragen. Der Vergleich der gemessenen und berechneten Schwingungen zeigt zunächst eine gute Übereinstimmung des allgemeinen Schwingungsverlaufes; Zahl und Dauer der eigentlichen Schwingungsausschläge, die sich der statischen Durchbiegung η überlagern, stimmen in Versuch und Rechnung miteinander überein.

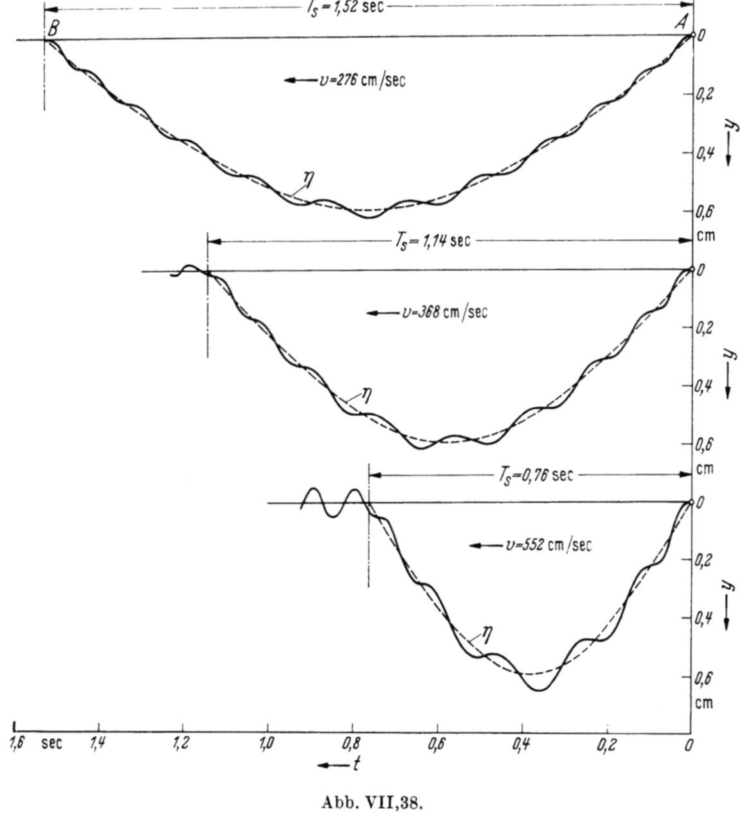

Abb. VII,38.

Dagegen zeigt sich, daß die Größe dieser Schwingungsausschläge im Versuch größer ist als nach der Rechnung. Gleichzeitig läßt sich aus den Versuchsdiagrammen Abb. VII,37 eindeutig feststellen, daß die Schwingungen des Punktes m nicht gleichzeitig mit dem Auffahren der Last P auf den Balkenanfang beginnen, sondern erst etwas später. Daß eine solche *Verzögerung* des Schwingungsbeginns in Balkenmitte gegenüber dem Auffahren der Last auf den Balkenanfang vorhanden sein muß, ist grundsätzlich einleuchtend, denn die Kraftwirkung kann sich nicht genau gleichzeitig an allen Trägerpunkten äußern, da sie ja keine unendlich große, sondern nur eine endliche Ausbreitungsgeschwindigkeit besitzt. Es darf nun, aus dem Vergleich der gemessenen und berechneten Schwingungsbilder, ohne weiteres vermutet werden, daß die *Verzögerungszeit z die eigentliche Ursache für die Vergrößerung der Schwingungsausschläge darstellt.*

Um wenigstens in quantitativer Richtung den Einfluß der Verzögerungszeit z auf die Größe der Schwingungsausschläge abzuschätzen, habe ich noch einige Schwingungskurven in vielleicht etwas zu schematischer Weise berechnet, indem ich für den Zeitpunkt $t = z$ die Anfangsbedingungen $y = 0$, $\dot{y} = 0$ nach Gl. (VII,31a) eingeführt und den weiteren Verlauf der Rechnung mit gegenüber dem Normalfall unveränderten Werten von p^2 und η durchgeführt habe. Die Ergebnisse sind in Abb. VII,39 aufgetragen; sie bestätigen unsere Vermutung, daß eine Verzögerungszeit z die Schwingungsausschläge wesentlich vergrößern kann. Der Vergleich

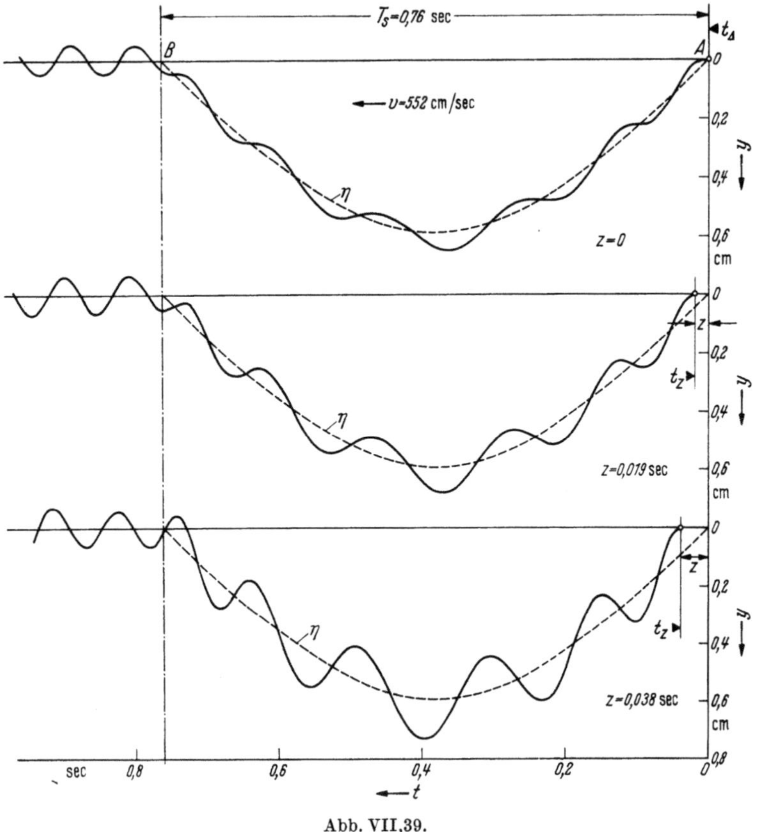

Abb. VII,39.

der Schwingungskurven y mit den statischen Durchbiegungslinien η läßt auch die physikalische Ursache dieser Erscheinung deutlich erkennen; durch die Verzögerung z wird die durch die Anfangsbedingungen $y = 0$, $\dot{y} = 0$ verursachte Abweichung gegenüber der statischen Gleichgewichtslage wesentlich vergrößert und muß nachher durch größere Ausschläge der freien Schwingungen kompensiert werden. Die Diagramme von Abb. VII,39 zeigen im Vergleich mit den gemessenen Schwingungen (Abb. VII,37), daß die Verzögerungszeit z etwa in der Größenordnung von 0,02 Sekunden liegt, was gut mit den direkt aus den Versuchsdiagrammen feststellbaren Werten übereinstimmt.

Nach diesen Feststellungen ist es eine Forschungsaufgabe der nächsten Zukunft, die Fortpflanzungsgeschwindigkeiten und Verzögerungszeiten, die bei wirklichen Tragwerken, etwa bei Brückenhauptträgern, auftreten, zu bestimmen.

Dabei müßten auch der zeitliche Verlauf des Verzögerungsvorganges sowie der Dämpfungseinfluß abgeklärt werden.

Es ist noch festzustellen, daß bei Unebenheiten der Fahrbahn, wie etwa beim Überfahren des Balkenendes, zusätzliche Störungen auftreten, die nicht nur die Grundschwingungen beeinflussen, sondern auch „Obertöne" verursachen können. Diese Obertöne dürften vorläufig einer Rechnung noch nicht zugänglich sein, doch ist dabei günstig, daß sie infolge der Dämpfung wesentlich rascher abklingen als die Grundschwingungen.

d) Stoßwirkung einer fallenden Last

Der Stoßdruck R einer aus der Höhe h auf einen Träger fallenden Last vom Gewicht P kann unter stark vereinfachenden Voraussetzungen durch eine einfache Arbeitsgleichung bestimmt werden[1]. Nehmen wir an, die Biegungslinie y unter dem Stoßdruck R sei ähnlich zur statischen Biegungslinie η unter der statischen Last P, so ist der Stoßbeiwert n

$$n = \frac{y}{\eta} = \frac{R}{P};$$

wir setzen ferner voraus, daß beim Stoßbeginn keine Arbeit durch örtliche Verformung an der Stoßstelle verlorengehe. Damit muß die potentielle Energie der die Höhe $h + y$ durchfallenden Last P gleich der Formänderungsarbeit des die

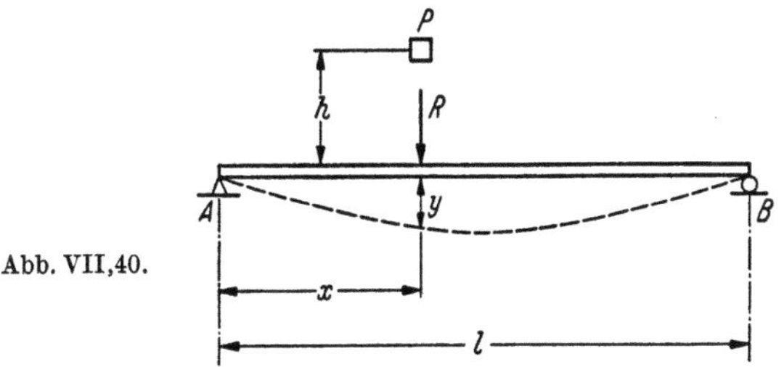

Abb. VII,40.

Durchbiegung y verursachenden Stoßdruckes R sein (Abb. VII,40); es ist somit, wenn wir zunächst die Trägermasse vernachlässigen,

$$\frac{1}{2} R y = P(h + y),$$

oder nach Einführung des Stoßbeiwertes n

$$\frac{1}{2} P \eta n^2 = P(h + \eta n),$$

woraus sich

$$n^2 - 2n - \frac{2h}{\eta} = 0$$

oder

$$n = 1 + \underset{(-)}{} \sqrt{1 + \frac{2h}{\eta}} \qquad (\text{VII},32)$$

---

[1] Timoshenko, S., Young, D. H.: Vibration Problems in Engineering. New York 1955, p. 411.

ergibt. Setzen wir die kinetische Energie E_k beim Auftreffen,

$$E_k = P\,h,$$

und die Formänderungsarbeit A_f,

$$A_f = \frac{1}{2}\,P\,\eta,$$

der statischen Last ein, so kann Gl. (VII,32) auch in der von A. Zschetzsche[1] angegebenen allgemeineren Form

$$n = 1 + \sqrt{1 + \frac{E_k}{A_f}} \qquad\qquad \text{(VII,32a)}$$

geschrieben werden.

Um nun die *Trägermasse* q/g, immer im Rahmen der eingeführten vereinfachenden Voraussetzungen, zu berücksichtigen, gehen wir davon aus, daß beim vorausgesetzten unelastischen Stoß die gemeinsame Endgeschwindigkeit v nach dem Stoß durch

$$M_P\,v_0 = (M_P + M_q)\,v$$

gegeben ist, wobei v_0 die Geschwindigkeit der fallenden Last beim Auftreffen,

$$v_0 = \sqrt{2g\,h},$$

bedeutet. Nun nimmt aber nicht die ganze Trägermasse $q\,l/g$ am Stoßvorgang mit voller Geschwindigkeit v teil, sondern M_q muß eine reduzierte Trägermasse bedeuten, die wir aus der Gleichsetzung der kinetischen Energie

$$M_q\,\frac{v^2}{2} = \frac{1}{2g}\int_0^l q\,v_q^2\,dx$$

oder wenn wir die über die Balkenlänge veränderliche Geschwindigkeit den statischen Durchbiegungen η proportional setzen, aus

$$M_q\,\eta_m^2 = \int_0^l \frac{q}{g}\,\eta^2\,dx$$

bestimmen können. Für einen einfachen Balken konstanten Querschnittes finden wir mit einfacher Rechnung für den Stoßpunkt in Balkenmitte

$$M_q = \frac{17}{35}\,\frac{q\,l}{g}.$$

Für diesen Fall wird somit

$$\frac{P}{g}\,v_0 = \frac{1}{g}\left(P + \frac{17}{35}\,q\,l\right)v$$

oder

$$v = \frac{1}{1 + \dfrac{17}{35}\,\dfrac{q\,l}{P}}\,v_0.$$

---

[1] Zschetzsche, A.: Berechnung dynamisch beanspruchter Tragkonstruktionen; Z. VDI 1894, S. 134.

Damit wird die kinetische Energie unmittelbar nach dem Stoß

$$E_k = \left(P + \frac{17}{35}\,q\,l\right)\frac{v^2}{2g} = \frac{P}{2g}\left(1 + \frac{17}{35}\,\frac{q\,l}{P}\right)\left(\frac{1}{1 + \dfrac{17}{35}\,\dfrac{q\,l}{P}}\right)^2 v_0^2,$$

$$E_k = \frac{P}{2g}\;\frac{1}{1 + \dfrac{17}{35}\,\dfrac{q\,l}{P}}\;2g\,h = \frac{P\,h}{1 + \dfrac{17}{35}\,\dfrac{q\,l}{P}}.$$

Setzen wir diesen Wert in die Stoßformel (VII,32a) nach ZSCHETZSCHE ein, so erhalten wir den Stoßbeiwert n zu

$$n = 1 + \sqrt{1 + \frac{2h}{\eta\left(1 + \dfrac{17}{35}\,\dfrac{q\,l}{P}\right)}}. \qquad\text{(VII,32 b)}$$

Die Wirkung einer auch aus verschwindend kleiner Höhe h fallenden, d. h. plötzlich auftretenden Last ist somit immer mindestens doppelt so groß wie die Wirkung einer ruhenden, d. h. statischen Last. Praktisch kommen solche Stoßwirkungen bei Unebenheiten einer Fahrbahn (Schienenstöße) oder bei Schutzbrücken unter Transportanlagen vor.

Nun halten aber die eingeführten vereinfachenden Voraussetzungen einer genaueren Prüfung nicht stand. Wohl dürfen wir grundsätzlich die örtlichen Verformungen an der Stoßstelle vernachlässigen und dafür einen etwas zu großen Stoßbeiwert n in Kauf nehmen, dagegen ist die vorausgesetzte Ähnlichkeit zwischen statischer und dynamischer Biegungslinie nicht vorhanden. Beim Auftreffen der Last setzt eine sehr rasche, d. h. mit großen Beschleunigungen verbundene Durchbiegung ein; dadurch werden Trägheitskräfte $q\,\ddot y/g$ der Trägermasse verursacht, die die dynamische Biegungslinie in der in Abb. VII,41 skizzierten Weise verändern. Dann aber setzt die vorausgesetzte Ähnlichkeit der Biegungslinien

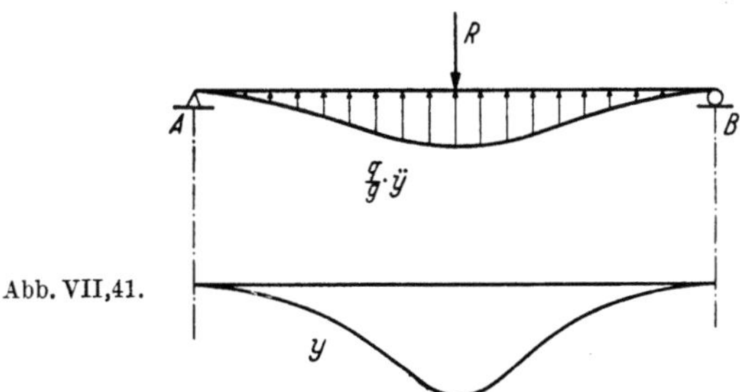

Abb. VII,41.

eine unendlich große Ausbreitungsgeschwindigkeit der Lastwirkung voraus, die physikalisch unmöglich ist. Eine zutreffendere Untersuchung der Stoßwirkung hat J. KREBITZ[1] angegeben, der dabei eine geschätzte, der Größenordnung nach jedoch vernünftige Fortpflanzungsgeschwindigkeit von 333 m/sec (gleich Schallgeschwindigkeit in der Luft) annimmt. Für das durchgerechnete Zahlenbeispiel

---

[1] KREBITZ, J.: Der Querstoß auf einen Balken. Abh. IVBH Bd. 5, Zürich 1937/1938.

einer eingleisigen Eisenbahnbrücke von 25 m Spannweite wird für eine aus 2 cm
Höhe fallende Last von 3,42 t ein größter Stoßdruck von 31,98 t berechnet, der
0,0129 sec nach dem Stoßbeginn auftritt, während der ganze Stoßvorgang
0,0234 sec dauert. Der Stoßbeiwert n beträgt somit

$$n = \frac{31,98}{3,42} = 9,35;$$

eine Nachrechnung nach den Gln. (VII,32) mit $q\,l = 55,8$ t und unter Berücksichtigung auch der Schwellen- und Querträgerdurchbiegungen liefert dagegen nur

$$n = 3,29.$$

Es ist also so, daß durch die nur endliche Fortpflanzungsgeschwindigkeit und die
Wirkung der Trägheitskräfte die Federung des Stoßes viel härter wird als nach
der Voraussetzung ähnlicher Biegungslinien y und η. Bei der praktischen Anwendung sind die üblichen Stoßformeln nach Gl. (VII,32) somit mit Vorsicht zu
verwenden. Eine bessere Annäherung an die Berechnung von J. KREBITZ würde
sich mit

$$n = 7,22$$

durch Vernachlässigung der Trägermasse in Gl. (VII,32 b) ergeben.

VIII. Ausbildung und Bemessung der Bauelemente

1. Vollwandige Träger

a) Bemessungsgrundlagen

Als Träger bezeichnet man Bauelemente, die vorwiegend oder ausschließlich auf Biegung beansprucht sind; statisch sind Träger somit meistens Balken, seltener Bogen.

Bei der Bemessungsaufgabe sind *gegeben* die Grenzwertlinien der Momente, Längskräfte und Querkräfte; *gesucht* sind die Trägerquerschnitte derart, daß in keinem Schnitt die *zulässigen Beanspruchungen* überschritten werden; gleichzeitig müssen die *zulässigen Durchbiegungen* eingehalten sein.

In der Konstruktionspraxis werden in der Regel Träger mit symmetrischem Querschnitt verwendet, bei dem Schubmittelpunkt und Schwerpunkt zusammenfallen; auch wird Torsionsbeanspruchung meistens vermieden. Für diesen Normalfall bildet die Spannungsformel der normalen Biegungslehre,

$$\sigma = \frac{N}{F} + \frac{N\,y_A}{J_x}\,y + \frac{N\,x_A}{J_y}\,x, \qquad (\text{VIII},1)$$

(bezogen auf konjugierte Schweraxen x, y; $Z_{xy} = 0$) die Grundlage der Bemessung (Abb. VIII,1).

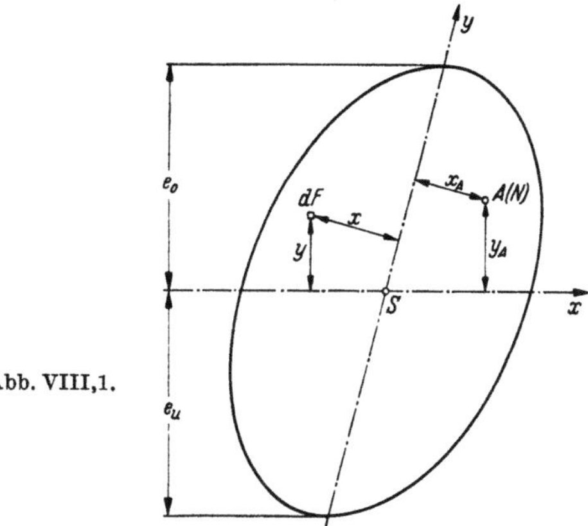

Abb. VIII,1.

Für verschwindende Normalkraft, $N = 0$, geht Gl. (VIII,1) durch Einführung der Biegungsmomente M_x und M_y,

$$N\,y_A = -\,M_x, \qquad N\,x_A = M_y,$$

über in die Form

$$\sigma = -\frac{M_x}{J_x}\,y + \frac{M_y}{J_y}\,x, \qquad (\text{VIII},1\,\text{a})$$

die meistens auf Hauptaxen bezogen wird. Bei Biegung nur in der y-z-Ebene ($M_y = 0$), vereinfacht sich die Spannungsformel auf

$$\sigma = -\frac{M_x}{J_x}\, y; \qquad \text{(VIII,1\,b)}$$

durch Einführung der Widerstandsmomente,

$$W_{x_o} = \frac{J_x}{e_o}, \qquad W_{x_u} = \frac{J_x}{e_u},$$

ergeben sich die Randspannungen zu

$$\boxed{\sigma_o = -\frac{M_x}{W_{x_o}}}, \qquad \boxed{\sigma_u = \frac{M_x}{W_{x_u}}}. \qquad \text{(VIII,1\,c)}$$

In vielen Fällen genügt diese Ermittlung der Randspannungen deshalb, weil am Rand die Spannungen am größten sind, so daß durch den Nachweis

$$\sigma_{o,\,u} \leqq \sigma_{\text{zul}}$$

der Spannungsnachweis überhaupt erfüllt ist.

Wirkt neben einem Biegungsmoment M_x auch noch eine Normalkraft N in der y-z-Ebene (Kraftebene), so ist die auf Hauptschweraxen orientierte Spannungsformel,

$$\sigma = \frac{N}{F} + \frac{N\,y_A}{J_x}\, y = \frac{N}{F} - \frac{M_x}{J_x}\, y, \qquad \text{(VIII,1d)}$$

für die Bemessung wenig übersichtlich, weil mit einer Veränderung der Belastung sowohl die Normalkraft N wie das Moment M_x (oder der Hebelarm y_A) sich ändern. Es ist dann zweckmäßig, die zweigliedrige Spannungsformel (VIII,1d) durch Einführung der Kernmomente M_{K_o} und M_{K_u},

$$M_{K_o} = -N(y_A - k_o) = M_x + N\,k_o,$$
$$M_{K_u} = -N(y_A + k_u) = M_x - N\,k_u$$

und mit

$$\frac{J_x}{e_u} = W_{x_u} = k_o\,F,$$

$$\frac{J_x}{e_o} = W_{x_o} = k_u\,F$$

durch die Kernformeln

$$\boxed{\sigma_u = \frac{M_{K_o}}{W_{x_u}}}, \qquad \boxed{\sigma_o = -\frac{M_{K_u}}{W_{x_o}}} \qquad \text{(VIII,1e)}$$

zu ersetzen (Abb. VIII,2). Für $N = 0$ gehen die Spannungsformeln (VIII,1e) über in die Formeln (VIII,1c).

Neben den Normalspannungen $\sigma = \sigma_z$ treten in einem Trägerquerschnitt auch Schubspannungen τ infolge der Querkräfte Q_y auf (Abb. VIII,3):

$$\boxed{\tau_{z\,y} = \tau_{y\,z} = \frac{Q_y\,S_x}{b\,J_x}}. \qquad \text{(VIII,2)}$$

Bei Belastung eines Trägers mit ⊥-förmigem Querschnitt wird die Querkraft Q_y praktisch vollständig von den Schubspannungen τ_{zy} des Steges aufgenommen; die in den Flanschen (infolge der Spannungsänderungen $d\sigma_z$) vorhandenen Schubspannungen τ_{zx} brauchen bei der Bemessung normalerweise nicht berücksichtigt zu werden[1].

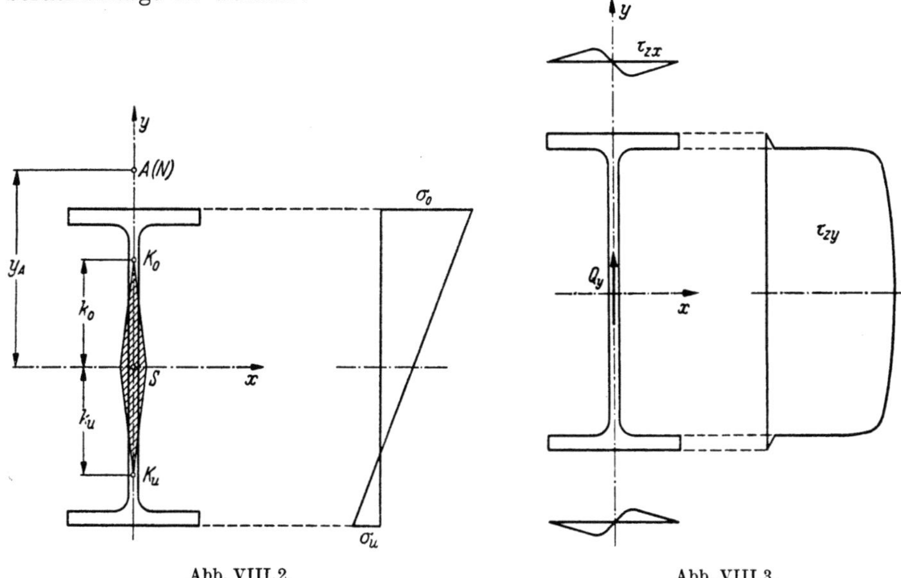

Abb. VIII,2. Abb. VIII,3.

Der *Spannungsnachweis* kann nun, je nach den maßgebenden Vorschriften, in zwei verschiedenen Formen durchgeführt werden: man begnügt sich entweder mit zwei voneinander unabhängigen Spannungsnachweisen, je für die größte Normalspannung σ und die größte Schubspannung τ eines Querschnittes:

$$\boxed{\sigma_{\max} \leqq \sigma_{\text{zul}}} \; ; \qquad \boxed{\tau_{\max} \leqq \tau_{\text{zul}}} \, , \qquad \text{(VIII,3)}$$

oder man vergleicht die ,,Vergleichsspannung'' σ_g (s. Abschn. II,4) mit der zulässigen Beanspruchung[2] σ_{zul}:

$$\boxed{\sigma_{g\,\max} \leqq \sigma_{\text{zul}}} \, . \qquad \text{(VIII,4)}$$

Wird beispielsweise die Anstrengungshypothese der konstanten Gestaltänderungsarbeit als maßgebend angesehen, so ist für den ebenen Spannungszustand

$$\sigma_g = \sqrt{\sigma_z^2 + \sigma_y^2 - \sigma_z\,\sigma_y + 3\tau_{zy}^2} \, . \qquad \text{(VIII,5)}$$

Bei vollwandigen Trägern ist in der Regel σ_y vernachlässigbar klein; damit wird

$$\sigma_g = \sqrt{\sigma_z^2 + 3\tau^2} \, . \qquad \text{(VIII,5a)}$$

---

[1] Bei kastenförmigen Trägern mit relativ dünnen Gurtblechen können die Schubspannungen τ_{zx} relativ hohe Werte annehmen und sind in der Vergleichsspannung (VIII,5) zu berücksichtigen.

[2] In einigen Vorschriften wird für diesen Nachweis σ_{zul} erhöht, falls die max. Vergleichsspannung nur örtlich auftritt.

In Abb. VIII,4 ist der Verlauf der Vergleichsspannung σ_g über einen leicht idealisierten I-Querschnitt HE B 500 (ohne Ausrundungen) für den ungünstigsten Fall

$$\sigma_{max} = \sigma_{zul}, \qquad \tau_{max} = \tau_{zul} = \frac{\sigma_{zul}}{\sqrt{3}}$$

aufgetragen; wir stellen fest, daß hier der Größtwert der Vergleichsspannung die zulässige Beanspruchung am Stegrand um 23% überschreitet. Der Spannungsnachweis nach Gl. (VIII,3) kann somit eine unzulässig große Überschreitung der

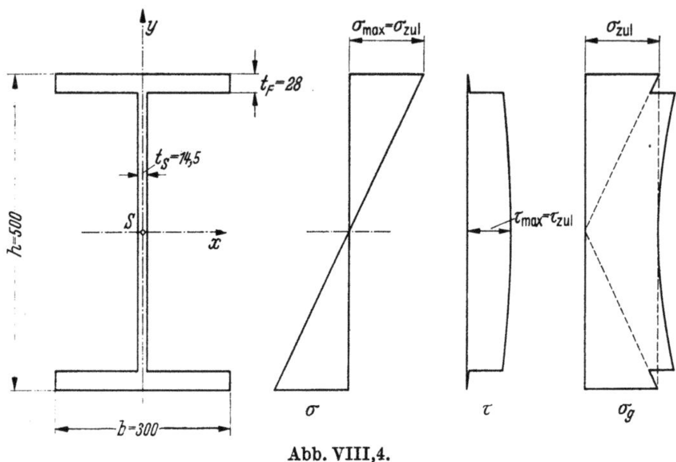

Abb. VIII,4.

zulässigen Beanspruchung nicht verhindern. Eine Spannungsüberschreitung würde beispielsweise für

$$\tau_{max} = 0{,}54\,\tau_{zul} \quad \text{bei} \quad \sigma_{max} = \sigma_{zul}$$

oder für

$$\sigma_{max} = 0{,}60\,\sigma_{zul} \quad \text{bei} \quad \tau_{max} = \tau_{zul}$$

gerade nicht mehr eintreten; in einem solchen Fall wäre somit der vereinfachte Spannungsnachweis nach Gl. (VIII,3) zulässig. Die Zahlenwerte dieses Beispiels können auch in anderen Fällen als richtungweisend angesehen werden.

Nun liegen in der Konstruktionspraxis normalerweise die Verhältnisse insofern günstig, als häufig die größten Querkräfte nicht in denjenigen Schnitten auftreten, in denen die größten Momente vorkommen; die größten Normal- und Schubspannungen treten also in verschiedenen Schnitten auf. Eine Ausnahme besteht dagegen für die Querschnitte über den Zwischenstützen durchlaufender Balken, wo die Momente und die Querkräfte gleichzeitig ihre Größtwerte annehmen. Ferner ist normalerweise für den Steg das Stabilitätsproblem des Ausbeulens und nicht das Festigkeitsproblem maßgebend, so daß τ_{max} meist wesentlich kleiner ist als τ_{zul}. Praktisch wird deshalb meist der Spannungsnachweis auf den Nachweis der größten Randspannung,

$$\sigma_{max\,vorh} = \pm\,\frac{M_{max\,vorh}}{W_x} \leqq \sigma_{zul}, \qquad\qquad \text{(VIII,6)}$$

in Verbindung mit dem Stabilitätsnachweis für den Steg vereinfacht werden können. Der Nachweis der Gl. (VIII,6) kann nun aber auch in der Form

$$M_{\mathrm{max\,vorh}} \leqq W_x\,\sigma_{\mathrm{zul}} = M_{\mathrm{zul}}$$

$\qquad\qquad\qquad\qquad\qquad\qquad\qquad\qquad$ (VIII,6a)

geführt werden, die (wie wir später sehen werden) für die Bemessung zusammengesetzter Vollwandträger besonders bequem ist.

Für eine *wirtschaftliche Bemessung* der Vollwandträger ist nun vor allem wichtig, daß die Biegungsmomente M mit möglichst kleinem Materialaufwand aufgenommen werden können. Dies bedeutet, daß das Verhältnis von Widerstandsmoment W_x zum Laufmetergewicht $g = \gamma F$ des Trägers oder wegen

$$W_x = k_x F,$$

daß die Kernweite k_x bei gegebenem Widerstandsmoment möglichst groß sein soll. Diese Forderung erfüllen am besten die I-förmigen Querschnitte, bei denen der Steg so dünn wie möglich (Ausbeulen, evtl. Schubspannungen) ausgeführt ist.

Für die Berechnung der *Durchbiegungen* stehen die bekannten Verfahren der Baustatik (Arbeitsgleichung, Biegungslinie, Einflußlinie der Durchbiegungen) zur Verfügung. Für einfache Fälle sind auch Gebrauchsformeln aufgestellt worden, wie sie sich in verschiedenen Handbüchern finden. Es ist jedoch darauf hinzuweisen, daß in diesen Gebrauchsformeln der Einfluß der Schubspannungen meist nicht berücksichtigt ist. Dieser Einfluß soll nachstehend am einfachen Beispiel eines einfachen Balkens mit gleichmäßig verteilter Belastung q näher untersucht werden.

Für konstante Steifigkeit EJ beträgt die größte Durchbiegung f in Trägermitte

$$f = \frac{5q\,l^4}{384\,EJ} + \frac{q\,l^2}{8\,G\,F'} = \frac{5}{384}\,\frac{q\,l^4}{E\,J}\left(1 + \frac{48}{5}\,\frac{E\,J}{G\,F'\,l^2}\right);$$

dabei ist F' die reduzierte Querschnittsfläche, die bei I-Trägern dem Stegquerschnitt F_{St} gleichgesetzt werden kann. Setzen wir

$$G = \frac{3}{8}\,E,$$

so wird

$$f = \frac{5}{384}\,\frac{q\,l^4}{E\,J}\left(1 + 25{,}6\,\frac{J}{F'\,l^2}\right).$$

Für das I-Normalprofil gilt mit guter Genauigkeit die Beziehung (mit h in cm)

$$\frac{J}{F'\,h^2} = \frac{66}{165 + h}\,;$$

setzen wir noch

$$\frac{q\,l^2}{8} = M = \sigma\,W = \sigma\,\frac{2J}{h},$$

so wird

$$f = \frac{5}{24}\,\frac{\sigma\,l^2}{E\,h}\left(1 + \frac{1690}{165 + h}\,\frac{h^2}{l^2}\right).$$

Es zeigt sich nun, daß der Einfluß der Schubverformung nur für sehr schlanke Träger, wie sie nur ausnahmsweise vorgesehen werden dürften, vernachlässigbar klein wird; so ist beispielsweise für einen Träger $\underline{\text{I}}$ NP 40 dieser Einfluß erst für ein Verhältnis $l \geqq 28{,}7\,h$ kleiner als 1% der Durchbiegung aus den Momenten allein. Bei Breitflanschträgern und Blechträgern wird der Schubspannungseinfluß noch größer als bei $\underline{\text{I}}$-Normalprofilen.

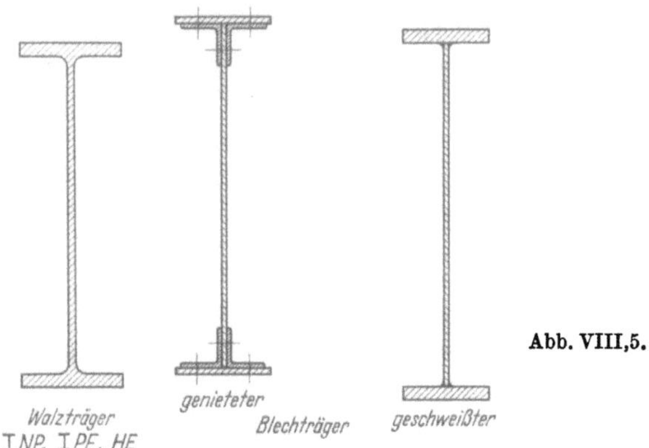

Abb. VIII,5.

Der Stahlbau unterscheidet nun drei Formen $\underline{\text{I}}$-förmiger Querschnitte (Abb. VIII,5):

> den Walzträger (Normalprofil, Breitflanschprofil HE, PE),
> den genieteten Blechträger und
> den geschweißten Blechträger.

Die Ausbildung von Trägern dieser verschiedenen Ausbildungsformen wird nachstehend abschnittsweise besprochen.

b) Walzträger

Walzträger verursachen geringere Bearbeitungskosten, besitzen dafür aber normalerweise größeres Konstruktionsgewicht als Blechträger gleicher Tragfähigkeit. Das größere Konstruktionsgewicht rührt einerseits daher, daß bei Walzprofilen wegen des relativ dicken Steges die Kernweite k_x etwa 0,31 bis $0{,}32\,h$ (Normalprofile $\underline{\text{I}}$) bzw. etwa 0,32 bis $0{,}38\,h$ (Breitflanschträger HE) beträgt, während bei Blechträgern Werte bis $k_x = 0{,}40\,h$ und darüber erreicht werden können, und anderseits daher, daß beim Blechträger der Querschnittsverlauf dem Verlauf der Momente angepaßt werden kann, wodurch die Materialausnützung gegenüber einem Walzträger verbessert wird. Zudem ist die Konstruktionshöhe der Walzträger nur in engen Grenzen wählbar, weil die Auswahl von Walzprofilen mit dem erforderlichen Widerstandsmoment eng beschränkt ist. Im Mittel wird bei normaler Marktlage etwa angenommen werden dürfen, daß ein Walzträger billiger ist als ein Blechträger, wenn sein Mehrgewicht weniger als 20% beträgt.

Die *Normalprofile $\underline{\text{I}}$ und die $\underline{\text{I}}$ PE-Profile* besitzen verhältnismäßig kleine Trägheitsmomente J_y und Widerstandsmomente W_y, dagegen ein günstiges Verhältnis W_x/g. Sie sind vor allem wirtschaftlich, wenn nur Belastungen in der Stegebene aufzunehmen sind.

Die *Breitflanschträger* HE A, HE B bzw. HE M sind bei gleichem Widerstandsmoment W_x niedriger, aber schwerer als die $\underline{\text{I}}$ PE-Profile. Sie kommen des-

halb als Träger in Betracht, wenn kleine Bauhöhe angestrebt wird, wenn die
$\underline{\text{I}}$PE-Profile nicht mehr ausreichen oder bei schiefer Biegung [Gl. (VIII,1a)].
Abb. VIII,6 veranschaulicht die erforderlichen Laufmetergewichte bei gegebenem
Widerstandsmoment W_x für die $\underline{\text{I}}$-förmigen Walzprofile.

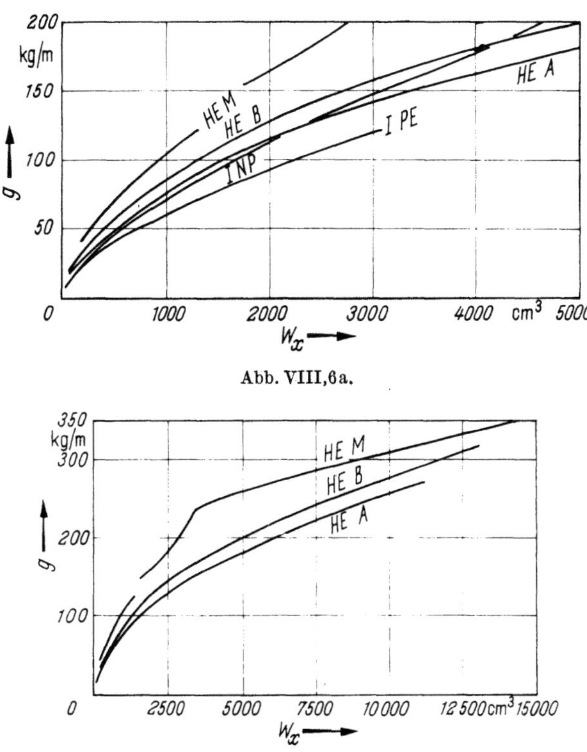

Abb. VIII,6a.

Abb. VIII,6b.

Die *Lochschwächung*, die von genieteten oder geschraubten Anschlüssen herrühren kann, ist im gezogenen Flansch immer zu berücksichtigen. Bei einseitiger
Schwächung tritt jedoch eine Schwerpunktsverlagerung ein, die auch die Widerstandsmomente beeinflußt. So beträgt beispielsweise bei einem **HE B 500** (Abb.
VIII,7) mit zwei Löchern $d = 26$ mm im Zugflansch bei

$$F = 238,6 \text{ cm}^2, \quad \varDelta F = 2 \cdot 2,6 \cdot 2,8 = 14,56 \text{ cm}^2 \quad F_n = 224 \text{ cm}^2$$

die Verschiebung a_x des Schwerpunktes

$$a_x = \frac{14,56 \cdot 23,6}{224} = 1,53 \text{ cm}.$$

Damit erhalten wir, bezogen auf die Schwerachse x' des geschwächten Querschnittes,

$$J'_{xn} = J_x + a_x^2 F - \varDelta J'_x = J_x - \varDelta J_x - a_x^2 F_n = 98\,530 \text{ cm}^4$$

statt $J_x = 107\,180 \text{ cm}^4$ des ungeschwächten Querschnittes. Die Widerstandsmomente betragen

$$W_{x_o} = \frac{98\,530}{23,47} = 4198 \text{ cm}^3, \quad W_{x_u} = \frac{98\,530}{26,53} = 3714 \text{ cm}^3.$$

Bei einer Schwächung beider Flanschen durch je zwei Niete $d = 26$ mm wäre dagegen

$$J_{x_n} = 90\,940 \text{ cm}^4, \qquad W_{x_n} = 3638 \text{ cm}^3.$$

Bei einseitiger Lochschwächung ist somit das maßgebende Widerstandsmoment nur unwesentlich größer als bei beidseitiger Schwächung[1].

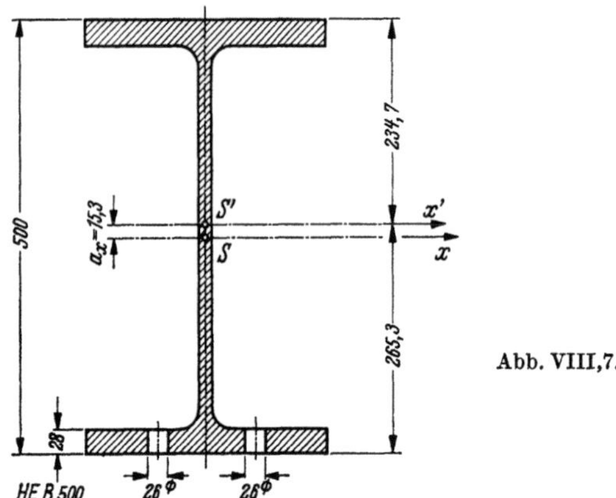

Abb. VIII,7.

Man könnte an sich daran denken, bei Löchern in beiden Flanschen nur die Schwächung des Zugflansches zu berücksichtigen, da ja im Druckflansch ein mehr oder weniger ungestörter Kraftfluß durch die durch die Bolzenschäfte ausgefüllten Löcher möglich ist. Da jedoch dieser Annahme doch eine gewisse Unsicherheit anhaftet und ihre praktische Auswirkung sehr bescheiden ist, scheint es zweckmäßig zu sein, beidseitige Schwächungen mindestens in symmetrischen Querschnitten auch rechnerisch beidseitig zu berücksichtigen.

Eine gewisse Schwierigkeit besteht bei der Ermittlung der Schubspannungen in einem durch Löcher geschwächten Steg. Hier dürfte es am einfachsten sein, näherungsweise mit einer verminderten Stegstärke t'_S,

$$t'_S = t_S - \frac{\Sigma\, t_S\, d}{h} = t_S\left(1 - \frac{\Sigma\, d}{h}\right),$$

zu rechnen.

Bei der Bestimmung der Formänderungen darf mit vollen, ungeschwächten Querschnitten gerechnet werden, da sich die Lochschwächungen ja nur auf kurze Bereiche der Trägerlänge erstrecken.

Die Bemessungsaufgabe läßt sich bei einem Walzträger deshalb besonders einfach durchführen, weil nur eine einzige Unbekannte, nämlich das erforderliche Widerstandsmoment W_x, zu bestimmen ist:

$$W_{\text{erf}} = \frac{M_{\text{max vorh}}}{\sigma_{\text{zul}}}. \tag{VIII,6b}$$

---

[1] Die klassische Biegelehre dürfte allerdings die Wirkung der Löcher auf den Kräftefluß kaum zutreffend erfassen. Man kommt aber praktisch zum gleichen Ergebnis, wenn man annimmt, daß die Gurtzugkraft der normalen Querschnitte auch im geschwächten Schnitt aufzunehmen ist; in diesem Falle spielt es keine Rolle, ob der Druckflansch geschwächt ist oder nicht.

Da die gebräuchlichen Profiltabellen nicht nur die Widerstandsmomente der ungeschwächten Querschnitte, sondern auch bei normaler beidseitiger Lochschwächung enthalten, kann das erforderliche Profil sofort ausgewählt werden.

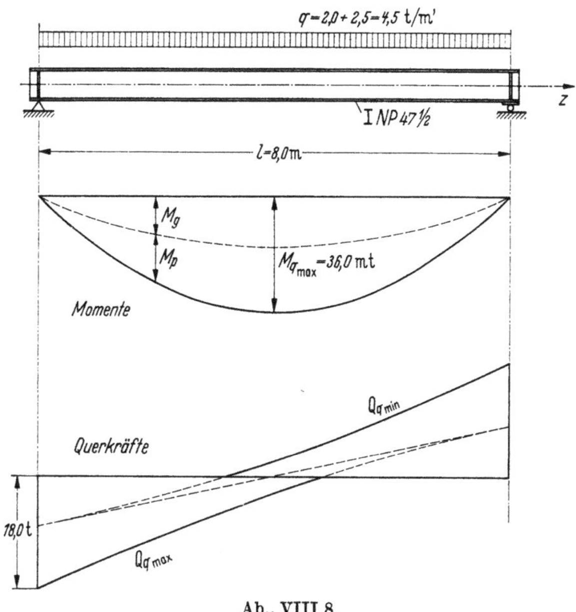

Ab.. VIII,8.

In Abb. VIII,8 ist ein einfacher Balken von $l = 8,0$ m Spannweite unter gleichmäßig verteilter Belastung $q = 4,5$ t/m' skizziert, wobei die ständige Last $g = 2,0$ t/m', die Nutzlast $p = 2,5$ t/m' betragen soll. Für $\sigma_{zul} = 1,6$ t/cm² ist mit

$$M_{\max\,vorh} = \frac{q\,l^2}{8} = \frac{4,5 \cdot 8,0^2}{8} = 36,0 \text{ mt} = 3600 \text{ cmt}$$

ein Widerstandsmoment W_x von

$$W_{x\,erf} = \frac{3600}{1,60} = 2250 \text{ cm}^3$$

erforderlich. Von den Normalprofilen genügt I NP $47^1/_2$ mit $W_x = 2380$ cm³ (ohne Lochschwächung) und der Spannungsnachweis lautet

$$\boxed{\sigma_{\max\,vorh} = \frac{3600}{2380} = 1,51 \text{ t/cm}^2 < \sigma_{zul} = 1,60 \text{ t/cm}^2}.$$

Als Kontrolle sind noch die größte Schubspannung beim Auflager und die größte Durchbiegung $f_{\max}$ in Balkenmitte nachzuweisen. Es ist mit

$$Q_{\max} = A = \frac{q\,l}{2} = \frac{4,5 \cdot 8,0}{2} = 18,0 \text{ t}$$

die größte Schubspannung

$$\tau_{\max} = \frac{Q\,S_x}{b\,J_x} = \frac{18,0 \cdot 1400}{1,71 \cdot 56480} = 0,26 \text{ t/cm}^2 \ll \tau_{zul}.$$

Die Schubspannung ist, wie erwartet, nicht maßgebend; auch ein Ausbeulen des Steges ist nicht zu befürchten.

Die größte Durchbiegung beträgt infolge Nutzlast

$$f_p = \frac{5\,p\,l^4}{384\,E\,J} = \frac{5 \cdot 0{,}025 \cdot 800^4}{384 \cdot 2100 \cdot 56\,480} = 1{,}124 \text{ cm} = \frac{l}{712}$$

und infolge Totallast

$$f = 2{,}02 \text{ cm} = \frac{l}{395}.$$

Je nach den maßgebenden Vorschriften sind diese Durchbiegungen noch zulässig oder nicht; in der Regel wird die Einhaltung einer bestimmten Durchbiegung nur unter Nutzlast allein vorgeschrieben, so daß dann der Träger I NP $47^1/_2$ genügen würde. Es ist wenig wirtschaftlich, wenn wegen der Durchbiegungsvorschrift ein größeres Profil gewählt werden muß als nach dem Spannungsnachweis genügen würde.

In der folgenden Tabelle sind zum Vergleich für das Beispiel von Abb. VIII,8 noch die entsprechenden Rechnungsergebnisse für die weiteren Formen von Walzprofilen zusammengestellt.

Profil	h mm	W_x cm³	J_x cm⁴	$\sigma_{\max}$ t/cm²	$\tau_{\max}$ t/cm²	f_p cm	g kg/m′
INP $47^1/_2$	475	2380	56480	1,51	0,26	1,12	128
IPE 550	550	2440	67120	1,48	0,34	0,95	106
HE A 400	390	2310	45070	1,56	0,46	1,41	125
HE B 360	360	2400	43190	1,50	0,45	1,47	142
HE M 280	310	2550	39550	1,41	0,36	1,60	189

Es zeigt sich, was zu erwarten war, daß das Normalprofil nicht die leichteste Lösung darstellt, sondern das PE-Profil, das zugleich die größte Höhe und somit auch die größte Steifigkeit aufweist. Das HE A-Profil ist hier noch ein wenig leichter als das Normalprofil. Abb. VIII,6a zeigt, daß dies für Widerstandsmomente $W_x > 2300$ cm³ allgemein zutrifft. Zudem ist im vorliegenden Fall das gerade noch genügende Profil HE A 400 besser ausgenützt als das Normalprofil I $47^1/_2$.

Die obenstehende Tabelle zeigt, daß auch bei der Verwendung von Walzprofilen ein gewisser Spielraum in der Profilwahl besteht, so daß eine entsprechende Anpassung an besondere Wünsche (z. B. kleine Bauhöhe) möglich ist.

Bei den Walzträgern ist der Steg verhältnismäßig stark, so daß normalerweise keine Beulgefahr besteht. *Aussteifungen* sind hier deshalb höchstens über den Stützen oder unter großen Einzellasten gelegentlich notwendig. Dabei können wir etwa folgende Fälle unterscheiden:

Unversteifter Steg

Bei einer Auflagerung nach Abb. VIII,9 ist dafür zu sorgen, daß im Schnitt $s - s$, d. h. bei Beginn der normalen Stegstärke t_S am oberen Ende der unteren Ausrundung die Spannung σ_F/n (wobei n den Sicherheitsgrad gegen Erreichen der Fließgrenze bedeutet) nicht überschritten wird. Mit der skizzierten Verteilbreite ist die Länge a_0 der oberen Auflagerplatte so zu wählen, daß

$$\sigma_{\max} = \frac{A}{t_S\, a} = \frac{A}{t_S(a_0 + 2c)} \leqq \frac{\sigma_F}{n}$$

wird. Die genauen Spannungsverhältnisse im Steg sind am Balkenende nicht leicht zu überblicken, doch dürfte die folgende Näherungsuntersuchung auf der

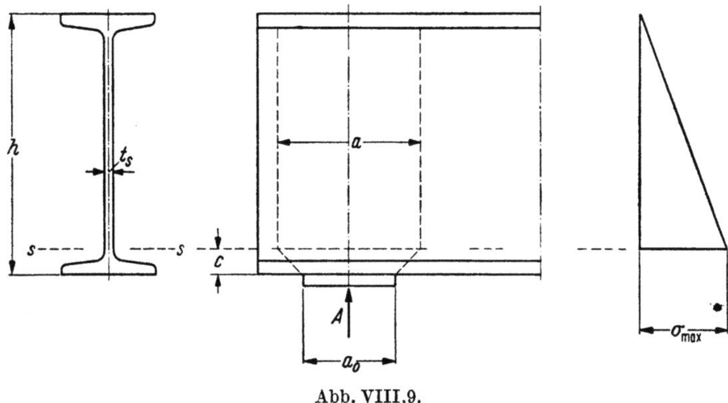

Abb. VIII,9.

sicheren Seite liegen, wenn wir linear über die Trägerhöhe abnehmende Spannung σ in einem Stegstreifen der konstanten Breite a annehmen. Dieser Stegstreifen muß somit knicksicher sein, wobei wir davon auszugehen haben, daß der Auflagerquerschnitt gegen Verdrehen und damit der obere Flansch gegen seitliches Ausbiegen gehalten sein muß. Damit stellt der zu untersuchende Stegstreifen einen Druckstab mit veränderlicher Belastung nach Abb. VI,37 dar, dessen unterer Rand unter der kritischen Belastung gerade bis zur Fließgrenze beansprucht wird. Für diesen (teilweise unelastischen) Knickfall beträgt die Knicklast

$$P_{kr} \cong 17{,}0\,\frac{E\,J}{h^2},$$

und wir können anschreiben

$$n\,A = a\,t_S\,\sigma_F \leqq 17{,}0\,\frac{E\,J}{h^2} = 17{,}0\,\frac{E\,a\,t_S^3}{12(1 - \nu^2)\,h^2}$$

oder

$$\boxed{\frac{h^2}{t_S^2} = \frac{17{,}0}{12(1 - \nu^2)}\,\frac{E}{\sigma_F}}\,.$$

(VIII,7)

Setzen wir $E = 2100$ t/cm², $\nu = 0{,}30$ und (für normalen Baustahl) $\sigma_F = 2{,}7$ t/cm², so wird

$$\boxed{\frac{h^2}{t_S^2} \leqq 1211}\,, \qquad \boxed{\frac{h}{t_S} \leqq 34{,}8}\,.$$

(VIII,7a)

Ist somit $h \leqq 35 \cdot t_S$, so ist keine Auflageraussteifung notwendig. Dieser Forderung genügen alle I-Normalprofile, dagegen wird sie bei den größten Profilen der anderen I-Reihen mehr oder weniger stark überschritten, am stärksten beim

HE A 1000 mit $h/t_S = 60$. Normalerweise genügt es, die Länge a_0 der Auflagerplatte etwas über den rechnerisch erforderlichen Wert hinaus zu vergrößern, was
auch meist schon aus Konstruktionsgründen gegeben sein wird, um ein Ausbeulen
des Steges zu verhindern. Nur bei sehr kurzen und schwer belasteten I-Trägern
ist eine Stegaussteifung über den Auflagern notwendig.

Ausgesteifter Steg

Bei der früher üblichen *genieteten* Ausführung wurden die Aussteifungswinkel normalerweise nicht eingepaßt, um die Bearbeitungskosten zu vermindern.
Eine solche Aussteifung (Abb. VIII,10) hat somit nur die Aufgabe, ein Ausbeulen
des Steges zu verhindern, ist aber selber an der Aufnahme der Auflagerkraft A

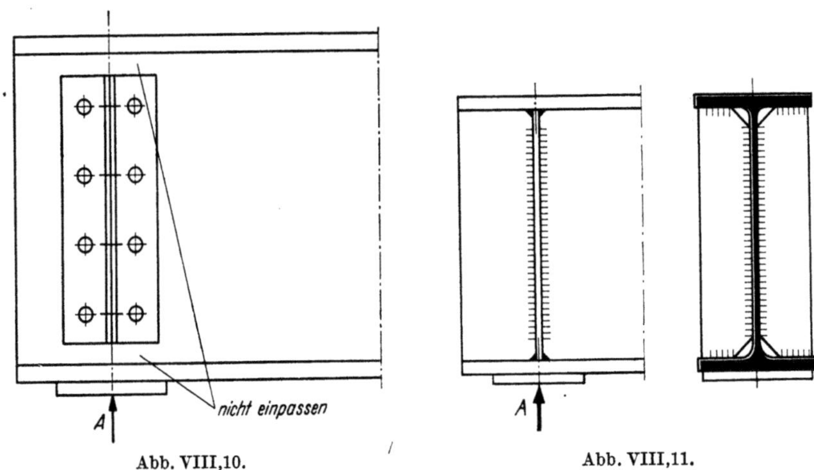

Abb. VIII,10.   Abb. VIII,11.

praktisch unbeteiligt; diese Aussteifung stellt somit eine seitliche Stützung des
gedrückten Stegstreifens dar. Ist dieser unter der kritischen Belastung am unteren Rand wieder bis zur Fließgrenze σ_F belastet, so gilt für den Stegstreifen
wieder die kritische Last im teilweise unelastischen Bereich, für die Aussteifung
dagegen der Wert für den elastischen Bereich und wir können schreiben

$$n\,A = 17{,}0\,\frac{E\,J_S}{h^2} + 18{,}9\,\frac{E\,J_v}{h^2}; \qquad\qquad (\text{VIII},8)$$

daraus erhalten wir mit

$$a\,t_S\,\sigma_F = n\,A$$

das erforderliche Trägheitsmoment J_v der Aussteifung zu

$$\boxed{J_{v\,\mathrm{erf}} = n\,A\left(\frac{h^2}{18{,}9\,E} - \frac{t_S^2}{12{,}1\,\sigma_F}\right)}. \qquad\qquad (\text{VIII},8\,\text{a})$$

Eine solche Aussteifung, die weder oben noch unten eingepaßt werden muß, wird
praktisch immer mit einem wesentlich größeren Trägheitsmoment ausgeführt
werden müssen (konstruktive Minimalprofile), als nach Gl. (VIII,8a) erforderlich
wäre.

In *geschweißter* Ausführung wird die Aussteifung meistens auf den unteren
Flansch angeschweißt (Abb. VIII,11) und damit zur Kraftübertragung beigezo-

gen; damit kann die Länge der Auflagerplatte verkleinert werden. Für diesen Fall ist mit $n\,\sigma_{\max} = \sigma_F$

$$n\,A = (a\,t_S + F_v)\,\sigma_F = 17{,}0\,\frac{E(J_S + J_v)}{h^2} \qquad (\text{VIII},9)$$

oder

$$\boxed{J_{v\,\mathrm{erf}} = \frac{n\,A\,h^2}{17{,}0\,E} - J_S}\,, \qquad (\text{VIII},9\,\mathrm{a})$$

wobei nun

$$J_S = \frac{a\,t_S^3}{12(1 - \nu^2)}$$

mit der Breite

$$a = \left(\frac{n\,A}{\sigma_F} - F_v\right)\frac{1}{t_S}$$

zu berechnen ist. Ist $n\,\sigma_{\max} < \sigma_F$, so gibt Gl. (VIII,9a) etwas zu große Werte von $J_{v\,\mathrm{erf}}$, was praktisch bedeutungslos ist.[1] Die Anschlußnähte zwischen Aussteifung und Steg müssen so bemessen werden, daß sie den Kraftanteil A_v der Aussteifung,

$$A_v = F_v\,\sigma_{\max} = A - a\,t_S\,\sigma_{\max},$$

über die Steghöhe übertragen können.

Wenn Aussteifungen vorgesehen werden, so werden sie, wenn immer möglich, als Anschlußmittel für Querträger oder ähnliche Elemente ausgenützt. Abb. VIII,12 zeigt als Beispiel einen Träger mit verbreiterter Auflagerung, wie sie etwa anzuordnen ist, wenn das Trägerende nicht auf andere Weise gegen Verdrehen gesichert werden kann.

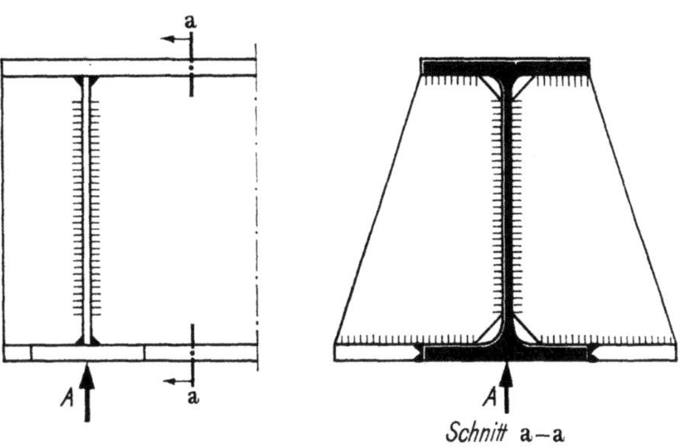

Abb. VIII,12.

Beim Anschluß eines Trägers an eine Stütze dient der Anschluß gleichzeitig als Aussteifung (Abb. VIII,13). Zu beachten ist, daß ein solcher Anschluß keine nennenswerten Biegungsmomente zu übertragen vermag[2] und deshalb rechnerisch

---

[1] Die Gln. (VIII,9) gelten auch für auf den unteren Flansch nur *eingepaßte* Aussteifungen. Da die Einpassung nie vollkommen sein wird, empfiehlt es sich hier, die Rechnung mit einem reduzierten Querschnitt F_v' der Aussteifung $F_v' = 0{,}6\,F_v$ bis $0{,}8\,F_v$ durchzuführen.

[2] Mit Ausnahme der HV-geschraubten, biegesteifen Kopfplattenanschlüsse, vgl. Abschnitt III,2e.

als gelenkiger Anschluß zu betrachten ist. Dabei ist die Gelenkstelle G in der
Fuge zwischen dem Stützenflansch und den Anschlußwinkeln (bzw. der angeschweißten Kopfplatte) anzunehmen; die Anschlußschrauben im Trägersteg

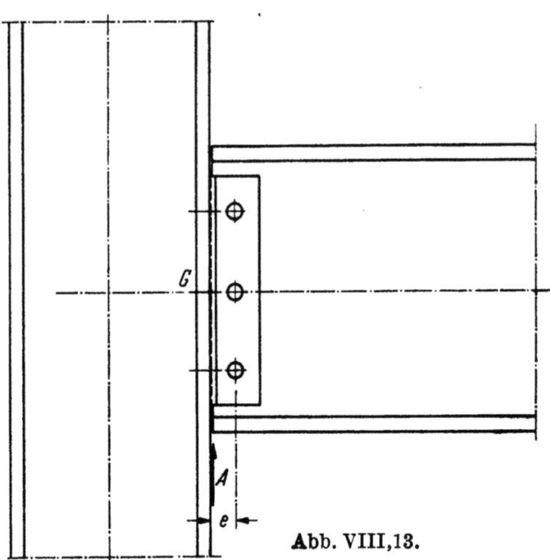

Abb. VIII,13.

haben somit nicht nur die Auflagerkraft A, sondern auch das Moment $M = A\,e$
zu übertragen.

c) Verstärkte Walzträger

Da die Walzträger über ihre ganze Länge den gleichen Querschnitt besitzen,
während die Momente veränderlich sind, sind sie nur an einzelnen Stellen ausgenützt. Abb. VIII,14 zeigt als einfaches Beispiel den Vergleich zwischen vorhandenen und zulässigen Momenten eines durch eine Einzellast P in Balkenmitte

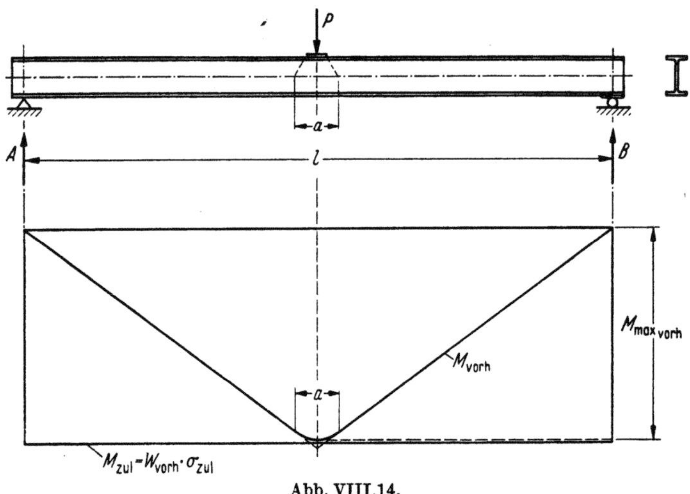

Abb. VIII,14.

belasteten einfachen Balkens. Auch wenn wir noch die eingetragene Lastverteilung annehmen, so ist das Größtmoment

$$M_{\mathrm{max\,vorh}} = P\left(\frac{l}{4} - \frac{a}{8}\right)$$

nur an einer einzigen Stelle vorhanden, und wegen dieser einen Stelle muß das zulässige Moment

$$M_{\mathrm{zul}} = W_{\mathrm{vorh}}\,\sigma_{\mathrm{zul}}$$

über die ganze Balkenlänge entsprechend groß gewählt werden:

$$M_{\mathrm{zul}} \geqq M_{\mathrm{max\,vorh}}.$$

Es liegt nun nahe, die Materialausnützung dadurch zu verbessern, daß der Walzträger durch ein kleineres Profil gebildet, dafür aber im Bereich der größten Momente durch aufgenietete oder aufgeschweißte Lamellen verstärkt wird (Abb. VIII,15). Die Besonderheiten solcher *verstärkter Walzträger* sollen nachstehend, zunächst für *aufgenietete*[1] Lamellen, untersucht werden.

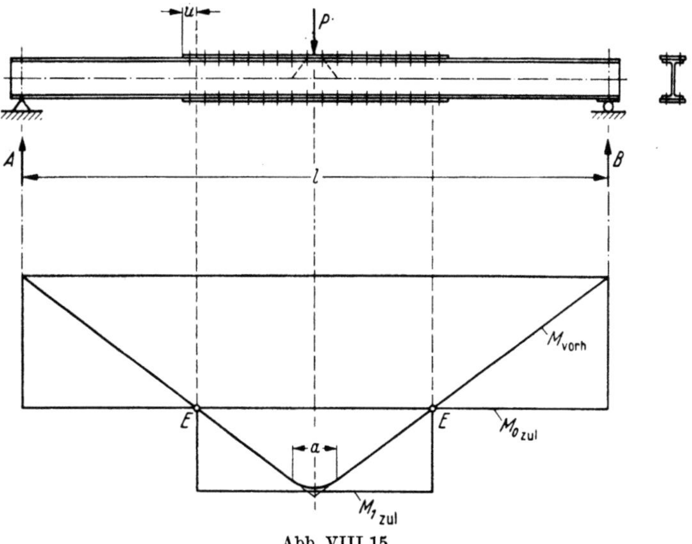

Abb. VIII,15.

Der unverstärkte Träger mit dem Widerstandsmoment W_0, wobei die Lochschwächung zu berücksichtigen ist, weist ein zulässiges Moment $M_{0\,\mathrm{zul}} = W_0\,\sigma_{\mathrm{zul}}$ auf, während für den verstärkten Querschnitt $M_{1\,\mathrm{zul}} = W_1\,\sigma_{\mathrm{zul}}$ betragen soll (Abb. VIII,16). Die theoretischen Lamellenenden E ergeben sich als Schnittpunkte

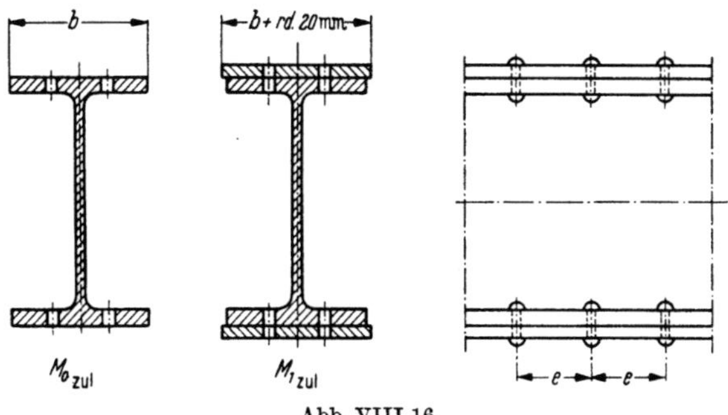

Abb. VIII,16.

---

[1] Diese Verstärkungsart wird heutzutage nicht mehr verwendet. Die Untersuchung der Lamellenmitwirkung führt aber bei aufgenieteten Lamellen auf grundsätzliche Erkenntnisse, die ohne Schwierigkeit auf Walzprofile mit aufgeschweißten Lamellen sowie auf zusammengesetzte Träger erweitert werden können.

der Linien M_vorh und $M_{0\,\text{zul}}$; in diesen Punkten E müssen die Lamellen wenigstens teilweise wirksam sein. Wir müssen somit die Lamellen beidseitig über die Punkte E hinaus „vorbinden". Die Konstruktionspraxis unterscheidet nun ein *teilweises Vorbinden* mit mindestens zwei Nietpaaren, von denen das zweite im theoretischen Endpunkt E der Lamellen liegen darf, und ein *volles Vorbinden*, bei dem die für den Anschluß einer Lamelle erforderliche Nietzahl n_N,

$$n_N = \frac{F_L\,\sigma_\text{zul}}{N_\text{zul}},$$

außerhalb des theoretischen Lamellenendes angeordnet sein muß.

Für die Bestimmung des Nietabstandes e geht man von der Vorstellung aus, daß die Niete die Schubspannungen τ, die bei vollem oder einheitlichem Querschnitt in der Fuge zwischen Lamelle und Grundprofil wirken würden, aufnehmen müssen; für ein Nietpaar ist somit

$$2\,N = \tau\,b\,e = \frac{Q\,S_x}{b\,J_x}\,b\,e = \frac{Q\,S_x}{J_x}\,e$$

oder

$$e_\text{erf} = \frac{2\,N_\text{zul}\,J_x}{Q\,S_x}; \qquad\qquad (\text{VIII},10)$$

dabei bedeutet S_x das statische Moment des Lamellenquerschnittes bezüglich der Schweraxe und J_x das Trägheitsmoment des ganzen Querschnittes.

Diese einfache Betrachtungsweise zeigt nun jedoch gewisse Widersprüche mit der Wirklichkeit; so läßt sich insbesondere aus dem Vergleich mit der Nietkraftverteilung in einem Anschluß vermuten, daß auch hier nennenswerte Abweichungen von der angenommenen einfachen Kraftverteilung vorkommen können. Bei vollem Vorbinden müßten ferner zwischen den theoretischen Lamellenenden die Nietkräfte verschwinden, da ja die Lamellen schon als voll angeschlossen angenommen worden sind. Diese Widersprüche veranlassen uns, die Kräfteverhältnisse in einem Lamellenanschluß nachstehend genauer zu untersuchen. Dabei setzen wir der Einfachheit halber die einzelne Lamelle so dünn voraus, daß ihre Biegungssteifigkeit in der Trägerebene vernachlässigt werden darf; die einzelne Lamelle soll also nur Längskräfte L, aber keine Biegungsmomente aufnehmen können. Ferner beschränken wir diese genauere Untersuchung auf einen symmetrischen Querschnitt[1].

Abb. VIII,17 liefert uns die Gleichgewichtsbedingungen des Problems: durch die Niete werden die Lamellen zur Mitarbeit mit dem zu verstärkenden Grundprofil gezwungen; die Nietkräfte N summieren sich von einem Ende her auf zu den Lamellenkräften L oder es ist

$$N_i = L_{i+1} - L_i.$$

Die beiden Lamellenkräfte L_i bilden zusammen das Kräftepaar $L_i\,h$ (h zwischen den Lamellenmitten gemessen), so daß das vom Grundprofil aufzunehmende Moment $M_{0\,i}$ noch

$$M_{0\,i} = M_i - L_i\,h$$

---

[1] Stüssi, F.: Beiträge zur Berechnung und Ausbildung zusammengesetzter Vollwandträger. Schweiz. Bauztg. 121 (1943). — Stüssi, F.: Zusammengesetzte Vollwandträger. Abh. IVBH Bd. 8, Zürich 1947.

beträgt, wenn wir mit M_i das Gesamtmoment im betrachteten Schnitt infolge der äußeren Kräfte bezeichnen.

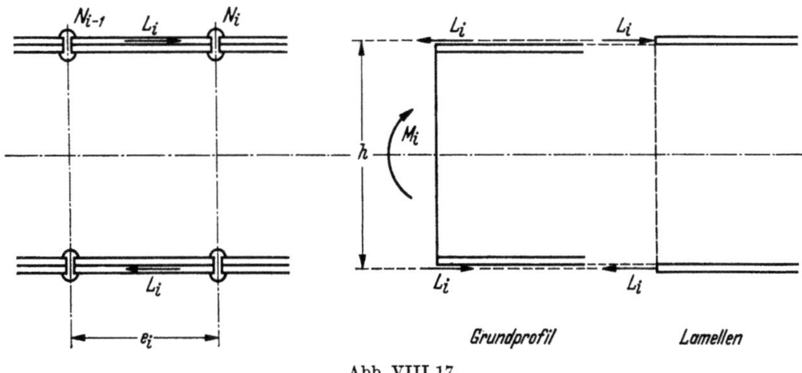

Abb. VIII,17.

Das schematische Verformungsbild von Abb. VIII,18 erlaubt uns, die Elastizitätsbedingung aufzustellen: infolge der Krümmung des Grundprofils,

$$\frac{1}{\varrho} = \frac{M_{0i}}{E\,J_0},$$

verkürzt sich der Abstand der Nietmitten im oberen Flansch; rechnen wir dazu noch die (in Abb. VIII,18 schematisch dargestellte) Verformung ε der Niete, so

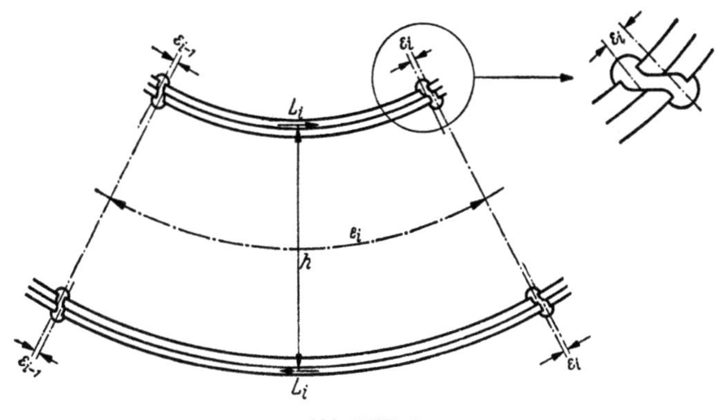

Abb. VIII,18.

beträgt diese Verkürzung, in der Mitte der Lamellenstärke gemessen,

$$\Delta e_{i\,(Fl)} = \frac{M_{0\,im}}{E\,J_0}\,\frac{h}{2}\,e_i - \varepsilon_{i-1} + \varepsilon_i = \frac{M_{im} - L_i\,h}{E\,J_0}\,\frac{h}{2}\,e_i - \varepsilon_{i-1} + \varepsilon_i;$$

dabei ist mit M_{i_m} der Durchschnittswert des Momentes M_i über die Feldweite e_i eingeführt. Um den gleichen Betrag muß sich aber auch die obere Lamelle verkürzen:

$$\Delta e_{i\,(L)} = \frac{L_i}{E\,F_L}\,e_i.$$

Die Gleichsetzung dieser beiden Verkürzungen

$$\frac{L_i}{E\,F_L}\,e_i = \frac{M_{im} - L_i h}{E\,J_0}\,\frac{h}{2}\,e_i - \varepsilon_{i-1} + \varepsilon_i \qquad \text{(VIII,11 a)}$$

liefert uns die Grundgleichung des zu untersuchenden Problems. Die Nietverformung ε dürfen wir im Sinne der Elastizitätstheorie proportional zur Nietkraft N setzen (vgl. Abschn. III,1f)

$$\varepsilon_i = \frac{N_i}{C_i} = \frac{L_{i+1} - L_i}{C_i}, \qquad \varepsilon_{i-1} = \frac{L_i - L_{i-1}}{C_{i-1}}.$$

Mit diesen Werten und mit

$$J_1 = J_0 + F_L\,\frac{h^2}{2}$$

erhalten wir aus Gl. (VIII,11 a) die dreigliedrige Gleichung für konstante Nietwiderstände C

$$\boxed{\; -L_{i-1} + \left(2 + \frac{C\,e_i}{E\,F_L}\,\frac{J_1}{J_0}\right) L_i - L_{i+1} = \frac{C\,e_i\,h}{2\,E\,J_0}\,M_{im} \;} \qquad \text{(VIII,11 b)}$$

zur Bestimmung der unbekannten Lamellenkräfte L. Als Randbedingungen haben wir das Verschwinden der Lamellenkräfte L,

$$L = 0,$$

vor dem ersten und nach dem letzten Nietpaar einzuführen.

Abb. VIII,19 zeigt die Ergebnisse eines durchgerechneten Zahlenbeispiels; untersucht wurde ein einfacher Balken von $l = 6{,}20$ m mit einer Einzellast $P = 64{,}6$ t in Balkenmitte, bestehend aus einem Breitflanschträger HE B 500, verstärkt durch Lamellen ⊏320 · 20. Die Abstände der Niete $d = 26$ wurden zu $e = 20$ cm gewählt. Nach der Normalberechnung ist der verstärkte Träger in Balkenmitte mit $\sigma_{zul} = 1{,}60$ t/cm² gerade voll ausgenützt. Eine gewisse Schwierigkeit besteht bei der Ermittlung des Nietwiderstandes C für einschnittige Niete; er wurde mit

$$C \cong 30\,d^2 \quad \text{(in t/cm)}$$

für einen Niet, für ein Nietpaar mit $C = 400$ t/cm abgeschätzt. Die Berechnung wurde für knapp und für voll vorgebundene Lamellen durchgeführt.

Die Rechnung zeigt für knapp vorgebundene Lamellen, daß einerseits die äußersten Nietpaare sowie der Träger HE B 500 in Balkenmitte überbeansprucht sind, während anderseits die Lamellen nicht voll ausgenützt werden. Bei vollem Vorbinden wird die Überbeanspruchung der Randniete vermieden, diejenige des HE-Grundprofils verkleinert und die Ausnützung der Lamellen etwas verbessert. Die gleiche Wirkung könnte auch durch Verkleinerung der Nietabstände e an den beiden Lamellenenden erreicht werden.

Bei der Beurteilung dieser Ergebnisse ist zu unterscheiden zwischen den Anwendungen im Hochbau (ruhende Belastungen) und denjenigen im Brückenbau (oft wiederholte Belastungen). *Bei ruhender Belastung* besteht die Möglichkeit der „Selbsthilfe" des Materials; wenn der erste Niet über die Proportionalitätsgrenze beansprucht wird, so entzieht er sich teilweise einer Belastungssteigerung und die folgenden Niete werden um so stärker belastet. Dieser „Spannungsausgleich" darf im *Hochbau* so ausgenützt werden, daß die Lamellenenden im Bereich kleiner Querkräfte (lange Lamellen, Feldmomente) nur teilweise, d. h. mit mindestens zwei Nietpaaren vorgebunden werden. Bei großen Querkräften (kurze Lamellen, Stützenmomente) empfiehlt sich auch im Hochbau ein annähernd volles Vorbinden oder dann eine möglichst enge Nietteilung.

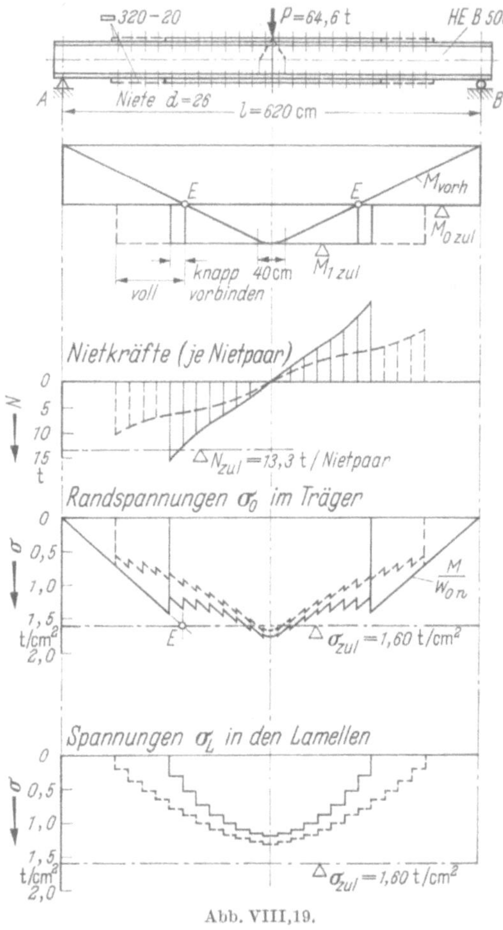

Abb. VIII,19.

Im *Brückenbau* dagegen soll wegen der Gefahr von Dauerbrüchen nicht mit der Selbsthilfe gerechnet werden; hier sind die Lamellenenden stets annähernd voll vorzubinden oder mit möglichst enger Nietteilung anzuschließen.

Es sei noch der Zusammenhang zwischen der dargestellten genaueren Untersuchung des Lamellenanschlusses mit der üblichen Näherungsberechnung [Gl. (VIII,10)] hergestellt: Wenn wir *starre Niete*, $C = \infty$, annehmen, so vereinfacht sich Gl. (VIII,11b) auf

$$L_i = \frac{F_L\, h}{2 J_1}\, M_{i\,m} \qquad\qquad \text{(VIII,12a)}$$

oder es beträgt mit

$$\frac{F_L\,h}{2} = S_x,\qquad \frac{M_{i+1} - M_i}{e} = Q_i,\qquad N_i = L_{i+1} - L_i$$

die Nietkraft N_i für ein Nietpaar

$$N_i = \frac{Q_i\,S_x\,e}{J_x}\tag{VIII,12b}$$

in grundsätzlicher Übereinstimmung mit der Näherungsrechnung nach Gl. (VIII,10). Starre Nietung würde jedoch nach Gl. (VIII,12a) bedeuten, daß die Lamellenkraft L am Lamellenanfang und damit auch die erste Nietkraft, die ja diese Lamellenkraft anschließen muß, den hohen Wert $L_A = N_1 = M_{A\,m}\,S_x/J_x$ annimmt. Im Zahlenbeispiel von Abb. VIII,19 würde bei teilweisem Vorbinden die Nietkraft N_1 für das erste Nietpaar

$$N_1 = 44{,}4\ \mathrm{t},$$

bei vollem Vorbinden immer noch

$$N_1 = 22{,}2\ \mathrm{t}$$

bei $N_{1\,\mathrm{zul}} = 13{,}3\ \mathrm{t}$ betragen. Damit sind die Widersprüche der Näherungsrechnung, die einerseits eine volle Ausnützung der Lamellen annimmt, anderseits aber die damit zusammenhängende große Überlastung der Endniete überhaupt nicht beachtet, aufgezeigt. Diese Widersprüche beim Lamellenanschluß sind darauf zurückzuführen, daß die Näherungsrechnung von der Biegungslehre für den Stab mit konstantem Querschnitt ausgeht, die ausgerechnet für den Lamellenanfang, d. h. die Stelle einer Querschnittsänderung, ja nicht gültig ist. Im Innenbereich treten nur verteilte Schubkräfte $Q\,S_x/J_x$ auf, am Lamellenanfang zudem die *Einzelschubkraft* $M\,S_x/J_x$, deren Verteilung auf die ersten Nietpaare nur unter Berücksichtigung ihrer Schubverformung ermittelt werden kann. Um Überbeanspruchungen zu vermeiden, sollte, mindestens im Brückenbau, die Einzelschubkraft vor dem theoretischen Lamellenanfang E angeschlossen sein. Für die größtmögliche Einzelschubkraft $M_{1\,\mathrm{zul}}\,S_x/J_x = F_L\,\sigma_{\mathrm{zul}}$ erhält man als Grenzfall das vorher erwähnte volle Vorbinden.

Es kann gelegentlich erwünscht sein, an Stelle des Gleichungssystems (VIII,11b) über geschlossene Formeln zur Bestimmung der Lamellenkräfte L verfügen zu können. Gehen wir auf eine ideelle, stetig verteilte Nietverbindung mit dem verteilten Nietwiderstand C/e über, so wird der Wert

$$\frac{L_{i-1} - 2L_i + L_{i+1}}{e^2}$$

zur zweiten Ableitung L'' der Lamellenkraft L und mit den Abkürzungen

$$\omega^2 = \frac{C}{E\,e}\,\frac{J_1}{F_L\,J_0},\qquad \alpha = \frac{C}{E\,e}\,\frac{h}{2\,J_0}$$

geht das Gleichungssystem (VIII,11b) über in die Differentialgleichung

$$\boxed{L'' - \omega^2\,L + \alpha\,M = 0}\;.\tag{VIII,13}$$

Für einfache Belastungsfälle läßt sich diese Gleichung direkt integrieren; sie wird beispielsweise für konstante Koeffizienten durch den Lösungsansatz

$$L = c_1 \operatorname{Sinh}\omega\, x + c_2 \operatorname{Cosh}\omega\, x + \frac{\alpha\, M}{\omega^2} + \frac{\alpha\, M''}{\omega^4} + \cdots$$

befriedigt, wobei die beiden Integrationskonstanten c_1 und c_2 aus den Randbedingungen zu bestimmen sind. Mit den in Abb. VIII,20 festgelegten Bezeich-

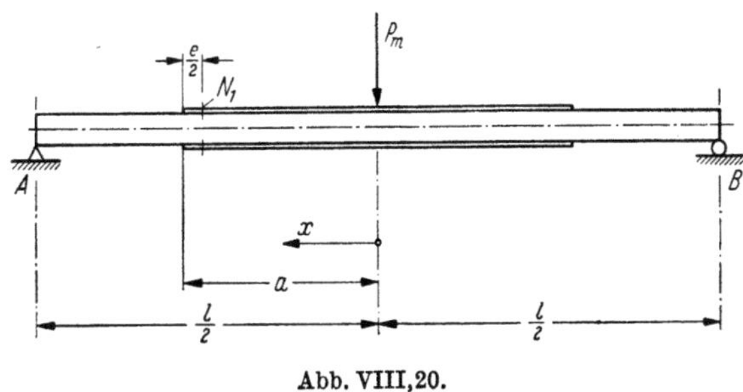

Abb. VIII,20.

nungen ist für einen einfachen Balken mit Einzellast P_m in Balkenmitte für

$$x = 0: \quad L' = 0,$$

$$x = a: \quad L = 0;$$

ferner ist

$$M' = -Q = -\frac{P}{2}, \quad M'' = 0.$$

Beachten wir, daß

$$\frac{\alpha}{\omega^2} = \frac{S_x}{J_1}$$

bedeutet, so wird

$$L_P = \frac{S_x}{J_1}\left(M_x - M_a \frac{\operatorname{Cosh}\omega\, x}{\operatorname{Cosh}\omega\, a} - \frac{Q}{\omega} \frac{\operatorname{Sinh}\omega\,(a - x)}{\operatorname{Cosh}\omega\, a} \right). \qquad \text{(VIII,13a)}$$

Daraus kann für $x = a - e$ die Beanspruchung des ersten Nietpaares $N_1 = L_1$ und für $x = 0$ die größte Lamellenkraft $L_{\max}$ rasch bestimmt werden.

Für gleichmäßig verteilte Belastung q des Balkens ergibt sich mit

$$M'' = -q, \quad M''' = M'''' = 0$$

analog

$$L_q = \frac{S_x}{J_1}\left[M_x - M_a \frac{\operatorname{Cosh}\omega\, x}{\operatorname{Cosh}\omega\, a} - \frac{q}{\omega^2}\left(1 - \frac{\operatorname{Cosh}\omega\, x}{\operatorname{Cosh}\omega\, a}\right) \right]. \qquad \text{(VIII,13b)}$$

Selbstverständlich haben weder die numerische Lösung Gl. (VIII,11b) noch die Differentialgleichung (VIII,13) den Sinn, daß nun bei der praktischen Bemessung eines verstärkten Trägers diese genauere Untersuchung des Kräftespiels durchzuführen sei; diese Untersuchung diente uns dazu, die aufgestellten orientierenden Richtlinien für die Ausbildung der Lamellenenden (ganzes oder teilweises Vorbinden) zu finden. Diese Richtlinien gelten nicht nur für den verstärkten Walzträger, sondern sinngemäß auch für den genieteten Blechträger. Eine genauere

Untersuchung wird sich nur in besonders wichtigen Einzelfällen ausnahmsweise aufdrängen.

Die Differentialgleichung (VIII,13) erlaubt nun auch, das Kräftespiel am Ende einer *aufgeschweißten* Verstärkungslamelle grundsätzlich zu beurteilen. Da eine Schweißnaht ein sehr steifes Verbindungsmittel ist, wird beim Lamellenansatz sofort eine sehr große Lamellenkraft L auftreten, die eine starke Überbeanspruchung der Nahtenden verursachen wird. Aufgeschweißte Lamellenenden mit konstantem Querschnitt zeigen denn auch im Dauerversuch ungünstige Festigkeitswerte. Eine Verbesserung ist dadurch möglich, daß die Querschnittsänderung entsprechend Abb. VIII,21 in der Stärke (nicht aber in der Breite) möglichst gemildert wird.

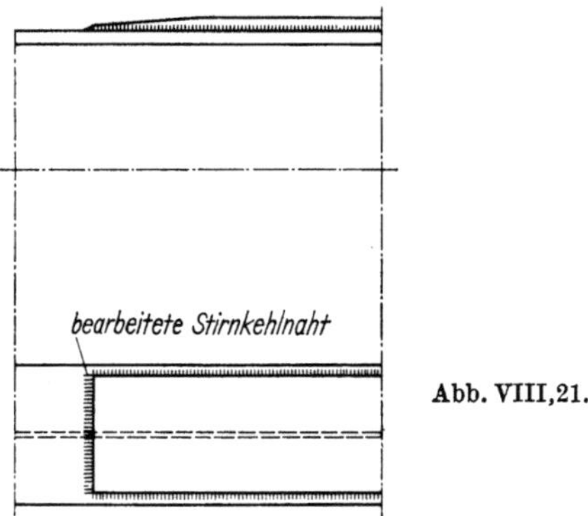

Abb. VIII,21.

Aus diesen Überlegungen und Untersuchungen ergibt sich, daß ein verstärkter Walzträger nur ausnahmsweise, etwa bei Belastung durch eine große ortsfeste Einzellast oder im Stützenbereich eines durchlaufenden Trägers, wirtschaftlich sein dürfte.

d) Blechträger — Allgemeines und Bemessung

Als Blechträger bezeichnen wir genietete oder geschweißte zusammengesetzte Vollwandträger. Gegenüber Walzträgern kann ihre Höhe und damit ihr Konstruktionsgewicht in einem weiteren Bereich der gegebenen Bauaufgabe angepaßt werden, wobei die Grenzen einerseits durch die Forderung kleinster Bauhöhe, anderseits durch die Forderung kleinster Kosten (bei vorgeschriebener Steifigkeit), gegeben sind. Blechträger sind meistens (abgesehen von den Fällen extrem kleiner Bauhöhe) leichter als Walzträger, in der Bearbeitung dagegen je Gewichtseinheit teurer. Als Hauptträger von Straßenbrücken sind heute schon durchlaufende Vollwandträger mit über 250 m Spannweite der Mittelöffnung (Save-Brücke Belgrad 1956, $l_m = 261$ m) ausgeführt worden.

Bauformen

Der *einwandige Blechträger* (Abb. VIII,22a und b) weist einen I-förmigen Querschnitt auf. Bei genieteter Ausbildung (Abschn. e) besteht jeder Gurt aus zwei Gurtwinkeln, die durch die Halsnietung an das Stehblech angeschlossen werden, und einer veränderlichen Zahl von Lamellen (auch als Gurtplatten oder Kopfplatten bezeichnet). Die Gurtplatten von geschweißten Trägern (Abschn. f) können dagegen durch die Schweißung direkt mit dem Stehblech verbunden werden; zudem ist jeder Gurt meistens aus einer einzigen Lamelle veränderlicher Stärke (evtl. auch veränderlicher Breite) ausgebildet. Der *zweiwandige Blechträger*, mit dem sich größere Widerstandsmomente erreichen lassen als mit dem

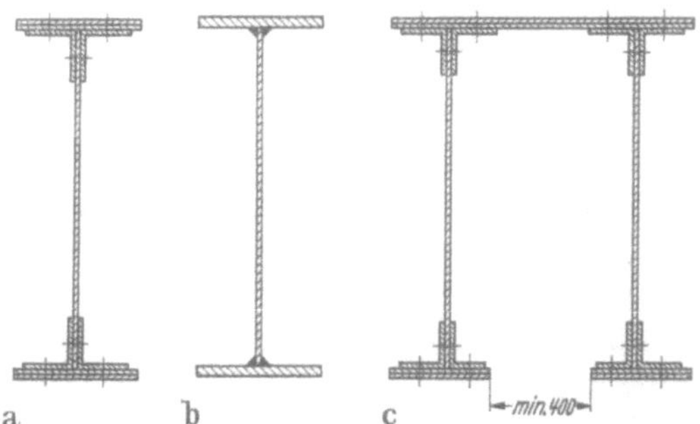

Abb. VIII,22a—c. a) Einwandig, genietet; b) einwandig, geschweißt; c) zweiwandig, genietet.

einwandigen, besitzt zwei Stehbleche; die oberen Kopfplatten sind dabei durchgehend angeordnet, während bei genieteter Ausführung (Abb. VIII,22c) die unteren Lamellen oft geteilt sind, um das Innere dieses Kastenträgers zugänglich zu halten. Bei großen Querschnitten kann die Zugänglichkeit auch durch Einstieg- und Durchgangsöffnungen erreicht werden, so daß ein geschlossener Kastenquerschnitt möglich wird. Um die beiden Wände eines solchen Kastenträgers zu gleichen Durchbiegungen zu zwingen (Erhaltung der Querschnittsform), sind Querverbände, sog. Querschotte, in nicht zu großen Abständen (mindestens in den Drittelspunkten und über den Auflagern) notwendig. Der zweiwandige Blechträger ist in der Bearbeitung wesentlich teurer als der einwandige; letzterer stellt, aus wirtschaftlichen Gründen, den Normalfall dar.

Wahl der Stehblechhöhe

Zur Erzielung des wirtschaftlichsten Trägerquerschnittes ist die Wahl der günstigsten Trägerhöhe entscheidend wichtig. Es handelt sich ja darum, unter Einhaltung sowohl der zulässigen Spannungen wie auch der zulässigen Durchbiegungen eine gegebene Belastung aufnehmen zu können. Eine Vergrößerung der Trägerhöhe erlaubt eine Verkleinerung der Gurtquerschnitte, gleichzeitig wird aber damit das Gewicht des nicht sehr gut ausgenützten Stehbleches vergrößert. Der wirtschaftlichste Querschnitt ist in der Regel derjenige, bei dem sowohl die zulässigen Spannungen wie auch die zulässigen Durchbiegungen gerade ausgenützt sind; es wäre unwirtschaftlich, wegen der Durchbiegungsvorschrift auf eine Ausnützung der zulässigen Spannungen zu verzichten. Der günstigste Querschnitt ist normalerweise durch vergleichende Untersuchung verschiedener Lösungen zu bestimmen. Für einfache Balken aus normalem Baustahl St 37 können folgende Richtwerte als erste Orientierung dienen:

$$\text{Stahlhochbauten} \qquad h \cong \frac{l}{20},$$

$$\text{Straßenbrücken} \qquad h \cong \frac{l}{15}, \quad \bullet$$

$$\text{Eisenbahnbrücken} \qquad h \cong \frac{l}{10}.$$

Für hochwertigen Baustahl ist in der Regel eine etwas größere Trägerhöhe wirtschaftlicher. Bei durchlaufenden Balken dagegen kann die Höhe merklich verkleinert werden; besonders dann, wenn durch veränderliche Trägerhöhe und damit Steifigkeit die positiven Momente klein gehalten werden können, ist eine starke Verkleinerung der Trägerhöhe in Feldmitte möglich.

Stehblechstärke

Aus *konstruktiven Gründen* wird im Brückenbau eine Mindeststärke des Stehblechs von 8 mm nicht unterschritten; bei genieteter Ausführung ist dies notwendig mit Rücksicht auf den Lochleibungsdruck der Halsnietung sowie darauf, daß noch gut genietet werden kann. Auch bei geschweißten Trägern erschweren zu dünne Stehbleche die Bearbeitung (Richten usw.). Der Hinweis auf die Rostgefahr, der gelegentlich als Begründung für eine solche Mindeststärke geäußert wird, dürfte dagegen bei einwandfreiem Unterhalt nicht stichhaltig sein.

Die *statisch erforderliche Stärke t* ergibt sich aus den beiden Forderungen nach genügender *Festigkeit* und genügender *Stabilität*. Für die Festigkeit ist in der Regel die größte Schubspannung τ,

$$\tau_{\mathrm{vorh}} = \frac{Q_{\mathrm{vorh}}\, S_x}{t\, J_x} \leqq \tau_{\mathrm{zul}},$$

oder dann die Vergleichsspannung σ_g bestimmend; der Festigkeitsnachweis wird jedoch gegenüber dem Stabilitätsnachweis nur bei kleinen Trägerhöhen maßgebend sein.

Beulsicherheit und Aussteifung des Stehbleches

Die kritischen Beulspannungen

$$\sigma_{kr} = k\, \sigma_E \quad \mathrm{bzw.} \quad \tau_{kr} = k\, \sigma_E$$

sind abhängig von der Form und Größe des Stehblechfeldes, der Beanspruchungs- und der Lagerungsart. Die Beulwerte k sind in Abschn. VI,3 für die wichtigsten Fälle zusammengestellt.

Bei den Stehblechen der Blechträger werden die Längsränder in der Regel als frei drehbar angenommen, da die geringe Torsionssteifigkeit der Gurtungen keine sehr starke Einspannung gewährleisten kann. In Sonderfällen kann sich eine genauere Untersuchung der Verhältnisse jedoch lohnen.

Der Sicherheitsgrad gegen Ausbeulen darf hier verhältnismäßig klein gewählt werden; falls nicht Bauvorschriften zu beachten sind, die andere Werte vorschreiben, kann etwa mit folgenden Werten[1] für den Sicherheitsgrad gerechnet werden:

Hochbauten	1,3
Straßenbrücken	1,3
Eisenbahnbrücken	1,5.

Diese kleinen Werte dürften nur deshalb gerechtfertigt sein, weil durch ein Ausbeulen des Stehblechs (im Gegensatz zum Knicken) noch kein Einsturz des Trägers eintritt. Auch ein ausgebeultes Stehblech kann noch Zugkräfte übertragen;

---

[1] SIA-Norm Nr. 161, Entwurf 1971.

es kann sich somit nach Abb. VIII,23 eine Kräfteumlagerung einstellen, bei dem der Träger als eine Art Ständerfachwerk wirkt. Voraussetzung für dieses Kräftespiel ist eine entsprechende Ausbildung und Bemessung der als Pfosten wirkenden Aussteifungen, die die Querkräfte übertragen müssen. Da ein ausgebeultes Stehblech die kritischen Schubspannungen weiter überträgt, ist für die Pfostenkraft nicht die Gesamtquerkraft einzusetzen, sondern, nach dem Vorschlag von RODE[1],

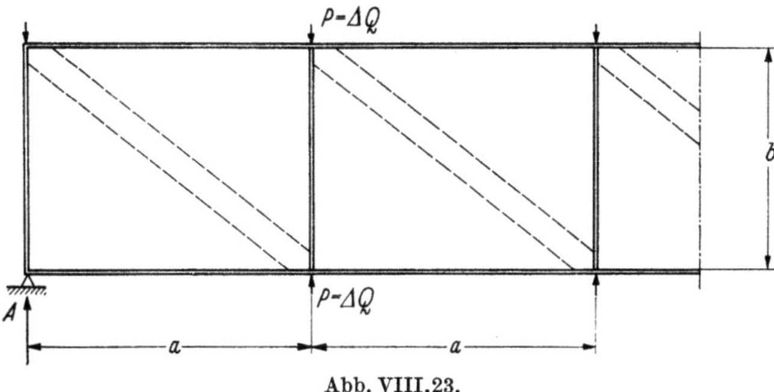

Abb. VIII,23.

ist nur die Differenz zwischen der Sicherheit bei der Erschöpfung und der oben erwähnten Beulsicherheit zu berücksichtigen. Die so bestimmte Querkraft, bzw. Pfostenkraft, entspricht der Tragfähigkeitsgrenze des Blechträgers; die zugehörigen Beanspruchungen dürfen deshalb die Fließgrenze erreichen, wobei Verformungseinflüsse sowie allfällige Exzentrizitäten (einseitige Aussteifungen) zu berücksichtigen sind. Zum Querschnitt des Pfostens darf, neben der Querschnittsfläche der Aussteifung selber, ein Stehblechstreifen von der Breite $12\,t$ mitgerechnet werden. Wenn die Aussteifung mit dem Stehblech zusammen als Pfosten wirken soll, dann muß aber auch ihr Querschnittsanteil entsprechend am Stehblech angeschlossen sein; daraus ergibt sich die erforderliche Pfostennietung bzw. Pfostenschweißung.

Bei *längsversteiften Stehblechen* haben die Pfosten auch eine genügende *elastische Querstützung* der Längsaussteifungen zu gewährleisten. Mit den Bezeichnungen der Gl. (VI,61) kann die erforderliche Steifigkeit der Längsaussteifung in der Form

$$E\,J_{St} = \frac{a^2}{\pi^2}\,k\,\sigma_E\,\varphi_{St}(\delta_{St} + \mu)\,b\,h$$

geschrieben werden; dabei ist die Knicklänge $l_k = a$ maßgebend:

$$S_{kr} = k\,\sigma_E\,\varphi_{St}(\delta_{St} + \mu)\,b\,h = \frac{\pi^2\,E\,J_{St}}{a^2}.$$

Anderseits ist aber, wenn wir uns auf die vereinfachte Engessersche Ableitung (s. S. 353) stützen, der Kleinstwert der kritischen Druckkraft eines elastisch quergestützten Stabes

$$S_{kr} = \frac{m^2\,\pi^2\,E\,J}{l^2} + \frac{C\,l^2}{a\,m^2\,\pi^2} = 2\sqrt{\frac{C\,E\,J}{a}},$$

wobei C den elastischen Widerstand der in Abständen a angeordneten Querstützung bedeutet; einer Ausbiegung ζ setzt die Querstützung den Widerstand

---

[1] RODE, H.: Beitrag zur Theorie der Knickerscheinungen. Der Eisenbau 7 (1916) S. 215.

$W = C\,\zeta$ entgegen. Setzen wir die beiden Werte von S_{kr} einander gleich, so ergibt sich der erforderliche elastische Widerstand C, den die Querstützung besitzen muß, damit die Berechnungsgrundlagen der Längsaussteifungen gesichert sind, zu[1]

$$C_{\mathrm{erf}} = \frac{\pi^4\, E\, J_{St}}{4\,a^3}\,,$$

bzw. zu

$$C_{\mathrm{erf}} = \frac{\pi^4\, T\, J_{St}}{4\,a^3}$$

für unelastisches Knicken.

Längsaussteifungen, die bei größeren Trägern wirtschaftlich sein können, werden meist nur auf einer Seite des Trägers (Innenseite) angeordnet; bei größeren Aussteifungsquerschnitten ist dabei jedoch zu beachten, daß durch die Mitwirkung einer solchen einseitigen Aussteifung der Trägerquerschnitt unsymmetrisch wird, was bei der Spannungsberechnung berücksichtigt werden muß (Hauptaxen bestimmen).

Bei durchgehenden Aussteifungen besitzt die von CH. DUBAS[2] vorgeschlagene Anordnung nach Abb. VIII,24 den Vorteil, daß die durchlaufende Ausbildung der Aussteifungen und ihr Anschluß an die Zwischenpfosten sich konstruktiv verhältnismäßig einfach einwandfrei durchführen lassen. Wenn auch die hier auftretenden Beulfälle mit Schrägaussteifungen noch nicht systematisch untersucht worden sind, so erlaubt doch die in Abschn. VI,3 gegebene Darstellung der erforderlichen Steifigkeitszahl γ_{St} auch hier eine zutreffende Abschätzung der erforderlichen Aussteifungsquerschnitte.

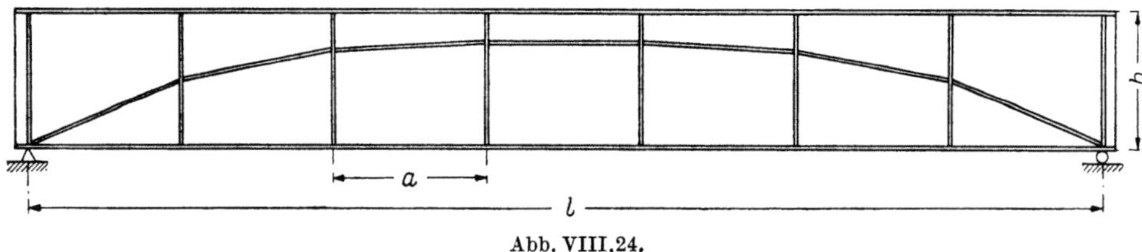

Abb. VIII,24.

Bei der Festsetzung der Abmessungen ist es wichtig zu berücksichtigen, daß nach der linearen Beultheorie bemessene Aussteifungen im überkritischen Bereich *zu schwach* sind. Versuche[3] haben gezeigt, daß die theoretischen Steifigkeitszahlen γ_{St} mit einem Faktor von $3 \div 5$ zu vergrößern sind. Bei längsversteiften

---

[1] Wenn das Stehblech in Richtung der Plattenlänge in m Halbwellen ausbeult, so ist an sich a durch a/m zu ersetzen. In solchen Fällen ist allerdings die von ENGESSER getroffene Annahme einer stetig verteilten Querstützung nicht mehr zulässig: die Beziehungen für C_{erf} sind somit nicht mehr anwendbar.

[2] DUBAS, CH.: Contribution à l'étude du voilement des tôles raidies. Mitt. Inst. für Baustatik. ETH Zürich, H. 23 (1948).

[3] Siehe z. B. MASSONNET, CH.: Essais de voilement sur poutres à âme raidie. Abh. IVBH Bd. 14, Zürich 1954; MASSONNET, CH., MAS, E., MAUS, H.: Essais de voilement sur deux poutres à membrures et raidisseurs tubulaires. Abh. IVBH Bd. 22, Zürich 1962; OWEN, D. R. J., ROCKEY, K. C., ŠKALOUD, M.: Ultimate Load Behaviour of Longitudinally Reinforced Webplates Subjected to Pure Bending. Abh. IVBH Bd. 30/I, Zürich 1970.

Stehblechen sind somit die vorher angegebenen kleinen Beulsicherheiten nur unter dieser Bedingung gerechtfertigt.

Lotrechte Zwischenaussteifungen zwischen den Hauptpfosten verbessern normalerweise die Stabilität des Stehbleches nicht wesentlich, mit Ausnahme etwa von Endfeldern mit vorherrschender Schubbeanspruchung. Dagegen können sie gelegentlich bei sehr großen Verhältnissen a/b als elastische Zwischenstützung von Längsaussteifungen zweckmäßig sein.

Sind die Pfosten Bestandteile von Halbrahmen, wie dies beispielsweise bei oben offenen Brücken der Fall ist, so haben sie außer der Querstützung der

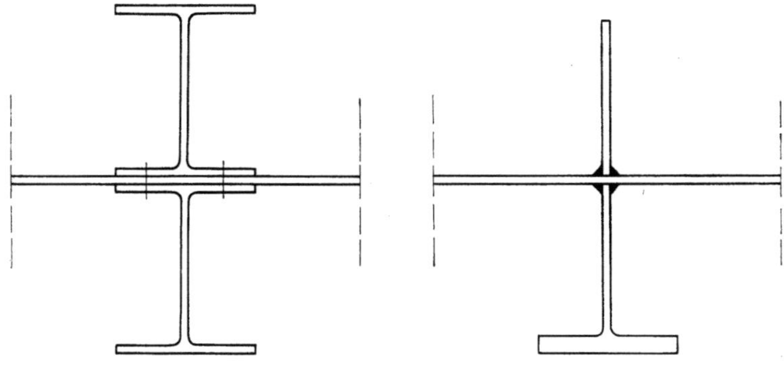

Abb. VIII,25.

Längsaussteifungen auch noch die elastische Querstützung der gedrückten Obergurte zu gewährleisten. Hier sind Pfostenquerschnitte mit großer Steifigkeit bezüglich der Stehblechebene vorzusehen, wie sie beispielsweise in Abb. VIII,25 skizziert sind.

Gurtquerschnitte und Materialverteilung

Die Gurtquerschnitte werden entsprechend den Grenzwertlinien der Momente abgestuft. Dabei ist es zweckmäßig, die Rechnung in zwei Stufen durchzuführen, indem zuerst der größte Gurtquerschnitt möglichst gut geschätzt wird und nachher die vorhandenen mit den zulässigen Momenten in der ,,Materialverteilungskurve'' verglichen werden.

Die erforderlichen Gurtquerschnitte lassen sich deshalb nun zutreffend bestimmen, weil der Stehblechquerschnitt, der ja schon vor der Festlegung der Gurtquerschnitte zutreffend bestimmt werden kann, bekannt ist.

Der größte erforderliche Gurtquerschnitt F_{nG} kann für einen *genieteten* symmetrischen Trägerquerschnitt (Abb. VIII,26) wie folgt geschätzt werden: Wir setzen das erforderliche Trägheitsmoment $J_{n\text{erf}}$,

$$J_{n\text{erf}} = W_{n\text{erf}} \frac{h_a}{2} = \frac{M_{\max}}{\sigma_{\text{zul}}} \frac{h_a}{2},$$

dem vorhandenen Trägheitsmoment $J_{n\text{vorh}}$,

$$J_{n\text{vorh}} = \frac{F_{nG} h_G^2}{2} + \frac{t' h^3}{12} + J_{0G},$$

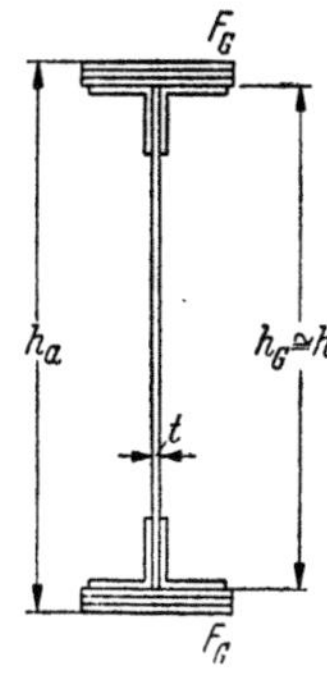

Abb. VIII,26.

gleich und erhalten damit, wenn wir angenähert $h_G = h$ setzen und das Eigenträgheitsmoment $J_{0\,G}$ vernachlässigen,

$$F_{n\,G_{\text{ert}}} = \frac{M_{\max}}{\sigma_{\text{zul}}}\,\frac{h_a}{h^2} - \frac{t'\,h}{6}\,;$$

t' bedeutet dabei eine entsprechend der Nietschwächung verminderte Stehblechstärke

$$t' = t\left(1 - \frac{\Sigma\,d}{h}\right).$$

Damit kann der Gurtquerschnitt aus Gurtwinkeln und Lamellen zusammengesetzt werden. Die Gurtwinkel sollen nicht zu klein gewählt werden; ihr Querschnitt soll mindestens ein Viertel des ganzen Gurtquerschnittes betragen.

Nun ist das Trägheitsmoment J_x der Querschnitte mit verschiedenen Lamellenzahlen als Summe der Trägheitsmomente der einzelnen Querschnittsteile zu berechnen; diese Berechnung ist in Abb. VIII,27 für die obere Trägerhälfte angegeben. Normalerweise werden Lamellen gleicher Stärke vorgesehen; Ausnahmen von dieser Regel können gerechtfertigt sein.

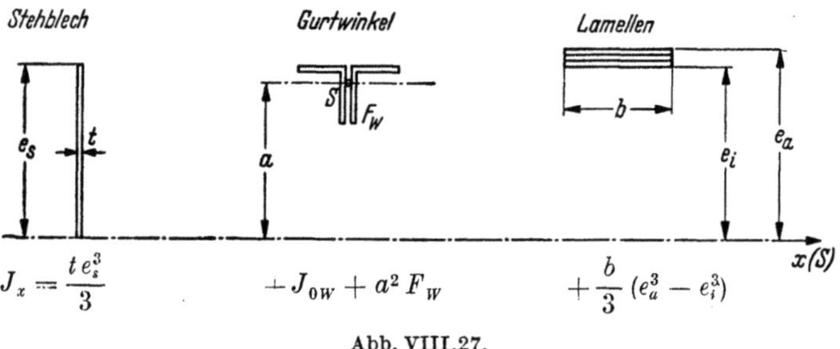

Abb. VIII.27.

Für den Durchbiegungsnachweis benötigen wir (aus den früher besprochenen Gründen) das Bruttoträgheitsmoment $J_{x\,br}$, während der Spannungsnachweis mit dem Nettoträgheitsmoment $J_{x\,n}$,

$$J_{x\,n} = J_{x\,br} - \Delta J_x,$$

durchzuführen ist; die zu berücksichtigende Nietschwächung ist von der vorgesehenen Nietteilung abhängig.

Der Spannungsnachweis

$$\sigma_{\text{vorh}} = \frac{M_{\text{vorh}}}{W_n} \leqq \sigma_{\text{zul}}$$

wird nun derart durchgeführt, daß sich die Anpassung der Gurtquerschnitte, d. h. der erforderlichen Lamellenzahl, übersichtlich durchführen läßt; es werden die zulässigen Momente

$$M_{\text{zul}} = W_n\,\sigma_{\text{zul}}$$

für die verschiedenen Querschnitte mit 0, 1, 2, 3 oder mehr Lamellen (W_{n_0}, W_{n_1}, W_{n_2}, W_{n_3} usw.) mit den vorhandenen Momentengrenzwerten M_{vorh} verglichen.

Bei der Aufstellung dieser „Materialverteilung" werden in der Regel zwischen Hochbau und Brückenbau gewisse Unterschiede beachtet.

Es wird mit den zur Verfügung stehenden Walzprofilen in der Regel nicht gelingen, die zulässige Spannung σ_{zul} an der Stelle des größten Momentes genau auszunützen, sondern es wird hier ein gewisser Sicherheitsüberschuß vorhanden sein. Im Hochbau wird die zulässige Spannung an den Lamellenenden voll ausgenützt, während es im Brückenbau üblich ist, diesen Sicherheitsüberschuß dem ganzen Bereich der zulässigen Momente M_{zul} zugute kommen zu lassen; die Werte M_{zul} werden hier mit

$$\sigma_{max} = \frac{M_{max}}{W_{n\,max}} < \sigma_{zul}$$

zu

$$M_{zul} = W_n\,\sigma_{max}$$

bestimmt (Abb. VIII,28 b). Es wird hier somit der Grundsatz einer möglichst gleichmäßigen Sicherheit über den ganzen Träger durchgeführt. Weiter bestehen die

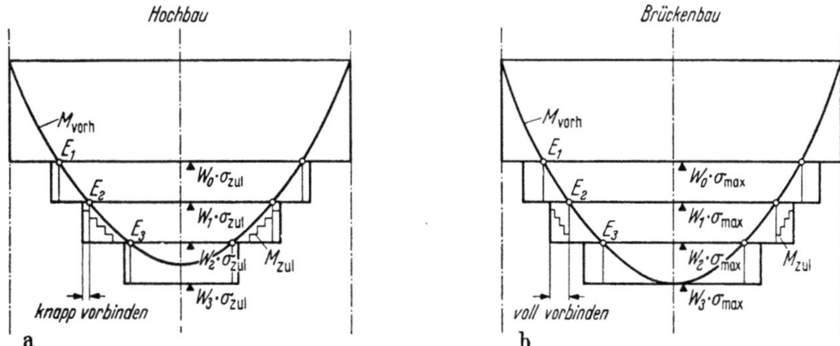

Abb. VIII,28 a und b.

Unterschiede, daß im Brückenbau in der Regel die erste Lamelle über die ganze Trägerlänge, im Hochbau jedoch nur soweit als statisch notwendig ist, durchgeführt wird. Endlich ist aus den beim verstärkten Walzträger aufgezeigten Gründen im Brückenbau immer ein volles Vorbinden der Lamellenenden zu empfehlen, während im Hochbau im Bereich der positiven Momente ein knappes Vorbinden mit mindestens zwei Nietpaaren zulässig ist, sofern wenigstens die Treppenkurve der Nietanschlußkräfte (in Abb. VIII,28 für die zweite Lamelle eingezeichnet) die Kurve M_{vorh} nicht schneidet. Im ganzen resultieren aus diesen Unterschieden merklich kürzere Lamellen im Hochbau gegenüber dem Brückenbau.

Die aufgestellten Beziehungen und Verfahren bleiben grundsätzlich auch für *geschweißte* Blechträger anwendbar. Selbstverständlich sind dabei die Nettowiderstandsmomente nur im Bereich von genieteten oder geschraubten Stößen zu berücksichtigen. Bei der Ermittlung der Werte M_{zul} sind die zulässigen Spannungen $\sigma_{S\,zul}$ der *Schweißnähte* (vgl. Abschn. III,3) einzusetzen. Ein Vorbinden beim Übergang einer dünneren Lamelle t_1 zu einer dickeren t_2 ist nicht notwendig: die Stumpfnaht stimmt mit dem theoretischen Punkt E überein (Abb. VIII,29). Sowohl für genietete als auch für geschweißte Träger ist zudem die

Vergleichsspannung σ_g im oberen Teil des Stehbleches bzw. in der Halsnaht nachzuweisen, wodurch die Materialverteilung leicht geändert werden kann.

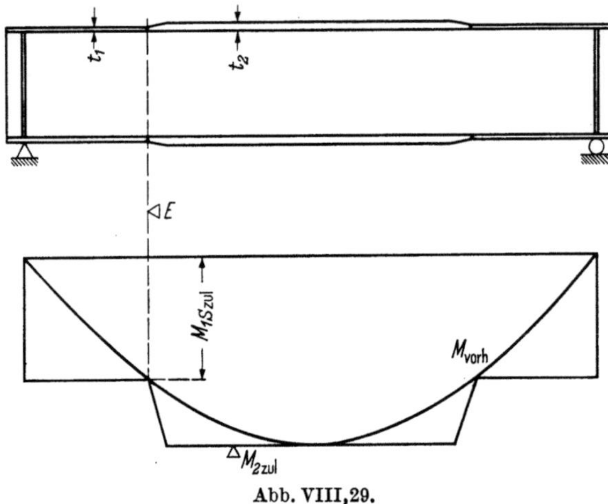

Abb. VIII,29.

Träger mit veränderlicher Stehblechhöhe

Bei Trägern mit veränderlicher Stehblechhöhe sind auch die Widerstandsmomente und damit auch die zulässigen Momente M_{zul} bei gegebenem Gurtquerschnitt veränderlich. In Abb. VIII,30 ist ein Ausschnitt aus der Materialverteilungskurve für einen durchlaufenden genieteten Träger dargestellt; bei symmetrischem Querschnitt empfiehlt es sich, die negativen Momentengrenzwerte auf die gleiche Seite wie die positiven, also umgeklappt aufzutragen, um die zulässigen Momente bei gleichen zulässigen Spannungen für oberen und unteren Trägerrand nur einmal zeichnen zu müssen.

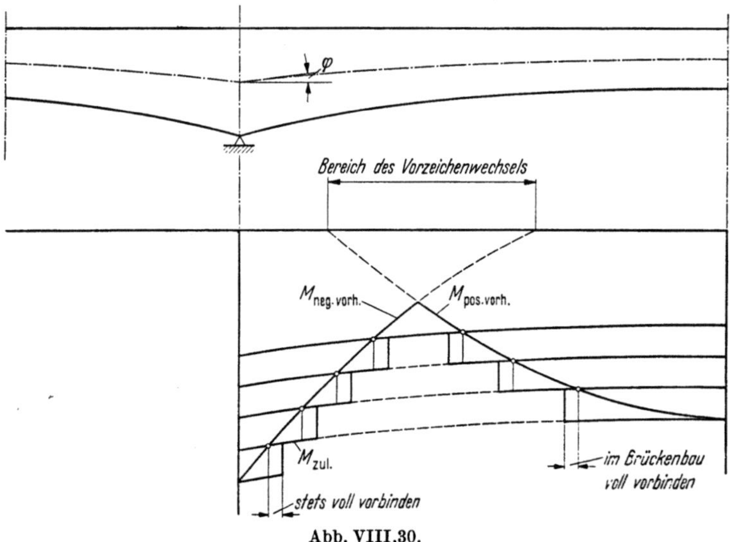

Abb. VIII,30.

Nach verschiedenen Vorschriften ist bei Spannungsgrenzwerten verschiedenen Vorzeichens eine Abminderung der zulässigen Spannungen verlangt, was sich selbstverständlich auf die Werte der zulässigen Momente auswirkt.

Bei der Bemessung von Trägern veränderlicher Höhe sind zwei Besonderheiten im Spannungsverlauf zu beachten, die sich aus den Gleichgewichtsbedingungen eines Randelementes ergeben (Abb. VIII,31).

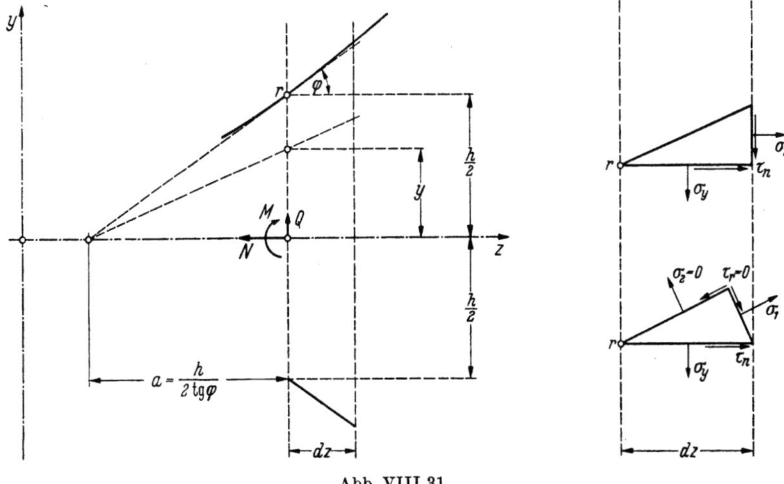

Abb. VIII,31.

Da am freien Rand und in Schnittflächen senkrecht dazu keine Schubspannungen angreifen, $\tau_r = 0$, ist die parallel zum Rand gerichtete Normalspannung $\sigma_1 = \sigma_{max}$ eine Hauptspannung, deren Größe sich wegen

$$\tau_n = -\sigma_z \, \mathrm{tg}\,\varphi, \qquad \sigma_y = \sigma_z \, \mathrm{tg}^2\,\varphi$$

aus Gleichgewichtsgründen zu

$$\sigma_{1,2} = \left(\frac{1 + \mathrm{tg}^2\,\varphi}{2} \pm \frac{1 + \mathrm{tg}^2\,\varphi}{2}\right)\sigma_z$$

oder zu

$$\sigma_1 = (1 + \mathrm{tg}^2\,\varphi)\,\sigma_z = \frac{1}{\cos^2\varphi}\,\sigma_z,$$
$$\sigma_2 = 0$$

ergibt. Bei der Materialverteilung sind somit die zulässigen Momente mit

$$M_{zul} = W_n\,\sigma_{zul}\,\cos^2\varphi$$

einzusetzen, sofern $\mathrm{tg}\,\varphi > 0,1$ ist.

Die Schubspannungen τ_n in lotrechten und waagerechten Schnittflächen, am Rand

$$\tau_n = -\sigma_z \, \mathrm{tg}\,\varphi,$$

werden sich gegen die Balkenaxe zu stetig verändern und sich zu einer lotrechten Querkraft Q_n aufsummieren. Setzen wir im Sinne einer Hypothese

$$\tau_n = -\sigma_z \, \mathrm{tg}\,\varphi\, \frac{y}{h/2} = -\sigma_z\, \frac{y}{a}$$

und (für $N = 0$)

$$\sigma_z = -\frac{M}{J_x}\,y,$$

35*

so wird

$$Q_n = \int\limits_{-\frac{h}{2}}^{+\frac{h}{2}} \tau_n\, dF = \frac{M}{a\, J_x} \int\limits_{-\frac{h}{2}}^{+\frac{h}{2}} y^2\, dF = \frac{M}{a} = M\,\frac{2\,\mathrm{tg}\,\varphi}{h}\,.$$

Bei positivem Moment und positivem Winkel φ (d. h. bei mit z zunehmender Trägerhöhe) nimmt die von der Randneigung herrührende Querkraft Q_n einen Teil der Gesamtquerkraft Q aus Belastung auf, und die „normalen" Schubspannungen τ_{zy},

$$\tau_{zy} = \frac{(Q - Q_n)\, S_x}{b\, J_x}\,,$$

werden gegenüber einem Balken konstanter Höhe verkleinert, die Querkraft Q_n wirkt entlastend; dies ist auch bei negativem Moment und negativem Winkel φ der Fall. Besitzen dagegen M und φ verschiedene Vorzeichen, so wirkt Q_n belastend und ·die Schubspannungen τ_{zy} werden entsprechend vergrößert (Abb. VIII,32).

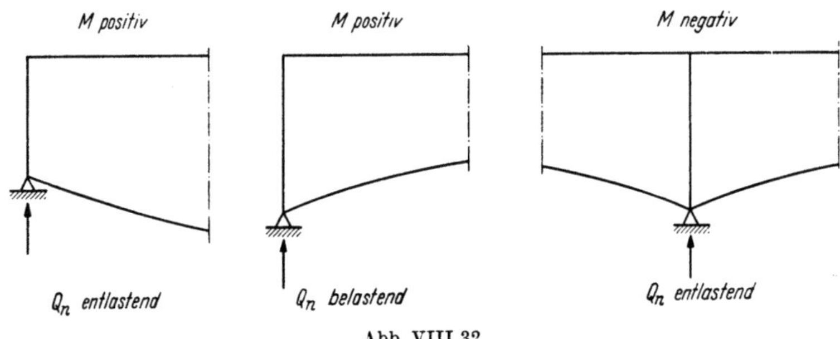

Abb. VIII,32.

Bogen- und Rahmenträger

Charakteristisches Merkmal von Bogen- und Rahmenträgern ist, daß sie nicht nur durch Momente M und Querkräfte Q, sondern auch durch *Längskräfte N* beansprucht werden. Damit tritt die Besonderheit auf, daß die größten Randspannungen

$$\sigma = \frac{N}{F} - \frac{M_x}{J_x}\,y$$

von zwei Schnittgrößen M und N abhängig werden, und es ist weniger einfach zu überblicken, welche Laststellung bei beweglicher Belastung für einen bestimmten Trägerpunkt maßgebend wird. Diese Schwierigkeit wird am einfachsten dadurch umgangen, daß wir die beiden Veränderlichen zu einer statischen Größe, nämlich dem *Kernmoment*, zusammenfassen, das uns allerdings nur noch die *Randspannungen* σ_o und σ_u,

$$\sigma_o = -\frac{M_{K_u}}{W_{x_o}}\,, \qquad \sigma_u = \frac{M_{K_o}}{W_{x_u}}\,,$$

liefert und nicht mehr den Spannungsverlauf über die ganze Trägerhöhe. Da aber die größten Normalspannungen immer an einem Trägerrand auftreten müssen, ist diese Einschränkung kein wesentlicher Nachteil. Dagegen ist es nun notwendig, zwei Grenzwertlinien, je für M_{K_o} und M_{K_u}, aufzustellen und den Spannungsnachweis für den oberen und den unteren Trägerrand durchzuführen. In Abb. VIII,33 ist dieses Vorgehen mit zwei charakteristischen Einflußlinien und der Materialverteilung für einen Dreigelenkbogen als Beispiel skizziert; da hier Druckspannungen vorherrschen, sind die negativen Kernmomente M_{K_o} für den untern Rand und die positiven Kernmomente M_{K_u} für den oberen Rand maßgebend.

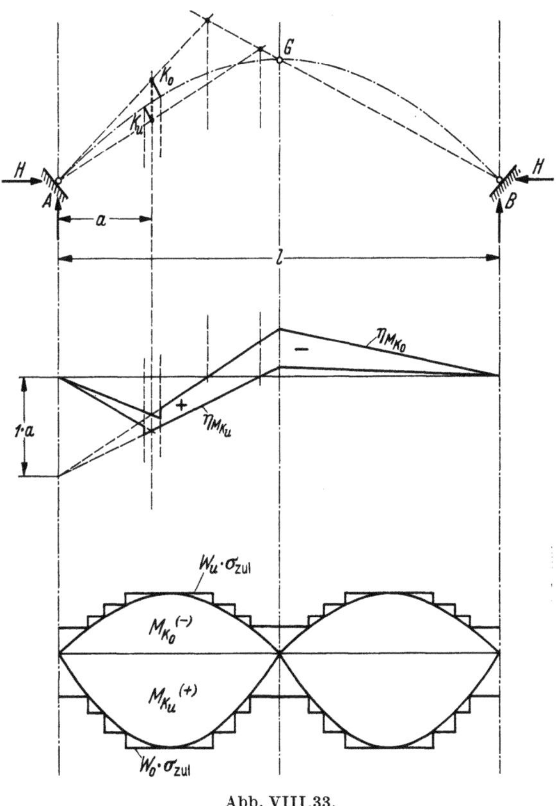

Abb. VIII,33.

Da die Kernmomente M_{K_u} und M_{K_o} verschieden groß sind, ist eine gute Materialausnützung bei beiden Trägergurtungen offensichtlich nur *mit unsymmetrischen Querschnitten* zu erreichen. Da jedoch einerseits die Widerstandsmomente W_o und W_u vom ganzen Querschnitt abhängen und andererseits die Kernpunktsabstände von der Bogenaxe schon bei der Berechnung der Kernmomente bekannt sein sollten, kann hier die Bemessung nur mit einer wiederholten Schätzung der Trägerquerschnitte durchgeführt werden. Diese Schätzung wird durch die folgenden Feststellungen an einem idealisierten I-Querschnitt mit dünnen ungleichen Gurtungen erleichtert (Abb. VIII,34). Es ist

$$e_o = \frac{h}{2} \frac{2F_u + F_{St}}{F}, \qquad e_u = \frac{h}{2} \frac{2F_o + F_{St}}{F}$$

mit $F = F_o + F_{St} + F_u$; ferner

$$J_x = e_o^2 F_o + c_u^2 F_u + \frac{F_{St}}{3h}(e_o^3 + e_u^3).$$

Nun ist aber

$$k_o = \frac{J_x}{e_u\,F}, \qquad k_u = \frac{J_x}{e_o\,F}$$

und somit

$$\boxed{\frac{k_o}{e_o} = \frac{k_u}{e_u} = \frac{J_x}{e_o\,e_u\,F}}\,,$$

die beiden Verhältnisse k/e sind gleich groß. Es läßt sich zahlenmäßig leicht zeigen, daß ihre Größe durch das Verhältnis F_o/F_u nur sehr wenig beeinflußt

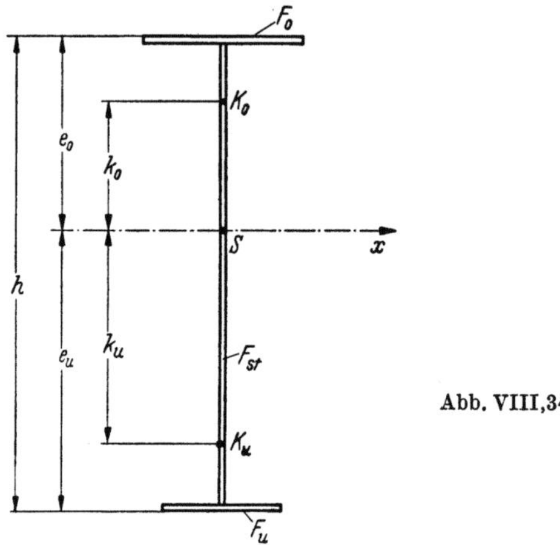

Abb. VIII,34.

wird und mit sehr kleinem Fehler (für die praktisch wichtigen Bereiche weniger als 1%) nur vom Verhältnis F_{St}/F abhängt. Damit kann aber k/e für einen symmetrischen Querschnitt aus

$$J_x = \frac{(F - F_{St})\,h^2}{4} + \frac{F_{St}\,h^2}{12} = \frac{F\,h^2}{4} - \frac{F_{St}\,h^2}{6}$$

zu

$$\boxed{\frac{k_o}{e_o} = \frac{k_u}{e_u} = \frac{4\,J_x}{F\,h^2} = 1 - \frac{2}{3}\frac{F_{St}}{F}}$$

leicht berechnet werden. Die Widerstandsmomente lassen sich daraus zu

$$W_o = k_u\,F = \left(1 - \frac{2}{3}\frac{F_{St}}{F}\right)e_u\,F,$$

$$W_u = k_o\,F = \left(1 - \frac{2}{3}\frac{F_{St}}{F}\right)e_o\,F$$

ebenfalls leicht abschätzen. Es ist selbstverständlich, daß diese Schätzung die genaue Berechnung der Querschnittswerte für den endgültigen Spannungsnachweis nicht ersetzen darf.

Verschiedene Handbücher enthalten Tabellen über die Querschnittswerte symmetrischer genieteter und geschweißter Blechträger[1], die bei normalen Be-

---

[1] Siehe besonders „Stahl im Hochbau", herausgegeben vom Verein deutscher Eisenhüttenleute, Düsseldorf.

messungsaufgaben gute Dienste leisten. Dagegen können solche Tabellen immer nur eine begrenzte Auswahl aus dem ganzen Bereich der konstruktiven Möglichkeiten erfassen, so daß sich bei wichtigeren Bauaufgaben immer wieder die Notwendigkeit ergeben wird, die Form der Querschnitte unabhängig von solchen Tabellen zu entwerfen und die Querschnittsgrößen selber zu berechnen. Dies wird bei unsymmetrischen Querschnitten überhaupt der Fall sein.

e) Ausbildung genieteter Blechträger

Gurtausbildung

Die verschiedenen Formen der Gurtausbildung beim *einwandigen* Träger sind in Abb. VIII,35 dargestellt. Bei der Normalform nach Abb. VIII,35a sind die Gurtwinkel gleichschenklig, seltener ungleichschenklig nach Abb. VIII,35b. Die Breite der Gurtplatten soll etwas größer sein als diejenige der beiden waagrechten Gurtwinkelschenkel und Stehblech zusammen, damit diese auch unter Berücksichtigung von Walzungenauigkeiten mit Sicherheit voll überdeckt sind; anderseits soll der Randabstand der Kopfplattenniete den höchstzulässigen Wert von $3\,d$ (vgl. Abschn. III,1d) nicht überschreiten. Im Rahmen dieser beiden Forderungen ist der Gurtplattenquerschnitt aus der Reihe der Breitflachstähle zu wählen. Für Gurtwinkel bis zu 200 mm Schenkelbreite ergeben sich somit Gurtplattenbreiten bis zu 450 mm. Die Zahl der Gurtplatten wird dem erforderlichen Widerstandsmoment angepaßt, wobei für positive Momente normalerweise höchstens drei, bei Stützenmomenten auch mehr Lamellen vorgesehen werden.

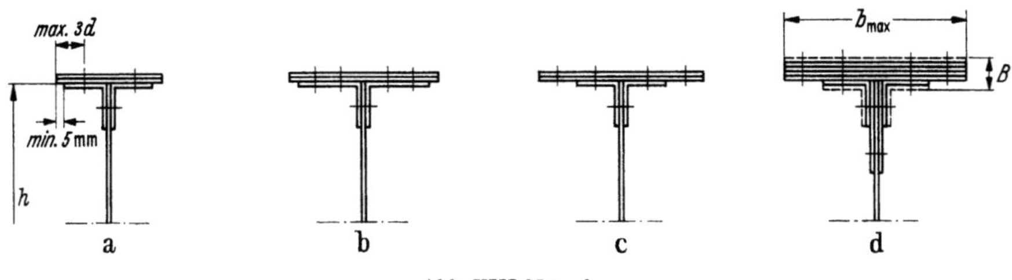

Abb. VIII,35 a—d.

Eine wesentliche Vergrößerung der Lamellenbreite ist dadurch möglich, daß bei zwei und mehr Lamellen noch zwei weitere Nietreihen außerhalb der Gurtwinkel vorgesehen werden (Abb. VIII,35c). Dabei kann sich aber bei großen Lamellenpaketen die Schwierigkeit ergeben, daß die Halsnietung sehr große Kräfte auf das verhältnismäßig dünne Stehblech übertragen muß, so daß sich wegen des zulässigen Lochleibungsdruckes eine konstruktiv unerwünscht kleine oder auch nicht mehr ausführbare Nietteilung ergeben würde; diese Schwierigkeit kann durch örtliche Stehblechverstärkung mit Hilfe von Beiblechen nach Abb. VIII,35d behoben werden. Die größte Stärke des Lamellenpaketes, einschließlich der Stoßdeckungen, ist begrenzt durch die größtzulässige Klemmlänge B der Nietung; bei einer größten Lamellenbreite $b_{\max}$ von etwa 800 mm sind mit normalen Mitteln Gurtquerschnitte von 1000 cm² oder sogar mehr ohne Schwierigkeit erreichbar. Das bedeutet aber, daß die teure zweiwandige Ausführung des Blechträgers nur dann notwendig sein wird, wenn besondere Gründe vorliegen, wie etwa die Notwendigkeit einer großen seitlichen Biegungssteifigkeit oder einer großen Torsionssteifigkeit oder auch extrem kleine Bauhöhe.

Die Stehblechkante darf nicht über die Gurtwinkelrücken hinaus vorstehen, weil dadurch ein glattes Aufliegen der Lamellen verunmöglicht würde (Abb. VIII,36a); dies bedingt, daß die Blechkanten auf genaue Breite und genau gerade

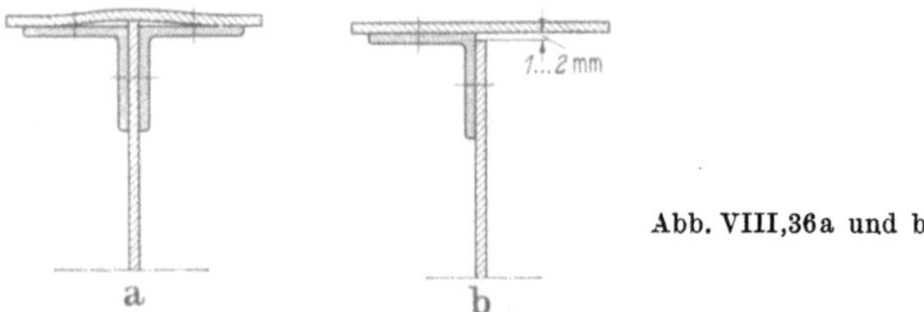

Abb. VIII,36a und b.

geschnitten werden. Man läßt deshalb auch gelegentlich die Stehblechkanten um 1 bis 2 mm unter die Winkelrücken zurückstehen, um ein Vorstehen mit Sicherheit auch bei normaler Bearbeitungsgenauigkeit zu vermeiden (Abb. VIII,36b).

Die Halsnietung (Nietteilung der Gurtungen)

Die *Halsnietung* hat die Aufgabe, ein einheitliches Zusammenwirken der Gurtungen mit dem Stehblech zu gewährleisten. Sie hat, statisch gesprochen, den Zuwachs der Gurtkraft auf das Stehblech zu übertragen, d. h. eine analoge Aufgabe zu erfüllen, wie sie bei einem Walzträger den Schubspannungen am Stegrand (oder überhaupt in einem waagrechten Schnitt) zugewiesen ist.

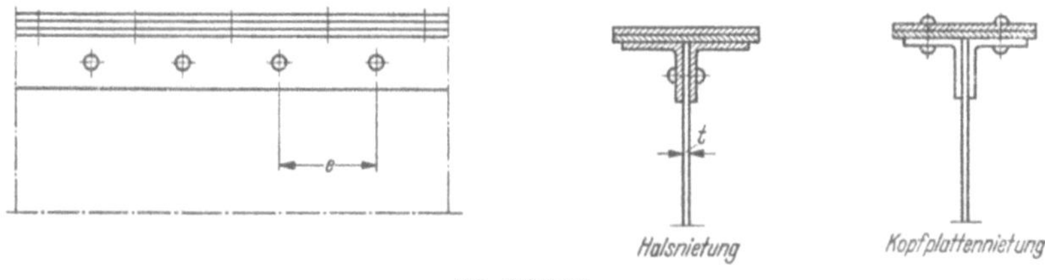

Abb. VIII,37.

Ein Halsniet mit dem Nietabstand e (Abb. VIII,37) wird somit durch die Nietkraft N,

$$N = \int_0^e \tau \, t \, dz \cong \tau \, t \, e$$

oder mit

$$\tau = \frac{Q \, S_x}{t \, J_x}$$

durch die Kraft

$$\boxed{N_{\text{vorh}} = \frac{Q_{\text{vorh}} \, S_x}{t \, J_x} \, t \, e = \frac{Q_{\text{vorh}} \, S_x}{J_x} \, e} \qquad \text{(VIII,14)}$$

beansprucht. S_x bedeutet dabei das statische Moment des anzuschließenden Gurtquerschnittes, bezogen auf die waagrechte Schwerachse des ganzen Trägerquerschnittes.

Für eine zulässige Nietbelastung N_{zul},

$$N_{a\,\text{zul}} = 2 \frac{\pi\,d^2}{4}\,\tau_{a\,\text{zul}}, \qquad \text{(zweischnittig)}$$

bzw.

$$N_{l\,\text{zul}} = t\,d\,\sigma_{l\,\text{zul}},$$

beträgt der zulässige Nietabstand e_{zul}

$$\boxed{e_{\text{zul}} = \frac{N_{\text{zul}}\,J_x}{Q_{\text{vorh}}\,S_x}}. \tag{VIII,14a}$$

Die Querschnittswerte werden meist ohne Lochabzug gerechnet. Für einen symmetrischen Querschnitt mit $F_o = F_u = F_G$ ist

$$J_x \cong \frac{F_G\,h^2}{2} + \frac{F_{St}\,h^2}{12}, \qquad S_x \cong \frac{F_G\,h}{2},$$

somit

$$\frac{J_x}{S_x} \cong h\left(1 + \frac{F_{St}}{6F_G}\right),$$

so daß sich der zulässige Nietabstand zu

$$e_{\text{zul}} \cong \frac{N_{\text{zul}}}{Q_{\text{vorh}}}\,h\left(1 + \frac{F_{St}}{6F_G}\right)$$

abschätzen läßt. Für die Nietkraft N_{zul} ist meist Lochleibungsdruck maßgebend.

Die Nietteilung ist mit Rücksicht auf die Bearbeitung in der Werkstätte möglichst gleichmäßig und mit glatten Maßzahlen für e durchzuführen; nur wenn bei großen Querkräften sich aus Gl. (VIII,14) kleine Nietabstände ($e < \sim 5\,d$) ergeben, wird man durch einen veränderlichen Nietabstand eine möglichst gute Anpassung an den Querkraftverlauf suchen. Selbstverständlich darf der Nietabstand e die konstruktiv gegebenen größten zulässigen Nietabstände (s. Abschn. III,1d), hier also etwa $e_{\text{max}} = 7\,d$ mit Rücksicht auf die Druckgurtung, nicht überschreiten.

Der Vergleich mit Gl. (VIII,12b) (Lamellenanschluß beim verstärkten Walzträger) zeigt, daß auch den Gln. (VIII,14) die *Voraussetzung starrer Niete* zugrunde liegen muß. Diese Nietformel wird somit die Beanspruchungsverhältnisse im Bereich von Querschnittsänderungen (Lamellenanschlüsse) nicht zutreffend erfassen. Aus Analogie zu der Untersuchung des Lamellenanschlusses ist deshalb die Folgerung zu ziehen, daß auch von der Halsnietung aus Lamellenenden im Brückenbau voll vorgebunden werden oder daß die Nietteilung in diesem Übergangsbereich eng gewählt werden soll.

Die *Nietteilung in den Kopfplatten* (Abb. VIII,37) wird gewöhnlich gleich angeordnet, wie diejenige der Halsnietung; dabei sind die Niete mit gleichen Abständen einfach gegenseitig um den halben Nietabstand versetzt. Ein rechnerischer Nachweis erübrigt sich dann, weil das statische Moment des anzuschließenden Kopfplattenquerschnittes kleiner ist als S_x des ganzen Gurtquerschnittes und weil einem zweischnittigen Niet der Halsnietung zwei einschnittige Kopfplattenniete gegenüberstehen.

Eine *zusätzliche Beanspruchung der Halsnietung* tritt dann auf, wenn die Gurtung direkt durch Einzellasten P, wie beispielsweise bei direkter Schwellenauflagerung bei Eisenbahnbrücken, belastet wird (Abb. VIII,38).

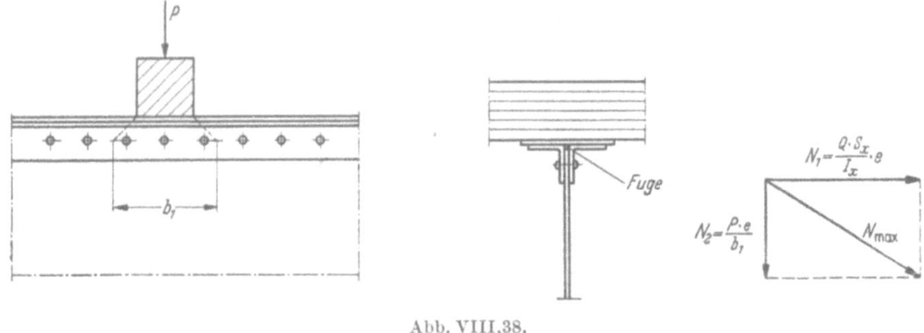

Abb. VIII,38.

Hier ist die resultierende Nietkraft $N_{\max}$ maßgebend:

$$N_{\max} \leqq N_{\mathrm{zul}}.$$

Die Aussteifungen

Die Anordnung der lotrechten Aussteifungen nach Abb. VIII,23 ist in der Regel durch konstruktive Gründe (Anschlüsse sekundärer Träger u. ä.) gegeben. Die Normalform der baulichen Ausbildung ist in Abb. VIII,39 (Querschnitt *a*) skizziert.

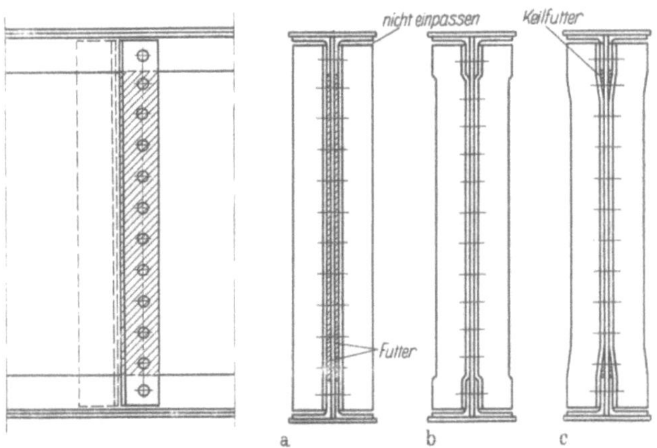

Abb. VIII,39a—c.

Die Aussteifungswinkel werden normalerweise nicht eingepaßt, d. h. ihre Enden stehen gegenüber den Innenflächen der waagrechten Gurtwinkelschenkel soweit zurück, daß keine Bearbeitung wegen der Ausrundungen der Gurtwinkel notwendig ist. Ein einseitiges Einpassen, oben oder unten, wird nur dort vorgesehen, wo zur Aufnahme großer Einzellasten (z. B. von Auflagerkräften) eine Kontaktfläche geschaffen werden soll. Beidseitiges Einpassen wäre in der Bearbeitung teurer und es würde trotzdem die angestrebte Paßgenauigkeit nicht zuverlässig erreicht.

Die Fugen zwischen den Aussteifungswinkeln und dem Stehblech sind durch Futter auszufüllen.

Um diese Futter, die ja eine Vergrößerung des Konstruktionsgewichtes ohne Verbesserung der Tragfähigkeit bedeuten, einzusparen, hat man früher die Aussteifungswinkel abgekröpft (Abb. VIII,39, Querschnitt b). Diese Ausführung ist abzulehnen, weil bei den Abkröpfungen unvermeidliche Fugen entstehen, die für den Unterhalt nicht mehr zugänglich sind. Auch ist das Abkröpfen teuer und trotzdem nicht mit der erforderlichen Genauigkeit der Anpassung ausführbar.

Querschnitt c von Abb. VIII,39 zeigt eine Mittellösung mit Keilfuttern, bei der die unerwünschte Fuge vermieden wird. Auch diese Ausführung ist teuer; sie kommt höchstens dann in Frage, wenn bis aufs äußerste an Material gespart werden muß.

Für die Bemessung der Aussteifungen kann auf Abschn. d hingewiesen werden.

f) Ausbildung geschweißter Blechträger

Gurtausbildung

Der wesentliche Unterschied gegenüber dem genieteten Träger liegt darin, daß hier keine Gurtwinkel mehr benötigt werden, weil die Gurtplatten durch die Schweißung direkt mit dem Stehblech verbunden werden können. Der heute als Normalform anzusehende Träger besteht aus zwei Gurtplatten, die durch K-Nähte mit dem Stehblech verbunden sind; die Stehblechränder sind entsprechend vorzubereiten (Abb. VIII,40). Diese Form ist besonders für schwere Träger angezeigt. Die Gurtplattenbreite b ist begrenzt durch die Schrumpfverformung (Querverbiegung), die beim Schweißen der K-Naht auftritt; heute dürften Breiten bis etwa $b = 1000$ mm beherrscht werden.

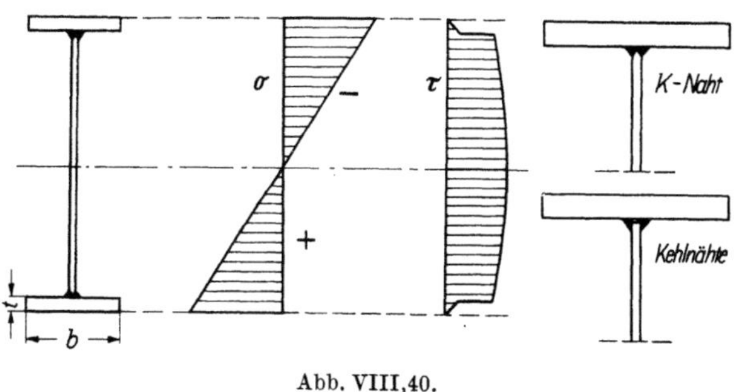

Abb. VIII,40.

Bei leichten Blechträgern mit vorwiegend ruhender Belastung wird die K-Naht meistens durch zwei Kehlnähte ersetzt, um die Kosten für die Bearbeitung der Stehblechränder einzusparen und die Schweißarbeit zu reduzieren; man nimmt dabei den schlechteren Kraftfluß in der Halsnaht in Kauf. Bei der Bemessung ist zu berücksichtigen, daß die Halsnaht nicht nur durch Schubspannungen τ, die den Nietkräften der Halsnietung entsprechen, sondern als Bestandteil des Querschnittes auch durch Längsspannungen σ beansprucht ist. Für die Bemessung der Halsnaht ist somit eine zusammengesetzte Beanspruchung maßgebend; sehen wir die modifizierte Theorie der konstanten Gestaltänderungsarbeit als maßgebend an, so muß die Forderung[1]

$$\sigma_g = \sqrt{\left(\frac{\sigma}{\alpha_l}\right)^2 + 3\left(\frac{\tau}{\alpha}\right)^2} \leqq \sigma_{g\,\mathrm{zul}}$$

erfüllt sein. Diese Formel ist um σ_{quer} zu erweitern, falls die senkrecht zur Halsnaht wirkenden Spannungen eine gewisse Größe erreichen, wie dies bei Kranbahnträgern und dgl. der Fall ist; zudem sollte die Halsnaht als K-Naht ausgebildet werden.

Eine Anpassung des Trägerquerschnittes an den Verlauf der Momentenfläche wird hier durch Verwendung von Gurtplatten verschiedener Stärke t, gegebenenfalls auch verschiedener Breite b, erreicht. Beim Übergang von t_1 auf t_2 ist eine plötzliche Querschnittsänderung zu vermeiden; die dickere Platte t_2 ist entsprechend an ihren Enden auf die Stärke t_1 abzuarbeiten (Abb. VIII,41; vgl. auch Abb. III,74a).

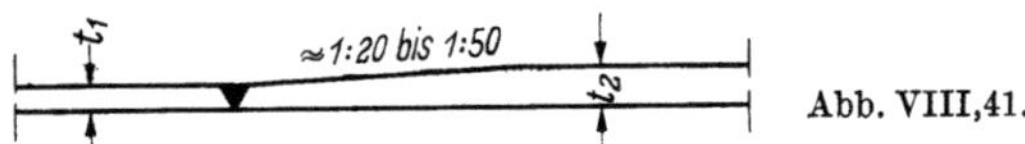

Abb. VIII,41.

Im Übergangsbereich sind zudem die Schubspannungen in der Halsnaht, die von der Einzelschubkraft (vgl. auch Abschn. VIII,1c)

$$M\left(\frac{S_2}{J_2} - \frac{S_1}{J_1}\right)$$

herrühren, in vernünftigen Grenzen zu halten.

Eine *zweite Form* des zusammengesetzten Blechträgers besteht aus zwei halbierten I-Trägern, in der Regel Breitflanschträgern, zwischen die ein Stehblech eingeschweißt wird (Abb. VIII,42). Der Vorzug dieser Anordnung besteht darin,

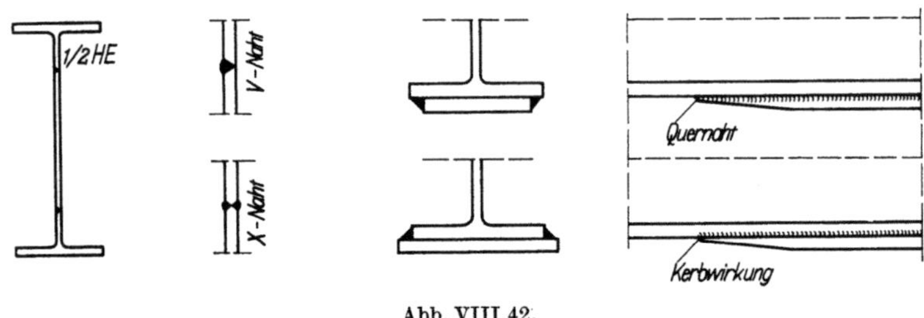

Abb. VIII,42.

daß die Gurtungen mit dem Stehblech durch Stumpfnähte einfacher Ausführung (V-Nähte oder bei größeren Stehblechstärken X-Nähte, die sich sehr gut für die Maschinenschweißung eignen) verbunden werden, die in einiger Entfernung vom Rand mit den größten Randspannungen σ liegen. Günstig ist auch, daß seit einiger Zeit halbierte Breitflanschprofile von den Werken direkt geliefert werden, so daß kein Auftrennen (Brennschneiden mit anschließendem Richten)

---

[1] Diese Forderung sei hier und später als eine solche grundsätzlicher Art betrachtet; je nach dem Wortlaut der gültigen Bauvorschriften oder Verordnungen ist sie durch eine andere Schreibweise mit grundsätzlich gleichem Inhalt zu ersetzen.

in der Werkstätte mehr notwendig ist. Ungünstig ist dagegen, daß die Querschnittsgröße durch die erhältlichen Lieferformen der Breitflanschträger mit $b_{\max} = 300\,\text{mm}$ begrenzt ist. Man hat deshalb auch schon versucht, den Querschnitt durch aufgesetzte Lamellen nach Art der genieteten Träger zu verstärken, was jedoch stets mit Nachteilen verbunden ist: ist die Breite der Verstärkungslamelle kleiner als die Breite des Grundprofils, so ist die Materialausnützung etwas beeinträchtigt, und vor allem ist die Quernaht beim Lamellenanschluß bei dynamisch beanspruchten Trägern ungünstig. Macht man dagegen die Lamelle breiter als das Grundprofil, so ist eine sehr ungünstige Kerbwirkung beim Übergang von der Stirnnaht zur Flankennaht am Lamellenende unvermeidlich und der Abfall der Dauerfestigkeit noch stärker als bei der Quernaht allein (vgl. auch Abb. III,74). Blechträger nach Abb. VIII,42 kommen somit in erster Linie im Stahlhochbau in Betracht; eine Lamellenverstärkung soll in der Regel vermieden werden oder, wenn sie ausnahmsweise notwendig ist, so sollen die Quernähte im Zuggurt kerbfrei (vgl. Abb. VIII,21) bearbeitet werden.

Zweiwandige Querschnitte mit zwei Stehblechen und zwei breiten Gurtplatten lassen sich ebenfalls in geschweißter Ausführung herstellen. Bei kleinen Querschnittsabmessungen können die Verbindungsnähte nur einseitig hergestellt werden (Abb. VIII,43a); diese Form kommt somit für vorwiegend auf Druck beanspruchte Bauteile (Stützen) in Betracht.

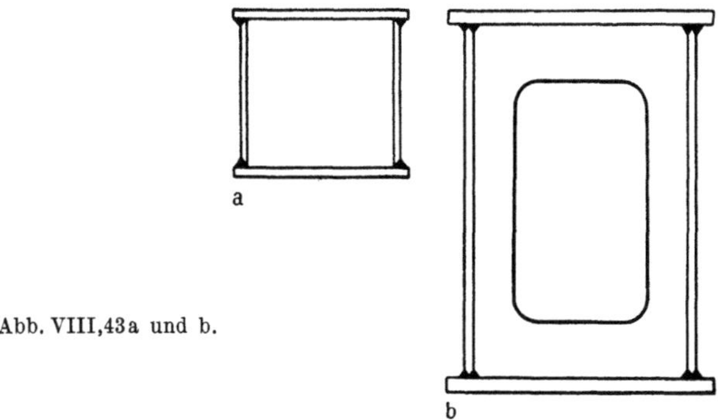

Abb. VIII,43a und b.

Wenn auch Zugspannungen auftreten (Biegung oder Druck mit Biegung), so sind K-Nähte zur Verbindung der Stehbleche mit den Gurtplatten vorzuziehen; dies ist nur bei großen, im Innern begehbaren Kastenquerschnitten möglich. Wichtig ist hier auch eine gute Aussteifung durch Querschotte zur Erhaltung der Querschnittsform (Abb. VIII,43b). Wegen ihrer großen Verdrehungssteifigkeit eignen sich solche Kastenträger für Hauptträger vollwandiger Bogenbrücken; durch eine große Verdrehungssteifigkeit wird die Kippsicherheit eines Bogenträgers verbessert. Auch bei Balkenbrücken größerer Spannweite wird die Haupttragkonstruktion öfters als einzelliger oder mehrzelliger Kasten ausgebildet (Abb. VIII,44). Bei großen Gurtflächen erlaubt diese Lösung mit relativ geringen Gurtplattenstärken auszukommen, was sich bei der Wahl eines gut schweißbaren und sprödbruchsicheren Stahles in weniger strengen Anforderungen auswirkt (vgl. Abschn. III,3a). Die Gurtbleche sind ebenfalls mit Aussteifungen zu versehen, die selber kastenförmig ausgebildet werden können. Die hohe Torsionssteifigkeit solcher Aussteifungen gewährleistet eine günstige Einspannung der Teilfelder und vergrößert damit die kritischen Beulspannungen.

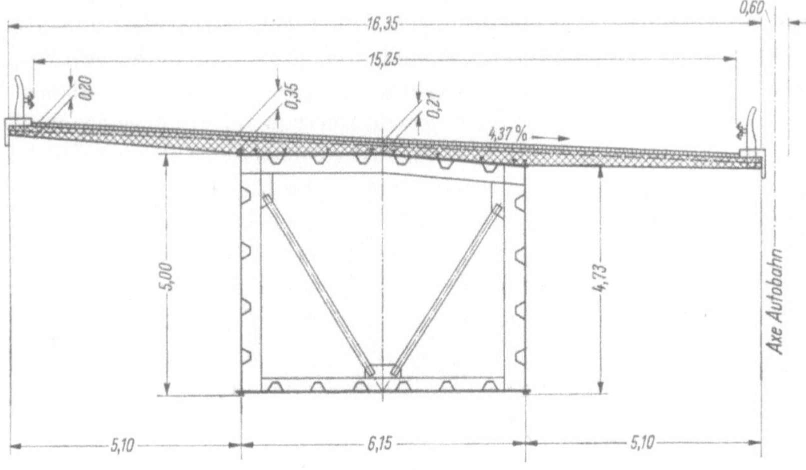

Abb. VIII,44. Kastenförmige Verbundbrücke, $l_{max} = 129$ m.

Aussteifungen

Die senkrechten Hauptaussteifungen sind so zu bemessen, daß sie die Querkräfte Q im überkritischen Bereich übertragen können (vgl. Abb. VIII,23). Bei kleiner Trägerhöhe genügen dazu meist Aussteifungsrippen aus Flachstählen, während bei großer Höhe auch halbierte I-Profile verwendet werden können. Für die bauliche Ausbildung sind zwei Gesichtspunkte maßgebend: einmal sind sich kreuzende Schweißnähte zu vermeiden und ferner sind Quernähte auf der auf Zug beanspruchten Gurtplatte wegen der dadurch verursachten Kerbwirkung unerwünscht. Dies hat zunächst zu der in Abb. VIII,45 skizzierten Form von

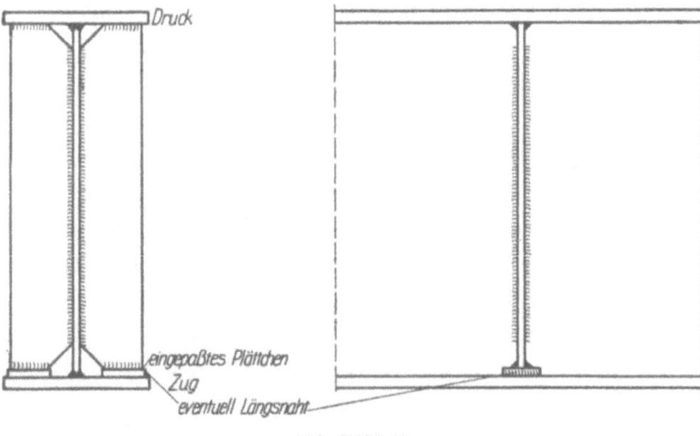

Abb. VIII,45.

Aussteifungen geführt, bei der die Rippe im Bereich der Halsnähte nicht am Träger angeschweißt wird; den Übergang zum Zuggurt besorgt ein eingepaßtes Plättchen, so daß dort eine Kraftübertragung höchstens durch Reibung möglich ist. Dies ist jedoch unerwünscht, denn die Aussteifung, die das Stehblech seitlich zu unterstützen hat, kann, wie jedes Tragelement, ihre Aufgabe nur dann einwandfrei erfüllen, wenn sie richtig aufgelagert ist. Es scheint deshalb notwendig das Plättchen durch eine schlanke Längsnaht an die Gurtplatte anzuschweißen. Eine andere Möglichkeit für einen richtigen Anschluß besteht darin, daß die Kerbwirkung der Quernaht auf dem Zuggurt durch eine örtliche Querschnittsvergrößerung mit möglichst sanfter Querschnittsänderung kompensiert wird (Abb. VIII, 46a, links).

Bei Aussteifungen mit T-Querschnitt kann die Quernaht auf dem Zuggurt überhaupt vermieden werden (Abb. VIII,46b); diese Ausbildung ist auch bei der Lösung nach Abb. VIII,46a möglich (rechts dargestellt).

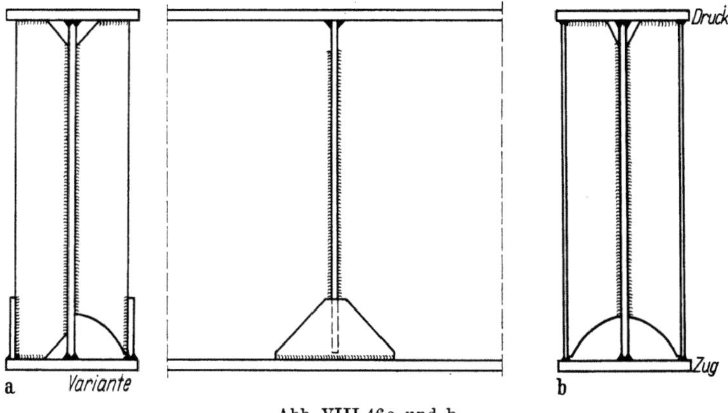

Abb. VIII,46a und b.

Bei den verschiedenen Anwendungsformen des Blechträgers stehen die Aussteifungen in konstruktivem Zusammenhang mit anzuschließenden weiteren Bauelementen, wie den Querträgern im Brückenbau. Dieser Zusammenhang beeinflußt selbstverständlich die Ausbildung der Aussteifungen.

Geschweißte Stoßdeckungen

Werkstattstöße geschweißter Blechträger werden allgemein geschweißt. Dabei wird es sich in erster Linie um Stöße des Stehblechs handeln, während die Gurtplatten nur bei Änderungen ihrer Stärke (s. Abb. VIII,41) zu stoßen sein werden.

Der *Stehblechstoß* wird heute allgemein durch eine senkrecht zur Trägerachse stehende Stumpfnaht gebildet. Frühere Formen geschweißter Stehblechstöße, die, weil nicht schweißgerecht, heute eindeutig als *überholt* abzulehnen sind, wurden bereits in Abschn. III,3f erwähnt.

Montagestöße können ebenfalls geschweißt werden, wenn die Baustelle so eingerichtet ist, daß einwandfrei geschweißt und die nötigen Kontrollen durchgeführt werden können. Geschweißte Bauelemente werden allerdings heute noch oft durch genietete oder HV-geschraubte Stöße verbunden. Für die Wahl der geeigneten Stoßdeckung sind meistens nicht technische, sondern in erster Linie wirtschaftliche Gründe maßgebend.

Wahl der Materialgüte

Für die Schweiß- und Sprödbruchsicherheit spielt die Materialgüte eine maßgebende Rolle, wobei auch die konstruktive Gestaltung und die Herstellungsbedingungen zu berücksichtigen sind. Für diesen Problemkreis sei auf die Abschnitte III, 3a und 3f hingewiesen.

g) Genietete und geschraubte Trägerstöße

Vollwandige Träger können nicht in unbeschränkter Länge hergestellt werden; sie sind zu *stoßen*, weil wir die Walzprofile nur in begrenzten Längen erhalten und dann aber auch mit Rücksicht auf die Stückgewichte und Längen, die bei Transport und Montage mit den vorhandenen Mitteln noch gehandhabt werden können.

Stöße verursachen immer Mehrkosten wegen der erforderlichen Werkstatt- und Montagearbeit und wegen des zusätzlichen Materialaufwandes (Stoßlaschen). Zudem läßt sich, besonders bei oft wiederholter Beanspruchung, eine gewisse örtliche Schwächung des Tragwerkes durch Kerbwirkungen kaum vermeiden. Man wird deshalb grundsätzlich möglichst wenig Stöße vorsehen und sowohl die Regellängen der Walzprofile wie auch die Hebezeuge und Transportmittel möglichst gut ausnützen. In bezug auf die Walzprofillängen wird man im Einzelfall auch prüfen müssen, ob es sich lohnt, Überpreise für Mehrlängen zu bezahlen, um dafür Stöße einsparen zu können.

Stöße werden grundsätzlich soweit möglich an Trägerstellen kleiner Beanspruchung gelegt. Dabei wird jedoch im Brückenbau der vorhandene Querschnitt durch die Stoßdeckung in der Regel voll gedeckt, während man sich im Hochbau damit begnügt, die vorhandenen Schnittkräfte durch die Stoßdeckung zu übertragen; auch im zweiten Fall sollte stets mindestens die Hälfte des Querschnittes gedeckt werden.

Man unterscheidet, nach dem Herstellungsort, Werkstattstöße und Montagestöße. Beim *Montagestoß* ist stets der ganze Trägerquerschnitt unterbrochen und damit zu stoßen; wichtig ist hier immer, daß die beiden zu verbindenden Teile möglichst einfach zusammengebaut werden können („Einfädeln" vermeiden). Beim *Werkstattstoß* sind oft nur einzelne Teile des Trägers, wie etwa das Stehblech, entsprechend den verschiedenen verfügbaren Walzlängen zu stoßen, während andere Teile, wie etwa die Lamellen, ungestoßen durchgehen können.

Jeder Querschnittsteil wird für sich entsprechend seiner zulässigen (Brückenbau) oder vorhandenen (Hochbau) Beanspruchung gestoßen; beim *genieteten* Blechträger, der den allgemeineren Fall darstellt und deshalb zuerst behandelt wird, sind somit die Stoßdeckung des Stehblechs, der Gurtwinkel und der Lamellen der Reihe nach zu besprechen. Die Besonderheiten der Stöße von Walzprofilen und von geschweißten Blechträgern werden anschließend erwähnt.

Stehblechstoß

Das Stehblech hat an der Stoßstelle ein Moment M_{St} und eine Querkraft Q_{St}, ausnahmsweise auch eine Längskraft N_{St} aufzunehmen; diese Schnittgrößen sind somit durch die Stoßdeckung, bestehend aus den Stoßlaschen und den Verbindungsmitteln, zu übertragen.

Das Stehblechmoment M_{St} beträgt nach Abb. VIII,47a in einem symmetrischen Querschnitt

$$M_{St} = W_{St}\,\sigma_{St} = W_{St}\,\sigma\,\frac{h_{St}}{h} = \frac{2J_{St}}{h_{St}}\,\frac{h_{St}}{h}\,\sigma;$$

nun ist aber das auf den ganzen Trägerquerschnitt wirkende Moment M

$$M = W\,\sigma = \frac{2J}{h}\,\sigma$$

und wir finden daraus durch Einsetzen von σ

$$\boxed{M_{St} = M\,\frac{J_{St}}{J}}\;.$$

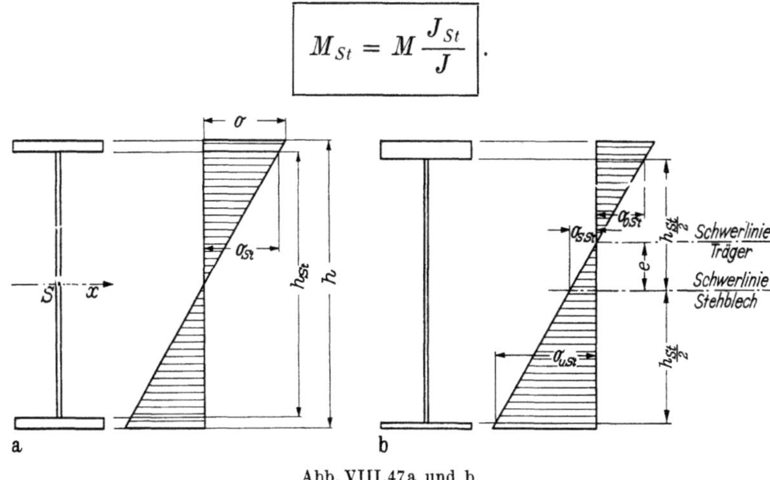

Abb. VIII,47a und b.

Diese Beziehung ergibt sich auch direkt daraus, daß das Stehblech die gleiche Durchbiegung η bzw. die gleiche Krümmung aufweisen muß, wie der ganze Träger,

$$-\eta' = \frac{M}{E\,J} = \frac{M_{St}}{E\,J_{St}}\;.$$

Sie gilt damit auch für unsymmetrische Querschnitte, bei denen jedoch das Stehblech nicht nur ein Moment M_{St}, sondern auch eine Normalkraft N_{St},

$$N_{St} = \frac{\sigma_{o\,St} + \sigma_{u\,St}}{2}\,F_{St} = \sigma_{S\,St}\,F_{St} = \frac{12\,e}{h_{St}^2}\,M_{St}$$

übertragen muß.

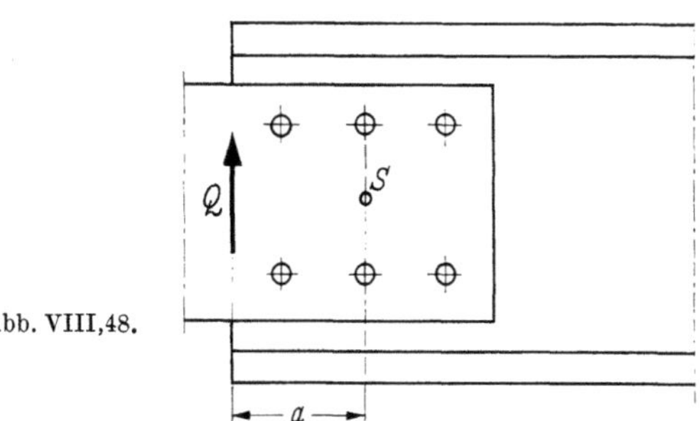

Abb. VIII,48.

Die Querkraft wird praktisch nur vom Stehblech aufgenommen, so daß

$$Q_{St} = Q$$

ist. Zu beachten ist dabei, daß die Querkraft ein zusätzliches Moment $a \cdot Q$ im Stehblechstoß bewirkt, das durch die Stoßlaschen und durch die Verbindungsmittel aufgenommen werden muß (Abb. VIII,48, mit a = Abstand des Schwerpunktes des Niet- oder Schraubenbildes von der Stoßfuge); es ist somit:

$$M'_{St} = M_{St} \pm a\,Q.$$

Das Zusatzmoment $a\,Q$ ist bei hohen Trägern meist vernachlässigbar. Einzig bei Stößen von Walzprofilen (kleine Profilhöhe oder hohe Querkräfte) muß die Bemessung mit dem Moment M'_{St} durchgeführt werden.

Die Normalkraft wirkt im Verhältnis der Flächen

$$N_{St} = N\,\frac{F_{St}}{F_{\text{Tot}}}.$$

Beim Stoß eines genieteten Trägers nach Abb. VIII,49a, der früher gelegentlich ausgeführt wurde, ist das Stehblech nur über einen Teil seiner Höhe durch die Stoßlaschen gedeckt; die fehlende Stoßdeckung im Bereich der lotrechten

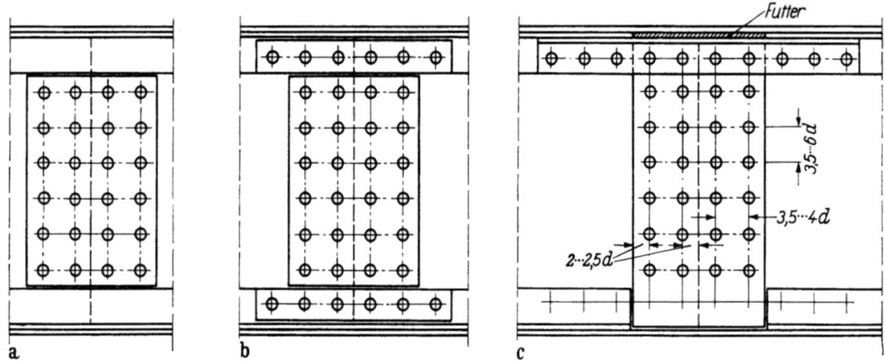

Abb. VIII,49a—c.   a) Falsch; b) geteilte Laschen; c) volle Laschen.

Gurtwinkelschenkel hat zur Folge, daß einerseits die Gurtwinkel, die nun neben ihrer eigenen Beanspruchung noch einen Teil der Stoßdeckung übernehmen müssen, überbeansprucht werden und daß anderseits durch die Spannungsumlenkungen, die durch die plötzliche Änderung der Höhe des gestoßenen Stehbleches im Bereich der Stoßfuge erzwungen werden, Spannungskonzentrationen entstehen, durch die die Stoßlaschenränder und die äußersten Stoßniete unerwünscht stark beansprucht werden. Diese Anordnung ist somit eindeutig als falsch abzulehnen; der Stehblechstoß ist stets auf die ganze Stehblechhöhe zu decken. Dabei ist es allerdings nicht unbedingt notwendig, daß die Laschen aus einem Stück bestehen; sie können nach Abb. VIII,49b geteilt sein. Hier ist jedoch zu beachten, daß die Stoßdeckung der Stehblechränder *indirekt* mit Kraftübertragung durch die lotrechten Winkelschenkel hindurch wirkt; entsprechend der größeren elastischen Nachgiebigkeit ist die Nietzahl gegenüber direkter Stoßdeckung angemessen (um etwa 20 bis 30%) zu vergrößern. Der Stoß nach Abb. VIII,49b kommt etwa als Werkstattstoß in Betracht, wenn nur das Stehblech, nicht aber die Gurtwinkel gestoßen werden müssen.

Bei der Stoßdeckung mit vollen Laschen über die ganze Stehblechhöhe nach Abb. VIII,49c müssen die Gurtwinkel unterbrochen und damit ebenfalls gestoßen werden; dieser Winkelstoß ist der Deutlichkeit wegen in Abb. VIII,49c nur für den Obergurt eingetragen. Im Stoßbereich sind hier an Stelle der fehlenden waagrechten Schenkel der unterbrochenen Gurtwinkel Futter einzulegen. Um lotrechte

Ausgleichsfutter zu vermeiden, müssen die Stehblechlaschen die Stärke der unterbrochenen Gurtwinkel besitzen. Die Stoßanordnung nach Abb. VIII,49 c ist immer dort vorzusehen, wo sowohl Stehblech wie Gurtwinkel unterbrochen werden müssen, also immer bei Montagestößen.

Die Bemessung der *Stoßlaschen* ist einfach; sie haben, unter Berücksichtigung der Lochschwächung, den Stehblechquerschnitt nach Widerstandsmoment und Querschnittsfläche zu ersetzen. Ihre Mindeststärke soll 8 mm im Brückenbau bzw. 6 mm im Hochbau nicht unterschreiten.

Die *Niete oder Schrauben* werden zwei- oder mehrreihig angeordnet, bei mehr als zwei Reihen gewöhnlich in der Höhe gegenseitig versetzt, wodurch an Laschenbreite gespart werden kann. Die Niet- oder Schraubenkräfte N_M, die sich aus der Übertragung des *Momentes* M_{St} ergeben, werden wie folgt berechnet: denken wir uns zunächst nur eine einzige Reihe auf einer Seite des Stoßes (Abb. VIII,50a), so nehmen diese Verbindungsmittel ein Moment M_N auf,

$$M_N = N_a\, c_a + N_b\, c_b + N_c\, c_c + \cdots .$$

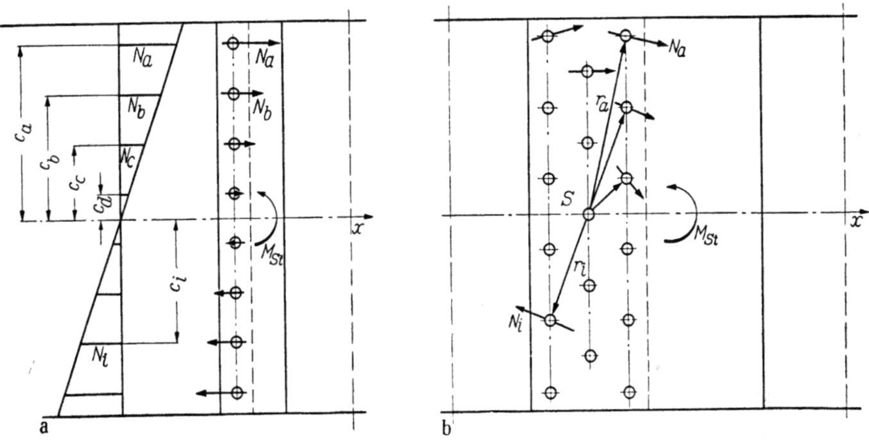

Abb. VIII,50a und b.

Nehmen wir nun, in Analogie zur linearen Spannungsverteilung und als Ersatz für die Verträglichkeitsbedingungen, eine lineare Verteilung der Kräfte an,

$$N_i = N_a \frac{c_i}{c_a},$$

so wird

$$M_N = \frac{N_a}{c_a} \sum_a^n c_i^2$$

und wir erhalten aus der Gleichsetzung $M_N = M_{St}$ die größte Kraft N_{aM} zu

$$\boxed{N_{aM} = N_{\max M} = \frac{M_{St}\, c_a}{\Sigma\, c_i^2}} . \qquad \text{(VIII,15)}$$

Bei zwei oder mehr Reihen erstreckt sich $\Sigma\, c_i^2$ auf alle vorhandenen Verbindungsmittel auf einer Seite des Stoßes.

Bei breiten Bildern (Abb.VIII,50b) ist die Annahme, daß die Niet- oder Schraubenkräfte N waagrecht wirken sollen, nicht mehr gerechtfertigt; es dürfte hier der Wirklichkeit eher entsprechen, wenn die Kraftwirkung senkrecht zum Hebelarm r_i, der das Verbindungsmittel mit dem Schwerpunkt S der Gruppe verbindet, angenommen wird. Setzen wir, analog zur einreihigen Anordnung,

$$N_i = N_a \frac{r_i}{r_a},$$

so wird

$$M_N = N_a r_a + N_b r_b + N_c r_c + \cdots = \frac{N_a}{r_a} \sum_a^{n} r_i^2$$

und die größte Niet- oder Schraubenkraft N_{aM} beträgt

$$\boxed{N_{aM} = N_{\max M} = \frac{M_{St}\, r_a}{\sum r_i^2}}.$$

$$(VIII,15a)$$

Wirkt außer dem Moment M_{St} noch eine *Längskraft* N_{St}, so treten zusätzliche waagrechte Kräfte N_N auf, deren Größe sich daraus ergibt, daß wir die Längskraft gleichmäßig auf die n-Verbindungsmittel der Gruppe links oder rechts von der Stoßstelle aufgeteilt denken,

$$N_N = \frac{N_{St}}{n}.$$

Auch die Niet- oder Schraubenkräfte infolge einer *Querkraft* Q_{St} denken wir uns gleichmäßig verteilt, was hier etwas zu ungünstig ist; die Kräfte N_Q,

$$N_Q = \frac{Q_{St}}{n},$$

wirken lotrecht bzw. normal zur Trägeraxe.

Die maßgebende resultierende Niet- oder Schraubenkraft $N_{\max}$ ergibt sich aus den Kraftanteilen (Abb. VIII,51); sie bestimmt mit

$$N_{\max} \leqq N_{zul}$$

die Bemessung der Verbindung.

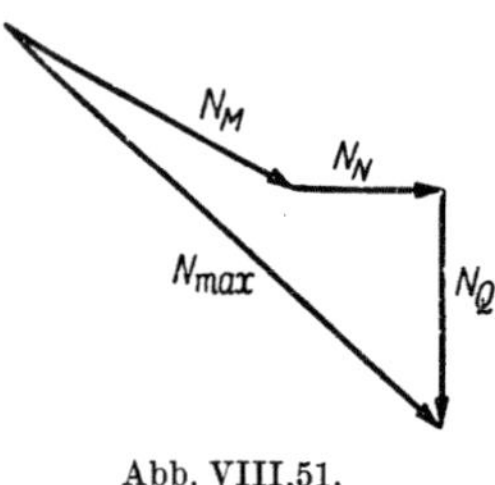

Abb. VIII,51.

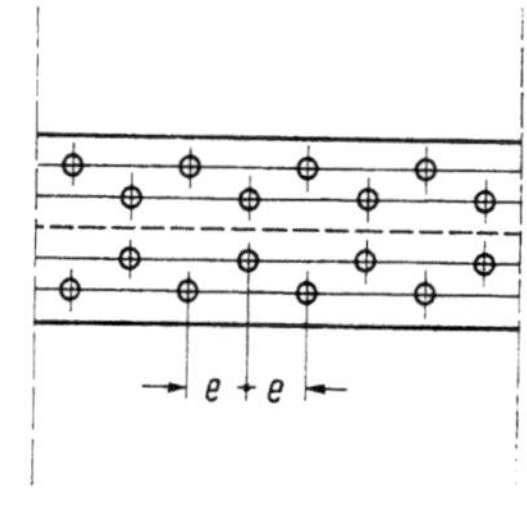

Abb. VIII,52.

Bei hohen Blechträgern muß gelegentlich das Stehblech auch in der Höhe gestoßen werden; ein solcher *waagrechter Stehblechstoß* (Abb. VIII,52) hat die Schubspannungen τ zu übertragen und die Nietung wird deshalb durch die waagrechten Nietkräfte N,

$$N = \frac{Q\, S_x}{J_x}\, e,$$

beansprucht.

Stoß der Gurtwinkel

Ein Winkel wird wieder durch einen Winkel von etwas kleinerer Schenkelbreite, dafür etwas größerer Stärke gestoßen; die Querschnittsflächen des gestoßenen Winkels und des Stoßwinkels sollen annähernd gleich groß sein (Abb. VIII,53 a); so wird beispielsweise ein Gurtwinkel $\llcorner$ $\overline{130 \cdot 12}$ durch einen Winkel $\llcorner$ $\overline{120 \cdot 13}$ gestoßen. Die Winkelkante des Stoßwinkels ist wegen der Ausrundung des zu stoßenden Winkels abzuarbeiten. Die Stoßniete in den beiden Winkelschenkeln werden in der Regel gegenseitig versetzt angeordnet, so daß bei genügendem Nietabstand nur eine Lochschwächung im Querschnitt abgezogen werden muß.

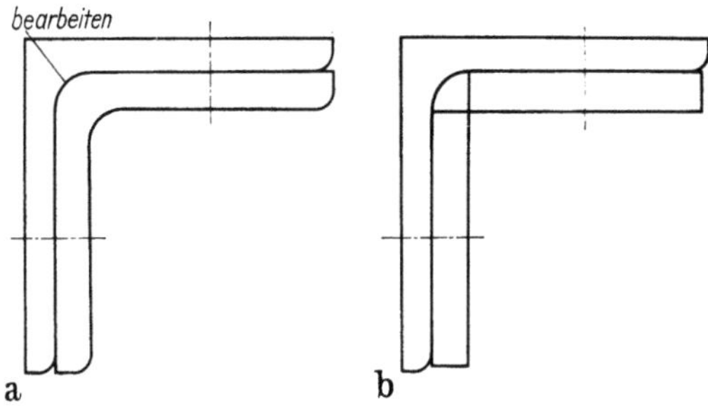

Abb. VIII,53a und b.

Um die Bearbeitung der Winkelkante einzusparen, wird gelegentlich vorgeschlagen, statt mit einem Winkel mit zwei Flachstählen (Abb. VIII,53 b) zu stoßen. Diese Anordnung besitzt jedoch den Nachteil, daß nun in beiden Stoßlaschen, auch bei versetzten Nieten, die Lochschwächung berücksichtigt werden muß.

Die erforderliche Anzahl n_{erf} der Stoßniete (auf jeder Seite des Stoßes) ergibt sich daraus, daß der Stoß die zulässige Längskraft des zu stoßenden Winkels übertragen muß; daraus ist

$$n_{\mathrm{erf}} = \frac{F_n\,\sigma_{\mathrm{zul}}}{N_{\mathrm{zul}}}.\tag{VIII,16}$$

Da aber die Beanspruchungen σ in einem Blechträger linear veränderlich sind, ist die berechnete Nietzahl eher etwas zu groß. In Grenzfällen kann sich durch eine genauere Berücksichtigung der Spannungsverteilung in den beiden Winkelschenkeln eine kleine Einsparung ($\sim$ ein Niet) ergeben.

Lamellenstoß

Hier ist in der Anordnung der Stoßdeckung zwischen Montagestoß und Werkstattstoß zu unterscheiden. Der *Montagestoß* ist durch die Forderung nach einfachem Zusammenbau charakterisiert; die Enden der zu stoßenden Lamellen dürfen sich nicht überlappen. Diese Forderung wird durch den *symmetrischen Stufenstoß* nach Abb. VIII,54a erfüllt, bei dem die zweite Lamelle durch die Stoßlasche der ersten Lamelle unterbrochen wird usw. Die erforderlichen Nietzahlen n sind durch die Gl. (VIII,16) bestimmt. Dieser Montagestoß fällt stets mit einem Stoß auch des Stehblechs und der Gurtwinkel nach Abb. VIII,49c zusammen.

Beim *Werkstattstoß* darf die zweite Lamelle zur Stoßdeckung der ersten beigezogen werden; die Stoßlasche hat dann aber, neben der Stoßstelle der zweiten Lamelle auch diejenige der ersten zu überdecken; die erste Lamelle ist somit teilweise indirekt gestoßen. Da die entsprechenden Niete (linker Stoßteil in Abb. VIII,54b) in zwei Schnitten beansprucht werden, erleiden sie eine größere

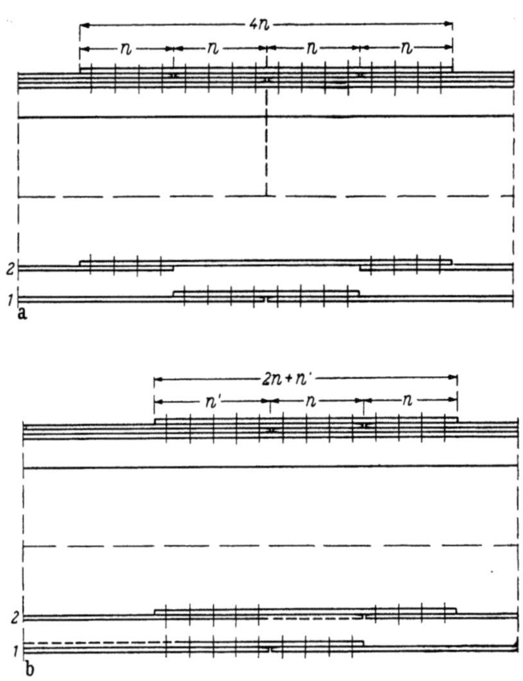

Abb. VIII,54a und b. a) Montagestoß; b) Werkstattstoß.

Verformung als die nur einschnittig beanspruchten Niete einer direkten Stoßdeckung; der Einfluß dieser größeren Verformung ist durch eine Vergrößerung der Nietzahl von n auf n',

$$n' = n(1 + \alpha\, m),$$

zu kompensieren. Dabei bedeutet m die Zahl der zwischen der ersten Lamelle und der Decklasche liegenden Lamellen (in Abb. VIII,54b ist $m = 1$) und α einen empirisch festgelegten Zahlenwert, $0{,}25 \leq \alpha \leq 0{,}30$. Dieser *einseitige Stufenstoß* erfordert eine etwas kürzere Decklasche und weniger Niete als der symmetrische Stufenstoß; dieser wirtschaftliche Unterschied ist der Grund dafür, daß er beim Werkstattstoß bevorzugt wird.

Es ist noch darauf hinzuweisen, daß die übliche Nietzahlberechnung nach Gl. (VIII,16) nur eine Näherungsrechnung darstellt, da sie von einem möglichen Gleichgewichtszustand ausgeht, aber auf die Verformungen keine Rücksicht nimmt. Ihre Rechtfertigung liegt darin, daß nach ihr bemessene Stöße sich nach den bis heute vorliegenden Erfahrungen bewährt haben.

Genietete oder geschraubte Stöße von Walzträgern und von geschweißten Blechträgern

Die Bemessung der Stöße von Walzprofilen oder von geschweißten Trägern erfolgt analog derjenigen von genieteten Trägern, wobei die Schnittkräfte ebenfalls in einen Gurtanteil und in einen Stehblechanteil aufgeteilt werden. Bei den Walzprofilen kleiner Höhe ist zu beachten, daß das vorher erwähnte Moment $a \cdot Q$ nicht mehr vernachlässigbar ist, so daß der Stegstoß mit M'_{St} (Vgl. S. 562) zu bemessen ist. Für den Gurtstoß ist eine Ausbildung nach Abb. VIII,54 selten möglich, da sowohl bei den Walzprofilen als auch bei den geschweißten Trägern (nach Abb. VIII,40) der Gurtquerschnitt einteilig ist. Bei schwereren Trägern können allerdings beidseitige Stoßlaschen angeordnet werden, so daß eine zweischnittige Verbindung vorliegt (Abb. VIII,55). Bei kleinen Walzprofilen genügt meistens eine einseitige Stoßlasche (Abb. VIII,56).

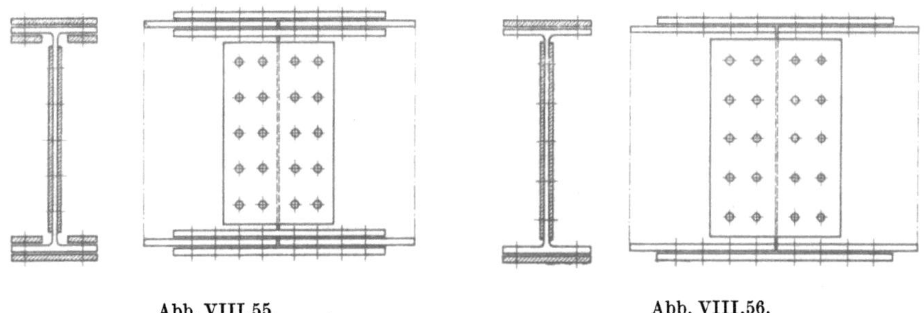

Abb. VIII,55.   Abb. VIII,56.

Dicke Gurtplatten, insbesondere bei der Verwendung hochfester Stähle, bedingen lange Schraubenreihen, mit der in Abschn. III,1g erwähnten ungleichmäßigen Längsverteilung. Dieser Nachteil kann durch eine Gurtverbreiterung (mehr Reihen) vor dem Stoß vermieden werden, wobei gleichzeitig der Einfluß des Lochabzuges kompensiert wird.

h) Die Rahmenecke

Eine Rahmenecke entsteht bei der biegungssteifen Verbindung eines Trägers (Rahmenriegel oder Unterzug) mit einer Stütze. Abb. VIII,57 zeigt die Grundform dieses besonderen Bauelementes.

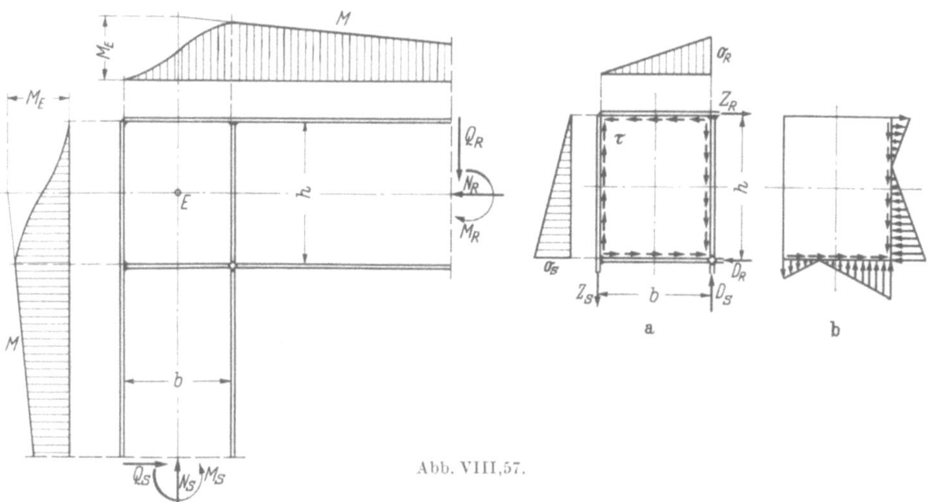

Abb. VIII,57.

Der Spannungszustand in der durch das rechteckige Stehblech $b\,h$ gebildeten Rahmenecke ist genau genommen nur durch die Scheibentheorie bestimmbar[1]; er läßt sich jedoch recht gut abschätzen, weil er in der Hauptsache durch die Flanschkräfte Z_R, D_R, Z_S, D_S von Rahmenriegel und Stütze bestimmt ist. Die Flanschkräfte Z_R und D_R müssen über die Breite b abgebaut werden, weil die Flanschspannungen σ an den Flanschenden verschwunden sein müssen; analog steht für den Abbau der Flanschkräfte Z_S und D_S die Höhe h zur Verfügung. In Abb. VIII,57a sind die den Abbau besorgenden Schubspannungen τ in der Richtung eingetragen, in der sie auf die Flanschen wirken. Es darf nun wohl ohne wesentlichen Fehler angenommen werden, daß die Normalspannungen σ in den Flanschen annähernd linear abnehmen, sofern wenigstens diese Annahme mit der Gleichheit zugeordneter Schubspannungen $\tau_{xy} = \tau_{yx}$ verträglich ist. In Abb. VIII,57b sind noch die von den Trägerstehblechen auf die Rahmenecke $b\,h$ ausgeübten Beanspruchungen skizziert; auch für diesen Fall läßt sich der Spannungszustand mit der elementaren Biegungslehre für einzelne Schnitte wenigstens abschätzen.

Wesentlich ist nun, daß die Eckmomente in einer solchen Rahmenecke auf engem Raum vom Rahmenriegel in die Stütze und umgekehrt durch Schubspannungen τ umgelenkt werden müssen; je kleiner die für diese Umlenkung zur Verfügung stehende Fläche $b\,h$ ist, um so größer müssen die Schubspannungen τ werden. Die Forderung $\tau_{\text{vorh}} \leqq \tau_{\text{zul}}$ kann häufig in solchen Ecken nur durch ein gegenüber Stütze und Unterzug verstärktes Stehblech erfüllt werden.

Die bauliche Ausbildung von Rahmenecken wird durch Schweißen der Verbindungen gegenüber einer genieteten Ausführung stark vereinfacht. Wenn Montageverbindungen notwendig sind, so ist entsprechend der heute geläufigen Arbeitsteilung (Schweißen in der Werkstätte, Schrauben auf der Baustelle) eine Ausbildung anzustreben, bei der die Montageverbindungen möglichst einfach sind. In Abb. VIII,58 sind zwei Möglichkeiten skizziert.

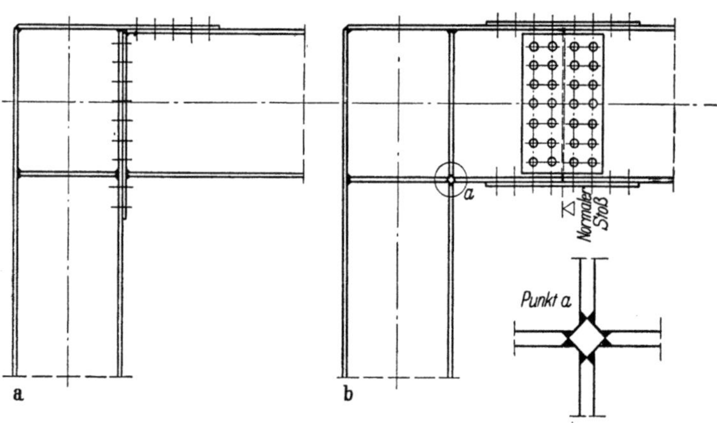

Abb. VIII,58a und b.

Bei der Ausbildung nach Abb. VIII,58a werden sowohl auf die Stützen- wie die Trägerenden Stirnplatten mit einseitiger Auskragung angeschweißt; die Mon-

---

[1] Vgl. z. B. Dubas, P.: Deux problèmes relatifs à l'étude des portiques étagés multiples. Calcul d'un noeud de portique à l'aide de la théorie de l'élasticité plane. 6. Kongreß der IVBH Stockholm 1960, Vorbericht S. 438.

tageverbindung beschränkt sich auf den Anschluß dieser Stirnplatten. Diese Verbindung genügt jedoch nur dann, wenn der untere Trägerflansch stets auf Druck beansprucht ist.

Bei Abb. VIII,58 b ist die Montageverbindung, die damit zu einem normalen Trägerstoß wird, außerhalb der eigentlichen Rahmenecke angeordnet. Bei der Verbindung der sich kreuzenden inneren Flanschen ist es zweckmäßig, ein Vierkantstück einzusetzen, um einen günstigen Kraftfluß mit möglichst kleinen Schweißnahtquerschnitten (Schrumpfwirkungen!) zu erreichen; Abb. VIII,59 zeigt diese Einzelheit bei der Herstellung, aufgenommen in der Werkstätte der Firma Wartmann & Co., A. G., Brugg.

Abb. VIII,59.

Die Schubspannungen in der Rahmenecke können, statt durch Stehblechverstärkung, auch durch Vergrößerung der Anschlußhöhe h bzw. der Anschlußbreite b wirksam verkleinert werden; Abb. VIII,60 zeigt zwei Formen dieser Möglichkeit.

Bei der Ausbildung mit gerader Voute (Abb. VIII,60 a) treten an den Knickpunkten der Flanschen Ablenkungskräfte auf, die die Größe der Schweißnähte bestimmen; anderseits muß der Abbau der Kräfte in den auslaufenden Flanschen und Rippen durch Schubspannungen gesichert sein.

Bei der *ausgerundeten Rahmenecke* nach Abb. VIII,60 b tritt die Besonderheit auf, daß der maßgebende Schnitt $s - s$ im Bereich eines *gekrümmten Stabes* liegt; da bei den senkrecht aufeinander stoßenden äußeren Flanschen die Normalspannung σ verschwinden muß, besitzt dieser Stab ⊥-förmigen Querschnitt mit mehr oder weniger willkürlich zu schätzender Höhe h. In diesem gekrümmten Stabteil treten zwei Besonderheiten auf, die nachstehend besprochen werden sollen: in einem gekrümmten Stab sind die Normalspannungen nicht mehr linear über die Höhe h verteilt und die Spannungsverteilung im Flansch ist ungleichmäßig.[1]

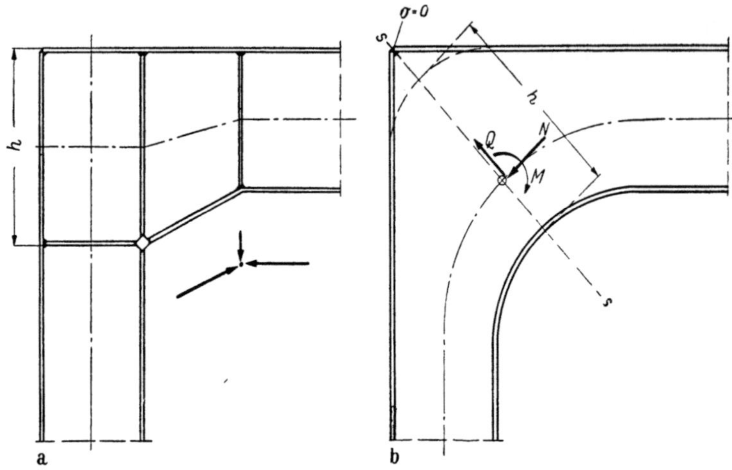

Abb. VIII,60a und b.

Zunächst sei der Verlauf der Normalspannungen σ in einem gekrümmten Stabelement mit zur Kraftebene symmetrischem Vollquerschnitt untersucht (Abb. VIII,61).

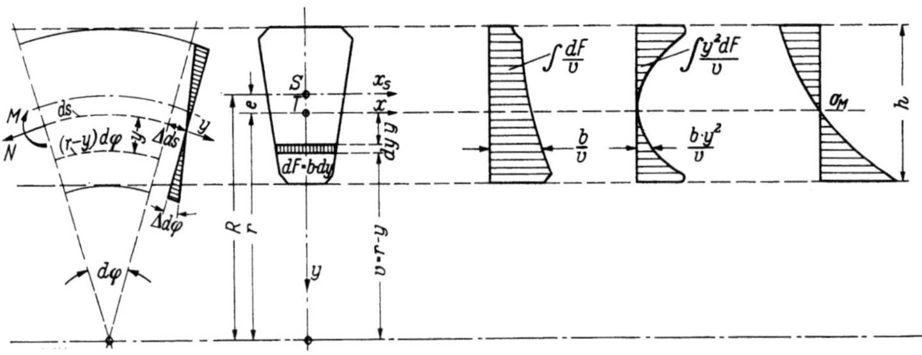

Abb. VIII,61.

Analog zur klassischen Biegungslehre setzen wir auch hier Ebenbleiben der Querschnitte voraus; die Verlängerung einer Faser im Abstand y von einer noch festzulegenden waagrechten Querschnittsaxe x beträgt bei einer ursprünglichen Länge von $(r - y)\,d\varphi$ somit

$$\varepsilon(r - y)\,d\varphi = \varDelta\,ds + \varDelta\,d\varphi\,y.$$

Die spezifische Dehnung ε ergibt sich daher zu

$$\varepsilon = \frac{\varDelta\,ds + \varDelta\,d\varphi\,y}{(r - y)\,d\varphi};$$

---

[1] Siehe z. B. Stüssi, F.: Baustatik I, Abschn. VIII,2, Ebene Biegung gekrümmter Stäbe. Basel 1946, 1953, 1962, 1971.

im Gültigkeitsbereich des Hookeschen Gesetzes ist somit

$$\sigma = E\,\varepsilon = \frac{E\,(\varDelta\,ds + \varDelta\,d\varphi\,y)}{(r-y)\,d\varphi} = \frac{a+b\,y}{v},$$

wenn wir die Abkürzungen

$$v = r - y, \qquad a = \frac{E\,\varDelta\,ds}{d\varphi}, \qquad b = \frac{E\,\varDelta\,d\varphi}{d\varphi}$$

einführen. Setzen wir den Spannungswert σ in die beiden Gleichgewichtsbedingungen

$$N = \int\limits^{F} \sigma\,dF, \qquad M = \int\limits^{F} \sigma\,y\,dF$$

ein, so erhalten wir mit

$$N = \int \frac{a+b\,y}{v}\,dF = a\int\frac{dF}{v} + b\int\frac{y\,dF}{v},$$

$$M = \int \frac{a+b\,y}{v}\,y\,dF = a\int\frac{y\,dF}{v} + b\cdot\int\frac{y^2\,dF}{v}$$

die beiden Gleichungen zur Bestimmung der Koeffizienten a und b. Wählen wir die x-Axe des Querschnittes derart, daß

$$\int \frac{y\,dF}{v}$$

verschwindet, so wird

$$N = a\int\frac{dF}{v}, \qquad M = b\int\frac{y^2\,dF}{v}$$

und damit

$$\boxed{\;\sigma = \frac{N}{v\displaystyle\int\frac{dF}{v}} + \frac{M}{v\displaystyle\int\frac{y^2\,dF}{v}}\,y\;}\cdot \qquad\qquad \text{(VIII,17)}$$

Die Bezugsaxe x stimmt deshalb mit der Nullinie für reine Biegung überein; sie ist bestimmt durch

$$0 = \int\frac{y\,dF}{v} = \int\frac{(y+v)-v}{v}\,dF = r\int\frac{dF}{v} - \int dF,$$

$$r = \frac{F}{\displaystyle\int\frac{dF}{v}}, \qquad e = R - r.$$

Die Werte $\displaystyle\int\frac{dF}{v}$ und $\displaystyle\int\frac{y^2\,dF}{v}$ werden am einfachsten aus einer Flächenberechnung mit der Simpsonschen Regel ermittelt, indem wir die Querschnittsfläche F in waagrechte Streifen $dF = b\,dy$ einteilen. Tragen wir die Werte b/v waagrecht von einer senkrechten Bezugsgeraden aus auf, so liefert der Inhalt der damit bestimmten Fläche den gesuchten Wert $\displaystyle\int\frac{dF}{v}$ und damit die Lage der Bezugsaxe x. Analog ergibt sich nun der Wert $\int \dfrac{y^2\, dF}{v}$ als Inhalt der durch die Strecken $\dfrac{b\, y^2}{v}$ über die Höhe h bestimmten Fläche.

Die Spannungsgleichung (VIII,17) läßt sich nun dadurch noch etwas vereinfachen, daß wir die Spannungen infolge einer im Schwerpunkt S angreifenden Normalkraft N_S betrachten. Bezogen auf T (Axe x) ist

$$N = N_S, \qquad M = -N_S\, e$$

und damit

$$\sigma = \frac{N_S}{v \int \dfrac{dF}{v}} - \frac{N_S\, e}{v \int \dfrac{y^2\, dF}{v}}\, y = \frac{N_S}{v}\left(\frac{1}{\int \dfrac{dF}{v}} - \frac{e}{\int \dfrac{y^2\, dF}{v}}\, y \right).$$

Nun ist aber

$$\int \frac{dF}{v} = \frac{F}{r}$$

und ferner

$$\int \frac{y^2\, dF}{v} = \int \frac{(y^2 - r\, y) + r\, y}{r - y}\, dF = \int \frac{y\,(y - r)}{r - y}\, dF + r \int \frac{y}{r - y}\, dF,$$

$$\int \frac{y^2\, dF}{v} = -\int y\, dF + 0 = e\, F;$$

damit wird

$$\sigma_{Ns} = \frac{N_S}{r - y}\left(\frac{r}{F} - \frac{e}{e\, F}\, y \right) dF = \frac{N_S}{F}$$

und die Spannungsgleichung lautet für auf den Schwerpunkt bezogene Schnittgrößen N_S und M_S

$$\boxed{\; \sigma = \frac{N_S}{F} + \frac{M_S}{\int \dfrac{y^2\, dF}{v}}\, \frac{y}{v} \;}\quad\cdot \tag{VIII,17a}$$

Die Ordinaten y sind selbstverständlich nach wie vor auf die Bezugsaxe x durch T zu beziehen.

Die Schubspannungen τ können, ähnlich wie beim geraden Stab, durch Gleichgewichtsbetrachtung aus den Änderungen der Normalspannungen σ zwischen zwei benachbarten Schnitten bestimmt werden.

Infolge der Stabkrümmung entstehen aus den Normalspannungen *Ablenkungskräfte p*,

$$dp = \frac{\sigma\, dF}{r}\,.$$

Bei Vollquerschnitten wird die Querschnittsform und damit auch die Spannungsverteilung durch die dadurch verursachten Radialspannungen σ_r nicht merklich beeinflußt. Anders verhält es sich dagegen bei *Profilträgern*, deren Flanschen durch die Ablenkungskräfte verbogen werden. Diese Formänderung beeinflußt hier und damit auch im Flansch einer ausgerundeten Rahmenecke den Spannungszustand erheblich und muß deshalb berücksichtigt werden. Wir setzen dünne Flanschen voraus und dürfen dann mit genügender Genauigkeit über die Flanschdicke t konstante Normalspannungen σ annehmen. Die Ablenkungskräfte p,

$$p = \int^t \frac{\sigma\,dt}{r} \cong \frac{\sigma\,t}{r}\,,$$

verursachen Querbiegungsmomente M und Flanschdurchbiegungen η (Abb. VIII,62).

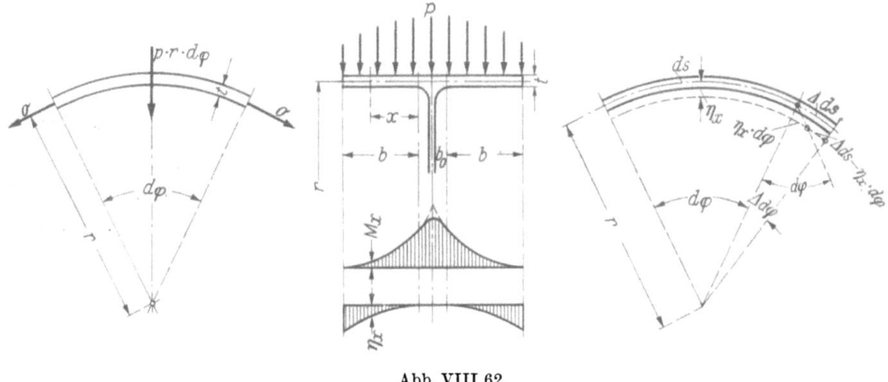

Abb. VIII,62.

Der Zusammenhang zwischen der Flanschbelastung p und der Durchbiegung η_x ist gegeben durch die Differentialgleichung der elastischen Linie,

$$\frac{d^4\eta_x}{dx^4} = \frac{p}{E\,J}\,;$$

da der betrachtete Flanschstreifen mit den Nachbarstreifen zusammenhängt (behinderte Querdehnung), ist

$$E\,J = E\,\frac{1\,t^3}{12\,(1 - \nu^2)}$$

und damit wird

$$\frac{d^4\eta_x}{dx^4} = \frac{12\,(1 - \nu^2)}{E\,t^3}\,p = \frac{12\,(1 - \nu^2)}{E\,t^2\,r}\,\sigma\,.$$

Nun ist aber die Verteilung der Normalspannungen σ über die Flanschbreite von den Flanschverformungen η_x abhängig. Wenn ein Flanschstreifen $ds\,dx$ sich um den Betrag η_x durchbiegt, nimmt er die Höhenlage eines ursprünglich um den Betrag $\eta_x\,d\varphi$ kürzeren Elementes ein oder, da wir Ebenbleiben der Querschnitte voraussetzen, muß seine elastische Verlängerung, abgesehen von kleinen Gliedern höherer Ordnung, um diesen Betrag $\eta_x\,d\varphi$ kleiner sein, als die elastische Verlängerung $\varDelta\,ds$ eines Flanschstreifens ohne Durchbiegung η_x. Es beträgt somit die spezifische Verlängerung des durchgebogenen Flanschstreifens noch

$$\varepsilon = \frac{\varDelta\,ds - \eta_x\,d\varphi}{ds} = \frac{\varDelta\,ds}{ds} - \frac{\eta_x}{r}$$

und seine Spannung σ beträgt

$$\sigma = E\,\varepsilon = E\,\frac{\varDelta\,ds}{ds} - E\,\frac{\eta_x}{r} = \sigma_m - E\,\frac{\eta_x}{r}\,.$$

Die Spannung σ ist nicht mehr gleichmäßig über die Flanschbreite verteilt; sie besitzt in der Mitte, in den durch den Steg (und einen Teil der Ausrundung) direkt gestützten Flanschteilen den Wert σ_m und nimmt nach den Flanschrändern hin ab. Damit beträgt die Flanschbelastung

$$p = \frac{\sigma\, t}{r} = \frac{t}{r}\left(\sigma_m - E\,\frac{\eta_x}{r}\right) = \frac{t\, E}{r^2}\left(\sigma_m\frac{r}{E} - \eta_x\right)$$

und die Differentialgleichung unseres Problems lautet:

$$\boxed{\frac{d^4\eta_x}{dx^4} = \frac{12(1 - \nu^2)}{t^2\, r^2}\left(\frac{\sigma_m\, r}{E} - \eta_x\right)}.$$

(VIII,18)

Diese Gleichung, die erstmals von H. BLEICH[1] aufgestellt und mathematisch gelöst wurde und die eine Erscheinung erfaßt, die schon früher bei der Biegung dünnwandiger gekrümmter Rohre erkannt wurde[2], zeigt, daß eine Veränderung der Querschnittsform infolge der Verbiegung der Flanschen auch eine Änderung der Spannungsverteilung zur Folge hat.

Gl. (VIII,18) erlaubt nun eine einfache baustatische Deutung: die durch die Flanschbelastung p,

$$p = \frac{t\, E}{r^2}\left(\frac{\sigma_m\, r}{E} - \eta_x\right),$$

erzeugte Flanschdurchbiegung η_x muß mit der im Ausdruck für p vorkommenden Durchbiegung η_x übereinstimmen. Damit ergibt sich auch eine einfache numerische Lösung des Problems: wir schätzen eine Spannungsverteilung σ,

$$\sigma = \sigma_m - \frac{E}{r}\,\eta_x,$$

bzw. die zugehörige Flanschbelastung p und bestimmen daraus mit einem ersten Seilpolygon die Momente M_x, aus denen ein zweites Seilpolygon die Durchbiegungen η_x liefert. Die Spannungskurve σ sei durch den Spannungswert σ_B am freien Flanschrand

$$\sigma_B = \sigma_m(1 - \alpha)$$

charakterisiert (Abb. VIII,63). Die so berechnete Durchbiegung η_B muß mit

$$\eta_B = \frac{r}{E}\,\alpha\,\sigma_m$$

übereinstimmen. In der folgenden Tabelle ist die Rechnung für $\alpha = 0{,}5$ durchgeführt; die Breite b wurde dabei in 5 Teile Δx eingeteilt. Die letzte Kolonne enthält mit $\Delta\sigma/\sigma_m$ die Kontrolle, daß angenommene und berechnete Form der Biegungslinien η_x miteinander übereinstimmen. Wäre dies nicht der Fall, so müßte die Rechnung wiederholt werden, wobei die Konvergenz gut ist.

---

[1] BLEICH, H. H.: Die Spannungsverteilung in den Gurtungen gekrümmter Stäbe mit T- und I-förmigem Querschnitt. Stahlbau 1933, S. 3.

[2] v. KÁRMÁN, TH.: Über die Formänderung dünnwandiger Rohre usw. Z. VDI 1911, S. 1889.

	σ	$K(p)$	$Q(p)$	M_x	$K(M_x)$	$Q(M_x)$	η_x	$\dfrac{\varDelta\sigma}{\sigma_m}$
A	1,0000			106,352	548,523		0	0
			41,917			548,52		
1	0,9636	11,511		64,435	784,731		548,5	0,0364
			30,406			1333,25		
2	0,8752	10,475		34,029	418,823		1881,8	0,1248
			19,931			1752,08		
3	0,7591	9,097		14,098	178,273		3633,9	0,2409
			10,834			1930,35		
4	0,6311	7,570		3,264	46,738		5564,2	0,3689
			3,264			1977,09		
B	0,5000	3,264		0			7541,3	0,5000
	$\times\,\sigma_m$	$\times\dfrac{b\,t}{60\,r}\,\sigma_m$		$\times\dfrac{b^2\,t}{300\,r}\,\sigma_m$	$\times\dfrac{b^3\,t}{300\cdot 60\,r}\,\sigma_m$		$\times\dfrac{12(1-v^2)\,b^4}{300^2\,t^2\,r\,E}\,\sigma_m$	

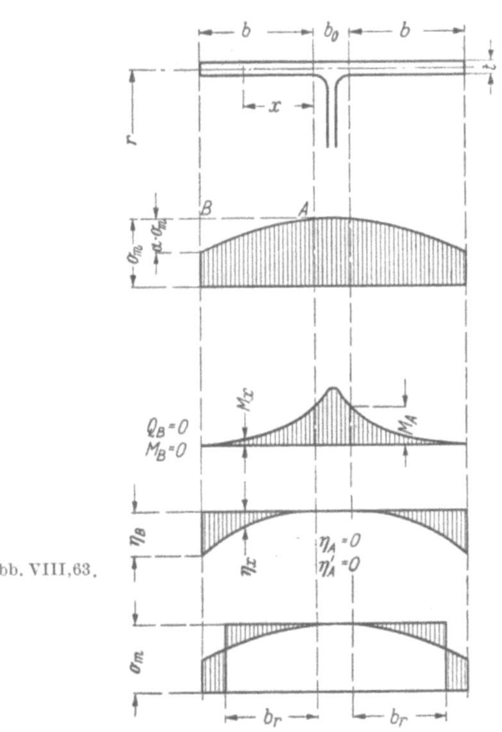

Abb. VIII,63.

Aus der Gleichsetzung von η_B,

$$7541{,}3\,\frac{12(1-v^2)\,b^4}{300^2\,t^2\,r\,E}\,\sigma_m = \frac{r}{E}\,\alpha\,\sigma_m,$$

finden wir für $\alpha = 0{,}50$ und mit $v = 0{,}30,\qquad 12\,(1-v^2) = 10{,}92,$

$$1{,}8300\,\frac{b^4}{t^2\,r^2} = 1{,}00,\qquad \frac{b^4}{t^2\,r^2} = 0{,}5464.$$

Zum Wert $\alpha = 0{,}50$ gehört somit ein Wert

$$\varphi = \frac{b^2}{t\,r} = \sqrt{0{,}5464} = 0{,}7392\,.$$

Am Flanschansatz A treten infolge des Biegungsmomentes M_x quergerichtete Biegungsspannungen σ',

$$\sigma' = \frac{M_x}{W} = \frac{6\,M_x}{1\,t^2}\,,$$

auf; in unserem Zahlenbeispiel ist

$$\sigma' = \frac{6\cdot 106{,}352}{300}\,\frac{b^2}{t\,r}\,\sigma_m = \varphi\,\frac{6\cdot 106{,}352}{300}\,\sigma_m = 1{,}5723\,\sigma_m\,.$$

Für die Spannungsberechnung ist es einfacher, statt mit der veränderlichen Spannung σ mit der konstanten Spannung σ_m und dafür mit einer reduzierten Flanschbreite $2\,b_r + b_0$ zu rechnen; aus

$$b_r\,\sigma_m = \int^{b} \sigma\,dx$$

ergibt sich

$$b_r = \frac{\displaystyle\int^{b} \sigma\,dx}{\sigma_m} = 0{,}7980\,b$$

mit Hilfe der Simpsonschen Regel.

Führen wir die gleiche Rechnung für mehrere Werte von α durch, so lassen sich mit

$$\varphi = \frac{b^2}{r\,t}$$

die Zahlenwerte

$$\alpha = \frac{\Delta\,\sigma_B}{\sigma_m}\,, \qquad \beta = \frac{b_r}{b}\,, \qquad \gamma = \frac{\sigma'}{\sigma_m}$$

in einer Kurventafel (Abb. VIII,64) für den Gebrauch auf dem Konstruktionstisch auftragen. Es zeigt sich, daß diese Kurven (für $\nu = 0{,}3$) mit guter Genauig-

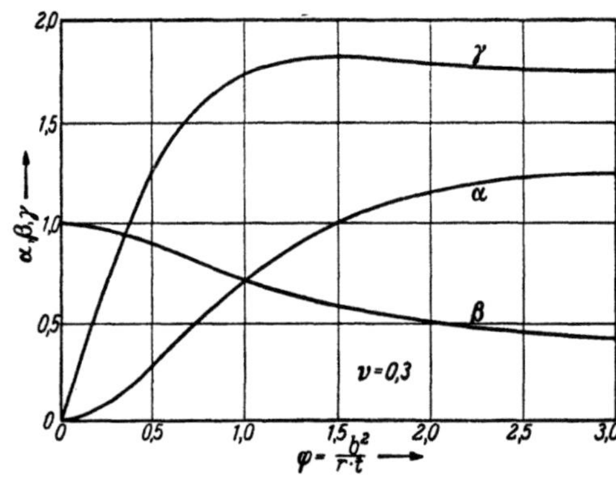

Abb. VIII,64.

keit durch die folgenden Gebrauchsformeln erfaßt werden:

$$\left.\begin{aligned}
\alpha &= \frac{1{,}365\,\varphi^2}{1{,}0 + 0{,}895\,\varphi^2 + 0{,}0095\,\varphi^4}\,, \\[2ex]
\beta &= 1{,}0 - \frac{0{,}546\,\varphi^2 + 0{,}0095\,\varphi^4}{1{,}0 + 0{,}895\,\varphi^2 + 0{,}0095\,\varphi^4}\,, \\[2ex]
\gamma &= \varphi\left(3{,}0 - \frac{2{,}368\,\varphi^2 + 0{,}030\,\varphi^4}{1{,}0 + 0{,}895\,\varphi^2 + 0{,}0095\,\varphi^4}\right).
\end{aligned}\right\} \qquad \text{(VIII,19)}$$

Damit läßt sich der Spannungsnachweis in einem gekrümmten Profilstab und somit auch im maßgebenden Schnitt einer ausgerundeten Rahmenecke wie folgt durchführen: Wir bestimmen die reduzierte Flanschbreite $2\beta\,b + b_0$, mit der sich die Spannungen σ nach Gl. (VIII,17) wie für einen gekrümmten Stab mit Vollquerschnitt berechnen lassen. Aus der Verhältniszahl γ ergibt sich die Biegungsspannung σ',

$$\sigma' = \gamma\,\sigma_m,$$

beim Flanschansatz und damit auch die Vergleichsspannung

$$\sigma_g \cong \sqrt{\sigma_m^2 + \sigma'^{\,2} + \sigma_m\,\sigma'}\,;$$

σ_m bedeutet dabei die Längsspannung in der Flanschmittelfläche, während die Spannungen $\pm\,\sigma'$ an den Flanschoberflächen auftreten.

i) Verbundträger

Es kommt sowohl im Hochbau wie im Brückenbau häufig vor, daß Betonplatten auf Stahlträgern aufgelagert werden; durch das Zusammenwirken dieser beiden Elemente entsteht der *Verbundträger*, dessen Tragfähigkeit erheblich größer sein kann, als diejenige des Stahlträgers allein. Voraussetzung für das Zusammenwirken ist eine Verbindung zwischen Betonplatte und Stahlträger, die eine einwandfreie Übertragung der Schubkräfte erlaubt und damit ein gegenseitiges Gleiten verhindert. Diese Verbindung kann konstruktiv in verschiedenen Formen hergestellt werden; wir nehmen dafür hier grundsätzlich die Form eines am Stahlträger befestigten und in die Betonplatte eingreifenden Dübels an. Eine zutreffende Erfassung des Kräftespiels ist nur möglich, wenn auch die *Dübelverformungen* („elastischer Verbund") berücksichtigt werden[1].

Wir untersuchen zunächst das Kräftespiel in einem solchen Verbundträger im elastischen Bereich; die mitwirkende Breite b der Betonplatte sei durch die Scheibentheorie (mitwirkende Breite beim Plattenbalken) festgelegt.

Im untersuchten Schnitt des Trägers (Abb. VIII,65) wirke ein äußeres Biegungsmoment M, das durch die Spannungen

$$\sigma_{1S} = E_1\,\varepsilon_{1S}, \quad \Delta\sigma_1 = E_1\,\Delta\varepsilon_1 \qquad \text{im Beton und}$$

$$\sigma_{2S} = E_2\,\varepsilon_{2S}, \quad \Delta\sigma_2 = E_2\,\Delta\varepsilon_2 \qquad \text{im Stahlträger}$$

aufgenommen werden muß; gleichzeitig muß die resultierende Normalkraft verschwinden oder es muß die Normalkraft L in beiden Einzelteilen gleich groß sein:

$$L = \sigma_{1S}\,F_1 = \sigma_{2S}\,F_2. \qquad \text{(VIII,20a)}$$

---

[1] STÜSSI, F.: Zusammengesetzte Vollwandträger. Abh. IVBH Bd. 8, Zürich 1947.

Damit lautet die Momentengleichgewichtsbedingung

$$M = L f + \frac{\Delta \sigma_1}{e_1} J_1 + \frac{\Delta \sigma_2}{e_2} J_2 . \qquad \text{(VIII,20 b)}$$

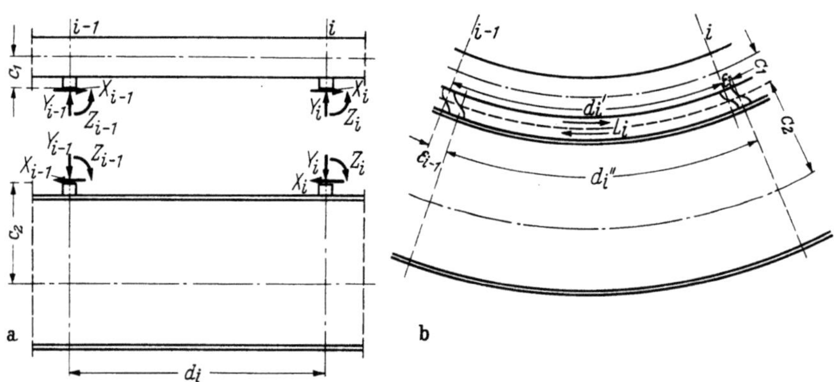

Abb. VIII,65.

Durch einen Dübel im Punkt i werden drei gegenseitige Reaktionen X_i, Y_i und Z_i zwischen Platte und Träger übertragen (Abb. VIII,66), deren Größe durch drei Elastizitätsbedingungen bestimmt ist.

Abb. VIII,66a und b. a) Dübelkräfte; b) Verformung.

Die Dübelreaktionen Y und Z sind daraus zu bestimmen, daß Platte und Träger in den Dübelpunkten sowohl gleiche Durchbiegungen wie auch gleiche Neigungen der Biegungslinie aufweisen müssen. Wir können die Untersuchung wesentlich vereinfachen, wenn wir linearen Verlauf der Momente über die Feldweiten d und gleiche Neigung der Dehnungslinien je in Feldmitte annehmen. Durch diese erste Elastizitätsbedingung

$$\frac{\Delta \varepsilon_1}{e_1} = \frac{\Delta \varepsilon_2}{e_2}$$

bzw.

$$\frac{\Delta \sigma_1}{e_1 E_1} = \frac{\Delta \sigma_2}{e_2 E_2} \qquad \text{(VIII,21 a)}$$

ist die Wirkung der Reaktion Y, deren Größe nun nicht weiter verfolgt zu werden braucht, berücksichtigt. Es ist lediglich noch eine unwesentliche Unbestimmtheit über die Größe der Momente Z bzw. den Angriffspunkt (Abstände c_1, c_2) der Längskräfte X vorhanden, auf die wir zurückkommen werden.

Die Elastizitätsbedingung zur Bestimmung der Dübelkräfte X bzw. der Längskräfte L

$$L_i = \sum_A^{i-1} X,$$

$$X_{i-1} = L_i - L_{i-1}, \qquad X_i = L_{i+1} - L_i$$

ist in Abb. VIII,66b skizziert; es muß sein

$$\varepsilon_{i-1} + d_i'' = \varepsilon_i + d_i', \qquad\qquad\qquad \text{(VIII,21 b)}$$

wobei ε die Verformung des Dübels mit dem Dübelwiderstand C,

$$\varepsilon_i = \frac{X_i}{C_i} = \frac{L_{i+1} - L_i}{C_i}, \qquad \varepsilon_{i-1} = \frac{L_i - L_{i-1}}{C_{i-1}},$$

und d_i', d_i'' die in der Höhe der Wirkungslinie der Dübelkräfte gemessenen Faserlängen

$$d_i' = \frac{d_i}{E_1}\left(E_1 - \sigma_1 s + \frac{\Delta\sigma_1}{e_1} c_1\right), \qquad d_i'' = \frac{d_i}{E_2}\left(E_2 + \sigma_2 s - \frac{\Delta\sigma_2}{e_2} c_2\right)$$

bedeuten. Setzen wir diese Werte in die Elastizitätsbedingung (VIII,21 b) ein, so folgt

$$\frac{d_i}{E_1}\left(-\sigma_1 s + \frac{\Delta\sigma_1}{e_1} c_1\right) + \frac{L_{i+1} - L_i}{C_i} = \frac{d_i}{E_2}\left(\sigma_2 s - \frac{\Delta\sigma_2}{e_2} c_2\right) + \frac{L_i - L_{i-1}}{C_{i-1}}.$$

$$\text{(VIII,21 c)}$$

Es sind nun die Spannungen σ und $\Delta\sigma$ zu eliminieren bzw. durch die gesuchten Längskräfte L und das äußere Moment M auszudrücken. Aus der Gleichgewichtsbedingung (VIII,20b) folgt in Verbindung mit der Elastizitätsbedingung (VIII,21 a)

$$M = L f + \frac{\Delta\sigma_1}{e_1 E_1}(E_1 J_1 + E_2 J_2) = L f + \frac{\Delta\sigma_2}{e_2 E_2}(E_1 J_1 + E_2 J_2)$$

oder

$$\frac{\Delta\sigma_1}{e_1 E_1} = \frac{M - L f}{E_1 J_1 + E_2 J_2}, \qquad \frac{\Delta\sigma_2}{e_2 E_2} = \frac{M - L f}{E_1 J_1 + E_2 J_2};$$

ferner ist nach Gl. (VIII,20a)

$$\sigma_1 s = \frac{L}{F_1}, \qquad \sigma_2 s = \frac{L}{F_2}$$

und wir erhalten durch Einsetzen

$$d_i\left(-\frac{L_i}{E_1 F_1} + \frac{M_i - L_i f}{E_1 J_1 + E_2 J_2} c_1\right) + \frac{L_{i+1} - L_i}{C_i}$$

$$= d_i\left(\frac{L_i}{E_2 F_2} - \frac{M_i - L_i f}{E_1 J_1 + E_2 J_2} c_2\right) + \frac{L_i - L_{i-1}}{C_{i-1}}.$$

Mit den Bezeichnungen

$$n_1 = \frac{E_1}{E_c}, \qquad n_2 = \frac{E_2}{E_c},$$

wobei E_c einen beliebigen Vergleichswert des Elastizitätsmoduls bedeutet (z. B. den Elastizitätsmodul von Stahl, $E_c = E_2$, $n_2 = 1$), und mit den Abkürzungen

$$J_{n_0} = n_1 J_1 + n_2 J_2,$$

$$F_{id} = 2 \frac{n_1 F_1 \, n_2 F_2}{n_1 F_1 + n_2 F_2},$$

$$J_n = J_{n_0} + F_{id} \frac{f^2}{2}$$

erhalten wir nach Ordnen die Bestimmungsgleichungen für die Längsschubkräfte L in der Form des dreigliedrigen Gleichungssystems

$$\boxed{ -\frac{L_{i-1}}{C_{i-1}} + L_i \left(\frac{1}{C_{i-1}} + \frac{1}{C_i} + 2\frac{d_i J_n}{E_c J_{n_0} F_{id}} \right) - \frac{L_{i+1}}{C_i} = \frac{d_i f}{E_c J_{n_0}} M_{i_m} }, \qquad \text{(VIII,22)}$$

wobei M_{i_m} das äußere Moment in der Mitte des Feldes d_i bedeutet. Die Randbedingungen dieses Gleichungssystems ergeben sich daraus, daß die Längsschubkraft L vor dem ersten und nach dem letzten Dübel verschwindet. Sobald durch Auflösung dieses Gleichungssystems die Längsschubkräfte L bestimmt sind, sind auch die Spannungen je in Feldmitte durch

$$\sigma_{1S} = \frac{L}{F_1}, \qquad \Delta\sigma_1 = \frac{M - L f}{J_{n_0}} n_1 e_1,$$

$$\sigma_{2S} = \frac{L}{F_2}, \qquad \Delta\sigma_2 = \frac{M - L f}{J_{n_0}} n_2 e_2$$

gegeben.

Wir haben noch auf die erwähnte Unbestimmtheit in der Größe der Abstände c_1 und c_2 zurückzukommen. Ohne merklichen Fehler darf wohl angenommen werden, daß die lotrechten Dübelkräfte Y sich in einer solchen Größe einstellen werden, daß im Grundsystem, ohne Längsschubkräfte L, das äußere Moment M sich entsprechend den Steifigkeiten $E_1 J_1$ und $E_2 J_2$ auf Platte und Träger verteilt. Dann muß aber auch infolge der Momente $L c_1$ und $L c_2$ allein die Elastizitätsbedingung (VIII,21 a) erfüllt sein oder es muß sein

$$\frac{L c_1}{E_1 J_1} = \frac{L c_2}{E_2 J_2},$$

$$c_1 = c_2 \frac{E_1 J_1}{E_2 J_2} = (f - c_1) \frac{E_1 J_1}{E_2 J_2} = \frac{E_1 J_1}{E_1 J_1 + E_2 J_2} f.$$

Für die Spannungsverteilung je in Feldmitte ist die Größe der Abstände c_1 und c_2 ohne Bedeutung; ihr Einfluß ist aber auch auf die Spannungen in Dübelnähe gering. Da das Moment M feldweise linear verläuft, die Längsschubkraft L dagegen feldweise konstant ist, verlaufen die Randspannungen $\sigma_S + \Delta\sigma$ zickzackförmig. Die Übergänge werden jedoch durch die Lastverteilung der Dübelkräfte weitgehend abgerundet, so daß bei nicht allzu großer Dübelteilung d eine gute

Annäherung an den wirklichen Spannungsverlauf durch Verbindung der Spannungswerte in Feldmitte erreicht wird.

Die Größe des elastischen Verformungswiderstandes C der Dübel ist bis jetzt noch wenig systematisch untersucht worden. Immerhin läßt sich aus der Auswertung von Versuchen der TKVSB an der EMPA in Zürich an Dübeln mit $\bot$-förmigem Querschnitt[1] (Abb. VIII,67) feststellen, daß der Dübelwiderstand C (ohne Schlaudern) annähernd der Beziehung

$$C = \frac{3000\,F_D}{168 + F_D}\,\frac{525 + {}_w\beta_D}{750} \quad \text{(in t/cm)} \qquad \text{(VIII,23)}$$

folgt; dabei bedeutet F_D die Druckübertragungsfläche des Dübels in cm² und ${}_w\beta_D$ die Würfeldruckfestigkeit des Betons in kg/cm² (in den Versuchen nach 28 Tagen ermittelt).

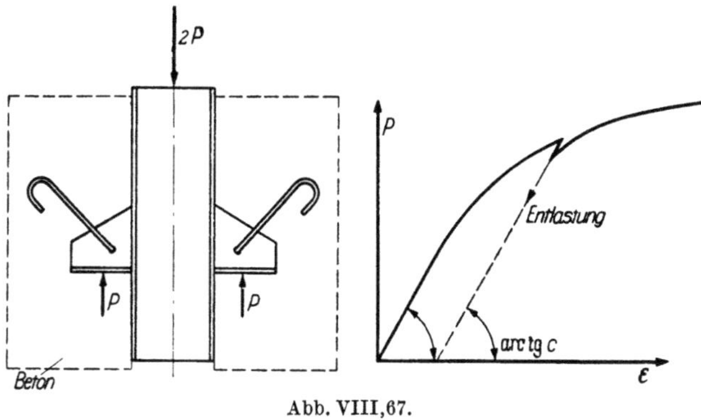

Abb. VIII,67.

Durch Schlaudern (Rund- oder Flachstahl) kann der Verformungswiderstand C bis zu rd. 25% vergrößert werden.

Für *sehr steife Dübel*, $C \cong \infty$, wird nach Gl. (VIII,22)

$$L_i = \frac{f\,F_{id}}{2\,J_n}\,M_i;$$

dieser Wert stimmt wegen

$$S_{xn} = \frac{f\,F_{id}}{2}$$

mit dem aus der elementaren Biegungslehre des inhomogenen Querschnittes bekannten Wert

$$L = \frac{S_{xn}}{J_n}\,M$$

überein.

Die Dübelkraft X_i beträgt dabei

$$X_i = \frac{S_{xn}}{J_n}\,(M_{i+1} - M_i) = \frac{Q_i\,S_{xn}}{J_n}\,d_i$$

in Übereinstimmung mit der elementaren Schubspannungsberechnung.

---

[1] Roš, M., Albrecht, A.: Träger in Verbundbauweise. Bericht Nr. 149 der EMPA Zürich, 1944.

Auch die Spannungsverteilung geht mit den Randspannungswerten

$$\sigma_1 = \sigma_{1S} + \varDelta\sigma_1 = \frac{L}{F} + \frac{M - Lf}{J_{n_0}} n_1 e_1 = n_1 \frac{M}{J_n} y_1 \quad \text{(Druck)},$$

$$\sigma_2 = \sigma_{2S} + \varDelta\sigma_2 = \frac{L}{F} + \frac{M - Lf}{J_{n_0}} n_2 e_2 = n_2 \frac{M}{J_n} y_2 \quad \text{(Zug)},$$

in die normale Spannungsverteilung des inhomogenen Querschnittes über und der Dehnungssprung ζ (s. Abb. VIII,65) verschwindet.

In Abb. VIII,68 sind noch die Ergebnisse eines durchgerechneten Zahlenbeispiels zusammengestellt; die Trägerabmessungen entsprechen dem Versuchsträger Nr. 4 der erwähnten TKVSB-Versuche[1], für den nach Aussage der Berichterstatter mit einer größten gegenseitigen Verschiebung $\varepsilon_{\max} \cong 0{,}2$ mm zwischen

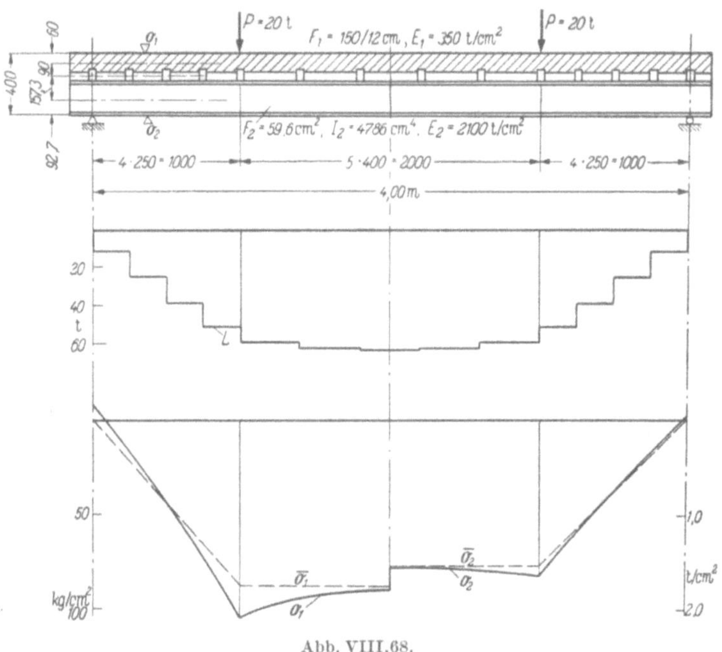

Abb. VIII,68.

Betonplatte und Stahlträger, im Ermüdungsversuch gemessen, „die Verbundwirkung als vollkommen zu bezeichnen" war. Der Verlauf der Randspannungen σ_1 und σ_2, berechnet für $C = 700$ t/cm, ist etwas zu günstig durch Verbindung der Spannungswerte in Feldmitte, also unter Unterdrückung der Zickzackform, aufgetragen. Der Vergleich mit den nach der normalen Biegungslehre ermittelten Spannungen $\bar\sigma_1$ und $\bar\sigma_2$ zeigt, daß auch hier, trotz *vollkommener Verbundwirkung* und enger, gut ausgebildeter Verdübelung, die wirklichen Spannungen[2] σ_1 und σ_2

---

[1] Siehe Fußnote 1, S. 581.

[2] Beim elastischen Verbund sind die Betonrandspannungen σ_1 in der Regel kleiner als die Spannungen $\bar\sigma_1$ des starren Verbundes. Im vorliegenden Beispiel ist aber die Eigensteifigkeit der Betonplatte so groß, daß der Abfall der Schwerpunktspannung σ_{1S} durch die Zunahme von $\varDelta\sigma_1$ mehr als kompensiert wird.

merklich größer sind, als die ohne Berücksichtigung der Dübelverformungen berechneten Spannungen $\bar{\sigma}_1$ und $\bar{\sigma}_2$. Wohl erreichen die Spannungsunterschiede hier keine gefährliche Größe, aber es muß doch aus diesem Vergleich mindestens der Schluß gezogen werden, daß die zulässigen Beanspruchungen von Verbundträgern auf keinen Fall höher liegen dürfen als diejenigen von reinen Stahl- bzw. Stahlbetonträgern und daß die übliche Annahme eines starren Verbundes ($C \to \infty$) nur dann gerechtfertigt ist, wenn eine ausreichend steife und dicht ausgeteilte Verdübelung gewährleistet ist.

Der *Einfluß eines Temperaturunterschiedes* ΔT zwischen Betonplatte und Stahlträger ist sehr einfach zu berücksichtigen; mit dem Temperaturausdehnungskoeffizient α_T wird die Faserlänge d_i' (s. Abb. VIII,66b) um $- d_i \alpha_T \Delta T$ verkürzt, oder es ist

$$d_i' = d_i \left(1 - \alpha_T \Delta T - \frac{\sigma_{1S}}{E_1} + \frac{\Delta \sigma_1}{E_1 e_1} c_1 \right).$$

Setzen wir diesen Wert in die Elastizitätsbedingung (VIII,21b) ein, so erweitert sich die Grundgleichung (VIII,22) auf

$$\boxed{- \frac{L_{i-1}}{C_{i-1}} + L_i \left(\frac{1}{C_{i-1}} + \frac{1}{C_i} + 2 \frac{d_i J_n}{E_c J_{n_0} F_{id}} \right) - \frac{L_{i+1}}{C_i} = \frac{d_i f}{E_c J_{n_0}} M_{i_m} - \alpha_T \Delta T d_i}.$$

Durch einen positiven Temperaturunterschied (wärmerer Stahlträger) werden die Längsschubkräfte an den Trägerenden verkleinert; es entstehen Zugspannungen im Beton sowie Druckspannungen im Stahlträger. Analog ist auch der Einfluß des Schwindens der Betonplatte sowie sinngemäß eine Vorspannung der Betonplatte (wobei allerdings mit der Kraft in den Spannkabeln eine weitere überzählige Größe ins Spiel kommt) zu untersuchen; für diese Einflüsse spielt allerdings der Einfluß des Betonkriechens eine wesentliche Rolle.

Versuche an statisch belasteten Verbundträgern[1] zeigen deutlich, daß auch bei einbetonierten Stahlträgern die natürliche Haftung zwischen Beton und Stahl nicht genügt, um ein gegenseitiges Gleiten zu verhindern, d. h. die volle Tragfähigkeit der beiden Baustoffe auszunützen. Es sind deshalb stets konstruktive Gleitsicherungen (Dübel o. ä.) vorzusehen, wenn die Verbundwirkung ausgenützt werden soll.

Bei der Bemessung eines Verbundträgers ist zu beachten, daß stets ein Teil des Eigengewichtes vom Stahlträger allein aufgenommen werden muß. Der Anteil dieser „Vorbelastung" an der Gesamtbelastung hängt weitgehend vom Zustand des Verbundträgers beim Betonieren (Abstützung, Vorkrümmung, usw.) ab. Für die Wahl der günstigsten Lösung sind die Gesamtkosten maßgebend.

j) Das Traglastverfahren

Das Traglastverfahren („plastic design" oder „limit design") setzt voraus, daß die Tragfähigkeit eines n-fach statisch unbestimmten vollwandigen Tragsystems aus Stahl dann erreicht sei, wenn sich unter Bildung von $n + 1$ *Fließgelenken* ein Momentenausgleich eingestellt habe. Bei einem Mittelfeld eines durch-

---

[1] STÜSSI, F.: Profilträger, kombiniert mit Beton oder Eisenbeton, auf Biegung beansprucht. 1. Kongreß der IVBH, Paris 1932, Schlußbericht.

laufenden Balkens (Abb. VIII,69) wäre nach dieser Theorie die Tragfähigkeitsgrenze durch den Ausgleich von Feld- und Stützenmomenten bestimmt und der Träger dürfte auf ein Moment von

$$M_m = - M_{St} = \frac{p\,l^2}{16}$$

bemessen werden. Die Tragfähigkeitsgrenze soll somit lediglich von Gleichgewichtsbedingungen, nicht aber von Elastizitätsbedingungen abhängig sein.

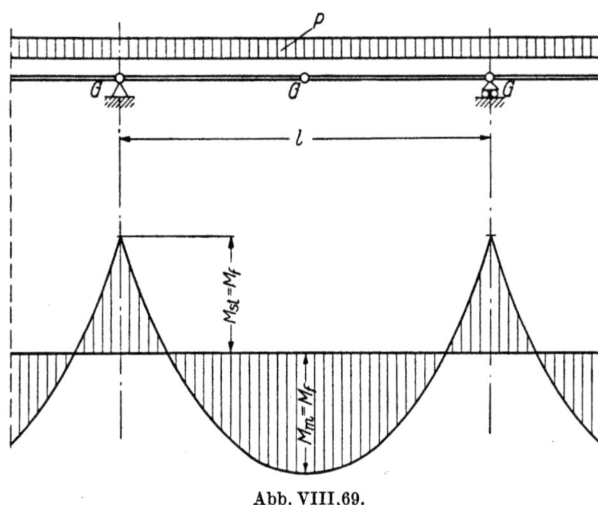

Abb. VIII,69.

Dieses Traglastverfahren hat vor etwa vierzig Jahren in der deutschsprachigen Fachliteratur eine gewisse Rolle zu spielen begonnen. Während es dann aber bei uns um diese neue Theorie rasch stiller geworden ist, haben diese Ideen in der fremdsprachigen Fachwelt, besonders in England und Nordamerika, weiter gewirkt und sich heute wieder stärker verbreitet, trotzdem von verschiedenen Seiten gewichtige Einwände gegen diese weitgehende Vereinfachung geäußert worden sind. Bei einer Bemessung nach dem Traglastverfahren besteht die Gefahr von bleibenden Verformungen unter Gebrauchslast sowie auch einer örtlichen Instabilität[1]. Der wichtigste Einwand dürfte jedoch der sein, daß diese Theorie die Tragfähigkeit überschätzt, weil diese, abgesehen von Tragwerken mit natürlichem Momentenausgleich, schon erreicht sein kann, bevor der Momentenausgleich vollständig eingetreten ist. Diesen Einwand haben wir schon vor längerer Zeit durch Versuche eindeutig belegen können[2].

Da gerade in letzter Zeit wieder versucht wird, dem Traglastverfahren Eingang in die Stahlbaupraxis zu verschaffen, habe ich die früheren Versuche wieder aufgenommen, in etwas erweiterter Form wiederholt und auch auf oft wiederholte Belastung (Ursprungsbelastung) ausgedehnt[3].

---

[1] Siehe z. B. MASSONNET, CH.: Aperçu de la théorie de la plasticité appliquée aux constructions métalliques. Centre d'études de la construction métallique (CECM). Notes techniques B-10,23. Bruxelles 1956.

[2] STÜSSI, F., KOLLBRUNNER, C. F.: Beitrag zum Traglastverfahren. Bautechnik 13 (1935).

[3] Versuchsdurchführung im Institut für Baustatik an der ETH durch Dipl.-Ing. M. WALT mit Mechaniker E. PETER.

Die Problemstellung der Versuche ist folgende (Abb. VIII,70): Nach dem Traglastverfahren mit vollständigem Momentenausgleich müßte die Tragfähigkeit P des durchlaufenden Balkens den doppelten Wert der Tragfähigkeit P_0 des einfachen Balkens mit $l = l_2$ besitzen,

$$P = 2P_0,$$

während nach der Elastizitätstheorie mit dem Stützenmoment X,

$$X = \alpha\, M_0,$$

und unter der Voraussetzung, daß die Tragfähigkeit durch einen bestimmten Wert des Größtmomentes $M = M_0 - X$ charakterisiert sei, dieses Verhältnis nur

$$P = \frac{1}{1 - \alpha}\, P_0$$

betragen würde. Unter Berücksichtigung auch der Querkraftsverformung und einer Senkbarkeit der Stützen mit dem Stützenwiderstand C beträgt dabei

$$\alpha = \frac{3l_2 - \dfrac{24EJ}{C\, l_1 l_2}}{4l_1 + 6l_2 + \dfrac{12EJ}{GF'\, l_1} + \dfrac{24EJ}{C\, l_1^2}} ;$$

diese letzteren beiden Einflüsse äußern sich nur bei sehr kurzen Seitenfeldern l_1 in merklicher Größe.

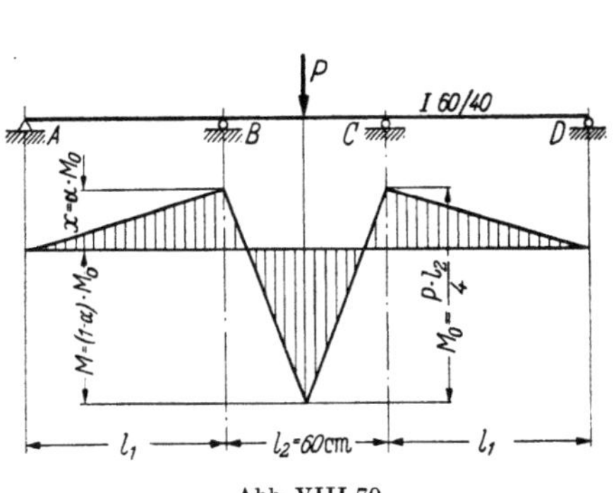

Abb. VIII,70.

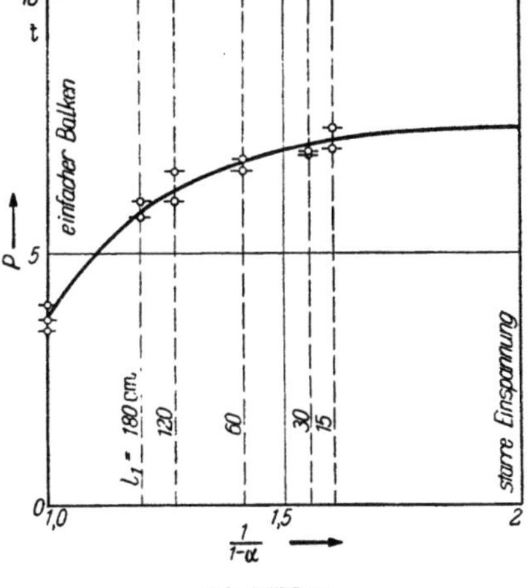

Abb. VIII,71.

Unter *statischer Belastung* geht die Tragfähigkeit durch *Erschöpfung* verloren; unter der Erschöpfungslast biegt sich der Träger unaufhaltsam durch und wird dadurch unbrauchbar. Abb. VIII,71 zeigt die Versuchsergebnisse sowohl für das Vergleichstragwerk des einfachen Balkens mit $l = l_2 = 60$ cm, wie auch für die fünf untersuchten durchlaufenden Träger mit $l_1 = 180$, 120, 60, 30 und 15 cm. Diese Ergebnisse stehen in voller Übereinstimmung mit denjenigen der früheren Versuche: die Tragfähigkeit des durchlaufenden Balkens ist eindeutig kleiner als die doppelte Tragfähigkeit des einfachen Balkens, und zwar ist der Unterschied um so größer, je größer im elastischen Bereich der Unterschied zwischen Feldmoment M und Stützenmoment X ist. Es stellt sich kein voller Momentenausgleich ein, auch bei kleinen Feldweiten l_1 nicht, sondern der Verlauf der Momente M und X, wie er sich übereinstimmend aus Versuch und Rechnung ergibt, ist durch Abb. VIII,72 charakterisiert. Wohl zeigen nach Überschreiten der Fließgrenze

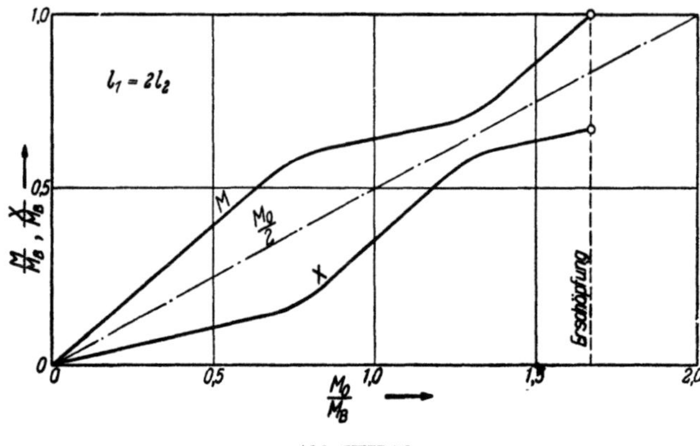

Abb. VIII,72.

beim Lastangriffspunkt Feld- und Stützenmomente eine deutliche *Ausgleichstendenz*, die jedoch nur solange andauert, bis auch über den Zwischenstützen die Fließgrenze erreicht wird; nachher divergieren die Momente wieder, so daß sich kein vollständiger Momentenausgleich einstellen kann.

Die Ergebnisse der *Dauerversuche* unter Ursprungsbelastung sind in Abb. VIII,73 mit den Abszissen $i = \log n$ zusammengestellt. Die unvermeidlichen

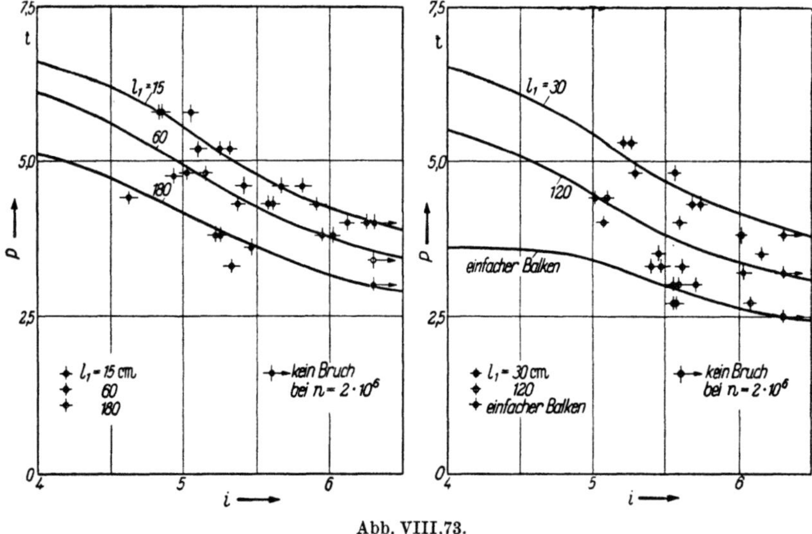

Abb. VIII,73.

Streuungen wurden auch hier, wie bei den statischen Versuchen, durch vermittelnde, möglichst flüssige Kurven zu eliminieren versucht. Abb. VIII,74 enthält die Zusammenstellung von Versuchsmittelwerten in Verhältniszahlen P/P_0 für die statischen Versuche und die Dauerversuche für 10^4 und 10^5 Lastwechsel. Es zeigt sich, daß die Tragfähigkeit für 10^5 Lastwechsel mit kleinen Abweichungen der Elastizitätstheorie entspricht; der Übergang vom teilweisen Momentenausgleich zur Elastizitätstheorie vollzieht sich zur Hauptsache zwischen 10^4 und 10^5 Lastwechseln.

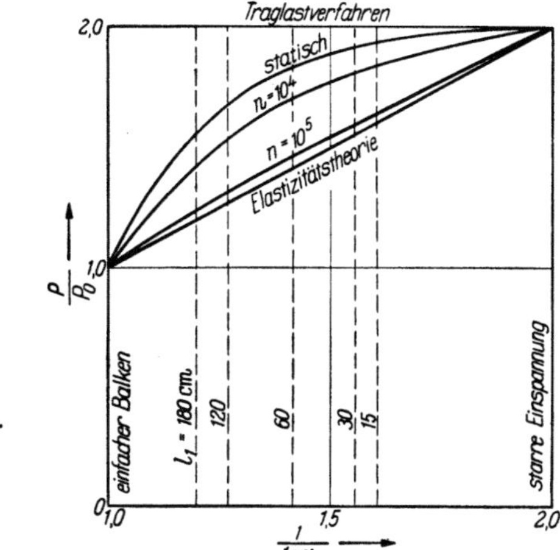

Abb. VIII,74.

Die Schlußfolgerungen[1] aus diesen neuen Versuchen sind wieder eindeutig: auch für ruhende Belastung stellt das Traglastverfahren nur eine Näherung dar, die die Tragfähigkeit *überschätzt*; der angenommene Momentenausgleich ist auch unter ruhender Belastung (die in Wirklichkeit ja nicht vorkommt), nicht vollständig, sondern nur teilweise vorhanden. Dabei ist erst noch zu beachten, daß der Fließbeginn und damit die Sicherheit gegen Fließen durch die Elastizitätstheorie bestimmt sind. Die Tragfähigkeit unter oft wiederholter Belastung mit 10^5 oder mehr Lastwechseln entspricht praktisch vollständig der Elastizitätstheorie.

Die Annahme eines vollen Momentenausgleichs bei der *Bemessung* von statisch unbestimmten, vollwandigen Trägern aus Stahl ist somit als gefährlich, weil die Tragfähigkeit überschätzend, abzulehnen. Das Traglastverfahren liefert dagegen brauchbare Ergebnisse, wenn es sich nur darum handelt, die statische Bruchsicherheit eines für den Gebrauchszustand nach den normalen Verfahren bemessenen Trägers abzuschätzen.

2. Fachwerkträger

a) Grundlagen

Als Fachwerke bezeichnen wir gegliederte Träger, die aus zug- und druckfesten *Stäben* bestehen; die Stäbe sind in den *Knotenpunkten* miteinander verbunden. Ein Fachwerkträger ist charakterisiert

    durch das *statische System*: einfache Balken, — durchlaufende Balken mit
        oder ohne Zwischengelenke — verstärkte Balken mit drei Gurtungen —
        Bogenträger mit oder ohne Zugband;

---

[1] Vgl. auch STÜSSI, F.: Konstruktion und Traglastverfahren im Stahlbau. 17. Stahlbau-Tagung. Kassel 1962. Ver. d. Deutschen Stahlbauverbandes H. 17.

durch die *Form der Gurtungen*: Parallelträger — Träger mit veränderlicher
　　Höhe;
durch die *Anordnung der Füllungsglieder*: Strebenfachwerk mit oder ohne
　　Hilfspfosten, — Ständerfachwerk — Rautenfachwerk — *K*-Fachwerk —
　　mehrfache Fachwerke.

Abb. VIII,75 zeigt einige der gebräuchlichsten Formen von Fachwerkträgern.
Einfache Balken aus normalem Baustahl St 37 können bis zu einer Spannweite

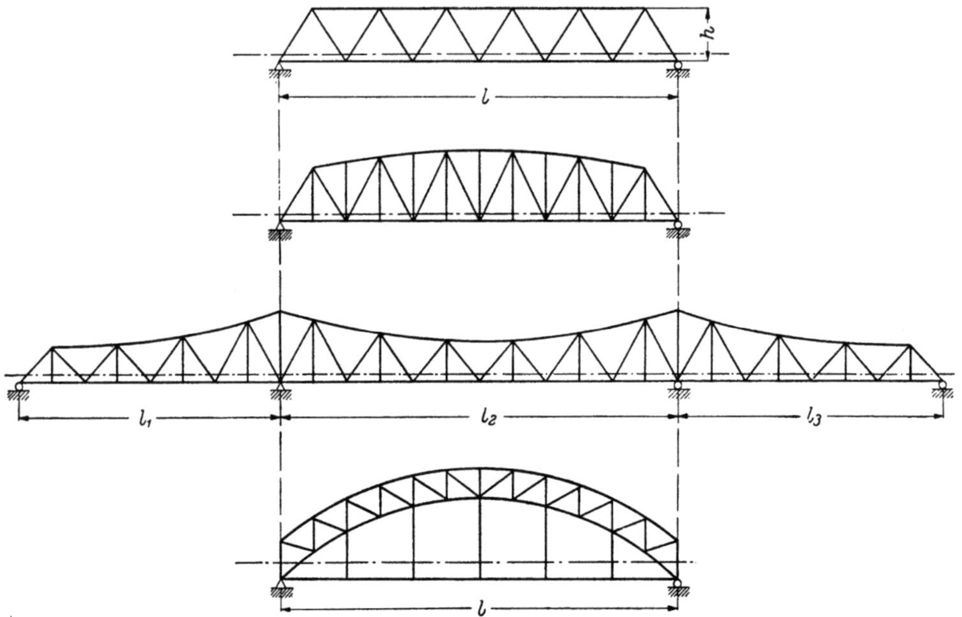

Abb. VIII,75. Einfacher Balken, Parallelträger (Trapezträger), Strebenfachwerk ohne Hilfspfosten. Einfacher
Balken, veränderliche Höhe (Halbparabelträger), Strebenfachwerk mit Hilfspfosten. Durchlaufender Balken,
veränderliche Höhe, Strebenfachwerk. Zweigelenkbogen mit Zugband, Ständerfachwerk.

von etwa 150 m mit wirtschaftlich noch vertretbarem Materialaufwand gebaut
werden; bei durchlaufenden Balken mit Zwischengelenken (Gerberträger) und bei
Bogenträgern aus hochwertigem Baustahl St 52 liegen die Wirtschaftlichkeits-
grenzen bei etwa 450 bzw. etwa 600 m. Je größer die Spannweite ist, um so
größer wird das Verhältnis des Trägereigengewichtes zur Nutzlast und um so
besser müssen deshalb Form und Gliederung des Tragsystems dem natürlichen
Kräfteverlauf angepaßt werden.

Die Wahl der Trägerform und der Ausfachung ist von verschiedenen Gesichtspunkten abhängig; diese Fragen müssen deshalb bei den beiden Hauptanwendungs-
gebieten (Stahlhochbau und Brückenbau) getrennt besprochen werden.

Bei der Berechnung der Stabkräfte nach den hier als bekannt vorauszusetzen-
den Verfahren der Baustatik, wird normalerweise, seit K. Culmann, angenommen, daß die Stäbe in den Knotenpunkten durch reibungsfreie Gelenke miteinander verbunden seien. Eine solche *Gelenkknotenverbindung* wurde bis vor nicht
allzu langer Zeit in Nordamerika noch ausgeführt; Abb. VIII,76 zeigt ein dabei
übliches Bolzengelenk[1]. Um die Stäbe mit einem solchen Gelenkbolzen mitein-

---

[1] Nach Kunz, C. F.: Design of Steel Bridges, New York 1915.

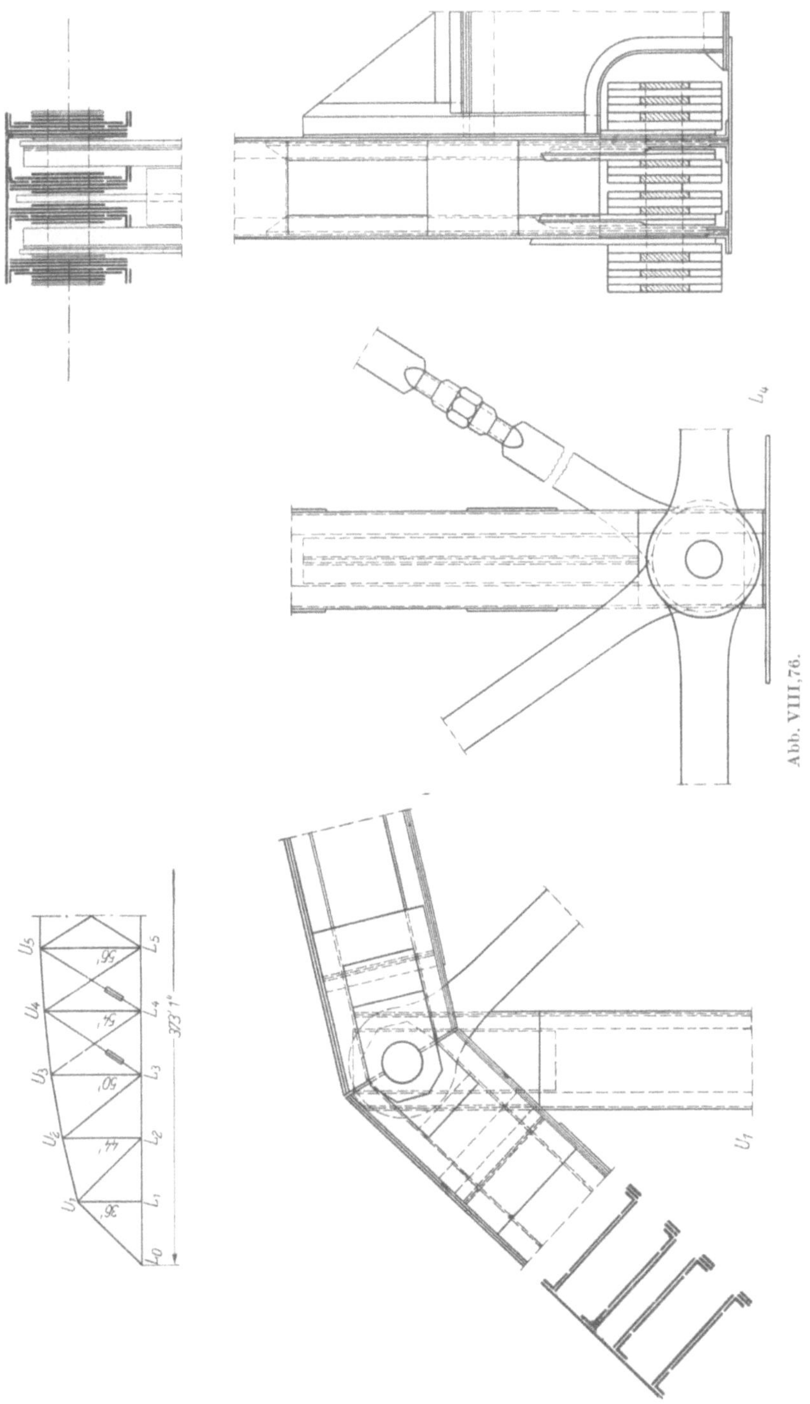

ander verbinden zu können, ist es notwendig, die Kraftübertragung auf mehrere
Ebenen zu verteilen, das Fachwerk also in mehrere Tragwerksebenen ausein-
anderzuziehen, wodurch unerwünschte Exzentrizitätswirkungen entstehen kön-

nen. Auch sind Reibungskräfte in den Gelenken unvermeidlich; dadurch entstehen in den Stäben zusätzliche Biegungsspannungen in ähnlicher Größe wie die Nebenspannungen in Fachwerken mit steifen Knoten. Für die Wahl der Gelenkbolzenverbindung war denn auch nicht das Bestreben, die Voraussetzungen der Berechnung möglichst gut zu erfüllen, in erster Linie maßgebend, sondern der Umstand, daß der Zusammenbau von Gelenkbolzenfachwerken mit ungelernten Arbeitskräften möglich war, während die Ausführung genieteter Fachwerke qualifizierte Arbeiter für das Nieten erforderte. Dieser Unterschied fiel wirtschaftlich vor allem in noch wenig industrialisierten Gegenden stark ins Gewicht.

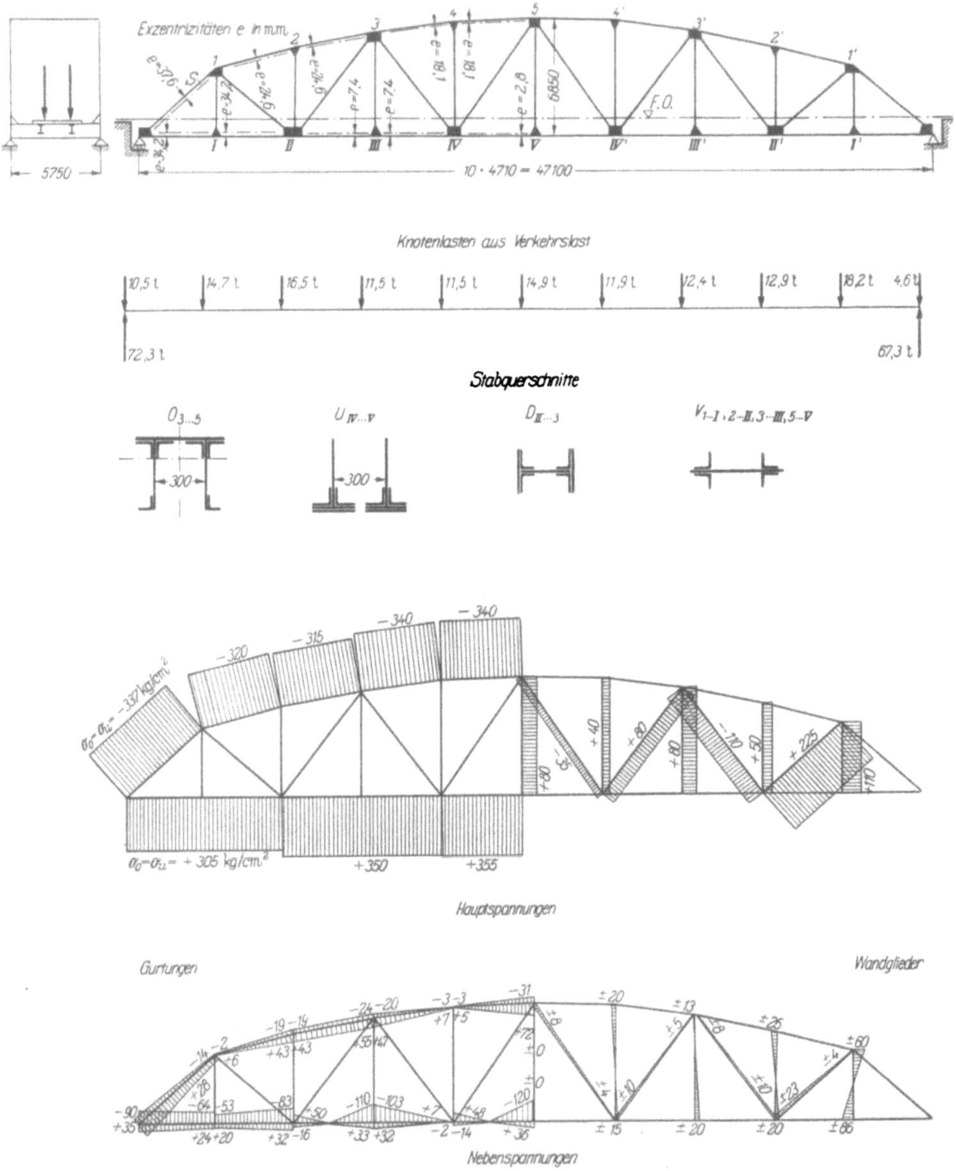

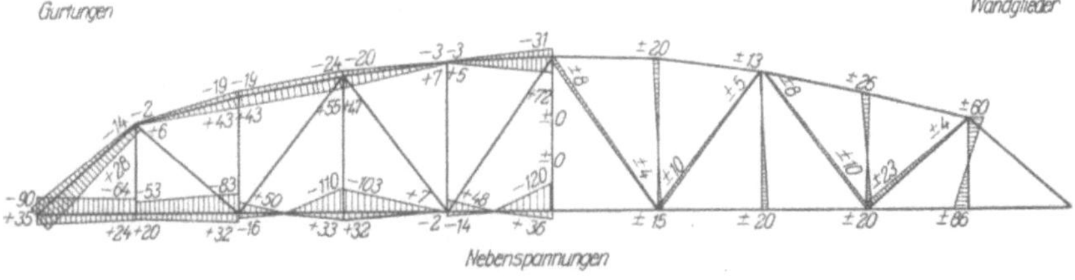

Abb. VIII,77.

Die biegungssteife Verbindung der Stäbe, wie sie in Europa von Anfang an gebräuchlich war, besitzt den ausschlaggebenden Vorzug der klaren konstruktiven Ausbildung. Dabei treten in solchen *steifknotigen* Fachwerken infolge der Längenänderungen der Stäbe allerdings Biegungsmomente und daraus zusätzliche Beanspruchungen, die *Nebenspannungen*, auf, deren Berechnung und Bewertung lange Zeit das Ziel von Untersuchungen der besten Köpfe des Stahlbaues war[1]. Seit den eingehenden Untersuchungen der Technischen Kommission des Schweizerischen Stahlbauverbandes[2], die sich auf umfangreiche Messungen an zahlreichen Brücken stützten, hat sich die Auffassung durchgesetzt, daß bei einem konstruktiv richtig durchgebildeten, genieteten Fachwerkträger mit weitmaschiger Gliederung und schlanken Stäben die Nebenspannungen die Sicherheit nicht in erheblichem Ausmaß beeinträchtigen. Abb. VIII,77 gibt ein Beispiel dieser Untersuchungen mit den Haupt- und Nebenspannungen an einem Hauptträger der Reußbrücke Fluhmühle bei Luzern der Schweizerischen Bundesbahnen unter Belastung durch drei Lokomotiven wieder. Konstruktiv richtige Durchbildung heißt hier in erster Linie, daß die Stabaxen genau zentriert sein, d. h. sich im theoretischen Knotenpunkt genau schneiden sollen; nur dann ist ein momentenfreier *Gleichgewichtszustand* überhaupt möglich. Eine rechnerische Berücksichtigung der Nebenspannungen bei der Bemessung solcher Fachwerke ist normalerweise nicht notwendig; die Nebenspannungen werden deshalb nur in besonderen Fällen, etwa im Großbrückenbau untersucht. So wurden beispielsweise die Nebenspannungen für verschiedene Montagezustände im Freivorbau der Kill van Kull Bridge (s. Abb. I,12) berechnet, um nachzuweisen, daß durch die Montage keine Beanspruchungen oberhalb der Proportionalitätsgrenze, d. h. keine bleibenden Formänderungen verursacht werden.

Bei Fachwerken mit geschweißten Knotenpunkten ist der Einfluß der Nebenspannungen auf die Sicherheit noch nicht systematisch untersucht worden; es muß jedoch angenommen werden, daß hier dieser Einfluß bei oft wiederholter Belastung (Dauerfestigkeit) größer sein wird als bei genieteten Knotenpunkten. Hier liegt eine Forschungsaufgabe der näheren Zukunft vor, die gelöst werden muß, bevor die Bemessungspraxis, die sich bei genieteten Fachwerken bewährt hat, auf große geschweißte Fachwerkbrücken für Eisenbahnverkehr übertragen werden darf.

Knotenpunkte

Die Ausbildung und Bemessung eines Fachwerkträgers beruht darauf, daß die durch die Stabkräfte S beanspruchten Stäbe in den Knotenpunkten miteinander verbunden werden müssen (Abb. VIII,78).

Da die Stäbe sich jedoch gegenseitig nicht durchdringen können, können nur einzelne Stäbe über den Knotenpunkt hinweggeführt werden, während die andern Stäbe zurückstehen müssen. In der Regel wird die Gurtung als wichtigste Stab-

---

[1] Siehe z. B. ENGESSER, F.: Die Zusatzkräfte und Nebenspannungen eiserner Fachwerkbrücken, Bd. I u. II. Berlin: Springer 1892 u. 1893. — Oder MOHR, O.: Die Berechnung des Fachwerks mit starren Knotenverbindungen, Zivilingenieur 1892 u. 1893. — Siehe auch: MOHR, O.: Abhandlungen aus dem Gebiete der technischen Mechanik, Berlin 1906, Abschn. XI,21.

[2] Nebenspannungen infolge vernieteter Knotenpunktverbindungen eiserner Fachwerkbrücken. Bericht der Gruppe V der TKVSB, erstattet von M. Roš, Zürich 1922, 1926.

gruppe durch den Knotenpunkt durchgeführt; um die Resultierende R_F der Füllungsglieder, die mit der Resultierenden R_O der Gurtungen im Gleichgewicht sein muß, an den Knotenpunkt anzuschließen, ist bei *genieteten Fachwerken* ein zusätzliches Element, das *Knotenblech*, notwendig. Bei geschweißten Fachwerken ist in gewissen Fällen ein Anschluß ohne Knotenblech möglich.

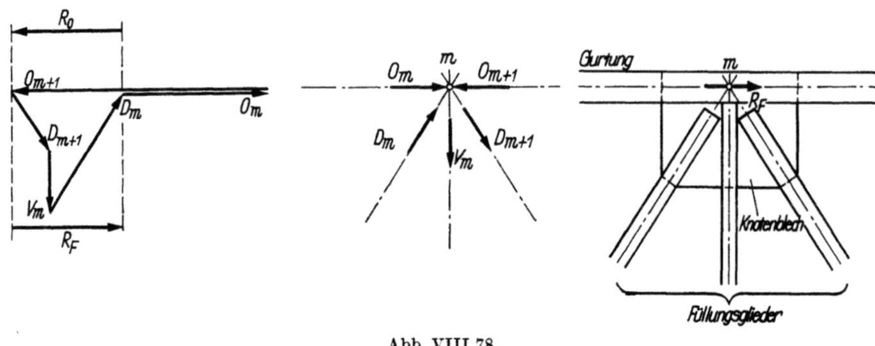

Abb. VIII,78.

Die bauliche Gestaltung der Knotenpunkte hängt wesentlich von den für die Herstellung der Stäbe und ihrer Anschlüsse verwendeten Verbindungsmitteln ab. Somit sind folgende Arten zu unterscheiden:

genietete Fachwerke (vgl. Abschn. VIII,2e),
geschweißte Fachwerke mit geschraubten Anschlüssen (vgl. Abschn. VIII,2f),
vollständig geschweißte Fachwerke (vgl. Abschn. VIII,2g).

Nachstehend (Abschn. VIII,2b bis 2d) werden zuerst grundsätzliche Überlegungen zusammengefaßt, die für alle Arten gültig sind; dabei werden die zwei Teilaufgaben, nämlich die Ausbildung der Stabquerschnitte und die Gestaltung der Knotenpunkte getrennt dargestellt.

b) Wahl der Stabquerschnitte

Bemessungsgrundlagen

Es sind Zug- oder Druckstäbe zu bemessen, deren Stabkräfte infolge der durch Vorschriften oder Normen vorgeschriebenen Belastungen durch die statische Berechnung ermittelt und damit gegeben sind.

Bei *Zugstäben* ist der Spannungsnachweis

$$\sigma_{\text{max vorh}} = \frac{S_{\text{max}}^+}{F_n} \leqq \sigma_{\text{zul}}$$

zu erfüllen; F_n ist der maßgebende Nettoquerschnitt (vgl. Abschn. III,1e). Die zulässige Spannung σ_{zul} ist entweder ein Festwert, z. B. $\sigma_{\text{zul}} = 1{,}60$ t/cm², oder vom Verhältnis der Spannungsgrenzwerte bzw. vom Verhältnis $S_{\text{min}}/S_{\text{max}}$ entsprechend den Dauerfestigkeitswerten abhängig. Der Einfluß der Biegungsmomente aus Stabeigengewicht auf den Spannungsnachweis wird in der Regel vernachlässigt; bei großen Trägern mit schweren Stäben empfiehlt es sich jedoch, durch eine kurze Kontrollrechnung nachzuweisen, daß diese Vernachlässigung gerechtfertigt ist.

Bei *Druckstäben* ist Knicken, d. h. die größte Druckkraft $S^-_{\max}$ maßgebend und der Spannungsnachweis lautet

$$\sigma_{k\,\mathrm{vorh}} = \frac{S^-_{\max}}{F} \leqq \sigma_{k\,\mathrm{zul}}\,.$$

Als Querschnitt F darf hier nach den üblichen Regeln der ungeschwächte Querschnitt eingesetzt werden; nur bei abnormal großer Lochschwächung, z. B. $\Delta F > 0,15\,F$, verlangen einzelne Vorschriften eine teilweise Berücksichtigung des Lochabzuges. Die zulässige Knickspannung[1] $\sigma_{k\,\mathrm{zul}}$,

$$\sigma_{k\,\mathrm{zul}} = \frac{1}{n_k}\,\frac{\pi^2\,T}{\lambda^2}\,,$$

nimmt mit wachsendem Schlankheitsgrad λ stark ab; bei Stäben großer Schlankheit ist die Materialausnützung ungünstig. Es ist deshalb aus wirtschaftlichen Gründen notwendig, den größten Schlankheitsgrad zu begrenzen; bei schweren Trägern sollte $\lambda \cong 100$ auch in den Füllungsgliedern nicht überschritten werden, während man bei leichten Trägern meist gezwungen ist, schlankere Stäbe zu wählen, wobei hier die Schlankheit $\lambda \cong 150$ die obere, wirtschaftlich noch vertretbare Grenze darstellen dürfte.

Als Knicklänge s_k eines Fachwerkstabes ist normalerweise seine Netzlänge s anzusehen. Bei voller Ausnützung $\sigma_{k\,\mathrm{vorh}} = \sigma_{k\,\mathrm{zul}}$ aller Druckstäbe ist eine Vergrößerung der Knicklast und damit eine Verkleinerung der Knicklänge $s_k < s$ nur dadurch möglich, daß die Zugstäbe der Knickverformung der im gleichen Knotenpunkt angeschlossenen Druckstäbe einen gewissen Widerstand entgegensetzen.

Aus Abb. VIII,79 ist leicht ersichtlich, daß eine solche Verformungsbehinderung durch eine Zugstrebe für die Druckgurtungen nicht sehr wirksam sein kann,

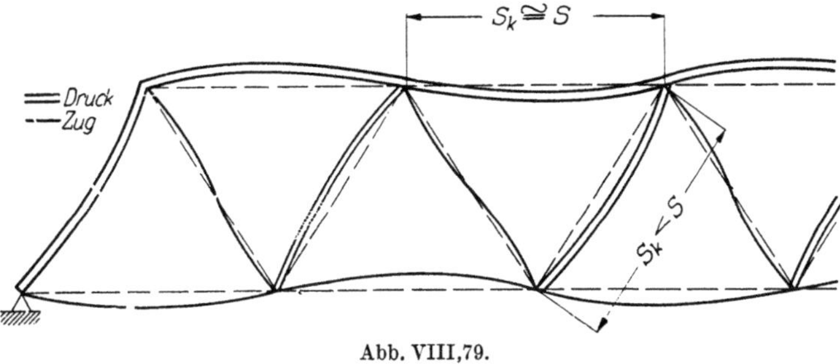

Abb. VIII,79.

während sie für die Druckstreben, durch die Einspannung im Zuggurt, eher gerechtfertigt ist. Für die Druckstreben, abgesehen von den Endstreben, ist ferner günstig, daß ihre größte Stabkraft unter Teilbelastung, also nicht gleichzeitig mit den größten Druckgurtkräften, auftritt. Die durch einzelne Verordnungen erlaubten Verkleinerungen $s_k < s$ sind deshalb mit einer gewissen Vorsicht auszunützen.

Maßgebende Gesichtspunkte für die Wahl der Querschnittsform

Die Achsen sämtlicher Stäbe eines ebenen Fachwerkes sollen in einer Ebene liegen, d. h. die Stäbe müssen einen zur Fachwerkebene *symmetrischen* Querschnitt

---

[1] Bei einfachsymmetrischen Querschnitten ist der Einfluß des Torsionsknickens (Knicken senkrecht zur Symmetrieachse) zu berücksichtigen (vgl. Abschn. VI,2 b).

besitzen. Einseitig angeschlossene Stäbe mit unsymmetrischem Querschnitt dürfen somit nur ausnahmsweise verwendet werden (untergeordnete Ausfachung, Verbandstäbe usw.); bei ihrer Bemessung ist das Exzentrizitätsmoment zu berücksichtigen, weil dieses zur Erhaltung des Gleichgewichtes erforderlich ist.

Die oben erwähnte Forderung, aus wirtschaftlichen Gründen Stäbe mit kleiner Schlankheit $\lambda = s_k/i$ zu wählen, steht im Widerspruch mit der anderen Forderung, schlanke Stäbe vorzusehen, um die *Nebenspannungen* kleinzuhalten. Die Nebenspannungsmomente sind bei gegebenem Stabnetz und gegebenen Längenänderungen proportional zu den Verhältnissen J/s, die Nebenspannungen selber somit zu den Werten h/s. Die beiden Forderungen, sowohl s/i wie h/s kleinzuhalten, sind somit gleichzeitig nur in den engen Grenzen erfüllbar, die durch die Variation der Querschnittsform gegeben sind; es soll das Verhältnis h/i möglichst klein bzw. i/h möglichst groß sein. In Abb. VIII,80 sind die Werte i_x/h für verschiedene Querschnittsformen schematisch zusammengestellt; es zeigt sich daraus, daß auch

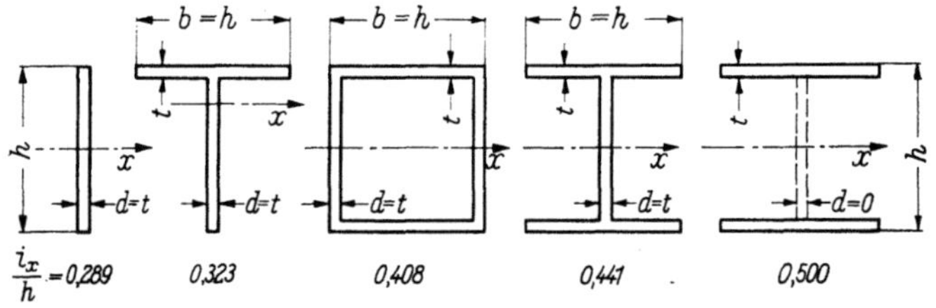

Abb. VIII,80.

in bezug auf die Nebenspannungen wie in bezug auf das Knicken in der Trägerebene eine symmetrische Querschnittsform günstig ist, bei der ein möglichst großer Teil der Querschnittsfläche an den beiden Rändern konzentriert ist. Der einfache ⊥-Querschnitt kann günstiger sein als der I-Querschnitt oder ungünstiger als der Rechtecksquerschnitt, je nachdem die Nebenspannungen am flanschfreien Rand entgegengesetztes oder gleiches Vorzeichen wie die Grundspannungen besitzen.

Die Wandstärke der Stege ist nach unten dadurch begrenzt, daß ein *Ausbeulen* nicht eintreten soll, bevor der Stab als Ganzes die Knickgrenze erreicht hat; im elastischen Bereich führt diese Bedingung auf die Ungleichung

$$k \frac{\pi^2 E}{12(1-\nu^2)} \frac{d^2}{h^2} \geqq \frac{\pi^2 E}{\lambda^2},$$

$$\frac{d^2}{h^2} \geqq \frac{12(1-\nu^2)}{k\,\lambda^2}$$

oder für $\nu = 0{,}3$

$$d \geqq \frac{3{,}305}{\lambda\sqrt{k}}\,h, \qquad h \leqq \frac{\lambda\sqrt{k}}{3{,}305}\,d.$$

Für eine beidseitig gelenkig gelagerte und gleichmäßig gedrückte Platte ergibt sich mit $k_{\min} = 4{,}0$ der Wert

$$h \leqq 0{,}60\,\lambda\,d, \tag{VIII,24a}$$

während für eine lange Platte mit einem freien Längsrand, $k_{\min} \cong 0{,}425$ für $a/b = \infty$,

$$h \leq 0{,}20\,\lambda\,d \qquad\qquad\qquad \text{(VIII,24b)}$$

sein soll. Im unelastischen Bereich liegen diese Zahlenwerte auf der sicheren Seite.

Von der *wirtschaftlichen Seite* her ist an die Ausbildung der Stäbe in erster Linie die Forderung zu stellen, daß die Stäbe in einfacher Weise aus möglichst wenig Einzelteilen, am besten aus Walzprofilen herzustellen sind. Erst bei größeren Kräften erweisen sich zusammengesetzte Profile als vorteilhaft, weil die höheren Bearbeitungskosten durch Materialeinsparungen mehr als ausgeglichen werden. Maßgebend sind die *Gesamtkosten* aus Materialaufwand und Bearbeitung. Zudem muß die Querschnittsform so gewählt werden, daß sie einfache Anschlüsse erlaubt.

Bei Tragwerken im Freien und in Räumen mit Schwitzwasserbildung oder schädlichen chemischen Einflüssen dürfen keine unzugänglichen Fugen vorkommen; aus Gründen des guten *Unterhaltes* (Korrosionsschutz) muß der Anstrich periodisch kontrolliert bzw. erneuert werden können. Ausnahmen sind nur in gedeckten Räumen ohne korrosionsfördernde Einflüsse gestattet. Allgemein sind Bauformen mit möglichst einfachen und relativ kleinen Anstrichflächen anzustreben.

Bei der Wahl der Querschnittsform ist grundsätzlich zwischen Gurtstäben und Füllungsgliedern zu unterscheiden; die *Gurtstäbe* sind durchgehende Stäbe, so daß ihre Ausbildung und Bemessung nicht für einen Stab allein, sondern nur im Zusammenhang mit den Nachbarstäben möglich ist; ihre Querschnitte sind so zu wählen, daß sie unter Beibehaltung ihrer Anschlußmöglichkeit — ausgehend von einem sogenannten *Grundquerschnitt* — in einfacher Weise verstärkt werden können.

Die *Füllungsglieder* sind dagegen Einzelstäbe, die an sich unabhängig voneinander ausgebildet werden können. Durch die Wahl der Gurtquerschnitte sind allerdings bereits viele Bedingungen für die Füllstäbe gegeben, weil die Querschnitte so abzustimmen sind, daß sich die Stäbe leicht miteinander verbinden lassen.

Ob ein Fachwerk vorteilhaft *einwandig* (Abb. VIII,81 a) oder *zweiwandig* (Abb. VIII,81 b) auszubilden ist, hängt von der Größe der Stabkräfte und von den Anschlußmöglichkeiten an den Knotenpunkten ab. Beim einwandigen Fachwerk sind normalerweise die Bearbeitungskosten (weniger Niete, keine Querschotte

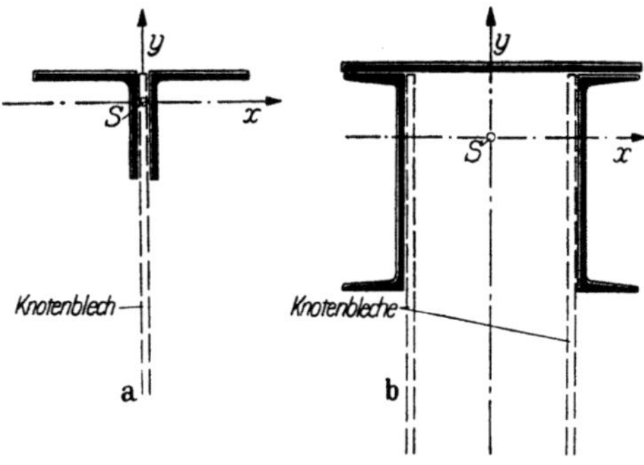

Abb. VIII,81a und b. a) Einwandig; b) zweiwandig.

nötig) geringer als beim zweiwandigen, während letzteres wegen der besseren
seitlichen Steifigkeit (Knicken) normalerweise einen relativ geringeren Materialaufwand erfordert. Die Grenze zwischen den beiden Anwendungsformen liegt
nicht fest, doch dürfte im Sinne einer allgemeinen Richtlinie etwa festgehalten
werden, daß einwandige Ausbildung dann nur noch ausnahmsweise gewählt wird,
wenn der größte Gurtstabquerschnitt mehr als etwa 250 cm² beträgt.

Eine wesentliche Grundlage der normalen Festigkeitsberechnung ist die Voraussetzung, daß die *Querschnittsform* des beanspruchten Stabes erhalten bleiben
muß. Bei zweiwandigen, aus dünnwandigen Elementen zusammengesetzten Querschnitten, insbesondere bei Druckstäben, muß diese Voraussetzung durch besondere konstruktive Maßnahmen gesichert werden. Dies geschieht durch Querschotte (Abb. VIII,82), die bei Druckstäben mindestens in den Drittelspunkten,
bei Zugstäben mindestens in Stabmitte anzuordnen sind. In den Knotenpunkten
sind ebenfalls Querschotte vorzusehen, die allerdings durch in den Gurt eingeführte Pfosten ersetzt werden können.

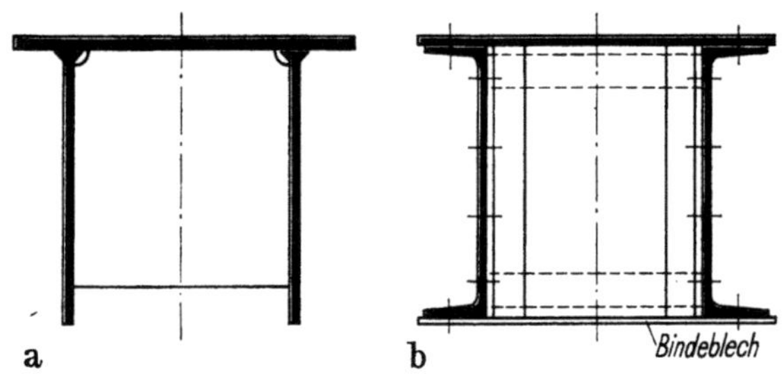

Abb. VIII,82a und b. a) Eingeschweißter Querschott; b) angenieteter Querschott.

Besonders bei Druckbeanspruchung ist schließlich zwischen *einteiligen Voll-
stäben* und zwei- bzw. *mehrteiligen gegliederten Stäben* zu unterscheiden. Bei Voll-
stäben bildet der Querschnitt eine zusammenhängende Fläche, mit einer konti-
nuierlichen Verbindung zwischen den Einzelteilen. Die Querschnittseinzelteile der
zwei- oder mehrteiligen Stäbe sind dagegen nur in gewissen Abständen durch
Bindebleche (Rahmenstäbe) oder durch eine Vergitterung (Gitterstäbe) zusam-
mengehalten. Für das Ausknicken solcher Stäbe um ihre materialfreie Achse sind
die im Abschn. VI,1g erwähnten Besonderheiten zu berücksichtigen.

c) Ausbildung der Stabanschlüsse

Allgemeines

Die Anschlüsse sind so auszubilden, daß die *einzelnen Querschnittsteile* entsprechend ihrer anteiligen Kraft *je für sich angeschlossen* werden. Darüber hinaus
sind die Querschnitte der Anschlußlaschen und der Knotenbleche sowie der Verbindungsmittel proportional zu den anschließenden Kräften, d. h. zu den entsprechenden Einzelflächen des Stabes zu wählen. Dadurch wird ein gleichmäßiges
Verhalten der Anschlußelemente verwirklicht, so daß sie auch gleichmäßig beansprucht werden, wie dies in der Berechnung vorausgesetzt ist.

Diese Regeln sind in erster Linie bei auf Ermüdung beanspruchten Konstruktionen einzuhalten, besonders wenn die Anschlüsse steif (HV-Schrauben, Schweißnähte) ausgebildet sind und keinen nennenswerten Ausgleich vor dem Dauer-

bruch ermöglichen. Die Regeln betreffen nicht nur mehrteilige, sondern auch einteilige Stäbe, ja sogar Walzprofile. Werden z. B. bei einem zweiwandigen Fachwerk die Füllungsglieder als I-förmige Vollstäbe ausgeführt, so sollten an sich beide Flanschen und der Steg für sich angeschlossen werden. Diese Lösung, die einen relativ aufwendigen Anschluß des Steges bedingt, ist aus Abb. VIII,117 ersichtlich. Wird der Steg nicht direkt angeschlossen, so sollte er am Anschlußende ausgenommen werden, um eine stetige Krafteinleitung ohne Spannungsspitzen zu gewährleisten (Abb. VIII,83).

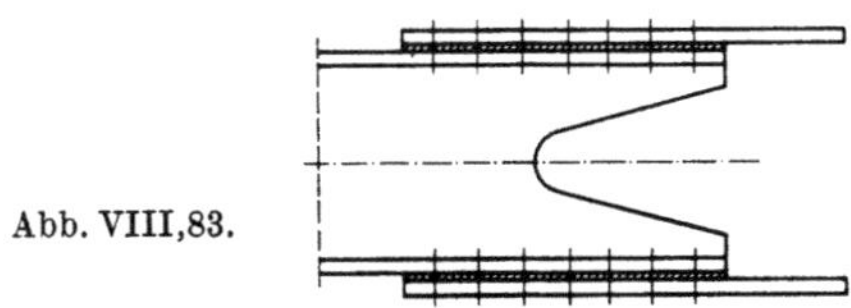

Abb. VIII,83.

Bei ruhender Belastung (Hochbau) ist eine strenge Beachtung der oben erwähnten Konstruktionsregeln nicht nötig, weil ein Kräfteausgleich durch Fließen vor Erreichen der Erschöpfung möglich ist.

Druckdiagonalen sollen möglichst nahe an den theoretischen Knotenpunkt herangeführt werden, um ein Ausbeulen der Knotenbleche zu vermeiden.

Bemessung der Anschlüsse

Unter Annahme einer gleichmäßigen Kraftverteilung in *genieteten* oder *geschraubten* Anschlüssen ergibt sich die erforderliche Anzahl n der Verbindungsmittel zu

$$n_{\mathrm{erf}} = \frac{S_{\max}}{N_{\mathrm{zul}}};$$

dabei bedeutet N_{zul} den kleineren der beiden Werte der zulässigen übertragbaren Kraft auf Abscheren oder Lochleibung. Nach den Untersuchungen über die Kraftverteilung in einem Anschluß (s. Abschn. III,1g) ist diese vereinfachte, jedoch praktisch übliche Berechnung von n_{erf} nur dann gerechtfertigt, wenn die Zahl der in der gleichen Rißlinie hintereinanderliegenden Niete oder Schrauben nicht zu groß ist, d. h. im Brückenbau nicht mehr als 5, im Stahlhochbau nicht mehr als 6 beträgt.

Um die Knotenbleche verhältnismäßig klein halten zu können, was sowohl mit Rücksicht auf den Materialaufwand wie auch auf die Kleinhaltung der Nebenspannungen erwünscht ist, sucht man die Anschlußlänge der Füllungsglieder kurz zu halten. Es werden hier deshalb verhältnismäßig kleine Abstände e, $e \leqq 4{,}5 d$, gewählt.

Eine weitere Möglichkeit zur Verkürzung der Anschlußlänge besteht beim *Doppelwinkel* in der Anordnung von Beiwinkeln nach Abb. VIII,84. Dadurch kann auch der Anschluß besser auf die Stabaxe zentriert werden als beim einfachen Anschluß. Dabei ist aber zu beachten, daß die Anschlußniete im Stab ihre Anschlußkräfte direkt vom Stab auf das Knotenblech übertragen, während die Kraftübertragung durch den Beiwinkel eine indirekte mit entsprechend größerer Nachgiebigkeit der Verbindung ist. Dies bedeutet, daß die Niete, die den Beiwinkel mit dem Knotenblech verbinden, nicht als vollwertig anzusehen sind,

sondern nur mit einer reduzierten Nietzahl (etwa 60 bis 70%) in die Anschluß-
berechnung eingesetzt werden dürfen[1].

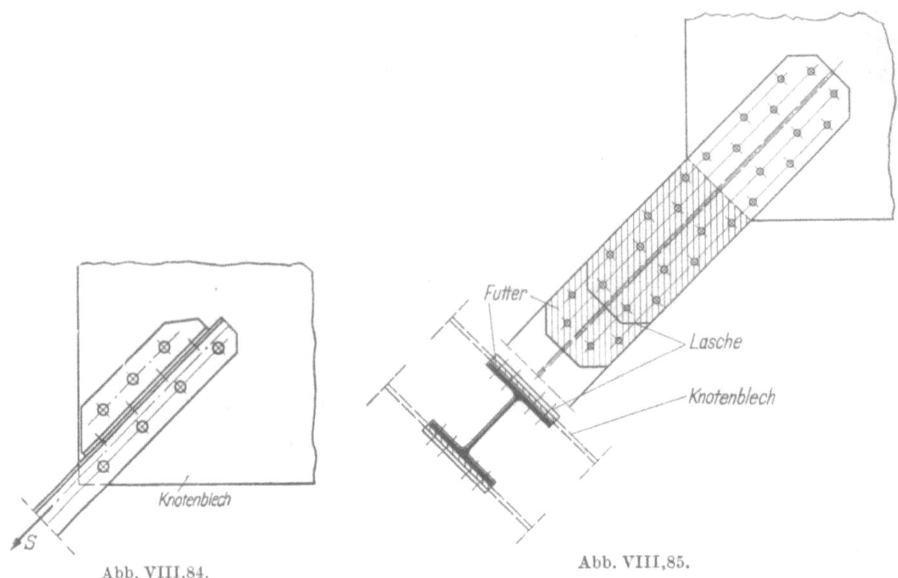

Abb. VIII,84.   Abb. VIII,85.

Bei einer als I-*förmiger Querschnitt* ausgebildeten Strebe eines zweiwandigen
Fachwerkes wird die Anschlußlänge dadurch klein gehalten, daß die Flansch-
anschlüsse durch zweischnittige Verbindungsmittel mit Zusatzlaschen vorgesehen
werden. Der Füllstab wird dabei zwischen die Knotenbleche eingeführt
(Abb. VIII,85). Da die Stoßlasche auf dem Knotenblech liegt, ist Futter (schraf-
fiert) in der Stärke des Knotenbleches notwendig. Die Krafteinleitung in der
Lasche ist damit auf der Stabseite indirekt. Diese Nachgiebigkeit wird durch ein
Vorziehen des Futters um eine Reihe über das Laschenende ausgeglichen.

Falls alle Füllstäbe zweischnittig angeschlossen sind, können ihre Flanschen in
der Knotenblechebene angeordnet werden, wie dies beim Knoten der Abb.VIII,117
der Fall ist. Stimmt die Flanschstärke nicht mit derjenigen der Knotenbleche
überein, so sind Ausgleichsfutter vorzusehen.

Bei *geschweißten Anschlüssen* sind Stumpfstöße vorzuziehen, weil sie einen
besseren Kraftfluß gewährleisten. Werden Flankenkehlnähte angeordnet, so ist
ihre Anschlußlänge zu beschränken (vgl. Abschn. III,3e). Die in diesen Nähten
gleichzeitig mit den Schubspannungen wirkenden Normalspannungen dürfen in
der Regel vernachlässigt werden.

Einflüsse örtlicher Exzentrizitäten bei den Anschlüssen

Auch bei an sich zentrisch angeordneten Stäben mit zur Fachwerkebene symmetrischem Querschnitt können, infolge der Besonderheiten der Querschnittsform, beim Anschluß örtliche Exzentrizitäten in der Fachwerkebene bzw. senkrecht dazu vorkommen. Als erstes Beispiel soll der Anschluß einer als *Doppel-*

---

[1] Werden an Stelle der Beiwinkel angeschweißte Laschen angeordnet, so ist deren Verbindung mit dem Stab steif. Eine Erhöhung der Anzahl der Verbindungsmittel ist hier nicht
mehr notwendig.

winkel ausgebildeten Strebe untersucht werden. Dabei besteht die Besonderheit, daß der Stab *in der Knotenblechebene* exzentrisch angeschlossen ist, weil die Riß-linie nicht mit der Stabaxe zusammenfällt. Für die Orientierung des Stabes in bezug auf das Netzbild bestehen grundsätzlich zwei Möglichkeiten, die einander in Abb. VIII,86 gegenübergestellt sind.

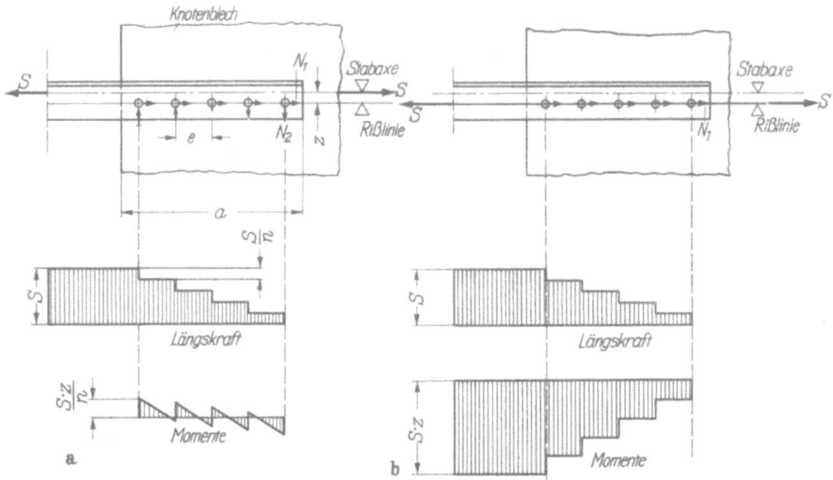

Abb. VIII,86a und b. a) Auf Stabaxe zentriert; b) auf Rißlinie zentriert.

Wenn wir die Stabaxe mit der Netzlinie zusammenfallen lassen, d. h. *auf die Stabaxe zentrieren*, so wirkt die Stabkraft in der Stabaxe; in der Anschluß-nietung müssen deshalb quergerichtete Nietkräfte N_2 auftreten, die das Exzentri-zitätsmoment $S\,z$ der Stabkraft bezüglich des Schwerpunktes der Nietgruppe aufnehmen. Im Stabende treten dabei Biegungsmomente M auf, die sich jedoch nur über einen Bereich erstrecken, in dem die Längskraft schon teilweise abgebaut ist (Abb. VIII,86a). Durch einfache Nachrechnung läßt sich leicht zeigen, daß auch bei auf N_1 voll ausgenützten Anschlußnieten die Überbeanspruchung infolge der aus N_1 und N_2 resultierenden Nietkraft unbedeutend ist, während im Stab-ende infolge des Momentes M überhaupt keine Überbeanspruchung auftritt.

Würden wir den Stab dagegen auf die Rißlinie zentrieren, so würden wohl die Anschlußniete nur durch längsgerichtete Kräfte N_1, der Stab dagegen bei einem gelenkig angenommenen Anschluß durch Momente $M = S\,z$ und damit sehr ungünstig beansprucht. Ist der Anschluß biegesteif, so verteilt sich das Moment auf die im Knoten zusammentreffenden Stäbe im Verhältnis ihrer Steifig-keit: die biegeweiche Strebe erhält einen relativ kleinen Anteil, während die Gurtstäbe ebenfalls zusätzlich auf Biegung beansprucht sind.

Die Schlußfolgerung aus diesem Vergleich ist eindeutig: *Es ist stets auf Stab-axe zu zentrieren*. Die Zusatzspannungen im Stabanschluß brauchen dabei nicht nachgewiesen zu werden.

Als Beispiel einer Exzentrizität *senkrecht zur Fachwerkebene* sei zuerst wieder eine als Doppelwinkel ausgebildete Strebe betrachtet. Senkrecht zum Knoten-blech weisen die beiden Einzelwinkel eine Exzentrizität v der Stabaxen gegen-

über den Anschlußflächen (Scherflächen der Niete) auf, wodurch Exzentrizitätsmomente $1/2\,S\,v$ auf jeder Seite entstehen (Abb. VIII,87). Da die beiden
Einzelwinkel sich jedoch direkt gegenüberliegen, können die Exzentrizitätsmomente innerhalb des Anschlußbereiches ausgeglichen werden, ohne daß
wesentliche Zusatzbeanspruchungen im Stab entstehen. Die kleinen Zugkräfte Z
in Schaftrichtung der Niete sind ebenfalls ungefährlich. Eine Verbesserung der
Verhältnisse bei sehr kurzen Anschlußlängen und oft wiederholter Belastung ist
möglich durch das unmittelbar vor das Knotenblech vorgesetzte, in Abb. VIII,87
gestrichelt eingetragene Bindeblech. Ähnliche Verhältnisse liegen bei symmetrisch
zum Knotenblech angeordneten Strebenquerschnitten aus zwei U- bzw. T-
Stäben vor.

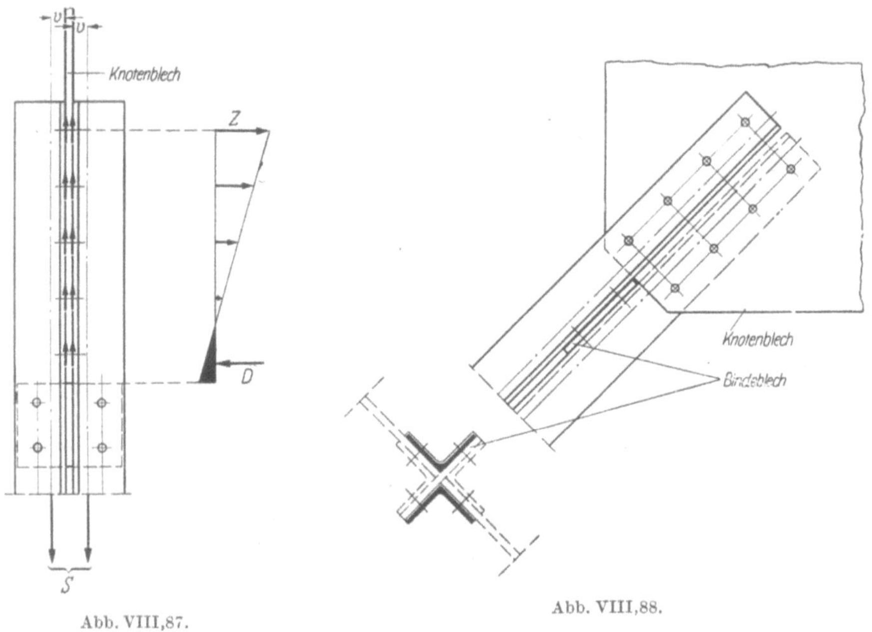

Abb. VIII,87.

Abb. VIII,88.

Beim *Kreuzwinkel* (s. Abb. VIII,88) bietet die Zentrierung des Gesamtstabes
keine Schwierigkeiten, dagegen sind die beiden Einzelstäbe in beiden Richtungen,
in der Knotenblechebene und senkrecht dazu, exzentrisch angeschlossen. Hier ist
ein Querbindeblech vor dem Knotenblech unbedingt notwendig, weil sich die
Exzentrizitätsmomente der beiden Einzelstäbe nicht direkt ausgleichen können,
da dünnere Bleche praktisch keine Momente quer zur Blechebene aufnehmen
können.

Die Verstärkung des Anschlusses durch Beiwinkel (im Schnitt gestrichelt eingezeichnet) ist hier leicht möglich; die Beiwinkel werden dabei zweckmäßigerweise
bis auf das Querbindeblech über das Knotenblech hinaus vorgezogen.

Bei *zweiteiligen Füllgliederquerschnitten* eines zweiwandigen Fachwerkträgers
sind die Einzelstäbe nicht am gleichen Knotenblech angeschlossen, so daß im
Anschluß die Momente aus der Exzentrizität v der Einzelstäbe sich nicht direkt

ausgleichen können. Zum Ausgleich dieser Momente sind deshalb besondere Querverbindungen im Bereich des Anschlusses vorzusehen. Bei außerhalb der Knotenbleche angeordneten Einzelstäben (Abb. VIII,89a) wird somit diese zweiteilige Ausbildung aufwendig. Sie kommt deshalb vorwiegend für innerhalb der Knotenbleche eingeführte Stäbe in Frage, bei denen einfach die letzten Bindebleche im Anschlußbereich anzuordnen sind (Abb. VIII,89b).

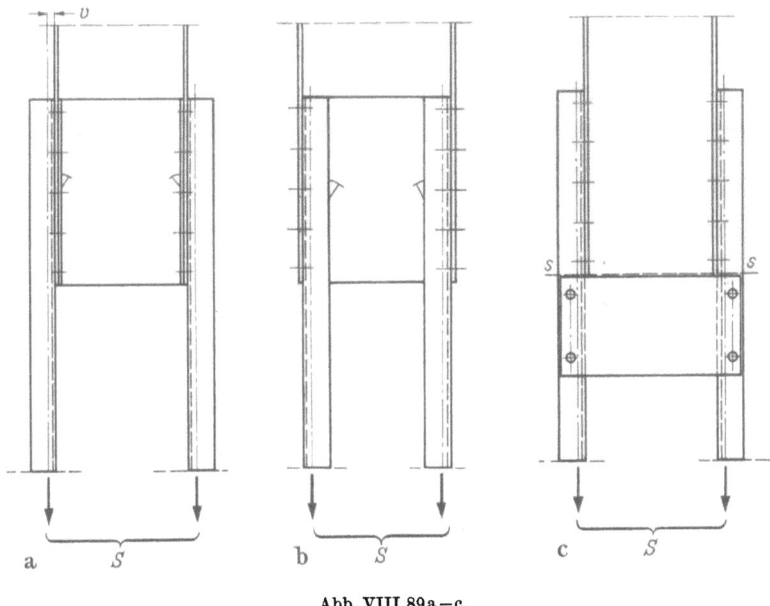

Abb. VIII,89a—c.

Eine Querverbindung vor den Knotenblechen nach Abb. VIII,89c vermag die Verhältnisse nur teilweise zu verbessern, da die Einzelstäbe im Schnitt $s-s$ immer noch durch Normalkräfte und Biegungsmomente beansprucht sind. Bei einem Druckstab verursacht diese Biegung nur dann keine Überbeanspruchung, wenn die Biegungsspannungen kleiner sind als der Unterschied zwischen σ_{zul} und $\sigma_{k\,zul}$; im Zugstab ist der Schnitt $s-s$ für die Bemessung immer maßgebend, so daß die zulässige Stabkraft vermindert wird.

d) Ausbildung und Bemessung der Knotenpunkte

Zentrierung der Stabachsen in den Knoten

Eine wichtige Voraussetzung für die Anwendbarkeit der Culmannschen Fachwerktheorie besteht darin, daß die Schwerlinien der Stäbe mit den Netzlinien des Fachwerkes übereinstimmen und sich somit in den theoretischen Knotenpunkten schneiden. Falls diese Forderung nicht erfüllt ist, führen die vorhandenen Exzentrizitäten zu Stabbiegemomenten, die für die Aufrechterhaltung des Gleichgewichtes notwendig sind. Die entsprechenden Biegespannungen sind deshalb, im Gegensatz zu den sich nur aus Verträglichkeitsbedingungen ergebenden Nebenspannungen, bei der Bemessung zu berücksichtigen. Solche exzentrische Anschlüsse sind deshalb zu vermeiden (vgl. Abschn. VIII,2c).

Bei Gurtquerschnitten, die den Stabkräften angepaßt sind, ist es allerdings nicht immer möglich, die Abstufung so vorzunehmen, daß die Höhenlage der Schwerpunkte genau beibehalten wird. Damit neben dem Komponentengleichgewicht auch *Momentengleichgewicht* bestehen kann, muß die größere Gurtkraft O_{m+1} in der Wirkungslinie der Resultierenden aus O_m und R_m angreifen; die Füllungsglieder sind auf einen auf der Seite der größeren Gurtkraft liegenden *ideellen Knotenpunkt* zu zentrieren (Abb. VIII,90a).

Nun ist aber

$$R_m = O_{m+1} - O_m$$

und die Einflußlinie für R_m, die sich leicht als Differenz der beiden Einflußlinien für die Gurtstabkräfte O_{m+1} und O_m ergibt (Abb. VIII,90b), zeigt, daß das Verhältnis der Gurtkräfte sich je nach Anordnung der Nutzlast ändert und daß die

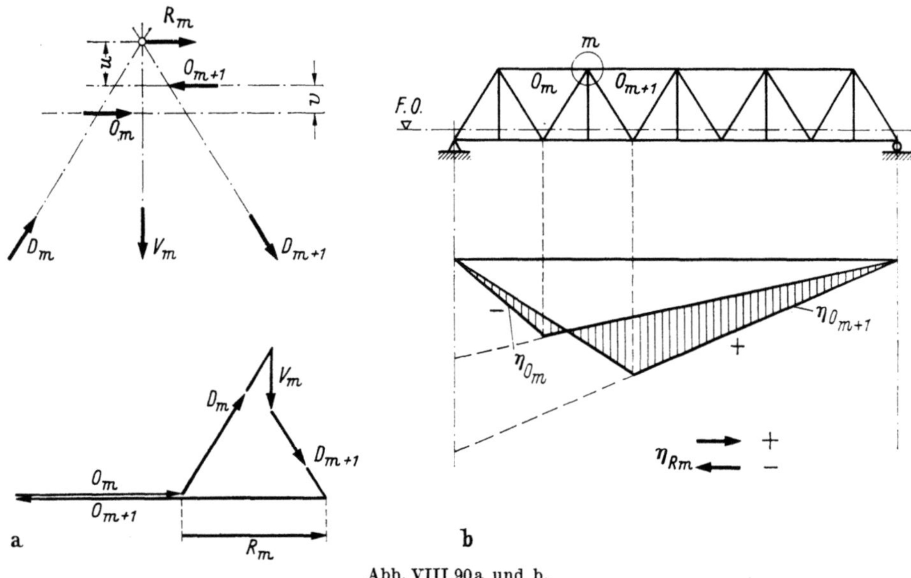

Abb. VIII,90a und b.

Anschlußkraft R_m sogar ihr Vorzeichen wechseln kann. Eine momentenfreie Zentrierung der Stäbe im Knotenpunkt ist somit nur für einen bestimmten Belastungsfall, nicht aber allgemein möglich. Da allfällige Exzentrizitätsmomente vorwiegend von den steiferen Gurtstäben aufzunehmen sind, wird man mit

$$R_m u - O_m v = 0$$

für Vollbelastung zentrieren und für Teilbelastungen, bei denen wenigstens die Gurtstäbe aus ihrer Stabkraft nicht voll beansprucht sind, gewisse Exzentrizitätsmomente in Kauf nehmen müssen. Aus diesen Überlegungen ergibt sich mit aller Deutlichkeit die zwingende Forderung, bei abgestuften Gurtquerschnitten die Axverschiebung v so klein wie möglich zu halten. Anderseits zeigt die Einflußlinie für R_m, daß die Anschlußkraft R_m unter Teilbelastung und nicht unter Vollbelastung am größten wird.

Wahl der Knotenblechform

Die Größe der Knotenbleche ist möglichst klein zu halten, einerseits um Material zu sparen, anderseits um die Nebenspannungen zu vermindern. Die Stabanschlüsse sind deshalb möglichst gedrungen auszuführen (vgl. Abschn. VIII,2c). Zudem dürfen die Stäbe nicht unter allzu spitzen Winkeln zusammenlaufen, weil sonst lange Knotenbleche nötig sind. Um die Bearbeitungskosten gering zu halten, ist eine möglichst einfache Form zu wählen, mit mindestens zwei parallelen Seiten. Bei auf Ermüdung beanspruchten Fachwerken mit eingeschweißten Knotenblechen tritt allerdings diese Forderung gegenüber der Notwendigkeit einer möglichst sanften Querschnittsänderung im Knotenbereich zurück (vgl. Abschnitt VIII,3f und g).

Selbstverständlich ist die Form der Knotenbleche von der Stabanordnung im betreffenden Knoten abhängig. In gewissen Fällen spielen auch der Anschluß weiterer Bauteile oder andere konstruktive Forderungen eine Rolle (vgl. Abschnitt VIII,3h).

Bestimmung der Knotenblechstärke

Die Knotenbleche sind so zu bemessen, daß sie die angeschlossenen Stabkräfte ohne Spannungsüberschreitung übertragen können. Da die Form, d. h. Länge und Breite des Knotenblechs, durch die Anschlußlänge der größeren Diagonalstabkraft bei gegebenem Netzbild in engen Grenzen festgelegt ist, ist noch die *Knotenblechstärke* den zu übertragenden Kräften anzupassen.

Die rechnerische Erfassung des Spannungszustandes im Knotenblech bereitet große Schwierigkeiten (Scheibenproblem). Immerhin ist es möglich, durch vernünftige Schätzungen ein Bild über die für die Bemessung maßgebenden Beanspruchungen zu gewinnen, wobei in erster Linie auf die Einhaltung der Gleichgewichtsbedingungen zu achten ist. Im folgenden werden einige Überlegungen dieser Art dargestellt.

Eine durch eine Nietreihe oder durch eine Schweißnaht an ein Knotenblech angeschlossene Kraft breitet sich im Blech aus; die dabei im Blech auftretenden

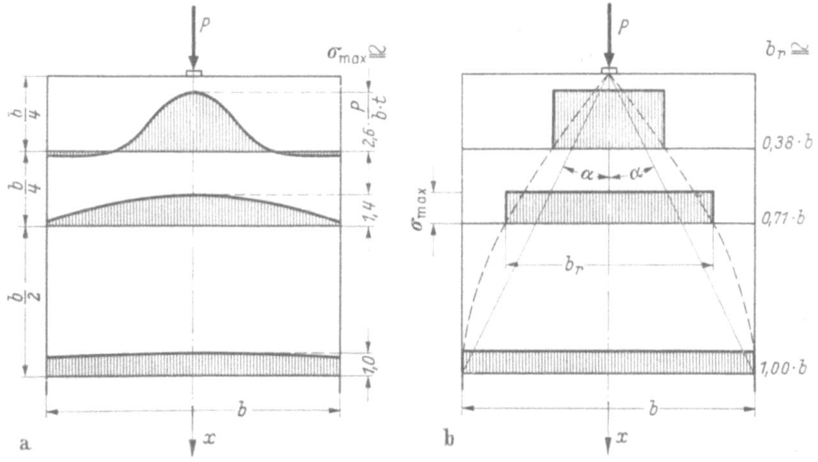

Abb. VIII,91a und b.

Beanspruchungen sind somit abhängig von der Art und Form der *Lastausbreitung*, über die uns die Elastizitätstheorie der Scheiben Auskunft gibt. In Abb. VIII,91a ist die Verteilung der Normalspannungen σ_x in einer rechteckigen Scheibe der

Breite b unter konzentrierter Randbelastung P skizziert[1]; im Abstand $x = b$ ist die Spannung annähernd gleichmäßig verteilt. Wir können nun an Stelle der wirklichen Spannungsverteilung ein Ersatzbild mit mitwirkender Scheibenbreite b_r einführen, wobei die Größtspannung $\sigma_{x\,\mathrm{max}}$ über b_r gleichmäßig verteilt sein soll:

$$b_r = \frac{P}{\sigma_{\mathrm{max}}\, t}\,.$$

Abb. VIII,91 b zeigt den Verlauf der mitwirkenden Breite, die ihrerseits für $x \leqq b$ in einer auf der sicheren Seite liegenden Vereinfachung mit

$$b_r = 2x\,\mathrm{tg}\,\alpha,$$

wobei $\alpha \cong 30°$ beträgt, angenommen werden darf.

Diese Lastausbreitung unter $\alpha = 30°$ nehmen wir nun auch für eine Nietkraft in einem Knotenblech an (Abb. VIII,92a). Bei mehreren Nieten wird eine einfache Überlagerung nach Abb. VIII,92b) vorausgesetzt, die wohl eher etwas zu

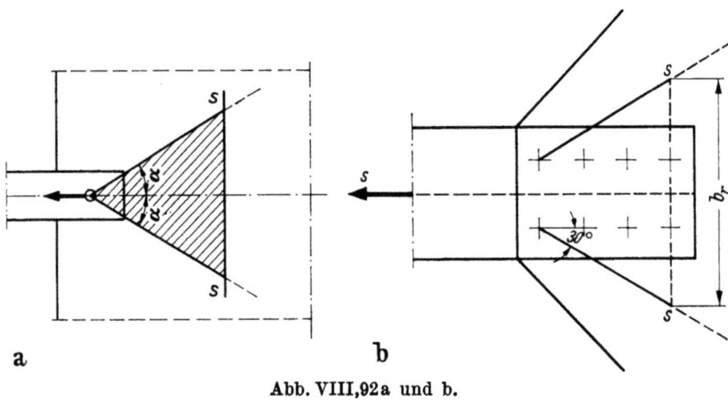

a   b

Abb. VIII,92a und b.

günstig ist, uns aber doch ein einfaches Mittel liefert, um die Beanspruchungen im Knotenblech einigermaßen zutreffend abzuschätzen und damit eine ausreichende Knotenblechstärke zu bestimmen.

Maßgebend ist offensichtlich der Schnitt $s-s$ am Ende des Anschlusses, weil hier die Stabkraft S gerade voll auf das Knotenblech übertragen ist; es muß

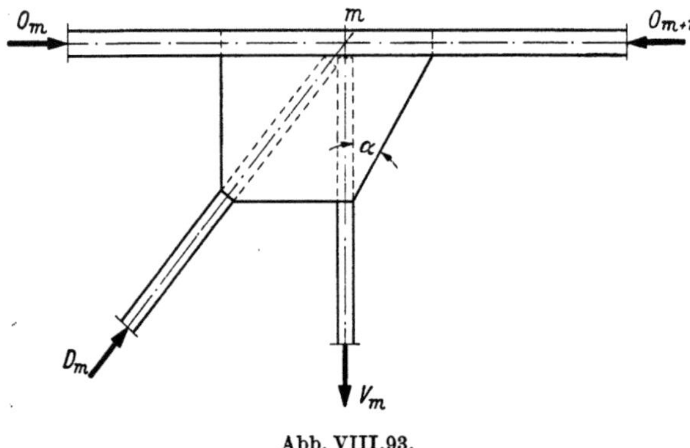

Abb. VIII,93.

---

[1] Vgl. z. B. Timoshenko, S., Goodier, J. N.: Theory of Elasticity, New York 1951, S. 52.

deshalb hier der Spannungsnachweis

$$\sigma_{\text{vorh}} = \frac{S}{b_r\,t} \leqq \sigma_{\text{zul}}$$

erfüllt sein.

Die in Abb. VIII,91 skizzierten Verhältnisse bei der Lastausbreitung zeigen auch, wie die Knotenblechform in weiteren Fällen zu wählen ist. So muß beispielsweise im Knotenpunkt eines Ständerfachwerks (Abb. VIII,93) die Pfostenkraft V_m sich verteilen können; es ist naheliegend, die Form des Knotenblechs auf den natürlichen „Kraftausbreitungswinkel" $\alpha \geqq 30°$ abzustimmen.

Übertragung der Stabkräfte im Knotenbereich

Der Kräfteverlauf in einem Fachwerkknoten ist gekennzeichnet durch die Wechselwirkung zwischen den Zug- und den Druckkräften, wie sie in der Abb. VIII,94 schematisch dargestellt ist.

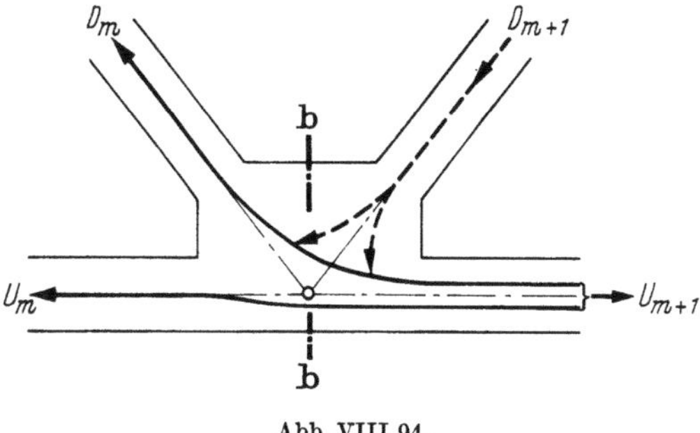

Abb. VIII,94.

Für die Beanspruchungen des Knotenbleches ist, neben den vorher erwähnten Krafteinleitungszonen, der Schnitt $b-b$ maßgebend, wo die Resultierende aller Kräfte links (bzw. rechts) vom Schnitt aufzunehmen ist. Die Größe dieser Resultierenden hängt von der konstruktiven Gestaltung des Knotenpunktes ab, wobei folgende zwei Fälle zu unterscheiden sind.

Bei der ersten Ausbildungsform ist das Knotenblech *in der Ebene des Stehbleches* des Gurtquerschnittes eingebunden und bildet einen integrierenden Bestandteil dieses Querschnittes. Diese Anordnung ist für geschweißte Fachwerke charakteristisch. Sie ist aber auch bei genieteten einwandigen Fachwerken mit zusammengesetzten Gurtquerschnitten (vgl. Abb. VIII,101 und 112) anzutreffen. In diesem Fall wird der Schnitt $b-b$ durch den Gurtstab mit dem dazugehörigen Knotenblech geführt; die Resultierende R_b ergibt sich aus den Stabkräften U_m und D_m bzw. U_{m+1} und D_{m+1} (Abb. VIII,95).

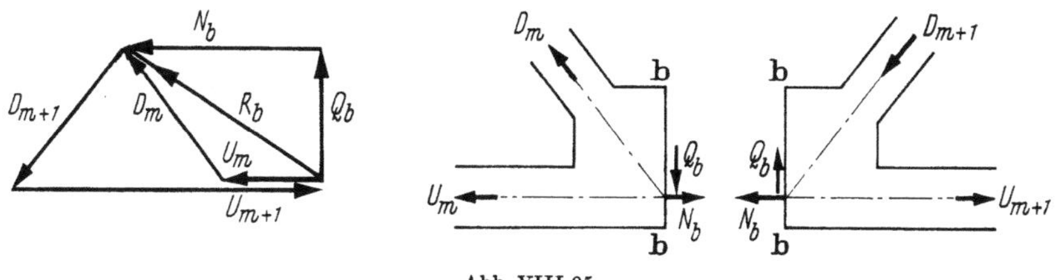

Abb. VIII,95.

Die parallel zur Gurtachse wirkende Komponente N_b kann normalerweise ohne Schwierigkeit aufgenommen werden. Die senkrechte Komponente, die bei parallelgurtigen Streben- oder Ständerfachwerken mit der *Querkraft Q* übereinstimmt, verursacht Schubspannungen, die sorgfältig nachgewiesen werden sollen. Mit Ausnahme von wenig beanspruchten Füllstäben (z. B. bogenartige Tragwerke oder untergeordnete Bauteile) führt ein direkter Anschluß der Füllungsglieder an die Gurtstege (ohne Knotenbleche) auf ungünstige Beanspruchungen dieser Elemente, neben Biegung auch Schub infolge der Querkraft Q, die in der Regel (bei gut ausgenützten Gurtquerschnitten) unzulässige Überbeanspruchungen zur Folge haben. Dies ist besonders bei vollständig geschweißten Fachwerken zu beachten, weil, vom konstruktiven Gesichtspunkt gesehen, Knotenbleche hier oft nicht notwendig wären, sowie bei der Kontrolle von älteren, nach Abb. VIII,96 ausgebildeten Fachwerkträgern.

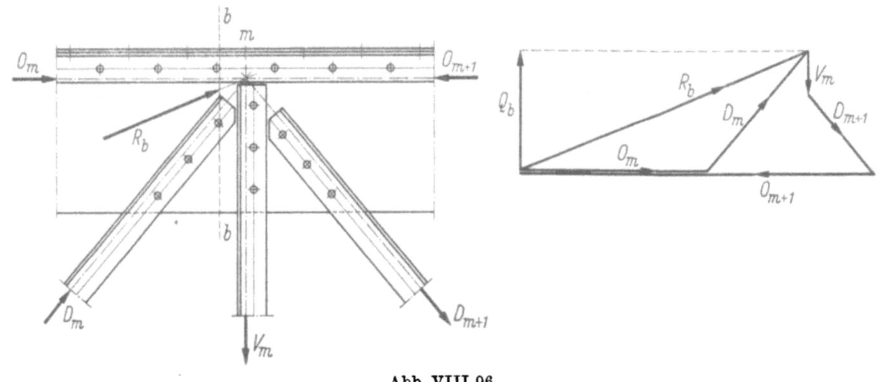

Abb. VIII,96.

Die zweite Ausbildungsform ist dadurch gekennzeichnet, daß das Knotenblech *keinen Bestandteil des Querschnittes* bildet, wie dies beim Gurtquerschnitt aus Doppelwinkel mit dazwischenliegendem Knotenblech (vgl. Abb. VIII,108) sowie beim genieteten zweiwandigen Querschnitt (vgl. Abb. VIII,105 und 113) der Fall ist. Für die entsprechenden Untersuchungen kann auf Abschn. VIII,2e verwiesen werden, wo die Verhältnisse am Beispiel der Anordnung mit Doppelwinkel dargestellt sind (Abb. VIII,109 und 110).

e) Genietete Fachwerke

Bis vor relativ kurzer Zeit hat der genietete Fachwerkträger, bei dem als Verbindungsmittel nur Niete verwendet werden, im Stahlbau eine wichtige Rolle gespielt. Fachwerke dieser Art werden heute bei Neukonstruktionen selten ausgeführt. Oft müssen aber bestehende Tragwerke auf ihre Tragfähigkeit untersucht oder verstärkt werden, so daß auf eine Behandlung der Hauptmerkmale nicht verzichtet werden kann; zudem bilden die nachfolgenden Ausführungen weitgehend die Grundlagen für die Ausbildung der in Abschn. VIII,2f zu behandelnden geschweißten Fachwerke mit geschraubten Anschlüssen.

Einwandige Gurtstäbe

Die Stabquerschnitte sind stets symmetrisch zur Knotenblechebene; Ober- und Untergurt können mit der gleichen Querschnittsform ausgebildet werden.

Der häufigste Querschnitt für kleine Stabkräfte ist der *Doppelwinkel* (Abb. VIII,97).

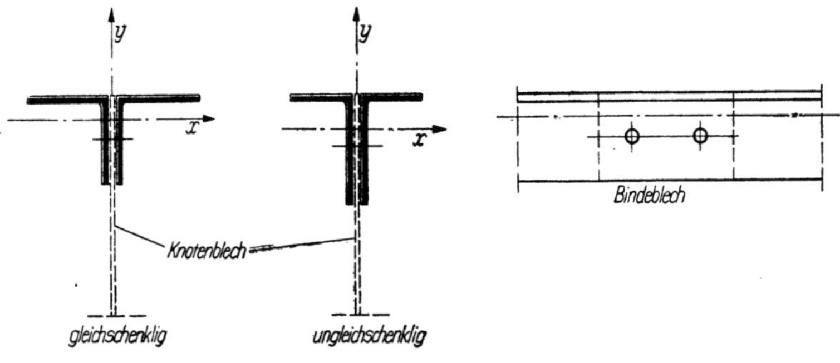

Abb. VIII,97.

Diese Form ist baulich bequem, weil das Knotenblech in der Fuge zwischen den beiden Einzelwinkeln sehr einfach angeschlossen werden kann.

Der Stab ist für Knicken in der Trägerebene ein Vollstab,

$$\lambda_x = \frac{s_k}{i_x},$$

aus der Trägerebene dagegen ein zweiteiliger Stab,

$$\lambda_{y\,id} = \sqrt{\left(\frac{s}{i_y}\right)^2 + \left(\frac{s_1}{i_1}\right)^2}.$$

Bei Druckstäben sind mindestens in den Drittelspunkten, für $\lambda > 100$ besser mehr Bindebleche, mit mindestens zwei Nieten angeschlossen, vorzusehen. Auch bei Zugstäben sollen Bindebleche mindestens in Stabmitte angeordnet werden, trotzdem dies rein rechnerisch nicht notwendig wäre; eine verbesserte seitliche Steifigkeit des Stabes ist auch hier erwünscht.

Die Frage, ob gleichschenklige oder ungleichschenklige Winkel gewählt werden sollen, sei an einem Zahlenvergleich kurz beleuchtet. Für gleichschenklige Winkel ⊤⊦ 100,10, $F = 38,4\;\mathrm{cm}^2$, ist bei 12 mm Knotenblechstärke mit

$$i_x = 3,04\;\mathrm{cm}, \quad i_y = 4,57\;\mathrm{cm}, \quad i_1 = i_x = 3,04\;\mathrm{cm}$$

bei Anordnung von Bindeblechen in den Drittelspunkten

$$\lambda_x = 0,329\,s_k, \quad \lambda_{y\,id} = 0,245\,s,$$

während für ungleichschenklige Winkel ⊤⊦ $80 \cdot 120 \cdot 10$, $F = 38,2\;\mathrm{cm}^2$, mit den breiteren Schenkeln in der Trägerebene und mit

$$i_x = 3,80\;\mathrm{cm}, \quad i_y = 3,41\;\mathrm{cm}, \quad i_1(= i_{1y}) = 2,27\;\mathrm{cm}$$

die entsprechenden Werte

$$\lambda_x = 0,263\,s_k, \quad \lambda_{y\,id} = 0,328\,s$$

betragen. Falls die maßgebenden Vorschriften für beide Knickrichtungen eine Knicklänge $s_k = s$ vorschreiben, so sind die beiden Querschnittsformen einander gleichwertig; ist dagegen für Knicken in der Trägerebene eine Abminderung der

Knicklänge auf $s_k < s$ erlaubt, so ist der Querschnitt mit gleichschenkligen Winkeln wirtschaftlicher.

Der *Kreuzquerschnitt* (Abb. VIII,98) besitzt statisch den Vorteil eines günstigen Trägheitsmomentes $J_\xi = J_{\min}$; auch der Unterhalt ist einfach, weil alle Flächen für den Anstrich leicht zugänglich sind. Er kann auch leicht durch zwei weitere Winkel verstärkt werden, wobei die Lage der Stabaxe erhalten bleibt.

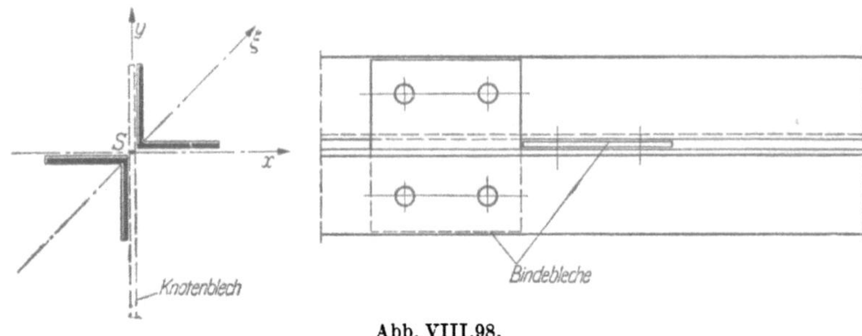

Abb. VIII,98.

Nachteilig ist dagegen die für die Nebenspannungen ungünstige breite Stabform. Bindebleche müssen in zwei Ebenen angeordnet werden und verlangen deshalb einen großen Material- und Bearbeitungsaufwand. Anschlüsse von Nebenelementen, wie beispielsweise von Pfetten im Stahlhochbau, werden ungünstig. Da diese Nachteile normalerweise überwiegen, wird der Kreuzquerschnitt für Gurtstäbe höchstens ausnahmsweise verwendet.

Breitflanschträger, mit liegendem oder stehendem Steg angeordnet, ergeben Gurtstäbe mit kleinstem Bearbeitungsaufwand (Abb. VIII,99); auch sind besondere Verbindungen zwischen den Knotenpunkten nicht notwendig.

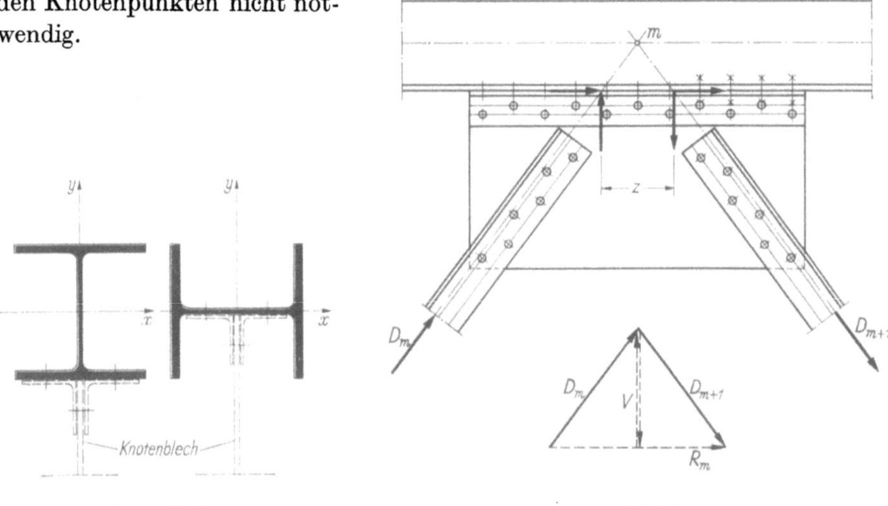

Abb. VIII,99.   Abb. VIII,100.

Dagegen führt der Anschluß des Knotenblechs bei stehendem Steg (Abb. VIII,100) auf Besonderheiten des Kräftespiels und damit der Ausbildung: in der Anschlußfuge des Knotenblechs tritt nicht nur eine waagrechte Anschluß-

kraft R_m, sondern auch ein Anschlußmoment Vz auf, das kräftige Anschlußwinkel sowie Schrauben statt Niete auf der Zugseite erforderlich macht.

Während bei den bisher besprochenen Querschnittsformen eine Anpassung der
Stabquerschnitte an die Stabkräfte durch Variation der Profilgröße gesucht werden muß, wird bei *zusammengesetzten Querschnitten* (Abb. VIII,101) diese Anpassung, ausgehend von einem Grundprofil, durch sukzessive Verstärkung gesucht.

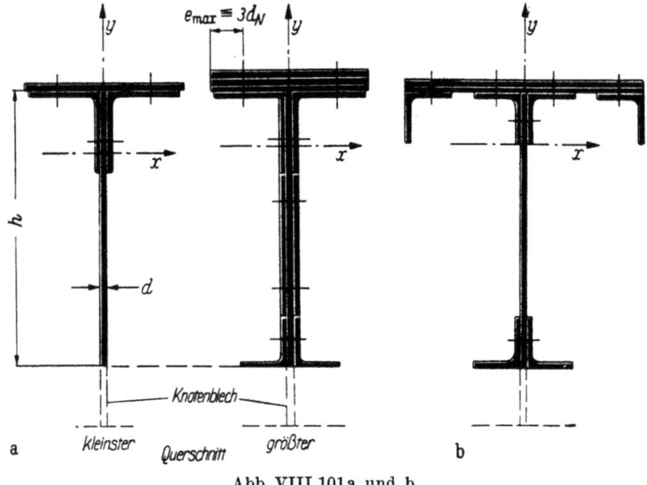

Abb. VIII,101a und b.

Bei dieser Verstärkung ist darauf zu achten, daß die Höhenlage der Stabaxe
möglichst gut erhalten bleibt, weil sonst diese sich nicht mehr mit einer durchgehenden Gurtaxe des Netzbildes decken kann (vgl. Abschn. VIII,2d). Man wird
häufig in Kauf nehmen müssen, daß der kleinste Querschnitt, das „Grundprofil"
der Gurtung, nicht voll ausgenützt werden kann. Im Stahlhochbau wird gelegentlich das Grundprofil ohne Kopfplatte ausgeführt; im Brückenbau ist dies, besonders beim Obergurt, abzulehnen. Damit das Stehblech bezüglich Ausbeulen
als beidseitig gestützt angesehen werden darf, müssen die unteren Saumwinkel,
die ja diese Stützung besorgen, genügend knicksicher sein, wobei die zu berücksichtigende „belastende Plattenbreite" (vgl. Abb. VI,93) hier mit etwa $\mu = 0,15$
bis 0,2 geschätzt werden dürfte.

Das Stehblech liegt hier in der Knotenblechebene und muß deshalb über die
Knotenblechlänge unterbrochen werden; auf die Ausbildung der entsprechenden
Stoßdeckung wird zurückgekommen werden.

Der Normalquerschnitt nach Abb. VIII,101a besitzt eine verhältnismäßig
kleine Seitensteifigkeit EJ_y; die Verhältnisse lassen sich (beispielsweise bei oben
offenen Brücken) mit der Querschnittsform nach Abb. VIII,101b erheblich verbessern.

Einwandige Füllungsglieder

Bei leichten Fachwerken werden auch die Füllungsglieder meist als *Doppelwinkel* (Querschnitt nach Abb. VIII,97) ausgeführt. Für die Besonderheiten des
Anschlusses und der Zentrierung sei auf Abschn. VIII,2c hingewiesen.

Der *Kreuzwinkel* (vgl. Abb. VIII,88) besitzt eine verhältnismäßig große Stabbreite; da sowohl wegen der Nebenspannungen wie auch wegen des guten Aus-

sehens die Breite der Füllungsglieder kleiner sein soll als diejenige der Gurtstäbe, wird diese Stabform für die Füllungsglieder am ehesten in Kombination mit Gurtstäben nach Abb. VIII,101 verwendet.

Größere Querschnitte lassen sich durch Verdoppelung der Winkel herstellen, doch ist ein solcher Querschnitt mit vier Winkeln (der dann im Brückenbau auch durchgehende breite Futter in beiden Ebenen verlangt) seiner Form nach nicht günstig und für größere Stabkräfte damit nicht wirtschaftlich.

Für größere Kräfte kommt dagegen der zusammengesetzte I-Querschnitt mit Stehblech in der Knotenblechebene und ungleichschenkligen Winkeln nach Abb. VIII,102 in Frage.

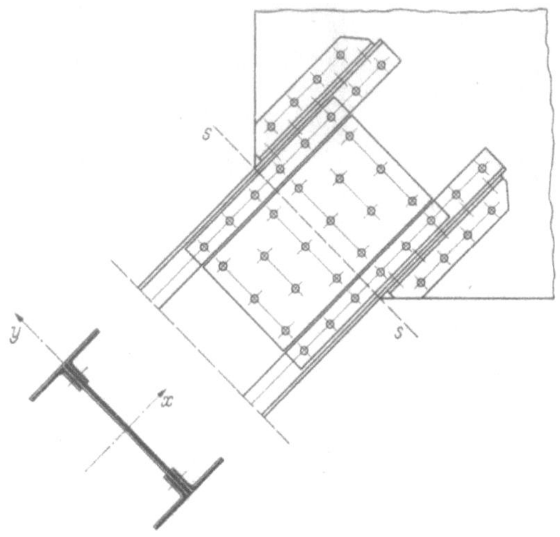

Abb. VIII,102.

Für den Anschluß der Gurtwinkel sind Beiwinkel zweckmäßig. Beim Stehblechstoß werden die Stoßlaschen, um Futter zu vermeiden, in der Breite unterteilt. Eine andere Lösung des Anschlusses kann dadurch gefunden werden, daß die Stehblechstoßlasche nur zwischen den auf dem Knotenblech liegenden Winkelschenkeln (ohne die kleinen Seitenlaschen) ausgeführt wird; dann sind aber die Beiwinkel über das Knotenblech hinaus zu verlängern, damit der Querschnitt im Schnitt $s-s$ voll gedeckt ist.

Bei oben offenen Brücken bilden die Pfosten mit den Querträgern zusammen Halbrahmen, die die gedrückten oberen Gurtungen seitlich elastisch stützen müssen; für die Pfosten ist deshalb ein großes seitliches Trägheitsmoment erforderlich. Hier sind I-förmige Pfostenquerschnitte (Walzprofil oder zusammengesetzt) angezeigt (Abb. VIII,103).

Zweiwandige Gurtquerschnitte

Der einfachste zweiwandige Gurtquerschnitt, mit beschränkter Querschnittsfläche, wird durch zwei $[$-Profile gebildet, die beim Obergurt entweder durch eine durchgehende Kopfplatte oder ausnahmsweise und meist nur im Stahlhochbau durch Bindebleche (Rahmenstab, λ_{yid}) miteinander verbunden werden. Beim Untergurt kann keine Kopfplatte angeordnet werden, über den $][$-Profilen nicht, weil sie das Einführen der Füllungsglieder behindern würde, und auf der Unterseite nicht, weil in der entstehenden Rinne das Regenwasser liegen bleiben und so die Korrosion fördern würde (Abb. VIII,104).

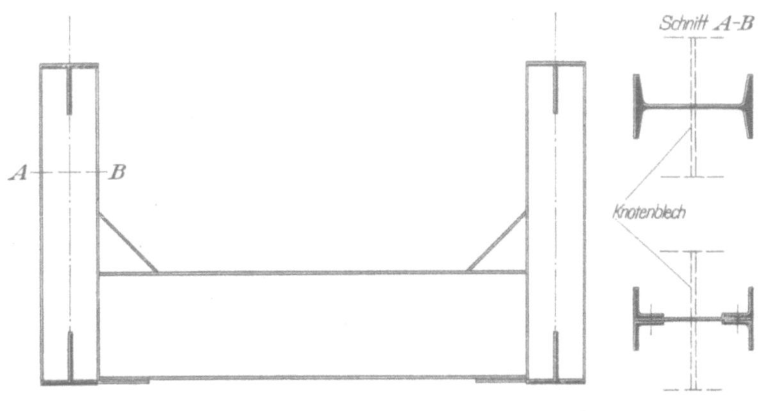

Abb. VIII,103.

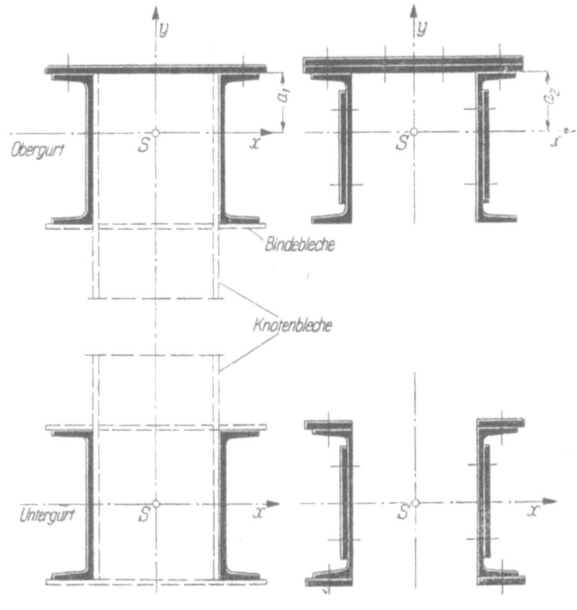

Abb. VIII,104.

Bei einer Verstärkung des Obergurtes durch zusätzliche Kopfplatten ist darauf zu achten, daß die Höhenlage der Stabaxe nicht oder doch möglichst wenig geändert wird; dies läßt sich durch gleichzeitige Verstärkung der Stege durch Beibleche erreichen. Beim Untergurt bleibt die Höhenlage des Schwerpunktes erhalten, wenn die Verstärkungsteile symmetrisch zur x-Axe angeordnet werden. Da der Bearbeitungsaufwand (Nietarbeit) in den verstärkten Stäben stark ansteigt, sucht man gelegentlich auch mit unverstärkten ⊐⊏-Profilen unter Veränderung der Profilgröße auszukommen; dabei wird man versuchen, in einer Gurtung mit nicht mehr als zwei verschiedenen Profilgrößen auszukommen, um den Aufwand für die erforderlichen Stoßdeckungen an den Übergangsstellen kleinzuhalten.

Bei großen Kräften werden die Stabquerschnitte aus einer größeren Zahl von Einzelteilen zusammengesetzt. Abb. VIII,105 zeigt eine solche Möglichkeit; ausgehend vom Grundprofil sind die größeren Querschnitte sukzessive durch Verstärkung unter möglichst guter Beibehaltung der Stabaxe zu bilden.

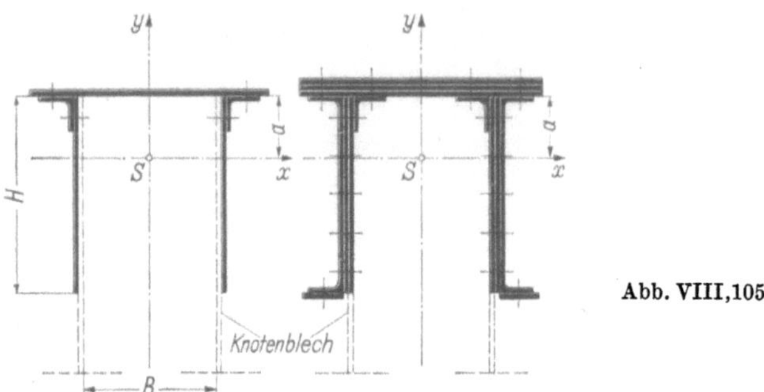

Abb. VIII,105.

Als Richtlinie für eine zweckmäßige Wahl der Querschnittshöhe H (in cm), die wegen der Nebenspannungen nicht zu groß, anderseits zur Vermeidung zu großer Profilstärken auch nicht zu klein sein soll, gibt G. Schaper[1] für die Gurtstäbe von einfachen Balkenbrücken aus normalem Baustahl die empirische Formel

$$H_{(cm)} = l_{(m)} - \frac{l_{(m)}^2}{400}$$

an, wobei l die Spannweite in m bedeutet. Die Formel gibt für Spannweiten bis etwa $l = 100$ m gute Werte, dagegen befriedigt ihr Aufbau grundsätzlich nicht ganz, weil sie nach einem Maximum bei $l = 200$ m wieder abnehmende Werte von H liefert. Auch wenn der Anwendungsbereich des einfachen Balkens aus Baustahl St 37 eine Spannweite von $l = 200$ m nie überschreiten wird, scheint es doch angezeigt, die Formel von Schaper durch den Ansatz

$$H_{(cm)} = \frac{320\,l_{(m)}}{320 + l_{(m)}} \tag{VIII,25a}$$

zu ersetzen, der den Schönheitsfehler einer abnehmenden Höhe H bei zunehmender Spannweite l nicht aufweist. Diese Formel kann auf andere Tragsysteme erweitert werden, wenn sie, statt auf die Spannweite l, auf die mittlere Systemhöhe (Gurtabstand) h bezogen wird:

$$H_{(cm)} = \frac{320\,h_{(m)}}{40 + h_{(m)}}. \tag{VIII,25b}$$

Der Knotenblechabstand B ist zu etwa

$$B = (0,8 \div 0,9)\,H$$

mit einem Minimum $B \geqq 30$ cm zu wählen.

---

[1] Schaper, G.: Feste stählerne Brücken, 6. Aufl., Berlin 1934.

Bei zweiwandiger Ausbildung werden die Knotenbleche innerhalb der Stehbleche des Grundprofils (und nicht mehr in deren Ebene, wie bei einwandigen Querschnitten) angeordnet; die Symmetrie der Kraftübertragung bezüglich der Fachwerkebene $y\,z$ bleibt dabei für den Gesamtstab erhalten.

Die *Untergurte* bestehen aus zweiteiligen Stäben, wobei entweder von der ⊐⊏- oder der ⊥⊥-Form ausgegangen werden kann (Abb. VIII,106).

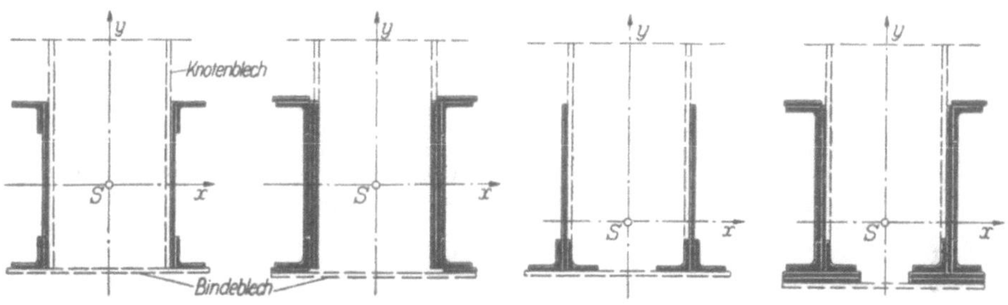

Abb. **VIII,106.**

Zweiwandige Füllungsglieder

Bei zweiwandiger Ausbildung kommen für die Füllungsglieder Stäbe mit vollem oder zweiteiligem Querschnitt in Betracht.

Der *zweiteilige Stab* besitzt den Vorzug, daß die beiden Schlankheiten λ_x und $\lambda_{y\,id}$ beim Druckstab annähernd gleich groß gemacht werden können. Die Einzel-

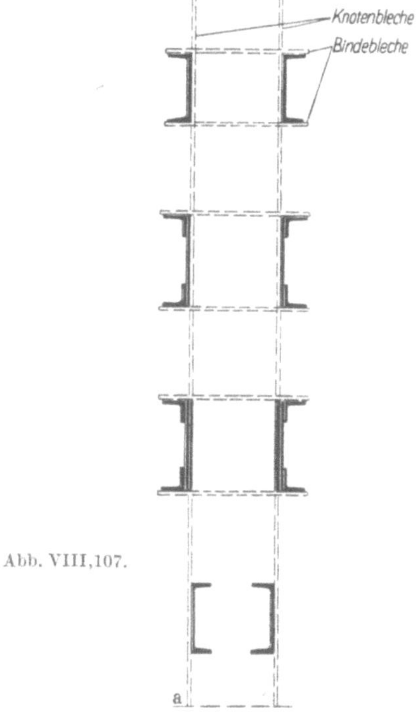

Abb. VIII,107.

stäbe können bei kleineren Kräften aus einem ⊏-Profil bestehen; mit dieser Grundform können für größere Kräfte zusammengesetzte Querschnitte gebildet werden (Abb. VIII,107). Auf die Nachteile beim Anschluß wurde bereits unter Abschn. VIII,2c hingewiesen; sie wiegen besonders schwer bei außenliegenden Einzelstäben. Ein objektiver Vergleich von Arbeits- und Materialaufwand bei zweiteiligen und vollen Stäben wird, gerade wegen der beim zweiteiligen Stab erforderlichen Zusatzteile, bestimmt dazu führen, daß der Vollstab mehr und mehr gegenüber dem zweiteiligen Stab bevorzugt werden wird.

Volle Stäbe werden mit I-förmigem Querschnitt ausgeführt, wobei einfache oder durch Lamellen verstärkte Walzprofile, meist Breitflanschträger, oder zusammengesetzte Querschnitte in Betracht kommen. Je größer die Querschnittsfläche ist, um so mehr sollen bei Druckstäben aus wirtschaftlichen Gründen kleine Schlankheiten λ_x und λ_y angestrebt werden. Dazu gehört, daß bei zusammengesetzten Querschnitten der Steg so dünn wie möglich (Beulgefahr) gewählt wird. Beim Anschluß wird der Füllstab zwischen die Knotenbleche hineingeführt, der Pfosten soll gleichzeitig die Sicherung der Querschnittsform der Gurtstäbe übernehmen. Um die Anschlußlänge der Streben kleinzuhalten, kann der Anschluß nach Abb. VIII,85 zweischnittig ausgebildet werden.

Gestaltung der Knotenpunkte

Der wichtigste Entscheid, der bei der Ausbildung eines Knotenpunktes getroffen werden muß, liegt in der Wahl des Stabes (oder der Stabgruppe), der in den Knotenpunkt hinein- (oder durch den Knotenpunkt hindurch-) -geführt werden soll. Bei einem normalen Zwischenknotenpunkt ist dieser Entscheid gegeben: der wichtigste Stab ist die Gurtung, an die die Füllungsglieder mit Hilfe des Knotenblechs anzuschließen sind. Abb. VIII,108 zeigt als Beispiel einen *Hochbaubinder*, bei dem alle Stäbe aus Doppelwinkeln bestehen.

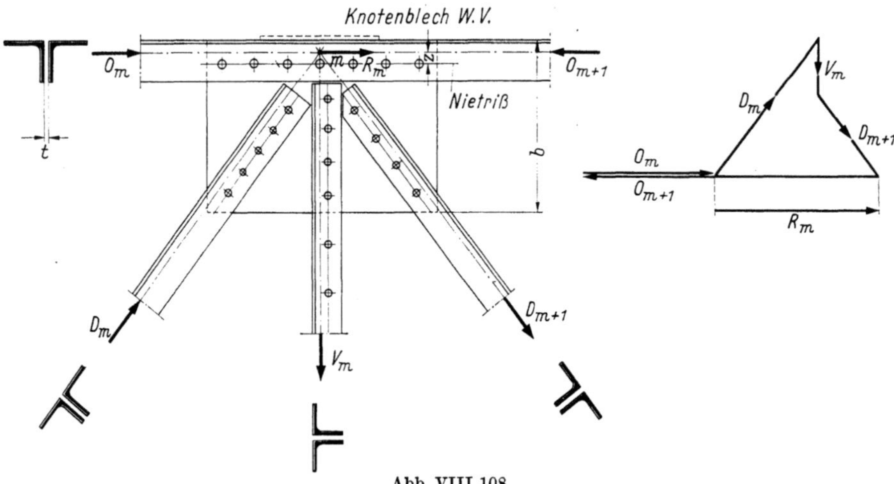

Abb. VIII,108.

Die Breite des Obergurtstabes, dessen Stabaxe mit der entsprechenden Netzlinie zusammenfällt, bestimmt, wie weit die Füllungsglieder an den theoretischen Knotenpunkt m herangeführt werden können. Hier ist der Pfosten V_m nur bis an den Obergurt und nicht in diesen hineingeführt, um die sonst notwendig werdenden Futter zu vermeiden; dies ist dann zulässig, wenn der Obergurt durch einen Windverband oder ähnliches seitlich einwandfrei gehalten wird.

Von den Füllungsgliedern wird die Strebe D_m durch die größte Stabkraft beansprucht; ihre Anschlußlänge, mit verhältnismäßig kleinen Nietabständen, bestimmt die Größe des Knotenbleches; die Anschlüsse der anderen Kräfte sind stets leicht unterzubringen. Das Knotenblech ist entsprechend der Anschlußkraft R_m an die Gurtung anzuschließen; die Knotenblechlänge genügt in der Regel reichlich zur Unterbringung der erforderlichen Nietzahl. Selbstverständlich darf der konstruktiv erlaubte größte Nietabstand e_{max} nicht überschritten werden; gelegentlich sind deshalb mehr Niete anzuordnen als kraftmäßig notwendig wäre. Die Forderung, daß der Schwerpunkt der Anschlußnietgruppe mit dem Angriffspunkt der anzuschließenden Kraft R_m möglichst gut zusammenfallen muß, ist bis auf die Exzentrizität z der Nietrißlinie gegenüber der Gurtaxe von selbst erfüllt, welche auch hier kleine senkrechte Nietkräfte verursacht (vgl. Abschn. VIII,2c, S. 599).

Die Kontrolle der Knotenblechstärke erfolgt nach den unter Abschn. VIII,2d gegebenen Überlegungen, wobei die zu übertragenden Kräfte durch die Nietkräfte ersetzt werden können. Abb. VIII,109 zeigt einen einfachen Untergurtknotenpunkt; im Schnitt $a-a$ muß die Stabkraft D_m auf die mitwirkende Breite b_r vollständig vom Knotenblech übernommen sein. Der Übersichtlichkeit wegen sind die aus der Exzentrizität zwischen Stabaxe und Nietrißlinie herrührenden quergerichteten Nietkraftkomponenten nicht berücksichtigt.

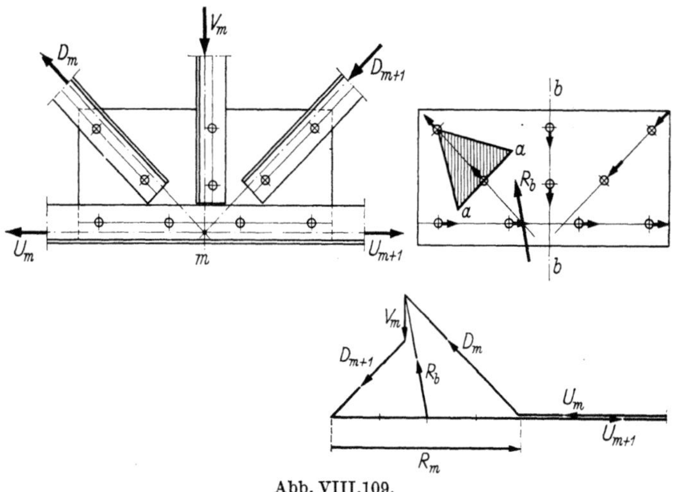

Abb. VIII,109.

Auf den Schnitt $b-b$ des Knotenblechs wirkt die Resultierende R_b aller Kräfte links vom Schnitt; wenn auch das Knotenblech keinen schlanken Stab, sondern eine Scheibe darstellt, so erlaubt die elementare Biegungslehre doch, die Spannungen im Schnitt $b-b$ infolge R_b einigermaßen zutreffend abzuschätzen; dem Unterschied zwischen Biegungslehre und Scheibentheorie wird ein sorgfältiger Konstrukteur wenigstens qualitativ Rechnung tragen. Die Knotenblechstärke ist durch Untersuchung einiger charakteristischer Schnitte $a-a$ (Lastausbreitung) und $b-b$ (resultierende Schnittkraft R_b) zu ermitteln.

Ein wirtschaftlich bemessenes Knotenblech ist normalerweise durch den Kräfteausgleich angemessen beansprucht; seine Ausnützung für zusätzliche Auf-

gaben, wie die Stoßdeckung unterbrochener Gurtungen, würde Überbeanspruchungen verursachen. In Abb. VIII,110 ist ein solches Beispiel skizziert.

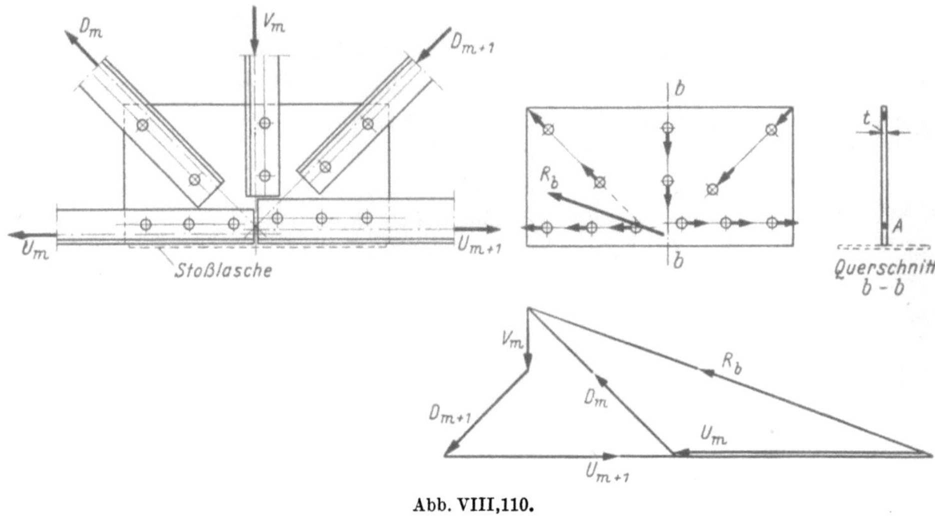

Abb. VIII,110.

Hier ist im Schnitt $b-b$ die Resultierende R_b aus U_m und D_m, und zwar mit
ungünstig liegendem Angriffspunkt A zu übertragen; die Spannungsverteilung
im Schnitt $b-b$ des Knotenblechs wird deshalb sehr ungünstig sein. Um Span-
nungsüberschreitungen, die bei noch wirtschaftlich tragbaren Knotenblechstärken
unvermeidlich wären, zu vermeiden, muß der Querschnitt $b-b$ durch Stoßlaschen
(gestrichelt angegeben) oder, noch besser, durch Stoßwinkel zweckmäßig verstärkt werden.

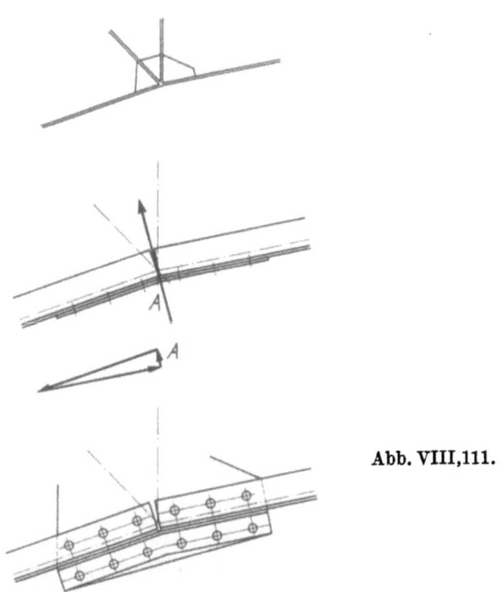

Abb. VIII,111.

Bei geknickten Gurtungen (Abb. VIII,111) genügt eine einfache Stoßlasche
zur Verstärkung des Knotenblechquerschnittes nicht, weil sie nicht in der Lage

ist, die Ablenkungskraft A zu übertragen; sie entzieht sich der ihr zugedachten Aufgabe, indem sie sich verbiegt. Hier ist zur Stoßdeckung eine biegungssteife Verbindung durch zwei geknickte Winkel mit direkter Verbindung an das heruntergezogene Knotenblech notwendig.

Abb. VIII,112 zeigt einen analogen Knotenpunkt für einen *Fachwerkträger mit größeren Stabkräften*; die Gurtungen sollen zusammengesetzte T-Querschnitte

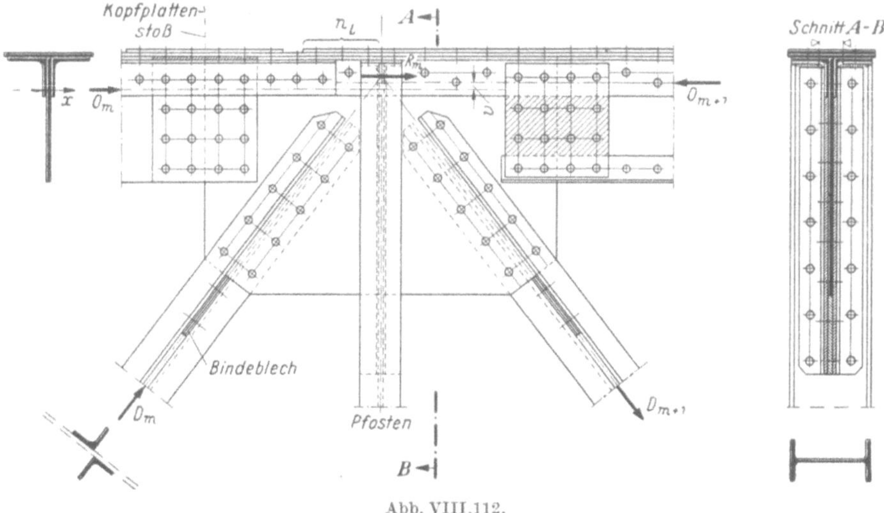

Abb. VIII,112.

besitzen, während die Streben mit Kreuzquerschnitt ausgebildet sind. Die Anpassung der Stabquerschnitte an die Stabkräfte erfordert einen größeren Querschnitt von O_{m+1} als von O_m; dies sei durch Anordnung einer zweiten Kopfplatte sowie von unteren Saumwinkeln bei O_{m+1} erreicht. Da das Knotenblech in der gleichen Ebene liegt wie die Gurtstehbleche, müssen diese auf Knotenblechlänge unterbrochen und durch Laschen gestoßen werden. Die zweite Kopfplatte ist soweit nach links über den Knotenpunkt m hinauszuführen, daß sie in m mit der erforderlichen Nietzahl n_L,

$$n_L = \frac{F_{L\,n}\,\sigma_{zul}}{N_{zul}},$$

voll angeschlossen ist. Am linken Knotenblechrand ist ein Montagestoß angenommen.

Der Pfosten ist mit I-Querschnitt angenommen; sein Anschluß an die Gurtung ist in Schnitt $A-B$ dargestellt. Der Steg ist am Ende geschlitzt, um das Knotenblech durchführen zu können, wobei die Anschlußwinkel mit den entsprechenden Futtern (eventuell Keilfutter mit gekröpften Winkeln) um ein bis zwei Nietpaare über den unteren Knotenblechrand hinausgeführt sind. Der Pfosten trägt am oberen Ende zwei aufgeschweißte Stirnplatten, die eine einfache Verbindung mit den durchgeführten waagrechten Teilen der Gurtung erlauben.

Für die Zentrierung der Füllungsglieder kann auf Abschn. VIII,2d hingewiesen werden.

In Abb. VIII,113 ist nochmals ein normaler Zwischenknotenpunkt im Obergurt eines Parallelträgers, hier jedoch in *zweiwandiger Ausbildung* skizziert; der außerhalb des Knotenpunktes angenommene Gurtstoß ist nicht dargestellt.

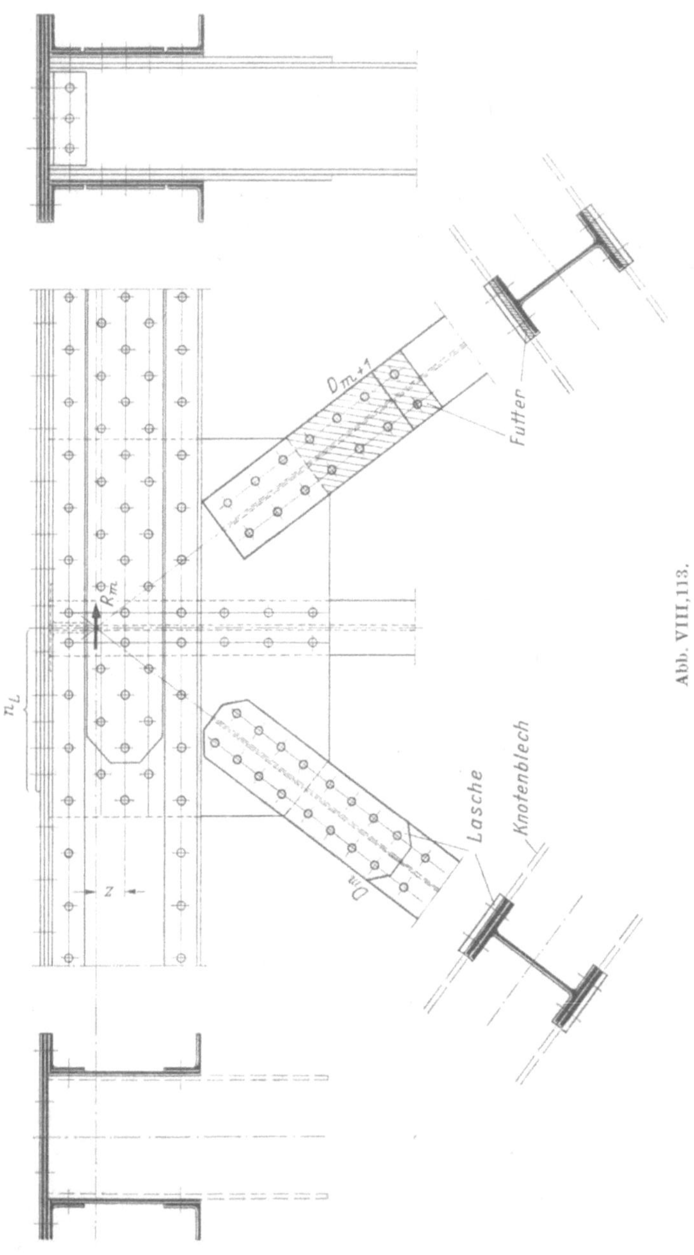

Die Druckstrebe D_m besteht aus einem durch Kopfplatten verstärkten I-Profil, wobei die Kopfplatten stumpf gegen das Knotenblech stoßen und durch Laschen angeschlossen sind. Bei der Zugstrebe D_{m+1} ist die Kopfplattenverstärkung nicht mehr notwendig, dagegen werden hier Futter in der Stärke des Knotenblechs, um eine Nietreihe über das Laschenende vorgezogen, notwendig (vgl. Abb. VIII,85). Das Beispiel zeigt deutlich, wie wichtig es für die Formgebung des Knotenbleches ist, die Anschlüsse der Streben durch zweischnittige Nietung kurz halten zu können. Ein weiteres Hineinführen der Streben in die Gurtfläche hinein wäre wohl für die innerhalb der beiden Knotenbleche liegenden Querschnittsteile an sich möglich, würde jedoch das einfache Nietbild des Knotenbleches stören und unterbleibt deshalb in der Regel. Durch den einmal gewählten Knotenblechabstand ist die Profilhöhe der Füllungsglieder festgelegt; der Knotenblechabstand ist somit auf die Streben mit dem größten Querschnitt abzustimmen. Für die Streben mit kleineren Kräften sowie auch für die Pfosten können heute bequem Stäbe aus halbierten kleineren Breitflanschprofilen mit eingeschweißtem Steg oder mit Bindeblechen (Rahmenstab) gebildet werden.

Das Nietbild für den Anschluß der Knotenbleche an die Stehbleche der Gurtungen ist weitgehend durch konstruktive Gründe (größte Nietabstände) gegeben; die daraus resultierende Nietzahl reicht in der Regel reichlich zur Übertragung der Anschlußkraft R_m, auch wenn diese nun nicht mehr im Schwerpunkt der Nietgruppe wirkt, so daß die Niete zusätzlich durch ein Exzentrizitätsmoment $R_m z$, das selbstverständlich so klein wie möglich gehalten werden soll, beansprucht werden. Da die Kraft der zusätzlichen Gurtlamelle über die Halsniete der oberen Gurtwinkel eingeleitet werden muß, wären nötigenfalls im Knotenbereich innere Gurtwinkel anzuordnen (Halsniete zweischnittig).

f) Geschweißte Fachwerke mit geschraubten Anschlüssen

In der Regel werden Fachwerkträger nur dann vollständig geschweißt, wenn sie in der Werkstatt fertiggestellt und entsprechend transportiert werden können. Höhere Träger, bei denen die Füllstäbe einzeln zu transportieren und auf der Baustelle anzuschließen sind, werden oft so gestaltet, daß die Stäbe in der Werkstatt durch Schweißung hergestellt werden, wobei die Knotenbleche eingeschweißt oder angeschweißt sind, die Anschlüsse der Füllstäbe dagegen auf der Baustelle geschraubt (HV-Schrauben) oder genietet werden.

Bei der geschilderten Anordnung bilden die Knotenbleche einen Teil der Gurtquerschnitte. Für ihre Formgebung müssen deshalb die Beanspruchungsverhältnisse berücksichtigt werden, wobei zwischen ruhender Belastung im Hochbau und oft wiederholter Beanspruchung im Brückenbau zu unterscheiden ist.

Hochbauträger

Einwandige Querschnitte kommen in der Regel nur bei leichten Trägern vor, deren Abmessungen eine Fertigstellung in der Werkstatt zulassen. Einwandige Stäbe mit geschraubten Anschlüssen sind daher bei geschweißten Fachwerkträgern selten; als Füllungsglieder kommen sie dagegen häufig als Verbandstäbe oder bei der Ausfachung von Masten vor. Für solche Anwendungen eignen sich Doppelwinkel, Kreuzwinkel sowie Rohre mit eingeschweißten Anschlußlaschen (Abb. VIII,114) als Stabquerschnitte.

Zweiwandige Fachwerkträger werden bei Bindern großer Spannweite, z. B. für die Überdachung weiträumiger Hallen, verwendet. Die Gurtstäbe werden meistens als liegende I-förmige Profile, mit an den Flanschen angeschweißten Knotenblechen (Abb. VIII,115), oder als zweiteilige Stäbe mit ⅂⅃- oder ⅄⅄-Querschnitt und aufgeschweißten (Anordnung ähnlich Abb. VIII,104) bzw. eingeschweißten Bindeblechen ausgeführt. Bei großen Stabkräften kommen auch

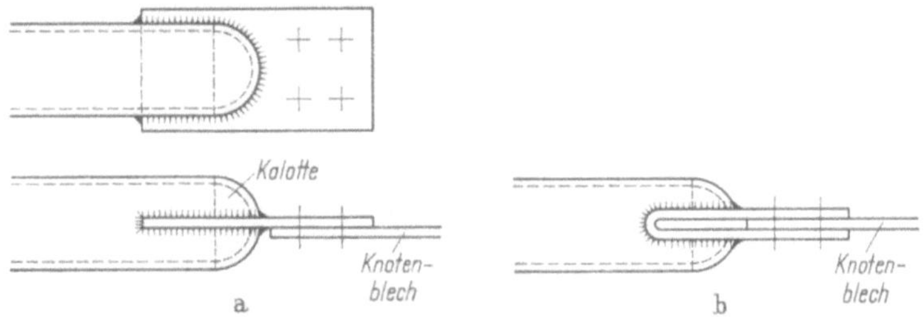

Abb. VIII,114. Geschraubter Anschluß von Rohrprofilen. a) Einschnittig; b) zweischnittig.

kastenförmig zusammengeschweißte Querschnitte in Frage. Die Füllungsglieder sind grundsätzlich gleich ausgebildet wie bei den genieteten Trägern (Abschnitt VIII,2e).

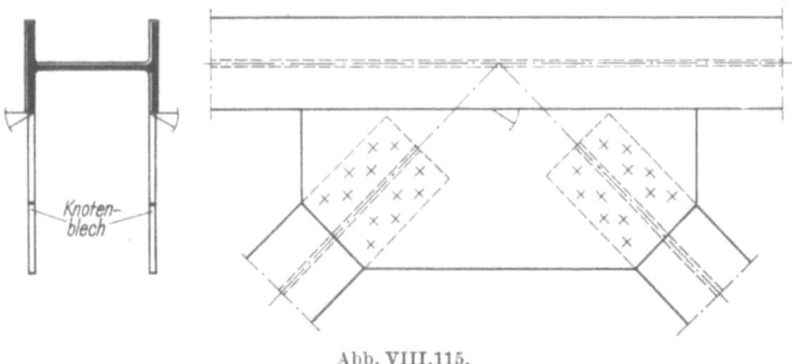

Abb. VIII,115.

Bei der *Gestaltung der Knotenbleche* darf man berücksichtigen, daß für vorwiegend ruhende Belastungen der Einfluß von Kerbwirkungen relativ gering ist: teure Ausrundungen entfallen, die Bearbeitung der Schweißnähte beschränkt sich auf ein Minimum, Quernähte dürfen auch an zugbeanspruchten Gliedern angeordnet werden; eine solche Gestaltung setzt allerdings die Verwendung einer unter den vorhandenen Bedingungen sprödbruch*un*empfindlichen Stahlgüte voraus.

Abb. VIII,115 zeigt den *Zwischenknoten eines Binders* mit T-förmigen Stäben, wobei die Streben aus halbierten HE-Profilen mit eingeschweißten Bindeblechen (Rahmenstab) bestehen können. Um die Walz- und Ausführungstoleranzen auszugleichen, sind beim Strebenanschluß gegebenenfalls Paßfutter vorzusehen.

Brückenhauptträger

Im Brückenbau werden fachwerkförmige, auf Montage HV-geschraubte Hauptträger nur bei mittleren und großen Spannweiten verwendet. Die Querschnitte sind deshalb in der Regel *zweiwandig* (Abb. VIII,116).

Die Anpassung der Querschnittsfläche an die längs des Gurtes veränderlichen Stabkräfte wird durch die Wahl von entsprechend dickeren Wandungen erreicht, wobei der Übergang mit einem Anzug nach Abb. VIII,41 auszubilden ist. Beim

Hutprofil kann die Beulsicherheit durch Anordnung einer unteren Längsaussteifung erhöht werden.

Abb. VIII,116a und b. a) Druckgurte; b) Zuggurte.

Für die Füllungsglieder, insbesondere für Druckstreben, kommen neben den schon vorher besprochenen Formen auch Kastenquerschnitte in Frage; um den geschraubten Anschluß zu ermöglichen, werden die Stabenden $\bot$-förmig[1] zusammengezogen (vgl. Abb. VIII,125a).

Für die Gestaltung der Knotenbleche ist das Verhalten unter Dauerbeanspruchung maßgebend. An den Übergängen sollen reichliche Ausrundungen einen stetigen Kraftfluß gewährleisten; Kerbwirkungen jeder Art sind zu vermeiden. Abb. VIII,117 zeigt einen Knotenpunkt mit in die Gurte eingebundenen Knotenblechen; die Knotenblechstärke kann somit den höheren Beanspruchungen im Knotenbereich angepaßt werden.

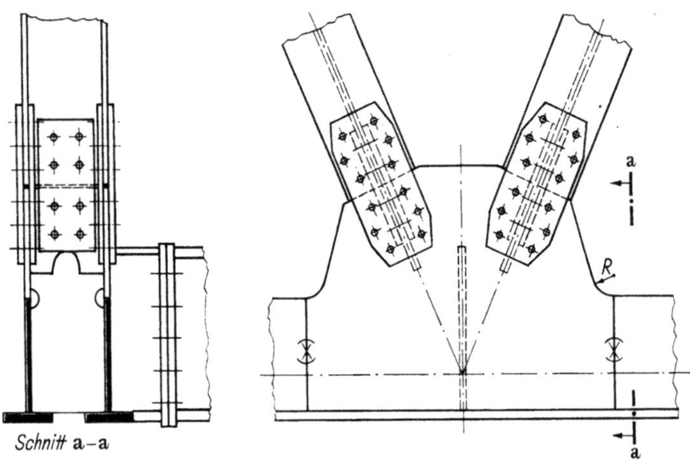

Abb. VIII,117. Untergurtknoten einer Fachwerkbrücke.

Eine „ermüdungsgerechte" Gestaltung ist selbstverständlich auch außerhalb des Knotens erforderlich, z. B. beim ausgerundeten Anschluß von Bindeblechen und beim möglichst kerbfreien Anschweißen von Querschotten.

g) Vollständig geschweißte Fachwerke

Während geschweißte Vollwandträger ein sehr breites Anwendungsgebiet gefunden haben, ist die Verwendung von vollständig geschweißten Fachwerken nur bei kleinen und mittleren, statisch beanspruchten Trägern gebräuchlich. Dies

---

[1] Die dadurch bedingte örtliche Verkleinerung des Trägheitsmomentes führt allerdings zu abnormal hohen Nebenspannungen; vgl. HUTTER, G.: Zwängungsspannungen bei neueren geschweißten Stahlbrücken. Der Stahlbau 9 (1968).

liegt in erster Linie daran, daß die sehr steifen Schweißanschlüsse zu größeren
Nebenspannungen führen als die weicheren Niet- und Schraubenverbindungen.
Zu diesen Nebenspannungen superponieren sich noch die Schweißschrumpf-
spannungen, deren Größe rechnerisch kaum erfaßbar ist. Da an den Nahtenden
meistens noch gewisse Kerbwirkungen, auch bei sorgfältiger Konstruktion, unvermeidlich sind, wird die Dauerfestigkeit ungünstig beeinflußt.

Die angedeuteten Schwierigkeiten können an sich technisch überwunden werden (einige vollgeschweißte Eisenbahnbrücken sind bereits vor dem Krieg ausgeführt worden). Wenn heute auf dem Gebiete der schweren Fachwerkträger die
in Abschn. VIII,2f behandelte kombinierte Lösung (geschraubte Anschlüsse)
noch dominiert, so ist dies auf wirtschaftliche Gründe zurückzuführen: die kor-
rekte Werkstattvorbereitung eines vollständig geschweißten, ermüdungsgerecht
gestalteten Knotenpunktes und die Ausführung auf der Baustelle sind normalerweise zu aufwendig.

Diese Überlegungen gelten nicht für die relativ leichten, statisch beanspruchten Fachwerkträger des Stahlhochbaues, besonders wenn sie in der Werkstatt
fertiggestellt werden können. Solche Träger sind heute meistens vollständig geschweißt.

Gebräuchliche geschweißte Fachwerkträger des Stahlhochbaues

Für die *Stabquerschnitte* sind Formen zu wählen, die einfache geschweißte
Verbindungen erlauben und günstige Querschnittsverhältnisse aufweisen. So hat
es z. B. keinen Sinn mehr, die Stäbe wie bei genieteten Fachwerken für kleinere
Stabkräfte als Doppelwinkel auszuführen, weil diese Form nur mit Rücksicht auf
einen einfachen genieteten Anschluß an das Knotenblech gewählt wurde.

In Abb. VIII,118 sind einige geläufige Querschnittsformen dargestellt.

Bei geradlinig über mehrere Felder durchlaufenden Gurtstäben behält man
für leichte Fachwerkträger dasselbe Profil bei. Eine Profilabstufung führt zwar
zu einer Verminderung des Materialaufwandes, sie bedingt aber relativ aufwendige
Stöße. Gegebenenfalls kann man ein leichteres Profil durchlaufen lassen und
dieses in Feldern mit größeren Stabkräften auf das erforderliche Maß verstärken.

Die Gestaltungsmöglichkeiten für die *Knotenpunkte* sollen an einigen Beispielen erläutert werden.

Abb. VIII,119a zeigt den geschweißten Knotenpunkt eines *leichten Fachwerkes* aus Stäben mit T-Querschnitt. Die Stege der zusammenstoßenden Stäbe
sind durch Stumpfnähte miteinander zu verbinden, während die Spannungen in
den Strebenflanschen durch Verlängerungsrippen auf den Gurtsteg übertragen
werden. Diese Lösung ohne Knotenblech ist allerdings nur zulässig, wenn die
in Abschn. VIII,2d, S. 606, erwähnte Vertikalkomponente Q der Füllungsglieder
im Mittelschnitt $b-b$ ohne Überanstrengung des Gurtquerschnittes übertragen
werden kann.

Die Ausbildung dieses Knotenpunktes verstößt zudem gegen die grundlegende Konstruktionsregel der Schweißtechnik, indem er plötzliche scharfe
Querschnittsänderungen (z. B. Schnitt $s-s$ der Gurtung) aufweist, die wegen
der damit verbundenen Spannungsspitzen unbedingt zu vermeiden sind, sofern
es sich nicht eindeutig um Fachwerke für rein statische Belastung handelt. Beim
Fachwerk wird die ungünstige Wirkung der Spannungsspitzen durch die Neben-

spannungen noch verschärft. Die Ausbildung des Knotenpunktes ist somit dadurch zu verbessern, daß Blechzwickel nach Abb. VIII,119b bei den Übergangs-

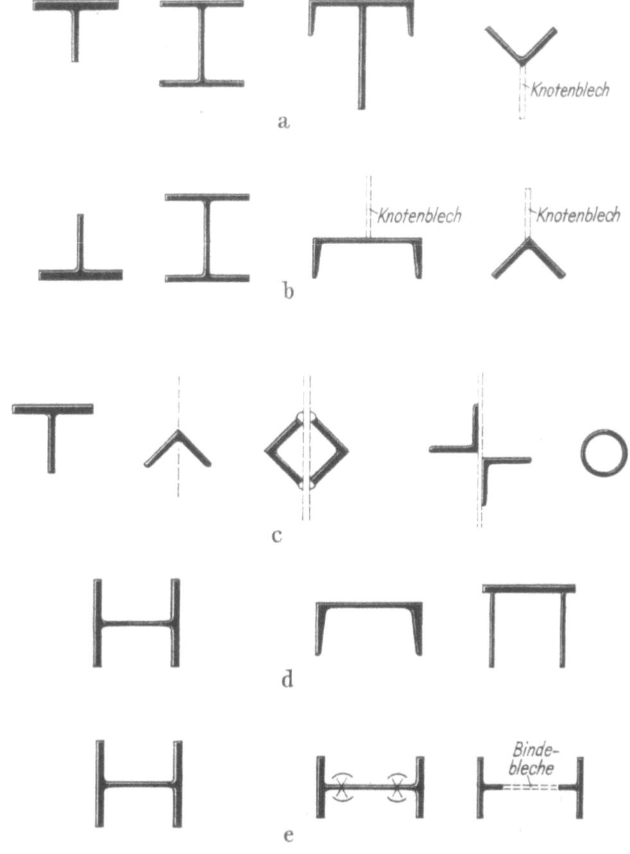

Abb. VIII,118a—e.
Einwandige Träger: a) Druckgurte; b) Zuggurte; c) Füllungsglieder.
Zweiwandige Träger: d) Gurte; e) Füllungsglieder.

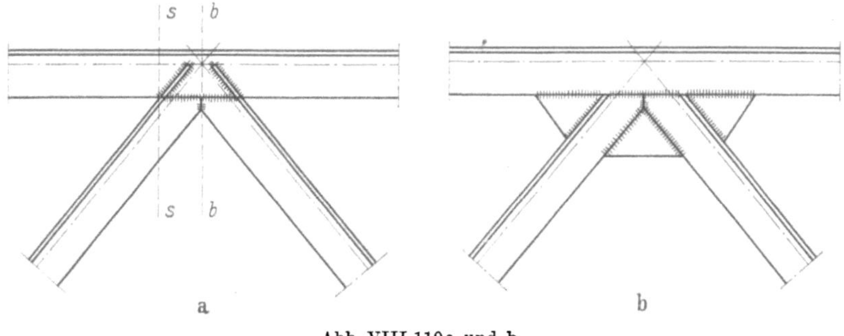

Abb. VIII,119a und b.

stellen eingeschweißt werden, um die Querschnittsänderungen zu mildern. Dabei können die Flanschverlängerungsrippen bei genügender Verteillänge der Anschlußnähte an die Flanschen entfallen.

Für den Obergurt des *einwandigen Binders* Abb. VIII,120 wurde ein halbierter Breitflanschträger mit angeschweißtem Knotenblech gewählt. Die Druckdiagonale (links) besteht aus zwei kastenförmig angeordneten Winkeln, die auf der ganzen Länge mit beidseitigen Dichtungsnähten verbunden sind. An den Enden ist der Stab mittels Dreieckplättchen luftdicht abgeschlossen, um eine innere Korrosion zu verhindern. Im Anschlußbereich sind die Schenkel je um die halbe Knotenblechstärke abgenommen, um das Einbinden ins Knotenblech zu ermöglichen.

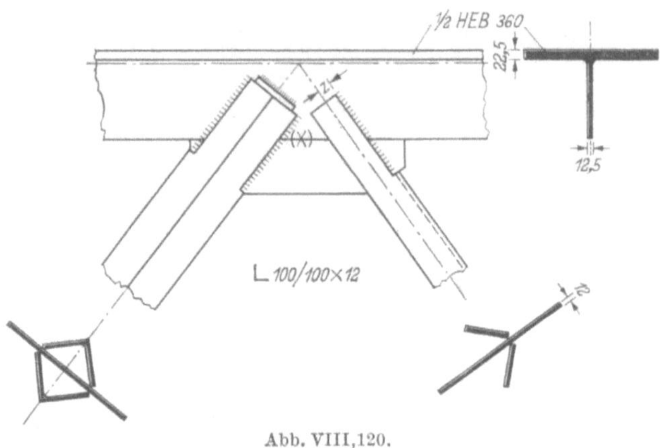

Abb. VIII,120.

Die weniger beanspruchte Zugdiagonale (rechts) ist als spießkantgestellter Einzelwinkel ausgebildet, dessen Symmetrieachse in der Fachwerkebene liegt. An den Enden ist der Rücken geschlitzt (Maschinenbrennschnitt), um den Schweißanschluß zu ermöglichen. In der Fachwerkebene weist allerdings die Nahtachse eine Exzentrizität z zur Schwerachse des Winkels (= Netzlinie) auf, so daß zusätzliche senkrechte Schubspannungen entstehen.

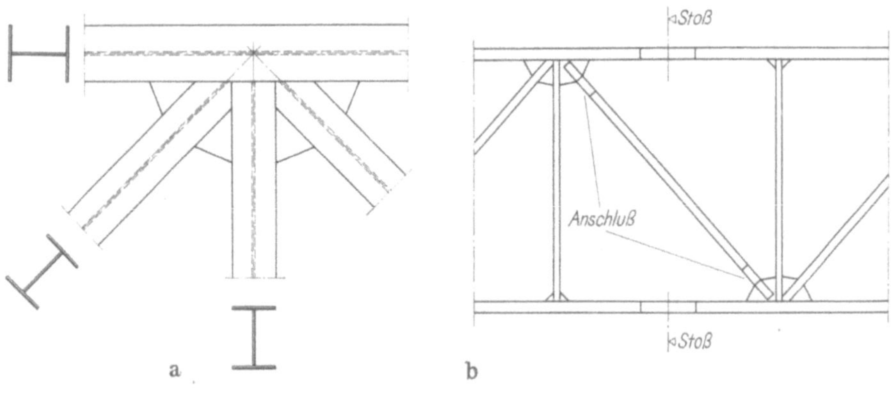

Abb. VIII,121a und b.

Bei größeren Stabkräften kommen in erster Linie Stäbe mit I-Querschnitt in Frage. In Abb. VIII,121a ist ein entsprechender Knotenpunkt mit liegendem Steg der Querschnitte skizziert. Da die Breite der Füllungsglieder wegen der stumpfen Verbindung der Flanschen mit der Gurtbreite übereinstimmen muß, werden die Füllstäbe am einfachsten durch geschweißte Stäbe (Flanschen mit dazwischen geschweißtem Steg oder T-Flanschen mit eingeschweißtem Stegteil bzw. mit Bindeblechen) gebildet. In der Regel können derartige, doch schon schwerere Träger mit größerer Spannweite nicht mehr auf ihre ganze Länge in der Werkstätte fertiggestellt werden, sondern es sind Montagestöße vorzusehen. Eine einfache Anordnung dafür ist in Abb. VIII,121b angegeben: Die Gurtstäbe werden zwischen zwei Knotenpunkten durch geschweißte oder geschraubte Stöße gestoßen, während die Strebe des Stoßfeldes beidseitig an die zum Knotenblech verbreiterten Übergangszwickel mit Schrauben durch entsprechende Stoßlaschen angeschlossen wird.

Rohrfachwerke

Die Schweißtechnik erlaubt nun auch, Fachwerke mit *rohrförmigen Stäben* auszubilden. Das Rohr besitzt einen besonders für Druckstäbe sehr günstigen Querschnitt, weil auch bei geringer Wandstärke ein örtliches Ausbeulen vermieden werden kann; es können somit auch bei kleiner Querschnittsfläche Rohrstäbe mit relativ kleiner Knickschlankheit λ und entsprechend guter Materialausnützung angeordnet werden. Damit wird die Verwendung von Rohren wirtschaftlich, auch wenn der Materialpreis für Rohre höher liegt als für gewöhnliche Walzprofile. Grundbedingung für eine wirtschaftliche Anwendung des Rohres ist jedoch die Möglichkeit einfacher Verbindungen und Anschlüsse, wie sie die genietete Bauweise nicht besaß. Abb. VIII,122 zeigt einen geschweißten

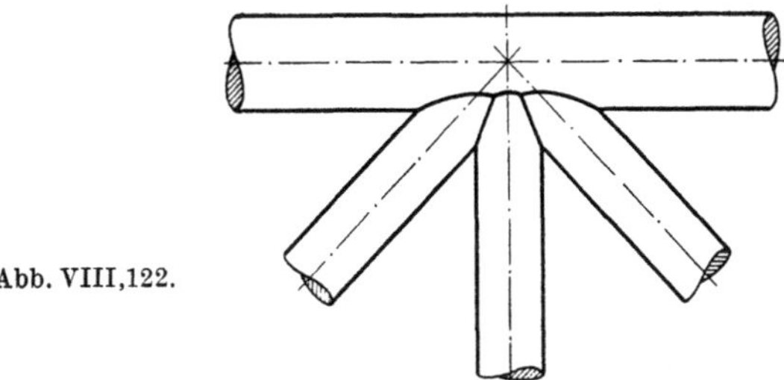

Abb. VIII,122.

Knotenpunkt eines Rohrfachwerkes für statische Belastung. Bei starker zeitlicher Veränderlichkeit der Belastung (z. B. Kranträger) müßte auch hier auf Grund unserer heutigen Erkenntnisse über die Dauerfestigkeit die Ausbildung im Sinne einer Milderung der Querschnittsübergänge verbessert werden. Zudem setzt die dargestellte Ausbildung ohne Knotenblech voraus, daß sich die Streben durchdringen und somit eine direkte Übertragung ihrer Vertikalkomponente Q ermöglichen.

Auf Ermüdung beanspruchte vollständig geschweißte Fachwerke

Bei der Gestaltung des Knotenbereiches ist ein möglichst ungestörter Kraftfluß zu gewährleisten, was insbesondere durch reichlich ausgerundete Übergänge erreicht wird (Abb. VIII,123).

Die Forderung sanfter Querschnittsänderungen im Knotenpunkt kann wohl am besten bei T-förmigen Stäben mit stehendem Steg nach Abb. VIII,124a verwirklicht werden. Zu beachten ist allerdings, daß bei den gekrümmten Flanschen die Spannungen nicht mehr gleichmäßig über die Flanschbreite verteilt sind (s. Abb. VIII,63); es ist hier ein kleines Verhältnis $b^2/r\,t$ anzustreben.

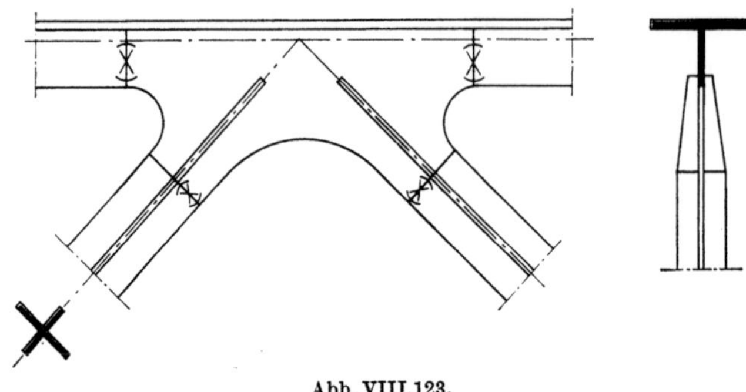

Abb. VIII,123.

Die Ausbildung eines solchen Knotenpunktes wird um so einfacher, je weniger Stäbe miteinander zu verbinden sind; so wird hier das pfostenlose Strebenfachwerk günstiger als das Strebenfachwerk mit Hilfspfosten. Diese Verhältnisse führen zur Folgerung, daß der Vierendeel- oder Rahmenträger in geschweißter Ausführung für Spezialfälle eine vergrößerte Bedeutung erlangen kann als bisher (Abb. VIII,124b).

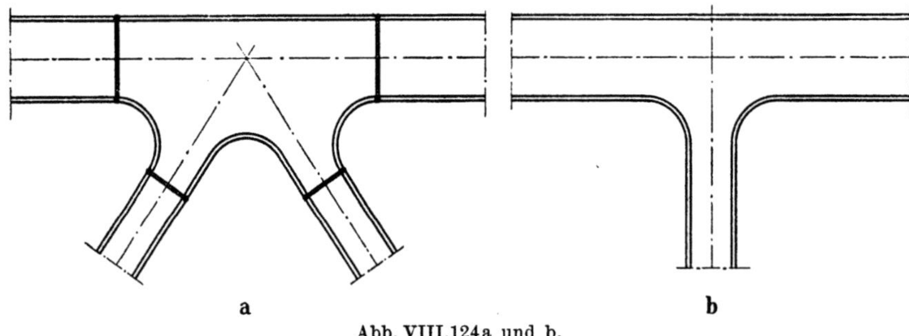

a   b

Abb. VIII,124a und b.

h) Besondere Knotenpunkte

Oberer Endpunkt eines Trapezträgers

Beim oberen Endpunkt eines Trapezträgers nach Abb. VIII,125 bestehen zwei Möglichkeiten für die Wahl der in den Knotenpunkt hineingeführten Hauptgruppe der zusammenstoßenden Fachwerkstäbe. Bei der *ersten* Lösung wird nur der Obergurtstab O_1 in den Knotenpunkt hinein- und entsprechend der erforderlichen Knotenblechlänge über diesen hinausgeführt, so daß die Resultierende $R = O_1$ der Füllungsgliederkräfte durch das Knotenblech angeschlossen werden muß. Der so ausgebildete Knotenpunkt, der in Abb. VIII,125a schematisch skizziert ist, zeigt eine weitgehende Ähnlichkeit mit einem normalen Zwischenknotenpunkt.

Die *zweite* Lösung besteht darin, daß wir die Endstrebe und den Obergurtstab als zusammengehörige Hauptgruppe betrachten; die Endstrebe ist dann mit der gleichen Querschnittsform auszubilden wie die Obergurtstäbe. Hier ist die Resultierende R_1 aus D_2 und V_1 durch das Knotenblech anzuschließen (Abb. VIII,125b).

Werden die beiden Stäbe O_1 und D_1 gerade geführt, so entsteht im Knickpunkt eine konzentrierte Ablenkungskraft $A = -R_1$ auf. In den waagrecht liegenden Querschnittsteilen ist die Knickstelle durch einen schrägen Querschott auszusteifen, der die Ablenkungskräfte durch das Knotenblech in die Zugstrebe weiterleitet.

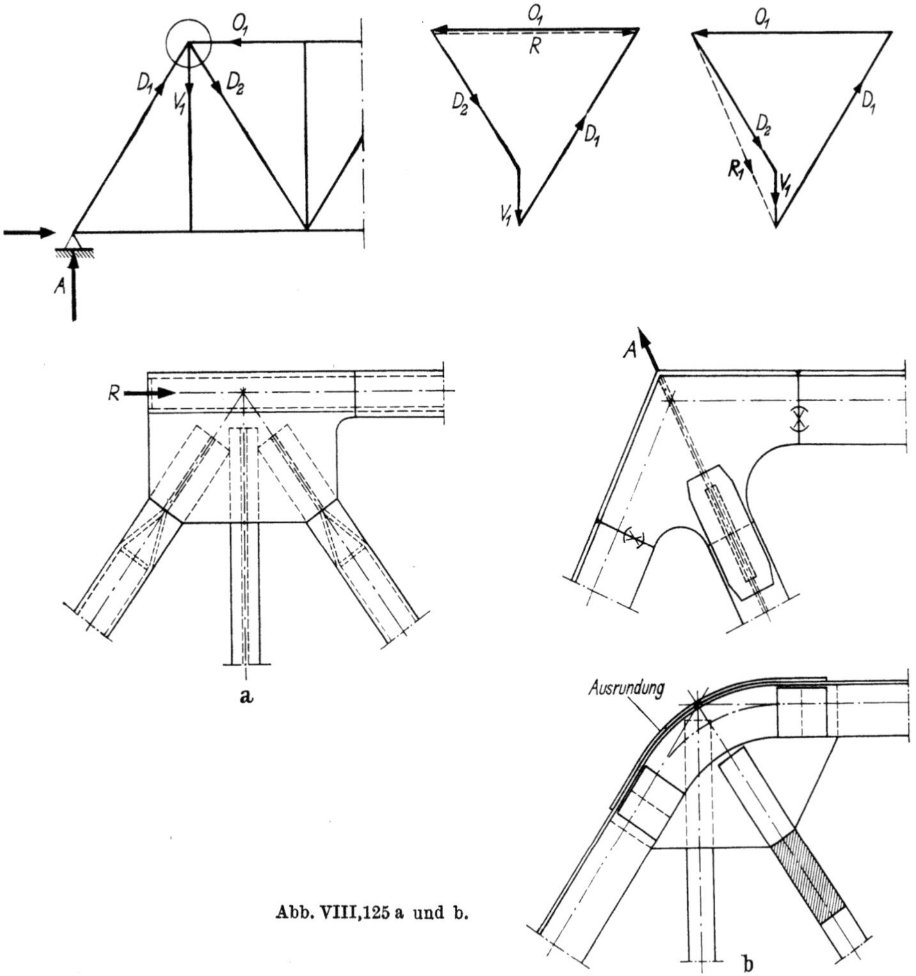

Abb. VIII,125 a und b.

Eine andere Möglichkeit, die eher für genietete Träger in Frage kommt, besteht darin, den Hauptstab $D_1 - O_1$ im Bereich des Knotenpunktes abzurunden, wodurch die Ablenkungskräfte stetig verteilt und so durch Querbiegung der abstehenden Flanschen aufgenommen werden können. Zu beachten ist, daß durch die Querbiegung die mitwirkende Breite eines gekrümmten Flansches verkleinert wird (s. Abb. VIII,63), so daß deshalb eine Verstärkung der Kopfplatten notwendig werden kann. Zur Übertragung der verteilten Ablenkungskräfte auf das Knotenblech sind die Niete im abgerundeten Teil des Knotenpunktes so eng wie möglich ($\sim$ kleinster Nietabstand) zu setzen.

Ein Vergleich der beiden Ausbildungsmöglichkeiten eines solchen Endknotenpunktes zeigt, daß die erste Ausbildungsform nach Abb. VIII,125a konstruktiv

39a*

einfacher ist, als die durch die Ablenkungskräfte belastete zweite Form; sie ist
deshalb beim Trapezträger vorzuziehen. Die zweite Form (Abb. VIII,125 b)
wird um so günstiger, je kleiner die Ablenkungskräfte werden; sie kann deshalb
beim oberen Endknotenpunkt eines Halbparabelträgers vorteilhaft werden.

Auflagerknotenpunkt eines Trapezträgers

Die Ausbildung von Knotenpunkten eines Fachwerkträgers ist oft noch abhängig vom Anschluß weiterer Bauteile. Abb. VIII,126 zeigt mit dem Auflager-
knotenpunkt eines Trapezträgers eine Gegenüberstellung je eines Beispiels aus
dem Stahlhochbau und dem Brückenbau.

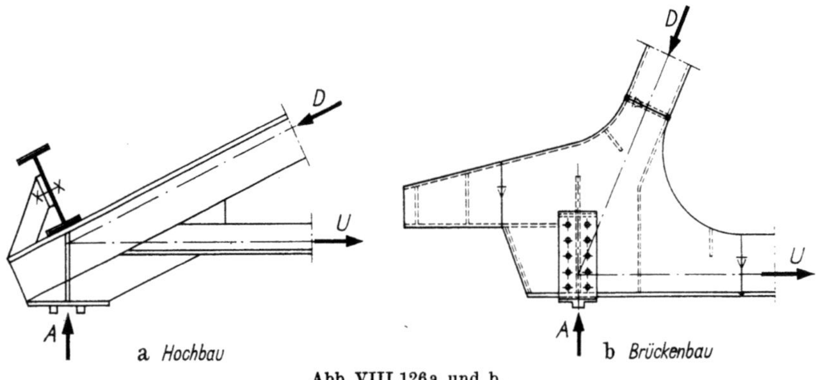

Abb. VIII,126a und b.

Beim *Dachbinder* (Abb. VIII,126 a) muß die Endstrebe wegen der Auflagerung
der Traufpfette durch den Knotenpunkt hindurchgeführt werden; die Endstrebe
wird dadurch zum Hauptstab des Knotenpunktes. Der kurze Aussteifungspfosten
wird notwendig, um ein Ausbeulen des Knotenbleches infolge des Auflagerdruckes A zu verhindern.

Beim Auflagerpunkt eines *Brückenhauptträgers* bestimmt in der Regel der
Querträgeranschluß die Knotenblechhöhe. Für den in Abb. VIII,126 b skizzierten Auflagerpunkt eines zweiwandigen Fachwerkes ist die Ausbildung zudem
durch die schnabelartige Verlängerung der Knotenbleche beeinflußt, die das
Ansetzen von Regulierpressen erlaubt.

i) Überhöhung der Fachwerkträger

Es ist üblich, Tragwerke gegenüber ihrer theoretischen Form so zu überhöhen,
daß sie unter der Belastung nicht durchhängen; als Überhöhungsbelastung wird
dabei in der Regel die Belastung aus Eigengewicht und gleichmäßig verteilter
halber Nutzlast angenommen. Eine Überhöhung ist nicht nur aus ästhetischen
Gründen (Vermeiden des Durchhängens) erwünscht, sondern auch deshalb, weil
dadurch die dynamischen Wirkungen aus bewegter Last gemildert werden können.

Bei Fachwerkträgern kann die Überhöhung auf zwei grundsätzlich verschiedene Arten durchgeführt werden.

Bei der ersten Art, die im Stahlhochbau üblich ist, wird dem Fachwerk ein
gegenüber dem theoretischen um die lotrechten Durchbiegungen η infolge der
Überhöhungslast überhöhtes Netzbild zugrunde gelegt; die Stablängen und die
Winkel α zwischen zusammenstoßenden Stabaxen werden für dieses überhöhte

Netzbild (Abb. VIII,127 a) berechnet. Der Zusammenbau erfolgt zwängungsfrei, dafür treten jedoch im belasteten Fachwerk Nebenspannungen auf.

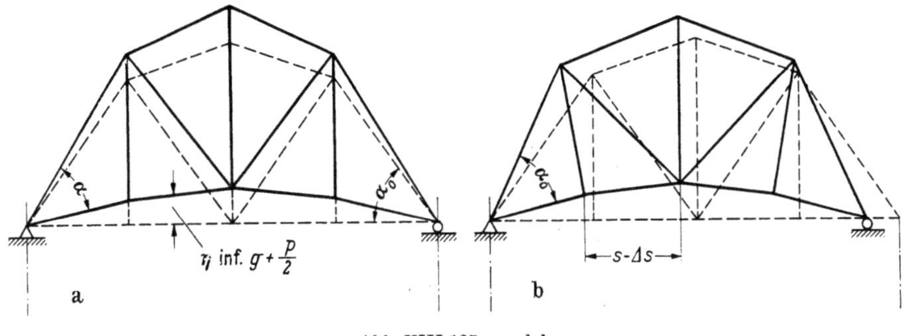

Abb. VIII,127a und b.

Bei der zweiten Art (Brückenbau, Abb. VIII,127 b) werden die einzelnen Stäbe um ihre Verlängerung Δs,

$$\Delta s = \frac{S\,s}{E\,F},$$

infolge der Überhöhungslast verkürzt; das Fachwerk wird mit den Stabwinkeln α_0 des ursprünglichen, theoretischen Netzbildes zusammengebaut. Der Zusammenbau ist hier nur mit Zwängungen, d. h. mit Verbiegung der Stäbe, möglich, weil die Stablängen $s-\Delta s$ und die Winkel α_0 nicht zusammenpassen; dafür ist, wenigstens theoretisch, das belastete Fachwerk frei von Nebenspannungen. Wie weit dieser angestrebte Zustand ohne Nebenspannungen sich praktisch verwirklichen läßt, ist abhängig von der Bearbeitungsgenauigkeit, insbesondere beim Zusammenbau. Bei der im Stahlbau üblichen Sorgfalt in der Bearbeitung dürfte immerhin stets eine Verminderung der unerwünschten Nebenspannungen aus diesem Vorgehen resultieren.

3. Auflager und Gelenke

a) Die Aufgabe der Auflager

Die Auflager haben die Aufgabe, die Tragwerke zu stützen, d. h. die Auflagerkräfte auf die Fundamente zu übertragen; sie bilden den Übergang vom Stahltragwerk zum massiven Fundamentkörper in Beton, Stahlbeton oder Naturstein. Dabei sind an die Wirkungsweise der Auflager folgende Anforderungen zu stellen:

Durch ein *festes Auflager* (Abb. VIII,128 a) soll der Angriffspunkt der Auflagerkraft A in möglichst engem Bereich festgelegt werden; gleichzeitig sollen kleine Bewegungen infolge der Formänderungen des Tragwerks ohne Zwängung möglich sein. Die auf dem Fundament aufliegende Auflagerfläche muß so groß sein, daß die dort auftretenden Pressungen σ_B innert zulässiger Grenzen bleiben. Diese Anforderungen werden durch die in Abb. VIII,128 a skizzierte Lagerform erfüllt. Die obere Lagerplatte kann auf einer gekrümmten Fläche der unteren Platte so weit abrollen, als die elastischen Formänderungen dies erfordern; die Lage des Angriffspunktes bleibt dabei innert enger Grenzen erhalten. Solche Lager, bei denen die Bewegung durch Abrollen möglich ist, nennt man *Kipplager*, und zwar

Punktkipplager, wenn der Auflagerdruck in einem Punkt bzw. einer kleinen Kreisfläche, und Linienkipplager, wenn der Druck längs einer Linie, d.h. in einer schmalen Rechteckfläche, übertragen wird. Eine andere Form des festen Lagers stellt das *Zapfenlager* dar, bei dem ein zylindrischer Zapfen oder Bolzen zwischen

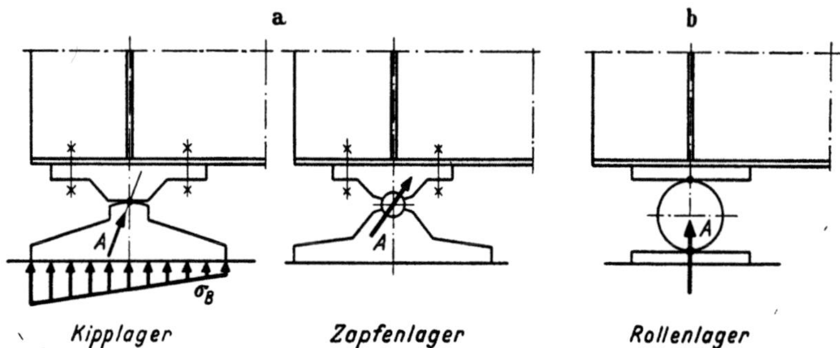

Abb. VIII,128a und b. a) Feste Lager; b) bewegliches Lager.

obere und untere Lagerplatte eingepaßt ist; hier müssen bei der Bewegung die sich berührenden Lagerteile aufeinander gleiten. Der Vorzug der Kipplager gegenüber den Zapfenlagern besteht darin, daß hier bei einer Bewegung nur eine rollende Reibung überwunden werden muß, während bei den Zapfenlagern die viel größere gleitende Reibung im Spiel steht und damit die Klarheit des Kräftespiels stört. Kipplager werden überall dort vorzuziehen sein, wo die Richtung der Auflagerkraft unter den verschiedenen möglichen Belastungen sich nur wenig ändert, während die Zapfenlager bei größeren Richtungsänderungen der Auflagerkraft, beispielsweise bei Bogenbrücken, angezeigt sind.

Beim *beweglichen Auflager* tritt als weitere Forderung dazu, daß auch die *Richtung* der Auflagerkraft durch die Formgebung des Lagers festgelegt werden muß. Bei einer zwischen zwei ebenen Platten liegenden Rolle wird die Richtung der Auflagerkraft durch die beiden schmalen Berührungsflächen festgelegt; wir haben es hier mit einem in der Trägerlängsrichtung beweglichen Linienkipplager zu tun. Wird an Stelle der Rolle eine Kugel angeordnet, so entsteht ein allseitig bewegliches Punktkipplager.

b) Die Hertzschen Formeln

Bei Kipplagern werden an der Berührungsstelle von zwei Körpern große Kräfte auf sehr kleinen Flächen übertragen. Die Spannungs- und Verformungsverhältnisse an solchen Stellen bilden das *Problem der Härte*; die Verhältnisse sind in Abb. VIII,129 für den Fall einer gegen eine Platte gedrückten Kugel skizziert. In unbelastetem Zustand berühren sich Kugel und Platte in einem Punkt; mit wachsender Belastung P werden sie abgeplattet, und der Druck wird in einer kreisförmigen Fläche mit Radius a übertragen. Die Pressung in dieser Berührungsfläche nimmt von ihrem Größtwert σ_0 im Kreismittelpunkt gegen den Rand zu stetig ab. Die Unbekannten des Problems sind somit die Zusammendrückung $w = w_1 + w_2$, der Radius a der Berührungsfläche und der Größtwert σ_0 der Oberflächenpressung.

Das Problem der Härte wurde 1881 erstmals von HEINRICH HERTZ gelöst[1].
AUGUST FÖPPL kommt das Verdienst zu, die Ergebnisse dieser Untersuchungen
der Praxis zur Verfügung gestellt zu haben[2]. Die Darstellung des Physikers

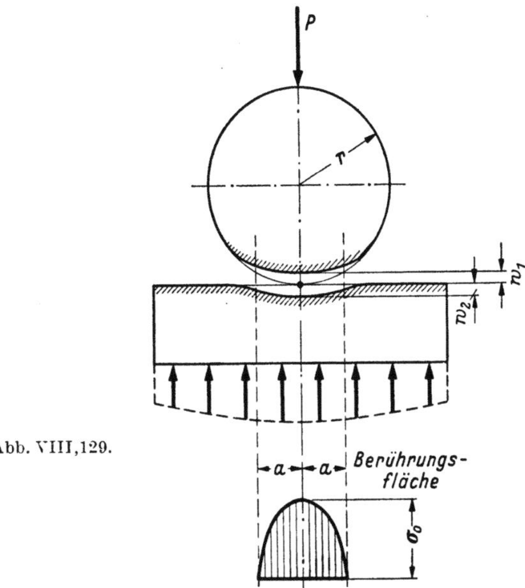

Abb. VIII,129.

HEINRICH HERTZ, unter Benützung der Potentialtheorie, ist für den Ingenieur
schwer verständlich, doch existieren heute Ableitungen, die auf den Gesichtskreis
der Technik orientiert sind[3]. Da diese neueren Darstellungen leicht zugänglich
sind, dürfen wir hier auf die Ableitung der Hertzschen Theorie verzichten und
uns mit der Wiedergabe ihrer Ergebnisse durch die *Hertzschen Formeln* begnügen.

Für den Fall von zwei gegeneinander gedrückten Kugeln (*Punktberührung*) aus
Material mit gleichem Elastizitätsmodul E und einer Querdehnungszahl $v = 0{,}3$
lauten die Hertzschen Formeln

$$\left.\begin{aligned}
w = w_1 + w_2 &= 1{,}23 \sqrt[3]{\frac{P^2}{E^2}\,\frac{r_1 + r_2}{r_1\,r_2}} \\[2mm]
a &= 1{,}109 \sqrt[3]{\frac{P}{E}\,\frac{r_1\,r_2}{r_1 + r_2}} \\[2mm]
\sigma_0 = \frac{3}{2}\,\frac{P}{\pi\,a^2} &= 0{,}388 \sqrt[3]{PE^2\,\frac{(r_1 + r_2)^2}{r_1^2\,r_2^2}}
\end{aligned}\right\} \qquad \text{(VIII,26)}$$

---

[1] HERTZ, H.: Über die Berührung fester elastischer Körper. J. reine angew. Math. 1881,
S. 156. — Siehe auch HERTZ, H.: Gesammelte Werke Bd. 1, Leipzig 1895.

[2] FÖPPL, A.: Vorlesungen über Technische Mechanik Bd. 3, Festigkeitslehre.

[3] FÖPPL, A.: Vorlesungen über Technische Mechanik Bd. 5. Die wichtigsten Lehren der
höheren Elastizitätstheorie, FÖPPL, A., FÖPPL, L.: Drang und Zwang, Bd. 2 (dieser Darstellung folgt im wesentlichen auch F. BLEICH in: Theorie und Berechnung eiserner Brücken,
Berlin: Springer 1924). — TIMOSHENKO, S., GOODIER, J. N.: Theory of Elasticity, New York
1951.

Diese Gleichungen schließen mit $r_1 = r$, $r_2 = \infty$ auch den Fall der Kugel auf einer ebenen Platte ein (Abb. VIII,130):

$$\left.\begin{aligned} w &= 1{,}23 \sqrt[3]{\frac{P^2}{E^2\, r}} \\[2ex] a &= 1{,}109 \sqrt[3]{\frac{P\, r}{E}} \\[2ex] \sigma_0 &= 0{,}388 \sqrt[3]{\frac{P\, E^2}{r^2}} \end{aligned}\right\} \qquad \text{(VIII,26\,a)}$$

Für den Fall einer Kugel in einer Hohlkugel ist r_2 mit negativem Vorzeichen in die Gln. (VIII,26) einzusetzen.

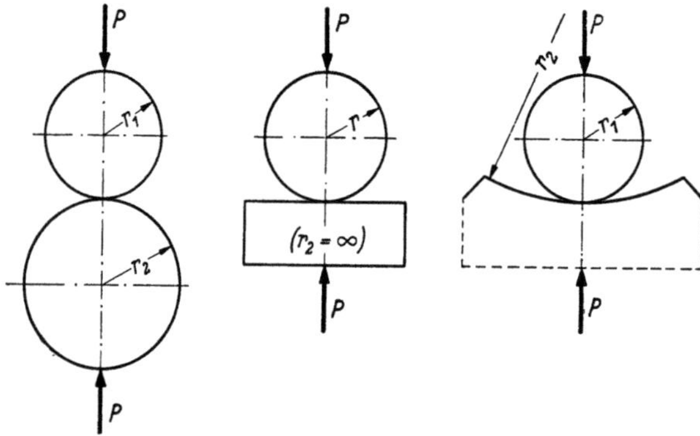

Abb. VIII,130.

Für den Fall von zwei Zylindern (*Linienberührung*) aus Material mit gleichem Elastizitätsmodul E und $\nu = 0{,}3$, bei denen die Belastung P gleichmäßig über die Berührungslänge l verteilt sein soll, gelten die Gleichungen

$$\left.\begin{aligned} b &= 1{,}52 \sqrt{\frac{P}{l\,E}\,\frac{r_1\, r_2}{r_1 + r_2}} \\[2ex] \sigma_0 &= \frac{2\,P}{\pi\,l\,b} = 0{,}418 \sqrt{\frac{P\,E}{l}\,\frac{r_1 + r_2}{r_1\, r_2}} \end{aligned}\right\} \qquad \text{(VIII,27)}$$

dabei bedeutet b die halbe Breite der rechteckigen Berührungsfläche nach eingetretener Verformung.

Für den praktisch wichtigen Fall eines Zylinders auf einer ebenen Platte wird mit $r_1 = r$, $r_2 = \infty$

$$\left.\begin{aligned} b &= 1{,}52 \sqrt{\frac{P\, r}{l\,E}} \\[2ex] \sigma_0 &= 0{,}418 \sqrt{\frac{P\,E}{l\, r}} \end{aligned}\right\} \qquad \text{(VIII,27\,a)}$$

Eine wesentliche Voraussetzung der Hertzschen Theorie ist die, daß die Berührungsflächen gegenüber den Abmessungen der gedrückten Körper klein sein sollen. Wir sehen, daß diese Voraussetzung mit

$$\frac{b}{r} = \frac{1{,}52}{0{,}418}\,\frac{\sigma_0}{E} = 3{,}63\,\frac{\sigma_0}{E}$$

beim Zylinder auf einer Platte bzw. mit

$$\frac{a}{r} = \frac{1{,}109}{0{,}388}\,\frac{\sigma_0}{E} = 2{,}86\,\frac{\sigma_0}{E}$$

für eine Kugel auf einer Platte stets gut erfüllt ist. Selbstverständlich gelten die Hertzschen Formeln nur solange, als die Proportionalitätsgrenze des Materials unter den besonderen hier vorliegenden Beanspruchungsverhältnissen nicht überschritten wird, solange also, als noch keine bleibenden Verformungen in den Berührungsflächen auftreten.

Die Gültigkeit der Hertzschen Formeln, d. h. ihre Übereinstimmung mit der Wirklichkeit im elastischen Bereich, ist schon verschiedentlich durch Versuche nachgewiesen worden[1]. Dabei stellt sich als wesentliche Frage diejenige nach der *Grenze des Gültigkeitsbereiches*, nach derjenigen Belastung also, unter der noch keine bleibenden Verformungen auftreten. Das Eintreten bleibender Verformungen bedeutet noch keine Gefahr für den Bestand des Lagerkörpers, aber es muß vermieden werden, weil sonst die gewünschte Arbeitsweise verunmöglicht würde. So hat man beispielsweise in den überlasteten und dadurch bleibend verformten Rollen der beweglichen Lager des Sitterviaduktes der Bodensee-Toggenburgbahn Reibungskräfte von 9% der lotrechten Auflagerdrücke festgestellt; die Rollenbewegung wurde dadurch weitgehend ausgeschaltet. Bei nur elastisch beanspruchten Rollen dagegen dürften die Reibungskräfte, sorgfältige Bearbeitung vorausgesetzt, weniger als 0,5% betragen.

Systematische Versuche zur Bestimmung der elastischen Grenzbelastung von Lagerkörpern hat A. DUMAS[2] durchgeführt, wobei er von der offensichtlichen Analogie des Hertzschen Problems mit der Härteprüfung von Stählen ausging. Das wesentliche Ergebnis dieser Versuche lautet, daß bleibende Verformungen der Berührungsflächen zweier Körper nicht eintreten, solange die größte Kontaktpressung σ_0 nach HERTZ den halben Wert der Brinellhärte H_B nicht überschreitet. Die Brinellhärte H_B wird bekanntlich dadurch bestimmt, daß eine gehärtete Stahlkugel von 1 cm Durchmesser mit einem Druck $P = 3000$ kg während etwa 15 Sekunden gegen eine eben bearbeitete Platte des zu prüfenden Materials gepreßt wird; mißt man die Fläche f in mm² der entstehenden kugelsegmentförmigen bleibenden Eindrückung an der Plattenoberfläche, so ist die Brinellhärte H_B als durchschnittliche spezifische Pressung in der Fläche f definiert:

$$H_B = \frac{P\ \text{kg}}{f\ \text{mm}^2}.$$

A. DUMAS schlägt nun vor, die elastische Grenzbelastung

$$\boxed{\sigma_{0\,P} = 0{,}5\,H_B = \sigma_{0\,\text{zul}}} \qquad\qquad \text{(VIII,28)}$$

---

[1] Siehe z. B. STRIBECK, R.: Prüfverfahren für gehärteten Stahl unter Berücksichtigung der Kugelform. Z. VDI 1907, S. 1500.

[2] DUMAS, A.: Sur la charge limite admissible de rouleaux en contact avec des chemins de roulement plans. Rapport du Groupe VI de la TKVSB, Juin 1924.

als zulässige Pressung für die Hertzschen Formeln einzuführen; eine weitere Verminderung von $\sigma_{0\,zul}$ durch Einführung eines besonderen Sicherheitsgrades wird als nicht notwendig angesehen, weil eine kleine Überschreitung der Grenzbelastung, wie sie beim Zusammentreffen verschiedener ungünstiger Einflüsse ja denkbar wäre, ja erst sehr kleine bleibende Verformungen verursachen und noch keine Gefahr für den Bestand bedeuten würde.

Für den normalen Baustahl St 37, oder für einen entsprechenden Stahlguß bzw. Schmiedestahl, beträgt die Brinellhärte rd. 130 bis 140 kg/mm²; nach dem Vorschlag von A. Dumas, Gl. (VIII,28), ergibt sich damit eine zulässige Kontaktpressung von

$$\sigma_{0\,zul} = 6{,}5 \div 7{,}0 \ \text{t/cm}^2,$$

und zwar in gleicher Größe für Punkt- und Linienberührung. Für einen Stahl der Güte St 52 mit $H_B \cong 190\ \text{kg/mm}^2$ würde entsprechend

$$\sigma_{0\,zul} = 9{,}5 \ \text{t/cm}^2$$

betragen.

Diese Spannungswerte liegen, verglichen mit der Zugfestigkeit σ_Z des Materials, sehr hoch. Sie sind, wenigstens qualitativ, dadurch erklärlich, daß an der Kontaktstelle nicht ein einaxiger, sondern ein dreiaxiger Druckspannungszustand vorliegt. Abb. VIII,131 zeigt die Spannungszustände an der Kontaktstelle, die

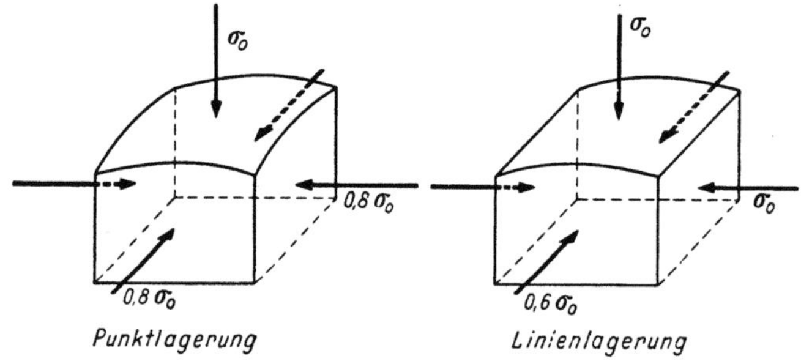

Abb. VIII,131.

allerdings nicht die ungünstigste Vergleichsspannung aufweist, nach den von S. Timoshenko angegebenen Werten der drei Hauptspannungen[1]. Sehen wir die Theorie der konstanten Gestaltänderungsarbeit als maßgebend an, so wird für Punktlagerung

$$\sigma_g = \sigma_0 \sqrt{1{,}0 + 0{,}64 + 0{,}64 - 0{,}8 - 0{,}64 - 0{,}8} = 0{,}20\,\sigma_0 \leqq \sigma_P$$

$$\sigma_{0\,P} = 5{,}0\,\sigma_P$$

bzw. für Linienlagerung

$$\sigma_g = \sigma_0 \sqrt{1{,}0 + 1{,}0 + 0{,}36 - 1{,}0 - 0{,}60 - 0{,}60} = 0{,}40\,\sigma_0 \leqq \sigma_P$$

$$\bar{\sigma}_{0\,P} = 2{,}5\,\sigma_P;$$

dabei bedeutet σ_P die Proportionalitätsgrenze des Materials im einaxigen Zugversuch. Für einen Baustahl St 37 mit $\sigma_P = 1{,}9\ \text{t/cm}^2$ würde sich damit ergeben

---

[1] Timoshenko, S., Goodier, J. N.: Theory of Elasticity, New York 1951. Abb. 209 für Punktlagerung, Abb. 210 für Linienlagerung.

für Punktlagerung

$$\dot\sigma_{0\,\mathrm{zul}} = 9{,}5 \ \mathrm{t/cm^2},$$

für Linienlagerung

$$\bar\sigma_{0\,\mathrm{zul}} = 4{,}8 \ \mathrm{t/cm^2}.$$

Die Hertzschen Formeln für die Kontaktspannungen σ_0, die wir für $r_2 = \infty$ in der Form

$$\frac{P}{r^2} = \frac{\dot\sigma_0^3}{0{,}388^3 E^2} = \frac{17{,}1\,\dot\sigma_0^3}{E^2} \tag{VIII,26b}$$

bzw.

$$\frac{P}{l\,r} = \frac{\bar\sigma_0^2}{0{,}418^2 E} = \frac{5{,}72\,\bar\sigma_0^2}{E} \tag{VIII,27b}$$

schreiben können, zeigen, daß die zulässige spezifische Belastung der Lagerkörper bei Punktlagerung mit der dritten Potenz, bei Linienlagerung mit dem Quadrat der zulässigen Spannung $\sigma_{0\,\mathrm{zul}}$ bzw. der Brinellhärte H_B ansteigt; die Verwendung hochwertiger Stähle erlaubt deshalb, die Abmessungen der Lagerkörper kleinzuhalten. Neuerdings werden zu diesem Zweck die Berührungsflächen aus sehr hartem Material hergestellt, z. B. aus *Edelstahl*, mit einer Brinellhärte H_B von rd. 500 kg/mm², oder aus einsatzgehärtetem *Vergütungsstahl*. Ähnliche Eigenschaften können auch mittels Auftragschweißung einer Hartstahlschicht erreicht werden. Die zulässige Kontaktpressung für Linienberührung $\bar\sigma_{0\,\mathrm{zul}}$ liegt für diese Ausführungen bei rd. 20 t/cm².

Ferner zeigen die Ausdrücke [Gln. (VIII,26b) und (VIII,27b)], daß für $\sigma_{0\,\mathrm{zul}} = 0{,}5 H_B$ die Sicherheit gegen das Eintreten größerer bleibender Verformungen bei Punktlagerung eine achtfache, bei Linienlagerung eine vierfache ist. Diese Feststellung weist immerhin darauf hin, daß von dieser Sicherheit aus gesehen die zulässige Kontaktpressung $\sigma_{0\,\mathrm{zul}}$ für Punktberührung größer gewählt werden könnte als für Linienberührung. Einzelne Bauvorschriften unterscheiden denn auch zwischen diesen beiden Fällen; so schreiben beispielsweise die schweizerischen Normen die Werte

$$\dot\sigma_{0\,\mathrm{zul}} = 7\,\sigma_{\mathrm{zul}}, \qquad \bar\sigma_{0\,\mathrm{zul}} = 5\,\sigma_{\mathrm{zul}}$$

vor, wobei σ_{zul} die normale zulässige Beanspruchung des Materials bedeutet. Es erscheint damit erwünscht, daß die Versuche von A. DUMAS, die ihre grundlegende Bedeutung beibehalten, in Richtung auf eine schärfere Differenzierung zwischen Punkt- und Linienberührung weitergeführt und vervollständigt werden.

c) Zapfenlager

Der Unterschied in der Wirkungsweise eines Zapfenlagers gegenüber einem Kipplager besteht, abgesehen von den verschiedenen Reibungsverhältnissen, darin, daß sich hier die zu übertragenden Pressungen nicht mehr nur auf eine sehr kleine Fläche, sondern über einen größeren Teil des Zapfenumfanges erstrecken (Abb. VIII,132).

Nehmen wir nach F. BLEICH[1] die in Abb. VIII,132 skizzierte Spannungsverteilung je über einen Viertel des Umfanges mit

$$\sigma = \sigma_0 \cos 2\varphi$$

---

[1] BLEICH, F.: Theorie und Berechnung der eisernen Brücken, Berlin: Springer 1924, S. 564.

an, so wird

$$P = l \int_{-\pi/4}^{\pi/4} \sigma \cos\varphi \, r \, d\varphi = 2r\,l \int_0^{\pi/4} \cos 2\varphi \cos\varphi \, d\varphi = 0{,}943\, r\, l\, \sigma_0$$

oder

$$\sigma_{0\,\mathrm{vorh}} = 1{,}06 \frac{P}{l\,r} = 2{,}12 \frac{P}{l\,d} \leqq \sigma_{0\,\mathrm{zul}}. \qquad\text{(VIII,29)}$$

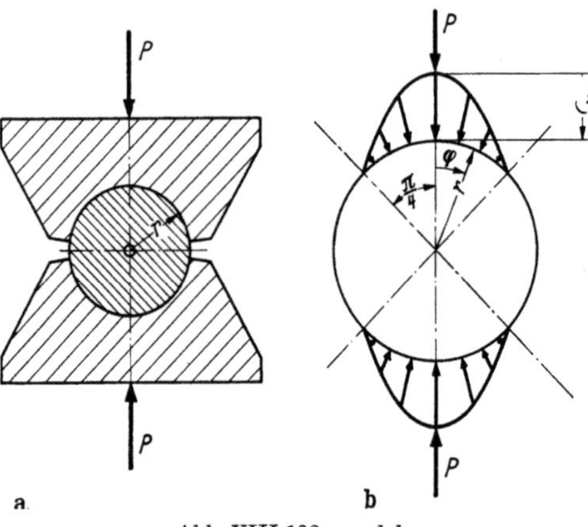

Abb. VIII,132a und b.

Hier dürfte, um trotz unvermeidlicher Ungenauigkeiten der Bearbeitung, örtliche bleibende Formänderungen und damit unerwünscht große Reibungskräfte zu vermeiden, etwa der Wert

$$\sigma_{0\,\mathrm{zul}} = 1{,}3\, \sigma_{\mathrm{zul}}$$

angemessen sein.

d) Bauformen

Die Bauformen der Auflagerkörper variieren entsprechend der Größe der zu übertragenden Auflagerkräfte in ziemlich weiten Grenzen. Bei kleinen Kräften wird man einfache Bauformen mit einfacher Bearbeitung anstreben, während bei großen Kräften ein vermehrter Bearbeitungsaufwand für kompliziertere Formen wirtschaftlich sein wird, wenn dadurch eine wesentliche Baustoffeinsparung erreicht werden kann. Mittlere und große Lager, wie sie im Brückenbau vorkommen, wurden bisher meistens aus Stahlguß ausgeführt. Die Erhöhung der zulässigen Fundamentpressungen und die dadurch ermöglichte Verminderung der Abmessungen der Lagerkörper erlauben es heute, auch Lager für größere, 1000 t übersteigende Auflagerkräfte durch Zusammenschweißen von Blechen aus hochwertigem Baustahl (z. B. St 52) zu wirtschaftlichen Bedingungen in der eigenen Werkstätte herzustellen. Es kann sich hier selbstredend nicht darum handeln, möglichst viele der möglichen Bauformen zu besprechen; wir beschränken uns darauf, die wichtigsten Grundformen zu skizzieren. Sonderformen sind auf Grund besonderer Verhältnisse von Fall zu Fall zu entwickeln.

Feste Kipplager

In Abb. VIII,133 ist eine einfache Form eines Linienkipplagers aus Stahlguß skizziert, wie es als festes Balkenlager verwendet wurde. Die obere Lagerplatte ist mit Schrauben am Träger befestigt; waagrechte Auflagerkräfte A_h werden jedoch nicht diesen Schrauben zugewiesen, sondern sie sollen durch besondere Nocken N_1, die in entsprechende Aussparungen der untersten Trägerkopfplatte eingreifen, übertragen werden. Beim Übergang zur unteren Platte können kleine

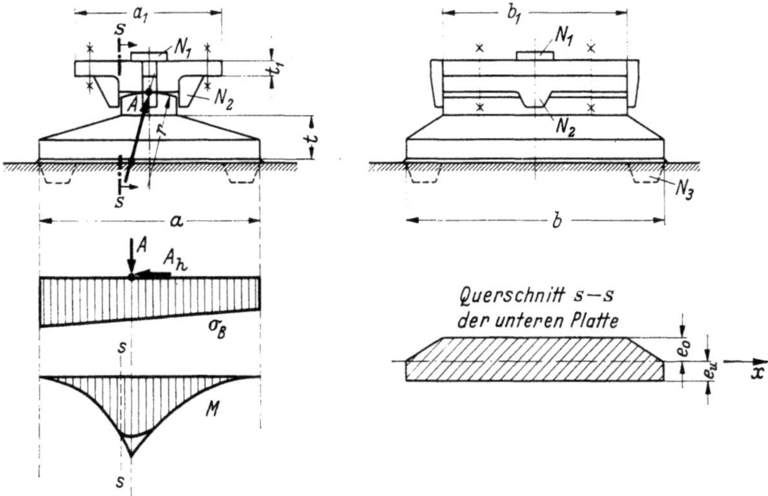

Abb. VIII,133.

Kräfte A_h durch gleitende Reibung aufgenommen werden; zur Sicherung sind jedoch Nasen N_2 notwendig, wobei jedoch das erforderliche Spiel vorzusehen ist, damit die elastische Trägerverformung nicht behindert wird. Damit die untere Platte gleichmäßig auf der Fundamentfläche aufliegt, wird sie in der Regel nach dem Ausrichten mit Zementmörtel untergossen. Kreuzförmige untere Rippen der Lagerplatte würden wegen der möglichen Luftblasenbildung ein vollständiges Untergießen verhindern; diese Rippen zur Übertragung von A_h sind deshalb in Form von Einzelnocken N_3 auszubilden.

Bei Punktlagern kann an Stelle der Mörtelschicht eine Hartbleizwischenlage von 3 mm Stärke vorgesehen werden; das Lager ist dann sofort voll tragfähig.

Die beiden Lagerplatten sind durch die Verteilung des Auflagerdruckes vom Berührungspunkt nach oben auf den Träger (Stehblech bzw. Knotenblech mit Auflagerungslänge a_1) bzw. nach unten auf die Fundamentfläche $a\,b$ auf Biegung beansprucht; in Abb. VIII,133 ist der maßgebende Querschnitt $s-s$ der unteren Lagerplatte angegeben.

Um Material zu sparen, wurden Stahlgußlager für größere Kräfte oft mit aufgelöstem Rippenquerschnitt (vgl. auch Abb. VIII,137) ausgeführt.

Ein Linienkipplager in geschweißter Ausführung zeigt Abb. VIII,134. Die waagrechten Auflagerkräfte A_h werden am Träger durch Anschweißen der oberen Lagerplatte, beim Übergang zur unteren Platte durch einen geschlossenen, am oberen Teil geschweißten Führungsrahmen übertragen, wobei auch hier das erforderliche Spiel einzuhalten ist. In der Fundamentfläche besorgen Bolzendübel die Einleitung von A_h.

Linienkipplager erlauben elastische Drehungen in einer Ebene, der Trägerebene; wenn freie Drehbarkeit auch quer zur Trägerebene gewährleistet sein soll,

wie dies etwa bei breiten Brücken erforderlich ist, dann sind die Berührungsflächen kugelförmig, d. h. für Punktlagerung, auszubilden.

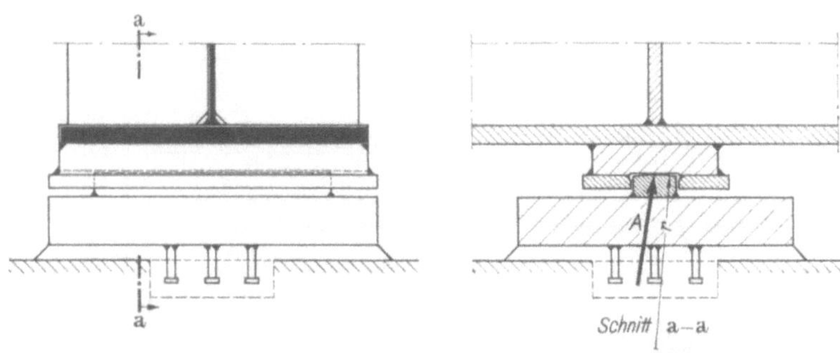

Abb. VIII,134.

Bewegliche Kipplager

Die Verwendung von Material mit hoher Oberflächenhärte erlaubt heute die
Ausführung von *Einrollenlagern* auch bei sehr großen Auflagerkräften von mehr
als 2000 t. Diese Ausbildung ist wirtschaftlicher als diejenige eines Mehrrollen-
lagers, weil eine Zentriervorrichtung entfallen kann. Im Lager nach Abb. VIII,135a
ist die Rolle aus Edelstahl durch eine Rillenführung gegen Verdrehen gesichert;
dadurch können auch quergerichtete waagrechte Auflagerkräfte übertragen werden. Gelegentlich werden zur Rollensicherung auch noch seitliche Zähne an den
beiden Lagerplatten angeordnet, die in seitliche Nuten der Walzen mit genügendem Spiel eingreifen oder umgekehrt (Nuten in den Platten, Zahnleiste an der
Rolle; vgl. Abb. VIII,135a). Zu beachten ist, daß bei einer Verschiebung Δl des
oberen Lagerkörpers die Rolle den halben Weg zurücklegt; die Sicherungszähne
dürfen diese Bewegung nicht behindern.

Zweirollenlager (Abb. VIII,135b) sind selten notwendig. Durch die beiden
Rollen wird nur die Richtung der Auflagerkraft festgelegt, nicht aber ihr Angriffspunkt. Es ist deshalb über den Rollen noch eine Zentriervorrichtung nach
Art eines festen Lagers anzuordnen. Der gegenseitige Abstand der Rollen ist
durch Distanzleisten, unter Umständen auch durch einen Rollenkasten zu sichern.

Bei einer Vermehrung der Rollenzahl auf vier würde bei normaler Rollenaus-
führung die Lagerlänge a unerwünscht groß. Das wird durch Anordnung von
Stelzen vermieden; die Stelzen können wir uns aus Rollen durch Entfernen des
überflüssigen, d. h. wenig beanspruchten Materials der seitlichen Rollensegmente
entstanden denken (Abb. VIII,135c). Der Zwischenraum zwischen den Stelzen
ist so groß zu wählen, daß diese bei der Schrägstellung infolge der Verschiebung
Δl sich gerade noch nicht berühren. Die einzelnen Stelzendrücke sind nicht gleich
groß, da die Auflagerkraft durch die auf Biegung beanspruchte und dadurch etwas
nachgiebige obere Lagerplatte übertragen wird. Diese Nachgiebigkeit und damit
die Ungleichmäßigkeit in der Stelzendruckverteilung nimmt mit wachsender
Auflagerlänge stark zu. Auch bei raumsparender Lageranordnung ist für die
mittleren Stelzen mit einer Belastung von etwa $0{,}30\,A$ (statt $0{,}25$ bei gleichmäßiger Kraftverteilung) zu rechnen.

Mehr als vier Stelzen werden kaum mehr ausgeführt. Eine Anordnung mit
drei Stelzen ist wegen der besonders ungünstigen Kraftverteilung zu vermeiden.

Bei *allseits beweglichen Lagern* müssen, bei Verwendung von Rollen, zwei sich kreuzende Rollenlagen und dazu noch eine Kippvorrichtung übereinander angeordnet werden, wodurch sich eine oft unerwünscht große Bauhöhe ergibt. Eine

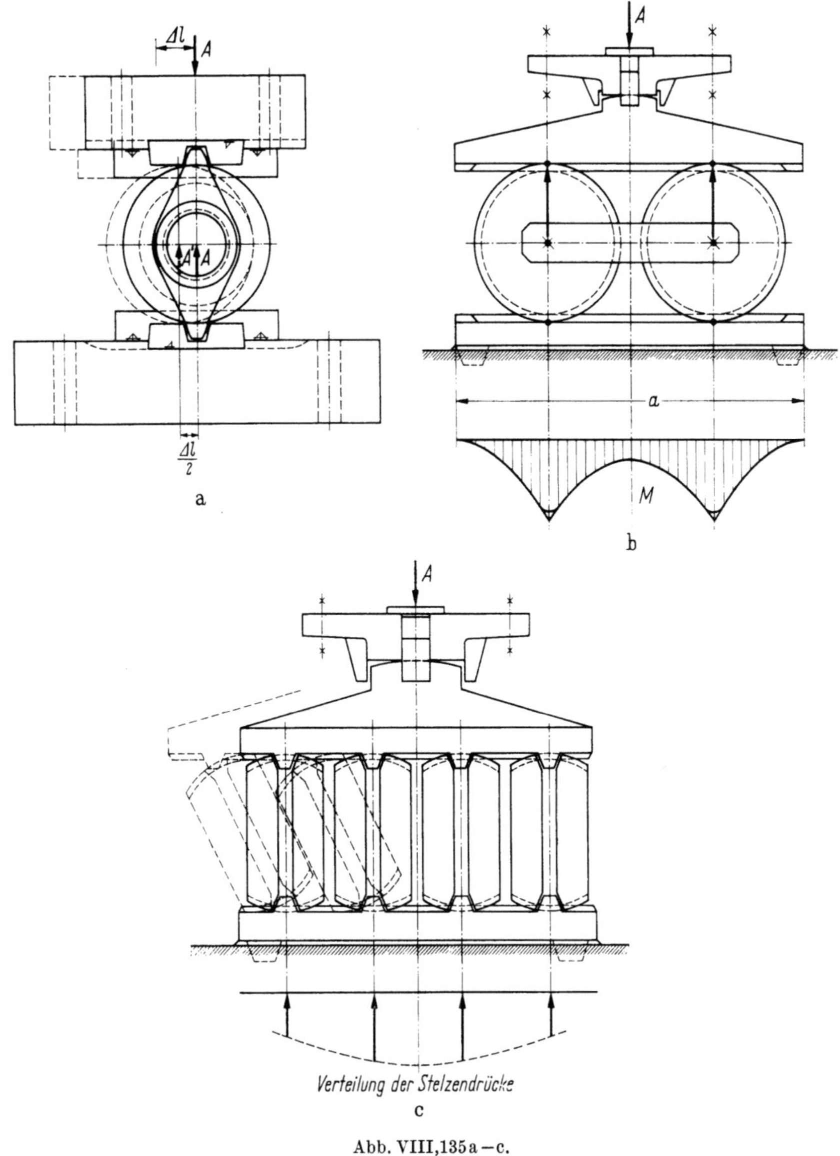

Abb. VIII,135a—c.

einzelne Kugel mit wirtschaftlich noch tragbarem Durchmesser könnte anderseits nur beschränkte Auflagerkräfte übertragen. Ein Vorschlag von Prof. SCHÖNHÖFER geht deshalb dahin, Auflager mit *Kugellagern* nach Abb. VIII,136a zu verwenden.[1] Neuerdings kommen auch Stahl- oder Elastomere-Lager (vgl.

---

[1] ZILLINGER, I.: Das Gabelungsbauwerk der Reichsautobahn bei Hattenbach in Kurhessen. Bautechnik 1939, S. 501.

Abschn. VIII,3e) mit Polytetrafluoräthylen-Gleitschicht zur Anwendung, deren Ausbildung wesentlich einfacher ist (Abb. VIII,136b).

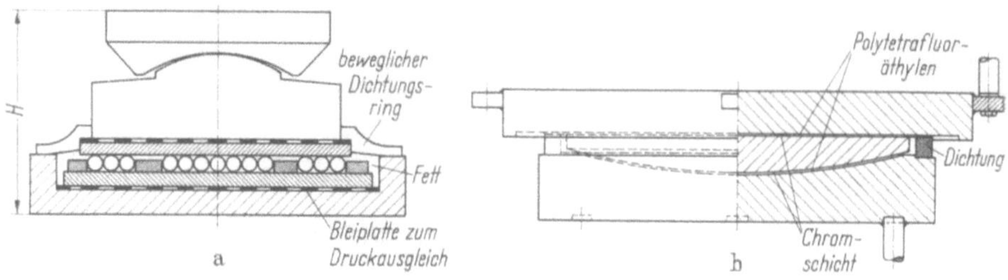

Abb. VIII,136a und b.

Zapfen- und Bolzenlager

Zapfenlager sind, wie schon erwähnt, dort für Balkenlager zweckmäßig, wo neben den lotrechten auch größere waagrechte Auflagerkräfte zu übertragen sind, oder wo, wie bei Bogen- oder Rahmenträgern, die Auflagerkraft ihre Richtung unter den verschiedenen möglichen Belastungsanordnungen erheblich ändert. Abb. VIII,137 zeigt schematisch ein Auflagergelenk für einen Zweigelenkbogen.

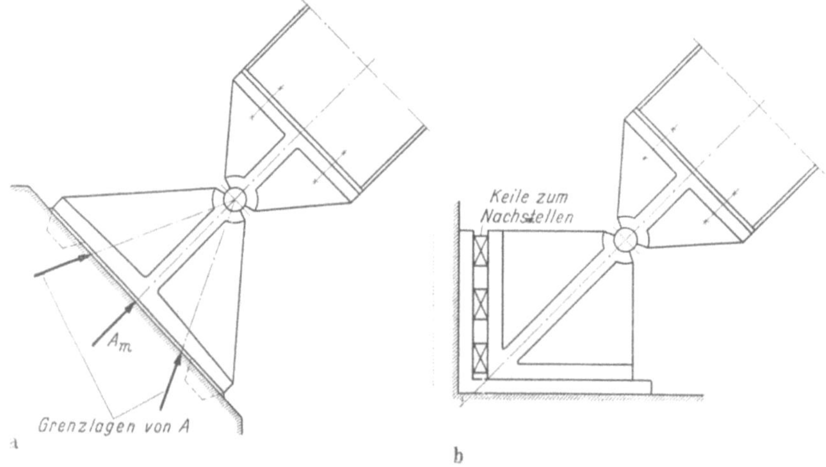

Abb. VIII,137a und b.

Die Auflagerfläche der unteren Platte wird in der Regel normal zur mittleren Richtung A_m der Auflagerkraft (Vollbelastung) angeordnet. Bei nicht ganz zuverlässigem Baugrund, bei dem zukünftige Setzungen nicht ausgeschlossen sind, sollte die Möglichkeit bestehen, die waagrechten Auflagerverschiebungen durch Nachstellen der Lager kompensieren zu können. Dies ist jedoch bei geneigten Auflagerflächen nicht ganz einfach, so daß in solchen Fällen eine Formgebung nach Abb. VIII,137b zweckmäßig sein kann.

Treten positive und negative Auflagerkräfte auf, so können durch Verwendung von *Gelenkbolzen* (s. Abschn. III,1i) *zug- und druckfeste Lager* vorgesehen werden. Abb. VIII,138 zeigt schematisch diese Anordnung für ein festes und ein bewegliches Lager. Beim beweglichen Pendellager ist zu beachten, daß durch die Schrägstellung infolge der Verschiebung Δl waagrechte Auflagerkräfte A_h,

$$A_h = A\,\frac{\Delta l}{h},$$

hervorgerufen werden; die Pendelhöhe h ist deshalb so groß zu wählen, daß die Kräfte A_h genügend klein bleiben.

Solche Lager eignen sich allerdings nur für kleinere Kräfte. Bei großen Kräften (Brückenbau) empfiehlt es sich, die positiven und negativen Auflagerkräfte je getrennten Lagerkörpern zuzuweisen. In ähnlichem Sinne werden gelegentlich auch getrennte Windlager vorgesehen.

Zwischengelenke, wie sie in Dreigelenkbogen oder Gerberträgern vorkommen, werden je nach der Größe der auftretenden Kräfte als Zapfen- oder Bolzengelenke ausgeführt oder durch Kipplager gebildet.

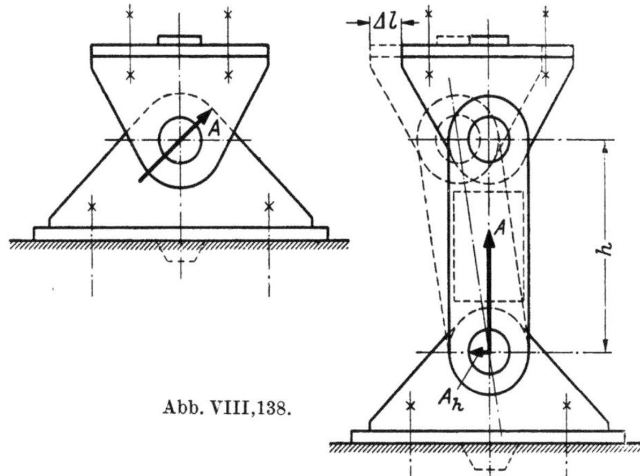

Abb. VIII,138.

e) Kunststofflager

Die Elastomere-*Paketlager* bestehen aus aufeinander geschichteten Kunstgummiplatten mit dazwischen eingelagerten dünnen Stahlblechen, welche die Querdehnung des Kunststoffes praktisch verhindern und somit die vertikale Zusammendrückung stark vermindern. Die elastischen Eigenschaften der Elastomere ermöglichen begrenzte Kippbewegungen und waagrechte Verschiebungen nach allen Richtungen. Diese Lager eignen sich nur für kleine und mittlere Auflagerdrücke.

Eine andere Anordnung besteht darin, das Gummipolster in einen stählernen Topf einzuschließen, so daß die Elastomerefüllung unter dem Auflagerdruck seitlich nicht ausweichen kann und sich wie eine zähe Flüssigkeit verhält. Diese sehr flachen *Topflager* wirken wie feste Punktkipplager und können auch sehr große Auflagerdrücke aufnehmen. Bewegliche Lager dieser Art erhalten auf der Deckelplatte eine Gleitschicht aus *Polytetrafluoräthylen*, die auf hartverchromter Gegenfläche bei geeigneter Schmierung zu relativ niedrigen Reibungskoeffizienten von 2 bis 4% führt. Blecharmierte Elastomerepakete sowie Polytetrafluoräthylen-Gleitschichten können auch in Kombination mit klassischen Stahllagern verwendet werden, so z. B. bei einem festen oder längsverschieblichen Linienkipplager, um eine gewisse Querneigung bzw. Querverschiebung zu ermöglichen (für ein Punktkipplager vgl. Abb. VIII,136b).

Die Anwendung von Kunststoffen ist somit im allgemeinen besonders angezeigt, wenn die Lager allseitige Verdrehungen oder Verschiebungen erlauben sollen. Bei einer in Querrichtung unverschieblichen Linienlagerung dürfte dagegen das stählerne Linienkipplager in der Regel vorteilhafter sein, weil die Aussteifung des Stehbleches für eine linienförmige Einleitung des Auflagerdruckes konstruktiv einfacher ist als bei einer flächenartigen Lagerung.

Da die Bemessung und die Konstruktion von Kunststofflagern meistens von den Patentinhabern besorgt werden, kann hier auf eine eingehende Behandlung verzichtet und auf die einschlägige Literatur[1] sowie auf die Firmenprospekte verwiesen werden.

f) Auflagerung von Stützen

Im *Brückenbau* ist es üblich, auch die Stützen, wie sie gelegentlich als Pendel- oder Rahmenstützen vorkommen, durch besondere Auflagerkörper auf die Fundamente abzustützen. In Abb. VIII,139a ist eine Pendelstütze mit einem Kugelzapfengelenk (allseitige Gelenkwirkung) skizziert.

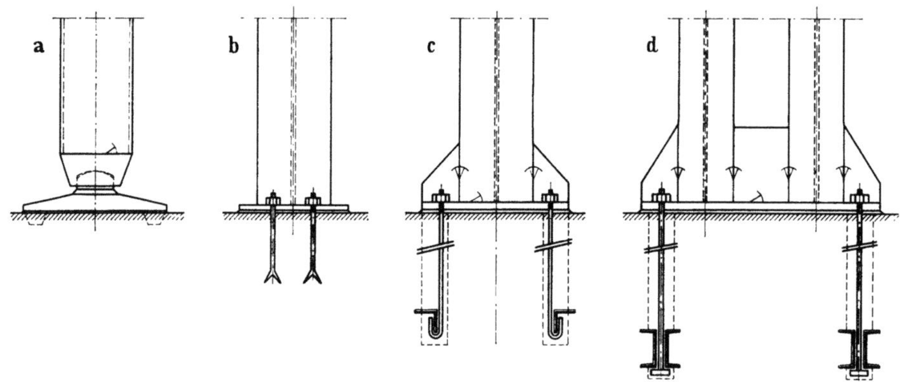

Abb. VIII,139a—d. a) Gelenklagerung; b) Flächenlagerung; c) Verankerung; d) Einspannung.

Im *Hochbau* wird die Auflagerung häufig zu einer Flächenlagerung (Abbildung VIII,139b) vereinfacht; für die Stützenberechnung wird dabei doch eine gelenkige Lagerung vorausgesetzt. Eine leichte Verankerung nach Abb. VIII,139c ist für die Montage bequem; die Stützen werden in der Verankerung (in einbetonierte Winkel eingreifende Haken der Ankerschrauben) provisorisch eingespannt und brauchen damit nicht besonders abgestrebt zu werden. Bei eingespannten Stützen (Abb. VIII,139d) geben die Köpfe der Ankerschrauben die Verankerungskräfte z. B. auf einbetonierte zweiteilige Träger mit ⊐⊏-Querschnitt ab; die für das Einführen der Anker notwendigen Aussparungen werden nach dem Ausrichten ausbetoniert bzw. mit Zementmörtel ausgegossen. Bei statisch unbestimmten Tragsystemen (eingespannte Rahmen) dürfen solche Verankerungen nicht als starre Einspannungen angesehen werden, sondern es sind die Verlängerung der Ankerschrauben aus Zugbeanspruchung, die Zusammendrückung des Betons, die Verformung des Stützenfußes sowie die Nachgiebigkeit des Baugrundes durch Einführung einer *elastischen Einspannung* zu berücksichtigen. Bei kleineren Beanspruchungen werden eingespannte Stützen auch direkt im Fundament einbetoniert.

---

[1] Vgl. u. a. THUL, H.: Brückenlager. Der Stahlbau (1969) H. 12.

IX. Herstellung der Stahlbauten

Für den Stahlbau ist die Aufteilung der Herstellung in die Werkstattbearbeitung einerseits und die Aufstellung auf der Baustelle, die Montage, anderseits charakteristisch. In der Werkstätte werden die einzelnen Bauteile oder auch ganze Tragwerke aus den Walzprofilen hergestellt, so daß sich die Baustellenarbeit auf ein Zusammensetzen und Verbinden der fertigen Bauteile beschränken kann. Man sucht mehr und mehr möglichst große Stücke in der Werkstätte fertigzustellen, um den Umfang der Montageverbindungen möglichst kleinzuhalten. Die Folge dieser Tendenz ist die, daß die Leistungsfähigkeit der Transportmittel und Montagegeräte mehr und mehr gesteigert werden muß. Diese Leistungsfähigkeit beeinflußt schon die Entwurfsarbeit für ein Stahlbauwerk; der entwerfende Ingenieur muß deshalb die für die Ausführung zur Verfügung stehenden Geräte kennen. Nachstehend soll die Ausführung von Stahltragwerken soweit kurz charakterisiert werden, als sie den Entwurf und seine Darstellung auf den Ausführungsplänen beeinflußt.

1. Werkstattarbeiten

Die Werkstattbearbeitung folgt einem stets mehr oder weniger gleich bleibenden Fabrikationsgang, der auch die allgemeine Anordnung der Werkstätte, wie sie in Abb. IX,1 schematisch skizziert ist, bestimmt.

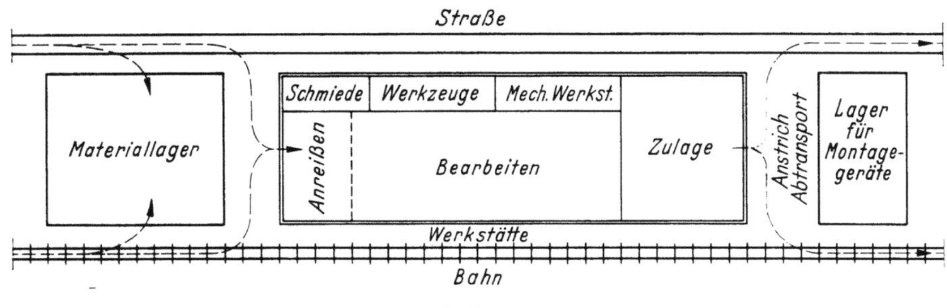

Abb. IX,1.

Da im Stahlbau große Stückgewichte gehandhabt werden müssen, sind leistungsfähige Transportmittel zur und von der Werkstätte weg Vorbedingung für die Leistungsfähigkeit der Unternehmung; neben der Zufahrtsstraße für Lastwagen soll stets auch ein eigenes Anschlußgeleise für Bahntransport vorhanden sein.

Für größere Bauaufträge werden die erforderlichen Profile in der Regel „ab Werk" bestellt; da in Zeiten guter Beschäftigung mit langen Lieferfristen der Walzwerke gerechnet werden muß, ist die Konkurrenzfähigkeit jedoch auch weitgehend von den im eigenen Materiallager verfügbaren Walzprofilen abhängig. Das

Konstruktionsbüro muß ständig nachgeführte Lagerlisten besitzen, damit es bei kurzfristigen Aufträgen entsprechend konstruieren kann.

Die einzelnen Profile werden vom Anreißer mit der Reißnadel für die Bearbeitung angezeichnet (Abb. IX,2); Lochmitten werden auf der Rißlinie angekörnt

Abb. IX,2.

(Abb. IX,3). Die nun anschließende Bearbeitung umfaßt das Ablängen durch Abscheren, Fräsen (Abb. IX,4) oder Abbrennen (Abb. IX,5), dann das Bohren (Abb. IX,6) oder das Vorstanzen (Abb. IX,7) mit Nachbohren der Löcher, die

Abb. IX,3.

besondere Bearbeitung von Profilkanten als Vorbereitung für die Schweißverbindungen durch Abbrennen, Hobeln (Abb. IX,8) oder auch Schmirgeln (Abb. IX,9) sowie weitere besondere Bearbeitungen wie Ausklinken usw. Eine Rationalisierung dieser Arbeitsgänge kann durch den Einsatz von besonderen, halb- oder vollautomatisch gesteuerten Maschinen erreicht werden. Die Werkstätte umfaßt auch Nebenräume für besondere Arbeitsgänge, wie Schmiede und mechanische Werkstätte, sowie ein Magazin für Werkzeuge, Niete, Schrauben und Elektroden.

Abb. IX,4.

Abb. IX,5.

Abb. IX,6.

Abb. IX,7.

Abb. IX,8.

Abb. IX,9.

41*

Die vorbereiteten Einzelprofile werden auf der Zulage zusammengebaut (Abb. IX,10) und vernietet (Abb. IX,11) oder geschweißt (Abb. IX,12).

Abb. IX,10.

Abb. IX,11.

Eine gut eingerichtete Werkstätte besitzt auch die notwendigen Einrichtungen zur Qualitätskontrolle der Schweißnähte durch Röntgendurchstrahlung magnetische Durchflutung sowie auch durch Ultraschall. Auf der Zulage werden gelegentlich auch die Bauteile, die erst auf der Baustelle zusammengebaut werden, zusammengestellt zur Kontrolle gegen Maß- oder Bearbeitungsfehler. Zu den normalen Werkstattarbeiten gehört auch der Grundanstrich zum Korrosionsschutz, der erst nach gründlicher Reinigung der Stahloberfläche, neuerdings oft in automatischen Strahlanlagen durchgeführt, aufgetragen werden darf. Metallische Spritzüberzüge werden in besonderen Nebenräumen ausgeführt. Der

Abb. IX,12.

Abtransport der fertigen Bauteile zur Baustelle erfolgt nun wieder auf der Straße oder mit der Bahn; in seltenen Fällen steht auch ein Wasserweg (geringe Transportkosten) zur Verfügung. Die ganze Werkstattanlage muß mit den notwendigen Hebezeugen (Krane) ausgerüstet sein.

Der skizzierte Fabrikationsgang ist dadurch gekennzeichnet, daß die *Profile einzeln bearbeitet* werden und erst auf der Zulage zusammengebaut werden. *Die Werkstattzeichnung muß deshalb alle Bearbeitungsvorschriften für sämtliche Einzelteile enthalten*; jedes Profil muß somit in Ansicht und Grundriß und meist noch in einem Schnitt dargestellt sein. In Deutschland und der Schweiz ist das „Werkstattverfahren" üblich, bei dem die Werkzeichnung, im Maßstab 1 : 10 oder bei größeren Bauteilen 1 : 20 gezeichnet, alle notwendigen Maße enthält; in anderen Ländern wird aber nach dem „Skizzenverfahren" gearbeitet, bei dem diese Maße nach Skizzen auf Maßbänder u. dgl. aufgetragen und von diesen auf die Werk-

Draufsicht (Obergurt)
Anschluß Kopfplatte
Schnitt (Untergurt)
Schnitt A-A
Schnitt B-B
Schnitt C-C
Paß-schrauben
Stegstoß
ev. Gurtstoß
Überhöhung Untergurt
Abstich Stegblech unten
Symmetrieachse
10 210 bis Symmetrieachse
2350 bis Symmetrieachse

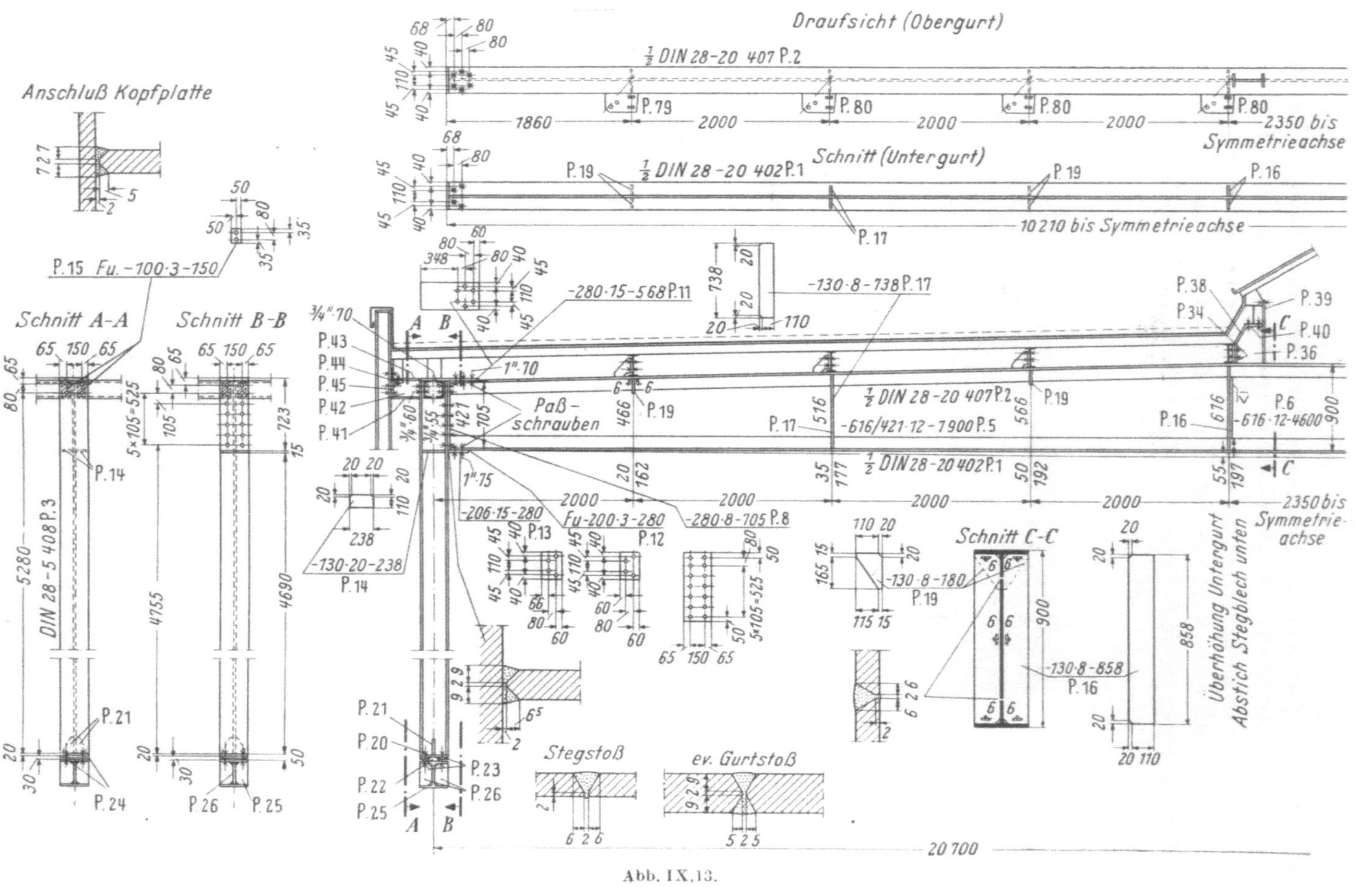

Abb. IX,13.

stücke übertragen werden. Das Werkstattverfahren hat den Vorteil, daß die Ausrechnung aller Maße in der ruhigeren Atmosphäre des Konstruktionsbüros durchgeführt und auch kontrolliert werden kann und so die Werkstätte von Arbeiten, die ihr eher wesensfremd sind, entlastet wird.

In Abb. IX,13 ist als Beispiel ein Ausschnitt aus einer Werkstattzeichnung für einen vollwandigen Rahmenbinder wiedergegeben.

Die *Werkstattzeichnung* wird ergänzt durch *Stücklisten* und *Schablonen*. Die Stückliste enthält für jedes einzelne Profil, das auf Zeichnung und Stückliste durch seine „Positionsnummer" gekennzeichnet ist, das Profil, die Länge, die Stückzahl, die Gewichtsberechnung sowie allfällige besondere Bemerkungen. Die Stückliste bildet sowohl die Grundlage der Materialbestellung bzw. der Entnahme aus dem eigenen Lager wie auch der Abrechnung, sofern nicht nach gewogenem Gewicht abgerechnet wird.

Für wichtige Einzelheiten, wie etwa die Knotenbleche von Fachwerkträgern, werden Schablonen im natürlichen Maßstab auf kräftiges Papier gezeichnet; Abb. IX,14 zeigt ein einfaches Beispiel. Die theoretische Stablänge s kann aus

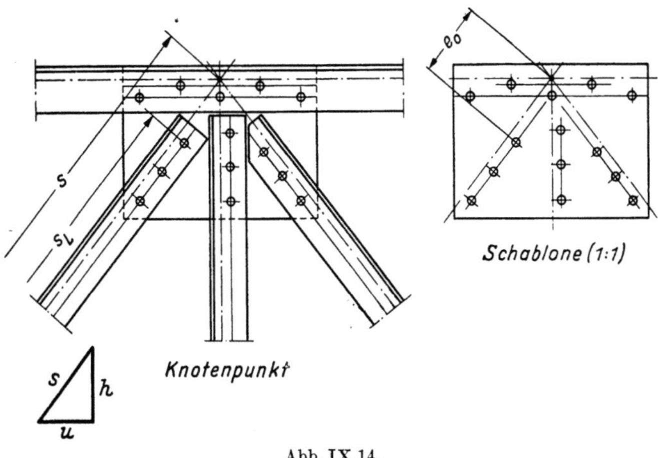

Abb. IX,14.

dem Netzdreieck berechnet werden, während für die wirkliche Stablänge s_L, zwischen den äußersten Lochmitten gemessen,

$$s_L = s - e_o - e_u,$$

die Abstände e_o und e_u benötigt werden, die durch genaues Aufzeichnen in Naturgröße, eben in der Schablone, mit genügender Genauigkeit (mm) bestimmt werden. Die genaue Stablänge ist aber wesentlich für die Formgebung des ganzen Fachwerkträgers. Wohl könnten die Abstände e_o und e_u an Hand einer Skizze auch rechnerisch festgelegt werden; eine „Schablone" im Maßstab 1 : 1 müßte aber dann in der Werkstätte auf das Blech aufgezeichnet werden, während mit einer Papierschablone die Blechecken und die Lochmitten in der Werkstätte nur durchgekörnt zu werden brauchen. Die im Konstruktionsbüro gezeichnete Schablone hat also eine doppelte Funktion; sie erlaubt eine einfache Bestimmung der genauen Stablängen, und sie erleichtert die Anreißarbeit in der Werkstätte.

2. Montage

Bei der Montage von Stahlbauten sind sowohl das zu wählende Montageverfahren wie die einzusetzenden Montagegeräte von der Art und Größe des zu erstellenden Bauwerks, von den Abmessungen und Gewichten der angelieferten Bauteile, von den topographischen Besonderheiten der Baustelle sowie auch von besonderen Bedingungen, wie sie in bezug auf Transportverhältnisse oder Baufristen vorliegen können, abhängig. Bei dieser großen Mannigfaltigkeit können

Abb. IX,15.

Richtlinien nicht allgemein aufgestellt werden; die zu wählenden Verfahren und Hilfsmittel können nur im Zusammenhang mit den Merkmalen der einzelnen Bauaufgabe beurteilt werden.

Das anzuwendende Montageverfahren muß schon beim Entwurf eines Tragwerks festgelegt werden. Bei der Aufstellung können nämlich in einzelnen Bauteilen Beanspruchungen auftreten, die von denjenigen im fertigen Bauwerk verschieden sind und die deshalb die Bemessung beeinflussen; die Wahl des Montageverfahrens ist somit Bestandteil des Entwurfes.

Anderseits muß der entwerfende Ingenieur die zur Verfügung stehenden Montagegeräte der ausführenden Unternehmung kennen; es dürfte nur in seltenen

Abb. IX,16.

Abb. IX,17.

Ausnahmefällen gerechtfertigt sein, neue Montagegeräte für ein einziges Bauwerk zu entwickeln und herzustellen, nur dann nämlich, wenn das Bauwerk entweder sehr groß ist oder wenn begründete Aussicht auf spätere Wiederverwendung besteht.

Abb. IX,18.

Abb. IX,19.

Die Form der Stahlbauten ist durch die Form und Größe ihrer Einzelteile bestimmt; formgebende Lehrgerüste, wie im Massivbau, sind im Stahlbau nicht notwendig. Baugerüste haben nur die Aufgabe, den Zusammenbau zu erleichtern; sie sind wirtschaftlich nur gerechtfertigt, wenn sie die Baukosten nicht zu stark belasten. Für Verhältnisse, bei denen Baugerüste zu teuer zu stehen kommen würden, hat der Stahlbau, insbesondere der Stahlbrückenbau, Montageverfahren ohne oder mit nur wenig Gerüstungen entwickelt; die Besprechung dieser Verfahren ist Aufgabe einer Darstellung des Stahlbrückenbaues. Im Stahlhochbau liegen die Verhältnisse insofern einfacher, als hier nicht mit topographischen Besonderheiten der Baustelle gerechnet werden muß; die Stahlbauten sind auf fertig vorbereitete Fundamente aufzustellen.

Abb. IX,20.

Bei den Montagegeräten sind die Hilfsmittel für den Materialtransport und diejenigen für die eigentliche Aufstellung zu unterscheiden; es ist meist zweckmäßig, dafür verschiedene Geräte einzusetzen. Eine Ausnahme dürfte der zuerst in Amerika entwickelte und jetzt auch in Europa oft benützte Autokran darstellen.

Zuletzt soll noch ein kurzer Blick auf die herkömmlichen Montagegeräte des Stahlbaues geworfen werden. Das älteste Montagehilfsmittel ist der Standbaum, der in Holz oder in Stahl (Abb. IX,15) ausgeführt ist; er kann nur eine eng begrenzte Grundfläche bedienen und muß deshalb häufig verschoben werden.

Der ortsfeste Mast mit Ausleger (Derrickkran, Abb. IX,16) hat eine größere Grundfläche bei großer Tragfähigkeit. Für die Montage langgestreckter Bauwerke auf festem Gerüst oder vom festen Boden aus eignet sich der Portalkran (Abb. IX,17), bei dem aber die Höhe des Bauwerkes begrenzt ist; für den Freivorbau solcher langer Bauwerke ist der fahrbare Derrickkran (Abb. IX,18) entwickelt worden. Der im Baugewerbe gebräuchliche Turmdrehkran wird im Stahlbau in der Regel nur für Hilfsarbeiten (Anheben von leichteren Bauteilen, wie Gebälkträgern u. ä. im Stahlhochbau) verwendet. Besondere Bauformen können auch besondere Montagegeräte erfordern, wie dies als Beispiel Abb. IX,19 die Montage des Antennenturmes Beromünster von 215 m Höhe mit vier hochkletternden Holzmasten zeigt. In neuerer Zeit wird mehr und mehr der Autokran (Abb. IX,20) als Montagegerät eingesetzt, der gute Leistungen bei großer Beweglichkeit aufweist; er dürfte heute wohl das wichtigste Montagegerät darstellen.

Namenverzeichnis

MIX
Papier aus verantwortungsvollen Quellen
Paper from responsible sources
FSC® C105338

www.fsc.org

If you have any concerns about our products,
you can contact us on
ProductSafety@springernature.com

In case Publisher is established outside the EU,
the EU authorized representative is:
Springer Nature Customer Service Center GmbH
Europaplatz 3, 69115 Heidelberg, Germany

Printed by Libri Plureos GmbH
in Hamburg, Germany